国家科学技术学术著作出版基金资助出版

生命科学前沿及应用生物技术

植物离体发育及其调控

黄学林 李筱菊 编著

科学出版社

北京

内 容 简 介

本书系统介绍了植物离体发育及其调控的内容，全书分为9章。第1章介绍组织培养与植物离体发育所涉及的重要概念及相关的术语，以便读者对本领域有个大概的了解。第2章介绍拟南芥各种外植体的愈伤组织形成及其分子机制，以及其他植物的愈伤组织形成及其调控。第3章和第4章分别论述离体器官发生的再生苗和不定根的形成及其调控内容。第5章介绍植物体细胞胚胎发生及其调控。体细胞胚胎发生是植物体细胞表达全能性最直接的一种方式，其所涉及的核心问题的研究极富挑战性。第6章介绍离体开花及其调控。离体开花可缩短其天然的营养发育阶段而提早开花。离体开花的研究极有潜在的应用价值。第7章叙述原生质体培养和体细胞杂交。最近十多年来该领域的研究报道和论文综述不断增加。第8章论述植物组织培养过程中的体细胞无性系变异和常见的发育异常如培养苗的玻璃化、茎尖坏死、扁化，以及组织增生等发育异常及其控制。第9章论述表观遗传修饰与植物离体发育。

本书可供生物科学和农林及医药相关专业的高年级本科生、研究生、教师和科研工作者参考。

图书在版编目(CIP)数据

植物离体发育及其调控 / 黄学林，李筱菊编著. —北京：科学出版社，2020.10
ISBN 978-7-03-066093-0

Ⅰ. ①植… Ⅱ. ①黄… ②李… Ⅲ. ①植物-离体培养-研究
Ⅳ. ①Q943.1

中国版本图书馆CIP数据核字(2020)第172617号

责任编辑：罗 静 陈 倩 / 责任校对：严 娜
责任印制：赵 博 / 封面设计：刘新新

科学出版社出版
北京东黄城根北街16号
邮政编码：100717
http://www.sciencep.com
北京凌奇印刷有限责任公司印刷
科学出版社发行 各地新华书店经销
*
2020年10月第 一 版 开本：889×1194 1/16
2021年 1月第二次印刷 印张：27
字数：866 000

定价：228.00元

(如有印装质量问题，我社负责调换)

前　　言

植物离体发育(*in vitro* plant development)是指在适当的离体培养条件下，植物外植体细胞被诱导表达其全能性、亚全能性或多能性，最终通过离体器官发生或体细胞胚胎发生(简称体胚发生)途径再生植株的过程；此时，植物细胞以遗传和(或)表观遗传的机制启动细胞分裂，进行脱分化或转分化(transdifferentiation)、再分化和发育程序重编。在这一过程中，植物组织细胞可加速营养生长阶段向生殖发育阶段的转换，从而离体开花(也称试管开花)(*in vitro* flowering)，或经历驯化(habituation)或返幼(rejuvenation)，还可发生体细胞无性系变异和不定苗的玻璃化与茎尖坏死等生长发育异常。植物离体发育是目前植物学科研究的一个热门领域，也是进展和发展较快的领域。这一方面的研究及其成果转化直接与农林和园艺花卉产业的创新及其持续发展息息相关。

研究植物离体发育和利用组织培养技术的理论依据是植物细胞的全能性及植物细胞发育的可塑性，其中所涉及的最核心的科学问题是“植物单个体细胞如何变为一株完整的植物”。随着“后基因组学”的发展，植物组织培养和植物离体发育的研究与功能基因组学等领域的结合将在阐明植物基因组的功能及其在相关行业的应用上起到非常重要的作用；植株再生也是植物生物技术领域产业化必须最先突破的一个基础环节，有时甚至是相关进展的瓶颈环节。

我国的植物组织培养技术和植物离体发育的研究及其应用从20世纪70年代起可居国际先进水平，有些领域还处于国际领先水平，特别是随着国家经济实力的增强，中央和各级地方政府对此的投入逐年增大，因此也得到了相应的回报，相关领域取得了一批重大成果(Wang et al.，2013；Chong and Xu，2014)；自20世纪70年代以来，国内有近30部相关著作或教材出版(李胜和李唯，2008)。无疑，这些成就的获得将我国相关领域的科技研究和应用水平推上了一个更高的台阶。

由于分子领域研究手段和模式植物基因组信息的不断完善，有关植物离体发育的分子机制的研究，在近10多年来已取得了一系列引人瞩目的成就：被鉴定的与愈伤组织形成、离体器官发生和体胚发生相关的功能基因和信号转导途径基因在不断地增加，这为采用转基因策略改善那些难以进行植株再生的顽拗型品种的再生提供了更多基因选择的机会。例如，研究已证明 *BBM* 基因在促进体胚发生或胚性愈伤组织形成中的功能可能在双子叶植物中都是保守的，因此，*Bn-BBM* 过表达可提高芸薹及拟南芥等几种作物与树木的胚性愈伤组织形成的诱导率及其再生植株效率(Deng et al.，2009；Heidmann，2011)。研究还发现，在中粒咖啡(*Coffea canephora*)中异位表达拟南芥 *WUS* 基因，可在不添加生长调节剂的培养基上诱导出愈伤组织，并使其体胚产率提高4倍(Arroyo-Herrera et al.，2008)。近年来研究发现，无论是以拟南芥根、下胚轴，还是以其地上部分的子叶和花瓣为外植体，使用传统的愈伤组织诱导培养基所诱导的愈伤组织都是启动侧根发育程序而形成的非脱分化的组织(但在传统上，一般认为愈伤组织是一种脱分化的组织)(Ikeuchi et al.，2013)，尽管这一模式是否也存在于其他植物品种外植体的愈伤组织诱导中尚有待证实，但这些研究结果为我们探索愈伤组织形成的机制提供了新的视角。

表观遗传所强调的是环境对于植物个体发育的重要影响，植物的离体发育是在离体培养条件下的逆境中完成的。表观遗传修饰与培养物的发育及其相关领域的研究已成为近年来的研究热点。研究已发现某些 miRNA 可充当细胞通信的潜在调节剂，可以在植物苗端分生组织和根中的一些细胞间移动，参与分生组织的形成、分化和胚胎发生。带着特定信号的 miRNA 可在嫁接的组织细胞中移动，以便对其他相关的组织发挥相应的表观遗传修饰作用，这在植物组织培养应用上有着诱人的潜在开发价值。

尽管在过去的十多年里这一领域的研究，特别是分子基础的研究有了许多进展，但还远不足以回答“植物单个体细胞如何变为一株完整的植物”这一问题。例如，目前我们尚难回答(与粳稻相比)为何许多籼稻

(indica rice)的基因型，特别是属于类群 1(group 1)的品种都是难以离体再生的顽拗型品种。与之类似的情况还见于小麦和一些蔬菜品种等。揭示体胚发生早期发育的分子事件之谜，仍是现代分子生物学的一大挑战。一方面是因为到目前为止，我们尚无十分理想的实验体系可用(虽然已使用数十年之久的胡萝卜悬浮细胞培养体系对体胚发生的生理生化和细胞学的研究做出了极大贡献，但其遗传背景和基因组信息远不如拟南芥体系的清楚)，如果现状不改变，该体系难有进一步的作为；另一方面，与之相反，拟南芥尚未建立如胡萝卜细胞那样的培养体系，目前以拟南芥幼胚为外植体的直接体胚细胞发生体系，不但存在体胚发育不同步化的问题，还存在与叶的发生相混的问题。除少数模式植物之外，大多数植物体胚发生的同步化和频率都有待改善。因此，那些对体胚发生具有专一性的分子机制会被这种不纯的成分所“稀释”或干扰，从而导致研究结果不精准。

植物组织培养的实践犹如植物离体发育的演练场，充分地展示了本领域的特点与难点。在过去的 70～80 年，有关培养基的研究论文超过 3000 篇，共报道了 2000 多种不同的培养基，但培养基给培养物所带来的逆境问题尚未得到根本性的解决，致使相当一部分的再生植株在移栽、炼苗阶段就夭折(George et al.，2008)。与合子胚体系相比，植物体胚发生体系对植物胚发育的研究有着许多方便之处，但其主要的缺点是体胚发育的不同步化，为了解决胡萝卜体胚发生的这一问题，日本学者 Tatsuhito Fujimura 坚持了数十年的研究(1972 年至今)，才使得体胚发育同步化率达到 90%(Fujimura，2014)。

我们从 20 世纪 80 年代末参加“人工种子”863 项目开始接触植物组织培养研究，数年之后，发现该领域与我们原来的想象大不相同，出于工作和学习的需要，我们于 1995 年出版了《高等植物组织离体培养的形态建成及其调控》(黄学林和李筱菊，1995)。此后的 20 多年来，我们重点对香蕉的生物技术育种平台，包括胚性细胞悬浮培养系及其体胚发生体系的建立、基因转化技术、原生质体培养和体细胞杂交、离体诱变、相关功能基因鉴定及其表达等项目做了比较系统的研究，同时在当时的国际植物遗传资源研究所(International Plant Genetic Resources Institute，IPGRI)的资助下，建立了本地杧果品种体胚发生体系，并成功地创立了该种质的超低温保存技术体系，研究了杧果子叶不定根形成体系的生理调控、生长素极性运输载体基因和两个生长素反应因子基因在其中的表达功能。先后共有 20 多篇硕士和博士学位论文及一个博士后研究项目涉及香蕉、杧果和苜蓿等品种的生物技术相关研究，探索和总结了这些作物的一些离体发育规律。在此基础上，我们有了编著此书的愿望。本书从植物发育生物学和分子生物学的角度收集与整理了植物离体发育及其调控的新近研究进展资料，并加入了我们得出的相关研究成果，从而使其成为可供本领域的教学和科学研究参考的一本基础理论读物。

本书的完成得益于许多已发表的研究论文和一些已出版的著作，其中被引用的论文及其图表已在相关章节的参考文献中列出；在此，对这些论文的作者和相关的出版部门表示衷心的感谢。同时，衷心感谢在本实验室学习和工作过的同事、本科生、研究生及博士后研究人员，是他们在完成学位论文和研究课题的过程中累积了与本书相关的资料。也衷心感谢许智宏院士、邓秀新院士和罗达教授在百忙中审阅了本书的编写大纲、章节目录和相关内容，并推荐申请出版基金的资助。感谢国家科学技术学术著作出版基金对本书出版的资助。

由于作者的水平有限，遗漏和不足之处在所难免，诚望同行和读者批评指正。

参 考 文 献

黄学林, 李筱菊. 1995. 高等植物组织离体培养的形态建成及其调控. 北京: 科学出版社

李胜, 李唯. 2008. 植物组织培养原理与技术. 北京: 化学工业出版社: 3

Arroyo-Herrera A, et al. 2008. Expression of *WUSCHEL* in *Coffea canephora* causes ectopic morphogenesis and increases somatic embryogenesis. Plant Cell Tiss Organ Cult, 94: 171-180

Chong K, Xu ZH. 2014. Investment in plant research and development bears fruit in China. Plant Cell Rep33: 541-550

Deng W, et al. 2009. A novel method for induction of plant regeneration via somatic embryogenesis. Plant Sci, 177: 43-48

Fujimura T. 2014. Carrot somatic embryogenesis. A dream come true? Plant Biotechnol Rep, 8: 23-28

George EF, Debergh PC. 2008. Micropropagation: Uses and Methods, In: George etal. (eds), Plant Propagation by Tissue Culture 3rd Edition Volume 1. The Background. Springer, Dordrecht The Netherlands. pp35

Heidmann I. 2011. Efficient sweet pepper transformation mediatedby the BABY BOOM transcription factor. Plant Cell Rep, 30: 1107-1115

Ikeuchi M, Sugimoto K, Iwase A. 2013. Plant Callus: Mechanisms of Induction and Repression. The Plant Cell, 25: 3159-3173

Wang J, Jiang J, Wang Y. 2013. Protoplast fusion for crop improvement and breeding in China. Plant Cell Tiss Organ Cult, 112: 131-142

黄学林　李筱菊

2020 年 6 月于中山大学

目　录

第1章　植物离体发育的几个重要概念

植物离体发育(*in vitro* plant development)是指在适当的离体培养条件下，植物外植体细胞被诱导表达其全能性、亚全能性或多能性，以遗传和表观遗传的机制重编发育程序，启动细胞分裂，脱分化、再分化或转分化(transdifferentiation)，或经历返幼(rejuvenation)或驯化(habituation)，最终通过离体器官发生和体细胞胚胎发生途径再生植株的过程。本章将对植物离体发育的几个重要概念作一简述。

1.1　植物细胞的全能性、亚全能性和多能性

1.1.1　植物细胞的全能性

植物组织和细胞培养的理论依据是植物细胞的全能性。植物细胞的全能性是指每个植物细胞具有该植物的全部遗传信息，其离体组织或细胞在一定的培养条件下具有发育成完整植株的潜在能力。在一个完整植株上，某部分的体细胞只表现一定的形态、行使一定的功能，这是由于这些体细胞受到其所在器官或组织环境的束缚，但其遗传潜力并没有因此而丧失。在植物组织培养中，外植体在母株上的位置对培养结果有关键的影响，这种效应称为位置效应。这种位置信息可能是由细胞与细胞之间的信号转导所输送的，并且可被跨膜受体激酶或胞间连丝所调控。在不同的细胞环境中，细胞的极性及其不对称分裂也影响细胞的定位及其取向(Ten Hove and Heidstra，2008)。细胞极性及其不对称分裂也可产生不同的外部信息，从而引起不同的形态发生的反应。位置信息已被用于解释许多发育过程。此外，通常认为是细胞的状态而不是细胞谱系(cell lineage)掌控着植物发育的方方面面(Dolan，2006)。这些体细胞一旦脱离其所在器官或组织的影响，如处于离体状态时，在一定的培养条件下，就可能表现出全能性，并发育成完整的植株。

植物细胞全能性的概念，最早由德国植物学家Gottlieb Haberlandt于1902年提出，并且正是他首次在人工培养基上进行植物细胞离体培养的尝试(Krikorian and Berguam，1969)。尽管当时他未获得实验上的成功，但经过科学家数十年的不断努力，现在已经完全证实了植物细胞的全能性。其中，20世纪50年代，Skoog和Miller(1957)、Steward等(1958)及其他一些学者确定了植物组织生长所必需的营养成分，设计了许多适合各种植物组织培养的有效培养基配方[如MS(Murashige and Skoog，1962)、B_5(Gamborg et al.，1968)、N_6(朱至清等，1975)、SH(Schenk and Hildebrandt，1972)等]，可使植物的外植体(即用于第一次接种的植物材料)在这些适宜的培养基上培养形成脱分化而待分化的细胞团，即愈伤组织。Skoog(1994)又证实了改变培养基中植物生长调节物质(生长素和细胞分裂素)的相对浓度可使烟草愈伤组织分化出不定苗或不定根。Steward等(1958)发现了一小块胡萝卜愈伤组织在液体悬浮培养的条件下会形成体细胞胚(也称胚状体)，其发育阶段与合子胚相似，最后形成小植株；并证实了胡萝卜单一的细胞(不必依赖于其他细胞的参与)亦具有这种能力，这些研究结果都是细胞全能性的经典例证。然而在实践中，全能性表达的难易程度在各种植物，甚至在同一植物同一组织的不同细胞之间都有很大的差别。一般来说，较易表达全能性的细胞有3类：受精卵、各种分生组织(干细胞)和类分生组织细胞(类干细胞)、雌雄配子体及单倍体细胞。在绝大多数情况下，植物细胞全能性的表达要经过一个从分化状态到脱分化的愈伤组织或悬浮细胞的中间形式，然后进入再分化和再生的阶段；但也有在植物组织中直接发生转分化和再分化的过程，而不需要经历愈伤组织的中间形式。植物细胞的脱分化、再分化过程可以在不同程度和层次上表现出来(详见1.3)。

1.1.2　植物细胞的亚全能性和多能性

转录网络和植物激素动态平衡是植物形态发生的重要调控系统(Smet et al.，2009；Papp and Plath，2011)，植物的另一个与调控形态发生有关的策略是形成感受态细胞(competent cell)(详见1.4)，这些细胞

以限定的方式应答特异性的激素信号(Cedzich et al.，2008)。每一个植物细胞可对一种或多种植物激素信号应答，从而成为感受态细胞(Osborne and McManus，2005)。这些细胞可以多能(multipotent)、亚全能(pluripotent)或全能性的方式响应这些信息(Blervacq et al.，2012)。

一般而言，细胞多能性(multipotency)是指单个细胞产生一个特定的细胞谱系中各种细胞类型的能力(Hochedlinger and Plath，2009)；而细胞的亚全能性(pluripotency)是指可加速细胞分化，甚至引起形成完整器官的细胞再生能力(Komatsu et al.，2011)。因此，植物根端和茎端的分生组织干细胞(meristematic stem cell)可称为具有亚全能性的细胞(pluripotent cell)，因为这些细胞一般都发育成根或茎；具有亚全能性的这些分生组织干细胞与其干细胞微环境有很强的相互作用，这一作用决定着这些分生组织干细胞属性(identity)的保持，这两种干细胞发育命运的差别源于其不同的染色质特性(Verdeil et al.，2007)。

这些由于离体培养的内外因子不同而反映出来的植物细胞的多能性、亚全能性和全能性特征，可用组织化学方法区分出来。例如，桃棕(*Bactris gasipaes*)的茎尖离体培养可同时通过器官发生和体细胞胚胎发生途径再生植株(de Almeida et al.，2012)。茎尖外植体先在无激素培养基中培养 8 周，可见位于苗端的前原形成层细胞(pre-procambial cell，PPC)，该组织包含其启动细胞和原形成层组织，这些组织在进行维管束分化时，可特化成类干细胞(stem-like cell)的干细胞微环境细胞(stem cell niche cell)。PPC 也可成为类似于多能或全能的分生组织细胞。在不含植物激素的培养基中培养时，其茎的 PPC 可进行活跃的细胞分裂，极少进行分化，而将它们转入含萘乙酸(NAA)+苄氨基腺嘌呤(BA)的培养基上培养 8～24 周时，原来细胞分裂的分裂面发生改变，由垂周分裂变成平周分裂，这种分裂方式可促进分生组织中心的形成，这也使 PPC 的微环境细胞成为具有亚全能性和全能性的类分生细胞，并以器官发生和体细胞胚胎发生的途径再生植株。其中通过器官发生途径形成不定芽的是源于 PPC 内层的细胞，而另一种植株再生途径是多细胞起源的体细胞胚胎发生途径(multicellular origin of somatic embryogenic pathway)，这一形态发生来自 PPC 外层的细胞。培养 8 周后，通过组织学分析便可发现，这两种植株再生途径源于分生组织中心的两个不同的极化区域：器官发生途径所形成的单极(苗极)的不定芽是通过前原形成层细胞(PPC)与母体组织相连的；而从多细胞起源的体细胞胚胎发生途径，它的两个极，即根极和苗极同时形成，进一步发育的特点是出现带有叶原基的苗端分生组织，它们通过原形成层与根端分生组织(根极)相连，从而建立胚轴，同时形成上胚轴和胚根(de Almeida et al.，2012)。

1.2　植物干细胞及其微环境与植株再生

1.2.1　植物干细胞及其微环境

经典的干细胞(stem cell)概念是基于处于特定细胞环境(称为干细胞微环境，stem cell niche)的动物干细胞的行为而提出来的。干细胞是具有无限的自我更新(self-renewal)能力和保持着再生子代细胞及进行器官分化等潜力的一类细胞。植物干细胞的概念借鉴于动物干细胞的概念。动物干细胞群体的细胞具有 3 个特点：①未分化(即未发现有任何的分子和形态上相关的细胞分化标记)；②通过控制其增殖(自我更新)可维持其细胞群体的一定大小；③可再生各种细胞类型(Potten and Loeffler，1990)。其中，干细胞的后两个特点显示其在发育上具有细胞不对称分裂及专能性。动物干细胞通常都嵌入一种细胞环境中，这一环境称为干细胞微环境，以保持干细胞处于不分化状态和保持不对称分裂的能力(Schofield，1978)。

在动物的不同发育阶段和各种组织中都存在干细胞。例如，在骨髓中就有可制造不同类型血细胞的干细胞；表皮干细胞可在皮肤受损时再生皮肤。在大多数情况下，干细胞的子代细胞都不直接分化，而是形成一群更具有定向分裂潜力的细胞作为过渡的中间细胞类群，称为过渡性增殖细胞(transit amplifying cell，TAC)(图 1-1)；它们只具有有限的增殖和分化潜能，其主要任务是增加源于单个干细胞的子细胞群。事实上，曾有研究者认为在植物的分生组织中可能存在干细胞、干细胞微环境细胞和过渡性增殖细胞类群(Ivanov，2004)。动物具有真正再生躯体所有类型细胞的干细胞是胚胎干细胞(embryonic stem cell)或合子，它们是全能性的干细胞。当个体发育时，这些原先带有全能性的干细胞的子代细胞就渐渐表现出一定的局限性，分化为成年组织的干细胞。一个干细胞分裂后的子细胞是相同还是不同类型的细胞，取决于它所在的细胞微环境，干细胞也许经过不对称分裂产生过渡性增殖细胞和新一代的干细胞，正在分化的细胞群不断地给细胞微环境和干细胞反馈信号以便重新调节干细胞的分裂及其细胞群体规模。

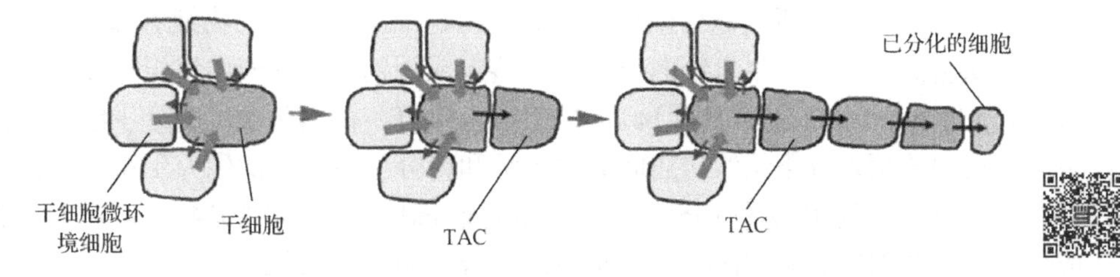

图 1-1　干细胞的不对称分裂(Stahl and Simon，2005)(彩图请扫二维码)

一个干细胞的分裂受控于本身及其所处的干细胞微环境细胞之间的信号交流的变化，干细胞分裂产生的子代细胞在分化之前的几次分裂中形成过渡性增殖细胞，图中黄色代表干细胞促进信号，红色代表反馈信号

干细胞的发育命运是由它们所处的微环境中的调节因子所决定的(图 1-1，图 1-2)。干细胞分裂后的子代细胞，如果离开了它原来所处的微环境(庇护所)，则将面临最终分化或死亡的命运。实际上，越来越多的研究揭示，即使是动物干细胞，在其干细胞微环境之外的环境也可以自我更新和分化，其发育命运不再由干细胞微环境所左右；这些干细胞细胞系可在离体的条件下培养，其无分化的细胞增殖可维持数月至数年之久(Verdeil et al.，2007)。

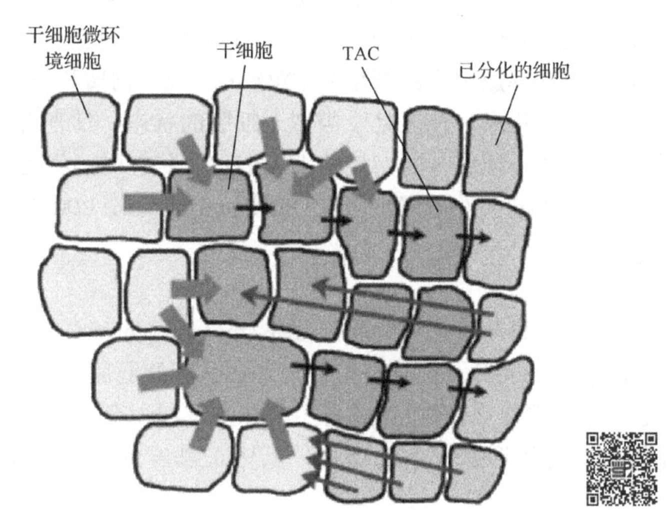

图 1-2　干细胞所处的不对称的细胞群体或不对称环境(Stahl and Simon，2005)(彩图请扫二维码)

一个干细胞的分裂受控于本身及其所处的干细胞微环境细胞之间的信号交流的变化，干细胞分裂产生的子代细胞在分化之前的几次分裂中形成过渡性增殖细胞，图中黄色代表干细胞促进信号，红色代表反馈信号

一般认为，植物茎端、根端和维管分生组织都有各自的干细胞。一个茎端分生组织(shoot apical meristem，SAM)的季节性的活性可持续许多年，某些木本植物甚至可持续数百年。这可能是因为这些分生细胞一直保持分裂能力而不进行任何的特殊分化、发育(至少营养性的分生组织是如此)。这些不分化的细胞可称为干细胞或顶端原始细胞(apical initial cell)。这些干细胞分裂时，其中一个子代细胞保持原始细胞的特点，而另一子代细胞则开始另一个发育阶段。这些细胞位于分裂缓慢的中央区细胞之中(图 1-2)，它们是分生组织本身及其所发育的茎、叶、花和侧枝细胞的祖细胞。实际上，早在 1970 年，Stewart 和 Dermen 就证实所有胚胎发育后茎端器官的发育都源于茎端分生组织中的 6～9 个缔造或奠基细胞(founder cell)。按照现代的观点，这些奠基细胞完全符合干细胞的定义(Laux，2003)。

由拟南芥的根、下胚轴、子叶和花瓣的外植体所形成的愈伤组织，实际上是源于维管束周边的特化细胞，而根和下胚轴外植体中，这些细胞则源于靠近木质部极(xylem pole)的中柱鞘细胞(Atta et al.，2009；Sugimoto et al.，2010)。与经常出现在哺乳动物脉管(vasculature)四周的干细胞微环境细胞相似，植物上述中柱鞘类似细胞(pericycle-like cell)明显地出现在各种器官类型的维管束四周，并充当再生组织的源头。由此，植物一个通常类型的成熟干细胞是沿着维管体系分布至整个植物体的，这一成熟干细胞的可获得性可能是植物具有很高可塑性的原因之一(Sugimoto et al.，2011)。

一般认为，植物干细胞的“庇护所”是分生组织，由于植物细胞不同于动物细胞那样可移动或迁移，因此，干细胞比较容易从它们所在的分生组织的位置上被鉴定或识别。植物分生组织是参与植物胚胎后发育的有序结构(Sozzani and Iyer-Pascuzzi，2014)。植物干细胞保留在初生和次生的分生组织中，初生分生组织包括三类：苗端和根端的顶端分生组织、居间分生组织和花分生组织。次生分生组织包括侧生分生组织(包含形成层和木栓形成层)、创伤(愈伤)分生组织(Heidstra and Sabatini，2014)。植物干细胞可进行分裂并进一步分化成各种组织和器官(Galinha et al.，2009；Jiang et al.，2015)。

然而，对于植物组织的干细胞及其微环境细胞，特别是这两类细胞与组织培养植株再生相联系时，真正含义及其某些功能尚有些争议(Sena，2014)。例如，许多植物叶的原生质体经过离体培养后可再生成完整的植株，这就意味着植物的所有叶细胞都可作为干细胞或上述干细胞的定义不适用于植物。此外，植物多种已分化的体细胞都可进行细胞分裂以取代邻近已死亡的细胞，包括其干细胞本身。例如，以激光特异性将拟南芥根分生组织切除后被切除部分可再生(Xu et al.，2006)，包括根分生组织微环境细胞，这一研究结果还表明，具有再生完整器官能力的类干细胞可分散在植物分生组织中，并不局限于干细胞微环境细胞中，因此，再生器官与这些干细胞微环境的功能无关(Sena et al.，2009)。至少植物的干细胞可被认为不必是特定的细胞实体(specific cellular entity)，其只不过是一种功能的象征，而这种功能是许多细胞类型都能完成的。即所有受到正确信号或综合信号刺激的细胞类型都能处于干细胞的状态。例如，叶细胞的原生质体在离体培养时受到来自培养基中释放出来的新信号(植物生长调节物质和培养基成分等)的刺激后，就会启动改变这些原生质体发育命运的程序，使之处于类似干细胞的状态，具有再生成完整植株的潜能。因此，把干细胞的实质看作是由适当的环境信号所调控的细胞的过渡状态时，就比较容易理解为什么许多植物细胞所隐藏的全能性可在组织培养的条件下表现出来(Stahl and Simon，2005)。

1.2.2　植株再生

多细胞有机体的器官和组织的发育与分化称为形态发生(morphogenesis)。通过形态发生可再生植株及其各种器官(Zhuravlev and Omelko，2008)。离体外植体可通过体细胞胚胎途径和器官发生途径(一般是不定芽/苗的器官发生，然后是不定根的器官发生)完成再生植株的过程。在植物的离体培养再生过程中，可通过适当的培养策略以优化植物离体形态发生的质量，其中最基本的策略就是巧用植物生长调节物质(Phillips，2004)。

植株再生(regeneration)可分为几个类型，它们各有可变的形式：①再生因受伤失去的结构；②从头再生(*de novo* generation)其在受伤之前不存在的新组织及其生长结构；③单一体细胞通过离体器官发生或体细胞胚胎发生途径再生完整的植株。其中，在第一种情况中，被切除的叶尖端和根尖的再生与动物再生所失去的肢体(包括在三维结构上及其各种组织类型)的情况相似。与这一经典再生类型有所不同的是，植物在离体培养的条件下，从其躯体切下的一块组织(即外植体)通常可从头再生出完整的植株。在植物的这一再生体系中，在受伤的部位上，将开始形成一个全新的生长中心，并发育出新的干细胞微环境细胞(即分生组织)。这一生长中心在新个体植株的形成中具有无限生长的潜能；通常，可通过形成愈伤组织来实现这一从头再生。愈伤组织可从细胞和组织培养中诱导，此时必须采用合适的细胞分裂素和生长素的浓度比例，以便分别从愈伤组织中再生出叶、苗和根的分生组织或体细胞胚(Skoog and Miller，1957)。

1.3　未分化、分化、脱分化、再分化和转分化

1.3.1　未分化

未分化(undifferentiation)是原始细胞(initial cell)的属性，这些未分化的原始细胞可以是干细胞和类干

细胞(分生细胞和类分生细胞)或受精卵细胞。未分化是相对于分化、脱分化、再分化、转分化而言的概念。在合适的离体培养条件下，这些未分化的原始细胞一般都比较容易表达全能性从而再生植株。此外，植物薄壁细胞可谓是极少分化的细胞(近乎未分化的细胞)，原因是其细胞质或细胞核极少发生变化，只是其初生的细胞壁稍有加厚。在正常的条件下，这些细胞不分裂，但是在一定的条件下，如在合适的培养基中离体培养时，它们可恢复分裂活性，甚至再生成完整的植株。

1.3.2　分化

分化(differentiation)是指在植物发育时，形成与初始细胞不同的细胞/组织/器官的过程。例如，从一个单细胞受精卵通过其结构和功能特化，发育产生数十种不同类型的细胞和组织，如薄壁组织(parenchyma)、厚壁组织(sclerenchyma)、厚角组织(collenchyma)、分生细胞、表皮细胞、叶肉细胞、纤维细胞、腺细胞、保卫细胞、筛管、导管、石细胞等，这些组织或细胞的差异性就是分化的结果。因此，分化是分生细胞发育成为在结构和功能上有特异性的各种类型的细胞、组织或器官的过程。分化可在器官水平、组织水平、细胞水平，甚至分子水平上表现出来：从一个受精卵细胞转变成胚的过程(称为胚胎发生过程)；由生长点的分生细胞转变为叶原基、花原基的过程；由形成层细胞转变为输导组织、机械组织、保护组织的过程；在变绿的叶绿体中形成光合基因(在白色体中则无)等过程都是分化现象。一个细胞结构和功能的特异性取决于其所含蛋白质及其合成。除极少数外，一种特定有机体的所有细胞都带有相同的遗传信息，因此分化了的细胞有相同的遗传基础，但表达不同的基因，分化过程包含不同基因表达的维持和调控。在细胞分裂中如果某些细胞遗传了不同细胞质成分或它们从其他细胞或环境中获得了信号，这些细胞将表达不同的基因。

细胞分化是基因表达的结果，但是细胞发育命运的选择及细胞将成为何种类型的细胞主要由其处于发育中的组织或器官的位置(position)所决定，由此可发育成不同的细胞谱系。例如，一个正处于发育中的胚或根端分生组织的衍生细胞的发育命运，是由其所处的位置，而不是其谱系所决定的。当顶端分生组织或侧生分生组织，如维管形成层中的原始细胞分裂时，不可能预知其分裂的两个子代细胞哪一个将遗传原始细胞的功能，以及哪一个将成为衍生的细胞(Zagórska-Marek and Turzanska，2000)。

1.3.3　脱分化、再分化和转分化

1.3.3.1　脱分化和再分化

在植物组织培养过程中经常使用脱分化(dedifferentiation)和再分化(redifferentiation)的概念(图 1-3)。一般来说，脱分化是指已经分化的细胞、组织在一定的条件下，如离体培养，变为未分化的类似分生组织或返回发育阶段比较幼态的细胞或组织。再分化是指已脱分化的细胞或组织，如创伤诱导的愈伤组织，在合适的条件下可以再分化为植物的器官和体细胞胚等的过程。在图 1-3 中，一个受精卵通过连续的细胞分裂和分化(黑色箭头表示)再生出各种谱系的细胞(分别以蓝色、红色和黄色代表)与许多细胞类型(分别以不同形状代表)。脱分化是使细胞状态变成更具有胚性的过程(以虚线带绿色的双箭头表示)。转分化是细胞直接转变成不同的细胞类型的过程(以虚线带红色箭头表示)。有机体可通过成熟组织中的干细胞的脱分化或转分化或分化再生其缺失部位的各类型的细胞。

最近 Sugiyama(2015)对脱分化的研究历史及其遗传和表观遗传机制的研究现状作了一个较好的综述。植物细胞脱分化的一个特点是重新激活细胞分裂，即重新进入细胞周期。在拟南芥悬浮细胞培养时需要加入碳源、生长素和细胞分裂素，单独加入碳源或单独加入细胞分裂素可诱导其细胞周期蛋白基因 *CycD2* 和 *CycD3* 的表达(Soni et al.，1995)。这一结果表明，与 CDKA;1(一种依赖于细胞周期蛋白的激酶)基因表达相似，在细胞周期的准备阶段，细胞周期蛋白基因 *CycD3* 的表达与细胞脱分化相关，因此过表达 *CycD3* 基因可以取代细胞分裂素对拟南芥组织培养物中的愈伤组织的诱导(Riou-Khamlichi et al.，1999)，这表明，*CycD3* 的表达在重新进入细胞周期的细胞脱分化中起着非常重要的作用。

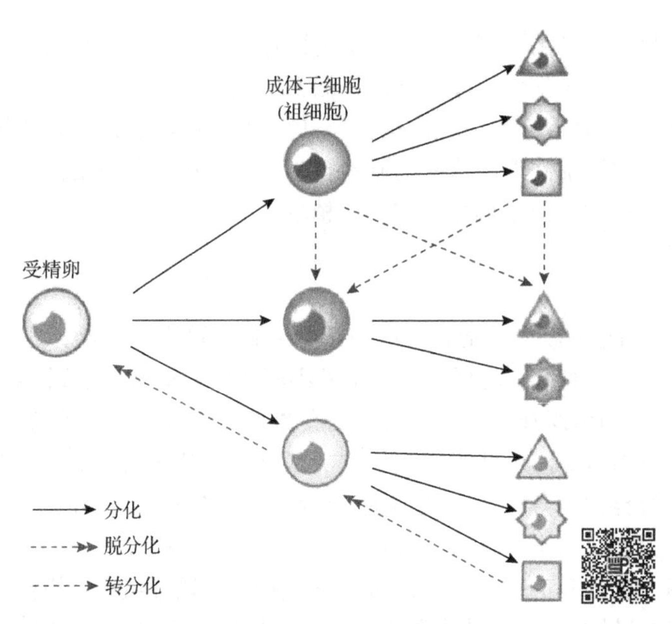

图 1-3　细胞分化、脱分化和转分化图示(Sugimoto et al.，2011)(彩图请扫二维码)

科学家很早就发现，在细胞脱分化时细胞核增大。对拟南芥组蛋白修饰和染色质重塑受损的突变体的研究表明了核中染色体水平变化对于植物细胞脱分化的重要性，最显著的一个例证就是拟南芥 *pkl*(*pickle*)突变体，已知 *PKL* 编码依赖于 ATP 的 CHD3 亚家族的染色体重塑因子(Ogas et al.，1999)，该基因的失能突变体的根表现出胚性的特点，当将它切离并培养于无激素的培养基上时，可形成愈伤组织和体细胞胚(Ogas et al.，1997)。基于这些表型的推断，可知 PKL 的功能是通过表观遗传机制(染色体的结构控制)来抑制胚的属性(identity)和细胞脱分化。最近的研究正在试图揭示 PKL、其他染色质重塑因子、组蛋白修饰和基因转录在细胞属性决定中的作用及其相互关系(Aichinger et al.，2009；Bouyer et al.，2011)。这些研究结果将有助于了解染色质是如何控制植物细胞的分化和不分化状态的。

1.3.3.2　转分化

再分化常常涉及细胞或组织大小和形态的改变。如果完全脱分化的细胞，如叶肉细胞，由于程序性细胞死亡(programmed cell death，PCD)，不出现形态和大小的变化而直接转变为管状分子或筛管分子，则这个过程称为转分化(transdifferentiation)(Krishnamurthy et al.，2015)。

根据 Okada(1991)的定义，转分化是一类分化细胞类型不可逆地变成另一种细胞类型(图 1-3)。在有些情况下，细胞类型发生属性的转换，明显缺乏脱分化的过程，这就意味着，这一转分化的发生更接近于分子水平的变化(Gordon et al.，2007；Sugimoto et al.，2010)，而较少出现大小及形态的变化。转分化显然是植物再生过程的一个环节。例如，根尖再生的时间进程监测的实验表明，在创伤后 5h 内，已切除的细胞类型的特异性标记分子可很快被诱导出来。此外，在再生的 24h 内新特化的细胞就将行使其功能(Sena et al.，2009)。在这一根尖再生时间进程中，对特异性细胞类型的标记分子的检测和细胞重新特化的速度的观察也难以证实脱分化的存在。因此，在创伤的根尖表面形成愈伤组织的新苗分生组织的形成显然是转分化的结果。

长期以来离体培养所诱导的愈伤组织都被认为是已分化的外植体被诱导脱分化所形成的组织，其中有一部分细胞具有高度再生能力(Christianson and Warnick，1983；Che et al.，2007)。但近年来，对拟南芥根和下胚轴外植体在愈伤组织诱导培养基(callus induction medium，CIM)中所诱导的“CIM-愈伤组织”的研究结果表明，它们来源于中柱鞘邻近木质部极的细胞。进一步的组织学观察揭示，这些培养物不是一团组织结构上无定形的脱分化细胞，而是类似于侧根原基结构的组织(Atta et al.，2009)。通过转录物组分析证实，这些培养物的基因表达模式与根分生组织高度相似，即使地上部分的器官，如子叶和花瓣为外植体，其 CIM-愈伤组织的组织结构也与侧根原基相似(Sugimoto et al., 2010)。苗分生组织或胚组织的转录谱与根分生组织的相比，根分生组织的转录谱与愈伤组织转录谱更为相似。此外，侧根原基发育缺失的拟南芥突变体 *alf4*(*aberrant lateral root formation 4*)的各种外植体 CIM-愈伤组织的形成都被明显地抑制(Sugimoto et al., 2010)。从这些研究结果可知，至少在拟南芥中，各种外植体所诱导的 CIM-愈伤组织是启动侧根发育程序而形成的非脱分化组织(详见第 2 章)，即一种转分化组织(Sugimoto et al., 2011)。尽管这一模式是否也存在于更多其他植物品种外植体的愈伤组织诱导中尚有待证实，但这些研究结果为我们探索愈伤组织的形成机制提供了新的视角。

1.4 感受态和决定作用

尚有两个与分化密切相关的重要理论概念：感受态(competence)，以及决定或决定作用(determination)(McDaniel, 1984)。

1.4.1 感受态

感受态或潜质是指原始细胞应答一种特异性信号，如光或化合物等来自细胞内外的信号而发育成特异类型的细胞的能力。这意味着已获得感受态的细胞可识别正确的或错误的信号，并将该信号转换或不转换成一个特异性的应答。组织化学可监测一些参与获得胚性细胞感受态的细胞及其组织(de Almeida et al., 2012)，并识别和区分器官发生或体细胞胚发生的感受态。感受态总是始于原始细胞分裂周期的检查点(checkpoint)(Zagórska-Marek and Turzanska, 2000)。在一个典型的细胞分裂周期中，感受态的持续是由两个关键转换点所控制和调控的，其中一个是 G_1 向 S 期的转换点，另一个是 G_2 向 M 期的转换点，称为检查点(Boniotti and Griffith, 2002)。

感受态的概念在动物研究中的首次使用，是指胚胎细胞被决定进入某一特异性发育进程的一个短暂的时段(Waddington, 1934)。这一概念用于植物时，泛指细胞应答特异性刺激时的一种反应状态(Carman, 1990)。因此，可以将它看作进行下一步特定的形态建成途径所必需的生理性或分子水平上的一种准备状态。已获得此感受态的细胞或组织，一旦被置于诱导刺激的环境中，即成为特定离体器官发生的决定组织。以形成不定根为例(图 1-4)，对根形成的感受态可定义为组织内的细胞为应答根诱导的刺激而形成不定根的能力。被诱导的细胞一旦成为根的决定细胞，它们就获得了成为根的发育信号或刺激，即使移去生根诱导的信号，这些被决定了的细胞仍然能进行根的器官发生。

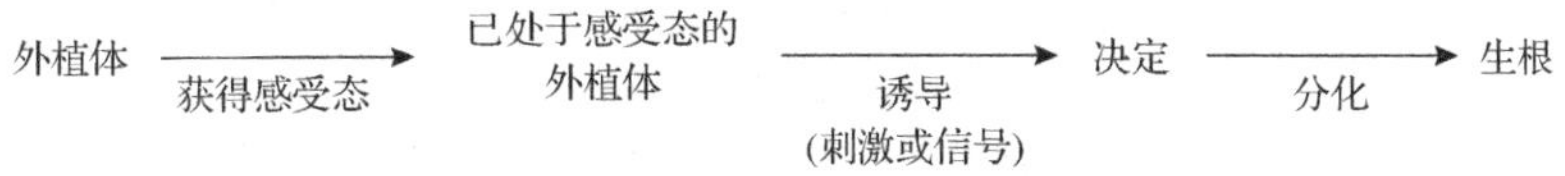

外植体 —获得感受态→ 已处于感受态的外植体 —诱导(刺激或信号)→ 决定 —分化→ 生根

图 1-4 离体器官形成的阶段图示(Christianson and Warnick, 1985)

1.4.2 决定作用

决定或决定作用这一术语来自动物胚胎发育生物学，意指胚胎某一区域的组织或细胞只能向某一特定方向分化的发育状态(Meins and Binns, 1979)。例如，在原肠胚发育的后期阶段将其表皮或神经细胞移植于胚的另一个位置，这些细胞将会继续形成其在原先所在位置时应该形成的器官。这些细胞及其发育的命运即已被决定，已决定的细胞是稳定的，其特性不被其环境所改变。某组织或细胞的决定状态及决定程度必须用离体培养或异位移植的方法来测定。换言之，决定作用也可以指原始细胞按序定向/接纳(commitment)导致恢复分生组织能力逐步减弱或消失的那些细胞分化和发育的特异性过程。有些细胞类型发生决定作用较早，有些细胞类型的决定作用程度会比其他细胞类型更强。

Christianson 和 Warnick(1988)将植物离体器官发生分为下述 5 个阶段：①脱分化；②获得器官发生的感受态；③器官发生的诱导；④器官发生的决定；⑤器官的形成。其中获得器官发生的感受态是关键阶段

(Sugimoto et al.，2010)。在诱导阶段要求特异性生长素与细胞分裂素保持动态平衡，以便于不定苗或根的形成(Skoog and Miller，1957)(图 1-5)。Sussex(1983)认为“决定作用”有 4 个特点：①高频率存在；②具有直接性特点；③相对稳定；④可以通过无性繁殖(有丝分裂)传递下来。在植物中是否存在着“决定作用”，人们一直对其有极大的研究兴趣。植物全能性的证实，使植物“决定作用”的概念面临着极大的挑战。一般认为植物的“决定作用”不像动物中那样明显，如将蕨类的叶原基离体培养，在培养的早期，其叶发育的命运并非已决定，而是可以通过改变培养条件使之发育成芽，但培养一段时间后，它则成为决定状态，发育成叶；因此从整体上说，叶原基是处于决定状态的。还有不少例子证明植物器官发育显示决定作用，如烟草离体胎座组织，在培养条件下伸长形成带顶生柱头的花柱状结构，这说明离体胎座组织显示作为雌性组织的决定状态。有些植物的茎尖表现出两种不同的稳定状态，如对春化作用的反应即表现种属的特性。有的植物茎尖完成春化作用之后，不可能再进行春化，除非春化处理(冷处理)的相隔时间尚不长；如冬黑麦茎尖一旦完成春化作用，这一春化作用可通过许多连续的细胞分裂而毫不减弱地传递下去。木本植物常常表现出“幼龄”和“成年”两种状态，来自不同状态的外植体在离体条件下其生根能力有很大差别，这是木本植物无性繁殖过程中的普遍现象。

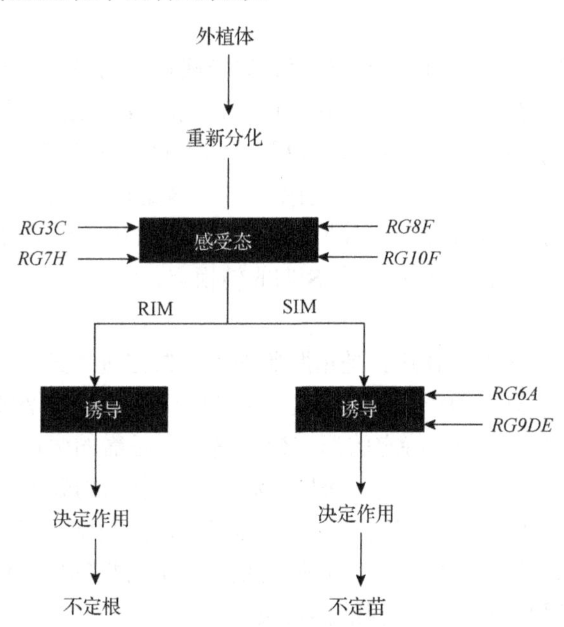

图 1-5　所选择的番茄基因渐渗系(introgress line，IL)中所推定的基因位点在离体器官不同的发育阶段中可能的作用模式图示(Arikita et al.，2013)

离体器官发生的发育阶段按 Christianson 和 Warnick(1988)的设想划分。外植体为种子萌发 8 天和 12 天无菌苗的子叶。RIM，root induction medium，根诱导培养基；SIM，shoot induction medium，苗诱导培养基

愈伤组织一般都被认为是脱分化的组织，脱分化意味着原先的发育状态被逆转，但有的愈伤组织如冠瘿瘤的愈伤组织是“决定”了的愈伤组织，它不可能有其他方式进行生长。有的愈伤组织可以保持外植体细胞的原有特性，即多少表现出有某种程度的决定状态，如东北红豆杉(*Taxus cuspidata*)花粉诱导的愈伤组织，其细胞以花粉管特有的伸长方式生长。来源于 *Pterotheca falconeri* 植株不同部位的外植体，其产生的愈伤组织在形成器官时具有外植体来源部位的特异性，即根外植体产生的愈伤组织易形成根，茎段产生的愈伤组织易形成芽，而叶片形成的愈伤组织易形成叶(Mehra and Mehra，1971)。此外，从许多花芽、花序轴、花瓣所诱导的愈伤组织易再生花芽，这说明来源于花器官外植体的愈伤组织能保持花芽分化这一模式。在组织培养中，这种差别必然反映在外植体细胞对培养基成分及培养条件的应答上，这与动物细胞中的“细胞一旦被决定，其发育途径即不再改变”的“决定作用”含义不符。因此，“决定作用”这一概念在被引进高等植物细胞分化研究后，却不如细胞“全能性”那样被普遍接受。事实上，与动物的“决定作用”相比，植物中的“决定作用”也带有很不稳定的特点。因此，早些时期，有些学者就把外植体细胞发

育状态影响器官分化的现象归结为表观遗传(epigenetic)现象(Halperin，1986)。实际上，越来越多的研究结果也支持这一观点(参见第 9 章)。对此，显然还需要做更多、更深入的研究。

关于上述离体器官发生阶段划分的生理特点和遗传及其分子本质已在番茄中做过不少研究，番茄是一种研究天然遗传变异控制其离体再生能力的理想模式植物。番茄野生种(*Solanum peruvianum*)及其姐妹种(sibling species)(*Solanum chilense*)是具有较高的器官再生能力的种类(Peres et al.，2001)。研究人员在研究番茄野生种器官发生能力的遗传基础时发现，其由两个主要的显性等位基因(*Rg1* 和 *Rg2*)所决定(Koornneef et al.，1987)。*Rg1* 足以使培养的根进行不定苗的启动，定位于 3 号染色体上，与黄肉(*r*)位点连锁(Koornneef et al.，1993)。隐性 *r* 等位基因意味着色质体特异性茄红素合成酶基因失能(Fray and Grierson，1993)，该基因渐渗入番茄(*Lycopersicon esculentum*)品种，可赋予其黄色果肉特质。研究人员已从野生种(*S. pennellii*)群体中鉴定了 6 个染色体片段可能包括离体植株再生能力的数量性状基因座(quantitative trait loci，QTL)(Paran and Zamir，2003)，它们分别被命名为 *RG3C*、*RG6A*、*RG7H*、*RG8F*、*RG9DE* 和 *RG10F*。其中 *RG3C*、*RG7H*、*RG8F* 和 *RG10F* 与提高离体不定苗的再生能力有关，在合适的培养基中也可促进不定根形成，另外两个数量性状基因座 *RG6A* 和 *RG9DE* 的特异性显示与不定苗的再生能力相关。在这些研究的基础上，Arikita 等(2013)选择了具有较强不定苗再生能力的 10 个番茄基因渐渗系为材料，试图揭示离体器官发生时"感受态"和"决定作用"的相互关系及其遗传控制机制。其研究结果显示，数量性状基因座 *RG3C*、*RG7H*、*RG8F* 和 *RG10F* 可能与子叶外植体获得器官发生响应的感受态有关，而 *RG6A* 和 *RG9DE* 与不定苗的诱导相关(图 1-5)。*RG3C*、*RG7H*、*RG8F* 和 *RG10F* 的遗传本质可能与阻止给定外植体细胞命运的特化或增加未决定的细胞群(indeterminate cells)有关(Arikita et al.，2013)。有关激素测定表明，*Rg1* 并不会使内源细胞分裂素的水平增加，尽管其增加了离体不定苗再生的能力(Boiten et al.，2004)。综合这些研究结果，可推知，*RG3C*/*Rg1* 可能是控制形成不定苗和根感受态的基因位点(图 1-5)。

1.5　离体培养组织的驯化作用

1.5.1　驯化作用

在进行植物组织培养时，为了细胞能持续地增殖，常需要在培养基中补充外源的生长素和细胞分裂素。早在 1942 年，Gautheret 就报道了胡萝卜组织的培养细胞系在培养过程中逐步地失去对外源生长素的需求和依赖，这一现象称为生长素的驯化作用(habituation)。随后发现，培养物对细胞分裂素也有驯化作用(Gautheret，1955)。因此，将植物组织培养中的驯化或驯化作用定义为所培养的植物细胞或组织失去了原先对某种生长因子的需求，而这一作用还可稳定遗传(Meins，1989)。研究人员已在许多不同的植物品种中发现了这种现象。只要进行持续的继代培养，同一种植物许多不同外植体(如根、茎、叶、下胚轴、子叶和胚)所诱导的愈伤组织都可分离到驯化的细胞。采用转基因的办法使组织过表达特异性的细胞分裂素信号转导途径中的成员基因，可人为地使愈伤组织成为驯化的组织(Kakimoto，1996；Sakai et al.，2001；Osakabe et al.，2002)。

愈伤组织或培养细胞除了对细胞分裂素和生长素产生驯化反应外，也对其他化合物产生驯化反应。例如，菜豆(*Phaseolus vulgaris*)愈伤组织可为一种生长素类除草剂二氯喹啉酸(quinclorac)所驯化(Largo-Gosens et al.，2016)，玉米悬浮细胞也可为一种纤维素生物合成抑制剂敌草腈(dichlobenil)所驯化(de Castro et al.，2014)。

研究表明，驯化的甜菜(*Beta vulgaris*)的愈伤组织和正常的愈伤组织的主要区别在于正常的愈伤组织的生长依赖于特定的生长调节物质，而驯化的愈伤组织则不依赖这些物质，此外，在形态结构和某些生理生化上也有其各自的特点。例如，甜菜驯化的细胞分裂素自养型细胞(H 细胞)高度分生组织化，难于进行细胞增大和分化。由于 H 细胞缺乏纤维素和木质素的合成能力，因此难以进行细胞壁的增添。正常型的甜菜愈伤组织细胞(即生长素和细胞分裂素依赖型细胞，称为 N 细胞)，其过氧化物酶活性比 H 细胞高 2 倍。N 愈伤组织的乙烯产生能力比 H 愈伤组织约高 200 倍，1-氨基环丙烷-1-羧酸(ACC)含量则高 10 倍(Hagège et al.，1991）。

1.5.2 驯化作用的诱导

一般可通过改变培养基中生长调节物质的浓度来诱导驯化作用。例如，要诱导对生长素呈自养性(即不依赖生长素)生长的烟草驯化的愈伤组织，可在培养基中加入低浓度的生长素(0.06～0.57μmol/L IAA 或 0.05～0.54μmol/L NAA)。如果在继代培养的早期阶段以高浓度的 NAA(如 5.7μmol/L)进行处理，这一驯化作用可被逆转，所培养的愈伤组织的生长变得依赖于生长素。短期施用抗生长素也可以诱导大豆愈伤组织对生长素的驯化效应，这与诱导时降低生长素浓度有相同的效应。

有时其他处理也会诱导驯化现象。例如，暂时改变培养温度也可影响细胞内生长调节物质的水平，从而影响驯化作用(Meins and Lutz，1979)。

1.5.3 驯化作用的生理机制

产生上述驯化现象的原因可能是：①细胞本身对该生长调节物质的合成能力有所提高；②细胞本身对该生长调节物质的降解作用减少了；③组织本身对该生长调节物质的敏感性降低了；④上述各种原因综合作用的结果。

已有一些实验表明，驯化作用是由植物体内生长调节物质合成增加所致。当瘤性烟草杂种(*Nicotiana glauca* × *N. langsdorffii*)的茎髓外植体产生生长素驯化的愈伤组织时，即成为生长素自养型的愈伤组织时，其合成 IAA 的有关酶的活性也被同时诱导，而自养型(驯化)的 IAA 含量比依赖 IAA 型的组织要高。并且生长素水平的峰值亦恰好出现在愈伤组织迅速生长之前。然而，甜菜愈伤组织中生长素驯化型和依赖型的内源生长素水平却无差异(Coumans-Gilles et al.，1982)。

驯化的另一种机制可能是体内所需求的特定生长调节物质的降解速率降低，或该物质受到保护免除降解，从而使组织中的这一生长调节物质得以自足。如前所述，生长素驯化的甜菜愈伤组织的过氧化物酶的活性比非驯化的要低，但单凭这点还难以定论。尽管过氧化物酶可参与生长素降解过程，但它并不是生长素降解的特异性酶，它的活性的升高也可能与生长素降解无关。还有一种可能是内源生长素受到保护剂，如多胺的保护。在这一甜菜愈伤组织实验体系中，多胺的水平可为 2,4-D 所调节，在用 2,4-D 处理过的驯化愈伤组织中，其 IAA 氧化酶抑制物水平增加(Coumans-Gilles et al.，1982)，此外，在烟草的生长素驯化愈伤组织的诱导过程中，也发现该抑制物水平增加(Syono，1979)。

分析比较甜菜正常和驯化的愈伤组织中的脂肪酸及其他脂类发现，在培养的早期阶段，这两种愈伤组织中的这两类物质含量相同，但是在培养 14 天后，则相差显著。这是由各自细胞膜结构修饰不同所致。在正常的愈伤组织中，脂肪酸的组成非常稳定，在培养过程中消失的磷脂可由固醇补偿。因此，在正常的愈伤组织中，随着生长的进程可保持膜的完整性。但是在驯化的愈伤组织中却富含游离脂肪酸和丙二醛，同时在培养过程中也伴随着不饱和脂肪酸含量的降低，这些数据表明，在驯化的愈伤组织中发生了高水平的脂类过氧化。多元不饱和脂肪酸的过氧化作用和中性脂类水平的增加将引起驯化的愈伤组织膜流动性丧失，膜透性增加，这将使其难以维持稳定状态(Arbillot et al.，1991)。研究者认为，培养细胞如果处于不正常的条件下会受到游离基的攻击，在这种逆境中，培养的细胞可能死亡或存活。为此，培养细胞基于存活的策略就会产生一套抗游离基的保护体系，即在驯化的细胞中增加游离基清除剂的合成(包括提高多胺和酚类等化合物的水平)和限制形成活性氧反应种类的生化途径，降低脂质过氧化速率，提高相关过氧化物酶的活性(Hagège，1996)。

Largo-Gosen 等(2016)发现，菜豆愈伤组织可为一种生长素类除草剂二氯喹啉酸所驯化。二氯喹啉酸驯化的菜豆愈伤组织中的类型Ⅲ过氧化物酶、谷胱甘肽还原酶和超氧化物歧化酶的活性比非驯化的菜豆愈伤组织的显著提高。30mmol/L 二氯喹啉酸处理驯化的菜豆愈伤组织其类型Ⅲ过氧化物酶和超氧化物歧化酶的活性可显著提高。这些结果表明，菜豆愈伤组织被二氯喹啉酸驯化的过程与其形成稳定的抗氧化能力有关，以便使菜豆愈伤组织可对抗因二氯喹啉酸处理所导致的氧化逆境。类型Ⅲ过氧化物酶和超氧化物歧化酶在二氯喹啉酸驯化愈伤组织的过程中起主要的作用。但是抗氧化逆境能力与驯化的相关性的研究难以确定其是引起培养物驯化的原因还是结果。

随着分子生物学研究技术的增加及其完善，相关的技术也已被用于植物组织培养物驯化机制的研究。研究已发现表观遗传机制在此过程中扮演着重要的角色，相关内容见第 9 章的 9.2.6 节“表观遗传修饰与离体培养细胞的驯化作用”。

参 考 文 献

朱至清, 等. 1975. 通过氮源比较试验建立一种较好的水稻花药培养基. 中国科学, (5): 484-490

Aichinger E, et al. 2009. CHD3 proteins and polycomb group proteins antago-nistically determine cell identity in *Arabidopsis*. PLoS Genet, 5: e1000605

Arbillot J, et al. 1991. Changes in fatty acid and lipid composition in normal and habituated sugar beet calli. Phytochemistry, 30: 491-494

Arikita FN, et al. 2013. Novel natural genetic variation controlling the competence to form adventitious roots and shoots from the tomato wild relative *Solanum pennellii*. Plant Sci, 199-200: 121-130

Atta R, et al. 2009. Pluripotency of *Arabidopsis* xylem pericycle underlies shoot regeneration from root and hypocotyl explants grown *in vitro*. Plant J, 57: 626-644

Blervacq AS, et al. 2012. Stem cell-like cells and plant regeneration. *In*: Berhardt LV. Advances in Medicine and Biology. Vol 15. New York: Nova Publishers: 1-60

Boiten HE, et al. 2004. The *Rg-1* encoded regeneration capacity of tomato is not related to an altered cytokinin homeostasis. New Phytol, 161: 761-771

Boniotti MB, Griffith ME. 2002. “Cross-talk” between cell division cycle and development in plants. Plant Cell, 14: 11-16

Bouyer D, et al. 2011. Polycomb repressive complex 2 controls the embryo-to-seed-ling phase transition. PLoS Genet, 7: e1002014

Carman JG. 1990. Embryogenic in plant tissue culture: occurrence and behavior. *In Vitro* Cell Dev Biol-Plant, 26: 746-753

Cedzich A, et al. 2008. Characterization of cytokinin and adenine transport in *Arabidopsis* cell cultures. Plant Physiol, 148: 1857-1867

Che P, et al. 2007. Developmental steps in acquiring competence for shoot development in *Arabidopsis* tissue culture. Planta, 226: 1183-1194

Christianson ML, Warnick DA. 1983. Competence and determination in the process of *in vitro* shoot organogenesis. Develop Biol, 95: 288-293

Christianson ML,Warnick DA. 1985. Temporal requirement for phytohormone balance in the control of organogenesis *in vitro*. Develop Biol, 112: 494-497

Christianson ML, Warnick DA. 1988. Organogenesis *in vitro* as a developmental process. Hort Science, 23: 515-519

Coumans-Gilles MF, et al. 1982. Auxin content and metabolism in auxin-requiring and non requiring calluses. *In*: Fujiwara A. Plant Tissue Culture, Proc 5th Intl Cong Plant Tissue and Cell Culture. Tokyo: Japanese Association for Plant Tissue Culture: 197

de Almeida M, et al. 2012. Pre-procambial cells are niches for pluripotent and totipotent stem-like cells for organogenesis and somatic embryogenesis in the peach palm: a histological study. Plant Cell Rep, 31: 1495-1515

de Castro M, et al. 2014. Early cell-wall modifications of maize cell cultures during habituation to dichlobenil. J Plant Physiol, 171: 127-135

Dolan L. 2006. Positional information and mobile transcriptional regulators determine cell pattern in the *Arabidopsis* root epidermis. J Exp Bot, 57: 51-54

Fray R, Grierson D. 1993. Identification and genetic analysis of normal and mutant phytoene synthase genes of tomato by sequencing, complementation and co-suppression. Plant Mol Biol, 22: 589-602

Galinha C, et al. 2009. Hormonal input in plant meristems: a balancing act. Semin Cell Dev Biol, 20: 1149-1156

Gamborg O, et al. 1968. Nutrient requirements of suspension cultures of soybean roots cells. Exp Cell Res, 50: 151-158

Gautheret RJ. 1955. Surla variabilité de propriétés physiologiques des cultures de tissus végétaux. Rev Gén Bot, 62: 1-106

Gordon SP, et al. 2007. Pattern formation during de novo assembly of the *Arabidopsis* shoot meristem. Development, 134: 3539-3548

Hagège D. 1996. Habituation in sugarbeet plant cells: permanent stress or antioxidant adaptative strategy? Vitro-Plant, 32: 1-5

Hagège D, et al. 1991. A comparison between ethylene production, ACC and mACC contents, hydroperoxide level in normal and habituated sugar beet calli. Physiol Plant, 82: 397-400

Halperin W. 1986. Attainment and retention of morphogenetic capacity *in vitro*. *In*: Vasil IK. Cell Culture and Somatic Cell Genetics of Plants. Vol 3. New York: Academic Press Inc.: 3-47

Heidstra R, Sabatini S. 2014. Plantandanimalstemcells: similar yet different. Nat Rev Mole Cell Biol, 15: 301-312

Hochedlinger K, Plath K. 2009. Epigenetic reprogramming and induced pluripotency. Development, 136: 509-523

Ivanov VB. 2004. Meristem as a self-renewing system: maintenance and cessation of cell proliferation (a review). Russ J Plant Physiol, 51: 834-847

Jiang F, et al. 2015. Involvement of plant stem cells or stem cell-like cells in dedifferentiation. Front Plant Sci, 6: 1028-1034

Kakimoto T. 1996. CKI1, a histidine kinase homolog implicated in cytokinin signal transduction. Science, 274: 982-985

Komatsu YH, et al. 2011. *In vitro* morphogenic response of leaf sheath of *Phyllostachys bambusoides*. J For Res, 22: 209-215

Koornneef M, et al. 1987. A genetic analysis of cell culture traits in tomato. Theor Appl Genet, 74: 633-641

Koornneef M, et al. 1993. Characterization and mapping of a gene controlling shoot regeneration in tomato. Plant J, 3: 131-141

Krikorian AD, Berguam DL. 1969. Plant cell and tissue cultures: the role of Haberlandt. Botanical Rev, 35: 59-88

Krishnamurthy KV, et al. 2015. Development and organization of cell types and tissues. *In*: Bahadur B, et al. Plant Biology and Biotechnology: Volume I: Plant Diversity, 73 Organization, Function and Improvement. New York: Springer India: 73-93

Largo-Gosens A, et al. 2016. Quinclorac-habituation of bean（*Phaseolus vulgaris*）cultured cells is related to an increase in their antioxidant capacity. Plant Physiol Biochem, 107: 257-263

Laux T. 2003. The stem cell concept in plants: a matter of debate. Cell, 113: 281-283

Mains F. 1986. Determination and morphogenic competence in plant tissue culture. *In*: Yeoman MM. Plant Cell Culture Technology. Boston: Blackwell Sci Pub

McDaniel CN. 1984. Competence, determination, and induction in plant development. *In*: Malacinski G. Pattern Formation. A Primer in Developmental Biology. New York: Macmillan: 393-412

Mehra PN, Mehra A. 1971. Morphogenetic studies in *Pterotheca falconeri*. Phytomorphology, 21: 174-191

Meins F Jr. 1989. Habituation: heritable variation in the requirement of cultured plant cells for hormones. Annu Rev Genet, 23: 395-408

Meins F Jr, Binns AN. 1979. Celldetermination in plant Development. Bio Sci, 29: 221-225

Murashige T, Skoog F. 1962. A revised medium for rapid growth and bioassays with tobacco tissue cultures. Physiol Plant, 15: 473-497

Ogas J, et al. 1997. Cellular differentiation regulated by gibberellin in the *Arabidopsis thaliana* pickle mutant. Science, 277: 91-94

Ogas J, et al. 1999. PICKLE is a CHD3 chromatin-remodeling factor that regulates the transition from embryonic to vegetative development in *Arabidopsis*. Proc Natl Acad Sci USA, 96: 13839-13844

Okada TS. 1991. Transdifferentiation: Flexibility in Cell Differentiation. Oxford; Oxford University Press

Osakabe Y, et al. 2002. Overexpression of *Arabidopsis* response regulators, ARR4/ATRR1/IBC7 and ARR8/ATRR3, alters cytokinin responses differentially in the shoot and in callus formation. Biochem Biophys Res Commun, 293: 806-815

Osborne DJ, McManus MT. 2005. Hormones, signals and target cells in plant development. New York: Cambridge University Press

Papp B, Plath K. 2011. Reprogramming to pluripotency: stepwise resetting of the epigenetic landscape. Cell Res, 21: 486-501

Paran I, Zamir D. 2003. Quantitative traits in plants: beyond the QTL. Trends Genet, 19: 303-306

Peres LEP, et al. 2001. Shoot regeneration capacity from roots and transgenic hairy roots of different tomato cultivars and wild related species. Plant Cell Tiss Org Cult, 65: 37-44

Phillips GC. 2004. *In vitro* morphogenesis in plants-recent advances. *In Vitro* Cell Dev Biol-Plant, 40: 342-345

Potten CS, Loeffler M. 1990. Stem cells: attributes, cycles, spirals, pitfalls and uncertainties: lessons for and from the crypt. Development, 110: 1001-1020

Riou-Khamlichi C, et al. 1999. Cytokinin activation of *Arabidopsis* cell division through a D-type cyclin. Science, 283: 1541-1544

Sakai H, et al. 2001. ARR1, a transcription factor for genes immediately responsive to cytokinins. Science, 294: 1519-1521

Schenk R, Hildebrandt AC. 1972. Medium and techniques for induction and growth of monocotyledonous and dicotyledonous plant cell cultures. Can J Bot, 50: 199-204

Schofield R. 1978. The relationship between the spleen colony-forming cell and the haemopoietic stem cell. Blood Cells, 4: 7-25

Sena G. 2014. Stem cells and regeneration in plants. Nephron Exp Nephrol, 126: 35-39

Sena G, et al. 2009. Organ regeneration does not require a functional stem cell niche in plants. Nature, 457: 1150-1153

Skoog F. 1994. A personal history of cytokinin and plant hormone research. *In*: Mok DWS, Mok MC. Cytokinins: Chemistry, Activity, and Function. Boca Raton: CRC Press Inc.: 1-14

Skoog F, Miller CO. 1957. Chemical regulation of growth and organ formation in plant tissues cultured *in vitro*. Symp Soc Exp Biol, 27: 118-131

Smet I, et al. 2009. Receptor-like kinases shape the plant. Nat Cell Biol, 11: 1166-1173

Soni R, et al. 1995. A family of cyclin D homologs from plants differentially controlled by growth regulators and containing the conserved retinoblastoma protein interaction motif. Plant Cell, 7: 85-10

Sozzani R, Iyer-Pascuzzi A. 2014. Postembryoniccontrolofroot meristemgrowthanddevelopment. Curr Opin Plant Biol, 17: 7-12

Stahl Y, Simon R. 2005. Plant stem cell niches. Int J Dev Biol, 49: 479-489

Steward FC, et al. 1958. Growth and organized development of cultured cells. Ⅲ. Interpretations of the growth from free cell to carrot plant. Am J Bot, 45: 709-713

Steward FC, et al. 1970. Growth and development of totipotent cells: some problems, procedures, and perspectives. Ann Bot, 34: 761-787

Sugimoto K, et al. 2010. *Arabidopsis* regeneration from multiple tissues occurs via a root development pathway. Dev Cell, 18: 463-471

Sugimoto K, et al. 2011. Regeneration in plants and animals: dedifferentiation, transdifferentiation, or just differentiation? Trends Cell Biol, 21: 212-218

Sugiyama M. 2015. Historical review of research on plant cell dedifferentiation. J Plant Res, 128: 349-359

Sussex IM. 1983. Determination of plant organs and cells. *In*: Kosuge T, et al. Genetic Engineering of Plant: An Agricultural Perspective. New York: Plenum: 443-451

Syono K. 1979. Correlation between induction of auxin-nonrequiring tobacco calluses and increase in inhibitor(s) of IAA-destruction activity. Plant Cell Physiol, 20: 29-42

Ten Hove CA, Heidstra R. 2008. Who begets whom? Plant cell fate determination by asymmetric cell division. Curr Opin Plant Biol, 11: 34-41

Verdeil JL, et al. 2007. Pluripotent versus totipotent plant stem cells: dependence versus autonomy? Trends Plant Sci, 12(6): 245-252

Waddington CH. 1934. Experiments on embryonic Induction Part I. The competence of the extra-embryonic ectoderm in the chick. J Exp Biol, 11: 212-217

Xu J, et al. 2006. A molecular framework for plant regeneration. Science, 311: 385-388

Zagórska-Marek B, Turzanska M. 2000. Clonal analysis provides evidence for transient initial cells in shoot apical meristems of seed plants. J Plant Growth Reg, 19: 55-64

Zhuravlev YN, Omelko AM. 2008. Plant morphogenesis *in vitro*. Russian J Plant Physiol, 55: 579-596

第 2 章　愈伤组织的形成及其调控

2.1　愈 伤 组 织

早在 200 多年前研究人员就已发现在树干的去皮处所形成的愈伤组织。在早期的植物生物学中，愈伤组织是指植物细胞创伤后累积胼胝质并大量生长的组织。它通常在植物组织和器官的机械损伤部位或切口处形成，有时微生物的侵染或昆虫的咬伤也可诱导愈伤组织产生(Ikeuchi et al.，2013)。

自从发现愈伤组织可在离体培养条件下从植物外植体(explant)中诱导形成，以及培养基中的生长素和细胞分裂素的动态平衡对此起着关键作用以来(Skoog and Miller，1957)，愈伤组织已被广泛地应用于基础和相关产业的研究(Bourgaud et al.，2001)。一般而言，愈伤组织是指在自然或离体培养条件下所形成的可不断增殖的、在组织结构上无定形的细胞团(disorganized cell mass)。愈伤组织是多样化的组织，可包含各种分化程度的细胞。

愈伤组织至少可通过两个途径形成：①天然存在的因植物组织创伤而形成；②植物外植体在愈伤组织诱导培养基(callus induction medium，CIM)上诱导形成，简称为 CIM-愈伤组织，这是获得众多植物愈伤组织的普遍途径，其中包括诱导改变胚性和分生组织细胞发育命运从而形成愈伤组织(Ikeuchi et al.，2013)。

长期以来，CIM-愈伤组织都被认为是已分化的外植体中被诱导脱分化所形成的组织，其中有一部分细胞具有高度再生能力(Christianson and Warnick，1983；Che et al.，2007)。最近的研究表明，拟南芥根和下胚轴外植体诱导的 CIM-愈伤组织来源于中柱鞘邻近木质部极的细胞(Atta et al.，2009)。进一步的组织学观察揭示，这些培养物不是一团在组织结构上无定形的脱分化细胞，而是类似于侧根原基结构的组织(Atta et al.，2009)。转录物组分析证实，这些培养物的基因表达模式与根分生组织高度相似，即使地上部分的器官，如子叶和花瓣为外植体，其 CIM-愈伤组织的组织结构也与侧根分生组织相似(lateral root meristem-like，LRM-like)(Sugimoto et al.，2010)。此外，侧根原基发育缺失的拟南芥突变体 *alf4* 的各种外植体 CIM-愈伤组织的形成都被明显地抑制(Sugimoto et al.，2010)。从这些研究结果可知，至少在拟南芥中，各种外植体所诱导的 CIM-愈伤组织是启动侧根发育程序而形成的非脱分化组织(Ikeuchi et al.，2013)。

然而，目前尚难确定拟南芥外植体所诱导形成的这一类 CIM-愈伤组织与其他植物的 CIM-愈伤组织是否是同一类愈伤组织。事实上，Atta 等(2009)认为根和下胚轴外植体在 CIM 中诱导 5 天所形成的源于木质部极中柱鞘细胞的培养物不是真正的愈伤组织，他们将其称为类似侧根分生组织结构物(LRM-like structure)。为此，Atta 等(2009)还特别提示“当用拟南芥根培养物研究激素信号转导或响应时，应当留意的是，CIM 中所诱导的是类似 LRM 的原基而不是愈伤组织”。但是之后的一些研究者在引用 Atta 等的研究结果及描述他们自己与之类似的研究结果时，都称此类培养物为愈伤组织(Sugimoto et al.，2010；Fan et al.，2012；Ikeuchi et al.，2013)。

模式植物拟南芥的各种外植体在传统的培养基(CIM)中所诱导的非脱分化愈伤组织形成的机制(转分化)，是否也存在于其他众多物种的愈伤组织中，有待更多的研究。近年来拟南芥在这方面所取得的研究成果，为我们全面了解愈伤组织形成及其分子机制提供了新角度。鉴于此，本章将拟南芥不同外植体在 CIM 上所诱导的培养物列为一节(2.2)专门介绍，而其他的内容(即传统上脱分化的愈伤组织)则在“其他植物 CIM-愈伤组织的形成及其调控”一节中介绍。

2.2　拟南芥外植体在愈伤组织诱导培养基中所诱导的培养物的形态结构及其分子特征

研究表明，用如图 2-1 所示的培养方法将拟南芥根、下胚轴、子叶和花瓣的外植体培养在含生长素与细胞分裂素比例高的 CIM 中，可诱导外植体内邻近木质部极的中柱鞘细胞形成愈伤组织。在组织结构上，这些愈伤组织不是由不定形的一团细胞所组成的传统的愈伤组织，而是具有类似于侧根原基的结构的组织(称为 CIM-培养物)(Atta et al.，2009)。这些 CIM-培养物的基因表达模式与侧根分生组织高度相似。此外，即使源于地上部分的器官如子叶和花瓣的外植体，其所诱导的 CIM-培养物的组织结构也与侧根原基相似(Sugimoto et al.，2010)(图 2-1)。这些研究结果表明，至少在拟南芥中，这种 CIM-培养物是通过启动侧根的发育程序而形成的。

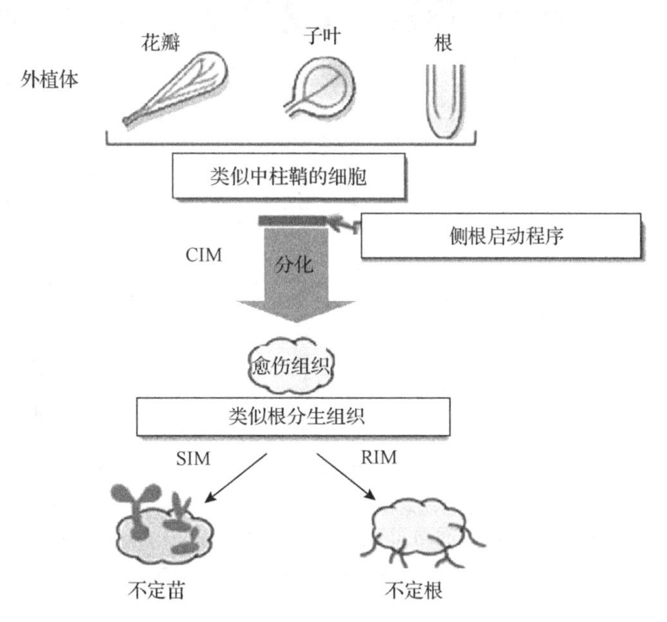

图 2-1　拟南芥各器官外植体的愈伤组织诱导及其再生不定苗和不定根的途径示意图(Sugimoto et al.，2010)

SIM(shoot induction medium)：苗诱导培养基。RIM(root induction medium)：根诱导培养基

2.2.1　根和下胚轴外植体 CIM-培养物的形态结构及其分子特征

Atta 等(2009)以拟南芥(*Arabidopsis thaliana*)及与其相关的分子标记基因的转基因植株的无菌苗下胚轴和根为外植体，首先在 CIM 中培养 5 天，然后将培养物转入苗诱导培养基(SIM)，以诱导苗的再生，同时观察在这一培养过程中，各培养物的形态发生、组织结构及与其相关的分子特征。实验结果表明，所用的各株系的外植体在培养之初，都出现快速的反应，尽管在培养的前 2 天没有发生肉眼可见的变化(图 2-2A，B，J)，但在 CIM 培养过程中被重新启动的细胞分裂仅发生在中柱鞘对侧的原生木质部极细胞中(图 2-2D，E，M)。组织学的纵切面观察表明，几个邻近的木质部中柱鞘细胞参与这一细胞分裂过程(图 2-2G，P)。经过 3～5 天的培养，木质部的中柱鞘中连续发生平周分裂、垂周分裂从而产生两列纵向的凸出生长物(图 2-2E，F，K，L，N～R)。而在韧皮部中柱鞘部位中仅有少数细胞进行平周分裂。培养 4～5 天后，中柱鞘所衍生的外部组织发生片状剥落(图 2-2F，L，O，R)，以至于外植体只余下被那些凸出生长物所包围的初生中柱(中心中柱)，而这些凸出生长物衍生于木质部中柱鞘细胞，并被一个连续的细胞层所覆盖，构成了内层结构的细胞单元(图 2-2F，O，R)。其中一些凸出生长物类似于侧根原基，而其他的一些凸出生长物外形变得更圆润(图 2-2F，N，Q，R)。但这些凸出生长物并不显示出真正的愈伤组织的那种不定形的外观。根据拟南芥生态型的不同，这些凸出生长物可被或多或少地融合在一起，看起来像扁化的根。至于为何仅在中柱鞘对侧的原生木质部极细胞中重新启动细胞分裂(图 2-2D，E，M)，可能是因为原生韧皮部和原生木质部极细胞对培养基中的植物激素有不同的反应(Atta et al.，2009)。

对根特异性及与其相关的标记基因的表达模式的分析进一步证实，上述在 CIM 上所启动的凸出生长物和早期侧根分生组织不但在形态上具有相似性，而且其结构功能的特点也相似。例如，图 2-3 所示的是侧根分生组织(lateral root meristem，LRM)特异性标记基因(*QC25*、*PLT1* 和 *RCH1*)表达模式的比较分析结果：

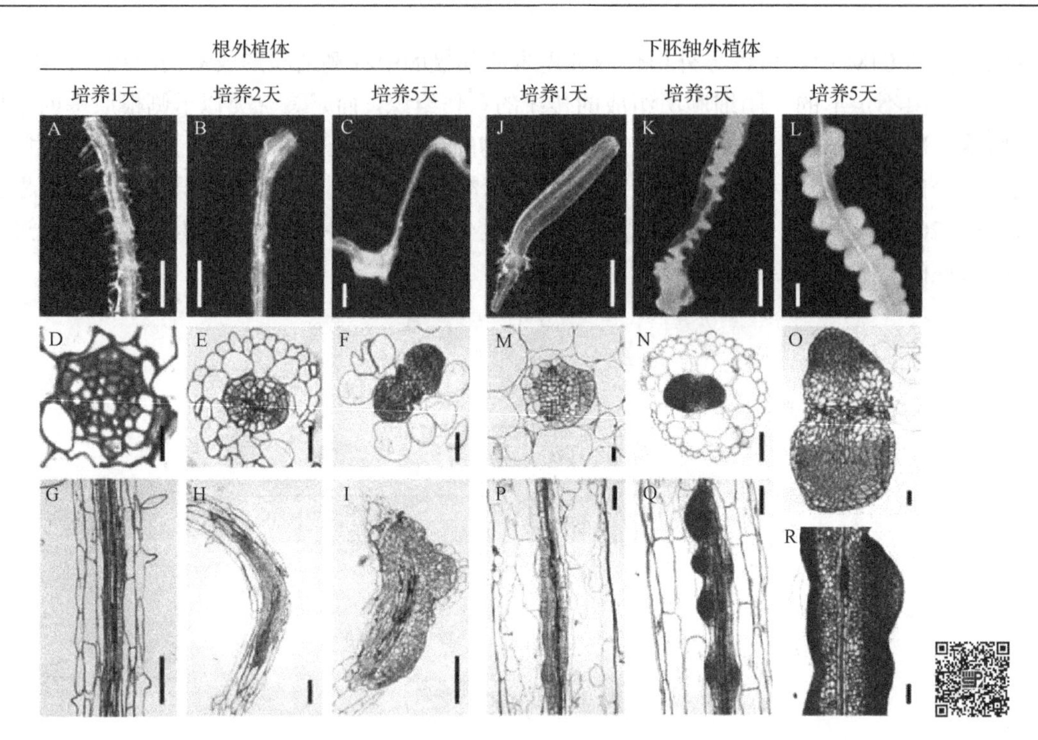

图 2-2 拟南芥根和下胚轴外植体在愈伤组织诱导培养基(CIM)培养过程中的结构变化(Atta et al.，2009)(彩图请扫二维码)

培养物形态学变化(A～C，J～L)；培养物横切面(D～F，M～O)和纵切面观(G～I，P～R)；从中可见正在分裂的木质部中柱鞘细胞对称的细胞列已经或多或少地融入类似侧根分生组织(LRM)的结构中，在 D 和 E 中红色箭头所指的是原生木质部极。组织切片以甲苯胺蓝染色，图中标尺分别为 5mm(A)、3mm(B，C，J～L)、40μm(D)、80μm(E，F)和 130μm(G～I，M～R)

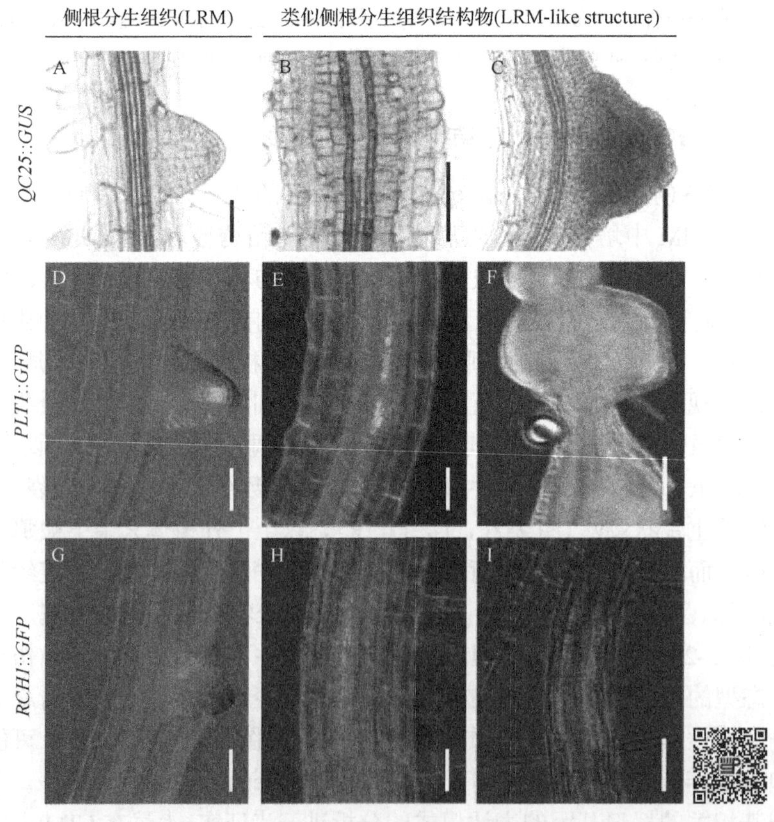

图 2-3 侧根分生组织(LRM)特异性标记基因(*QC25*、*PLT1* 和 *RCH1*)在侧根分生组织(LRM)和根外植体在 CIM 中所诱导的类似侧根分生组织结构物(LRM-like structure)中表达模式的比较(Atta et al.，2009)(彩图请扫二维码)

标尺=80μm

其中，*QC25* 只在根端分生组织的静止中心(quiescence centre，QC)细胞中表达(图 2-3A)，而不在类似侧根分生组织(LRM-like)原基的中柱鞘早期衍生细胞中表达(图 2-3B)，但可于在 CIM 中诱导 5 天的 LRM-like 原基的中心区表达(图 2-3C)；*PLT1* 是在侧根分生组织表达的基因(图 2-3D)，也可于在 CIM 中启动的类似侧根分生组织结构物中表达(图 2-3E)。*PLT1* 表达的区域最终覆盖了类似根冠细胞之下的大部分区域(图 2-3F)。根分生组织特异性表达的 *RCH1*(图 2-3G)，也可在 CIM 中所诱导形成的类似侧根发生组织结构物中表达(图 2-3H，I)。难以料想的是，根和下胚轴外植体在 CIM 中所形成的 LRM-like 原基也表达一些苗端分生组织(SAM)的特异性基因，如 *CLV3* 和 *LFY*，而它们是通常不在侧根分生组织(LRM)表达的基因。在 CIM 各个阶段的培养物中都不表达 *WUS* 和 *CLV1* 基因(Atta et al.，2009)。

在功能方面，上述根和下胚轴外植体在 CIM 中培养 5 天所形成的类似侧根分生组织结构物，虽不伸长但可分化出与根毛相似的表皮毛，显示出类似 LRM 原基的一些功能作用。此外，由 CIM 诱导的类似侧根分生组织结构物的外层具有根冠的特点，如具有平衡石(statolith)、在其最外层表达 *AtML1* 基因，该基因是苗端分生组织(SAM)和早期侧根分生组织的 L1 表皮层细胞中特异性表达的基因。这些特点都是 LRM 启动所引发的特点(Sessions et al.，1999)。

综上所述，不管所用的外植体供体拟南芥的生态型是什么，经过 3～5 天的 CIM 培养所形成的凸出生长物不是真正传统意义上的愈伤组织，而是具有一系列类似侧根分生组织的结构物(Atta et al.，2009)。

2.2.2　子叶和花瓣外植体 CIM-培养物的形态结构及其分子特征

不同来源的外植体，如根与子叶、下胚轴和花瓣，其发育来源及其形态学所处的位置和细胞类型都是不同的。例如，子叶和花是地上部分的器官，从谱系看，子叶和花瓣外植体比较接近苗端分生组织(shoot apical meristem，SAM)。因此有必要探究以一般不产生侧根的器官为外植体与上述下胚轴和根外植体在 CIM-培养基中所诱导的培养物是否具有相似的形态结构及与其相关的分子特点。对此，Sugimoto 等(2010)的相关研究结果显示，不管是以地上部分的子叶和花瓣为外植体，还是以根和下胚轴为外植体，它们在 CIM 中所诱导的培养物的形成过程与侧根启动阶段过程都有着相同的遗传控制机制。例如，目的标记基因的转基因策略和培养物的活体成像技术跟踪的研究结果表明，那些在苗端分生组织中表达的分子标记物，如 *pWUS::GFP-ER*、*pCLV3::GFP-ER* 和 *pSTM::STM-VENUS*，在子叶或花瓣所诱导的 CIM-培养物(原作者称为愈伤组织)中都没有清楚地表达，而相反，根组织的分子标记物却在这些 CIM-培养物中表达，同时其表达模式与根外植体所诱导的 CIM-培养物相似。例如，根分生组织中的静止中心(QC)报告基因(*pSCR::GFP-ER* 和 *pWOX5::GFP-ER*)也可以在这两类外植体所诱导的 CIM-培养物的亚表皮层中广泛地表达；与 SHR(SHORT ROOT)蛋白融合的报告基因(*pSHR::SHR-GFP*)是在中柱鞘细胞核和细胞液，以及内皮层和 QC 周边细胞的细胞核内表达的标记分子，该报告基因也呈现类似 QC 核定位的表达模式，在子叶或花瓣所诱导的 CIM-培养物的亚表皮层中表达，而在其内层组织细胞中，该基因的表达与中柱表达模式类似(尽管这些信号在子叶和花瓣中的表达不强)。与此相吻合的还有，侧根原基发育缺失的拟南芥 *alf4* 突变体的各种外植体在 CIM 中的愈伤组织的形成都被明显地抑制。*alf4* 突变体失去侧根的形成能力与生长素水平无关，*alf4* 突变体的中柱鞘细胞失去了启动细胞分裂的能力，因而难以形成侧根原基(Celenza et al.，1995)。这些结果显示，在同一实验中，不管是以地上部分的子叶和花瓣为外植体，还是以根和下胚轴为外植体，它们在 CIM 中所诱导的培养物与启动阶段的侧根形成有着相同的遗传控制机制(Sugimoto et al.，2010)。

中柱鞘只是用于表述高等维管植物根结构的一个概念(Raven et al.，1982)。为了验证在地上部分的器官中是否存在类似中柱鞘组织(pericycle-like tissue)，方法之一是观察子叶和花瓣外植体是否可以表达中柱鞘组织的分子标记 J0121。研究结果显示，子叶和花瓣外植体在 CIM 中开始培养时(即在培养的 0 天)，在其中脉周围可连续地强烈表达 J0121(绿色荧光)，而在 CIM 中培养 4 天或 5 天后，其表达部位被缩小在维管束生长区周围的基部，这与在根外植体诱导的愈伤组织和侧根启动中所观察到的相一致。这些结果表明，在植物体各种器官的维管束周围也存在类似中柱鞘细胞，并且在生长素的刺激下可进行增殖和分化。源于苗的外植体(子叶和花瓣)组织中也可被诱导出类似中柱鞘细胞，这一发现为我们认识植物干细胞提供了一种新视角。此外，为了进一步揭示不同器官外植体诱导的 CIM-培养物全基因组水平上的分子属性，Sugimoto

等(2010)利用基因芯片分析技术比较了在CIM中培养10天的外植体与其原来未在CIM中培养的外植体的基因表达转录物组(transcriptome)。结果显示，在根外植体中，被上调的基因数量远比子叶中(26.9%)和花瓣中(16.4%)的少。这意味着与其他外植体诱导的愈伤组织相比，根外植体所诱导的CIM-培养物的基因表达模式与根外植体的更为相似。在3个相关实验中，较大部分被上调的基因(占根中被上调基因总数的47.3%)都是相互重叠的，这意味着，从不同器官取得的外植体所诱导形成的CIM-培养物具有相同的基因表达模式。因此，尽管外植体的来源器官不同，其所形成的CIM-培养物可能都是类似根的组织，这也与活体成像的数据相符合(Sugimoto et al.，2010)。

综上所述，突变体分析和中柱鞘标记分子在根、子叶和花瓣外植体中表达的模式及相关的转录物谱的结果表明，在外植体细胞中，异位激活与根中柱鞘细胞相当的侧根原基启动发育程序是诱导这些外植体形成愈伤组织的共同机制。因此，从各种器官外植体所诱导的愈伤组织形成的共同过程都是使其中的类似中柱鞘细胞向类似根分生组织的细胞转分化的过程，至少在拟南芥中是如此(Sugimoto et al.，2010)。这些类型的CIM-培养物在苗诱导培养基(SIM)中可形成不定苗(参见第3章的3.2.1部分)。

2.3 创伤诱导的愈伤组织

在各种生物有机体，包括鱼类、两栖类、哺乳动物和植物中，创伤可诱导细胞脱分化(dedifferentiation)，这是常见的现象。与动物细胞相比，植物细胞改变发育命运的可塑性更为明显。树木剥皮所引起的愈伤组织的形成是早就被认知的现象，并被应用于园艺植物的繁殖。这些愈伤组织常常累积着植物毒素和病原体相关蛋白，以防止感染和失水(Bostock and Stermer，1989)。各类型的细胞包括维管束细胞、皮层和髓部细胞都可诱导形成愈伤组织。在有些情况下，创伤所诱导的愈伤组织可再生成新器官和新组织，这说明，它们具有很高的再生能力(Stobbe et al.，2002)。创伤诱导的愈伤组织可分为：①天然存在的创伤所诱导的愈伤组织；②在离体培养的愈伤组织诱导培养基(CIM)中所诱导形成的愈伤组织(图2-4)。

图2-4 天然形成的和离体培养诱导形成的愈伤组织(Ikeuchi et al.，2013)(彩图请扫二维码)

A：离体培养条件下所形成的愈伤组织；在CIM上培养的拟南芥种子萌发30天后所拍的愈伤组织照片。B：创伤部位形成的愈伤组织；拟南芥叶被剪切6天后所拍的照片。C：创伤的拟南芥花序轴与革兰氏阴性菌农杆菌(*Agrobacterium* strain C58)共培养30天后所形成的冠瘿瘤(如黑箭头所示无组织结构的细胞团)(Eckardt，2006)。D：与成团泛菌(*Pantoea agglomerans* pv. *gypsophilae*)(*Pag*)和*P. agglomerans* pv. *betae*(*Pab*)共培养的圆锥石头花(*Gypsophila paniculata*)插条上基部所形成的已生长两周的冠瘿瘤(Barash and Manulis-Sasson，2007)。E：在草木樨(*Melilotus officinalis*)苗上因感染伤致瘤病毒(wound tumor virus，WTV)所形成的冠瘿瘤纵切面(Lee，1955)。F：烟草种间杂交(*Nicotiana glauca*和*N. langsdorffi*)的遗传性瘤，箭头所示的是F_1植株上所形成的愈伤组织(Udagawa et al.，2004)

在传统的愈伤组织诱导培养体系中，除了含有高浓度比例的生长素外，在获取外植体的切割过程中，外植体都会发生创伤效应。在本节中所介绍的拟南芥外植体创伤所诱导的愈伤组织（Iwase et al.，2011a）（图 2-4B）与上一节（2.2 节）所介绍的拟南芥 CIM 中所诱导的培养物（原作者称为类似根分生组织结构物或愈伤组织）在外形上有明显的差异。此外，上一节所述的 CIM-培养物是不发生脱分化的组织，可表达根分生组织的分子标记基因；而创伤诱导的愈伤组织是脱分化的组织，不表达根分生组织的分子标记基因。这些差异强烈地表明，它们的分子和生理性质应是不同的。

2.4　其他植物 CIM-愈伤组织的形成及其调控

本节介绍传统上采用切离母体的外植体所诱导的一般经过外植体细胞脱分化（如创伤所诱导的）所形成的愈伤组织及其调控。

一般情况下，利用愈伤组织进行植株再生，常分两步进行。首先，用作外植体供体的器官或组织经过消毒处理后，挑选合适的部分，切取一定大小的外植体，直接接入愈伤组织诱导培养基（CIM）中培养，此时外植体因切割而产生创伤效应，在含生长素比例高的 CIM 中经过一定时间的诱导培养后，便形成了愈伤组织，在这一过程中被培养的外植体的一部分细胞获得了全能性或亚全能性（pluripotency）再生潜能。然后，当它们被转移至不同的再生培养基上时，便会表达它们相应的亚全能性或全能性。

2.4.1　愈伤组织细胞的亚全能性或全能性的表达方式

CIM-愈伤组织的细胞分裂常以无规则的方式发生，此时虽然也发生了细胞分化，形成了管状分子和瘤状结构，但并无器官发生。那些具有亚全能性或全能性的愈伤组织，只有在适当的培养条件下，才能表达其多能性、亚全能性或全能性，发生再分化，进行不定芽（苗）（第 3 章）、不定根（第 4 章）、体细胞胚的形成（第 5 章）和花芽再生（第 6 章），最终通过离体器官发生（*in vitro* organogenesis）和体细胞胚胎发生（somatic embryogenesis）途径再生植株。根据 CIM-愈伤组织在显微镜下的细胞结构特点，其可分为：①没有明显器官再生类型的易碎或结构紧密的愈伤组织；②呈现一定程度器官再生能力的愈伤组织或具有进行体细胞胚胎发生能力的胚性愈伤组织（图 2-5）。更具体一点说，愈伤组织的器官发生顺序可有 4 种类型：①愈伤组织仅具有再生不定根或不定芽（苗）器官的能力，分别可在苗诱导培养基（SIM）或根诱导培养基（RIM）上形成不定芽或不定根；②先形成不定芽，待此芽伸长后，在其基部长出根，再生成小植株，多数植物愈伤组织的器官发生方式属于这种类型；③先形成不定根，再从该根的基部分化出芽，进而形成小植株，这一类型的器官发生在双子叶植物中较普遍，而单子叶植物中则少有；④先在愈伤组织邻近的不同部位分别形成不定芽（苗）和不定根，然后两者结合起来再生成植株，但此时根和芽的维管束一定要相连，再生植株才能成活，这一器官发生类型较少见。愈伤组织通过体细胞胚胎发生途径再生植株，这是一种较为常见且理想的植物离体再生植株的类型，此时的愈伤组织又可分为胚性愈伤组织（embryogenic callus）和非胚性愈伤组织（non-embryogenic callus）（参见第 5 章）。

所形成的愈伤组织细胞并不全都具有亚全能性或全能性。这些特性可在一定程度上从它们的外形及其细胞结构特点反映出来，但它们之间的差异是相对的，愈伤组织通过合适的筛选和继代培养，其再生能力可发生改变，因此，有时可以通过控制培养条件（特别是生长调节物质）和继代培养的艺术将无器官发生能力的愈伤组织变为有器官发生能力的愈伤组织。例如，新形成的油菜异养型愈伤组织呈奶油色，或松软或紧密、质硬，极少含多倍体的核。随着继代培养次数的增加，其分化的程度也增加，有些愈伤组织变为褐色，出现较高水平的多倍体核。实验表明，过长时间的 2,4-D 作用，会使这种愈伤组织的器官发生能力大大降低。有的愈伤组织呈绿色，其中含有叶绿体并具有光合作用功能，但它们还依赖于培养基碳源而生长，称为光混合营养愈伤组织（photomixotrophic callus），油菜这种光混合营养愈伤组织很少含多倍体的核，并且保持着器官发生的潜能（Williams et al.，1991）。

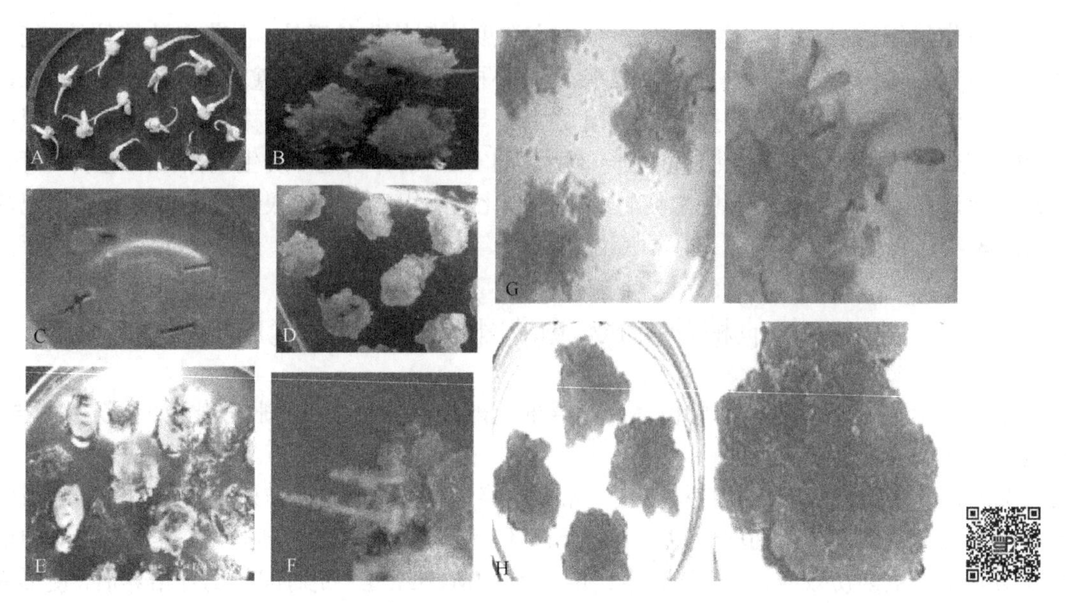

图 2-5　CIM-愈伤组织的常见类型（彩图请扫二维码）

A，B：从水稻（*Oryza sativa*）品种 MR 219 成熟种子盾片区域所诱导的生长一周的愈伤组织（A），在再生培养基培养 6 天后所再生的不定苗（B）（Sivakumar et al.，2010）。C，D：晋南苜蓿（*Medicago sativa* cv. Jinnan）的叶柄外植体在愈伤组织诱导培养基上形成的胚性愈伤组织（C），经继代培养一次的愈伤组织表面可见体细胞胚（绿色）（D）（黎茵等，2003）。E，F：莴苣（*Lactuca sativa*）杂交种 LE126 萌发 6 天，幼苗子叶外植体在 SH 培养基培养 5～6 周所诱导的愈伤组织（E），继代培养后，约有 2.9%的愈伤组织可形成不定根（Kim and Botella，2004）。G，H：甜菜（*Beta vulgaris*）具有器官发生能力（G）和无器官发生能力（H）的愈伤组织培养系（Causevic et al.，2006）（右侧图为左侧图的一部分放大）

2.4.2　愈伤组织形成的主要阶段、继代培养及其保存

大多数植物的 CIM-愈伤组织的形成过程大致可分为诱导、细胞分裂和细胞分化 3 个时期（颜昌敬，1990）。诱导期的长短因植物种类和外植体的生理状态与外部因素而异。例如，有的植物如菊芋的诱导期只要 1 天，而有的植物如胡萝卜则需要几天；籼稻品种 PAU 201 成熟种子的盾片组织诱导胚性愈伤组织约需 3 周（Wani et al.，2011）；阿宽蕉（*Musa itinerans* Cheesman）以幼胚为外植体诱导约 150 天才能得到胚性愈伤组织（魏岳荣等，2006）。诱导期也可因各影响因子而异。例如，刚收获的菊芋块茎诱导期只要 22h，而贮藏 5 个月后，其诱导期延长到 2 天。生长在弱光下的植株比生长在强光下的植株的外植体易诱导形成愈伤组织。

生长旺盛的愈伤组织一般呈奶黄色或白色，有光泽，也有显淡绿色或绿色；老化的愈伤组织多转变为黄色至褐色。愈伤组织若在原培养基上继续培养，则培养基中的水分或营养的损失，以及愈伤组织分泌的代谢产物不断累积，达到产生毒害作用的水平，会导致愈伤组织块停止生长，直至老化变黑死亡。因此愈伤组织在原培养基上生长一段时间，就必须转移到新鲜的培养基上进行继代培养。继代的方法是将原来的愈伤组织分割成小块转移到新鲜的培养基上，用于继代的愈伤组织块必须达到一定的大小（一般直径约为 5mm，重量约为 100mg），否则在新鲜的培养基上难以迅速恢复分裂和生长，或者生长得十分缓慢。

在正常的情况下，继代后的愈伤组织在 3～7 天即可恢复生长，在随后的 2～3 周，愈伤组织的生长分别可达到旺盛生长时期、顶峰期并随即缓慢下来，这时愈伤组织块达到最大体积。进行继代培养的最合适的时间是愈伤组织生长即将达到顶峰之前，这时愈伤组织中的细胞处于旺盛分裂之中，继代后很容易生长。反之，如果等到愈伤组织停止生长较长一段时间后再转到新鲜培养基上，则较难恢复细胞分裂。继代时还必须选择健康的愈伤组织，通过这种按时继代的方法，已建立起来的愈伤组织可以被长期地保存下来。24℃的温度和弱光有利于愈伤组织的保存，据报道，已有保存了 15 年的大豆细胞系的愈伤组织（Constable，1984）。

尽管一般认为愈伤组织是一团缺少组织结构的细胞，但从组织解剖学的研究来看，完全由均一的薄壁细胞构成的愈伤组织是极少的。如前所述，愈伤组织在分化期会出现导管细胞、筛管细胞、分泌细胞、毛

状体细胞及木栓细胞等的分化，并出现由小而密集的分裂细胞构成的细胞团(称为拟分生组织)。这些区域化的细胞团往往在以后的分化中成为形成不定芽原基及不定根原基的中心，愈伤组织的外形也经常呈颗粒状，这些颗粒中含有韧皮部、木质部和形成层组织，这种具有类似维管组织的愈伤组织颗粒也具有分化形成不定芽和不定根的能力；愈伤组织经长期培养后会出现遗传不稳定性和变异性，愈伤组织的遗传变异使得由此而再生的植株也相应地在遗传组成上表现出不一致性，其中体细胞的变异是其表现之一。利用这一特性，有时还可进行作物的改良或者获得次生物质含量很高的愈伤组织。例如，铁海棠(*Euphorbia milii*)的愈伤组织，其细胞经过 21 次继代(10 天继代一次)选择后，可含有丰富的花青素(Yamamoto and Mizuguchi，1982)。天仙子的愈伤组织经过 44 次继代(21 天继代一次)培养后逐渐损失其细胞中的生物碱。

愈伤组织遗传上的不稳定性表现在同一培养体系中不同细胞之间遗传上和表型上的差异。表型上的差异可由遗传变异引起，也可由培养过程中的后天因素引起。后天因素所引起的表型变化可随着组织或细胞的继代而保留下来，其典型例子是组织培养中出现的外源生长调节物质，如细胞分裂素需求的驯化现象(第 1 章)。后天性状的改变是在基因表达水平上的变化，涉及原有基因选择性的表达，因此这些性状的改变是可逆转的。组织培养中的遗传变异主要涉及细胞核组成的改变，所以是不可逆转的。这种细胞核的变异可以是染色体畸变、细胞核破碎，或者是由胞内复制引起的多倍性等形式。培养基成分，特别是外源激素的成分与变异的产生有密切的关系。培养时间也是产生变异的重要因素。胡萝卜和烟草的愈伤组织在连续继代培养几个月后，多倍性水平显著提高。但是也有经过长期培养而保持遗传稳定培养体系的例子。据报道，桉属(*Eucalyptus*)的愈伤组织继代培养 3 年和 10 年后，未发现多倍体和非整倍体细胞，纤细还阳参(*Crepis capillaris*)和向日葵(*Helianthus annuus*)的愈伤组织在经 2 年以上的继代培养后仍保持其遗传稳定性。但是源于愈伤组织而再生的植株(特别是多代培养的苗)发生表观遗传变异或体细胞变异的并不少见，如小金海棠(*Malus xiaojinensis*)第一代源于愈伤组织的植株就可检测到表观遗传变异，至第四代苗可出现变异的裂叶(Huang et al.，2012)。

2.4.3 影响愈伤组织形成的主要因子

愈伤组织的诱导及其增殖和后述的器官发生主要受外植体、培养基和培养环境等三大因素调控。愈伤组织的诱导、增殖及器官发生实际上是连续的过程，为了便于讨论，这里将进行如下几方面的叙述。

2.4.3.1 外植体及其供体基因型的影响

理论上，单个细胞和任何一块外植体在合适的条件下均可脱分化形成愈伤组织。实际上，各种外植体诱导形成愈伤组织的难易程度及其所要求的条件却有很大的不同，这与外植体供体的遗传因素、基因型和外植体本身的年龄、细胞类型及其生理生化状态密切相关。

1) 外植体的影响

一般来说，带有薄壁细胞及分生细胞的组织较易诱导出愈伤组织。因为薄壁细胞分化水平较低，有较大的发育可塑性，其进行分裂的潜力可以保持许多年。根、茎的髓部和皮层、块茎、叶肉细胞、肉质果果肉，以及种子胚乳中都含有大而完整的薄壁细胞组织(因此，单子叶作物，常用种子或成熟胚作为外植体)，在木质部和韧皮部中，薄壁细胞仅存在于射线和纵束中。对于种子植物来说，仅有小部分旱生植物和水生植物难以诱导愈伤组织，前者是因为薄壁细胞有限，而后者则是由于在消毒时无保护组织而易受到较大损伤。细胞分裂是脱分化形成愈伤组织的前提，分生组织细胞分裂的潜能强，因此，它是诱导愈伤组织合适的外植体。在实践中，可根据实验目的进行外植体选择。叶是最丰富的外植体来源，许多植物愈伤组织的诱导都选择叶的部分(叶柄和叶尖等部分)，如花烛属植物(*Anthurium* spp.)、燕麦(*Avena sativa*)和木豆(*Cajanus cajan*)等(Kuehnle and Sugii，1991；Chen et al.，1995；Tyagi et al.，2001)。

以香蕉或芭蕉组织培养苗的假茎切段(厚度约 0.4～1mm)为外植体(图 2-6)可用于多种基因型的香蕉或芭蕉的愈伤组织诱导。例如，利用此外植体已诱导出 AAA 基因组的香蕉品种威廉斯(*Musa acaminata* cv.

Williams)、AAB 基因组的芭蕉品种 Horn(*Musa* X *paradisiaca* cv. Horn)，以及 ABB 基因组的芭蕉品种 Cachaco(*Musa* X *paradisiaca* cv. Cachaco)的愈伤组织(Okole and Schulz，1996)。愈伤组织诱导率因取材的品种及外植体在假茎的位置而异，以靠近叶基部的分生组织区位置(图 2-6A，标记“2”的位置)所取的薄片外植体诱导愈伤组织的频率较高，其植株再生能力也较强(黄霞等，2001)。对于诱导各种香蕉品种的胚性愈伤组织而言，幼雄花序是较合适的外植体(Resmi and Nair，2007；Chen et al.，2011)。相比之下，薄片外植体至少具有两个优点：①取材方便，外植体取自香蕉组培苗(无菌苗)，不受季节、气候的限制；②培养周期短(从愈伤组织诱导到再生苗共 6～8 周)。将薄片在含 10μmol/L 麦草畏(Dicamba)和 1μmol/L IAA 的愈伤组织诱导培养基上进行黑暗培养，在 1 周后开始启动愈伤组织的形成，培养时间超过 3 周的薄片，在转到无激素培养基后，愈伤组织开始再生苗或进行体细胞胚的发生。但获得具有器官发生和体细胞胚发生潜能的愈伤组织的频率偏低(30%～50%)(黄霞等，2001)。雄花序为外植体时只能每年取一次(香蕉一年开一次花)，诱导愈伤组织时间长(大约半年)，继代时较易被污染，但获得胚性愈伤组织的频率较高(70%～80%)。显然这两种香蕉外植体各有千秋，根据实验和实践目的进行选择。

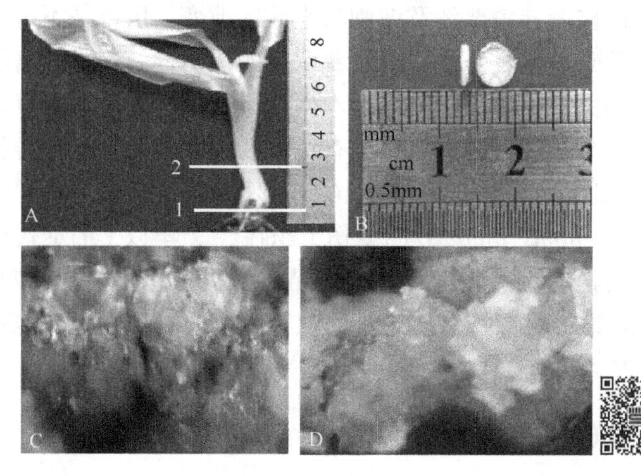

图 2-6　香蕉薄片外植体的获取及其所诱导的愈伤组织(徐临凤，2005)(彩图请扫二维码)

A，B：选取假茎直径为 6mm 以上的巴西蕉组织培养小植株(即展开 3～4 片叶的小植株)，除去球茎上的根和展开的叶子部分后，在第一条根附近往上切取一段长约 2cm 的假茎段(照片 A 所划线段 1 与 2 之间)为材料切取薄片外植体，薄片厚 0.4～1mm。C，D：分别从香蕉(*Musa acuminata* cv. Williams，AAA 基因组)和贡蕉(*Musa acuminata* cv. Pisang Mas，AA 基因组)薄片外植体所诱导的愈伤组织

水稻种子的盾片部分才是诱导胚性愈伤组织的理想外植体部位(图 2-7)(Wani et al.，2011)。咖啡黄葵(*Abelmoschus esculentus*)幼苗的下胚轴和子叶，若在 MS 附加 1.0mg/L BA 的培养基上培养，均可形成愈伤组织，但从下胚轴诱导的是无器官发生能力的愈伤组织，而从子叶中诱导的则为具有器官发生能力的愈伤组织(最后形成不定芽)(Roy and Mangat，1989)。

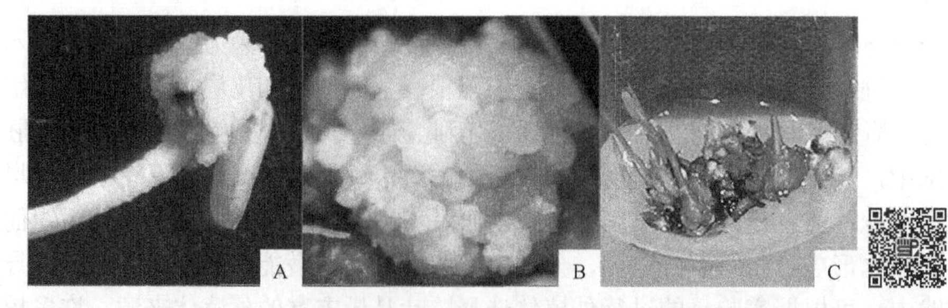

图 2-7　从籼稻品种 PAU 201 成熟种子的盾片诱导的具有苗分化能力的愈伤组织(Wani et al.，2011)(彩图请扫二维码)

A：从盾片诱导的愈伤组织(尚可见完整的种子)。B：继代培养的愈伤组织。C：在苗再生培养基中，愈伤组织分化的苗

2)外植体供体基因型的影响

外植体供体的基因型对愈伤组织形成及其器官分化有决定性作用。例如，烟草、苜蓿、胡萝卜等植物

的愈伤组织容易诱导器官形成，而禾谷类、棉花、豆类、可可等，特别是木本植物就比较困难。同属不同种，甚至同种植物的不同品种，其愈伤组织形成及其器官分化的能力也不相同。例如，马唐属的一种草本植物极富经济和快繁价值，Ntui 等(2010)的研究结果表明，该植物 1 月苗龄的茎节为外植体(5mm 长)，在 MS 附加 2mg/L 2,4-D 和 1g/L 酪蛋白氨基酸(casamino acid)的培养基上培养 4 周后可诱导具有器官分生能力的易碎愈伤组织(fragile callus，FC)，其基因型对此有较大的影响，8 个受试的品种中只有 3 个品种(Churiwe、Agyong 和 Kurelep)的总愈伤组织诱导率较高，分别达到 82.7%、81.8%和 70.8%(表 2-1)。

表 2-1　马唐属的一种草本植物(*Digitaria exilis*)茎节外植体供体品种对具有器官分生能力的易碎愈伤组织(FC)诱导率的影响(Ntui et al.，2010)

品种名	所得外植体数(个)	总愈伤组织诱导率(%)	FC 诱导率(%)
Nkpwos	171	66.7bc	6.1ab
Kurelep	187	70.8c	35.6c
Tishi	163	62.6ab	4.9ab
Chum	134	57.5a	3.9a
Agyong	198	81.8d	50.6d
Churiwe	179	82.7d	53.4d
Namuruk	148	67.6bc	10.0b
Tsala	159	65.4bc	8.7ab

注：同一列的诱导率数值为平均值，其后所附不同字母表示二者间差异显著(5%，经 LSD 校验)

影响籼稻基因型根切段外植体的愈伤组织诱导率的主要因子是基因型而不是培养基。在同样的 LSⅡ培养基中，BR22 品种同样类型的外植体的愈伤组织诱导率最低。其中籼稻品系 Moulata 的 3 天苗龄根外植体在 MSⅡ培养基和 LSⅡ培养基中愈伤组织诱导率均最高(表 2-2)(Hoque and Mansfield，2004)。

表 2-2　籼稻基因型对根外植体愈伤组织诱导率的影响(Hoque and Mansfield，2004)

水稻基因型	培养基	3 天苗龄根切段外植体愈伤组织诱导率(%)*
Moulata	MSⅡ	96.0±2.3
	LSⅡ	96.0±0.0
BR5842-15-4-8	MSⅡ	94.7±2.7
	LSⅡ	94.7±2.7
BR22	MSⅡ	89.3±2.7
	LSⅡ	77.3±1.3
BRRI Dhan 29	MSⅡ	88.0±6.1
	LSⅡ	93.3±4.8

*平均值±SD，LSD(5%)=13.55。MS(Murashige and Skoog，1962)和 LS(Linsmaier and Skoog，1965)基本培养基加 0.3%(质量/体积)植物凝胶(Phytagel)和 2.0mg/L 2,4-D 分别称为 MSⅡ和 LSⅡ培养基

2.4.3.2　培养基类型的影响

根据培养基配方中的含盐量，可将目前常见的培养基分为 4 类。第 1 类是含盐量较大的培养基，其典型代表是 MS 培养基(Murashige and Skoog，1962)及其所修改的类似培养基，这类培养基具有高浓度的硝酸盐、钾离子和铵离子，微量元素种类较全。此外，LS(Linsmaier and Skoog，1965)、BL(Brown and Lawrence，1968)、ER(Eriksson，1965)培养基也可归为这一类。这些培养基的基本成分与 MS 培养基类似，只是在某些有机物的成分和含量上作了修改，如 LS 是从 MS 中除去甘氨酸、烟酸和盐酸吡哆素。第 2 类是硝酸钾含量较高的培养基，如 B_5(Gamborg et al.，1968)、N_6(朱至清等，1975)、SH(Schenk and Hildebrandt，1972)培养基，这类培养基的盐浓度也较高，其中 NH_4^+ 和 PO_4^{3-} 由 $NH_4H_2PO_4$ 所提供。第 3 类是无机盐含量中等

的培养基，如 H 培养基(Bourgin and Nitsch，1967)和 Nitsch 培养基(Nitsch，1969)，其大量元素含量相当于 MS 的一半，微量元素种类减少，但它们的含量增加，维生素种类比 MS 的多，与 MS 培养基相比，Nitsch 培养基中的生物素含量提高了 10 倍。第 4 类是低盐浓度的培养基，如怀特培养基(White，1943)、WS 培养基(Wolter and Skoog，1966)和 HE 培养基(Heller，1953)。

一般来说，前两类培养基较适宜愈伤组织诱导和细胞培养，然而具体的选择还是取决于植物的种类、外植体本身的生理状态及实验目的。实际上，确定最佳培养基的配方往往在很大程度上依赖于实验过程所累积的经验。用于诱导愈伤组织的常用培养基为 MS 和 B_5，下面结合实例进一步讨论培养基类型对愈伤组织的影响。

粳稻(japonica rice)种子愈伤组织的诱导往往取决于培养基类型。Lee 等(2002)的研究发现，N_6、LS 和 MS 分别附加 3.0mg/L 2,4-D 和 30g/L 蔗糖的培养基对粳稻的 3 个品种(Dong-Jin、Hwa-Chung 和 Nak-Dong)的总愈伤组织诱导率为 90%～97%，不显示培养基作用的显著差异；但按胚性愈伤组织诱导率计算，这 3 个培养基的作用有较大差异，其诱导率可为 30%～50%，其中 N_6 培养基胚性愈伤组织诱导率虽然因品种不同而不同，但都达到最高诱导率(43%～56%)(Lee et al.，2002)。培养基类型对西黄松(*Pinus ponderosa*)子叶愈伤组织的形成和生长也有明显的作用(表 2-3)。从表 2-3 中可知，以培养 30 天计，在 SH 培养基中愈伤组织平均鲜重最大(140mg)；而培养 60 天，在 GD 培养基上形成的愈伤组织鲜重最大(452mg)，在 LP、LS 或 SH 中形成的愈伤组织鲜重相差不大；以培养 90 天计，在 LS 中形成的愈伤组织鲜重最大(911mg)，而在 LP、LS、SH 之间差别不大。无论培养 60 天还是 90 天，在 LS 中形成的愈伤组织数目最多。表 2-3 中所列的培养基中，LP、LS 和 SH 培养基具有较高浓度的盐类，以 LS 的盐浓度最高。高盐浓度的培养基可能对所培养的愈伤组织的数量及鲜重增加有益。因此，在 LS 中培养 90 天可获得数量最多、鲜重最大的愈伤组织。这种现象也见于对北美短叶松(*Pinus banksiana* Lamb.)下胚轴和子叶愈伤组织的诱导，降低培养基的盐浓度，会抑制其愈伤组织的生长(Tuskan et al.，1990)。

表 2-3　培养基类型对西黄松(*Pinus ponderosa*)子叶外植体愈伤组织生长的影响(Tuskan et al.，1990)

培养基类型	每个外植体愈伤组织平均鲜重(mg)		
	培养 30 天	培养 60 天	培养 90 天
CD	113bc	258bc	578c
GD	119b	452a	725b
LP	100c	436ab	842ab
LS	116b	344abc	911a
MC	124b	256c	638c
SH	140a	425ab	886a

注：CD(Campbell and Durzan，1975)，GD(Gresshoff and Doy，1972)，LP(Le Poivre)(Aitken-Christie，1984)，MC(Lloyd and McCown，1980)。各附加 4.4μmol/L LBA、5.4μmol/L NAA。每一列字母不同者表示有显著差异($P \leqslant 0.05$)

2.4.3.3　生长调节物质的影响

在诱导愈伤组织培养基中可调节幅度最大的成分是植物生长调节物质，主要是生长素和细胞分裂素的比例。对多数植物材料来说，2,4-D 是对愈伤组织诱导和细胞悬浮培养最有效的物质，常用浓度为 0.2～2.0mg/L，同时加入一定量(0.5～2.0g/L)的激动素(kinetin，KT)，会对组织和细胞的生长有帮助。实际上，如前所述，诱导和保持愈伤组织生长所需的植物生长调节物质的种类及浓度，与外植体供体植物种类、外植体本身的生理状态或对生长调节物质的敏感性密切相关。

1)生长调节物质对愈伤组织诱导和增殖的调节

尽管其他生长调节物质，如油菜素甾醇(BR)、乙烯和脱落酸也可诱导愈伤组织，甚至在有些植物种类的愈伤组织形成时，这些物质可取代生长素和细胞分裂素(Goren et al.，1979；Hu et al.，2000)，但是到目前为止，生长素和细胞分裂素是用于诱导愈伤组织形成及其随后器官发生的使用最广泛的植物激素。据早些时候的统计，在 33 种禾本科牧草中，仅用 2,4-D(2.3～67.8μmol/L)便足以诱导其愈伤组织的形成，所用的外植体为各种分生组织，包括顶端分生组织，发育中的胚和颖果、幼花序和胚乳等。在大多数情况下所用的培养基为 MS 或 LS，但愈伤组织形成后的继续增殖和生长及其继代培养则要求降低 2,4-D 水平并另加一些生长调节物质(安利佳等，1992)。2,4-D 对禾本科愈伤组织的诱导及其增殖具有独特的作用。例如，2,4-D 的浓度及外植体的性质决定着甘蔗愈伤组织的形成。甘蔗叶柄和茎尖作为外植体可诱导出 3 种愈伤组织：具有植株再生能力的白色紧密的愈伤组织、无器官发生能力的松软的愈伤组织，以及黏性的结节状愈伤组织。不含 2,4-D 的培养基不能诱导外植体形成愈伤组织，含有 0.5～3.0mg/L 的 2,4-D 培养基，能很快诱导出愈伤组织。叶外植体比茎尖外植体更易形成具有器官发生能力的愈伤组织(表 2-4)，而这种叶外植体愈伤组织的诱导取决于甘蔗的品种(Begum et al.，1995)。

表 2-4　2,4-D 浓度对甘蔗(杂交种 F164)幼叶和茎尖外植体诱导具有器官发生能力的愈伤组织的影响(Begum et al.，1995)

2,4-D(mg/L)	外植体数目(个)		出现愈伤组织所需的天数		形成愈伤组织的外植体比例(%)	
	茎尖	幼叶	茎尖	幼叶	茎尖	幼叶
0.5	10	24	40	10	10	96
1.0	9	26	—	14	0	100
1.5	8	22	—	21	0	96
2.0	7	28	—	25	0	82
3.0	9	25	—	35	0	16

注：MS 为基本培养基，附加维生素、水解酪蛋白、椰子汁

各种植物对生长素有不同的代谢能力，这是不同的生长素对不同植物外植体形成愈伤组织的诱导效率不同的原因之一。例如，[C1-^{14}C]-IAA 和[C2-^{14}C]-IAA 同位素示踪法研究表明，大豆愈伤组织可通过脱羧途径氧化 IAA 形成吲哚-3-甲醇，从而迅速代谢 IAA，同时将 IAA 转变为 IAA 结合物的能力也很强。因此，大豆愈伤组织的生长对 IAA 的反应与其他植物愈伤组织有明显的不同。在培养基中需要加入极高浓度的 IAA(1mmol/L)，这种浓度的 IAA 可完全抑制烟草愈伤组织的生长，而大豆愈伤组织却可以继续生长，因为烟草愈伤组织最适生长的 IAA 浓度为 1μmol/L。当用 NAA 和 2,4-D 代替 IAA 时，最适于大豆愈伤组织生长的 2,4-D 浓度为 1μmol/L，而 NAA 浓度范围较宽，可为 1～10μmol/L，若 NAA 浓度高于 1mmo1/L，大豆愈伤组织的生长则完全被抑制。在不同生长素的最适浓度下，大豆愈伤组织的生长量也不同(Lee and Starratt，1992)。

此外，在诱导不同生理状态的外植体形成愈伤组织时，对植物生长调节物质的要求亦不同。例如，以黄独(*Dioscorea bulbifera*)不同叶为外植体，并将最靠近茎尖的最幼叶编为第 1 号叶(约 30mm 长)，依次而下，最成熟的叶编为 10 号，其长为 130～170mm，当将这些叶片外植体均培养在 MS 附加 2,4-D 和 BA 的培养基上时可发现，处于早期扩展阶段的叶片外植体，在诱导其形成愈伤组织时，并不要求外加 BA，只需外加 2,4-D，愈伤组织即可迅速增殖。而当 1 号叶外植体培养时，2,4-D 的最适浓度为 1～10μmol/L，在培养的第 3 天便出现首次细胞分裂，开始形成紫色、质地紧密、表面粗糙而湿润的愈伤组织。随着叶片的细胞分裂，叶片进一步伸长、扩展和成熟，其外植体明显需要外加 BA 才能诱导愈伤组织的形成，而对 2,4-D 的反应则变化不大。而当叶片达到最大面积时，即完全扩展后(此时发育阶段是介于第 7～10 叶)，则完全丧失了对 BA 的反应性。如果用玉米素和 KT 代替 BA，也不能诱导完全扩展的叶外植体形成愈伤组织，甚至持续培养 1 年之久也未见奏效。对不需要外加细胞分裂素(CK)便可诱导幼叶外植体形成愈伤组织的原因，可能是在其维管体系中已存在适量的 CK，这种情况下愈伤组织的形成不必添加 CK 并不是暂时现象，因为继代时在无 CK 的情况下，其愈伤组织可维持不断增殖能力。由此可知，黄独叶随着其叶成熟度的增加，逐渐丧失其脱分化的能力，这种能力与外植体丧失对外加 CK 的反应能力相关联(Wernicke and Park，1993)。

与双子叶植物相比，单子叶植物在个体发育上是更具决定性的，其分生组织活性常限于原分生组织中，因此不管是在正常还是逆境条件下，它比双子叶植物更难以形成次生分生组织。KT 往往抑制禾本科植物愈伤组织的形成，即使浓度低至 0.47μmol/L 仍可抑制小麦、大麦、水稻、雀麦(*Bromus japonicus*)及许多牧草的愈伤组织的诱导(Ahlowalia，1984)。

越来越多的实验证明，关于愈伤组织诱导、增殖、器官发生和植株再生的基本培养基是可以相同的，但对生长素、细胞分裂素的浓度和其比例及生长调节物质的种类在愈伤组织的各阶段有不同的要求。一般来说，高浓度的生长素和低浓度的细胞分裂素有利于愈伤组织的诱导及其增殖。对于大多数双子叶植物来说，其外植体愈伤组织的诱导和生长往往需要适当比例的生长素和细胞分裂素的配合。例如，香荚兰(*Vanilla planifolia*)幼叶片(0.5～1.0cm)和无菌苗的茎节(nodal)外植体在 MS 附加 2.22μmol/L BA 结合各种浓度的 2,4-D 或 NAA 的培养基上所诱导的愈伤组织明显地受生长素的种类及其浓度的影响(其形成愈伤组织的频率为 15%～60%)。2,4-D 与 BA(2.22μmol/L)结合使用时，诱导外植体形成愈伤组织的频率比 2,4-D 与 NAA 结合的高。此外，在含 4.52μmol/L 2,4-D 和 2.22μmol/L BA 的 MS 培养基上所获得的愈伤组织比其他组合的多(表 2-5)。相比之下，茎节外植体比幼叶较易诱导出愈伤组织(Janarthanam and Seshadri，2008)。

表 2-5　2,4-D、NAA 和 BA 不同浓度的结合对香荚兰(*Vanilla planifolia*)幼叶片与无菌苗的节外植体愈伤组织的形成的影响*
(Janarthanam and Seshadri，2008)

生长调节物质(μmol/L)			愈伤组织形成频率(%)	
2,4-D	NAA	BA	幼叶	茎节
0.00	0.00	0.00	0	0
2.26	0.00	2.22	25±5.0a	40±13.2ab
4.52	0.00	2.22	35±10.0a	60±5.0b
11.31	0.00	2.22	25±5.0a	35±10.0a
22.62	0.00	2.22	20±5.0a	30±5.0a
0.00	2.69	2.22	20±8.6a	25±5.0a
0.00	5.37	2.22	25±13.2a	30±5.0a
0.00	13.43	2.22	15±5.0a	35±10.0a
0.00	26.85	2.22	15±5.0a	30±8.6a

*培养 40 天后所收集的数据，愈伤组织诱导率以 6 个实验重复的平均值±SD 表示，不同小写字母表示有显著差异($P<0.05$)

还有两个化合物，即毒莠定(Picloram)和麦草畏(Dicamba)，在组织培养中起着类似生长素的作用，在某些情况下对愈伤组织的诱导很有效。毒莠定有利于诱导小麦(Mendoza and Kaeppler，2002)、大麦(Castillo et al.，1998)、狐尾粟(Vishnoi and Kothari，1996)、鸭蝇草(*Paspalum scrobiculatum*)(Kaur and Kothari，2004)、*Rudgea jasminoides*(茜草科的一种木本植物)(Stella and Braga，2002)、桃金娘科植物(Canhoto et al.，1999)、木薯(马国华等，1999)等植物具有器官发生能力的愈伤组织或胚性愈伤组织的形成。例如，鸭蝇草的幼花序外植体诱导愈伤组织形成时，将外植体培养于 MS 附加低浓度的毒莠定与激动素的培养基中便可诱导出具有器官发生能力的愈伤组织，与在培养基中添加 2,4-D 相比，组合添加毒莠定(1mg/L)与激动素(1mg/L)更有利于愈伤组织的生长及其此后的器官再生和体细胞胚发生(Kaur and Kothari，2004)。

小麦(*Triticum aestivum*)两个品种(Zhoumai 18 和 Yumai 34)的成熟种子培养于 L3 附加糖和麦草畏(Dicamba)的培养基上可诱导出胚性愈伤组织，其愈伤组织的诱导率受基因型、麦草畏的浓度和糖的类型的显著影响。4mg/L 麦草畏对于这两个品种的愈伤组织诱导效果最好(表 2-6)，但其作用受糖类的影响。两个品种相比，品种 Yumai 34 可得到最高愈伤组织诱导率(Ren et al.，2010)。

表 2-6　糖类和麦草畏及其浓度对小麦品种成熟种子愈伤组织诱导率的影响(Ren et al.，2010)

小麦品种	麦草畏浓度(mg/L)	愈伤组织诱导率(%)	
		30g/L 蔗糖	30g/L 麦芽糖
Zhoumai 18	2	74.78±0.48	77.06±3.07
	4	77.71±1.21	77.76±2.68
	6	72.99±0.43	75.74±2.7
Yumai 34	2	75.37±0.85	76.08±0.3
	4	82.21±1.89	82.74±1.48
	6	76.67±0.84	77.66±1.89

2) 生长素类物质对愈伤组织形态结构的调控

不同愈伤组织之间的形态结构各有不同，有的质地松软，有的质地坚实，这两类愈伤组织往往可以相互转变。按照不同的实验目的，需要调整愈伤组织的质地，如用于细胞悬浮培养的愈伤组织宜松软，一般提高生长调节物质的浓度，改变生长调节物质的种类，可使坚实、紧密的愈伤组织变松脆，反之降低或除去生长调节物质，会使松脆的愈伤组织变坚实，但在实践上还应根据实验要求和经验，改变培养基成分和培养条件，巧妙地继代，从而进行调节。例如，在 N_6 培养基上加 2,4-D(1～10mg/L)比较容易诱导 5 种禾本科植物，即鹅观草(*Roegneria kamoji*)、双穗雀稗(*Paspalum paspaloides*)、光头稗(*Echinochloa colonum*)、苏丹草(*Sorghum sudanense*)和马唐(*Digitaria sanguinalis*)的愈伤组织的形成，多数愈伤组织呈松散粒状，具有体胚和器官发生的能力；而 NAA、IAA 和 IBA 对上述植物的愈伤组织的诱导作用较弱，所得的愈伤组织多呈硬块状(林红和程井辰，1991)。

生长调节物质对愈伤组织形态结构的调控，还可以从分析内源生长调节物质的种类和浓度变化及与其形态结构的相关性反映出来。例如，油棕属(*Elaeis*)植物所形成的胚性愈伤组织可分两种：一种为粒状紧密型(NCC)；另一种为快速生长型(FGC)，其松软且生长速度快。诱导频率较低的 NCC，干、鲜重比为 1∶10，而 FGC 的则为 1∶15。在同样的培养基上，NCC 生长 6 周后就不再生长。所研究过的 4 种愈伤组织谱系(C_1、C_2、C_3、C_4)，除 C_3 外(C_3 中 FGC 的 IAA 含量要比 NCC 的高 6 倍)，上述 NCC 和 FGC 愈伤组织中的 IAA 含量差异不大。因此，除了 C_3 愈伤组织谱系外，NCC 和 FGC 形态上的不同并非由内源 IAA 水平差异所致。但是分析表明，FGC 中玉米素类细胞分裂素的含量明显低于 NCC 中的含量。除 C_3 的愈伤组织之外，FGC 中(9R-)玉米素的含量也明显地低于 NCC 中的含量，因此，愈伤组织中玉米素类细胞分裂素的含量可以作为其生理状态的标志。油棕所诱导出的这 4 种愈伤组织谱系的内源 IAA 与细胞分裂素的比值也不同(表 2-7)(Besse et al.，1992)。

表 2-7　4 种油棕愈伤组织谱系的内源 IAA 与细胞分裂素的比值(Besse et al.，1992)

愈伤组织谱系	愈伤组织的类型	
	NCC	FGC
C_1	4.0	7.1
C_2	1.5	9.7
C_3	0.2	8.3
C_4	0.4	1.3

从表 2-7 中可知，在 FGC 中内源 IAA 与细胞分裂素的比值明显高于 NCC，因此可以推想培养基中的外源生长素与细胞分裂素水平的平衡，起着随机调节 FGC 和 NCC 形成的作用。这种形态上的特点由培养基成分改变所诱导，改变实验条件，如加入活性炭等可以改变生长素的浓度，也可以控制愈伤组织的松软程度及其所含细胞分裂素的浓度。油棕外植体自然或随机形成的 FGC 和 NCC 与其细胞的遗传变异有关，组织培养操作程序本身可通过表观遗传机制影响下一代体细胞的遗传性，从而诱导 FGC。玉米素类是对油棕愈伤组织的形成起主要作用的生物活性物质。细胞分裂素的重要作用在于促进细胞分裂。然而实验表明，

在 FGC 中细胞分裂素水平很低，却表现出快速生长的特征。另外一些研究还表明，油棕的组织培养并不要求加入外源细胞分裂素以维持其细胞分裂，FGC 的这种特性可能与细胞分裂素驯化的烟草愈伤组织细胞相似(Besse et al.，1992)。

3) 乙烯的影响

愈伤组织培养过程中可产生大量乙烯，而且受培养基中生长调节物质的调节，生长素和细胞分裂素的某些生理作用可能通过乙烯而起作用。实验已经证明在组织培养中，植物细胞产生乙烯的主要途径与完整植株的一样，即都是经历甲硫氨酸→*S*-腺苷甲硫氨酸(SAM)→1-氨基环丙烷-1-羧酸(ACC)→乙烯途径。在大多数高等植物中，ACC 合成是乙烯生成的限速因素，但在愈伤组织细胞中，有时 ACC 的氧化酶，即乙烯氧化酶或称乙烯形成酶(EFF)的活性可成为限速因素。

细胞分裂素、生长素和噻重氮苯基脲(thidiazuron，TDZ)等生长调节物质对培养物的乙烯产生有极大的影响。例如，生长素与细胞分裂素对烟草髓部愈伤组织产生乙烯有增效(synergistic)促进作用。烟草愈伤组织产生乙烯的过程有一个特点值得留意，就是在 NAA 和 KT 存在情况下，补加 ACC 反而会抑制愈伤组织的乙烯生成(Pengelly and Su，1991)。对这种外加 ACC 反而会抑制乙烯生成的现象有待解释，因为一般情况下，外加 ACC 是定量乙烯形成酶活性的方法，因此，用 ACC 测定乙烯形成酶活性时必须考虑这一特点。

乙烯究竟是愈伤组织形成过程中的副产物，还是应愈伤组织的生长分化所要求的？这是一直有争论的问题，二者均有一些实验证据。例如，0.1mmol/L 和 1.0mmol/L ACC 的处理，可使玉米(基因型 Pa91)幼胚所诱导的愈伤组织的生长分别增加 56%和 39%，鲜重的增加主要是由不具器官发生能力的愈伤组织的增殖所致。而乙烯作用部位的抑制剂(2,5-NBD 和 $AgNO_3$)不影响愈伤组织的生长和增殖(表 2-8)(Songstad et al.，1988)。

表 2-8 ACC、2,5-NBD 和 $AgNO_3$ 对玉米幼胚愈伤组织生长的影响(Songstad et al.，1988)

基因型	愈伤组织鲜重增加的倍数*								
	ACC(mmol/L)			2,5-NBD(μmol/L)			$AgNO_3$(μmol/L)		
	0	0.1	1.0	0	25	250	0	25	100
Pa91	11.7ac	18.2b	16.3b	8.3ab	6.8a	7.3a	10.8c	—	10.2c
H99	—	—	—	10.0d	10.0d	9.4d	—	—	—

*(愈伤组织最后鲜重–接种时的鲜重)/接种时的鲜重(接种时的鲜重约为 70mg)。愈伤组织在含有表中所示浓度的 ACC、2,5-NBD 和 $AgNO_3$ 的 D 培养基中分别培养 30 天，17 天和 21 天后计算其鲜重。同一物质不同浓度处理所得数据后所附的字母不同者表示有显著差异($P<0.05$)

此外，也有一些研究表明，乙烯不利于一些植物的愈伤组织的诱导及其生长，当在培养基中加入乙烯作用抑制剂 $AgNO_3$ 时，其愈伤组织的诱导及生长情况都得到改善。例如，野牛草(*Buchloe dactyloides*，NE84-45-3)雄株幼花序的愈伤组织的诱导及生长便是如此，10mg/L $AgNO_3$ 可使其胚性愈伤组织的形成率从 47.0%增加至 79.7%，其愈伤组织的大小也增加(Fei et al.，2000)。

2.4.3.4 培养基中其他成分的影响

1) 一些抗生素物质

卡那霉素(kanamycin，Km)、头孢霉素(cefotaxime，Cef)、羧苄青霉素(carbenicillin，Carb)和氨苄青霉素(ampicillin，Amp)是利用植物组织培养体系进行基因转化时在培养基中常加入的抗生素。这些加在培养基中的抗生素将影响外植体的愈伤组织诱导及其随后的器官分化。例如，烟草愈伤组织的生长可为抗生素利福霉素(rifamycin)和硫酸庆大霉素(gentamycin sulphate)(0.01mg/L、0.1mg/L、10mg/L 和 100mg/L)所抑制(Kavi Kishor and Mehta，1988)。Lin 等(1995)报道 Carb 的作用模式与 2,4-D 的作用模式相似，也具有生长素生物活性。不同浓度抗生素对亚麻(*Linum ustitatissimum*)下胚轴愈伤组织及芽分化产生的影响不同，羧苄青霉素浓度大于 300mg/L 时，对亚麻下胚轴的愈伤组织及其分化产生抑制，氨苄青霉素和头孢霉素浓度大于 500mg/L 时，对亚麻下胚轴的分化产生抑制(表 2-9)(乔瑞清等，2013)。

表 2-9　不同抗生素对亚麻下胚轴分化(形成愈伤组织或不定芽)的影响*(乔瑞清等，2013)

浓度(mg/L)	Amp		Cef		Carb		分化率(%)		
	愈伤组织	不定芽	愈伤组织	不定芽	愈伤组织	不定芽	Amp	Cef	Carb
0	20	20	20	20	20	20	100	100	100
100	20	19	18	17	17	11	100	90	85
200	19	17	17	13	16	10	95	85	80
300	18	15	17	12	16	5	90	85	80
400	18	14	17	11	10	2	90	85	50
500	17	10	16	11	7	1	85	80	35
600	12	4	12	0	5	0	60	60	25

*下胚轴外植体接种数目为 20，愈伤组织和不定芽栏中的数字分别表示形成愈伤组织与不定芽的外植体数目。分化率是指下胚轴形成愈伤组织的频率(%)

Meng 等(2014)对在 MS 培养基上培养的芸薹属蔬菜(*Brassica.* ssp)子叶外植体的愈伤组织的诱导及其器官分化的研究结果表明，Km、Cef、Carb 和 Amp 对其愈伤组织的诱导几无影响，但可不同程度影响愈伤组织的不定根和不定苗的分化能力。例如，低浓度的 Km(0.1～10mg/L)也会抑制这些愈伤组织的不定芽和不定根的分化。相对较低浓度(100～400mg/L)的 Cef 可抑制这些愈伤组织的不定芽和不定根的分化，推迟愈伤组织的器官形态发生；400mg/L 的 Cef 可完全抑制愈伤组织的不定芽的分化，也使其不定根分化率由 81.16%(对照)降为 15.31%。Carb 对这些愈伤组织的不定芽和不定根的分化无明显的影响。但是，浓度为 0～1000mg/L 的 Amp 可促进这些愈伤组织的不定芽和不定根的分化，在此浓度的范围内，其浓度越高对愈伤组织的不定芽的分化促进作用也越大；浓度为 1000mg/L 的 Amp 促进愈伤组织的不定芽的分化频率可达到 93.3%，而对照的为 73.6%。

2)有机成分

一般，愈伤组织诱导和继代的培养基中都含有一定量的有机成分，如糖、维生素类(硫胺素、烟酸、吡哆素、生物素、维生素 C 等)足以满足愈伤组织生长和分化的要求。有时在培养基中加入一些植物器官的汁液，会产生很好的结果，如椰子水(CW)、麦芽汁、酵母提取物等，这些汁液提供了一些生理活性物质，并补充了一些微量元素。在 N_6 培养基上诱导小麦(向阳 4 号 X 759-1)F_1 花药所获得的愈伤组织，加入 25%玉米和小麦胚芽提取液各 400ml/L，培养 20 天可使其愈伤组织成绿苗的分化率分别从 0 上升到 93.3%和 40.0%，而前者幼苗生长速度快，平均苗高 4cm，后者生长速度慢，平均苗高仅 0.5cm(刘翠云等，1992)。

糖的种类和浓度对组织培养物的增殖及器官分化均有明显的影响。糖既是能源物质也是渗透调节剂，一般培养基的糖浓度为 2%～3%。使用葡萄糖或蔗糖为碳源对西黄松(*Pinus ponderosa*)子叶愈伤组织鲜重的影响不大，但它们的浓度不同，对愈伤组织鲜重的影响则有明显的不同(表 2-10)。在低浓度的葡萄糖或蔗糖(1%～2%)的培养基中培养 30 天和 60 天可获得鲜重较大的愈伤组织，若培养 90 天则在糖浓度为 2%的培养基中可获得最大的鲜重，随着愈伤组织的鲜重增加，需要较高浓度的糖类以维持其生长。糖类浓度还可改变愈伤组织的质地，当糖类(葡萄糖或蔗糖)浓度由 4%降为 1%时，西黄松子叶愈伤组织由原先显紧密的干燥状，变得松软，并且周围包着一层黏液膜。这可能是由培养基的渗透势改变所致(Tuskan et al., 1990)。

2.4.3.5　培养温度和光照的影响

1)温度对愈伤组织诱导和增殖的影响

培养温度一般都可以通过培养室控温设备或生长培养设备来得到良好的控制。一般用于愈伤组织诱导及其增殖的温度都是在 25℃±2℃。但各种愈伤组织增殖的最适温度却有差异，为 20～30℃。例如，可可(*Theobroma cacao*)愈伤组织产生的最适温度为 27℃(表 2-11)。

表 2-10 葡萄糖和蔗糖及其浓度对西黄松(*Pinus ponderosa*)子叶愈伤组织鲜重的影响*(Tuskan et al.，1990)

糖类(%，*m/V*)	每个外植体愈伤组织鲜重(mg)		
	30 天	60 天	90 天
葡萄糖			
1	48ab	371a	943bc
2	48ab	378a	1178a
3	31c	223b	1015ab
4	30c	156b	678b
蔗糖			
1	46ab	354a	837cd
2	59a	401a	1183a
3	31c	197b	1099ab
4	38bc	205b	811cd

*培养基 LP 附加 4.4μmol/L BA、5.4μmol/L NAA 和表中所示各种浓度的蔗糖和葡萄糖。同列不同小写字母表示有显著差异($P<0.05$)

表 2-11 温度对可可(*Theobroma cacao*)下胚轴愈伤组织诱导*的影响(Dublin，1984)

温度(℃)	愈伤组织出现时间(天)	形成愈伤组织的外植体百分比(%)
25.0	11.2	67.5
27.0	9.8	80.2
30.0	13.4	77.0
32.5	10.7	67.0
35.0	14.0	35.8

*怀特培养基+椰子水

不同的温度处理方法对花烛属(*Anthurium*)植物叶片愈伤组织的诱导率有不同的影响。变温培养有利于叶片愈伤组织的形成，诱导率达 45.7%。更为重要的是，经过变温处理的大部分愈伤组织的表面颜色很快转化为鲜黄绿色，呈现出较高的活性。而恒温培养的愈伤组织表面需要经过较长时间的培养才能转变为鲜黄绿色并保持生长，部分叶片愈伤组织则失去转变为黄绿色的能力，最终褐化，失去生长活性(表 2-12)(杨小玲等，2008)。

表 2-12 温度变化对安祖花(*Anthurium and raeanum* cv. arizona)叶片愈伤组织诱导率的影响(杨小玲等，2008)

温度处理*	幼叶外植体		老叶外植体	
	外植体数	愈伤组织诱导率(%)	外植体数	愈伤组织诱导率(%)
恒温	35	40	19	21
变温	35	45.7	19	31.6

*安祖花叶外植体接种于改良 MS(1/2 硝酸铵+1/2 氯化钙)+0.5mg/L 6-BA+0.1mg/L NAA 培养基上，分别放置于 26℃的恒温培养箱和日温 26℃、夜温 21℃的变温培养箱黑暗培养 60 天，观察和计算叶片愈伤组织诱导率

温度也影响热激(heat shock)作用。热激能影响植物内源激素的水平，从而控制愈伤组织的诱导和分化。热激(40℃，0.5h)可以促进瑞香(*Daphne odora*)愈伤组织继代培养期间的生长，但会抑制其分化培养期间的生长，而有利于其芽和根的分化，还能消除芽的玻璃化并降低根的褐化率(周菊华和梁海曼，1990)。

2)光照对愈伤组织诱导和增殖的影响

愈伤组织形成时，外植体首先在形态和代谢上进行一定程度的脱分化，其主要结果是使多数植物的培

养物失去光合作用的能力，所形成的愈伤组织的代谢模式就不再与其原外植体供体植株相同。因此，可以预见，光照对于愈伤组织培养的影响并不在于愈伤组织形成的本身，而主要是影响其分化。例如，水稻(*Oryza sativa* L.)种子所诱导的胚性愈伤组织，在同等培养基中，在光下(3000lx 16h/d)培养的愈伤组织所再生的植株(约 8800 株)比在黑暗中所得的再生植株多 1.5 倍(Liu et al.，2001)。有关光照或光质对愈伤组织形成的影响的研究还太少。以下选择几个例子以作说明。

以欧洲油菜(*Brassica napus* L.)各基因型的子叶和下胚轴为外植体诱导愈伤组织的研究表明，光照可显著增加这两种外植体所诱导的愈伤组织的鲜重。但在光下，子叶所诱导的愈伤组织褐变和坏死的程度也增加，这是因为在光下愈伤组织中的多酚类物质易被氧化，从而导致愈伤组织的褐变(Chawla，2002)。因此，从整个情况来看，虽然在光下油菜子叶诱导的愈伤组织可获得较大的鲜重，但黑暗环境才是最适合诱导愈伤组织的环境(Afshari et al.，2011)。

用榅桲(*Cydonia oblonga*，cloneB 29)的叶作为外植体，在合适的培养基上可诱导出愈伤组织。在其他培养条件相同的情况下，分别在其叶外植体诱导培养 2 天、4 天和 6 天后将其置于不同的光照条件下培养，结果表明，除远红光加蓝光光照降低了外植体愈伤组织的形成效率，其他光照条件基本上不影响愈伤组织的形成(图 2-8)。这意味着，在较低的光稳定平衡值(Pfr/Ptot)的条件下，蓝光受体的介入将不利于愈伤组织的形成(Morini et al.，2000)。

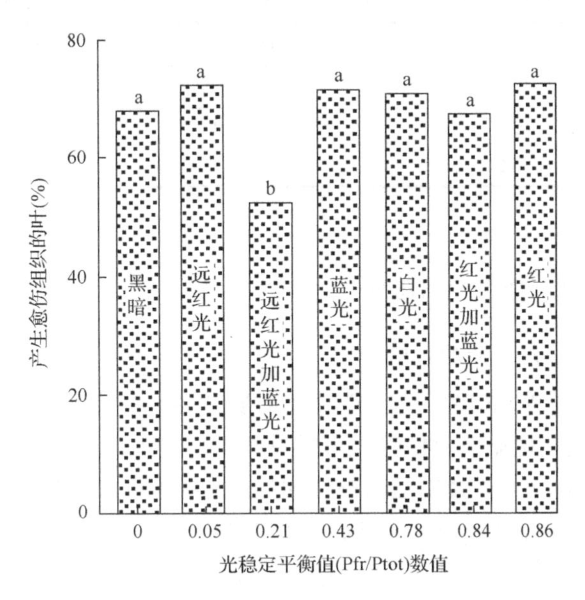

图 2-8　光质对榅桲(*Cydonia oblonga*)叶外植体形成愈伤组织的影响(Morini et al.，2000)

白光、蓝光和红光照光量为(20±1) μmol/(m^2·s)，波长为 400nm 和 700nm；远红光照光量为 1.2μmol/(m^2·s)，波长范围为 726～736nm；红光加蓝光照光量为(10±1) μmol/(m^2·s)；在远红光加蓝光的处理中，蓝光和远红光的照光量分别为(20±1) μmol/(m^2·s)和(1.2±0.1) μmol/(m^2·s)。实验数据经 Kruskal-Wallis 检验，不同字母代表数值达到显著差异(P<0.05)

在弱光下诱导的油橄榄(*Olea europaea*)茎切段愈伤组织显绿色。白炽灯光及红光照 104min，都能使油橄榄茎段产生的愈伤组织生长情况较佳(图 2-9)。如果在愈伤组织第 2 次继代时将其转入不同的光质中，则弱白炽光下愈伤组织生长量最大，而黑暗和绿光不利于其生长。由于所用红光和绿光的能量相近[分别为 1.6J/(m^2·s)和 1.75J/(m^2·s)]，在连续黑暗条件下只照射 17min 红光，其愈伤组织鲜重比绿光下的增加近 1 倍(图 2-9)。因此，光能并不是决定愈伤组织生长的原初因子。白炽灯的白光可能含有相对较多的红光和远红光成分，因此，在此条件下愈伤组织的生长快、鲜重最重(图 2-9)(Lavee and Messer，1969)。

光照时间及方式影响可可(*Theobroma cacao*)愈伤组织的生长(表 2-13)(Dublin，1984)；光质对愈伤组织增殖产生的作用也不同；不同的愈伤组织，要求的波长也有差异。一般蓝光作用较大。

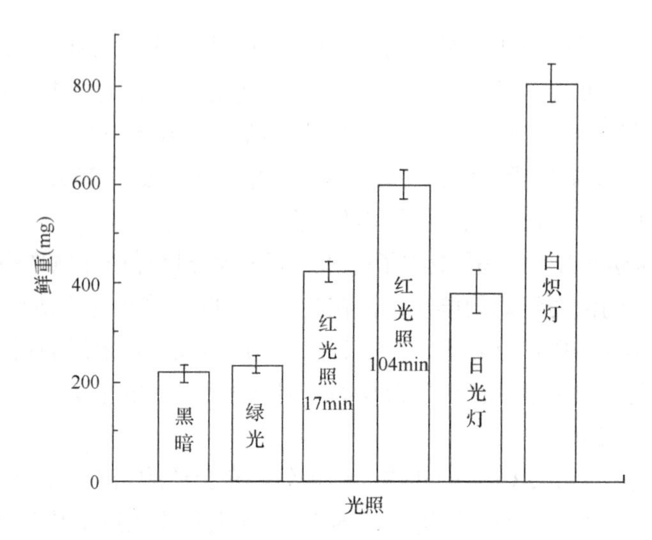

图 2-9　不同光质及光照时间对油橄榄(*Olea europaea*)茎段产生的愈伤组织生长的影响(Lavee and Messer，1969)
误差线表示三组重复实验的标率误差

表 2-13　光对可可(*Theobroma cacao*)下胚轴愈伤组织生长的影响(Dublin，1984)

品种	愈伤组织鲜重占外植体鲜重的百分数(%)		
	黑暗	间断光	16h 光照
Amazon	45.3	54.8	49.4
Amelonado	65.2	77.1	37.0

注：培养于怀特培养基+椰子水

2.4.3.6　培养基 pH 和活性炭等因素的影响

1)培养基 pH 和愈伤组织继代培养的影响

培养基的 pH 可通过影响培养物营养元素的吸收、呼吸代谢、多胺代谢和 DNA 合成，以及植物激素进出细胞及其胞间隙来直接或间接地影响愈伤组织形成及其器官发生。一般培养基的 pH 为 5.5～5.8，有许多因素会影响培养基的 pH，高压灭菌会使已调整过 pH 的培养基的 pH 降低，其差值可能为 0.4～1。培养基所用的水质及其玻璃质地也会影响 pH，如培养器皿含钠量高，高压灭菌时若钠进入培养基中，则会使 pH 升高 1 个单位以上。高压灭菌后的培养基的 pH 在贮藏 1～2 天后会出现明显恢复，如 N_6 基本培养基加 0.7mol/L 蔗糖，灭菌前的 pH 调到 5.85，高压灭菌后 pH 可降低到 5.10，48h 后又回到 6.05(梁海曼，1987)。培养基的最终 pH 受 NH_4^+ 与 NO_3^- 比例的影响，NO_3^- 增多时 pH 上升，NH_4^+ 增加时则下降。提高 pH 可提高 NH_4^+ 的利用速度，降低 pH 则提高 NO_3^- 的利用速度。培养基的 pH 还影响铁离子的利用。例如，以 $Fe_2(SO_4)_3$，或 $FeCl_2$ 的形式补充铁盐，接近中性的 pH 会引起铁盐的沉淀，从而使培养基缺铁，为了防止这一现象，常加入铁离子螯合剂乙二胺四乙酸(EDTA)和有机酸。有关 pH 对愈伤组织形成和分化影响的规律，目前还有待进一步摸索。

为了选择同质的愈伤组织并保留它们可将愈伤组织进行继代培养。继代培养是较有艺术性或经验性的工作。尽管初代和继代时培养基一般都采用诱导时所用的培养基，但根据愈伤组织的形态和结构，选择合适大小的愈伤组织块作为接种材料及其培养基的调整都是非常重要的。继代次数对愈伤组织的鲜重及其后续的再生能力有明显的影响(Lavee and Messer，1969)。

2)培养基中的活性炭和其他惰性物质的影响

在培养基中加入活性炭(activated charcoal，AC)和高分子量(10 000～40 000)的聚乙烯吡咯烷酮(polyvinyl pyrrolidone，PVP)等其他惰性物质，有时会对愈伤组织的分化起到意想不到的作用，因此被广泛使用。在木本植物或酚类含量较高的作物组织培养过程中，外植体和愈伤组织褐化比较严重，将影响愈伤组织的生长及其器官发生。一些木本植物外植体切下后迅速变为褐色，这是由受创的组织产生酚类化合物所引起的。一般使用的抗褐变或减慢褐变的技术，如在溶液中加入维生素 C，使用高分子量(10 000～40 000)的 PVP 均未获得满意的结果，但加入活性炭后常可获得成功。活性炭由木材或其他含碳材料蒸馏加工而成，对固体胶体、气体和水蒸气有很强的吸附能力。在其加工过程中，可根据使用目的不同而改变活性炭的性质及其特点。例如，与用于液体纯化的活性炭相比，用于气体吸附的活性炭质体较硬，密度也大。活性炭所带的特异性的表面积为 600～2000m^2/g，孔隙分布为 10～500μm。当它被加入培养基后偏向于吸附极性有机物，特别是如酚类及其氧化产物这一类的芳香族化合物、IAA 和 NAA、激动素和玉米素，还有烯类、不饱和产物，但是活性炭不会吸附培养基或液体中的那些高极性且具有水溶性的物质，包括蔗糖、葡萄糖、山梨糖醇、甘露醇和肌醇(Yam et al.，1990；Thomas，2008)。

溶液中溶质与活性炭接触后将被吸附，直到在被吸附和去吸附的分子间达到一定平衡。活性炭的密度、纯度及其 pH 将影响其吸附能力。此外，无机盐如 KCl、KI 和 NaCl 的存在也影响活性炭对稀溶液中酚类物质的吸附等温线(Halhouli et al.，1995)。活性炭对离体培养物的形态发生的促进作用，主要是不可逆地吸附培养介质中不利于培养物生长发育的抑制物，从而显著降低有毒的代谢物、酚性物质和导致褐化的分泌物的累积。

活性炭所含的一些物质可对愈伤组织的生长起抑制或促进的作用，可使培养基黑化，吸附培养基中的维生素、矿质离子及脱落酸(ABA)和气体乙烯等生长调节物质，也可吸附培养基高温高压消毒之后所释放的有害物质，如蔗糖在这一消毒过程所分解的 5-羟甲基糠醛(5-hydroxymethyl furfural)(Weatherhead et al.，1978)。同时也可能会逐步释放其所吸附的物质，如营养成分和生长调节物质。例如，通过放射性示踪的研究可知，加在液体培养基中的 100μmol/L 的 2,4-D，其 99.5%都被所加的 0.025g/L 活性炭在 5 天后吸附(Ebert and Taylor，1990)。培养基所加的细胞分裂素也同样可被活性炭吸附，例如，当在琼脂培养基中加 11.3mg/L BA 3 天后，留在培养基中的 BA 少于其中的 2%，这也影响了培养基中生长素 2,4-D 与细胞分裂素的作用，这是因为活性炭的加入改变了培养基中这两种物质的比例，从而影响培养物的生长发育及其再生能力(Druart and de Wulf，1993)。此外，各种长期保留的愈伤组织常常导致其再生能力的降低，而加入活性炭有利于这种愈伤组织体胚发生能力的恢复(Zaghmout and Torello，1988)。

Sáenz 等(2010)比较系统地研究了市售 8 种活性炭(表 2-14)对椰子胚性愈伤组织的形成，以及对培养基中 2,4-D、pH 和渗透压等参数的影响。

表 2-14　供试活性炭种类(Sáenz et al.，2010)

供试的活性炭产品	缩写	供货商	活性炭相关特性
Sigma(C-6289)	PCCT	美国	酸洗用于植物细胞和组织培养
Aldrich(24227-6)	DARCO	美国	无相关描述
Sigma(C-4386)	AW	美国	酸洗
Sigma(C-5510)	PAW	美国	以磷酸酸洗
Sigma(discontinued)	NEUT	美国	中性活性炭
Sigma(C-7606)	USP	美国	符合《美国药典》测试规格
Merck(002184.1000)	MERCK	德国	无相关描述
Reactivos y Productos Quĭmícos Finos(C.N.)	RPQF	墨西哥	无相关描述

在合适的培养条件下，椰子胚芽外植体的胚性愈伤组织的诱导率因所加活性炭种类不同而异，加入活性炭后的愈伤组织的形成率最低为 20%(加 PAW 活性炭)，加入 USP、DARCO 或 PCCT 活性炭后最高的诱导率在 60%以上(图 2-10)，因此，将这三类活性炭加入培养基对胚性愈伤组织的诱导效果最好。此外，诱导愈伤组织形成的频率还与所用的活性炭粒度有关，将 PCCT 活性炭过筛所得的不同颗粒加入含 0.5mmol/L 2,4-D 的培养基中，培养 90 天后计算愈伤组织形成率，结果发现，当加入小颗粒的活性炭时(颗

粒小于 38μm）愈伤组织形成率达 70%，而加入大颗粒的活性炭（颗粒大于 100μm）和整套商品活性炭时，其愈伤组织形成率分别为 30%±7%和 40%±4%，差异显著（$P<0.05$）。

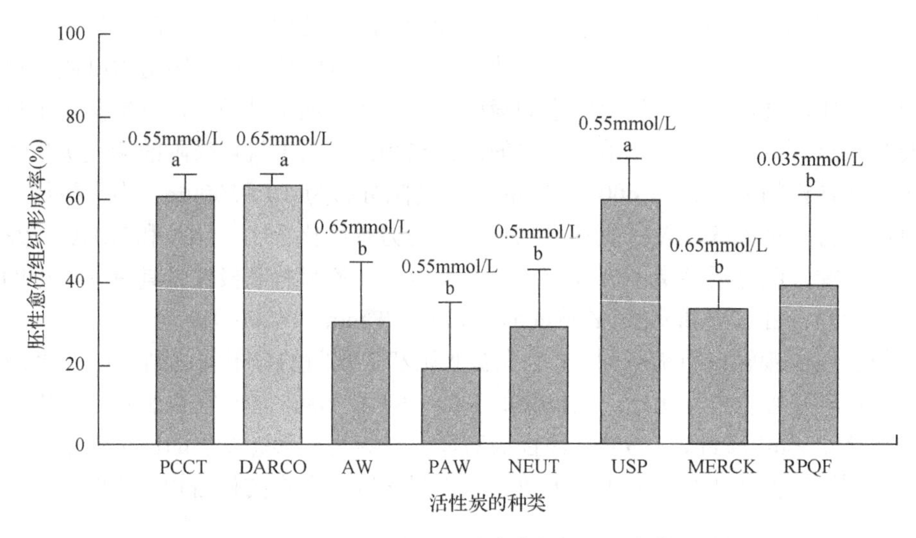

图 2-10　所加活性炭种类对椰子胚芽外植体胚性愈伤组织形成率的影响（Sáenz et al.，2010）

培养基中所加的最适 2,4-D 的浓度如各柱形图上方所标。不同字母表示有显著差异（$P<0.05$）。椰子的胚芽外植体在 Y3 培养基（Eeuwens，1976）含 3g/L 固化剂（Gelrite）并附加不同浓度的 2,4-D 和 2.5g/L 活性炭。每个外植体培养于 10ml 已灭菌的培养基（35ml 的培养瓶内），黑暗培养 3 个月，培养温度为 27℃±2℃

上述活性炭对胚性愈伤组织形成率的影响与活性炭改变培养基相关的参数密切相关，特别是对生长素水平的改变。不同种类的活性炭吸附生长素的能力相差超过 10 倍。以 RPQF 活性炭为例，加入活性炭 1 天和 8 天后，^{14}C-2,4-D 水平由原先的 100%分别降至 30%和 19%。而以 PCCT 活性炭为例，则 100%的 ^{14}C-2,4-D 水平在 1 天后就被降至 1.27%，并一直保持这一水平至加入活性炭后的第 8 天。

在培养基中加入活性炭对培养基的 pH、渗透性和电导率等参数都有影响。例如，PAW 活性炭的加入使培养基的 pH 改变最大，由原来（0 天）的 5.75 升高至 6.34；加入 PAW 活性炭培养基的电导率由培养 0 天时的 6.14ms（未加活性炭）降至 5.96ms（培养 8 天）；MERCK 和 RPQF 活性炭的加入使培养基的电导率由原来（0 天）的 6.14ms 升高至 6.35ms（培养 8 天）。加入 MERCK 活性炭后，培养基的渗透压由原来的 287.40mOsm/kg H_2O 降至最低值 272.40mOsm/kg H_2O；而加入 PCCT 活性炭后渗透压升至最大值 300mOsm/kg H_2O。

相关研究表明，在液体培养基中 pH 的升高（高于 5.8）将导致锰（Mn）和铁含量降低 50%、钙含量降低 20%和磷含量降低 15%（van Winkle and Pullman，2003）。培养基中这些参数的变化必然地影响愈伤组织的诱导（Sáenz et al.，2010）。因此，在培养基中加入小颗粒的活性炭（PCCT，Sigma）有利于改善椰子胚性愈伤组织的诱导及其植株再生（Sáenz et al.，2010）。

2.5　愈伤组织形成的分子机制

由于测序技术和分子生物学研究的日益发展，人们已对愈伤组织形成的分子机制有了更深入的认识（Xu et al.，2012；Ikeuchi et al.，2013）。在过去的十多年里，研究人员已在拟南芥中鉴定了许多愈伤组织形成有缺陷的突变体，不但揭示了不少与愈伤组织形成密切相关的基因（表 2-15，图 2-11），也让我们开始在表观遗传的层面认识愈伤组织形成及其抑制的机制（见 9.2 节）。

2.5.1　生长素与细胞分裂素诱导愈伤组织作用的分子途径

生长素和细胞分裂素的浓度及其比例（通常是 1∶1）对愈伤组织的形成起关键的作用，而人们对其分子机制所知甚少。近年来，对拟南芥的相关研究取得了新进展（Ikeuchi et al.，2013）（参见 2.2 节）。

表 2-15 参与拟南芥愈伤组织诱导或抑制的基因列表(Ikeuchi et al., 2013)

基因位点	基因	所属蛋白质家族	预测的功能	参考文献
AT2G42430[a]	*LBD16*	LOB-结构域转录因子(TF)	生长素响应/侧根形成	Fan et al., 2012
AT2G42440[a]	*LBD17*	LOB-结构域 TF	生长素响应	Fan et al., 2012
AT2G45420[a]	*LBD18*	LOB-结构域 TF	生长素响应/侧根形成	Fan et al., 2012
AT3G58190[a]	*LBD29*	LOB-结构域 TF	生长素响应/侧根形成	Fan et al., 2012
AT3G16857[a]	*ARR1*	GARP TF	细胞分裂素响应	Sakai et al., 2001
AT5G07210[a]	*ARR21*	GARP TF	细胞分裂素响应	Tajima et al., 2004
AT1G12980[a]	*ESR1/DRN*	AP2/ERF TF	细胞分裂素响应/苗再生	Banno et al., 2001
AT1G24590[a]	*ESR2/DRNL/BOL*	AP2/ERF TF	细胞分裂素响应/苗再生	Ikeda et al., 2006; Marsch-Martinez et al., 2006
AT1G78080[a]	*WIND1/RAP2.4b*	AP2/ERF TF	创伤诱导细胞脱分化	Iwase et al., 2011a, 2011b
AT1G22190[a]	*WIND2/RAP2.4d*	AP2/ERF TF	创伤诱导细胞脱分化	Iwase et al., 2011a, 2011b
AT1G36060[a]	*WIND3/RAP2.4a*	AP2/ERF TF	创伤诱导细胞脱分化	Iwase et al., 2011a, 2011b
AT5G65130[a]	*WIND4*	AP2/ERF TF	创伤诱导细胞脱分化	Iwase et al., 2011a, 2011b
AT1G21970[a]	*LEC1*	CCAAT 框结合 TF	胚胎发生	Lotan et al., 1998
AT1G28300[a]	*LEC2*	B3 区域 TF	胚胎发生	Stone et al., 2001
AT5G13790[a]	*AGL15*	MADS 框 TF	胚胎发生	Harding et al., 2003
AT5G17430[a]	*BBM*	AP2/ERF TF	胚胎发生	Boutilier et al., 2002
A5G57390[a]	*EMK/AIL5/PLT5*	AP2/ERF TF	胚胎发生	Tsuwamoto et al., 2010
AT1G18790[a]	*RKD1*	RWP-RK 结构域 TF	配子发生	Kőszegi et al., 2011
AT1G74480[a]	*RKD2*	RWP-RK 结构域 TF	配子发生	Kőszegi et al., 2011
AT5G53040[a]	*RKD4*	RWP-RK 结构域 TF	胚胎发生	Waki et al., 2011
AT2G17950[a]	*WUS*	同源异形结构域 TF	干细胞维持	Zuo et al., 2002
AT3G50360[b]	*KRP1*	CDK 抑制因子	细胞增殖的负调控	Anzola et al., 2010
AT5G48820[b]	*KRP3*	CDK 抑制因子	细胞增殖的负调控	Anzola et al., 2010
AT1G49620[b]	*KRP7*	CDK 抑制因子	细胞增殖的负调控	Anzola et al., 2010
AT5G49720[b]	*TSD1/KOR1/RSW2*	1,4-D-葡聚糖内切酶	纤维素生物合成	Frank et al., 2002; Krupková and Schmülling, 2009
AT1G78240[b]	*TSD2/QUA2/OSU1*	*S*-腺苷甲硫氨酸甲基转移酶	果胶的生物合成	Frank et al., 2002; Krupková et al., 2007
AT2G23380[b]	*CLF*	PRC2	组蛋白 H3 赖氨酸-27 三甲基化	Chanvivattana et al., 2004
AT4G02020[b]	*SWN*	PRC2	组蛋白 H3 赖氨酸-27 三甲基化	Chanvivattana et al., 2004
AT4G16845[b]	*VRN2*	PRC2	组蛋白 H3 赖氨酸-27 三甲基化	Chanvivattana et al., 2004; Schubert et al., 2005
AT5G51230[b]	*EMF2*	PRC2	组蛋白 H3 赖氨酸-27 三甲基化	Chanvivattana et al., 2004; Schubert et al., 2005
AT3G20740[b]	*FIE*	PRC2	组蛋白 H3 赖氨酸-27 三甲基化	Bouyer et al., 2011
AT2G30580[b]	*At BMI1A*	PRC1	组蛋白 H3 赖氨酸-119 泛素化	Bratzel et al., 2010
AT1G06770[b]	*At BMI1B*	PRC1	组蛋白 H3 赖氨酸-119 泛素化	Bratzel et al., 2010
AT2G25170[b]	*PKL*	类似 CHD3/4 染色质重构酶	组蛋白 H3 赖氨酸-27 三甲基化和组蛋白去乙酰化	Ogas et al., 1997, 1999
AT2G30470[b]	*VAL1/HSI2*	B3 结构域 TF	结束胚胎发生	Tsukagoshi et al., 2007
AT4G32010[b]	*VAL2/HSL1*	B3 结构域 TF	结束胚胎发生	Tsukagoshi et al., 2007

a 过表达该基因可促进愈伤组织的形成；b 抑制愈伤组织形成的基因

图 2-11 拟南芥获能和失能突变体可异位形成愈伤组织(ectopic callus formation)(Ikeuchi et al., 2013)(彩图请扫二维码)
A:过表达 *LBD16* 基因可使愈伤组织在根上形成。B:*KRP* 基因被沉默的植株(其 KRP2、KRP3 和 KRP7 表达水平降低)苗端周围可形成愈伤组织(Anzola et al., 2010)。C:在组成性过表达 *ARR21* 的下胚轴和根上形成愈伤组织(Tajima et al., 2004)。D:在过表达 *ESR1* 的植株幼苗上诱导出愈伤组织(Banno et al., 2001)。E:在过表达 *WIND1* 的植株的苗、下胚轴和根上形成愈伤组织(Iwase et al., 2011a)。F:在过表达 *WIND1* 所诱导的愈伤组织中形成体细胞胚。G:过表达 *LEC2* 所诱导的胚性愈伤组织(Stone et al., 2001)。H:在过表达 *RKD4* 的植株根上形成愈伤组织(Waki et al., 2011)。I:过表达 *WUS* 的植株上形成的胚性愈伤组织(Zuo et al., 2002)。J:失能突变体 *tsd1* 上所形成的愈伤组织(Krupková and Schmülling, 2009)。K:在双突变体 *clf swn* 上所形成的胚性愈伤组织和生根性的愈伤组织(Chanvivattana et al., 2004)。箭头所指的是从愈伤组织中所发育的根毛。L:在双突变体 *At bmi1a At bmi1b* 上所形成的胚性愈伤组织和生根性的愈伤组织(Bratzel et al., 2010)。以上所有的植株都生长于无植物激素的培养基上。图中 A、B、E、G 和 I～K 的标尺为 1mm,D 的标尺为 5mm,H 的标尺为 500mm,L 的标尺为 2mm

2.5.1.1 LBD 对拟南芥 CIM-培养物形成的调控机制

Fan 等(2012)的研究揭示,拟南芥根与苗外植体在含生长素与细胞分裂素比例高的 CIM 中诱导 CIM-培养物(原作者称为愈伤组织)的过程中,*LBD* 基因(*LBD16*、*LBD17*、*LBD18* 和 *LBD29*)起着关键的调控作用。*LBD*(lateral organ boundaries domain)基因编码 LBD 蛋白(侧生器官边界区域蛋白),也称 ASL2(asymmetric leaves2-like)类蛋白,它们属于植物特异性转录因子家族,其特点是在 N 端具有带 CX2CX6CX3C 基序的 LOB/AS2 保守区域和一条类似亮氨酸拉链序列(Leu zipper-like sequence)(Husbands et al., 2007; Majer and Hochholdinger, 2011)。*LBD* 基因对单子叶和双子叶植物根的发育起着极关键的作用。研究人员已发现拟南芥的 *LBD16*、*LBD29* 和 *LBD18* 是生长素反应因子(auxin response factor, ARF)ARF7 和 ARF19 的直接或间接作用靶物,两者以协同作用的方式调节侧根的形成,*LBD* 基因直接涉及侧根图式形成(pattern formation)时的生长素信号转导(Lee et al., 2009)。

Fan 等(2012)的研究结果表明,在 CIM 的培养物诱导过程中,拟南芥根和苗外植体中 4 个 *LBD* 基因(*LBD16*、*LBD17*、*LBD18* 和 *LBD29*)的表达被上调了 7～212 倍,通过实时定量 PCR(qRT-PCR)检测证实,在 CIM 中培养 1h 后,其中的 *LBD16*、*LBD17* 和 *LBD29* 就明显出现表达,稍后则出现 *LBD18* 的表达。

在转 *LBD* 基因植株中,这 4 个基因中每个基因的过表达都可促进在不外加植物生长调节物质条件下愈伤组织的形成(图 2-11A)。在通过 DNA 插入突变所得的突变体 *lbd16-2* 和 *lbd18-1* 中,其 *LBD* 基因表达都被一定程度地抑制,同时,它们外植体的愈伤组织的形成也在一定程度上被抑制。例如,抑制 *LBD* 基因的表达是通过 DNA 插入突变所得的突变体 *lbd16-2* 和 *lbd18-1* 来实现的。在突变体 *lbd16-2* 中被插入的是截短的 *LBD16*,因而其转录物表达水平低,*lbd18-1* 是 *LBD18* 基因的无效突变体,该突变体的幼苗不发生侧根发育的启动,其外植体在 CIM 中也不能形成愈伤组织,突变体 *lbd16-2* 也显示侧根启动的减少,而其在 CIM 中愈伤组织的形成也明显减弱(图 2-12C,D)。

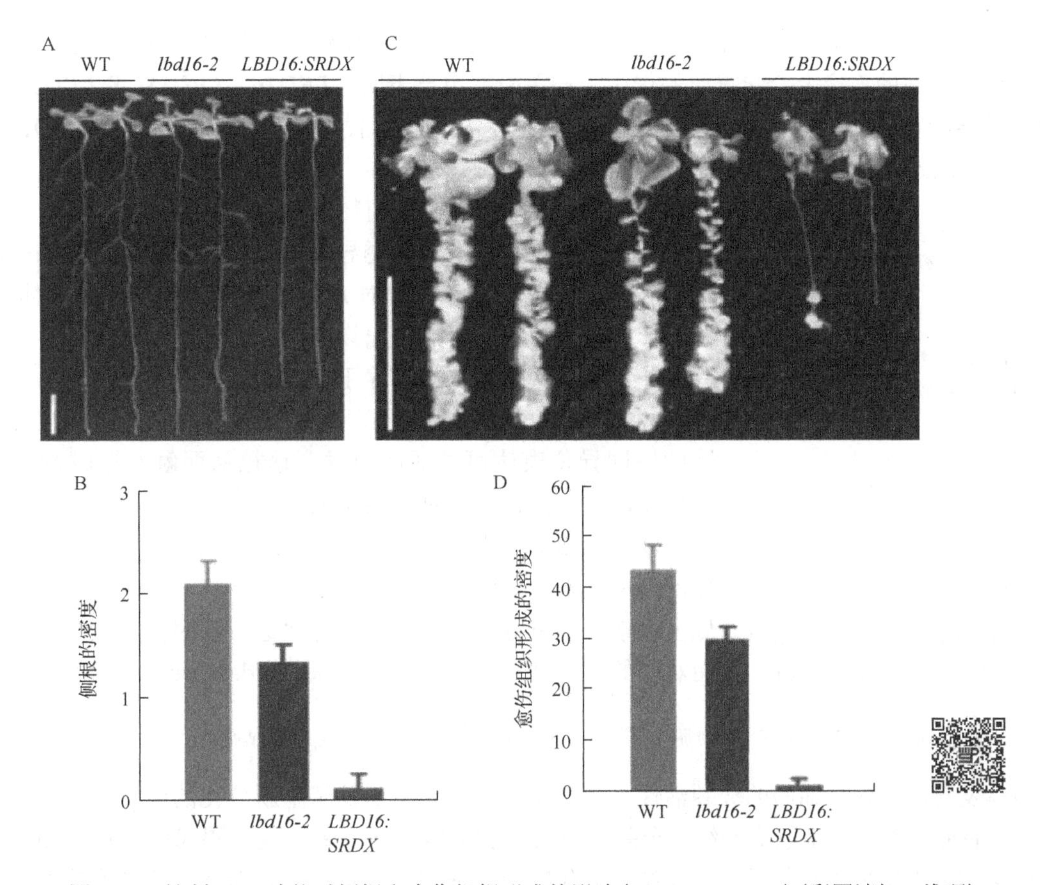

图 2-12　抑制 *LBD* 功能对侧根和愈伤组织形成的影响（Fan et al.，2012）（彩图请扫二维码）

A：从左至右分别代表 9 天苗龄的野生型（WT）及其转基因株系 *lbd16-2* 和 *Pro35S:LBD16:SRDX*（*LBD16:SRDX*）纯合子株幼苗形态，标尺为 10mm。B：在 A 中的幼苗初生根中侧根启动的定量测定。侧根的密度（每厘米长度上所形成的侧根数）以平均值±SD（*n*=10）表示。C：野生型和转基因株系 *lbd16-2* 与 *Pro35S:LBD16:SRDX* 的愈伤组织的表型。该愈伤组织是 5 天苗龄幼苗在含 0.2μg/ml 2,4-D 的 CIM 上培养 12 天所诱导形成的表型，标尺为 10mm。D：在 C 中的幼苗初生根在 CIM 培养 5 天后所启动的愈伤组织的定量测定。愈伤组织形成密度（每厘米长度上所形成的愈伤组织数）以平均值±SD（*n*=10）表示

此外，为了克服体内 *LBD* 成员的功能冗余作用，Fan 等（2012）采用了嵌合抑制子沉默技术，即在 CaMV 35S 启动子控制下表达 *LBD16:SRDX*（SUPPERMAN repression domain）嵌合体基因，这样就可以在转基因植株中将 LBD16 转录激活因子转变为显性抑制 *LBD* 功能的抑制因子（Okushima et al.，2007）。正如所期望的那样，采用此策略将 *LBD* 功能抑制后，其转基因株系（*Pro35S:LBD16:SRDX*）幼苗中的侧根形成及其在 CIM 中诱导的愈伤组织的形成都受到明显的抑制（图 2-12A～D）。这些结果清楚地证明，生长素诱导愈伤组织形成的程序是要求 LBD 转录因子参与。同时还发现，这些 *LBD* 基因的表达可以代替 CIM 中生长素和细胞分裂素的组合，足以满足愈伤组织的形成；由 LBD 介导调控所形成的愈伤组织类似于在 CIM 中诱导所形成的愈伤组织，都以异位激活根分生组织基因的表达和具有组织再生能力为特征（Fan et al.，2012）。

以上的研究结果已清楚地证实，在介导拟南芥离体愈伤组织形成的体系中，LBD 转录因子起着关键的调控作用，此外，由于植物中 LBD 蛋白家族包含大量的家族成员，可能与这 4 个 LBD 蛋白密切相关的其他同源蛋白也在愈伤组织形成中起作用，这也解释了为什么转基因植株过表达拟南芥的 *LBD6*/*AS2* 或杨树的 *LBD1* 只显示轻微的促进愈伤组织形成表型的作用（Husbands et al.，2007；Yordanov et al.，2010）。

在侧根缺失的 *arf7 arf19* 双突变体的外植体中，其 CIM-诱导愈伤组织形成受阻，如果使 *arf7 arf19* 双突变体中过表达 *LBD16*，则可使之诱导出愈伤组织。这表明，这类 LBD 转录因子的功能是在 ARF7 和 ARF19 下游起作用（图 2-13，2-14A）。通过转基因技术，可使突变体 *arf7 arf19* 幼苗中过表达 *LBD16*，如在 *Pro35S:LBD16* 的转基因株系中，其各个器官都不同程度地呈现愈伤组织的自发形成。这些实验结果证实，在愈伤组织形成的调控过程中，这 4 个 *LBD* 是生长素反应因子（ARF）下游的作用靶物。尽管其他的 LBD

同源物也可能在愈伤组织形成中起作用，但是这些位于生长素反应因子下游的 *LBD* 基因在生长素信号转导和愈伤组织形成之间的连接上会起重要的作用。相关研究也已表明，*LBD16*、*LBD18* 和 *LBD29* 可直接或间接作为生长素反应因子 ARF7 和 ARF19 的作用靶物，从而调节侧根的形成（Lee et al.，2009；Okushima et al.，2007）。

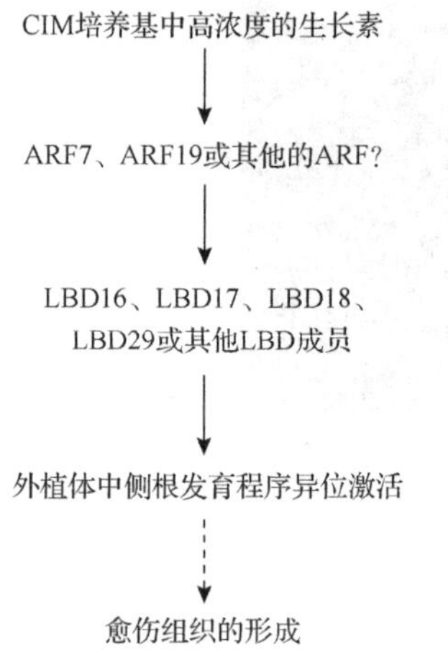

图 2-13　有关由 LBD 所介导的愈伤组织形成机制的设想图示（Fan et al.，2012）

与拟南芥相似，在其他植物离体培养的体系中，CIM 所含的高浓度的生长素对于愈伤组织的诱导起着非常重要的作用（Gordon et al.，2007）。因此，Fan 等（2012）对 *LBD* 基因调控拟南芥外植体在 CIM 中诱导形成愈伤组织的机制提出设想（图 2-13）。

一旦幼苗或外植体被培养于 CIM 中，其高浓度的生长素便可持续诱导各种器官生长素反应因子下游的 *LBD* 基因进行异位表达。这些基因的协同异位表达可激活侧根发育途径从而触发形成愈伤组织的发育程序，进行离体新器官和植株的再生。

显然，LBD 的功能在树木类中也是保守的，因为研究人员在杂种杨（*Populus tremula* × *Populus alba*）中也发现一个 LBD 同源物 Pta-LBD1，低生长素条件下过表达该基因也可促进转基因杨树愈伤组织的形成，而对照的植物则不能形成愈伤组织（Yordanov et al.，2010）。

2.5.1.2　生长素与细胞分裂素对细胞分裂周期控制与愈伤组织形成的影响

植体离体发育时，恢复细胞的分裂活性是脱分化形成愈伤组织及其重新分化的前提。由于细胞壁的限制，植物细胞的形态发生直接取决于细胞分裂速率及细胞分裂面（plane）。没有图式化（patterning）的细胞分裂将产生在结构上无定形的愈伤组织。在结束分化的植物细胞中，有丝分裂细胞周期进程被抑制，诱导细胞脱分化形成愈伤组织，首先必须恢复已停止的细胞分裂活性，重新获得细胞增殖的潜能。早期的研究表明，*cdc2*/*CDC28* 基因是调节细胞分裂周期的基因。在它的作用下，细胞分裂可从 G_1 期转入 S 期和从 G_2 期转入 M 期。该基因的产物为 $P34^{cdc2}$，它是一个 34kDa 的丝氨酸-苏氨酸蛋白激酶。当胡萝卜子叶在含 2,4-D 的培养基中启动细胞分裂和脱分化形成愈伤组织时，其 $P34^{cdc2}$ 类蛋白质水平随之升高；但在不含 2,4-D 的培养基中，子叶细胞中该蛋白质含量的变化不大。因此 $P34^{cdc2}$ 类蛋白质可能在细胞周期和脱分化之间起着开关作用。在已分化的细胞中 $P34^{cdc2}$ 水平的降低与细胞退出细胞周期密切相关，提高该蛋白质水平则与脱分化和细胞分裂重新启动的过程密切相关；而 2,4-D 可能通过调节 $P34^{cdc2}$ 类蛋白质的合成而在脱分化中起作用（Gorst et al.，1991）。但后来的研究表明，只激活一个调节细胞周期的核心因子，如细胞周期蛋白（CYC）或周期蛋白依赖性激酶（CDK）常常不足以诱导愈伤组织的形成（Dewitte et al.，2007）。相应地，多数愈伤组织的诱导过程都是被转录和转录后的控制因子所调控，从而引起整体水平的基因表达、蛋白质翻译的改变，因此了解植物如何解读各种生理和环境信号，特别是在愈伤组织诱导过程中最常用的生长素和细胞信号转导如何触发细胞重新进入细胞周期，是认识这一分子机制的首要环节。

Berckmans 等（2011）的研究表明，拟南芥 E2Fa（E2 PROMOTER BINDING FACTORa）转录因子是调节侧根启动时细胞不对称分裂的主要因子，而 E2Fa 的表达则受控于 LBD18/LBD33 的二聚体，这一异质二聚体的形成又受控于生长素信号转导途径，即 LBD18/LBD33 通过激活 E2Fa 从而调控侧根的发生。这些发现首次揭示了生长素在侧根发育过程中促进细胞周期重启的分子机制（Berckmans et al.，2011）。

动植物都是通过 DP（Rb/E2F/DIMERIZATION PARTNER）途径来控制细胞周期中 G_1 期向 S 期的转换的。E2Fa 是拟南芥 6 个 E2F 转录因子之一，可通过与 DP 蛋白结合形成二聚体来促进 DNA 复制转录所需要的基因表达（Inzé and de Veylder，2006）。E2F 功能缺失突变，其侧根发育明显受阻，因此，仔细解读 ARF-LBD-E2Fa 途径，就可了解生长素信号转导体系调控细胞周期的大致机制（图 2-14A）。值得注意的是，Dpa 与 E2Fa 一起过表达，可促进拟南芥叶细胞的增殖，但尚不足以诱导愈伤组织形成（de Veylder et al.，2002）。这可能是因为在转基因植株中 E2Fa/DPa 的表达是相对轻微的，或可能还需要 LBD 去激活另一些基因的转录，这些基因与 E2Fa/DPa 一起作用才能促进愈伤组织的诱导。E2Fa 和 DP 的过表达引起烟草(*Nicotiana tabacum*)叶的过度增殖，有趣的是，它还能促进创伤部位愈伤组织的形成(Kosugi and Ohashi，2003)。因此，愈伤组织的诱导也许还要求激活 E2Fa/DP 和一些其他因子(即由创伤而诱发的那些因子)。

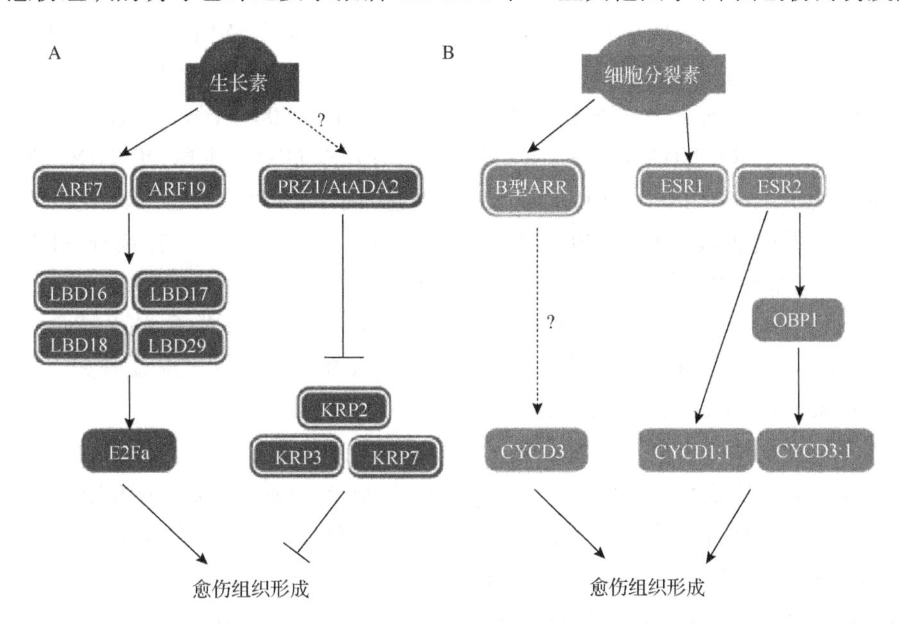

图 2-14　生长素和细胞分裂素诱导愈伤组织形成的作用机制图示(Ikeuchi et al.，2013)

A：在生长素诱导愈伤组织形成的过程中，生长素信号通过生长素反应因子(ARF)，特别是 ARF7 和 ARF19 的转换从而激活转录因子 LBD16、LBD17、LBD18 和 LBD29，进而诱导 E2Fa 的表达，因此，它们在重启细胞周期时起着中心的作用。细胞周期蛋白依赖性激酶(CDK)的抑制因子 KRP2、KRP3 和 KRP7 的作用依赖于生长素，而蛋白质 PRZ1/AtADA2 可调节这些抑制因子，其机制目前尚不清楚。B：在细胞分裂素诱导愈伤组织形成时，细胞分裂素信号通过双组分调控途径的转换激活了 B 型的 ARR 转录因子。细胞分裂素可显著上调细胞周期蛋白 CYCD3;1 的表达水平，但是否直接为 B 型的 ARR 所为，目前尚无结论。细胞分裂素也可上调 AP2/ERF 类转录因子 ESR1 的水平。ESR1 及其功能冗余同源物也可能调节细胞周期的重新激活，因为 ESR2 可诱导 CYCD1;1 和与 DOF 结合的转录因子 OBP1，而 OBP1 可诱导 CYCD3;1 及几个其他细胞周期调节因子的表达从而促进细胞周期进程

当愈伤组织形成时，除了激活细胞周期的核心调节因子之外，将一些细胞周期的抑制因子下调也是另一种重获细胞增殖潜能的策略。已知当愈伤组织形成时，生长素可下调编码 CDK 抑制因子和一个转录接头蛋白 PRZ1(PROPORZ1，也称 At-ADA2b)的基因 *KRP*(*KIP-RELATED PROTEIN*)，这是该过程中的关键调节因子(Anzola et al.，2010)(图 2-11B，2-14A)。突变体 *prz1* 的根在加有生长素的培养基中可发育出愈伤组织，而野生型的根则形成侧根，伴随这一过度增殖的愈伤组织形成过程的是 *KRP2*、*KRP3* 和 *KRP7* 基因转录水平的降低(Sieberer et al.，2003)。PRZ1 可直接与 *KRP2*、*KRP3* 和 *KRP7* 的启动区结合，促进 *KRP7* 的组蛋白(H3-K9/K14)的乙酰化。生长素处理可使这一乙酰化水平降低，从而减少基因的表达(Anzola et al.，2010)。在 *KRP2*、*KRP3* 和 *KRP7* 表达水平降低的 *KRP* 沉默品系中，其愈伤组织形成是一种由环境影响引起的表现型非遗传性变更的拟表型(phenocopy)(图 2-11B)，而过表达 *KRP7* 可部分逆转突变体 *prz1* 过度增殖的表型(Anzola et al.，2010)。这些结果证明，依赖于 PRZ1 的染色质修饰可提供破译生长素信号转导在重新激活细胞周期方面的另一个分子调节机制(图 2-14A 右)。

目前对细胞分裂素如何促进愈伤组织形成的认识比较少。已知在由细胞分裂素调节的信号转导途径的下游是一组磷接收响应调节因子(phospho-accepting response regulator)。在拟南芥中，此类响应调节因子(*Arabidopsis* response regulator，ARR)按其结构可分成两个典型的亚型，即 A 型(含 10 个成员)和 B 型(含 11 个成员)，以及另一个非典型的亚型 ARR22。其中，B 型 ARR 家族成员作为一些靶基因的转录调节因子，这些靶基因也包括 A 型 ARR 家族的基因。例如，ARR1 和 ARR2 可以不依赖于细胞分裂素的方式激活 *ARR6* 基因，ARR1、ARR2 和 ARR10 可以依赖于 AHK4 的方式响应细胞分裂素从而激活 A 型家族某些成员基因。其中参与愈伤组织诱导的重要成员是 B 型的 ARR。B 型 ARR 转录因子可通过多个步骤的磷酸化来诱导许多靶基因的表达(Hwang et al.，2012)。在含有细胞分裂素的培养基中，过表达 *ARR1* 可促进拟

南芥愈伤组织的形成(Sakai et al.，2001)，还有，*ARR21* 过表达可在无外源激素的条件下导致愈伤组织的形成(Tajima et al.，2004)(图 2-11C)。细胞周期被重新启动时，B 型 ARR 的潜在作用靶是 *CYCD3*，因为它的表达在细胞分裂素处理 1h 内被上调，同时，在无外源细胞分裂素的情况下，过表达 *CYCD3* 可促进这些拟南芥转基因植株愈伤组织的形成(Riou-Khamlichi et al.，1999)。与之相吻合的是，缺失与 *CYCD3;1* 密切相关的同源物 *CYCD3;2* 和 *CYCD3;3*，将导致细胞分裂素响应降低，这强烈地表明，CYCD3 的功能是作为细胞分裂素信号转导体系中的一个下游效应因子(Dewitte et al.，2007)(图 2-14B 左)。

AP2/ERF 类转录因子 ESR(ENHANCED SHOOT REGENERATION)，也称 DRN(DORNRÖSCHEN)，在细胞分裂素调节的愈伤组织中，ESR1 和 ESR2 是功能候选因子，因为过表达 *ESR1* 或 *ESR2*，在无激素的条件下可诱导愈伤组织形成(Ikeda et al.，2006)(图 2-11D，图 2-14B)。另一个拟南芥 AP2/ERF 类转录因子 BOL(BOLITA)，它影响细胞的增殖及其器官的大小，过表达该基因的拟南芥转基因株系的器官缩小，可在其根中形成异位愈伤组织。该基因的某些效应可能与干扰细胞周期调节因子，如 *RBR1*、*CyclinD* 和 *TCP*(综合 *teosinte branched 1*、*cycloidea* 和 *pcf1-2* 称为 *TCP*)的表达及激素信号转导途径有关。*BOL* 与 *ESR2* 处于相同的基因位点(Marsch-Martinez et al.，2006)。

ESR 蛋白涉及细胞分裂素信号转导，因为过表达 *ESR* 的植物对细胞分裂素呈现高的反应性，这些蛋白可挽救细胞分裂素受体缺陷突变体 *cytokinin response1/Arabidopsis histidine kinase4*。ESR 蛋白可能起着将细胞分裂素信号转导与细胞周期控制连接在一起的作用，因为 ESR2 可直接激活 CYCD1;1 和 DOF 类转录因子 OBP1(OBF BINDING PROTEIN1)的基因表达(Ikeda et al.，2006)。已知 *OBP1* 基因可通过缩短 G_1 期来促进细胞周期的重启。过表达 *OBP1* 可引起许多细胞周期相关基因的上调，同时 *OBP1* 可直接与 CYCD3;3 的启动子序列和 S 期特异性转录因子 DOF2;3 结合(Skirycz et al.，2008)。有待在实验上进一步证实的是当愈伤组织诱导时，这些为 ESR 所调节的细胞周期激活的途径是否是重新激活细胞周期的基础。上述的这些发现都趋于表明，细胞重新进入细胞周期受控于多个层次转录调节因子的调控，从而精确地协调几个细胞周期基因的表达(Ikeuchi et al.，2013)。

2.5.2　创伤诱导的愈伤组织形成的分子机制

按照传统的诱导愈伤组织培养体系，除了愈伤组织诱导培养基(CIM)含高比例的生长素浓度外，在获取外植体的切割过程中，外植体都会发生创伤效应。这种方法所诱导的愈伤组织与 2.1 节所介绍的拟南芥 CIM 中所诱导的培养物(原作者称为类似根分生组织结构物或愈伤组织)在外形上有明显的差异：CIM-培养物是不发生脱分化的组织，可表达根分生组织分子标记基因；而创伤诱导的愈伤组织是脱分化的组织，不表达根分生组织分子标记基因。这些差异强烈地表明，它们的分子和生理性质应是不同的。

研究人员很早就发现机械损伤是愈伤组织诱导的常见刺激，但对这一反应过程的分子机制了解甚少。最近发现在拟南芥中所鉴定的属于 AP2/ERF 转录因子一类的 WIND1(WOUND INDUCED DEDIFFERENTIATION1)及其同源物 WIND2、WIND3 和 WIND4 是这一过程的中心调节因子(Iwase et al.，2011a，2011b)(图 2-15A)。本节介绍拟南芥创伤诱导的愈伤组织及其相关的分子调控机制。

2.5.2.1　创伤诱导拟南芥外植体愈伤组织形成的分子机制

拟南芥幼苗在受到创伤后的反应是经历细胞脱分化和形成愈伤组织(图 2-15)。例如，拟南芥叶用小剪刀剪切后 6 天，在创伤部位可形成愈伤组织(图 2-4B)。经过差异基因表达筛选及基因转化等功能的研究，Iwase 等(2011a)发现 WIND1 这个属于 AP2/ERF 类的转录因子(也曾被称为 RAP2.4)，可在创伤部位迅速被诱导表达，并促进细胞的脱分化，随后细胞增殖形成愈伤组织。如图 2-15A、图 2-15B 所示，在以转基因植株(Pro_{WIND1}:*GUS* 和 Pro_{WIND1}:*GFP*)为研究材料时，它们的创伤部位都显示 *GUS* 或 *GPF* 的高度表达，而在完整的植株中却只在根中柱鞘和分生性干细胞的微环境(niche)细胞中呈现该基因的表达。定量 RT-PCR 分析表明，拟南芥野生型 30 天苗龄的叶创伤数小时后，其 *WIND1* 转录水平增加 3 倍。这与转基因株系(Pro_{WIND1}:*GFP*)报告基因表达相一致，即在叶创伤数小时后 *WIND1* 启动子活性被显著促进(图 2-15D)。

在创伤后前24h，*WIND1*可持续在中柱鞘及其周边细胞中表达，同时也可在增殖的愈伤组织中表达(图2-15A，C)。此外，在*WIND*启动子控制下的*GFP*也在邻近创伤部位的细胞核内累积。这些结果清楚地证明，*WIND1*在创伤部位可被迅速激活并在创伤诱导的愈伤组织形成中组成性表达(Iwase et al.，2011a)。

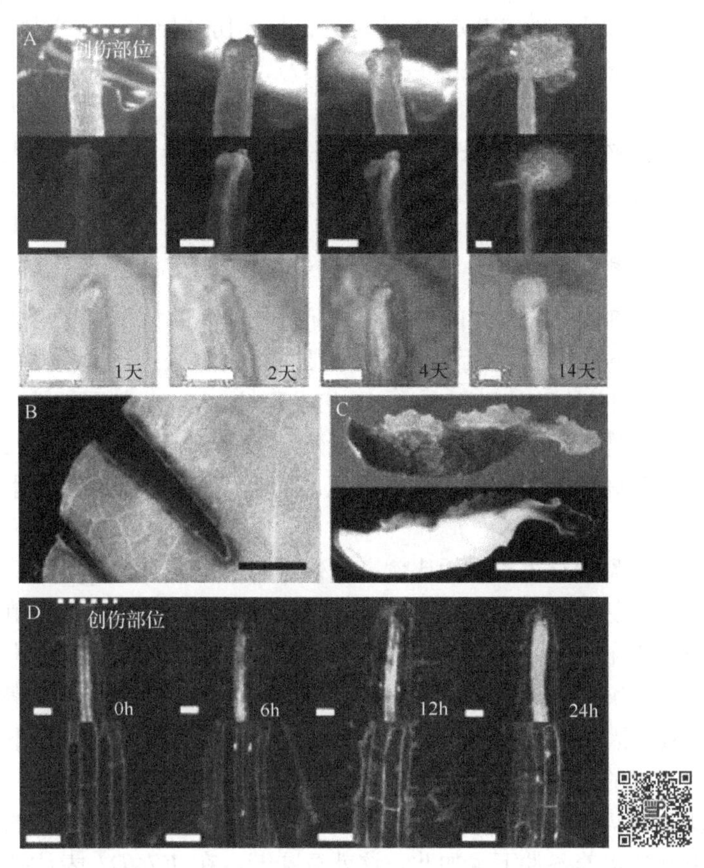

图2-15　拟南芥外植体创伤部位愈伤组织的形成过程及*WIND1*的表达(Iwase et al.，2011a)(彩图请扫二维码)

A：创伤不同天数后，黄化幼苗下胚轴所诱导的愈伤组织的形成过程(上图)及其*WIND1*(Pro_{WIND1}:*GFP*)的强烈表达(绿色，中图)。下图是使用滤光片除去叶绿素的红色自发荧光后，野生型(对照)的图像，图示下胚轴创伤后1～14天的图像。B，C：拟南芥叶创伤部位(C下图)表达*WIND1*(Pro_{WIND1}:*GUS*)(蓝色)及其所诱导的愈伤组织增殖(C上图)的光学显微镜照片。D：根创伤后几小时内(0～24h)*WIND1*(Pro_{WIND1}:*GFP*)的表达被上调(上图，增强的绿色程度)。在中柱鞘及其周边细胞表达的共聚焦光学截面图像(下图)中，可见中柱鞘及其周边细胞中的*WIND1*(Pro_{WIND1}:*GFP*)的表达被上调(绿色)。细胞间交界为碘化丙啶(propidium iodide)的红色染色所显示。图中标尺分别为500mm(A)、1mm(B)、5mm(C)和50mm(D)

此外，通过转基因策略过表达*WIND1*基因(异位表达)的研究结果显示，过表达*WIND1*基因足以诱导在组织和结构上无定形的细胞的增殖，以及保持其脱分化状态。转基因植株(*35S:WIND1*)细胞的整个形态与外源生长素(2.2μmol/L 2,4-D)所诱导的愈伤组织的细胞相似；转基因植株(*35S:WIND1*)的基因表达模式也和2,4-D诱导的愈伤组织及拟南芥T87细胞由NAA所诱导的愈伤组织(Axelos et al.，1992)的基因表达模式有显著重叠(Iwase et al.，2011a)。

化学诱导基因表达的转基因体系(Zuo et al.，2000)的相关实验结果表明，当17β-雌二醇(17β-estradiol)诱导苗龄为21天的转基因植株[含LexA-VP16-estrogen receptor(*XVE*)-*WIND1*表达载体]中的*WIND1*基因表达时，可在转基因植株成熟的根和苗中形成类似愈伤组织的细胞团，这表明胚胎后发育的植株组织中提高*WIND1*的表达水平足以促进在组织和结构上无定形的细胞的增殖。同时，在含17β-雌二醇的培养基萌发并培养4～8天的转*WIND1*基因植株(此时，*WIND1*基因被诱导表达)，用共聚焦和光学显微镜对单个细胞进行观察发现，可从该植株(*XVE-WIND1*)的根、下胚轴和子叶的表皮层细胞诱导出类似愈伤组织的细胞团。在含17β-雌二醇的培养基中培养几天后就可观察到转基因植株(*XVE-WIND1*)的这些形态改变，这就表明，随着*WIND1*的激活，成熟的体细胞可摆脱正常的分化程序而启动在组织和结构上无定形的细胞团的发育。此外，还可发现转*WIND1*基因植株(*XVE-WIND1*)的根外植体在17β-雌二醇的诱导下所形成的类似愈伤组织的细胞团，如果被转移到不含17β-雌二醇的MS培养基上培养时，可脱分化发育成根和苗，这说明过表达 *WIND1* 基因的细胞已获得了亚全能性(pluripotency)，即具有发育成多于一种成熟器官的潜能(Iwase et al.，2011b)。此外，在与拟南芥亲缘关系密切的小盐芥(*Thellungiella halophila*)中的 *Th-WIND1-L* 基因是拟南芥 *WIND1* 的同源基因。*Th-WIND1-L* 的表达也是创伤诱导的，在小盐芥中过表达 *Th-WIND1-L* 可使愈伤组织在无外源激素的条件下形成(Zhou et al.，2012)，这就意味着在创伤诱导的愈伤组织中，WIND蛋白的功能在植物中是保守的。

综合这些研究结果可知，*WIND1* 基因的表达只在创伤部位被诱导，该基因的表达可促进拟南芥细胞的脱分化并保持对愈伤组织形成的诱导(Iwase et al.，2011a)。

2.5.2.2 *WIND1* 基因促进细胞脱分化与细胞分裂素信号转导途径

已知在 CIM 中生长素和细胞分裂素之间的平衡是促进外植体的愈伤组织形成的关键因素(Skoog and Miller，1957)，*WIND1* 可能通过调节这些激素生物合成或信号转导来控制愈伤组织的形成过程。这一设想为 Iwase 等(2011a，2011b)的相关实验结果所支持，他们发现转 *WIND1* 基因植株(*35S:WIND1*)的下胚轴外植体呈现出对细胞分裂素反应性的增强。例如，低、中水平的细胞分裂素(0.23～2.3μmol/L 激动素)可诱导转基因植株(*35S:WIND1*)的下胚轴外植体形成愈伤组织，而野生型(WT)的外植体在相同的条件下却难以形成任何愈伤组织。

已知在离体条件下细胞分裂素与生长素的比例高则促进苗的再生(Skoog and Miller，1957)，而转基因植株(*35S:WIND1*)的外植体可发生苗的再生。这就进一步表明，转 *WIND1* 基因植株对细胞分裂素是超敏感的。与之相反，*WIND1* 表达被显性抑制的转基因植株(*WIND1-SRDX*)外植体却与双突变体 *arr1 arr12* 的相似，难以形成愈伤组织；双突变体 *arr1 arr12* 是在 B 型 ARR 介导的细胞分裂素信号转导上出现缺陷的突变体(Mason et al.，2005)，因此，它们的外植体在受试细胞分裂素浓度的条件下，其愈伤组织的形成强烈受阻。细胞分裂素与生长素的比例低可促进根的再生(Skoog and Miller，1957；Che et al.，2006)，与双突变体 *arr1 arr12* 的相似，*WIND1* 表达被显性抑制的转基因植株(*WIND1-SRDX*)的外植体趋向于形成根，即使是在高浓度细胞分裂素的培养条件下也如此。这就意味着，在 *WIND1* 表达被显性抑制的转基因植株(*WIND1-SRDX*)中，不利于对细胞分裂素的响应(Iwase et al.，2011a，2011b)。

实验还发现，在转 *WIND1* 基因的植株中，其活性细胞分裂素，即内源的反式-玉米素(trans-zeatin)及其前体最少增加了 2 倍，这些结果都说明 *WIND1* 可能对细胞分裂素的产生起激活的作用。但 *WIND1* 不影响内源生长素 IAA 水平的累积，也不影响生长素信号的转导。上述的这些结果表明，*WIND1* 转录可在创伤部位被诱导，随后促进了细胞对内源细胞分裂素响应的敏感性并促进细胞脱分化。早前的生理学实验也已证明，创伤的植物组织可提高其对细胞分裂素的反应性(Crane and Ross，1986)。

在双突变体 *arr1 arr12* 中(它们是在 B 型 ARR 介导的细胞分裂素信号转导上出现缺陷的突变体)，*WIND1* 所诱导的细胞脱分化严重受阻；这再一次说明 *WIND1* 的功能是通过 ARR 依赖性的细胞分裂素信号途径实现的。这也与上述实验结果相一致。

TCS:GFP[双组分输出传感器(two-component-output sensor，*TCS*):*GFP*]，是一个人工合成的报告基因(Müller and Sheen，2008)，利用这一报告基因的转基因植株研究结果表明，在创伤 24h 内，紧靠创伤部位的中柱鞘及其周围的细胞中，由 B 型 ARR 介导的细胞分裂素反应性升高。这一细胞分裂素响应也依赖于WIND1(Iwase et al.，2011a)。WIND 蛋白是如何激活细胞分裂素信号转导的仍有待阐明，但鉴定 WIND 在转录下游的作用靶物将会有助于揭示它们的分子关联机制。

此外，当拟南芥花序茎被切除时，这一花序中充分伸长的髓部和皮层细胞可以重新启动细胞增殖，以便“恢复”创伤的部位(Asahina et al.，2011)。生长素在这一反应中起着中心的作用，因为生长素极性运输在受到化学或遗传上的干扰时，茎的再生将被强烈地阻止。生长素可在茎切口上端累积，由此，诱导拟南芥 *ANAC071*(*NAC DOMAIN CONTAINING PROTEIN71*)的表达，而在茎切口下端的生长素被耗尽时可引起 AP2/ERF 类转录因子基因 *RAP2.6L* 表达水平的增加。显性抑制 *ANAC071* 或 *RAP2.6L* 的表达可消除创伤诱导的细胞增殖，这就明显地表明，这些基因是再生过程的基本调节因子(图 2-16A)。余下的一个重要问题是创伤为何和如何促进不同情况下的不同响应，探明创伤信号在每一事件中是如何被接受和传导的，将有助于获得回答这些问题的重要线索。

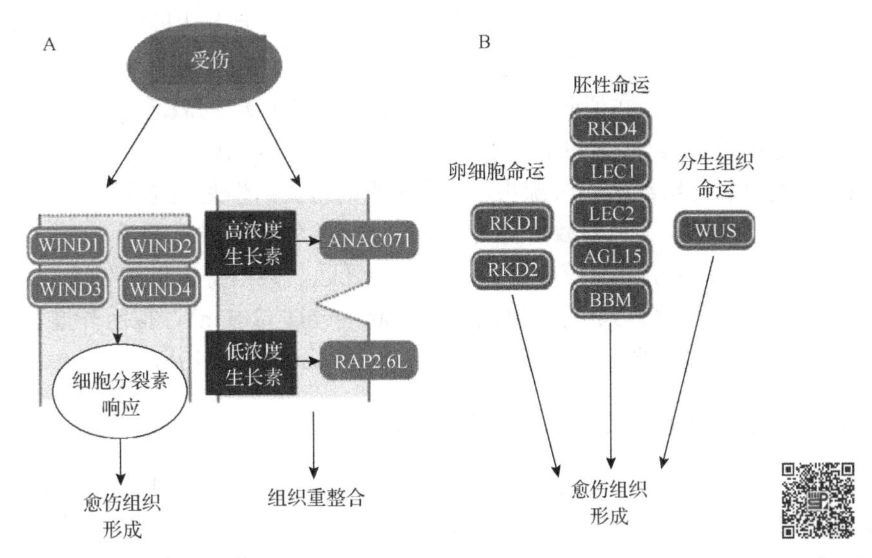

图 2-16　创伤诱导及其他途径诱导愈伤组织形成的分子机制(Ikeuchi et al.，2013，有改动)(彩图请扫二维码)

A：随着拟南芥下胚轴的切除，*WIND1*、*WIND2*、*WIND3* 和 *WIND4* 基因可在创伤部位诱导表达，导致细胞分裂素响应水平的上调，从而促进了愈伤组织的形成。当拟南芥的茎在如图所示的中段切一缺口时，从苗端而来的生长素将在创伤部位的上端累积，并诱导 *ANAC071* 的表达，而创伤部位的下端生长素的消耗则诱导 *RAP2.6L* 的表达。这些反应都是细胞增殖的局部激活所要求的，并使增殖细胞填平创伤部位。图 A 右侧，凹处的虚线表示创伤部位。B：通过重新获得胚性或分生性的发育命运而诱导的愈伤组织。过表达卵细胞发育命运的每个主调控因子(RKD1 和 RKD2)的基因和胚性发育命运基因(*RKD4*、*LEC1*、*LEC2*、*AGL15* 和 *BBM*)或分生组织发育命运基因(*WUS*)都足以诱导愈伤组织的形成。图中白色线框标记的是已证实在愈伤组织形成中的功能蛋白，而未标记的是通过间接证据推断的蛋白

目前对 WIND 蛋白如何促进细胞分裂素信号转导的具体机制尚不了解，然而通过鉴定 WIND 所介导的转录下游作用靶分子，将有助于进一步揭示 WIND 蛋白与细胞分裂素信号转导或(和)细胞分裂素生物合成途径连接的机制(Iwase et al.，2011a，2011b)。

2.5.3　通过重获胚性和分生组织发育命运诱导愈伤组织的分子机制

近年来许多研究表明，异位过表达胚性调节因子或分生组织的调节因子可诱导各种植物的愈伤组织形成。这说明通过特异功能性基因的异位表达足以驱动相对未分化细胞(胚性细胞和分生组织细胞)发育命运的改变，使其细胞增殖形成愈伤组织(图 2-16B)。例如，当体胚发生时，与 CCAAT 框结合的转录因子 LEC1(LEAFY COTYLEDON1)、B3-结构域转录因子 LEC2 和 MADS-转录因子 AGL15(AGAMOUS-LIKE15)的功能是作为转录激活因子，当这些转录因子中的两个都在拟南芥中异位表达时，可在未添加植物激素的培养基上诱导出胚性愈伤组织(图 2-11G)(Stone et al.，2001；Harding et al.，2003；Gaj et al.，2005；Umehara et al.，2007；Thakare et al.，2008)。在欧洲油菜(*Brassica napus*)中鉴定的一个 AP2/ERF 类转录因子 BBM(BABY BOOM)，其基因 *Bn-BBM* 偏好在体细胞胚发生和种子发育中表达。令人意外的是，*Bn-BBM* 过表达可在未添加植物激素的培养基上诱导欧洲油菜和拟南芥两者的胚性愈伤组织的形成(Boutilier et al.，2002)。应用这一 *Bn-BBM* 瞬时表达系统，已使一些作物和树木的愈伤组织诱导率明显增加，也可促进这些愈伤组织的脱分化而再生植株(Srinivasan et al.，2007；Deng et al.，2009；Heidmann et al.，2011)。大豆(*Glycine max*)*BBM* 可诱导拟南芥幼苗胚性愈伤组织(Ouakfaoui et al.，2010)，这表明，*BBM* 促进体细胞胚胎发生或胚性愈伤组织形成的功能可能在双子叶植物中都是保守的。*BBM* 的这些功能可能在 AP2/ERF 一类的相关蛋白中都是共通的，因为在拟南芥中所发现的一个与 *BBM* 密切相关的同源基因 *EMK*(*EMBRYOMAKER*)的异位表达也可促进类似于胚性愈伤组织的发育，而 *EMK* 也称 *AIL5*(*AINTEGUMENTA-*

LIKE 5)或 *PLT5*(*PLETHORA5*)(Tsuwamoto et al., 2010)。RKD(RWP-RK domain-containing)蛋白被推定为另一类转录因子，它参与雌配子发生和早期胚胎发生。*RKD1* 和 *RKD2* 偏好于在卵细胞中表达，它们在拟南芥中的异位表达也可在不添加植物激素的培养基中诱导愈伤组织形成(图 2-16B)；基因芯片分析结果表明，与生长素诱导愈伤组织的基因相比，*RKD2* 诱导愈伤组织的基因表达模式与卵细胞中的模式更相似(Kőszegi et al., 2011)，这说明由 *RKD2* 所驱动的愈伤组织形成是通过激活其卵细胞发育命运改变来完成的。*RKD4* 在胚胎发育的早期表达，在拟南芥根中，化学诱导的 *RKD4* 的激活可促进胚胎发育早期特异性基因的转录和不定形细胞的增殖(Waki et al., 2011)(图 2-11H，图 2-16B)。

植物分生组织是植物体所有组织的终极源头，分生组织的再生活性是由位于分生组织中的干细胞库所支撑的。因此，这些分生组织活性强劲的激活将诱导异位愈伤组织的形成是不足为奇的。含同源域的转录因子 WUS(WUSCHEL)的基因在苗端组织中心的干细胞中表达，并维持干细胞处于一个相对不分化的状态：*WUS* 也可在几个愈伤组织培养体系中强烈地表达(Iwase et al., 2011a)，拟南芥过表达 *WUS* 产生愈伤组织和体细胞胚(Zuo et al., 2002)(图 2-11I，图 2-16B)(Ikeuchi et al., 2013)。

2.5.4　愈伤组织形成过程中的 RNA 加工和蛋白质翻译

愈伤组织的诱导过程包括大量基因表达的变化，以满足细胞分化和脱分化水平的变化。除了上述转录水平上的修饰外，也有相当多的研究表明，如果 RNA 的产生及其加工不合适，则也会限制愈伤组织的形成。*SRD2*(*SHOOT REDIFFERENTIATION DEFECTIVE2*)基因编码一个核蛋白，其序列与人类 SNAP50 相似，SNAP50 蛋白是转录核小 RNA(snRNA)所要求的蛋白。拟南芥突变体 *srd2* 在限制性的温度下不能转录，这些缺陷明显干扰了下胚轴外植体在愈伤组织诱导培养基(CIM)上所诱导的愈伤组织的形成。snRNA 作为剪接体(spliceosome)中的一个成员，在 RNA 剪接中起作用。因此，当愈伤组织被诱导形成时，由 SRD2 介导所产生的 snRNA 显然对 mRNA 前体(pre-mRNA)的剪接起着非常重要的作用(Ohtani and Sugiyama, 2005)。研究已发现当植物激素所诱导的烟草叶外植体的愈伤组织形成时，rRNA 转录水平升高(Koukalova et al., 2005)，同样也发现，当拟南芥下胚轴在 CIM 上启动愈伤组织形成时会累积 rRNA 前体(Ohbayashi et al., 2011)，这就意味着，在愈伤组织诱导时出现活跃的 rRNA 生成。此外也发现位于细胞核中的类似甲基转移酶蛋白 RID2(ROOT INITIATION DEFECTIVE2)的突变可阻止在限制性的温度下愈伤组织的形成，这些表型的出现伴随着各种 rRNA 前体(pre-rRNA)中间体的异常累积(Ohbayashi et al., 2011)。*SRD2* 和 *RID2* 两者都在分生组织中表达，当外植体在 CIM 上培养后它们都被诱导转录，这表明，它们的转录活性与细胞高度的增殖力密切相关(Ohtani and Sugiyama, 2005；Ohbayashi et al., 2011)。这些基因转录后的过程可能并非是启动愈伤组织诱导的诱因，但极有可能是为愈伤组织的形成转录一些新的蛋白质(Chitteti and Peng, 2007；Chitteti et al., 2008)。

2.5.5　抑制愈伤组织形成的分子基础

保证植物生长及其功能的前提是确保其正确的机体和组织的构成。因此，植物细胞必须能阻止不按程序的过度增殖。本节将重点讨论细胞壁的完整性对愈伤组织形成的抑制机制。有关愈伤组织形成的表观遗传抑制调控，请参见第 9 章的 9.2.1 部分。

细胞壁结构性的材料，如纤维素、半纤维素和果胶等的按序沉积对于完成和保持细胞脱分化的状态至关重要(图 2-17)。细胞壁产生的失能突变常导致愈伤组织的形成。例如，皱叶烟草(*Nicotiana plumbaginifolia*)中称为 *nolac-H18*(*nonorganogenic callus with loosely attached cells*)的突变体是 *GUT1*(*GLUCURONYLTRANSFERASE1*)突变的突变体，该突变体的茎尖可产生愈伤组织(Iwai et al., 2002)。GUT1 蛋白是果胶生物合成所要求的蛋白，它可转化葡萄糖醛酸为鼠李半乳糖醛酸聚糖 II(rhamnogalacturonan II)，这一聚糖是植物果胶的一种主要成分。在突变体 *nolac-H18* 中，鼠李半乳糖醛酸聚糖 II 中的葡萄糖醛酸水平显著降低，这就干扰了初生壁中的细胞基质结构(Iwai et al., 2002)。拟南芥失能突变体 *tsd1*(*tumorous shoot development1*)和 *tsd2* 发育出一组织混乱的细胞团，并可在无植物生长调节物质的培养基中无限期生长下去(Frank et al.，2002)。*TSD1*，以前被鉴定为 *KOR1*(*KORRIGAN1*)和 *RSW2*(*RADIAL SWELLING2*)，编码一个涉及纤维素生物合成的膜结合的内切-1,4-β-D-葡聚糖酶(Zuo et al.，2000；Lane et al.，2001；Krupková and Schmülling，2009)。突变体 *tsd1*/*kor1*/*rsw2* 的纤维素产生异常，并伴随果胶沉积的显著改变，从而导致其苗与根细胞的组成异常(Nicol et al.，1998；His et al.，2001)。*TSD2* 也称 *QUA2*(*QUASIMODO2*)和 *OSU1*(*OVERSENSITIVE TO SUGAR1*)，编码一个被推定的位于高尔基体的甲基转移酶(Mouille et al.，2007；Ralet et al.，2008；Gao et al.，2008)。*TSD2*/*QUA2*/*OSU1* 是如何影响细胞壁的合成的尚不清楚，但在突变体 *tsd2*/*qua2*/*osu1* 中，其果胶的另一个主要成分，同型半乳糖醛酸聚糖(homogalacturonan)减少了 50%，从而使得在细胞黏着方面出现严重的缺陷(Krupková et al.，2007；Mouille et al.，2007；Ralet et al.，2008)。这些细胞壁突变体过度增殖的表型可能是细胞间通信被干扰后间接的结果。

根据各种标记物的表达分析，突变体 *tsd1*/*kor1*/*rsw2* 的愈伤组织形成的表型与异位产生苗分生组织属性和增强细胞分裂素响应相关(图 2-17)。例如，基因 *STM*(*SHOOT MERISTEMLESS*)和 *CLV3*(*CLAVATA3*)的表达通常是局限于野生型的苗端分生组织中，这两个基因都可在突变体 *tsd1*/*kor1*/*rsw2* 的愈伤组织中异位表达。此外，在 *tsd1*/*kor1*/*rsw2* 突变体中，细胞分裂素信号转导显著增强，在这些突变体中过表达编码降解细胞分裂素的细胞分裂素氧化酶基因(*CYTOKININ OXIDASE1*)可部分挽救突变体 *tsd1*/*kor1*/*rsw2* 过度细胞增殖的表型(Krupková and Schmülling，2009)。总而言之，细胞壁材料正确的沉积对整合组织分化和防止体细胞的过度增殖都是非常重要的。

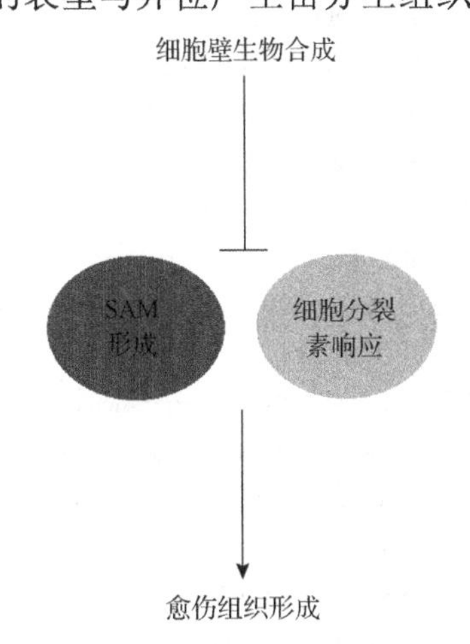

图 2-17　愈伤组织形成的抑制机制
(Ikeuchi et al.，2013)

综上所述，从拟南芥中所发现的各种外植体在 CIM 中诱导的愈伤组织是通过启动侧根发育程序而完成非脱分化的组织，而创伤诱导的受 *WIN* 类基因控制的愈伤组织的形成却是需要通过脱分化而完成的，这说明拟南芥不同类型的愈伤组织具有各自的基因表达模式。这些新的发现使我们对愈伤组织形成的分子机制有了更全面和深入的认识。

在各种严酷的环境条件下植物发育出愈伤组织或其他肿瘤，这明显是植物响应不良环境的一笔不小的代价，因为此时植物已放弃完整的植物体建成，再一次开始新的发育程序。因此，植物具有一个有效的机制以阻止多余的愈伤组织诱导，维持它们的组织结构。最近的研究数据表明，植物对于表观遗传的抑制可能有较少的冗余机制，因此，值得探索植物的这些特性是否是使其细胞有更高脱分化能力的基础。研究者也已开始解读表观遗传是如何抑制胚性和分生组织程序的，其中包括启动表观遗传修饰抑制愈伤组织形成的机制(这方面内容请参见第 9 章的 9.2.1 部分)。

愈伤组织的研究对生物学领域有许多重要的意义，有助于我们了解它所涉及的问题，如多细胞有机体如何识别(perceive)和传导内源与环境信号，细胞的分化/脱分化如何诱导和保持等问题的本质。愈伤组织研究的结果也可用于植物无性繁殖及其转化。完整地了解植物如何进行遗传和表观遗传机制的协调与平衡细胞的分化及脱分化的机制，有助于我们设计出特异性更强的分子工具来对器官再生和植株再生进行系统性控制。

参考文献

安利佳，等. 1992. 豆科植物组织培养的研究. 植物学报, 34(10): 743-752

黄霞，等. 2001. 果用香蕉薄片外植体植株再生的研究. 园艺学报, 28(1): 19-24

黄学林，等. 1994. Thidiazuron 对苜蓿愈伤组织的乙烯生成及其体细胞胚胎发生的影响. 植物生理学报, 20(4): 367-372

黎茵，等. 2003. 根癌农杆菌介导的苜蓿体胚转化. 植物生理与分子生物学学报, 29(2): 109-113

梁海曼. 1987. 植物组织培养中与 pH 值变化有关的一些问题. 植物生理学通讯, (3): 1-6

林红，程井辰. 1991. 植物激素对几种禾本科植物外植体的胚胎发生及形态发生途径的影响(简报). 植物生理学通讯, 27(2): 117-119

刘翠云，等. 1992. 植物提取物对小麦愈伤组织器官发生的研究. 西北植物学报, (12): 193-198

马国华，等. 1999. 几种生长素对木薯体细胞胚发生和植株再生的作用. 热带亚热带植物学报, (7): 75-80

乔瑞清, 等. 2013. 抗生素对亚麻下胚轴愈伤诱导及芽分化的影响. 中国麻业科学, 35(1): 5-8
魏岳荣, 等. 2006. 利用未成熟种子建立野生阿宽蕉胚性细胞悬浮系和植株再生的研究. 果树学报, 23(1): 41-45
徐临凤. 2005. 香蕉组培苗假茎薄片和多芽体切片的组织培养研究. 广州: 中山大学硕士学位论文
颜昌敬. 1990. 植物组织培养手册. 上海: 上海科学技术出版社: 190
杨小玲, 等. 2008. 不同组分培养基及培养温度对安祖花叶片愈伤组织诱导率的影响. 沈阳农业大学学报, 39(1): 15-18
周菊华, 梁海曼. 1990. 植物的热激反应及其在植物组织培养中的应用. 武汉植物学研究, (8): 87-100
朱至清, 等. 1975. 通过氮源比较试验建立一种较好的花药培养基. 中国科学, (2): 484-490
Afshari RT, et al. 2011. Effects of light and different plant growth regulators on induction of callus growth in rapeseed (*Brassica napus* L.) genotypes. Plant Omics J, 4: 60-67
Ahlowalia BJ. 1984. Forage Grasses. *In*: Ammirato PVJ, et al. Handbook of Plant Cell Culture. New York: MacMillan
Aitken-Christie J. 1984. Micropropagation of *Pinus radiata*. The Plant Prop, 30: 9-11
Anzola JM, et al. 2010. Putative *Arabidopsis* transcriptional adaptor protein (PROPORZ1) is required to modulate histone acetylation in response to auxin. Proc Natl Acad Sci USA, 107: 10308-10313
Asahina M, et al. 2011. Spatially selective hormonal control of RAP2.6L and ANAC071 transcription factors involved in tissue reunion in *Arabidopsis*. Proc Natl Acad Sci USA, 108: 16128-16132
Atta R, et al. 2009. Pluripotency of *Arabidopsis* xylem pericycle underlies shoot regeneration from root and hypocotyl explants grown *in vitro*. Plant J, 57: 626-644
Axelos M, et al. 1992. A protocol for transient gene expression in *Arabidopsis thaliana* protoplasts isolated from cell suspension culture. Plant Physiol Biochem, 30: 123-128
Banno H, et al. 2001. Overexpression of *Arabidopsis* ESR1 induces initiation of shoot regeneration. Plant Cell, 13: 2609-2618
Barash I, Manulis-Sasson S. 2007. Virulence mechanisms and host specificity of gall-forming *Pantoea agglomerans*. Trends Microbiol, 15: 538-545
Becerra C, et al. 2006. Computational and experimental analysis identifies *Arabidopsis* genes specifically expressed during early seed development. BMC Genomics, 7: 38
Begum S, et al. 1995. Efficient regeneration of plants from leaf base callus in sugarcane. Plant Tissue Cult, 5: 1-5
Berckmans B, et al. 2011. Auxin-dependent cell cycle reactivation through transcriptional regulation of *Arabidopsis* E2Fa by lateral organ boundary proteins. Plant Cell, 23: 3671-3683
Besse I, et al. 1992. Oil palm (*Elaeis guineensis* Jacq.) clonal fidelity: endogenous cytokinins and indoleacetic acid in embryogenic callus cultures. J Exp Bot, 43: 983-989
Bonnett HT, Torrey JG. 1966. Comparative anatomy of endogenous bud and lateral root formation in *Convolvulus arvensis* roots cultured *in vitro*. Am J Bot, 53: 496-507
Bostock RM, Stermer BA. 1989. Perspectives on wound healing in resistance to pathogens. Annu Rev Phytopathol, 27: 343-371
Bourgaud F, et al. 2001. Production of plant secondary metabolites: a historical perspective. Plant Sci, 161: 839-851
Bourgin JP, Nitsch JB. 1967. Production of haploid nicotian from excised stamens. Ann Physiol Veg, 9: 377-382
Boutilier K, et al. 2002. Ectopic expression of BABY BOOM triggers a conversion from vegetative to embryonic growth. Plant Cell, 14: 1737-1749
Bouyer D, et al. 2011. Polycomb repressive complex 2 controls the embryo-to-seedling phase transition. PLoS Genet, 7: e1002014
Bratzel F, et al. 2010. Keeping cell identity in *Arabidopsis* requires PRC1 RING-finger homologs that catalyze H2A monoubiquitination. Curr Biol, 20: 1853-1859
Brown CL, Lawrence RH. 1968. Notes: culture of pine callus on a defined medium. For Sci, 14: 62-64
Campbell RA, Durzan DJ. 1975. Induction of multiple buds and needles in tissue cultures of *Picea glauca*. Can J Bot, 53: 1652-1657
Canhoto JM, et al. 1999. Somatic embryogenesis and plant regeneration in myrtle (Myrtaceae). Plant Cell Tiss Org Cult, 57: 13-21
Castillo AM, et al. 1998. Somatic embryogenesis and plant regeneration from barley cultivars grown in Spain. Plant Cell Rep, 17: 902-906
Causevic A, et al. 2006. Relationship between DNA methylation and histone acetylation levels, cell redox and cell differentiation states in sugarbeet lines. Planta, 224: 812-827
Celenza J, Jr., et al. 1995. A pathway for lateral root formation in *Arabidopsis thaliana*. Genes Dev, 9: 2131-2142
Chanvivattana Y, et al. 2004. Interaction of polycomb-group proteins controlling flowering in *Arabidopsis*. Development, 131: 5263-5276
Chawla HS. 2002. Introduction to Plant Biotechnology. 2nd ed. New Hampshire: Science Publishers INC: 528
Che P, et al. 2002. Global and hormone-induced gene expression changes during shoot development in *Arabidopsis*. Plant Cell, 14: 2771-2785
Che P, et al. 2006. Gene expression programs during shoot, root, and callus development in *Arabidopsis* tissue culture. Plant Physiol, 141: 620-637
Che P, et al. 2007. Developmental steps in acquiring competence for shoot development in *Arabidopsis* tissue culture. Planta, 226: 1183-1194
Chen H, et al. 1995. Efficient callus formation and plant generation from leaves of oats (*Avena sativa* L.). Plant Cell Rep, 14: 393-397

Chen YF, et al. 2011. Non-conventional breeding of banana (*Musa* spp.). *In*: van den Bergh I, et al. Proc. Int'l ISHS-ProMusa Symp. on Global Perspectives on Asian Challenges, Guangzhou: Acta Horticulture R, 87: 39-46

Chitteti BR, et al. 2008. Comparative analysis of proteome differential regulation during cell dedifferentiation in *Arabidopsis*. Proteomics, 8: 4303-4316

Chitteti BR, Peng Z. 2007. Proteome and phosphoproteome dynamic change during cell dedifferentiation in *Arabidopsis*. Proteomics, 7: 1473-1500

Christianson ML, Warnick DA. 1983. Competence and determination in the process of *in vitro* shoot organogenesis. Dev Biol, 95: 288-293

Constable F. 1984. Callus culture: induction and maintenance. *In*: Vasil IK. Cell Culture and Somatic Cell Genetics of Plants. Vol 2. Laboratory Procedure and Their Applications Science. New York: Academic Press: 27-35

Crane KE, Ross CW. 1986. Effects of wounding on cytokinin activity in cucumber cotyledons. Plant Physiol, 82: 1151-1152

de Veylder L, et al. 2002. Control of proliferation, endoreduplication and differentiation by the *Arabidopsis* E2Fa-DPa transcription factor. Embo J, 21: 1360-1368

Dello RI. 2007. Cytokinins determine *Arabidopsis* root-meristem size by controlling cell differentiation. Curr Biol, 17: 678-682

Deng W, et al. 2009. A novel method for induction of plant regeneration via somatic embryogenesis. Plant Sci, 177: 43-48

Dewitte W, et al. 2007. *Arabidopsis* CYCD3 D-type cyclins link cell proliferation and endocycles and are rate-limiting for cytokinin responses. Proc Natl Acad Sci USA, 104: 14537-14542

Dolan L, et al. 1993. Cellular organisation of the *Arabidopsis thaliana* root. Development, 119: 71-84

Druart P, de Wuif O. 1993. Activated charcoal catalyses sucrose hydrolysis during autoclaving. Plant Cell Tiss Org Cult, 32: 97-99

Dublin P. 1984. Cacao. *In*: Ammirato PV, et al. Handbook of Plant Cell Culture. Vol 3. London: Macmillan Publishing Company: 541-563

Ebert A, Taylor HF.1990. Assessment of the changes of 2,4-dichlorophenoxyacetic acid concentrations in plant tissue culture media in the presence of activated charcoal. Plant Cell Tiss Org Cult, 20: 165-172

Eckardt N. 2006. A genomic analysis of tumor development and source-sink relationships in Agrobacterium-induced crown gall disease in *Arabidopsis*. Plant Cell, 18: 3350-3352

Eeuwens CJ. 1976. Mineral requirements for growth and callus initiation of tissue explants excised from mature coconut palms (*Cocos nucifera*) and date (*Phoenix dactylifera*) palms cultured *in vitro*. Physiol Plant, 42: 173-178

Eriksson TR. 1965. Studies on growth requirements and growth measurements of cell cultures of *Haplopappus gracilis*. Physiol Plant, 18: 976-993

Fan M, et al. 2012. Lateral organ boundaries domain transcription factors direct callus formation in *Arabidopsis* regeneration. Cell Research, 22: 1169-1180

Fei S, et al. 2000. Improvement of embryogenic callus induction and shoot regeneration of buffalograss by silver nitrate. Plant Cell Tiss Org Cult, 60: 197-203

Frank M, et al. 2002. Tumorous shoot development (TSD) genes are required for co-ordinated plant shoot development. Plant J, 29: 73-85

Fukaki H, et al. 2002. Lateral root formation is blocked by a gain-of-function mutation in the *SOLITARY-ROOT/IAA14* gene in *Arabidopsis*. Plant J, 29: 153-168

Gaj MD, et al. 2005. Leafy cotyledon genes are essential for induction of somatic embryogenesis of *Arabidopsis*. Planta, 222: 977-988

Gallois JL, et al. 2004. *WUSCHEL* induces shoot stem cell activity and developmental plasticity in the root meristem. Genes Dev, 18: 375-380

Gamborg O, et al. 1968. Nutrient requirements of suspension cultures of soybean roots cells. Exp Cell Res, 50: 151-158

Gao P, et al. 2008. The *OSU1/QUA2/TSD2*-encoded putative methyltransferase is a critical modulator of carbon and nitrogen nutrient balance response in *Arabidopsis*. PLoS One, 3: e1387

Gordon SP, et al. 2007. Pattern formation during *denovo* assembly of the *Arabidopsis* shoot meristem. Development, 134: 3539-3548

Goren R, et al. 1979. Role of ethylene in abscisic acid-induced callus formation in citrus bud cultures. Plant Physiol, 63: 280-282

Gorst JR, et al. 1991. Levels of p34cdc2-like protein in dividing, differentiating and dedifferentiating cells of carrot. Planta, 185: 304-310

Gresshoff PM, Doy CH. 1972. Development and differentiation of haploid *Lycopersicon esculentum*. Planta, 107: 161-170

Halhouli KA, et al. 1995. Effects of pH and inorganic salts on the adsorption of phenol from aqueous systems on activated decoloring charcoal. Separ Sci Technol, 30: 3313-3324

Harding EW, et al. 2003. Expression and maintenance of embryogenic potential is enhanced through constitutive expression of *AGAMOUS-Like 15*. Plant Physiol, 133: 653-663

Heidmann I. 2011. Efficient sweet pepper transformation mediated by the BABY BOOM transcription factor. Plant Cell Rep, 30: 1107-1115

Heller R. 1953. Recherches sur la nutrition minérale des tissus végétaux cultivés *in vitro*. Ann Sci Nat Bot Biol Vég, 14: 1-223

Hemerly AS, et al. 1993. cdc2a expression in *Arabidopsis* is linked with competence for cell division. Plant Cell, 5: 1711-1723

His I. 2001. Altered pectin composition in primary cell walls of korrigan, a dwarf mutant of *Arabidopsis* deficient in a membrane-bound endo-1,4-beta-glucanase. Planta, 212: 348-358

Hoque M E, Mansfield JW. 2004. Effect of genotype and explant age on callus induction and subsequent plant regeneration from root-derived callus of Indica rice genotypes. Plant Cell Tiss Org Cult, 8: 217-223

Hu Y, et al. 2000. Promotive effect of brassinosteroids on cell division involves a distinct CycD3-induction pathway in *Arabidopsis*. Plant J, 24: 693-701

Huang H, et al. 2012. Variations in leaf morphology and DNA methylation following *in vitro* culture of *Malus xiaojinensis*. Plant Cell Tiss Org Cult, 111: 153-161

Husbands A, et al. 2007. LATERAL ORGAN BOUNDARIES defines a new family of DNA-binding transcription factors and can interact with specific bHLH proteins. Nucleic Acids Res, 35: 6663-6671

Hwang I, et al. 2012. Cytokinin signaling networks. Annu Rev Plant Biol, 63: 353-380

Ikeda Y, et al. 2006. The *ENHANCER OF SHOOT REGENERATION 2* gene in *Arabidopsis* regulates *CUP-SHAPED COTYLEDON 1* at the transcriptional level and controls cotyledon development. Plant Cell Physiol, 47: 1443-1456

Ikeuchi M, et al. 2013. Plant callus: mechanisms of induction and repression. The Plant Cell, 25: 3159-3173

Inzé D, de Veylder L. 2006. Cell cycle regulation in plant development. Annu Rev Genet, 40: 77-105

Ishikawa M, et al. 2011. Physcomitrella cyclin-dependent kinase A links cell cycle reactivation to other cellular changes during reprogramming of leaf cells. Plant Cell, 23: 2924-2938

Iwai H, et al. 2002. A pectin glucuronyltransferase gene is essential for intercellular attachment in the plant meristem. Proc Natl Acad Sci USA, 99: 16319-16324

Iwase A, et al. 2011a. The AP2/ERF transcription factor WIND1 controls celldedifferentiation in *Arabidopsis*. Curr Biol, 21: 508-514

Iwase A, et al. 2011b. WIND1: a key molecular switch for plant cell dedifferentiation. Plant Signal Behav, 6: 1943-1945

Janarthanam B, Seshadri S. 2008. Plantlet regeneration from leaf derived callus of *Vanilla planifolia* Andr. *In Vitro* Cell Dev Biol-Plant, 44: 84-89

Kaur P, Kothari SL. 2004. *In vitro* culture of kodo millet: influence of 2,4-D and picloram in combination with kinetin on callus initiation and regeneration. Plant Cell Tiss Org Cult, 77: 73-79

Kavi Kishor PB, Mehta AR. 1988. Effect of rifamycin and gentamycin on growth, organogenesis and carbohydrate metabolising enzymes in callus cultures of tobacco. Phytomorph, 38: 327-331

Kim JH, Botella JR. 2004. *Etr1-1* gene expression alters regeneration patterns in transgenic lettuce stimulating root formation. Plant Cell Tiss Org Cult, 78: 69-73

Konishi M, Sugiyama M. 2003. Genetic analysis of adventitious root formation with a novel series of temperature-sensitive mutants of *Arabidopsis thaliana*. Development, 130: 5637-5647

Kosugi S, Ohashi Y. 2003. Constitutive E2F expression in tobacco plants exhibits altered cell cycle control and morphological change in a cell type-specific manner. Plant Physiol, 132: 2012-2022

Koukalova B, et al. 2005. Dedifferentiation of tobacco cells is associated with ribosomal RNA gene hypomethylation, increased transcription, and chromatin alterations. Plant Physiol, 139: 275-286

Köszegi D, et al. 2011. Members of the RKD transcription factor family induce an egg cell-like gene expression program. Plant J, 67: 280-291

Krupková E, et al. 2007. The *TUMOROUS SHOOT DEVELOPMENT 2* gene of *Arabidopsis* encoding a putative methyltransferase is required for cell adhesion and co-ordinated plant development. Plant J, 50: 735-750

Krupková E, Schmülling T. 2009. Developmental consequences of the tumorous shoot development1 mutation, a novel allele of the cellulose-synthesizing *KORRIGAN1* gene. Plant Mol Biol, 71: 641-655

Kuehnle AR, Sugii N. 1991. Callus induction and plantlet regeneration in tissue cultures of Hawaiian *Anthuriums*. HortScience, 267: 919-921

Lane D, et al. 2001. Temperature-sensitive alleles of RSW2 link the *KORRIGAN* endo-1, 4-beta-glucanase to cellulose synthesis and cytokinesis in *Arabidopsis*. Plant Physiol, 126: 278-288

Laplaze L, et al. 2007. Cytokinins act directly on lateral root founder cells to inhibit root initiation. Plant Cell, 19: 3889-3900

Laux T, et al. 1996. The *WUSCHEL* gene is required for shoot and floral meristem integrity in *Arabidopsis*. Development, 122: 87-96

Lavee S, Messer G. 1969. The effect of growth-regulating substances and light on olive callus growth *in vitro*. J Exp Bot, 20: 604-614

Lee C. 1955. Anatomical changes in sweet clover shoots infected with Wound-Tumor Virus. Am J Bot, 42: 693-698

Lee HW, et al. 2009. *LBD18/ASL20* regulates lateral root formation in combination with *LBD16/ASL18* downstream of *ARF7* and *ARF19* in *Arabidopsis*. Plant Physiol, 151: 1377-1389

Lee K, et al. 2002. Optimization of a mature embryo-based *in vitro* culture system for high-frequency somatic embryogenic callus induction and plant regeneration from japonica rice cultivars. Plant Cell Tiss Org Cult, 71: 237-244

Lee TT, Starratt AN. 1992. Metabolism of [^{14}C]-indole-3-acetic acid by soybean callus and hypocotyl sections. Physiol Plant, 84: 209-216

Lin JJ, et al. 1995. Plant hormone effect of antibiotics on the transformation efficiency of plant tissue by *Agrobacterium tumefaciens* cells. Plant Sci, 109: 171-177

Linsmaier EM, Skoog F. 1965. Organic growth factor requirement for tobacco tissue culture. Physiol Plant, 18: 100-127

Liu C, et al. 2001. Enhanced regeneration of rice (*Oryza sativa*) embryogenic callus by light irradiation in growth phase. J Biosci Bioeng, 91: 319-321

Lloyd G, McCown B. 1980. Commercially feasible micropropagation of mountain laurel, *Kalmia latifolia*, by use of shoot tip culture. Proc Int Plant Prop Soc, 30: 421-427

Lotan T, et al. 1998. *Arabidopsis* LEAFY COTYLEDON1 is sufficient to induce embryo development in vegetative cells. Cell, 93: 1195-1205

Majer C, Hochholdinger F. 2011. Defining the boundaries: structure and function of LOB domain proteins. Trends Plant Sci, 16: 47-52

Manulis S, et al. 1998. Differential involvement of indole-3-acetic acid biosynthetic pathways in pathogenicity and epiphytic fitness of *Erwinia herbicola* pv. *gypsophilae*. Mol Plant Microbe Interact, 11: 634-642

Maretzki A, et al. 1972. Influence of osmotic potential on the growth and chemical composition of sugar cane cell cultures. Hawaii Plant Rec, 58: 183-199

Marsch-Martinez N, et al. 2006. BOLITA, an *Arabidopsis* AP2/ERF-like transcription factor that affects cell expansion and proliferation/differentiation pathways. Plant Mol Biol, 62: 825-843

Mason MG, et al. 2005. Multiple type-B response regulators mediate cytokinin signal transduction in *Arabidopsis*. Plant Cell, 17: 3007-3018

Mayer KF, et al. 1998. Role of WUSCHEL in regulating stem cell fate in the *Arabidopsis* shoot meristem. Cell, 95: 805-815

Mendoza MG, Kaeppler HF. 2002. Auxin and sugar effects on callus induction and plant regeneration frequencies from mature embryos of wheat (*Triticum aestivum* L.). *In Vitro* Cell Dev Biol-Plant, 38: 39-45

Meng Q, et al. 2014. Effects of antibiotics on *in vitro*-cultured cotyledons. *In Vitro* Cell Dev Biol-Plant, 50: 436-441

Morini S. 2000. Effect of 2,4-D and light quality on callus production and differentiation from *in vitro* cultured quince leaves. Plant Cell Tiss Org Cult, 63: 47-55

Mouille G, et al. 2007. Homogalacturonan synthesis in *Arabidopsis thaliana* requires a Golgi-localized protein with a putative methyltransferase domain. Plant J, 50: 605-614

Murashige T, Skoog F. 1962. A revised medium for rapid growth and bioassays with tobacco tissue cultures. Physiol Plant, 15: 473-497

Müller B, Sheen J. 2008. Cytokinin and auxin interaction in root stem-cell specification during early embryogenesis. Nature, 453: 1094-1097

Nester EW, et al. 1984. Crown gall: a molecular and physiological analysis. Annu Rev Plant Physiol, 35: 387-413

Nicol F, et al. 1998. A plasma membrane-bound putative endo-1,4-beta-D-glucanase is required for normal wall assembly and cell elongation in *Arabidopsis*. Embo J, 17: 5563-5576

Nitsch JP. 1969. Experimental androgenesis in *Nicotiana*. Phytomorph, 19: 389-404

Ntui VO, et al. 2010. Plant regeneration from stem segment-derived friable callus of "Fonio" (*Digitaria exilis* L. Stapf). Scientia Horticulturae, 125: 494-499

Ogas J, et al. 1997. Cellular differentiation regulated by gibberellin in the *Arabidopsis thaliana* pickle mutant. Science, 277: 91-94

Ogas J, et al. 1999. PICKLE is a CHD3 chromatin-remodeling factor that regulates the transition from embryonic to vegetative development in *Arabidopsis*. Proc Natl Acad Sci USA, 96: 13839-13844

Ohbayashi I, et al. 2011. Genetic identification of *Arabidopsis* RID2 as an essential factor involved in pre-rRNA processing. Plant J, 67: 49-60

Ohtani M, Sugiyama M. 2005. Involvement of SRD2-mediated activation of snRNA transcription in the control of cell proliferation competence in *Arabidopsis*. Plant J, 43: 479-490

Okole BN, Schulz FA. 1996. Micro-cross sections of banana and plantains (*Musa* spp.): morphogenesis and regeneration of callus and shoot buds. Plant Sci, 116: 185-195

Okushima Y, et al. 2007. ARF7 and ARF19 regulate lateral root formation via direct activation of *LBD/ASL* genes in *Arabidopsis*. Plant Cell, 19: 118-130

Ouakfaoui SE, et al. 2010. Control of somatic embryogenesis and embryo development by AP2 transcriptionfactors. Plant Mol Biol, 74: 313-326

Ozawa S, et al. 1998. Organogenic responses in tissue culture of srd mutants of *Arabidopsis thaliana*. Development, 125: 135-142

Pengelly WL, Su LY. 1991. Ethylene and plant tissue culture. *In*: Mattoo AK, Suttle JC. The Plant Hormone Ethylene. Boca Raton: CRC Press Inc.: 259-278

Ralet MC, et al. 2008. Reduced number of homogalacturonan domains in pectins of an *Arabidopsis* mutant enhances the flexibility of the polymer. Biomacromolecules, 9: 1454-1460

Raven PH, et al. 1982. Biology of Plants. New York: Worth Publishers

Reddy PS, et al. 2001. Shoot organogenesis and mass propagation of *Coleus forskohlii* from leaf derived callus. Plant Cell Tiss Org Cult, 663: 183-188

Ren JP, et al. 2010. Dicamba and sugar effects on callus induction and plant regeneration from mature embryo culture of wheat. Agr Sci China, 9: 31-37

Resmi L, Nair AS. 2007. Plantlet production from the male inflorescence tips of *Musa acuminata* cultivars from South India. Plant Cell Tiss Org Cult, 88: 333-338

Riou-Khamlichi C, et al. 1999. Cytokinin activation of *Arabidopsis* cell division through a D-type cyclin. Science, 283: 1541-1544

Roy MK, Mangat BS. 1989. Regeneration of plants from callus tissue of okra (*Abelmoschus esculentus*). Plant Sci, 60: 77-81

Sacristan M, Melchers G. 1977. Regeneration of plants from "habituated" and "Agrobacterium-transformed" single-cell clones of tobacco. Mol Gen Genet, 152: 111-117

Sakai H, et al. 2001. ARR1, a transcription factor for genes immediately responsive to cytokinins. Science, 294: 1519-1521

Sáenz L, et al. 2010. Influence of form of activated charcoal on embryogenic callus formation in coconut(*Cocos nucifera*). Plant Cell Tiss Org Cult, 100: 301-308

Schenk R, Hildebrandt AC. 1972. Medium and techniques for induction and growth of monocotyledonous and dicotyledonous plant cell cultures. Can J Bot, 50: 199-204

Schmid M, et al. 2005. A gene expression map of *Arabidopsis thaliana* development. Nat Genet, 37: 501-506

Schubert D, et al. 2005. Epigenetic control of plant development by Polycomb-group proteins. Curr Opin Plant Biol, 8: 553-561

Sena G, et al. 2009. Organ regeneration does not require a functional stem cell niche in plants. Nature, 457: 1150-1153

Sessions A, et al. 1999. The *Arabidopsis thaliana* MERISTEM LAYER 1 promoter specifies epidermal expression in meristems and young primordia. Plant J, 20: 259-263

Sieberer T, et al. 2003. PROPORZ1, a putative *Arabidopsis* transcriptional adaptor protein, mediates auxin and cytokinin signals in the control of cell proliferation. Curr Biol, 13: 837-842

Sivakumar P, et al. 2010. High frequency plant regeneration from mature seed of elite, recalcitrant malaysian indica rice(*Oryza sativa* L.) CV. MR 219. Acta Biol Hung, 61: 313-321

Skirycz A, et al. 2008. The DOF transcription factor OBP1 is involved in cell cycle regulation in *Arabidopsis thaliana*. Plant J, 56: 779-792

Skoog F, Miller CO. 1957. Chemical regulation of growth and organ formation in plant tissues cultured *in vitro*. Symp Soc Exp Biol, 54: 118-130

Songstad DD, et al. 1988. Effect of l-aminocyclopropane-l-carboxylic acid, silver nitrate, and norbornadiene on plant regeneration from maize callus cultures. Plant Cell Reps, 7: 262-265

Spencer MW, et al. 2007. Transcriptional profiling of the *Arabidopsis* embryo. Plant Physiol, 143: 924-940

Srinivasan C, et al. 2007. Heterologous expression of the BABY BOOM AP2/ERF transcription factor enhances the regeneration capacity of tobacco(*Nicotiana tabacum* L.). Planta, 225: 341-351

Stella A, Braga MR. 2002. Callus and cell suspension cultures of *Rudgea jasminoides*, a tropical woody Rubiaceae. Plant Cell Tiss Org Cult, 68: 271-276

Stobbe H, et al. 2002. Developmental stages and fine structure of surface callus formed after debarking of living lime trees(*Tilia* sp.). Ann Bot, 89: 773-782

Stone SL, et al. 2001. *LEAFY COTYLEDON2* encodes a B3 domain transcription factor that induces embryo development. Proc Natl Acad Sci USA, 98: 11806-11811

Sugimoto K, et al. 2010. *Arabidopsis* regeneration from multiple tissues occurs via a root development pathway. Developmental Cell, 18: 463-471

Tajima Y, et al. 2004. Comparative studies on the type-B response regulators revealing their distinctive properties in the His-to-Asp phosphorelay signal transduction of *Arabidopsis thaliana*. Plant Cell Physiol, 45: 28-39

Thakare D, et al. 2008. The MADS-domain transcriptional regulator AGAMOUS-LIKE15 promotes somatic embryo development in *Arabidopsis* and soybean. Plant Physiol, 146: 1663-1672

Thomas TD. 2008. The role of activated charcoal in plant tissue culture. Biotechnol Adv, 26: 618-631

Tooker JF, et al. 2008. Gall insects can avoid and alter indirect plant defenses. New Phytol, 178: 657-671

Tsukagoshi H, et al. 2007. Two B3 domain transcriptional repressors prevent sugar-inducible expression of seed maturation genes in *Arabidopsis* seedlings. Proc Natl Acad Sci USA, 104: 2543-2547

Tsuwamoto R, et al. 2010. *Arabidopsis EMBRYOMAKER* encoding an AP2 domain transcription factor plays a key role in developmental change from vegetative to embryonic phase. Plant Mol Biol, 73: 481-492

Tuskan GA, et al. 1990. Influence of plant growth regulators, basal media and carbohydrate levels on the *in vitro* development of *Pinus ponderosa* (Dougl. ex Law.) cotyledon explants. Plant Cell Tiss Org Cult, 20: 47-52

Tyagi AP, et al. 2001. Comparison of plant regeneration from root, shoot and leaf explants in pigeonpea(*Cajanus cajan*) cultivars. Sabrao J Breed Genet, 332: 59-71

Udagawa M, et al. 2004. Expression analysis of the NgORF13 promoter during the development of tobacco genetic tumors. Plant Cell Physiol, 45: 1023-1031

Umehara M, et al. 2007. Endogenous factors that regulate plant embryogenesis: recent advances. Jpn J Plant Sci, 1: 1-6

van Winkle SC, Pullman GS. 2003. The combined impact of pH and activated carbon on the elemental composition of a liquid conifer embryogenic tissue initiation medium. Plant Cell Rep, 22: 303-311

Vanneste S, et al. 2005. Cell cycle progression in the pericycle is not sufficient for SOLITARY ROOT/IAA14-mediated lateral root initiation in *Arabidopsis thaliana*. Plant Cell, 17: 3035-3050

Vishnoi RK, Kothari SL. 1996. Somatic embryogenesis and efficient plant regeneration in immature inflorescence culture of *Setaria italic*(L.) Beauv. Cereal Res Commun, 24: 291-297

Waki T, et al. 2011. The *Arabidopsis* RWP-RK protein RKD4 triggers gene expression and pattern formation in early embryogenesis. Curr Biol, 21: 1277-1281

Wani SH, et al. 2011. An efficient and reproducible method for regeneration of whole plants from mature seeds of a high yielding Indica rice(*Oryza sativa* L.) variety PAU 201. New Biotechnology, 28: 418-422

Weatherhead MA, et al. 1978. Some effects of activated charcoal as an additive to plant tissue culture media. Z Pflanzenphysiol, 89: 141-147

Weigel D, Glazebrook J. 2002. *Arabidopsis*: A Laboratory Manual. New York: Cold Spring Harbor Laboratory Press

Wernicke W, Park HY. 1993. The apparent loss of tissue culture competence during leaf differentiation in yams (*Dioscorea bulbifera* L.). Plant Cell Tiss Org Cult, 34: 101-105

White PR. 1943. A Handbook of Plant Tissue Culture. Lancaster: The Jaques Cartel Press

Williams M, et al. 1991. Changes in lipid composition during callus differentiation in cultures of oilseed rape (*Brassica napus* L.). J Exp Bot, 42: 1551-1556

Wolter KE, Skoog F. 1966. Nutritional requirements of *Fraxinus* callus cultures. Am J Bot, 53: 263-269

Xu K, et al. 2012. A genome-wide transcriptome profiling reveals the early molecular events during callus initiation in *Arabidopsis* multiple organs. Genomics, 100: 116-124

Yadav RK, et al. 2009. Gene expression map of the *Arabidopsis* shoot apical meristem stem cell niche. Proc Natl Acad Sci USA, 106: 4941-4946

Yam TY, et al. 1990. Charcoal in orchid seed germination and tissue culture media: a review. Lindleyana, 5: 256-265

Yamamoto Y, Mizuguchi R. 1982. Selection of a high and stable pigment-producing strain in cultured *Euphorbia millii* cells. Theor Appl Genet, 61: 113-116

Yordanov YS, et al. 2010. Members of the lateral organ boundaries domain transcription factor family are involved in the regulation of secondary growth in *Populus*. Plant Cell, 22: 3662-3677

Zaghmout OMF, Torello WA. 1988. Enhanced regeneration in long-term callus culture of red fescue by pretreatment with activated charcoal. Hort Sci, 23: 615-616

Zhou C, et al. 2012. Molecular characterization of a novel AP2 transcription factor ThWIND1-L from *Thellungiella halophila*. Plant Cell Tiss Org Cult, 110: 423-433

Zuo J, et al. 2000. Technical advance: an estrogen receptor-based transactivator XVE mediates highly inducible gene expression in transgenic plants. Plant J, 24: 265-273

Zuo J, et al. 2002. The WUSCHEL gene promotes vegetative-to-embryonic transition in *Arabidopsis*. Plant J, 30: 349-359

第3章 不定苗发生及其调控

组织培养的最终目的之一是获得再生植株。植株再生主要有两种途径：离体器官发生(*in vitro* organogenesis)途径和体细胞胚胎发生(somatic embryogenesis)途径(见第5章)。植物离体器官发生主要包括不定或苗、花、叶器官和不定根形成，其中最为重要的是植物离体不定苗器官发生(*in vitro* shoot organogenesis)(以下统称不定苗发生，在实践中习惯地把不定苗诱导初期所形成较小的芽状物称为不定芽，经过进一步培养而用于生根的苗称为不定苗或无根苗)和不定根形成(adventitious root formation)(见第4章)。

所谓不定苗是指不是从植物正常形态的苗的位置上经诱导形成的苗，如从根、叶和愈伤组织中诱导的苗，该苗培养时可与顶芽和腋芽培养时一样，经过一定的生长成为可用于诱导生根的不定苗(adventitious shoot)。不定苗发生，英文亦称为"caulogenesis"，与之对应的不定根发生称为根发生"rhizogenesis"或不定根形成(Gahan and George，2008)。本章将叙述植物离体不定苗发生及其重要的调控因子。

通过不定苗发生从而实现植株的再生途径，是植物无性繁殖和基因转化中一个重要的步骤，也是大量繁殖有经济价值植物的重要手段。建立一个有效的再生方案，是一个实验验证的过程，要求对影响再生能力的各种因素进行优化。通常不定苗发生可分为3个步骤：①外植体细胞获得器官发生的感受态；②结合必要外源因素如生长调节物质诱导已处于发育静止状态的细胞(quiescent cell)，重启细胞分裂并进行形成不定苗原基的决定(determination)；③苗器官分化及其形态发生，这一过程往往不再依赖于外源生长调节物质。但是大多数作物的离体器官发生并非严格地遵循上述的3个过程，因此归纳出常规可预测的离体器官发育过程并非易事(Sugiyama，1999；Duclercq et al.，2011a)。

3.1 不定苗发生的主要途径

不定苗发生包括从茎尖、腋芽、原球茎、球茎、块茎、鳞茎等外植体直接分化成苗器官的直接器官发生(direct organogenesis)(图3-1)，以及外植体先脱分化形成愈伤组织再分化成苗器官的间接器官发生(indirect organogenesis)(图3-1G)。

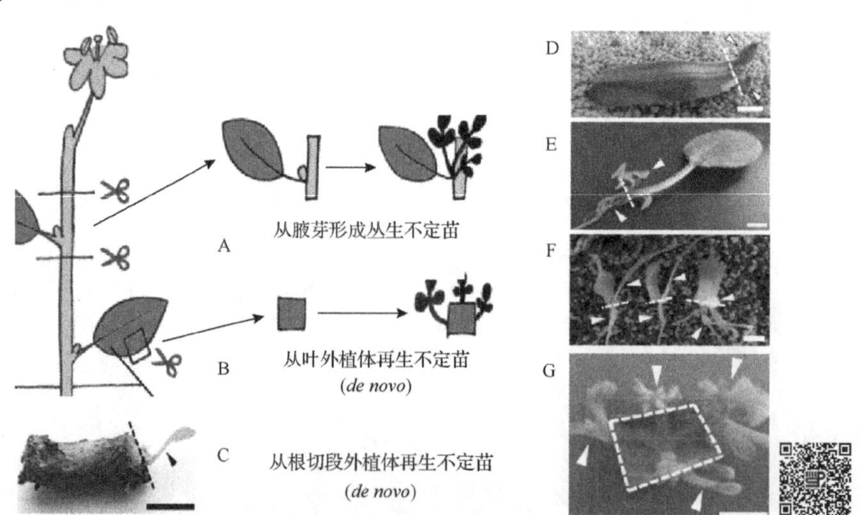

图3-1 不定苗发生途径举例图示(Ikeuchi et al.，2016)(彩图请扫二维码)

A：从茎切段外植体中的腋芽形成丛生不定苗图示。B：从叶外植体诱导培养形成的不定苗。C：从药用蒲公英(*Taraxacum officinale*)的根切段外植体再生不定苗。D：从蛇尾兰属植物(*Haworthia* spp.)叶片切段再生的不定苗。E：从非洲紫罗兰叶柄外植体再生的不定苗或不定根。F：从剥离的百合鳞茎再生的不定根或不定苗。G：从烟草(*Nicotiana tabacum*)叶片外植体再生的不定苗和形成的愈伤组织(白色线段的方框中所示)。小剪刀所示是外植体的剪切处。图中D～G的白色箭头表示再生的不定苗或不定根。标尺为5mm。根据Ikeuchi等(2016)原文的Fig2和Fig3修改而成无论哪种器官发生途径，其器官原基的形成都十分重要。它从细胞分裂的启动开始，经过细胞分裂形成拟分生组织或形成分生组织中心，随后形成器官原基。通过直接器官发生途径大量繁殖植物比较可行，因为该途径可在较短时间内实现高繁殖率。复杂的内外各种调节机制掌控着不同外植体的直接或间接器官发生过程(George et al.，2008；Ikeuchi et al.，2016)。在实践上，有时不可能完全区分这两种器官发生的途径。直接器官发生途径形成的分生组织最终可形成不定苗或体细胞胚，但也可增殖成看似愈伤组织那样的再生组织。这种分生组织也可能为已脱分化的愈伤组织所包裹，从而难以确定其再生器官的组织学来源。在这一类培养物中，常常可将在其表面带有的形成不定苗的分生组织分离出来。不定苗分生组织也可从与原外植体相连接的愈伤组织中形成，抑或是同时从外植体的表层细胞直接形成或从愈伤组织中形成(Bigot et al.，1977)。

3.1.1　从分生组织中诱导

一般可从顶端分生组织或茎尖、腋生分生组织(腋芽)和已诱导的不定分生组织中进行不定苗的再生。不定苗发生的诱导常常是很重要的一步。

用作不定苗发生的外植体(接种的材料)经过合适的表面灭菌后首先采用适当的培养基诱导其生长和分化。所用的外植体如果是单个的芽，则可从该芽中萌生出单一或多个不定苗，这些芽或苗往往需要进一步培养增殖，以发挥快速繁殖的优势，待增殖到一定数量后，便可转入另一个合适的培养体系进行壮苗和生根。所谓壮苗就是分离出单个不定苗或丛生的不定苗，使其停止增殖，以便进一步生长，便于迅速生根，完成再生植株的过程。

3.1.1.1　从茎尖或顶端分生组织中诱导

茎尖与顶端发生组织是不同的外植体，它们的差别如图 3-2 所示。茎尖培养所用的外植体包括少数叶原基甚至部分近顶端的组织，如果外植体包括较多的叶原基甚至带几片小叶，则应是顶芽培养。顶端分生组织是顶端一团分裂活跃的细胞，一般宽为 0.1mm，长为 0.25～0.3mm，以此为外植体的培养是分生组织培养。茎尖或顶端分生组织培养不但是不定苗诱导的常见途径，而且是获得除去某种病毒的植株，即脱毒苗的途径，因此受到人们的高度重视。

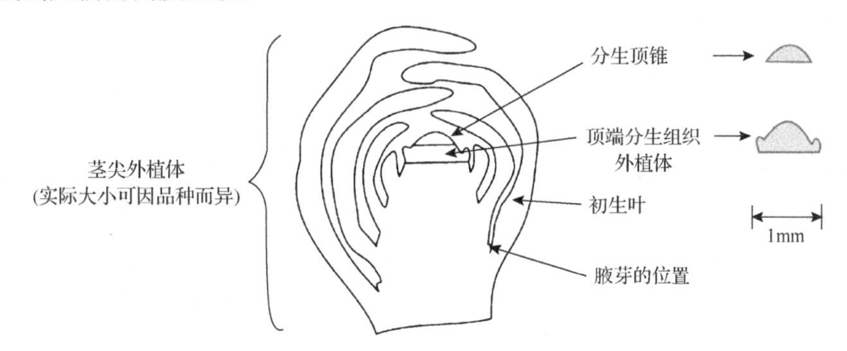

图 3-2　茎尖外植体和茎尖分生组织外植体示意图(George，2008)

利用茎尖培养方法脱病毒的发现应归功于植物组织培养的先驱之一怀特(White，PR)，他成功地培养了受烟草花叶病毒(TMV)浸染的番茄离体根，并以指示植物的方法测定了根不同部位组织中的病毒含量，发现根基以下病毒含量递减，至根尖则检查不出来。这就是所谓的体内病毒分布不均一性现象(White，1943)。此后，Limasset 和 Cornuet(1949)在受 TMV 感染的烟草茎中，也发现有类似现象，即一般顶端组织不会再传递病毒。此后，Morel 和 Martin(1952)验证了这些发现的实用性，他们从感染了花叶病毒和斑萎病的植株上切取茎尖分生组织进行培养，成功地获得了无病毒的大丽花植株。该方法现已在越来越多的植物上得到了成功的应用(许传俊等，2011)，马铃薯去病毒繁殖就是其中的一个例子。

林木茎尖分生组织的培养要比草本困难得多。例如，在油橄榄(*Olea europaea*)的茎尖分生组织培养中，采用野外生长或温室培养个体的分生组织的各种尝试都没有取得成功，原因是采样后很难控制分生组织的快速氧化，即使用最有效的抗氧化剂如抗坏血酸、柠檬酸、还原型谷胱甘肽(glutathione，GSH)、巯基乙醇、卵清蛋白也难以奏效，但从离体培养的不定苗上采取分生组织进行培养可望较容易取得成功(Khan et al.，2002)。

3.1.1.2 从腋生分生组织中诱导

大多数植物的叶腋中有腋生分生组织(即腋芽)，在特定条件下(如去掉顶芽)，它们能代替顶芽发育成主干。腋生分生组织常被顶端优势所抑制，其被抑制的程度因植物的种类及分枝多少而异。这种顶端优势的机制虽然比较复杂，但打破顶端优势激活腋生分生组织与细胞分裂素的供给密切相关。有些植物施用细胞分裂素后可产生密集的丛生芽，这是由于顶端优势被解除之后腋芽产生了提前发育的腋芽(precocious axillary shoot)。这些丛生芽可发育成单一的无根不定苗，也可发育出一小丛不定苗(图 3-1A)。当它们被转移到新鲜的培养基时，可进一步增殖。如果培养基成分合适，这个不定苗增殖的过程可以无限地持续下去。例如，唐菖蒲(*Gladiolus gandavensis*)的这种腋芽虽被继代 100 次，但持续 12 年也未发现退化现象(Hussey，1986)，其增殖的速率取决于腋生分生组织对细胞分裂素反应的程度。一般来说，有较多叶的植物，其离体不定苗增殖的潜能比长少数叶的高。腋芽在 4～8 周一般可增殖 5～10 倍，理论上一年内可产生上百万个腋芽，实际上不定苗增殖数往往受到设备和人力的限制。草莓的腋芽增殖是最成功的例子之一，这种植物的腋芽极易在含有 BA 的培养基上进行增殖，随后转入不含激素的培养基时便能诱导其生根。通过腋芽增殖进而实现植株再生已在许多草本、木本植物包括苹果和其他果树上获得成功。

3.1.2 从不定分生组织中诱导

在传统的无性繁殖中，不定苗形成的主要刺激来自切条与母体分离所引起的创伤反应，由此引起其内部激素的重新分配或重新合成。组织培养不定苗的诱导情况与之相似。用不定分生组织繁殖植物的速率比用增殖腋芽的方法要快。这种繁殖方法对于那些叶子和腋芽分生组织数量有限且有大量体细胞的植物特别合适。从不定分生组织中诱导不定苗有下列几种方法。

3.1.2.1 直接从外植体诱导

有的外植体(包括薄层细胞外植体，见 3.1.3 部分)可通过直接器官发生途径诱导分生组织，进而形成不定苗(图 3-1C～F)，不必通过形成愈伤组织。

例如，长寿花(*Kalanchoe blossfeldiana*)可以用以叶为外植体诱导不定分生组织活性的方法进行迅速繁殖(Liu et al.，2016)。非洲紫罗兰(*Saintpaulia ionantha*)传统上是将其叶切段，用叶柄进行繁殖(Shukla et al.，2012)。欧洲云杉(*Picea abies*)等针叶树是通过诱导不定苗从而再生植株的较为成功的例子。它们可以从幼胚、幼苗的残留子叶、休眠芽、幼嫩的针叶等中诱导不定苗(von Arnold and Eriksson，1979；Pulido et al.，1992；Valledor et al.，2010)。

3.1.2.2 从愈伤组织中诱导

使外植体脱分化形成愈伤组织进行器官发生是植株再生的重要方式。有关愈伤组织的诱导生长及其分化已在第 2 章作了讨论。这里需要指出的是只有具有全能性的愈伤组织才具有器官发生能力。例如，爪哇三七(*Gynura aurantiaca*)是一种观叶花卉，在 B_5 培养基(含 1mg/L 2,4-D 和 0.1mg/L 激动素)上培养，可从其叶柄和茎段诱导出不同的愈伤组织，主要有无色疏松型和深色紧密型两种。当将它们转入不定苗分化的培养基上，只有前者才能分化出不定苗，而后者则逐渐变褐，不能形成不定苗(陈雅丽和周咏芝，1992)。如何识别这类具有器官发生能力的愈伤组织并非易事，因为对它们的形态、生理生化特征还缺乏足够的研究(参见第 5 章的 5.3.1.2 部分)。此外，已具器官发生能力的愈伤组织，随着继代培养次数的增加，这一能力会降低甚至丧失，其原因尚未完全了解。一般来说，愈伤组织的不定苗形成能力降低，与其中的多倍体或非整倍体的细胞比例增加密切相关。

君子兰(*Clivia miniata*)是重要的室内观赏植物之一，根据其外植体不同，可通过直接和间接途径进行不定苗发生。以幼叶和花瓣为外植体可进行间接的不定苗发生，以茎尖为外植体则可进行直接的不定苗发生。其中，以幼叶和茎尖为外植体时，植株再生频率高，其培养基中的营养成分也较少。研究者认为，这是由于以幼叶为外植体所诱导产生的愈伤组织可产生一些必要的氨基酸以供其蛋白质合成(Wang et al.，2012)。

籼稻(*Oryza sativa* L. cv. MR 219)是一个难以再生的顽拗型水稻品种。研究发现，以成熟的种子为外植体在愈伤组织诱导培养基上可以诱导出高频率(84%)发生的易碎胚性愈伤组织。在合适的不定苗诱导培养基中，这些愈伤组织的不定苗诱导率达71%。所诱导的不定苗转移至生根培养基(1/2 MS加2%蔗糖)所再生的植株，移栽大田后存活率可达95%(图3-3)(Sivakumar et al.，2010)。

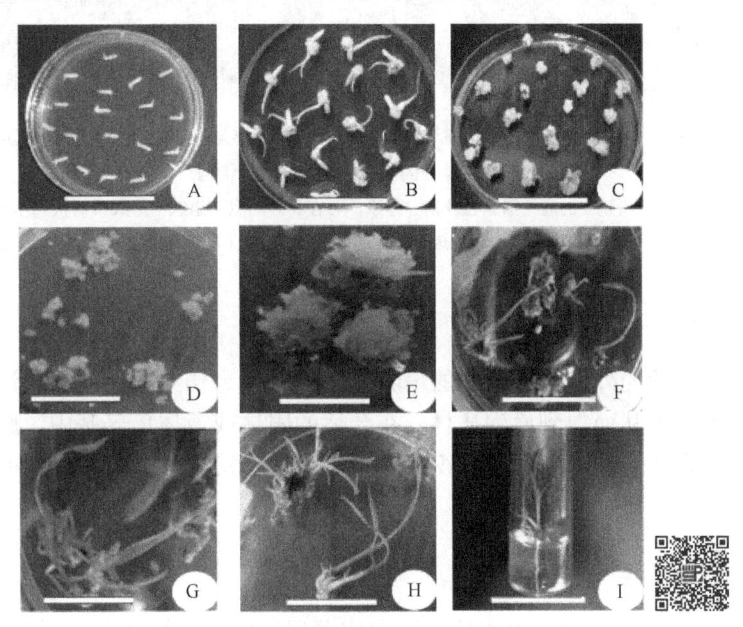

图3-3 从水稻种子中诱导有器官发生能力的愈伤组织通过再生不定苗和不定根的方式再生植株(Sivakumar et al.，2010)
(彩图请扫二维码)

A：在愈伤组织诱导培养基中培养成熟水稻种子(标尺=50mm)。B：从盾片诱导的愈伤组织(培养一周，标尺=50mm)。C：培养2周的愈伤组织(标尺=40mm)。D：刚转入植株再生培养基上的已生长一个月的愈伤组织(标尺=30mm)。E：在再生培养基上培养6天后所产生的不定苗(标尺=20mm)。F，G：在再生培养基上培养15天后的不定苗(标尺=30mm)。H：三周后由芽发育的苗(标尺=30mm)。I：在1/2的MS生根培养基中的苗(标尺=30mm)。适合的愈伤组织诱导培养基为N_6外加2.5mg/L 2,4-D、0.2mg/L激动素、2.5mg/L L-脯氨酸、300mg/L水解酪蛋白、20mg/L L-谷氨酰胺和30g/L蔗糖，连续光照。培养36天后的愈伤组织转入不定苗诱导培养基中诱导不定苗(71%)，合适的不定苗诱导培养基为MS补加3mg/L BA、1mg/L NAA、2.5mg/L L-脯氨酸、300mg/L水解酪蛋白和3%麦芽糖

3.1.2.3 从悬浮培养细胞中诱导

一般来说，当愈伤组织被转移到含有高浓度生长素，特别是2,4-D的培养基中时，它会增殖得更快且变得松脆。这种愈伤组织在液体培养基中摇荡时极易形成悬浮细胞。当这种细胞被转移到含低浓度生长素的培养基中后，可形成各种分生结构，包括进行器官发生及体细胞胚胎发生的分生结构，在培养条件合适的情况下完成植株再生。例如，香蕉主栽品种巴西和威廉斯(AAA基因组品种)，它们不结种子，传统上采用的田间选择吸芽无性繁殖方法不但繁殖速度慢(每棵香蕉每年只产生5～10个吸芽)，费时费力，而且易传播疾病。因此，目前一般都采用组织培养方法进行繁殖，其中悬浮细胞培养体系是值得开发的技术。根据最近报道，研究人员已在实验室的水平上建立了生物反应器半自动化的香蕉(*Musa acuminata* cv. Berangan)(AAA基因组)胚性细胞悬浮培养体系(Chin et al.，2014)。以香蕉雄花序为外植体诱导胚性愈伤

组织，花序外植体在 M1 固化的培养基上诱导愈伤组织的形成，培养 8 个月后始得胚性愈伤组织，将此愈伤组织转移至 5L 气球型鼓泡塔生物反应器中(内含 M2 液体培养基)进行悬浮细胞培养，起始培养密度为 1∶50(细胞∶液体培养基)，培养 2 个月后的培养物经过 425μm 网筛后，可获得均一同质的淡黄色胚性细胞。随后将悬浮培养物转至 M3 培养基上暗培养，待培养物发育至鱼雷型胚出现时转入 M4 培养基上诱导其叶绿体的发育和不定苗的发育(图 3-4)，在 M4 培养基上培养 2 周后，培养物的不定苗诱导率为 62%。最后形成正常形态的再生植株率为 87%(Chin et al.，2014)。

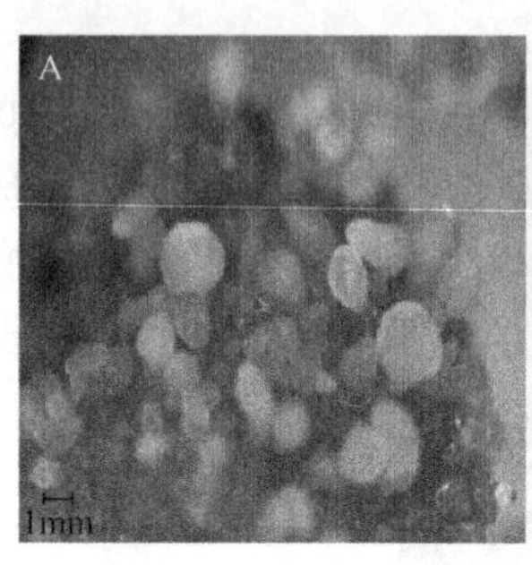

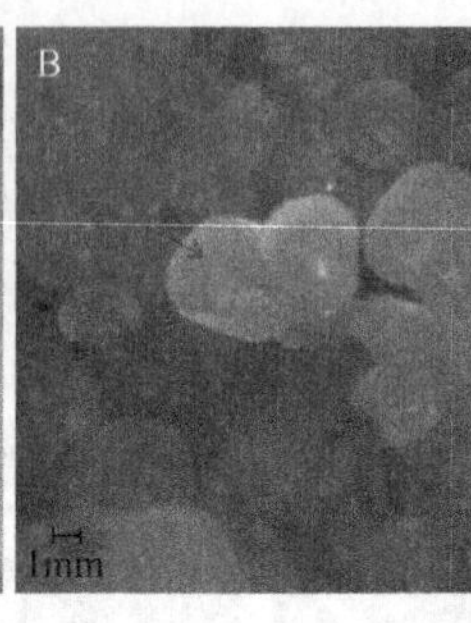

图 3-4　香蕉(*Musa acuminata* cv. Berangan)(AAA 基因组)胚性细胞悬浮培养体系的建立、不定苗形成及其植株再生(Chin et al.，2014)(彩图请扫二维码)

A：雄花序外植体在 M1 培养基培养 8 个月所建立的胚性细胞悬浮培养体系，可在易碎的愈伤组织中形成透明状的体细胞胚。B：在 M3 培养基上培养 1 个月后可见成熟的体细胞胚。C：再生的植株

3.1.2.4　从原生质体中诱导

如上所述，首先利用合适的外植体在适当的培养基中诱导出愈伤组织，建立悬浮细胞培养体系。然后用酶解法可将植物细胞壁除去从而得到原生质体。在合适的固体或液体培养基中，原生质体会产生新的细胞壁，经过反复的细胞分裂活动形成微愈伤组织，进而通过器官发生(不定苗发生)或体细胞胚胎发生途径再生植株(详见第 7 章)。

3.1.3　从薄层细胞外植体中诱导

van Tran Thanh(1973)利用从烟草花梗中撕下的表皮薄层细胞为外植体，通过简单调整培养基中的生长素与细胞分裂素比例便可分别从中诱导花、苗、根和愈伤组织的形成。例如，在含低浓度吲哚乙酸(IBA)和高浓度激动素的培养基上，可从外植体中诱导出不定苗。此后，将这一外植体特称为薄层细胞(thin cell layer，TCL)。TCL 外植体可以纵向获取，也可以横向获取，前者称为纵向薄层细胞(longitudinal TCL，lTCL)外植体，后者称为横向薄层细胞(transverse TCL，tTCL)外植体。两者的差别在于：lTCL 包含单一类型非常特异性的细胞或组织，其厚度与 tTCL 相似，变化的是外植体的长度。tTCL 可包含多种类型的组织细胞。tTCL 是最常用的外植体，厚度为 0.1～2mm(Silva and Dobránszki，2013)。这一外植体的开发及利用，可以说是在植物组织培养领域的一次革命性的发现。采用 TCL 可简单而有效地研究植物细胞或组织离体发育和器官形成的过程，也可大量产生特异性器官无性系。在此，以香蕉球茎(corm)的 tTCL 外植体的不定苗发生为例进一步说明。研究人员利用香蕉试管苗球茎的 tTCL 为外植体，成功地实现了香蕉广东 2 号(*Musa acuminata* ‘Dwraf Cavendish’ cv. Guangdong2)(AAA 基因组)通过直接和间接途径再生不定苗(图 3-5)。选取广东 631 香蕉试管苗(第 6 代，约 2 个月培养苗龄)球茎上第一条根与叶子着生处之间的球茎部分(图 3-5A 两黑线间，B 位置 1～3)用刀片切取约 1mm 厚的 tTCL 外植体(可取 10 多个薄片)。经过正交试验 $L_{16}(4\times2^{12})$ 确定直接不定苗器官发生和间接不定苗器官发生的最佳培养基(黄霞等，2001)。切取 tTCL 球茎位置的不定苗诱导率的比较实验结果表明，越靠近顶端分生组织(图 3-5B 位置 2)所选取的 tTCL 外植体，其不定苗诱导率越高，形成不定苗的数目也越多(黄霞等，2001；李佳，2004)。

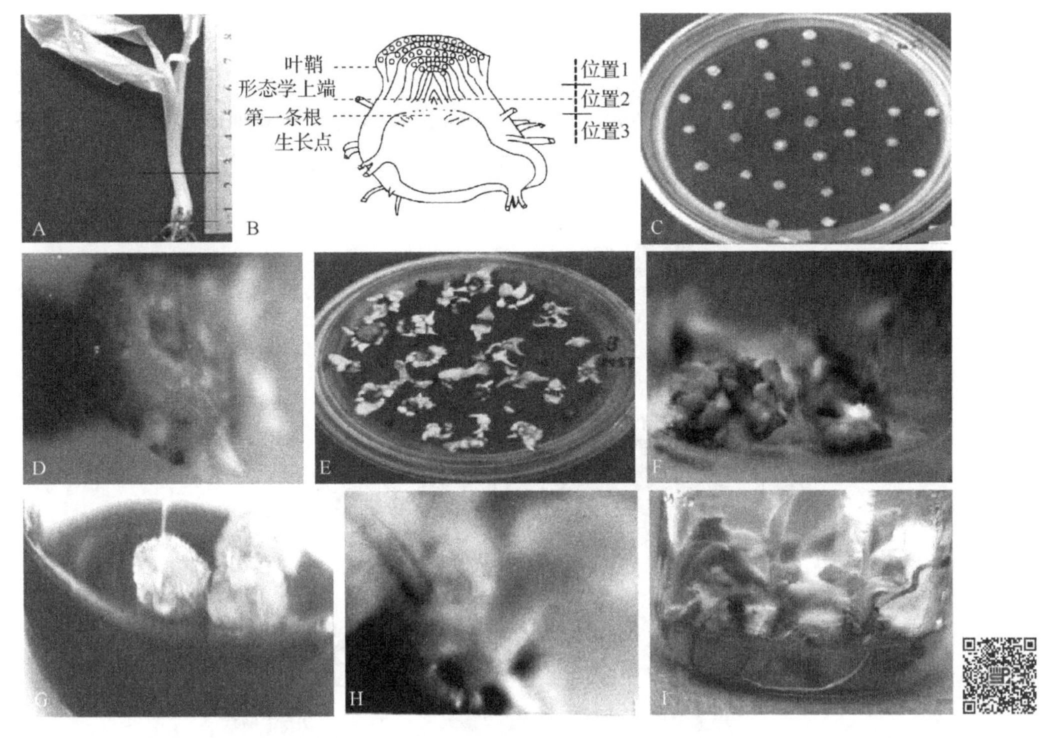

图3-5　香蕉广东2号试管苗球茎横向薄层细胞(tTCL)外植体的不定苗诱导途径及其再生植株(黄霞等，2001；李佳，2004)
(彩图请扫二维码)

A，B：获取tTCL的第6代组织培养苗(培养约2个月)(A)；tTCL外植体取材的主要部位(位置1～3的球茎)(B)。C～F：通过直接器官发生途径进行不定苗发生；tTCL可培养于培养皿(C)或50mL三角培养瓶内(此外植体也可用于基因枪法转化或诱变)(王鸿鹤，2000)；在芽诱导培养基上培养约一个月后，从一个tTCL外植体上可形成肉眼可见的3～7个芽原基(D)；在培养皿上培养约1.5个月的tTCL诱导出不定苗(E)，外植体不定苗的诱导率为52%，每个外植体形成不定苗数的平均值达到4.3；在三角培养瓶培养两个月后从tTCL外植体上所诱导的不定苗(F)。G，H：通过间接器官发生途径进行不定苗发生；tTCL外植体在愈伤组织诱导培养基上培养6周后，愈伤组织诱导率为55%；继代培养3周后的愈伤组织(G)；那些具有器官发生能力(淡黄色松软)的愈伤组织在分化培养基上培养6周后，可有23.5%的愈伤组织诱导出不定苗，平均每块愈伤组织诱导出的不定苗数为4.3(H)。I：不定苗转移至植株再生培养基上，培养一个月后，从上述的直接或间接器官发生途径所得的不定苗，100%生根成苗，生长旺盛

Okole和Schulz(1996)报道，利用这一薄层细胞外植体培养体系，通过直接和间接器官发生分别获得了芭蕉(*Musa × paradisiaca*)品种Horn(AAB基因组)、Cachaco(ABB基因组)和香蕉品种Williams(AAA基因组)的再生植株。这一再生体系可能适合各种基因组(A或B型及不同组合)直接器官发生和愈伤组织的诱导，具有很大的应用潜力。与以香蕉茎尖或花序等为外植体的再生体系相比，这一再生途径所需培养时间较短，更适用于香蕉转基因研究。因为：①以直接器官发生作为转化途径时，薄层细胞外植体的细胞数目远少于传统的茎尖外植体的细胞数目，可相对降低转化时嵌合体的出现频率。而且，外植体供体数量相同时，薄层细胞外植体培养可比茎尖培养获得更多的外植体和再生植株。②如果以间接器官发生作为转化途径，可避免出现直接器官发生过程中外植体易褐化的现象，操作也比利用悬浮细胞或原生质体体系进行转化简单(黄霞等，2001)。

3.2　不定苗诱导的组织学来源

植物至少有两个细胞策略进行器官发生和植株再生。一种是激活相对未分化的细胞，另一种是对已分化的体细胞进行发育程序重编。在这两种情况下，再生过程都依赖于细胞发育的可塑性。一般，未成熟或幼龄阶段的植物细胞具有较高的再生能力。在植物发育的早期阶段，细胞的命运可以重新调整。植物在进行胚胎发生后的发育时，绝大多数的体细胞是已分化的细胞，只有一部分的细胞类型保持形成新组织和器官的潜能。以根为例，位于表皮和中柱之间的中柱鞘细胞(pericycle cell)保持着产生新侧根的潜能(Beeckman and de Smet，2014)。这些中柱鞘细胞与其邻近的维管薄壁细胞和(或)原形成层细胞常常是根

再生的来源(Bellini et al.,2014),在许多情况下,这些细胞也可作为不定苗再生的原初来源(Atta et al.,2009; Che et al., 2007)(图 3-6A)。另外,许多其他的已分化的细胞,如器官的表皮和表皮下细胞也是再生不定苗的细胞学来源。例如,可从黄斑唇柱苣苔(*Chirita flavimaculata*)成熟的叶表皮细胞或从杭菊(*Chrysanthemum morifolium*)茎的皮层细胞中再生不定苗(Nakano et al., 2009; Kaul et al., 1990)(图 3-6B, C)。现再列举一些例子,进一步说明不定苗器官发生的组织学来源的有关特点。

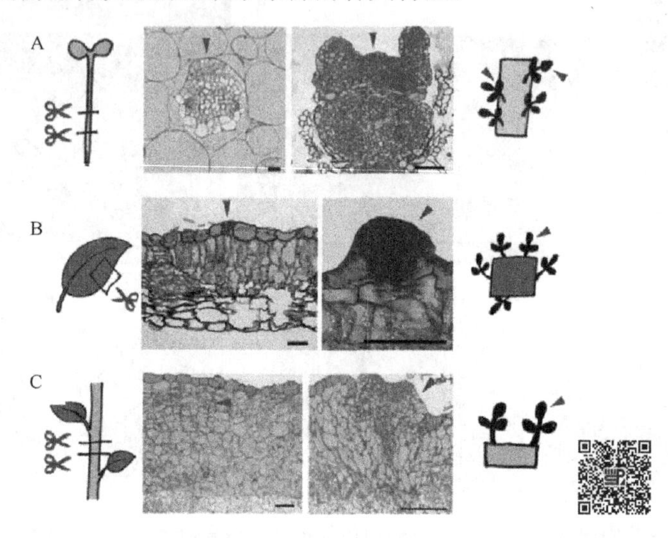

图 3-6 不定苗发生的组织学来源举例(Ikeuchi et al., 2016)(彩图请扫二维码)

A:以拟南芥下胚轴或根为外植体的不定苗发生,外植体横切面所显示的是中柱鞘细胞(左、中图箭头所示)产生了不定苗(右图箭头所示)(Atta et al., 2009)。B:黄斑唇柱苣苔(*Chirita flavimaculata*)叶外植体不定苗发生,外植体横切面所显示的是叶表皮细胞(左、中图箭头所示)产生了不定苗(右图箭头所示)(Nakano et al., 2009)。C:杭菊(*Chrysanthemum morifolium*)茎外植体不定苗发生,外植体横切面所显示的是茎的皮层细胞(左、中图箭头所示)产生了不定苗(右图箭头所示)(Kaul et al., 1990)。图中组织颜色:浅蓝色代表表皮;浅紫色代表叶肉组织、皮层;浅黄色代表维管组织

3.2.1 拟南芥外植体以间接器官发生途径再生不定苗的组织学观察

拟南芥外植体(根、叶和下胚轴)在不同的培养条件下可进行间接或直接的不定苗发生。在间接不定苗发生的培养过程中,外植体首先在含高浓度生长素的愈伤组织诱导培养基(CIM)上诱导出具有器官发生能力的愈伤组织,然后将该愈伤组织转入含高浓度细胞分裂素的不定苗诱导培养基(SIM)上便可诱导出不定苗。这一间接不定苗发生过程,被有的研究者称为不定苗发生的“两步培养方法”(参见 3.4.1 部分),更重要的是在这一过程中的新的发现:拟南芥根、叶和下胚轴外植体在 CIM 中所诱导的愈伤组织(下称 CIM-培养物)与侧根原基非常类似,称为未分化的器官前体(undifferentiated organ precursor),这一组织已获得形成器官的感受态,即对形成某一特异器官信号已有直接的应答能力,可依据后续培养条件形成不定根和不定苗(Motte et al., 2014)。这一 CIM-培养物在 SIM 中所诱导形成的不定苗是由细小根原基转化而来的,而不是传统上所认为的由脱分化的细胞(愈伤组织)再分化所致。组织学和分子生物学都有证据表明,在 SIM 中,中柱鞘中的一组细胞成为奠基细胞并特化为不定苗(Chandler, 2011)。将拟南芥的根和下胚轴外植体在 CIM 诱导一定时间所得的培养物转入 SIM 中培养时,它们将转变成苗端分生组织(SAM),最后形成不定苗,如转移至根诱导培养基(RIM)(不加植物生长调节物质的培养基)中可发育出根。可见这些培养物的细胞已具有再生器官的亚全能性(pluripotency)。根据 Atta 等(2009)的研究,根或下胚轴外植体在 CIM 上诱导培养 5 天的 CIM-培养物被转移至 SIM 培养 4 天后,可见该结构物的体积增大并变为绿色(图 3-7C, I)。这些 CIM-培养物分别在 SIM 中培养 5~7 天和 8 天后可见其第一个叶状苗的再生,它们以形态极性的方式主要在该培养物的表面再生(图 3-7C, E, K, M),即分别在相当于下胚轴外植体形态学的基区(图 3-7P 箭头所示)或相当于外植体形态学的顶区(图 3-7O 箭头所示)产生。这些 CIM 培养物的发育程度取决于外植体来源的植株的生态类型及其极性,其不定苗再生时的茎端分生组织来自原初中柱(initial central cylinder)(图 3-7F, N)或邻近于原初中柱的组织细胞(图 3-7D, L)。实际上,经过组织学和相关标记分子的鉴定,

这些 CIM-培养物与侧根分生组织类似(lateral root meristem-like，LRM-like)，这些培养物上所包裹的类似根冠状的细胞层可持续 7～9 天(图 3-7H，J，L)，直到 SAM 形成后消失。当 CIM-培养物转移至 SIM 后，位于将会成为类似根干细胞的微环境区域的细胞将经历重组(图 3-7J)；它们形成分生性的等径小细胞，并组成一个圆形区域(图 3-7L，N)，从中再生出 SAM(图 3-7K，N)。此时，在其外侧的类似根冠状的结构自行毁坏(图 3-11D，N)。因此，这一 SAM 的形成是通过 LRM-like 结构物间接转化而来的。外植体产生不定苗的潜能与 CIM 所诱导的 LRM-like 结构物发育的特殊阶段相关。如 Che 等(2002，2007)所报道的那样，培养物在 CIM 上生长 2～3 天是此培养物转移到培养基 SIM 中产生苗的前提。这一 LRM-like 结构物形成苗的反应仅发生在正处于启动但尚未进入侧根分生组织模式发育的决定阶段，且正在分裂的细胞中。在 CIM 上生长 12～15 天的培养物虽可形成更大的 LRM-like 结构物，但会逐步损失其苗再生能力。培养时间长的 LRM-like 结构物，可部分失去结构性，这意味着这一培养物与真正的愈伤组织之间的界限尚难区分。

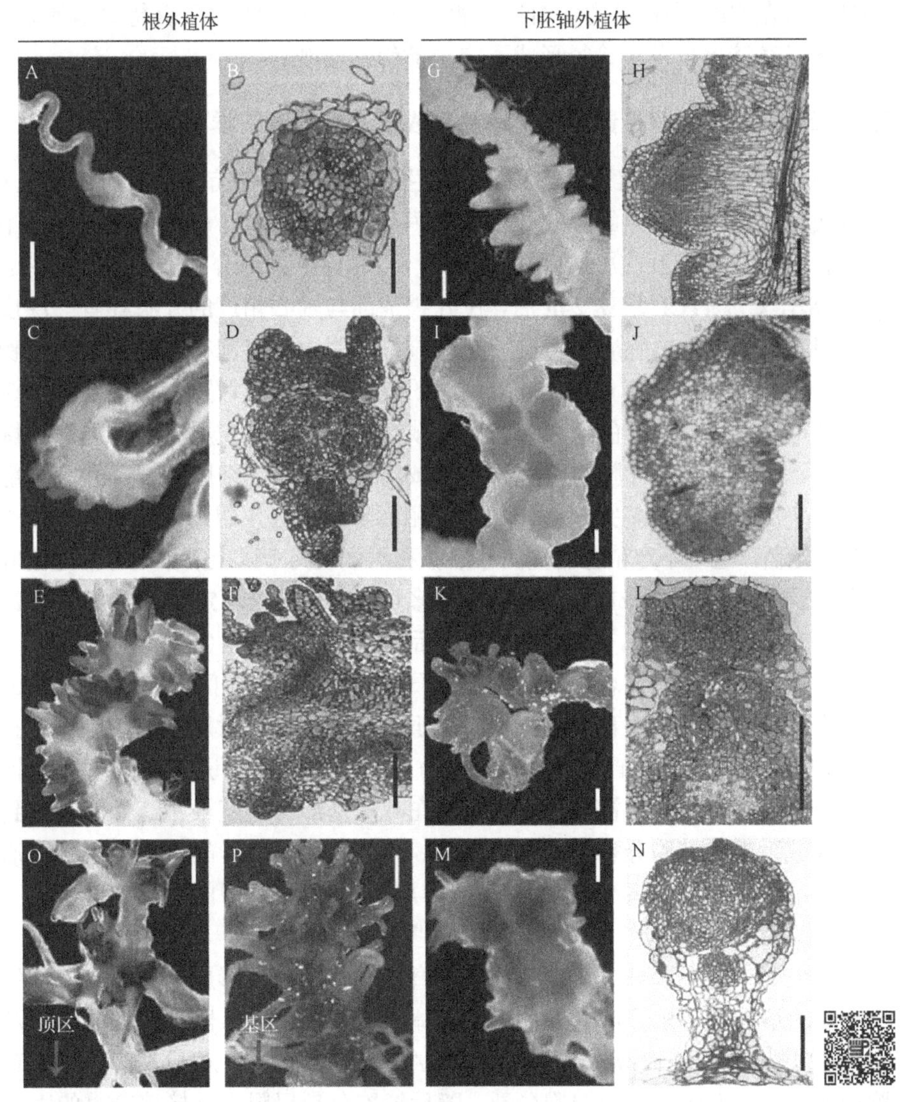

图 3-7　拟南芥根和下胚轴外植体在 CIM 培养 5 天后转移至 SIM 中培养不同天数后(见正文)，其培养物形态发生的变化(Atta et al.，2009)(彩图请扫二维码)

在 SIM 中培养的根外植体培养物(A～F)和下胚轴外植体培养物(G～N)的形态变化。再生的不定苗可通过其叶原基上是否存在花色素进行辨认。根(O)和下胚轴(P)外植体苗的再生都是通过极性的方式进行的。短红色箭头所示的是原木质部极(图 B，D)。图 O 中箭头所示为形态学顶区，而图 P 中箭头所示是基区。标尺分别为 1.5mm(A，C，E，G，I，K，M，O，P)和 160μm(B，D，F，H，J，L，N)

值得注意的是，与根外植体相比，不管下胚轴外植体是取自何种生态型的拟南芥，因为下胚轴中不存在预决定的(预先存在)LRM-like 部位，所以不能从 SIM 中直接诱导不定苗的再生。所有直接从侧根部位启动的不定苗再生都源于木质部中柱鞘细胞。这些结果表明，细胞分裂素在不定苗形成中的作用仅在已有天然侧根形成的早期阶段的部位上，因此，这种部位也是具有响应细胞分裂素信号的潜能部位(Atta et al.，2009)。

所有中柱鞘细胞都保留着比其周围细胞更强的分生细胞的活性(Dolan et al.，1993)。这些细胞可以保持表达细胞周期的相关基因，如 *CDC2a* 和 *CYCA2*，这些特性可使中柱鞘细胞不经过真正的脱分化而迅速重新进入细胞分裂周期。中柱鞘形成不定苗的能力在木本和草本植物中已有报道(Bonnett and Torrey，1966；Projetti and Chriqui，1986)。除了可形成根和参与原形成层的生成外，木质部中柱鞘细胞还具有不定苗的再生能力。因此，木质部中柱鞘细胞比过去所预想的要更具有亚全能性。这一亚全能性还使中柱鞘衍生细胞维持二倍体，甚至在经历几轮细胞分裂后也是如此。与之相反，韧皮部中柱鞘细胞并不具有此发育的可塑性，这些细胞对细胞分裂素处理的反应是仅发生细胞平周分裂(Atta et al.，2009)。

尽管已证实拟南芥在 CIM 中诱导的是一种未分化的器官前体，并非传统上的一团脱分化的细胞，但这一模式对众多植物外植体在 CIM 中诱导愈伤组织是否是一个普遍的现象，还有待更多的研究。以下列举香蕉球茎薄层细胞外植体以直接器官发生途径形成不定苗的组织学观察。

3.2.2 香蕉球茎薄层细胞外植体以直接器官发生途径形成不定苗的组织学观察

香蕉球茎横向薄层细胞(tTCL)外植体以直接器官发生途径形成不定苗过程的组织学观察显示，不定苗来源于叶鞘基部的表皮细胞，而皮层中的薄壁细胞参与了芽的后期发育，此薄层外植体的不定苗是多细胞起源的。如图 3-8 所示，tTCL 由相互交叠的叶鞘(也称叶轮)和球茎轴部分组成，球茎轴由表皮层、皮层和中央维管束组成(图 3-8B，C)。tTCL 培养 24h 后，在叶鞘基部与轴心相连的叶腋处有一层皮层细胞染色加深(图 3-8Aa)，这些细胞有浓厚的细胞质和明显的细胞核，说明这些细胞在植物生长调节物质的作用下，正在准备开始活跃的分裂和分化。培养 48h 后，染色深的皮层细胞层数增加，并且至少有 3 层细胞在活跃地分裂(图 3-8Bb)。培养至第 3 天，染色深的细胞层区域继续扩大，在皮层表面的局部区域观察到活跃的有丝分裂(图 3-8Cc)。至第 5 天，在叶腋的整个表面区域均发生活跃的细胞分裂，并且外部的叶鞘细胞被挤毁(图 3-8Dd)。至第 7 天，可见许多突起结构长出叶鞘，形成拟分生组织结构(图 3-8Ee)。至第 9 天，这些结构最终发育为不定苗，这些不定苗有明显的芽原基和两个或两个以上的原生叶或先出叶(图 3-8F)。培养一个月后，更多的芽形成，在同一个 tTCL 外植体上最多可以形成 8 个不定苗(图 3-8G)。最后，将不定苗转入生根诱导培养基，5 天后发育出根，培养约一个月后，幼苗生长旺盛(图 3-8H)。

香蕉的吸芽营养生长的组织学研究表明，吸芽来源于叶基部形成的居间分生组织(Fisher，1978)。tTCL 不定苗的诱导及其发育过程与吸芽的发育过程相似。由于顶端分生组织对居间分生组织的抑制，较少的侧芽能够发育。在本实验中，将球茎切成 tTCL，从而除去了顶端优势。在芽诱导培养基中，叶鞘基部的 tTCL 外植体所包含的居间分生组织经培养后被激活了。因此在叶鞘基部与球茎轴相连处即观察到最初的活跃分裂的细胞区域。叶腋区域附近的细胞分裂随即也被激活，使得整个 tTCL 的皮层外围布满活跃分裂的细胞(图 3-8D)。组织学观察显示不定苗来源于叶鞘基部的表层细胞，而皮层中的薄壁细胞参与了芽的后期发育(图 3-8C)。因此，香蕉球茎薄层细胞外植体的不定苗是多细胞起源的。

通常在一个特定的培养体系中，只有一小部分细胞直接参与器官的形成。离体器官发生及其发育往往不同步，尽管处于相同的培养基和培养环境条件下，离体组织和细胞进入器官发生的时间及方式都有很大程度的差异。例如，辐射松(*Pinus radiata*)子叶在含有 BA 的 SH 培养基上可以诱导出不定苗。在培养的第一天所发生的细胞学变化是先发生随机的细胞分裂，随后细胞分裂局限于紧接培养基的表皮和表皮下细胞层，培养 3 周后可沿着子叶的长度方向形成分生组织，在这一分生区域内，可见所形成的拟分生组织和不定苗的原基，最后由此发育出结构完整的顶端分生组织、针叶、针叶原基(Yeung et al.，1981)。草本植物如烟草和水稻等的离体器官发生也是开始于单个液泡化的薄壁细胞，这个细胞逐渐活跃，进行一系列迅速的细胞分裂，形成类分生组织，进而形成不定苗或根的原基(Thomas，1977)。综上所述，许多植物以直接器官发生途径形成不定苗的过程都源于外植体的表皮细胞和表皮下细胞，根据早前的报道，有一些植物外植体的直接不定苗器官发生可能只源于表皮细胞(表 3-1)。

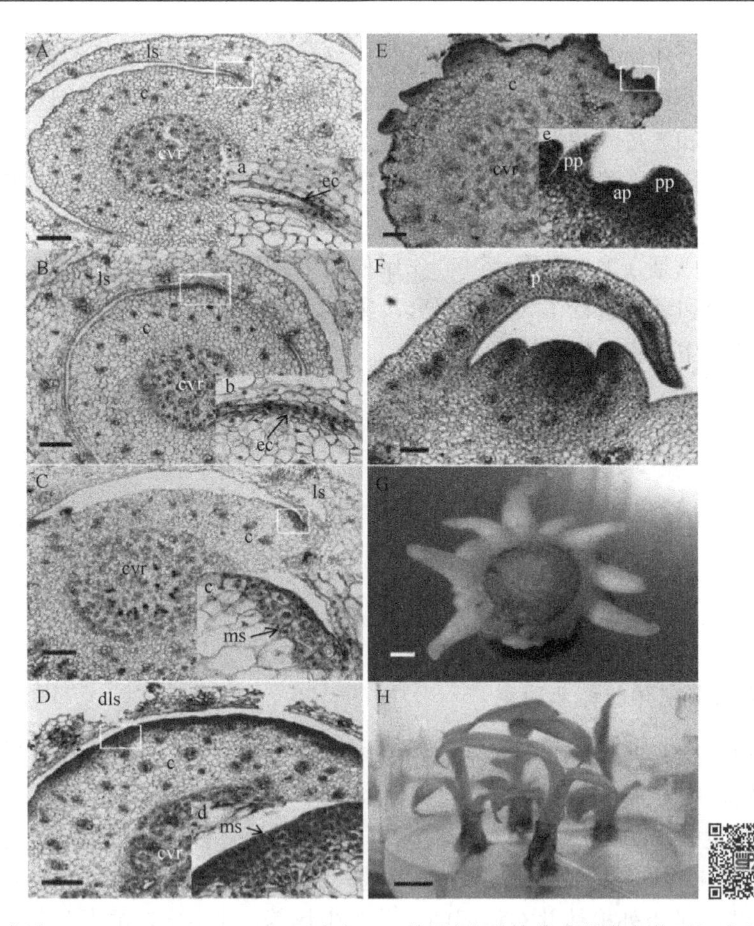

图 3-8　香蕉品种威廉斯(*Musa acuminata* cv. Williams)(AAA 基因组)试管苗球茎横向薄层细胞(tTCL)外植体以直接器官发生途径形成不定苗过程的组织学观察(Li et al., 2006)(彩图请扫二维码)

A～E：右下角图为相应图中部分的放大。A：培养 1 天，在叶鞘(leaf sheath，ls)和皮层(cortex，c)相连处的一层表皮细胞(epidermal cell，ec)染色加深。tTCL 外植体的中央区域为中央维管束区(central vascular region，cvr)(标尺=100μm)。B：培养 2 天，染色深的细胞层数增加(标尺=100μm)。C：培养 3 天，轴心部分的外围区域中活跃分裂的细胞增加，拟分生组织(meristemoid，ms)结构开始形成(标尺=50μm)。D：培养 5 天，整个外围区域的活跃的细胞分裂使得叶鞘组织被挤毁(disorganizing leaf sheath，dls)(标尺=100μm)。E：培养 7 天，tTCL 的外周产生多处突起，有的已形成顶端(apex，ap)和原生叶(protophyll，pp)(标尺=100μm)。F：培养 9 天，形成具有先出叶(prophyll，p)的再生芽(标尺=50μm)。G：培养 1 个月，在同一个 tTCL 的周围可形成多个不定芽(标尺=200μm)。H：不定芽转入不定根诱导培养基培养 1 个月后发育为完整的小植株(标尺=1cm)

表 3-1　直接发生不定苗器官可能源于表皮细胞的部分植物(Gahan and George，2008)

植物属名	参考文献
长筒花属(*Achimenes*)	Broertjes，1972
秋海棠属(*Begonia*)	Doorbenbos and Karper，1975；Mikkelsen and Sink，1978
茼蒿属(*Chrysanthemum*)	Roest and Bokelmann，1975；Roest，1977；Broertjes et al.，1976
亚麻属(*Linum*)	Murray et al.，1977
伽蓝菜属(*Kalanchoe*)	Broertjes and Leffring，1972
百合属(*Lilium*)	Broertjes et al.，1976
草胡椒属(*Peperomia*)	Broertjes et al.，1976
非洲堇属(*Saintpaulia*)	Arisumi and Frazier，1968；Broertjes，1972
好望角苣苔属(*Streptocarpus*)	Broertjes，1969
烟草属(*Nicotiana*)	de Nettancourt et al.，1971

在器官发生中，组织间和细胞间可以相互作用从而影响器官发生的结果。例如，蓝猪耳(*Torenia fournieri*)茎段器官发生时，不定苗分生组织发生于表皮，根分生组织起源于维管组织，表皮和维管束之间的薄壁组

织则不表现形态建成的潜能。然而，将茎段的不同组织分离，进行分别培养就会表现出不同的形态建成类型，表皮单独培养则死亡，而将它离体后再放回到原来的位置上，就会有愈伤组织及芽形成。表皮下薄壁细胞单独培养形成根，如果和表皮一起培养则形成不定苗和根(Chlyah，1974)。由此可见，细胞之间的相互联系对形态建成有调控作用，弄清这一相互作用的实质信息或物质交换如何进行，将有助于我们认识器官发生的机制。

一般认为某种器官的形成是众多内外因素共同作用的结果。长期以来，人们对器官发生的主要因素，即外植体材料、培养基成分和环境进行了大量的研究，离体器官发生是一个有机统一的过程，为了便于叙述，下一节将分述不定苗发生的主要调控因素。

3.3 不定苗发生的一些主要调控因素

不定苗发生受多种因子的影响，其中外植体的种类、供体植株的基因型及其发育阶段和生理状态等是不可忽视的因素。

3.3.1 外植体

3.3.1.1 外植体种类及其供体植株基因型

根据早年的相关报道，在双子叶植物中常用的外植体依次为叶、茎、胚轴、子叶等；在单子叶植物中除茎叶外，多用幼胚和幼花序轴；而裸子植物则大部分以子叶为外植体(Flick et al.，1983)。外植体供体植株的基因型对其不定苗发生的影响可归纳为两种情况：同一种外植体，如叶外植体，有些基因型的外植体较难诱导不定苗发生，而有些则较易；同一基因型的不同外植体，诱导不定苗的效果亦有显著差异。例如，11 个基因型的番茄均以花序轴为外植体并在相同的培养基中培养，其不定苗的发生频率可在 29%～63%变动，频率最高的基因型为 Ohia 7814(63%)，频率最低的基因型为 Campbell 37(29%)(Compton and Veilleux，1991)。又如，茼蒿属(*Chrysanthemum*)的外植体类型和基因型的直接不定苗形成能力比较研究的结果表明(Lim et al.，2012)，分别以叶、叶柄和茎段为外植体在含 1μmol/L NAA、10μmol/L BA 和 0.8%琼脂的 MS 培养基上诱导不定苗形成时，茎段是最佳的外植体，外植体形成不定苗的效果按茎段＞叶＞叶柄的顺序排列。但外植体诱导不定苗的效果也取决于基因型，如以基因型 Borami 形成不定苗的频率及其每个外植体的不定苗形成数为指标时，叶是最佳的外植体，其每个外植体形成的不定苗数目为 11.67；其次是基因型 Yes Nuri 的茎节外植体，其每个外植体形成的不定苗数目为 4.33。而在所有的试验中，基因型 Yes Time 和 Yes Star 都难以诱导不定苗形成(Lim et al.，2012)。同一基因型的不同外植体，诱导不定苗形成的效果呈现显著差异的现象也见于埃塞俄比亚芥(*Brassica carinata*)，以其子叶、下胚轴切段和根切段为外植体所得的不定苗的诱导率分别为 86%、74%和 26%(Yang et al.，1991)。

另外，对禾本科植物而言，常用于诱导双子叶植物叶片分化的生长素极难使已分化的禾本科植物成熟叶片细胞重新获得有丝分裂活性，这些细胞在分化的早期便明显地失去了对组织培养条件(激素等)的反应能力。因此，即使利用目前对双子叶植物极有效的培养技术，也难使禾本科植物的成熟叶片再分化进行器官发生(Vasil IK and Vasil V，1992)。

间接不定苗发生的效率也明显受外植体供体植株基因型的影响。例如，5 个菜豆(*Phaseolus vulgaris*)品系的间接不定苗发生的比较研究结果表明，基因型 ICA Pijao 的外植体诱导具有不定苗发生能力的愈伤组织的频率最高，其次分别是基因型 CIAP7247F、BAT482 和 BAT304 的外植体，而诱导频率最低的是基因型 BAT93 的外植体(表 3-2)。研究者认为，尽管菜豆其他类型的外植体都可诱导出愈伤组织，但根据基因型的不同，选择带一个或两个子叶的子叶节(cotyledonary node，CN)为外植体，所诱导的愈伤组织及其再生不定苗的效果最佳，这可能与子叶是植物生长促进信号物合成的场所密切相关。这一子叶外植体具有更强的再生不定苗的能力的现象已在一些植物中存在，如甜橙(*Citrus sinensis* cv. Valencia)(Burger and Hackett，

1986)、黑吉豆(*Vigna mungo*)(Sen and Guha-Mukherjee，1998)、花生(*Arachis hypogaea*)(Gill and Ozias-Akins，1999)。研究者同时还发现，在菜豆种子发育时可在子叶中合成和贮存生长素、细胞分裂素与赤霉素(Coelho and Benedito，2008)。这些贮存在子叶中的植物激素可能导致外植体不同的再生反应，再结合愈伤组织诱导培养基外源使用的生长调节物质，使植物体内含有的植物激素达到有利于子叶节外植体形成具有形态发生能力的愈伤组织的浓度，进而进行不定苗的再生(Collado et al.，2013)。

表 3-2　菜豆(*Phaseolus vulgaris*)基因型对其子叶节外植体间接再生不定苗的影响(Collado et al.，2013)

基因型	愈伤组织鲜重(g)	从愈伤组织所诱导的不定苗数	
		至少可诱导一个不定苗的愈伤组织频率(%)	每块愈伤组织诱导不定苗数
CIAP7247F	0.60±0.06b	84.0±2.9a	3.26±0.40bc
BAT93	0.78±0.05a	32.9±3.4b	2.35±0.27d
BAT304	0.61±0.05b	73.3±3.7a	3.06±0.23c
BAT482	0.44±0.04c	82.7±4.7a	3.60±0.35b
ICAPijao	0.68±0.04b	85.3±2.4a	4.80±0.26a

注：试验中，所有的基因型都以苗龄为 4 个月的幼苗切取带一个或两个子叶的子叶节为外植体。培养 3 周，统计愈伤组织诱导的结果。之后将这些愈伤组织转入含 2.25mg/L BA 的苗再生培养基中，培养 21 天后统计不定苗发生的结果。表中的数值均以平均值±标准误差表示。每块愈伤组织所产生不定苗的苗长度≥2cm。每列数据所附不同字母表示其间有显著差异(根据 Kruskal-Wallis 多范围测试，$P \leqslant 0.05$)

在单宁含量高的高粱(*Sorghum bicolor*)栽培品种的 8 个基因型的幼花序外植体所诱导的愈伤组织中，其分化成植株的能力可为 1%～73%不等。从表 3-3 中还可以看出，愈伤组织的本身年龄也影响其分化成植株的能力，随着继代数的增加(愈伤组织年龄增加)，大多数基因型的愈伤组织的植株再生能力降低，这种降低程度因基因型不同而异，基因型 1S8260 的大部分再生植株是由继代 7 至 9 次(已生长 220～310 天)的愈伤组织所产生的(Cai and Butler，1990)。

表 3-3　高粱(*Sorghum bicolor*)的基因型对幼花序外植体所诱导的愈伤组织再生植株的影响(Cai and Butler，1990)

基因型	总再生植株数	不同年龄的愈伤组织再生植株数目(天数/继代数)		
		40～160/2～4	160～220/5～6	220～310/7～9
IS3150	948	900	33	15
IS8260	599	154	163	282
IS0724	489	322	167	0
IS6881	516	322	118	76
IS2830	246	213	33	0
IS4225	520	446	73	1
IS8768	290	111	41	138
SC0167-14E	11	4	7	0
总数	3619	2472	635	512

3.3.1.2　外植体本身的生理生化状态

外植体本身生理生化状态的差异主要是由供体植物的年龄、发育阶段，生长环境和外植体取材的位置等引起的。所谓外植体组织年龄(age)与其供体母株年龄密切相关，这个年龄因素是影响外植体再生能力的重要内在因素。影响外植体的年龄因素最主要的是有 3 个：第一，从个体发育的角度，即不同的生长发育阶段；第二，有关细胞组织的分化程度；第三，如果外植体是取自离体培养的植株，则其培养的时期，即首次培养或培养代数所经历的时间跨度。

植物的个体发育经历幼龄期、成熟期和衰老期。植物的营养繁殖能力与幼龄因素相关。一般材料的幼态程度越高，则其营养繁殖就越容易。按照植物发育生物学的观点，除顶端分生组织外，沿植物的主轴越向上部位置的组织和细胞，其生理特性越接近发育上的成熟，越易形成花器官。在用烟草植株不同部位的薄层细胞外植体进行培养时，呈现出上述幼态梯度的规律：植株下部的细胞产生营养芽，而越向上，形成花芽的比例越多。一般情况下，幼态组织比成熟组织具有较高的形态发生能力，特别是生根能力，这是重要的规律之一。例如，欧洲云杉只有以小于2年生的实生苗上的芽为外植体时才能在适宜的培养基上生长并形成不定根，从而再生植株(Chalupa，1977)。有关细胞组织的分化程度，也可衡量植物及其器官的年龄，植物未分化的细胞是分生组织细胞，而已分化成器官的细胞源于分生组织，因此这些分化的细胞是年龄较大的细胞。取自离体培养植株的外植体，则首次培养或培养代数所经历的时间跨度可以作为衡量外植体年龄的尺度。例如，已消毒的种子在无菌条件下萌发的幼苗(无菌苗)的年龄明显地影响其不定苗发生的能力。一些蔬菜如蔊菜(*Rorippa indica*)和芜青(*Brassica rapa*)，萌发3～4天的无菌苗的子叶或下胚轴的不定苗发生能力远大于萌发其他天数的无菌苗，而对于芸薹属植物 *Brassica carinata*，萌发7天的无菌苗下胚轴的不定苗发生能力最强(表3-4)(Yang et al.，1991)。植物年龄和组织分化程度常常在离体培养时产生相互作用。例如，某些器官，特别是子叶、下胚轴和上胚轴的大小及其发育程度都取决于植物的年龄。

表3-4 芸薹属植物 *Brassica carinata* 的苗龄对其下胚轴上段外植体不定苗发生能力的影响(Yang et al.，1991)

植株苗龄(天)	接种外植体数目	不定苗发生率(%)	每个外植体不定苗数
4	17	18	0.6
5	22	68	—
6	22	96	3.6
7	20	100	5.2
9	20	55	0.8
12	20	65	1.0
14	20	60	1.0
18	15	60	1.0

注：培养基为MS附加4mg/L激动素和0.01mg/L 2,4-D

外植体供体植株的生长环境影响它的生理状态。因此，即使利用同类型的外植体，其不定苗发生能力的差异也很大。例如，如表3-5所示，北美枫香(*Liquidambar styraciflua*)在温室中生长的2年苗龄的完整植株叶片外植体的不定苗发生能力比组织培养增殖不定苗的叶片外植体的不定苗发生能力强约5倍。外植体(叶)不同部分的不定苗发生能力有很大的不同，北美枫香叶片的不定苗发生频率比叶柄高(表3-5)。

表3-5 北美枫香(*Liquidambar styraciflua*)叶片和叶柄外植体供体植株的生长环境对其不定苗形成的影响(Brand and Lineberger，1991)

外植体	每个外植体形成不定苗分生组织的数目	
	外植体取自离体培养的增殖苗	外植体取自温室生长2年的完整植株
叶柄	6.7	6.7
叶片	8.0	50.3
总数	14.7	57.0

注：外植体离体培养于木本植物培养基(WPM)加0.1mg/L NAA和2.5mg/L BA中，培养6周后，统计实验结果。实验所用外植体总数为70

一些亚热带果树的叶柄和叶脉区域含有某些有利于不定苗增殖的因子，而叶片中则无。因此，前者不定苗再生频率要高。例如，桦木属(*Betula*)和灰莉属(*Fagraea*)植物的不定苗主要发生在叶缘处。这些植物叶片的不定苗再生方式与北美枫香的不同，往往在形成愈伤组织后才进行不定苗的发生。叶组织的发育阶段也影响其不定苗发生能力；全展叶的不定苗发生能力比仍处于扩展期的叶要低。随着叶龄的增加，虽然从其叶柄处再生的不定苗数目基本保持不变，但从叶片上再生的不定苗数目最多时可增加8倍(Brand and Lineberger，1991)。

有时在组织培养过程中常可利用“条件化”效应(conditioning effect)来促进不定苗等器官发生，即从培养条件下的植物体上取得的外植体，其形态发生能力可被提高。例如，通过比较天香百合(*Lilium auratum*)

和美丽百合(*L. speciosum*)各种外植体再生鳞茎的能力(产生小鳞茎的能力)可知，花瓣只有75%，而鳞茎鳞片却有95%；如果用试管中的鳞茎作为外植体培养，其再生出鳞茎的能力可达100%(谭文澄和戴策刚，1991)。

3.3.1.3　外植体的位置及极性效应

位置效应(topophysis)是指外植体或插条所在供体植株的部位对其随后的生长和发育的影响(George，1993)。完整植株或切离器官的定位是相对于根颈的位置而言的，根颈即为茎与根交接(根茎转接)的部分，因此，位于形态学最上方的苗和叶表面相对于根茎而言属于远端(distal)部分，而根外植体属于近端(proximal)部分。视叶的背面为远轴(abaxial)面，叶的腹面为近轴(adaxial)面(图3-9)。外植体的部位对培养物的生长和发育可能有重大的影响，了解这一点对于选择最适外植体以取得最佳的不定苗诱导效率有显著的意义(Lee-Espinosa et al.，2008)。例如，桉树杂交种(*Corymbia torelliana* × *C. citriodora*)谱系13和谱系19萌发两周的无菌苗，如以子叶节为第一节位，则谱系13可见4个节位，谱系19为5个节位。以它们的茎节为外植体，以不含BA的半量MS培养基为不定苗诱导培养基，培养4周诱导不定苗的形成。研究结果表明，茎节外植体不定苗的增殖和不定苗的伸长与茎节数的增加(从第1节至第4或5节)有极强的负相关位置效应(形态发生梯度)(Hung and Trueman，2011)。此外，植物组织中某些化学物质表现出的梯度分布，也是造成极性的原因之一。这种极性效应当然也会反映到外植体上。由于子叶是植物激素合成的场所，从子叶至胚轴可能存在着促进不定苗形成的因子的梯度分布，因此其上胚轴和根切段再生不定苗的能力随着其远离子叶的程度而呈显著降低的趋势(图3-10)(Burger and Hackett，1986)。这一外植体再生不定苗能力的梯度分布是当外植体培养在含2mg/L IBA和0.02mg/L NAA的MT(Murashige and Tucker，1969)培养基上时出现的，但是若培养基中的IBA和NAA浓度均为2mg/L，则不出现这一梯度分布现象(Burger and Hackett，1986)。

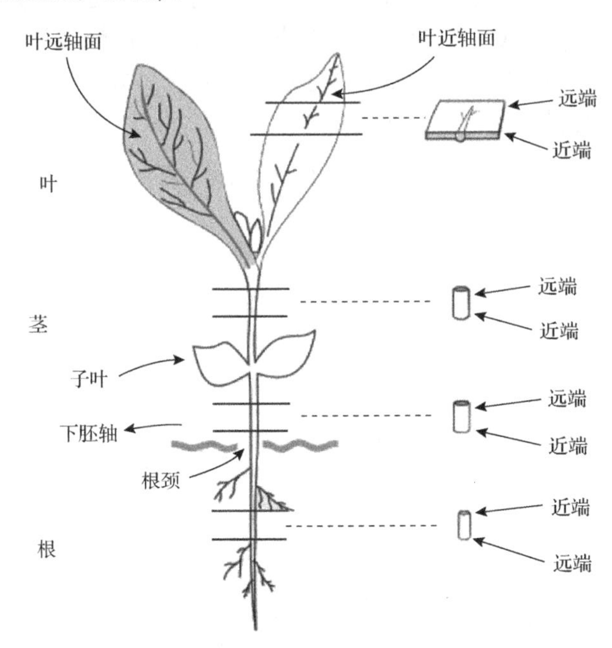

图3-9　有关外植体定位描述的概念
(Gahan and George，2008)

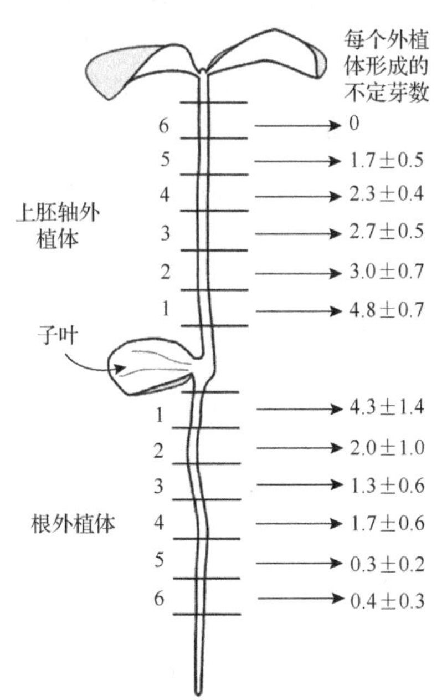

图3-10　甜橙(*Citrus sinensis* cv. *Valencia*)幼苗的根和上胚轴连续切出的一段外植体(长度1cm)的不定芽形成数目的变化趋势
(Burger and Hackett，1986)

不定苗的产生也与植物通常的形态发生的极性相关(即形态学顶端形成苗、基部形成不定根的极性现象)。蒲公英的根有很强的极性，这体现在愈伤组织形成的极性上，在其根形态学的远端(远离根颈部位的一端，参见图3-9)切段外植体上，其韧皮部增殖明显，也极易形成愈伤组织并从中产生不定根(Bowes，

1976)；但在根形态学的近端切段外植体上形成的愈伤组织极少，不定苗从该愈伤组织表面所形成的分生组织中形成。当辣椒(*Capsicum annuum*)幼苗的下胚轴被均等地切为 6 段并作为外植体时，只有位于形态学顶端部位的外植体切段才能形成不定苗，位于中部的切段主要形成不定根，而在基部的切段则形成大量的愈伤组织(Fari and Czako，1981)。

对芥属一种植物(*Brassica carinata*)的下胚轴切段进行不定苗诱导时，其不定苗再生能力受下胚轴切段在胚轴上的位置及其切口位置所影响。近子叶节的下胚轴切段(上段)的不定苗发生频率比远子叶节切段(下段)高近 3 倍，此外，下胚轴上、下切口的不定苗发生频率也有差异(表 3-6)。

表 3-6　芥属一科植物(*Brassica carinata*)下胚轴切段及其切口位置对外植体不定苗发生能力的影响(Yang et al.，1991)

下胚轴切口部位	接种外植体数目	切口端再生不定苗数(棵)		不定苗形成频率(%)
		下切口	上切口	
近子叶节端	104	41	1	40.4
远子叶节端	106	6	5	10.4

Sharma 等(1991)以芥菜(*Brassica juncea*)子叶为外植体，观察子叶部分切除对诱导不定苗的影响。在图 3-11 中，E_1为完整的子叶，E_2为完整的子叶片，E_3为切除子叶柄及小部分子叶片，E_4为切除子叶柄及下半部分子叶片，E_5为切除子叶的一个裂片(lobe)，E_6为切除子叶的两个裂片，E_7为切除子叶片的上半部分，E_8为切除全部子叶片，E_9为纵切包括子叶柄在内的半片子叶。实验表明，只有近子叶柄的一端接触培养基时才能进行器官发生。切除子叶柄的子叶，其器官发生能力几乎丧失。子叶片虽然可以分化出不定苗，但其频率明显低于完整子叶(E_1)的频率。子叶柄本身(E_8)的器官发生能力低于子叶片(E_2)，随着子叶片残留面积的增加，子叶柄的器官发生能力增强(即 $E_8<E_7=E_6<E_5<E_1$)。这说明最具分化潜能的细胞位于子叶柄的基部，但这一潜能的表达却取决于来自子叶片的某种因素。这种控制器官发生潜能表达的未知因素很可能位于两个子叶裂片之中，因为去掉两个裂片(E_6)会使不定苗分化频率降低，其降低的幅度与除去子叶片上半部分(E_7)明显相关。在培养基中添加 0.05μmol/L IAA 可以取代“子叶片”效应，这说明子叶片有可能起着为子叶柄在接触培养基部位进行器官发生时提供生长素的作用。

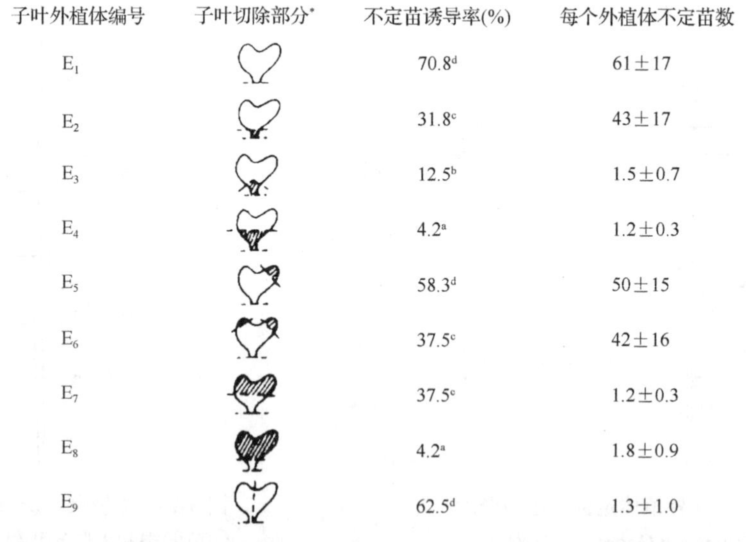

子叶外植体编号	子叶切除部分*	不定苗诱导率(%)	每个外植体不定苗数
E_1		70.8^{d}	61±17
E_2		31.8^{c}	43±17
E_3		12.5^{b}	1.5±0.7
E_4		4.2^{a}	1.2±0.3
E_5		58.3^{d}	50±15
E_6		37.5^{c}	42±16
E_7		37.5^{c}	1.2±0.3
E_8		4.2^{a}	1.8±0.9
E_9		62.5^{d}	1.3±1.0

图 3-11　芥菜子叶切除部分及用于培养的外植体产生不定苗的效果比较(Sharma et al.，1991)

子叶柄长 2mm。不同字母的数据之间有显著差异。*画斜线部分表示子叶切除部分

3.3.1.4　外植体大小

开始组织培养时往往需要选择合适的外植体。外植体大小对于茎尖和分生组织培养来说是关键因素，

它不但影响茎尖、分生组织培养的不定苗分化再生植株的能力，也影响能否成功除去病毒。茎尖与顶端分生组织外植体的区分可参见图 3-2。太小的外植体，无论是茎尖还是顶端分生组织，或是完整组织的一部分或愈伤组织块，在培养过程中均难以成活，但选择的外植体如果太大则难以进行有效的消毒，也不易操作。例如，一种茄属植物(*Solanum laciniatum*)的叶外植体，如其直径小于 2mm，则培养时死亡率极高，即使存活下来也只长到 5mm 大小。如果外植体直径大于 10mm，其基本的生长模式与 5mm 直径的外植体相似，常常发育成卷曲状而离开培养基的接触，从而失去从培养基中吸收更多营养的机会(Davies and Dale，1979)。带 4～6 个幼叶的苹果茎尖外植体比只带两个幼叶的苹果茎尖外植体易于玻璃化(Standardi and Micheli，1988)(玻璃化概念见第 8 章 8.2 节)。木薯的分生组织培养，只有在被剥离的外植体直径超过 0.2mm 时，才能再生出植株，小于 0.2mm 的外植体只分化出愈伤组织或根。大豆的茎尖分生组织只有直径超过 0.4mm 时才能保证发育成植株。对于消除病毒，外植体愈小，病毒消除的机会愈多。在分生组织培养中，病毒难以除去的情况下，热疗和杀病毒剂(三氮唑核苷)的结合使用可以在大的分生组织上除去病毒。当然病毒除去不仅是决定于植物种类及其外植体的大小，更关键的是取决于病毒的类型。如果单纯地为了快速繁殖，较大的外植体最后可能增殖较多的不定苗。例如，黑茶藨子(*Ribes nigrum*)接种的茎尖组织，大的要比小的成活率高，增殖的不定苗也多。这与大的茎尖组织包含较多的营养物质及植物激素，损伤比值较小有关。如果接种的茎尖小(0.5mm 左右)，仅具苗端分生组织，则需要培养一段时间后才能由苗端分化出叶芽原基。接种大的茎尖(1～1.5mm)，它在未分化出新的腋芽原基之前已有两个叶芽原基，接种后其原有叶芽原基即可迅速生长(吴绛云和黄定球，1986)。因此，可用较大的茎尖或带幼叶的芽离体培养，以便繁殖一些难以培养的木本植物。

外植体供体植物的性别也会影响茎尖分化不定苗的频率。例如，雄株的川黄檗(*Phellodendron chinense*)茎尖的分化频率及其再生植株的生长速度均大大超过雌株的茎尖。对于许多木本植物的茎尖及芽培养，在离体之前将切枝放在塑料袋内，于低温(1～4℃)贮藏一段时间(1～6 个月)是有益的，可能原因是冷藏处理使某些抑制物质消失，而产生一些促进物质或使该物质浓度有所增加。

3.3.2　培养基

在离体培养的条件下，要获得健康的不定苗及再生植株，培养基类型及其组成成分都是关键的因素。培养基成分包括大量元素、微量元素、植物生长调节物质、维生素、氨基酸及其他含氮化合物和糖类，特别是蔗糖。有关常见培养基的类型及其特点在第 2 章中已讨论过了。培养基的其他因素，如培养基的固化剂、培养基的 pH 等的影响将结合不定苗的玻璃化和茎尖坏死问题分别在第 8 章的 8.2 和 8.3 部分讨论。因此本节只叙述重要的营养成分，即碳源和氮源对不定苗形成的影响，而培养基中的另一类影响不定苗再生的关键成分，即植物生长调节物质，将在下一节(3.3.3)中讨论。

许多早期的研究表明，进行茎尖培养和不定苗诱导的培养基主要是 MS(Murashige and Skoog，1962)及其改良的配方和 B_5 培养基。例如，据随机统计，45 种非木本植物的茎尖分生组织培养中有 36 种使用 MS 及其改良的培养基。97 种木本植物的不定苗诱导中有 70 种使用 MS 及其改良的培养基(陈正华，1986)。18 种豆科植物的茎尖培养中有 9 种使用 MS 及其改良的培养基，7 种使用 B_5 培养基(张谦，1986)。培养基 WPM(woody plant medium)(Lloyd and McCown，1981)和 DKW(Driver and Kuniyuki，1984)也是不定苗诱导及其增殖中常见的培养基。

茎尖培养的起始培养基和用于不定苗增殖的培养基往往是不同的，特别是无机盐成分常需进行调整。例如，在 MS 培养基中初次培养的桃(*Amygdalus persica*)茎尖外植体，若转入同样配方的新鲜的培养基，则外植体生长不良，必须将 MS 培养基配方进行修改：增加硝态氮，降低氨态氮。KNO_3 由 19 000mg/L 增到 30 000mg/L；用 $(NH_4)_2SO_4$(160mg/L)代替 NH_4NO_3(1650mg/L)；增加 $MgSO_4$(由 22.3mg/L 提高到 440mg/L)和 K_2HPO_4(由 0mg/L 增加到 500mg/L)；降低 $CaCl_2$(由 440mg/L 降低到 220mg/L)。这样便有利于不定苗的增殖(胡霓云等，1986)。

已有一些研究表明，对不定苗生根最有利的是 WPM 培养基；当初 DKW 培养基的开发是用于黑胡桃

(*Juglans nigra*)的离体繁殖，现在已广泛用于木本植物的组织培养(Payghamzadeh and Kazemitabar，2011)。WPM 培养基也用于木本植物微繁，大多数研究者采用其基本成分用于蓝莓的微繁(Isutsa et al.，1994；Gonzalez et al.，2000)。

研究人员曾对 MS、DKW 和 WPM 这 3 种培养基对灰白银胶菊(*Parthenium argentatum*)无菌苗的叶片外植体诱导愈伤组织和不定苗形成及其增殖的影响进行研究(Kang and McMahan，2014)。灰白银胶菊不定苗间接再生途径的第一步必须获得器官再生能力好的愈伤组织。实验结果表明(表 3-7)，外植体在 MS 基本培养基中所形成的愈伤组织块较大，并形成丛生苗，但是在 DKW 培养基上的愈伤组织质量较好，并形成较长的正常不定苗，而形成最佳不定苗的培养基为 WPM 培养基。DKW 培养基可作为叶外植体进行植株再生的培养基，因为在这一培养基中并不会像在 MS 或 WPS 培养基中那样形成过量的愈伤组织(Hammatt and Ridout，1992)。此外，在 DKW 培养基上培养的培养物比培养在 MS 培养基上的培养物能较快地形成不定苗。这 3 类培养基差异显著的是钙水平(表 3-8)，在对照情况下，离体培养的灰白银胶菊植株可将培养基中的钙离子整合进植物组织中以维持其有效的利用性。当在 MS 培养基中加入 250mg $Ca(NO_3)_2 \cdot 4H_2O$ 时，其加快不定苗形成的效果可与 DKW 培养基效果相似。可见，WPM 培养基对不定苗形成的优势在于其合适的钙离子浓度。因此，DKW 基本成分或 MS 基本成分补加的 250mg $Ca(NO_3)_2 \cdot 4H_2O$ 及所加的植物生长调节物质是对于灰白银胶菊快速再生不定苗的合适培养基(Kang and McMahan，2014)。

表 3-7 培养基类型(培养 4 周)对灰白银胶菊不定苗增殖的影响(Kang and McMahan，2014)

培养基	不定苗产生第一条根的时间(天)	苗长(cm)
MS	5.9b	4.22bc
DKW	7.4c	3.87c
WPM	4.8a	5.28a

注：分取平均长度的不定苗(3cm)分别接种于表中所示的 3 种培养基(不含植物激素)，培养 4 周后统计表中的数据。在同一栏的数据后所附字母不同者表示有显著差异($P \leq 0.05$)

表 3-8 MS、DKW 和 WPM 培养基中氮、钾、磷与钙元素含量的比较(Kang and McMahan，2014)

植物营养元素	相关植物营养元素的总量(mg/L)		
	MS 培养基	DKW 培养基	WPM 培养基
氮	844	664	190
钾	784	776	493
磷	39	60	39
钙	120	273	151

3.3.2.1 *碳源*

随着植物离体繁殖方法的发展，已建立了一个初步的光自养微繁殖(photo-autotrophic micropropagation)方法，也称无糖(或少糖)培养方法，即以 CO_2 为碳源，结合改变光照条件的植物微繁方法。但是，对于通常的细胞、组织或器官的培养，还是必须在培养基中以糖为碳源(George et al.，2008)。碳水化合物种类还可以影响不定苗的形态特征。蔗糖也会抑制培养物叶绿素的合成及其光合作用，从而使得其自养生长难以进行。

对于茎尖和芽的培养，有时必须十分注意选择培养基中的碳源。碳源既是重要的能源物质，也是一种重要的渗透压调节物质。大多数作物都可有效地利用蔗糖作为离体培养不定苗发育的碳源，因为许多植物的韧皮部液汁运输的通常是蔗糖(Ahmad et al.，2007)。对于不定苗的最佳生长和增殖而言，其蔗糖的最合适浓度为 2%～4%(George and Sherrington，1984)。最适蔗糖浓度因所培养的植物品种或基因型不同而异。例如，如图 3-12 所示，蔗糖浓度对茼蒿属(*Chrysanthemum*)植物外植体的直接不定苗发生的影响因茼蒿属植物的品种不同而异。

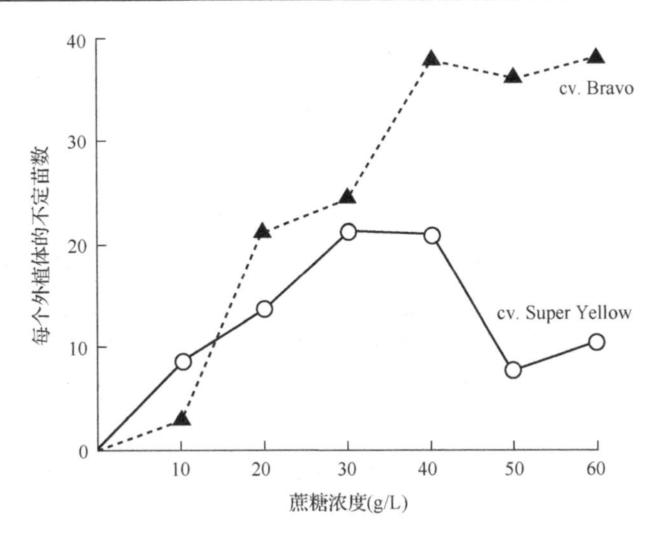

图 3-12 蔗糖浓度对两种茼蒿属植物的花梗外植体以直接器官发生途径形成不定苗的影响(Roest and Bokelmann，1975)

浓度为 40g/L 的蔗糖，可使茼蒿属植物品种 Bravo 和 Super Yellow 每个外植体的不定苗再生数量都达到最高值，但是 Bravo 的不定苗数量几乎比 Super Yellow 增多了一倍。在 MS 培养基中添加 4%的蔗糖可使龙葵(*Solanum nigrum*)的不定苗长度达到最长[(11.0±0.28) cm](Sridhar and Naidu，2011)。浓度 5%和 10%的甘蔗汁与实验室级纯度的蔗糖的比较结果表明，5%的甘蔗汁比蔗糖更适合用于香蕉类(*Musa* spp.)的不定苗离体培养(Buah et al.，2011)。与蔗糖相比，甘蔗汁含有可促进细胞分裂的其他还原糖，因而能促进不定苗的生长。甘蔗汁含有较高的铁、磷、钾和钠水平，这些都是实验室级纯度的蔗糖比较缺乏的元素，可增强甘蔗汁促进不定苗发生及其植株再生的作用(Demo et al.，2008；Buah et al.，2011)。

通过蔗糖、葡萄糖和麦芽糖对马铃薯(*Solanum tuberosum*)离体繁殖影响的比较研究发现，在促进不定苗增殖的作用上，麦芽糖的效果最好(Rahman et al.，2010)。对甜叶菊(*Stevia rebaudiana*)的不定苗培养效果最佳的是果糖，而蔗糖、麦芽糖和葡萄糖都可保持再生的不定苗数的稳定(Preethi et al.，2011)。此外，有的研究也表明，最适的蔗糖浓度可因培养基中所加培养基的成分不同而异。例如，黑芥(*Brassica nigra*)的悬浮培养细胞在以修改的 MS 为基本培养基中添加蔗糖含量为 2%时，其悬浮培养细胞生长受限，但当在培养基中添加氨基酸或有机酸则可促进培养细胞的生长。若将培养基的蔗糖含量提高至 6%并添加 15mol/L 琥珀酸钠时可使培养细胞的体积和干重分别增加 2.7 倍和 2.8 倍(Molnar，1988)。

培养基中的蔗糖可直接影响培养物形态发生的类型。例如，87mmol/L 的蔗糖有利于向日葵幼胚外植体的器官发生，而高水平的蔗糖(350mmol/L)则有利于其体细胞胚胎发生(Jeannin et al.，1995)。离体诱导维管分化的实验表明，在生长素浓度保持不变的条件下，低浓度的蔗糖(1.5%～3.0%)有利于丁香属(*Syringa*)植物的愈伤组织形成木质部，而高浓度的蔗糖(4.5%～5.0%)则有利于形成韧皮部。对菜豆属(*Phaseolus*)植物愈伤组织的观察也得到类似的结论。在爬山虎属(*Parthenocissus*)植物愈伤组织的液体培养中，所形成的木质部细胞数量随着糖浓度(直到 8%)的增加而增加。蔗糖还通过改变细胞壁加厚的方式来影响木质部的质量，低浓度的蔗糖(0.5%)能诱导环纹和梯纹加厚的导管分子产生，而高浓度的蔗糖(1.5%～31.5%)则有利于形成梯纹和网纹的导管分子。

值得指出的是，在进行培养基消毒时蔗糖会被水解(Wolter and Skoog，1966)，在与培养基中其他成分一起时，蔗糖的水解程度比其独自在水溶液中更强(Ferguson et al.，1958)。研究还表明，采用每平方英寸①15lb②压力(15ppsi)消毒培养基 15min 时，蔗糖的转化与培养基的 pH 密切相关(括号中的百分数为在该 pH 条件下的蔗糖降解率)：pH 3.0(100%)、pH 3.4(75%)、pH 3.8(40%)、pH 4.2(25%)、pH 4.7(12.5%)、pH 5.0(10%)和 pH 6.0(0%)。由此可见，蔗糖在酸性 pH 条件下降解最严重，几乎被完全降解，随着 pH 的升高，其降

① 1 平方英寸≈6.45cm^2
② 1lb≈0.45kg

解率逐渐降低，至 pH 为 6.0 时几乎不降解。由此，一般认为当培养基 pH 在 5.5～5.8 时，蔗糖的降解可以忽略不计，但实际上并非如此，此时仍有 10%～15%的蔗糖被降解为葡萄糖和果糖(Bretzloff，1954；Thorpe et al.，2008)。

此外，培养基的最适碳源因植物种类而异。例如，山梨醇对蔷薇科植物离体不定苗的发育起促进作用(Ahmad and Ali，2007；Kadota et al.，2001；Sotiropoulos et al.，2006)。不同糖类对苹果砧木 M9 和 M26 不定苗形成影响的研究结果表明，35g/L 山梨醇可使这两种基因型的苹果砧木不定苗的增殖得到促进(Yaseen et al.，2009)。山梨醇是蔷薇科(Rosaceae)植物离体不定苗形成及其茎尖培养的最合适的碳源(Yaseen et al.，2013)。究其原因是苹果和其他蔷薇科植物的主要光合产物是山梨醇，山梨醇在韧皮部运输并在其库(sink)中代谢(Moing et al.，1992；Brown and Hu，1996)。在某些情况下，在蔷薇科植物的离体培养中，蔗糖也有较好的作用(Gürel and Gülsen，1998；Jain and Babbar，2003；Yaseen et al.，2009)，这说明对于蔷薇科植物的离体培养，蔗糖和山梨醇有同等的价值。根据 Bianco 和 Rieger(2002)的研究，蔷薇科植物中这两种糖类可输出和合成的相对比例为 4∶1。他们进一步发现了该科有些成员的生长速率与其库组织中山梨醇和蔗糖的分解代谢酶活性相关，这一现象也再一次为其他研究者所证实(Wilson，1972)。但也有研究发现，甘露醇与其他糖类相比，对不定苗发生的效果较差，这可能是由于其渗透活性对形态发生的作用较弱(de Paiva et al.，2003)。因此，甘露醇不能成为培养基中碳和能量的来源(Vitova et al.，2002)。甘露醇作为一种渗透剂，植物细胞对它的吸收非常缓慢，因此，除了以甘露醇为主要光合同化物的少数品种之外，由于它的代谢活性极低，在维管植物中极少使用。在甘露醇中生长的细胞，其内部的碳水化合物库全部含有甘露醇。它的累积导致不良的形态发生反应，在植物所含的六碳糖中，甘露醇水平极低(Nadel et al.，1989；Yuri，1988)。研究已发现大豆外植体在含甘露醇的培养基中持续培养 28 天，就可引起培养物细胞的死亡，从而完全失去形态发生反应潜能(Sairam et al.，2003)。但是，在某些情况下，如油橄榄(*Olea europaea*)不定苗的诱导，甘露醇与蔗糖一起可成为其不定苗生长的促进剂，对其幼苗的发育起着同样的作用，可提高其苗的活力(Garcia et al.，2002)。

海藻糖(trehalose)可使蓝猪耳(*Torenia fournieri*)离体培养植株的培养期延长至 70 天，并且不会使培养植株的活力降低，这一培养期相当于通常在以蔗糖为碳源的培养基上培养的培养期的两倍。植株生物量的比较测定表明，植株在海藻糖培养基中存活期延长的效益可能是基于减少植株根的密度而使根际环境得以改善所致，而不是以减缓植株的生长为代价(Yamaguchi et al.，2011)。在对黄瓜幼苗进行培养时，研究者曾利用各种水果汁(橙、苹果、红葡萄和草莓)代替培养基的 3%的蔗糖为碳源，实验结果表明，以生长参数为指标时，橙和葡萄的果汁效果最佳(Ikram-ul-Haq et al.，2011)。

3.3.2.2 氮源

硝态氮(NO_3^-)与铵态氮(NH_4^+)的平衡(或特定的比例)对于获得培养物的最佳植株再生及其生长是重要的因子。例如，当 NH_4^+ 和 NO_3^- 处于中等浓度时，即两者浓度之比在 20∶40、30∶30 和 40∶20 时，离体培养的多叶芦荟(*Aloe polyphylla*)的不定苗增殖率可达到最高，其他浓度的比例则使该苗增殖率显著下降(Ivanova and van Staden，2009)。这一结果与其他研究结果相类似，如与马铃薯(Avila et al.，1998)、香石竹(*Dianthus caryophyllus*)(Tsay，1998)、烟草(Ramage and Williams，2002)和欧洲李(*Prunus domestica*)(Nowak et al.，2007)离体不定苗的培养结果相一致。因此，对于植物离体不定苗的再生，培养基中必须补充铵态氮和硝态氮。对某一品种所需的合适的氮源形式一般都通过实验进行确定。例如，当把 Miller 培养基(Miller，1961)中的 NH_4NO_3 除去时，莴苣的子叶不能进行不定苗的启动，却形成了大量的愈伤组织(Doerschug and Miller，1967)，这可能是培养基中去除了 NH_4^+ 或是由此引起其总氮量比原来减少了 1/3 之故。培养基中的总氮量可明显影响不定苗的再生。茼蒿属花梗外植体不定苗的形成也直接受培养基中总氮量的影响。在 MS 培养基中，KNO_3 和 NH_4NO_3 的总量为 60mmol/L，如将此量按图 3-13 所示的方式进行调整，但 NO_3^- 与 NH_4^+ 比例保持不变(66∶34)，结果表明，30～120mmol/L 是诱导花梗外植体形成不定苗的合适总氮量；但是，这一作用也强烈地受外植体植物基因型的影响，因为品种 Bravo 比 Super Yellow 对总

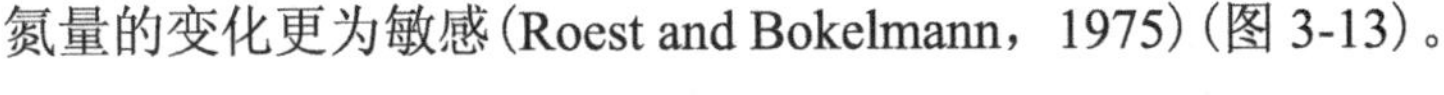
氮量的变化更为敏感(Roest and Bokelmann，1975)(图3-13)。

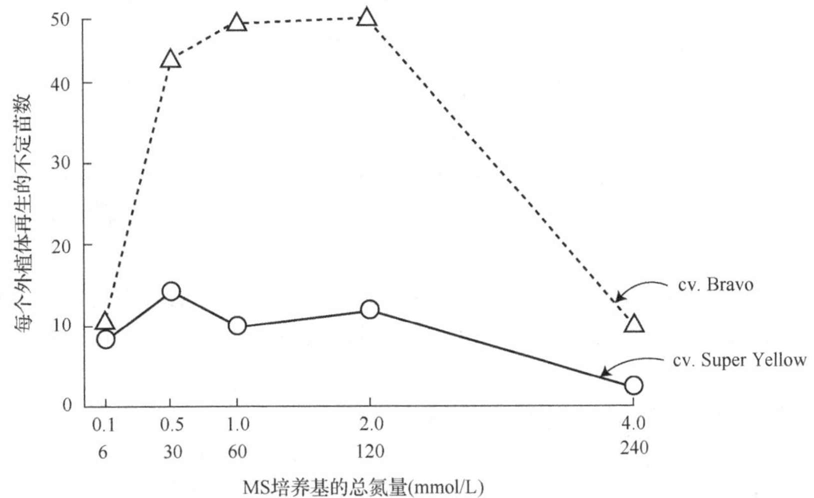

图3-13　只增加MS培养基中总氮量浓度(其他按正常的不变)对从茼蒿属植物外植体直接再生不定苗数量的影响(Roest and Bokelmann，1975)

3.3.3　植物生长调节物质

毫无疑问，植物生长调节物质对离体器官发生和植株再生起着非常重要的作用。对此，Skoog 和 Miller(1957)曾提出“激素平衡”假说，即较高浓度的激动素促进芽的形成而抑制根的形成，相反，较高浓度的生长素有利于根的形成而抑制芽的形成，如果生长素和细胞分裂素浓度都较高则诱导出愈伤组织。实际上，离体培养的器官发生需要内源的激素达到一定水平的动态平衡。这说明植物细胞对分化和器官发生具有很高的可塑性，最后的发育命运取决于离体培养的条件。这些结论主要是从烟草的组织培养实验中得出的，但研究发现不少例外的情况。例如，苜蓿外植体对生长素和细胞分裂素的反应比较特殊，苜蓿愈伤组织在细胞分裂素与生长素比例高的培养基中易生根，而在生长素与细胞分裂素比例高的培养基中易形成不定苗(Walker et al.，1978)。尽管有些例子与 Skoog 和 Miller(1957)的经典模式相矛盾，但众多的报道表明他们的观点对组织培养的器官分化仍有重要的指导意义。

研究者在使用植物生长调节物质对不定苗形成的影响方面已做过大量的研究，许多研究旨在确定诱导不定苗形成的各类生长调节物质的最佳浓度(George et al.，2008)。植物激素的最佳浓度及其组合因植物品种和所采用外植体组织的不同而异。外源植物生长调节物质，特别是生长素和细胞分裂素对离体器官发生的影响，可能是由外植体对培养基中的这些物质的吸收及代谢不同所致(Klemš et al.，2011)。外源植物生长调节物质也会影响内源植物激素的生物合成及分布，进而改变离体培养物的发育状况(Klemš et al.，2011；Moncaleán et al.，2003；Valdés et al.，2001)。相关研究表明，切割等创伤可诱导植物外植体再生器官及完整植株；在这一再生过程中，发生显著变化的是涉及生长素和细胞分裂素的信号转导途径及与其相关的转录因子的基因表达(Che et al.，2006；Motte et al.，2014)。目前对植物组织如何吸收外源植物生长调节物质及如何影响分化的具体机制有待更深入的揭示。除了生长素和细胞分裂素外，其他的植物生长调节物质如乙烯、赤霉素(GA)、脱落酸(ABA)、多胺等生物活性物质以不同程度、或单独或结合的不同作用方式影响不定苗的形成。此外，生长素和细胞分裂素在调节植物生长及发育方面，包括不定苗诱导及维管组织的形成，起着相互拮抗的作用(Schaller et al.，2015)。本部分将归纳植物生长调节物质，特别是细胞分裂素和生长素，在不定苗形成过程中的生理作用及其调控机制。

3.3.3.1　细胞分裂素类与生长素

在诱导不定苗形成的过程中，最常用的细胞分裂素类化合物是腺嘌呤类和苯基脲类衍生物(PUD)，如噻重氮苯基脲(thidiazuron，TDZ)。其中，激动素(kinetin，KT)是经高压灭菌的鲱鱼精细胞的DNA分解产物纯化后所得的可促进细胞分裂的活性物质。目前在植物中尚未发现这一活性物质。在化学结构上，天然存在的细胞分裂素是N^6取代腺嘌呤的衍生物，根据其被取代的位置可分为3组：①玉米素、N^6-Δ^2-异戊烯基腺嘌呤(2-iP)及其衍生物；②异戊二烯衍生物，如二氢玉米素及其结合态和芳香族细胞分裂素；③6-苄基腺嘌呤(6-BA，也称BA)及其衍生物、N^6-(3-羟基苄基)腺嘌呤(meta-topolin，mT)、ortho-topolin(oT)和para-topolin(pT)都属于芳香族类的细胞分裂素，其中激动素、6-BA、6-(苄基氨基)-9-(2-四氢吡喃基)-9-氢-嘌呤(PBA，SD8339)和苯基脲类衍生物(PUD)则是人工合成的具有细胞分裂素活性的物质(Zažimalová et al.，1999)。

有许多报道表明，腺嘌呤及其硫酸盐具有促进不定苗分化的作用。这可能与它和细胞分裂素类在结构上有一定联系有关。例如，6-BA、2-iP、玉米素和KT都是腺嘌呤的衍生物。可以推测腺嘌呤在植物组织分化时易被转变成细胞分裂素而起作用。许多诱导不定苗的培养基中有加入椰子汁，椰子汁中含有若干促进细胞分裂的因子，包括9-β-D-呋喃核糖基玉米素和肌醇等，它们对分生组织分化有促进作用。

据Flick等(1983)的统计，250种以间接或直接器官发生途径进行不定苗发生的植物中，25%的双子叶植物(170种中的42种)、18%的单子叶植物(62种中的11种)和50%的裸子植物(18种中的9种)单独使用BA可诱导不定苗的形成，显然BA在不定苗诱导过程中起着重要的作用。但也有相当一部分植物，特别是单子叶和双子叶植物，其不定苗的形成需要细胞分裂素和生长素相互配合使用，甚至有一部分只需生长素(表3-9)。

表3-9　诱导外植体形成不定苗所使用的各类生长调节物质的频率统计(Flick et al.，1983)*

生长调节物质	激素使用频率		
	双子叶植物(170种)	单子叶植物(62种)	裸子植物(18种)
只用BA	25%(42)	18%(11)	50%(9)
只用生长素	3.5%(6)	27%(17)	6%(1)
细胞分裂素+生长素	50%(85)	35%(22)	39%(7)
不加任何激素	5.3%(9)	21%(13)	0

*本表根据Flick等(1983)文献收集250种植物整理而成。表中附于百分数后括号中的数值为相应的植物种数

此外，有些植物的外植体可以在不含任何植物激素的培养基中成功地诱导不定苗的形成，如香石竹(*Dianthus caryophyllus*)(Watad et al.，1996)、木橘(*Aegle marmelos*)(Ajithkumar and Seeni，1998)、假马齿苋(*Bacopa monnieri*)(Tiwari et al.，2001)、灯油藤(*Celastrus paniculatus*)(Rao and Purohit，2006)、长寿花(*Kalanchoe blossfeldiana*)(Sanikhani et al.，2006)和吐根(*Cephaelis ipecacuanha*)(Yoshimatsu and Shimomura，1991)等，但细胞分裂素的处理可促进其不定苗的再生。

BA在结构上与KT接近，但功效比KT强很多。一般BA在较低的浓度就可诱导出较多的不定苗，不定苗分化过多时常抑制节间的伸长，从而影响不定苗的质量。KT和玉米素诱导不定苗的能力较差，但能促进不定苗的节间伸长、叶片伸展，易形成健壮的不定苗。如将BA和KT配合使用常可得到良好的效果(汪景山和渔光，1986)。异戊烯基腺嘌呤可能与其他细胞分裂素所引起的形态发生效应不尽相同。例如，异戊烯基腺嘌呤能诱导颤杨(*Populus tremloides*)的愈伤组织生根，而玉米素则诱导其愈伤组织发生不定苗。北美乔松(*Pinus strobus*)胚胎培养过程中，异戊烯基腺嘌呤仅能诱导愈伤组织的形成，而玉米素与BA则能诱导其不定苗的形成(Bonga and Durzan，1988)。

在无外源细胞分裂素处理的情况下，通过表达细胞分裂素生物合成基因也能够促进愈伤组织的不定苗发生。例如，利用转基因技术使组织表达农杆菌的*ipt*基因可增加组织的细胞分裂素水平，也可促进细胞分裂及启动苗的发生(Kunkel et al.，1999)。

苯基脲类衍生物如TDZ和*N*-(2-氯-4-吡啶基)-*N'*-苯基脲(CPPU)等对一些植物外植体的不定苗诱导和发育有极强的促进作用。例如，CPPU可使蝴蝶草属(*Torenia*)植物茎外植体的表皮细胞产生分生组织和不定苗，而且0.4mg/L CPPU对不定苗的诱导频率及其形成的分生组织数目均优于5.0mg/L BA的作用，CPPU诱导器官发生的活性高出BA的12倍以上(Tanimoto and Harada，1982)。0.5μmol/L的CPPU可使杜鹃

(*Rhododendron simsii* Planch)不定苗的繁殖能力接近 5μmol/L 玉米素或 50μmol/L 异戊烯基腺嘌呤的水平，说明 CPPU 的活性比玉米素高约 10 倍，而比异戊烯基腺嘌呤高近 100 倍(Fellman et al.，1987)。与 4.4μmol/L BA 诱导的不定苗的形成效果相比，0.1μmol/L TDZ 促进苹果形成新不定苗的数量要多，但不定苗的平均高度略低。0.002～0.05mg/L 的 TDZ 可诱导椴树(*Tilia tuan* Szyszyl.)、花楸(*Sorbus pohuashanensis*)、洋槐(*Robinia pseudoacacia*)等植物形成大量的不定苗，而此时若使用 BA 则要求在较高浓度(0.2～1.0mg/L)，这一 BA 浓度与所用的 TDZ 的浓度相差 20～100 倍，若 TDZ 和 BA 混用效果更好(Chalupa，1987)。这些苯基脲类衍生物的作用机制还有待进一步明确，有的研究表明，TDZ 通过调节内源植物激素或相关酶的活性来影响植物激素的合成和运输，或者通过胁迫效应起作用，它还能调整细胞膜结构、能量水平、营养吸收、同化作用和相关的基因表达(Murthy et al.，1998；Jones et al.，2007；Hu et al.，2012)。

综上可知，细胞分裂素对不定苗的诱导及其发育起着非常重要的作用，但其实际效果还因细胞分裂素种类及其浓度、使用方式(即单独或结合使用)，以及外植体种类及其基因型而异。例如，不同的细胞分裂素对以甘蓝(*Brassica oleracea* var. *gongylodes*)两个栽培品种[维也纳紫(Vienna Purple，VP)和维也纳白(Vienna White，VW)]以根、子叶和下胚轴为外植体的不定苗发生产生不同的影响。所用的细胞分裂素包括顺式玉米素、反式玉米素(分别为 1mg/L 和 2mg/L)、TDZ(2mg/L)和 BA(5mg/L)。实验结果表明，最佳的外植体是完整的幼苗，VP 栽培品种完整的幼苗外植体在不定苗诱导培养基上(分别添加 BA 和 TDZ 的 MS 培养基)，其不定苗的再生频率可达到最高，分别为 60%和 50%；而 VW 栽培品种的这一外植体，在分别添加 BA、TDZ 和反式玉米素(2mg/L)的 MS 培养基上，其不定苗的再生频率分别达到 50%、47.5%和 37.5%。此外，对在含高浓度细胞分裂素的不定苗培养基中培养 6 周的再生不定苗中的内源细胞分裂素和生长素含量的测定表明，在下胚轴及其再生苗中的细胞分裂素含有较高的总水平，而在完整幼苗及其再生不定苗中，则显示较高的 IAA 与细胞分裂素的比例。这说明在不定苗的诱导中，内源生长素与细胞分裂素水平的比例也是重要的决定因素(Ċosic et al.，2015)。

吐根(*Cephaelis ipecacuanha*)是主要用于祛痰和催吐的药用植物。生长素在吐根茎节间切段外植体的不定苗诱导中也起重要的作用。在其各种外植体中，幼苗的茎节间所诱导的不定苗最多，其不定苗的再生除了可在不添加任何激素的培养基中完成外，还有两个特点：①离体形态发生呈现极性，即在节间的形态学顶端形成不定苗，而在基端形成愈伤组织；这一现象也与假马齿苋(*Bacopa monnieri*)和长寿花(*Kalanchoe blossfeldiana*)的节间外植体的不定苗形成的现象相似(Sanikhani et al.，2006；Tiwari et al.，2001)。②在不定苗中存在一优势的苗，其维管体系直接与外植体相连，而其他不定苗原基在外露时受到抑制，但除去优势苗后，其他不定苗开始生长和发育，这与顶端优势现象相似，苗端分生组织通过产生生长素来抑制侧芽的生长和发育(Cline，1991；Koike et al.，2017)。图 3-14 所示为在茎节间切段的顶端部位形成(即在区段Ⅰ和Ⅱ)的吐根不定苗。

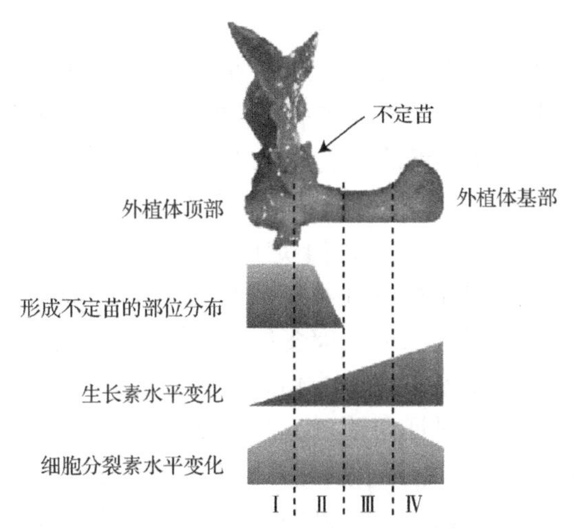

图 3-14　吐根(*Cephaelis ipecacuanha*)茎节间切段外植体在不定苗诱导过程中，不定苗形成的部位及生长素和细胞分裂素分布模式示意图(Koike et al.，2017)

这说明外植体存在极性，培养一周后，生长素通过顶端向基端的极性运输或活性生长素的生物合成可在外植体基端累积，因此基端形成愈伤组织。这可能由节间外植体从顶端到基端生长素浓度的梯度所致。对在其不定苗形成过程中的内源生长素和细胞分裂素的分析表明，生长素主要累积在外植体的基部(即形成愈伤组织的部位)，而细胞分裂素则累积在外植体的中间区域。培养一周后在外植体中段所累积的细胞分裂素是反式玉米素类的细胞分裂素，特别是反式玉米素核苷，但在培养 2 周后该区域总的细胞分裂素水平下降，尽管在培养期间异戊烯基腺嘌呤呈现缓慢增加，但其水平极低(图 3-14)。因此，可以认为反式玉米素核苷类型的细胞分裂素参与吐根茎节间外植体的不定苗诱导，但不定苗的形成是由区域中生长素浓度的梯度分布，而不是细胞分裂素的分布所决定的。这些研究结果也与生长素抑制不定苗形成的观点相符合。

不定苗的诱导、增殖和生长可能有不同的生理要求，因此，同一种不定苗所要求的细胞分裂素的最适浓度也不同，如美洲黑杨(*Populus deltoides*)基因型 170 的腋芽培养获得增殖最多的不定苗时(每培养瓶可得 310 个不定苗)，最适玉米素浓度为 1.0mg/L，而每个不定苗重量最大(即生长最佳)时，玉米素浓度则为 0.25mg/L。其他 5 种杨树不同的杂种腋芽培养也表明，不定苗增殖的最佳 BA 浓度为 0.4～1.0mol/L，而不定苗生长的最佳 BA 浓度则为 0～0.1mol/L(Coleman and Ernst，1990)。

有些植物的外植体中原有的内源激素种类和浓度不同，并已达到一定的平衡，在补加相关的激素种类及其浓度的培养基中培养后，其外植体的激素可达到一种不同于以前的平衡。例如，对豌豆茎尖分生组织进行培养时，在 B_5 培养基中加入各种水平的 BA 或 BA 和 NAA 时仅形成不定苗。要想再生完整植株，必须只加 0.1μmol/L NAA，这表明外植体中所含的细胞分裂素已足以与其内源及外加的生长素达到平衡，以满足完整植株的分化，如果补加细胞分裂素则会破坏这一平衡。菜豆分生组织培养也产生类似的情况，当其分生组织在 MS 只加 5μmol/L BA，或加 5μmol/L BA 和 10μmol/L NAA 时可诱导丛生芽，但只有在外加 NAA 的浓度达到 1.0μmol/L 时才会分化成完整的植株(Karatha，1981)。

3.3.3.2　生长素和细胞分裂素合成代谢与不定苗的形成

1)生长素合成代谢与不定苗的形成

外植体中的内源生长素水平强烈地影响不定苗的再生能力。生长素的生物合成将可能在以下 3 个方面影响离体组织培养的器官发生：①形成一个生长素生物合成库(source)；②所合成的生长素的极性运输及局部的累积；③局部生长素反应对离体培养器官发生及其发育的影响。区域细胞对生长素的反应可引起局部生长素的生物合成和动态运输(Chandler，2009)。生长素合成的有关分子成员已有所鉴定，其中了解比较清楚的是由 *YUCCA*(*YUC*)基因家族所编码的黄素单加氧酶(flavin monooxygenases)。*YUC* 可调控内源生长素的生物合成。拟南芥雌蕊外植体在 CIM 上诱导培养的愈伤组织中，其局部表达的 *YUC1* 和 *YUC4* 的表达信号，随着培养的进程逐步消失，但当该愈伤组织转入 SIM 培养基进行不定苗的诱导时，在苗端发生组织启动的部位可出现这两个基因的区域性转录。*YUC4* 可在由 *WUS* 表达所标记的不定苗原分生组织启动区域四周表达。这些结果表明，生长素的生物合成在不定苗的再生中起着重要的作用(Cheng et al.，2013)。在水稻中，*OsYUCCA1* 的过表达引起生长素的增加而抑制了冠根外植体不定苗的再生，并导致形成大量的毛根(Yamamoto et al.，2007)。因此，尽管局部内源生长素的生物合成对不定苗的再生是不可缺少的，但是与外源使用生长素相似，过量产生生长素可抑制不定苗的再生。生长素输入载体(AUXIN RESISTANT1，AUX1)，如 AUX1-1(LAX1)、LAX2 和 LAX3 在不定苗再生的第一阶段中的局部累积生长素中发挥作用，但是这些基因功能失常，极易挽救。例如，*aux1* 突变体的根外植体在标准的 CIM 中不能形成愈伤组织，但如果在 CIM 中增加生长素的浓度，则使之形成愈伤组织并使其苗再生(Kakani et al.，2009)。这可能是不同的生长素输入载体间的冗余功能保证了生长素的足够供给，从而使局部的生长素累积照常进行(Bainbridge et al.，2008)。此外，当离体器官形成时，生长素的外运载体 PIN 在形成生长素梯度上的作用对早期的器官再生有负面的影响(Benková et al.，2003)。因为抑制生长素的极性运输可促进拟南芥外植体在 CIM 上形成具有器官发生能力的愈伤组织(Pernisová et al.，2009)。在 SIM 培养基上加入生长素运输抑制剂萘基邻氨甲酰苯甲酸(N-1-naphthylphthalamic acid，NPA)可以干扰生长素的时空反应和不定苗的发生。这表明，不定苗发生的启动要求生长素的极性运输及其不对称的反应(Su and Zhang，2014)。

2)细胞分裂素合成代谢与不定苗发生

内源细胞分裂素水平及其动态平衡主要取决于细胞分裂素的生物合成、降解及修饰(与其他物质结合)(Zalabák et al.，2013)。已有一些证据表明，细胞分裂素的这些代谢过程的缺陷不但干扰细胞分裂素的最终水平，也影响培养物的不定苗再生能力。异戊烯基转移酶(IPT)可在ADP或ATP中加入类异戊二烯链，这一步骤成为细胞分裂素生物合成中的限速步骤(Takei et al.，2001)。在不定苗的再生过程中，过表达*IPT*可省去培养基中加入细胞分裂素的需求，使得愈伤组织自发形成不定苗(Sun et al.，2003)。由此，*IPT*的诱导表达可作为无选择标记的植物基因转化技术(Zuo et al.，2002a)。失能突变体*ipt*再生能力低下(Cheng et al.，2013)，不定苗的分生组织也变小(Miyawaki et al.，2006)，而外加细胞分裂素可使分生组织变小的表型得到部分挽救，这表明，外加细胞分裂素的水平及其在空间上的分布是控制不定苗发育的重要因子。细胞色素P450单加氧酶CYP735A1和CYP735A2特异性参与2-iP核苷合成反式玉米素的过程(Takei et al.，2004)。尽管有关这些CYP蛋白在细胞分裂素动态平衡中的作用尚未完全明了，但是这些蛋白对于不定苗的形成具有正调节的作用。实际上，拟南芥半显性突变体*uni-1D*从叶上形成不定苗分生组织的表型，是由诱导*CYP735A2*表达所致(Uchida et al.，2011)。这一突变体的细胞分裂素水平的提高除了重新合成外，还可以通过具有磷酸核糖水解酶(phosphoribohydrolase)活性的LOG(LONELY GUY)的作用下将非活性的细胞分裂素核苷转化为活性游离碱基的方式来实现(Kurakawa et al.，2007)，该酶基因失能突变体的表型与*ipt*的表型相似(Kuroha et al.，2009)，包括苗端分生组织减少(Tokunaga et al.，2012)。过表达*LOG*可产生对细胞分裂素反应的表型(Kuroha et al.，2009)，但对不定苗再生的影响尚未探究过。通过细胞分裂素氧化酶/脱氢酶(cytokinin oxidase/dehydrogenase，CKX)的作用使细胞分裂素降解，从而引起体内细胞分裂素动态平衡的显著下调，这一作用是不可逆的。过表达*CKX*可导致苗分生组织异常，有时是使苗分生组织的发育止于早期阶段，其再生能力亦降低(Yang et al.，2003)。CKX的总活性过高被认为是造成植株难以再生的重要原因(Sriskandarajah et al.，2006)。由此，就这一类难再生品种的特性，采用CKX抑制处理或施用一些不为CKX所降解的细胞分裂素，可改善其不定苗再生的潜能(Galuszka et al.，2007)。在实践上，施用CKX的抑制剂已成为促进不定苗发生的有效手段。由于*CKX*是在器官原基中表达，CKX抑制剂可局部提高产生不定苗部位的细胞分裂素的含量，因此这一措施对促进不定苗的再生比传统上施用细胞分裂素处理更有效(Motte et al.，2013；Werner et al.，2003)。

具有活性的细胞分裂素因糖基化而失活，从而降低活性细胞分裂素的含量。拟南芥的糖基转移酶UGT76C1和UGT76C2可将嘌呤类细胞分裂素的N_7和N_9位置不可逆地糖基化(Hou et al.，2004)。UGT76C2可影响细胞分裂素体内的动态平衡，但该基因的失能和获能突变体并未引起表型的明显变化(Wang et al.，2011a)。另外，玉米素的*O*-糖基化也不可逆，这一过程主要依赖UGT85A1(Jin et al.，2013)。细胞分裂素的这一结合形式可以对抗CKX的降解(Galuszka et al.，2007)，也是细胞分裂素的一种贮存形式(Kakimoto，2001)。*O*-糖基化的细胞分裂素的转化可使细胞分裂素快速地达到体内的动态平衡(Jin et al.，2013)。特异性的β-葡萄糖苷酶可降解细胞分裂素的*O*-糖基化的衍生物，而在拟南芥中过表达玉米的β-葡萄糖苷酶基因1(*ZmGLU1*)可使转化植株具有较高的不定苗再生能力(Klemš et al.，2011)。

正如外源施用细胞分裂素可诱导细胞的增殖和促进愈伤组织的不定苗发生(Skoog and Miller，1957)那样，利用转基因技术使组织表达农杆菌的*ipt*基因可增加组织的细胞分裂素水平，也促进细胞分裂及启动苗的发生(Ebinuma et al.，1997；Kunkel et al.，1999)。拟南芥的不定苗发生时，*AtIPT*基因所调控的内源细胞分裂素的生物合成的分析结果显示(Cheng et al.，2013)：*AtIPT3*、*AtIPT5*和*AtIPT7*的转录水平上调。这意味着，在不定苗发生时细胞分裂素的生物合成增加，*AtIPT5*也呈现时空表达的模式。例如，在CIM中生长的成熟愈伤组织中，只在其边缘区域可检测到低水平的*AtIPT5*表达，当愈伤组织在SIM培养基上诱导不定苗发生时，可强烈地诱导*AtIPT5*表达，但只限于即将启动不定苗发生的部位。细胞分裂素生物合成的模式与细胞分裂素反应的模式相似，这说明在不定苗发生中起作用的细胞分裂素反应的时空模式应归功于 *AtIPT* 基因调控的细胞分裂素生物合成的区域化分布模式(Su and Zhang，2014)。遗传分析显示，*atipt5 atipt7* 双突变体与其野生型相比，不定苗发生能力较低(Cheng et al.，2013)；与此相反，*AtIPT4* 基因的过表达可导致在含生长素(而不是在含细胞分裂素)的培养基上的愈伤组织形成不定苗，而在相同的培养条件下，野生型的愈伤组织则形成不定根(Kakimoto，2001)。同样，在缺少细胞分裂素的根诱导培养基中，功能获得性突变体 *AtIPT8* 的愈伤组织可诱导不定苗的形成(Sun et al.，2003)。这些结果表明，细胞分裂素的反应及其生物合成有助于细胞分裂素诱导离体不定苗的再生(Pernisová et al.，2009)。

3.3.3.3　赤霉素类

一般，培养基中都不必添加赤霉素，因为它抑制离体器官发生和体细胞胚胎发生，但赤霉素有刺激细胞伸长的作用，在有些情况下添加低浓度的赤霉酸(GA_3)对不定苗的诱导和形成都有促进作用。例如，据 85 种植物茎尖分生组织培养统计，有的植物在不定苗分化的培养基中加有 GA_3(0.01～0.5mg/L)，如马铃薯、复盆子(*Rubus idaeus*)、针叶天蓝绣球(*Phlox subulata*)、木薯、苹果、甜菜、*Ribes inebrians*(茶藨子属一种植物)(Hu and Wang，1983)，以及灰毛滨藜(*Atriplex canescens*)、樱桃李、猕猴桃、核桃、枇杷、黑茶藨子(*Ribes nigrum*)(陈正华，1986)。GA_3 对梨茎尖培养诱导不定苗的作用受培养基中其他成分影响。在 AS 培养基中，梨茎尖分化率随着 GA_3 浓度增加而增加，当用浓度为 200mg/L 的 GA_3 预处理茎尖时，茎尖分化不定苗率最高，但在 MS 培养基上(各种激素浓度与 AS 培养基相同)，其芽分化率却随着 GA_3 浓度的升高而减少(赵惠祥和顾良，1986)。

在一种豆科植物(*Apios americana*)节间外植体的不定苗诱导培养基中加入 1.5～3.0μmol/L 的 GA_3(与 IBA 和异戊烯基腺嘌呤一起)，可增加从每个外植体所产生的愈伤组织中形成的不定苗的数量(Wickremesinhe et al.，1990)。在杂种玫瑰不定苗诱导培养基中加入 GA_3(与 BA 一起)可以促进不定苗的增殖，而在只加入 BA(2.0～3.0mg/L)的培养基中，在外植体切口端产生衰弱的愈伤组织，苗的伸长缓慢，外植体再生不定苗的频率为 63%～80%，每个外植体培养 60 天后方得 4.26 棵不定苗。但当在原已加入 BA 的培养基上添加 GA_3(0.1～0.25mg/L)，外植体不定苗发生的比例提高到 95%，每个外植体形成的不定苗数超过 7(Pati et al.，2006)。

3.3.3.4　乙烯及其抑制剂

组织培养是在半密闭的容器中进行的，瓶内所累积的气体包括乙烯和 CO_2。由于气体是看不见的，它对组织培养物形态发生的作用容易被忽视。实际上，它和其他调节物质一样，对组织培养物的形态发生有着重要的影响。研究表明，乙烯对组织培养物不定苗的诱导和形成有促进或抑制作用，这与组织培养的植物种类及处理时间有关。例如，乙烯可促进水稻愈伤组织不定苗的形成，其最佳浓度为 10ppm。乙烯与 CO_2 一起处理水稻愈伤组织也有利于不定苗的形成，最佳组合为 5ppm 乙烯和 2% CO_2(Cornejo-Martin et al.，1979)。

然而更多的研究表明，乙烯抑制不定苗的形成。例如，ACC 是乙烯生物合成的直接前体，用它处理组织一般会释放大量的乙烯。ACC 可减少玉米幼胚愈伤组织的分化，而乙烯作用部位的抑制剂 2,5-NBD 和 $AgNO_3$ 则可提高该愈伤组织的器官发生能力，使其不定苗及其植株的再生能力增强。250μmol/L 的 2,5-NBD 处理使 Pa91 和 H99 玉米基因型的植株再生率分别提高约 2 倍和 13 倍；100μmol/L 的 $AgNO_3$ 处理使 Pa91 基因型的植株再生率提高约 12 倍(表 3-10，表 3-11)(Songstad et al.，1988)。

Naing 等(2014)的研究发现，较低浓度的 $AgNO_3$(1～25μmol/L)可显著抑制菊花(*Chrysanthemum morifolium* cv. Vivid Scarlet)叶外植体不定苗的再生(图 3-15)。这表明在这一实验体系中，乙烯有益于叶外植体不定苗的再生。但也有研究得出与此相反的结果，Yang 等(1995)的研究结果显示，$AgNO_3$(10～20mmol/L)可显著促进菊花节间外植体培养在含较高浓度细胞分裂素和生长素的培养基上不定苗的再生。他们还发现，高过最佳浓度的 $AgNO_3$ 对每个外植体再生不定苗的数目无影响。同样，Lee 等(1997)也发现

表 3-10　ACC 对玉米(基因型 Pa91)幼胚外植体愈伤组织不定苗再生能力的影响(Songstad et al.，1988)

ACC(mmol/L)	具有器官发生能力的愈伤组织(%)	每克鲜重愈伤组织再生的不定苗数
0	80.3a	33.8a
61	61.5b	18.3b
1.0	56.3b	10.9b

注：同一列数据中带有不同字母表示有显著差异(5%水平)

表 3-11　2,5-NBD 和 $AgNO_3$ 对玉米幼胚外植体愈伤组织不定苗再生能力的影响(Songstad et al.，1988)

基因型	每克鲜重愈伤组织再生的不定苗数						
	2,5-NBD(μmol/L)			$AgNO_3$(μmol/L)			
	0	25	250	0	25	100	200
Pa91	4.0	10.3	12.4	5.1	35.6	66.1	55.9
H99	1.2	12.2	16.5	—	—	—	—

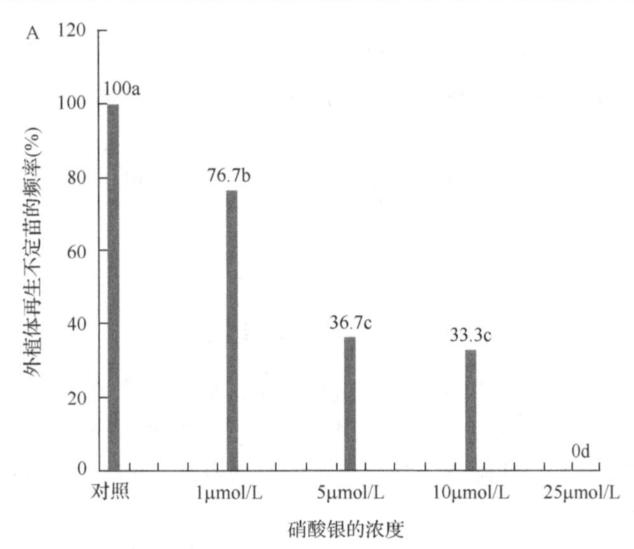

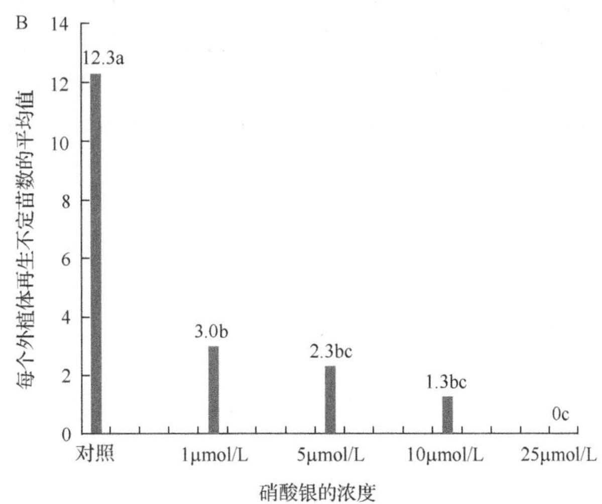

图 3-15　$AgNO_3$ 对菊花(*Chrysanthemum morifolium* cv. Vivid Scarlet)叶外植体不定苗发生的影响(Naing et al.，2014)
叶外植体接种于不定苗诱导培养基内含 1mg/L BA、2mg/L NAA、3g/L Gelrite 及分别加图中所示浓度的 $AgNO_3$。各条形图上数据后不同小写字母表示不同处理间差异显著(5%水平)

1mmol/L 的 $AgNO_3$ 可增加茼蒿(*Chrysanthemum coronarium*)叶圆片外植体的每个外植体再生不定苗的数目(不定苗培养基含等量的细胞分裂素和生长素)，高浓度(10mmol/L)的 $AgNO_3$ 也不抑制不定苗的再生，甚至浓度高达 100mmol/L 的 $AgNO_3$ 都不完全抑制不定苗的再生。对 $AgNO_3$ 在茼蒿不定苗再生中相反作用结果的一个可能的解释是：在茼蒿培养中，细胞分裂与 $AgNO_3$ 可发生相互作用(Yang et al.，1995)。在 Yang 等(1995)的研究中，不定苗诱导培养基中细胞分裂素浓度较高，高浓度的细胞分裂素可促进离体培养物的乙烯产生，因此，添加 10～20mmol/L $AgNO_3$ 可消除乙烯对不定苗的影响，从而促进不定苗的再生；Lee 等(1997)的研究也表明，低浓度(1mmol/L)的 $AgNO_3$ 促进不定苗再生的作用是培养在含等量细胞分裂素和生长素诱导培养基的条件下所发生的。这两种激素的浓度比 Naing 等(2014)的研究体系都低。由此可知，乙烯对不定苗发生的影响的复杂性除了与外植体的基因型及其本身的生理状态有关外，还与培养基中的生长素和细胞分裂素的浓度有关，也和乙烯与细胞分裂素或生长素的相互作用相关(Naing et al.，2014)。

最近也有研究者采用纳米银粒(silver nanoparticle，AgNP)研究 Ag^{2+}对不定苗发生的影响。纳米粒是纳米技术的新成就，可替代常规的附加物更易进入的植物组织中(Krishnaraj et al.，2012)。已有一些研究表明，Ag^{2+}与多胺在促进苗的形态改善上可起相互协同的作用，使用多胺可减少玻璃化苗的发生(Tabart et al.，2015)(此部分内容参见第 8 章的 8.2.3 部分)。

3.3.3.5　多胺

多胺(polyamine)是广泛存在于原核和真核生物中的生物学活性物质，常见的多胺有腐胺(putrescine，Put)、亚精胺(spermidine，Spd)和精胺(spermine，Spm)，如图 3-16 所示。

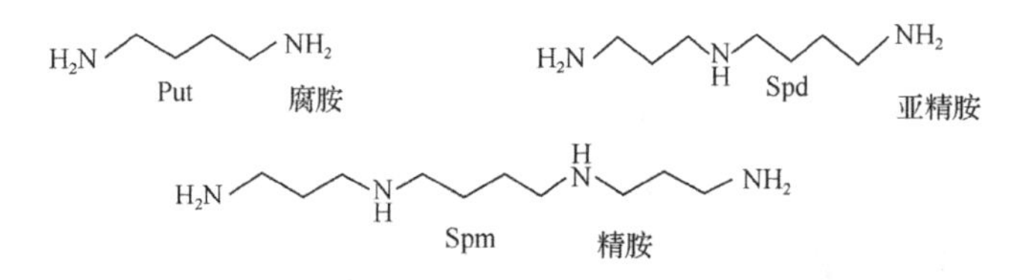

图 3-16　常见多胺的结构式

高等植物涉及多胺生物合成的主要的酶有精氨酸脱羧酶(ADC)、鸟氨酸脱羧酶(ODC)和 *S*-腺苷甲硫氨酸脱羧酶(SAMDC)。当人们观察多胺某一生理作用时常使用其生物合成抑制剂，上述 3 种酶的相应抑制剂分别为二氟甲基精氨酸(DFMA)(抑制 ADC)、二氟甲基鸟氨酸(DFMO)(抑制 ODC)和甲基乙二醛双脒基腙(MGBG)(抑制 SAMDC)。

多胺与乙烯在生物合成上共用相同的前体 *S*-腺苷甲硫氨酸(*S*-adenosylmethionine，SAM)(Mattoo et al.，2010)，如图 3-17 所示，在某些情况下，多胺的生物合成与乙烯的生物合成竞争相同的前体 SAM，该前体脱酸后成为脱羧 SAM，可为多胺合成或乙烯合成前体 ACC 提供共同前体氨丙基基团(Ravanel et al.，1998)。有些研究表明，乙烯生物合成抑制剂 AVG 抑制乙烯的生物合成，可增加多胺的产生，有时这也反映在生理上的相互作用和拮抗作用(Roustan et al.，1992)。

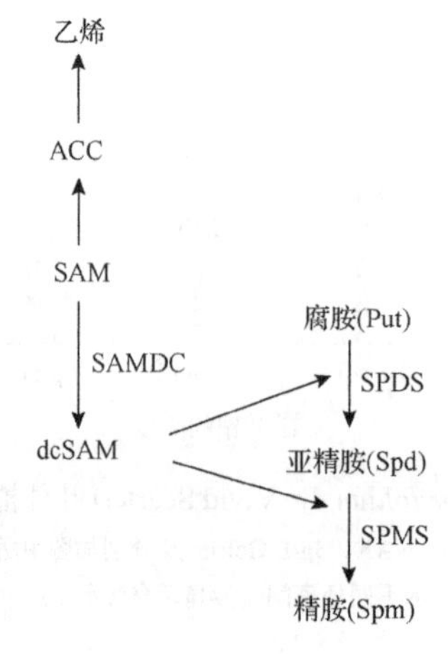

图 3-17　多胺和乙烯生物合成共享途径(Mattoo et al.，2010)

SPDS 表示亚精胺合成酶(spermidine synthases)，SPMS 表示精胺合成酶(spermine synthase)

对多胺在不定苗发生中的作用，主要在 3 个方面进行了研究：测定内源多胺水平的变化(包括游离态和结合态多胺)与不定苗发生的关系；多胺生物合成抑制剂和外源多胺对不定苗形成的影响；多胺与其他植物激素如乙烯等的相互作用对不定苗形成的影响。

通常，在生长高度活跃生长的植物组织中可产生高水平的多胺，如 Put、Spd 和 Spm。植物离体的器官发生常与培养早期游离态多胺和结合态多胺的水平密切相关(Bagni et al.，1993)。

内源多胺变化的分析表明，在烟草茎节薄层细胞外植体的不定苗诱导及其发育过程中，主要增加的是 Put 和 Spd，特别是 Put，无论是其结合态还是游离态都与不定苗的启动相关(Torrigiani et al.，1987)。已发现一些植物如蓝翅西番莲(*Passiflora alatocoerulea*)叶外植体和辐射松(*Pinus radiata*)子叶外植体的不定苗发生时出现多胺合成增加的倾向(Desai and Mehta，1985；Kumar and Thorpe，1989)。多胺合成抑制剂 DFMA 可以抑制烟草茎薄层外植体不定苗的发生，加入 Put 又可解除其抑制效应(Kaur-Sawhney et al.，1986)。但是 Burtin 等(1989)发现，DFMO 不抑制，甚至会促进不定芽的发生，因此，他们认为不定芽的发生与依赖于 ADC 酶的游离 Put 的合成有关，因而受到 DFMA 的抑制；而 ODC 酶与结合态 Put 的合成有关，结合态 Put 抑制不定苗的发生，因此 DFMO 促进不定芽的发生。以上研究说明，多胺在不定芽发生过程，至少是在烟草外植体的不定苗发生过程中有重要作用(Burtin et al.，1989)。

添加外源多胺促进植物外植体不定苗发生的例子颇多。例如，以在野外生长3个月的南非醉茄(*Withania somnifera*)幼苗茎节的中间部分(长 0.5cm)为外植体，将其接种在不定苗诱导培养基中培养 6 周，统计再生不定苗数的状态。多胺对外植体的不定苗发生的影响如表 3-12 所示，20mg/L 亚精胺(Spd)诱导不定苗的效果最好，其再生不定苗的频率最高(94%)，每个外植体可再生不定苗数达 46.4，其次是 Spm 和 Put。20mg/L 的精胺(Spm)和 20mg/L 的亚精胺(Spd)处理外植体所诱导的不定苗数比对照(只含 BA 和 IAA 培养基)有显著增加，分别增加 1.6 倍和 2.2 倍(表 3-12)(Sivanandhan et al.，2011)。使用多胺也可显著地促进黄瓜(*Cucumis sativus*)培养物不定苗的再生(Vasudevan et al.，2008)。多胺与植物激素的相互作用，可起到植物生长调节物质或植物激素第二信使的作用，也可成为培养物组织的碳源和氮源的储备物(Couée et al.，2004)。

表 3-12　多胺对南非醉茄(*Withania somnifera*)品种 Dunal 茎节外植体的不定苗发生的影响(Sivanandhan et al.，2011)

多胺及其浓度(mg/L)	外植体可形成不定苗的频率(%)	每个外植体形成的不定苗数
对照(0)	88.0b	14.6±0.89d
	亚精胺(Spd)	
5	72.0c	20.8±1.23c
10	86.0b	24.7±0.95c
15	88.0b	36.2±0.97b
20	94.0a	46.4±0.97a
25	84.0b	32.8±0.52b
	精胺(Spm)	
5	69.0d	16.9±1.27d
10	81.0b	20.7±1.57c
15	86.0b	27.8±1.37c
20	89.0b	38.4±1.8b
25	77.0c	26.9±1.13c
	腐胺(Put)	
5	70.0c	14.5±1.31d
10	78.0c	17.2±1.24d
15	84.0b	19.9±1.21d
20	88.0b	20.3±1.32c
25	72.0c	18.1±1.56d

注：不定苗诱导培养基成分包含 MS 附加 1.5mg/L BA、0.3mg/L IAA，并分别加表中所示的各种浓度的 Put、Spd 和 Spm。数据为 3 个重复实验的平均值±标准误差。根据邓肯多重范围检验(5%)，同列数据后附的字母不同表示有显著差异

榅桲(*Cydonia oblonga* Mill.)通常用作矮化西洋梨(*Pyrus communis*)的砧木。榅桲品种BA29和野生梨变种Conference叶外植体的不定苗形成能力有着明显的差异，前者能力强而后者弱。为了探究它们的不定苗发生时内源多胺的合成与乙烯生物合成是否存在竞争的关系，Marino等(2008)分析比较了BA29和Conference叶外植体形成不定苗诱导时间进程的游离态与结合态多胺水平，结果显示，榅桲品种BA29的叶外植体在不定苗诱导培养7天后，出现游离态和结合态的Spd显著峰值，但野生梨变种Conference的叶外植体不出现此峰。在不定苗诱导培养的第一周，不定苗形成能力低的野生梨变种Conference的叶外植体所产生的乙烯比榅桲品种BA29的叶外植体所产生的乙烯高出2～3倍。乙烯的生物合成抑制剂AVG处理可以显著降低这两个品种外植体培养过程中乙烯的产生。在通气不良的培养条件下(如采用石蜡薄膜封口的培养瓶)，AVG可促进榅桲品种BA29叶外植体不定苗的产生，却抑制野生梨变种Conference叶外植体不定苗的产生。同时，在这两个品种的叶外植体不定苗发育的培养基中，游离态和结合态多胺水平极低。AVG的处理并未改变这两个品种叶外植体的不定苗发生过程中游离态和结合态多胺的水平。由此看来，在这一不定苗发生的实验体系中，乙烯与多胺的生物合成可能不存在竞争共同前体(Marino et al.，2008)。

3.3.4　光照和温度及其他环境影响因素

光照和温度对植物的形态建成有着重要的调控作用，并且光照、温度二因素往往互相作用。长期以来，植物组织培养一般是在日光灯(荧光灯或灯管)(关照强度为1000～5000lx)按一定照光周期的条件下进行。自20世纪八九十年代发光二极管(light-emitting diode，LED)上市以来，它就逐渐成为组织培养或室内农业实践颇受欢迎的光源。与其他光源相比，LED具有几个优点：①在设计上，LED根据植物光合作用、光形态建成等原理合理搭配红、蓝、白光组合。光谱波段为全光谱波长，其中全光谱峰值为430nm、630nm，完全能够满足植物生长对光线的要求。②LED可产生高光水平，但输出辐射热极低，可维持有效光达数年之久。③LED不带电极，是长寿命的光源，不像白炽灯和日光灯那样灯泡因发热而要定期更换，一般白炽灯的寿命约1000h，日光灯为8000h，而LED的寿命可达100 000h。一般白炽灯所发出的光辐射中，可见光不到10%，而90%以上是红外线。所以，若用此光源对培养室或温室大棚作物进行补光，则效率低、能源浪费大。因而LED也是非常节省电能的光源。④灯的体积小，其光波和光强可通过人工智能控制电路进行调控，因此可根据不同的植物特征选择不同的光谱和光色组合，获得植物所需的光源(Yeh and Chung，2009)。

3.3.4.1　一般光照及光周期

各种植物组织培养的器官发生对光的要求(光周期、光质、光强)各不相同。例如，对豆科植物15属31个种的愈伤组织分化(出现芽点，即不定苗的分化)的研究表明，在1500～2500lx光照条件下，31个种的愈伤组织都可以分化；而在1200lx光照条件下，有8个种的愈伤组织未能分化，12个种的分化率有不同程度的降低，4个种的分化率与1500～2500lx条件下的分化率基本相同，7个种的分化率有所增加。这说明豆科植物愈伤组织分化时，多数需要光照强度较强(1500～2500lx)的以自然光为主的光照条件，少数需要光照强度较弱(1200lx)的日光灯光源，另外一些植物对这两种光照条件不十分敏感(安利佳等，1992)。

经过离体培养一年的用作苹果无性系砧木的丛生苗的增殖，明显受光照条件的影响。第四次继代培养后外植体的数据统计表明，与不照光相比，照光可促进腋芽的形成。其中绿光和白光(日光灯)作用大，其形成的苗总数最多，二者使其苗数增加了近一倍。而蓝光和红光的这一作用较小(Muleo and Morini，2006，2008)。Rikiishi等(2015)发现，光照控制着大麦(*Hordeum vulgare*)幼胚所诱导的愈伤组织再生不定苗的过程，大麦品种KN5(KantoNijo-5)和K3(K-3)在其愈伤组织诱导阶段照光16h，其再生不定苗的效率比持续黑暗条件的低，因此，这两个品种被称为光抑制型品种。而大麦品种GP(Golden Promise)和LN(Lenins)光照16h不定苗的再生效率会提高，它们则被称为光诱导型品种。对照光16h和连续黑暗条件下的相应愈伤组织中植物激素含量的测定表明，光抑制型品种中的愈伤组织在照光16h后所累积的ABA含量比在黑暗条件下的愈伤组织要高。但是光诱导型品种在照光16h后，其愈伤组织中ABA水平较低，与光抑制型品种在连续黑暗条件下所含的ABA水平相似。外源ABA可以依赖于光照条件的方式抑制这4个品种愈伤组织的生长和不定苗的再生。ABA生物合成抑制剂氟啶草酮(fluridone)可抑制光抑制型品种中ABA的生物合成，从而降低光对不定苗发生的抑制作用。在愈伤组织中ABA生物合成基因的表达可为光照条件所调控。在16h光照条件下的愈伤组织中*HvNCED1*呈现高水平表达。*NCED*基因编码9-顺式-环氧类胡萝卜素双加氧酶(9-*cis*-epoxycarotenoid dioxygenase)，该酶是ABA生物合成的关键酶。这些结果表明，照光16h可提高*HvNCED*1的表达，从而激活愈伤组织中ABA的生物合成，累积高水平的ABA，进而抑制光抑制型品种不定苗的再生(Rikiishi et al.，2015)。

3.3.4.2　光质

已有研究发现，除光管(日光灯)照射之外，在各色滤光塑料膜(滤光膜)滤光照光条件下，低光照最有利于不定芽的再生，而在通常的日光灯照射时采用红色和绿色滤光膜滤光有利于离体培养草莓(*Fragaria* × *ananassa*)的生长和发育，黄色滤光膜对外植体培养有害。这是因为在红色和绿色滤光膜下光照中的紫外光较少。草莓Toyonoka品种可以通过不定苗的再生途径进行有效的植株再生，而这一过程明显受照光时的光质影响(表3-13)。当对日光灯(光照强度为2000lx的Philips 36W的荧光灯)采用不同的滤光塑料膜进行包裹处理实现不同的光质照光时(每天光照16h)，其实验结果表明，在红色和绿色滤光膜包裹所得的光照条件下(光强相对较低的照光)获得了较高的不定苗再生频率(大于95%)，每个叶片外植体产生的苗数也较大(大于25)。直接用光管照射的外植体不定苗的再生效果比用蓝色和黄色滤光膜滤光的效果要好，这可能是因为直接用光管照射的光包括了波长为300～1100nm的光，而这种多波长光的照射将紫外光照射遮盖，从而也消除了紫外光的有害作用(300～400nm的紫外光照射抑制植物的生长)。此外，研究还发现光照条件下培养物抗氧化活性的改变与不定苗的形成呈正相关。例如，在红色和绿色滤光膜包裹的光照下分别可使超氧化物歧化酶(SOD)、愈创木酚过氧化物酶(G-POD)和过氧化氢酶(CAT)这3种酶的活性达到最高和次高；培养15天后，在红色和绿色滤光膜包裹的光照下培养物中的GA_3水平也分别达到最高和次高。在红色滤光膜包裹的光照下GA_3和玉米素也达到最高水平，而培养物中的IAA水平却是在蓝色滤光膜包裹的光照下在培养45天后达到最高水平(Qin et al.，2005)。

表3-13　不同滤光塑料膜所得的光照对草莓(*Fragaria* × *ananassa* Duch. cv. Toyonoka)叶片外植体不定苗再生频率的影响(Qin et al.，2005)

滤光塑料膜	不定苗再生频率(%)	每个外植体产生不定苗的数目
红色	100a	25.1a
绿色	98.3a	25.8a
蓝色	60.1c	5.3b
黄色	20.7d	1.5c
对照	75.8b	5.9b

注：不同的滤光塑料膜的光谱范围为300～700nm，其中光强最高的为对照光(9.298W/m^2，无滤膜)，其次依次是用蓝色、黄色、红色滤光膜所得的光强(分别为6.117W/m^2、2.426W/m^2、1.624W/m^2)，而光强最低的是用绿色滤光膜所得的光照(1.487W/m^2)。同一栏带有不同字母的数字之间有显著差异($P<0.05$)。以茎尖再生植株(苗龄4周)的叶片为外植体。苗诱导培养基为MS基本培养基加1.5mg/L TDZ和0.4mg/L IBA，培养45天的统计结果

在仙茅(*Curculigo orchioides*)叶外植体的不定苗再生过程中，LED所产生的特定波长的光源可扰乱其培养物活性氧类(ROS)的稳态水平，从而改变组织中的氧化事件，进而调节仙茅不定苗再生的潜能。与照射日光灯(40W，波长300～700nm)相比，连续以LED蓝光(470nm)为光源照射28天，可显著提高仙茅叶外植体的叶面上直接再生不定苗的频率和每个外植体所产生的苗数。而LED红光(630nm)照射却抑制其不定苗的发生(表3-14)(Dutta Gupta and Sahoo，2015)。照射LED蓝光也有利于红掌(*Anthurium andraeanum*)(Budiarto，2010)和铁皮石斛(*Dendrobium candidum*)原球体不定苗的诱导(Lin et al.，2010)，照射LED红光则抑制地黄(*Rehmannia glutinosa*)(Hahn et al.，2000)和万寿菊(*Tagetes erecta*)(Heo et al.，2002)的不定苗

产生。在光照对仙茅不定苗再生的影响的研究中，研究人员还发现照射不同光质的 LED 对不定苗发生有害的影响与其引起 ROS 和抗氧化酶活性的改变相关。照射 LED 蓝光引起外植体获得器官发生的感受态并启动不定苗发生的效应与其提高超氧化物歧化酶的活性相关。照射 LED 蓝光促进不定苗的同时也提高了抗坏血酸过氧化物酶的活性。与其他的光照相比，照射 LED 红光显著地促进了细胞间过氧化氢(H_2O_2)的累积。这一结果表明 LED 固定的光波可诱导不同水平的 ROS 及抗氧化酶的活性，也可改变不定苗发生的效率(Dutta Gupta and Sahoo，2015)。Rajeswari 和 Paliwal(2008)也发现 *Albizia adorratissima* 的不定苗发生也伴随 SOD 和 CAT(过氧化氢酶)活性的增加，同时这些酶的活性也受光的调控。Dutta Gupta 和 Sahoo(2015)认为由蓝光 LED 所产生的单色光在启动不定苗发生时可引起高度氧化的逆境，但可精细调控细胞间 ROS 产生与其清除速率之间的平衡，以便促进不定苗的再生。否则将会引起过多的过氧化氢的累积，从而损害细胞及其再生的潜能，这可能就是照射红光 LED 抑制不定苗发生的原因。光质对植物形态发生的调节作用与其相应的光受体(蓝光受体隐花色素和红光受体光敏色素)作用有关。光质对不定苗的影响可因植物种类及植物发育阶段的不同而异。

表 3-14 光质(LED 为光源)对仙茅叶外植体不定苗发生的影响(Dutta Gupta and Sahoo，2015)

光源(波长)	外植体不定苗发生的频率(%)	每个外植体形成的不定苗数目
日光灯(300～700nm)(对照)	83.95±3.25c	4.51±0.54b
LED 蓝光(470nm)	94.30±2.65a	6.72±0.80a
LED 蓝光+红光	88.16±2.89b	4.85±0.39b
LED 红光(630nm)	76.54±4.70d	3.13±0.66c

注：培养 28 天的数据以平均值±标准误差表示。经邓肯多重范围检验，同一栏数据后附字母不同者表示有显著的差异($P<0.05$)

3.3.4.3 季节性变化

植物在自然界中的生物节律及其持续的时间可分为：昼夜节律(circadian rhythm)，持续 20～28h，最常见的是 24h；超昼夜节律(infradian rhythm)是指长于 28h 的节律；而短昼夜节律(ultradian rhythm)是指少于 20h 的节律。最常见的昼夜节律是与地球旋转有关，产生了每天的白天和黑夜的节律，也间接产生了温差。植物生理的许多方面如器官的生长或气孔的运动，以及在分子水平、生物化学活性或转录活性的变化都与此节律相关(Goldbeter，2008)。植物体在适应环境过程中发展出一套接受环境信号(包括季节性变化)机制，并可通过传递和放大变成各种代谢“语言”，使植物体产生各种反应。季节性变化对组织培养中的器官发生有着明显的影响，大多数植物在其生长开始的季节采样较好，若在生长末期或已进入休眠期，则采样的外植体在培养中反应迟钝或不能培养成功。

例如，El-Morsy 和 Millet(1996)发现离体培养的酸橙(*Citrus aurantium*)腋芽微繁与超昼夜节律相关。还有，季节性变化也可明显影响菊花外植体的不定苗发生(Zalewska et al.，2011)。以菊花(*Chrysanthemum morifolium*)品种 Satinbleu 的叶和节间为外植体，不定苗诱导培养基为 MS 附加 11.4μmol/L IAA 和 2.7μmol/L BA，分别在不同的季节获取节间和带叶柄的叶外植体培养于不定苗诱导培养基中，培养 12 周后观察不定苗形成效果，结果表明，波兰当地的夏季(7 月 15 日～10 月 14 日)和秋季(10 月 15 日～1 月 14 日)所得外植体比春季(4 月 15 日～7 月 14 日)和冬季(1 月 15 日～4 月 14 日)所得外植体可诱导更多的不定苗，此结果与其接种方法无关。在这一研究中，外植体不定苗发生比例取决于外植体类型及其所处季节。在夏季，茎节间外植体再生不定苗比例最高(74.38%)(每个外植体产生的不定苗数为 2.72)；而在秋季，叶外植体的不定苗发生率最高(24.38%)(每个外植体产生的不定苗数为 0.84)。秋季所得每个外植体再生的不定苗数较多。在取外植体的所有季节里，每个节间外植体要比叶外植体所再生的不定苗多，这说明，尽管季节性变化影响外植体不定苗的再生，但外植体种类是其最重要的影响因子。研究同时还发现，与极性方向垂直接种方法相比，节间外植体平放的接种方法有利于不定苗的形成(Zalewska et al.，2011)。

3.4　不定苗发生的分子生物学机制

植物发育有高度的可塑性，在组织培养过程中可呈现出各种类型组织和器官的再生能力，其中包括不定苗的再生能力。施用外源植物生长调节物质可显著调节离体培养的外植体的再生能力，特别是生长素和细胞分裂素的体内动态平衡决定着再生器官的发育命运。拟南芥的全基因分析已揭示有几个与植物激素信号转导途径相关的关键因子和基因参与拟南芥不定苗发生的调控(Che et al.，2007)。研究人员已分别对控制水稻(Nishimura et al.，2005)、小麦(Ben et al.，1997)、大麦(Mano and Komatsuda，2002)、番茄(Trujillo-Moya et al.，2011)、甘蓝(*Brassica oleracea*)原生质体、向日葵(*Helianthus annuus*)(Flores et al.，2000)等植物不定苗发生的QTL做了研究。从拟南芥外植体所诱导的愈伤组织再生不定苗中已鉴定了一些参与ABA信号转导的类受体激酶(receptor-like kinase 1，RPK1)(Motte et al.，2014)。根据Motte等(2014)的统计，不定苗发生所涉及的基因及其表达包括生长素、细胞分裂素和乙烯生物合成酶及其运输、感知基因，反应和信号转导基因，创伤反应基因和不定苗发育相关基因(如*CUC*、*LSH*、*STM*和*WUS*)等50多种基因。本节以与拟南芥离体培养不定苗发生有关的分子事件的研究结果为主，并结合相关资料讨论植物激素对不定苗发生的基因表达及其分子调控机制。

3.4.1　拟南芥外植体的不定苗发生及其分子机制

通常不定苗发生过程大概可分为3个过程。首先，外植体组织的体细胞可对植物激素信号作出响应从而获得与分生组织细胞相似的特性，即脱分化；其次，具有苗器官分生能力的愈伤组织的发育程序重编，以及在激素体内动态平衡的影响下形成特异器官；最后，形态发生，此时不再依赖于外加的植物激素。但最近发现从拟南芥的多种外植体在愈伤组织诱导培养基(CIM)上所诱导的“愈伤组织”并非是像传统那样的脱分化的组织，而是无论在基因表达模式上还是在组织结构上都类似于侧根分生组织(Atta et al.，2009；Sugimoto et al.，2010)(详见本章3.2.1节)。因此，有的研究者称这一类愈伤组织为转分化(transdifferentiation)的组织(Sugimoto et al.，2010)。

外源植物激素是激活不定苗再生的早期事件的关键因素。有利的激素平衡不但存在于培养基中，也存在于培养物(愈伤组织)中，内源激素的产生可为各种外源植物激素或刺激性的处理如光照等所诱导。这表明，内源激素的代谢及其为细胞所感知(perception)是影响不定苗再生的极其重要的因素(Su and Zhang，2014)。目前研究人员已在拟南芥根等外植体通过称为不定苗发生的“两步培养法”的方法再生不定苗的培养过程中(图3-18)，揭示了相关分子事件及其调控机制。所谓不定苗发生的“两步培养法”即拟南芥根、下胚轴等外植体首先在富含生长素的愈伤组织诱导培养基上培养一定时间诱导形成“愈伤组织”培养物(即CIM-培养物)，然后将这一培养物转入富含细胞分裂素的苗诱导培养基(SIM)形成不定苗。在这两步培养再生过程中，生长素调控着奠基细胞(founder cell)的特化、原基的发育和器官发生的感受态的获得，而器官原基发育成苗器官属性则是由细胞分裂素所调控的(详见本章3.2.1节)。

3.4.1.1　不定苗器官奠基细胞的特化和感受态的获得及其相关基因的表达

如图3-18所示，外植体在CIM上培养时，根外植体中中柱鞘细胞开始分裂而形成器官发生奠基细胞，最后成为具有不定苗发生的感受态的器官原基。在完整的根中，奠基细胞特化的早期事件是生长素最高水平局部区域的建立，这与中柱鞘局部特异性细胞对生长素的反应被激活相一致；这一反应是由生长素输出和输入载体所调控的(Löfke et al.，2013)。由局部最高水平的生长素累积所引起的中柱鞘细胞分裂是不定苗再生必不可少的条件。例如，人工消除中柱鞘细胞将抑制不定苗的再生(Che et al.，2007)。组织学和转录组学的研究结果显示，在CIM中诱导的CIM-培养物与早期的侧根分生组织相似，转入SIM培养基上培养便获得再生不定苗的感受态(Atta et al.，2009；Sugimoto et al.，2010)。此外，当器官形成时，生长素的外运载体PIN在形成生长素浓度梯度上起重要的作用，但对早期的器官再生有负面作用，因为抑制生长素

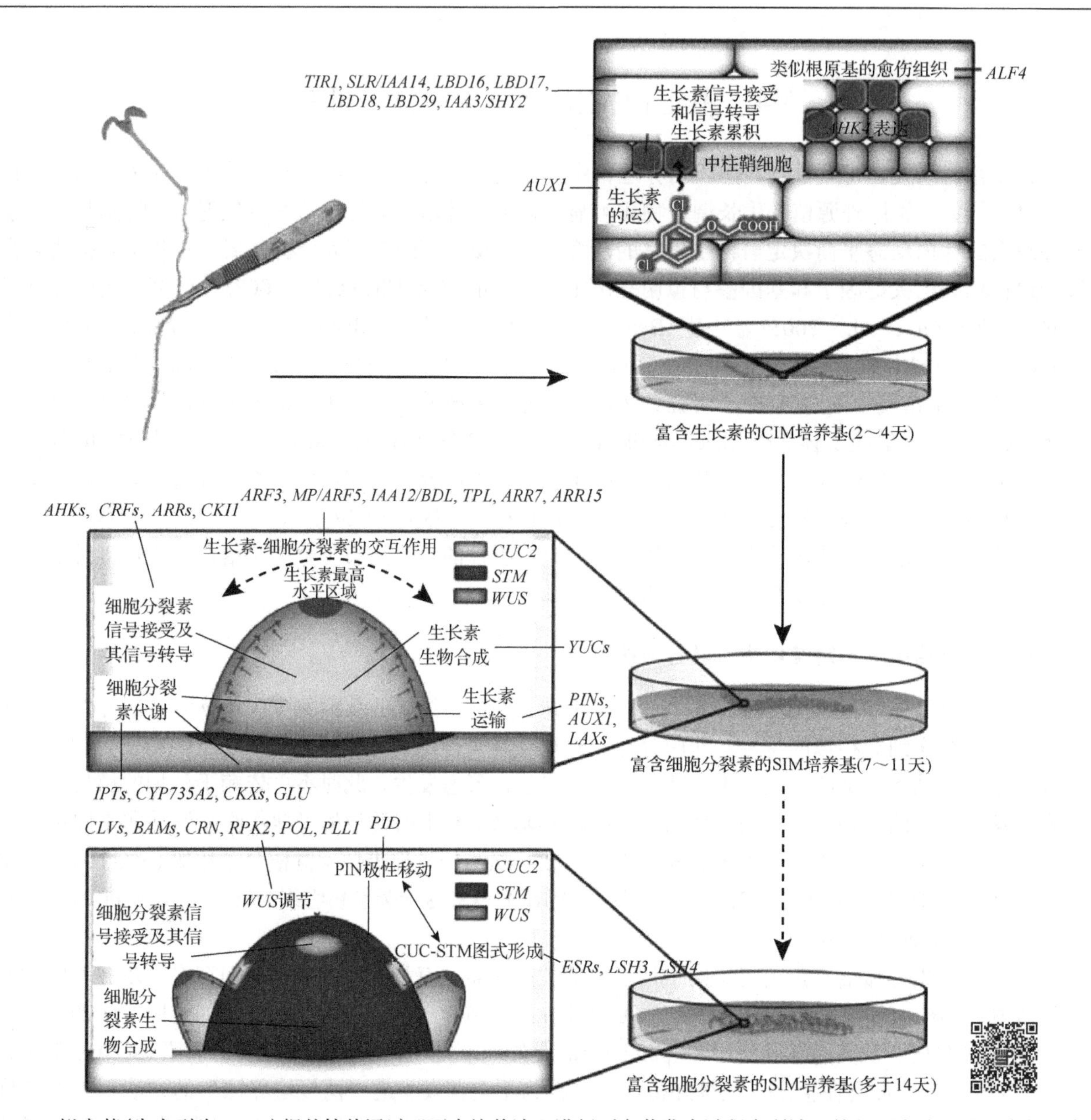

图 3-18　拟南芥(生态型为 Col-0)根外植体通过“两步培养法”进行不定苗发生过程中所涉及的基因表达及分子事件示意图(Motte et al.，2014)(彩图请扫二维码)

相关基因的全称，见本节内容

的极性运输可促进器官发生的愈伤组织形成(Pernisová et al.，2009)。在此后的苗器官形态发生过程中，则需要 PIN 的运作(Cheng et al.，2013；Gordon et al.，2007)(图 3-18)。在 CIM 中所诱导的 AP2/ERF 类的转录因子成员 PLT3(PLETHORA3)、PLT5 和 PLT7 的出现是其中最早出现的转录响应，从而导致根分生组织的关键调节因子 PLT1 和 PLT2 的激活，并形成了具有亚全能性(pluripotency)的类似侧根分生组织(LRM-like 结构)的 CIM-培养物(Kareem et al.，2015)。PLT3、PLT5 和 PLT7 可促进由 PLT1 所调节的亚全能性的获得，以及由 CUC2 所调节的苗发育的启动(Kareem et al.，2015)。*CUC1* 和 *CUC2* 可同在 CIM-培养物中表达，它们的表达都与细胞亚全能性的形成有关(Motte et al.，2011)。外植体在 CIM 上培养的最终目的是诱导出带有器官发生原基的愈伤组织，其中的原基已获得了形成不定苗器官的感受态(competence)。在拟南芥根外植体根据“两步培养法”再生苗的实验体系中，Meta 分析软件的数据分析表明，在 CIM 上获得再生苗的感受态时间应该在培养的 48h，而不是培养的 24h。根据这一时间标准，研究人员仅发现 *ACR4* 和 *IAA20* 才可能是与不定苗发生的感受态获得相关的基因(Che et al.，2007)。已知 *ACR4* 是参与侧根启动的基因(de Smet et al.，2008)，它也参与苗的器官发生，还主要在胚胎发生时的顶端区域表达(Tanaka et al.，2002)。

拟南芥根外植体过表达 *ESR2*(*ENHANCER OF SHOOT REGENERATION2*)可引起不依赖于细胞分裂素的不定苗发生，同时可使 *IAA20* 表达上调(Ikeda et al.，2006)。根据这些特点，*ACR4* 和 *IAA20* 应是培养物获得不定苗发生感受态有价值的标记分子，但它们在不定苗发生中的确切作用必须阐明。尽管对于不定苗发生非常重要的基因 *WUS*(*WUSCHEL*)不在 CIM 培养时的培养物中表达，但是根外植体在 CIM 上预培养 48h，却是 *WUS* 能在 SIM 培养的培养物中表达所要求的前提条件(Che et al.，2007)。因此，那些获得器官发生感受态的标记分子必定将在 CIM 培养的培养物(即器官原基)中表达。研究已发现，NAC 转录因子的家族成员 CUC2 可能是此标记物的候选转录物，它在 CIM 培养 2 天后将可能形成不定苗的区域局部累积(Motte et al.，2011)。同样，细胞分裂素受体 AHK4(*ARABIDOPSIS* HISTIDINE KINASE4)也可能属于这一类标记分子(图 3-18)。实际上，在 CIM 上培养时，局限表达 *AHK4* 的部位是在 SIM 培养时由细胞分裂素诱导转录的 *WUS* 表达标识的位置(Gordon et al.，2009)。这一发现再次证明细胞分裂素和细胞分裂素信号转导在苗早期再生过程中可能发挥的作用。研究表明，将 CIM 培养物转入 SIM 培养基诱导形成不定苗的过程中，未分化的器官原基前体(类似于侧根分生组织原基)转变为不定苗苗端分生组织及其原基的过程是不同步的，但经过显微镜观察和采用转基因株系(含组织特异性标记基因启动子融合载体，如 *WUS::GUS*、*STM::GUS* 等)及其相应的野生型基因表达的研究发现，将 CIM-培养物转移到 SIM 后，从苗端分生组织标记基因的表达状态可以区分产生和不产生苗端分生组织的部位。所用组织特异性基因包括三类：①苗端分生组织特异性基因，如 *WUS*(*WUSCHEL*)、*CLV1-3*(*CLAVATA1-3*)和 *STM*(*SHOOT MERISTEMLESS*)基因；②根分生组织特异性基因，如静止中心(QC)的特异性基因 *QC25*、在 QC 及其周边干细胞中特异表达的基因 *PLT1*(*PLETHORA1*)、根端分生组织(RAM)特异性表达基因 *RCH1*(*ROOT CLAVATA-HOMOLOG1*)；③有丝分裂标记基因，如编码周期蛋白(CYCLIN B1)的 *AtCYCB1* 和生长素响应与运输、细胞分裂素响应及生物合成相关基因，如 *DR5*、*PIN1*、*ARR5* 和 *IPT5*。*ESR1* 是在筛选不依赖于细胞分裂素的不定苗发生时过表达的 cDNA 时首次被鉴定的，它的过表达可有效促进含细胞分裂素的培养基中的不定苗再生。在 SIM 中培养的培养物，其 *ESR1* 的表达可被迅速地诱导，但其表达取决于在 CIM 中的预培养(Banno et al.，2001)。*ESR2* 的过表达，与 *ESR1* 的过表达高度相似，可引起再生的不定苗表型变化，但它在 SIM 的培养物中较晚的阶段才表达(Matsuo et al.，2009)。它们表达时间的差异表明，*ESR1* 的主要作用是使早期的侧根原基转化成不定苗分生组织，而 *ESR2* 则在随后的不定苗发育中起作用(Matsuo and Banno，2012)。从根和下胚轴外植体在 CIM 中培养所诱导的 CIM-培养物中，在苗端分生组织结构出现之前必先表达一些苗端分生组织特异性基因。相应地，侧根分生组织的特异性基因(*QC25*、*RCH1* 和 *PLT1*)和 *PIN1* 在 CIM-培养物被转入 SIM 培养基中培养 2～3 天后(即在培养物的圆形区域形成之前)被下调；在 SIM 中培养 3～4 天后 CIM-培养物变绿，苗端分生组织特异性基因 *WUS*(外植体在 CIM 培养时不表达的基因)也在此时表达。这些基因首先在中柱鞘衍生的最内层细胞中表达(图 3-19A)，然后在这些内层细胞中停止表达，转而在圆形区域表达(图 3-19B，C)。*WUS* 的表达逐步被限制在新形成的苗端分生组织的新产生的细胞中进行(图 3-19D，E)。*CLV3* 则是外植体在 CIM 培养开始时就表达，在 SIM 培养的头 3 天的培养物(即 LRM-like 结构物)的内层区域中出现强烈的表达(图 3-19F)，然后在 LRM-like 结构物的深层细胞中和圆形区域中都表达(类似根冠层的外部组织除外)(图 3-19H)。*CLV3* 可持续地在无苗端分生组织形成的深层细胞中和初形成苗端分生组织的大部分区域中表达(图 3-19I，J)。基因 *CLV1* 在 CIM 上培养的 LRM-like 结构物中不表达，仅在该培养物被转移至 SIM 2～3 天后，在其内层细胞中出现较弱的表达(图 3-19K)，直至在 SIM 培养 5 天后，*CLV1* 的表达部位只界定在圆形区域内(图 3-19L，M)。在 SIM 培养 7～9 天后，*CLV1* 的表达部位只限于新形成的苗端分生组织中，并且只在 *WUS* 表达区域的四周(图 3-19N，O)区域中表达。基因 *STM* 极少在 CIM 的培养物中表达，但当它被转移至 SIM 中培养 3 天后，该基因可在培养物最内层的细胞中表达(图 3-19P)。此后，*STM* 在内层细胞中的表达消失，而仅在已出现形成新不定苗迹象的 LRM-like 结构物中表达，这标志着不定苗即将形成(图 3-19Q，R)，在 SIM 中培养 7～9 天后，*STM* 的表达仅局限于新形成的苗端分生组织中(图 3-19S，T)。最后，早前已在培养基 CIM 中诱导的 LRM-like 结构物的表层细胞表达基因 *AtML1*，可在该培养物被转移至 SIM 时仍持续地表达(图 3-19U)。因此，基因 *AtML1* 只限于在 LRM-like

结构物的尖端区域表达(图 3-19V)。此后，*AtML1* 基因便开始在成为圆形区域的外层细胞中(图 3-19W)和新形成的不定苗中表达(图 3-19X，Y)。上述的这些基因表达模式的详细分析揭示，再生的苗端分生组织是由 CIM 中所诱导的类似侧根分生组织(LRM-like)结构物转变而成的，这一转变过程是通过对类似侧根分生组织结构物所形成的圆形区域的基因表达模式精准调控而实现的。不是所有的在 CIM 中的类似侧根分生组织结构物都处于相同的发育阶段，即它们的发育是不同步的。这将影响对先后表达苗端分生组织特异性基因的动力学进行更准确的解释。但是，在苗端分生组织形成的部位上 *WUS* 的表达都先于 *CLV1* 和 *CLV3* 的表达；此外，*STM* 基因在 *WUS* 表达前或表达后都可表达。这说明，这两个基因独立地参与苗端分生组织的形成过程。*AtML1* 基因可作为初生苗端分生组织的 L1 层细胞的标志基因，它先于 *WUS* 表达，这也表明 L1 层细胞会在形成苗端分生组织后的结构发育上起作用(Atta et al.，2009)。

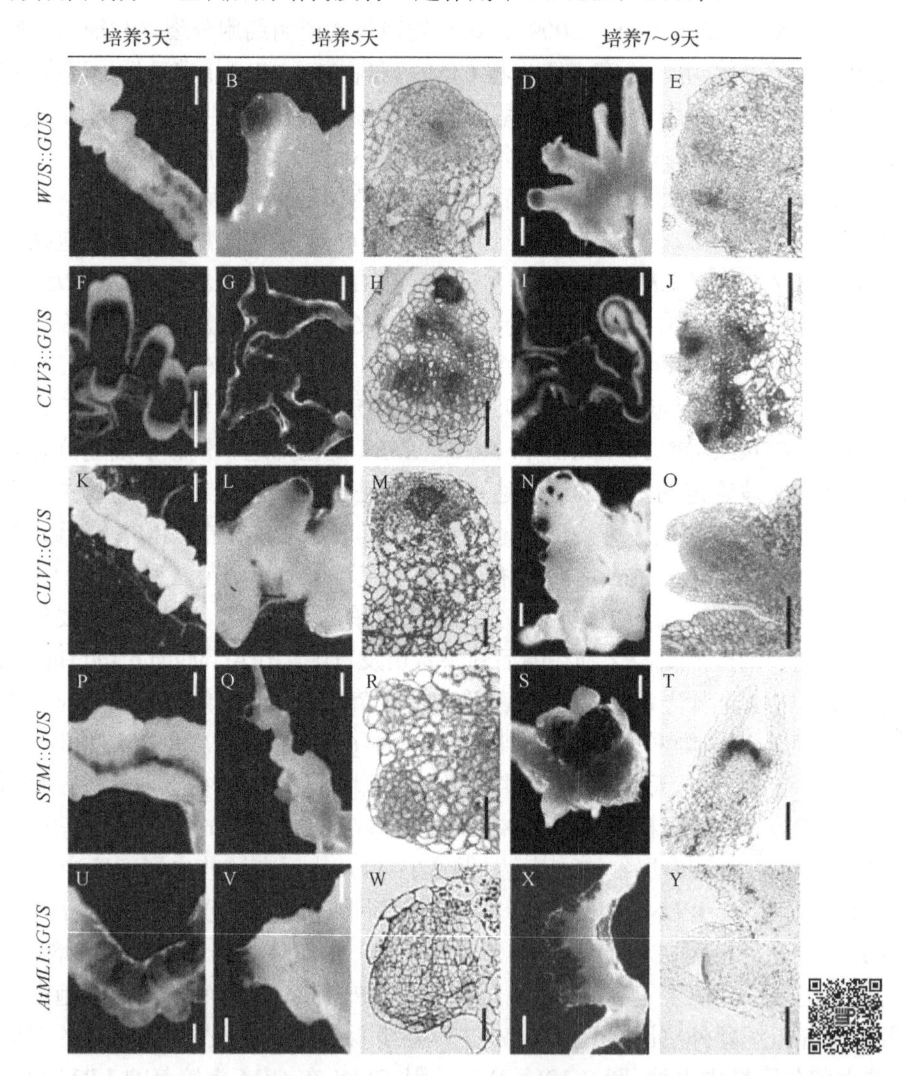

图 3-19　CIM-培养物(类似侧根分生组织结构物)在 SIM 培养时转变为苗端分生组织过程中苗端分生组织特异性基因表达的时空模式(Atta et al.，2009)(彩图请扫二维码)

在 CIM 上培养 5 天所诱导的 CIM-培养物(类似侧根分生组织结构物)转移至苗诱导培养基(SIM)培养如图中所示的天数，通过观察报告基因 *GUS* 的表达(蓝色)了解苗端分生组织特异性基因(*WUS*、*CLV1*、*CLV3*、*STM*)和 *AtML1* 的表达状态。A，D，G，I，K，Q，X 中的标尺=1mm；B，F，L，N，P，S，U，V 中的标尺=250μm；C，E，H，J，M，O，R，T，W，Y 中的标尺=80μm

3.4.1.2　不定苗发生与 *WUS* 和 *STM* 的表达及 CUC-STM 的相互作用

细胞分裂素诱导 *WUS*(*WUSCHEL*)的表达标志着苗分生组织形成的序幕拉开。*WUS* 是启动不定苗形成的主效基因。失能突变体 *wus* 不定苗的形成明显减少，甚至无不定苗形成(Chatfield et al.，2013)，过表达

WUS 可促进不定苗的形成(Gallois et al.，2004)。苗分生组织基因 *STM*(*SHOOT MERISTEMLESS*)(其突变将导致苗端分生组织的缺失)的表达可促进细胞分裂素的生物合成(Heisler et al.，2005)(图 3-18)。*WUS* 在 SIM 培养的培养物中的表达可分两个阶段(图 3-18)：在开始时，*WUS* 在形成不定苗的前体区域周围表达，此区域已有 *CUC2* 表达。在这一阶段，*WUS* 功能可能是使细胞发育命运重新确定。随后，*WUS* 的表达被限制在细胞分裂素受体 *AKH4* 表达的区域，而 *AKH4* 是在 CIM 培养的前期所诱导表达的基因(图 3-18)(Gordon et al.，2007)。在 *WUS* 表达的这一区域内，可以检测到强烈的细胞分裂素反应，不定苗也将在这一区域发育(Cheng et al.，2013；Gordon et al.，2009)。

WUS 和 *STM* 这两个转录因子基因对于分生组织的形成及保留至关重要，但是它们的作用是独立的。事实上，当不定苗发生时，相关报告基因表达的分析表明，它们的表达没有顺序性(Atta et al.，2009)。*WUS* 和 *STM* 的联合过表达可引起不定苗的异位形成，但只其中之一过表达则不会引起苗的异位形成(Lenhard et al.，2002)。因此，*WUS* 联合 *STM* 表达是再生不定苗分生组织及其苗发育所要求的充分的前提条件。*WUS* 和 *STM* 的表达标记着苗器官决定(determination)的完成及不定苗属性的确定。事实上，*STM* 的表达时间正好与 CIM 上培养的外植体可转移到无激素 SIM 的培养时间相符。因此无激素的培养条件并不影响其不定苗的发生能力(Zhao et al.，2002)。*STM* 的功能是决定分生组织的发育。

当不定苗发生时出现生长素的两个运输阶段，也存在 *CUC2* 的两个完全不同的表达阶段(图 3-18)。*CUC2* 表达的第一阶段在器官原基期，而其表达的第二阶段局限于苗端分生组织的周边区(Gordon et al.，2007)。在不定苗发生时，出现 3 个 *CUC* 类基因的表达，*CUC1* 的表达与 *CUC2* 的表达相比稍迟，而当培养物在 CIM 或 SIM 中培养时，其 *CUC3* 的表达并无大的变化。当不定苗发生时，*CUC1* 和 *CUC2* 的表达可激活 *STM*(Hibara et al.，2003)。转录因子 *STM* 是属于 KNOX1(class 1 KNOTTED1-LIKE HOMEOBOX)家族的成员，它的表达对于顶端分生组织中的分生细胞启动及其中心区未分化细胞的保留都是必要的(Long et al.，1996)。*STM* 的首次表达是在 *CUC2* 表达的原基细胞的周围形成环状表达，此后，当不定苗分生组织进行形态分化和生长素极性运输载体 PIN1 重新极化时，*STM* 则在整个分生组织中表达(图 3-18)(Gordon et al.，2007)，在 *STM* 表达的后一阶段，可将 *CUC* 的表达限制在苗端分生组织的周边区域(Spinelli et al.，2011)。*STM* 的失能突变可使培养物完全失去不定苗的再生能力，而 *CUC* 的突变只会减少不定苗的再生。尽管使野生型植株过表达 *CUC1* 或 *CUC2* 可促进其不定苗的再生，但难以弥补 *stm* 突变体再生能力的缺失(Daimon et al.，2003)。*CUC1* 的激活依赖于 *CUC2*、转录因子 LSH3(LIGHT-DEPENDENT SHORT HYPOCOTYLS3)/OBO1(ORGAN BOUNDARY1)及 LSH4/OBO4(Takeda et al.，2011)。在不定苗发生的早期阶段，可见 *LSH4* 表达的变化，如 *CUC1* 那样表达稍迟。当不定苗进一步发育时，*LSH3* 和 *LSH4* 的表达模式与 *CUC* 基因的相似(Cary et al.，2002；Cho and Zambryski，2011；Takeda et al.，2011)。关于 *LSH3* 和 *LSH4* 对不定苗发生的确切作用(或许可与 *STM* 相互作用)尚不清楚，但这两个基因对苗端分生组织的保持及其周边区域的器官分化起着重要的作用。此外，*LSH3* 和 *LSH4* 的过表达可诱导类分生组织和类苗原基的形成，并在花上形成不定苗(Takeda et al.，2011)；其所形成的类分生组织与 *WUS* 表达所诱导的相似，而所形成的类苗原基则与 *WUS* 和 *STM* 表达所诱导的相似，同时 *LSH4* 也可成为有价值的不定苗再生的标记分子(Motte et al.，2014)。

3.4.2 生长素和细胞分裂素的信号转导与不定苗发生

尽管研究人员已对植物离体发育的生长素和细胞分裂素的反应模式有了较多的了解，但是有关它们对离体器官再生的分子机制的了解还是很有限的。生长素对不定苗的作用常常由其体内水平的动态平衡及信号转导所决定。这里所讨论的是以拟南芥外植体离体培养不定苗发生为主的相关资料(Su and Zhang，2014；Motte et al.，2014)。

3.4.2.1 生长素信号转导与不定苗发生

涉及拟南芥外植体不定苗发生的生长素信号转导相关基因如图 3-18 所示。目前研究人员已对生长素信号转导中的受体及其下游成员有了较清楚的了解。细胞对生长素的反应由生长素的受体如 F-box 蛋白 TIR1(TRANSPORT INHIBITOR RESPONSE 1)及其同源物 AFB(AUXINBINDINGF-BOXPROTEIN)所调控(Dharmasiri et al.，2005；Kepinski and Leyser，2005)。这些受体是 SCF^{TIR1} 泛素化 E3 复合物的整合成分。SCF^{TIR1} 泛素化 E3 复合物参与蛋白酶体所调控的 AUX/IAA(AUXIN/INDOLE ACETIC ACID)家族蛋白的降解(Vanneste and Friml，2009)。AUX/IAA 的降解是生长素信号转导中的关键环节，从中可释放激活生长素反应因子(AUXIN RESPONSE FACTOR，ARF)蛋白；ARF 是一类转录因子，它们的转录调控依赖于生长素的调节(Paciorek and Friml，2006；Ulmasov et al.，1997)。

已知 ARF7 和 ARF19 通过直接激活基因 *LBD*/*ASL2*(*LATERAL ORGAN BOUNDARIES DOMAIN*/*ASYMMETRIC LEAVES2-LIKE*)来调节侧根的形成，而异位表达 *LBD* 基因或抑制 *LBD* 基因的表达可分别促进或抑制愈伤组织形成，引起不定苗发生能力的改变(Fan et al.，2012)。研究已发现，与生长素信号转导相关的几个基因突变，其突变体的器官原基的启动或不定苗的器官发生都将被干扰或受阻，而过表达其下游基因可使这些突变体恢复成野生型的表型。例如，*TIR1* 的失能突变体的不定苗发生能力减弱，而过表达该基因可使其苗再生的能力增强。拟南芥根外植体不定苗再生的研究表明，在 CIM 中预培养后转入 SIM 的 CIM-培养物中的 *TIR1* 被上调，*TIR1* 的转录信号可在 CIM 中培养的整个培养物中检测到。*TIR1* 对不定苗的再生起正调节的作用(Qiao et al.，2012a)。生长素早期信号转导显性突变体 *slr1*(*solitary root1*)的表型为无侧根发生。*SLR* 基因涉及侧根的启动，在 AUX/IAA 信号途径下游起作用。*SLR*/*IAA14* 的获能突变体(Vanneste et al.，2005)和双突变体 *arf7 arf19*(Okushima et al.，2007)不但阻止侧根原基的启动，还引起不定苗发生的减少(Atta et al.，2009)。在拟南芥离体培养不定苗发生中的全基因表达的分析显示，生长素信号转导在这一过程中起重要作用。许多 *AUX*/*IAA* 基因如 *IAA1*、*IAA5*、*IAA9* 和 *IAA11* 在 CIM-培养物中被上调(Che et al.，2002)，而在 SIM 中进行不定苗诱导时则被下调。但是有些 *AUX*/*IAA* 基因如 *IAA17* 却在 SIM 培养的早期显著地增加，然后迅速地降低，这说明这些基因在不定苗发生中发挥不同的功能(Motte et al.，2014)。

3.4.2.2　细胞分裂素信号转导与不定苗发生

研究表明，细胞分裂素可调节细胞发育命运的重新特化和不定苗分生组织结构的建成。以拟南芥外植体不定苗形成为例，在生长素调节下的器官发生愈伤组织(CIM-培养物)形成后，即转入 SIM 中进行不定苗发生的诱导。高水平的细胞分裂素通过不定苗干细胞的微环境决定着器官原基形成苗的属性(Gordon et al.，2009)，尽管现有的资料比较零散，但这个不定苗结构建成过程的成功与否取决于细胞分裂素的综合代谢，包括细胞分裂素的吸收和运输、体内动态平衡的活性机制(见 3.3.3.2 部分)及细胞分裂素信号转导途径。细胞分裂素信号转导的进行将引起参与苗分生组织建成的各种基因的表达。不定苗再生的最后决定作用涉及生长素和细胞分裂素的交互作用(crosstalk)、生长素运输的改向，同时也涉及那些与决定不定苗分生组织结构有关的关键调节基因表达模式的优化(Su and Zhang，2014)。

相关研究表明，离体植株再生中的细胞分裂素信号转导途径成员包括组氨酸传感器激酶(sensor histidine kinase)如 AHK(ARABIDOPSIS HISTIDINE KINASE)、拟南芥组氨酸磷酸转移蛋白(ARABIDOPSIS HISTIDINE PHOSPHOTRANSFER PROTEIN，AHP)和反应调节因子(ARR)(Hwang et al.，2012)。在细胞分裂素信号接收之初，细胞分裂素受体(AHK)是可自磷酸化的，然后将磷酸基团传给 AHP，随之又传给细胞核，并在此将 A 型或 B 型的 ARR 磷酸化(Ferreira and Kieber，2005)。遗传研究表明，B 型 ARR 可正调控细胞分裂素诱导基因的表达(Yokoyama et al.，2007)，而 A 型 ARR 则抑制细胞分裂素信号转导途径(To and Kieber，2008)。近交系群体中的一组难以再生的拟南芥(即顽拗型的拟南芥)的基因表达模式研究表明，与高不定苗再生能力的株系相比，顽拗型植株系的 B 型 ARR18 的表达水平非常低(Lall et al.，2004)，这表明，B 型 ARR 的表达是决定不定苗再生能力的一个因子。在原初反应中，A 型 ARR 可对细胞分裂素信号转导进行负反馈调节(Hwang and Sheen，2001)。例如，ARR7 或 ARR15 的过表达可减少细胞分裂素信号转导，也可使培养物的不定苗再生能力降低。然而，ARR7 和 ARR15 的失能突变体却可增加其不定苗的再生能力(Buechel et al., 2010)。C型ARR，如ARR22和ARR24不为细胞分裂素所诱导，但可抑制细胞分裂素信号转导(Gupta and Rashotte, 2012)。C型ARR可作为磷酸酶，接受磷酸基团，抑制细胞分裂素的信号转导，因此，其被认为在细胞分裂素信号的局部调节中起重要的作用，因为只要它们发生一点点错误的表达，就会导致细胞分裂素的体内动态平衡受到严重干扰(Horak et al., 2008)。例如，过表达ARR22，将导致植株外植体完全失去再生不定苗的能力(Kiba et al., 2004)。此外，细胞分裂素信号的转导也诱导*WUS*表达(Gordon et al., 2009)。WUS是一个转录因子，可直接抑制影响细胞分裂素信号转导的A型ARR的表达(Leibfried et al., 2005)，从而影响不定苗的再生(Buechel et al., 2010)。WUS-CLV在苗端分生组织的特有结构形成中所起的核心作用对不定苗再生也是至关重要的。

当拟南芥根外植体的CIM-培养物转入SIM时，细胞分裂素受体AHK4/CRE1可被迅速诱导，同样与细胞分裂素反应密切相关的编码杂合型组氨酸激酶(hybrid histidine kinase)的基因*CKI1*(*CYTOKININ INDEPENDENT1*)也显示相似的结果，尽管该基因在细胞分裂素信号转导中的功能尚不明了，但该基因的过表达可刺激拟南芥幼苗下胚轴所诱导的愈伤组织(Kakimoto, 1996)和(或)从幼苗顶端分生组织外植体增殖的组织进行不定苗的再生，其作用不依赖于细胞分裂素(Hwang and Sheen, 2001)。从*ahk3-1*和*ahk4-1*的单突变体与双突变体*ahk2-1 ahk3-1*的下胚轴所诱导的愈伤组织，呈现对细胞分裂素不敏感的表型，即使采用高浓度的细胞分裂素处理也只引起该愈伤组织极少的细胞增殖和不定苗的再生(Nishimura et al., 2004)。这些结果都证实在不定苗发生时，*AHK*基因在细胞分裂素信号转导途径上的功能是作为正的信号转导分子而起作用。在拟南芥中有3个组氨酸激酶：AHK2、AHK3和AHK4/WOL(WOODENLEG)/CRE1(CYTOKININ RESPONSE1)接收细胞分裂素信号，每一个受体都有与自己的配位体结合的活性和特异性(Spíchal et al., 2004)。*AHK2*和*AHK3*的失能突变导致不定苗再生能力的降低，缺失*AHK4*的培养物将难于进行不定苗再生，即使在SIM中提高细胞分裂素水平，也难以挽救其再生能力(Higuchi et al., 2004)。这一难以再生不定苗的顽拗性很有可能是因为细胞分裂素受体的失能，使得SIM中无有效的受体细胞分裂素结合(Spíchal et al., 2004)。在完整的植株中，*AHK4*主要是在维管束和根的中柱鞘细胞表达(Higuchi et al., 2004)，当外植体在CIM培养时，该基因却累积在特定的部位以增加其细胞分裂素的敏感性及使之预先成为苗再生的部位(Gordon et al., 2009)。

*CKI1*与AHK共享激酶区域，*CKI1*的过表达可增强细胞分裂素信号转导，引起不依赖于细胞分裂素的不定苗发生(Hwang and Sheen, 2001)。在与细胞分裂素结合后，*AHK*的活性立即被激活，引起拟南芥组氨酸磷酸转移蛋白AHP的磷酸化。促进或抑制细胞分裂素信号转导中的AHP下游成员显著影响不定苗的再生。例如，B型ARR的失能突变可激活细胞分裂素的响应，尤其影响细胞分裂素响应因子(CRF)的功能，该因子若失去功能将使培养物的不定苗发生能力降低(Ishida et al., 2008)。与此相反，过表达B型*ARR*和*ARR11*可分别导致非细胞分裂素依赖性的不定苗发生(Hwang and Sheen, 2001)，以及在子叶连接处和叶柄与叶交界处自发的不定苗再生(Imamura et al., 2003)。异位表达这些拟南芥的转录因子(如B型ARR和ARR11)也可增强其他植物如烟草的不定苗再生能力(Rashid and Kyo, 2010)。

3.4.3　生长素和细胞分裂素的交互作用与不定苗发生

尽管在SIM中，细胞分裂素决定着在CIM形成的器官原基转化成不定苗的分生组织，但生长素-细胞分裂素的交互作用也对不定苗发生的成功与否起作用(Su et al., 2011)。例如，CIM-培养物在SIM培养时，*PIN*生长素输出载体基因表达被上调，这一基因表达的上调发生在CIM培养物中*AHK4*表达增加的部位上(Atta et al., 2009; Gordon et al., 2009)。类似这种生长素-细胞分裂素的交互作用也出现在不定根的形成及其生长中，其中细胞分裂素可调节*PIN*的表达(Marhavý et al., 2011)。此外，细胞分裂素可诱导幼嫩苗端组织中和不定苗发生时生长素的生物合成(Cheng et al., 2013)，并进一步建立生长素浓度梯度。相反，生长素可通过抑制苗端分生组织基因*STM*(*SHOOT MERISTEMLESS*)的表达而控制细胞分裂素的水平，因为*STM*可促进细胞分裂素的生物合成(Heisler et al., 2005)。生长素也可通过对*IPT*的负调控而影响细胞分裂素的分布，其中也涉及生长素反应因子ARF3和MP/ARF5及细胞分裂素诱导基因的调节因子A型ARR

的作用(Cheng et al.，2013)。例如，研究已发现 A 型 ARR 中 ARR7 和 ARR15 的失能突变体可增强其不定苗的再生能力(Buechel et al.，2010)。其他的生长素反应因子如 ARF10、ARF16 和 ARF17，也可能参与生长素-细胞分裂素的交互作用。研究已发现可对这些生长素反应因子 ARF 进行负调节的微 RNA(microRNA，miRNA)基因 *MIR160a* 在 SIM 培养 10 天后被特异性下调，而过表达 *MIR160a* 则可显著降低不定苗的再生能力(Qiao et al.，2012b)。

3.5　创伤诱导不定苗发生的分子机制

创伤逆境是植物外植体进行器官或植株再生的一个触发因子(trigger)。已知大多数天然发生的再生都是在创伤部位开始的。实际上，创伤刺激可能是器官或植株再生现象的原初诱导触发因子(Ikeuchi et al.，2016；Sugiyama，2015)。

如上所述，在拟南芥外植体“两步培养法”诱导不定苗发生的培养过程中，其外植体先在富含生长素的愈伤组织诱导培养基上培养，然后转入富含细胞分裂素的不定苗诱导培养基进行不定苗的再生(Valvekens et al.，1988)。未经切割的完整植株不能进行任何再生(Iwase et al.，2015)，这就证实了再生的启动是要求创伤刺激的。创伤可诱导许多细胞的反应，包括植物激素的产生(Ahkami et al.，2009)、失去细胞间的通讯和远程的信号转导受到干扰(Melnyk et al.，2015)。植物如何精确地接收创伤信号，如何启动不定苗器官的再生，目前尚不完全了解；不过拟南芥的研究结果表明，一个 AP2/ERF 类型的转录调节因子 WIND1(WOUND-INDUCED DEDIFFERENTIATION1)及它的同源物 WIND2、WIND3 和 WIND4 可被创伤所诱导，并可促进愈伤组织的形成。值得注意的是，由瞬时过表达 *WIND1* 所诱导的愈伤组织，在转入非诱导性的培养基(noninducible media)时也可再生不定苗和根(Iwase et al.，2011)，这表明 *WIND1* 的表达可将体细胞的发育程序重编并赋予细胞亚全能性(pluripotency)。在完整的拟南芥植株中异位表达 *WIND1* 可再生不定苗且不必受到创伤，而表达显性抑制形式(dominant-negative form)的 *WIND1* 的植物可导致其离体不定苗发生效率降低(Iwase et al.，2015)。这些实验结果都支持 *WIND1* 在创伤诱导的细胞程序重编过程中起着关键的调节因子作用(图 3-20)。

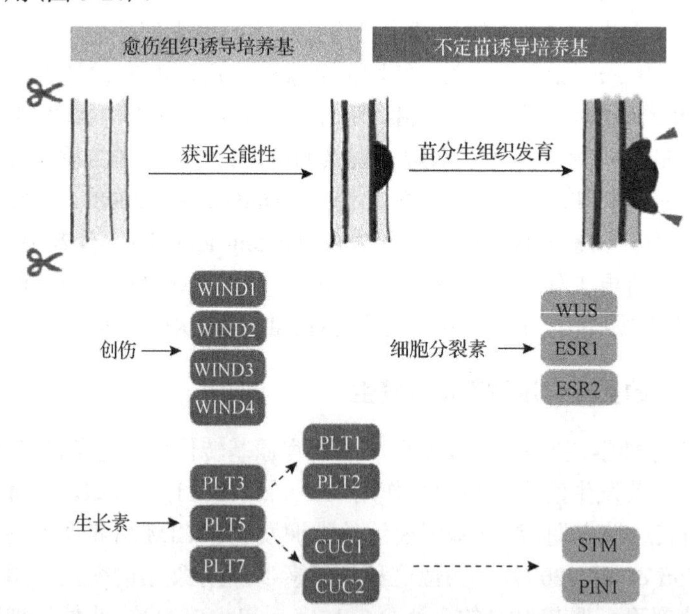

图 3-20　创伤效应与拟南芥不定苗发生的分子机制框架图(Ikeuchi et al.，2016)

创伤诱导基因 *WIND1-4* 的表达以促进外植体创伤部位细胞获得亚全能性。外植体培养于富含生长素的愈伤组织诱导培养基(CIM)时，*PLT3*、*PLT5* 和 *PLT7* 的表达被上调，随后这 3 个基因通过诱导 *PLT1*、*PLT2*、*CUC1* 和 *CUC2* 的表达而促进外植体细胞获得亚全能性，当外植体转移至富含细胞分裂素的不定苗诱导培养基时，*WUS*、*ESR1* 和 *ESR2* 的表达被诱导，从而赋予培养物发育成不定苗的命运。*CUC2* 的表达在空间确定了原分生组织发生的部位，在这一区域由 STM 和 PIN1 进一步调控分生组织的图式形成(patterning)(虚线箭头所示)

研究已发现抑制 *WIND* 的活性可消除创伤所诱导的细胞分裂素的响应，提示 *WIND* 与细胞分裂素信号转导相关(Iwase et al.，2011)，但对 *WIND1* 所调节的下游基因目前尚不清楚。进一步的研究所要揭示的是创伤如何激活 *WIND* 的表达及此后 *WIND* 的表达又如何促进细胞发育程序的重编，这对我们更深入地了解创伤诱导不定苗器官发生的分子机制将非常关键。此外，对于引起天然不定苗发生的确切细胞类型也未完全认识。进一步的研究必须揭示不定苗天然发生的细胞来源，以便确定这是否涉及完全已分化的体细胞和(或)已获得的感受态细胞命运的转变(Ikeuchi et al.，2016)。

拟南芥的遗传研究也表明，在离体器官发生过程中还存在表观遗传控制机制。例如，DNA 甲基转移酶(DNA METHYLTRANSFERASE1，MET1)的基因的突变可促进 SIM 中不定苗的发生，这一表型伴随着几个 MET1 的作用靶，包括 *WUS* 位点的高水平表达(Li et al.，2011)。正如其他的再生调节因子那样，*WUS* 位点可用几个其他的表观遗传特征(epigenetic signature)进行标记从而被检视，在不定苗发生中 *WUS* 表达上调时，这些被标记的位点也被修饰(Li et al.，2011)，但这些表观遗传修饰和转录改变的因果关系尚有待揭示(有关内容参见第 9 章的 9.2.3 相关内容)。

综上所述，实践中所选择的不定苗发生方案，并不严格遵循所描述的两步法进行。例如，不定苗的发生可在富含单一生长素或细胞分裂素的培养基上合并上述两步法的培养条件同时完成。在这种条件下，不定苗可在高浓度的生长素区域或拟将形成愈伤组织的区域内被诱导，如从根尖或由创伤的组织中诱导(Kelkar and Krishnamurthy，1998)。而且，其他激素如乙烯(Chatfield and Raizada，2008)、赤霉素(Jasinski et al.，2005)和调节蛋白如类型Ⅲ的 HD-ZIP 转录因子(Gardiner et al.，2011)或细胞周期蛋白依赖型激酶(Meng et al.，2010)也影响不定苗的再生。此外，一些影响苗再生的新发现的因子不断地被鉴定出来，但其确切的作用有待进一步的揭示。例如，光受体(photoreceptor)如 PHY(PHYTOCHROME)和 CRY(CRYPTOCHROME)、相互作用多的蛋白包括 HY5(ELONGATED HYPOCOTYL5)(Nameth et al.，2013)、转录因子 RAP2.6L(Che et al.，2006)、成束蛋白样阿拉伯半乳聚糖蛋白(fasciclin-like arabinogalactanprotein，FLA1)(Johnson et al.，2011)及氧合血红蛋白(oxygen-binding hemoglobin)(Wang et al.，2011b)。WIND1 可诱导不依赖于生长素的愈伤组织形成，该转录因子可能是非常重要的不定苗器官再生的影响因子。WIND1 所诱导的愈伤组织并不出现与侧根类似的基因表达程序，在突变体 *slr* 中，这种愈伤组织的形成也不受干扰(Iwase et al.，2011)。因此，依赖于 WIND1 的不定苗的发生可能以另外的途径进行。采用不同类型愈伤组织深入研究不定苗再生的分子机制将有助于解决顽拗型品种不定苗及其植株再生的问题(Motte et al.，2014)。

参 考 文 献

安利佳, 等. 1992. 豆科植物组织培养研究. 植物学报, 34: 743-752

Bonga JM, Durzan DJ. 1988. 树木组织培养. 阙国宁, 等译. 北京: 中国林业出版社: 211

陈雅丽, 周咏芝. 1992. 爪哇三七组织培养植株再生. 西北植物学报, 12: 22-26

陈正华. 1986. 木本植物组织培养的一般技术//陈正华. 木本植物组织培养及其应用. 北京: 高等教育出版社: 41-54

胡霓云, 等. 1986. 桃的组织培养//陈正华. 木本植物组织培养及其应用. 北京: 高等教育出版社: 290-314

黄霞, 等. 2001. 果用香蕉薄片外植体植株再生的研究. 园艺学报, 28: 19-24

李佳. 2004. 香蕉(*Musa* spp.)薄片外植体植株再生的研究. 广州: 中山大学博士学位论文

刘宇麒, 等. 2016. 长寿花叶片离体快繁技术研究. 现代农业科技, 7: 143-144

谭文澄, 戴策刚. 1991. 观赏植物组织培养技术. 北京: 中国林业出版社: 124

汪景山, 渔光. 1986. 山楂的组织培养//陈正华. 木本植物组织培养及其应用. 北京: 高等教育出版社: 345-363

王鸿鹤. 2000. ACC 氧化酶反义基因转化香蕉(*Musa* spp.)的研究. 广州: 中山大学博士学位论文

吴绛云, 黄定球. 1986. 黑穗醋栗的茎尖培养//陈正华. 木本植物组织培养及其应用. 北京: 高等教育出版社: 369-384

许传俊, 等. 2011. 植物组织培养脱毒技术研究进展. 安徽农业科学, 39: 1318-1320

张谦. 1986. 豆科植物组织和细胞培养的种类名录. 植物生理学通讯, 5: 66-67

赵惠祥, 顾良. 1986. 梨的组织培养//陈正华. 木本植物组织培养及其应用. 北京: 高等教育出版社: 275-289

Ahkami A, et al. 2009. Molecular physiology of adventitious root formation in *Petunia hybrida* cuttings: involvement of wound response and primary metabolism. New Phytol, 181: 613-625

Ahmad T, et al. 2007. Comparison of sucrose and sorbitol as main carbon energy source in morphogenesis of peach rootstock GF-677. Pak J Bot, 39: 1264-1275

Ajithkumar D, Seeni S. 1998. Rapid clonal multiplication through *in vitro* axillary shoot proliferation of *Aegle marmelos* (L.) Corr., a medicinal tree. Plant Cell Rep, 17: 422-426

Arisumi T, Frazier IC. 1968. Cytological and morphological evidence for the single-cell origin of vegetatively propagated shoots in thirteen species of *Saintpaulia* treated with colchicine. Proc Am Soc Hort Sci, 93: 679-685

Atta R, et al. 2009. Pluripotency of *Arabidopsis* xylem pericycle underlies shoot regeneration from root and hypocotyl explants grown *in vitro*. Plant J, 57: 626-644

Avila ADL, et al. 1998. Nitrogen concentration and proportion of NH_4^+-N affect potato cultivar response in solid and liquid media. HortScience, 33: 336-338

Bagni N, et al. 1993. Polyamines and morphogenesis in normal and transgenic plant cultures. *In*: Roubelakis-Angelakis KA, Thanh KTV. Morphogenesis in Plants. New York: Plenum Press: 99-111

Bainbridge K, et al. 2008. Auxin influx carriers stabilize phyllotactic patterning. Genes Dev, 22: 810-823

Banno H, et al. 2001. Overexpression of *Arabidopsis* ESR1 induces initiation of shoot regeneration. Plant Cell, 13: 2609-2618

Baskaran P, Jayabalan N. 2005. Role of basal media, carbon sources and growth regulators in micropropagation of *Eclipta alba*: a valuable medicinal herb. KMITL Sci J, 5: 469-482

Beeckman T, de Smet I. 2014. Pericycle. Curr Biol, 24: R378-R379

Bellini C, et al. 2014. Adventitious roots and lateral roots: similarities and differences. Annu Rev Plant Biol, 65: 639-666

Ben AIM, et al. 1997. Genetic mapping of QTL controlling tissue-culture response on chromosome 2B of wheat (*Triticum aestivum* L.) in relation to major gens and RFPL markers. Theor Appl Genet, 94: 1047-1052

Benková E, et al. 2003. Local, efflux-dependent auxin gradients as a common module for plant organ formation. Cell, 115: 591-602

Bianco RL, Rieger M. 2002. Partitioning of sorbitol and sucrose catabolism within peach fruit. J Am Soc Hortic Sci, 127: 115-121

Bigot C, et al. 1977. Experimental data for a strategy for the improvement of the shoot forming capacity *in vitro*. Acta Hortic, 78: 125-132

Bonnett HT, Torrey JG. 1966. Comparative anatomy of endogenous bud and lateral root formation in *Convolvulus arvensis* roots cultured *in vitro*. Am J Bot, 53: 496-507

Bowes BG. 1976. *In vitro* morphogenesis of *Crambe maritima* L. Protoplasma, 89: 185-188

Brand MH, Lineberger RD. 1991. The effect of leaf source and developmental stage on shoot organogenic potential of sweet gum (*Liquidambar styraciflua* L.) leaf explants. Plant Cell Tiss Org Cult, 24: 1-7

Bretzloff CW. 1954. The growth and fruiting of *Sordaria fimicola*. Am J Bot, 41: 58-67

Broertjes C. 1969. Mutation breeding of *Streptocarpus*. Euphytica, 18: 333-339

Broertjes C. 1972. Mutation breeding of *Achimenes*. Euphytica, 21: 48-62

Broertjes C, et al. 1976. Mutation breeding of *Chrysanthemum morifolium* Ram. using *in vivo* and *in vitro* adventitious bud techniques. Euphytica, 25: 11-19

Broertjes C, Leffring L. 1972. Mutation breeding of *Kalanchoe*. Euphytica, 21: 415-423

Brown PH, Hu H. 1996. Phloem mobility of boron is species dependent: evidence for phloem mobility in sorbitol-rich species. Ann Bot, 77: 497-506

Buah J, et al. 2011. Sugarcane juice as an alternative carbon source for *in vitro* culture of plantains and bananas. Am J Food Technol, 6: 685-694

Budiarto K. 2010. Spectral quality affects morphogenesis on *Anthurium* plantlet during *in vitro* culture. Agrivita, 32: 234-240

Buechel S, et al. 2010. Role of A-type ARABIDOPSIS RESPONSE REGULATORS in meristem maintenance and regeneration. Eur J Cell Biol, 89: 279-284

Burger D, Hackett W. 1986. Gradients of adventitious bud formation on excised epicotyl and root sections of *Citrus*. Plant Sci, 43: 229-232

Burtin D, et al. 1989. Effects of the suicide inhibitors of arginine and ornithine decarboxylase activities on organogenesis, growth, free polyamine and hydroxycinnamoyl putrescine levels in leaf explants of *Nicotiana Xanthi* n.c. cultivated *in vitro* in a medium producing callus formation. Plant Physiol, 89: 104-110

Busse JS, et al. 2005. Developmental anatomy of adventitious shoot formation on snapdragon (*Antirrhinum majus* L.) hypocotyls *in vitro*. J Am Soc Hortic Sci, 130: 147-151

Bürkle L, et al. 2003. Transport of cytokinins mediated by purine transporters of the PUP family expressed in phloem, hydathodes, and pollen of *Arabidopsis*. Plant J, 34: 13-26

Cai T, Butler L. 1990. Plant regeneration from embryogenic callus initiated from immature inflorescences of several high-tannin sorghums. Plant Cell Tiss Org Cult, 20: 101-110

Cary AJ, et al. 2002. Developmental events and shoot apical meristem gene expression patterns during shoot development in *Arabidopsis thaliana*. Plant J, 32: 867-877

Casimiro I, et al. 2001. Auxin transport promotes *Arabidopsis* lateral root initiation. Plant Cell, 13: 843-852

Cedzich A, et al. 2008. Characterization of cytokinin and adenine transport in *Arabidopsis* cell cultures. Plant Physiol, 148: 1857-1867

Chalupa V. 1977. Development of isolated Norway spruce and Douglas fir buds *in vitro*. Commun Inst For Czech, 10: 71-78

Chalupa V. 1987. Effect of benzylaminopurine and thidiazuron on *in vitro* shoot proliferation of *Tilia cordata* Mill., *Sorbus aucuparia* L. and *Robinia pseudoacacia* L. Biol Plant, 29: 425-429

Chandler JW. 2009. Local auxin production: a small contribution to a big field. Bioessays, 31: 60-70

Chandler JW. 2011. Founder cell specification. Trends Plant Sci, 16: 607-613

Chatfield SP, et al. 2013. Incipient stem cell niche conversion in tissue culture: using a systems approach to probe early events in WUSCHEL-dependent conversion of lateral root primordia into shoot meristems. Plant J, 73: 798-813

Chatfield SP, Raizada MN. 2008. Ethylene and shoot regeneration: hookless1 modulates *de novo* shoot organogenesis in *Arabidopsis thaliana*. Plant Cell Rep, 27: 655-666

Che P, et al. 2002. Global and hormone-induced gene expression changes during shoot development in *Arabidopsis*. Plant Cell, 14: 2771-2785

Che P, et al. 2006. Gene expression programs during shoot, root, and callus development in *Arabidopsis* tissue culture. Plant Physiol, 141: 620-637

Che P, et al. 2007. Developmental steps in acquiring competence for shoot development in *Arabidopsis* tissue culture. Planta, 226: 1183-1194

Cheng ZJ, et al. 2013. Pattern of auxin and cytokinin responses for shoot meristem induction results from the regulation of cytokinin biosynthesis by AUXIN RESPONSE FACTOR3. Plant Physiol, 161: 240-251

Chin WYW, et al. 2014. Evaluation of a laboratory scale conventional shake flask and a bioreactor on cell growth and regeneration of banana cell suspension cultures. Sci Hortic, 172: 39-46

Chlyah H. 1974. Inter-tissue correlations in organ fragments. Plant Physiol, 54: 341-348

Cho E, Zambryski PC. 2011. ORGAN BOUNDARY1 defines a gene expressed at the junction between the shoot apical meristem and lateral organs. Proc Natl Acad Sci USA, 108: 2154-2159

Cline MG. 1991. Apical dominance. Bot Rev, 57: 318-358

Coelho CMM, Benedito VA. 2008. Seed development and reserve compound accumulation in common bean (*Phaseolus vulgaris* L.). Seed Sci Biotechnol, 2: 42-52

Coleman GD, Ernst SG. 1990. Axillary shoot proliferation and growth of *Populus deltoides* shoot cultures. Plant Cell Rep, 9: 165-167

Collado R, et al. 2013. Efficient *in vitro* plant regeneration via indirect organogenesis for different common bean cultivars. Sci Hortic, 153: 109-116

Compton ME, Veillex RE. 1991. Shoot, root and flower morphogenesis ontomato inflorescence explants. Plant cell Tiss Org Cult, 24: 223-231

Cornejo-Martin MJ, et al. 1979. Organ redifferentiation in rice callus: effects of C_2H_4, CO_2, and cytokinins. Z Pflanzenphysiol, 94: 117-123

Cortizo M, et al. 2009. Benzyladenine metabolism and temporal competence of *Pinus pinea* cotyledons to form buds *in vitro*. J Plant Physiol, 166: 1069-1076

Couée I, et al. 2004. Involvement of polyamines in root development. Plant Cell Tiss Organ Cult, 76: 1-10

Čosic T, et al. 2015. *In vitro* shoot organogenesis and comparative analysis of endogenous phytohormones in kohlrabi (*Brassica oleracea* var. *gongylodes*): effects of genotype, explant type and applied cytokinins. Plant Cell Tiss Org Cult, 121: 741-760

Daimon Y, et al. 2003. The CUP-SHAPED COTYLEDON genes promote adventitious shoot formation on calli. Plant Cell Physiol, 44: 113-121

Davies ME, Dale MM. 1979. Factors affecting *in vitro* shoot regeneration on leaf discs of *Solanum laciniatum*. Z Pflanzenphysiol, 92: 51-60

de Nettancourt D, et al. 1971. The combined use of leaf irradiation and of the adventitious bud technique for inducing and detecting polyploidy, marker mutations and self-incompatibility in clonal populations of *Nicotiana alata* Link & Otto. Euphytica, 20: 508-521

de Paiva, et al. 2003. Carbon sources and their osmotic potential in plant tissue culture: does it matter? Sci Hortic, 97: 193-202

de Smet I, et al. 2008. Receptor-like kinase ACR4 restricts formative cell divisions in the *Arabidopsis* root. Science, 322: 594-597

Dello RI, et al. 2007. Cytokinins determine *Arabidopsis* root-meristem size by controlling cell differentiation. Curr Biol, 17: 678-682

Demo P, et al. 2008. Table sugar as an alternative low cost medium component for *in vitro* micro-propagation of potato (*Solanum tuberosum* L.). Afr J Biotechnol, 7: 2578-2584

Desai HV, Mehta AR.1985. Changes in polyamine levels during shoot formation, root formation, and callus induction in cultured *Passiflora* leaf discs. J Plant Physiol, 119: 45-53

Dharmasiri N, et al. 2005. The F-box protein TIR1 is an auxin receptor. Nature, 435: 441-445

Doerschug MR, Miller CO. 1967. Chemical control of adventitious organ formation in *Lactuca sativa* explants. Am J Bot, 54: 410-413

Dolan L, et al. 1993. Cellular organisation of the *Arabidopsis thaliana* root. Development, 119: 71-84

Doorbenbos J , Karper JJ. 1975. X-ray induced mutations in *Begonia* × *hiemalis*. Euphytica, 24: 13-19

Driver JA, Kuniyuki AH. 1984. *In vitro* propagation of 'Paradox' walnut rootstock. HortScience, 19: 507-509

Dubrovsky JG, et al. 2008. Auxin acts as a local morphogenetic trigger to specify lateral root founder cells. Proc Natl Acad Sci USA, 105: 8790-8794

Duclercq J, et al. 2011a. *De novo* shoot organogenesis: from art to science. Trends in Plant Sci, 16: 597-606

Duclercq J, et al. 2011b. *Arabidopsis* shoot organogenesis is enhanced by an amino acid change in the ATHB15 transcription factor. Plant Biol, 13: 317-324

Dunstan DI, et al. 1992. Factors affecting recurrent shoot multiplication in *in vitro* culture of 17- to 20-years-old douglas fir trees. *In Vitro* Cell Dev Biol-Plant, 28P: 31-38

Dutta Gupta S, Datta S. 2003. Antioxidant enzyme activities during *in vitro* morphogenesis of gladiolus and the effect of application of antioxidants on plant regeneration. Biol Plant, 47: 179-183

Dutta Gupta S, Sahoo TK. 2015. Light emitting diode（LED）-induced alteration of oxidative events during *in vitro* shoot organogenesis of *Curculigo orchioides* Gaertn. Acta Physiol Plant, 37: 233-242

Ebinuma H, et al. 1997. Selection of marker-free transgenic plants using the isopentenyl transferase gene. Proc Natl Acad Sci USA, 94: 2117-2121

El-Morsy AA, Millet B. 1996. Rhythmic growth and optimization of micropropagation: the effect of excision time and position of axillary buds on *in vitro* culture of *Citrus aurantium* L. Ann Bot, 78: 197-202

Esau K. 1965. Plant Anatomy. 2nd ed. New York: Wiley & Sons

Fan M, et al. 2012. LATERAL ORGAN BOUNDARIES DOMAIN transcription factors direct callus formation in *Arabidopsis* regeneration. Cell Res, 22: 1169-1180

Fari M, Czako M. 1981. Relationship between position and morphogenetic response of pepper hypocotyl explants cultured *in vitro*. Sci Hortic, 15: 207-213

Fellman CD, et al. 1987. Effects of thidiazuron and CPPU on meristem formation and shoot proliferation. Hort Sci, 22: 1197-1200

Ferguson JD, et al. 1958. The carbohydrate nutrition of tomato roots: V. The promotion and inhibition of excised root growth by various sugars and sugar alcohols. Ann Bot, 22: 513-524

Ferreira FJ, Kieber JJ. 2005. Cytokinin signalling. Cur Opin in Plant Biol, 8: 518-525

Fiers M, et al. 2005. The 14-amino acid CLV3, CLE19, and CLE40 peptides trigger consumption of the root meristem in *Arabidopsis* through a CLAVATA2-dependent pathway. Plant Cell, 17: 2542-2553

Fisher JB. 1978. Leaf-opposed buds in *Musa*: their development and a comparison with allied monocotyledons. Am J Bot, 65: 784-791

Flick CE, et al. 1983. Organogenesis. *In*: Evans DA, et al. Handbook of Plant Cell Culture. Vol 1: Techniques for Propagation and Breeding. New York: MacMillan Publishing Co: 13-18

Flores BE, et al. 2000. AFLP mapping of QTLs for *in vitro* organogenesis traits using recombinant inbred lines in sunflower（*Helianthus annuus* L.）. Theor Appl Genet, 101: 1299-1306

Fukaki H, et al. 2006. PICKLE is required for SOLITARY-ROOT/IAA14-mediated repression of ARF7 and ARF19 activity during *Arabidopsis* lateral root initiation. Plant J, 48: 380-389

Furguson JD. 1967. The nutrition of excised wheat roots. Physiol Plant, 20: 276-284

Gahan PB, George EF. 2008. Adventitious Regeneration. *In*: George EF, et al. Plant Propagation by Tissue Culture. Vol 1: The Background. 3rd ed. Dordrecht: Springer: 355-360

Gajdošová S, et al. 2011. Distribution, biological activities, metabolism, and the conceivable function of cis-zeatin-type cytokinins in plants. J Exp Bot, 62: 2827-2840

Gallois JL, et al. 2002. Combined SHOOT MERISTEMLESS and WUSCHEL trigger ectopic organogenesis in *Arabidopsis*. Development, 129: 3207-3217

Gallois JL, et al. 2004. *WUSCHEL* induces shoot stem cell activity and developmental plasticity in the root meristem. Genes Dev, 18: 375-380

Galuszka P, et al. 2007. Biochemical characterization of cytokinin oxidases/dehydrogenases from *Arabidopsis thaliana* expressed in *Nicotiana tabacum* L. J Plant Growth Regul, 26: 255-267

Garcia J, et al. 2002. Influence of carbon source and concentration on the *in vitro* development of olive zygotic embryos and explants raised from them. Plant Cell Tiss Org Cult, 69: 95-100

Gardiner J, et al. 2011. Simultaneous activation of SHR and ATHB8 expression defines switch to preprocambial cell state in *Arabidopsis* leaf development. Dev Dyn, 240: 261-270

George EF. 1993. Plant Propagation by Tissue Culture. Part 1. The Technology. Edington: Exegetics Ltd

George EF. 2008. Plant tissue culture procedure. *In*: George EF, et al. Plant Propagation by Tissue Culture. Vol 1: The Background. 3rd ed. Dordrecht: Springer: 1-28

George EF. 2008. Plant tissue culture procedure. *In*: George EF, et al. Plant Propagation by Tissue Culture. Vol 1: The Background. 3rd ed. Dordrecht: Springer: 1-24

George EF, Sherrington PD. 1984. Plant Propagation by Tissue Culture-Handbook and Director of Commercial Laboratories. Eversly Pasinstoke UK: Exegetics Ltd Eastern Press: 55

Gill R, Ozias-Akins P. 1999. Thidiazuron-induced highly morphogenic callus and high frequency regeneration of fertile peanut（*Arachis hypogaea* L.）plants. *In Vitro* Cell Dev Biol-Plant, 35: 445-450

Goldbeter A. 2008. Biological rhythms: clock for all times. Current Biol, 18: R751-R753

Gonzalez MV, et al. 2000. Micropropagation of three berry fruit species using nodal segments from field grown plants. Ann Appl Biol, 137: 73-78

Gordon SP, et al. 2007. Pattern formation during *de novo* assembly of the *Arabidopsis* shoot meristem. Development, 134: 3539-3548

Gordon SP, et al. 2009. Multiple feedback loops through cytokinin signaling control stem cell number within the *Arabidopsis* shoot meristem. Proc Natl Acad Sci USA, 106: 16529-16534

Guo Y, et al. 2010. CLAVATA2 forms a distinct CLE-binding receptor complex regulating *Arabidopsis* stem cell specification. Plant J, 63: 889-900

Gupta S, Rashotte AM. 2012. Down-stream components of cytokinin signaling and the role of cytokinin throughout the plant. Plant Cell Rep, 31: 801-812

Gürel S, Gülsen Y. 1998. The effects of different sucrose, agar and pH levels on *in vitro* shoot production of almond (*Amygdalus communis* L.). Turkish J Bot, 22: 363-373

Hahn EJ, et al. 2000. Blue and red light-emitting diodes with or without sucrose and ventilation affect *in vitro* growth of *Rehmannia glutinosa* plantlets. J Plant Biol, 43: 247-250

Hammatt N, Ridout MS. 1992. Micropropagation of common ash (*Fraxinus excelsior*). Plant Cell Tiss Org Cult, 13: 67-74

Heisler MG, et al. 2005. Patterns of auxin transport and gene expression during primordium development revealed by live imaging of the *Arabidopsis* inflorescence meristem. Curr Biol, 15: 1899-1911

Heo JW, et al. 2002. Growth responses of marigold and salvia bedding plants as affected by monochromic or mixture radiation provided by a light-emitting diode (LED). J Plant Growth Regul, 38: 225-230

Hibara K I, et al. 2003. CUC1 gene activates the expression of sam-related genes to induce adventitious shoot formation. Plant J, 36: 687-696

Higuchi M, et al. 2004. In planta functions of the *Arabidopsis* cytokinin receptor family. Proc Natl Acad Sci USA, 101: 8821

Hirose N, et al. 2005. Functional characterization and expression analysis of a gene, *OsENT2*, encoding an equilibrative nucleoside transporter in rice suggest a function in cytokinin transport. Plant Physiol, 138: 196-206

Holme IB, et al. 2004. Quantitative trait loci affecting plant regeneration from protoplasts of *Brassica oleracea*. Theor Appl Genet, 108: 1513-1520

Horak J, et al. 2008. The *Arabidopsis thaliana* response regulator ARR22 is a putative AHP phospho-histidine phosphatase expressed in the chalaza of developing seeds. BMC Plant Biol, 8: 1-18

Hou B, et al. 2004. *N*-glucosylation of cytokinins by glycosyltransferases of *Arabidopsis thaliana*. J Biol Chem, 279: 47822-47832

Hu CY, Wang PJ. 1983. Meristem, shoot tip and bud cultures. *In*: Evans DA, et al. Handbook of Plant Cell Culture. Vol 1. Techniques for Propagation and Breeding. New York: MacMillan Publishing Co: 177-227

Hu X, et al. 2012. The expression of a new HD-Zip Ⅱ gene, MSHB1, involving, the inhibitory effect of thidiazuron on somatic embryogenic, competence in alfalfa (*Medicago sativa* L. cv. Jinnan) callus. Acta Physiol Plant, 34: 1067-1074

Huang H, et al. 2014. Direct adventitious shoot organogenesis and plant regeneration from cotyledon explants in *Neolamarckia cadamba*. Plant Biotechnol, 31: 115-121

Hung CD, Trueman SJ. 2011. Topophysic effects differ between node and organogenic cultures of the eucalypt *Corymbia torelliana* × *C. citriodora*. Plant Cell Tiss Org Cult, 104: 69-77

Hussey G. 1986. Vegetative propagation of plants by tissue culture. *In*: Yeoman MM. Plant Cell Culture Technology, Botanical Monographs, vol 23. London: Blackwell Scientific Publ Ltd: 29-66

Hwang I, et al. 2012. Cytokinin signaling networks. Annu Rev Plant Biol, 63: 353-380

Hwang I, Sheen J. 2001. Two-component circuitry in *Arabidopsis* cytokinin signal transduction. Nature, 413: 383-389

Ikeda Y, et al. 2006. The *ENHANCER OF SHOOT REGENERATION 2* gene in *Arabidopsis* regulates *CUP-SHAPED COTYLEDON 1* at the transcriptional level and controls cotyledon development. Plant Cell Physiol, 47: 1443-1456

Ikeuchi M, et al. 2016. Plant regeneration: cellular origins and molecular mechanisms. Development, 143: 1442-1451

Ikram-ul-Haq ZA, et al. 2011. Effects of different fruit juices used as carbon source on cucumber seedling under *in vitro* cultures. Afr J Biotechnol, 10: 7404-7408

Imamura A, et al. 2003. *In vivo* and *in vitro* characterization of the ARR11 response regulator implicated in the His-to-Asp phosphorelay signal transduction in *Arabidopsis thaliana*. Plant Cell Physio, 44: 122-131

Ishida K, et al. 2008. Three type-B response regulators, ARR1, ARR10 and ARR12, play essential but redundant roles in cytokinin signal transduction throughout the life cycle of *Arabidopsis thaliana*. Plant Cell Physiol, 49: 47-57

Isutsa DK, et al. 1994. Rapid propagation of blueberry plants using *ex vitro* rooting and controlled acclimatization of micropropagules. HortScience, 29: 1124-1126

Ivanova M, van Staden J. 2009. Nitrogen source, concentration, and NH_4^+ : NO_3^- ratio influence shoot regeneration and hyperhydricity in tissue cultured *Aloe polyphylla*. Plant Cell Tiss Org Cult, 99: 167-174

Iwase A, et al. 2011. The AP2/ERF transcription factor WIND1 controls cell dedifferentiation in *Arabidopsis*. Curr Bio, 21: 508-514

Iwase A, et al. 2015. WIND1-based acquisition of regeneration competency in *Arabidopsis* and rapeseed. J Plant Res, 128: 389-397

Jain N, Babbar S. 2003. Effect of carbon source on the shoot proliferation potential of epicotyl explants of *Syzygium cuminii*. Biol Plant, 47: 133-136

Jasinski S, et al. 2005. KNOX action in *Arabidopsis* is mediated by coordinate regulation of cytokinin and gibberellin activities. Curr Biol, 15: 1560-1565

Jeannin G, et al. 1995. Somatic embryogenesis and organogenesis induced on the immature zygotic embryo of sunflower (*Helianthus annum* L.) cultivated *in vitro*: role of sugar. Plant Cell Rep, 15: 200-204

Jin SH, et al. 2013. Overexpression of glucosyltransferase UGT85A1 influences trans-zeatin homeostasis and trans-zeatin responses likely through *O*-glucosylation. Planta, 237: 991-999

Johnson KL, et al. 2011. A fasciclin-like arabinogalactan-protein (FLA) mutant of *Arabidopsis thaliana*, *fla1*, shows defects in shoot regeneration. PLoS One, 6(9): e25154

Jones MP, et al. 2007. The mode of action of thidiazuron: auxins indoleamines and ion channels in the regeneration of *Echinacea purpurea* L. Plant Cell Rep, 26: 1481-1490

Kadota M, et al. 2001. Double-phase *in vitro* culture using sorbitol increases shoot proliferation and reduces hyperhydricity in Japanese pear. Sci Hortic, 89: 207-215

Kakani A, et al. 2009. Role of AUX1 in the control of organ identity during *in vitro* organogenesis and in mediating tissue specific auxin and cytokinin interaction in *Arabidopsis*. Planta, 229: 645-657

Kakimoto T. 1996. CKI1, a histidine kinase homolog implicated in cytokinin signal transduction. Science, 274: 982-985

Kakimoto T. 2001. Identification of plant cytokinin biosynthetic enzymes as dimethylallyl diphosphate: ATP/ADP isopentenyltransferases. Plant Cell Physiol, 42: 677-685

Kang BG, McMahan C. 2014. Medium and calcium nitrate influence on shoot regeneration from leaf explants of guayule. Ind Crops Prod, 60: 92-98

Karatha KK. 1981. Meristem Culture and Cryopreservation-Mehtods ans Application. *In*: Thorp TA. Plant Tissue Culture Methods and Applications in Agriculture. NewYork: Academic Press: 181-121

Kareem A, et al. 2015. *PLETHORA* genes control regeneration by a two-step mechanism. Curr Biol, 25: 1017-1030

Kaul V, et al. 1990. Shoot regeneration from stem and leaf explants of *Dendranthema grandiflora* Tzvelev (syn. *Chrysanthemum morifolium* Ramat.). Plant Cell Tiss Org Cult, 21: 21-30

Kaur-Sawhney R, et al. 1986. Polyamine-mediated control of organogenesis in thin layer explants of tobacco. Plant Physiol, 80(Suppl.): 37

Kelkar SM, Krishnamurthy KV. 1998. Adventitious shoot regeneration from root, internode, petiole and leaf explants of *Piper colubrinum* Link. Plant Cell Rep, 17: 721-725

Khan MR, et al. 2002. Development of aseptic protocols in olive (*Olea europaea* L. cv. Pendollino). Asian J Plant Sci, 3: 220-221

Kiba T, et al. 2004. *Arabidopsis* response regulator, ARR22, ectopic expression of which results in phenotypes similar to the *wol* cytokinin-receptor mutant. Plant Cell Physiol, 45: 1063-1077

Klemš M, et al. 2011. Changes in cytokinin levels and metabolism in tobacco (*Nicotiana tabacum* L.) explants during *in vitro* shoot organogenesis induced by trans-zeatin and dihydrozeatin. Plant Growth Regul, 65: 427-437

Koike I, et al. 2017. Dynamics of endogenous indole-3-acetic acid and cytokinins during adventitious shoot formation in *Ipecac*. J Plant Growth Regul, 5: 1-9

Koyama T, et al. 2010. TCP transcription factors regulate the activities of ASYMMETRIC LEAVES1 and miR164, as well as the auxin response, during differentiation of leaves in *Arabidopsis*. Plant Cell, 22: 3574-3588

Krishnaraj C, et al. 2012. Effect of biologically synthesized silver nanoparticles on *Bacopa monnieri* (Linn.) Wettst. plant growth metabolism. Process Biochem, 47: 651-658

Kumar PP, Thorpe TA. 1989. Putrescine metabolism in excised cotyledons of *Pinus radiata* cultured *in vitro*. Physiol Plant, 76: 521-526

Kunkel T, et al. 1999. Inducible isopentenyl transferase as a high-efficiency marker for plant transformation. Nature Biotech, 17: 916-919

Kurakawa T, et al. 2007. Direct control of shoot meristem activity by a cytokinin-activating enzyme. Nature, 445: 652-655

Kuroha T, et al. 2009. Functional analyses of lonely guy cytokinin-activating enzymes reveal the importance of the direct activation pathway in *Arabidopsis*. Plant Cell, 21: 3152-6319

Lall S, et al. 2004. Quantitative trait loci associated with adventitious shoot formation in tissue culture and the programof shoot development in *Arabidopsis*. Genetics, 167: 1883-1892

Laplaze L, et al. 2007. Cytokinins act directly on lateral root founder cells to inhibit root initiation. Plant Cell, 19: 3889-3900

Lee T, et al. 1997. High frequency shoot regeneration from leaf disc explants of garland chrysanthemum (*Chrysanthemum coronarium* L.) *in vitro*. Plant Sci, 126: 219-226

Lee-Espinosa HE, et al. 2008. *In vitro* clonal propagation of vanilla (*Vanilla planifolia*). HortScience, 43: 454-458

Leibfried A, et al. 2005. WUSCHEL controls meristem function by direct regulation of cytokinin-inducible response regulators. Nature, 438: 1172-1175

Lenhard M, et al. 2002. The *WUSCHEL* and *SHOOTMERISTEMLESS* genes fulfil complementary roles in *Arabidopsis* shoot meristem regulation. Development, 129: 3195-3206

Lenhard M, Laux T. 2003. Stem cell homeostasis in the *Arabidopsis* shoot meristem is regulated by intercellular movement of CLAVATA3 and its sequestration by CLAVATA1. Development, 130: 3163-3173

Li J, et al. 2006. Histological analysis of direct organogenesis from micro-cross sections cultures of Banana (*Musa* AAA cv. Williams). Australian Journal of Botany, 54: 595-599

Li W, et al. 2011. DNA methylation and histone modifications regulate *de novo* shoot regeneration in *Arabidopsis* by modulating WUSCHEL expression and auxin signaling. PLoS Genet, 7: e1002243

Lim KB, et al. 2012. Influence of genotype, explant source, and gelling agent on *in vitro* shoot regeneration of *Chrysanthemum*. Hort Environ Biotechnol, 53: 329-335

Limasset P, Cornuet P. 1949. Recherche du virus de la mosaique du tabac dans les meristemes des plantes infetees. C R Acad Sci (Paris), 228: 1971-1972

Lin Y. et al. 2010. Effects of light quality on growth and development of protocorm-like bodies of *Dendrobium officinale in vitro*. Plant Cell Tiss Org Cult, 105: 329-335

Lloyd G, McCown B. 1981. Commercially feasible micropropagation of mountain laurel, *Kalmia latifolia*, by use of shoot tip culture. Proc Int Plant Prop Soc, 30: 421-427

Long JA, et al. 1996. A member of the knotted class of homeodomain proteins encoded by the STM gene of *Arabidopsis*. Nature, 379: 66-69

Löfke C, et al. 2013. Posttranslational modification and trafficking of PIN auxin efflux carriers. Mech Develop, 130: 82-94

ManoY, Komatsuda T. 2002. Identification of QTLs controlling tissue-culture traits in barley (*Hordeum vulgare*). Theor Appl Genet, 105: 708-715

Marhavý P, et al. 2011. Cytokinin modulates endocytic trafficking of PIN1 auxin efflux carrier to control plant organogenesis. Dev Cell, 21: 796-804

Marino G, et al. 2008. Adventitious shoot formation in cultured leaf explants of quince and pear is accompanied by different patterns of ethylene and polyamine production, and responses to aminoethoxyvinylglycine. J Hortic Sci Biotechnol, 83: 260-266

Matsuo N, Banno H. 2012. *Arabidopsis* ENHANCER OF SHOOT REGENERATION 2 and PINOID are involved in *in vitro* shoot regeneration. Plant Biotechnol, 29: 367-372

Matsuo N, et al. 2009. Identification of *ENHANCER OF SHOOT REGENERATION 1*-upregulated genes during *in vitro* shoot regeneration. Plant Biotechnol, 26: 385-393

Melnyk CW, et al. 2015. A developmental framework for graft formation and vascular reconnection in *Arabidopsis thaliana*. Curr Biol, 25: 1306-1318

Meng L, et al. 2010. Toward molecular understanding of *in vitro* and in planta shoot organogenesis. Crit Rev Plant Sci, 29: 108-122

Mikkelsen SP, Sink KC. 1978. Histology of adventitious shoot and root formation on leaf-petiole cuttings of *Begonia* × *hiemalis* Forsch 'Aphrodite Peach'. Sci Hortic, 8: 179-192

Miller CO. 1961. A kinetin-like compound in maize. Proc Natl Acad Sci USA, 47: 170-174

Miyawaki K, et al. 2006. Roles of *Arabidopsis* ATP/ADP isopentenyltransferases and tRNA isopentenyltransferases in cytokinin biosynthesis. Proc Natl Acad Sci USA, 103: 16598-16603

Moing A, et al. 1992. Carbon fluxes in mature peach leaves. Plant Physiol, 100: 1878-1884

Molnar SJ. 1988. Nutrient modifications for improved growth of *Brassica nigra* cell suspension cultures. Plant Cell Tiss Org Cult, 15: 257-267

Moncaleán P, et al. 2003. Effect of different benzyladenine time pulses on the endogenous levels of cytokinins, indole-3-acetic acid and abscisic acid in micropropagated explants of *Actinidia deliciosa*. Plant Physiol Biochem, 41: 149-155

Morel G, Martin C. 1952. Cure of dahlias attacked by a virus disease. C R Hebd Seances Acad Sci, 235: 1324-1325

Motte H, et al. 2011. CUC2 as an early marker for regeneration competence in *Arabidopsis* root explants. J Plant Physiol, 168: 1598-1601

Motte H, et al. 2013. Phenyl-adenine, identified in a LIGHT-DEPENDENT SHORT HYPOCOTYLS4-assisted chemical screen, is a potent compound for shoot regeneration through the inhibition of CYTOKININ OXIDASE/DEHYDROGENASE activity. Plant Physiol, 161: 1229-1241

Motte H, et al. 2014. The molecular path to *in vitro* shoot regeneration. Biotechnol Adv, 32: 107-121

Muleo R, Morini S. 2006. Light quality regulates shoot cluster growth and development of MM106 apple genotype in *in vitro* culture. Sci Hortic, 108: 364-370

Muleo R, Morini S. 2008. Physiological dissection of blue and red light regulation of apical dominance and branching in M9 apple rootstock growing *in vitro*. J Plant Physio, 165: 1838-1846

Murashige T, Skoog F. 1962. A revised medium for rapid growth and bioassays with tobacco tissue culture. Physiol Plant, 80: 662-668

Murashige T, Tucker DPH. 1969. Growth factor requirements of citrus tissue culture. *In*: Chapman H D. Proc 1st Int Citrus Symp. Vol. 3. Univ. Calif Press: Riverside: 1155-1161

Murray RE, et al. 1977. *In vitro* regeneration of shoots on stem explants of haploid and diploid flax (*Linum usitatissimum*). Can J Genet Cytol, 19: 177-186

Murthy BNS, et al. 1998. Thidiazuron: a potent regulator of *in vitro* plant morphogenesis. *In Vitro* Cell Dev Biol-Plant, 34: 267-275

Nadel BL, et al. 1989. Regulation of somatic embryogenesis in celery cell suspensions. Plant Cell Tiss Org Cult, 18: 181-189

Naing AH, et al. 2014. Factors influencing in vitro shoot regeneration from leaf segments of *Chrysanthemum*. C R Biol, 337: 383-390

Nakano M, et al. 2009. Adventitious shoot regeneration and micropropagation of *Chirita flavimaculata* W. T. WANG, *C. eburnea* Hance, and *C. speciosa* Kurz. Propag Ornam Plants, 9: 216-222

Nameth B, et al. 2013. The shoot regeneration capacity of excised *Arabidopsis* cotyledons is established during the initial hours after injury and is modulated by a complex genetic network of light signalling. Plant Cell Environ, 36: 68-86

Nishimura A, et al. 2005. Isolation of rice regeneration quantitative loci gene and its application to transformation systems. Proc Natl Acad Sci USA, 102: 11940-11944

Nishimura C, et al. 2004. Histidine kinase homologs that act as cytokinin receptors possess overlapping functions in the regulation of shoot and root growth in *Arabidopsis*. Plant Cell, 16: 1365-1377

Nowak B, et al. 2007. The effect of total inorganic nitrogen and the balance between its ionic forms on adventitious bud formation and callus growth of 'Węgierka Zwykła' plum (*Prunus domestica* L.). Acta Physiol Plant, 29: 479-484

Okole BN, Schulz FA. 1996. Micro-cross sections of banana and plantains (*Musa* spp.): morphogenesis and regeneration of callus and shoot buds. Plant Sci, 116: 185-195

Okushima Y, et al. 2007. ARF7 and ARF19 regulate lateral root formation via direct activation of *LBD/ASL* genes in *Arabidopsis*. Plant Cell, 19: 118-130

Ovecka M, et al. 2000. A comparative structural analysis of direct and indirect shoot regeneration of *Papaver somniferum* L. *in vitro*. J Plant Physiol, 157: 281-289

Paciorek T, Friml J. 2006. Auxin signaling. J Cell Sci, 119: 1199-1202

Pati PK, et al. 2006. *In vitro* propagation of rose-a review. Biotechnol Adv, 24: 94-114

Payghamzadeh K, Kazemitabar SK. 2011. *In vitro* propagation of walnut—A review. Afr J Biotechnol, 10: 290-311

Pernisová M, et al. 2009. Cytokinins modulate auxin-induced organogenesis in plants via regulation of the auxin efflux. Proc Natl Acad Sci USA, 106: 3609-3614

Preethi D, et al. 2011. Carbohydrate concentration influences on *in vitro* plant regeneration in *Stevia rebaudiana*. J Phytol, 3: 61-64

Projetti ML, Chriqui D. 1986. Totipotence du des organes souterrains et aeriens de *Rorippa sylvestris*. I. Rhizogenese et caulogenese a partir de racines sur plant intacte ou de fragments de racines cultives *in vitro*. Can J Bot, 64: 1760-1769

Pua EC, Chong C. 1984. Requirement for sorbitol (D-glucitol) as carbon source for *in vitro* propagation of *Malus robusta* No 5. Can J Bot, 62: 1545-1549

Pulido CM, et al. 1992. Optimization of bud induction in cotyledonary explants of *Pinus canariensis*. Plant Cell Tiss Org Cult, 29: 247-255

Qiao M, et al. 2012a. *Arabidopsis thaliana in vitro* shoot regeneration is impaired by silencing of TIR1. Biol Plant, 56: 409-414

Qiao M, et al. 2012b. Proper regeneration from *in vitro* cultured *Arabidopsis thaliana* requires the microRNA-directed action of an auxin response factor. Plant J, 71: 14-22

Qiao M, Xiang F. 2013. A set of *Arabidopsis thaliana* miRNAs involve shoot regeneration *in vitro*. Plant Signal Behav, 8: e23479.

Qin Y, et al. 2005. Regeneration mechanism of Toyonoka strawberry under different color plastic films. Plant Sci, 168: 1425-1431

Rahman M, et al. 2010. Role of sucrose, glucose and maltose on conventional potato micropropagation. J Agric Technol, 6: 733-739

Rajeswari V, Paliwal K. 2008. Peroxidase and catalase changes during *in vitro* adventitious shoot organogenesis from hypocotyls of *Albizia odoratissima* L.f. (Benth). Acta Physiol Plant, 30: 825-832

Ramage CM, Williams RR. 2002. Inorganic nitrogen requirements during shoot organogenesis in tobacco leaf discs. J Exp Bot, 53: 1437-1443

Rao MS, Purohit SD. 2006. *In vitro* shoot bud differentiation and plantlet regeneration in *Celastrus paniculatus* Willd. Biol Plant, 50: 501-506

Rashid SZ, Kyo M. 2010. Ectopic expression of $ARR_1\Delta DDK$ in tobacco: alteration of cell fate in root tip region and shoot organogenesis in cultured segments. Plant Biotechnol Rep, 4: 53-59

Ravanel S, et al. 1998. The specific features of methionine biosynthesis and metabolism in plants. Proc Natl Acad Sci USA, 95: 7805-7812

Rikiishi K, et al. 2015. Light inhibition of shoot regeneration is regulated by endogenous abscisic acid level in calli derived from immature barley embryos. PLoS One, 10(12): e0145242

Roest S. 1977. Vegetative propagation *in vitro* and its significance for mutation breeding. Acta Hortic, 78: 349-359

Roest S, Bokelmann GS. 1975. Vegetative propagation of *Chrysanthemum morifolium* Ram. *in vitro*. Sci Hortic, 3: 317-330

Rosquete MR, et al. 2012. Cellular auxin homeostasis: gatekeeping is housekeeping. Mol Plant, 5: 772-786

Roustan JP, et al. 1992. Influence of ethylene on the incorporation of 3,4-[^{14}C] methionine into polyamines in *Daucus carota* cells during somatic embryogenesis. Plant Physiol Biochem, 30: 201-205

Sairam R, et al. 2003. A study on the effect of genotypes, plant growth regulators and sugars in promoting plant regeneration via organogenesis from soybean cotyledonary nodal callus. Plant Cell Tiss Org Cult, 75: 79-85

Sanikhani M, et al. 2006. TDZ induces shoot regeneration in various *Kalanchoë blossfeldiana* Poelln. cultivars in the absence of auxin. Plant Cell Tiss Org Cult, 85: 75-82

Schaller GE, et al. 2015. The yin-yang of hormones: cytokinin and auxin interactions in plant development. Plant Cell, 27: 44-63

Sen J, Guha-Mukherjee S. 1998. *In vitro* induction of multiple shoots and plant regeneration in *Vigna*. *In Vitro* Cell Dev Biol-Plant, 34: 276-280

Sharma KK, et al. 1991. The role of cotyledonary tissue in the differentiation of shoots and roots from cotyledon explants of *Brassica juncea* (L.) Czern. Plant Cell Tiss Org Cult, 24: 55-59

Shukla M, et al. 2012. Micropropagation of African Violet (*Saintpaulia ionantha* Wendl.). *In*: Lambardi M, et al. Protocols for Micropropagation of Selected Economically-Important Horticultural Plants. New Jersey: Humana Press: 279-289

Silva JATD, Dobránszki J. 2013. Plant thin cell layers: a 40-year celebration. J Plant Growth Regul, 32: 922-943

Sivakumar P, et al. 2010. High frequency plant regeneration from mature seed of elite, recalcitrant Malaysian indica rice (*Oryza sativa* L.) cv. MR 219. Acta Biol Hung, 61: 313-321

Sivanandhan G, et al. 2011. The effect of polyamines on the efficiency of multiplication and rooting of *Withania somnifera* (L.) Dunal and content of some withanolides in obtained plants. Acta Physiol Plant, 33: 2279-2288

Skoog F, Miller CO. 1957. Chemical regulation of growth and organ formation in plant tissues cultured *in vitro*. Symp Sco Exp Biol, 54: 118-130

Songstad DD, et al. 1988. Effect of 1-aminocyclopropane-l-carboxylic acid, silver nitrate, and norbornadiene on plant regeneration from maize callus cultures. Plant Cell Rep, 7: 262-265

Sotiropoulos TE, et al. 2006. Sucrose and sorbitol effects on shoot growth and proliferation *in vitro*, nutritional status and peroxidase and catalase isoenzymes of M 9 and MM 106 apple (*Malus domestica* Borkh.) rootstocks. Eur J Hortic Sci, 71: 114-119

Spinelli SV, et al. 2011. A mechanistic link between STM and CUC1 during arabidopsis development. Plant Physiol, 156: 1894-1904

Spíchal L, et al. 2004. Two cytokinin receptors of *Arabidopsis thaliana*, CRE1/AHK4 and AHK3, differ in their ligand specificity in a bacterial assay. Plant Cell Physiol, 45: 1299-1305

Sridhar T, Naidu C. 2011. Effect of different carbon sources on *in vitro* shoot regeneration of *Solanum nigrum* (Linn.): an important antiulcer medicinal plant. J Phytol, 3: 78-82

Sriskandarajah S, et al. 2006. Regenerative capacity of cacti *Schlumbergera* and *Rhipsalidopsis* in relation to endogenous phytohormones, cytokinin oxidase/dehydrogenase, and peroxidase activities. J Plant Growth Regul, 25: 79-88

Standardi A, Micheli M. 1988. Control of vitrification in proliferating shoots of M-26. Acta Hortic, 227: 425-427

Stoop JMH, Pharr DM. 1993. Effect of different carbon sources on relative growth rate, internal carbohydrates, and mannitol 1-oxidoreductase activity in celery suspension cultures. Plant Physiol, 103: 1001-1008

Su YH, et al. 2011. Auxin-cytokinin interaction regulates meristem development. Mol Plant, 4: 616-625

Su YH, Zhang XS. 2014. The hormonal control of regeneration in plants. Curr Top Dev Biol, 108: 35-69

Sugimoto K, et al. 2010. *Arabidopsis* regeneration from multiple tissues occurs via a root development pathway. Dev Cell, 18: 463-471

Sugiyama M. 1999. Organogenesis *in vitro*. Curt Opin in Plant Biol, 2: 61-64

Sugiyama M. 2015. Historical review of research on plant cell dedifferentiation. J Plant Res, 128: 349-359

Sun J, et al. 2003. The Arabidopsis *AtIPT8/PGA22* gene encodes an isopentenyl transferase that is involved in *de novo* cytokinin biosynthesis. Plant Physiol, 131: 167-176

Sun JP, et al. 2005. Arabidopsis *SOI33/AtENT8* gene encodes a putative equilibrative nucleoside transporter that is involved in cytokinin transport in planta. J Integr Plant Biol, 47: 588-603

Sunpui W, Kanchanapoom K. 2002. Plant regeneration from petiole and leaf of African violet (*Saintpaulia ionantha* Wendl.) cultured *in vitro*. Songklanakarin J Sci Technol, 24: 136-137

Swamy MK, et al. 2010. *In vitro* multiplication of *Pogostemon cablin* Benth. through direct regeneration. Afr J Biotechnol, 9: 2069-2075

Swedlund B, Locy RD. 1993. Sorbitol as the primary carbon source for the growth of embryogenic callus of maize. Plant Physiol, 10: 1339-1346

Tabart J, et al. 2015. Effect of polyamines and polyamine precursors on hyperhydricity in micropropagated apple shoots. Plant Cell Tiss Org Cult, 120: 11-18

Takeda S, et al. 2011. CUP-SHAPED COTYLEDON1 transcription factor activates the expression of *LSH4 and LSH3*, two members of the *ALOG* gene family, in shoot organ boundary cells. Plant J, 66: 1066-1077

Takei K, et al. 2001. Identification of genes encoding adenylate isopentenyl transferase, a cytokinin biosynthesis enzyme, in *Arabidopsis thaliana*. J Biol Chem, 276: 26405-26410

Takei K, et al. 2004. *Arabidopsis CYP735A1* and *CYP735A2* encode cytokinin hydroxylases that catalyze the biosynthesis of *trans-zeatin*. J Biol Chem, 279: 41866-41872

Tanaka H, et al. 2002. *ACR4*, a putative receptor kinase gene of *Arabidopsis thaliana*, that is expressed in the outer cell layers of embryos and plants, is involved in proper embryogenesis. Plant Cell Physio, 43: 419-428

Tanimoto S, Harada H. 1982. Effects of cytokinin and anticytokinin on the initial stage of *Torenia* stem segments of adventitious bud differentiation in the epidermis. Plant Cell Physiol, 23: 1371-1376

Thomas E, et al. 1977. Shoot and embryo-like structure formation from cultured tissue *Sorghum bicolor*. Naturwissenschaften, 64: 587

Thorpe T, et al. 2008. The components of plant tissue culture media Ⅱ: organic additions, osmotic and pH effects, and support systems. *In*: George EF, et al. Plant Propagation by Tissue Culture. Vol 1: The Background. 3rd ed. Dordrecht: Springer: 115-175

Tiwari V, et al. 2001. Comparative studies of cytokinins on *in vitro* propagation of *Bacopa monniera*. Plant Cell Tiss Org Cult, 66: 9-16

To JPC, Kieber JJ. 2008. Cytokinin signaling: two-components and more. Trends in Plant Science, 13: 85-92

Tokunaga H, et al. 2012. *Arabidopsis* lonely guy（LOG） multiple mutants reveal a central role of the LOG-dependent pathway in cytokinin activation. Plant J, 69: 355-365

Torrigiani P, et al. 1987. Free and conjugated polyamines during de novo floral and vegetative bud formation in thin cell layers of tobacco. Physiol Plant, 70: 453-460

Trujillo-Moya C, et al. 2011. Location of QTLs for *in vitro* plant regeneration in tomato. BMC Plant Biol, 11: 140-152

Tsay HS. 1998. Effects of medium composition at different recultures on vitrification of carnation（*Dianthus caryophyllus*） *in vitro* shoot proliferation. Acta Hortic, 461: 243-249

Uchida N, et al. 2011. *Arabidopsis* ERECTA-family receptor kinases mediate morphological alterations stimulated by activation of NB-LRR-type UNI proteins. Plant Cell Physiol, 52: 804-814

Ulmasov T, et al. 1997. Aux/IAA proteins repress expression of reporter genes containing natural and highly active synthetic auxin response elements. Plant Cell, 9: 1963-1971

Valdés AE, et al. 2001. Relationships between hormonal contents and the organogenic response in *Pinus pinea* cotyledons. Plant Physiol Biochem, 39: 377-384

Valledor L, et al. 2010. Variations in DNA methylation, acetylated histone H4, and methylated histone H3 during *Pinus radiata* needle maturation in relation to the loss of *in vitro* organogenic capability. J Plant Physiol, 167: 351-357

Valvekens D, et al. 1988. *Agrobacterium tumefaciens*-mediated transformation of *Arabidopsis thaliana* root explants by using kanamycin selection. Proc Natl Acad Sci USA, 85: 536-554

van Le B, et al. 1999. High frequency shoot regeneration from trifoliate orange（*Poncirus trifoliata* L. Raf.） using the thin cell layer method. CR Acad Sci Paris, Sci de la vie/Life Sci, 322: 1105-1111

van Tran Thanh M. 1973. *In vitro* control of *de novo* flower, bud, root and callus differentiation from excised epidermal tissues. Nature, 246: 44-45

Vanneste S, et al. 2005. Cell cycle progression in the pericycle is not sufficient for SOLITARY ROOT/IAA14-mediated lateral root initiation in *Arabidopsis thaliana*. Plant Cell, 17: 3035-3050

Vanneste S, Friml J. 2009. Auxin: a trigger for change in plant development. Cell, 136: 1005-1016

Vasil IK, Vasil V. 1992. Advances in cereal protoplast research. Physiol Plant, 85: 279-283

Vasudevan A, et al. 2008. Leucine and spermidine enhance shoot differentiation in cucumber（*Cucumis Sativus* L.）. *In Vitro* Cell Dev Biol-Plant, 44: 300-306

Vitova L, et al. 2002. Mannitol utilisation by celery（*Apium graveolens*） plants grown under different conditions *in vitro*. Plant Sci, 163: 907-916

von Arnold S, Eriksson T. 1979. Bud induction on isolated needles of Norway spruce（*Picea abies* L. Karst.） grown *in vitro*. Plant Sci Lett, 15: 363-372

Vroemen CW. 2003. The *CUP-SHAPED COTYLEDON3* gene is required for boundary and shoot meristem formation inn *Arabidopsis*. Plant Cell, 15: 1563-1577

Walker KA, et al. 1978. The hormonal control of organ formation in callus of *Medicago sativa* L. cultured *in vitro*. Am J Bot, 65: 654-659

Wang J, et al. 2011a. *N*-glucosyltransferase UGT76C2 is involved in cytokinin homeostasis and cytokinin response in *Arabidopsis thaliana*. Plant Cell Physiol, 52: 2200-2213

Wang QM, et al. 2012. Direct and indirect organogenesis of *Clivia miniata* and assessment of DNA methylation changes in various regenerated plantlets. Plant Cell Rep, 31: 1283-1296

Wang Y, et al. 2011b. Manipulation of hemoglobin expression affects *Arabidopsis* shoot organogenesis. Plant Physiol Biochem, 49: 1108-1116

Watad AA, et al. 1996. Adventitious shoot formation from carnation stem segments: a comparison of different culture procedures. Sci Hortic, 65: 313-320

Werner T, et al. 2003. Cytokinin-Deficient transgenic *Arabidopsis* plants show multiple developmental alterations indicating opposite functions of cytokinins in the regulation of shoot and root meristem activity. Plant Cell, 15: 2532-2550

White PR. 1943. A Handbook of Plant Tissue Culture. Tempe: Jacques Cattell Press

Wickremesinhe ERM, et al. 1990. Adventitious shoot regeneration and plant production from explants of *Apios americana*. HortScience, 25: 1436-1439

Wilson W. 1972. Control of crop processes. *In*: Rees AR, et al. Crop Processes in Controlled Environment. London: Academy Press

Wolter KE, Skoog F. 1966. Nutritional requirements of *Fraxinus* callus cultures. Am J Bot, 53: 263-269

Yamaguchi H, et al. 2011. Trehalose drastically extends the *in vitro* vegetative culture period and facilitates maintenance of *Torenia fournieri* plants. Plant Biotechnol, 28: 263-266

Yamamoto Y, et al. 2007. Auxin biosynthesis by the *YUCCA* genes in rice. Plant Physiol, 143: 1362-1371

Yang M, et al. 1991. High frequency of plant regeneration from hypocotyl explants of *Brassica carinata* A. Br. Plant Cell Tiss Org Cult, 24: 79-82

Yang SH, et al. 2003. Investigation of cytokinin-deficient phenotypes in *Arabidopsis* by ectopic expression of orchid DSCKX1. FEBS Lett, 555: 291-296

Yang XH, et al. 1995. Inhancement of direct shoot regeneration from internode segment of *Chrysanthemum* by sliver nitrate. Acta Hortic, 404: 68-73

Yaseen M, et al. 2009. *In vitro* shoot proliferation competence of apple rootstocks M. 9 and M. 26 on different carbon sources. Pak J Bot, 41: 1781-1795

Yaseen M, et al. 2013. Review: role of carbon sources for *in vitro* plant growth and development. Mol Biol Rep, 40: 2837-2849

Yeh N, Chung JP. 2009. High-brightness LEDs—Energy efficient lighting sources and their potential in indoor plant cultivation. Renew Sustain Energy Rev, 13: 2175-2180

Yeung EC, et al. 1981. Shoot histogenesis in cotyledon explants of radiata pine. Bot Gaz, 142: 494-550

Yokoyama A, et al. 2007. Type-B ARR transcription factors, ARR10 and ARR12, are implicated in cytokinin-mediated regulation of protoxylem differentiation in roots of *Arabidopsis thaliana*. Plant Cell Physiol, 48: 84-96

Yoshimatsu K, Shimomura K. 1991. Efficient shoot formation on internodal segments and alkaloid formation in the regenerates of *Cephaelis ipecacuanha* A. Richard. Plant Cell Rep, 9: 567-570

Yuri J. 1988. Anwendung von polyethylen-glycol und mannitol bei studien zum wasserstreß. Gartenbauwissenschaft, 53: 270-273

Zalabák D. 2013. Genetic engineering of cytokinin metabolism: prospective way to improve agricultural traits of crop plants. Biotechnol Adv, 31: 97-117

Zalewska M, et al. 2011. Induction of adventitious shoot regeneration in chrysanthemum as affected by the season. *In Vitro* Cell Dev Biol-Plant, 47: 375-378

Zažímalová E, et al. 1999. Control of cytokinin biosynthesis and metabolism. *In*: Hooykaas P, et al. Biochemistry and Molecular Biology of Plant Hormones, Ser. New comprehensive Biochemistry. London: Elsevier: 141-160

Zhao QH, et al. 2002. Developmental phases and STM expression during *Arabidopsis* shoot organogenesis. Plant Growth Regul, 37: 223-231

Zuo JR, et al. 2002a. Marker-free transformation: increasing transformation frequency by the use of regeneration-promoting genes. Curr Opin Biotechnol, 13: 173-180

Zuo JR, et al. 2002b. The WUSCHEL gene promotes vegetative-to-embryonic transition in *Arabidopsis*. Plant J, 30: 349-359

第4章 不定根的形成及其调控

4.1 不定根概述

在形态学上，维管植物的根可分为直根系和须根系(图 4-1)。从植物发育角度看，根可分为胚根(radicle)和胚胎发生后所发育的根；后者包括侧根(lateral root，LR)和不定根(adventitious root，AR)。胚根存在于种子胚中，其分生组织在胚胎发生时就形成。种子萌发后幼苗的初生根(primary root，PR)是胚根伸长生长的根。随着植物的发育，初生根可能有几种命运：在双子叶植物如拟南芥和番茄(*Lycopersicon esculentum*)与木本植物如杨树(*Populus* spp.)中，其初生根通常都成为肥厚的中心主根，此后可能不再发育或继续发育出称为次生根(secondary root)的侧根。侧根可重复其发育过程，发育出更高一级的侧根。这种根的结构体系常称为直根系(taproot system)。在这一根系中，初生根在植物一生中都发挥重要的作用。野胡萝卜(*Daucus carota*)的根系是典型的直根系，单一主根厚实肥大，带稀少侧根(图 4-1)。

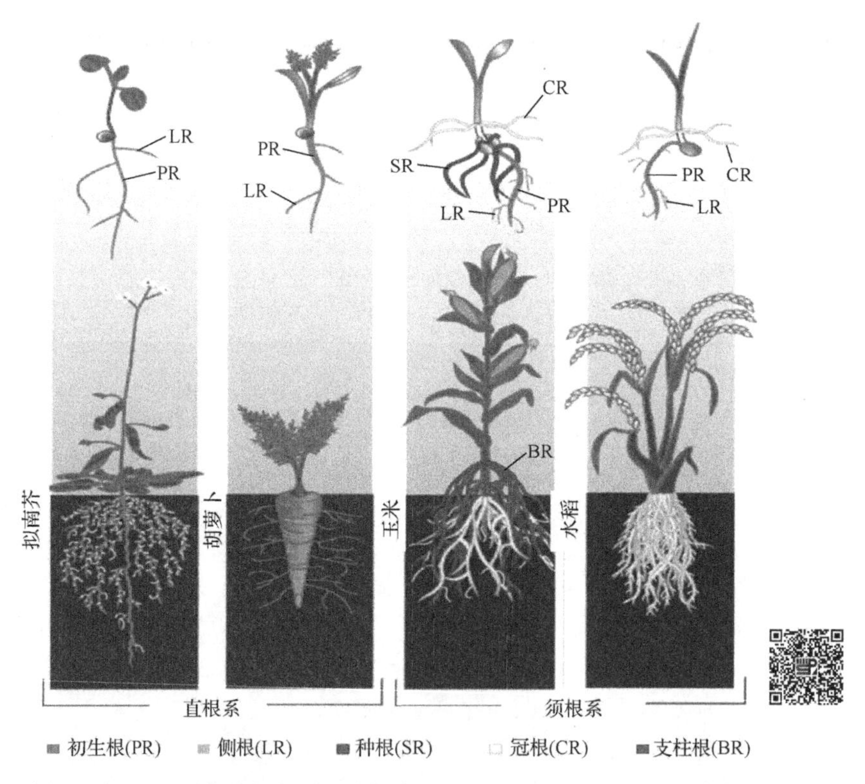

图 4-1 多数单子叶和双子叶植物的根系及其名称图示(Bellini et al.，2014)(彩图请扫二维码)

从单子叶植物的初生根所发育出的根系显得小而寿命短，只是在幼苗发育的早期起作用；取而代之的是一个由茎生根(shoot-born root)发育而成的须根系，茎生根也称不定根，这种根总是从胚胎发生后的苗、茎或叶中产生。禾谷类植物如玉米(*Zea mays* L.)和水稻胚胎发生后的茎生根也称为冠根(crown root)和支柱根(brace root)(Hochholdinger et al.，2004)(图 4-1)。须根系的茎生根可通过发育侧根而分枝。单子叶植物如洋葱(*Allium cepa*)、蒜(*Allium sativum*)和郁金香(*Tulipa* spp.)的球茎是它们营养繁殖的繁殖单位。球茎由扁平茎上所发育出的多层变态叶所组成，在其扁平茎上所发育的是不定根的须根系，起着固定和吸收水分与养分的作用(图 4-1)。许多双子叶植物如草莓(*Fragaria* spp.)(图 4-2A)等也可天然地产生不定根，它们可分别通过匍匐茎、根茎、叶和茎切段进行营养繁殖。

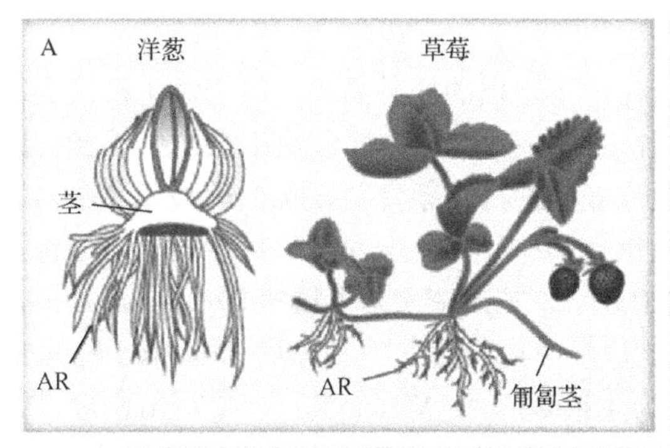

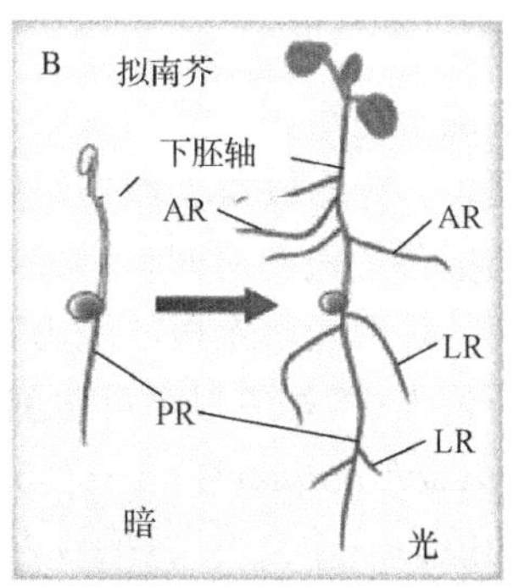

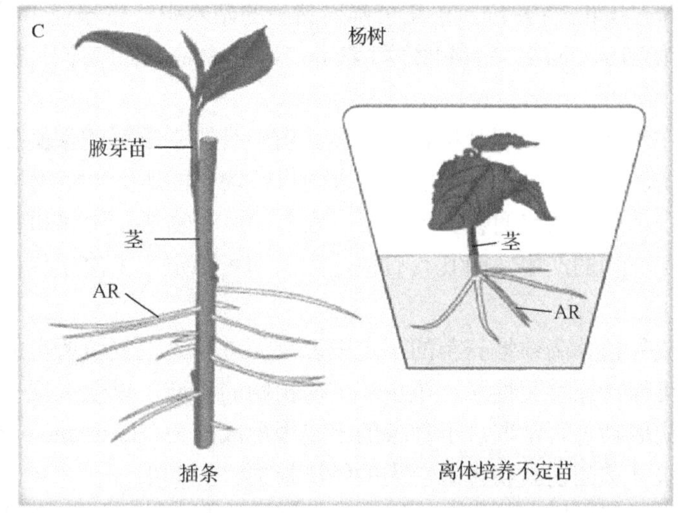

图 4-2　不定根发育示意图(Bellini et al., 2014)(彩图请扫二维码)

A：通过天然球茎(以洋葱为例)和匍匐茎(以草莓为例)的不定根形成及其营养繁殖。B：拟南芥由黑暗转至光下所诱导的不定根。C：创伤所诱导的杨树插条的不定根。图中缩写 AR 表示不定根(adventitious root)，LR 表示侧根(lateral root)，PR 表示初生根(primary root)

不定根既可以天然产生，也可经人工诱导产生。天然产生是作为植物对如水淹和光暗转换等环境变化的适应现象(Gutierrez et al., 2009)(图 4-2B)，而人工诱导的不定根是如创伤(切割)(图 4-2C)和(或)生长调节物质处理所致的不定根。从母株上切取的插条和由外植体离体培养再生的微插条的不定根形成的程度直接影响园艺与木本植物的无性系(clone)繁殖。

一般来说，将从植物胚的非胚根端分生组织或非初生根所产生的根器官称为不定根，因此，取茎和叶器官的一部分为外植体进行诱导产生的根，也称为不定根(adventitious root)(“adventitious”源于拉丁文“adventicious”，意为“外来的”)(Barlow, 1994; Bellini et al., 2014)。在组织培养植株再生中，常采用“rhizogenesis”一词称为根发生或不定根发生(adventitious root formation)。

根据插条不定根形成的难易程度，可将植物品种分成两类：容易形成不定根类型，如单子叶植物(草本植物)；以及难以形成或不能形成不定根类型，如大多数木本植物。大多有经济和生态价值的树木品种的不定根形成能力较低。就茎的插条生根而言，它们也可分为两个类型：预先形成(preformed)或潜在根原基型和创伤形成型(wound induced)。预先形成型是指茎发育时已存在根原基，并在插条切取前处于休眠状态，如在合适的环境条件下，它们即进一步发育成为不定根，如柳(*Salix* spp.)和杨(*Populus* spp.)插条的不定根形成即属于这一类型。根原基常常是在当年产生木质的季节结束时形成，而在次年相应季节中则可从插条中发生不定根；根原基预先形成型的品种常常属于易生根型的品种。创伤诱导的不定根是茎插条不定根的主要类型。一旦根或茎从植物中切离(创伤)，即会产生一系列的创伤信号，从头再生的不定根的形成即可进行。植物为了防止创伤部位失水干燥和病原体的感染，通过产生木栓而保护细胞。细胞开始分裂时，其中一层薄壁细胞便在创伤口形成愈伤组织。利用生长素可以促进不定根形成，此外也促进愈伤组织的形成。与维管形成层和韧皮部邻近的细胞(即在激素和碳水化合物来源的附近)开始分裂并启动不定根的形成

(Pijut et al., 2011)。

在切口首先形成愈伤组织，然后从中分化出不定根的插条品种，属于难生根的类型。这种生根型的插条能否形成不定根，一方面取决于愈伤组织能否形成，另一方面取决于愈伤组织能否进一步分化形成根原基。因此，这一类插条生根的时间长，并要求较高的外界条件与扦插繁殖技术(Moyo et al., 2011)。

实际上，不同品种形成不定根的能力有很大的差异，甚至同一品种不同基因型也是如此。例如，葡萄的不定根发生能力最强(插条生根率可达到100%)，其次依次是毛樱桃(*Prunus tomentosa* Thunb.) (64.7%)、文冠果(*Xanthoceras sorbifolium* Bunge) (56.7%)和中华猕猴桃(*Actinidia chinensis* Planch.) (40%)。许多苹果砧木形成不定根的能力差异也很大(括号内为生根率)，如M26(5%)、M27(16.6%)、MM104(20%)、野苹果(crabapple) (20%) (Chen et al., 1981)。在几个苹果品种的砧木中，生根能力最强的是Liaozhen 2，其生根率为50%，其次依次为Liaozhen 77-34(44%)和Zhaai 76(40.8%)，而最难生根的是SH40(20.5%) (Zhang et al., 2009a)。

不定根的形成除了在农林园艺和观赏植物的无性繁殖中有非常重要的意义外，其相关研究也有利于繁殖和保护药用植物宝贵资源，以减少对这一资源需求的日益增长的压力。植物根是合成生物活性物质的重要部位，这些物质包括众多复杂的代谢物、蛋白质、农药、风味物质、染料和香料。不定根培养体系已用于许多药用植物的繁殖和产物的产生，因其具有快速生长和可稳定产生次生代谢物的特点(Ahmad et al., 2015)。

通过母株的苗插条或外植体离体培养苗的不定根诱导而进行无性繁殖所得的后代，在遗传上与用于繁殖的母株相同，由此，可保持原种无性系、抗虫和抗病植物的种质，以便大规模种植和育种或遗传改良。有价值的植物无性繁殖的成功与否常取决于插条的不定根形成能力(Hartmann et al., 2011)。无性繁殖中不定根的形成问题将会给农林和园艺植物带来巨大的经济损失。

在过去的数十年里，尽管以拟南芥、水稻等为模式植物的有关初生根和侧根发育的生理与分子调控研究取得了一些重要进展(Petricka et al., 2012; Bellini et al., 2014)，但有关双子叶植物插条不定根的启动和发育调控机制的研究进展却极少。大多数研究的主题都是实践性应用，较少关注有关的机制问题。原因之一是不定根的诱导常是在外植体的少数几个细胞中发生，而这些细胞却处于可能与不定根发生不相关的数千个细胞包围之中。这无疑使得其生物化学和分子生物学研究变得复杂。

本章主要收集整理植物传统无性繁殖(macropropagation)时的大插条(macrocutting) (如茎插条)、微繁殖(micropropagation) (也称离体繁殖) (图 4-3)中的不定苗或此苗顶端部分为外植体的微插条(microcutting)和以已生根的茎插条上的腋芽为外植体的小型插条(minicutting) (Assis et al., 2004)的不定根形成的资料。

4.2　不定根形成研究体系

研究者根据实践和研究目的的需要，采用了不同植物、不同材料(插条的类型或外植体等)进行不定根形成及其调控机制的研究。在此，称为“不定根形成研究体系”，希望这一分类有助于读者对复杂的不定根形成有一个概括性的认识。

4.2.1　插条不定根形成研究体系

植物通过种子繁殖(有性繁殖)难以保证后代遗传的一致性。在实践上，无性繁殖则在很大程度上可保持后代遗传的稳定性，尽管有可能发生无性系体细胞变异。对于一些农作物、大量的园林和农艺的草本与木本植物(特别是那些生长周期很长，又难以获得种子的一些小果果树和木本经济植物)，都是采用这一无性繁殖手段进行繁殖。

在传统的无性繁殖中，被选择用于繁殖的植株称为母株(the mother plant, stock plant)，而繁殖所得的一群或一组无性系分株(ramet)称为某一无性系。现以针叶树的传统插条不定根形成体系为例说明该体系的特点及其研究概况。

虽然离体组织培养(特别是通过体细胞胚胎发生的植株再生途径)已成功用于一些针叶树的大面积繁殖(Klimaszewska et al.，2007)，但是众多品种的针叶树主要还是进行传统的插条营养繁殖。例如，采用插条生根是目前辐射松(*Pinus radiata*)进行营养繁殖的主要手段。从成年树获取的插条能充分反映树种的优良品性，但是插条生根的能力随着树龄的增大(衰老)而显著降低。因此，从营养繁殖的角度，必须选择幼龄期插条为繁殖体。又如落叶松的杂种(*Larix kaempferi*×*Larix olgensis*)是中国北部重要的造林品种，其通常都是采用茎插条生根进行大面积的无性繁殖(Han et al.，2014)。尽管人们长期以来都关注针叶树不定根的形成，但是有关其的研究资料和信息非常零碎，难有系统的综述。例如，自 Gaspar 和 Coumans(1987)及 Mohammed 和 Vidaver(1988)的两篇综述发表以来，直至相隔 20 多年以后，才有相关综述发表(Ragonezi et al.，2010；Bonga et al.，2010；Zavattieri et al.，2016)。

另一种促进针叶树插条不定根形成的方法是生物接种(biotization)，该方法可用于插条生根和微繁殖(见 4.2.2)所得的微插条的生根。生物接种是在可控条件下，使用菌根接种(mycorrhization)或细菌接种(bacterization)的技术而实现不定根形成的方法(Zavattieri et al.，2016)(详见 4.7 生物学因子对不定根形成的影响)。

4.2.2　微插条不定根形成研究体系

自 20 世纪 70 年代发展了组织培养离体繁殖的方法以来，研究人员提高并扩大了许多作物和园艺植物无性繁殖的速度和规模，也在脱毒防病上取得了重大的进展。微繁殖的苗也以类似插条生根那样的方式被用于无性繁殖。一般来说，离体组织培养繁殖或微繁殖是指通过植物不同的体细胞、组织或器官在离体可控的条件下培养，在相对较短的时间内(与传统的无性繁殖相比)大量生产其后代植物，所培养出来的后代植物在遗传上与其取材用于培养的母株相同。

鉴于用于传统无性繁殖的繁殖体的体积和重量较大；而离体培养繁殖体系的繁殖体(离体培养的不定苗)比较小，因此这一繁殖体系也称为微繁殖体系(图 4-3)，其插条也称为微插条。

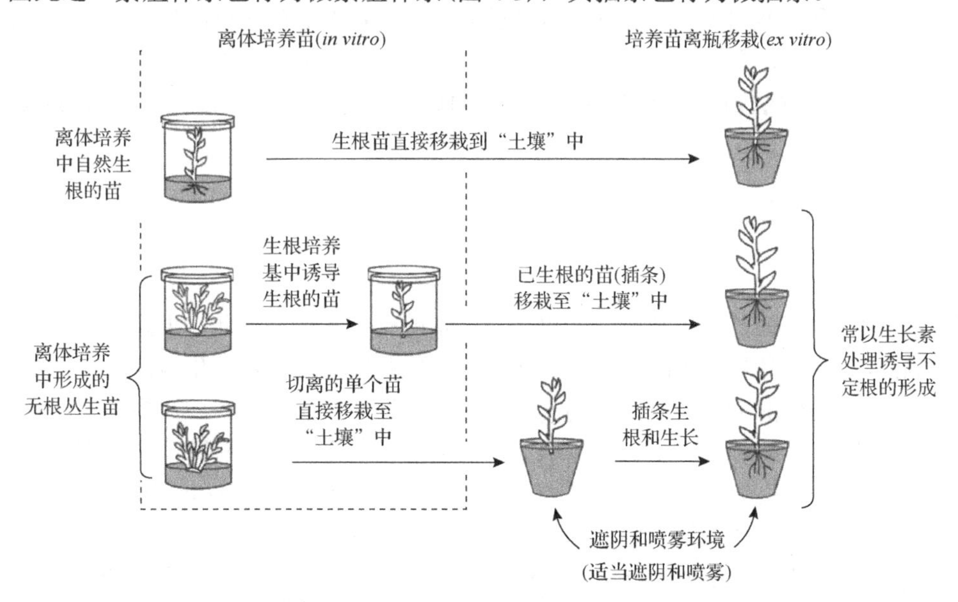

图 4-3　微繁殖不定根形成的主要过程(George and Debergh，2008)

微繁殖的主要优点在于：①与传统无性繁殖相比，用于繁殖的外植体有多种选择。②通过组织培养的繁殖方式不受季节性限制，全年都可进行。③比起传统插条的瓶外生根(*ex vitro* rooting)方式，微繁殖的存活率较高且生长较好，还可以生产出无病毒无病害的后代。例如，通过茎尖或分生组织培养的再生植株，在诱导生根时不定苗或微插条重量可明显地增加，提高苗的抗逆能力。④可降低繁殖每株植物的成本。因为从传统育苗苗圃的丛生苗逐条切下的插条，将会在数天内失去生根能力，插条生根同步性也低，影响存活苗的整齐度，这就要额外地对苗进行归类，增加了劳动力和生产成本。

如果插条或微插条都不能形成其不定根，则只好利用嫁接技术代替诱导不定根进行无性繁殖，此过程十分费时费力，还会遇到如接穗和砧木不亲和的问题。

一般，微繁殖可分为 4 个主要步骤(George and Debergh，2008)：建立离体培养系统、离体培养苗的增殖、微插条的选择及其生根和炼苗与适应。

4.2.2.1　瓶内生根或瓶外生根

离体培养的微插条可以采用瓶内生根(*in vitro* rooting)和瓶外生根(*ex vitro* rooting)进行植株再生，这两种方法各有优缺点，因品种及其插条的生理状态而异。

1)瓶内生根

MS 培养基中的离子强度在微插条不定根形成中起着重要的作用。例如，在不添加生长素的全量 MS 培养基中，不能诱导狭叶番泻(*Cassia angustifolia*)的微插条生根，而采用 1/2 的 MS 却有利于生根。更多的报道表明，半量的 MS 比全量的 MS 更适合微插条的生根(Shahzad et al.，2017)。

2)瓶外生根

已有许多研究表明，瓶外生根的环境有助于植株炼苗及适应新的环境，减少微繁殖的成本与移栽大田的人力和物力(Shaheen and Shahzad，2015)。例如，施琼等(2015)以增殖培养的马大杂种相思(*Acacia mangium*×*A. auriculiformis*)的无菌苗为材料，对瓶内生根和瓶外生根两种方法的效率进行比较，结果表明，将增殖培养 30 天的无菌苗接种在 1/2 MS+IBA 1.0mg/L+NAA 0.5mg/L+3%蔗糖的培养基中，其瓶内生根率可达到 99.43%，15 天后移栽，存活率 98.0%，而将增殖培养 45 天的无菌苗用 100mg/L 的 IBA 溶液浸泡 1h 进行瓶外生根，生根率可达 94.67%，按生产 1 万株马大杂种相思组培苗进行计算，采用瓶外生根技术育苗可比瓶内生根方法的经济效益多 1288.26 元。

豆科植物狭叶番泻利用瓶内生根的方法进行植株再生时，其不定苗转移到生根培养基后将面临茎尖坏死、发黄和叶脱落的问题，在含有生长素的培养基中，其微插条的切口基部形成愈伤组织，影响不定根的发育，而采用瓶外生根的方法则可避免或将瓶内生根的这些问题降低至最低程度(Parveen and Shahzad，2011)。

4.2.2.2　微插条生根体系举例

1)苹果树

从种子萌发的幼苗发育成的苹果树所结的果实与亲本的难有相同。因此，果园中多数苹果树都由两部分组成：接穗和砧木。接穗是从果实品质优良的株系中选择并嫁接或芽接于生根能力强、抗病抗逆能力强的砧木上。砧木控制着果树的大小，而接穗则决定着果实的种类和质量。由于许多苹果砧木的生根能力不佳，常常采用其他方法如压条(layering)和根株(stool)进行营养繁殖，但这些繁殖手段都不能保证所繁殖植株是无病毒且健康的植株，繁殖效率不高，还常常依赖于季节，十分浪费劳力和时间(Hartmann et al.，1997)。

苹果砧木的微繁殖克服了传统繁殖中的问题。这一繁殖手段对于转基因品系的成功再生及其基因转化效率的提高也是关键的一步(Dobránszki and Teixeira da Silva，2010)。研究已发现，楸子(*Malus prunifolia*)的亲本及其后代 JM 砧木表现出非常强的生根能力。但是，JM 砧木极易感染根癌农杆菌(*Agrobacterium tumefaciens*)从而形成冠瘿瘤，这一症状有时非常严重。因此，需要研究一个新的育种计划，旨在既引进抗根癌农杆菌的抗性，又可保持原先的强生根能力(Moriya et al.，2015)。

2)桉树

目前，我国桉树的种植面积为 450 万 hm^2，在世界上排第三位，年产木材 3000 多万 m^3，总产值达 3000 多亿元(谢耀坚，2016)。传统的插条生根是桉树营养繁殖广泛使用的方法，但是其所面临的困难是有些品种的插条难以生根，影响其繁殖的速度。自 1964 年首次报道了采用种子组织进行桉树离体繁殖以来，随之又实现了采用腋芽增殖和体细胞胚胎发生途径的微繁殖技术，可以说给林木的无性繁殖带来了一场革命(Le Roux and Staden，1991)。微插条繁殖技术与苗圃育苗的理念相结合，通过补充矿质营养和改善环境条件使母株维持在更为幼态的发育阶段，增加插条生根的潜能。微繁殖的植株可作为微插条的来源，以便进一步地大量增殖。因此，微繁殖已是目前桉树大规模无性繁殖的主要措施(Shanthi et al.，2015)。

4.2.3　模式植物不定根形成研究体系

有关不定根形成的基因鉴定的分子生物学研究主要在模式植物如拟南芥和杨树中进行。因为拟南芥这一草本模式植物的优势及其侧根的重要性，在其侧根研究方面反而超过了对不定根的研究(Brinker et al.，2004)。尽管最近研究的结果表明，拟南芥的侧根与不定根的形成过程有相当大的重合程度，侧根的形成也潜在地涉及不定根形成的有关信息，但对于在这一草本植物中所得的侧根和不定根的研究结果是否可应用于木本植物仍然需要更多的探索。因为不定根的生物学机制不可能是单一的，一些木本植物不定根的生物学机制可能更为复杂。

4.2.3.1　拟南芥不定根形成

拟南芥(*Arabidopsis thaliana*)是可不定时形成不定根的草本模式植物，已大量用于生理与生物化学、发育和遗传及分子生物学研究，该植物不但生长周期短，而且已有全基因组的序列信息和有效的、不必通过植株再生途径而进行基因转化的方法，以及数种生态型及大量相关突变体可供利用。例如，过度产生生长素的突变体如 *rty*(*rooty*)、*sur1-3* (*superroot*)和带有大量不定根的突变体如 *atr4*，缺失查耳酮合酶(黄酮生物合成途径的第一个酶)的突变体 *tt4-1*(*transparent testa 4-1*)，也称为 *chs* 等，都与不定根的发育有关(Correa et al.，2012a，2012b)。

拟南芥可从不同的外植体中进行不定根诱导，包括下胚轴切段、叶片、去根苗和黄化植株、花序茎切段及其薄层细胞(thin cell layer，TCL)(Falasca et al.，2004)。

Ozawa 等(1998)采用拟南芥下胚轴切段，通过两个步骤(在愈伤组织诱导培养基中预培养，然后转移至生根诱导培养基中)诱导不定根形成。但是下胚轴具有类似根的结构，其形成的侧根源于中柱鞘细胞。这些细胞预决定形成根的方式与从初生根中形成侧根的方式相似(Atta et al.，2009)，因此，一些研究者认为，下胚轴所形成的根应该属于侧根(Malamy and Ryan，2001)。但根据植物地上部分所形成的根即为不定根这一定义(Esau，1965)，下胚轴所形成的根可视为不定根，因此，有的研究者认为下胚轴所形成的根应该是不定根(King and Stimart，1998；Ullah et al.，2003)。与其他外植体相比，花序茎的组织结构与传统无性繁殖的插条或微插条的组织结构相似(Verstraeten et al.，2013)。因此，使用拟南芥花序茎为外植体的不定根形成的研究更接近于植物传统插条的不定根形成。Welander 等(2014)发现，与拟南芥下胚轴形成的不定根相比，茎诱导的不定根形成所要求的时间比较长。目前尚不清楚两者这一重要的差别是否可在分子水平反映出来。

生长素的使用除了根诱导作用外，也常常导致愈伤组织的形成，而这些相关基因的表达并非是不定根的启动所必需的，因为不定根可能直接再生自外植体而不依赖于愈伤组织的形成(Liu et al.，2014)。因此，有效的不定根形成的方法是不希望形成或尽可能地少形成愈伤组织。从报道来看，目前建立的拟南芥不定根形成的研究体系尚不能满足这一要求(Ludwig-Müller et al.，2005)。

最近 Welander 等(2014)分析发现，在大多数拟南芥外植体生根的实验中都采用全量的 MS 盐作为基本培养基，他们发现这种培养基可显著诱导愈伤组织的形成，形成的根少，他们采用半量的 Lepoivre 培养基的盐，可使拟南芥茎外植体的生根率达 100%，生根数目亦多，但极少有或无愈伤组织形成(图 4-4)。

生长素的使用时间点与其促进生根的效率密切相关。分子生物学所关注的基因表达时间点是不定根的诱导和启动时间点，正如苹果微插条生根过程那样可有明确时段划分(de Klerk et al.，1995)，对拟南芥中的不定根形成过程阶段的划分尚未完全统一。

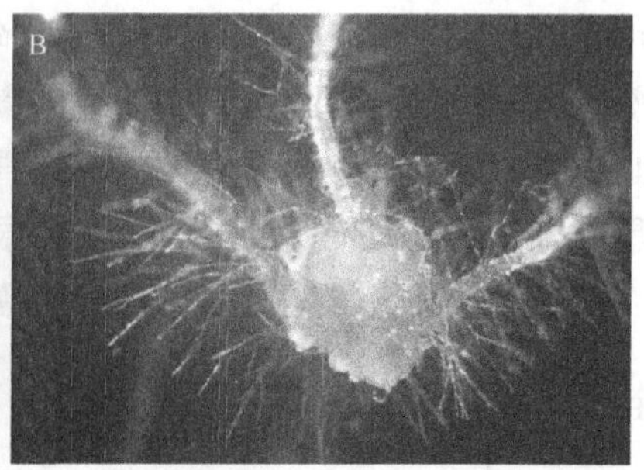

图 4-4　培养基对拟南芥茎段外植体不定根形成的影响（Welander et al.，2014）

外植体培养于半量的 Lepoivre 培养基盐中所形成的不定根（A），极少形成愈伤组织。而在 MS 培养基上不定根形成时则伴有愈伤组织的形成（B）

Liu 等（2014）建立了一种在培养基中不加激素的拟南芥叶外植体不定根形成的培养体系，发现当拟南芥（生态型 Col）叶外植体在未加激素的 B_5 培养基培养时，可不形成愈伤组织而直接产生不定根（图 4-5）。对化学处理和生长素报告基因转基因系的分析显示，这些不定根原基的启动要求生长素的极性运输的配合，并在切割创伤的原形成层伤口处的细胞中局部累积最高水平的生长素，并激活了 WOX11（WUSCHEL RELATED HOMEOBOX11）转录因子基因的表达，促使发生"第一次细胞命运转变"，即叶原形成层细胞（成根感受态细胞）（rooting competent cell）转变为根奠基细胞（root founder cell）。随之，*WOX11* 激活了 *LBD* 基因的表达，促使细胞分裂并发生"第二次细胞命运转变"，即从根奠基细胞转变为根原基细胞，最后发育成不定根（Liu et al.，2014）。

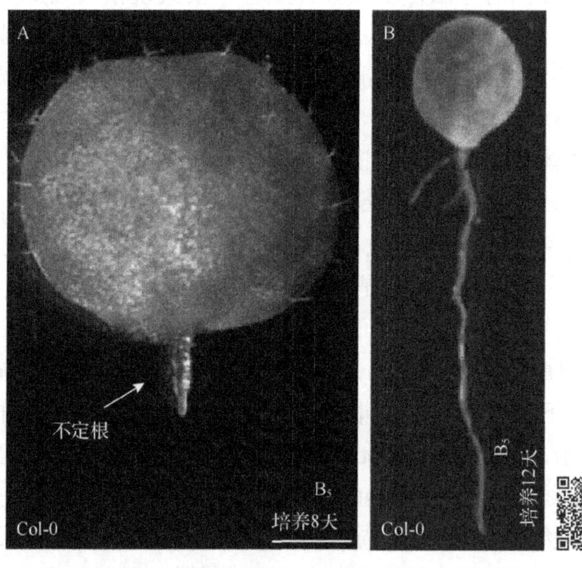

图 4-5　在不含植物激素的 B_5 培养基上，拟南芥（生态型 Col）叶外植体不定根的形成（Liu et al.，2014）（彩图请扫二维码）

A：培养 8 天后所形成的不定根，标尺为 1mm。B：培养 12 天后所形成的不定根

4.2.3.2　杨树不定根形成

杨属植物大多是将插条直接扦插于大田进行无性繁殖，但是其形成不定根的程度、生根数量及其根的活力却有很大的差异（Dickmann and Hendrick，1994）。例如，银白杨（*Populus alba*）的插条在切后 14 天可全部生根，而另一品种毛白杨（*Populus tomentosa*）却只有一部分插条能生根，山杨（*Populus davidiana*）插条全不生根（Chen et al.，1994）。一般认为，插条生根是受遗传控制的，杨树基因型影响其插条生根及其植株的再生能力。因此，杨树杂种特别适用于研究其不定根的遗传调控机制，因为这些品种的品性存在广泛的差异（Zhao et al.，2014）。

自美国能源部橡树岭国家实验室于 2004 年发表了杨树的第一张与染色单体数相对应的、覆盖全基因组的遗传图谱(Yin et al., 2004)，并且完成了毛果杨(*Populus trichocarpa*)的全基因组序列测序以来(Tuskan et al., 2006)，杨树就已成为木本植物研究的模式植物，其遗传和基因组资源不断增多，毛果杨基因组相关基因的注释更新信息已可在 Phytozome 网站查阅，全基因组的寡核苷酸微列阵数据可为鉴定与木本植物不定根形成相关的基因差异表达及其调控提供参考(Ramírez-Carvajal et al., 2009; Gou et al., 2010; Rigal et al., 2012)。从而可以整合基因组信息和复杂性状特征，利用遗传基因组学了解不定根品种的差异功能基因；揭示其不定根形成的分子机制，为改良那些需要无性繁殖的具有重要经济价值的树种的不定根形成能力提供理论依据(Zhao et al., 2014; Leguéa et al., 2014; Ribeiro et al., 2016)。

4.2.4　薄层细胞外植体不定根形成研究体系

van Tran Thanh(1973)利用烟草花梗表皮薄层细胞，通过简单调整培养基中的生长素与细胞分裂素比例，便可分别诱导花、苗、根和愈伤组织的形成；如在含高浓度生长素(IBA)和低浓度激动素的培养基上，在黑暗中连续培养可形成不定根。此后，研究人员将这一外植体特称为薄层细胞(TCL)。这在植物组织培养领域可以说是一次革命性的发现。TCL 是一种简单而有效的控制植物细胞或组织离体发育与器官形成的外植体，也是大量产生特异性器官克隆的外植体。TCL 除了在烟草、拟南芥(Della Rovere et al., 2015)或金鱼草(*Antirrhinum majus*)中用于基础性研究外，已成为许多高商业价值的植物品种如兰花(Teixeira da Silva, 2013)、大田作物(谷物、油菜和水稻)、园艺商品(水果、蔬菜和观赏植物)、药用植物和草本，甚至林木(杨树)和木本果树(如柑橘和苹果)有效的组织培养快速繁殖的外植体(Dobránszki and Teixeira da Silva, 2011; Teixeira da Silva and Dobránszki, 2013)，这说明这一技术仍有广阔的开发前景(Teixeira da Silva et al., 2015)。

与传统的外植体相比，采用 TCL 进行形态发生(器官发生、木质部发生或体细胞胚胎发生)非常有效率，因为 TCL 所含的内源植物生长调节物质水平较低，同时培养基中成分运输进入目的细胞中的效率较高，可更早地进行形态发生，与外植体的总细胞数目相比，其进行形态发生的细胞数目所占比例较高(van Tran Thanh, 2003)。

研究人员已利用拟南芥纵向薄层细胞(longitudial TCL, lTCL)研究不定根形成的遗传和植物激素的调控。拟南芥的 lTCL 是从花序茎上获得的，这一外植体包括花序组织及与其相连的维管束体系，即只包括单列表皮、3 或 4 层皮层、一层内皮层和 1 或 2 层纤维层，其不定根形成可为在含 10μmol/L IBA 和 0.1μmol/L 激动素的培养基中进行至少 2 周的连续黑暗培养所诱导，培养时薄层细胞外植体水平放于培养基上，使表皮朝上，不定根便沿着薄层细胞的表面形成，不定根源于唯一组织，即茎表皮细胞(Falasca et al., 2004)，通过细胞重复的平周分裂，在细胞伸展的同时，皮层中的细胞与细胞相分离(图 4-6A)，内皮层平周分裂所衍生的细胞或形成根原基进而发育成不定根，或重复增殖成为带有木质射线块或射线束的愈伤组织状的组织(图 4-6B)(Della Rovere et al., 2015)。lTCL 外植体的培养还有效地证明了不定根的形成与木质部发生都源于茎的内皮层，因为这两个发育程序都发生在植物体(in planta)的中柱鞘中，并且其启动过程涉及相同的

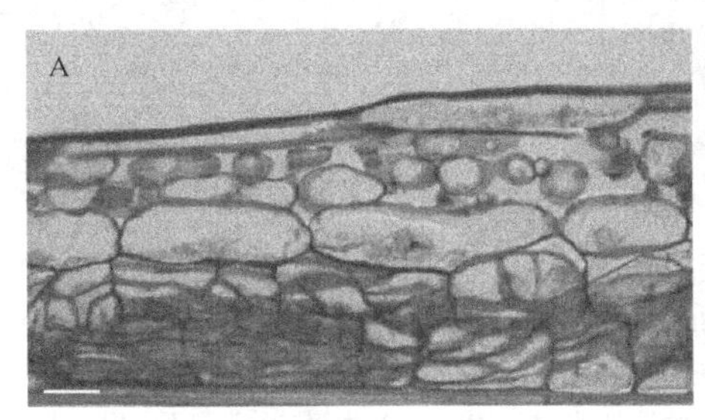

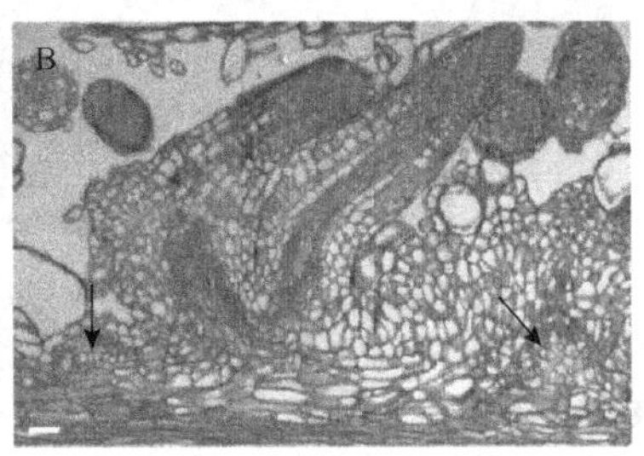

图 4-6　拟南芥花序茎 lTCL 不定根形成的不同阶段的组织学观察(Teixeira da silva et al., 2015)(彩图请扫二维码)

lTCL 培养于含 IBA(10μmol/L)加激动素(0.1μmol/L)的培养基中，连续在黑暗中培养。A：培养 5 天后可见衍生自茎内皮层(外植体下方)叠在一起的细胞层及皮层(外植体的上方)扩展和分离开的细胞。B：在培养结束后(培养 14 天)所形成的不定根的横切或纵切面。可见有些不定根已从外植体上显露，照片下方所显示的是由内皮层所衍生的重叠细胞层及由其外层细胞所产生的不定根序茎。箭头所示是从这些衍生细胞中进行木质部发生所形成的木质素细胞。组织切面，甲苯胺蓝染色。标尺为 30μm

转录因子(SHR、SCR和AUX1)，相同的生长素输入载体(LAX3和AUX1)参与它们的发育程序的转换(Della Rovere et al.，2015)。拟南芥模式植物的lTCL研究已证明，这一体系可有助于我们了解不定根形成及植物离体发育的遗传调控的信息(Della Rovere et al.，2015)。

4.2.5 子叶不定根形成研究体系

来源于合子胚的子叶切段的生根系统是一个研究不定根形成的良好系统，子叶是养分及其他成分的储藏器官，因此，在这个系统中不需要外源激素刺激就能很容易生根(Jay-Allemand et al.，1991；Gutmann et al.，1996；Ermel et al.，2000)。例如，去除胚轴的胡桃子叶切段不定根的诱导实验结果表明，首先是在去除胚轴的地方延伸出一个柄状结构组织，然后在这个柄的最前端形成不定根，组织学观察显示，这种不定根起源于紧靠维管束的薄壁细胞(Ermel et al.，2000)。以下是我们对杧果子叶切片不定根形成的研究结果，从中可以了解这一体系中不定根形成的有关特点。

成熟的杧果(*Mangifera indica* L.)种胚(图4-7)由两片子叶和胚轴组成。胚轴由两片肥厚的子叶所包裹，

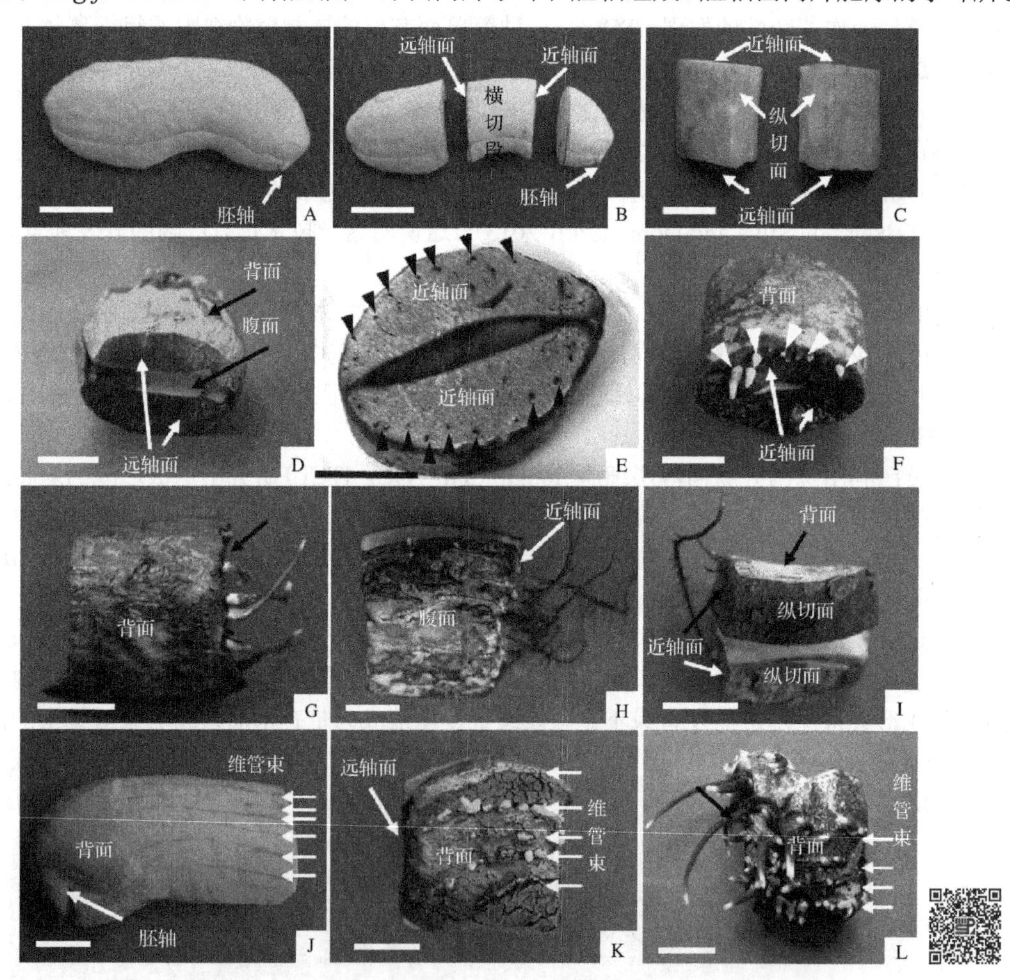

图4-7 杧果子叶切段两种不同类型的不定根形成(李运合，2006；Li et al.，2008)(彩图请扫二维码)

A：杧果种胚长约6cm。B：将其子叶从近胚轴端(1cm处)下刀横切成厚度2cm的切段及其各个切面的命名，远离胚轴的切面称为远轴面。C：横切段再被纵切后的切段及其切面命名。D：横切子叶切段，示子叶切段的几个面，分别是远轴面、背面、腹面(横切段被转移到AM培养基上黑暗培养诱导不定根形成)。根据处理的不同可形成两种不定根，C～I为第一种类型不定根形成，J～L为第二种类型不定根形成。E：培养3天，维管处有分泌物渗出(图中箭头所示)。F：培养15天，可见第一种不定根形成(图中箭头所示)。G：培养21天，仍然只有近轴面生成不定根，远轴面和子叶背面都无不定根形成。H：培养28天，仍然只有近轴面上形成不定根，此时的不定根上已经生长侧根。I：C的纵切切段培养24天，也只有近轴面上生成不定根，纵切面、远轴面、背面及腹面都无不定根形成。J：胚的维管体系(VS)示意图，维管的走向基本上相互平行。K：2700μmol/L NAA处理，培养10天，第二种类型的不定根在子叶背面出现，并且这些不定根局限于维管大致位置上。L：2700μmol/L NAA处理后，培养14天，不定根数目接着增多，由此可见，第一种类型的不定根在近轴面上的维管上生成，不定根伸长的方向与维管的走向相同，第二种类型的不定根虽然还是集中在相互平行的维管上形成，但不定根的生长方向却与维管走向垂直。A、B中标尺为2cm，C～L中标尺为1cm

子叶内侧与胚轴直接相连的一面称腹面(adaxial surface)，而与腹面相对的子叶外侧一面称背面(abaxial surface)(图 4-7D)。取一片子叶经横切两刀后，得一厚度约 2cm 的切段，也可得两个切面：靠近胚轴的一个切面称为近胚轴切面(近轴面)(proximal cut surface，PCS)，与其相对的另一切面则称为远胚轴切面(远轴面)(distal cut surface，DCS)(图 4-7B)。此外，这一子叶的横切段(最小厚度为 2cm)可沿着子叶脉(维管束)平行方向下刀(纵切)得两个切段，其切面称纵切面(图 4-7C)。这些子叶切段在只含 0.7%的琼脂培养基上黑暗培养，根据预处理的不同，可形成两种类型的不定根(图 4-7)。在杧果子叶切段不定根的形成过程中，有以下两个问题需要回答。

第一，为什么切段的近轴面可形成不定根。我们的研究结果表明，这与子叶维管束中生长素的极性运输有关，在子叶中生长素是由子叶的端部向胚轴方向运输，当切段从完整子叶切离后，仍可保持这一运输方式，因此生长素及其他相关物质将累积于近胚轴端，从而诱导第一种不定根的形成(肖洁凝，2003；李运合，2006；Li et al.，2008，2012)。

第二，为什么经过 NAA 预处理的子叶切段，由与第一种不定根同一组织学来源的细胞(与微管伴生的分泌道薄壁细胞)发育出的第二种不定根却从子叶切段的背面长出，其原基发育生长的方向与第一种不定根的完全不同，是什么因子控制不定根生长发育的方向。这一问题有待深入的研究。

我们利用这一不定根形成体系的特点，即同一块子叶切段不同切面形成的不定根差异显著，通过阻抑消减杂交(suppressive subtraction hybridization，SSH)法获得了一个与不定根形成相关的差异表达的 cDNA 片段，其推导的氨基酸序列与拟南芥的生长素反应因子(ARF)类蛋白具有较大的同源性，因此将它命名为 MiARF。采用 Virtural Northern 杂交(Hammerle et al.，2003)的研究结果表明：*MiARF2* 在生根的组织中表达水平高，而在非生根的组织中未见表达；*MiARF1* 在生根及非生根的组织中均有表达(肖洁凝，2003；肖洁凝等，2004)。我们利用拟南芥转基因体系对该基因的功能作了进一步的研究(吴蓓，2008；Wu et al.，2011；陈启助，2008)。

4.3　不定根形成的组织学

不定根的发育模式主要有两种，即直接发生和间接发生。形成不定根的相关组织常常是形成层和维管组织，这些组织细胞经历首次有丝分裂，导致直接产生了根原基。在间接发生的模式中，尽管可与直接不定根发生出现在相同的组织中，但在根原基分化之前都先形成了愈伤组织。在这两种模式中，在不定根根原基可辨别之前，常可见聚集在一起的等径细胞形成拟分生组织。间接形成不定根常是无性繁殖成功的瓶颈，由于在根原基中新形成的维管体系与茎插条之间未能形成有效的连接，因此形成的不定根失去正常的功能，插条也难以成活(Fleck et al.，2009)。

不定根的发育可源于不同的组织或细胞类型，这取决于植物的品种及其产生不定根的器官或组织。根据对植物多个品种的营养器官，即茎包括根茎、块茎、球茎(corm)、鳞茎(bulb)，叶或根的插条或切段不定根形成的组织学过程的观察，不定根是从一群具有脱分化能力并随后形成分生组织的细胞中形成的，因此，该群细胞被称为根起始细胞(root initial cell)或根奠基细胞，它们可以处于外植体不同的组织中，先分化出根原基，之后形成不定根。

在草本植物中，根起始细胞位于维管之间及其之外，因此在新形成的不定根原基中将发育出一个维管体系，并与其邻近器官的维管体系相联结，其根尖随之通过皮层，穿出茎的表皮不断向外生长。在多年生木本植物的插条中，不定根源于其邻近的维管组织中心及其外侧组织，这是因为在新形成的次生韧皮部组织中常常有数层次生木质部和韧皮部产生。例如，在北美乔松(*Pinus strobus*)的插条中，其根起始细胞的形成与射线和叶迹相关(Hartmann and Kester，1983)。在苹果(*Malus domestica*)插条中，不定根起源于邻近于韧皮部细胞的束间形成层(interfascicular cambium)，所发育出的不定根从茎的表皮穿出(Jásik and de Klerk，1997)。玉米和水稻胚芽鞘节的横切面观察表明，冠根(不定根)原基是从茎的紧接或邻近维管细胞中发育的(Hetz et al.，1996；Inukai et al.，2005)。

一般来说，不定根总是从邻近维管束组织的细胞中发育，这种发育或是植物发育程序的一个组成部分（如单子叶植物的冠根），或是通过人工创伤或利用植物激素来诱导。尽管组织学的研究表明，在不定根启动时，一些特异性的细胞先是增大，随之进行有丝分裂。由于尚无早期的分子标记可供利用，因此，鉴定不定根来源细胞比鉴定侧根来源细胞困难许多。对此，组织学的研究常常都是从茎来源的器官所产生的不定根的连续切片中进行观察，目前，尚不能确定在不定根发育的最早期阶段中是一个还是多个细胞参与不定根的启动，通常所观察的都是已开始细胞分裂的和(或)已形成的细小的不定根原基。不定根可从下胚轴中柱鞘细胞、韧皮部或木质部薄壁细胞、刚形成不久的次生韧皮部细胞或紧靠韧皮部细胞的束间形成层启动。现以拟南芥不同外植体和杧果子叶的不定根形成为例进一步说明不定根产生的组织学来源。

4.3.1 拟南芥不同外植体不定根形成的组织学观察

对同一生态型的拟南芥的离体叶、去根苗和黄化幼苗不定根形成时的组织学研究表明，这 3 个外植体不定根形成启动的组织学部位是各不相同的。拟南芥下胚轴的组织结构[无论是初生结构(图 4-8D)还是次生结构(图 4-8G)]与其他被子植物根的相同，此外，黄化幼苗和去根苗的下胚轴结构相似，它们主要的不同是结构成熟度的差异。

在叶片不定根形成体系中，不定根是源于叶柄的维管束形成层(图 4-8B、I 和 C)；而在黄化幼苗不定根形成体系中，不定根则源于下胚轴的中柱鞘(图 4-8E、J 和 F)；在去根苗不定根形成体系中，不定根源于早期的形成层区域及其周边组织，如维管组织和中柱鞘。

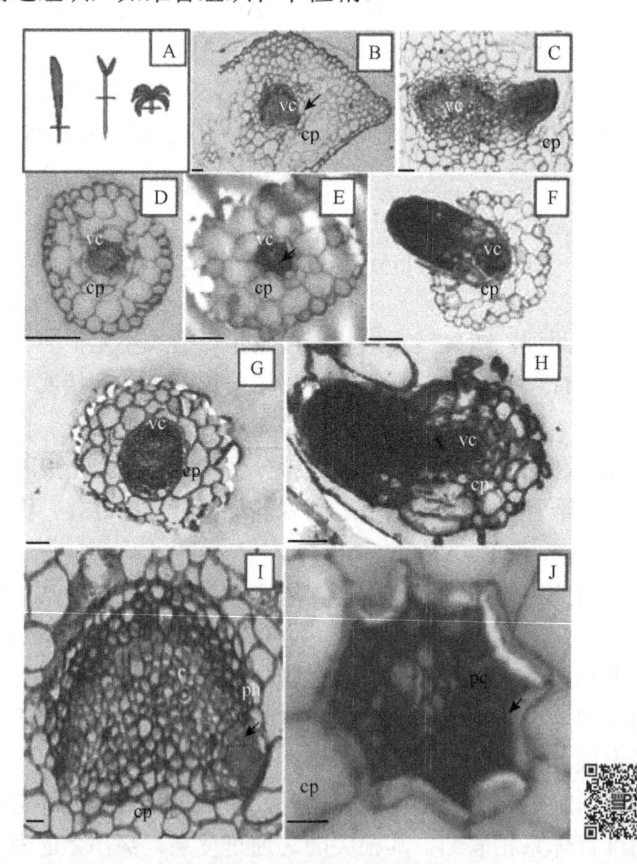

图 4-8 拟南芥(生态型为 Columbia) 3 种不定根生根体系的启动及其相关的组织学观察 (Correa et al., 2012b)(彩图请扫二维码)

A：从左至右用于不定根形成的外植体为离体叶、黄化幼苗和去根苗。显微照片：B、C 示离体叶柄不定根形成部位；D～F 示黄化幼苗下胚轴形成不定根的部位；G、H 示去根苗不定根形成部位。其中 D(黄化幼苗下胚轴外植体)、G(去根苗)处于根诱导的开始(0 天)；B(叶柄外植体)和 E(黄化幼苗下胚轴外植体)处于根诱导的第 4 天；C(叶柄外植体)、F(黄化幼苗下胚轴)和 H(去根苗)处于根诱导的第 6 天。I 和 J 分别表示在 B 和 E 中的维管束区域。vc 表示维管柱，cp 表示皮层薄壁细胞；pc 表示原形成层；c 表示形成层；ph 表示韧皮部。在 B、E、I 和 J 中的黑箭头表示根启动部位。B～H 中标尺为 20μm，I 和 J 中标尺为 2μm

Welander 等(2014)报道，根据组织学观察和不定根形成相关基因原位杂交的佐证，与拟南芥下胚轴的不定根形成相比，从茎外植体形成不定根需要培养更长的时间。拟南芥茎外植体形成不定根的组织学主要来源于中柱鞘侧旁的薄壁细胞及邻近的淀粉鞘细胞(starch sheath cell)，而在较小程度上发生在称为 phloem cap 的组织(韧皮束最外层的薄壁细胞)及木质部的薄壁细胞。

4.3.2 杧果子叶切段不定根形成的组织学观察

杧果子叶切段不定根形成的过程中，无明显的愈伤组织形成，两种类型的不定根都是起源于维管组织中分泌道(腔)周围的韧皮部薄壁细胞(图 4-9C)(肖洁凝，2003；李运合，2006；Li et al.，2008)。在此，以杧果子叶切段第一种类型不定根形成的组织学来源为例进一步说明。在杧果的花、果实、幼茎、叶片中都存在分泌道，它们通过裂溶生或溶生作用形成，都起源于韧皮部薄壁细胞，所以在紫花杧果不同器官中经常可以观察到每个维管束都伴生(包含)一个分泌腔(Venning，1948)。与此类似，在杧果的子叶切段中，其维管束位置靠近表皮，并且维管束走向与胚轴长轴方向平行，每个维管束也都包含着一个发育良好的分泌腔，这些分泌腔都被子叶韧皮部薄壁组织所包围(图 4-9)。每个分泌腔由扁长的数层排列规则的韧皮部薄壁细胞所包围，成为鞘状结构(图 4-9B，C)。实际上，杧果子叶切段第一种类型不定根的启动是从这些具有分裂活性的薄壁细胞经过培养诱导后形成具有分生性的细胞，并开始沿维管束走向形成不定根的原基(Li et al.，2008)。

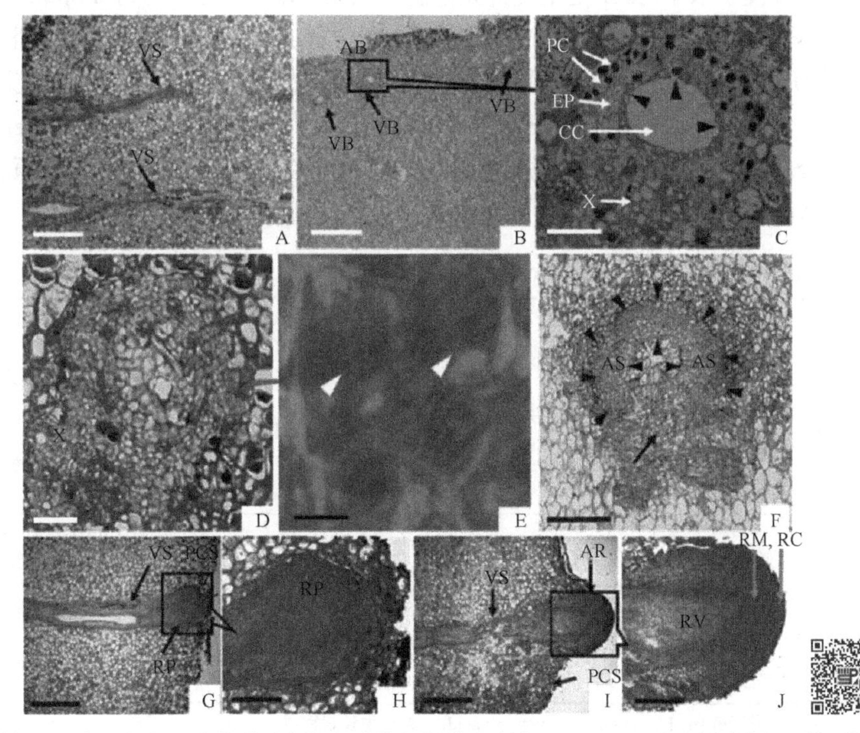

图 4-9　杧果子叶切段第一种类型不定根启动的组织学观察(Li et al.，2008)(彩图请扫二维码)

成熟的杧果胚被切成 2cm 长的子叶切段，转移到 AM 培养基上黑暗培养，在培养的第 0～14 天分别对近轴端切面取样，固定在 FAA 固定液中(50%乙醇：冰醋酸：福尔马林(含甲醛 38%)＝90：5：5，*V/V*)至少 24h。经希夫试剂整染材料，切片用 0.5%甲苯胺蓝染色。A、G～J 为纵切图，B～F 为横切图。A：子叶不定根诱导第 0 天，可见相互平行分布的维管束体系(VS)，标尺为 500μm。B：相应于 A 的横切面，在子叶的背面(AB)之下可见维管束(VB)。C：B 中方框图的放大部分，可见木质部(X)和每个维管束的韧皮部中的一个分泌道(腔)(CC)，其最里一层细胞起分泌作用，该细胞外面还有 2 或 3 层“鞘”状细胞，为韧皮部薄壁细胞(PC)及其伸长薄壁细胞(EP)，标尺为 100μm。D：培养 4 天，分泌腔开始被分裂的细胞所填充。E：D 中方框放大图，可见一些被诱导形成的小而被强烈染色的分生性细胞，一些细胞已开始细胞分裂(箭头所示)，标尺为 10μm。F：培养 10 天后，E 中的这些薄壁细胞继续分裂并以分泌腔(CC)为圆心，向四周呈散射分裂，新增细胞达到 6～10 层时，形成年轮状结构(AS，箭头所示)，标尺为 100μm。G：最后顺着维管束走向从近轴面(PCS)分化出根原基 RP。H：G 中方框图的放大，示根原基结构，标尺为 700μm。I：诱导培养 14 天后可见在子叶切段的近轴面显露出一条不定根(AR)，标尺为 800μm。J：I 中方框图的放大，示不定根结构根冠(RC)、根端分生组织(RM)和根维管柱(RV)

在未经 NAA 预处理的子叶切段所发育的第一种类型不定根原基是在近轴面周边区与维管束伴生的分泌道中形成的，其生长发育的指向是与子叶的维管走向一致(平行)且与近轴面近乎垂直方向发育出不定根(图 4-7E，图 4-9G)。而经 NAA 预处理所形成的第二种类型不定根原基发生是在子叶切段的背面(abaxial surface)上，其生长的指向近乎与子叶背面的维管束垂直(图 4-7L)。

4.4 不定根发育阶段的划分

不定根的形成是一个复杂的过程，受各种多变的内外因素影响。许多研究结果表明，在不定根的发育过程中，存在着连续的生理阶段，每一阶段均有其各自特定的要求，有些因子甚至相互拮抗，但都以互补的方式行使其功能。根据 de Klerk 等(1999)对苹果插条不定根形成过程的研究，不定根的发育包括 3 个既连续又相互依赖，并且有着不同要求的生理阶段：诱导阶段(先于任何组织学变化)、启动阶段(引起形成根分生组织的细胞分裂期)和表达阶段(根分生组织的生长和根的显露)。多数研究者都接受这一观点。在不定根形成的诱导之前将会形成另一阶段，即细胞脱分化阶段：这些细胞首先进行脱分化，以获得细胞分裂、增殖和不定根再生的感受态(competence)，然后便开始细胞增殖和形成不定根原基。在有些植物中，如柳树，其不定根的奠基细胞(对不定根形成有特异性响应的细胞)在茎中早已形成，只是处于休眠状态，而当茎插条被切下并浸于水中时，不定根便开始发育。类似的情况也见于杨树(*Populus* sp.)、素馨(*Jasminum* sp.)、茶藨子(*Ribes* sp.)和香橼(*Citrus medica*)中(Hartmann et al.，1997)。根据对拟南芥体系的研究，Konishi 和 Sugiyama(2003)分离了缺失不定根形成的不同阶段的突变体，有望鉴定与不定根发育阶段相关的基因。

在此，以苹果为例进一步分述不定根发育各阶段的代表性的生理特点(de Klerk et al.，1999)。苹果插条不定根的形成阶段包括脱分化阶段、诱导阶段、根分化阶段，根分化阶段包括根原基在茎中外凸生长和从茎中露出的表达阶段(表 4-1)。

表 4-1 离体繁殖苹果(*Malus domestica* Jork 9)苗不定根发育阶段的划分及其组织学和生理特点(de Klerk，2002)

发育阶段	阶段的特点描述	组织学观察	生长调节物的效应
细胞脱分化(0～24h)	一些细胞已处于对生根信号生长素反应的感受态	可见形成的淀粉粒	1)为该过程为切割插条所产生的创伤物质包括乙烯和茉莉酸甲酯所促进 2)生长素可能通过促进乙烯而促进这一过程 3)要求低浓度的细胞分裂素 4)为赤霉素所抑制
不定根的诱导(24～96h)	通过生长素的作用，一些细胞处于形成不定根的决定(determination)状态	可见淀粉粒解体 可见细胞首次分裂 可见形成的分生组织	1)为生长素所促进 2)为细胞分裂素所抑制 3)为 PCIB 所抑制 4)为乙烯所抑制
不定根分化(96h 后)	不再需要任何刺激信号；已决定的细胞形成根原基，此后发育出根	形成了完全可辨认的根原基，继续生长直至根的显露	为生长素所抑制

注：PCIB 为对-氯苯氧基异丁酸(p-chlorophenoxy isobutyric acid)，是抗生长素物质

4.4.1 脱分化阶段

脱分化阶段，也可以说是不定根启动阶段，是切割插条导致产生与创伤有关的物质及累积有活性的生长素阶段，使不定根形成的奠基细胞处于不定根形成的感受态。在苹果的微插条被切离后头 24h，其对生长素和细胞分裂素并不十分敏感，一般认为，这一滞后正好与细胞脱分化吻合，此时，一些细胞对不定根形成的刺激(生长素处理)处于感受态，在这一启动过程中，切割插条时所致的创伤信号如所产生的乙烯可能起着扳机的作用(表 4-1)(de Klerk，2002)。生长素可能刺激此时的乙烯生成从而间接地促进这一过程。此外，此阶段要求存在低水平的细胞分裂素。在此阶段，细胞在大多数情况下所启动的并非是全能性(totipotency)，而是亚全能性(pluripotency)；也许仅产生苗，然后苗可能生根，这也说明体细胞所具有的

全能性并不马上表现出来。在苹果的微插条中这些细胞在切离微插条的头24h累积淀粉粒(de Klerk et al., 1999)。茉莉酸甲酯可能在细胞脱分化阶段起作用，它可使微插条生根的奠基细胞对生长素变得更为敏感。因此，在不定根形成的早期阶段使用茉莉酸甲酯对生根的促进显得更为有效(de Klerk，2002)。

4.4.2　诱导阶段

诱导阶段是启动已获得感受态的细胞进行细胞分裂，使之成为不定根发育定向的细胞(commited cell)，并进入形成不定根原基的决定状态。苹果的微插条从培养的大概36h起，生根就不再依赖于根发生信号刺激。此后的48h或72h，这些已处于生根感受态的细胞成为生根的奠基细胞，开始进行分裂，它们所衍生的细胞在生长素的影响下，增加了形成不定根原基的决定状态。此时，生长素的有效性可有助于碳水化合物库(sink)的建立，并对不定根的发育起作用(Agulló-Antón et al.，2010)。另外，一些抗生长素物质如对-氯苯氧基异丁酸(PCIB)、生长素拮抗剂如细胞分裂素和乙烯成为此阶段的抑制因子，这是因为乙烯可能干扰根分生组织极性的建立(de Klerk，2002)。

在组织学的特点上，微插条在培养的24～48h可见细胞核外形发生变化、细胞质染色密度增加和细胞器发育及伴随淀粉粒的解体。到培养的72h，形成层多数细胞的横向分裂形成了有序的细胞列。至96h后，在束间形成层的细胞进行广泛的分裂，从而形成根分生组织(de Klerk et al.，1995)。

4.4.3　表达阶段

在此阶段中，由上一阶段所形成的类分生组织开始分化出不定根原基，进一步生长后，先穿透皮层，再突破茎切段基部。在切取插条120h后，便能十分清楚地辨认出所形成的根分生组织。在这一阶段，诱导阶段所要求的生长素浓度成为抑制浓度，因此，需要去除生长素。当进入分化阶段时，已形成的不定根原基在微插条中开始伸长，最后从茎中露出，行使根的功能(de Klerk，2002)。

4.5　不定根形成及其发育的影响因素

不定根的发育过程由许多复杂的遗传性状的表达所组成。这些性状的表达受控于许多内源调节因子，也受环境的高度影响，由此决定着细胞发育命运感受态的获得、细胞分裂、根原基的启动和外突及其伸长。同时，对如重力、光、干旱和生物与非生物逆境感知及反应的基因表达也在这一过程中起非常重要的作用。这也是不同根体系显示高度可塑性表型的原因。植物插条的无性繁殖是其对环境反应的一个重要的策略，也可高度反映母株植物在生理和生化上的生命力及其插条潜在的生根能力(Geiss et al.，2009)。

4.5.1　遗传因素

大量的生理和生物化学研究表明，有关不定根形成的感受态是一种数量遗传性状。在木本植物中，形成不定根的感受态可以用生根的插条百分数或每个插条的生根数进行定量表述。富有经济价值的苹果、桉树、针叶树和其他木本植物的基因型常可分为易生根类型和难生根类型。这种插条生根难易的差别也发现于一些草本植物，如拟南芥(King and Stimart，1998)、欧洲油菜(*Brassica napus*)(Oldacres et al.，2005)、玉米(Mano et al.，2005)和水稻(*Oryza sativa*)(Ikeda et al.，2007)。这一不定根形成能力的品种性差异在遗传育种上有重要的价值。

研究者很早就关注到在不定根形成过程中所存在的遗传变异的潜在价值，也对不同基因型插条的生根能力差异做过比较研究，从中也鉴定了与不定根形成相关的数量性状基因座(quantitative trait loci，QTL)。例如，美洲黑杨(*Populus deltoides*)每一个插条形成不定根数目的QTL表现出广义遗传力(broad-sense heritability)(Wilcox and Farmer，1968)，研究者曾采用生根插条的百分数计算火炬松(*Pinus taeda*)的狭义遗传力(Foster，1990)。Greenwood和Weir(1994)分析了火炬松半同胞家系(half-sib family)(由同一父本不同母本或同一母本不同父本繁殖的子代集合体称为半同胞家系)和全同胞家系(full-sib family)中的易生根与难生根型对 IBA 的不定根形成作用的响应倾向，发现它们之间生根能力有显著的不同，此后鉴定了火炬松与不定根形成的 QTL (Greenwood et al.，2001)。

Grattapaglia 等(1995)利用全同胞家系的大桉(*Eucalyptus grandis*)(难生根型)和尾叶桉(*Eucalyptus urophylla*)(易生根型)杂交种生根插条的百分数鉴定了 4 个 QTL。多数遗传表型的变异(28.5%)都源于尾叶桉(易生根型)。蓝桉(*Eucalyptus globulus*)由于其非常好的纤维木材而成为陆地的主栽品种，但其不定根的形成能力却非常不同。与此相反，细叶桉(*Eucalyptus tereticornis*)材质中等，但具有良好的生根能力，因此，常常用于改良其他桉树品种不定根形成能力的育种计划。对这两个品种无性繁殖品性的遗传传递进行研究，研究者发现了与不定根形成有关的 9 个 QTL (Marques et al.，1999)。在平均水平上，细叶桉对不定根形成的表型变异贡献较多(16.3%)，而蓝桉则贡献较少(9.7%)。此后，相继研究了巨桉、欧洲云杉(*Picea abies*)和毛果杨(*Populus trichocarpa*)(Myburg et al.，2011；Nystedt et al.，2013；Tuskan et al.，2006)不定根发育相关的 QTL。研究者利用夏栎(*Quercus robur*)全同胞家系的 278 个 F_1 子代为作图群体，对其生根能力进行 3 年多的分析，从中鉴定了与营养繁殖品性相关的 10 个 QTL，可解释其 4.4%～13.8%的表型变异，其中两个最强的位点在观察年份中呈现稳定的状态(Scotti-Saintagne et al.，2005)。鉴定与这些遗传品性连锁的分子标记，如 AFLP 标记、微卫星标记或基因序列是选择有价值的基因型的关键一环。Marques 等(2002)研究了与桉树(*Eucalyptus* sp.)营养繁殖品性相关的 SSR 位点的同线性及其保守性；这些微卫星分子标记将有助于整合各个品种来源的遗传连锁图，以便使这些遗传信息更有效地用于分子育种。

另外，研究者也已在难生根的美洲黑杨(*Populus deltoides*)和易生根的欧美杨(*Populus euramericana*)之间的假测交中定位了与不定根外露生长相关的 QTL。研究已发现不定根的平均根长和根总数强烈地受控于遗传，而这些性状彼此之间有强烈的相关性。研究已鉴定了 5 个与根生长相关的 QTL，其中 4 个源于欧美杨，一个源于毛果杨。利用这些 QTL 定位及毛果杨中的基因表达，可望进一步鉴定影响根形成的保守基因组区域以便用于不定根形成的改良(Zhang et al.，2009a)。杨树许多品种包括杂交种(*Populus tremula*×*Populus alba* clone INRA 717-1B4 和 *P. tremula*×*P. tremuloides*)的有效基因转化体系已经建立(Leple et al.，1992；Han et al.，2000)，可以构建不同的表达载体并获得各种转基因植株，包括 RNA 干扰和激活标签突变体转化株系(Busov et al.，2009)。同时，基因增强子和基因捕获突变发生技术也已应用于鉴定与杨树不定根形成的不同阶段相关的基因表达模式的研究(Rigal et al.，2012)。再则，杨树许多易生根的品种已在选育优良无性系的分子育种中扮演重要角色(Zhao et al.，2014)。显然高通量全基因组相关研究和作图技术的提高有助于木本植物不定根相关 QTL 的定位及其克隆。有关不定根形成的转录谱和蛋白质谱的分析将有助于开发此方面新的分子标记。

4.5.2　母株的衰老程度

插条不定根的形成除受遗传调控之外，也受许多内源因子的影响，其中插条母株的年龄或衰老程度和植物激素及其相关物质的影响更为重要。

对于大多数植物品种而言，在成熟期所取的插条(或组织)是难以或不可能诱导不定根形成的。衰老是不定根形成的限制因子。植物的开花是达到成熟的标志，而其他的表型变化，如叶形改变、苗生长的取向、茎的颜色和生根感受态的降低则发生在从幼龄的营养阶段转向成熟的营养阶段期间(Poethig，1990)。衰老因子对插条不定根的形成有显著的影响。

植物的品种不同，其失去生根能力的速度和程度也不同。例如，经历 20 年的生长后，欧洲落叶松(*Larix decidua*)插条的生根频率由 100%降至 50%。火炬松(*Pinus taeda*)的生根能力下降更快(Greenwood et al.，1989)。衰老因子也反映在植物的不同部位。例如，从 20 天或 50 天苗龄幼苗所得的下胚轴插条可迅速地生根，而 50 天苗龄的上胚轴即使经过 2～3 个月的生根诱导也极少生根(Diaz-Sala et al.，1996)。因此，采用处于幼态的母株所得的插条，可使其无性繁殖获得更大的成功(Osterc and Štampar，2011)。植物组织中的生长素水平，可作为木本植物幼态程度的潜在生化标记(Wendling et al.，2014，2015)。

在利用栎属品种(*Quercus* spp.)植物微插条为材料时也获得了相似的结果。夏栎(*Quercus robur*)培养系分别源于以树龄为 100～300 年的栎树无性系树冠(crown，C)和树基部(basal shoot，BS)枝条为外植体而培养的微插条。从木本植物个体发育进程的角度看，可以预料，源于树基部枝条外植体的离体培养无性系将具有幼态的表型(有较高的生根能力)，而源于树冠枝条外植体的离体培养无性系表现出成熟的特性(较低的生根能力)，实验结果(表 4-2)与此预料一致。对在含 IBA 的生根诱导培养基培养 0～14 天的栎树无性系 Saínza 的 BS 和 C 培养系的微插条茎横切面的组织解剖学观察显示，在这两种不同的插条生根过程中，其内源生长素水平均未发生变化，两者的细胞分裂均可为外源生长素所激发。这说明源于成熟枝条和树基部幼龄的微插条同样可保持进行细胞分裂的能力，但源于成熟枝条的微插条不能进行进一步的细胞脱分化及其后的再分化(Vidal et al.，2003)。

表 4-2　夏栎(*Quercus robur*)微繁殖插条的母株树龄及其微插条所取部位对其生根的影响(Vidal et al.，2003)

无性系	培养系	生根率(%)	生根数
NL100(树龄 100 年)	BS	100±0.0a	5.0±0.7a
	C	64.7±9.9b	1.8±0.3b
Saínza(树龄 300 年)	BS	73.4±11.1a	2.7±0.5a
	C	2.2±3.0b	0.4±0.5b

注：离体培养繁殖不定苗无性系 NL100 和 Saínza 分别源于夏栎树龄达 100 年和 300 年的树冠枝条外植体(C 培养系)及树基部枝条外植体(BC 培养系)，将它们在含 0.12mmol/L IBA 的培养基中培养 24h 诱导生根，表中的数据是在实验 28 天后记录的。生根率或生根数一栏的平均值后附字母相同者为差异不显著的数据($P = 0.001$)

比较欧洲栗(*Castanea sativa*)相同品种但个体发育阶段不同的插条，即幼龄苗(易生根)和成熟苗(难生根)生根过程的特点发现，两者在解剖结构上不存在差异，外源生长素都可激活它们的细胞分裂反应。但是，在成熟插条中未能发现根分生组织结构的产生。还发现诱导生根处理的外源生长素浓度也并非是引起这两类插条生根差异的关键因子，因为两者都是用同一浓度的生长素进行处理(Ballester et al.，1999)。关于栎属(*Quercus*)植物和欧洲栗成熟插条的不定根形成时未能产生根分生组织结构的机制有待揭示。随着柚木(*Tectona grandis*)插条供体母株年龄(衰老程度：树龄分别为 2 个月、15 年和 30 年)的增加，其不定根形成能力显著降低，利用外源生长素 NAA 和 IBA 处理插条可显著地增加衰老插条的生根能力。相比而言，4000ppm IBA 促进生根的效应(生根百分数)最佳(图 4-10)，而对于每个插条的生根数目增加效应最佳的是 4000ppm NAA(图 4-11)(Husen and Pal，2007)。因此，为了克服插条难以形成不定根的问题，除了尽量采用幼态插条外，还应该找到一种使成熟插条返幼(rejuvenation)的办法，这对于重要果木的无性繁殖非常有意义，因为这些果木往往要到开花结果时我们才能看到它们的经济价值，但这时果木已进入成年状态，难以通过无性繁殖来保持其所显示出的优良性状。在实践上，往往通过微繁殖(micropropagation)或称微体嫁接(micrografting)的技术将成年的枝条恢复幼态(即返幼)，以满足无性繁殖生根的要求。微体嫁接技术与传统的培土压条方法不同，微体嫁接技术是先以成年植株的枝条为接穗，嫁接于种子萌发的无菌苗砧木上，

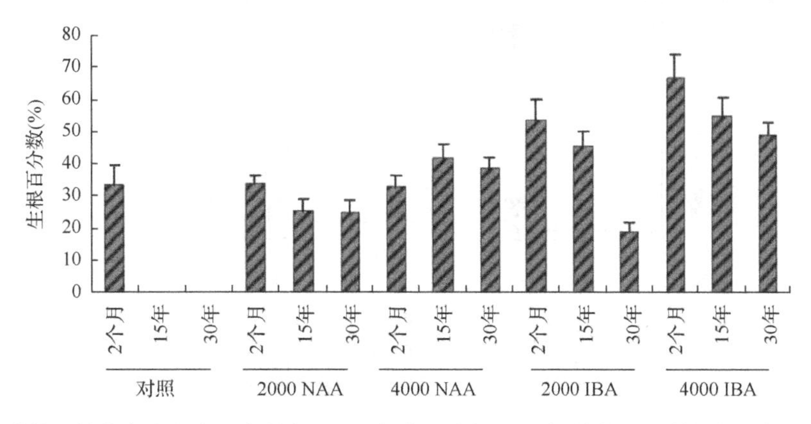

图 4-10　柚木插条供体母株的衰老程度及生长素处理对插条不定根形成率(生根百分数)的影响(Husen and Pal，2007)

生长素的处理浓度单位为 mg/L。误差值所代表的是抽样误差(n=50)

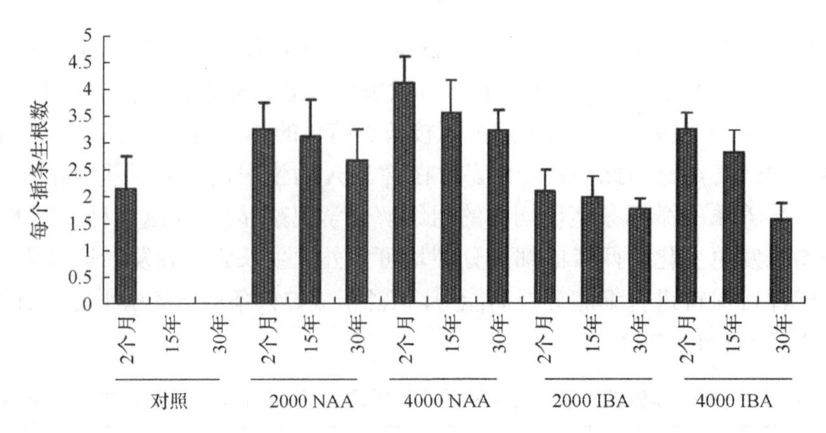

图 4-11　插条母株衰老程度和生长素处理对每个插条不定根形成数量的影响(Husen and Pal，2007)

插条生长于雾化的生长箱中，各生长素的处理浓度单位为 mg/L。短线所代表的数值为平均值的标准误差(n=50)

并在组织培养的条件下增强其形成不定根的能力。例如，北美红杉(*Sequoia sempervirens*)就是按这一方法成功地使以成年枝条为接穗的嫁接苗成活，然后将这一嫁接苗作为接穗，再一次嫁接于种子萌发的无菌苗砧木上，如此反复的继代培养(图 4-12)，可使成年态外植体恢复幼态，成为幼态的组织，成功地进行了以成年枝条为外植体的快速繁殖(Huang et al.，1992)。苹果树的成年外植体生根困难，难以进行无性繁殖。如果进行 9 次上述微体嫁接培养后可使 90%的微体繁殖苗生根，金帅苹果的成年枝条嫁接于种子萌发的无

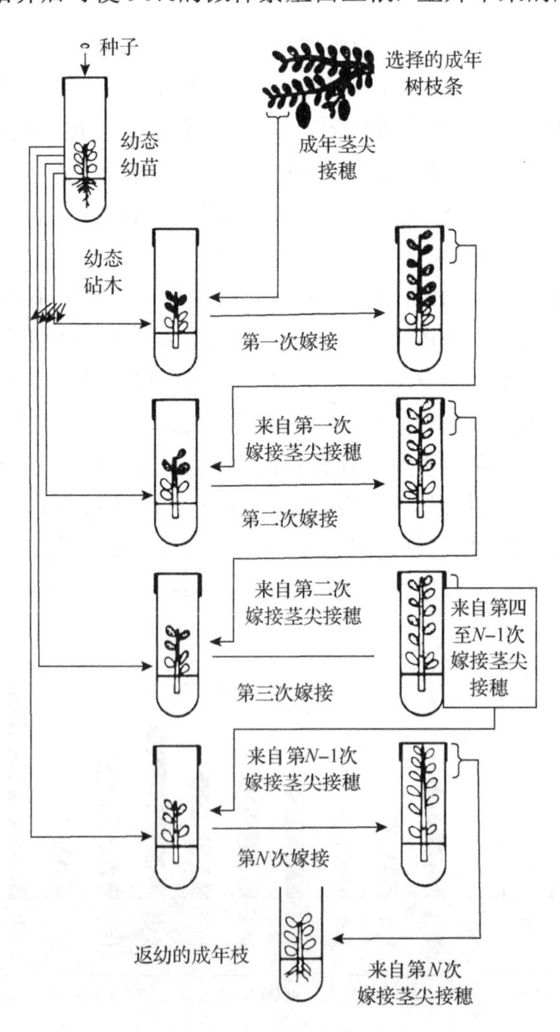

图 4-12　可使成年枝条返幼的离体微嫁接示意图(Huang et al.，1992)

菌幼苗砧木上，在组织培养的条件下可增加其形成不定根的能力。Golden deliciou 品种若经 31 次微体嫁接可使其苗生根率达到 79%(Jones and Hadlow，1989)。通过微体繁殖培养不但可以使成年的接穗恢复幼态，增加其生活力，还可以使其植株提早开花，如竹子(*Bambusa arundinacea* 和 *Dendrocalamus brandisii*)组织培养小苗，经 6 个月微体繁殖的继代培养可开花，而它在自然条件下则要生长约 30 年才能开花(Nadgauda et al.，1990)(参见第 6 章)。

有关这些发育阶段的控制及逆转(返幼)的细胞学和生化与分子机制的研究已有不少进展(Huijser and Schmid，2011)。研究表明，可能有几种相关机制，其中一个比较流行的解释是 DNA 甲基化。例如，通过比较欧洲栗(*Castanea sativa*)幼龄态和成熟态插条的 DNA 甲基化水平，研究者发现衰老与 5-脱氧胞嘧啶核苷的甲基化的逐步增加有关(Hasbùn et al.，2007)，但也有与此相反的结果。例如，马占相思(*Acacia mangium*)和巨杉(*Sequoiadendron giganteum*)离体培养的幼龄态微插条中的 DNA 比成熟态微插条中的 DNA 具有更高的甲基化水平(Barlow，1994；Monteuuis et al.，2008)。反复将成熟态的离体培养的北美红杉(*Sequoia sempervirens*)苗接穗嫁接于幼龄态的砧木上可使成熟接穗的幼龄态倾向及其生根的感受态逐步恢复，这由其中的 DNA 甲基化水平逐步降低所致(Huang et al.，2012)。

另外，研究者发现，拟南芥(生态型为 Ler)成年植株去根下胚轴插条不定根发育的减少取决于含有 Arg-Gly-Asp 这 3 个氨基酸的蛋白质，也称为 RGD 多肽；用这一多肽处理该插条后可增加其不定根形成的百分数，而这一多肽却对幼龄不定苗插条的生根无效(Diaz-Sala et al.，2002)。通过对几个有关发育阶段转变的拟南芥突变体进行研究发现，这些突变体改变的是小 RNA(19～24 个核苷酸组成的 RNA)，包括 miRNA 和干扰小 RNA，再次证实了表观遗传基因调节与发育阶段转变之间的相关性(Willmann and Poethig，2005)。研究已表明，miRNA156 调控着从幼龄营养阶段向成熟营养阶段的转换，植物界的 miRNA156 是非常保守的，它控制着 SBP/SPL(SQUAMOSA PROMOTER BINDING PROTEIN-LIKE)这一转录因子的表达(Wu and Poethig，2006)。miRNA156 调控着幼龄阶段的表达及其向成熟阶段转换的时间，它通过与调控这一过程的不同层面的多个途径的协作来完成这一功能(Wu et al.，2009)。有关更多植物发育阶段返幼的表观遗传的调控，请参阅第 9 章的 9.2.5 部分。

4.5.3　生长素对不定根形成的中心作用

生长素在不定根的形成中起着中心的作用，即起着主调控作用(Pacurar et al.，2014)。在生长素被发现后，研究者才确认了天然的和人工合成的生长素可以诱导生根，而“生根素”在生理上与生长素相似。自 IAA 在 20 世纪 20 年代被发现后不久，研究者就发现外加生长素可引起插条生根。数年之后，人工合成了 IBA 和 NAA(Zimmerman and Wilcoxon，1935)。后来发现 IBA 也是存在于某些植物品种中的天然的生长素物质。例如，在拟南芥中 IBA 的量可占其总游离生长素库的 30%(Epstein and Ludwig-Muller，1993)。在实践中研究者还发现人工合成的生长素比天然的更有效，在插条切面粘上含生长素的滑石粉(生根粉)即可生效。著名品牌 Rhizopon 生根粉最早创建于 20 世纪 30 年代末，据称对 75%的作物的生根有效。除使用生根粉，研究者在实践中也发现，插条在高浓度的生长素溶液中浸泡数秒钟或完全浸泡在生长素溶液中一定时间对其不定根的形成非常有效。生长素可改善生根的百分数、生根的数量、根体系的对称性和根与苗的比例。这些参数都对在苗圃和种植地的树木生长发育的稳定性、成活率与干材体积的增加有益(Hartmann et al.，2011)。

用于促进不定根形成的生长素主要有吲哚乙酸(IAA)、吲哚丁酸(IBA)和萘乙酸(NAA)。生长素促进生根的作用依其类型不同而异(Fogaca and Fett-Neto，2005)。内源(苗端和叶)和外源(培养基中)及其局部库中生长素的活性与水平是通过生长素的合成和降解、运出和输入、结合和游离的方式进行调节的。这些调节机制的效应决定着植物某一组织和某一区域的生长素的活性(Fett-Neto et al.，2001)。IAA 是主要的内源生长素之一，但相对不稳定，易被光和相关的氧化酶所降解。IBA 比较稳定，其极性运输的效率也较高。生长素在苗端分生组织合成，沿茎向下运输是其极性运输的主要方式。

越来越多的遗传分析证据表明，生物因子或非生物因子的变化对不定根形成及其结构的影响是调节其内源因子动态平衡(homeostasis)和(或)信号传递(signaling)的结果。很明显，生长素在这些激素的相互作用及其与环境信号的复杂网络作用中起着中心的作用。在不定根的发育过程中，生长素可以在不同的水平上与其他生长调节物质如乙烯、细胞分裂素、赤霉素、脱落酸、独脚金内酯(strigolactone，SL)、油菜素内酯(brassinolide，BR)、茉莉酸(jasmonic acid，JA)、水杨酸(salicylic acid，SA)、多胺(polyamide，PA)过氧化氢和一氧化氮(NO)直接或间接地相互作用，还与环境因子如光、温度、营养元素和碳水化合物相互应答，控制不定根的发生和发育(Sauer et al.，2013；Pacurar et al.，2014)。生长素及其相关的生物活性物质如酚类、黄酮类(Peer and Murphy，2007)和褪黑素、碳水化合物、矿质营养元素等可作为不定根形成的辅助因子或生长素运输的调节因子而影响不定根的形成。这些内源因子的代谢及其信号转导体系也受环境因子如创伤、光、温度和逆境因子影响，从而形成了一套复杂的不定根形成的调控网络。大部分油菜素甾醇类化合物的生物合成及其信号转导的突变体呈现多效的矮化表型(pleiotropic dwarf phenotype)。因此，难以判断与其相关的根的表型是否是其原初的效应。生长素和油菜素甾醇都可诱导许多涉及根生长和发育的生长素信号转导基因的表达。然而油菜素甾醇是否可与生长素相互作用而影响不定根的形成，目前尚不清楚(Bellini et al.，2014)。

4.5.3.1 不定根发育阶段与生长素作用

生长素对不定根的诱导阶段起着关键的调节作用。诱导阶段是指在首次细胞分裂前所发生的生物化学变化的阶段。内源生长素水平常常在不定根诱导阶段有短暂性的升高，同时相关的组织对生长素的敏感性也在提高。而在不定根的启动阶段，生长素水平降低(Nag et al.，2001)。生长素直接参与不定根的诱导，但在启动和显露阶段对根的发育起抑制作用。以绿豆(*Vigna radiata* cv. 105)下胚轴的不定根形成为例，不定根的诱导阶段是在插条切割后以IBA(5～10mol/L)溶液处理后的0～24h，不定根启动阶段在24～72h，而不定根的表达阶段在72h后。采用特异性荧光定量法对不定根形成的不同阶段的内源生长素水平进行测定，结果表明，在诱导阶段的24h出现第一个IAA水平的高峰(标志着诱导阶段的结束)，相应的是降解IAA活性的IAA氧化酶的活性降低。在不定根启动阶段的72h，过氧化物酶活性达到一个峰值，而IAA处于低水平，此后(72h后)过氧化物酶活性较低，IAA水平则逐步地升高，在不定根形成的阶段，过氧化物酶的活性与内源IAA水平出现负相关的关系(图4-13)(Nag et al.，2001)。

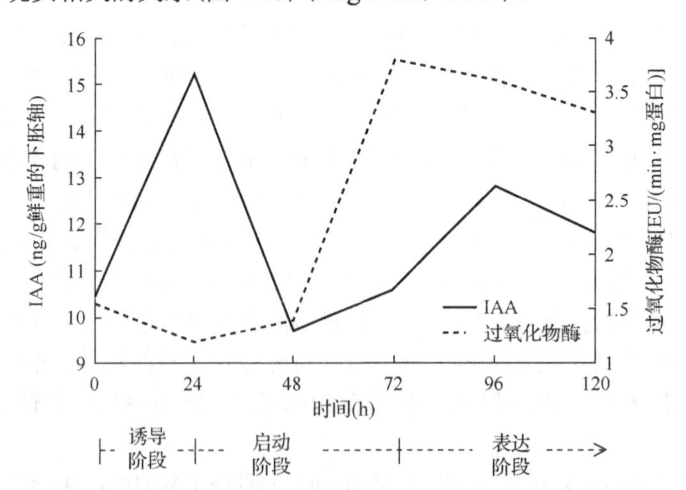

图4-13 根据IAA水平和过氧化物酶活性所划分的绿豆下胚轴不定根形成的阶段(Nag et al.，2001)

绿豆(*Vigna radiata* cv. 105)萌发生长7天的幼苗下胚轴，从子叶节下方3cm处获取插条，去除子叶保留上胚轴及一对初生叶，在50ml烧杯中将此插条用30ml实验液浸泡，诱导不定根时采用IBA(5～10mol/L)溶液

由苗端所产生的生长素常不足以诱导茎上不定根的形成，特别是对于难生根的品种。因此，外源的IBA和NAA是常用于诱导插条或离体培养的微插条不定根形成的生长素(da Costa et al.，2013；Guan et al.，2015)。

4.5.3.2　生长素类型及其处理方法对不定根形成的影响

在园艺和农业实践中，生长素类型及其处理方法(时间、浓度)对不定根形成的作用有显著的差别。关于用于诱导不定根形成的生长素，最常用的是 IBA，它也是最丰富的天然生长素之一(仅次于 IAA)，但是它所具有的生物活性是其本身所固有的，还是转化成 IAA 后所产生的，是一个仍有争论的问题。实际上，在许多植物种类中已证实 IBA 可转变为 IAA，因此，研究者提出 IBA 的生物活性是其在体内转变为 IAA 所产生的看法(Kurepin et al.，2011)，但研究已发现，当 IBA 远距离运输时不会被转化或降解为 IAA。此外，IAA 运输载体如 AUX1、PIN2、PIN7、ABCB1(ATP BINDING CASSETTE TYPE B 1)和 ABCB19 并不参与 IBA 的运输，但 ABCG36 和 ABCG37 似乎可将 IBA 外运，但不将 IAA 外运(Strader and Bartel，2009)。这表明，将无活性的前体移动到其特殊的作用部位是由另一个独立的运输体系负责的(Strader and Bartel，2011)，弄清这一新的运输体系将有助于揭示 IAA 和 IBA 促进不定根形成过程中的作用差异。

根据植物品种、外植体和生长环境不同，可单独使用 IBA 或与其他生长素如 NAA，有时与 2,4-D (2,4-dichlorophenoxyacetic acid)组合使用用于促进不定根的形成，对于一些观赏植物品种的无性繁殖，无论是在离体培养生根(*in vitro*)还是离瓶移栽生根(*ex vitro*)的情况下，使用 IBA 与其他生长素及其不同浓度组合都有利于不定根形成。这种激素组合的效应也见于硬木品种不定根的形成(Pijut et al.，2011)。NAA 也有很强的刺激生根的活性，尽管研究已经证明与天然的生长素 IAA 相比，NAA 对生长素受体 TIR1 (TRANSPORT INHIBITOR RESISTANT1)的亲和性低(Dharmasiri et al.，2005；Kepinski and Leyser，2005)，研究者认为，这些生长素对不定根的作用差异可能是由不同的信号转导所致，但这一假定需要进一步证明。IBA (10μmol/L)对促进木瓜不定苗生根的作用比其他生长素要好(表 4-3)(Drew et al.，1993)。此外，IBA 处理木瓜不定芽时间的长短(1～12 天)也影响其生根的状况，10μmol/L IBA 处理 3 天可得最高的生根率(96%)；处理 4 天可得最高的平均根重；处理 1 天的根较细并带有许多侧根；而处理 2 天和 3 天的根较粗壮；处理 4 天、5 天、7 天或 12 天后根逐渐变短变粗且带少量的侧根(Haissig et al.，1992)。在插条制备完成后不久插条便出现最佳的生根响应。根据 IBA 处理对绿豆(*Vigna radiata*)茎插条生根反应的检测发现，高浓度的生长素处理必须在插条制备完成后立即进行，方可得到最大的生根效应(Jarvis et al.，1983)。但是，对于难生根的亮果桉(*Eucalyptus nitens*)却是在插条制备后 48h 将插条基部用 IBA 溶液(20mg/L)浸泡方可启动其生根效应，如推迟生长素处理，即在插条制备后的 4 周或 5 周将插条插入含生长素的生根基质中可获

表 4-3　不同生长素及其对木瓜不定苗生根的效应(Drew et al.，1993)

生长素的浓度 (μmol/L)		具根启动苗的百分数(%)	每苗的生根数(条)	每苗平均根重(mg)	每生根苗出现愈伤组织的平均数
IBA	0.1	10	1.8c	60.4b	1.0b
	1.0	32	2.7c	146.5b	1.3b
	10.0	66	5.5a	681.1a	4.4b
NAA	0.1	6	1.7c	46.6b	0.3b
	1.0	18	2.0c	264.1b	2.3b
	10.0	10	3.0bc	74.0b	1.8b
IAA	0.1	2	1.0c	7.1b	0.0b
	1.0	18	1.7c	84.9b	1.0b
	10.0	18	1.4c	48.6b	1.0b
PCPA	0.1	4	1.0c	96.9b	1.0b
	1.0	2	1.0c	22.3b	1.0b
	10.0	10	4.2ab	15.4b	1.4b
无生长素		2	1.0c	61.5b	1.0b

注：不同小写字母表示在 $P<0.01$ 水平有显著差异，在培养 28 天后统计根形成和愈伤组织的产生情况，每个数据为 50 个重复的平均数。PCPA(对氯苯氧乙酸)

得最大的生根启动效应(Luckman and Menary，2002)。相关研究表明，插条制备后采用生长素处理可促进不定根的形成，但是除了掌握处理时间点外，必须了解效果最佳的生长素类型并掌握其最适的浓度。例如以 5 月采集的单性生殖的苹果属小金海棠(*Malus xiaojinensis*)幼苗插条为材料的研究表明，浓度为3000mg/L 的 IBA(以水为对照)促进其不定根形成的效果最佳(Xiao et al.，2014)。

研究者在研究生长素的结构活性与番茄(*Lycopersicon esculentum*)子叶外植体形态发生的关系时发现，浓度各为 10μmol/L 的 IAA、IBA、1, 2-苯并异恶唑-3-乙酸(1, 2-benzisoxazole-3-acetic acid，BOA)、IBA、NAA 和 2,4-D 在无细胞分裂素存在的培养基中，除 2,4-D 外，均可诱导不定根的形成，其中生根最长的是 IBA 和 IAA 处理的子叶外植体，而 2,4-D 处理使子叶外植体产生愈伤组织和类毛状长丝根(hairy root-like filament)。根数目随着各生长素浓度的增加而增加，但到达一定浓度之后，其根的长度被抑制。因此，出现在生长素最高浓度(0.32mmol/L)时的根数量最多，但其根最短(图 4-14)(Branca et al.，1991)。有时，不定根形成的诱导需要各种生长素的配合，才能达到最理想的生根效果。例如，研究者分别用 IAA、IBA、IPA(吲哚丙酸)、NAA 和 2,4-D 对印度黄檀(*Dalbergia sissoo*)成年树的形成层外植体诱导不定芽生根时发现，浓度为 0.1mg/L 时，以 NAA 的生根效果为佳，如果以 IAA+IBA+NAA(各自的浓度均为 0.1mg/L)配合起来，则其生根效果更佳(Kumar et al.，1991)。

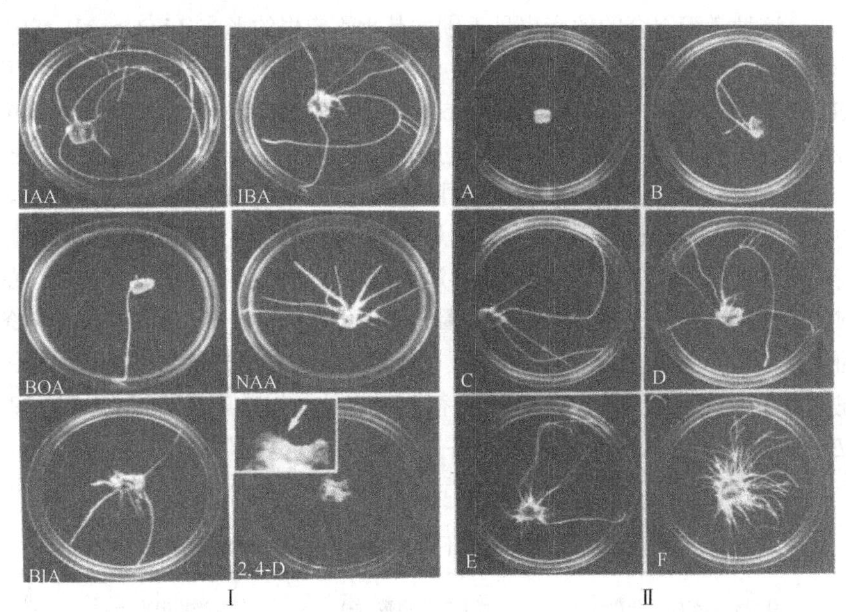

图 4-14　在无细胞分裂素的情况下，生长素的类型对离体培养的番茄子叶不定根的形成及形态的影响(Branca et al.，1991)
在图 I 中：浓度均为 10μmol/L；IAA 或 IBA 的培养基中可形成比较长的根；2,4-D 不能诱导生根，但可形成愈伤组织并带有非常细小的毛丝状根。在图 II 中：IBA 的浓度依次增加，由图 A 的 0.32μmol/L 增加到图 F 的 0.32mmol/L(其中 B 为 1.28μmol/L，C 为 5.12μmol/L，D 为 20.48μmol/L，E 为 81.92μmol/L)。低浓度的 IBA(A)不能诱导不定根的形成，随着浓度的增加，不定根形成的数量增加。但是高浓度 IBA 的条件下(E 和 F)所形成的不定根变短，在 0.32mmol/L 浓度下开始出现毛丝状根。MS 为基本培养基，培养 3 周后观察和统计试验结果

一般而言，IBA 比 IAA 诱导不定根形成的能力更强，因为它具有较强的化学稳定性和不易被氧化；IBA 是最广泛用于木本植物不定根形成诱导的生长素，与 NAA 相比，IBA 毒性较低(Hunt et al.，2011)。在多数植物中内源 IAA 的水平比 IBA 的水平高。但是这两种生长素诱导不定根形成的相对效果直接取决于它们结合物的稳定性(Epstein and Ludwig-Muller，1993)。具有不同生根能力的托里桉与柠檬桉的杂交种(*Corymbia torelliana*×*C. citriodora*)砧木插条的 IAA 水平却相同(Wendling et al.，2014；Hung and Trueman，2011)。这些结果提示，除了生长素外，某一组织的生根能力可为许多因子所调节，这些因子包括细胞对生长素信号转导的敏感性、插条基部是否存在生根抑制剂、矿质元素和碳水化合物水平的高低(da Costa et al.，2013)，以及茎的木质化程度差异(Wendling et al.，2014)。生长素处理不当也会引起一些不良效应。一般，随着处理生长素浓度的增加，在处理的 24h 内植物将出现各种异常的生长，包括叶的偏上生长、茎弯曲、绿叶着色的强化和生长受抑制；甚至还可减少气孔开度和物质运输与碳同化，随之将引起叶子衰老

加速、叶绿体损坏、膜结构和维管系统完整性的破坏、茎尖坏死和植物死亡。高水平的生长素可刺激乙烯的生物合成。这种乙烯转而刺激 ABA 的产生从而引发气孔关闭，ABA 可与乙烯协同作用促进叶的衰老，最终致使植物死亡(Grossmann，2000)。

4.5.3.3　生长素的吸收对插条不定根形成的影响

如前所述，生长素运输能力的不同可直接影响不定根发生，所施用的生长素可能在易生根的植物中容易被运输(Ludwig-Müller，2009；Nakhooda et al.，2011)。使用外源生长素促进茎外植体不定根形成的效果取决于插条组织对生长素是否有足够的吸收。生长素浓度和处理时间的长短影响茎插条基部对生长素溶液的吸收，随着生长素浓度的增加和处理时间的延长，被吸收的生长素量也增加(Howard，1985)。插条选择和制备的时间与生长素处理时间的长短也影响生长素吸收，生长素处理前插条基部水分散失越多，其基部吸入生长素的量越多。插条浸入生长素溶液的深浅也影响生长素的吸收及随后的不定根反应。例如，大多数使用生长素溶液处理的山龙眼科一种植物(*Protea* cv. Ivy)的插条，对生长素的吸收都发生在浸泡的前几秒中，此后随着浸泡时间的增长对生长素的吸收率迅速降低(Gouws et al.，1990)。

研究者曾利用 ^{14}C 标记的 NAA(2000mg/L)分别采用快速浸泡(quick dip)法、含 0.2% NAA 的生根粉(含 2000mg/L NAA)和稀释浸泡(dilute soak)法(含 200mg/L NAA 溶液)处理胶州卫矛(*Euonymus kiautschovicus*)的软木插条与菊花(*Chrysanthemum morifolium*)插条，结果表明，不管使用哪种方法，插条的生根数量只与 NAA 的实际吸收相关，菊花插条吸收生长素的量比胶州卫矛插条的多，这是由于菊花插条的蜡质较少，在用快速浸泡法时可使生长素更多地通过表皮而被吸收，并有更快的运输速度(Geneve，2000)。

用生根粉处理菊花插条，其所吸收的 NAA 只相当于采用快速浸泡法浸泡 5s 所吸收的 6%和采用稀释浸泡法浸泡 16～24h 的 3%。当插条采用乙醇预处理 5s，然后使用生根粉，可使插条吸收的生长素增加 5 倍。稀释浸泡法显示出最好的生长素吸收，所产生的不定根的数目最多，但所形成的不定根的伸长不良。未处理或采用生根粉处理的插条只在插条的基部形成不定根，而快速浸泡法、稀释浸泡法和经过乙醇预处理的插条却可在其基部并沿着茎的方向形成不定根。经过生长素溶液处理的插条，吸收生长素最多的地方是切割的表面(Blythe et al.，2007)。

生长素溶液或生根粉的 pH 也可影响插条对生长素吸收的程度。研究者在研究苹果品种 Gala 和三红美味(Triple Red Delicious)的组织培养时发现，不定根的形成与 ^{3}H 同位素标记的 IBA(^{3}H-IBA)的吸收及根发育启动中介质的 pH 呈负相关；培养基的 pH 为 4.0 时，不定苗所形成的不定根数量和对 IBA 的吸收都处于最大值(Harbage et al.，1998)。

4.5.3.4　生长素的运输及其对不定根形成的影响

施用生长素对促进插条不定根形成的效应取决于是否有足够量的生长素从施用的部位运输进入启动生根的部位，生长素的运输有 3 种基本方式：①向基性的极性运输；②通过韧皮部的运输；③外源施用的生长素通过木质部的向顶运输。在植物激素中，生长素是唯一可在植物组织中进行单向性极性运输的激素，其主要的运输方式是向基性的运输，从以苗端为内源生长素的库源运向整株植物(Taiz and Zeiger，1998)。生长素的极性运输方式也形成了从苗至根的生长素分布的梯度，由此影响各种生理过程。根据普遍接受的生长素极性运输的化学渗透模式，生长素的吸收由通过质膜的质子动力所驱动(ΔE +ΔpH)，而生长素的输出载体(从细胞运出)则由膜电位(ΔE)所驱动。生长素可通过磷脂层的被动扩散或通过质子转运体的次生主动运输(secondary active transport)方式进行运输。生长素通过其输出载体而运出细胞，输出载体主要位于各细胞的向基端。细胞向顶端反复吸收的生长素及从细胞向基端释放的生长素引起了生长素极性运输的全部效应。生长素的极性运输被认为主要发生在与维管组织相关的薄壁细胞中。在天然存在的生长素中，进行极性运输的仅有 IAA 和 IBA(Srivastava，2002)。具有生物活性的人工合成的生长素如 1-NAA 也可进行极性运输，但 2,4-D 极少进行极性运输。其无生物活性的同类物如 2-NAA 和 2,6-二氯苯氧乙酸(2,6-dichlorophenoxyacetic acid，2,6-D)不能进行极性运输。经过燕麦胚芽鞘弯曲测试，各种生长素各有其不同的运输速率，IAA 的运输速率大于 IBA，而 IBA 的运输速率则大于 NAA。在成熟叶中的大多数人工合成的生长素，是通过非极性方式在韧皮部与碳水化合物及其他物质一起运至植物其他部位的(Taiz and Zeiger，1998)。韧皮部运输生长素的方式主要还是被动运输，与其他组织中的极性运输相比其速度更快。

采用多种糖类进行类似的实验，再次证实，糖类可以代替光的作用使 2,4-D 在叶中易被运输(Weintraub and Brown，1950)。研究者在柠檬(*Citrus limon*)叶或玫瑰(*Rosa* cv. Lady Perkins)插条基部用生长素溶液处理实验中发现，沿插条基部向上移动的生长素取决于蒸腾速率，生长素对不定根的诱导显示极强的溶液效应。研究者曾对李属品种(*Prunus* Mariana 2624)带叶的茎插条在不定根形成时进行 ^{14}C 标记的 IAA 示踪实验，观察在 24h 内向顶和向基性生长素被吸收及分布情况。实验结果表明，如在插条基部施用生长素时，多数放射性 IAA 都留在插条的基部，不带叶的插条所吸收的生长素与带叶插条的相同，这意味着蒸腾拉力并非是生长素吸收和运输原初的影响因子(Blythe et al.，2007)。研究者在研究变色龙木百合(*Leucadendron discolor*)两个品种中 ^{3}H 标记的 IBA 的运输和代谢时发现，这两个品种的插条都可快速地代谢 IBA，但在 4 周的生根期间内，易生根品种的叶中被运进的 ^{3}H 标记的 IBA 的量比难生根品种叶中的多，同时在易生根品种的插条基部累积的 IBA 也比难生根品种的插条基部累积的多(Epstein and Ackerman，1993；Blythe et al.，2007)。

如前所述(4.2.5)，杧果(*Mangifera indica*)子叶横切或纵切切段在只含 0.7%的琼脂培养基上黑暗培养，根据预处理的不同，有两种类型的不定根形成(图 4-7)。第一种类型的不定根只在杧果子叶切段近轴端切面(近轴面)(PCS)上及与维管束伴生分布的分泌道的部位形成，利用高浓度的 IAA(2900μmol/L)和 IBA(492.1μmol/L 和 2500μmol/L)对胚进行 1h 的预处理能显著促进这种类型的不定根形成(李运合，2006；Li et al.，2008)。利用生长素极性运输抑制剂 TIBA(Martin et al.，1987)对杧果胚浸泡处理 1h 后，子叶切段的生根率和生根数目都显著下降($P<0.05$)，并且随着 TIBA 浓度的提高，切段的生根率和生根数目下降，当 TIBA 浓度达到 200μmol/L 时，不定根的形成被完全抑制；然而，TIBA 对不定根的抑制作用可以被 IBA 部分恢复，这就说明了子叶切段近轴端切面不定根的形成与生长素的极性运输密切相关(表 4-4)。在子叶不定根形成时，利用[^{3}H]IAA 对子叶切段内生长素运输的示踪测定结果再次证实子叶切段内存在着生长素的极性运输，其方向为向胚轴端运输，即从远轴面(DCS)流向近轴面(PCS)(图 4-7)，速度为 5～7mm/h，并且这种运输可以被 100μmol/L TIBA 显著抑制。因此，生长素的极性运输在第一种类型不定根的形成过程中起着重要作用，而生长素输入和输出之间的平衡可能与第二种类型不定根的形成密切相关(李运合，2006；Li et al.，2008)。

表 4-4 TIBA 及其与 IBA 共同作用对杧果(*Mangifera indica*)子叶切段不定根形成的影响(李运合，2006)

IBA+TIBA(μmol/L)	生根率(%)	生根时间(天)	不定根数目(条)
对照(0+0)	66.7±8.8a	13.8±0.4b	7.3±0.6a
0+20	40.0±5.8bc	15.9±0.6ab	4.4±0.7bcd
0+100	16.7±3.3d	17.4±1.1a	2.2±0.4d
0+200	0	—	0
246.1+200	23.3±3.3cd	15.7±0.7ab	3.7±0.5cd
492.1+200	43.3±8.8b	14.5±0.6b	5.2±0.6abc

注：培养 28 天后，统计长度大于 5mm 的不定根。表中数值为 3 次重复，每次至少 15 个样品。采用 Duncan 多重比较方法对数值进行检验，同一纵栏内数值后字母不同，表示在 5%水平上差异显著($P<0.05$)

生长素极性运输对碧冬茄(*Petunia hybrida*)微插条不定根影响的研究也表明，由于生长素极性运输的作用，生长素都集中在插条的生根区。在插条被切离后，生长素的两个高峰分别出现在插条切离后 2h 和 24h，生长素极性运输抑制剂萘基邻氨甲酰苯甲酸(naphthylphthalamic acid，NPA)的处理可明显地阻止插条切离后 24h 的生长素累积高峰的产生，也强烈地抑制不定根的形成(Ahkami et al.，2013)。对去根松树苗(Brinker et al.，2004)、完整的水稻苗(Xu et al.，2005)和康乃馨插条的相关基因的研究结果也表明，通过生长素的输出和输入载体而进行的生长素极性运输是不定根形成过程的关键因子(Oliveros-Valenzuela et al.，2008)。

对杧果子叶中与极性运输相关的生长素输出和输入载体的基因克隆及其序列的分析表明，在所克隆的一个生长素输出载体基因(*MiPIN1*)和 4 个生长素输入载体基因(*MiAUX1*、*MiAUX2*、*MiAUX3* 和 *MiAUX4*)中，*MiPIN1* 和 *MiAUX* 属于植物的 *PIN* 和 *AUXs*/*LAX* 一类的基因。这些基因时空的实时定量 PCR 分析结果显示，在不定根诱导的 0 天，*MiPIN1* 和 *MiAUX* 表达水平极低，到第 4 天表达迅速升高，而子叶切段不形成不定根的切面［远轴面(DCS)］的生长素输出载体基因 *MiPIN1* 的表达水平总是高于不定根形成的切面［近轴面(PCS)］，然而，输入载体 *MiAUX* 的表达水平却常常是生根切面(PCS)比非生根切面(DCS)高，这一表达模式可能正反映了生长素是从 DCS 被输出载体运出，而在 PCS 被输入载体输入的极性运输方式，因而仅在 PCS 形成了不定根。此外，IBA 和生长素极性运输抑制剂三碘苯甲酸(2,3,5-triiodobenzoic acid，TIBA)的预处理，使 *MiPIN1* 的表达模式只发生极小改变；但是 IBA 的预处理可明显地上调生长素输入载体基因 *MiAUX3* 和 *MiAUX4* 的表达水平，而 TIBA 的预处理却明显地下调它们的表达水平。这些结果意味着生长素输入载体基因 *MiAUX3* 和 *MiAUX4* 对 IBA 与 TIBA 的处理更为敏感，因而在杧果子叶切段的不定根形成过程中担当着重要角色(Li et al.，2012)。

在拟南芥影响生长素极性运输的突变体中，*abcb19* 突变体是生长素输出载体基因 *ABCB19* 突变所致，与野生型相比，其不定苗下胚轴不定根的启动明显地减少，而过表达 *ABCG19* 基因的转基因品系的下胚轴则可发育出更多不定根。野生型拟南芥的去根下胚轴，可使苗顶端的生长素向基部的运输增加 4 倍，因而不定根的形成也增加。这一生长素的运输过程，可被苗端(生长素产生的源头)的除去(打顶)而阻断，这一结果证实，在苗端所产生的生长素是形成不定根所需要的。*ABCB19* 在下胚轴表皮、维管束和中柱鞘细胞中表达，在根被切除后它的表达增加，其蛋白质量也增加。由此可知，通过输出载体基因 *ABCB19* 的表达可使 IAA 在胚轴的基部累积，并驱动不定根的形成(Sukumar et al.，2013)。相关的研究表明，生长素运输载体 PIN1 和 LAX3 决定着根原基端部中的生长素最高水平的区域，在此区域 WOX5 的表达受到限制，而 PIN1 和 LAX3 的表达受控于细胞分裂素。不定根中静止中心的定位以与侧根中相似的方式进行。由 YUCCA6 参与的局部生长素的生物合成也对根端生长素累积的维持起作用(Della Rovere et al.，2013)。

4.5.3.5　内源生长素的动态平衡与不定根的形成

基于生长素在体内的动态平衡(homeostasis)，在不定根诱导阶段，许多植物的插条都要求高浓度的生长素，而在不定根发育的后期阶段，高浓度的生长素将抑制根原基的分化和向外显露的生长(de Klerk et al.，1999)。降低生长素活性至少有两种途径，一种是通过氧化脱羧作用而降解，这可能与诱导阶段后反复出现高活性的过氧化物酶的功能有关(Kevers et al.，1997；Tonon et al.，2001)；另一种途径是生长素与某一氨基酸如天冬氨酸形成结合物，在不定根发育的后期往往可观察到这一结合物的水平增加(Garcia Gomez et al.，1994)。已有研究表明，易生根和难生根基因型的差异是由它们的结合生长素转变为非活性形式的能力不同所致。例如，易生根的甜樱桃品种游离 IBA 成为结合形式的速度没有难生根的品种快。此外，易生根品种在插条切断数天后，IBA 仅累积在插条中，由此，研究者认为难生根品种之所以难生根是由于它在生根适当的阶段无法水解结合形式的 IBA。使用抑制生长素形成结合形式的抑制剂 2,6-二羟基苯乙酮(2,6-dihydroxyacetophenone，DHAP)也能诱导难生根品种不定根的形成，这就证实了生长素结合形式的形成及其代谢在维持体内生长素水平平衡上的重要性，也说明这是形成不定根的关键步骤(Stuepp et al.，2017)。

欧洲栗杂种(*Castanea sativa* × *C. crenata*)插条基部在 4.92mmol/L IBA 溶液中浸泡 1min，或转入含 14.8μmol/L IBA 的固体生根培养基培养 5 天以诱导不定根的发生，然后转入不含激素的培养基中使根发育。经过高效液相色谱仪(HPLC)的测定，施用 IBA 后，其内源 IAA 和 IAA 与天冬氨酸结合物吲哚-3-乙酰天冬氨酸(indole-3-acetylaspartic acid，IAAsp)水平都比未加 IBA 的对照要高，通过 IBA 两种根诱导处理都可使其插条基部的 IAA 水平的高峰出现在施用 IBA 的第二天，随后即渐低(Goncalves et al.，2008)(图 4-15A)。

在含 14.7μmol/L IBA 的根诱导培养基上诱导 5 天的苗基部 IAAsp 水平在生根发育培养的第 6 天达到峰值，而插条基部在 4.92mmol/L IBA 溶液中浸泡 1min 处理的 IAAsp 的水平在培养的第 2 天就达到峰值并稳定下来(图 4-15C)。在 IBA 诱导生根的两种处理中，苗和对照苗顶端的 IAA 与 IAA 天冬氨酸结合物水平变化比较稳定，差异不显著(图 4-15B，图 4-15D)。这些研究结果表明，采用 IBA 诱导生根，可引起生根诱导早期(培养第 2 天)的内源 IAA 水平升高及生根晚期(培养第 6 天)的 IAAsp 水平升高，这些变化在不定根启动和发育中起相应的作用(Goncalves et al.，2008)。

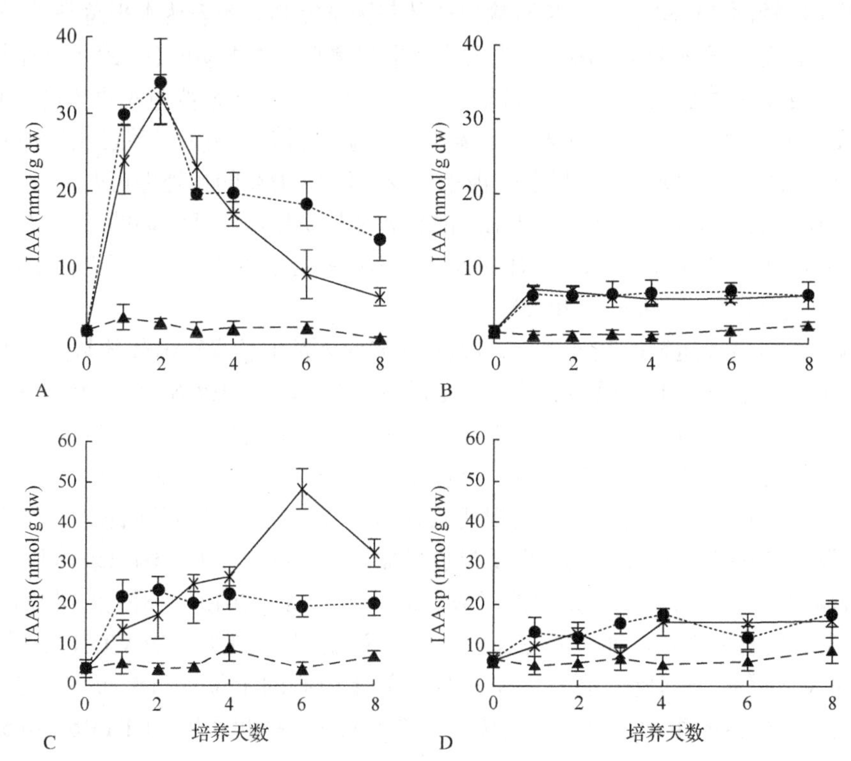

图 4-15 IBA 处理的欧洲栗杂种(*Castanea sativa*×*C. crenata*)M3 组织培养砧木微插条不定根形成的头 8 天 IAA(A，B)和 IAAsp(C，D)含量的变化(Goncalves et al.，2008)

A，C：分别为微插条基部的 IAA 和 IAAsp 含量(每克干重所含的 nmol 数)。B，D：分别为微插条苗端的 IAA 和 IAAsp 含量(每克干重所含的 nmol 数)。图中，▲表示对照(无 IBA 处理的对照)，●表示以 4.92mmol/L IBA 溶液浸泡 1min 诱导的苗生根处理；×表示微插条苗在含 14.7μmol/L IBA 培养基中组织培养 5 天诱导生根的处理。图中各数据为样品 3 个重复的平均值±标准误差

生长素诱导的 *GH3*(*Gretchen Hagen 3*)基因可能在控制活性生长素(游离生长素)水平上起着重要的作用，研究已发现拟南芥的几个 *GH3* 基因可编码 IAA-酰胺合成酶(IAA-amido synthetase)，该酶可催化多余的生长素与氨基酸结合，因此在维持体内生长素的平衡方面起重要作用。此外，在 *GH3* 基因的启动子区域还发现生长素反应因子元件，因此，此类基因的表达可控制生长素的活性(Staswick et al.，2005)。

如上所述，在茎插条中生长素的浓度直接取决于它们被氧化和被结合的速度。游离 IAA 可在过氧化物酶的作用下快速代谢，而生长素的结合物如 IAAsp，是生长素抗氧化的一种形式(Nordström et al.，1991)，生长素形成结合物也可防止游离生长素在组织中累积，结合形式的 IBA 也是植物组织中更为稳定的生长素的来源，因为此结合物可强烈地对抗酶的降解(Riov，1993)。

4.5.3.6 生长素与酚类和褪黑素的作用

1) 酚类

在酚类化合物的苯环上可能存在 1 个、2 个乃至 3 个羟基。当羟基多于 1 个时，这些羟基在苯环上的位置可有不同，如二酚类，它们可分为对苯二酚(羟基在对位)、邻苯二酚和间苯二酚。很早就证实邻苯二

酚和邻苯三酚对 IAA 的促进生根起着增效作用，但间苯二酚、氢醌、间苯三酚和咖啡酸在同样浓度下却无此增效作用。因此，研究者认为对酚类物质显示最大生物学效应的结构要求是具有邻位羟基和无对位羟基的存在，而邻位二羟基的存在是抑制 IAA 氧化酶活性的结构要求(Hess，1969)，但也有报道表明，起增效作用的酚类结构要求与上述相矛盾，如间苯三酚和氢醌对绿豆插条生根有很强的促进作用。只有对位取代的苯甲酸才有促进根形成的作用，而水杨酸(邻羟基苯甲酸)和苯甲酸则无作用，另外香豆酸、咖啡酸、绿原酸单独使用都能促进生根，并能增强 IAA 和 IBA 的促根作用(Fernqvist，1966)。在可促进不定根形成的酚类化合物中，间苯三酚(phloroglucinol，PG)是被研究得最多的酚类(Hammatt，1994)。插条中最初的酚类物质是从插条母株所产生的。这些代谢物与生长素和过氧化氢酶的相互作用影响不定根的形成(de Klerk et al.，1999)。黄酮类化合物是酚类物质的主要成员，它们可与生长素输出载体 PIN2(PIN-FORMED 2)相互作用(Peer and Murphy，2007)或影响其他 PIN 蛋白质的分布(Buer et al.，2010)，从而影响生长素的运输。酚类物质也是过氧化物酶活性重要的调节因子，也可作为抗氧化剂来保护已累积于插条基部的生长素免受氧化而降解(de Klerk et al.，1999)。

在另一种情况下，酚类化合物可能抑制不定根的形成。例如，转化查耳酮合酶反义 RNA 的杂种核桃(*Juglans nigra*×*Juglans regia*)的黄酮类化合物减少时，其不定根增加，在此情况下，生长素的浓度保持不变，至少在生根的后期阶段是如此(El Euch et al.，1998)。拟南芥的突变体 *tt4*(*transparent testa 4*)，与野生型相比，其侧根和不定根的发育增加，其查耳酮合成酶基因(*CHS*)发生等效突变(equivalent mutation)，同时在这些突变体植物的下胚轴和花序中出现特异性的生长素运输的增加(Brown et al.，2001)。

以上这些早期的实验结果表明，酚类对不定根形成的作用比较复杂，不但取决于酚类的结构特性及其在植物组织体内的代谢状态，也取决于插条或外植体及其供体的生理状态与实验或培养环境。植物中的酚类化合物可有各种功能，最重要的是保护植物免受氧化逆境的损害(Jaleel et al.，2009)。例如，在经过遗传修饰的烟草中(即降低酚类水平的烟草中)出现细胞过早死亡，是由于其酚酸水平降低，细胞受到活性氧类的氧化而过早死亡(Tamagnone et al.，1998)。酚类水平降低的拟南芥突变体，其受紫外线 B 和氧化伤害的程度增加(Landry et al.，1995)。而拟南芥抗强紫外线 B 的突变体含有高水平的酚类化合物。

Wilson 和 van Staden(1990)认为酚类可防止生长素脱羧化，因此，施用酚类后，会有更多的生长素用于诱导不定根的形成。酚类的这一作用取决于其中的羟基数量及其在芳环中的位置(Bandurski et al.，1995)。例如，一种桉属植物 *Eucalyptus gunnii*(Curir et al.，1990)和 *Chamaelaucium uncinatum*(Curir et al.，1993)的插条不定根的形成能力与其存在某种酚类有关，并预示着不定根的形成与否取决于 IAA 脱羧反应的抑制程度。但是，有的研究者认为，IAA 的脱羧氧化代谢并未在植物中担负重要的作用。因为在植物中，IAA 脱羧氧化反应后的产物水平非常低，同时离体培养时，在过表达氧化 IAA 的酶基因的转基因植株中，其 IAA 的水平却不受影响(Ljung et al.，2002；de Klerk et al.，2011)。对此，de Klerk 等(2011)进行了多种酚类对苹果(*Malus domestica* Jork 9)两种外植体(长 1.5～3cm 的微插条和茎的 1mm 薄切片)不定根形成的影响及其相关机制的研究，这一研究结果使我们对酚类在 IAA 脱羧氧化中的作用有了比较清楚的认识。实验结果如图 4-16 和表 4-5 所示。IAA 可通过被氧化或被结合而代谢，NAA 则只以被结合方式代谢。它们的这些差别将影响其对不定根形成的作用。在含 IAA 的培养基中所有受试的邻苯二酚、对苯二酚和三酚类都可促进茎薄切片的不定根形成(表 4-5)，阿魏酸(ferulic acid，FA)促进不定根形成的数量最多，从对照的 0.9 增至 5.84(表 4-5)；但在含 NAA 的培养基中，所加的酚类对不定根形成几无影响。根皮酚(phloroglucinol)(间苯三酚)和阿魏酸对 IAA 剂量曲线及其作用的时间研究结果表明，这两种酚类都可保护 IAA 免受脱羧氧化和保护组织免于氧化逆境。研究者在以 1-^{14}C 为标记的 IAA 实验中发现，IAA 脱羧反应最强烈的是在苹果微插条茎薄切片培养的头 24h(de Klerk et al.，1995)(图 4-16 中插图)。酚类对不定根形成的促进作用主要在于显著地降低 IAA 脱羧氧化反应，从而保护 IAA 免受脱羧氧化而被降解，而这一 IAA 的脱羧氧化作用是因外植体的创伤而产生的。阿魏酸的这一保护 IAA 的作用最为显著(图 4-16)。

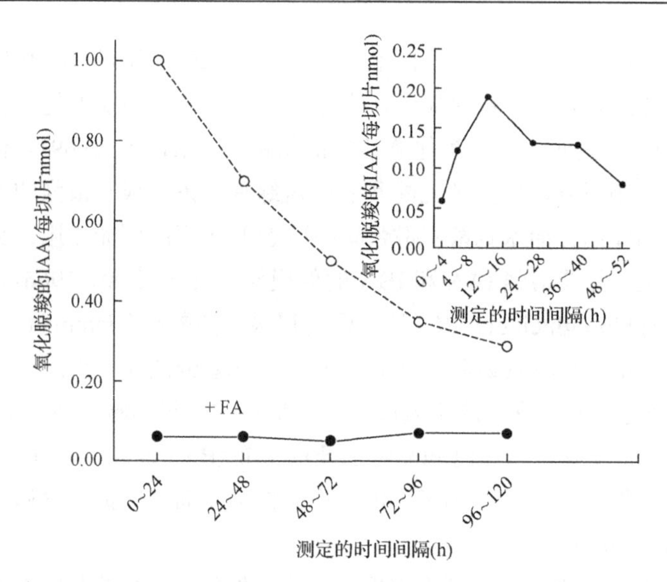

图 4-16　在黑暗条件下苹果(*Malus domestica* Jork 9)微插条(长 1.5～3cm)及其茎的薄切片(1mm)中 IAA 氧化脱羧水平变化及阿魏酸(FA)对此的影响(de Klerk et al., 2011)

苹果外植体培养在含 IAA 或 NAA 及各种酚类化合物的 MS 培养基中以诱导不定根形成。每个样品取 30 个茎的薄切片培养在加 20ml 含 3μmol/L IAA 培养基的培养皿中，茎的薄切片按图中所定的时间被转移至另一个 20ml 培养基的培养皿中培养，培养基含 1kBq [1-^{14}C]标记的 IAA 及 3μmol/L IAA，再加或不加 300μmol/L 阿魏酸。通过测定释放的 $^{14}CO_2$ 而确定脱羧的 IAA 量，每隔 24h 测定其脱羧作用。图中插图表示第一天的每隔 4h 的脱羧作用

表 4-5　受试酚类化合物和一些抗氧化剂对苹果微插条与茎的薄切片不定根的形成及 IAA 脱羧反应的影响(de Klerk et al., 2011)

化合物类型	不定根数量①	最适酚类浓度(μmol/L)	加酚后不定根数②	IAA 脱羧氧化③	加酚后 IAA 吸收④
对照	0.90±0.31		0.72±0.22	0.42(100%)	0.58(100%)
香豆酸(单酚)	1.00±0.21	30	0.69±0.11	0.39(94%)	0.48(82%)
水杨酸(单酚)	—	—	—	0.63(150%)	0.43(75%)
儿茶酚(邻苯二酚)	4.55±0.30	100	0.99±0.19	0.06(14%)	0.70(121%)
咖啡酸(邻苯二酚)	3.12±0.26	30	0.54±0.15	0.04(10%)	0.83(143%)
绿原酸(邻苯二酚)	(3.08±0.27)	≤30	(0.28±0.17)	0.04(9%)	0.63(109%)
氯间苯二酚(间苯二酚)	(2.31±0.25)	≤30	(0.24±0.14)	0.34(82%)	0.67(116%)
阿魏酸(结构中邻苯二酚的一个羟基被甲基化)*	5.84±0.30	300	2.06±0.19	0.02(6%)	0.80(137%)
香草醛(结构中邻苯二酚的一个羟基被甲基化)**	(3.28±0.24)	≥300	(0.24±0.14)	0.34(82%)	0.67(116%)
没食子酸(三酚)	4.14±0.28	100	未测定	未测定	未测定
间苯三酚(三酚)	4.39±0.31	1000	1.22±0.21	0.09(21%)	0.84(144%)
连苯三酚(三酚)	4.59±0.30	300	0.84±0.15	0.06(16%)	0.75(130%)
单宁酸(三酚)	3.59±0.64	3	1.62±0.12	未测定	未测定
抗坏血酸(非酚类)	3.64±0.21	1000	3.64±0.21	未测定	未测定
柠檬酸(非酚类)	—	—	—	未测定	未测定
谷胱甘肽(非酚类)	1.15±0.56	1000	未测定	未测定	未测定

①在含 3μmol/L IAA 培养基中，每个茎薄切片不定根形成的最高数量。②在含 0.3μmol/L NAA 和加最适浓度酚类的培养基中，每个茎薄切片不定根形成的数量。③在含 3μmol/L IAA 培养基中平均每个茎薄切片培养 5 天内所发生 IAA 脱羧氧化的量(nmol)。④在含 3μmol/L IAA 培养基中平均每个茎薄切片在培养的 5 天内吸收 IAA 的量(nmol)。在③和④的实验结果中括弧中的数据分别是 IAA 脱羧氧化和被吸收的量以对照为 100%的百分比。最适浓度酚类对 IAA 脱羧氧化及其吸收影响的测定是在每个培养皿的培养基中含 3μmol/L IAA 和 1kBq [1-^{14}C] IAA 情况下进行的。每化合物的剂量曲线是在次优浓度的 3μmol/L IAA 或 0.3μmol/L NAA 条件下测定的；多数酚类的浓度分别为 0、30μmol/L、100μmol/L、300μmol/L、1000μmol/L 和 3000μmol/L，咖啡酸和丹宁酸的浓度分别为 0、3μmol/L、10μmol/L、30μmol/L、100μmol/L 和 300μmol/L。如果浓度超过最适浓度范围则以≤或≥表示，括号内的数据表示其不定根形成的数量。许多实验是以相应对照一起分别进行的。对照以其平均值表示。水杨酸(SA)的使用浓度为 100μmol/L。“—”表示在含 3μmol/L IAA 培养基中加 SA 或柠檬酸后完全抑制茎切片的不定根形成。*阿魏酸(4-羟基 3-甲氧基肉桂酸)。**香草醛(3-甲氧基-4-羟基苯甲醛)

已有报道表明，间位(meta-)和邻位(ortho-)二酚与多酚抑制生长素的脱羧反应，而单酚可作为 IAA-氧化酶的辅助因子，因为它们可以增强 IAA 的脱羧反应(Bandurski et al.，1995)。研究者在苹果微插条茎切片的实验中发现，三酚、邻苯二酚和间苯二酚可降低 IAA 脱羧反应并促进其不定根的形成，而单酚香豆酸则无此作用，水杨酸却可增加 IAA 的脱羧反应(表 4-5)。因此，IAA 对在根原基外露生长阶段的不定根起抑制作用，水杨酸可降低 IAA 的这一抑制作用。水杨酸也可增加活性氧类(reactive oxygen species)的产生(Chen et al.，1993)。IAA 的脱羧氧化作用在很大程度上是由于(茎切片的)创伤反应，而无创伤的组织则不发生 IAA 的这一脱羧作用。因此，阿魏酸对微插条不定根的形成也无促进作用。因为在这一研究中茎切片是接种于培养基的表层面上，而微插条是被插入培养基中。已证明低氧浓度可以抑制植物的创伤反应(Geigenberger，2003)。

因此，极有可能是在苹果微插条近基部的这一缺氧环境降低了创伤反应及其随后的 IAA 的脱羧作用。这一现象也为 Ljung 等(2002)所报道。酚类化合物促进不定根形成的机制除了降低 IAA 脱羧氧化作用外，可能还有其他的作用，酚类可能通过抑制 IAA 结合物的形成而使 IAA 游离水平不至于降低(特别是在不定根形成需要 IAA 的阶段)。这也可以解释，当有些酚类与 NAA(不因发生脱羧氧化作用而降解的生长素)一起施用时仍发挥显著的促进不定根形成的作用。从苹果微插条茎的薄切片及其苗的实验结果可以看出，二酚和多酚类化合物在不定根形成过程中对生长素起着保护性的抗氧化作用，使 IAA 在创伤反应中免受氧化而被降解。酚类物质还可减少常常抑制不定根形成的创伤反应(创伤反应是在制备插条时固有的反应)。当这一创伤反应被厌氧环境(如创伤面埋没于培养基中)抑制时，酚类就难以发挥其促进不定根形成的作用，这就解释了为何在苹果微插条茎的薄切片中(通气有氧环境)阿魏酸对其不定根的形成起显著的促进作用，而当微插条插入培养基时(厌氧环境或缺氧环境)，却失去这一作用(de Klerk et al.，2011)。

2)褪黑素

IAA 是色氨酸代谢物，但在植物中也存在其他色氨酸衍生的 IAA 相关化合物，如 5-羟色胺(serotonin)(也称血清素)。研究者 1995 年在植物中发现了褪黑素(melatonin)，其结构与 IAA 非常相似(Dubbels et al.，1995)。该化合物对白羽扇豆(*Lupinus albus*)去根苗下胚轴不定根形成的作用与 IAA 的相似，可从该下胚轴的中柱鞘细胞中诱导出不定根的根原基，以剂量方式影响不定根的数量及其长度，同时 10μmol/L 褪黑素的处理比相同浓度的 IAA 使该下胚轴产生更多和更长的不定根(表 4-6)(Arnao and Hernández-Ruiz，2007)。但也有研究表明，10μmol/L 褪黑素对于欧洲酸樱桃(*Prunus cerasus*)砧木 CAB-6P、Gisela6(*P. cerasus*×*P. canescens*)和 MxM 60(*P. avium*×*P. mahaleb*)插条不定根的形成起抑制作用，而低浓度的(0.5～1μmol/L)

表 4-6　IAA 和褪黑素对去根黄化的 6 天苗龄白羽扇豆(*Lupinus albus*)下胚轴形成不定根的影响(Arnao and Hernández-Ruiz，2007)

处理浓度(μm)	处理的化合物	每个下胚轴生根数	每个下胚轴生根长度(mm)
10	IAA	3.0±0.2	2.5±0.3
	褪黑素	6.0±0.8	8.3±1.1
1	IAA	7.5±0.5	6.2±0.9
	褪黑素	4.0±0.6	3.3±0.3
0.1	IAA	8.8±0.5	4.2±0.7
	褪黑素	2.0±0.1	4.4±0.8
0.01	IAA	4.0±0.4	3.4±0.4
	褪黑素	*	na
0.001	IAA	2.0±0.2	1.0±0.1
	褪黑素	*	na
对照	不含激素的缓冲液	*	na

注：在 25℃的黑暗条件下处理 8 天后对不定根的形成进行表中指标的测量，数据为平均值(取样数为 10)±标准误差；*表示只见小于 1mm 的根；na 表示未采用

褪黑素却可显著地增加它们每个外植体不定根形成的数量，以及增加同一基因型的插条形成不定根的百分数。当褪黑素与生长素一起处理，更能显示这一促进不定根形成的作用，褪黑素与 IBA 一起处理显示出最强的促进不定根形成的效应(Sarropoulou et al.，2012)。血清素具有与褪黑素相似的作用，拟南芥的相关研究表明，血清素可以作为内源生长素的拮抗剂，并在不定根和侧根形成中调节生长素的作用(Pelagio-Flores et al.，2011)。拟南芥幼苗用血清素处理可降低其生长素诱导的有关侧根和不定根发育的标记基因的表达。此外，与生长素相反，血清素对 Aux/IAA 蛋白质的降解无影响。褪黑素、血清素和生长素之间的相关性尚不清楚，但是从它们共有相同的生物合成途径的角度看，它们之间可能存在着某种协同的调节作用。然而，关于褪黑素和血清素与生长素的相互作用目前知之甚少(Pacurar et al.，2014)。

4.5.4　其他植物生长调节物质

4.5.4.1　细胞分裂素

细胞分裂素(cytokinin，CK)是促进细胞分裂和苗发育的一类生长调节物质。CK 也是生长素的拮抗物质，对许多品种的不定根和侧根的形成起抑制作用。例如，研究者很早就发现在插条的顶端和基部施用细胞分裂素时，绿豆(*Vigna radiata*)、豌豆(*Pisum sativum*)和菜豆(*Phaseolus vulgaris*)插条的不定根形成可被抑制，但激动素(KT)对豌豆插条的生根作用还取决于插条的类型和处理时间(Humhpries，1960)。CK 也可抑制杨树(Ramírez- Carvajal et al.，2009)的不定根形成。此外，还发现，存在于黄瓜根木质部液汁中的反式玉米素核苷(ZR)对其下胚轴不定根的形成起着负调节的作用。在黄瓜的根被切段后，其下胚轴或茎切段基部的 ZR 水平明显地降低，同时其生长素和乙烯水平增加，并诱导不定根的发育(Kuroha et al.，2002)。

对有关基因转化的研究也进一步证实了 CK 对不定根形成的抑制作用。在过表达细胞分裂素氧化酶/脱氢酶编码基因的拟南芥和烟草转基因株系中，其内源 CK 水平降低(细胞分裂素氧化酶/脱氢酶编码基因的表达可使内源 CK 氧化降解)，而其不定根和侧根的形成却增加(Werner et al.，2003)。在过表达玉米素-*O*-葡萄糖基转移酶(*ZOG1*)基因的烟草转基因植株的茎下段中，可形成更多的不定根，这说明在该转基因的植株中，因高度表达 *ZOG1* 而降低了细胞分裂素的活性，从而导致生长素与细胞分裂素的比例升高，有利于不定根的形成(Martin et al.，2001)。

尽管一般来说，细胞分裂素对不定根的形成起着抑制的作用，但也因其处理浓度和使用时间及使用时环境的不同而异。例如，插条不定根启动的早期阶段，低浓度的细胞分裂素有利于苹果、辐射松(*Pinus radiata*)插条不定根的发育(Ricci et al.，2001；Ricci and Bertoletti，2009)。在苹果不定根诱导的头 24h，细胞分裂素对这一过程有促进作用，因为此时的细胞分裂素启动细胞分裂周期的运转(de Klerk，2002)。细胞分裂素与生长素配合使用可以控制离体器官发生的倾向。秋海棠(*Begonia grandis*)叶插实验显示，低浓度的激动素(0.8mg/L)有利于增强 IAA 对根发育的促进作用(Heide，1965)。向日葵(*Helianthus annuus*)下胚轴生根可为外加低浓度的 BA 或玉米素所促进，而毛喉鞘蕊花(*Coleus forskohlii*)的生根可被 3-甲基-7-(戊胺基)吡唑(4,3-d)嘧啶[3-methyl-7-(pentylamino) pyrazolo(4,3-d)pyrimidine](CK 作用拮抗剂)所抑制(Skoog et al.，1973)。因此，低浓度的 CK 或合适比例的生长素与 CK 是启动不定根发育的要素之一。

细胞分裂素对不定根形成的作用与其信号转导密不可分。植物中的细胞分裂素信号转导途径包括 3 个成员：组氨酸磷转运蛋白和两个类型(类型 A 和类型 B)的细胞分裂素应答因子。组氨酸磷转运蛋白为磷酸基团的载体，从位于质膜的组氨酸激酶(histidine kinase，HK)中将磷酸基转运至细胞分裂素应答调节因子(response regulator，RR)中；细胞分裂素类型 A 应答调节因子是细胞分裂素原初响应基因所编码的蛋白，该蛋白包含大部分的信号接收区，并带有保守的 D-D-K 残基；而类型 B 应答调节因子为更复杂的蛋白，除含一个信号接收区外，还包含一个 DNA 结合基序(GARP)。类型 B 应答调节因子是细胞分裂素调节基因激活因子，而类型 A 应答调节因子通过与类型 B 应答调节因子竞争磷酸基团而下调细胞分裂素的信号转导(da Costa et al.，2013)。研究者在杨树插条不定根形成过程中也发现，对细胞分裂素信号转导有正向调节作用的细胞分裂素类型 B 应答调节因子(即转录因子 PtRR13)，对杨树的不定根形成起负调节作用。当插条因被切离而失去细胞分裂素来源时，PtRR13 便失去活性，从而清除了它的抑制作用，也使向基运输的生长素累积在插条的切面，促进不定根的形成(Ramírez-Carvajal et al.，2009)。

4.5.4.2　乙烯

根据文献报道，特别是早期文献报道，乙烯可促进或抑制不定根的形成，实验结果比较矛盾和混乱。例如，取自生长于光下的绿豆(*Vigna radiata*)幼苗下胚轴插条(常带第一片叶)的研究结果表明，外加乙烯可增加根原基的数量及其生根数量，6μl/L 乙烯处理 4 天内可使每个插条根原基的数量由 19 增加到 45，但并不影响根原基形成的速率，这表明乙烯在根启动的早期阶段影响生根，乙烯生理作用的最大效应的浓度颇高，在 15～30μl/L(Robbins et al.，1985)。然而使用乙烯利处理绿豆插条所得不定根数目的结果却非常矛盾，有的显示出促进作用(Robbins et al.，1983)，有的显示抑制作用(Geneve and Heuser，1983)，有的则无影响(Batten and Mullins，1978)。同样，使用乙烯合成前体 ACC 处理绿豆插条，也难以确定其对生根数量有促进作用，使用内源乙烯合成抑制剂 AVG 处理插条也未得到可靠的结果。虽有几篇报道表明 AVG 可抑制其生根及新根的扩展，但 ACC 却不能逆转 AVG 的这一作用，这说明 AVG 在这里的作用方式可能不涉及抑制乙烯的合成。乙烯作用抑制剂硫代硫酸银(STS)对绿豆的插条生根无作用，但气态的乙烯作用抑制剂 2,5-降冰片二烯(2,5-NBD)却可抑制其生根。2,5-NBD 的这一抑制作用也不能为乙烯处理所逆转，因此难以确定它是乙烯作用部位专一性的反应(Robbins et al.，1985)。

使用高浓度的生长素，插条生根将受到抑制，这与高浓度的生长素促进产生额外的乙烯有关(Geneve and Heuser，1983)。例如，豌豆插条用 IAA(10μmol/L)处理可抑制根的启动及其显露，这与 IAA 促进乙烯产生有关，因为外加 ACC 使其产生乙烯的量相当于 10μmol/L IAA 所诱导的量，其根的形成也被抑制(Nordström and Eliasson，1984)。但是，利用在黑暗中生长的绿豆下胚轴(不带叶)为插条和以光下生长的插条为材料的研究都表明，不同生长素所具有的促进生根的不同能力与它们促进乙烯生成或 ACC 累积的程度毫无联系(Riov and Yang，1989)。在生长素刺激菜豆下胚轴生根的过程中，将其环境中的乙烯用吸收剂除去将会抑制其根的形成，但是单独用乙烯处理这种插条则对其生根无影响。乙烯对水淹中的番茄的不定根形成有促进作用(Vidoz et al.，2010)。乙烯促进不定根形成的作用也发现于向日葵(*Helianthus annuus*)、苹果、绿豆(*Vigna radiata*)和碧冬茄属植物(*Petunia* spp.)的插条生根中(Geiss et al.，2009；Kurepin et al.，2011)，乙烯作用的这一过程可能是与生长素交互作用(crosstalk)的结果。

从上述可知，外源乙烯在不定根中的作用(包括生长素存在或不存在的情况)是一个十分复杂的过程。除了插条母株植物的基因型和插条的生理状态影响的差异外，上述研究结果的矛盾与混乱可能与实验中的一些方法和结果判断有关，即是否准确控制所用的乙烯浓度及其处理时间和到达的部位，使用的抑制剂的特异性是否足够强地、准确区分了生根各个发育阶段的效应等。在许多已发表的结果中，其不足之处是可能将根原基未长出的情况视为生根启动阶段(其实此时已有根原基)。

鉴于从生理和生物化学角度研究乙烯对不定根形成的影响的复杂性，有的研究者已利用乙烯相关突变体从遗传的角度探究乙烯的这一作用。例如，通过比较不同浓度乙烯对番茄有关突变体及其野生型下胚轴不定根形成的影响发现，突变体 *epi*(*epinastic*)的叶具有偏上性，在无乙烯的情况下出现三重效应，在有些组织中有较高的乙烯生成水平，其组织对乙烯反应敏感。突变体 *Nr*(*never ripe*)对乙烯不敏感，果实不能成熟(*NR* 的序列类似于拟南芥的 *ETR1*)，其不定根数量减少 40%，而乙烯形成及其信号转导都增加的突变体 *epi* 的不定根形成却增加了 1.8 倍($P<0.005$)。所有浓度 ACC 的处理(增加乙烯生成)都使野生型 Pearson 的不定根数量大大增加。在以 1μmol/L 和 10μmol/L ACC(乙烯合成前体)处理的实验中，野生型 Pearson 的下胚轴不定根的形成分别增加了 1.4 倍和 1.8 倍，而对这一处理，其突变体 *Nr* 却不起作用。此外，与其野生型相比，突变体 *Nr* 的侧根形成增加，而 ACC 处理(增加乙烯)可使 *Nr* 侧根形成降低。这说明乙烯对不定根和侧根的作用是相反的。经过测定，乙烯对侧根和不定根作用的差异都是通过调节生长素运输来实现的(Negi et al.，2010)。在深水稻(deep water rice)不定根形成的调控中还发现存在乙烯、GA 和 ABA 相互

作用的复杂关系；GA 本身对此水稻不定根的形成无效，但与乙烯一起则显有协同的作用；ABA 对 GA 的活性起着竞争性抑制剂的作用(Steffens et al.，2006；Stenzel et al.，2012)。

4.5.4.3 脱落酸

脱落酸(abscisic acid，ABA)被认为是不定根、侧根和冠根形成的负调节因子。ABA 对于番茄和水稻的不定根发育起负调节的作用(Thompson et al.，2004)。与野生型相比，番茄 ABA 缺失突变体 *flacca* 和 *notabilis* 在茎上产生出过量的不定根。当通过基因转化使突变体 *notabilis* 过表达涉及 ABA 生物合成的基因 *SpNCED1* 时，则可使其恢复至野生型不定根的表型(Thompson et al.，2004)。番茄 ABA 缺失突变体 *not* (*notabilis*)呈现叶偏上性，并且有丰富的不定根的表型(Griffiths et al.，1997)。这说明 ABA 可抑制不定根的形成。

在水淹的水稻植株中，根据其水淹的程度，其内源的乙烯、ABA 和赤霉素(GA)水平的平衡将有所改变。ABA 对不定根的显露起负调节的作用，经过 ABA 处理的深水稻不定根的显露可减少 50%。深水稻不定根的形成是对水淹缺氧逆境的反应(Mergemann and Sauter，2000)。研究表明，深水稻不定根的显露及其生长均受控于乙烯，但这一乙烯的产生过程受赤霉素的促进，而且受 ABA 的抑制(Steffens et al.，2006)。对此，需要利用深水稻或拟南芥的 ABA 缺失和 ABA 信号转导突变体进一步研究，才能揭示 ABA 对不定根形成的复杂的作用机制。

也有一些报道表明，ABA 可促进插条不定根的形成，这可能是由于它能直接促进细胞分裂或可以与其他植物激素如赤霉素和细胞分裂素相互作用。例如，赤霉素对绿豆插条生根的抑制效应可通过随即用 ABA 处理而明显地减弱(Basu et al.，1970)。ABA 这一促进生根的作用也可能是一种间接作用，因为插条生根可影响侧芽休眠的打破。在荷包豆(*Phaseolus coccineus*)插条中会发现 ABA 被运输到插条顶端，而且它的作用还可取决于处于光照条件下叶的存在与否，这一现象也表明 ABA 对生根可能起间接作用(而不是在生根部位直接起作用)。

4.5.4.4 赤霉素

赤霉素(GA)对不定根的作用取决于插条母株的品种及其使用的条件。许多报道表明，赤霉素抑制不定根的形成，特别是在取得插条之前和之后施用赤霉素，可抑制茎插条基部与不定根启动相关的细胞分裂。GA 抑制杨树和番茄插条的不定根形成(Busov et al.，2006；Lombardi-Crestana et al.，2012)，但可促进深水稻不定根的启动和伸长(Steffens et al.，2006)。GA 这种相反的作用可能是由它在不同的不定根体系中作用不同，或与乙烯有不同的相互作用所致。用赤霉素拮抗剂及其生物合成抑制剂，如 CCC 和 AMO-1618 (2-异丙基，4-二甲氨基-5-甲苯基-1-哌啶羧甲基氯化物)处理都可促进不定根的形成(Fabijan et al.，1981)。水稻缺失 GA 生物合成的突变体比其野生型可发育更多的不定根(Lo et al.，2008)。类似的结果也在杨树中观察到(Busov et al.，2006)。相似结果还见于番茄的 *pro*(*procera*)突变体(Lombardi-Crestana et al.，2012)。

有的研究者利用 GA 生物合成或代谢中的关键酶，通过转基因技术转化相关基因，观察其组织表达模式及其所引起的 GA 水平变化，了解 GA 在不定根形成中的作用。已知具有生物活性的 GA 的内源水平是由 3 个双加氧化酶(即 GA_{20}-、GA_3-和 GA_2-氧化酶)所调控的。具有生物活性的 GA 生物合成的最后一步由 GA_{20}-氧化酶和 GA_3-氧化酶催化，而 GA_2-氧化酶是使 GA 失活的主要酶(Yamaguchi，2008)，当这些基因异位表达时研究者发现，这些酶可在茎形成层木质部侧表达(Bjorklund et al.，2007)，也可以在根的中柱鞘和根分生组织中表达，这些结果还表明，GA 在组织中确切分布部位控制着这些酶基因转基因烟草不定根的启动及其伸长。例如，分别在 35S 启动子、维管形成层特异表达启动子(LMX5)或分生组织特异性启动子(TobRB7)控制下异位表达 *PtGA20ox*、*PtGA2ox1*、 *PtGAI*(*GA-insensitive*，*GAI*)基因，实验结果证实，是在茎中而不是在根中准确定位的具有生物活性的 GA 的分布调节着转基因烟草不定根的发育；高水平的 GA 可与生长素相互作用对不定根形成的启动阶段进行负调控，而不定根原基显露及其随后的伸长需要适当的可移动的 GA 信号转导。这些结果表明，GA 对不定根的形成起抑制作用，但是可促进不定根的伸长(Niu et al.，2013)

4.5.4.5 多胺

根据植物种类、不定根形成的不同阶段和多胺类型的不同，多胺可起促进或抑制生根的作用。常用的多胺包括腐胺(Put)、亚精胺(Spd)和精胺(Spm)，其生物合成途径与乙烯生物合成的关系见第3章图3-17。常施用的多胺生物合成抑制剂包括 DFMA(α-difluoromethyl arginine)和 DFMO(α-difluoromethyl ornithine)，其分别通过抑制精氨酸脱羧酶(ADC)和鸟氨酸脱羧酶(ODC)的活性而抑制腐胺的合成。环己胺(cyclohexylamine，CHA)通过抑制精胺合成酶的活性而抑制精胺的合成。氨基胍嘧啶(aminoguanidine，AG)可抑制二胺氧化酶(diamine oxidase)活性，而甲基乙二醛双脒基腙(methylglyoxal-bis- guanylhydrazone，MGBG)通过抑制 *S*-腺苷甲硫氨酸脱羧酶的活性而干扰精胺和亚精胺合成。无疑这些多胺的生物合成抑制剂也在不同程度上影响着不定根的形成(Hausman et al.，1994)。

离体培养的欧洲杂种山杨(*Populus tremula*×*P. tremuloides* cv. Muhs 1)微插条在含有 NAA 的生根培养基中生根率可达 100%，但在不加 NAA 的生根培养基中则不能生根(生根率 0%)。不加 NAA 的生根培养基中，加入腐胺可促使微插条生根率达 40%，而加入亚精胺和精胺则无此效应。在无生长素的生根培养基上，抑制精胺合成酶活性的抑制剂 CHA 也可促进微插条不定根的形成(生根率达 36%)。在含生长素的生根培养基中 AG 和 MGBG 也抑制插条不定根的形成，但生根培养基中如无生长素，这两个抑制剂则无此作用。经测定，在生根诱导阶段，腐胺的累积达到最大值，而精胺和亚精胺则无此累积。在不加生长素的生根培养基中，在根诱导的头 7h 施用腐胺和抑制剂 CHA 均可促进插条不定根的形成。而与此相反，DFMA 和 AG 如在这个时期施用则抑制不定根的形成。一般情况下腐胺可转变为亚精胺，当不能转化为亚精胺时，腐胺则经由 Δ1-吡咯啉通路(Δ1-pyrroline pathway)进行代谢，而 AG 可抑制该通路，因此也抑制了不定根的形成。这些结果说明，腐胺及其 Δ1-吡咯啉通路在杨树微插条不定根形成的诱导阶段中发挥各自的作用(Hausman et al.，1994)。

多胺及其生物合成前体也可以促进许多植物插条或不定苗根的形成。例如，根据测定，IBA 处理后，一些植物如菜豆属(*Phaseolus* sp.)(Jarvis et al.，1985)、烟草根及其薄层细胞外植体(Altamura et al.，1991)和甜樱桃苗的不定根原基发育之前，它们的内源多胺水平就提高(Biondi et al.，1990)。在狭叶白蜡(*Fraxinus angustifolia*)苗不定根的诱导过程中，其腐胺的峰值不因是否使用外源 IAA 而改变，这说明，腐胺对不定根的形成有正向的作用(Tonon et al.，2001)。在绿豆(*Vigna radiata*)下胚轴不定根的诱导和启动阶段，IAA 和腐胺水平会同时提高(Nag et al.，2001)，但在不定根的表达阶段使用腐胺则会抑制不定根的形成。其他一些品种如矮松(*Pinus virginiana*)插条，外源施用腐胺、亚精胺可以提高其生根频率，而外源施用精胺则会降低其生根频率(Tang and Newton，2005)。多胺生物合成抑制剂可抑制樱桃不定根的形成(Biondi et al.，1990)，但外源多胺对樱桃(Biondi et al.，1990)培养苗和葡萄(*Vitis vinifera*)(Geny et al.，2002)插条的不定根形成无效。亚精胺被报道可抑制许多植物不定根的形成，包括欧洲甜樱桃(*Prunus avium*)(Biondi et al.，1990)、胡桃(*Juglans regia*)(Kevers et al.，1997)和欧美杂种山杨(*Populus tremula*×*P. tremuloides*)(Hausman et al.，1994)。有些研究者已发现内源多胺的比值也与不定根的形成关系密切。例如，Tiburcio 等(1997)发现在离体培养的烟草薄层细胞外植体进行不定根分化时腐胺与精胺+亚精胺的比值高，并得出腐胺水平是不定根分化的好指标。Bartolini 等(2009)在观察预处理如水浸泡和冷藏对葡萄插条不定根形成的影响时发现，对生根有效的预处理，其插条中腐胺与精胺+亚精胺的比值高。Shiozaki 等(2013)比较了容易生根的葡萄品种(*Vitis labruscana* Bailey cv. Campbell Early)和两个难生根的葡萄品种(*Vitis davidii* 和 *V. kiusiana*)的硬木插条在不定根形成过程中内源多胺(包括游离多胺、结合多胺)水平的变化，结果发现，游离腐胺与精胺+亚精胺水平的比值可用衡量葡萄硬木插条生根的能力标记，这一比值高者生根能力强(表4-7)。

表 4-7　腐胺与精胺+亚精胺的比值对葡萄品种硬木插条不定根形成能力的影响(Shiozaki et al.，2013)

品种	生根率(%)	腐胺(Put)		亚精胺(Spd)		精胺(Spm)		Put/(Spd+Spm)	
		0天	60天	0天	60天	0天	60天	0天	60天
Campbell Early	100	401.6±49.2a	580.3±62.0a	136.3±1.7a	109.7±8.9a	72.3±2.3a	72.7±1.8a	1.9	3.2
V. davidii	0	304.9±43.8a	410.0±55.8a	103.1±1.3b	77.0±6.4b	75.5±1.5a	67.4±0.4a	1.7	2.8
V. kiusiana	0	295.8±25.2a	564.3±67.8a	140.2±8.6a	126.4±5.2a	75.5±2.4a	70.5±1.9a	1.4	2.9

注：此表是依据原文表 2 和表 4 整理。表中的 0 天和 60 天的数据是指在插条插植开始和结束时测定的数据。每一栏数据后所附的字母不同者表示有显著差异($P<0.05$)。多胺含量单位为 nmol/g 鲜重。

S-腺苷甲硫氨酸(*S*-adenosylmethionine，SAM)是多胺和乙烯生物合成的共同前体，而甲硫腺苷(MTA)则是它们共同的产物。在不定根形成中起中心作用的生长素可促进乙烯的形成，因此关于多胺对不定根的作用是直接还是间接的，有待深入的研究。

4.5.4.6　茉莉酸

茉莉酸(JA)是与逆境相关的一种激素。在无性繁殖的园艺实践中，逆境通常可诱导不定根的形成，这些逆境包括插条切割、光强和光质的改变(茎的黄化和压条)或暂时的水淹，而茉莉酸是逆境的产物，这些逆境可顺理成章地通过茉莉酸对不定根的形成起作用。研究表明，茉莉酸对烟草薄层细胞外植体和黄化拟南芥下胚轴的不定根形成有重要的作用(Fattorini et al.，2009；Gutierrez et al.，2012)。外源生长素和 JA 一起可协同促进马铃薯(*Solanum tuberosum*)茎插条不定根的形成(Ravnikar et al.，1992)。JA 可以通过调节生长素的生物合成及其运输在不同水平上与生长素相互作用(Wasternack and Hause，2013)，当它与生长素进行信号转导作用时，依赖于 AXR1(AUXIN RESISTANT 1)的 SCF^{COI1} 复合物的亚单位 CULLIN 1 的修饰对于茉莉酸的信号转导非常重要。已知 JA 通过 COI1 信号转导途径抑制拟南芥下胚轴的不定根形成(Gutierrez et al.，2012)。

4.5.4.7　独脚金内酯

独脚金内酯(strigolactone，SL)是一种抑制植物芽的生长及分枝的新型植物激素(Guan et al.，2012；王玫等，2014)。相关研究表明，这一类物质是多种植物如拟南芥、番茄、豌豆和玉米的侧根与不定根形成的负调节因子(Rasmussen et al.，2013)。独脚金内酯可抑制拟南芥和豌豆(*Pisum sativum*)的不定根的形成。拟南芥多分枝突变体 *max1*(*more axillary growth 1*)、*max3* 和 *max4* 也是独脚金内酯生物合成的缺失突变体，*max2* 则是独脚金内酯反应突变体(Rasmussen et al.，2012a)。独脚金内酯的合成前体类胡萝卜素可为氟啶草酮(fluridone)(也是萜类生物合成抑制剂)所抑制，而该化合物也可促进豌豆不定根的形成，同时缺失独脚金内酯的豌豆突变体 *rms1*(多分枝突变体 *ramosus1*)所形成的不定根比其野生型的多。此外，拟南芥突变体 *max2* 的 *CYCLIN B1* 的表达被促进，*CYCLIN B1* 是拟南芥不定根原基启动时早期的标记基因，这提示独脚金内酯抑制不定根的数量可能是由抑制根原基奠基细胞(founder cell)首次形成性分裂(first formative division)所致。在这一作用过程中，独脚金内酯可与乙烯、细胞分裂素和生长素相互作用。在拟南芥和豌豆生根区域的生长素的向基性运输与生长素的累积都受独脚金内酯的负调控(Rasmussen et al.，2012b)(见 4.5.5 节图 4-18)。有关独脚金内酯对不定根发育影响的研究将成为深入认识调节根生长的激素的交互作用的新视角(Bellini et al.，2014)。

如前所述，细胞分裂素也抑制不定根的形成，但与独脚金内酯的这一抑制作用是不关联的。因为，用细胞分裂素处理这些突变体的野生型可使其每个植株的不定根数量减少(由 0.9 减至 0)($P<0.05$)(图 4-17A)。用细胞分裂素处理独脚金内酯的有关突变体 *max1*、*max2*(独脚金内酯反应突变体)、*max3* 和 *max4*，可使其不定根数量降低至野生型的水平(不定根形成受到抑制)，这说明细胞分裂素抑制不定根形成的作用并非通过调节其体内的独脚金内酯的水平或其信号转导来完成。与野生型的相比，细胞分裂素生物合成降低的拟南芥突变体 *ipt1*(*isopentenyl transferase1*)、*ipt5* 和 *ipt7* 与对细胞分裂素响应性降低的突变体 *ahk3* 和 *ahk4* 的不定

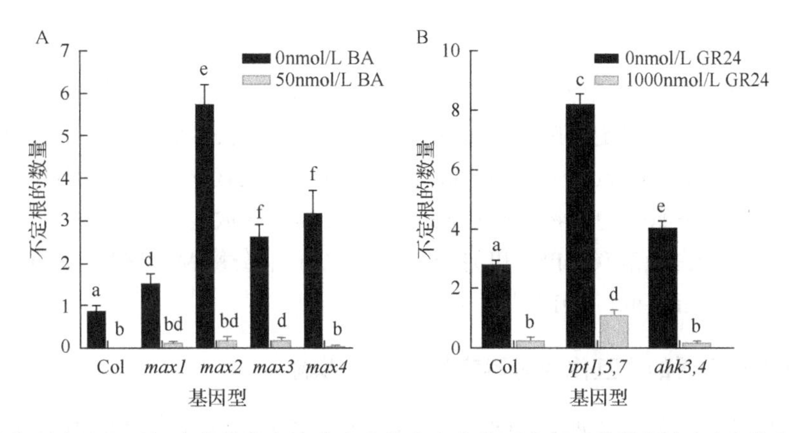

图 4-17　细胞分裂素处理对拟南芥独脚金内酯合成缺失突变体不定根形成的影响(A)和独脚金内酯处理对拟南芥细胞分裂素缺失突变体不定根形成影响(B)(Rasmussen et al.，2012b)

受试验的突变体生长在对照(不含 BA)和含 50nmol/L BA 培养基上(A)或 1000nmol/L 人工合成的独脚金内酯 GR24 培养基(B)上。A：*max1-1*、*max3-11* 和 *max4-1* 是独脚金内酯合成缺失突变体，而 *max2-1* 则是其响应突变体，*n*>40。B：*ipt1 ipt5 ipt7* 三重突变体(图中的 *ipt1,5,7*)为缺少细胞分裂素拟南芥突变体(与其野生型 Col 相比)，而 *ahk3 ahk4*(图中的 *ahk3,4*)双重突变体是细胞分裂素感受缺失突变体。在这两种试验中，植株不定根形成的情况在转移光下 10 天后(萌发后 10 天)统计，数据为平均值±标准误差。所标的不同字母表示有显著差异($P<0.05$，经 T 检验)

根形成的数量分别增加 2 倍及 0.5 倍($P<0.05$)(图 4-17B)；而采用独脚金内酯处理 *ahk3 ahk4* 和 *ipt1 ipt5 ipt7* 突变体，可使它们不定根的形成数量显著降低，分别降低了 87%和 96%($P<0.05$)。这些结果再次说明，独脚金内酯和细胞分裂素对不定根形成的作用(抑制作用)是以各自独立的机制进行的(Rasmussen et al.，2012a，2012b)。独脚金内酯可能通过调节产生不定根的组织或细胞中生长素的水平而起作用，从而对运向根端的生长素进行负调节(Crawford et al.，2010；Ruyter-Spira et al.，2011)。例如，在拟南芥中，即使在高含量生长素存在的情况下，独脚金内酯也显示抑制其不定根形成的作用。

4.5.4.8　过氧化氢和一氧化氮

过氧化氢(H_2O_2)是活性氧的一种形式，充当信号转导分子而调节植物的各种生理和生物化学过程，以及控制植物对各种刺激的反应(Neil et al.，2002)。与其他逆境如水淹、养分缺失等相似，制备插条时的物理损伤也会增加活性氧类(reactive oxygen species，ROS)的活性(Wasternack et al.，2006)。过氧化氢在创伤反应中起着重要的作用，其通过含铜的二胺氧化酶来产生并促进不定根的形成(She et al.，2010)。

过氧化氢可能作为一个信号转导分子参与绿豆幼苗不定根的形成及发育。经 IBA 处理的幼苗可显著地诱导过氧化氢的产生，这说明 IBA 可诱导过氧化氢的产生，并促进不定根的形成。例如，在绿豆幼苗插条制备后 12h 过氧化氢开始升高，至 36h 其量增加了 7 倍多；IBA 处理插条可增加其过氧化氢的产生量(Li et al.，2009)。IBA 和过氧化氢处理促进幼苗中不定根形成的机制可能是这些处理降低了早期的过氧化物酶和抗坏血酸过氧化物酶的活性，这些酶活性的降低可使不定根诱导阶段所需要的生长素和过氧化氢水平提高(Li et al.，2009)。与之相反，过氧化氢酶和抗坏血酸可降低过氧化氢水平，从而抑制不定根的形成。此外，外加过氧化氢的处理可在一定程度上逆转由于降低生长素信号转导而减少的不定根的形成。

一氧化氮(NO)是从氮代谢衍生的一个信号转导分子，与植物的各种生理和发育过程包括初生根、不定根和侧根的发育都息息相关。NO 参与由生长素诱导的黄瓜(*Cucumis sativus*)下胚轴不定根的形成，也被证明参与依赖于和不依赖于环鸟苷酸(cyclic guanosine monophosphate，cGMP)的信号转导途径从而调节新的不定根形成(Pagnussat et al.，2004)。而不依赖于 cGMP 的途径参与促分裂原活化的蛋白激酶(mitogen-activated protein kinase，MAPK)信号转导的级联。NO 和硫化氢可促进许多植物插条的不定根形成，这些植物包括番薯(*Ipomoea batatas*)、旱柳(*Salix matsudana*)、大豆(*Glycine max*)(Zhang et al.，2009b)、绿豆(*Vigna radiata*)(Li and Xue，2010)、菊花(*Chrysanthemun morifolium* cv. Beiguozhicun)(Liao et al.，2010)和大桉(*Eucalyptus grandis*)(Abu-Abied et al.，2012)等。Zhang 等(2009b)的研究表明，在插条被切离 24h 后可产生硫化氢，接着是产生生长素，随后是产生 NO。NO 调控生长素反应导致不定根的形成。NO 可能通过各种信号转导途径在生长素在的下游起作用。研究已发现生长素受体中的 *S*-亚硝基化(S-nitrosylation)取决于 NO，这也是 NO 与生长素的交互作用方式之一，NO 也可促进 TIR1-Aux/IAA 的结合，随之 Aux/IAA 被降解，促进由生长素所介导的基因表达(Terrile et al.，2012)。由生长素刺激所产生的 NO 可增加 cGMP 和环腺苷酸 5′-二磷酸核糖(cyclic adenosine 5′-diphosphate ribose，CADPR)，激活质膜上的钙离子通道。由 NO 促进所释放的磷脂成为磷脂酶的底物，磷脂酶的活性及其所释放的产物将进一步激活钙离子释放至胞液中，并激活依赖于钙的蛋白激酶(CDPK)和促分裂原活化蛋白激酶(MAPK)，进而引起与不定根形成相关的细胞生长和细胞分化(Bai et al.，2010)。

4.5.5　生长素与其他生长物质的交互作用对不定根形成的影响

不同的不定根形成体系的研究表明，当不定根形成时，激素之间发生复杂的交互作用(crosstalk)，生长素和已知植物激素都发生相互作用。不同激素间的交互作用分别调控着不定根发育的诱导、启动和表达阶段的进程(da Costa et al.，2013)。然而对这些相互作用却难以研究，因为这些作用可因植物品种不同、生根的条件或生根外植体不同(是否是完整的植株、无根苗、茎插条)或其他生根体系而异。例如，乙烯可促进深水稻(deep water rice)不定根的形成，此时，乙烯需要与赤霉素共同作用，乙烯的这一作用受到 ABA 的抑制(Steffens et al.，2006)。乙烯与细胞分裂素对不定根形成的作用可能取决于不定根的发育阶段，它们在不定根的诱导早期阶段都有促进的作用，而在不定根的诱导后期起抑制的作用(de Klerk，2002；da Costa et al.，2013)。乙烯可能通过改变对生长素的感知(perception)而影响不定根的形成。

最近的研究也表明，生长素促进水稻冠根(不定根)的启动是通过抑制细胞分裂素的信号转导来完成的(Kitomi et al.，2011)。此外，研究还发现外源生长素的处理可以抑制豌豆(*Pisum sativum*)茎节中局部细胞分裂素的合成(Tanaka et al.，2006)，并且抑制康乃馨插条中细胞分裂素的生物合成和(或)运输(Agulló-Antón et al.，2014)。还有，原本在植物中调节抗病反应和参与各种生物与非生物逆境的另外一个信号分子水杨酸(salicylic acid，SA)也在不定根形成中起作用。有关水杨酸生物合成的拟南芥突变体 *eds5-1* 和 *eds5-2*，与其野生型相比，所发育的不定根大为减少，这意味着水杨酸对不定根的形成起促进的作用(Gutierrez et al.，2012)。水杨酸也可促进绿豆(*Phaseolus radiata*)下胚轴不定根的形成(Wei et al.，2013)，而且这一作用取决于处理时间和剂量，此外，经过 H_2O_2 清除剂 *N,N′*-二甲基硫脲预处理的胚轴外植体，其水杨酸所诱导的不定根显著减少。抗氧化酶活性分析发现，SA 诱导的 H_2O_2 水平与超氧化物歧化酶(SOD)活性增加相关(SOD 将超氧阴离子氧化为 H_2O_2)。这表明水杨酸对不定根形成的独特作用是通过游离的 H_2O_2 累积而实现的。在香石竹(*Dianthus caryophyllus*)插条的不定根原基的决定阶段，SA 水平有显著的提高，在不定根形成的早期阶段，外源生长素处理可强烈地影响 SA 水平，这说明，在不定根产生时，SA 和生长素存在交互作用(Agulló-Antón et al.，2014)。

如图 4-18 所示，上述的各种生长调节物质在不定根的各个不同的发育阶段除了发挥其独特的作用外，还和其他因子交互作用，从正、负两方面调控着不定根的发育过程。其中生长素起着主调节因子的功能，即起中心的作用。切割插条后，也切断了极性向基性生长素流，从而使生长素累积在生根区。这也触发了生长素效应靶细胞的生长素渠化效应(canalization)和极大化的自我调节进程，并诱导了这些靶细胞(不定根创始细胞)的不定根形成的程序化。通过生长素的输入和输出载体、GH3 蛋白和过氧化物酶、黄酮类的代谢调节生长素在体内的动态平衡(homeostasis)，通过 AUX/IAA 蛋白、TOPLESS、ARF 和类似 SAUR 蛋白调节生长素的信号转导，这些过程都是决定不定根形成的不同阶段所要求的关键过程。NO 和 H_2O_2 通过 cGMP 和 MAPK 级联(cascade)调控生长素的信号转导。一些转录因子，如 GRAS、AP2/ERF 和 WOX 家族成员与细胞发育命运特化的生长素信号转导关联。细胞周期蛋白参与的细胞周期掌控和糖代谢与维管及其细胞壁的重塑是体现生长素功能的重要过程。创伤和其他非生物逆境因子所诱导的乙烯生物合成的上调与通过 ERF 的乙烯信号转导及早期累积的茉莉酸可促进不定根的形成，而这些过程也与生长素相关联。进一步的研究应是揭示相关候选基因及其功能与组织的特异作用，以及环境因子对此的调节机制(Druege et al.，2016)。

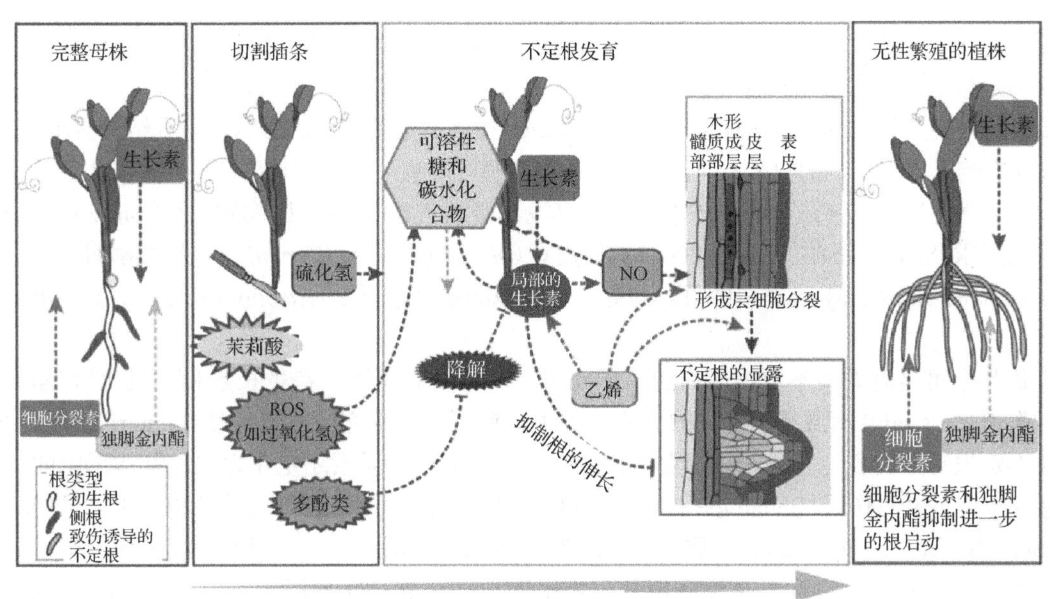

图4-18 不定根的发育进程及生长素等相关影响因子在其中的作用(Steffens and Rasmussen，2016)(彩图请扫二维码)

在未切取插条的完整母株中，其根所产生的主要是细胞分裂素和独脚金内酯，而生长素是在苗中产生的。在插条创伤后30min内可出现茉莉酸的峰值，这是保证不定根发育成功所需求的物质。活性氧类(ROS)、多酚类和硫化氢也增加，并促进不定根的形成。多酚类在此起的作用是减少生长素的降解(起着生长素的保护剂作用)。生长素从而可累积在插条的基部，而在NO的上游起作用以促进不定根的启动。而生长素、NO和过氧化氢(H_2O_2)可增加可溶性糖，并用于根的发育。此外，随着插条原先的根被切除，抑制生根启动的抑制因子(细胞分裂素和独脚金内酯)的水平降低。在生根的后期阶段，生长素可抑制根原基的伸长，而乙烯则促进不定根的显露，当不定根这一从头再生的根体系发育完成，根中的细胞分裂素和独脚金内酯的生物合成便可恢复。图中箭头代表相互正作用，而带平端的线段，表示相互的负(抑制)作用。不定根用黄色表示，初生根以白色表示，而侧根则用蓝色表示

此外，多细胞有机体利用肽类激素(peptide hormone)调节细胞与细胞之间的相互作用，肽类激素是作为信号分子的小肽。这些激素对细胞功能的调控，在植物发育中有很大的影响。肽类激素可在一个细胞中产生，而由邻近的细胞所接收。它们在细胞间的小范围中起作用(Yamada and Sawa，2013)。从其作用的模式看，肽类激素极有可能也在不定根的发育中起作用，这一点有待研究(Bellini et al.，2014)。

4.6 影响不定根形成的营养和环境因子

越来越多的遗传分析研究结果表明，生物和非生物因素对不定根体系结构发育的影响都是对内源因子的体内动态平衡和(或)信号转导调控的结果(Druege et al.，2016)。

4.6.1 矿质营养元素

在植物代谢中起重要作用的矿质元素包括大量元素(氮、磷、钾、钙、镁和硫)和微量元素(硼、铜、铁、氯、锰、钼和锌)，这些元素都会影响不定根的形态发生。矿质元素可为植物有机结构组分、酶反应激活因子和作为电荷载体与渗透调节剂。虽然矿质元素与不定根形成有如此密切的关系，但是有关它们在不定根形成过程中3个阶段的特异性作用的研究却非常少。实际上，只有极少数的矿质元素才可影响不定根的形成，或抑制或增加不定根的数量，或调控根的长度。对于根发育而言，最重要的就是氮和磷，因此，研究者已对这两个营养元素对根发育的影响的分子机制在水稻和拟南芥中做过大量的研究，包括对它们的吸收、信号的感知(perception)和信号转导途径。氮直接影响不定根的启动。锌是生长素的前体色氨酸生物合成所需要的元素(Blazich，1988)，也是生长素受体ABP1(auxin-binding protein 1)的结构成分(Tromas et al.，2010)。锰和铁分别是过氧化物酶的结构成分及其活性的辅助因子。因此，这些矿质元素将影响此类生长素代谢酶的活性(Fang and Kao，2000)。对母株进行合适的施肥和光照光质管理对生长素的生物合成、运

输和代谢都有正面的影响，这将使其插条具有更好的生根反应。对插条的母株施用高氮肥可显著地促进草本植物插条不定根的形成(Zerche and Druege，2009)。

矿质元素的种类及其浓度对蓝桉(*Eucalyptus globulus*)插条不定根形成的影响的研究结果显示，钙、氮源和锌可明显地影响不定根形成的数量，而磷、铁、锰和氮源可影响不定根的长度。缺磷将减小蓝桉插条不定根的长度。对于优化这一桉树品种的离体繁殖方案来说，必须考虑其不定根形成的各个阶段对各种矿质营养元素的不同要求(Schwambach et al.，2005)。硬皮豆(*Macrotyloma uniflorum*)水培缺失磷时，可促进不定根的伸长(Anuradha and Narayanan，1991)。与此结果相似的还有菜豆(*Phaseolus vulgaris* L.)(Miller et al.，2003)。

钙是少数几个可显著调控不定根形成的矿质元素之一。研究表明，在生长素和一氧化氮(NO)信息传导途径交互作用(crosstalk)而激活不定根的形成过程中，钙可在其中充当第二信使(Lanteri et al.，2006)。在杨树插条不定根形成的表达阶段，钙元素不管是作为单一的矿质元素还是作为生长素作用中的一个第二信使，都起着至关重要的作用(Bellamine et al.，1998)。钙在蓝桉插条不定根的诱导和形成的早期阶段起着重要作用(Schwambach et al.，2005)。质膜钙通道抑制剂 $LaCl_3$ 抑制由 IAA 和 NO 所诱导的黄瓜插条不定根的形成。细胞间钙离子可以促进黄瓜外植体不定根的形成，这已因使用非细胞膜透性的钙离子螯合剂 EGTA 可抑制其不定根形成的结果得到了印证。以上的研究表明，生长素和 NO 启动黄瓜插条的不定根形成时要求细胞间或细胞内钙离子库的参与(Lanteri et al.，2006)。

硼是根再生所需要的基本微量元素，20 世纪 50 年代初期研究者就发现了硼在不定根形成中的作用(Gorter，1969)，但在后来的一些研究中，硼的这种作用常被忽视，这可能是在某些插条中所含的硼或者由玻璃仪器甚至滤纸与相关培养基或培养液接触而被溶解出来的硼对不定根发育而言已足够的原因。实际上，有时自来水与无离子水相比，其生根效应就取决于自来水中的硼含量。例如，常用于生根研究的绿豆幼苗插条，若放在无离子水中则不能发育出根，也无根原基形成。若在适当浓度的硼酸溶液中，每个插条可发育出数条根。此外，只有在含硼的情况下，才能使生长素处理的插条发育出大量的根。因此，由生长素诱导的生根过程中，只有在适量硼存在时才能孕育出根原基。然而也有研究表明，绿豆插条对外加硼有不同的敏感性，插条供体幼苗在光下生长时可诱导其根原基发育对硼的需求。若幼苗在黑暗中生长，插条根原基发育则不必对硼有需求(虽然此后的根生长会受到影响)(Middleton et al.，1978)。水培时，完整植株的根发育对硼的需求也随着光强的降低而减弱，如水培时间增长，日照长度可增强硼的缺乏症状。然而对于光照和植物组织对硼需求的真正相关性，目前尚不十分了解。

无论木本还是非木本植物，硼对其插条生根都是很重要的。根原基发育所需的硼可在插条供体植物生长时或在插条中直接施加。研究表明，在将插条用生长素处理后的 24～48h，生长素所刺激的细胞分裂活动已开始，而此时不需加硼，因为组织对外加的硼并不敏感。但硼对随后根发育过程的细胞分裂及根原基的结构建成起着重要的作用。不管不定根的形成是由外加生长素，还是由内源因素所诱导，硼都影响根原基发育的数量(Jarvis，1984)。

就大多数的研究结果来看，根据品种及其生长环境的不同，尚难于归纳出某一特定矿质元素影响不定根形成的一般规律(起正面作用或负面作用)。

4.6.2　碳水化合物

碳水化合物不但为不定根的形成提供能量，也为其提供碳元素以满足细胞分裂、新根原基的产生及根的发育所需。生根培养基合适的蔗糖浓度因植物的种类而异。培养基中的蔗糖浓度为 2%～6%可促进桉属植物 *Eucalyptus sideroxylon* 的外植体不定根的形成，而蔗糖浓度为 4%～6%时则诱导更多的愈伤组织，当蔗糖浓度在 8%～10%时将有害于外植体的存活及其分化(Cheng et al.，1992)。0.5%～2.0%的蔗糖可有效地促进拟南芥下胚轴在黑暗中的不定根形成，5%的蔗糖将抑制不定根的形成。糖类的种类也影响拟南芥下胚轴不定根的形成，蔗糖、葡萄糖和果糖明显促进不定根的诱导，而甘露醇和山梨糖醇则无作用。在黑暗条件下，拟南芥下胚轴外植体必须伸长生长到一定长度才有利于不定根的形成，因为在光下，该胚轴的生长被抑制，即使在有蔗糖的情况下，也不能形成不定根。以拟南芥突变体 *hy4*（由于它缺少一个蓝光受体，其下胚轴在光照或黑暗条件下均可伸长生长）为材料的研究表明，在长日照的条件下，尽管其下胚轴有了足够的生长，1%蔗糖也不能诱导其不定根的形成。这一结果证明，光可能抑制不定根的启动，而下胚轴的伸长并不是不定根形成的原初因素（Takahashi et al.，2003）。总体来说，碳水化合物主要是影响根的生长，而对不定根的启动却不是关键的因子。正在发育的根插条基部的新代谢库（sink）与苗端分生组织库之间碳水化合物的分配效率对不定根的形成来说是非常关键的因素（Druege，2009）。例如，在黑暗中预培养的碧冬茄（*Petunia hybrida*）的插条在其基部转入光下时所累积的碳水化合物可促进不定根的形成（Klopotek et al.，2010）。同样，在柚木（*Tectona grandis*）生根部位累积的高含量的可溶性糖和淀粉与其高的生根反应相关（Husen and Pal，2007）。在蓝桉（*Eucalyptus globulus*）微插条根形成部位的高水平碳水化合物或淀粉的累积也与其在无生长素培养基中的生根能力提高相关。当母株生长在无蔗糖培养基中，但处于富含远红光的光照条件下时，生长数周后获取的插条可形成不定根（Ruedell et al.，2013），而当母株生长在含蔗糖的培养基中时，其插条不定根的形成就不再需要富含远红光的光照，这说明，远红光光照促进插条不定根形成的作用是通过提高生根部位累积的高水平的碳水化合物而实现的。但是高含量的碳水化合物却抑制香石竹（*Dianthus caryophyllus*）插条不定根的形成，尽管研究也发现在这一过程中的由生长素所刺激的碳库的建立对不定根的形成非常重要（Agulló-Antón et al.，2010）。

研究者已采用 C/N 来衡量这两个元素对不定根形成的重要作用，因为实在难以分析二者各自的作用。改变氮供给将强烈地影响碳同化、分配和定位的过程，也影响其在植物体内的分布。N 和 C 的起始状态可显著地影响不定根的形成。例如，天竺葵属植物（*Pelargonium* spp.）插条的不定根形成强烈地受其中起始 C/N 的影响。给生长在高光照条件下的插条母株施用大量的 N，可引起其内源 N 量的增加，这对贮存在低光条件下的天竺葵属植物（*Pelargonium* spp.）和一品红（*Euphorbia pulcherrima*）的插条生根具有正调控的作用。插条不定根的形成对缺氮非常敏感，不经过贮存的含低氮的天竺葵插条所发育出的不定根的数量少。对在低纬度地区取样的 21 个品种的研究证明，在低光强下，插条茎中起始蔗糖水平与其存活率呈正相关，叶中起始蔗糖水平与其不定根形成能力呈正相关。同时，其氮贮存的起始量也是限制天竺葵插条生根的因子，但并不是决定其生根能力的主要因素，因为在给母株施加过量的 N 时其插条生根数目显著地减少，这就说明，N 对不定根的作用在有碳水化合物可利用的条件下才有成效。因为在内源蔗糖起始浓度较低的条件下，高浓度的 N 对它们不定根的形成无效或反而起抑制作用（Druege et al.，2004；Zerche and Druege，2009）。

碳水化合物的信号转导可调节植物组织的生长和分化，此时，碳水化合物可改变发育过程的代谢流和碳水化合物的浓度，这些变化可能调节相关基因的表达状态（Rolland et al.，2006）。植物激素和碳水化合物的相互作用在信号感知与转导网络中起着基本的作用（Rolland et al.，2006）。例如，研究已发现葡萄糖和生长素信号转导的交互作用可在拟南芥幼苗根的生长和发育中发挥重要的调控作用（Mishra et al.，2009）。给印度黄檀（*Dalbergia sissoo*）插条施用外源生长素可以提高其总的可溶性糖和淀粉的含量，并促进不定根的形成（Husen，2008）。研究还发现，即使所使用的生长素浓度并非是最合适的浓度，不同的碳源也可影响桉树微插条不同生根阶段的不定根形成能力，特别是对难生根的蓝桉更是如此（Corrêa et al.，2005）。碳水化合物不但为新分生组织和根形成过程中的生物合成提供能量和碳链的需求，也与生长素共同作用影响相关基因的表达（da Costa et al.，2013）。

4.6.3 光照

插条母株的生理状态直接受环境因子的影响，这些因子主要包括光、温度、水分和营养补充。遮阴条件（红光∶远红光的值低）可增加拟南芥生长素的生物合成，增加 IAA 水平（Tao et al.，2008）。研究者已在拟南芥中观察到光与生长素代谢的相互作用影响其不定根的形成。不定根形成能力低下的突变体 *ago1* 对光的反应增强，从而干扰生长素的体内动态平衡（Sorin et al.，2005）。光对不定根形成的影响不但涉及光本身的光质和光强，也涉及照光时间（即在不定根发育的不同阶段照光）及其照光时间长短，还涉及受试插条母株的基因型及其插条本身的生理因素，如果是在离体培养条件下的生根，还受培养环境和培养基成分（所含植物激素类型及其浓度）的影响。例如，难生根的蓝桉（*Eucalyptus globulus*）插条的母株在无糖的培养基上生长，照以白光可促进其插条不定根的形成，而易生根的柳叶桉（*Eucalyptus saligna*）母株如果在含糖的培养基上生长则照不照光都有利于其不定根的形成（Corrêa et al.，2005）。强光常抑制根发生。例如，苹果不定苗先在黑暗中培养 8～10 天对生根的启动有利。在这一预暗处理中，游离氨基酸水平的增高可能是黑暗处理促进苹果不定苗生根的原因之一，苹果不定苗生根时，光照下培养的茎段游离氨基酸总量开始逐渐升高，至第 9 天达到高峰后下降，预暗处理的游离氨基酸总量在第 6 天达到高峰，与无暗处理的照光相比，高峰期提前出现，而且峰值也高。中性氨基酸总量和碱性氨基酸含量变化的趋势与游离氨基酸总量变化趋势相似（马锋旺，1993）。李属（*Prunus*）不同品种的不定苗在黑暗中存放 5 天，然后转移到光下生根率会提高，但提高的程度则取决于光的性质（Standardi et al.，1978）。木瓜组织培养的不定苗，分别在 12h/12h、16h/8h、24h/0h 的光/暗周期条件下生根时，每天光照 6～12h 时生根效果最佳，减少光照时间对根的启动有促进作用。如果每天光照 24h，则根变细并具有较多的侧根（Drew and Miller，1989）。烟草花序轴薄层细胞外植体（包括表皮、下表皮、皮层细胞）在相同培养基中培养 21 天，不同的光处理对其不定根的发生有不同影响（表 4-8）。黑暗有利于根的发生，而光周期处理（8h 光+16h 暗）的每个外植体的生根数多于连续光照的生根数（Altamura et al.，1989）。

表 4-8　不同光照处理对烟草（*Nicotiana tabacum* L. cv. White Burley）花序轴薄层细胞外植体不定根形成的影响（Altamura et al.，1989）

光处理	不定根发生的外植体比例（%）	每个外植体生根数
连续黑暗	29	3±0.4
连续光照	7	1±0
光周期处理	11	1.6±0.2

不定根的形成对光的敏感性取决于植物的种类，杏的不定苗在有光和无光条件下都可生根，而圆叶樱桃（*Cerasus mahaleb*）的叶片只能在光照条件下生根（Hedtrich，1977）。

从最近 Christiaens 等（2016）有关光质与不定根形成的文献综述资料来看，较多的研究是以离体培养外植体或微插条为材料，研究了光强与光质对不定根形成的影响。因为这些研究所用光强、光质及照光环境和品种都不同，所以对照光参数影响不定根形成的结果只能得出各自的结论。

4.6.3.1　单色光照

使用单色光源有时会造成植株发育不良，已有研究表明，在红光照光条件下，正常植物发育要求一个最低限度的蓝光阈值（Nhut and Nam，2010）。对刺柏属（*Juniperus*）和崖柏属（*Thuja*）的插条在日光条件下补充光强为 20μmol/(m^2·s)的红光和蓝光，并未发现插条的不定根形成发生显著变化（Bielenin，2000）。红光对榕属（*Ficus*）（Gabryszewska and Rudnicki，1997）和葡萄离体培养的不定苗（Poudel et al.，2008）或插条的不定根形成显示最佳的促进效应；Wu 和 Lin（2012）观察了帝王花（*Protea cynaroides*）离体培养小植株在日光灯、红光、蓝光、红光+蓝光（1∶1）下照光 16h 后对其不定根形成的影响，结果发现红光照射有益于不定根的形成。小苗生根过程中内源酚类物质的测定结果表明，发光二极管（light-emitting diode，LED）（红光）照射促进不定根形成，其小苗中含有较低水平的 3,4-二羟基苯甲酸和阿魏酸（ferulic acid），从而降低了这些酚类物质对不定根形成的抑制作用。因为酚类物质与根的生长呈负相关的关系（Wu and Lin，2012）。

蓝光[450nm，光强为 45μmol/(m^2·s)，光照 16h]抑制草莓组织培养小植株的不定根的形成（Nhut et al.，2003），但是蓝光[460nm，光强为 30μmol/(m^2·s)，光照 16h]却可促进罗勒（*Ocimum basilicum*）插条的不定根形成（Lim and Eom，2013）。蓝光对蓍属（*Achillea*）植物的不定根形成也有效，这一作用由蓝光对光合效率显著影响所致，因为在蓝光下叶绿素 a/b 高，这说明光合能源富足（Alvarenga et al.，2015）。也许在这些研究中，所采用的是较低光强的蓝光，产生了促进不定根形成的效应。因为有的研究表明，高光强的蓝光抑制野黑樱(*Prunus serotina*)腋芽插条的不定根形成(Fuernkranz et al.，1990)。

4.6.3.2　双色光照

大部分研究结果表明，红光+蓝光光照条件对促进不定根形成的效果最好。例如，草莓(*Fragaria*× *ananassa* cv. Akihime)组织培养小植株，在蓝光(450nm)+红光(660nm)(7∶3)的光照条件下[光强45μmol/(m^2·s)，照光16h]生根数最多、根长最长且根鲜重最重(Nhut et al.，2003)。红光+蓝光(7∶3)的光照条件可提高碧冬茄(*Petunia hybrida*)插条根的干重与鲜重比例(Currey and Lopez，2013)。在红光+蓝光(8∶2)[光强为45μmol/(m^2·s)，照18h]的光照条件下，芭蕉(*Musa*×*paradisiaca*)离体培养不定苗与不定根的鲜重最重(Nhut et al.，2002)。有的研究者认为这一红光+蓝光的光照效应可能是促进了苗的生长，使苗的总干重和生根数量增加，从而有利于不定根的发育，这说明根的生长在本质上依赖于叶子光合作用的产物形成；至少这一光照结果对红掌(*Anthurium andraeanum*)微插条不定根的有利效应是如此(Gu et al.，2012)。也有的研究者认为红光+蓝光照射有利于不定根的形成，可能是在这一光照条件下淀粉或碳水化合物达到最高水平，为根的生长发育提供更多的能量物质(糖类)(Kong et al.，2008)。但是也有报道指出，在不定根的启动阶段，生长素的运输起主要的作用，高水平糖类反而在此阶段抑制不定根的形成(Agulló-Antón et al.，2010)。这些实验结果所导致的矛盾的结论，可能涉及糖类抑制不定根形成的阈值水平问题，这一阈值变化可能与植物品种及其生根环境有关。双色光(红光+蓝光)促进不定根形成所显示的最佳生理效应表明，在光敏色素与蓝光受体信号转导途径之间存在着协同的作用(Iacona and Muleo，2010)。

4.6.3.3　远红光

已有一些研究表明，远红光可抑制离体培养物不定根的形成，说明光敏色素在其中起作用(Iacona and Muleo，2010)。当远红光用于补充红光光照时，可促进4种观赏植物，即黄杨属(*Buxus*)、侧柏属(*Platycladus*)、杜鹃属(*Rhododendron*)、木藜芦属(*Leucothoe*)的插条(van Dalfen and Slingerland，2012)和茼蒿属(*Chrysanthemum*)(Kurilčik et al.，2008)离体培养苗的不定根的形成。当远红光用于补充红光+蓝光的光照时，也可促进不定根的形成，但此时的远红光所占的比例不能太高[例如，照光总光强为43μmol/(m^2·s)，远红光不能多于4μmol/(m^2·s)](Kurilčik et al.，2008)。这些远红光、蓝光及红光对不定根形成的复杂作用与这些光照中的光敏色素和隐花色素(蓝光和近紫外光受体)的协同性相互作用有关(Iacona and Muleo，2010)。

4.6.3.4　光强、光质与生长素的相互作用

许多研究表明，光强也在不定根形成中起作用(Alvarenga et al.，2015；Kurilčik et al.，2008)。在一个光谱范围内，对于不定根形成将有一个最适光强。在这一作用过程中也体现光强与光质(光受体的活性)的相互作用，这些作用还与植物品种有关(Cope and Bugbee，2013)。

不定根的形成也受光与生长素信号转导及其运输中的相互作用的调控。研究已发现，当植物进行光形态发生时，光照可与生长素信号转导相互作用(Halliday et al.，2009)。当照光的红光与远红光比例低时，如因遮荫效应(阳光不足)会引起生长素生物合成的增加(Kurepin et al.，2007)。这种植物的遮荫效应，要求生长素快速地合成及运输，以便促进植物伸长生长(Halliday et al.，2009)。低通量的红光可影响生长素的合成及其运输(Liu et al.，2011)，而远红光可逆转红光的这一作用，这意味着光敏色素参与这一过程。生长素输出载体PIN3(PIN-FORMED3)的定位可激发蓝光的向光反应。PIN3 的定位是在单向照蓝光一侧的相反的侧面，从而使茎外植体的PIN3定位侧面输出生长素并产生向光弯曲性(Ding et al.，2011)。这些研究结果表明，光质对不定根的影响可通过生长素的信号转导起作用。此外，在拟南芥不定根的形成中已发现，生长素反应因

子(AUXIN RESPONSE FACTOR，ARF)可对红光和远红光呈现不同的反应，这些 ARF 应当在不定根形成中起作用。

对拟南芥不定根形成突变体 *sur2*(*superroot2*)和 *ago1*(*argonaute1*)的研究揭示了光和生长素的相互作用而调控不定根形成的一些规律。突变体 *ago1* 形成不定根能力的丧失与其幼苗顶端部位生长素动态平衡(homeostasis)的改变及其对光超敏性有关。研究已发现 *AGO1* 基因可调控那些在生长素和光信号转导途径的交互作用上起作用的基因的表达(Sorin et al.，2005)。生长素反应因子 ARF6 和 ARF8 可对拟南芥下胚轴的不定根形成进行正调节，而 ARF17 则对之进行负调节。光照可以刺激 *ARF6* 和 *ARF8* 表达，而对 *ARF17* 的表达则显示负调节(Gutierrez et al.，2009)。另有一些研究证明，根中存在蓝光、红光和远红光的光受体(Jung and McCouch，2013)。已知在拟南芥根中，一种称为向光素的蛋白 PHOT1(phototropin 1)可以调节蓝光的负向光性(Galen et al.，2007)。在根中表达的光敏色素 A(PHYA)和 PHYB 可以调节红光的正向光性。PHYA 可以促进远红光下的根伸长(Costigan et al.，2011)。在 *ago1* 突变体中也发现 PHYA 信号转导途径被上调(Sorin et al.，2005)。苗的照光可影响不定根与侧根的产生，而植物在地上部分启动的不定根的形成可能由其局部的生长素浓度改变所致。生长素经过几个载体蛋白的协同作用以极性的方式在细胞与细胞间运输。光可调节生长素输出载体蛋白 PIN1、PIN2 和 PIN3 的表达与定位(Ding et al.，2011；Sassi et al.，2012)。在 *hy5* 突变体所显示的不定根和侧根的发育是由其生长素信号转导途径被修饰所导致的(Sibout et al.，2006)。HY5(LONGHYPOCOTYL5)这一碱性亮氨酸拉链转录因子可在光受体网络的下游起作用，该转录因子的活性受控于 RING E3 泛素连接酶 COP1(CONSTITUTIVE MORPHOGENIC1)，因而控制与生长素信号转导途径相关的基因表达。

综上可知，有关光照对不定根形成的影响的研究中，许多是观察不同光照、光强和光质对微插条或温室内插条(瓶外生根)的不定根形成的影响，其光照条件并非是通常生产实践中所采用的补充照明，而是完全采用人工光照，甚至是纯理论研究角度的实验。LED 灯的利用，使得对光照特别是光质条件的控制就准确了许多，这必将影响相关研究结论的评价(Dutta-Gupta and Jatothu，2013；Christiaens et al.，2016)。

4.6.4　温度与水分

光和温度是关系密切的环境因子。通常，温度可以从多方面影响许多植物不定根的形成，如对水分和养分的吸收代谢与促进或抑制酶的活性等。可惜这方面的研究太少。

已知温度可影响插条母株的生理状态，进而影响到插条不定根的形成。茼蒿属(*Chrysanthemum* sp.)插条经不同时期的黑暗冷藏后其生根能力不同，冷藏的主要效应是降低冷藏插条中碳水化合物的浓度，从而改变碳与氮的比例来促进冷藏后插条不定根的形成(Druege et al.，2000)。同样的效应也发现于裸子植物(Behrens，1988)。

高温(30℃)可能有利于根原基的启动，低温(25℃)利于根的伸长。高温促进不定根的启动作用可能是由它对能量因子(碳水化合物)运输的影响、相对较高的呼吸作用及对在低温贮存的简单糖分子降解的影响所致，然而研究者也曾观察到与此矛盾的结果。例如，黄杉属(*Pseudotsuga*)组织培养的不定苗，当温度由 24℃降到 19℃，以及培养基的糖及生长素含量减少时，其不定根形成率由 3%增加到 80%(Gaspar and Coumans，1987)。文献分析表明，果树培养物在 21～30℃可形成不定根。28℃的温度条件下苹果枝条不定根形成的效果最佳，若在 23℃和 21℃时，其形成不定根的植株的比例下降。在李树不定苗的不定根形成培养基中加 GA_3 时，生长温度和不定根形成频率之间出现显著的相互作用。在 26～30℃时，所用的所有 IBA 浓度对不定根形成的抑制作用都可通过加入 0.1mg/L GA_3 来解除；但在 15℃和 21℃时，则无此作用(Nemeth，1986)。木瓜组织培养的不定苗，当日温和夜温相对保持在 27℃±1℃和 25℃±1℃时，不定根形成效果最佳；如果日温降低，不定根的启动速率也降低。日温从 22℃±1℃增到 29℃±1℃时，其根重也随之增加，但在 29℃的日温下，不定根变细，侧根增多。

温度对桉树类微插条不定根形成的影响，可从不同温度处理母株或插条影响插条生根能力的结果反映出来。柳叶桉(*Eucalyptus saligna*)和蓝桉(*Eucalyptus globulus*)插条不定根形成的最适温度不同，对高低温度的敏感性也有差异。较高的温度(30℃)可增加柳叶桉微插条的生根百分数、生根密度和长度，但温度在15℃时，其根的生长被抑制；微插条如处在恒定的低温(15℃)下，其生根能力将降低。与此相反，较低的温度将增加蓝桉微插条的生根百分数，恒定的较高温度将减少其生根的百分数，给予微插条的母株中等热冲激(40℃)处理，将有利于柳叶桉微插条在无生长素的培养基上不定根的形成，但这种热冲激对同样处理的蓝桉的不定根形成有害。生长素可使这两个品种的微插条耐受更极端的温度(50℃或 60℃)处理，从而改善其生根效应。这就意味着生长素与温度之间可能存在着一定的关系，温度也许通过调节内源生长素的代谢、运输和吸收而影响其作用(Corrêa and Fett-Neto，2004；Geiss et al.，2009)。

光和温度对不定根形成的影响，也反映在季节性变化对插条不定根形成的影响上。季节性变化对插条不定根形成的影响在木本植物上表现得更为明显，似乎每种木本植物都有其不定根形成的最适季节(表 4-9)，如果针叶树的苗插条是取自晚春或夏季的早期，其生根能力较弱；而在其母株植物生长旺盛季节所取插条的不定根形成能力强。油橄榄带叶插条取自 6～8 月，其不定根形成效果较好，而取自 11 月至次年 1 月时较差。季节性不定根形成的差异也与插条的性质有关。许多乔木和灌木的软木质插条在 6 月不定根形成效果较好，而年龄大的硬木质插条则在 12 月不定根形成效果较好。生长活跃的软木质的杨树插条在 6～7 月不定根形成效果良好，而硬木质则在秋季不定根形成效果较好。许多植物插条取自春季，有较强的不定根形成能力，如竹子和美洲黑杨(*Populus deltoides*)插条不定根形成效果在 2～3 月最佳。云杉(*Picea asperata*)茎插条取自其供体植株芽开放之前的早春或已停止生长的仲夏，较易形成不定根。刺柏(*Juniperus formosana*)茎插条不定根形成能力在其供体营养生长活跃时期最低，而在休眠期最高。许多植物插条不定根的形成具有年节律(annual rhythm)的特征(Gurumurt et al.，1984)。

表 4-9　制备插条的季节及生长素的处理对一些难以形成不定根的具有重要经济价值的木本植物的插条形成不定根的影响(Gurumurt et al.，1984)

种类	植物激素及其所用浓度(mg/L)	不定根形成最适月份
木棉(*Bombax ceiba*)	IBA 100	3～4
长果木棉(*Bombax insigne*)	IBA 100	3
印度黄檀(*Dalbergia sissoo*)	IAA，IBA 100	8～9
赤桉(*Eucalyptus camaldulensis*)	IBA 100	9
细叶桉(*Eucalyptus tereticornis*)	IAA，IBA，NAA 100	8，9
印度胶树(*Ficus elastica*)	IAA，IBA 100	3
云南石梓(*Gmelina arborea*)	IAA，IBA，NAA 100	3，7，8
*扁担杆属一种植物(*Grewia oppositifolia*)	IBA 100	3
银杏(*Ginkgo biloba*)	IBA 100	2，3
银合欢(*Leucaena leucocephala*)	IBA 200	2，8
三球悬铃木(*Platanus orientalis*)	IAA，IBA，NAA 100	3，7
加勒比松(*Pinus caribaea*)	IBA，NAA 200	7，8
喜马拉雅长叶松(*Pinus roxburghii*)	IBA 50	7
杨属一种植物(*Populus gamblei*)	IAA 200	11
柚木(*Tectona grandis*)	IBA 100	3
红椿(*Toona ciliate*)	IBA 100	3

* 尚有二种植物查不到具体的中文名

上述插条不定根形成的季节性效应变化是由贮藏物质的改变或插条生理状态的变化或内源生长调节物质的改变所致(Nanda and Jain，1971)，但也有人认为是由光合作用的产物不同所致。在短日照的冬季，光照度和温度都低，叶中光合作用产物减少，因此，在冬季启动不定根形成及其发育所必需的代谢物水平降低，而在秋季累积营养较多，插条具有较高的不定根形成能力。

插条不定根的形成也表现出极性，不管插条放置的方向如何，其形态学的基部容易发育出不定根，这被认为是形态学方向自上而下存在着植物激素梯度分布之故。

从拟南芥中已经鉴定了其胚轴不定根形成的各个阶段有关的9个温度敏感突变体，进一步肯定温度可影响不定根形成的事实(Konishi and Sugiyama，2003)。但温度如何控制着不定根形成的过程仍有待阐明。

不定根的形成常是在处于水分胁迫的条件下进行的，这种胁迫由插条基部失水[可用聚乙二醇(polyethylene glycol，PEG)溶液加以诱导]，也可由插条叶片失水所致。实验表明，水分胁迫影响不定根形成，其中一部分是通过碳水化合物及乙烯和ABA代谢的影响来完成的。插条制备过程可引起缺水，从而可能降低细胞维持适量溶质的能力。此外，不定根形成区常累积大量的可溶性糖、含氮化合物和酚类，这将导致细胞渗透平衡的不正常。虽然这些内部因子和环境因子可以影响不定根形成，但很难说它们是控制不定根形成的直接因子。因为通过改变上述因子(即使使用生长素处理)，那些不能形成不定根的器官及其组织培养物大多仍然不能形成不定根。

4.7 生物因子对不定根形成的影响

从20世纪80年代开始，研究者已认识到根际微生物可促进传统插条和微插条的不定根形成，特别是这些真菌和微生物对针叶树的插条不定根形成的影响，相继做了许多研究(Zavattieri et al.，2016)。目前采用一种称为生物化的技术可促进微插条和插条不定根形成，即在可控的条件下，利用根际的菌根接种(mycorrhization)或细菌接种(bacterization)促进插条不定根的形成。根际微生物(rhizosphere microorganism)，特别是菌根真菌和微生物可增加植物对生物与非生物逆境的耐性，促进植物生长和不定根的形成。大多数高等植物品种都与有害或有益的菌根真菌及根际细菌发生联系。有益的细菌可分为两类：植物促生根际菌(plant growth promoting rhizobacteria，PGPR)和菌根辅助细菌(mycorrhization helper bacteria，MHB)(Hrynkiewicz and Baum，2012)。

4.7.1 发根农杆菌

为了克服无性繁殖过程中不定根难形成的缺陷，研究者在开发利用发根农杆菌(*Agrobacterium rhizogenes*)方面做过许多研究。发根农杆菌与土壤农杆菌(*A. tumefaciens*)是密切相关的引起植物冠瘿瘤的病原菌。发根农杆菌是革兰氏阴性土壤微生物，其可因创伤所致的毛根病(hairy root disease)而感染植物，并在植物感染的部位形成许多不定根(Chandra，2012)。这一根诱导作用是由于在植物基因组整合和表达了该菌的根诱导质粒(Ri)中的T-DNA，研究者已从此DNA中鉴定了与不定根形成有关的基因位点，分别命名为根位点(*root loci*，*rol*)*A*、*B*、*C*和*D* (Spena et al.，1987)，其中*rolB*是根诱导的关键基因，因为在所有的*Ri*基因和可读框(ORF)中只有*rolB*基因单独就可以诱导不同植物种类不定根的形成，但不定根形成最大的诱导作用是*rolB*与*rolA*或*rolC*结合才表现出来的，这说明，这3个基因协同控制着不定根形成的效应(Spena et al.，1987)。被感染的植物可以合成新的代谢物，如冠瘿碱(opine)，其在正常的植物中是不存在的。在不存在病原菌的情况下，被感染的植物在离体培养时其组织可保持冠瘿碱的合成能力，这是由于冠瘿碱合成基因从病原体被转化进入植物组织细胞中并与植物基因组整合。根据最近的测序结果，一些植物的栽培品系如番薯(*Ipomoea batatas*)在进化过程中，农杆菌所带的T-DNA序列已经整合进其基因组中(Kyndt et al.，2015)。

研究者通过发根农杆菌的转化而成功地促进了果树如扁桃(*Prunus dulcis*)、苹果(*Malus domestica*)、胡桃(*Juglans regia*)及林木如松属(*Pinus*)、落叶松属(*Larix*)和桉属(*Eucalyptus*)等的不定根的形成(Damiano and Monticelli，1998；Li and Leung，2003)。

辐射松(*Pinus radiata*)是广种于南半球几个国家的具有重要经济意义的树种，但在无性繁殖时同步形成不定根较困难，可通过转化*rolB*基因而使其不定根形成的同步化得到改善(Li and Leung，2003)，转化这一基因还使M9/29苹果砧木插条不定根的形成效率提高(Zhu et al.，2001)。尽管*rolB*可诱导不定根的形成，但对其分子机制尚不十分清楚。

关于发根农杆菌对针叶树插条和微插条不定根形成的影响已有不少的研究。McAfee 等(1993)发现 A4 或 pRi transconjugant R1000 株系可改善加州山松(*Pinus monticola*)成熟胚离体培养再生的微插条不定根的形成，与这些菌株共培养后微插条的不定根形成的数量/质量比对照(NAA 处理的插条)要多/好，同样，采用这些菌株系与北美短叶松(*Pinus banksiana*)和北美落叶松(*Larix laricina*)无根苗共培养，其不定根的形成同样得到改善。离体培养的异叶南洋杉(*Araucaria heterophylla*)苗是难以形成不定根的顽拗型品种。施用不定根形成辅助物如水杨酸、腐胺和过氧化氢都难以改善这一品种的不定根的形成；研究者认为这一品种的组织中所含高含量的单宁和树脂是其难以形成不定根的原因。当将不定苗在含 7.5μmol/L 的 IBA 和 NAA 的 MS 培养基中培养 15 天，随即在不含植物激素的半量 MS 培养基上培养可使其不定苗的不定根形成(只含 1 或 2 条根)率增加 33%。但是，这一品种与发根农杆菌 K599 株系共培养时，与对照(采用 IBA 和 IAA 处理)相比，其不定根形成率可增加 40%(培养基中含 IBA 和 NAA)，但是，如果与发根农杆菌共培养的培养基中不含 IBA 和 NAA，则不能诱导其形成不定根(Sarmast et al.，2012)。

4.7.2　植物促生根际菌和其他内生菌

植物促生根际菌(plant growth promoting rhizobacteria，PGPR)是可移植于植物根上的自由生活的土壤共生细菌(Saharan and Nehra，2011)。它们可直接或间接地促进植物的生长，同时这些小菌落也可从植物根系所分泌的营养物中受益。这些微生物有助于植物的生存和进化，它们可感染多个属的植物，并呈现植物种内基因型特异性(Johnston-Monje and Raizada，2011)。PGPR 的常见种属包括：假单胞菌属(*Pseudomonas*)、芽孢杆菌属(*Bacillus*)、固氮菌属(*Azotobacter*)、节杆菌属(*Arthrobacter*)、梭菌属(*Clostridium*)、氢噬胞菌属(*Hydrogenophaga*)、肠杆菌属(*Enterobacter*)、沙雷氏菌属(*Serratia*)和固氮螺菌属(*Azospirillum*)(Gray and Smith，2005)。这些 PGPR 可分别根据其固氮能力、促进植物生长或保护植物免受病原体侵害的程度分为生物肥料细菌、产生植物生长刺激物质的细菌和生物控制细菌(Bloemberg and Lugtenberg，2001)。已知有些 PGPR 可以产生植物激素，如 IAA、赤霉素(GA_3)、细胞分裂素和乙烯(Husen，2003；Nihorimbere et al.，2011)。许多与植物相关的细菌包括 PGPR 所产生的最常见的生长素是 IAA(Spaepen et al.，2007)。PGPR 是非共生固氮菌，可通过合成铁载体(siderophore)、α-1,3-葡聚糖酶、几丁质、抗生素和氰化物或通过增加矿质磷酸盐和其他营养物质的溶解性而有利于植物对抗微生物病原体的入侵(Mafia et al.，2009)。

4.7.3　菌根

根据真菌与寄主植物根相互作用的方式，特别是有关寄主与真菌所形成的交界面(细胞间或细胞外)的性质，菌根(mycorrhiza)可分为泡囊丛枝菌根(vesicular arbuscular mycorrhiza，VAM)、外生菌根(ectomycorrhiza，ECM)和杜鹃类菌根(ericoid mycorrhiza，ERM)(Brundrett，2004)。

外生菌根共生的结构特点是有质体浓厚的由菌丝形成的组织和覆盖于根的拟薄壁组织上，特称这一结构为菌套(mantle)，外侧的菌套与根内部的哈蒂氏网(菌丝体)相连接，以一个极大的根生网络在土壤中增殖(Graham and Miller，2005)。基质外的菌丝、菌套和根内菌丝网络是一个活跃的代谢实体，可为寄主植物提供基本的营养(氮和磷)，以及为共生的真菌营造富含碳水化合物的稳定的微环境，形成互利的共生关系(Taylor and Alexander，2005)。已有一些研究表明，采用外生菌根真菌鹅膏属(*Amanita*)、黏滑菇属(*Hebeloma*)、蜡蘑属(*Laccaria*)、乳菇属(*Lactarius*)、豆马勃属(*Pisolithus*)、须腹菌属(*Rhizopogon*)、硬皮马勃属(*Scleroderma*)和乳牛肝菌属(*Suillus*)有益于针叶树的微繁殖(Ragonezi et al.，2012；Heinonsalo et al.，2015)。插条和幼苗与外生菌根共培养可促进其根的形成及随后的根的分枝(Karabaghli et al.，1998；Niemi et al.，2002b)。此外，与真菌共培养还可增强植株移栽后所面临的与苗圃和生长相关的逆境的适应能力(Fini et al.，2011)。成功的植物根部的定植及其外生菌根的重建是由生物化学信号调控的(Seddas et al.，2009)。这些根际信号包括生长素、黄酮类物质、生物碱类物质和细胞分裂素(Martin et al.，2001)，以及酚类如香豆酸、香豆素、柚皮素和其他黄酮类化合物等(Ragonezi et al.，2013；Hassan and Mathesius，2012)。

研究发现，利用ECM可克服针叶树插条与微插条不定根形成困难的问题。早在1983年，David等的研究结果表明，生长素(10^{-6}mol/L NAA处理18天)可以诱导海岸松(*Pinus pinaster*)组织培养无性系苗的不定根形成，但是由NAA所启动的不定根难以伸长生长。当这一被生长素所启动的不定根与彩色豆马勃(*Pisolithus tinctorius*)或*Hebeloma cylindrosporum*共培养时，这些根重获伸长生长，同时短的侧根也可受到刺激。真菌可改善根系的质量，而不定根形成的质量是决定植物从试管移栽至大田后能否成活的关键(David et al.，1983)。外生菌根真菌冬生黏滑菇(*Hebeloma hiemale*)及其培养物的过滤液对地中海白松(*Pinus halepensis*)去根苗下胚轴的不定根形成影响的研究表明，在有0.1mmol/L色胺这一生长素合成前体存在的条件下(而无植物生长调节物质)，该真菌可强烈地刺激其下胚轴的不定根形成，与此菌共培养的下胚轴不定根的形成率可达96.6%，而对照(不与此菌共培养)的不定根形成率只有7.6%(Gay，1990)。当培养基中不加色胺时，因冬生黏滑菇的培养过滤物不产生IAA，它就会失去刺激下胚轴的不定根形成的功效。相反，如果在培养基中加入色胺，其滤液中就含IAA和乙酸乙酯提取物，能使100%的下胚轴形成不定根(David et al.，1983)。根据这些结果，研究者认为冬生黏滑菇促进不定根形成的活性在于可以将色胺转变为IAA。另一些研究表明，外生菌根彩色豆马勃和卷缘网褶菌(*Paxillus involutus*)可产生IAA，从而影响欧洲赤松(*Pinus sylvestris* L.)离体培养下胚轴插条的不定根形成(Niemi et al.，2002b)。该插条与这两种真菌之一共培养，比采用IBA处理插条的不定根形成的效果还好。这两种真菌都可在不加外源色胺的条件下产生IAA。但与卷缘网褶菌相比，彩色豆马勃的菌丝体及其培养物的过滤物含更高浓度的游离和结合的IAA。海岸松离体培养的下胚轴插条与这两种真菌之一共培养或利用其培养物过滤物短时间处理插条基部都可促进插条不定根的形成。真菌IAA的产生与其根的形成无直接的联系。因为虽然卷缘网褶菌产生的IAA量很少，但插条与其共培养后其不定根的形成效果却比产生IAA量较多的彩色豆马勃要好。这表明，除IAA外，尚有其他成分对插条不定根的形成发挥作用。此成分之一是腐胺，卷缘网褶菌可产生和释放高浓度的腐胺(Tonon et al.，2001)，而彩色豆马勃则含有微量二胺(diamine)和尸胺(cadaverine)。这两种真菌都可产生亚精胺(spermidine)。亚精胺是为人所熟知的促进矮松(*Pinus virginiana*)不定根形成的多胺化合物(Tang and Newton，2005)。这两种菌还可加速欧洲赤松下胚轴插条离体培养时不定根的形成及其生长。施用外源尸胺可促进由彩色豆马勃所诱导的不定根形成，也可促进由该菌引起的菌根形成。腐胺和卷缘网褶菌对不定根形成的启动有增效的作用，但对随后的根生长却无效(Niemi et al.，2002a)。最近的研究发现彩色豆马勃与离体培养的海岸松植株插条共培养有助于克服其不定根生长停止的问题，也使其发育出的根系更好地适应移栽种植地的逆境；这与共培养后其根的形态学所受的修饰有关。例如，在根的周围充满着菌丝及其内部网状物，这些结构都使根的厚度增加，成为更加强健的根系(Ragonezi et al.，2012)。

4.7.4　细菌和菌根的相互作用

许多研究表明，细菌与真菌的相互作用在菌根的形成中和影响植物健康方面起着重要的作用(Schrey et al.，2012)。使用外生菌根真菌双色蜡蘑S238N(*Laccaria bicolor* S238N)和细菌荧光假单胞菌BBc6(*Pseudomonas fluorescens* BBc6)分开或两者一起培养以诱导离体培养欧洲云杉(*Picea abies*)的无根苗下胚轴的不定根形成的研究表明，如果在共培养的培养基中加入色胺，双色蜡蘑可增加下胚轴插条的不定根形成的百分比，也可促进其根长和插条地上部分的生长及其分枝。荧光假单胞菌也可增加每个插条不定根的形成数量。这一效果与生根培养基中加入IAA的效果相似。但荧光假单胞菌BBc6对不定根的伸长及其分枝无效。培养基中存在色胺可刺激双色蜡蘑S238N和荧光假单胞菌BBc6产生IAA，因此，研究者认为，双色蜡蘑真菌刺激插条不定根形成及其随后的伸长和分枝的作用，至少一部分归因于该真菌合成IAA的能力(Karabaghli et al.，1998)。鉴于荧光假单胞菌BBc6也能合成IAA却无刺激根的伸长生长及其分枝的能力，这暗示在这些有利于不定根形成的作用因子中，不只是IAA，可能还包括由细菌产生的其他一些可与IAA刺激根伸长和分枝起相反作用的化合物。实际上，研究也已证实，与荧光假单胞菌M20共培养的扭叶松(*Pinus contorta*)根中的二氢玉米素核苷浓度增加(Bent et al.，2001)。

双核丝核菌(binucleate rhizoctonia，BnR)和外生菌根乳牛肝菌(*Suillus bovinus*)或双色蜡蘑都可以促进欧洲赤松下胚轴插条不定根的形成，只是双色蜡蘑促进不定根形成的效果稍差(Kaparakis and Sen，2006)。已发现用4种BnR分别处理可诱导根分生组织的分化，可明显地诱导无根幼苗不定根的形成。其不定根形成率明显地高于用IBA (200μmol/L)预处理或与外生菌根(ECM)共培养的无根苗的不定根形成率。已知诱导根分生组织分化的机制包括生长素的产生、创伤效应和寡聚糖信号，以欧洲赤松幼苗为材料的研究发现，与BnR共培养的苗，其根长增长，直径减小，但是被菌感染的幼苗只有6%，BnR的感染特点是细胞间出现菌丝，而其细胞间念珠状的真菌细胞则居于伸长根的外侧皮层细胞中(Grönberg et al.，2006)。

综上可知，在实践中选择特异性的根际微生物或利用根际微生物结合其他生理生化手段可有效地克服难以形成不定根的顽拗型品种的无性繁殖问题。

4.8　不定根形成的分子生物学机制

有关不定根形成的功能基因鉴定及其分子生物学机制的比较系统和深入的研究主要是在模式植物如拟南芥、水稻与木本模式植物杨树中进行的。对林木而言，图位克隆技术是定位与分离不定根形成相关基因的有效遗传学手段之一。近年来，由于有了转录组学和蛋白质组学等新的研究策略、高效的测序技术、模式植物生物和基因资源共享平台，有关不定根形成的分子机制的研究有了较大的进展，研究者对不定根的分子调控机制有了更深入的认识(Pacurar et al.，2014；Gleeson et al.，2014；Zhao et al.，2014；Guan et al.，2015；Steffens and Rasmussen，2016)。

4.8.1　不定根形成相关候选基因的鉴定

为了鉴定和研究与不定根形成相关的功能基因及其表达模式，研究者已利用mRNA差显、图位克隆、转录组或蛋白质组学技术揭示了一些植物，如拟南芥(Sorin et al.，2006)、苹果(Moriya et al.，2015)，针叶树类的辐射松(*Pinus radiata*)、扭叶松(*Pinus contorta*)和落叶松杂种(*Larix kaempferi*×*Larix olgensis*)(Brinker et al.，2004；Han et al.，2014)，以及杨树杂种(*Populus trichocarpa*×*Populus deltoides*)(Kohler et al.，2003；Ribeiro et al.，2016)及番薯(*Ipomoea batatas*)(Ponniah et al.，2017)等各类插条的不定根发生各个阶段的相关基因和蛋白质的功能。

利用mRNA差显技术和mRNA代表性差别分析发现，经生长素处理的苹果砧木Jork 9茎切片的不定根形成时，被上调的基因是与多半乳糖醛酸酶(polygalacturonase)和MAP激酶的转录子序列同源的基因。被上调的最高丰度表达的cDNA全序列分析表明，该mRNA编码一个依赖于2-酮酸的二氧化酶(2-ODD)，被命名为不定根相关基因*ARR*-1 (Adventitious Rooting Related Oxygenenase)；此基因可为IBA和IAA强烈诱导，但不为2,4-D所诱导。这个基因也在苹果幼苗初生根发生时出现表达活性(Bulter and Gallagher，2000)；它可能是参与体内生长素动态平衡的基因，而不是直接参与不定根形成的基因(Smolka et al.，2009；Li et al.，2012)。

对杨树杂种(*Populus trichocarpa*×*Populus deltoids*)不定根形成时吸收水分和营养的相关基因转录丰度的微阵列分析表明，属于PIP蛋白家族的水孔蛋白(aquaporin)基因可在休眠插条的树皮和根原基中高度表达，而在侧根和不定根的表达是被下调的。与之相比，编码液泡膜的水孔蛋白(tonoplast aquaporin)的转录物基因却大部分在根愈伤组织和已显露的根或在初生根与侧根中表达(Kohler et al.，2003)。

拟南芥突变体*sur1*(*superroot1*)和*sur2*(Boerjan et al.，1995；Delarue et al.，1998)可过量产生生长素，可天然地形成不定根，而突变体*ago1*(*argonaute1*)即使使用生长素处理仍然难以形成不定根(Bohmert et al.，1998)，它们都是与不定根形成相关的突变体。对这些突变体的蛋白质表达谱的研究表明，有11个富含蛋白可与内源的生长素含量、不定根原基数量或成熟不定根数量显示正相关或负相关关系，其中有3个生长素诱导的GH3类蛋白质水平与成熟的不定根数量呈正相关(Sorin et al.，2006)；这11个相关蛋白涉及生长素的体内动态平衡过程和与光相关的代谢过程，其中有些蛋白与美国黑松不定根形成时所鉴定的相同，如 PINHEAD/ZWILLE 类似蛋白(Brinker et al.，2004)。这说明，这些基因在不同的植物中可能起着相同的功能。

对美国黑松下胚轴切段不定根形成时的基因表达模式的研究表明，在其根发育的阶段有 220 个基因的转录水平有显著的改变。根发生启动阶段，有关细胞增殖和细胞壁变薄的基因及编码 PINHEAD/ZWILLE 类似蛋白的转录子的表达被上调，而与生长素运输、光合作用和细胞壁合成相关的基因的表达则被下调(Brinker et al.，2004)。这一基因表达模式与水分胁迫时的类似。在根分生组织形成阶段，涉及生长素转运蛋白、生长素反应的转录子和细胞壁合成的转录子的丰度都增加，而与松弛细胞壁相关的那些基因的表达被下调。在美国黑松不定根形成中，植物特有的转录因子 GRAS 家族的一些基因，如 *SCL*(*SCARECROW-LIKE*)(Sánchez et al.，2007)和 *SHR*(*SHORT ROOT*)的表达(Solé et al.，2009)与其不定根形成相关。

Han 等(2014)构建了不定根形成能力强弱有差异的落叶松杂种(*Larix kaempferi*× *Larix olgensis*)两个无性系不定根形成的早期阶段(细胞脱分化和细胞分裂阶段)和启动阶段的 4 个 cDNA 文库，经 454 焦磷酸测序平台测序、蛋白质双向电泳荧光差异显示技术(2D-DIGE)分析了 75 个蛋白斑点，并以蛋白质质谱分析了基因差异表达。综合蛋白质组学和转录组学的研究结果，多胺合成和逆境效应基因在不定根发育中可能起重要的作用。

苹果砧木遗传连锁图的构建已完成(Antanaviciute et al.，2012；Moriya et al.，2012；Fazio et al.，2014)，研究者也已开发出与几个目标性状连锁的 DNA 标记(Moriya et al.，2010；Fazio et al.，2014；Foster et al.，2015)；还利用数量性状基因座分析结合表型数据鉴定了 JM7 不定根形成能力的 QTL。其中，一个 QTL 是不定根形成率和不定根质量的共同位点，该 QTL 可以解释 66%的不定根形成率的遗传变异(遗传贡献率)及 57%的表型变异。图示基因型(graphical genotyping)分析和数据库搜索揭示，影响不定根形成率的候选基因包括两个生长素反应相关基因、一个与乙烯反应相关的基因和一个编码 WRKY 转录因子的基因。在生长素反应相关基因中，一个与拟南芥中的 IBA 反应基因 *IBR5*(*indole-3- butyric acid-response5*；At2g04550)序列相似，负责编码双特异性促分裂原活化的蛋白激酶磷酸酶(dual-specificity mitogen-activated protein kinase phosphatase)；另一个生长素反应相关基因的功能尚不清楚。与乙烯反应相关的基因被鉴定为乙烯反应因子(*ETHYLENE RESPONSE FACTOR/APET ALA2*，ERF/AP2)转录因子，该转录因子参与植物逆境反应及其发育的控制。其他的研究表明 WRKY 转录因子可参与植物的许多过程，包括植物对生物和非生物逆境的反应(Moriya et al.，2015)。

目前在木本植物中仅鉴定了一些调节不定根形成的编码转录因子的基因(Legué et al.，2014)。例如，比较辐射松(*Pinus radiata*)1 年树龄(幼态)茎插条(不定根形成率达 100%)和 3 年树龄(衰老)茎插条(不定根形成率 20%)的蛋白质差异表达谱发现，在幼态和衰老的茎插条中所累积的差异表达蛋白质数分别为 114 个和 89 个。这说明在幼态插条中有较活跃的代谢活动，其中差异表达的蛋白包括与提高细胞有丝分裂活性相关的 H3 蛋白，与细胞壁结构、细胞增大相关的 RHD3 蛋白和适当分布的生长素运输载体 PIN 的蛋白，这些蛋白都是在不定根形成时，在新的分生组织形成中起重要作用的蛋白(Álvarez et al.，2016)。

4.8.2　不定根启动阶段的相关基因及其功能

鉴定与分析不定根形成过程中各个阶段的组织中所表达的基因无疑对了解不定根的调控机制有极大的帮助。研究者在拟南芥下胚轴不定根形成的不同阶段鉴定了 9 个对温度敏感的突变体，其中温度敏感的突变体 *rrd1*(*root redifferntiation1*)、*rrd2* 和 *rdd4*，它们可影响拟南芥下胚轴外植体离体培养时不定根的重新分化，*RRD1* 和 *RRD2* 是在下胚轴再分化时活性细胞增殖的某些过程所需要的基因，而基因 *RRD4* 涉及下胚轴外植体愈伤组织启动时细胞增殖的感受态的获得。*rid1*(*root intiation defective1*)和 *rid5* 是根启动阶段缺失的突变体，不能进行根原基的启动，基因 *RID5* 被鉴定为编码与微管相关的蛋白 MOR1/GEM1(MICROTUBULE ORGANISATION 1/GEMINI POLLEN 1)的基因(Konishi and Sugiyama，2003)。温度敏感突变体 *rpd1*(*root primordium defective 1*)，其下胚轴外植体在限定的温度下(28℃)在根诱导培养基(RIM)

培养 16 天只形成类似根原基的结构，但在容许的温度下(22℃)在同样的培养条件下可形成野生型那样的正常的不定根。同时这一突变体形成的愈伤组织也呈现温度敏感性，这说明，*RPD1* 可能在细胞增殖中起作用，该基因所编码的蛋白是植物所特有的一个家族蛋白，至今功能不详。基因 *RPD1* 的敲除将导致胚胎死亡(Konishi and Sugiyama，2003，2006)。

已知基因 *QHB*(*QUIESCENT-CENTER-SPECIFIC HOMEOBOX*)是根尖静止中心的标志基因，而基因 *SHR*(*SHORT ROOT*)和 *SCR*(*SCARECROW*)是转录因子 PLT(PLETHORA)基因家族的成员，它们在维持根分生组织方面起重要的作用，这些基因的表达依赖于生长素(Sarkar et al.，2007)。水稻不定根缺失的突变体 *arl1*(*adventitius rootless1*)缺失冠状根，侧根也较少，根的向地性异常。在 *arl1* 突变体的背景中可表达不定根原基分化早期阶段的表达基因 *OsQHB* 和 *OsSCR*，但这两个基因在其茎基部则不表达(Kamiya et al.，2003)。这表明，在不定根的诱导阶段，这两个基因是在根原基发生的预备阶段起作用的。

研究已发现在美国黑松的不定根诱导阶段，新细胞壁的形成减少，现有的细胞壁松弛。此时，那些编码 MADS1-like 的转录因子的转录物和那些涉及生长素运输、水分逆境、光合作用与细胞壁合成的蛋白质都被下调，而那些编码 PINHEAD/ZWILLE-like 伸长因子亚家族成员的和涉及细胞复制与细胞壁松弛的蛋白质的转录物则被上调(Brinker et al.，2004)。

亲缘关系较远的两种木本植物，即辐射松和欧洲栗(*Castanea sativa.*)已具有不定根形成潜能的插条(已被生长素处理的插条)，其不定根形成的 24h 过程中，*SCRL* (*SCARECROW-LIKE*)基因的表达呈现显著的增加。这与细胞分裂开始前细胞重组时期和出现不定根原基的阶段相一致。这些结果表明，*SCRL* 基因可在不定根形成的早期阶段起作用(Sánchez et al.，2007)。当不定根启动时生长素的运输和生长素反应基因的表达增加。以下将进一步介绍不定根发育中生长素诱导的基因，*CRL*、*ARL* 和 *RTCS* 基因家族成员及其他一些相关基因的功能。

4.8.2.1　*CRL* 基因家族成员

在 *CRL* 基因家族成员中，最早被鉴定的是水稻不定根缺失突变体 *crl1*(*crown rootless1*)(无冠根突变体)中的基因 *CRL*。*crl1* 突变体不定根形成时的首次细胞平周分裂被抑制。*CRL1* 编码不定根形成的一个正调节因子，在生长素信号转导途径中 *CRL1* 的表达直接受控于生长素反应因子(ARF)(Inukai et al.，2005)。在水稻中一共发现了 5 个 *CRL* 基因。它们全在不定根(冠状根)形成中起着相同的作用。其中突变体 *crl2* 的根长度与野生型的相比，约长 14%，组织学观察发现，这一根长度的增加是由突变体 *crl2* 成熟根中的皮层细胞长度和细胞列的增加所致(Inukai et al.，2001)。与野生型相比，突变体 *crl3* 的不定根数目减少，其根原基细胞高度液泡化(Kitomi et al.，2008a)。*crl4* 突变体的苗和根中的生长素极性运输受损。基因 *CRL4* 编码一个与拟南芥 GNOM ADP 核糖基化-鸟苷酸交换因子同源的蛋白，该蛋白与生长素极性运输的外运载体 PIN1 协同调节依赖于生长素的植物的生长。这些结果表明，水稻的 *CRL4* 基因控制着苗基部生长素的含量及其梯度维持，这是不定根形成的重要基础(Kitomi et al.，2008b)。*crl5* 突变体产生的冠状根数目很少，冠状根原基发生的起始被破坏。基因 *CRL5* 编码一个转录因子的大家族成员 AP2/ERF，*CRL5* 在冠状根发生起始的茎节区域表达。研究者在 *CRL5* 的启动区发现一个拟推定的生长素反应元件序列，可与水稻的生长素反应因子特异性地相互作用。这表明 *CRL5* 是 ARF 作用的直接靶物，*CRL5* 与 *CRL1*/*ARL1* 相似，调控不定根形成的启动。TIR1/AFB-Aux/IAA 生长素反应途径调控着 *CRL5* 的表达(Kitomi et al.，2011)。

通过抑制细胞分裂素信号转导途径可诱导 *CRL5* 的表达，并促进不定根的启动；而这一细胞分裂素信号转导途径由类型 A 应答调节因子 OsRR1 进行正调控(Kitomi et al.，2011)。细胞分裂素类型 A 应答调节因子是细胞分裂素原初应答基因所编码的蛋白(da Costa et al.，2013)。对杂种杨(*Populus tremula*×*P. alba*)的软木 *DDKPtRR13*-转基因系的全基因组芯片进行分析，可以研究不定根形成中的 PtRR 蛋白(细胞分裂素应答因子)的磷酸化状态，研究结果表明，转基因株系 Δ*DDKPtRR13* 呈现推迟不定根形成的表型，并引起细胞液泡化的负调节因子 *CVR1*(*CONTINUOUS VASCULAR RING1*)功能基因表达的失控；同时也导致一个生长素外运载体 *PDR9*(*PLEIOTROPIC DRUG RESISTANCE TRANSPORTER9*)和两个 *AP2*/*ERF* 基因表达的误调(这两个 *AP2*/*ERF* 基因序列与 *TINY* 基因相似)。这些研究结果表明，这一细胞分裂素应答因子 PtRR13 可以在细胞分裂素信号转导途径的下游起作用，从而阻抑整株植物不定根的形成。(Ramírez-Carvajal et al.，2009；Guan et al.，2015)。

4.8.2.2　*ARL* 基因家族成员

水稻突变体 *arl1*(*adventitious rootless1*)完全不形成不定根，合适浓度的生长素或乙烯都不能促进该突变体不定根的生长，也不能挽救 *arl1* 的表型(Liu et al.，2005)。突变体 *arl2* 的生长素信号转导途径和生长素运输的体系都是正常的，与野生型相比，*arl2* 呈现对乙烯敏感性的增加，但对乙烯抑制剂硝酸银($AgNO_3$)的敏感性降低(Liu et al.，2011)，在不定根发育的早期，*arl2* 突变体的不定根原基不能启动。通过基因分析发现，*arl2* 由单一的显性基因 *ARL2* 所控制。

ARL 是含 LOB(LATERAL ORGAN BOUNARIES)结构域的另一类影响不定根形成的转录因子基因。ARL1 是核蛋白，可形成同源二聚体。在水稻基因组中 *ARL2* 位于染色体 2 短臂 100kb 内。水稻的 *ARL1* 是生长素和乙烯的应答基因，它在根中表达的模式与生长素的分布相平行。ARL1 促进茎中与周边维管束邻近的中柱鞘细胞的起始分裂，以便促进为生长素所调节的细胞脱分化(Liu et al.，2005；Guan et al.，2015)。

研究者从水稻中已克隆了 *CRL1*(*CROWN ROOTLESS1*)和 *ARL1*(*ADVENTITIOUS ROOTLESS1*)基因，它们编码一个植物独有的蛋白质家族，即 ASL2(ASYMMETRIC LEAVES2)/LOB 家族(Inukai et al.，2005；Liu et al.，2005)。*CRL1*/*ARL1* 被认为是水稻冠根形成的正调控因子，该基因是生长素反应基因，其启动子区含两个推定的生长素反应元件(AuxRE)，它的表达为生长素所诱导，并且它是 IAA/Aux 蛋白降解所需要的基因。而其中近端的 AuxRE 专一性地与一个生长素反应因子相互作用，并作为 *CRL1* 表达的顺式基序(*cis*-motif)(Inukai et al.，2005；Guan et al.，2015)。

过表达 *ARF17* 的拟南芥转基因株系所发育出的不定根比野生型的少，这就证实了生长素反应因子基因可在生长素所诱导的不定根形成中起调控作用(Sorin et al.，2005)。生长素所诱导的 *GH3* 类基因的表达量与不定根形成的数量成正比，该基因在过表达 *ARF17* 的转基因植株中被抑制。因此，*ARF17* 和 *GH3* 类基因可能起着调控不定根形成的作用，已有几个 *GH3* 类基因在光线和生长素信号转导途径中交互作用(Sorin et al.，2006)。*ARF17* 可能是通过抑制 *GH3* 类基因表达而调节不定根形成的主要因子，也可以一种光依赖性方式调控生长素在体内的动态平衡。

我们利用杧果子叶不定根形成体系(图 4-7)的便利(同一块子叶切段的不同切面形成不定根能力的显著差异)，通过 SSH 法获得了一个与不定根形成相关的差异表达的 cDNA 片段，其推导的氨基酸序列与拟南芥的生长素反应因子(ARF)类蛋白具有较大的同源性，因此将它命名为 MiARF。Virtural Northern 杂交表明：MiARF2 在不定根形成的组织中表达水平高，而在非不定根形成的组织中未见表达；MiARF1 在不定根形成及非不定根形成的组织中均有表达(肖洁凝等，2004；肖洁凝，2003)。对转化 *MiARF2* 的拟南芥株系相关功能的分析表明，与野生型的相比，过表达 *MiARF2* 的转基因第三代拟南芥株系幼苗的下胚轴和根的长度分别减少 20%和 30%，同时在该转基因株系中，其控制器官大小的细胞增殖的功能基因 *ANT* 和 *ARGOS* 的转录水平也降低。这些事实说明，在转 *MiARF2* 基因拟南芥株系中，极有可能是因为 *MiARF2* 的表达而下调了 *ANT* 和 *ARGOS* 的表达水平，从而导致转基因株系下胚轴和根伸长的减少(吴蓓，2008；Wu et al.，2011)。*MiARF2* 的表达对不定根形成是否有直接的影响需要更深入的研究。

4.8.2.3　*RTCS* 基因家族成员

另一类含生长素反应元件和 LOB 结构域的转录因子是 RTCS(ROOTLESS CONCERNING CROWN and SEMINAL ROOTS)，它们在控制玉米和水稻的侧根与不定根的形成方面起重要的作用。*RTCS* 定位于等位

基因 *CRL1* 和 *ARL1* 的同线区(syntenic region)内(Inukai et al.，2005；Liu et al.，2005)，因此极有可能玉米中的 *RTCS* 与水稻中的 *CRL1* 和 *ARL1* 是直系同源基因(Taramino et al.，2007)。

4.8.2.4　与不定根启动相关的其他基因

Liu 等(2014)建立了一种在培养基中不加激素的拟南芥叶外植体不定根形成的培养体系，发现当拟南芥(生态型 Col)叶外植体在未加激素的 B_5 培养基培养时，可不形成愈伤组织而直接产生不定根(图 4-5)。当拟南芥的叶被切离后，在其切割部位所累积的生长素可诱导两个同源异形框转录因子 WOX11(WUSCHELRELATED HOMEOBOX11)和 WOX12 的基因在原形成层及其周围的薄壁细胞表达，从而导致这两类叶细胞转变为根奠基细胞，并在这两个转录因子的作用下激活了 *LBD16*(*LATERAL ORGAN BOUNDARIES DOMAIN16*)、*LBD29* 和 *WOX5* 的表达，使根奠基细胞进一步发育成为新生的根分生组织。根的再生过程中诱导 *WOX11* 的表达要求该基因的启动子中含有生长素反应元件，这表明，在叶中是由某些生长素反应因子(ARF)家族成员直接激活了 *WOX11* 的表达(Liu et al.，2014)。最近的进一步研究发现，从根奠基细胞转变为不定根原基的过程中，*WOX11/12* 表达水平降低，而 *WOX5* 和 *WOX7*(*WOX5/7*)表达水平则升高，*WOX11/12* 在 *WOX5/7* 上游起作用。WOX11/12 蛋白直接与 *WOX5/7* 的启动子结合从而激活该基因的转录。*WOX5/7* 的突变将导致不定根原基形成的缺失。这些实验结果表明，细胞从表达 *WOX11/12* 转变为表达 *WOX5/7* 对于拟南芥叶外植体的不定根原基的启动是非常关键的(Hu and Xu，2016)。

水稻冠根/不定根突变体 *crl1/arl1*(*crown rootless 1/adventitious rootless 1*)完全缺少冠根，其中编码 LBD 结构域蛋白的基因 *OsLBD3-2* 发生了改变，该基因的表达为生长素所诱导(Inukai et al.，2005；Liu et al.，2005)。同样，玉米冠根和种子根(seminal root)相关的突变体 *rtcs*(*rootless concerning crown and seminal roots*)是因为水稻直系同源基因 *ARL1/CRL1/OsLBD3-2* 发生了突变，导致其冠根和种子根的启动受阻(Taramino et al.，2007)。

当大桉(*Eucalyptus grandis*)植株从幼龄阶段转变为成熟阶段时，其茎插条将失去不定根形成的能力。研究已发现在幼龄桉树茎插条的不定根形成时，一个编码硝酸盐还原酶的基因 *NIA*(*NITRATE REDUCTASE*)的表达被显著上调。该基因参与一氧化氮(NO)的产生；*NIA* 可将硝酸盐还原为亚硝酸盐，并进一步将亚硝酸盐还原为 NO。幼龄插条在刚从母株切离时可在短时间内产生大量的 NO，而且幼龄插条所产生的 NO 的量比成熟插条的要多。因此，在桉树幼龄插条中较高水平 *EgNIA* 的表达，可引起 NO 水平的增加，从而促进插条的不定根形成的能力。在拟南芥中稳定地异源表达 *EgNIA* 基因(桉树的 *NIA*)可促进转该基因的拟南芥完整植株的 NO 水平增加，但其不定根或侧根的形成却无显著的变化。这些结果表明，异源组成性表达 *NIA* 可引起组成性 NO 水平的增加，但这种表达并非有利于侧根和不定根的形成；这种有利于不定根分化的 NO 水平增加的 *NIA* 基因表达是按时空微调方式所产生的，而不是组成性的稳定表达所产生的(Abu-Abied et al.，2012)。

4.8.3　不定根伸长的分子调控机制

不定根发育的最后阶段就是伸长与显露。在此阶段，那些被下调的转录物是编码参与细胞复制和抵抗逆境的蛋白的转录物(Brinker et al.，2004)。研究表明，水稻 *OsPIN1* 的表达模式与拟南芥的 *AtPIN1* 相似。*OsPIN1* RNA 干扰(RNAi)转基因植株的表型与采用生长素极性运输抑制剂 NPA(naphthylphthalamic acid)处理的野生型的表型相似，其不定根的伸长和显露受到严重的抑制。这一 RNAi 转基因植株的表型可为 α-NAA 处理所挽救，这一结果说明，*OsPIN1* 是以生长素依赖性的方式在不定根的伸长显露阶段起重要作用的(Xu et al.，2005)。基因功能研究证实，与其野生型相比，*OsPIN2* 的过表达可促进从苗至苗-根结合处的生长素运输，从而导致在苗-根结合处累积更高水平的非组织特异性游离生长素(Chen et al.，2012)。此外，在不定根原基已启动的水稻苗基部 4 个 *gnom1* 等位基因(*gnom1-1*、*gnom1-2*、*gnom1-3*、*gnom1-4*)位点上的 *OsPIN2*、*OsPIN5b* 和 *OsPIN9* 的表达都发生了改变。早前的研究也表明 *OsGNOM1* 可通过调节生长素极性运输而影响不定根的形成，而其中的生长素运输受 *OsPIN* 基因家族所调节(Liu et al.，2009)。

水稻突变体 *Oscand1* 的冠根可如常地形成不定根原基，但不能显露外凸。根据激光显微切割术(laser microdissection)对根原基不同发育阶段的相关基因表达的分析，与野生型的水稻相比，突变体 *Oscand1* 成熟冠根原基的分生组织中与细胞周期 G_2/M 转换相关的标志基因(如 *OsCDKB;2*)的表达被抑制，通过对转基因植株(*DR5::GUS*)功能分析发现，该突变体根尖中的生长素信号转导系统异常，外源生长素的处理可以部分挽救突变体 *Oscand1* 冠根发育的异常的表型。这些结果表明，基因 *OsCAND1* 参与生长素信号转导以便保持冠根分生组织中细胞周期 G_2/M 的转换，并使冠根伸长显露。因此该基因的突变将导致冠根分生组织细胞周期 G_2/M 的转换停止，并使冠根显露失败(Wang et al.，2011)。在水稻中采用 RNAi 技术抑制 *MT2b*(*MET ALLOTHIONEIN2b*)的表达可引起细胞死亡并促进不定根在表皮细胞中伸长。当植物未受水淹或受乙烯处理时，MT2b 可清除活性氧类，从而保护表皮细胞免受其害(Hassinen et al.，2011)。

对不定根形成的遗传和分子机制的了解的重要进展大多是从拟南芥相关的突变体及下胚轴不定根形成的调节模式的研究中所取得的(Sorin et al.，2005；Gutierrez et al.，2009，2012)。但是，这些在草本品种中有关不定根形成的研究成果能否用于木本植物插条不定根形成的实践，仍然是一个值得思考和实践的问题。

4.8.4 miRNA 和生长素反应因子的相互作用与不定根形成

miRNA(microRNA)是由约 22 个核苷酸组成的，是内源的非编码 RNA，在植物中，它们以编码转录因子的基因为靶物，成为基因表达的重要调节因子，并调控植物的各种发育过程。非编码小 RNA 可以根据它们的来源粗略地分为两个类型：一类称为微 RNA(microRNA，miRNA)。它们是源于一个单链的 RNA，其碱基对形成发夹状。而另一类则称为短干扰 RNA(也称干扰小 RNA)(short interfering RNA，siRNA)，是由长段双链 RNA 加工而成的(Gleeson et al.，2014)。microRNA 可调控与生根过程相关的转录因子的作用、养分的吸收、逆境的信号转导和生长信号转导(Tang and Tang，2016)。

miR160 和 miR167 迄今已被证明是拟南芥不定根形成的关键因子。miR160 和 miR167 与生长素信号转导特别是与生长素反应因子(ARF)和植物对逆境适应的反应相关联。过表达转基因植株系(OX)和基因敲除植株系(KO)的研究证实，与拟南芥野生型相比，在光照 7 天后随即在黑暗中黄化 48h，在此条件下，arf6-KO、arf8-KO 系植株和 ARF17-OX 系植株不定根的形成显著减少。此外，除 ARF17-OX 植株外，arf6 arf8 双敲除植株系(arf6 arf8-KO)所产生的不定根比其单个敲除(arf6-KO 或 arf8-KO)的要少，这表明，所有这 3 个生长素反应因子基因都可影响其不定根的表型(Gutierrez et al.，2009)。此外，ARF6-OX、ARF8-OX 和 MIR160-OX 植株产生的不定根要比野生型的明显增多。这些研究表明，有一个复杂的调节网络维持着这三类 ARF 的精细平衡，而这些平衡控制着不定根的启动；其中 AtARF6 和 AtARF8 是 miR167 的作用靶物，借此机制对不定根的形成进行正调控，而 AtARF17 则是 miR160 的作用靶物，对不定根的形成起着负调控的作用(Gutierrez et al.，2009)。

也已发现有 3 个 *GH3*(*Gretchen Hagen3*)基因在这些 *ARFs* 的下游起作用，并控制着茉莉酸体内动态平衡。研究表明，当拟南芥不定根启动时，这 3 个 *ARFs* 的表达还受黄化(黑暗)和光照所调节。胚轴插条黄化后随即光照对其维管组织中的 *ARF6* 和 *ARF8* 的表达显示正调节的作用，而对 *ARF17* 表达则起负调节的作用，但这些光照条件的改变却不影响 *miR160* 和 *miR167* 的启动子功能。这些实验结果表明，上述的有关生长素反应因子基因表达的正、负调节途径与生长素信号转导途径和光的信号传导途径相关联，并对不定根形成发挥调节功能(Gutierrez et al., 2009 ; 2012)。

此外，光质也可控制这三个生长素反应因子基因的表达。例如，*ARF6* 和 *ARF8* 对远红光具有不同的反应，而 *ARF17* 的表达却与光照条件无关(Pacurar et al.，2014)。这些相关因子的互作模式如图 4-19 所示，但这些过程实际上可能比该图中所列的更为复杂。已有一些研究表明，在一些有重要经济价值的木本植物中存在 *miR160* 和 *miR167* 及其所调控的各种途径。例如，在毛果杨(*Populus trichocarpa*)的基因组中除了

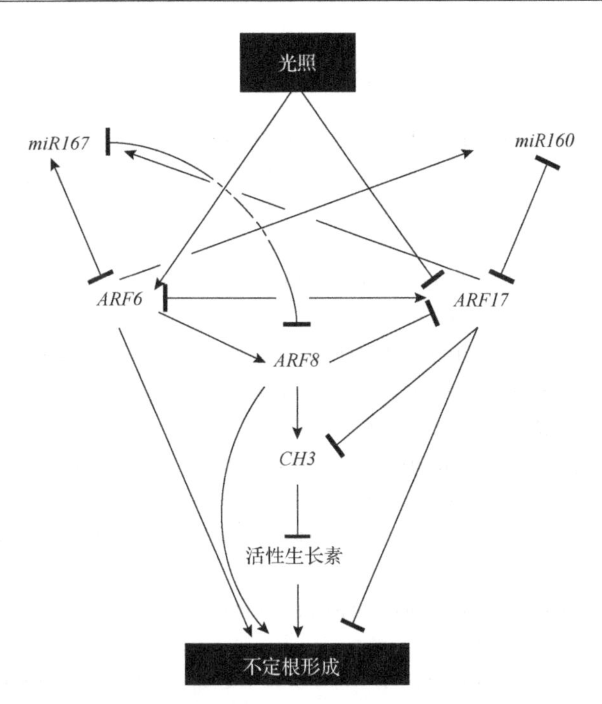

图 4-19 miRNA 和 ARF 相互作用对拟南芥不定根形成的调控机制模式图示(Gleeson et al.，2014)
[根据 Gutierrez 等(2009)的图 6 修改而成]

拟南芥中 *miR167/ARF6/ARF8* 与 *miR160/ARF17* 相互作用，调控不定根的发育。*ARF17* 可通过依赖于或不依赖于 *miR167* 的方式影响生长素反应因子 *ARF6* 和 *ARF8* 的调控。*ARF6* 通过激活 *miR160* 而抑制 *ARF17*，而 *ARF8* 可直接抑制 *ARF17*。*miR160* 和 *miR167* 的靶物在控制 *GH3*(生长素稳态酶)的表达上起着相反的作用

已鉴定的 *miR167* 在 ARF6 和 ARF8 中的作用靶位点外，研究者还发现了 *miR160* 在 ARF10、ARF16 和 ARF17 中的作用靶位点；在苹果(*Malus domestica*)基因组中已鉴定出 *miR160* 和 *miR167*(Gleeson et al.，2014)；它们除了在苹果的维管束特异性组织如韧皮部、木质部和周皮(periderm)组织中差异表达，也在苹果的各种组织，如叶、树皮、花、果中差异表达(Varkonyi-Gasic et al.，2010；Xia et al.，2012)。

在苹果中已发现一个双链 RNA 结合蛋白 MdDRB1，它与拟南芥的 DRB1/HYL1 同源，在 RNA 生物合成中起作用，随后调节不定根的形成。纯合子 *hyl1* 突变植株呈现一系列发育缺陷，包括根生长速率降低、对生长素和细胞分裂素的敏感性降低，然而其对 ABA 超敏(Lu and Fedoroff，2000)。MdDRB1 偏向于与双链 RNA 结合并与 RNA 诱导沉默复合体 RISC(RNA-induced silencing complex)成员(AtDCL1 和 MdDCL1)相互作用。*MdDRB1* 表达分析表明，它在根、苗、叶和花中都呈现高表达。生长素和细胞分裂素都可促进其表达。山荆子(野苹果，*Malus baccata*)所克隆的 *MdDRB1* 和 *MbDRB1* 的序列分析表明，它们是同一基因。转 *MbDRB1* 基因的山荆子植株的实验结果表明，该转基因的 3 个株系中的苗外植体(组织培养三周的苗)可在不含生长素的培养基(1/2MS)中形成不定根，而非转基因的外植体则不能形成不定根。此外，在这些转基因植株中与生长素作用相关的 3 个 miRNA, 即 *miR160*、*miR164* 和 *miR393* 所累积的水平比非转基因的水平低。在这 3 个转基因株系中的 *MbDRB1* 转录水平也与其 miRNA 水平显负相关的关系。这些结果表明 *MbDRB1* 可抑制这 3 个 miRNA 的累积。研究者认为 *MbDRB1* 基因的过表达可调节 miRNA 的累积及其靶基因的表达进而促进外植体不定根的形成(You et al.，2013；Gleeson et al.，2014)。

从目前的文献报道看，有关 miRNA 和 ARF 表达的研究绝大部分都是在拟南芥中完成的，但 *miR160* 和 *miR167* 的表达水平也已在一些木本植物，如毛果杨、苹果和几个柑橘品种中研究过(Shuai et al.，2013；Song et al.，2009；Varkonyi-Gasic et al.，2010)。所报道的研究结果表明，*miR160* 和 *miR167* 在不定根形成中有其特异性作用，它们潜在地与生长素和信号转导分子相互作用，有必要对其进行更深入的研究。揭示和了解光、生长素、ARF 与 miRNA 在木本植物品种中的相互作用，在实践上可使我们可控制环境因子(光)和内源因子(生长素、ARF 和 miRNA)，以利于不定根的形成与生长(Gleeson et al.，2014)。

参 考 文 献

陈启助. 2008. 芒果(*Mangifera indica* L.)生长素反应因子类基因 *MiARF2* 在不定根诱导时的功能研究. 广州: 中山大学博士学位论文

李运合. 2006. 芒果(*Mangifera indica* L.)子叶切段不定根形成的调控及其组织学观察. 广州: 中山大学博士学位论文

马锋旺. 1993. 预暗培养对苹果离体不定根形成期间游离氨基酸含量的影响. 植物生理通讯, 29: 188-189

施琼, 等. 2015. 马大杂种相思瓶内和瓶外生根技术研究. 植物研究, 36: 891-897

王玫, 等. 2014. 独脚金内酯调控植物分枝的研究进展. 园艺学报, 41: 1924-1934

吴蓓. 2008. 芒果(*Mangifera indica* L.)子叶生长素反应基因(*MiARF1* 和 *MiARF2*)在拟南芥中的过表达及其功能研究. 广州: 中山大学博士学位论文

肖洁凝. 2003. 芒果(*Mangifera indica* L.)离体形态发生的调控及不定根形成相关基因的克隆. 广州: 中山大学博士学位论文

肖洁凝, 等. 2004. 芒果生长素反应因子类蛋白的 cDNA 克隆和表达. 生物工程学报, 20: 59-62

谢耀坚. 2016. 论中国桉树发展的贡献和可持续经营策略. 桉树科技, 33: 26-31

Abu-Abied M, et al. 2012. Microarray analysis revealed upregulation of nitrate reductase in juvenile cuttings of *Eucalyptus grandis*, which correlated with increased nitric oxide production and adventitious root formation. Plant J, 71: 787-799

Agulló-Antón MA, et al. 2010. Auxins or sugars: what makes the difference in the adventitious rooting of stored carnation cuttings? J Plant Growth Regul, 30: 100-113

Agulló-Antón MA, et al. 2014. Early steps of adventitious rooting: morphology, hormonal profiling and carbohydrate turnover in carnation stem cuttings. Physiol Plant, 150: 446-462

Ahkami AH, et al. 2009. Molecular physiology of adventitious root formation in *Petunia hybrida* cuttings: involvement of wound response and primary metabolism. New Phytol, 181: 613-625

Ahkami AH, et al. 2013. Distribution of indole-3-acetic acid in *Petunia hybrida* shoot tip cuttings and relationship between auxin transport, carbohydrate metabolism and adventitious root formation. Planta, 238: 499-517

Ahmad N, et al. 2015. Effect of PGRs in adventitious root culture *in vitro*: present scenario and future prospects. Rend Fis Acc Lincei, 26: 307-321

Altamura MM, et al. 1989. The effect of photoperiod on flower formation *in vitro* in a quantitative short-day cultivar of *Nicotiana tabacum*. Physiol Plant, 76: 233-239

Altamura MM, et al. 1991. *De novo* root formation in tobacco thin layers is affected by inhibition of polyamine biosynthesis. J Exp Bot, 42: 1575-1582

Alvarenga ICA. 2015. *In vitro* culture of *Achillea millefolium* L.: quality and intensity of light on growth and production of volatiles. Plant Cell Tiss Org Cult, 122: 299-308

Antanaviciute L, et al. 2012. Development of a dense SNP-based linkage map of an apple rootstock progeny using the *Malus* Infinium whole genome genotyping array. BMC Genomics, 13: 203

Anuradha M, Narayanan A. 1991. Promotion of root elongation by phosphorus deficiency. Plant Soil, 136: 273-275

Arnao MB, Hernández-Ruiz J. 2007. Melatonin promotes adventitious- and lateral root regeneration in etiolated hypocotyls of *Lupinus albus* L. J Pineal Res, 42: 147-152

Assis TF, et al. 2004. Current techniques and prospects for the clonal propagation of hardwood with emphasis on *Eucalyptus*. *In*: Walter C, Carson M. Plantation Forest Biotechnology for the 21st Century. Kerala: Research Signpost: 304-333

Atta R, et al. 2009. Pluripotency of *Arabidopsis* xylem pericycle underlies shoot regeneration from root and hypocotyl explants grown *in vitro*. Plant J, 57: 626-644

Álvarez C, et al. 2016. Proteomic analysis through adventitious rooting of *Pinus radiata* stem cuttings with different rooting capabilities. Am J Plant Sci, 7: 1888-1904

Bai X, et al. 2012. N-3-oxo-decanoyl-L-homoserine-lactone activates auxin-induced adventitious root formation via hydrogen peroxide and nitric oxide-dependent cyclic GMP signaling in mung bean. Plant Physiol, 158: 725-736

Ballester A, et al. 1999. Anatomical and biochemical events during *in vitro* rooting of microcuttings from juvenile and mature phases of chestnut. Ann Bot, 83: 619-629

Bandurski RS, et al. 1995. Auxin biosynthesis and metabolism. *In*: Davies PJ. Plant Hormones. Dordrecht: Kluwer Academic Publishers: 39-65

Baraldi R, et al. 1988. *In vitro* shoot development of *Prunus* GF655-2: interaction between light and benzyladenine. Physiol Plant, 74: 440-443

Barlow PW. 1994. The origin, diversity and biology of shoot-borne roots. *In*: Daves TD, Haissig BE. Biology of Adventitious Root Formation. New York: Plenum Press: 1-23

Bartolini G, et al. 2009. Free polyamine variations in rooting of *Vitis* rootstock 140 Ruggeri. Adv Horti Sci, 23: 113-117

Basu R, et al. 1970. Interaction of abscisic acid and auxins in rooting of cuttings. Plant Cell Physiol, 11: 681-684

Batten DJ, Mullins MG. 1978. Ethylene and adventitious root formation in hypocotyl segments of etiolated mung-bean（*Vigna radiate*（L.）Wilczek）seedlings. Planta, 138: 193-197

Baurens FC, et al. 2004. Genomic DNA methylation of juvenile and mature *Acacia mangium* micropropagated *in vitro* with reference to leaf morphology as a phase change marker. Tree Physiol, 24: 401-407

Behrens V. 1988. Storage of unrooted cuttings. *In*: Davis TD, et al. Adventitious Root Formation in Cuttings. Portland: Dioscorides Press: 235-247

Bellamine J, et al. 1998. Confirmation of the role of auxin and calcium in the late phases of adventitious root formation. Plant Growth Regul, 26: 191-194

Bellini C, et al. 2014. Adventitious roots and lateral roots: similarities and differences. Annu Rev Plant Biol, 65: 639-666

Bent E, et al. 2001. Alterations in plant growth and in root hormone levels of lodgepole pines inoculated with rhizobacteria. Can J Microbiol, 47: 793-800

Bielenin M. 2000. Effect of red or blue supplementary light on rooting of cuttings and growth of young plants of *Juniperus scopulorum* 'Skyrocket' and *Thuja occidentalis* 'Smaragd'. Gartenbauwissenschaft, 65: 195-198

Biondi S, et al. 1990. Polyamines and ethylene in relation to adventitious root formation in *Prunus avium* shoot cultures. Physiol Plant, 78: 474-483

Bjorklund S, et al. 2007. Cross-talk between gibberellin and auxin in development of *Populus* wood: gibberellin stimulates polar auxin transport and has a common transcriptome with auxin. Plant J, 52: 499-511

Blazich EA. 1988. Mineral nutrition and adventitious rooting. *In*: Davis TD, et al. Adventitious Root Formation in Cuttings. Advances in Plant Sciences Series. Volume 2. Portland: Dioscorides Press: 61-69

Bloemberg GV, Lugtenberg BJJ. 2001. Molecular basis of plant growth promotion and biocontrol by rhizobacteria. Curr Opin Plant Biol, 4: 343-350

Blythe EK, et al. 2007. Methods of auxin application in cutting propagation: a review of 70 years of scientific discovery and commercial practice. J Environ Hort, 25: 166-185

Boerjan W, et al. 1995. *Superroot*, a recessive mutation in *Arabidopsis*, confers auxin overproduction. Plant Cell, 7: 1405-1419

Bohmert K, et al. 1998. *AGO1* defines a novel locus of *Arabidopsis* controlling leaf development. EMBO J, 17: 170-180

Bollmark M, Eliasson L. 1990. A rooting inhibitor present in Norway spruce seedlings grown at high irradiance—A putative cytokinin. Physiol Plant, 80: 527-533

Bonga JM, et al. 2010. Recalcitrance in clonal propagation, in particular of conifers. Plant Cell Tiss Org Cult, 100: 241-254

Bonga JM, von Aderkas P. 1992. *In Vitro* Culture of Trees. Dordrecht: Kluwer Academic Publishers

Bradshaw HD, et al. 2000. Emerging model systems in plant biology: poplar (*Populus*) as a model forest tree. J Plant Growth Regul, 19: 306-313

Branca C, et al. 1991. Auxin structure and activity on tomato morphogenesis *in vitro* and pea stem elongation. Plant Cell Tiss Org Cult, 24: 105-114

Brinker M, et al. 2004. Microarray analyses of gene expression during adventitious root development in *Pinus contorta*. Plant Physiol, 135: 1526-1539

Brown DE, et al. 2001. Flavonoids act as negative regulators of auxin transport *in vivo* in *Arabidopsis*. Plant Physiol, 126: 524-535

Brundrett M. 2004. Diversity and classification of mycorrhizal associations. Biol Rev, 79: 473-495

Buer CS, et al. 2010. Flavonoids: new roles for old molecules. J Integr Plant Biol, 52: 98-111

Burns JA, Schwarz OJ. 1996. Bacterial stimulation of adventitious rooting on *in vitro* cultured slash pine (*Pinus elliottii* Engelm.) seedling explants. Plant Cell Rep, 15: 405-408

Busov V, et al. 2006. Transgenic modification of gai or rgl1 causes dwarfing and alters gibberellins, root growth, and metabolite profiles in *Populus*. Planta, 224: 288-299

Busov VB, et al. 2009. Discovery of genes involved in adventitious root formation using *Populus* as a model. *In*: Niemi K, Scagel C. Adventitious Root Formation of Forest Trees and Horticultural Plants—From Genes to Applications. Kerala: Research Signpost: 85-104

Butler ED, Gallagher TF. 2000. Characterization of auxin-induced *ARRO-1* expression in the primary root of *Malus domestica*. J Exp Bot, 51: 1765-1766

Chandra S. 2012. Natural plant genetic engineer *Agrobacterium rhizogenes*: role of T-DNA in plant secondary metabolism. Biotechnol Lett, 34: 407-415

Chang HS, et al. 2003. Micropropagation of calla lily (*Zantedeschia albomaculata*) via *in vitro* shoot tip proliferation. *In Vitro* Cell Dev Biol-Plant, 39: 129-134

Chanway CP. 1997. Inoculation of tree roots with plant growth promoting soil bacteria: an emerging technology for reforestation. For Sci, 43: 99-112

Chen SW, et al. 1981. A preliminary study on propagation of several fruit trees and rootstocks from hardwood cuttings. J Agric Univ Hebei, 4: 103-116

Chen XM, et al. 1994. Studies on endogenous hormone levels in cuttings of three poplar species during rooting process. Scientia Silvae Sinicae, 1: 1-7

Chen Y, et al. 2012. Over-expression of *OsPIN2* leads to increased tiller numbers, angle and shorter plant height through suppression of *OsLAZY1*. Plant Biotech J, 10: 139-149

Chen Z, et al. 1993. Active oxygen species in the induction of plant systemic acquired resistance by salicylic acid. Science, 262: 1883-1886

Cheng B, et al. 1992. The role of sucrose, auxin and explant source on *in vitro* rooting of seedling explants of *Eucalyptus sideroxylon*. Plant Sci, 87: 207-214

Christiaens A, et al. 2016. Light quality and adventitious rooting: a mini-review. Acta Hortic, 1134: 385-394

Clark DG, et al. 1999. Root formation in ethylene-insensitive plants. Plant Physiol, 121: 53-59

Cope KR, Bugbee B. 2013. Spectral effects of three types of white light-emitting diodes on plant growth and development: absolute versus relative amounts of blue light. Hort Science, 48: 504-509

Correa LR, et al. 2012a. Adventitious rooting of detached *Arabidopsis thaliana* leaves. Biol Plant, 56: 25-30

Correa LR, et al. 2012b. Distinct modes of adventitious rooting in *Arabidopsis thaliana*. Plant Biol, 14: 100-109

Correa-Aragunde N, et al. 2006. Nitric oxide modulates the expression of cell cycle regulatory genes during lateral root formation in tomato. J Exp Bot, 57: 581-588

Corrêa LR, et al. 2005. Carbohydrates as regulatory factors on the rooting of *Eucalyptus saligna* and *Eucalyptus globulus* Labill. Plant Growth Regul, 45: 63-67

Corrêa LR, Fett-Neto AG. 2004. Effects of temperature on adventitious root development in microcuttings of *Eucalyptus saligna* Smith and *Eucalyptus globulus* Labill. J Ther Biol, 29: 315-324

Costigan SE, et al. 2011. Root-localized phytochrome chromophore synthesis is required for photoregulation of root elongation and impacts root sensitivity to jasmonic acid in *Arabidopsis*. Plant Physiol, 157: 1138-1150

Coudert Y, et al. 2010. Genetic control of root development in rice, the model cereal. Trends Plant Sci, 15: 219-226

Crawford S, et al. 2010. Strigolactones enhance competition between shoot branches by dampening auxin transport. Development, 137: 2905-2913

Curir P, et al. 1990. Flavonoid accumulation is correlated with adventitious roots formation in *Eucalyptus gunnii* Hook micropropagated through axillary bud stimulation. Plant Physiol, 92: 1148-1153

Curir P, et al. 1993. Influence of endogenous phenols on rootability of *Chamaelaucium uncinatum* Schauer stem cuttings. Sci Hortic, 55: 303-314

Currey CJ, Lopez RG. 2013. Cuttings of *Impatiens*, *Pelargonium*, and *Petunia* propagated under light-emitting diodes and high-pressure sodium lamps have comparable growth, morphology, gas exchange, and post-transplant performance. HortScience, 48: 428-434

da Costa CT, et al. 2013. When stress and development go hand in hand: main hormonal controls of adventitious rooting in cuttings. Front Plant Sci, 4: 133-141

Damiano C, Monticelli S. 1998. *In vitro* fruit trees rooting by *Agrobacterium rhizogenes* wild type infection. Electron J Biotechnol, 1: 12-13

David A, et al. 1983. Influence of auxin and mycorrhizal fungi on the *in vitro* formation and growth of *Pinus pinaster* roots. Plant Soil, 71: 501-505

de Klerk GJ. 2002. Rooting of microcuttings: theory and practice. *In Vitro* Cell Dev Biol-Plant, 38: 415-422

de Klerk GJ, et al. 1995. Timing of the phases in adventitious root formation in apple microcuttings. J Exp Bot, 46: 965-972

de Klerk GJ, et al. 1999. Review the formation of adventitious roots: new concepts, new possibilities. *In Vitro* Cell Dev Biol-Plant, 35: 189-199

de Klerk GJ, et al. 2011. Effects of phenolic compounds on adventitious root formation and oxidative decarboxylation of applied indoleacetic acid in *Malus* 'Jork 9'. Plant Growth Regul, 63: 175-185

de Klerk GJ, Hanecakova J. 2008. Ethylene and rooting of mung bean cuttings. The role of auxin induced synthesis and phase-dependent effects. Plant Growth Regul, 56: 203-209

Delarue M, et al. 1998. Sur2 mutations of *Arabidopsis thaliana* define a new locus involved in the control of auxin homeostasis. Plant J, 14: 603-611

Della Rovere F, et al. 2013. Auxin and cytokinin control formation of the quiescent centre in the adventitious root apex of *Arabidopsis*. Ann Bot, 112: 1395-1407

Della Rovere F, et al. 2015. Arabidopsis SHR and SCR transcription factors and AUX1 auxin influx carrier control the switch between adventitious rooting and xylogenesis *in planta* and in *in vitro* cultured thin cell layers. Ann Bot, 115: 617-628

Dharmasiri N, et al. 2005. The F-box protein TIR1 is an auxin receptor. Nature, 435: 441-445

Diaz-Sala C, et al. 1994. Modeling adventitious root system development in trees: clonal poplars. *In*: Davis T, Haissig B. Biology of Adventitious Root Formation. New York: Plenum Press: 203-218

Diaz-Sala C, et al. 1996. Maturation-related loss in rooting competence by loblolly pine stem cuttings: the role of auxin transport, metabolism and tissue sensitivity. Physiol Plant, 97: 481-490

Diaz-Sala C, et al. 2002. Age-related loss of rooting capability in *Arabidopsis thaliana* and its reversal by peptides containing the Arg-Gly-Asp（RGD）motif. Physiol Plant, 114: 601-607

Dickmann D, Hendrick R. 1994. Modeling adventitious root system development in trees: clonal poplars. *In*: Davis T, Haissig B. Biology of Adventitious Root Formation. New York: Plenum Press: 203-218

Ding Z, et al. 2011. Light-mediated polarization of the PIN3 auxin transporter for the phototropic response in *Arabidopsis*. Nat Cell Biol, 13: 447-452

Dobránszki J, Teixeira da Silva JA. 2010. Micropropagation of apple—a review. Biotechnol Adv, 28: 462-488

Dobránszki J, Teixeira da Silva JA. 2011. Adventitious shoot regeneration from leaf thin cell layers in apple. Sci Hortic, 127: 460-463

Drew RA, et al. 1993. Rhizogenesis and root growth of *Carica papaya in vitro* in relation to auxin sensitive phases and use of riboflavin. Plant Cell Tiss Org Cult, 33: 1-7

Drew RA, Miller RM. 1989. Nutritional and cultural factors affecting rooting of papaya（*Carica papaya* L.）*in vitro*. J Hortic Sci, 64: 767-773

Drost DR, et al. 2009. Microarray-based genotyping and genetic mapping approach for highly heterozygous outcrossing species enables localization of a large fraction of the unassembled *Populus trichocarpa* genome sequence. Plant J, 58: 1054-1067

Druege U. 2009. Involvement of carbohydrates in survival and adventitious root formation of cuttings within the scope of global horticulture. *In*: Niemi K, Scagel C. Adventitious Root Formation of Forest Trees and Horticultural Plants—From Genes to Applications. Kerala: Research Signpost: 187-208

Druege U, et al.2004.Nitrogen- and storage-affected carbohydrate partitioning in high-light-adapted *pelargonium* cuttings in relation to survival and adventitious root formation under low light. Ann Bot, 94: 831-842

Druege U, et al. 2000. Relation between nitrogen status, carbohydrate distribution and subsequent rooting of *chrysanthemum* cuttings as affected by pre-harvest nitrogen supply and cold-storage. Annals of Botany, 85: 687-701

Druege U, et al. 2016. Plant hormone homeostasis, signaling, and function during adventitious root formation in cuttings. Front Plant Sci, 7: 381-395

Dubbels R, et al. 1995. Melatonin in edible plants identified by radioimmunoassay and by high performance liquid chromatography-mass spectrometry. J Pineal Res, 18: 28-31

Dutta Gupta S, Jatothu B. 2013. Fundamentals and applications of light-emitting diodes（LEDs）*in vitro* plant growth and morphogenesis. Plant Biotechnol Rep, 7: 211-220

El Euch C, et al. 1998. Expression of antisense chalcone synthase RNA in transgenic hybrid walnut microcuttings. Effect on flavonoid content and rooting ability. Plant Mol Biol, 38: 467-479

Epstein E, Ackerman A. 1993. Transport and metabolism of indole-3-butyric acid in cuttings of *Leucadendron discolor*. Plant Growth Regul, 12: 17-22

Epstein E, Ludwig-Muller J. 1993. Indole-3-butyric acid in plants: occurrence, synthesis, metabolism and transport. Physiol Plant, 88: 382-389

Ermel FF, et al. 2000. Mechanisms of primordium formation during adventitious root development from walnut cotyledon explants. Planta, 211: 563-574

Esau K. 1965. Plant Anatomy. 2nd ed. New York: Wiley & Sons

Evert DR, Smittle DA. 1990. Limb girdling influences rooting, survival, total sugar, and starch of dormant hardwood peach cuttings. HortScience, 25: 1224-1226

Fabijan D, et al. 1981. Adventitious rooting in hypocotyls of sunflower（*Helianthus annuus*）seedlings Ⅱ. Action of gibberellins, cytokinins, auxin and ethylene. Physiol Plant, 53: 589-597

Falasca G, et al. 2004. Adventitious root formation in *Arabidopsis thaliana* thin cell layers. Plant Cell Rep, 23: 17-25

Fang WC, Kao CH. 2000. Enhanced peroxidase activity in rice leaves in response to excess iron, copper and zinc. Plant Sci, 158: 71-76

Fattorini L, et al. 2009. Adventitious rooting is enhanced by methyl jasmonate in tobacco thin cell layers. Planta, 231: 155-168

Fazio G, et al. 2014. *Dw2*, a new dwarfing locus in apple rootstocks and its relationship to induction of early bearing in apple scions. J Am Soc Hort Sci, 139: 87-98

Fernandez A, et al. 2013. Transcriptional and functional classification of the GOLVEN/ROOT GROWTH FACTOR/CLE-like signaling peptides reveals their role in lateral root and hair formation. Plant Physiol, 161: 954-970

Fernqvist I. 1966. Studies on factors in adventitious root formation. Lantbruskhogskolans Ann, 32: 109-244

Fett-Neto AG, et al. 2001. Distinct effects of auxin and light on adventitious root development in *Eucalyptus saligna* and *Eucalyptus globulus*. Tree Physiol, 21: 457-464

Fini A, et al. 2011. Effect of controlled inoculation with specific mycorrhizal fungi from the urban environment on growth and physiology of containerized shade tree species growing under different water regimes. Mycorrhiza, 21: 703-719

Fleck JD, et al. 2009. Immunoadjuvant saponin production in seedlings and micropropagated plants of *Quillaja brasiliensis*. *In Vitro* Cell Dev Biol-Plant, 45: 715-720

Fogaca CM, Fett-Neto AG. 2005. Role of auxin and its modulators in the adventitious rooting of *Eucalyptus* species differing in recalcitrance. Plant Growth Regul, 45: 1-10

Foster GS. 1990. Genetic control of rooting ability of stem cutting from loblolly pine. Can J For Res, 20: 1361-1368

Foster TM, et al. 2015. Two quantitative trait loci, *Dw1* and *Dw2*, are primarily responsible for rootstock-induced dwarfing in apple. Hort Res, 2: 15001-15009

Fuernkranz HA, et al. 1990. Light effects on *in vitro* adventitious root formation in axillary shoots of mature *Prunus serotina*. Physiol Plant, 80: 337-341

Gabryszewska TE, Rudnicki RM. 1997. The effects of light quality on the growth and development of shoots and roots of *ficus benjamina in vitro*. Acta Hortic, 418: 163-167

Galen C, et al. 2007. Functional ecology of a blue light photoreceptor: effects of phototropin-1 on root growth enhance drought tolerance in *Arabidopsis thaliana*. New Phytol, 173: 91-99

Galston AW, Flores HE. 1991. Polyamines and plant morphogenesis. *In*: Slocum RD, Flores HE. Biochemistry and Physiology of Polyamines in Plants. London: CRC Press

Garcia Gomez ML, et al. 1994. Levels of endogenous indole-3-acetic acid and indole-3-acetyl-aspartic acid during adventitious rooting in avocado microcuttings. J Exp Bot, 45: 865-870

Gaspar T, Coumans M. 1987. Root formation. *In*: Bonga JM, Durzan DJ. Cell and Tissue Culture in Forestry. Vol.3. Dordrecht: Martinus Nijhoff Publishers: 202-217

Gaspar TH. 1981. Rooting and flowering, two antagonistic phenomena from a hormonal point of view. *In*: Jeffcoat B. Aspects and Prospects of Plant Growth Regulators. Wantage: British Plant Grouth Regulator Group, 39-49

Gay G. 1990. Effect of the ectomycorrhizal fungi *Hebeloma hiemale* on adventitious root formation in de-rooted *Pinus halepensis* shoot hypocotyls. Can J Bot, 68: 1265-1270

Geigenberger P. 2003. Response of plant metabolism to too little oxygen. Curr Opin Plant Biol, 6: 247-256

Geiss G, et al. 2009. Adventitious root formation: new insights and perspective. *In*: Beeckman T. Root Development. London: John Wiley & Sons Ltd: 127-156

Geneve RL. 2000. Root formation in relationship to auxin uptake in cuttings treated by the dilute soak, quick dip, and talc methods. Comb Proc Intl Plant Prop Soc, 50: 409-412

Geneve RL, Heuser CW. 1983. The relationship between ethephon and auxin on adventitious root initiation in cuttings of *Vigna radiate* (L.) R. Wilcz. J Amer Soc Hort Sci, 108: 330-333

Geny L, et al. 2002. Polyamine and adventitious root formation in *Vitis vinifera* L. J Int Sci Vigne Vin, 36: 97-102

George EF, Debergh PC. 2008. Micropropagation: uses and methods. *In*: George E F, et al. Plant Propagation by Tissue Culture. 3rd ed. Volume 1. The Background. Dordrecht: Springer: 35

Gleeson M, et al. 2014. MicroRNAs as regulators of adventitious root development. J Plant Biochem Biotechnol, 23: 339-347

Goncalves JC, et al. 2008. Quantitation of endogenous levels of IAA, IAAsp and IBA in micro-propagated shoots of hybrid chestnut pretreated with IBA. *In Vitro* Cell Dev Biol-Plant, 44: 412-418

Gorter CJ. 1969. Auxin-synergists in the rooting of cuttings. Physiol Plant, 22: 497-502

Gou J, et al. 2010. Gibberellins regulate lateral root formation in *Populus* through interactions with auxins and other hormones. Plant Cell, 22: 623-639

Gouws L, et al. 1990. Factors affecting rooting and auxin absorption in stem cuttings of protea. J Hort Sci, 65: 59-63

Graham JH, Miller RM. 2005. Mycorrhizas: gene to function. Plant Soil, 274: 79-100

Grattapaglia D, et al. 1995. Genetic mapping of QTLs controlling vegetative propagation in *Eucalyptus grandis* and *E. urophylla* using pseudo-testcross strategy and RAPD markers. Theor Appl Genet, 90: 933-947

Gray EJ, Smith DL. 2005. Intracellular and extracellular PGPR: commonalities and distinctions in the plant-bacterium signaling processes. Soil Biol Biochem, 37: 395-412

Greenwood MS, et al. 1989. Maturation in larch: Ⅰ. Effect of age on shoot growth, foliar characteristics, and DNA methylation. Plant Physiol, 90: 406-412

Greenwood MS, et al. 2001. Response to auxin changes during maturation-related loss of adventitious rooting competence in loblolly pine (*Pinus taeda*) stem cuttings. Physiol Plant, 111: 373-380

Greenwood MS, Weir RJ. 1994. Genetic variation in rooting ability of loblolly pine cuttings: effects of auxin and family on rooting by hypocotyl cuttings. Tree Physiol, 15: 41-45

Griffiths A, et al. 1997. Applied abscisic acid, root growth and turgor pressure responses of roots of wild-type and the ABA-deficient mutant, *Notabilis*, of tomato. J Plant Physiol, 151: 60-62

Grossmann K. 2000. Mode of action of auxin herbicides: a new ending to a long, drawn out story. Trends Plant Sci, 5: 506-508

Grönberg H, et al. 2006. Binucleate *Rhizoctonia* (*Ceratorhiza* spp.) as non-mycorrhizal endophytes alter *Pinus sylvestris* L. seedling root architecture and affect growth of rooted cuttings. Scand J For Res, 4: 450-457

Gu A, et al. 2012. Regeneration of *Anthurium andraeanum* from leaf explants and evaluation of microcutting rooting and growth under different light qualities. HortScience, 47: 88-92

Guan JC, et al. 2012. Diverse roles of strigolactone signaling in maize architecture and the uncoupling of a branching-specific subnetwork. Plant Physiol, 160: 1303-1317

Guan L, et al. 2015. Physiological and molecular regulation of adventitious root formation. Cri Rev Plant Sci, 34: 506-521

Gursanscky NR, Carroll BJ. 2012. Mechanism of Small RNA Movement. New York: Springer: 99-130

Gurumurti K, et al. 1984. Hormone regulation of root formation. *In*: Purohit SS. Hormonal Regulation of Plant Growth and Development. Bikaner: Agro Botanical Publisher (India): 387-400

Gutierrez L, et al. 2009. Phenotypic plasticity of adventitious rooting in *Arabidopsis* is controlled by complex regulation of AUXIN RESPONSE FACTOR transcripts and microRNA abundance. Plant Cell, 21: 3119-3132

Gutierrez L, et al. 2012. Auxin controls *Arabidopsis* adventitious root initiation by regulating jasmonic acid homeostasis. Plant Cell, 24: 2515-2527

Gutmann M, et al. 1996. Histological studies of adventitious root formation from *in vitro* walnut cotyledon fragment. Plant Cell Rep, 15: 345-349

Hagen G, et al. 1991. Auxin-induced expression of the soybean Gh3 promoter in transgenic tobacco plants. Plant Mol Biol, 17: 567-579

Haines RJ, et al. 1992. Shoot selection and the rooting and field performance of tropical pine cuttings. For Sci, 38: 95-101

Haissig BE, et al. 1992. Researching the controls of adventitious rooting. Physiol Plant, 84: 310-317

Halliday KJ, et al. 2009. Integration of light and auxin signaling. Cold Spring Harb Perspect Biol, 1 (6): a001586

Hammatt N. 1994. Promotion by phloroglucinol of adventitious root formation in micropropagated shoots of adult wild cherry (*Prunus avium* L.). Plant Growth Regul, 14: 127-132

Hammerle K, et al. 2003. Expression analysis of alpha-NAC and ANX2 in juvenile myelomonocytic leukemia using SMART polymerase chain reation and "Virtual Norther" hybridization. Cancer Genet Cytosgene, 142: 149-152

Han H, et al. 2014. Transcriptome and proteome profiling of adventitious root development in hybrid larch (*Larix kaempferi*×*Larix olgensis*). BMC Plant Biol, 14: 305-407

Han KH, et al. 2000. An *Agrobacterium tumefaciens* transformation protocol effective on a variety of cottonwood hybrids (genus *Populus*). Plant Cell Rep, 19: 315-320

Hand P. 1994. Biochemical and molecular markers of cellular competence for adventitious rooting. *In*: Davis TD, Hassig BE. Biology of Adventitious Root Formation. New York: Plenum Press: 111-121

Harbage JF, et al. 1998. pH affects H-indole3-butyric acid uptake but not metabolism during the initiation phase of adventitious root induction in apple microcuttings. J Amer Soc Hort Sci, 123: 6-10

Hartmann HT, et al. 1997. Plant Propagation: Principles and Practices. 6th ed. Upper Saddle River, New Jersey: Prentice Hall: 770

Hartmann HT, et al. 2011. Plant Propagation: Principles and Practices. 8th ed. Englewood Cliffs, NJ: Prentice Hall

Hartmann HT, Kester DE. 1983. Plant Propagation: Principles and Practices. 4th ed. Englewood Cliffs, NJ: Prentice Hall: 727

Hasbùn R, et al. 2007. Dynamics of DNA methylation in chestnut trees development. Acta Hortic, 60: 563-566

Hassan S, Mathesius U. 2012. The role of flavonoids in root-rhizosphere signalling: opportunities and challenges for improving plant-microbe interactions. J Exp Bot, 63: 3429-3444

Hassinen V, et al. 2011. Plant metallothioneins—metal chelators with ROS scavenging activity? Plant Biol, 13: 225-232

Hausman JF, et al. 1994. Involvement of putrescine in the inductive rooting phase of poplar shoots raised *in vitro*. Physiol Plant, 92: 201-206

Hedtrich CM. 1977. Differentiation of cultivated leaf discs of prunus mahaleb. Acta Hortic, 78: 177-184

Heide OM. 1965. Photoperiodic effects on the regeneration ability of *Begonia* leaf cuttings. Physiol Plant, 18(1): 185-190

Heinonsalo J, et al. 2015. Ectomycorrhizal fungi affect Scots pine photosynthesis through nitrogen and water economy, not only through increased carbon demand. Environ Exp Bot, 109: 103-112

Hess CE. 1969. Internal and external factors regulating root initiation. *In*: Whittington WJ. Root Growth. London: Butter Worths: 42-64

Hetz W, et al. 1996. Isolation and characterization of *rtcs*, a maize mutant deficient in the formation of nodal roots. Plant J, 10: 845-857

Hochholdinger F, et al. 2004. From weeds to crops: genetic analysis of root development in cereals. Trends Plant Sci, 9: 42-48

Hochholdinger F, Zimmermann R. 2008. Conserved and diverse mechanisms in root development. Curr Opin Plant Biol, 11: 70-74

Hochholdinger F, Zimmermann R. 2009. Molecular and genetic dissection of cereal root system development. *In*: Beeckman T. Root Development. Annu Plant Rev Vol. 37. London: Wiley & Sons: 175-191

Howard BH. 1985. Factors affecting the response of leafless winter cuttings of apple and plum to IBA applied in powder formulation. J Hort Sci, 60: 161-168

Hrynkiewicz K, Baum C. 2012. The potential of rhizosphere microorganisms to promote the plant growth in disturbed soils. *In*: Malik A, Grohman E. Environmental Protection Strategies for Sustainable Development. New York: Springer Science Business Media B.V: 35-64

Huang LC, et al. 1992. Rejuvenation of *Sequoia sempervirens* by repeated grafting of shoot tips onto juvenile rootstocks *in vitro*. Plant Physiol, 98: 166-173

Huang LC, et al. 2012. DNA methylation and genome rearrangement characteristics of phase change in cultured shoots of *Sequoias empervirens*. Physiol Plant, 145: 360-368

Huijser P, Schmid M. 2011. The control of developmental phase transitions in plants. Development, 138: 4117-4129

Humhpries EC. 1960. Inhibition of root development on petioles and hypocotyls of dwarf bean (*Phaseolus vulgaris*) by kinetin. Physiol Plant, 13: 659-663

Hung CD, Trueman SJ. 2011. Topophysic effects differ between node and organogenic cultures of the eucalypt *Corymbia torelliana*×*C. citriodora*. Plant Cell Tiss Org Cult, 104: 69-77

Hunt MA, et al. 2011. Indole-3-butyric acid accelerates adventitious root formation and impedes shoot growth of *Pinus elliottii* var. *elliottii*×*P. caribaea* var. *hondurensis* cuttings. New Forests, 41: 349-360

Hu XM, Xu L. 2016. Transcription factors WOX11/12 directly activate *WOX5/7* to promote root primordia initiation and organogenesis. Plant Physiol, 172: 2363-2373

Husen A. 2008. Stock-plantetiolation causes drifts in total soluble sugars and anthraquinones, and promotes adventitious root formation in teak (*Tectona grandis* L. f.) coppice shoots. Plant Growth Regul, 54: 13-21

Husen A, Pal M. 2007. Metabolic changes during adventitious root primordium development in *Tectona grandis* Linn. f. (teak) cuttings as affected by age of donor plants and auxin (IBA and NAA) treatment. New Forests, 33: 309-323

Husen H. 2003. Screening of soil bacteria for plant growth promotion activities *in vitro*. Indones J Agric Sci, 4: 27-31

Iacona C, Muleo R. 2010. Light quality affects *in vitro* adventitious rooting and *ex vitro* performance of cherry rootstock Colt. Sci Hortic, 125: 630-636

Ikeda H, et al. 2007. Genetic analysis of rooting ability of transplanted rice (*Oryza sativa* L.) under different water conditions. J Exp Bot, 58: 309-318

Inukai Y, et al. 2001. *RRL1*, *RRL2* and *CRL2* loci regulating root elongation in rice. Breeding Sci, 51: 231-239

Inukai Y, et al. 2005. Crown rootless1, which is essential for crown root formation in rice, is a target of an AUXIN RESPONSE FACTOR in auxin signaling. Plant Cell, 17: 1387-1396

Jaleel CA, et al. 2009. Antioxidant defense responses: physiological plasticity in higher plants under abiotic constraints. Acta Physiol Plant, 31: 427-436

Jansen RC, Nap JP. 2001. Genetical genomics: the added value from segregation. Trends Genet, 17: 388-391

Jarvis BC. 1984. The interaction between auxin and boron in adventitious root development. New Phytol, 97: 197-204

Jarvis BC, et al. 1983. Auxin and boron in relation to the rooting response and ageing of mung bean cuttings. New Phytol, 95: 509-518

Jarvis BC, et al. 1985. RNA and protein metabolism during adventitious root formation in stem cuttings of *Phaseolus aureus*. Physiol Plantl, 64: 53-59

Jay-Allemand C, et al. 1991. Formation de racines *in vitro* à partir de cotylédon de noix（*Juglans* sp.）: un modèle de la rhozogénèse chez les espèces ligneuses. CR Acad Sci Paris, 312: 369-375

Jásik J, de Klerk GJ. 1997. Anatomical and ultrastructural examination of adventitious root formation in stem slices of apple. Biol Plant, 39: 79-90

Johnston-Monje D, Raizada MN. 2011. Integration of biotechnologies-plant and endophyte relationships: nutrient management. *In*: Murray MY. Comprehensive Biotechnology. 2nd ed. Vol 4. Oxford: Elsevier: 713-727

Jones OP, Hadlow WCC. 1989. Juvenile-like character of apple trees produced by grafting scions and rootstocks produced by micropropagation. J Hort Sci, 64: 395-401

Jung JK, McCouch S. 2013. Getting to the roots of it: genetic and hormonal control of root architecture. Front Plant Sci, 4: 186

Jusaitis M. 1986. Rooting response of mung bean cuttings to 1-aminocyclopropane-1-carboxylic acid and inhibitors of ethylene biosynthesis. Sci Hortic, 29: 77-85

Kamiya N, et al. 2003. The SCARECROW gene's role in asymmetric cell divisions in rice plants. Plant J, 36: 45-54

Kaparakis G, Sen R. 2006. Binucleate *Rhizoctonia*（*Ceratorhiza* spp.） induce adventitious root formation in hypocotyl cuttings of *Pinus sylvestris* L. Scand J For Res, 21: 444-449

Karabaghli C, et al. 1998. *In vitro* effects of Laccaria bicolor S238 N and *Pseudomonas fluorescens* strain BBc6 on rooting of de-rooted shoot hypocotyls of Norway spruce. Tree Physiol, 18: 103-111

Kawase M. 1971. Causes of centrifugal root promotion. Physiol Plant, 25: 64-70

Kepinski S, Leyser O. 2005. The *Arabidopsis* F-box protein TIR1 is an auxin receptor. Nature, 435: 446-451

Kevers C, et al. 1997. Hormonal control of adventitious rooting: progress and questions. Angew Bot, 71: 71-79

King JJ, Stimart DP. 1998. Genetic analysis of variation for auxin-induced adventitious root formation among eighteen ecotypes of *Arabidopsis thaliana* L. Heynh. J Hered, 89: 481-487

Kitomi Y, et al. 2008a. Mapping of the *CROWN ROOTLESS3* gene, CRL3 in rice. Rice Gen Newsl, 24: 31-33

Kitomi Y, et al. 2008b. CRL4 regulates crown root formation through auxin transport in rice. Plant Root, 2: 19-28

Kitomi Y, et al. 2011. The auxin responsive AP2/ERF transcription factor CROWN ROOTLESS5 is involved in crown root initiation in rice through the induction of OsRR1, a type-A response regulator of cytokinin signaling. Plant J, 67: 472-484

Klimaszewska K, et al. 2007. Recent progress in somatic embryogenesis of four *Pinus* spp. Glob Sci Books Tree For Sci Biotechnol, 1: 11-25

Klopotek Y, et al. 2010. Dark exposure of petunia cuttings strongly improves adventitious root formation and enhances carbohydrate availability during rooting in the light. J Plant Physiol, 167: 547-554

Kohler A, et al. 2003. The poplar root transcriptome: analysis of 7000 expressed sequence tags. FEBS Lett, 542: 37-41

Kong SS, et al. 2008. The effect of light quality on the growth and development of *in vitro* cultured *Doritaenopsis* plants. Acta Physiol Plant, 30: 339-343

Konishi M, Sugiyama M. 2003. Genetic analysis of adventitious root formation with a novel series of temperature-sensitive mutants of *Arabidopsis thaliana*. Development, 130: 5637-5647

Konishi M, Sugiyama M. 2006. A novel plant-specific family gene, *ROOT PRIMORDIUM DEFECTIVE 1*, is required for the maintenance of active cell proliferation. Plant Physiol, 140: 591-602

Kovtun Y, et al. 1998. Suppression of auxin signal transduction by a MAPK cascade in higher plants. Nature, 395: 716-720

Kumar A, et al. 1991. Morphogenetic response of cultured cells of cambial origin of a mature tree *Dalbergia sissoo* Roxb. Plant Cell Rep, 9: 703-706

Kurepin L, et al. 2011. Adventitious root formation in ornamental plants: Ⅱ. The role of plant growth regulators. Propag Ornam Plants, 11: 161-171

Kurepin LV, et al. 2007. Uncoupling light quality from light irradiance effects in *Helianthus annuus* shoots: putative roles for plant hormones in leaf and internode growth. J Exp Bot, 58: 2145-2175

Kurilčik A, et al. 2008. *In vitro* culture of *Chrysanthemum* plantlets using light-emitting diodes. Open Life Sci, 3: 161-167

Kuroha T, et al. 2002. A trans-zeatin riboside in root xylem sap negatively regulates adventitious root formation on cucumber hypocotyls. J Exp Bot, 53: 2193-2200

Kuroha T, Sakakibara H. 2007. Involvement of cytokinins in adventitious and lateral root formation. Plant Root, 1: 27-33

Kyndt T, et al. 2015. The genome of cultivated sweet potato contains *Agrobacterium* T-DNAs with expressed genes: an example of a naturally transgenic food crop. Proc Natl Acad Sci USA, 112: 5844-5849

Landry LG, et al. 1995. *Arabidopsis* mutants lacking phenolic sunscreens exhibit enhanced ultraviolet-B injury and oxidative damage. Plant Physiol, 109: 1159-1166

Lanteri ML, et al. 2006. Calcium and calcium-dependent protein kinases are involved in nitric oxide- and auxin-induced adventitious root formation in cucumber. J Exp Bot, 57: 1341-1351

Larsen PB, Cancel JD. 2004. A recessive mutation in the RUB1-conjugating enzyme, RCE1, reveals a requirement for RUB modification for control of ethylene biosynthesis and proper induction of basic chitinase and PDF1.2 in *Arabidopsis*. Plant J, 38: 626-638

Le Roux JJ , Staden JV. 1991. Micropropagation and tissue culture of *Eucalyptus*-a review. Tree Physiol, 9: 435-477

Leguéa V, et al. 2014. Adventitious root formation in tree species: involvement of transcription factors. Physiol Plant, 151: 192-198

Leple JC, et al. 1992. Transgenic poplars: expression of chimeric genes using four different constructs. Plant Cell Rep, 11: 137-141

Li M, Leung DWM. 2003. Root induction in radiata pine using *Agrobacterium rhizogenes*. Electron J Biotechnol, 6: 254-270

Li SW, et al. 2009. Hydrogen peroxide acts as a signal molecule in the adventitious root formation of mung bean seedlings. Environ Exp Bot, 65: 63-71

Li SW, Xue LG. 2010. The interaction between H_2O_2 and NO, Ca^{2+}, cGMP, and MAPKs during adventitious rooting in mung bean seedlings. *In Vitro* Cell Dev Biol-Plant, 46: 142-148

Li TY, et al. 2012. Isolation and characterization of *ARRO-1* genes from apple rootstocks in response to auxin treatment. Plant Mol Biol Report, 30: 1408-1414

Li YH, et al. 2008. Characteristics of adventitious root formation in cotyledon segments of mango (*Mangifera indica* L. cv. Zihua): two induction patterns, histological origins and the relationship with polar auxin transport. Plant Growth Regul, 54: 165-177

Liao WB, et al. 2010. Effect of nitric oxide and hydrogen peroxide on adventitious root development from cuttings of groundcover *Chrysanthemum* and associated biochemical changes. J Plant Growth Regul, 29: 338-348

Liao WB, et al. 2012. Nitric oxide and hydrogen peroxide alleviate drought stress in marigold explants and promote its adventitious root development. Plant Physiol Biochem, 58: 6-15

Lim YJ, Eom SH. 2013. Effects of different light types on root formation of *Ocimum basilicum* L. cuttings. Sci Hortic, 164: 552-555

Liu HJ, et al. 2005. ARL1, a LOB-domain protein required for adventitious root formation in rice. Plant J, 43: 47-56

Liu J, et al. 2014. WOX11 and 12 are involved in the first-step cell fate transition during *de novo* root organogenesis in *Arabidopsis*. Plant Cell, 26: 1081-1093

Liu JH, Reid DM. 1992. Adventitious rooting in hypocotyls of sunflower (*Helianthus annuus*) seedlings. Ⅳ. The role of changes in endogenous free and conjugated indole-3-acetic acid. Physiol Plant, 86: 285-292

Liu S, et al. 2009. Adventitious root formation in rice requires OsGNOM1 and is mediated by the OsPINs family. Cell Rep, 19: 1110-1119

Liu X, et al. 2011. Low-fluence red light increases the transport and biosynthesis of auxin. Plant Physiol, 157: 891-904

Ljung K, et al. 2002. Biosynthesis, conjugation, catabolism and homeostasis of indole-3-acetic acid in *Arabidopsis thaliana*. Plant Mol Bio, 49: 249-272

Lo SF, et al. 2008. A novel class of gibberellin 2-oxidases control semidwarfism, tillering, and root development in rice. Plant Cell, 20: 2603-2618

Lombardi-Crestana S, et al. 2012. The tomato (*Solanum lycopersicum* cv. Micro-Tom) natural genetic variation *Rg1* and the DELLA mutant *procera* control the competence necessary to form adventitious roots and shoots. J Exp Bot, 63: 5689-5703

Lu C, Fedoroff N. 2000. A mutation in the *Arabidopsis* HYL1 gene encoding a dsRNA binding protein affects responses to abscisic acid, auxin, and cytokinin. Plant Cell, 12: 2351-2366

Lucas M, et al. 2011. Short-root regulates primary, lateral, and adventitious root development in *Arabidopsis*. Plant Physiol, 155: 384-398

Luckman GA, Menary RC. 2002. Increased root initiation in cuttings of *Eucalyptus nitens* by delayed auxin application. Plant Growth Regul, 38: 31-35

Ludwig-Müller J. 2009. Molecular basis for the role of auxin in adventitious rooting. *In*: Niemi K, Scagel C. Adventitious Root Formation of Forest Trees and Horticultural Plants-from Genes to Applications. Kerala: Research Signpost: 1-29

Ludwig-Müller J, et al. 1993. Indole-3-butyric acid in *Arabidopsis thaliana*. Ⅰ. Identification and quantification. Plant Growth Regul, 13: 179-187

Ludwig-Müller J, et al. 2005. Analysis of indole-3-butyric acid-induced adventitious root formation on *Arabidopsis* stem segments. J Exp Bot, 56: 2095-2105

Machakova I, et al. 2008. Plant growth regulators Ⅰ: introduction; auxins, their analogues and inhibitors. *In*: George EF, et al. Plant Propagation by Tissue Culture. 3rd ed. Dordrecht: Springer: 175-204

Mafia RG, et al. 2009. Root colonization and interaction among growth promoting rhizobacteria isolates and eucalypts species. Rev Árvore, 33: 1-9

Malamy JE, Ryan KS. 2001. Environmental regulation of lateral root initiation in *Arabidopsis*. Plant Physiol, 127: 899-909

Mallikarjuna K, Rajendrudu G. 2007. High frequency *in vitro* propagation of *Holarrhena antidysenterica* from nodal buds of mature tree. Biol Plant, 51: 525-529

Mano Y, et al. 2005. QTL mapping of adventitious root formation under flooding conditions in tropical maize (*Zea mays* L.) seedlings. Breed Sci, 55: 343-347

Marques CM, et al. 1999. Genetic dissection of vegetative propagation traits in *Eucalyptus tereticornis* and *E. globulus*. Theor Appl Genet, 99: 936-946

Marques CM, et al. 2002. Conservation and synteny of SSR loci and QTLs for vegetative propagation in four *Eucalyptus* species. Theor Appl Genet, 105: 474-478

Martin HV, et al. 1987. A comparison between 3,5-diiodo-4-hydroxybenzoic acid and 2,3,5-triiodobenzoic acid. Ⅱ. Effects on uptake and efflux of IAA in maize roots. Physiol Plant, 71: 37-43

Martin RC, et al. 2001. Development of transgenic tobacco harboring a zeatin *O*-glucosyltransferase gene from *Phaseolus*. *In Vitro* Cell Dev Biol-Plant, 37: 354-360

McAfee BJ, et al. 1993. Root induction in pine (*Pinus*) and larch (*Larix*) spp. using *Agrobacterium rhizogenes*. Plant Cell Tiss Org Cult, 34: 53-62

Melzer S, et al. 2008. Flowering-time genes modulate meristem determinacy and growth form in *Arabidopsis thaliana*. Nat Genet, 40: 1489-1492

Menzies MI, et al. 2001. Recent trends in nursery practice in New Zealand. New Forests, 22: 3-17

Mergemann H, Sauter M. 2000. Ethylene induces epidermal cell death at the site of adventitious root emergence in rice. Plant Physiol, 124: 609-614

Middleton W, et al. 1978. The boron requirement for root development in stem cutting of *Phaseolus aureus* Roxb. New Phytol, 81: 287-297

Milborrow BW. 1984. Inhibitors. *In*: Wilkins WB. Advanced Plant Physiology. London: Pitman Publishing: 76-110

Miler N, Zalewska M. 2006. The influence of light colour on micropropagation of *Chrysanthemum*. Acta Hortic, 725: 347-350

Miller CR, et al. 2003. Genetic variation for adventitious rooting in response to low phosphorus availability: potential utility for phosphorus acquisition from stratified soils. Funct Plant Biol, 30: 973-985

Mishra BS, et al. 2009. Glucose and auxin signaling interaction in controlling *Arabidopsis thaliana* seedlings root growth and development. PLoS One, 4: e4502

Mohammed GH, Vidaver WE. 1988. Root production and plantlet development in tissue-cultured conifers. Plant Cell Tiss Org Cult, 14: 137-160

Monteuuis O, et al. 2008. DNA methylation in different origin clonal off spring from a mature *Sequoiadendron giganteum* genotype. Trees, 22: 779-784

Mori M, et al. 2002. Isolation and characterization of a rice dwarf mutant with a defect in brassinosteroid biosynthesis. Plant Physiol, 130: 1152-1161

Moriya S, et al. 2010. Genetic mapping of the crown gall resistance gene of the wild apple *Malus sieboldii*. Tree Genet Genomes, 6: 195-203

Moriya S, et al. 2012. Aligned genetic linkage maps of apple rootstock cultivar 'JM7' and *Malus sieboldii* 'Sanashi 63' constructed with novel EST-SSRs. Tree Genet Genomes, 8: 709-723

Moriya S, et al. 2015. Identification and genetic characterization of a quantitative trait locus for adventitious rooting from apple hardwood cuttings. Tree Genet Genomes, 11: 59-60

Moyo M, et al. 2011. Plant biotechnology in South Africa: micropropagation research endeavours, prospects and challenges. S Afr J Bot, 77: 996-1011

Muday GK, et al. 2012. Auxin and ethylene: collaborators or competitors? Trends Plant Sci, 17: 181-195

Mudge K. 1988. Effect of ethylene on rooting. *In*: Davis TD, et al. Adventitious Root Formation in Cuttings. Portland: Dioscorides Press: 150-161

Myburg AA, et al. 2011. The *Eucalyptus grandis* Genome Project: genome and transcriptome resources for comparative analysis of woody plant biology. BMC Proc, 5: 120

Nadgauda RS, et al. 1990. Precocious flowering and seeding behaviour in tissue-cultured bamboos. Nature, 344: 335-336

Nag S, et al. 2001. Role of auxin and polyamines in adventitious root formation in relation to changes in compounds involved in rooting. J Plant Growth Regul, 20: 182-194

Nakhooda M, et al. 2011. Auxin stability and accumulation during *in vitro* shoot morphogenesis influences subsequent root induction and development in *Eucalyptus grandis*. Plant Growth Regul, 65: 263-271

Nanda KK, Jain MK. 1971. Interaction effects of glucose and auxin in rooting etiolated stem segments of *Salix tetrasperma*. New Phytol, 70: 945-949

Negi S, et al. 2010. Genetic dissection of the role of ethylene in regulating auxin-dependent lateral and adventitious root formation in tomato. Plant J, 61: 3-15

Negishi N, et al. 2014. Hormone level analysis on adventitious root formation in *Eucalyptus globulus*. New Forests, 45: 577-587

Neill SJ, et al. 2002. Nitric oxide is a novel component of abscisic acid signaling in stomatal guard cells. Plant Physiol, 128: 13-16

Nemeth G. 1986. Induction of rooting. *In*: Bajaj YPS. Biotechnology in Agriculture and Forestry 1, Tress 1. Heidelberg: Springer Verlag: 49-86

Nemhauser JL, et al. 2004. Interdependency of brassinosteroid and auxin signaling in *Arabidopsis*. PLoS Biol, 2: E258

Neumann KH. 1995. Pflanzliche Zell-und Gewebekulturen. Stuttgart: Ulmer Verlag

Nhut DT, et al. 2002. Growth of banana plantlets cultured *in vitro* under red and blue light-emitting diode (LED) irradiation source. Acta Hortic, 575: 117-124

Nhut DT, et al. 2003. Responses of strawberry plantlets cultured *in vitro* under superbright red and blue light-emitting diodes (LEDs). Plant Cell Tiss Org Cult, 73: 43-52

Nhut DT, Nam N B. 2010. Light-emitting diodes (LEDs): an artificial lighting source for biological studies. *In*: van Toi V, Damg Khoa TQ. The Third International Conference on the Development of Biomedical Engineering in Vietnam. IFMBE Proceedings, vol 27. Heidelberg: Springer: 134-139

Niemi K, et al. 2002a. Effects of exogenous diamines on the interaction between ectomycorrhizal fungi and adventitious root formation in *Scots pine in vitro*. Tree Physiol, 22: 373-381

Niemi K, et al. 2002b. Ectomycorrhizal fungi and exogenous auxins influence root and mycorrhiza formation of *Scots pine* hypocotyls cuttings *in vitro*. Tree Physiol, 22: 1231-1239

Nihorimbere V, et al. 2011. Beneficial effect of the rhizosphere microbial community for plant growth and health. Biotechnol Agron Soc Environ, 15: 327-337

Niu S, et al. 2013. Proper gibberellin localization in vascular tissue is required to regulate adventitious root development in tobacco. J Exp Bot, 64: 3411-3424

Nordström AC, Eliasson L. 1984. Regulation of root formation by auxin-ethylene interaction in pea stem cuttings. Physiol Plant, 61: 298-302

Nordström AC, et al. 1991. Effect of exogenous indole-3-acetic acid and indole-3-butyric acid on internal levels of the respective auxins and their conjugation with aspartic acid during adventitious root formation in pea cuttings. Plant Physiol, 96: 856-861

Nystedt B, et al. 2013. The Norway spruce genome sequence and conifer genome evolution. Nature, 497: 579-584

Oldacres AM, et al. 2005. QTLs controlling the production of transgenic and adventitious roots in *Brassica oleracea* following treatment with *Agrobacterium rhizogenes*. Theor Appl Genet, 111: 479-488

Oliveira P, et al. 2003. Sustained *in vitro* root development obtained in *Pinus pinea* inoculated with ectomycorrhizal fungi. Forestry, 76: 579-587

Oliveros-Valenzuela M, et al. 2008. Isolation and characterization of a cDNA clone encoding an auxin influx carrier in carnation cuttings. Expression in different organs and cultivars and its relationship with cold storage. Plant Physiol Biochem, 46: 1071-1076

Orkwiszewski JAJ, Poethig RS. 2000. Phase identity of the maize leaf is determined after leaf initiation. PNAS, 97: 10631-10636

Osterc G, Štampar F. 2011. Differences in endo/exogenous auxin profile in cuttings of different physiological ages. J Plant Physiol, 168: 2088-2092

Osterc G, Štampar F. 2015. Maturation changes auxin profile during the process of adventitious rooting in *Prunus*. Eur J Hortic Sci, 80: 225-230

Ozawa S, et al. 1998. Organogenic responses in tissue culture of *srd* mutants of *Arabidopsis thaliana*. Development, 125: 135-142

Pacurar DI, et al. 2014. Auxin is a central player in the hormone cross-talks that control adventitious rooting. Physiol Plant, 151: 83-96

Pagnussat GC, et al. 2004. Nitric oxide mediates the indole acetic acid induction activation of a mitogen-activated protein kinase cascade involved in adventitious root development. Plant Physiol, 135: 279-286

Parveen S, Shahzad A. 2011. A micropropagation protocol for *Cassia angustifolia* Vahl. from root explants. Acta Physiol Plant, 33: 789-796

Peer WA, Murphy AS. 2007. Flavonoids and auxin transport: modulators or regulators? Trends Plant Sci, 12: 556-563

Pelagio-Flores R, et al. 2011. Serotonin, a tryptophan-derived signal conserved in plants and animals, regulates root system architecture probably acting as a natural auxin inhibitor in *Arabidopsis thaliana*. Plant Cell Physiol, 52: 490-508

Petricka JJ, et al. 2012. Control of *Arabidopsis* root development. Annu Rev Plant Biol, 63: 563-590

Pijut PM, et al. 2011. Promotion of adventitious root formation of difficult-to-root hardwood tree species. Horticultural Reviews, 38: 213-251

Poethig RS. 1990. Phase change and the regulation of shoot morphogenesis in plants. Science, 250: 923-930

Ponniah SK, et al. 2017. Comparative analysis of the root transcriptomes of cultivated sweetpotato（*Ipomoea batatas* [L.] Lam）and its wild ancestor（*Ipomoea trifida* [Kunth] G. Don）. BMC Plant Biol, 17: 9-15

Poudel PR, et al. 2008. Effect of red- and blue-light-emitting diodes on growth and morphogenesis of grapes. Plant Cell Tiss Org Cult, 92: 147-153

Projetti M, Chriqui D. 1986a. Totipotence du péricycle des organes souterrains et aériens du *Rorippa sylvestris*. Ⅰ Rhizogeneśe et caulogenése à partir de racines sur plant intacte ou de fragment de racines cultivés *in vitro*. Can J Bot, 64: 1760-1769

Projetti M, Chriqui D. 1986b. Totipotence du péricycle des organes souterrains et aériens du *Rorippa sylvestris*. Ⅱ Régénération á partir de feuilles détachées ou de fragments foliaires cultivéś *in vitro*. Can J Bot, 64: 1770-1777

Quaddoury A, Amssa M. 2004. Effect of exogenous indole butyric acid on root formation and peroxidase and indole-3-aceticacid oxidase activities and phenolic contents in date palm offshoots. Bot Bull Acad Sin, 45: 127-131

Ragonezi C, et al. 2010. Adventitious rooting of conifers: influence of physical and chemical factors. Trees, 24: 975-992

Ragonezi C, et al. 2012. *Pisolithus arhizus*（Scop.）Rauschert improves growth of adventitious roots and acclimatization on *in vitro* regenerated plantlets of *Pinus pinea* L. Propag Ornam Plants, 3: 139-147

Ragonezi C, et al. 2013. *O*-coumaric acid ester, a potential early signaling molecule in *Pinus pinea* and *Pisolithus arhizus* symbiosis established *in vitro*. J Plant Interact, 9: 297-305

Ramírez-Carvajal GA, et al. 2009. The cytokinin type-B response regulator PtRR13 is a negative regulator of adventitious root developmentin *Populus*. Plant Physiol, 150: 759-771

Rapaka VK, et al. 2005. Interplay between initial carbohydrate availability, current photosynthesis, and adventitious root formation in *Pelargonium* cuttings. Plant Sci, 168: 1547-1560

Rasmussen A, et al. 2012a. Inhibition of strigolactones promotes adventitious root formation. Plant Signal Behav, 7: 694-697

Rasmussen A, et al. 2012b. Strigolactones suppress adventitious rooting in *Arabidopsis* and pea. Plant Physiol, 158: 1976-1987

Rasmussen A, et al. 2013. Strigolactones fine-tune the root system. Planta, 238: 615-626

Ravnikar M, et al. 1992. Stimulatory effects of jasmonic acid on potato stem node and protoplast culture. J Plant Growth Regul, 11: 29-33

Ribeiro CL, et al. 2016. Integration of genetic, genomic and transcriptomic information identifies putative regulators of adventitious root formation in *Populus*. BMC Plant Biol, 16: 66-77

Ricci A, Bertoletti C. 2009. Urea derivatives on the move: cytokinin-like activity and adventitious rooting enhancement dependent on chemical structure. Plant Biol, 11: 262-272

Ricci A, et al. 2001. Cytokinin-like activity of *N,N'*-diphenylureas. *N,N'*-bis-(2,3-methylenedioxyphenyl) urea and *N,N'*-bis-(3,4 methylenedioxyphenyl) urea enhance adventitious root formation in apple rootstock M26 (*Malus pumila* Mill.). Plant Sci, 160: 1055-1065

Rice EL. 1948. Absorption and translocation of ammonium 2,4 dichlorophen oxyacetic acid by bean plants. Bot Gaz, 109: 301-314

Rigal A, et al. 2012. The AINTEGUMENTA LIKE1 homeotic transcription factor PtAIL1 controls the formation of adventitious root primordia in poplar. Plant Physiol, 160: 1996-2006

Riov J. 1993. Endogenous and exogenous auxin conjugates in rooting of cuttings. Acta Hortic, 329: 284-288

Riov J, Yang SF. 1989. Ethylene and auxin-ethylene interaction in adventitious root formation in mung bean cuttings. J Plant Growth Regul, 8: 131-141

Robbins JA, et al. 1983. Enhanced rooting of wounded mung bean cuttings by wounding and ethephon. J Amer Soc Hort Sci, 108: 325-329

Robbins JA, et al. 1985. The effect of ethylene on adventitious root formation in mung bean (*Vigna radiata*) cuttings. J Plant Growth Regul, 4: 147-157

Rolland F, et al. 2006. Sugar sensing and signaling in plants: conserved and novel mechanisms. Annu Rev Plant Biol, 57: 675-709

Ruedell CM, et al. 2013. Pre and post-severance effects of light quality on carbohydrate dynamics and microcutting adventitious rooting of two *Eucalyptus* species of contrasting recalcitrance. Plant Growth Regul, 69: 235-245

Ruyter-Spira C, et al. 2011. Physiological effects of the synthetic strigolactone analog GR24 on root system architecture in *Arabidopsis*: another belowground role for strigolactones? Plant Physiol, 155: 721-734

Saharan BS, Nehra V. 2011. Plant growth promoting rhizobacteria: a critical review. Life Sci Med Res Aston J, 21: 1-30

Sarkar AK, et al. 2007. Conserved factors regulate signalling in *Arabidopsis thaliana* shoot and root stem cell organizers. Nature, 446: 811-814

Sarmast MK, et al. 2012. *In vitro* rooting of *Araucaria excelsa* R. Br. var. *glauca* using *Agrobacterium rhizogenes*. JCEA, 13: 123-130

Sarropoulou V, et al. 2012. Melatonin promotes adventitious root regeneration in *in vitro* shoot tip explants of the commercial sweet cherry rootstocks CAB-6P (*Prunus cerasus* L.), Gisela 6 (*P. cerasus*×*P. canescens*), and MxM 60 (*P. avium*×*P.mahaleb*). J Pineal Res, 52: 38-46

Sassi M, et al. 2012. COP1 mediates the coordination of root and shoot growth by light through modulation of PIN1-and PIN2-dependent auxin transport in *Arabidopsis*. Development, 139: 3402-3412

Sauer M, et al. 2013. Auxin: simply complicated. J Exp Bot, 64: 2565-2577

Sánchez C, et al. 2007. Two *SCARECROW-LIKE* genes are induced in response to exogenous auxin in rooting-competent cuttings of distantly related forest species. Tree Physiol, 27: 1459-1470

Schrey SD, et al. 2012. Production of fungal and bacterial growth modulating secondary metabolites is widespread among mycorrhizaassociated streptomycetes. BMC Microbiol, 12: 164

Schwambach J, et al. 2005. Mineral nutrition and adventitious rooting in microcuttings of *Eucalyptus globulus*. Tree Physiol, 25: 487-494

Scotti-Saintagne C, et al. 2005. Quantitative trait loci mapping for vegetative propagation in pedunculate oak. Ann For Sci, 62: 369-374

Seddas P, et al. 2009. Communication and signaling in the plant-fungi symbiosis: the mycorrhiza. *In*: Baluška F. Plant-Environment Interactions. Signaling and Communication in Plants. Heidelberg: Springer Verlag: 45-71

Shaheen A, Shahzad A. 2015. Nutrient encapsulation of nodal segments of an endangered white cedar for studies of regrowth, short term conservation and ethylene inhibitors influenced *ex vitro* rooting. Indus Crop Prod, 69: 204-211

Shahzad A, et al. 2017. Historical perspective and basic principles of plant tissue culture. *In*: Abdin MZ, et al. Plant Biotechnology: Principles and Applications. New York: Springer: 25-28

Shanthi K, et al. 2015. Micropropagation of *Eucalyptus camaldulensis* for the production of rejuvenated stock plants for microcuttings propagation and genetic fidelity assessment. New Forests, 46: 357-371

She XP, et al. 2010. Hydrogen peroxide generated by copper amine oxidase involved in adventitious root formation in mung bean hypocotyl cuttings. Aust J Bot, 58: 656-662

Shiozaki S, et al. 2013. Indole-3-acetic acid, polyamines, and phenols in hardwood cuttings of recalcitrant-to-root wild grapes native to East Asia: *Vitis davidii* and *Vitis kiusiana*. J Bot, 2013: 1-9

Shuai P, et al. 2013. Identification of drought-responsive and novel *Populus trichocarpa* microRNAs by high-throughput sequencing and their targets using degradome analysis. BMC Genomics, 14: 233-247

Sibout R, et al. 2006. Opposite root growth phenotypes of hy5 versus hy5 hyh mutants correlate with increased constitutive auxin signaling. PLoS Genet, 2: e202

Skoog F, et al. 1973. Cytokinin antagonists: synthesis and physiological effects of 7-substituted 3-methylpyrazolo [4,3-d] pyrimidines. Phytochemistry, 12: 25-37

Smolka A, et al. 2009. Involvement of the *ARRO-1* gene in adventitious root formation in apple. Plant Sci, 177: 710-715

Solé A, et al. 2009. Characterization and expression of a *Pinus radiata* putative ortholog to the *Arabidopsis SHORT-ROOT* gene. Tree Physiol, 28: 1629-1639

Song CN, et al. 2009. Identification and characterization of 27 conserved microRNAs in citrus. Planta, 230: 671-685

Sorin C, et al. 2005. Auxin and light control of adventitious rooting in *Arabidopsis* require ARGONAUTE1. Plant Cell, 17: 1343-1359

Sorin C, et al. 2006. Proteomic analysis of different mutant genotypes of *Arabidopsis* led to the identification of 11 proteins correlating with adventitious root development. Plant Physiol, 140: 349-364

Spaepen S, et al. 2007. Indole-3-acetic acid in microbial and microorganism-plant signaling. FEMS Microbiol Rev, 31: 425-448

Spena A, et al. 1987. Independent and synergistic activity of rol A, B and C loci in stimulating abnormal growth in plants. EMBO J, 6: 3891-3899

Srivastava LM. 2002. Plant Growth and Development. San Diego (Belgium): Academic Press

Standardi A, et al. 1978. Preliminary research into effect of light on the development of axillary buds and the rooting of plantiets cultivated *in vitro*. Gembloux (Belgium): Round Table Conference *In Vitro* Multiplication of Woody Species: 269-282

Stasolla C, Yeung EC. 2003. Recent advances in conifer somatic embryogenesis: improving somatic embryo quality. Plant Cell Tiss Org Cult, 74: 15-35

Staswick PE, et al. 2005. Characterization of an *Arabidopsis* enzyme family that conjugates amino acids to indole-3-acetic acid. Plant Cell, 17: 616-627

Steffens B, et al. 2006. Interactions between ethylene, gibberellins and abscisic acid regulate emergence and growth rate of adventitious roots in deepwater rice. Planta, 223: 604-612

Steffens B, Rasmussen A. 2016. The physiology of adventitious roots. Plant Physiol, 170: 603-617

Stenzel I, et al. 2012. *ALLENE OXIDE CYCLASE* (*AOC*) gene family members of *Arabidopsis thaliana*: tissue- and organ-specific promoter activities and *in vivo* heteromerization. J Exp Bot, 63: 6125-6138

Stepanova AN, Alonso JM. 2009. Ethylene signaling and response: where different regulatory modules meet. Curr Opin Plant Biol, 12: 548-555

Stepanova AN, et al. 2005. A link between ethylene and auxin uncovered by the characterization of two root-specific ethylene-insensitive mutants in *Arabidopsis*. Plant Cell, 17: 2230-2242

Strader LC, Bartel B. 2009. The *Arabidopsis* PLEIOTROPIC DRUG RESISTANCE8/ABCG36 ATP binding cassette transporter modulates sensitivity to the auxin precursor indole-3-butyric acid. Plant Cell, 21: 1992-2007

Strader LC, Bartel B. 2011. Transport and metabolism of the endogenous auxin precursor indole-3-butyric acid. Mol Plant, 4: 477-486

Stuepp CA, et al. 2017. The use of auxin quantification for understanding clonal tree. Forests, 8: 27-42

Sukumar P, et al. 2013. Localized induction of the ATP-binding cassette B19 auxin transporter enhances adventitious root formation in *Arabidopsis*. Plant Physiol, 162: 1392-1405

Taiz L, Zeiger E. 1998. Plant Physiology. 2nd ed. Sunderland, Massachusetts: Sinauer Associates

Takahashi F, et al. 2003. Sugar-induced adventitious roots in *Arabidopsis* seedlings. J Plant Res, 116: 83-91

Tamagnone L. 1998. Inhibition of phenolic acid metabolism results in precocious cell death and altered cell morphology in leaves of transgenic tobacco plants. Plant Cell, 10: 1801-1816

Tanaka M, et al. 2006. Auxin controls local cytokinin biosynthesis in the nodal stem in apical dominance. Plant J, 45: 1028-1036

Tang W, Newton RJ. 2005. Polyamines promote root elongation and growth by increasing root cell division in regenerated *Virginia pine* (*Pinus virginiana* Mill.) plantlets. Plant Cell Rep, 24: 581-589

Tang W, Tang AY. 2016. MicroRNAs associated with molecular mechanisms for plant root formation and growth. J For Res, 27: 1-12

Tao Y, et al. 2008. Rapid synthesis of auxin via a new tryptophan-dependent pathway is required for shade avoidance in plants. Cell, 133: 164-176

Taramino G, et al. 2007. The maize (*Zea mays* L.) *RTCS* gene encodes a LOB domain protein that is a key regulator of embryonic seminal and post-embryonic shoot-borne root initiation. Plant J, 50: 649-659

Taylor AFS, Alexander I. 2005. The ectomycorrhizal symbiosis: life in the real world. Mycologist, 19: 102-112

Taylor G. 2002. Populus: arabidopsis for forestry. Do we need a model tree? Ann Bot, 90: 681-689

Teixeira da Silva J. 2013. The role of thin cell layers in regeneration and transformation in orchids. Plant Cell Tiss Org Cult, 113: 149-161

Teixeira da Silva J, Dobránszki J. 2013. Plant thin cell layers: a 40-year celebration. J Plant Growth Regul, 32: 922-943

Teixeira da Silva J, et al. 2015. The untapped potential of plant thin cell layers. J Hortic Res, 23: 127-131

Terrile MC, et al. 2012. Nitric oxide influences auxin signaling through *S*-nitrosylation of the *Arabidopsis* TRANSPORT INHIBITOR RESPONSE 1 auxin receptor. Plant J, 70: 492-500

Thompson A, et al. 2004. Complementation of *notabilis*, an abscisic acid-deficient mutant of tomato: importance of sequence context and utility of partial complementation. Plant Cell Environ, 27: 459-471

Tiburcio AF, et al. 1997. Polyamine metabolism and its regulation. Physiol Plant, 100: 664-674

Tonon G, et al. 2001. Changes in polyamines, auxins and peroxidase activity during *in vitro* rooting of *Fraxinus angustifolia* shoots: an auxin-independent rooting model. Tree Physiol, 21: 655-663

Topp CN, et al. 2013. 3D phenotyping and quantitative trait locus mapping identify core regions of the rice genome controlling root architecture. Proc Natl Acad Sci USA, 110: E1695-E1704

Tromas A, et al 2010. AUXIN BINDING PROTEIN 1: functional and evolutionary aspects. Trends in Plant Sci, 15: 436-446

Trueman SJ, et al. 2013. Nutrient partitioning among the roots, hedge and cuttings of *Corymbia citriodora* stock plants. J Soil Sci Plant Nutr, 13: 977-989

Tuskan GA, et al. 2006. The genome of black cottonwood, *Populus trichocarpa*. Science, 313: 1596-1604

Tworkoski T, Takeda F. 2007. Rooting response of shoot cuttings from three peach growth habits. Sci Hortic, 115: 98-100

Ullah H, et al. 2003. The β-subunit of the *Arabidopsis* G protein negatively regulates auxin-induced cell division and affects multiple developmental processes. Plant Cell, 15: 393-409

van Tran Thanh K. 2003. Thin cell layer concept. *In*: Nhut DT, et al. Thin Cell Layer Culture System: Regeneration and Transformation Applications. Dordrecht: Kluwer Academic Publisher: 1-16

van Tran Thanh M. 1973. *In vitro* control of *de novo* flower, bud, root and callus differentiation from excised epidermal tissues. Nature, 246: 44-45

Varkonyi-Gasic E, et al. 2010. Characterisation of microRNAs from apple（*Malus domestica* 'Royal Gala'）vascular tissue and phloem sap. BMC Plant Biol, 10: 159-174

Venning FD. 1948. The ontogeny of the laticiferous canals in the *Anacardiaceae*. Amer J Bot, 35: 637-644

Verstraeten I, et al. 2013. Adventitious root induction in *Arabidopsis thaliana* as a model for *in vitro* root organogenesis. *In*: de Smet I. Plant Organogenesis: Methods and Protocols. Totowa (NJ): Human Press: 159-175

Vidal N, et al. 2003. Developmental stages during the rooting of *in-vitro*-cultured *Quercus robur* shoots from material of juvenile and mature origin. Tree Physiol, 23: 1247-1254

Vidoz ML, et al. 2010. Hormonal interplay during adventitious root formation in flooded tomato plants. Plant J, 63: 551-562

Wang XF et al. 2011. *OsCAND1* is required for crown root emergence in rice. Molec Plant, 4: 289-299

Wasternack C, et al. 2006. The wound response in tomato: role of jasmonic acid. J Plant Physiol, 163: 297-306

Wasternack C, Hause B. 2013. Jasmonates: biosynthesis, perception, signal transduction and action in plant stress response, growth and development. An update to the 2007 review in Annals of Botany. Ann Bot, 111: 1021-1058

Wei YCZ, et al. 2013. Hydrogen peroxide is a second messenger in the salicylic acid-triggered adventitious rooting process in mung bean seedlings. PLoS One, 8: e84580

Weintraub RL, Brown JW. 1950. Translocation of exogenous growth regulators in the bean seedling. Plant Physiol, 25: 140-149

Welander M, et al. 2014. Origin, timing, and gene expression profile of adventitious rooting in *Arabidopsis* hypocotyls and stems. American Journal of Botany, 101: 255-266

Wendling I, et al. 2014. Maturation and related aspects in clonal forestry—Part Ⅱ: reinvigoration, rejuvenation and juvenility maintenance. New Forests, 45: 473-486

Wendling I, et al. 2015. Maturation in *Corymbia torelliana*×*C. citriodora* stock plants: effects of pruning height on shoot production, adventitious rooting capacity, stem anatomy, and auxin and abscisic acid concentrations. Forests, 6: 3763-3778

Werner T, et al. 2003. Cytokinin-deficient transgenic *Arabidopsis* plants show multiple developmental alterations indicating opposite functions of cytokinins in the regulation of shoot and root meristem activity. Plant Cell, 15: 2532-2550

Wilcox JR, Farmer RE. 1968. Heritability and C effects in early root growth of eastern cotton wood cuttings. Heredity, 23: 239-245

Willmann MR, Poethig RS. 2005. Time to grow up: the temporal role of small RNAs in plants. Curr Opin Plant Biol, 8: 548-552

Wilson PJ, van Staden J. 1990. Rhizocaline, rooting co-factors, and the concept of promoters and inhibitors of adventitious rooting-a review. Ann Bot, 66: 479-490

Wu B, et al. 2011. Over-expression of mango（*Mangifera indica* L.）MiARF2 inhibits root and hypocotyl growth of *Arabidopsis*. Mol Biol Rep, 38: 3189-3194

Wu G, et al. 2009. The sequential action of miR156 and miR172 regulates developmental timing in *Arabidopsis*. Cell, 138: 750-759

Wu G, Poethig RS. 2006. Temporal regulation of shoot developmentin *Arabidopsis thaliana* by miR156 and its target SPL3. Development, 133: 3539-3547

Wu HC, Lin CC. 2012. Red light-emitting diode light irradiation improves root and leaf formation in difficult-to-propagate *Protea cynaroides* L. plantlets *in vitro*. Acta Hortic, 418: 163-168

Xia R, et al. 2012. Apple miRNAs and tasiRNAs with novel regulatory networks. Genome Biol, 13 (6): R47

Xiao Z, et al. 2014. The lose of juvenility elicits adventitious rooting recalcitrance in apple rootstocks. Plant Cell Tiss Org Cult, 119: 51-63

Xu M, et al. 2005. A PIN1 family gene, OsPIN1, involved in auxin-dependent adventitious root emergence and tillering in rice. Plant Cell Physiol, 46: 1674-1681

Yamada M, Sawa S. 2013. The roles of peptide hormones during plant root development. Curr Opin Plant Biol, 16: 56-61

Yamaguchi S. 2008. Gibberellin metabolism and its regulation. Annu Rev Plant Biol, 59: 225-251

Yamamoto Y, et al. 2007. Auxin biosynthesis by the YUCCA genes in rice. Plant Physiol, 143: 1362-1371

Yin TM, et al. 2004. Large-scale heterospecific segregation distortion in *Populus* revealed by a dense genetic map. Theor Appl Genet, 109: 451-463

You CX, et al. 2014. A dsRNA-binding protein MdDRB1 associated with miRNA biogenesis modifies adventitious rooting and tree architecture in apple. Plant Biotechnol J, 12: 183-192

Zavattieri MA, et al. 2016. Adventitious rooting of conifers: influence of biological factors. Trees, 30: 1021-1032

Zerche S, Druege U. 2009. Nitrogen content determines adventitious rooting in *Euphorbia pulcherrima* under adequate light independently of pre-rooting carbohydrate depletion of cuttings. Sci Hortic, 121: 340-347

Zhang B, et al. 2009a. Detection of quantitative trait loci influencing growth trajectories of adventitious roots in *Populus* using functional mapping. Tree Genet Genomes, 5: 539-552

Zhang H, et al. 2009b. Hydrogen sulfide promotes root organogenesis in *Ipomoea batatas*, *Salix matsudana* and *Glycine max*. J Integr Plant Biol, 51: 1086-1094

Zhao X, et al. 2014. The rooting of poplar cuttings: a review. New Forests, 45: 21-34

Zheng BS, et al. 2003. Mapping QTLs and candidate genes for rice root traits under different water-supply conditions and comparative analysis across three populations. Theor Appl Genet, 107: 1505-1515

Zhu LH, et al. 2001. Transformation of the apple rootstock M.9/29 with the *rolB* gene and its influence on rooting and growth. Plant Sci, 160: 433-439

Zimmerman PW, Hitchcock AE. 1933. Initiation and stimulation of adventitious roots caused by unsaturated hydrocarbon gases. Contrib Boyce Thompson Inst, 5: 351-369

Zimmerman PW, Wilcoxon F. 1935. Several chemical growth substances which cause initiation of roots and other responses in plants. Contrib Boyce Thompson Inst, 7: 209-229

第5章 植物体细胞胚胎发生及其调控

胚胎发生是高等植物生命周期中的基本过程。有花植物的胚胎发生可在天然条件和人为条件下进行，前者指合子胚胎发生(zygote embryogenesis)，后者指离体胚胎发生(*in vitro* embryogenesis)。通常，合子胚胎发生是指在卵细胞双受精后，形成称为合子的单细胞胚和第一个胚乳细胞后的胚发育过程，此时，合子胚经历细胞分裂和一系列复杂的细胞学、分子生物学、生物化学和形态学的变化，最终发育成胚(de Smet et al.，2010)。

在天然条件下，胚胎发生也可以不经过受精，而通过称为无融合生殖(apomictic embryo)的无性胚胎发生途径来完成，这种胚可在母系组织或未受精的卵细胞中形成(Nogler，1984)。无性胚也可以在离体培养条件下，通过配子体胚胎发生(gametophytic embryogenesis)和体细胞胚胎发生(somatic embryogenesis)的途径形成。配子体胚胎发生是在离体培养条件下，从雄配子或雌配子中形成单倍体胚胎(haploid embryo)的过程。

体细胞胚胎发生(简称体胚发生)是指在离体培养的条件下，体细胞在无性细胞(配子)融合的条件下，通过与合子胚胎发生相类似的途径发育出完整植株的过程。经体胚发生途径所形成的类似合子胚的结构称为体细胞胚(somatic embryo)(简称体胚)，也有人称为胚状体。有些植物还可从体胚的细胞中再产生出体胚，这一过程称为重复体胚发生(repeative somatic embryogenesis)或次生体胚发生(secondary somatic embryogenesis)，此过程所形成的体胚称为次生体胚(secondary somatic embryo)(Raemakers et al.，1995)。体胚发生是常见的植物离体发育现象。

体胚发生首先是由Reinert和Steward等各自于1958年发现的。Reinert是在固体培养基上从胡萝卜愈伤组织中获得体胚，而Steward等则是从胡萝卜细胞悬浮培养体系中获得体胚(Reinert, 1958; Sterward, 1958)。Haccius(1978)曾对体胚作了下述组织学上的定义。

第一，体胚最根本的特征是在发育早期阶段便分化出茎端和根端的两种极性，而不定芽或不定根都是单向极性。

第二，体胚的维管组织与外植体中的维管组织无解剖结构上的联系，而不定芽或不定根往往与外植体或愈伤组织的维管组织相联系。

第三，体胚维管组织的分布是呈独立的“丫”字形，而不定芽的维管组织则无此现象。

由于在合子胚胎发生的早期阶段，只有少数细胞参与胚的发育，合子胚又深埋于二倍体母体的细胞层(胚珠)中，因此难以将它分离出来进行胚胎发生的研究。体胚发生和体内的合子胚胎发生，在胚发育阶段上的高度相似性，可以说是重现了合子胚形态发生的进程，体胚发生还可在人为控制下，在较短的时间内获得大量的胚。此外，体胚发生也是植物细胞表达全能性(totipotency)最直接的一种方式。因此，该体系是研究高等植物胚胎发育过程中形态发生、生理生化及分子生物学的理想模式之一。

尽管合子胚胎发生和体胚发生这两种途径有许多相似性，但它们之间还是有几个方面的差异。例如，合子胚的发育是紧随受精以合子形成开始的，而体胚发生是在体细胞完成转变为胚性细胞之前。首先，外植体细胞必须有表达全能性的潜能；其次，体细胞必须是处于对外源信号的感受态(competence)中；最后，感受态细胞必须为特异性信号(常常是植物生长调节物质的信号)所诱导，并定向进入胚胎发生的发育途径。体细胞进行体胚发生包括脱分化(dedifferentiation)和再分化(redifferentiation)的步骤，在这一过程中外植体已分化(成熟)的体细胞将失去原先已特化的命运，而转变为具有重新分化能力的分生活性细胞(Elhiti，2010)。然后根据所提供的培养条件，这些分生活性细胞启动新的发育命运，从而形成体胚。在分子水平上，体胚发生要求基因表达模式的重编程(reprogramming)，该程序掌控着不同基因组别表达的信号转导的级联(cascade)的“开”或“关”(Elhiti et al.，2013a)。诱导植物胚胎发生这一机制非常复杂，但在不同的品种中应有其相似性(Elhiti，2010)。揭示启动体胚发生关键因子间的相互作用无疑是对现代分子生物学的挑战。尽管在过去的十多年里对体胚发生的分子基础的研究有许多进展(Yang and Zhang，2010；Gliwicka et al.，2013；Elhiti et al.，2013a；Fehér，2015；Ge et al.，2015)，但对早期体胚发生的分子机制仍有许多未解之谜。本章在介绍体胚发生的生理、生化调节因子及其相互关系的基础上介绍了体胚发生分子机制研究的相关进展，有关表观遗传修饰对体胚发生的影响，参见本书的第 9 章 9.2.4 部分。

5.1　体胚发生的几个例子

为了对体胚发生有较全面的认识，我们不妨以以下几种植物的体胚发生为例，开始了解体胚发生的各个环节及其过程。

5.1.1　胡萝卜的体胚发生

大多数体胚发生的生理学、生物化学和细胞学的资料都是出自这一模式植物体胚发生的研究(Steward et al.，1958；Komamine et al.，2005；Fujimura，2014)，胡萝卜体胚发生培养的主要步骤如下。

(1)将消毒过的外植体(explant)叶柄(0.5～1cm)或贮藏根(0.5cm)(图 5-1)在 MS(Murashige and Skoog，1962)固体培养基(内含 4.5μmol/L 2,4-D)上培养[图 5-1(1)]。

(2)培养 4 周后，将所得的愈伤组织在液体培养基上悬浮培养(MS+4.5μmol/L 2,4-D)。每 50ml 液体培养液加 2.5～3.5g 愈伤组织，摇床转速 160r/min，培养温度 25℃，光照 1000lx。

(3)每 14～18 天继代一次[图 5-1(2)～(4)]。

(4)在无菌条件下除去原培养液，换上不含 2,4-D 的培养液，使体胚发育[图 5-1(5)]。

(5)每 10～18 天，将上述悬浮培养物移入 1/2 MS 固体培养基(不含 2,4-D)，使体胚成苗[图 5-1(5)～(8)]。

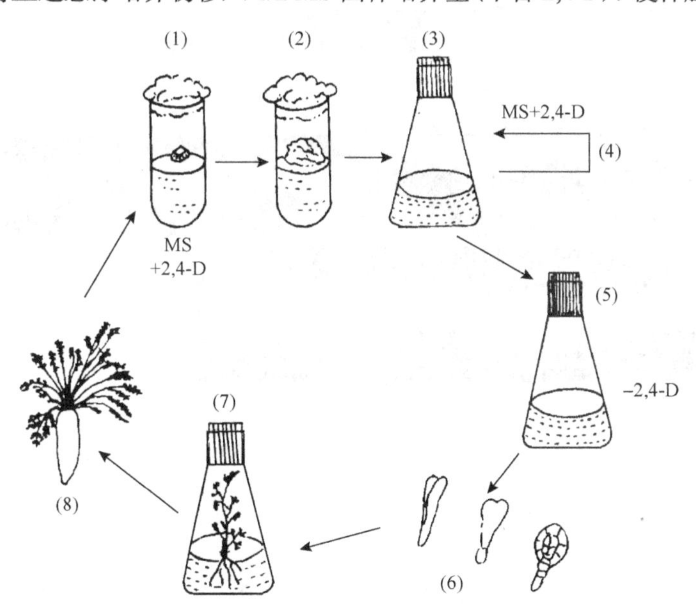

图 5-1　胡萝卜体胚发生示意图(Evans et al.，1981)

5.1.2　裸子植物的体胚发生

1)原胚团的增殖及其体胚发生诱导

在此以欧洲云杉(*Picea abies*)的体胚发生为例(图 5-2)。时间序跟踪技术(time-lapse tracking technique)的结果显示，从欧洲云杉幼胚外植体所建立的细胞系与胡萝卜单细胞悬浮培养体系有所不同，欧洲云杉细胞培养系经过初步筛选得到的单细胞培养物先发育成由少数细胞聚集组成的细胞团，称为原胚团

(proembryogenic mass，PEM)（图 5-2，day 0，即第 0 天）。原胚团经过一系列的细胞学变化形成体胚(Filonova et al.，2000)。PEM 这些胞质浓厚的细胞常与一个富含液泡的细胞(液泡化的细胞)为邻。当这一细胞团埋于一层薄薄的含合适的营养成分、生长素和细胞分裂素的琼脂糖培养基中固定培养时，将会在另一富含液泡的细胞近旁形成新的 PEM，称为 PEM Ⅰ(图 5-2B)，随即在培养 3 天后形成 PEMⅡ(图 5-2A，B)，同时，那些初代液泡化的伸长的细胞数目也增加[它们可被伊文思蓝(Evans Blue)浓厚染色]，其数目比新形成的同类细胞还多。随之(培养的第 5～10 天)，PEMⅡ通过产生 PEM 细胞及富含液泡的细胞而增大，同时也保持双极性形态(图 5-2A)。在培养 10 天后，那些原富含细胞质的细胞由于增殖的活性，其极性和胞质浓厚的中央区域消失。这一过程可持续至第 15 天，从而产生 PEMⅢ(图 5-2A 的第 15 天、第 20 天)，至培养的第 25 天 PEMⅢ转分化(transdifferentiation)为体胚(图 5-2A 的第 25 天)，相应地，随着体胚的形成，PEM Ⅲ一些初级结构可通过大量的程序性细胞死亡(PCD)途径而退化(参见本章 5.5.5 部分)。移除培养基中的生长调节物质可强烈地激活 PEMⅢ中的体胚发生和 PCD。在培养的第 25～45 天，培养物到达体胚发生的成熟阶段。

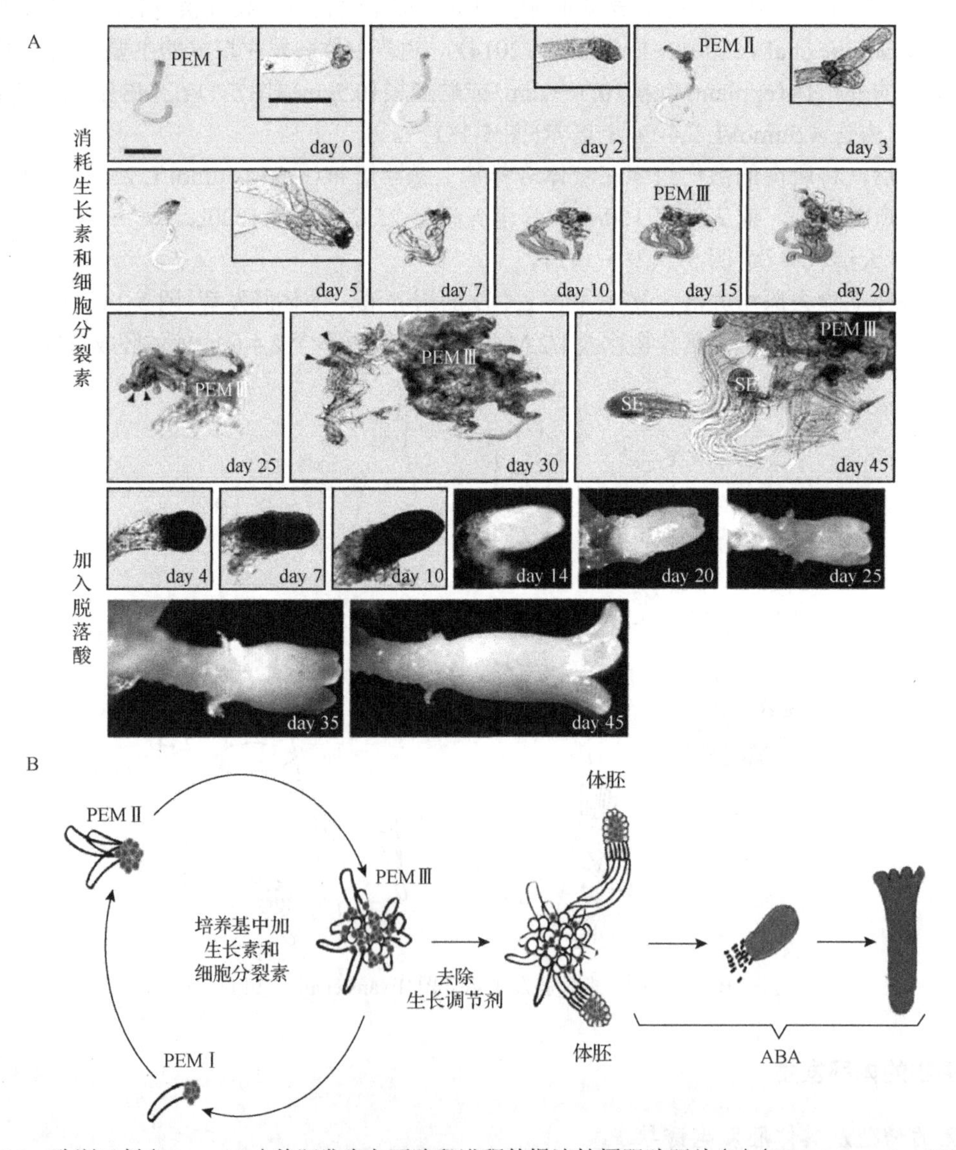

图 5-2 欧洲云杉(*Picea abies*)体胚发生主要阶段进程的慢速拍摄跟踪照片(A)(Filonova et al.，2000)及其发育主要途径示意图(B)(von Arnold et al.，2002)

A 所拍的是在一薄层的琼脂糖培养基上的培养物跟踪照片，分别以在培养基逐步消耗生长素和细胞分裂素的条件下与在加 ABA 的培养基上生长的培养物为拍摄对象。B 图箭头所示是从 PEMⅢ转分化的体胚发生过程，标尺为 250μm

2) 体胚发育和成熟

为了体胚进一步的发育和成熟，上述用于诱导体胚发生的琼脂糖培养基必须换成含脱落酸(ABA)的新琼脂糖培养基(图 5-2A，B)，在培养 4 天时便可见发育早期的体胚，其胚体不透明。同时这一过程也伴随通过 PCD 途径除去胚柄，随后体胚开始伸长(图 5-2A，加 ABA 的第 7～14 天)，逐渐发育出子叶(图 5-2A，加 ABA 的第 20～35 天)，与合子胚相似，至培养第 45 天体胚发育成熟。

上述体胚发生过程的关键阶段如图 5-2B 所示。欧洲云杉的体胚发生可归纳为两个粗略的阶段，其中又可分成更具特异性的发育阶段。在第一阶段，是以 PEM 增殖为代表，从细胞结构和细胞数量上可分为 3 个时期，即 PEMⅠ、PEMⅡ和 PEMⅢ期，它们都尚未进入体胚的发育阶段。第二阶段是体胚发育阶段，PEMⅢ重新(*de novo*)增殖后，可按合子胚的发育模式发育成体胚。在第一阶段，为了维持 PEM 的增殖需要加入生长素和细胞分裂素，而在 PEMⅢ形成体胚时则需除去生长调节物，体胚一旦完成了早期阶段的发育，则需要加入 ABA 促进体胚成熟(Egertsdotter and von Arnold，1998)。在体胚发育过程中，各个阶段都已有它们的分子标记可利用，如阿拉伯半乳聚糖蛋白(arabinogalactan protein，AGP)、脂类转运蛋白和欧洲云杉同源框基因(*PaHBI*)等。值得注意的是，在欧洲云杉的体胚发生过程中可出现连续两次 PCD，以便降解和去除胚柄(更多内容参见本章 5.5.5 部分)。这些 PCD 确保了 PEM 产生体胚及胚的图式形成顺利的进行(von Arnold et al.，2002)。

5.1.3　粳稻的体胚发生

水稻常被分为两个品种，即籼稻(indica rice)和粳稻(japonica rice)，籼稻的植株再生比较困难。体胚发生常用的外植体是成熟种子。粳稻品种 Dong-Jin 通过体胚发生途径再生植株的主要过程见图 5-3(Lee et al.，2002)。但是许多报道中水稻的体胚发生过程都未见像双子叶植物胡萝卜那样的典型体胚发生的阶段。

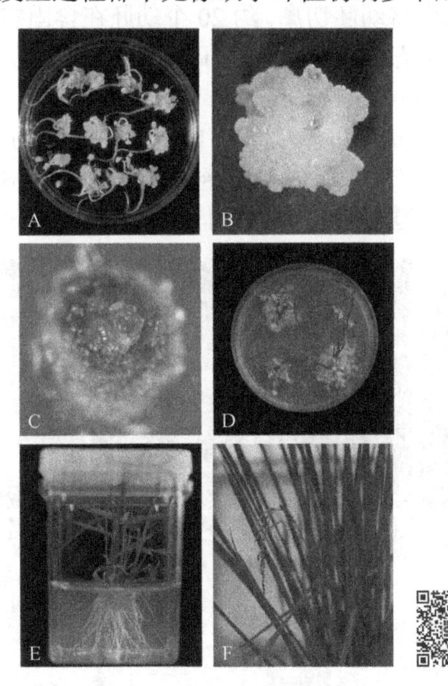

图 5-3　粳稻(japonica rice cv. Dong-Jin)从种子中诱导的胚性愈伤组织及其植株再生的过程(Lee et al.，2002)(彩图请扫二维码)

A：在愈伤组织诱导培养基诱导 4 周后，从成熟种子所诱导的愈伤组织。B：在愈伤组织诱导培养基诱导 4 周后，带有发育早期体胚的胚性愈伤组织。C：在植株再生培养基上培养 5～14 天后，在胚性愈伤组织上发育出绿色小点(发育早期的不定芽)。D：在植株再生培养基上培养 4 周后的再生不定苗。E：转入不含生长调节物质的生根培养基上(MS 基本成分)培养 7 天再生出健康的根。F：在温室生长 3 个月的再生植株

1) 种子外植体的消毒

取适量的粳稻品种 Dong-Jin 的成熟种子装于三角烧瓶内，先用适量的 70%乙醇消毒 5min，然后用已加(1～2 滴)吐温 20(Tween-20)的含氯漂白剂(Clorox bleach 内含 4.5%次氯酸钠)摇动消毒 50min，最后用

无菌水充分洗去残余的消毒剂。

2) 胚性愈伤组织的诱导

常用的诱导水稻胚性愈伤组织的基本培养基包括 LS (Linsmaier and Skoog，1965)、MS 和 N_6(朱至清等，1975)，附加成分为 3.0mg/L 2,4-D、1.0g/L 酪蛋白水解物和 30g/L 蔗糖，采用 0.2% (*W/V*) 的 Gelrite 固化培养基。pH 为 5.7。对粳稻品种 Dong-Jin 而言，最佳的胚性愈伤组织诱导培养基成分为：N_6 附加 3.0mg/L 2,4-D 和 30g/L 蔗糖，消毒后的种子在这一愈伤组织诱导培养基中暗培养 4 周，培养温度为 27℃，可得 56%的胚性愈伤组织诱导率。

3) 体胚发生及其植株再生

将所得的胚性愈伤组织转移至 MS [附加 0.1mg/L NAA、1.0mg/L 激动素(KT)、50g/L 蔗糖和 1.6%琼脂]，培养基的 pH 为 5.7，连续日光灯 [50μmol/(m^2·s)] 照光培养，培养温度为 27℃，培养 4 周后可再生出长 2～3cm 的苗，然后将它转入不含植物生长调节物质的 MS 上(含 0.2% Gelrite) 诱导根的再生，待植株叶长约 10cm 时可移栽至土中生长(Lee et al.，2002)。

5.1.4 拟南芥的体胚发生

拟南芥体胚发生的常见外植体为幼胚，也有的利用萌发的种子为外植体(Kobayashi et al.，2010)。这里以外植体为幼胚的体胚发生为例(Bassuner et al.，2007)。

(1) 外植体消毒：取 6～8 周苗龄拟南芥(*Arabidopsis thaliana*)的角果内含子叶发育阶段的幼胚。角果用 1%次氯酸钠或 10%消毒液(Clorox bleach)消毒 10min，随后用消毒蒸馏水冲洗 3 或 4 次以除去残留的消毒液，消毒后的角果冷处理(4℃)至少 12h。

(2) 体胚发生的诱导：从角果中将幼胚切离，约 20 个幼胚在含固态的体胚诱导培养基的培养皿(90mm)中培养 14 天，培养基含 B_5 盐组分及其维生素(Gamborg et al.，1968)，附加 4.5μmol/L 2,4-D、20g/L 蔗糖和 3g/L 固化剂(琼脂代用品，Gelrite，Gellan gum)。

(3) 体胚发育与成熟：将在体胚诱导培养基培养 14 天后的培养物转入体胚成熟的固体培养基中，使体胚进一步发育、成熟并转变为小植株。体胚成熟培养基内含半量的 MS 盐组分、维生素，并附加 4.5g /L 蔗糖和 3g/L 结冷胶(Gelrite)。培养基 pH 为 5.8。其体胚发生的主要过程如图 5-4 所示。

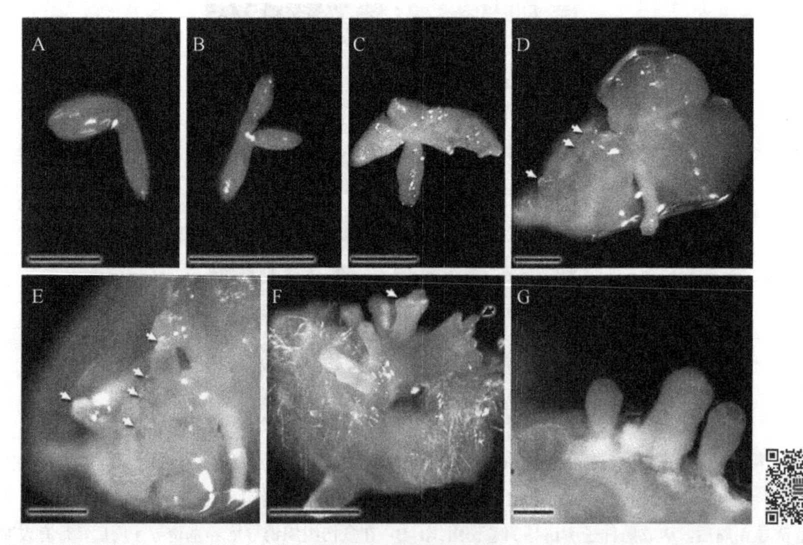

图 5-4 拟南芥(*Arabidopsis thaliana*)幼胚外植体的体胚发生进程及其形态发生变化
(Bassuner et al.，2007)(彩图请扫二维码)

A：在体胚诱导培养基(EIM)培养之初的合子幼胚外植体。B：在 EIM 培养 3 天后外植体开始增大。C：在 EIM 培养 8 天后，子叶增大膨胀并呈现透亮的外形。D：在 EIM 培养 14 天后在子叶表面清晰可见外凸生长物(箭头所示)。E：在转移至成熟培养基后外凸生长物持续生长(箭头所示)。F：在成熟培养基上培养 4 天后，可发育出多种再生结构(平均有 7 种)培养物，包括不定苗融合的结构培养物(黑箭头所示)、类似苗结构培养物(白箭头所示)及单个体胚。G：同时发育出的小体胚。所有的标尺为 0.5mm

在这一拟南芥体胚发生体系中，其所发生的体胚、融合的不定苗(fused shoot)和不定苗比例分别为32%、40%和 28%，因此，这一体系是不完全的体胚发生体系(Bassuner et al.，2007)。在这种情况下，体胚发生并不像胡萝卜体系那样同步发生，尽管所发生的体胚在形态上与体胚相似，这在已报道的体胚发生的资料中并不是个案，应该引起必要关注，特别是对用于分子机制研究的体系(Bassuner et al.，2007)。

5.2　体胚发生的方式

体胚发生的方式可分为直接发生和间接发生两类。直接发生是指体胚直接从原外植体不经愈伤组织阶段发生(Sharp et al.，1980)；而间接发生是指体胚从愈伤组织或悬浮细胞包括去细胞壁的原生质体中发生，有时也可从已形成的体胚的一组细胞中发生，这个过程称为次生体胚发生。许多植物品种都会发生高频率的次生体胚发生(Raemakers et al.，1995；Naing et al.，2013)。有些植物的培养物，如沙地葡萄(*Vitis rupestris*)，可保持其次生体胚发生的潜能许多年，从而为相关的研究提供有效的材料(Martinelli et al.，2001)。

从贡蕉花序中所诱导体细胞胚是间接发生的体胚发生过程，因此，如何诱导花序形成胚性愈伤组织是该体胚发生途径的关键的一步(图 5-5)。直接发生体胚的来源细胞可以分别是外植体表皮、亚表皮、幼胚、悬浮培养的细胞和原生质体，如石龙芮(*Ranunculus sceleratus*)的茎体胚(stem somatic embryo)是出自表皮细胞。向日葵和花生是比较容易诱导直接体胚发生的种类(Pelissier et al.，1990；Hazra et al.，1989)。例如，撕下的向日葵下胚轴的表皮及其 3～6 层薄壁细胞在液体 MSB 培养基上(含 1mg/L 的生长素 NAA 和细胞分裂素 BA)培养 5 天后转入 $B_5$90 液体培养基(不含激素，含 90g/L 的蔗糖)培养 1 周，便有许多体胚直接从表皮细胞产生，如果将它们转入 MS120 培养基(含 120g/L 的蔗糖和 0.2mg/L 的 BA)，8 天后便产生次生体胚(Pelissier et al.，1990)。

图 5-5　以贡蕉(*Musa acuminata* cv. Mas，AA)未成熟花序为外植体的体细胞胚胎发生途径(魏岳荣等，2005)(彩图请扫二维码)

A：用于愈伤组织诱导培养的外植体花序第 12 位花梳(标尺为 150mm)。B：诱导培养 60 天后的胚性混合物，标尺为 300mm。C：从 B 中选择的浅黄色愈伤组织继代培养得到的胚性愈伤组织，标尺为 300mm。D：初期的胚性细胞悬浮培养体系，主要由单细胞、细胞团、原胚及少量愈伤组织块组成。E：继代培养 3 个月理想的胚性细胞悬浮培养体系，主要由单细胞及结构较松散的小细胞团组成。F：在体胚诱导培养基上培养 15 天后获得的体胚，标尺为 1cm。G：球形胚和鱼雷形胚，标尺为 4mm。H：培养 90 天后由许多成熟体胚松散聚集在一起的体胚聚集物，标尺为 6mm。I、J：分别在促根培养基上培养 10 天和 20 天的已萌发体胚(I 标尺为 1.25mm，J 标尺为 1.5cm)。K、L：萌发的体胚在 MS 基本培养基上再生的贡蕉小植株(K 标尺为 1.5cm，L 标尺为 4.5cm)

从杧果幼胚子叶的表皮细胞所诱导的是原胚团(proembryogenic mass，PEM)，而不是愈伤组织。因此，这一培养体系是直接体胚发生的培养体系(Xiao et al.，2004)(图 5-6)。有的植物既可按直接方式，亦可按间接方式进行体胚发生，如鸭茅(*Dactylis glomerata*)(Conger et al.，1983)和香雪兰(*Freesia refracta*)等

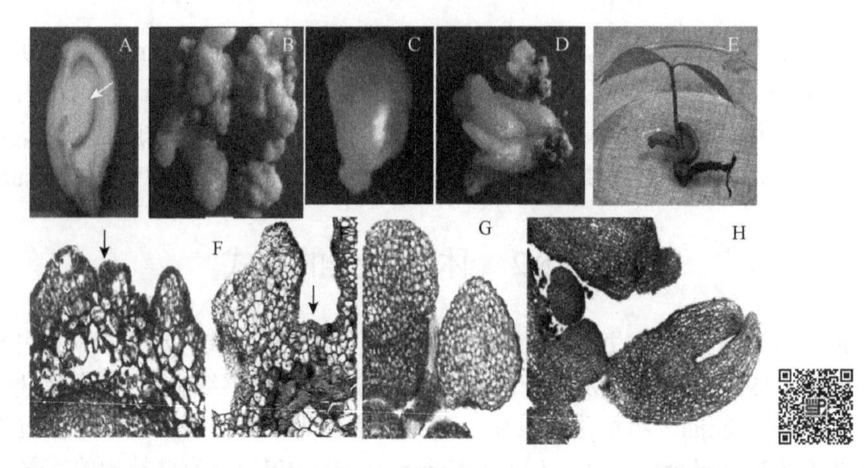

图 5-6　杧果幼胚子叶的间接体胚发生过程及其组织学观察(Xiao et al.，2004)(彩图请扫二维码)

A：用于子叶外植体取样的幼胚(箭头)。B：在体胚诱导培养基上培养 2 周后，从子叶外植体背轴面上所诱导的原胚团(PEM)，其相应的组织学观察见 F。C：从 PEM 所发育的球形胚。D：在成熟培养基上培养 3 周后形成的成熟体胚。E：由成熟体胚形成的再生植株。F～H：体胚发生主要阶段的组织学观察。F：在体胚诱导培养基上培养 2 周子叶背轴面的一些表皮细胞分裂活跃(箭头所示)，逐渐形成 PEM。G：所形成的早心形胚。H：在成熟培养基上培养 3 周后，可同时观察到球形胚和子叶形胚

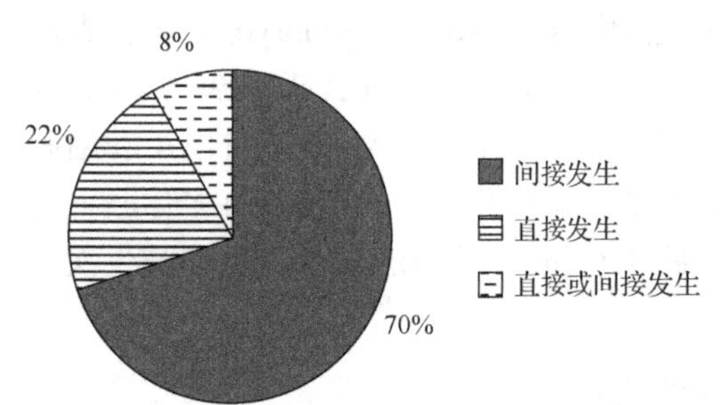

图 5-7　体胚发生方式的统计(Gaj，2004)

(Wang et al.，1990)。鸭茅的体胚发生方式取决于外植体部位，外植体若取自叶基，则先形成愈伤组织，然后再进行体胚发生；如用叶尖则体胚直接从外植体上产生(Conger et al.，1983)。

根据 Gaj(2004)对有关论文的统计，大部分的体胚发生(70%)都是以间接方式进行的(图 5-7)。

目前人们对这两种体胚发生方式的机理尚未取得共识。一般认为，直接体胚发生是原先就存在于外植体中的预胚性决定细胞(pre-embryogenic determined cell，PEDC)经培养后直接进入体胚发生途径而形成体胚(Yeung，1995)。在间接体胚发生中，外植体已分化的细胞先脱分化，发育命运被重新决定从而诱导出胚性细胞，这种细胞称为诱导胚性决定细胞(induced embryogenic determined cell，IEDC)，再由它们进行胚发生(图 5-8)。柑橘属的珠心组织(在体内或离体情况下)是通过 PEDC 进行体胚发生的最好例子(Evans et al.，1981)；因此，其体胚发生是自然而然发生的，甚至不需要借助于外源生长调节物质的作用。有时，在由体胚发生途经再生的植株表皮细胞中含有 PEDC，这些细胞在适宜条件下直接进行体胚发生。在间接体胚发生过程中，起始培养基中生长素的浓度或生长素与细胞分裂素的浓度比，不仅对启动已分化细胞恢复有丝分裂活性很重要，而且对这些细胞进入胚胎发育状态的表观遗传的重新决定也很重要。此后，这些细胞的胚胎发育命运还必须在诱导培养基中进一步诱导发生。

一般来说，诱导外植体进行体胚发生的潜力是由其供体植株所处的发育状态决定的。通常体细胞的这种状态介于 PEDC 与非胚性细胞(non-embryogenic cell，nonEC)状态之间，要使这些处于中间状态，但已具有胚性感受态(embryogenic competence)的细胞表达体胚发生的潜能，可通过适当培养基的修饰将它们变为 IEDC。如图 5-8 所示，如果以合子幼胚为外植体，它的发育状态与 PEDC 非常相似，此时，在培养基中只要使用细胞分裂素就可以诱导它们进行体胚发生(图 5-8A)，其体胚发生的方式通常是直接发生。如果以成熟合子胚的某部分为外植体(如子叶)，只用细胞分裂素已不足以诱导它们进行体胚发生，必须使用诱导细胞脱分化能力更强的生长素才能奏效；禾本科和其他单子叶植物的分生组织细胞的发育状态与此相似(图 5-8B)。从成年植株中得到的外植体细胞，它们已丧失的胚性潜能是可逆的，在适宜的培养基中加入细胞分裂素和生长素可诱导它们脱分化形成愈伤组织，并通过再分化形成 IEDC，进而进行间接体胚发生(图 5-8C)(Yeung，1995)。

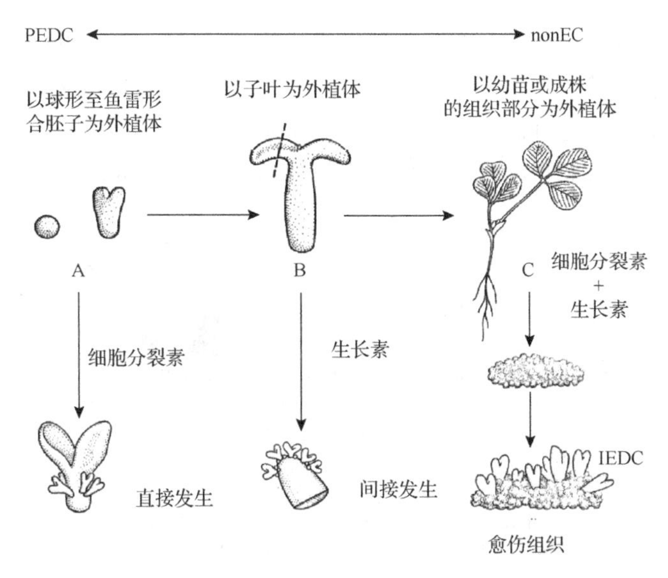

图 5-8　外植体的生理状态对体胚发生的启动的影响(Yeung，1995)

5.3　体胚发生的主要阶段

尽管单、双子叶和裸子植物的体胚发生过程在某些形态结构上有所差异，但总的进程还是基本相同的，体胚发生包含合子胚胎发生的关键阶段：在双子叶植物中胚发育的重要阶段是心形和鱼雷形胚阶段，而在单子叶植物中则是球形、盾片形和胚芽鞘形阶段，在裸子植物中是早期和晚期胚发生阶段(von Arnold et al.，2002；Smertenko and Bozhkov，2014)。

对体胚发生阶段的划分不是绝对的。有的研究将体胚发生途径简单地分为体胚发生诱导阶段和表达阶段：在诱导阶段，主要是指体细胞经历生理、代谢和基因表达水平上的重构而获得胚性的感受态，然后通常通过一次或多次改变培养条件(包括培养基种类、植物生长调节物质、碳水化合物、渗透势调节等)而诱导组织或细胞进入体胚发生的表达阶段，进而分化为体胚(Jiménez，2005)。这里参考双子叶植物合子胚胎发生阶段的划分，以双子叶植物和裸子植物(如欧洲云杉)的体胚发生为例，将体胚发生(间接体胚发生)过程分为 4 个阶段：①胚性培养物的诱导及其继代与增殖；②体胚诱导；③体胚发育；④体胚成熟与植株再生。其中将胚性培养物的启动或诱导及球形胚形成的阶段称为体胚发生的早期阶段。由于诱导作用，体细胞脱分化和再分化转变成胚性细胞，随之增殖，并通过组织分化进入类似合子胚胎发生的各个阶段，即原胚期(proembryonal stage)，球形、心形、鱼雷形及子叶形胚的发育阶段(双子叶植物和裸子植物)，或出现球形、盾片形及胚芽鞘形的发育阶段(单子叶植物)，接着是体胚成熟、萌发和成苗(conversion)阶段。相应地，将所用的培养基分为胚性培养物(胚性愈伤组织和胚性细胞)诱导培养基(M0)、体胚诱导培养基(M1)、体胚生长发育培养基(M2)和成苗培养基(M3)。一般，M1 含较高浓度的生长素，M2 不含或含较低浓度的生长素，此时愈伤组织的胚性感受态得到表达。球形胚和鱼雷形胚的发育可在 M1 中完成。M2 对 N 源(还原氮)、渗透调节剂有一定的要求。M3 可不含任何植物生长调节物质，含低浓度的盐分(如 1/2 SH、1/2 MS 等)。生理成熟的体胚可以在适宜的条件下萌发，转变成植株。

如上所述，胡萝卜的体胚发生是在悬浮培养体系中完成的，为了完善胡萝卜体胚发生的同步化发育的培养体系，日本学者 Tatsuhito Fujimura 坚持进行了数十年研究(从 1972 年至今)，根据他的研究结果，胡萝卜体胚发生的早(前)期阶段可划分为 4 个阶段和 3 种状态，如图 5-9 所示。经过细致的形态观察，胡萝卜体胚发生体系在进入发育阶段之前可见有不同的细胞状态，即状态 0、1 和 2。处于状态 0 的细胞，是具有胚性感受态的细胞，是转变为胚性细胞(状态 1)的前体细胞。在生长素的刺激下，状态 0 的细胞便成为状态 1 的胚性细胞。然后胚性细胞经历各个发育阶段成为体胚。将状态 1 的胚性细胞转移至无生长调节物质的培养基中可启动胚发育的阶段 1。在这一阶段，细胞团(cell cluster)的增殖相对缓慢并不发生分化。此后，在这些细胞聚集团的某一部分细胞分裂加速，即处于阶段 2，并导致形成球形胚，随后进入阶段 3，经历球形胚、心形胚、鱼雷形胚和子叶形胚而再生出完整的小植株(Fujimura，2014)。

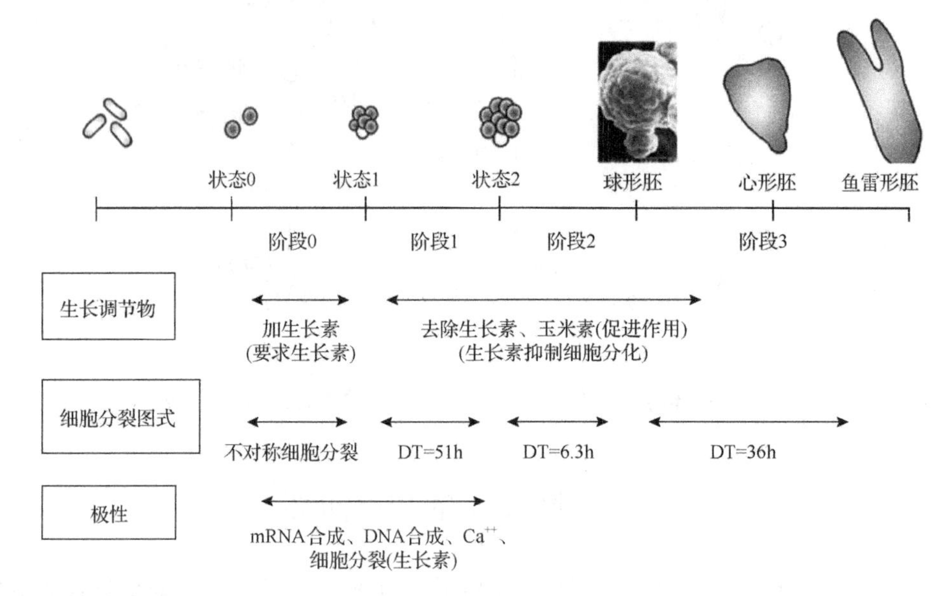

图 5-9　胡萝卜(*Daucus carota*，cv. Kurodagosun)体细胞的形态发生及其生理状态(Fujimura，2014)
DT 表示细胞分裂加倍的时间(doubling time)

另外，从细胞学和分子生物学的角度，Elhiti 等(2013b)将体胚发生划分为如图 5-10 所示的阶段，他们的着重点在体胚发生的早期阶段。当体胚发生时，发育中的体细胞原来的发育程序必须重编，以便激活胚胎发生的途径，从而形成胚性细胞(embryogenic cell)。因为缺乏清楚的细胞学标记以区别胚性和非胚性细胞，所以对这一阶段的发育难以分析和研究。体胚诱导阶段也可划分为 3 个时期：脱分化、表达全能性和定向发育(commitment)时期。

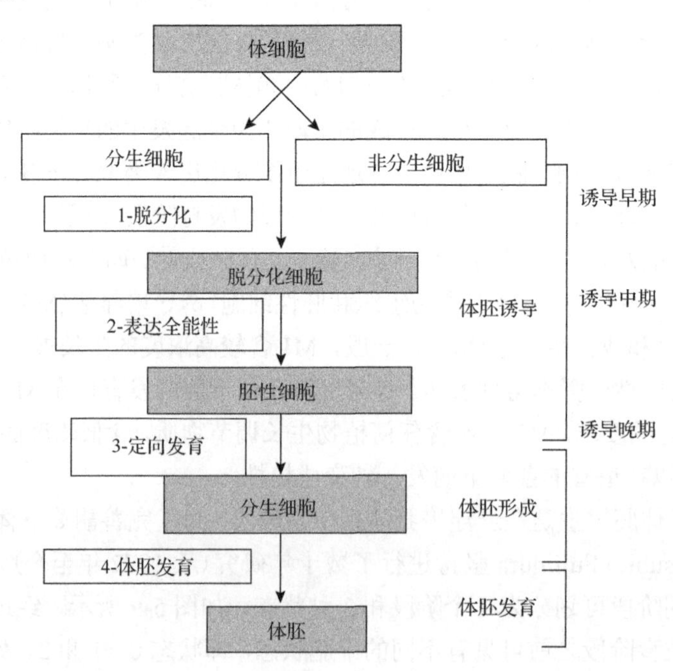

图 5-10　体胚发生途径各阶段示意图(Elhiti et al.，2013b)

脱分化(dedifferentiation)是特化已成熟细胞的细胞学过程，已被分化的细胞转变成暂时处于类似干细胞(stem cell-like)的状态。因此，脱分化是细胞发育命运回归的过程，从而使已分化的成熟细胞根据所接受的信号而获得各种发育命运的感受态。在同一外植体中，不是所有细胞都具有相同的脱分化能力。逆境是诱发细胞脱分化的重要因子。例如，加拿大油菜小孢子体胚发生的诱导要求 32℃热激(Grafi et al.，2011)。体细胞完成脱分化后，进入表达全能性的状态，在过去的几年里，许多研究者都致力于体胚发生早期阶段的研究，以便鉴定已分化的细胞获得全能性所要求的分子事件(Zeng et al.，2007)。尽管进行了诸多的努力，但所鉴定的具有功能特点的相关基因还是很有限。对于这一体胚发生的阶段究竟涉及多少基因和哪些基因是该阶段的特异性基因，仍未明了(Elhiti et al.，2013b)。一旦体细胞表达全能性，细胞将按许多信号级联(cascade)所整合的指令，进行发育命运的定向，首先被激活的是细胞周期和细胞分裂，这将加速体细胞转变为分生性细胞。随后便按程序实现体胚发生，直至植株再生，完成全能性表达的使命。

5.3.1　胚性培养物的诱导及其特征

不是所有的组织培养物都可诱导体胚发生，培养物可以分为胚性培养物(embryogenic culture)和非胚性培养物(non embryogenic culture)，前者是指有能力进行体胚发生的培养物(包括胚性愈伤组织和胚性细胞)，后者是不能进行体胚发生的培养物。胚性培养物既可发育成不同发育阶段的体胚，又可在特定条件下(如在超低温的条件下)，在相当一段时期内保留胚性而不分化。在有些情况下，这两种培养物是可以相互转变的。无疑，体胚发生的关键一步就是如何诱导胚性培养物，并更多地了解与它们相关的形态、生理、生化乃至分子特征。

5.3.1.1　胚性感受态

胚性感受态(embryogenic competence)是指在体胚诱导培养早期阶段中的体细胞转变为胚性细胞前的一种细胞潜能。体细胞获得胚性感受态即获得了转变成胚性细胞的潜能；这一潜能表达的成功与否涉及应答体胚发生的特异性基因表达的诱导及相关信号转导体系等的调控机制(Namasivayam, 2007)。胚性细胞一般特指那些已经由非胚性状态转变为有能力进行体胚发生的一类细胞，它们不再依赖植物生长调节物质等外界因素的刺激。那些处于胚性转变期状态，但仍需外界因素刺激才能完成胚性转变的细胞，称为胚性感受态细胞(embryogenic competent cell)或胚性潜能细胞(Toonen et al.，1994)。胚性细胞一旦产生，就能通过继续增殖进而形成原胚团。原胚团的增殖需要生长素的存在，但在往后的体胚发生阶段，生长素往往会抑制体胚的发育(Filonova et al.，2000)。

幼胚、成熟胚、幼苗和成花结构的分生组织中，细胞的胚性感受态水平通常较高。脱分化后的细胞对曾发生或即将进行的发育命运会有“记忆”作用，而且在愈伤组织发生和保留(继代)阶段仍可保持这种“记忆”。因此，在培养过程中，巧妙地选择所产生的愈伤组织进行继代是获得胚性细胞的必要手段。

对于大多数植物来说，其合子胚维持高水平的胚性感受态的时间极短，小麦的胚性感受态在组织分化后至胚成熟之前出现，即在授粉后的 11～14 天，因此，很容易从盾片组织中诱导出胚性愈伤组织。授粉 14 天后，胚性感受态逐渐丧失，这与盾片迅速累积贮藏蛋白质有关，这时盾片面积增加 25 倍(Negbi，1984)。将小麦成熟胚在含有 ABA 的培养基中培养，可将上述胚性感受态的反应时间从授粉后的 11～14 天延长至 25 天，可见成熟小麦盾片组织胚性感受态的丧失是由该组织的发育途径从胚性转向萌发的发育程序的改变所引起的，而在培养基中加入 ABA 后，胚性细胞的胚性被保持或可推迟其向萌发途径的转变，这种现象也见于白云杉(*Picea glauca*)和英格曼云杉(*Picea engelmannii*)中。成熟胚的胚性感受态的丧失均与组织中累积贮藏蛋白质相关(Quatrano，1987)。

作物幼胚进行培养时，低氧环境也起着与 ABA 相似的作用，即推迟胚向萌发的发育途径转变，提高产生胚性愈伤组织的比例。小麦幼胚在愈伤组织诱导培养基上(含氧 8%)培养 28 天，每克愈伤组织可产生 3600 个体胚，比在空气中(含氧 21%)同样的培养基上所产生的体胚多 6 倍。有趣的是，在上述低氧浓度的培养基中诱导胚性愈伤组织所用的 2,4-D 浓度也可减少。低氧浓度还抑制体胚的过早萌发(precocious germination)及其盾片细胞不正常的增大。这说明低氧浓度(生物学正常水平)有促进早期体胚持续胚性发育的能力(Carman，1990)。

胚性感受态的高低与植物的基因型有关。胚性感受态低的基因型不一定不产生胚性愈伤组织，只是其在数量上远远低于高胚性感受态的基因型而难以诱导出胚性愈伤组织。即使具有高胚性感受态的基因型，其感受态也会受植株所处的微生境(microhabitat)影响。胚性感受态在基因型中的差异与植株所含的内源激素水平有关。例如，高胚性感受态的玉米品系，其胚珠中的细胞分裂素只为低胚性感受态品系的60%左右，而后者的IAA水平比前者高20倍之多(Carnes and Wright，1988)。类似的情况也发现于不同胚性感受态的鸭茅(*Dactylis glomerata*)叶片的细胞分裂素含量上。在象草(*Pennisetum purpureum*)叶片中，内源ABA水平与体胚发生呈正相关。这些发现表明，当组织具有低水平的外源细胞分裂素时，其体内的胚性感受态会得到更好的“保存”，但对这一观点的客观性仍有争议。

5.3.1.2　胚性培养物某些形态和生理特点

某些植物的外植体所诱导的愈伤组织按其形态特征可区分为胚性和非胚性愈伤组织。例如，谷物(小米、燕麦、水稻、小麦)的胚性愈伤组织，表面虽有粒状突起，但呈光滑白色状，其组成细胞较小。非胚性愈伤组织则呈黄色或透明状，表面湿润而粗糙，呈结晶状，其组成细胞大而长(Murray et al.，1983)。

欧洲云杉(*Picea abies*)子叶或幼胚外植体可诱导出3种愈伤组织。第一种为亮绿色，由小而圆的细胞组成，可以从幼胚外植体中诱导出来。第二种为绿色，但质地紧密，其表面覆盖着针状和芽状结构。第三种白色透明且松软，实践证明，它是胚性愈伤组织，在高倍镜下可发现有极性结构物(体胚)突出其表面。这种愈伤组织也常可从幼胚为外植体诱导培养得到。当它在液体或固体培养基上培养时便产生大量体胚(Hakman and Arnold，1985)。

马唐(*Digitaria sanguinalis*)幼穗接在N_6+2,4-D(2.5mg/L)的固体培养基上，培养15天可诱导出2类愈伤组织。一类为灰白色，颗粒状，紧实，由球形细胞组成，此为胚性愈伤组织；另一类为淡黄色，湿润而不定形，松软，由管状及不规则状的细胞组成，此为非胚性愈伤组织(杨和平和程井辰，1991)。

许多实验表明，将所得的愈伤组织进行巧妙的继代培养是获得胚性愈伤组织的必需步骤之一。例如，从棉花的外植体中可诱导出绿色、黄色、白色、棕色和红色的愈伤组织，仅黄色的愈伤组织才是胚性愈伤组织(Finer，1988)。

与其他植物体胚发生的诱导有所不同，对诱导柑橘胚性愈伤组织的特异性要求是甘油而不是植物激素(Kayim and Koc，2006)。内源多胺水平与其胚性愈伤组织的体胚发生能力的维持密切相关(Wu et al.，2009)。根据相关报道，研究者已诱导了100多种柑橘品种和变种的胚性愈伤组织并加以保存，进一步通过体细胞杂交和遗传转化来进行品种改良。有些品种的胚性愈伤组织随着保存时间的延长而逐渐丧失其体胚发生能力(Guo et al.，2007)，其中瓦伦西亚甜橙(Valencia sweet orange)的胚性愈伤组织是在28年前从未成熟的胚珠中所诱导的，至论文发表时(2011年)仍保持很强的体胚发生能力。从瓦伦西亚甜橙的上胚轴外植体中也可以诱导出非胚性愈伤组织(图5-11)(Deng，1987)。

NEC

EC

图5-11　瓦伦西亚甜橙(Valencia sweet orange)的胚性愈伤组织(embryogenic callus，EC)和非胚性愈伤组织(non-embryogenic callus，NEC)(Wu et al.，2011)(彩图请扫二维码)

图中标尺为1mm

对于一种新的研究材料，要确定其所诱导的培养物是胚性还是非胚性愈伤组织，除观察其形态结构特征外，主要看它最后能否进行体胚发生。因此，利用愈伤组织阶段的生理生化差异在分子水平上去识别胚性愈伤组织，即找出有效的胚性愈伤组织或细胞的分子标记物，是很有意义的工作。

在较早期的研究工作中已有相当多的报道涉及胚性与非胚性培养物在生理和生化上的差异。例如，Wurtele 等(1988)发现胡萝卜胚性愈伤组织的淀粉含量比非胚性愈伤组织高出 15～40 倍，其 ADP-葡萄糖焦磷酸化酶带有 100kDa 的亚单位，这是与胚胎发生潜能有关的多肽之一(Wurtele et al.，1988)。Wann 等(1987)报道非胚性愈伤组织的乙烯生成速率比胚性愈伤组织高 19～117 倍，此外，谷胱甘肽和总还原性物质含量在非胚性愈伤组织中较胚性愈伤组织高 17～20 倍(Wann et al.，1987)。研究胚性愈伤组织与乙烯生成关系的共性，以及将乙烯作为胚性愈伤组织的分子标志物，有其方便之处，这些愈伤组织经乙烯测定之后，可原封不动继续用于下一步体胚发生的培养。因此，就能更直接地跟踪乙烯与体胚发生的关系，并通过乙烯的生物合成调节，控制胚性愈伤组织的诱导和发生。胚性和非胚性愈伤组织多胺的合成亦有差异。

此外，已有不少报道表明胚性与非胚性愈伤组织的同工酶谱有差异，同工酶的差异已经用于区分玉米、大麦、胡萝卜、西葫芦的胚性与非胚性愈伤组织(路铁刚和郑国昌，1989)。体胚发生能力不同的愈伤组织除了形态结构有一些差异外，其内源的植物激素也有明显的差别。例如，最近 Xu 等(2013)报道，陆地棉(*Gossypium hirsutum*)下胚轴可诱导出两种体胚发生能力不同的愈伤组织培养系：W10-1 是难以进行体胚发生的愈伤组织培养系，而 W10-2 是易于进行体胚发生的愈伤组织培养系(图 5-12)。从图 5-12 可知，无论是哪一阶段，难以进行体胚发生的愈伤组织培养系的内源 IAA 和玉米素(zeatin)水平都比易于进行体胚发生的愈伤组织培养系要低。在阶段Ⅱ这两个愈伤组织培养系的玉米素水平都有所提高，但 W10-2 培养系的玉米素水平提高得更显著(Xu et al.，2013)。一般而言，胚性细胞与分生细胞相似，但实际的情况比较复

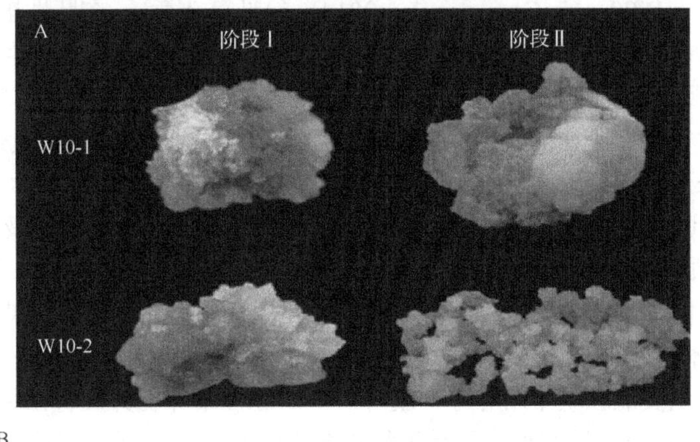

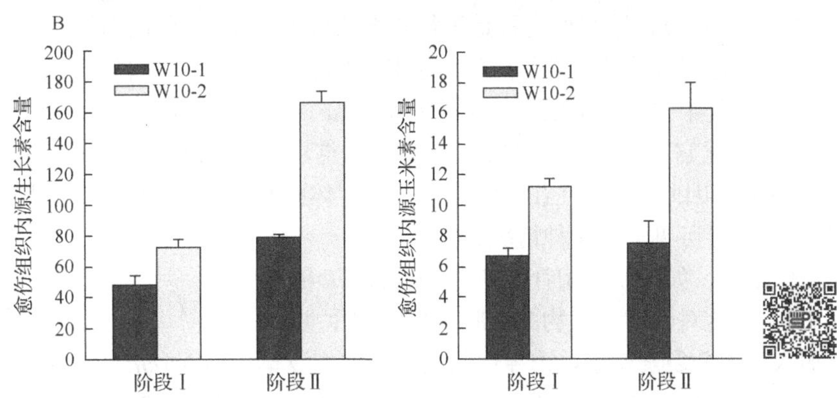

图 5-12　陆地棉(*Gossypium hirsutum*)两种体胚发生能力不同的愈伤组织的形态(A)及其内源生长素(IAA)和玉米素水平的比较(B)(Xu et al.，2013)(彩图请扫二维码)

A：W10-1 和 W10-2 分别是难以进行体胚发生和易于进行体胚发生的愈伤组织培养系。阶段Ⅰ为在愈伤组织诱导培养基上培养 40 天后；阶段Ⅱ为绝大部分 W10-2 愈伤组织都形成体胚的阶段。B：内源生长素(IAA)或玉米素含量单位为每克鲜重愈伤组织所含的纳克(ng)数，误差线表示三个独立实验标准误差(SD)

杂。通过对胡萝卜、甘蔗和苜蓿等多种植物体胚发生体系的观察，小而圆、具较大的核与核仁高度染色、细胞质浓厚、液泡较小及代谢活性较高的一类细胞通常被认为是能够形成体细胞胚的胚性细胞(Namasivayam，2007；Yang and Zhang，2010)。

目前对胚性细胞的真正起源还知之甚少。胡萝卜悬浮细胞培养物单个细胞发育命运的影像实时追踪的研究结果表明，根据悬浮培养细胞的形态可见有卵形液泡化细胞、伸长形液泡化细胞、球形液泡化细胞、球形富含胞质细胞和不规则细胞，然而这 5 种类型的细胞均能发育成体细胞胚，只是体胚发生的频率不同(Toonen et al.，1994)。体胚发生频率的不同是否是由基因型或者细胞类型的差异造成的，目前尚难以下结论(Namasivayam，2007)。利用 *SERK*(*SOMATIC EMBRYOGENESIS RECEPTOR KINASE*)基因作为胚性潜能的分子标记跟踪胡萝卜培养物中体胚发育的结果发现，外植体表面的一种伸长形细胞能够获得胚性潜能，然而在运用同一方法对鸭茅(*Dactylis glomerata*)体胚发生体系进行研究时，能获得胚性潜能并发育形成体胚的细胞是叶片外植体中富含细胞质的球形细胞(Somleva et al.，2000)。欧洲云杉是研究裸子植物体胚发生体系的模式植物，在其胚性细胞悬浮系中有两种细胞类型，即高度液泡化的细胞和胞质浓厚的球形细胞，但这两种细胞都不能单独发育形成体胚(Filonova et al.，2000)。以上研究结果表明，具有胚性潜能的细胞会呈现不同的形态特征，因此，很难通过细胞学和形态学的方法识别这类细胞。

5.3.1.3　胚性培养物的诱导

胚性愈伤组织诱导培养基(M0)常用于从外植体诱导出胚性培养物(embryogenic culture)。M0 培养基通常都含有植物生长调节物质(主要含生长素和细胞分裂素)。培养基的诱导作用首先必须使外植体的体细胞停止目前所处的基因表达模式，转换成胚性细胞的相关基因表达模式，这一过程也受 DNA 的甲基化等表观遗传调控(LoSchiavo et al.，1989；Us-Camas et al.，2014)(参见第 9 章)。在胚性培养物的诱导过程中，首先引发一系列细胞进行分裂，诱导形成无组织特化结构的愈伤组织，进而引起极性生长及其体胚发生，对此，植物激素(如生长素)等起着非常重要的作用。胚性细胞的诱导只局限于那些对该诱导可发生响应的细胞，外植体中的体细胞对生长素有不同的敏感性，响应的细胞是对生长素处理非常敏感的细胞。调控细胞的不对称性分裂及细胞伸长，对于形成胚性细胞是非常重要的。植物生长调节物质可通过改变响应细胞周围的电场及 pH 梯度而改变这种细胞分裂的极性。细胞伸长的调节与细胞壁的多糖及相应水解酶的活性有关。胚性培养物被诱导的频率可以因植物的种类及其所用的外植体而异。在细胞中人工合成生长素类物质(如 2,4-D)要比其他类型生长素较少被代谢，比较稳定，对胚性培养物的建立及保持有独特的作用，因此应用最多(更多的内容参考本章 5.4.2 部分)。

有些植物的外植体只要放在基本培养基上就可以形成胚性培养物并发育出体胚，此时的外植体大多都含有预胚性决定细胞(PEDC)，这些细胞只是等待转变成胚性细胞进行体胚发生的条件，因此，往往以直接方式进行体胚发生。这些外植体通常是离体合子胚、幼胚或由它们再生的幼苗的下胚轴。另一些植物的胚性培养物诱导需要较复杂的培养基成分，通常需要补加生长素和细胞分裂素。这些外植体的细胞已经分化，诱导处理主要是促进它们脱分化，进行发育命运的重新决定(redetermination)，即诱导胚性决定细胞(IEDC)的形成(图 5-9)，因此，它们往往以间接方式进行体胚发生。依诱导时对生长调节物质要求的不同，胚性培养物及其体胚诱导可见下列 4 种情况。

(1)不需加任何激素，如柑橘、枸骨叶冬青(*Ilex aquifolium*)等。

(2)需加入 2,4-D，这对禾本科植物的体胚诱导特别重要。

(3)只需要加入细胞分裂素就足以诱导体胚发生，如红豆草(*Onobrychis viciaefolia*)外植体在不含激素的对照培养基、含 2,4-D(0.5mg/L)的培养基和 2-iP(1.0mg/L)+BA (1.0mg/L)培养基中的体胚发生频率分别为 1.1%、6.1%和 46.7%(谷祝平和郑国昌，1987)。

(4)要求细胞分裂素和生长素相互配合，大多数植物体胚发生的诱导属于这种情况。例如，天竺葵(*Pelargonium hortorum* Bailey)的体胚发生一定需要生长素(2,4-D)和 BA 结合，单独使用 BA 或生长素都不能诱导体胚发生(Slimmon et al.，1991)，与之相似的还有小粒咖啡(*Coffea arabica*)、花椰菜(*Brassica oleracea* var. *botrytis*)等。值得一提的是，在胡萝卜悬浮培养体系中，那些转入无植物生长调节剂的培养基中不能形成体胚的单细胞(呈圆球形，并未完全液泡化)，可通过再次诱导使之形成体胚。即将它们先转入含有 0.01μmol/L 玉米素、0.5μmol/L 2,4-D 和 15mmol/L $CaCl_2$ 的培养液中培养，最后转入含较高浓度细胞分裂素(1μmol/L 玉米素)、较低浓度的 2,4-D(0.05μmol/L)和 0.2mol/L 甘露醇的培养液中。高浓度的 2,4-D 处理使这些细胞发育程序重编，并诱发其胚性感受态(Nomura and Komamine，1985)。

根据培养的植物种类及噻重氮苯基脲(TDZ)在培养基中的浓度，它可促进胚性培养物的形成，也可以抑制胚性培养物的形成(陈云凤等，2006)。我们的研究表明，TDZ 处理可使晋南苜蓿(*Medicago sativa* L. cv. Jinnan)叶柄所诱导的胚性愈伤组织丧失胚性(图 5-13)。乙烯生物合成抑制剂 $CoCl_2$ 可部分抵消 TDZ 的上述作用，部分恢复愈伤组织的体胚发生能力。由此可见，TDZ 对苜蓿愈伤组织形态发生的调控作用与腺嘌呤类细胞分裂素 KT 的作用截然不同，对 TDZ 降低愈伤组织胚性作用的分子机制研究发现 TDZ 处理后可引起海藻糖-6-磷酸磷酸酶(trehalose-6-phosphate phosphatase，TPP)基因、同源域-亮氨酸拉链蛋白基因(*MSHB1*)特异性表达增强，特别是 ACC 氧化酶基因(*ACD*)表达的增强(黄学林等，1994；张春荣，2005；Zhang et al.，2006；Feng et al.，2012)。

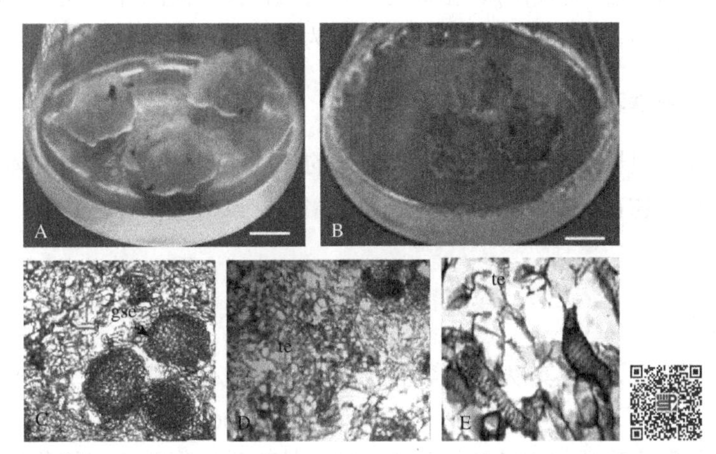

图 5-13　TDZ 处理对晋南苜蓿(*Medicago sativa* L. cv. Jinnan)胚性愈伤组织的胚性能力及形态(A，B)和组织结构的影响(C～E)(张春荣，2005)(彩图请扫二维码)

A，C：苜蓿叶柄外植体在含 4.52μmol/L 2,4-D、0.93μmol/L 激动素的 B_5h 培养基上培养 28 天后的胚性愈伤组织，其表面已可见发育早期的绿色的体胚(A)，组织学切片观察表明该愈伤组织已含球形胚(C)。B、D 和 E：胚性愈伤组织转入 B_5h 培养基(其中的激动素为 0.0468μmol/L 的 TDZ 所替代，其他成分未变)进行继代培养时，愈伤组织变绿变硬，丧失胚性(B)，原形成的球形胚消失，代之出现的是一些细胞分化成管状分子(D，E)；E 是 D 部分的放大。gse 表示球形体胚(globular somatic embryo)，te 表示管状分子(tracheary element)。标尺为 500μm(A，B)

胚性培养物及其体胚发生启动对植物生长调节物质的依赖性很大程度上取决于外植体供体的发育阶段。通常胚性愈伤组织是在含有生长素的培养基中形成的。生长素调节胚发生的机制之一是对细胞质或细胞壁的酸化作用(acidification)。使用一些新型的植物生长调节物质，如寡聚糖(oligosaccharide)和油菜素内酯(brassinolide，BR)，可促进许多植物种类的体胚发生的启动(Nishiwaki et al.，2000)。除生长调节物之外，逆境也是诱导胚性培养物的不可忽视的因素。在无激素的培养条件下，单独的逆境条件就足以诱导胚性培养物及其体胚的形成(Fehér，2015)。

5.3.1.4　胚性培养物的继代与增殖

将所诱导的胚性培养物在胚性培养物诱导的固体或液体培养基(或相似的培养基)上继代培养(subculture)，可使胚性培养物进一步增殖。例如，欧洲云杉的胚性培养物一旦形成，其便可以持续增殖形成原胚团(PEM)，PEM 的增殖需要生长素，但生长素却抑制 PEM 发育成体胚(Filonova et al.，2000)，如图 5-2 所示。培养物的分裂与分化越是同步发生，其增殖速率越大。为了解决培养物发育同步化的问题，在悬浮培养时，对发育成不同结构的细胞团及单细胞，采用过筛或离心方法将它们分开，进行继代培养，有利于提高体胚发生频率并提高体胚的质量。随着胚性培养物培养时间的增长，其体细胞无性系变异(somaclonal variation)(见第 8 章)也增加。一般可将已建立的胚性细胞培养物超低温保存，然后根据需要进行升温恢复，用于下一步的目的操作。

5.3.2　体胚发育

为了使体胚进一步生长，一般都将胚性培养物转移到含较低浓度生长素或不含生长素的培养基中。在这种情况下，那些转向胚发育阶段所要求的基因会从被抑制的状态转变成表达状态，继而引起体胚进一步发育。例如，2,4-D 是决定胡萝卜悬浮培养细胞胚性感受态表达的重要因子，如图 5-9 所示。在培养阶段 0 中，处于状态 0 的细胞将转变成为胚性细胞团的细胞，但这一发育状态的实现以生长素(2,4-D)存在为前提。在含 5×10^{-8}mol/L 2,4-D 的培养基中培养 6 天，然后转入无激素的培养基中便可形成体胚。如不经过 2,4-D 预培养，处于状态 0 的细胞则会丧失全能性，不能形成体胚。处于状态 0 的细胞在转入无植物生长调节物质的培养基后，则进入状态 I 成为胚性细胞团，并开始进入体胚发育阶段 I，继而进入状态Ⅱ，并依次发育成球形胚(阶段Ⅱ)、心形胚(阶段Ⅲ)。由此可见，2,4-D 在不同的体胚发生阶段起着不同的生理作用，一个完整的体胚发生过程常可分为需要生长素阶段和为生长素所抑制阶段。

5.3.3　体胚的成熟及其植株再生

许多 PEM 或胚性细胞悬浮系不能发育成高质量的体胚，这是由于它们向体胚转变的过程受到干扰或抑制。因此应使这些培养物在体胚成熟的培养条件下培养一段时间，使之达到一定的发育阶段，以便进入成熟发育。

5.3.3.1　体胚成熟

在体胚成熟的培养阶段，培养物发生了各种形态及生理生化变化。双子叶植物体胚中作为贮藏器官的子叶随着贮藏物质的增加而增大，从而使胚的过早萌发(precocious germination)被抑制，体胚也获得了耐脱水力。体胚所产生的贮藏物质与合子胚的类似，并且被输送进行亚细胞的分隔与贮存，只是其数量及积累时间与合子胚有所不同。贮藏物质的合成和胚胎后期富集蛋白(late embryogenic abundant，LEA)都受 ABA 和水分胁迫的调节。有些植物的体胚成熟往往需要 10～50μmol/L ABA 的处理，这种处理对一些裸子植物的体胚成熟尤为重要(Filonova et al.，2000)。ABA 可以减少次生体胚的发生，并且抑制过早萌发。一般来说，ABA 处理时间为 1 个月最为合适，延长处理时间可增加成熟胚的数量，但处理时间过长对幼苗的生长有副作用。许多其他因子，如乙烯、渗透调节剂、pH 和光周期均影响体胚的成熟。

研究者曾试图通过多种方法，使体胚如合子胚那样脱水达到“静止”(quiescence)状态，并提高体胚的质量，因为合子胚在 5%水量条件下仍可存活。不同的渗透调节剂包括无机盐、氨基酸和糖及大分子量的 PEG(分子量大于 4000 的 PEG)与葡聚糖(dextran)已被用于体胚的脱水成熟。分子量大于 4000 的 PEG 的处理，将起到类似水分胁迫(water stress)的作用，但有的实验证明，PEG 处理对体胚萌发及其萌发后根的生长有不良的作用。有的研究表明，脱水处理可使某些植物体胚的内源 ABA 水平降低，ABA 的敏感性发生改变。经早期生长分化的体胚当转入特定的培养基(内含渗透调节物质，如 ABA 等)后，就会像合子胚那样经历一个后期发育和成熟的过程，如进行组织进一步分化(通常是改变细胞形态)、子叶原基进一步发育和生长、贮藏物质合成及累积等生理过程。此时的发育对体胚质量及其植株再生率有很大的影响。有时，上述的结构性发育过程会过早或推迟出现甚至消失；因此，产生了许多形态特征不正常的，即成为畸形胚。这可能与它们结构发育的顺序不正常有关。正常的分化、发育顺序通常是细胞分裂、细胞增大和分化，这种顺序对于形态发生的结果影响很大。在原胚发育的前期阶段，如果持续地进行细胞分裂(不管细胞是否增大)就会引起胚生长新中心的产生，从而导致多胚或次生胚的形成(Ammirato，1987)。

5.3.3.2　再生植株

只有那些形态正常、累积有足够贮藏物质并有耐脱水能力的成熟体胚，才可能发育成为正常的幼苗。体胚常在不含植物生长调节物质的培养基上发育成苗，但在有些情况下，加入生长素和细胞分裂素也可能促进其萌发。有时还必须在培养基中加入含氮化合物，如谷氨酰胺、酪蛋白水解物等。例如，对于以晋南苜蓿(*Medicago sativa* L. cv. Jinnan)叶柄为外植体的间接体胚发生，为了使体胚进一步发育，应将在 B_5g 液体培养基上培养的体胚培养物转入不含激素但附加 10mmol/L $(NH_4)_2SO_4$ 和 30mmol/L 脯氨酸的 SH 培养基上培养，促进体胚的成熟(黄学林等，1994)。

一般情况下，体胚发生的幼苗如种子发育的幼苗一样，在遗传上是稳定的，但有些植物的体胚容易产生体细胞变异。一般来说，使用 2,4-D 和愈伤组织培养时间的增长，均可能导致表观遗传变异。

5.4　影响体胚发生的主要因素

影响体胚发生的内外因子颇多，包括遗传因子和表观遗传因子，如基因型、植物类别、外植体的年龄和发育阶段、外植体植物的生理状态，以及外界环境，包括培养基的成分、光、温度等培养条件；所有这些因子及其之间的相互作用都将诱导体胚发生和细胞分化及发育相关基因的特殊模式的表达。

5.4.1　外植体

外植体因素可分为两种，其中一种是外植体供体对外植体体胚诱导的影响，另一种是外植体本身的因素对其体胚诱导的影响。就外植体本身而言，决定体胚发生能力的是外植体类型及其所处的发育阶段与生理状态。选择好的外植体，即是选择含有在外界因子刺激作用下能产生体胚的植物组织。已有的各种不同类型的外植体如苗或苗的部分片段、叶柄、根、种子、芽、子叶、未成熟的种胚都能被诱导产生体胚。其中未成熟的种胚是最常用的外植体，据不完全的统计，超过 1/5 的体胚发生所采用的外植体是未成熟的种胚。利用未成熟的种胚可以实现一些难以培养的禾本科草本类植物(Ahloowalia，1991)、松类(von Arnold et al.，1996)、双子叶植物包括拟南芥的体胚发生(Raemakers et al.，1995)。一般来说，子叶、胚珠、叶片、胚或幼胚或下胚轴、幼花序轴都是较合适的外植体。对于单子叶植物特别是禾本科植物，那些细胞分裂旺盛的分生性组织或器官，如叶基部、茎尖、幼胚、胚珠、幼花序轴等生殖器官都是极好的外植体。当用幼胚或成熟胚诱导体胚发生时，胚接种时的位置取向极为重要，胚芽及胚根轴必须接触培养基而使盾片向上，使其增殖而诱导出胚性愈伤组织。据 Tulecke(1987)统计，在已成功实现体胚发生的 63 种木本植物中，有 23 种是用胚作为外植体，此外，处于幼龄期的外植体也往往容易诱导体胚。但亦有例外，如洋常春藤(*Hedera helix*)只有取其成熟期的外植体才能产生体胚(Banks，1979)。

水稻胚性愈伤组织诱导的外植体都常用种子，籼稻(indica rice)是难再生的品种，为了提高马来西亚籼稻品种 MR219 和 MR232 的再生能力，Zuraida 等(2011)比较了 9 个不同发育时期(T1～T9)的种子外植体诱导胚性愈伤组织及其再生植株的效率，愈伤组织诱导培养基为 MS 附加 1mg/L 2,4-D 和 10mg/L NAA。结果发现，脱水干燥期(drought)(T2)种子为外植体(图 5-14)时，两个品种 MR219 和 MR232 所产生胚性愈伤组织的频率最高，分别达到 85%和 78%。

对体胚发生诱导最敏感的是不同类型的外植体所处的生理年龄或发育时段。例如，在合子胚外植体诱导体胚发生时发现，其胚性能力局限于短暂的发育阶段，幼合子胚通常具有较强的体胚发生的潜力(Gaj，2004)。但是，合子胚成熟度与其体胚发生能力呈正相关的结果也在一些植物中被发现。例如，通过分析处于 5 个不同发育阶段的拟南芥合子胚的体胚发生潜力的研究结果表明，发育最完善的胚的体胚发生能力最强(Gaj，2001)。拟南芥合子胚的发育阶段不仅影响体胚发生的效率，也影响其体胚发生方式。越接近种子成熟阶段的拟南芥合子胚可进行直接体胚发生，而越年幼的胚则通常以间接体胚发生的方式，即以形成愈伤组织的方式进行体胚发生(Gaj，2004)。采用拟南芥幼苗为外植体诱导体胚发生时，只有特定

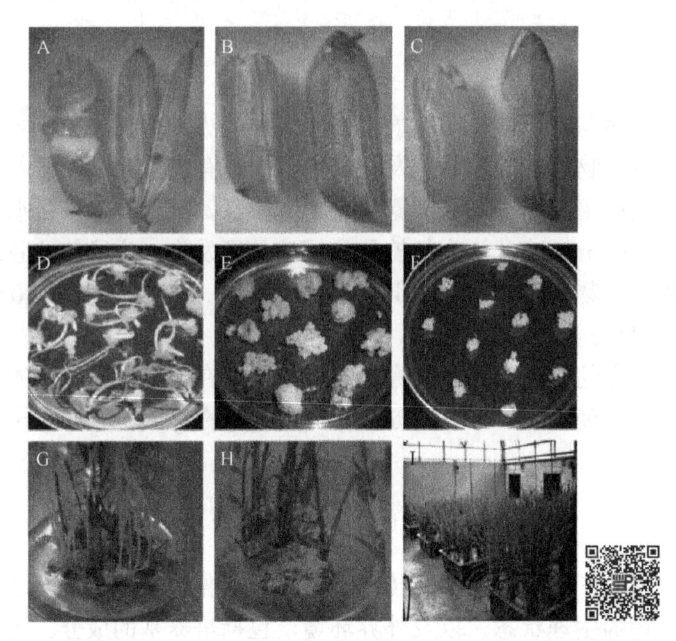

图 5-14　以不同发育阶段的马来西亚籼稻(indica rice，MR219)种子为外植体所诱导的愈伤组织及其再生植株的形态特征(Zuraida et al.，2011)(彩图请扫二维码)

A：灌浆期种子(未成熟，T1 阶段)。B：脱水干燥期种子(T2 阶段)。C：成熟种子。D：将脱水干燥期种子培养 3 周所诱导的愈伤组织。E：继代 3 周后，从脱水干燥期种子所诱导的结节性胚性愈伤组织。F：从灌浆期种子(未成熟)所诱导的非胚性愈伤组织。G：从灌浆期未成熟(T9)种子(萌发)再生的白化苗。H，I：从脱水干燥期(T2)种子所诱导的胚性愈伤组织通过体胚发生途径再生的植株(H)及其在温室生长 60 天后的幼苗(I)

发育阶段(苗龄为 5～6 天)的苗外植体才对离体体胚诱导作出响应并可以进行体胚发生(Ikeda-Iwai et al.，2003)。

盛产于南美洲、澳大利亚和新西兰的欧洲栗(*Castanea sativa*)是具有重要经济价值的果木，以胚珠和幼胚为外植体的体胚发生途径常用于该种类的离体快速繁殖。根据形态学和组织学特性，该植物从开花到种子成熟，可分为 7 个发育阶段。它的子房分为中心子房(central ovary)和侧生子房(lateral ovary)，相应地，它的胚珠可分为优势胚珠(dominant ovule)和伴生胚珠(companion ovule)。研究结果表明，发育阶段 1 和发育阶段 2 的胚珠(未受精的胚珠)在培养过程中坏死；发育阶段 3 的胚珠(胚受精后)可被诱导形成体胚，但只有优势胚珠才能被诱导形成体胚，而伴生胚珠则在培养过程中坏死；在发育阶段 4 时以受精的优势胚珠为外植体时体胚发生能力最高(71%的外植体可被诱导成体胚)，在此发育阶段的合子胚处于各种各样的不同步的分化阶段，而此阶段的伴生胚珠在培养过程中不发生退化，可形成少量的非胚性愈伤组织；在发育阶段 5，胚轴和子叶外植体可诱导出异质性的愈伤组织并进行直接的体胚发生，此时子叶诱导形成体胚的频率最高(76%)；到了合子胚成熟阶段(发育阶段 6 和 7)，胚轴和子叶外植体被诱导形成体胚的发生能力下降。值得注意的是，在相同的发育阶段，从未经杂交授粉的植株中所分离的胚珠均不能被诱导形成体胚(Viejo et al.，2010)。

在生理上，不同类型和发育阶段的外植体诱导体胚发生能力的差异与它们所含的内源植物激素的水平有很大的关系。例如，美味猕猴桃(*Actinidia deliciosa*)的叶柄、欧榛(*Corylus avellana*)和小麦(*Triticum aestivum*)的合子胚及人参(*Panax ginseng*)的子叶中的内源激素(生长素、细胞分裂素和脱落酸)含量与性质都不同，因而它们诱导体胚发生的能力存在差异(Gaj，2004)。在拟南芥的子叶原基和子叶中生长素的含量较高，这与其合子胚子叶的体胚发生能力强密切相关(Gaj，2001，2004)。但也有例外，如体胚发生能力不同的各种石刁柏(*Asparagus officinalis*)品系，其激素含量无明显的区别(Limanton-Grevet and Jullien，2000)。

此外，每个培养瓶所接种外植体的数目(涉及瓶内累积气体的量)、外植体的转移次数和培养物继代的频率等都会影响体胚发生的频率。细胞间存在信息交流和相互作用，因此悬浮培养时要求一个最小有效密度。在胡萝卜细胞悬浮培养体系中，高培养密度(每毫升 10^5 个细胞)是形成胚形细胞团所必需的培养密度，但从胚性细胞发育成体胚则要求较低的培养密度(每毫升 2×10^4 个细胞)(Komanine et al.，1992)。

总之，不同类型的外植体或处于不同发育阶段的外植体的体胚发生能力的差异与它们的植物激素合成能力、合成时间及其细胞对植物激素的反应性或敏感性(信号接收和转导)的差异密切相关。利用现代免疫细胞化学技术可揭示其中的相关问题。

外植体供体植物的遗传因素，即品种及其基因型往往是体胚发生的决定因素。例如，水稻被分为籼稻(indica rice)和粳稻(japonica rice)。在热带生长的长粒籼稻占了该品种的 80%(Ramesh et al.，2009)；相比于粳稻，许多基因型的籼稻都是难以离体再生的顽拗型(recalcitrant)品种(Zuraida et al.，2010)。在已试验过的 76 种苜蓿栽培品种中，利用相同的培养基和培养程序，苜蓿子叶和下胚轴产生体胚的能力差异很大，体胚产生频率最高(80%)的为 Rangelander 品种，约有 10%的受试品种完全不能产生体胚(Brown and Atanassov，1985)。

5.4.2　植物生长调节物质

一般来说，生长素和细胞分裂素在胚性愈伤组织与体胚发生的诱导阶段起重要的作用，而 ABA 则是在体胚发育的晚期，即体胚成熟过程中有重要作用。生长素和细胞分裂素是体胚发生诱导的培养基中最常加入的成分(图 5-15)；因为它们调控细胞周期并启动细胞分裂(Jiménez，2005)。各种研究结果都显示，外源提供的植物生长调节物质与植物细胞分裂激活和分化及表观遗传修饰有关(Zeng et al.，2007; Elhiti et al.，2013b；Us-Camas et al.，2014)(有关表观遗传修饰与体胚发生，参见第 9 章的 9.2.4 节)。

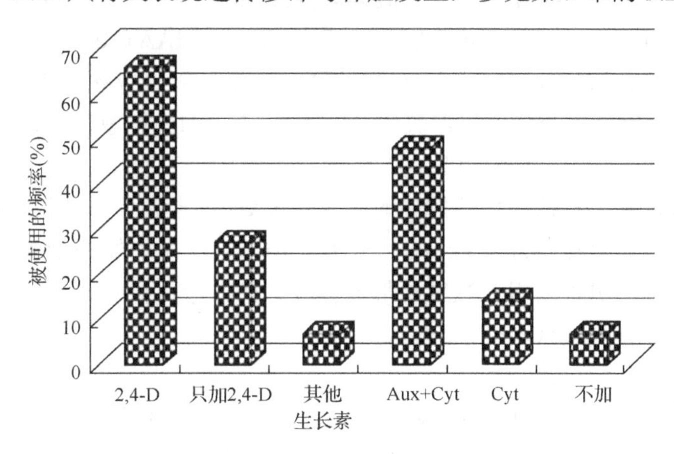

图 5-15　植物生长调节物质[生长素(Aux)，细胞分裂素(Cyt)]在体胚诱导培养基中的使用频率(根据已发表的 124 篇相关文章的数据统计结果)(Gaj，2004)

植物生长调节物质的成分和相对浓度决定了外植体在培养时被诱导的形态发生类型(器官发生或体胚发生等)。据不完全统计，在体胚诱导培养基中无需加植物生长调节物质的少于 7%(图 5-15)，有超过 80%的体胚发生单独使用生长素诱导，或同时加入细胞分裂素(Gaj，2004)。

在一些体胚诱导及其发育的系统中，能有效地诱导体胚发生的是细胞分裂素而不是生长素(Chen and Chang，2001；Nanda and Rout，2003)，不过由细胞分裂素诱导体胚发生的植物种类不多，据 Gaj(2004)的统计，至 2003 年为止所发表的文章中，此类植物少于 14%(图 5-15)。细胞分裂素还抑制有些植物的体胚的形成(Choi et al.，1998)。

此外，有些植物的外植体可被有效地诱导体胚发生是由于其含有某些活性生物分子如多胺、醌类小分子、阳离子和一氧化氮等(Huang et al.，2001；Santa-Catarina et al.，2007；Mauri and Manzanera，2011)，而不是其所含的植物激素差所导致的。

5.4.2.1　生长素

在不同的生长素中，2,4-D 是最常用的体胚发生的诱导剂。在现有的体胚诱导实验方案中，超过 65% 的是单独使用 2,4-D 或同时加入其他的植物生长调节物质。2,4-D 是人工合成的生长调控因子和除草剂，不仅体现生长素类似物效应，也是一种有效的胁迫因子(Fehér，2015)。由生长调节物质，特别是 2,4-D 引起的类似胁迫反应由其超高浓度所致，如对锯叶棕(*Serenoa repens*)体胚诱导培养的有效 2,4-D 浓度是 452μmol/L(Gallo-Meagher and Gerrn，2002)，而培养豌豆(*Pisum sativum*)的有效 NAA 浓度是 200μmol/L(Özcan et al.，1993)。被培养的外植体组织或细胞对外源激素信号的特异敏感性能决定它们的体胚发生潜能。例如，与对体胚发生诱导不能作出响应的黄瓜(*Cucumis sativus*)子叶外植体相比，对体胚发生诱导发生响应的子叶的特征是具有吸收及代谢高水平 2,4-D 的能力(Klems et al.，1998)。长时间用 2,4-D 处理的甜马铃薯细胞品系，其体胚发生能力下降，这可能是培养物的老化而导致其对生长素反应迟钝(Padmanabhan et al.，2001)。

生长素类诱导胡萝卜体胚发生的活性顺序如下：IAA＜NAA＜4-氯苯氧乙酸＜2,4-D＜2,4,5-三氯苯氧乙酸(Kamada and Harada，1979a)。而对于诱导茄子(*Solanum melongena*)的体胚发生，则以 NAA 效果最佳(Gleddie et al.，1983)。苜蓿体胚的诱导和体胚的质量取决于 2,4-D 的浓度及处理时间的长短，50μmol/L 2,4-D 使体胚发育最好；4-氯苯氧乙酸和毒莠定(Picloram)也对其体胚发生有诱导效应(Walker and Sato，1981)。研究者比较以红掌(*Anthurium andraeanum* cv. Eidibel)的单芽节(single-bud nodal segment)为外植体在 Pierik 培养基(Pierik，1976)附加各类生长素(IAA、2,4-D、IBA 和 Picloram)诱导胚性愈伤组织形成的效应时发现，以培养 65 天后 45 个外植体中可诱导出胚性愈伤组织的外植体数计算，附加 Picloram(7.5μmol/L)所诱导的胚性愈伤组织频率最高为 6 个外植体，其次依次是 NAA(10μmol/L)(4.6 个外植体)、2,4-D(10μmol/L)(3.8 个外植体)、IBA(10μmol/L)(0.8 个外植体)和 IAA(10μmol/L)(0.2 个外植体)(Pinheiro et al.，2014)。研究发现，对于 *Musa acuminata* cv. Mas(AA)而言，以未成熟花序为外植体诱导愈伤组织时，以毒莠定替代 2,4-D 能取得更好的诱导效果，其中 2mg/L 毒莠定的胚性愈伤组织诱导率为 2mg/L 2,4-D 的 2 倍以上(魏岳荣，2004)。诱导体胚发生的 2,4-D 有效浓度为 0.5～27.6μmol/L，实际浓度可因植物品种及其基因型而异。研究者在诱导豆科植物体胚发生时发现，NAA 诱导大豆体胚发生的效果要比 2,4-D 的好，而 NAA 对花生的体胚诱导则无效(Ozias-Akins，1989)。由 2,4-D 所诱发的细胞分裂活性，既可引起细胞无序增殖产生愈伤组织，也可引起细胞极性生长形成体胚。例如，苜蓿叶肉组织原生质体的发育命运可由 2,4-D 的浓度所决定(图 5-16)(Dudits et al.，1991)。

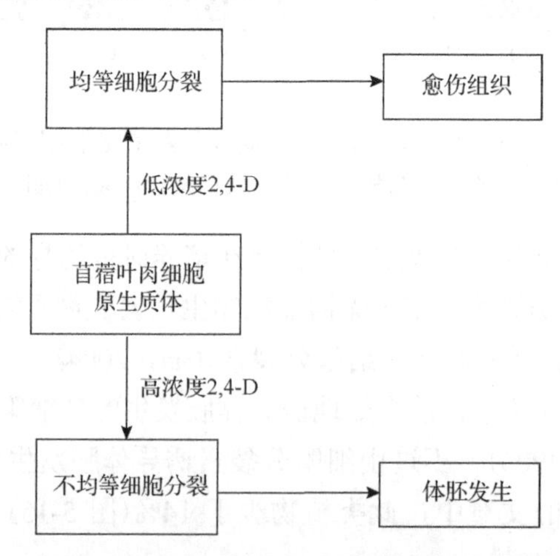

图 5-16　2,4-D 浓度对苜蓿叶肉细胞原生质体分化发育途径的影响(Dudits et al.，1991)

外植体中生长素的极性运输也影响它们的体胚诱导和离体器官发生，如果在体胚诱导培养基中加入生长素极性运输的抑制剂，将会使其体胚发生途径变换为器官发生途径(Charriere and Hahne，1998)，或抑制体胚的形成(Choi et al.，2001)，或破坏体胚形态的两侧对称并形成异形的体胚(Fischer et al.，1997)。在拟南芥体胚诱导阶段，已发现由 PIN1 介导的生长素极性运输建立了生长素梯度，这也成为体胚形成的基础(Su et al.，2009)。

5.4.2.2 细胞分裂素和赤霉素

细胞分裂素(CK)既可促进也可抑制体胚发生，这主要取决于植物的种类及其基因型。玉米素(6～10mmol/L)对胡萝卜悬浮培养细胞体胚发生的各阶段均有促进作用。由于阶段 2(图 5-9)的培养物细胞分裂特别旺盛，此时玉米素的促进作用最大(Komanine et al.，1992)。同样，CK 也是通过促进细胞分裂而有利于体胚形成。异戊烯基腺嘌呤(2-iP)也以相似的方式促进茴芹(*Pimpinella anisum*)(Ernst and Oesterhelt，1984)和欧芹(*Petroselinum crispum*)的体胚发生(Al-Abta and Collin，1978)。CK 对红豆草体胚的诱导作用比生长素的作用还大，甚至可不需要生长素的配合(谷祝平和郑国昌，1987)(表 5-1)。

表 5-1 不同植物生长调节物质对红豆草体胚发生的影响(谷祝平和郑国昌，1987)

培养基编号	植物生长调节物质	浓度(mg/L)	体胚诱导率(%)
1(对照)		0	1.1±0.2
2	2,4-D	0.5	6.1±0.8
3	激动素	0.5	9.3±1.0
4	BA	1.0	12.8±1.0
5	2-iP	1.0	15.8±1.7
6	2-iP+IAA	1.0+0.1	32.5±3.1
7	2-iP+BA	1.0+1.0	46.7±6.1
8	2-iP+2,4-D	1.0+0.5	24.1±3.3
9	BA+2,4-D	1.0+0.5	17.8±2.0
10	NAA	0.1	3.2±0.4

单子叶植物如玉米、水稻、小麦及雀麦(*Bromus japonicus*)、鸭茅(*Dactylis glomerata*)等的体胚发生可以不必加 CK，但有些植物如小米(*Setaria italica*)、稷(*Panicum miliaceum*)、黑麦草(*Lolium perenne*)、竹蔗(*Saccharum sinense*)、海枣(*Phoenix dactylifera*)等的体胚发生则要求生长素和 CK 共同作用。也有 CK 抑制体胚发生的报道，如鸭茅，其非体胚发生基因型的 CK 含量比体胚发生基因型的高 3～4 倍，在体胚发生基因型组织培养基中加入 0.001～0.1mmol/L 的外源玉米素便使体胚产生数目减少 20%～80%(Wenck et al.，1988)。一些 *N*,*N*-二苯脲衍生物如噻重氮苯基脲(thidiazuron，TDZ)和 *N*-(2-氯-4-吡啶基)-*N*′-苯基脲(CPPU)等具有腺嘌呤类衍生物的细胞分裂素活性。TDZ 可以代替 BA 和 LAA 诱导天竺葵(*Pelargonium hortorum*)下胚轴培养物的体胚发生(Visser et al.，1992)。这说明 TDZ 兼起两种激素(BA 和 IAA)的作用。TDZ 也可促进花生整株幼苗(不必切割成外植体)产生体胚。花生种子在含有 TDZ(10μmol/L)的培养基中萌发 2 周，幼苗的根生长不良，而下胚轴及子叶的体积可增大 2～3 倍；萌发 4～6 周后，从幼苗茎端四周、子叶上下表面、下胚轴表面直接形成各个发育阶段的体胚(Saxena et al.，1992)。

综上所述，CK 对体胚发生的不同作用至少可从两个方面加以解释。其一是体胚发生是各类激素平衡作用的结果。CK 对植物体胚发生而言是不可少的，只是有些植物外植体或培养物本身已含有足够的 CK，因此不必补加外源 CK 就已满足体胚发生的各类激素的平衡要求，如所加的 CK 引起体胚发生的激素平衡失调，则对体胚发生显示抑制作用。其二是存在两种类型的植物，即体胚发生要求和不要求 CK 的植物。

目前对赤霉素(GA)在体胚发生中的作用研究比较少，难以确定这一类物质与体胚发生的关系。有一些研究表明，玉米胚性细胞培养体系中的 GA 水平(GA_1、GA_3 和 GA_{20})比非胚性细胞的高(Jiménez and Bangerth，2001a)，这与 Noma 等(1982)的研究结果相反，他们通过 ^{3}H 标记方法测定胡萝卜(*Daucus carota* L.)和茴芹(*Pimpinella anisum*)培养物中的极性与非极性 GA 发现，继代培养 14 天的体胚中极性 GA 水平(GA_1 类似物)(每克干重含 0.2～0.3μg)明显地比非胚性培养物或发育早期原胚中的(每克干重含 2.9～4μg)低。

此外，经过测定，研究者发现在胡萝卜、小麦和葡萄的体胚发生能力不同的培养物中 GA 水平无任何差异(Jiménez and Bangerth，2001a，2001b)。

由于许多植物组织在无 GA 的培养基中都能形成体胚，因此 GA 一般被认为对体胚发生不起大的控制作用。但 GA 可抑制胡萝卜和柑橘属珠心组织的体胚发生(表现为减少体胚的数目)，却可促进可可子叶愈伤组织的体胚发生(Kononowicz et al.，1984)，也可促进足叶草属的一种植物 *Podophyllum hexandrum* 体胚的萌发(Rajesh et al.，2014)。

赤霉素对于大叶合欢(*Albizia lebbeck*)的初生体胚和次生体胚发生的萌发及其成苗都有促进作用，在半量的 MS 培养基上加 1.0μmol/L 赤霉酸(GA_3)，则这一促进作用最大(表 5-2)(Saeed and Shahzad，2015)。

表 5-2　GA_3 对大叶合欢(*Albizia lebbeck*)的初生和次生体胚萌发率及其成苗率的影响(体胚的相关数据是在表中所列培养基中培养 4 周后统计的结果)(Saeed and Shahzad，2015)

培养基中的 GA_3(μmol/L)	体胚萌发率(%)		体胚成苗率(%)	
	初生体胚	次生体胚	初生体胚	次生体胚
MS	12.3±1.45f	30.0±1.15d	8.3±0.88d	26.3±0.88e
1/2 MS	19.6±0.88d	35.3±0.67c	13.0±1.52c	32.0±1.00d
1/4 MS	15.3±0.33e	31.7±0.88d	10.0±0.58d	27.3±0.33e
1/2 MS+GA_3(0.5)	23.3±0.88bc	40.3±0.88b	18.6±0.67b	33.3±0.67cd
1/2 MS+GA_3(1.0)	26.6±0.88a	46.7±0.88a	23.3±0.88a	41.7±0.88a
1/2 MS+GA_3(1.5)	25.0±0.58ab	42.0±0.58b	19.3±0.67b	37.7±0.33b
1/2 MS+GA_3(2.0)	21.0±0.58cd	37.3±0.67c	16.6±0.88b	35.3±0.88c

注：经邓肯多重范围检验，表中每列数据后字母不相同表示二者间差异显著($P<0.05$)

5.4.2.3　脱落酸

脱落酸(ABA)对体胚发生有重要作用。具有胚性发生能力的象草(*Pennisetum purpureum*)幼叶外植体及其愈伤组织所含有的 ABA 水平要比不具有胚性发生能力的成熟叶外植体及其愈伤组织的高。培养基中加入一定浓度的 ABA，可促进胚性愈伤组织的形成和体胚发生。ABA 合成抑制剂在抑制内源 ABA 的同时也抑制了外植体的体胚发生能力，这种抑制作用可通过外加 ABA 得到部分解除，并重新恢复其体胚发生能力(Rajasekaran et al.，1987)。ABA 对体胚成熟特别重要，其可促进黄花蒿(*Artemisia annua*)、胡萝卜、小米(*Setaria italica*)、大豆、欧洲云杉(*Picea abies*)、小麦、欧芹(*Petroselinum crispum*)、紫苜蓿(*Medicago sativa*)、北美鹅掌楸(*Liriodendron tulipifera*)等体胚的成熟。ABA 可防止畸形胚的产生，若在青蒿草体胚发育的培养基中加 ABA，则绝大多数体胚都有 2 个子叶。ABA 还可抑制体胚的过早萌发，促进胚中贮藏成分如胚胎后期富集蛋白(LEA 蛋白)、脂肪等的合成。ABA 可促进云杉体胚脂类和蛋白体的累积，从而促进其体胚的成熟(von Arnold and Hakman，1988)。经 ABA 处理的紫苜蓿(*Medicago sativa*)体胚可以耐受缓慢的脱水直到含水量为 10%～15%(接近正常种子的含水量)，该脱水体胚贮藏一年仍能获得萌发能力(Senaratna et al.，1989)。采用干扰内源 ABA 水平的策略，例如，通过转基因的手段获得组成性表达抗 ABA 的抗体片断的皱叶烟草(*Nicotiana plumbaginifolia*)植株、在培养物中加抑制 ABA 生物合成的抑制剂 flouridone 和观察 ABA 生物合成突变体(*aba1* 和 *aba2*)的体胚发生的研究结果表明，这些干扰 ABA 内源水平的手段也干扰了前球形阶段的体胚的数量及其形态发生，外加 ABA 可逆转这些对形态发生的干扰(Senger et al.，2001)(表 5-3)。

ABA 还可使晋南苜蓿体胚的植株再生率和幼苗活力都增加(黄上志等，1992)。另外，在某些胡萝卜品种中，其叶柄中的内源 ABA 水平与其体胚发生能力呈正相关(Tran Thi and Pleschka，2005)。在北五味子体胚发生过程中，高效液相色谱法(HPLC)测定表明，ABA 含量表现为先降低后增加的趋势。IAA 和 ABA 含量分别在球形胚阶段达到最大值和最小值，而 GA_3 含量在心形胚阶段达到最大值。与正常体细胞胚相比，

表 5-3　含不同水平内源 ABA 的皱叶烟草(*Nicotiana plumbaginifolia*)植株的原生质体体胚发生进程中形成胚性培养物的差别，以及外加 ABA 对它们的影响(Senger et al.，2001)

培养时间进程	3 天	6 天	10 天	14 天	21 天	14 天+ABA	21 天+ABA
野生型	44	76	127	332	1728	352	1912
转基因植株(RAP40/7)	43	77	133	272	2304	422	1200
突变体 *aba1*	45	56	95	234	1424	482	2000
突变体 *aba2*	43	66	108	206	1080	232	888

注：表中数据是 42×10^4 个原生质体或细胞团所产生的胚性培养物的平均值(mg)(每个处理 7 个重复)。在 ABA 互补实验(complementation experiment)中，在培养的第 14 天和第 21 天所加的 ABA 浓度为 1.5mmol/L。转基因表达载体 RAP40/7 含在 CaMV 35S 启动子控制下的抗 ABA 抗体 *scFv* 基因。突变体 *aba1* 和 *aba2* 是 ABA 生物合成缺失突变体

畸形胚中 IAA 和 GA_3 含量高于各时期的正常胚状体，而 ABA 含量则显著低于其他各时期的正常胚状体。高水平的 IAA 在北五味子体细胞胚的发生阶段起重要的作用，而 ABA 在体细胞胚的成熟过程中起关键作用，GA_3 则与其体细胞胚的生长发育过程密切相关。但过高水平的 IAA 和 GA_3，以及过低水平的 ABA 会使体胚无法正常发育成熟，这可能是引起畸形胚数量增加的主要原因之一(孙丹等，2013)。

5.4.2.4　乙烯和多胺

乙烯和多胺都是广布于植物体内而且对植物的生长发育有多种调节功能的植物生长调节物质。多胺与乙烯在生物合成上共用相同的前体 *S*-腺苷甲硫氨酸(*S*-adenosylmethionine，SAM)(Mattoo et al.，2010)(见第 3 章图 3-17)。

在某些情况下，多胺的生物合成与乙烯的生物合成竞争相同的前体，这也反映在生理上的相互作用和拮抗作用中(Roustan et al.，1992)。乙烯的生物合成与植物体胚发生关系密切。例如，乙烯可抑制胡萝卜(Roustan et al.，1990a)、橡胶树(*Hevea brasiliensis*)(Auboiron et al.，1990；Piyatrakul et al.，2012)、鸭茅(*Dactylis glomerata* L.)(Songstad et al.，1989)等的体胚发生。乙烯的产生量还可作为区分有些植物，如欧洲云杉(Wann et al.，1987)、白杉(Kong and Yeung，1994)和火炬松的胚性与非胚性愈伤组织或细胞的指标。紫苜蓿(*Medicago sativa*)愈伤组织生长和体胚发生要求乙烯参与，体胚分化时可产生高水平的乙烯(Kepezynski et al.，1992)。通过调节乙烯生物合成能力可改变晋南苜蓿愈伤组织的胚性和体胚发生的能力(黄学林等，1994)。对于拟南芥体胚的诱导，不但需要减少乙烯的生物合成，而且要降低其对乙烯的响应(Bai et al.，2013)。然而，有的报道表明乙烯对愈伤组织的生长和体胚发生有利，乙烯可促进咖啡叶的体胚发生(Hatanaka et al.，1995)。在大多数植物实验中，乙烯是抑制体胚发生的，而多胺则有利于体胚发生(Huang et al.，2001；Cvikrova et al.，1999)。然而，在不同的植物种类甚至同种植物中，乙烯对体胚发生的影响也存在相互矛盾的现象。

1)乙烯生物合成与体胚发生

组织培养往往在封闭或半封闭的瓶中进行，因此累积于瓶内的乙烯对培养物的生物分化将产生不可忽视的影响。乙烯抑制胡萝卜愈伤组织的体胚发生，而乙烯形成酶(ACC 氧化酶)抑制剂 Co、Ni 可以促进其体胚发生。乙烯生成抑制剂水杨酸(SA)在抑制乙烯产生的同时促进胡萝卜体胚的发生；乙烯作用部位竞争抑制剂 $AgNO_3$ 可使胡萝卜体胚发生数量提高 2 倍，而乙烯利使体胚发生频率降低(Roustan et al.，1990b)。避免培养瓶内乙烯的累积或除去瓶内乙烯，使用氨基氧乙酸(α-aminooxyacetic acid，AOA)抑制乙烯合成，均有利于橡胶树的体胚发生(Auboiron et al.，1990)。

欧洲云杉胚性和非胚性愈伤组织的乙烯生成速率相差甚大，前者的乙烯生成速率比后者的快 19～117 倍(Wann et al.，1987)。非胚性苜蓿悬浮培养细胞继代后出现两个乙烯生成高峰，第一高峰在继代后立即出现，为应激乙烯峰，在继代后 6h 出现第二乙烯生成高峰。胚性细胞只出现第一高峰而不产生第二乙烯生成高峰(Cvikrova et al.，1991)。玉米成熟合子胚外植体通常可以诱导出两类愈伤组织：类型 Ⅰ 和类型 Ⅱ。

前者紧密，难以进行体胚发生的悬浮培养；后者松软，适合体胚发生的悬浮培养，但它只能从特异基因型的幼嫩外植体中被诱导出来，而且诱导频率低。AVG（0.5～5μmol/L）和银离子（Ag^+，5.9～59μmol/L）可使类型Ⅱ的胚性愈伤组织增加3～10倍，而ACC（10～100μmol/L）则使之减少（Vain et al.，1989）。由此可见，不合适的乙烯生物合成将不利于体胚发生，通过调节乙烯生物合成可以改善愈伤组织的胚性及其体胚发生能力。Co、Ni 虽可抑制苜蓿体胚诱导时和体胚成熟时的乙烯产生，但不影响体胚的诱导，只抑制体胚的成熟。利用乙烯作用部位抑制剂 2,5-NBD（2,5-降冰片二烯）的实验结果也显示乙烯作用与体胚成熟相关（Kepezynski et al.，1992）。

我们发现，在晋南苜蓿（*Medicago sativa* L. cv. Jinnan）胚性愈伤组织继代时，采用 TDZ 替代胚性愈伤组织诱导培养基中的激动素（其他成分未改变），相当于激动素一半的浓度（0.0468μmol/L）的 TDZ 就可使原来松软无色的苜蓿胚性愈伤组织变绿变硬，丧失体胚发生能力，与此同时也使愈伤组织的乙烯生成率增加4～5倍。$CoCl_2$ 可以逆转 TDZ 的上述作用，使愈伤组织的体胚发生能力得到部分恢复（表 5-4），这表明，TDZ 影响愈伤组织胚性发生能力的作用可能通过乙烯而实现（黄学林等，1994）。进一步的研究表明，在这一苜蓿的体胚发生过程中，一个 1-氨基环丙烷-1-羧酸（1-aminocyclopropane-1-carboxylic acid，ACC）氧化酶基因 *MsACO* 可在胚性培养物和体胚中丰富表达，同时该基因无论在基因表达水平上（图 5-17），还是在酶活性水平上（图 5-18）都明显受 TDZ 处理促进，特别是处理的第 8 天，TDZ 这一促进作用特别显著。当 TDZ 与 $CoCl_2$ 一起被处理时，可将 TDZ 上述的作用部分逆转。这说明，TDZ 抑制苜蓿胚性愈伤组织的作用是通过刺激 ACC 氧化酶活性，增加乙烯的产生而实现的（Feng et al.，2012）。

在圣栎（*Quercus ilex* L.）的胚性愈伤组织、未成熟的体胚、产生次生体胚的外植体中都可产生高水平的乙烯，而在成熟的和萌发的体胚中乙烯水平比较低。高水平乙烯的产生与形成次生体胚的过程相关。外加 ACC 对圣栎体胚的乙烯产生没有显著的影响；研究者认为圣栎体胚诱导和次生体胚发生由培养的逆境刺激所启动，高水平乙烯的产生与这一过程有关（Mauri and Manzanera，2011）。

表 5-4　$CoCl_2$ 和 TDZ 对晋南苜蓿（*Medicago sativa* L. cv. Jinnan）叶柄胚性愈伤组织生长、乙烯生成和体胚发生的影响（黄学林等，1994）

处理（μmol/L）		愈伤组织生长（g FW）	乙烯产生量[nl/（h · g FW）]	体胚数量（个/g FW）
$CoCl_2$	TDZ			
0.00	0.00	1.00±0.07	0.32±0.05	267±9.40
0.00	0.468	1.02±0.14	0.90±0.02	0.00
20.00	0.468	0.81±0.02	0.45±0.07	—
30.00	0.468	0.77±0.06	0.39±0.01	74.2±5.03
50.00	0.468	0.38±0.06	未测定	—

注：FW 表示鲜重。愈伤组织的诱导培养中采用 B_5h 固体培养基（Atanassov and Brown，1984），含 4.52μmol/L 2,4-D、0.93μmol/L 激动素、30g/L 蔗糖和 7g/L 琼脂粉，pH 5.5。培养 28 天后进行各项测定

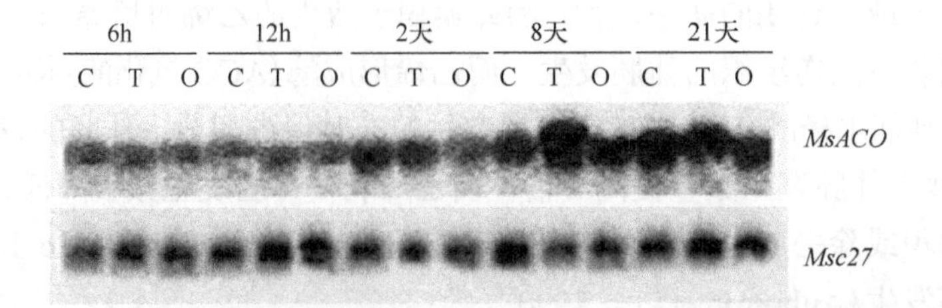

图 5-17　TDZ（0.93μmol/L）单独处理和与 $CoCl_2$（50μmol/L）一起处理对苜蓿胚性愈伤组织 ACC 氧化酶基因（*MsACO*）表达的影响（Feng et al.，2012）

C 表示对照愈伤组织；T 表示 TDZ 处理的愈伤组织；O 表示 TDZ+$CoCl_2$ 一起处理的愈伤组织。各个样品分别从处理后 6h、12h、2 天、8 天、21 天取样分析。每泳道加 10μg 总 RNA 与 ^{32}P 标记的 *MsACO* 片段杂交，以苜蓿组成表达的 *Msc27*cDNA 为对照

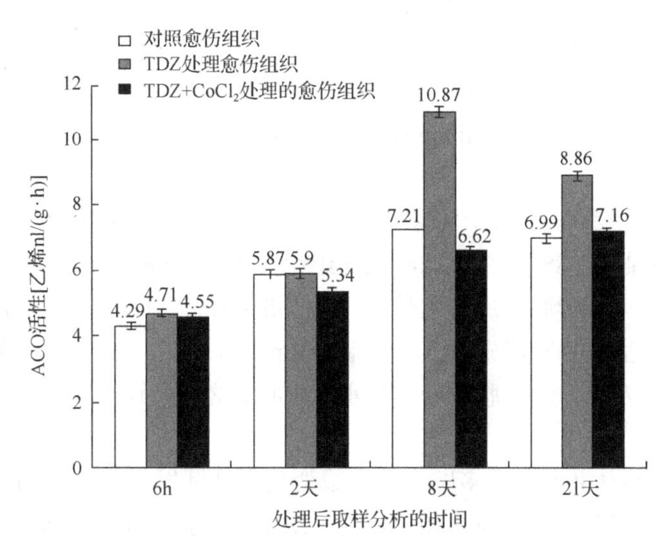

图 5-18　TDZ(0.93μmol/L)单独处理和与 $CoCl_2$(50μmol/L)一起处理对晋南苜蓿胚性愈伤组织 ACC 氧化酶(MsACO)活性的影响(Feng et al.，2012)，误差线表示三组实验的标准误差(SD)

最近的研究报道，非共生的血红蛋白(hemoglobin，Hb)在生长素、乙烯、茉莉酸(jasmonic acid)、水杨酸(salicylic acid)、细胞分裂素和脱落酸的信号转导途径中起非常重要的作用。细胞血红蛋白的主要功能是参与氧的运输和清除一氧化氮(NO)。血红蛋白可分为三类：第一类包括非共生的 Hb，第二类包括共生的 Hb，第三类是截短了的 Hb。拟南芥中有两种 Hb，即 Glb1 和 Glb2；与 Glb2 相比，Glb1 清除 NO 的效率更高(Hill，2012)。拟南芥血红蛋白可通过生长素的作用而调控体细胞发生(Elhiti et al.，2013a)，也可通过乙烯而参与体胚发生调控(Mira et al.，2015)。抑制 *Glb1* 和 *Glb2* 将累积 NO，也导致拟南科胚外植体体胚发生不同的结果。与野生型相比，通过 RNAi 技术下调 *Glb1*(称为 *Glb1* RNAi 株系)不利于体胚发生，采用基因敲除方法而抑制 *Glb2*(称为 *Glb2*–/–株系)可增加体胚数量。这两个株系对体胚发生反应的差异归因于各自 NO 累积水平的差异，因为 *Glb1* 清除 NO 的效率更高。通过 NO 释放剂(donor)硝普钠(sodium nitroprusside，SNP)或通过遗传方法抑制 *Glb1*，从而提高 NO 水平，可激活 ACC 合成酶基因和 ACC 氧化酶基因，导致乙烯累积而抑制体胚发生。这一乙烯抑制体胚发生的结果，也在两个对乙烯不敏感的突变体(*ein2-1* 和 *ein3-1*)的外植体所诱导的体胚数量增加上得到印证。此外，抑制乙烯水平可促进许多生长素合成基因的表达，这有利于外植体中 IAA 的累积，从而使 IAA 累积的部位形成体胚。这些研究结果显示，在血红蛋白 Glb2 被抑制的谱系(不是 Glb1 被抑制的谱系)中，*Glb2* 受到抑制，引起高水平 NO 的产生，从而可能增加乙烯产生水平，进而抑制生长素的产生，而生长素是体胚发生的诱导信号，因而研究者提出了拟南芥血红蛋白对体胚发生发挥作用途径的示意图(图 5-19)(Mira et al.，2015)。与 Glb2 相比，Glb1 是 NO 更有效的清除剂，因此，对它们的抑制可引起不同水平的 NO 的累积。*Glb1* RNAi 株系所累积的 NO 水平比基因敲除株系 *Glb2*–/–所累积的要高。NO 的累积激活了乙烯生物合成途径的关键酶 ACC 合酶和 ACC 氧化酶的基因表达，从而提高了乙烯产生水平。乙烯可在转录水平上下调许多 IAA 生物合成基因，从而减缓合子胚外植体的生长素信号转导，进而导致 *Glb1* RNAi 株系体胚发生能力的降低。

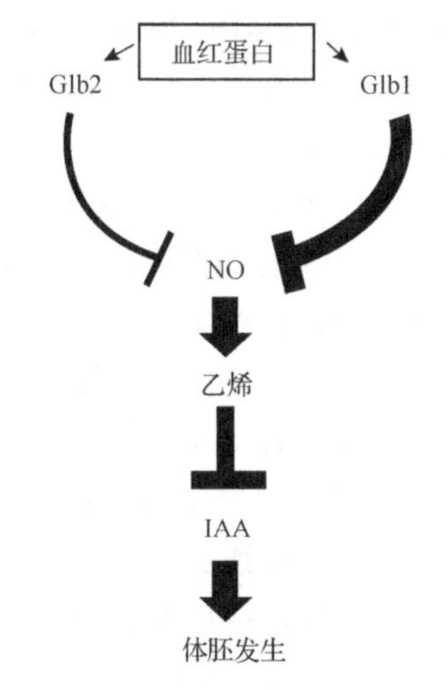

图 5-19　拟南芥血红蛋白调节体胚发生的模式设想示意图(Mira et al.，2015)

2) 多胺生物合成与体胚发生

目前对 3 个主要多胺：腐胺(putrescine，Put)、亚精胺(spermidine，Spd)和精胺(spermine，Spm)的生物合成途径比较清楚(见第 3 章图 3-17)。植物中多胺的生物合成涉及鸟氨酸脱羧酶(ornithine decarboxylase，

ODC)、精氨酸脱羧酶(arginine decarboxylase，ADC)和 *S*-腺苷甲硫氨酸脱羧酶(SAMDC)，细胞中各种多胺水平的增加常与这 3 种酶的活性增加相关，这 3 种酶在体内转换的时间都较短，ODC 约 10min，ADC 为 60～120min，SAMDC 为 30～60min(Minocha et al.，1991)。这表明，细胞对各种刺激作出反应必须先要迅速调整多胺水平。

(1)外源多胺对植物体胚发生的影响。单独使用外源多胺不能促进胡萝卜悬浮细胞(Fienberg et al.，1984)、茄子(Fobert and Webb，1988)和杧果珠心愈伤组织(Litz and Schafer，1987)的体胚发生，外源的 Put 和精胺酸实际上还阻止胡萝卜球形胚以后的生长发育(Bradley et al.，1984)。但外源多胺有利于橡胶树的体胚发生，可提高欧芹体胚发生及其发育成植株的频率(Altman et al.，1989)。虽然外源多胺对体胚发生的真实作用除了取决于植物种类及其内源多胺的种类与水平等状态之外，还关系到它们如何被吸收、运输及降解等因素。

(2)多胺生物合成变化与体胚发生。多胺生物合成变化与体胚发生的关系的研究较多地集中在胡萝卜体胚发生方面。研究已发现胡萝卜胚性与非胚性愈伤组织中的多胺代谢有很大不同，胚性愈伤组织中 Put 和 Spm 含量比非胚性的高；研究还发现在体胚发生时 Put 和亚精胺合成酶活性常随之增加(Fienberg et al.，1984)。一般来说，胡萝卜体胚发生的胚发生前阶段(preembryogenesis phase)的多胺含量较低，从球形胚、心形胚到鱼雷形胚阶段，Spm 和 Spd(以每个胚为单位计算)含量逐渐升高。心形胚阶段多胺以 Put 为主，鱼雷形胚阶段则富含 Spd(Mengoli et al.，1989)。在体胚发生的 10～12 天(发育正常的体胚)，ODC 水平很低，随后 ODC 水平迅速升高，这与体胚发育成熟转化成苗相吻合。在较老的试管苗(生长 2～3 个月的幼苗)中也具有较高的 ODC 活性，这表明 ODC 的活性可能只限于成熟组织中。在细胞悬浮培养的头 2 周主要是 ADC 显示活性，而在较老的组织中其活性降低(Minocha，1988)。但也有报道称，在胡萝卜体胚发生的前胚阶段，ODC 活性高于 ADC 活性(Mengoli et al.，1989)。

关于体胚发生过程中 ADC 和 ODC 活性的差异，Bagni 和 Mengoli(1985)认为可能是由测定 ODC 活性时的最适 pH 不同所致，他们证明，在 pH 为 7 时，ODC 的活性比 pH 为 8.3 时高出 10 倍。据 Minocha 等(1991)报道，在不含 2,4-D 的培养基中培养的已分化的胚性培养物，其 SAMDC 活性明显高于非胚性培养物的该酶活性。

为了研究胡萝卜体胚发生与多胺生物合成的关系，研究者常采用相关酶的抑制剂。例如，Spd 合成酶抑制剂 CHAS、ADC 抑制剂 DFMA 和 SAMDC 抑制剂 MGBG 都可使胡萝卜体胚发生能力降低，同时也可降低细胞中的多胺水平(Mengoli et al.，1989)，而它们的抑制作用可为外加多胺(Put、Spm、Spd)所解除(Minocha et al.，1991)。

在甜橙(*Citrus sinensis*)的胚性愈伤组织诱导培养基(EIM)中加入甘油可显著地提高体胚的形成数量。这与 EIM 中甘油调节培养物的内源多胺水平相关。对合成多胺的 5 个关键酶基因表达的半定量反转录 PCR 分析表明，除了 *S*-腺苷甲硫氨酸脱羧酶(SAMDC)外，在 EIM 的培养物中，这些酶都可被诱导表达；同时，它们的转录水平随着体胚成熟过程而增加。在 EIM 中加入多胺生物合成抑制剂 α-二氟甲基鸟氨酸(α-difluoromethyl ornithine，DFMO)可引起体胚发生的明显抑制，并使其内源的腐胺和亚精胺水平显著降低。在 EIM 中，外加 1mmol/L 腐胺及 5mmol/L DMFO 可使内源多胺水平显著提高，也可使培养物的体胚发生能力成功得到恢复。这些结果表明，在 EIM 中加入甘油而引起体胚发生明显增加的机制中，至少与游离多胺，特别是精胺和亚精胺水平的改变有关(Wu et al.，2009)。

此外，也有一些研究表明，多胺生物合成与体胚发生的关系比较复杂，尚难确定这两者之间的关系。例如，使用不影响橡胶树愈伤组织生长的 DFMO、DFMA、MGBG 浓度(1mmol/L)可明显抑制其体胚发生，在一些情况下这种抑制作用可为外加 50μmol/L 的 Spd 所解除。但这些抑制剂对体内多胺水平的影响却与胡萝卜体系中的情况大不相同，如 MGBG 降低橡胶愈伤组织的 Put 水平，而 DFMO 处理引起 Put 水平增加，DFMA 处理也使其 Spd 和 Spm 水平升高(El Hadrami and D'Auzac，1992)。因此多胺生物合成与橡胶树体胚发生的关系目前难以确立，类似的情况还见于苜蓿等体胚发生体系。Meijer 和 Simmonds(1988)发现两种体胚发生能力很强的苜蓿基因型(RL34 和 F1.1)的愈伤组织在体胚诱导培养基中培养 10 天，其 Put 水平升高了 27～32 倍，此后将它们转入体胚分化培养基中，Put 水平急剧降低。Put 急速升高时是组织生长缓慢期，而 Put 下降时则是愈伤组织进行体胚分化、生长迅速的时期。在体胚诱导培养基中加多胺生物合成抑制剂 DFMO(40mol/L)或 DFMA(2.0mol/L)均能抑制组织中的多胺特别是 Put 合成，DFMA 的抑制作用比 DFMO 的抑制作用大，但这些抑制只对 RL34 基因型体胚发生有效，而不抑制 F1.1 的体胚发生，因此 Put 代谢上的急剧变化，并不与体胚发生有专一性的关系。Litz 和 Schafer(1987)也发现，有和无体胚发生能力的杧果珠心愈伤组织在培养过程中的多胺合成都增加，然而有体胚发生能力的珠心愈伤组织的多胺合成速率反而小于无体胚发生能力的愈伤组织。

(3)体胚发育过程中乙烯、多胺生物合成的相互作用。乙烯和多胺的生物合成都以 SAM 为共同的前体。SAM 在 ACC 合成酶的作用下形成 ACC 参与乙烯的生物合成。SAM 也是许多转甲基反应的甲基供体。SAM 在 SAMDC 的作用下形成脱羧 SAM 进入多胺合成途径，作为氨基丙基的供体与 Put 一起在 Spd 或 Spm 合成酶的作用下分别合成 Spd 和 Spm。许多乙烯的生理作用，如控制花的衰老和抑制胡萝卜体胚发生为多胺处理所拮抗(Roberts et al.，1984；Robie and Minocha，1989)。这表明，在生物合成途径上乙烯与多胺很可能相互作用从而调节植物发育的一些过程。

研究已经证实，促进多胺的合成或外加多胺，可降低内源 ACC 的浓度，并抑制 ACC 向乙烯的转化(Apelbaum et al.，1981；Faure et al.，1991)。乙烯可抑制胡萝卜的体胚发生，在 MGBG 和 2,4-D 存在的情况下，可促进胡萝卜悬浮细胞 ACC 的产生。在其他组织中，2,4-D 通常也促进乙烯生成。很有可能 2,4-D 抑制体胚发育的作用是通过促进乙烯产生而实现的。

研究还发现胡萝卜体胚发生体系中 ODC 抑制剂 DFMO 的作用颇为特别。一般来说，DFMO 可抑制大多数植物及所有动物细胞中的 ODC 活性，但 DFMO 并不抑制胡萝卜的体胚发生。从而推知，在这一体系中可能主要由 ADC 途径进行多胺的合成(Minocha，1988)。此外研究还发现，1～10mmol/L 浓度的 DFMO 对胚性或非胚性细胞中可提取的 ODC 的活性均不显抑制作用，并可提高细胞中 ADC 的活性。在 DFMO 存在的情况下，3 种主要的多胺(Put、Spd 和 Spm)水平均有所增加，而且当将已处于分化阶段的体胚从无 2,4-D 的培养基上转移到含有 2,4-D 的培养基中时，体胚可正常生长(2,4-D 不再显抑制作用)，而对照组中(不含 DFMO)几乎所有体胚在 2～4 天变为愈伤组织；同时，ADC 活性和多胺水平也增加。在无 2,4-D 的培养基中 DFMO 还可显著促进体胚的发育(Minocha et al.，1991)。对此，一个可能的解释是，DFMO 促进了该体系多胺的合成，特别是 Spd、Spm 的合成，它们的合成与 ACC 合成竞争 SAM，从而减少了乙烯的合成，进而保证了体胚发育的正常进行(Minocha，1988)。遗憾的是，这些结果大多不是直接来自体胚发生体系，而是从以动物和微生物为材料的实验中得出的结果。研究表明，脱羧 SAM 一般不贮藏于细胞中，只在合成多胺时才合成这一化合物(Pegg and Poso，1983)，细胞内 SAM 水平的消耗与核酸甲基化减弱的相关性强于与多胺合成减弱的相关性(Kramer et al.，1988)。因此，乙烯和多胺是否通过生物合成互相作用，是否通过竞争其共同的前体 SAM 来控制体胚发生，能否通过调节它们生物合成中的两个关键酶 SAMDC 和 ACC 合成酶来调节体胚发生，仍需要直接的实验证据和更深入的研究。

我们曾分别对晋南苜蓿(*Medicago sativa* L. cv. Jinnan)体胚发生早期阶段包括愈伤组织的诱导和继代，以及体胚发生诱导 3 天和 7 天的乙烯、ACC(1-氨基环丙烷-1-羧酸)、MACC(丙二酰氨基环丙烷羧酸)及多胺水平的变化进行了同步测定，以揭示体胚发生过程中乙烯和多胺是否可能存在相互作用的关系。研究结果表明，胚性愈伤组织中的多胺包括腐胺(Put)、亚精胺(Spd)和精胺(Spm)，但精胺的含量比腐胺和亚精胺的都要低很多(表 5-5)。进行体胚发生诱导以后，MACC 含量显著增加，而 ACC 在体细胞胚中的含量低于胚性愈伤组织。体胚发生诱导 3 天后 ACC 和多胺的含量增加到最大值，之后随着胚胎发生的进程而减少(表 5-6)。Put/Spd 和 ACC/MACC 的值在体胚诱导的过程中下降(表 5-5，表 5-6)。这表明高水平的 ACC

和多胺含量可能是体胚发生诱导早期分化的先决条件。因而，至少在苜蓿体胚发生的诱导过程中，多胺和乙烯的生物合成不表现竞争关系，因为多胺和ACC在这个时期的含量同时增加。而ACC向MACC转化，同时维持高水平的多胺含量，特别是Spd含量，对体胚的进一步发育十分重要。

表5-5 晋南苜蓿(*Medicago sativa* L. cv. Jinnan)体胚发生早期阶段(胚性愈伤组织、体胚诱导)多胺水平变化(μg/g FW)(Huang et al.，2001)

多胺	胚性愈伤组织	体胚诱导3天	体胚诱导7天
Put	25.2±4.9	43.5±11.0	21.4±1.8
Spd	6.8±1.2	25.0±3.7	15.2±1.5
Spm	0.8±0.1	3.2±0.8	2.1±0.3
Put/Spd	3.7	1.7	0.09

注：表中数据为3次重复的平均值±标准误差。FW表示鲜重

表5-6 晋南苜蓿(*Medicago sativa* L. cv. Jinnan)体胚发生早期阶段(胚性愈伤组织、体胚诱导)ACC和MACC水平变化(nmol/g FW)(Huang et al.，2001)

体胚发生阶段	ACC	MACC	ACC/MACC
胚性愈伤组织	442±68	6.0±0.1	73.7
体胚诱导3天	833±63	145±11	5.7
体胚诱导7天	582±28	120±12	4.9
体胚	108±10	101±6	1.1

注：表中数据为3次重复的平均值±标准误差。FW表示鲜重

此外，将浓度分别为12.5μmol/L、25μmol/L和50μmol/L的ACC合成酶抑制剂AOA加入到刚继代的愈伤组织中，愈伤组织的生长未受到明显影响。乙烯产量和ACC水平也无明显变化。然而，这些浓度的AOA使鱼雷形胚的相对数量分别增加41%、69%和31%。其中25μmol/L AOA对体胚形成的影响最大(69%)(Huang et al.，2001)。在体胚诱导的第3天，25μmol/L AOA处理引起培养物Put水平降低36%，但Spd水平和SAMDC活性相对提高18%和373%。因此AOA(25μmol/L)处理使体胚数目增加的影响可能与Spd水平的增加有关(Huang et al.，2001)。

关于目前使用的各种抑制剂虽已获得了许多有价值的资料，但有些结果目前尚难解释，也难以准确评价这些结果。因为这些抑制剂大多数均有多效性(pleiotropic effect)，目前对此仍不十分了解；如AVG抑制酶活性是通过与酶的辅基磷酸吡哆醛起作用的，因此凡与该辅基有关的酶都会受到影响。此外，细胞对这些抑制物的累积和吸收的变化将会导致不同的结果。

值得一提的是，在体胚发生时，已发现乙烯和多胺合成的共同前体SAM的水平提高，其衍生物*S*-腺苷同型半胱氨酸(*S*-adenosyl homocysteine，SAH)的水平也增加，还有，胡萝卜体胚发生时，SAM与SAH的比值也增加，而这一比值可作为甲基化的一个指标(Munksgaard et al.，1995；Baron and Stasolla，2008)。SAM除参与乙烯和多胺的合成外，还参与许多代谢途径，并且是一个高度保守代谢物，它参与一系列包括表观遗传修饰、基因组印迹，以及DNA、RNA、组蛋白、磷脂类与蛋白质的甲基化生化过程；还可作为酶的辅助因子(Loenen，2006)。在体胚发生中，DNA和组蛋白的甲基化或去甲基化有重要的作用(参见本书的第9章)。

5.4.3 培养基及其主要营养因子

体胚发生不仅受外源激素的控制，还对培养基中的其他成分如钾离子、氮源营养的提供方式及有机添加物等很敏感。用于体胚发生的常见培养基有B_5(Gamborg et al.，1968)、SH(Schenk and Hildebrandt，1972)和MS(Murashige and Skoog，1962)，它们都是含盐量高的培养基(MS含盐量比怀特高10倍)。B_5含有较高

的盐酸硫胺素和较低的铵态氮。SH含矿质盐浓度较高，其中铵和磷酸由$NH_4H_2PO_4$提供。MS中较高水平的NH_4NO_3和螯合铁对体胚发生有一定的作用。已知胡萝卜球形胚如果缺乏螯合铁离子，将不能发育到心形胚阶段。

此外，氮素的类型及K^+均被认为对体胚发生起重要作用。氮是植物生长时组织吸收的主要元素。由于氧化型氮的吸收是耗能的，因此补充还原氮将对植物的生长更有效。但在不含有机酸和缓冲剂的培养基中，细胞生长不能以NH_4^+作为氮源，因为它是一种生理酸性盐。NH_4^+和NO_3^-的相对与绝对量都影响体胚发生。一般氮的离子形式将影响植物对其他营养物质的吸收。NH_4^+的吸收可直接与K^+的吸收相竞争。K^+是维持阴阳离子平衡的主要阳离子，也是最常见的有机离子的结合者。因此，细胞质中许多酶的构象、活性及胞质的渗透势都离不开K^+。

在组织培养时，对于那些在营养上有重要作用的离子，通常都以钠盐或氯化物的形式加入，因为Na^+和Cl^-在浓度不超过40mmol/L时对培养的许多植物组织不产生影响(Brown et al.，1976)。

5.4.3.1　氮源的类型及钾离子

研究者早在1965年就发现，野生型胡萝卜次生韧皮部所诱导的愈伤组织，在以60mmol/L NO_3^-作为唯一氮源的培养基上生长时，只维持无序的增殖生长。若将它转入体胚诱导培养基，仅形成极少的体胚，但是如果在愈伤组织诱导培养基中加入一定量的NH_4^+(最少5mmol/L)，则体胚形成的数目可大大增加(Hakman et al.，1985)。

还原氮对胡萝卜悬浮培养细胞的体胚发生亦起着重要作用。如果将在含2,4-D的培养基中培养的细胞转入不含生长调节物质而含有还原氮的培养基中时则形成体胚，如果转入不含还原氮的培养基中则形成根(Kamada and Harada，1979b)。

从上述两个例子可知，体胚发生时，至少是胡萝卜的体胚发生时，胚性细胞表达胚性时要求有一定数量的还原氮。甘薯的胚性和非胚性愈伤组织可从形态上加以区分。质地坚实、黄色、不透明的为胚性愈伤组织；而质地松软、白色透明的为非胚性愈伤组织。胚性愈伤组织的最好生长状态可在含20mmol/L NH_4^+的培养基中获得，培养基的K^+浓度为50mmol/L时可进一步促进愈伤组织的这一生长(Chée et al.，1992)。

棉花的体胚形成要求在悬浮细胞培养液中加入谷氨酰胺(还原型氮)(Price and Smith，1979)。高水平的还原氮对雷州一号桉树的胚性愈伤组织诱导和体胚发生很重要。在B_5(含还原氮28.0mg/L)和H培养基上(含还原氮125.5mg/L)诱导的愈伤组织生长3～4个月甚至半年以上还不能变成胚性愈伤组织。即使将它们转入新鲜的B_5和N_6(含81.2mg/L NH_4NO_3，还原氮含量较低)也不出现胚性细胞团，但将它们转入改良的H培养基(提高还原氮含量，使之达到174.2mg/L)时，则在培养10多天后出现体胚(欧阳权等，1981)。

用2,4-D诱导的紫苜蓿(*Medicago sativa*)胚性愈伤组织，当转入无植物生长调节物质的培养基时，若其中含有NH_4^+(最适浓度为12.5mmol/L)则可形成多量的体胚，否则愈伤组织就会形成根。随着体胚的发育，其内源的NH_4^+浓度升高，从2.6～5mmol/L最后升到10～12.5mmo/L(Walker and Sato，1981)。然而亦有相反的例子，如大豆体胚发生被诱导后，在除去2,4-D的培养基中，其NH_4^+浓度应从40mmol/L减少到20mmol/L，而NO_3^-则要求从0升到40mmol/L。高浓度的硝酸盐在无NH_4^+存在的情况下可促进胡萝卜培养物的体胚发生，但当将60mmol/L硝酸盐作为唯一氮源时，胡萝卜细胞内的NH_4^+水平随着体胚发生的增加而增加，虽然目前尚难确定NH_4^+是否对体胚发生起特异性的作用，但研究者普遍认为某种还原氮，无论通过直接外加，还是由硝酸盐通过体内转化，对于产生高频率的体胚是必不可少的。除NH_4^+的形式外，椰子汁、酪蛋白的水解物及许多氨基酸均可作为还原氮源。例如，对于不同年龄胡萝卜的原种或变种的体胚发生，氨基酸混合物、酪蛋白水解物，以及单一谷氨酸、丙氨酸和谷氨酰胺都可以作为其唯一氮源，而且甘氨酸、天冬氨酸、谷氨酸和精氨酸对促进胡萝卜下胚轴形成体胚的效果与NH_4^+相同(Kato and Takeuchi，1966)。脯氨酸(100mmol/L)和低浓度丝氨酸(L型)(50mmol/L)可促进金花茶(*Camellia chrysantha*)体胚发生及体胚鲜重的增加，而且以脯氨酸、丝氨酸和苯丙氨酸(各50mmol/L)混合使用效果最佳，但色氨酸作用却与此相反(彭艳华等，1990)。在已被试验过的氨基酸中，脯氨酸、丙氨酸、精氨酸、赖氨酸、苏氨酸、鸟氨酸、天冬酰胺可以促进在适量 NH_4^+中生长的苜蓿愈伤组织的体胚发生。其中脯氨酸的作用特别令人瞩目，在 25mmol/L NH_4^+中加 100mmol/L 的脯氨酸可使体胚发生率提高 15 倍；但谷氨酰胺对体胚发生的促进作用与培养基中的 NH_4^+存在与否无关(Stuart and Stricklan，1984)。这说明某些氨基酸除了起供给还原氮源的作用外，还有它们本身的独特作用。

以西葫芦(*Cucurbita pepo*)成熟胚为外植体，通过切割创伤可在 MS 附加有机成分和 2,4-D(称为MSC+2,4-D 培养基)或不加生长调节物质而仅加入 NH_4Cl 为唯一氮源的 MS 培养基上诱导出胚性愈伤组织，不同的氮源或还原氮与非还原氮的不同比例都影响南瓜胚性愈伤组织的形成。在以 NH_4Cl 为唯一氮源或加 2,4-D 的 MS 培养基上都可诱导出原胚，而加非还原的氮或去除 2,4-D 可刺激体胚进一步的发育(Leljak-Levanic et al.，2004)。

进一步的研究发现，西葫芦胚性培养物的生长比较慢，其体胚发生培养基酸化程度增加，从而导致原胚团中所形成的那些小而圆、胞质浓厚的细胞不能进一步发育成后期阶段的胚。在 NH_4^+培养基中加 25mmmol/L 缓冲剂 2-(*N*-吗啉基)乙磺酸[2-(*N*-morpholino)- ethane-sulfonic acid，MES]可缓冲该培养基的酸化，促进培养物的细胞增殖，但不能使细胞进一步地分化。体胚后期的发育只有在培养基中重新加入硝酸盐或以 L-谷氨酰胺为氮源才能进行。培养基中氮源的类型及 pH 对铵态氮同化的影响，可以通过分析加入相关氮源后与苯丙氨酸氨解酶(PAL)相关的谷氨酰胺合成酶(GS)的活性进行观察。在含 NH_4^+的培养基中诱导的胚性组织中，GS 和 PAL 的活性都增加，这与逆境相关酶如超氧化物歧化酶(superoxide dismutase，SOD)和可溶性过氧化物酶(peroxidase，POD)的活性被激活相关，这意味着，在培养基中以 NH_4^+为唯一氮源时，可使胚性组织处于氧化的逆境，随之引起 SOD 和 POD 这两个氧化酶活性的增加，这是培养物对氧化逆境的反应。此外，还可观察到早期体胚发生的生化标记物肼胝质的累积和酯酶活性的大量增加。在培养基中重新加入 20mmol/L 硝酸盐或 10mmol/L 谷氨酰胺为氮源并加 1mmol/L NH_4^+时，即两种氮源结合使用，才会激活西葫芦球形胚随后的发育。由此可知，由氮源所引起的逆境可调节西葫芦培养物的胚性感受态(Mihaljeviä et al.，2011)。

研究者很早就发现，细胞间 K^+的量是胡萝卜驯化品种悬浮培养细胞体胚发生的另一限制因子。当除去培养基中的全部 KNO_3，而补充适当水平的 KH_2PO_4 时，该细胞的体胚发生频率极低，但若补加 NH_4NO_3 使其 K^+与原来 KNO_3 的 K^+水平相当，则可促进体胚发生。若用 NaH_2PO_4 代替 KH_2PO_4，则体胚发生被强烈地抑制(Sung and Okimoto，1981)。对于野生型胡萝卜的体胚发生至少要求有 20mmol/L 的 K^+，若其浓度在 1mmol/L 时，培养组织仅进行无序生长。例如，甘薯胚性愈伤组织在含 15mmol/L NH_4NO_3 的培养基中生成量最大，而非胚性愈伤组织的形成则减少。如果将胚性愈伤组织继代于高浓度 K^+的培养基中，K^+浓度加倍胚性愈伤组织的形成量亦加倍，但非胚性愈伤组织的生长被抑制了 40%，胚性愈伤组织所含的高浓度 K^+并不影响随后该组织的体胚发生和发育(Chée et al.，1992)。

进一步的分析发现，胡萝卜胚性细胞的质膜上存在内向的 K^+流，毫克分子的钾离子浓度是完成体胚发育过程所需要的浓度。在胡萝卜培养细胞中已鉴定了两个类似 Shaker 的 α-亚单位钾离子通道蛋白，称为 KDC1(K^+ *Daucus carota* 1)(Costa et al.，2004)和 KDC2(Formentina et al.，2006)。当胡萝卜体胚发生时，从球形胚阶段就可检测到 *KDC1* 的表达，该基因的表达只限于原表皮层(protodermal layer)，而 *KDC2* 是在体胚发生中的极性轴建立时和下胚轴定位时表达，可作为茎和根发育的分界部位的标记(Formentina et al.，2006)

5.4.3.2　碳水化合物

一般来说，在所有培养基中都要加入糖类等碳水化合物，糖类既是培养物细胞发育的重要能源，也可作为渗透压调节剂为培养物的细胞生长产生合适的渗透压，糖的种类和浓度影响体胚发生(Gaj，2004)。

在不同植物种类的体胚发生诱导中，最常用的是蔗糖。提高蔗糖的浓度，可促进可可(*Theobroma cacao*)生物碱、花青素、脂肪酸和毛泡桐(*Paulownia tomentosa*)花青素等贮藏物质的合成，有利于体胚的成熟。在相同的渗透摩尔浓度下(蔗糖 27%，葡萄糖 13.5%)，葡萄糖对可可体胚生长发育的作用大于蔗糖的作用，而蔗糖对体胚中的总脂类、花青素和生物碱类合成的作用则优于葡萄糖的作用(Kononowicz and Janick，1984)。用葡萄糖作碳源可使可可体胚子叶合成较多的甘油三酯，而用蔗糖则合成较多的不饱脂和甘油三酯，这意味着在蔗糖的作用下膜脂的合成(磷脂和糖脂)多于贮藏脂类(主要是甘油三酯)。

此外，其他的糖类也用于体胚的诱导。例如，麦芽糖对芦笋(Kunitake et al.，1997)及大麦(*Hordeum vulgare*)(Pasternak et al.，1999)的体胚发生诱导很有效，果糖促进亚麻(*Linum usitatissimum*)(Cunha and Fernandes-Ferreira，1999)和可可(Elhag et al.，1987)的体胚发生诱导，葡萄糖是人参(*Panax ginseng*)愈伤组织(Tang，2000)和其他一些植物体胚诱导培养的最佳糖类(Li et al.，1998)，有时在体胚诱导培养基中同时加多种糖类可提高体胚发生的效率(Nakagawa et al.，2001)。有麦芽糖的 SH 培养基中的成熟苜蓿体胚，其 11S 蛋白质含量比含蔗糖和脯氨酸的 SH 培养基高 3 倍之多(Stuart et al.，1988)。柑橘珠心组织在甘油(280mmol/L)中要比在蔗糖(70mmol/L)中较易进行体胚发生(Wu et al.，2009)。半乳糖和乳糖也比蔗糖能更有效地刺激柑橘珠心愈伤组织的体胚发生(体胚数量增加 6～12 倍)(Kochba et al.，1982)；而蔗糖对柑橘愈伤组织生长的促进作用大于其他糖类，但对这些愈伤组织的体胚发生作用很小。进一步研究表明，甘油(2%)作为唯一碳源时，甜橙(*Citrus sinensis*)珠心愈伤组织中的磷酸烯醇式丙酮酸羧化酶(PEPCase)和蔗糖磷酸合成酶的活性要比以蔗糖(5%)为碳源时高。甘油可促进该愈伤组织的体胚发生和叶绿素的生物合成，并启动核酮糖-1,5-双磷酸羧化酶/加氧酶(Rubisco)的活性。而在以蔗糖为碳源的培养基中，愈伤组织则不出现这些效应(Vu et al.，1993)。体胚诱导培养基(EIM)中所加的甘油在促进甜橙的胚性愈伤组织体胚发生的同时，也增加了游离精胺和亚精胺水平(Wu et al.，2009)。

糖类除作为能源之外，还可作为渗透调节剂对体胚的发育或成熟发生作用。此时糖的浓度显得十分重要。将体胚由高浓度糖转入较低浓度糖的培养基时(含高水势)，有利于其水分的吸收，这种过程可能与天然的合子胚成熟时相类似。高渗条件有利于合子胚成熟及其贮藏物质累积，这种生理脱水可抑制种子的过早萌发。因此，高浓度的糖类(可形成高渗透势)虽然有利于体胚成熟，但会抑制体胚转化成苗及其器官的生长。糖类及其所形成的渗透环境可明显地影响植物的形态发生和基因表达，在适当的渗透压条件下糖能诱导 ABA 的形成(Nakagawa et al.，2001)和油菜悬浮培养细胞中蔗糖介导的基因表达(Davoren et al.，2002)。在植物生长和发育过程中，糖类和植物激素信号转导有着极其复杂的相互作用(Leon and Sheen，2003)，糖类在体胚诱导中的分子机制亟待揭示。

5.4.4　体胚发生的条件调节因子

研究已发现有些培养过胚性培养物的培养基可促进体胚发生。预培养使用过的高密度胚性悬浮培养物的培养基也可以促进以低密度培养的培养物的体胚发生。这些研究结果说明，有可溶性的信号分子存在于使用过的培养基中，并发挥了促进体胚发生的作用，这些调节因子称为体胚发生的条件调节因子(conditioning factor regulating somatic embryogensis)。已被分离和证实属于这类促进物的有如下几类。

(1)胞外蛋白，在悬浮培养的过程中悬浮培养物可分泌一些蛋白质到培养液中，例如，从胡萝卜胚性培养物中已被分离了这种称为糖基化酸性内切几丁质酶(glycosylated acidic endochitinase)的分泌物。它可以促进已停止于球形胚阶段的温度敏感型突变体 *ts11* (temperature-sensitive 11)的体胚进一步发育(*ts11* 体胚在非允许温度下只能发育到球形胚阶段)。也从甜菜中分离到这类内切几丁质酶，它可以促进欧洲云杉(*Piecea abies*)体胚的早期发育。Von Arnold 等人称这一类蛋白质为胞外蛋白(extracellular protein)(Von Arnold et al.，2002)。

(2)阿拉伯半乳聚糖蛋白(arabinogalactan protein，AGP)，是一组异质性的结构复杂的大分子，它包括一个多肽、一个带大侧链的聚糖链和一种脂分子，其特点是碳水化合物与蛋白质的比值高(通常超过 90%

的碳水化合物的含量)。干扰 AGP 的结构，常常影响体胚发生的能力。例如，Yariv 试剂是一种人工合成的苯基糖苷(phenyl-glycoside)，可专一性地结合培养基中的 AGP。已证明 Yariv 试剂可抑制胡萝卜和杂种菊苣(*Cichorium intybus* var. *sativum*×*Cichorium endivia* var. *latifolia*)的体胚发生(Von Arnold et al.，2002)。

(3)脂几丁质寡糖(lipochintooligosaccharide，LCO)(也称脂壳寡糖)是一类多糖信号分子，它可促进植物细胞的分裂。LCO 也是根瘤菌(*Rhizobium*)所分泌的结瘤因子(rhizobial Nod factotor)，它可诱导根皮层细胞分裂而形成根瘤。研究者已在欧洲云杉的胚性培养物的培养基中发现了类似结瘤因子的内源 LCO 化合物(Nod factor-like edogenous LCO compound)；其部分提纯物可分别刺激欧洲云杉的原胚团和体胚形成(Dyachok et al., 2002)。根瘤菌所分泌的结瘤因子可促进胡萝卜体胚发生至晚球形阶段，也可促进欧洲云杉的小细胞团发育成大的原胚团。结瘤因子可以替代生长素和细胞分裂素促进胚性细胞的分裂。LCO 及其类似化合物对建立胡萝卜和欧洲云杉的胚性细胞系特别有效。结瘤因子都可替代几丁质酶(chitinases)对体胚的早期发育起作用(Arnold von et al., 2002)。

5.4.5 光照和其他培养条件

光是最重要的环境信号之一，已知光对植物生长和发育具有多种影响，虽然在许多体胚诱导的报道中都有需要光照的描述，但是关于光照对外植体离体培养的影响的系统研究还是很有限的。离体培养的光照强度、光谱和光照时间都能影响培养物形态发生的反应时间与效率。

植物利用自身大量的光受体(photoreceptor)以适应光环境。植物体内有很多色素，分别起着不同的光受体的作用。光敏色素(phytochrome，Phy)主要感受红光(620～700nm)和远红光(700～800nm)(Ulijasz and Vierstra，2011)；接受 UV-A 和蓝光的蓝光受体主要是隐花色素(cryptochrome)(Chaves et al.，2011)、向光素(phototropin)及 Zeitlupe 蛋白家族(Demarsy and Fankhauser，2009)；感受 UV-B(280～320nm)的是一类 UV-B 受体，如 WD-40/b-螺旋桨蛋白(propeller protein) UVR8(Christie et al.，2012；Wu et al.，2012)。

长期以来，日光灯是维持组织培养物的主要光源，自从 20 世纪八九十年代 LED 面市以来，它就逐渐成为组织培养或室内农业颇受欢迎的光源。LED 即发光二极管，它是一种可以有效地把电能转变成电磁辐射的装置。不同的绿色植物对光的吸收谱基本相同，在可见区主要集中在 400～460nm 的蓝紫区和 600～700nm 的红橙区，采用红光与蓝光组合的 LED 光源，可实现植物的最大光利用率，也可使相关的基础研究获得的数据更加准确。

体胚发生对光/暗周期的要求因植物种类而异，根据 Gaj(2004)相关的 119 篇文章统计，体胚诱导中采用光周期或暗周期条件的分别是 49%和 44%。例如，烟草和可可体胚发生要求高强度的光照，而胡萝卜、葛缕子(*Carum carvi*)和咖啡的体胚发生则在全黑的条件下较合适。暗培养条件对体胚诱导有利的报道也见于向日葵(*Helianthus annuus*)和苹果(*Malus domestica*)子叶(Fiore et al.，1997；Paul et al.，1994)，以及滇山茶(*Camellia reticulata*)和山茶(*Camellia japonica*)叶(San-Jose and Vieitez，1993)。

光的波长(光质)对体胚发生的诱导也是至关重要的。与白光相比，红光可激发榅桲(*Cydonia oblonga* Mill.)、异叶秋海棠(*Begonia gracilis*)和白蛾藤(*Araujia sericifera*)(D'Onofrio et al.，1998；Castillo and Smith，1997；Torné et al.，2001)培养物的最高体胚发生能力。而与红光的作用相反，持续的蓝光光照可促进拟南芥悬浮培养细胞体胚的植株再生(Kaldenhoff et al.，1994)。高强的白光、蓝光抑制胡萝卜悬浮细胞的体胚发生和生长，而黑暗或红光、绿光下体胚产率最高，蓝光还可促进心形胚中 ABA 的合成，而红光则促进心形胚的发育。光质对体细胞胚发生的有效性也因植物种类不同而异。在有些情况下，体细胞胚的分化率与光敏色素吸光分子形式(Pfr/Pr)的比例相关，其作用是促进或抑制取决于光敏色素活性分子形式的数量(Torné et al.，2001)。

太匮龙舌兰(*Agave tequilana* var. *azul*)是墨西哥龙舌兰发酵酒的原料，其生命周期约 2 年，具有重要的经济价值，但难以有性繁殖。传统上都采用无性繁殖，其中体胚发生是一种有发展前途的方式。以叶块为外植体(3cm长)，其体胚发生可分为两个阶段：胚性愈伤组织诱导阶段和体胚发生表达阶段。在胚性愈伤组织诱导阶段时，分别采用两种不同的基本培养基：MS和SH(Schenk and Hildebrand，1972)。研究结果显示，不管在胚性愈伤组织诱导阶段进行何种光质光照处理，对愈伤组织的形成都没有显著影响，在MS基本培养基上进行胚性愈伤组织诱导时，其愈伤组织诱导率平均可达95%以上。而以SH为基本培养基进行愈伤组织诱导时，外植体的愈伤组织诱导率平均为75%，明显地比在MS中的低。这种愈伤组织诱导率的差异不是由不同光质照光引起的，而是由诱导愈伤组织基本培养基成分的不同所引起的，但这种在愈伤组织诱导阶段不同光质的照光处理的效应，却在体胚发生表达阶段表现出来，如图5-20所示(以MS诱导愈伤组织为例)。在胚性愈伤组织诱导阶段和体胚发生表达阶段都用蓝光光照时，每个外植体产生的体胚数最多为平均20个胚，但如果在诱导阶段以白光或红光光照，然后在体胚发生表达阶段都用广谱光(WS)光照，可分别使其每个外植体形成体胚的平均数增至31个和28个。

光处理的组合对体胚质量(可萌发的体胚数量)有显著的影响。例如，不管在胚性愈伤组织诱导阶段采用何种光质照光，将所诱导的胚性愈伤组织置于白光(W)或红光(R)进行体胚形成(表达)，平均每个外植体只可得2个可萌发成为再生植株的体细胞胚，但是，如果在胚性愈伤组织诱导阶段用白光(W)或红光(R)光照，并在其后的体胚发生表达阶段用广谱光(WS)光照，每个外植体可得18个可萌发和发育成小植株的体细胞胚(Rodríguez-Sahagún et al.，2011)(图5-20)。这些结果表明，光质对愈伤组织诱导本身并不那么重要，却对其分化和发育有重要的影响(体胚形成及其萌发)。

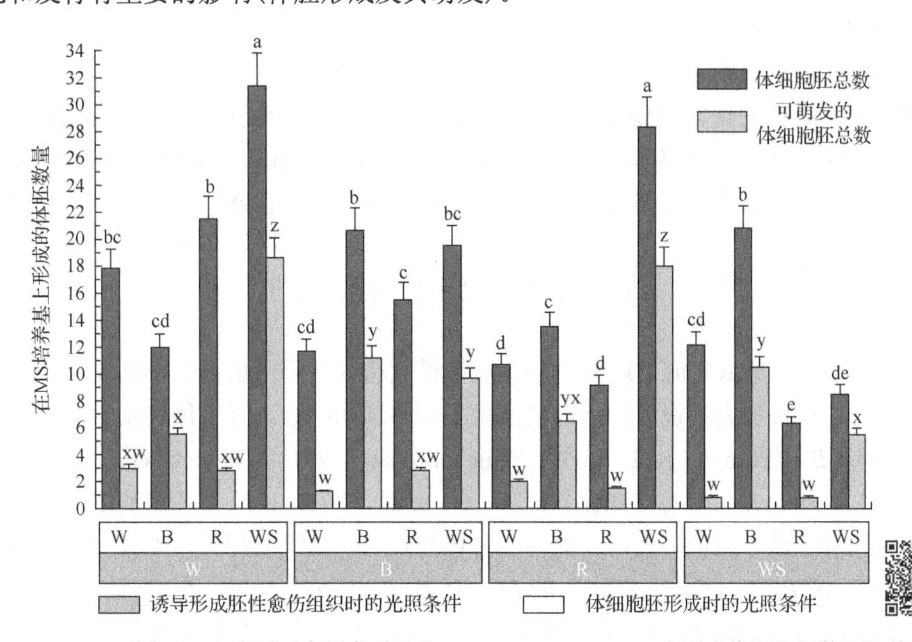

图5-20　光质对太匮龙舌兰(*Agave tequilana* var. *azul*)形成体细胞胚数量及其萌发(质量)的影响(Rodríguez-Sahagún et al.，2011)(彩图请扫二维码)

用于光照的光源：W表示白光[Osram® F20T12/C，32μmol/(m^2·s)]；B表示蓝光[F20T12/B，54μmol/(m^2·s)]；R表示红光[F20T12/R，65μmol/(m^2·s)]，WS表示广谱光[F20T12-PL/AQ，49μmol/(m^2·s)]。所示的数据是6个重复实验所得的平均数及其标准误差，误差线表示标准误差。每个方柱所附的字母不同者，表示有显著性差异($\alpha = 0.05$)。照光距离为离灯泡9cm

从文心兰属(*Oncidium*)植物根、茎和叶的切段可诱导胚性愈伤组织，并能形成体胚或类原球体(protocorm-like body，PLB)(Jheng et al.，2006)。为了测定光质对愈伤组织形成类原球体及其再生植株的作用，将文心兰的胚性愈伤组织置于日光灯和发出不同光谱的LED灯下生长。结果表明，光照显著地增加了其类原球体形成的数目。形成PLB最好的条件是：培养基(OF)为1/2 MS盐类补加0.1mg/L NAA和0.4mg/L BA及10g/L麦芽糖；光照条件为LED(红光+蓝光+远红光)补加日光灯光照8h(表5-7)。在这种培养条件下，1g鲜重的新诱导愈伤组织，可诱导出约3000个体细胞胚。继代培养时，这些原球体可再生成植株(Chung et al.，2010)。

表 5-7　LED 光源对文心兰品种 Gourer Ramsey 愈伤组织在所列培养基中培养 8 天后分化成类原球体(PLB)的影响(Chung et al.，2010)

光质	培养基类型		
	1/2 MSM	OF	OS
RBFr	1206a	3114a	1131a
RFr	1042a	1577b	357bc
BFr	560b	359b	1259c
RB	529b	600c	450bc
R	97c	428c	388bc
B	109c	243c	47c
FL	943a	2986a	687b

注：1/2 MSM 表示 1/2 的 MS 培养基的含盐量加 10g/L 麦芽糖；OF 表示 1/2 的 MS 培养基的含盐量加 0.1mg/L NAA、0.4mg/L BA 及 10g/L 麦芽糖；OS 表示 1/2 的 MS 培养基的含盐量加 1.0mg/L 盐酸硫胺素、0.5mg/L 烟酸、0.5mg/L 盐酸吡哆素、2mg/L 甘氨酸、100mg/L 肌醇、3mg/L 2,4-D、1mg/L TDZ、1g/L 胰蛋白胨和 10g/L 蔗糖。RBFr 表示红光+蓝光+远红光；RFr 表示红光+远红光；BFr 表示蓝光+远红光；RB 表示红光+蓝光；R 表示红光；B 表示蓝光；FL 表示日光灯(光管)。表中数据表示每个培养皿中体细胞胚(类原球体)的形成数目(个)，每一栏数据后所附不同字母者表示其差异达到显著水平($P<0.05$)

实验还表明，远红光配合红光和蓝光(RBFr)或远红光配合红光(RFr)对此文心兰品种类原球体(体细胞胚)再生植株的叶面积增大(叶的增大)，叶和根形成的数量增加，叶绿素含量、鲜重和干重增加均有明显的促进作用(Chung et al.，2010)。

光对离体培养的植株形态建成的影响与光促进或抑制内源物质的不同作用相关，这些物质包括生长调节物质(Zelena，2000)。研究发现，内源生长调节物质在强光下的光解也使石竹属(*Dianthus*)、山楂属(*Crataegus*)和杜鹃属(*Rhododendron*)离体芽的发育受损(Marks and Simpson，1999)。此外，红光对体胚发生诱导的促进作用也与光活化植物生长调节物质有关(D'Onofrio et al.，1998)。

5.5　体胚发生的分子调控机制

最近十多年来，由于分子领域研究手段的不断发展和模式植物基因组信息的不断完善，研究者对植物体胚发生的机制已从分子遗传和表观遗传的不同层面做了许多新的探索，有关体胚发生的分子机制的研究也取得了一些令人瞩目的进展(Karami et al.，2009；Yang and Zhang，2010；Gliwicka et al.，2013；Elhiti et al.，2013b；Smertenko and Bozhkov，2014；Fehér，2015；Ge et al.，2015)。研究者已鉴定了一批与体胚发生密切相关的功能基因和信号转导途径基因。有的基因与体胚发生早期阶段相关，如 *ARF19*、*PRC1*、*WUS*、*STM*、*LEC1*、*CDKA;1*、*SERK1*、*PRZ1*、*CLF*、*GLB1*、*HSP17* 和 *RGP-1* 等；有的基因与细胞脱分化密切相关，如 *ARF19*、*PRC1*/*RGP-1HSP17* 等；有的基因参与调节营养组织向胚性组织的转换，如 *PGA6*(*Plant Growth Activator 6*)和 *LEC1* 等；有的基因可调节顶端分生组织干细胞(stem cell)的发育命运，如 *CLV*(*CLAVATA*)、*WUS* 和 *STM* 等；有的基因调节体胚的成熟，如 *LEC1*、*FUS3*(*FUSCA3*)和 *ABI3* 等；有的是参与体胚发生过程中信号转导级联的基因，如 *CLV 1-3*、*MAPK*、*KAPP*、*Rop* 等(Elhiti et al.，2013b；Smertenko and Bozhkov，2014；Fehér，2015)。其中有的基因经过转化，异位表达这些基因的组织可启动其异位体胚发生(ectopic somatic embryogenesis)，如 *LEC2*、*WUS*(*WUSCHEL*)和体胚受体激酶基因 *SERK*(*SOMATIC EMBRYOGENESIS RECEPTOR KINASE*)等。例如，在中粒咖啡(*Coffea canephora*)中异位表达拟南芥 *WUS* 可以在不加生长调节物质的培养基上诱导愈伤组织的形成，并使其体胚得率增加 4 倍(Arroyo-Herrera et al.，2008)。

许多研究证明，拟南芥和其他系统中的合子胚的全部关键调节因子，对体胚发生都同样重要(de Smet et al.，2010)。以下介绍与已鉴定的体胚发生相关的关键基因的功能及其对体胚的调控。

5.5.1　细胞周期重启和脱分化相关基因的表达与体胚诱导

许多较早期的研究就表明，细胞周期激活是体胚诱导的前提。例如，胡萝卜细胞体胚发生时，其细胞增殖加倍、细胞周期缩短，分裂最快的是球形胚阶段，其细胞增殖加倍时期为 6.3h，而在其他阶段，如阶段Ⅰ(原胚团)和阶段Ⅲ(心形胚)(图 5-9)则分别为 51h 和 36h，DNA 合成亦出现极性分布，主要分布在球形胚原形成层和原表皮层处，而在胚柄状的结构中则无(Komamine et al.，1992)。在苜蓿叶肉细胞原生质体体胚发生时，新游离的原生质体一般是处于 G_1 期。在原生质体新壁形成后，在生长素的作用下即开始细胞分裂(Dudits et al.，1991)。

植物细胞周期的控制是一个复杂的过程，其中相关的周期蛋白依赖性激酶(cyclin-dependent kinase，CDK)是一个关键的调节因子。当 CDK 与相应的周期蛋白亚单位形成复合物后便被激活，从而控制细胞周期的启动和进程。根据细胞周期蛋白结合基序(motif)的类型，CDK 可分为 8 个类别：CDKA～CDKG 和 CDKL(Zhang et al.，2012)，其中，只有 CDKA;1(也称为 CDC2A)为生长素和细胞分裂素所诱导，它是在体胚发生的早期阶段起重要作用的细胞周期蛋白(Nowack et al.，2006)。在椰子愈伤组织培养中，其胚性愈伤组织的 CDKA 被显著地上调，在体胚发生的后期阶段被下调，而在体胚萌发时降至最低水平(Cortes et al.，2010)。PRZ1(PROPORZ1)被推定属于一个拟南芥转录接头蛋白(transcriptional adaptor protein)；*PRZ1* 可控制细胞分裂介导的生长素和细胞分裂素信号转导，进而调节 *CDKA* 的表达(Sieberer et al.，2003)。组蛋白 H3-11 是一个有丝分裂特异性的磷酸化蛋白(Hendzel et al.，1997)，可能也在体胚发生中起作用。基因功能分析揭示，在苜蓿胚发育的早期阶段，组蛋白 H3-11 的 mRNA 呈现高水平的累积，因为在 2,4-D 处理一天后该基因的表达水平就达到最高(Elhiti et al.，2013b)

体胚发生的诱导是一个脱分化的过程，其间外植体成熟的细胞将失去原有的特异性命运而成为类分生性细胞(Elhiti，2010)。然后根据所提供的培养条件，这些类分生性的细胞启动新的发育命运并进行体胚发生。在同一外植体中不是所有细胞都具有相同的脱分化能力。细胞脱分化需要逆境的诱导(Grafi et al.，2011)。有关这方面的直接证据是加拿大油菜(canola)小孢子培养，它的体胚发生的诱导要求 32℃热激(Yeung，2002)。蒺藜苜蓿(*Medicago truncatula*)体胚发生诱导阶段的蛋白质组学分析揭示，在诱导 5 天后累积的过氧化物酶比诱导 4 天后增加了 4 倍(Almeida et al.，2012)。过氧化物酶可参与植物的生长素代谢、细胞壁伸长和变硬等各种生理生化过程(Passardi et al.，2007)。白云杉(*Picea glauca*)体胚发生早期阶段的蛋白质组学分析表明，有两个蛋白，即逆糖基化蛋白(RGP-1)和热激蛋白 17(HSP17)，在体胚诱导的 7 天后呈现高水平的累积；RGP-1 是涉及植物细胞壁发育的膜蛋白，可能在发育中的胚的结构性重组中起作用(Lippert et al.，2005)；HSP17 是一个小热激蛋白，可在栎树体细胞胚成熟和萌发时短暂地累积(Puigderrajols et al.，2002)。这些结果表明，过氧化物酶、RGP-1 和 HSP17 参与外植体细胞体胚发生时的脱分化过程。遗憾的是，对控制脱分化过程的分子事件的了解实在太少(Elhiti et al.，2013b)。

有研究表明，基因 *LBD29*(*LATERAL ORGAN BOUNDARIES DOMAIN29*)在离体和体内都是控制拟南芥细胞脱分化发育的关键基因(Liu et al.，2010)。*LBD29* 是生长素反应因子 ARF7 和 ARF19 下游的重要靶基因(Feng et al.，2012)。缺失表达 *LBD29* 的突变体对生长素的反应性降低，因而其细胞不能脱分化。编码组蛋白 H3 第 9 位赖氨酸甲基转移酶基因 *KYP*(*KRYPTONITE*)/*SUVH4* 的突变可干扰不依赖于端粒酶的端粒扩张，导致细胞不能增殖和不能形成愈伤组织(Grafi et al.，2007)。这些研究结果证实在脱分化过程中 *KYP*/*SUVH4* 也起重要的作用。由 PcG 蛋白(polycomb group protein)所形成的调节复合物具有保守性。例如，polycomb 抑制复合物 PRC1(polycomb repressive complex1)和 PRC2，可修饰染色质而抑制基因表达，它们并非是特异分化状态所要求的基因。有关的生物化学、分子生物学和生物学的证据都表明，拟南芥中的环指蛋白(RING-finger protein)在维持细胞分化命运中具有 PRC1 的作用(Bratzel et al.，2010)。这就意味着 PRC1 可能起着抑制细胞脱分化的作用。

5.5.2 相关转录因子与体胚发生的调控

转录因子是可以诱导或抑制基因转录的调节蛋白，它们可特异性结合 DNA 序列，从而调节靶基因的表达。转录因子也是发育阶段的转换和细胞逆境效应最基本的调节因子(Fehér，2015)。许多调节合子胚发生和分生组织分化与维持的转录因子都在体胚发生过程中起着关键的作用。

5.5.2.1　血红素激活蛋白 3 相关蛋白

血红素激活蛋白(haem activator protein，HAP)是多亚基激活蛋白质复合物，其可识别 CCAAT box，在植物中的 HAP 包含 3 个亚单位(subunit)：HAP2、HAP3 和 HAP5。HAP3 家族的两个成员 LEC1(LEAFY COTYLEDON1)和 L1L(LEAFY COTYLEDON1 LIKE)是调节合子胚发生的关键调节因子(Kwong et al.，2003)，在胚发生的早期阶段，LEC1 和 L1L 特化子叶细胞的属性(identity)并维持胚柄细胞的发育命运；而在胚发生的后期阶段，它们控制胚成熟的启动和维持并抑制胚的过早萌发。异位表达 *LEC1* 可使幼苗早期生长停止，不能正常发育，偶尔伴随形成类似体胚的结构(Lotan et al.，1998)。LEC1 可赋予体细胞向胚性细胞发育的潜能，拟南芥胚性细胞培养系中的 *LEC1* 表达水平比非胚性细胞培养系中的要高(Ledwon and Gaj，2011)。同时，当欧洲云杉和欧洲赤松(*Pinus sylvestris*)体胚发生时，*LEC1* 的同源物(如裸子植物中的 *HAP3A*)也被上调(Uddenberg et al.，2011)，这说明了 LEC1 对体胚发生的重要性(Smertenko and Bozhkov，2014)。

5.5.2.2　B3-结构域转录因子

B3-结构域转录因子属于植物特异性转录因子家族，它们通常带有 7 个 β 链和两个 α 螺旋的四级结构，并可与 DNA 双键螺旋主槽结合，可识别不同基序(motif)。这一组别的蛋白包括几个胚胎发生的重要调节因子，如拟南芥的 LEC2(LEAFY COTYLEDON2)、FUS3(FUSCA3)、ABI3(ABA INSENSITIVE 3)和玉米(*Zea mays*)的 Vp1(VIVIPAROUS1)，LEC2 和 FUS3 对胚发生早期的图式形成(pattern formation)及胚成熟起重要的作用(Luerssen et al.，1998)。总而言之，B3-结构域转录因子和 HAP3 相关的转录因子在胚发生时的作用都是相互交叠的。*LEC2* 的异位表达导致体胚发生、愈伤组织和类似子叶结构的形成(Stone et al.，2001)，而 *LEC2*、*FUS3* 和 *ABI3* 的下调则显著地抑制直接与间接的体胚发生；生长素可调节 *FUS3* 的表达；LEC1 连同 LEC2 和 FUS3 的存在是体胚诱导的基本要素(Gaj et al.，2005)。同时，当体胚成熟时 *FUS3* 可上调 ABA 的合成和下调赤霉素的合成(Gazzarrini et al.，2004)。其他 B3-结构域蛋白的成员，如 VP1/ABI1-LIKE(VAL)，可抑制 *LEC1*、*L1L*、*FUS3* 和 *ABI3* 基因转录，但是不能抑制 *LEC2* 表达。敲除 VAL 引起类似 *LEC1*、*L1L* 和 *LEC2* 表达的表型效应，可在苗端分生组织中出现类似体胚那样的外凸生长物，并在根中形成愈伤组织类似物(Smertenko and Bozhkov，2014)。

5.5.2.3　AGL15

从酵母到人类和植物都存在着 AGL15(*AGAMOUS-LIKE*15)的不同家族的转录因子，在其所有成员的 DNA 结合区都含有一个保守的 MADS-box 基序(MADS-box motif)，MADS-box 中的“MADS”是根据首次被鉴定的 4 个蛋白质，即从真菌(*Saccharomyces cerevisiae*)中鉴定的蛋白质 MCM1(MINICHROMOSOME MAINTENANCE-DEFFECTIVE1)、从拟南芥(*Arabidopsis thaliana*)中鉴定的蛋白质 AG(AGAMOUS)、从金鱼草(*Antirrhinum majus*)中鉴定的蛋白质 DEFA(DEFICIENS)和从人类中鉴定的蛋白质 SRF(SERUM RESPONSE FACTOR)的第一个字母缩写而成的。

在拟南芥和大豆的胚性培养物中，*AGL15* 呈现高水平的表达，异位表达 *AGL15* 也使拟南芥和大豆胚性培养物的直接或间接的体胚发生效率提高，敲除 *AGL15* 则降低体胚发生的效率(Thakare et al.，2008)。重要的是，当体胚发生时，AGL15 被整合进不同的信号转导过程中：AGL15 是 SERK 复合物的成员(Karlova et al.，2006)；*AGL15* 的表达受控于 LEC2；生长素可使 *AGL15* 的表达上调(Zhu and Perry，2005；Braybrook et al.，2006)；AGL15 可促进 *LEC2*、*FUS3* 和 *ABI3* 的转录(Zheng et al.，2009)；AGL15 可上调转录因子 AP2/ERF(APET ALA2/ETHYLENE RESPONSE FACTOR)的 B-3 亚家族成员基因的转录(Zheng et al.，2013)；AGL15 与 LEC2 和 FUS3 合作一起诱导赤霉素代谢酶 GA2 氧化酶如 GA2ox6 及 GA2ox2 的活性，从而降低活性赤霉素的含量。GA2ox6 具有控制活性赤霉素水平的能力，从而成为潜在的体胚发生的调节因子，GA2ox6 的过表达可使拟南芥体胚发生效率增加(Wang et al.，2004；Zheng et al.，2009)。

5.5.2.4　AP2/ERF 结构域蛋白

AP2/ERF 结构域蛋白属于植物特异性转录因子的一个家族蛋白，它们参与许多发育过程的调节，如花原基的属性形成、侧根形态发生和对环境因子的响应，此外，在细胞大小、植物高度和能育性方面具有多重的效应(Dietz et al.，2010)。已知，有几个 AP2/ERF 家族成员调控体胚发生。与拟南芥 ERF 同源的蒺藜苜蓿(*Medicago truncatula*)*MtSERF1* 基因在合子胚、增殖的胚性培养物和体胚中的表达受乙烯的诱导(Mantiri et al.，2008a，2008b)，其表达部位只限于心形胚的苗端分生组织区域。敲除 *MtSERF1* 会抑制体胚发生。另一成员是拟南芥的 EMK(EMBRYOMAKER)，它在胚发育的早期和成熟胚中表达，它对胚性属性的保持起冗余的功能。异位表达 EMK 可促进子叶体胚发生的启动(Tsuwamoto et al.，2010)。研究得最多的 AP2/ERF 结构域蛋白成员是 BBM(BABY BOOM)。据 Boutilier 等的报道，*BBM* 可作为欧洲油菜(*Brassica napus*)细胞培养物体胚发生的分子标记。异位表达 *BBM* 可在不加植物生长调节物质的培养基中促进培养物的体胚发生及其他的形态反应(Boutilier et al.，2002；El Ouakfaoui et al.，2010)。过表达 *BBM* 可诱导烟草(Srinivasan et al.，2007)、毛白杨(*Populus tomentosa*)(Deng et al.，2009)和辣椒(*Capsicum annuum*)(Heidmann et al.，2011)等顽拗型植物的直接体胚发生。

5.5.2.5　同源异形域转录因子

同源异形域(homeodomain)是指存在于所有真核生物中的一个高度保守的由 60 个氨基酸组成的具有转录因子特征的长区域。同源异形域的一个系统发育群所包含的转录因子包括拟南芥的 WUS(WUSCHEL)和它的 14 个同源物(Palovaara and Hakman，2008)。在分生组织形成阶段，*WUS* 调控着分生性细胞的持续的存留。在拟南芥体胚发生体系中，在培养基加 2,4-D 可诱导 *WUS* 表达(Chen et al.，2009)。在蒺藜苜蓿的体胚发生体系中，加入细胞分裂素 24～48h 后可诱导 *WUS* 表达(Chen et al.，2009)。*WUS* 的表达严格地受控于 CLV1，CLV1 是富含亮氨酸重复序列(eucine-rich repeat，LRR)的跨膜受体丝氨酸/苏氨酸激酶(Clark et al.，1997)。CLV1 的作用为促进分生组织细胞的分化，这一作用通过 CLV1 与 CLV 的其他成员参与的信号转导模式而实现抑制 *WUS* 的表达。CLV3 可与 CLV1/CLV2 组成的受体激酶复合物结合，并激活该信号转导体系下游的相关成员，进而抑制 *WUS* 的表达(Dodsworth，2009)。遗传研究揭示，在植物苗端分生组织中存在一个 LRR-RLK CLV1 的自我调节反馈循环途径，并以这种方式控制着 *WUS* 的表达；当 *WUS* 促进干细胞的增殖时，也引起 *CLV1* 途径中的成员表达，此后，*WUS* 转录水平被抑制，按此反馈循化方式控制干细胞微环境(niche)规模的大小(Haecker and Laux，2001)。这些结果表明，那些抑制分生组织形成的基因，如 *CLV1*、*CLV2* 和 *CLV3* 可显著抑制体胚发生，而那些促进分生组织形成的基因，如 *STM* 和 *WUS* 可明显促进体胚发生(Elhiti，2010)。当拟南芥体胚发生时，在生长素梯度建立及球形胚形成之前就可见 *WUS* 的转录(Su et al.，2009)。通过异位表达 *CLV1* 在遗传上抑制 *WUS*，可以显著降低对体胚发生刺激的反应程度，这一作用可为加高浓度的 2,4-D 所逆转(挽救)(Elhiti et al.，2010)。异位诱导拟南芥中的 *WUS* 表达可抑制种子发育，但也可促进幼胚和在无 2,4-D 的培养基中的已分化组织的直接体胚发生；这些体胚形成仅是经过几次细胞分裂而完成的(Zuo et al.，2002)。相反，敲除 *WUS* 可抑制甘蓝型油菜小孢子的体胚发生(Elhiti et al.，2010)。*WUS* 的表达可使营养性组织向胚发育转变的能力提高，因此，异位表达 *WUS* 基因，可成为使那些难以诱导体胚发生的顽拗型品种进行体胚发生的有效手段。例如，在中粒咖啡(*Coffea canephora*)中异位表达拟南芥 *WUS* 可在其不加植物生长调节物质的培养基上诱导愈伤组织的形成，并使其体胚得率增加 4 倍(Arroyo-Herrera et al.，2008)。在被子植物基因组中含有一个可编码与拟南芥 WUS 关系亲密的同源大家族蛋白基因，即 WOX(WUSCHEL-related homeobox)蛋白基因，而裸子植物却缺少 WUS 的进化枝(clade)，但具有 WOX 成员；欧洲云杉(*Picea abies*)中已鉴定出 WOX2 和 WOX8/9，它们是来源于独立的系统进化枝的 WOX 基因家族的两个成员；它们在合子胚和体胚的所有发育阶段中都呈现高水平的转录(Palovaara and Hakman，2008；Palovaara et al.，2010)。

对于体胚发生来说重要的第二类同源异形域折叠(homeodomain fold)转录因子包括 KNOX(KNOTTED1-LIKE HOMEOBOX)家族蛋白，当组织进行图式形成时，这一家族的成员蛋白可调节细胞增殖与细胞分化之间的平衡，因而对植物发育有重要的作用。KNOX 的创始成员(founding member)是玉米 *kn1*(*knotted1*)，它通过阻止过早的细胞分化，从而保留苗端分生组织中的干细胞微环境(细胞)(Hay and Tsiantis，2010)，同时，突变体 *kn1* 也相应地失去苗端分生组织(Vollbrecht et al.，1991)。拟南芥 KNOX 家族含两个进化支：KNOX Ⅰ和 KNOXⅡ。KNOXⅠ分枝包含 4 个成员：STM(SHOOT MERISTEMLESS)、BP(BRAVIPEDICELLUS)、KNAT2(*kn1-like* in *Arabidopsis thaliana* 2)和 KNAT6。KNOXⅡ在胚发生中的作用尚不清楚(Smertenko and Bozhkov，2014)。突变体 *stm* 与 *kn1* 和 *wus* 的表型相似，都缺少苗端分生组织(Long et al.，1996)。因此，除了表达模式不同之外，*STM* 可在苗端分生组织所有细胞中表达，而 *WUS* 只在苗端分生组织下方的“组织中心”中表达，*STM* 与其共同作用保持着苗端分生组织的干细胞微环境，并调节其中的细胞增殖和分化的平衡。在体胚发生中 *STM* 的表达也被上调。甘蓝型油菜(*Brassica napus*)的 *STM* 异位表达可促进拟南芥的体胚发生(Elhiti et al.，2010)。欧洲云杉的 KNOXⅠ同源物 HBK(homeobox of KNOX class)是其体胚发生的分子标记物，也是体胚发生的重要调节因子。*HBK2* 在体胚中表达，但在所有失去胚性的细胞中都不表达(Hjortswang et al.，2002)。当体胚发生在不加植物生长调节物质的培养基中启动后，*HBK1* 和 *HBK3* 立即被上调。*HBK4* 是在体胚发生的后期阶段，即在胚柄退化后呈现明显的表达，它与 *HBK2* 一起在建立苗端分生组织中起作用(Larsson et al.，2012)。异位表达欧洲云杉的 *HBK3* 基因可增加体胚的数量。在这些通过相关基因异位表达所形成的体胚中，其苗端分生组织比野生型的要大，下调 *HBK3* 的表达导致体胚发生的抑制(Belmonte et al.，2007)。在调节体胚发生的作用中，KNOXⅠ和 WUS 的作用途径连在一起：*STM* 上调 *WUS* 的转录，高水平的 *WUS* 表达促进体胚发生。此外，可被 *STM* 上调的基因也包括感知植物激素信号的相关基因(Elhiti et al.，2010)。

5.5.3 细胞壁成分修饰、某些糖蛋白和寡糖与体胚发生的调控

体胚发生伴随细胞壁结构和分子组成修饰(Malinowski and Filipecki，2002)。这些修饰对维持细胞形态、细胞结构和细胞分裂板的定向所要求的力平衡的建立是非常重要的。除了细胞内形态事件外，细胞壁对邻近细胞间的通讯也有重要的作用。从细胞质外运向细胞壁的信号转导因子的多余部分，可通过质外体扩散到邻近的细胞并刺激体胚发生。一些从条件培养基(conditioned medium)中分离的信号转导因子不仅可促进低密度胚性培养物的胚发生(Smith and Sung，1985；de Vries et al.，1988)，也可使非胚性培养物转变为胚性培养物(参见本章的 5.4.4 部分)。

5.5.3.1 胞外蛋白

当体胚发生时，有几个细胞壁修饰酶基因进行差异性表达。例如，各种植物的体胚诱导伴随着木葡聚糖内糖基转移酶(xyloglucan endotransglycosylase)的表达上调(Malinowski and Filipecki，2002；Thibaud-Nissen et al.，2003；Rensing et al.，2005)。这一类酶可修饰木葡聚糖链的结构和改变细胞壁的机械性能。辐射松(*Pinus radiata*)体胚发生伴随着 α-D-半乳糖苷酶(也称 SEPR1)的上调，该酶可裂解糖脂和糖蛋白末端的 α-半乳糖基基团，因而可修饰细胞壁结构(Aquea and Arce-Johnson，2008)。胞外糖基化酸性Ⅳ类型的内切几丁质酶或胞外蛋白 3(E3)是胡萝卜体胚由球形胚转变为心形胚所要求的酶(de Jong et al.，1992)。该酶的确切功能尚不清楚，但显然它是系统发育途径保守的一部分。因为，甜菜的内切几丁质酶也可刺激欧洲云杉细胞培养物的体胚发生(Egertsdotter and von Arnold，1998)。有意思的是，这一内切几丁质酶仅在位于原胚团(PEM)外部的胚性培养物的一团形态不同的细胞中表达，而不在发育的体胚中表达。在种子中，

内切几丁质酶不在合子胚中表达，但在幼果的珠被内层和成熟种子胚乳中心的一组特异性细胞中表达(van Hengel et al.，1998)。这些发现说明，当体胚和合子胚发生时，那些在提供营养成分中发挥作用的信号转导分子的加工要求内切几丁质酶。在胡萝卜胚性细胞系的条件培养基(conditioned medium)中可富集非特异性脂类转运蛋白(LTP)(Sterk et al.，1991)。在棉花细胞培养体系的体胚诱导前和体胚处于球形胚时，LTP 呈现高水平的表达，但在球形胚后的胚发生过程中，LTP 表达水平则降低(Zeng et al.，2006)。葡萄藤 *LTP* 在 35S 启动子控制下的异位过表达将影响体胚的两侧对称性并干扰表皮细胞层的形态(Francois et al.，2008)。研究已证明，在细胞水平上，LTP 参与胡萝卜细胞内质网中的磷脂或其他非极性分子运进细胞分室中的过程(Toonen et al.，1997)。因此，它们对信号转导分子的稳定及其在质外体和共质体体系的运输起作用(Smertenko and Bozhkov，2014)。

萌发素类蛋白(germin-like protein，GLP)是加勒比松(*Pinus caribaea*)胚性细胞培养体系中最富集的胞外蛋白质类的一个成员(Domon et al.，1995)。有几个相关研究表明，在加勒比松、白羽扇豆和小麦的胚性培养体系中，编码 GLP 的基因转录被上调(Neutelings et al.，1998；Caliskan et al.，2004)，在所有研究的例子中，*GLP* 的表达都仅限于胚性细胞中。GLP 属于普遍存在于植物中的 cupin 亚家族的成员，其一级结构可变但其四级结构是保守的(Dunwell et al.，2008)。GLP 可产生过氧化氢的酶类，即草酸氧化酶和超氧化物歧化酶，与胚发生相关的是草酸氧化酶类，在小麦胚性培养物中可检测到 GLP 的高活性草酸氧化酶(Caliskan et al.，2004)。因此 GLP 的活性形式存在于细胞壁中，并可通过所产生的过氧化氢与葡萄糖醛酸阿拉伯木聚糖多聚物交联，增加细胞壁的刚性。在拟南芥中已发现 cupin(At4g36700)可被 AGL1 上调，而 AGL1 是控制体胚发生和合子胚发生的转录因子，这一实事再一次地说明，GLP 参与了体胚发生的过程(Zheng et al.，2009)。

5.5.3.2　阿拉伯半乳聚糖蛋白

阿拉伯半乳聚糖蛋白(Arabinoglactan protein，AGP)是由一个多肽、一个具有分枝的多聚糖长链和一个脂类分子所组成的异源分子组合物(Majewska-Sawka and Nothnagel，2000)。尽管许多研究已证明，在胚发生时 AGP 起着信号转导的作用(Thompson and Knox，1998；Chapman et al.，2000)，但其分子机制仍不清楚。其中一个可能的功能涉及几丁质酶，几丁质酶可以裂解 AGP 中的寡糖基链(Passarinho et al.，2001)，并释放出信号转导分子，以促进各个体系中的体胚发生(Svetek et al.，1999)。在发育的种子中，内切几丁质酶 EP3 与 AGP 共存，这进一步证实了 EP3/AGP 信号转导模式在胡萝卜胚发生中起着关键的作用(van Hengel et al.，1998)。此外，用 Yariv 试剂可使 AGP 失活，从而使体胚发生被抑制(Chapman et al.，2000)。AGP 与内切几丁质酶一起处理可使 AGP 具有更强的活性(van Hengel et al.，2001)。这就使人质疑 AGP 的糖残基对体胚诱导的作用。此外，从陆地棉(*Gossypium hirsutum*)中所分离的 AGP 中的类似藻蓝蛋白结构域(phycocyanin-like domain)本身就足以诱导体胚发生，尽管它缺少糖基化基序(Poon et al.，2012)，目前尚无法判断是 AGP 中的蛋白质还是多聚糖对体胚发生发挥作用，为解开这些谜团需要作更多的相关研究(Smertenko and Bozhkov，2014)。

5.5.3.3　寡糖

有一类称为脂几丁质寡糖(LCO)的寡糖，也是由根瘤菌(*Rhizobium*)所分泌的一种信号分子，可促进植物细胞分裂和诱导根皮层细胞分裂而形成根瘤。该分子骨架由 3～5 个称为几丁质(chitin，1,4-连接的 *N*-乙酰基-D 型葡糖胺)的残基组成，每个几丁质残基带一个 *N*-乙酰基，末端的非还原糖为酰基链所取代。这一结瘤因子可通过促进细胞分裂而促进球形胚阶段之后的胡萝卜和欧洲云杉培养物的体胚发生(Egertsdotter and von Arnold，1998；Dyachok et al.，2000)。胚性细胞可产生具有其自身特点的寡糖类型，并与结瘤因子结构相似的 LCO。在条件培养基中富集的 LCO 可促进培养物的体胚发生(Dyachok et al.，2002；Smertenko and Bozhkov，2014)。

5.5.4 胞外信号的感知及其传导与体胚发生

5.5.4.1 受体激酶

第一个体胚受体类似激酶 SERK(SOMATIC EMBRYOGENESIS RECEPTOR-LIKE KINASE)基因是从胡萝卜的胚性愈伤组织中分离鉴定的，研究者认为该基因可作为体胚发生过程中具有胚性感受能力细胞的标记基因(Schmidt，1997)。SERK 属于进化保守的富含亮氨酸重复序列受体类似激酶(LRR-RLK)亚家族的一员。在整个被子植物基因组中已检测出几个编码 SERK 的基因。从拟南芥中也分离到 *AtSERK1*、*AtSERK2*、*AtSERK3*、*AtSERK4* 和 *AtSERK5* 这 5 个相关基因。除 SERK 外，该亚家族包括 CLV1(CLAVATA1)、Erecta1、油菜素甾醇不敏感蛋白 1(brassinosteroid insensitive 1，BRI1)和 CRINKLY4(Becraft，1998)，它们都含一个胞内激酶结构域、一个胞外 LRR 结构域和几个近膜磷酸化位点(juxtamembrane phosphorylation site)。LRR 结构域可与其他各个激酶相互作用而形成同源或异源二聚体。LRR-RLK 可以单体的形式自动磷酸化，并在寡聚体状态中实现转磷酸化，通过这种变化方式使激酶与其他蛋白和其他效应因子相互作用。SERK 位于质膜上(Shah et al.，2001)。油菜素甾醇可促进 SERK1 的磷酸化，并转磷酸于 BRI1(Karlova et al.，2009)。研究还发现 SERK 和油菜素甾醇信号转导途径相联结，极有可能，SERK 可调节体胚发生时的油菜素甾醇的信号转导途径(Wang et al.，2005)。

当拟南芥和胡萝卜的体胚发生时，SERK 被上调。在蒺藜苜蓿(*Medicago truncatula*)体胚发生诱导时，6 个 *SERK* 基因中的 4 个同型基因都被上调，这就意味着这一基因家族中的各成员都具有冗余功能(Nolan et al.，2011)。与此结论相一致的是，只有拟南芥的四重敲除突变体(*serk1 serk2 serk3/bak1 serk4/bkk1*)才表现胚致死的表型(Gou et al.，2012)。异位表达拟南芥同种型(isotype)SERK1 可促进其体胚形成(Hecht et al.，2001)。尽管 LRR-RLK、SERK 和 CLAVATA1(CLV1)同属一个系统发生组，它们在体胚发生中的功能却是相反的，在芸薹属植物中，CLV1 抑制促进体胚发生的转录因子的表达，从而抑制体胚发生(Elhiti et al.，2010)。

基因转化的研究表明，在 35S 启动子的调控下，全长 *AtSERK1* cDNA 的不同程度的表达不会导致转基因植株表型的改变，但过量表达 *AtSERK1* mRNA 的植株，其体胚发生的能力增加了 3～4 倍。因此认为，*AtSERK1* 的表达水平可以作为衡量体胚形成能力的标志(Hecht et al.，2001)。然而，来自不同植物的研究结果表明，*SERK* 不仅仅局限于在胚胎发生中表达，在其他组织(如非胚性组织、成熟维管组织)及在器官发生、器官形成中也有不同程度的表达。不同物种 *SERK* 的表达存在较大差异，如蒺藜苜蓿(*Medicago truncatula* cv. Jemalong)的 *SERK*(*MtSERK1*)在高频率和低频率体胚发生品系中的表达无明显区别，在根发生时也表达 *MtSERK1*(Nolan et al.，2003)。对转化水稻 *SERK*(*OsSERK1*)的启动子与 GUS 报告基因所构建的表达载体的研究表明，可在转基因植株的根、叶和种子内检测到 GUS，但在发育的体胚内检测不到，这说明 *OsSERK1* 可能也在非胚性组织的分化中起作用(Yukihiro et al.，2005)。

5.5.4.2 Ca^{2+}及其效应因子

研究表明，诱导胡萝卜体胚发生至少需要 0.2mmol/L 的钙离子(Overvoorde and Grimes，1994)，钙离子浓度从 1mmol/L 增加至 10mmol/L 可使体胚发生效率增加 2 倍(Jansen et al.，1990)。在无植物生长调节物质的培养基上启动胡萝卜和檀香(*Santalum album*)原胚团(PEM)的体胚发生，可促进其对培养基中钙的吸收，从而使共质体中钙离子浓度整体增加(Anil and Rao，2000)。此外，檀香木的原胚团在体胚分化培养基中继代培养(无 2,4-D，但具有更高的渗透势)可使培养物的共质体中钙离子浓度增加 4 倍，在培养基中除去 2,4-D 后 10s 内分析 fura-2[细胞内钙离子(Ca^{2+})的特异性荧光指示剂]的荧光比率表明 PEM 细胞共质体中钙离子浓度可增加 10～16 倍。钙离子残余浓度由 30～50nm 增加到 650～800nm(Anil and Rao，2000)。采用钙通道阻断剂或离子载体 A23187 处理，其体胚发生完全被抑制(Overvoorde and Grimes，1994; Anil and Rao，2000)。这些研究结果表明，体胚发生的启动要求胞内钙离子浓度特异性的运作模式。采用钙调素抑制剂 W7[*N*-(6-氨基己基)-5-氯-1-萘磺胺盐酸盐]也可抑制其体胚发生(Anil and Rao，2000)。几类钙效应因子的活性，可将钙内流转变成生理反应，目前已知有两类钙效应因子在体胚发生中起作用：即钙调素和钙依赖性蛋白激酶(calmodulin and calcium dependent protein kinase，CDPK)。它们在不同植物的体胚发生时的基因转录及其蛋白质水平变化不一，在胡萝卜体胚发生过程中，它们的水平非常稳定(Oh et al.，1992；Overvoorde and Grimes，1994)，但在欧洲云杉的体胚发生过程中，当培养基中去除生长调节剂进行体胚发育时，钙调素立即被上调(van Zyl et al.，2003)。在 PEM 和体胚中，CDPK 的表达及其活性以依赖于钙离子浓度的方式被上调(Anil and Rao，2000；Kiselev et al.，2008)。Xu 等(1999)利用荧光探针 DM-Bodipy PAA 示踪向日葵合子胚早期阶段钙水平的变化，发现胚的基部被偏向标记。因此，是钙离子的梯度而不是整个钙离子的浓度调控早期阶段胚发育的极性化及其器官的图式形成。外部信号由蛋白激酶途径传导进入细胞核内，引起基因表达的改变，其中有的是由于转录因子的激活，也有的是由于染色质修饰(Smertenko and Bozhkov，2014)。

5.5.5　程序性细胞死亡与体胚发生

有关程序性细胞死亡(PCD)与体胚发生的关系，人们的了解还不多，特别是在分子水平上。程序性细胞死亡是正常胚发育不可避免的细胞类型化和组织特异性过程。PCD 的第一个作用是可适时地去除胚柄(Bozhkov et al.，2005)。PCD 的第二个功能是当发生多胚现象时除去早期阶段的多胚(Koltunow，1993)。PCD 在胚发育后期阶段也参与维管束的建成，此时的 PCD 可被渗透逆境、温度逆境、代谢阻断、毒素和低氧压所激活启动(Wang et al.，1996)。

在欧洲云杉的体胚发生中，出现两个 PCD 的高峰期，一个是在胚胎发生的早期阶段去除已结束分化的胚柄细胞，而另一个是在胚胎发生的晚期阶段当原胚团成为体胚时，使余下的原胚团退化。因此，PCD 是体胚发生时非常重要的事件(Pennell and Lamb，1997)。例如，欧洲云杉体胚的胚柄是由多细胞组成的非常大的器官，长达数厘米，它是通过液泡 PCD(vacuolar PCD)机制进行分化和随即被消除的(图 5-21)。在该胚柄进行 PCD 时，沿着胚的顶-基轴存在着一个 PCD 的连续梯度，从胚团正增殖的细胞开始，在胚管细胞(embryonal tube cell)中启动终末分化(terminal differentiation)和 PCD，并在胚柄的近端细胞开始实行，在胚柄基端留下的细胞是只有细胞壁的死细胞(Bozhkov et al.，2005；Smertenko and Bozhkov，2014)。胚

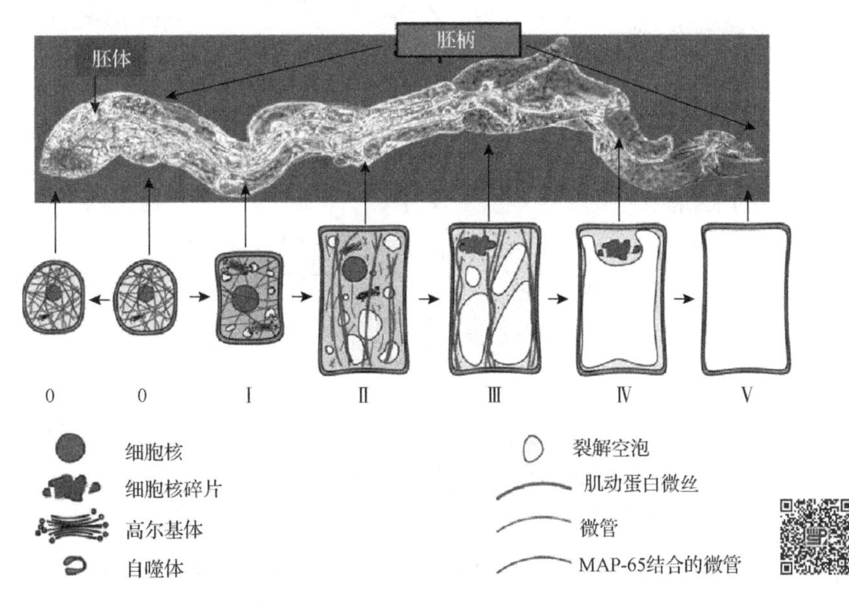

图 5-21　体胚发生时的液泡程序性细胞死亡(PCD)过程(Smertenko and Bozhkov，2014)(彩图请扫二维码)

在胚团(embryonal mass，EM)中增殖细胞(阶段 0)可持续地处于这一阶段，也可进入下一阶段(阶段 I)进行分化，成为胚管细胞(embryonal tube cell)。胚管细胞在某些时间点进入 PCD 并经历一系列典型的形态变化(阶段 II～IV)，至阶段 V 逐步地消除细胞内容物。沿着幼胚的顶-基轴可同时观察到终末分化和 PCD 细胞

体本身的生存和发育与胚柄的死亡及其除去之间的平衡在合子胚发生中起重要的作用，也对体胚发生效率产生重要的影响；但目前尚未破解这一平衡是如何建立，随后又是如何保持的。研究已发现有一组相同的蛋白质根据其分子环境在细胞分化和细胞死亡中起作用。例如，转录因子 LEC1 对胚发生早期子叶的特化及胚柄细胞发育命运的维持起基础性的作用，WUS 转录因子的不同成员决定着胚的极性。WOX2 在顶细胞中特异性表达，而其他成员 WOX8 和 WOX9 则在基细胞中表达(Haecker et al.，2004；Wu et al.，2007)，揭示胚体本身的生存和发育与胚柄的死亡之间平衡的分子机制将有助于揭示胚性培养物的胚发生如何启动和体胚发生的数量和质量如何提高的规律(Smertenko and Bozhkov，2014)。

综上所述，体胚发生是在离体培养条件所引起的逆境下所发生的。其中生长素如 2,4-D、NAA 等是建立胚性组织培养体系的关键因素。大量实验表明，在外植体中，只有部分细胞才对这种体胚诱导具有应答能力。细胞对生长素处理的敏感性是细胞与生长素相互作用的限制因子。逆境和生长素等生长调节物质成为诱导体胚发生的原初信号，引起相应体细胞的各种特异性转录因子的基因表达，并激活其下游的功能基因和各种信号转导体系协调运作，在遗传和表观遗传水平上构成调控体胚发生的复杂分子网络体系。采用生物信息学手段进行计算机模拟分析(in silico analysis)，可能在体胚发生中获得具有功能的候选基因。根据生物信息学功能预测，有利于提出相关学术设想，探索早期体胚发生阶段的分子调控机制，让研究者更容易发现和获得机会去鉴定那些涉及体胚发生的新型的控制途径。因此探明生长素在诱导体胚发生过程中的分子作用机制对了解体胚发生早期阶段的本质很重要。已有一些研究者根据相关的研究资料，对此提出一些学术构想(Elhiti et al.，2013b；Fehér，2015)，如图 5-22 所示，已对 2,4-D 反应获得感受态的细胞(已脱分化或成熟的干细胞)，细胞分裂活性被重新激活并开始增殖。生长素上调细胞周期调节因子 CDK，同时也抑制分化因子 PRZ1(PROPORZ1)，该因子可征集(招募)组蛋白乙酰化酶以便上调已分化细胞中的 CDK-抑制因子 KRP 蛋白的表达。2,4-D 通过上调 ACC 合成酶的表达而直接或间接促进乙烯合成。

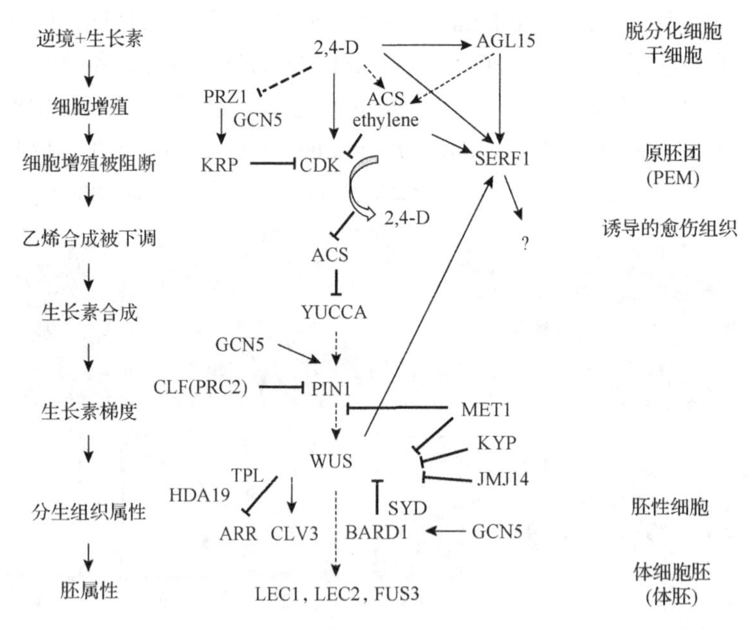

图 5-22　生长素(2,4-D)诱导拟南芥间接体胚发生所涉及的以 WUS 同源异形域转录因子为中心的分子网络设想示意图(Fehér，2015)

实线箭头表示相关促进作用，虚线箭头表示间接的相互作用，受阻箭头表示抑制，被影响的过程在图的左侧表示，而相应的细胞状态则在右侧表示

生长调节物质也可以诱导已知的体胚发生的几个相关基因，如聚合酶Ⅰ(polymerase Ⅰ)的基因、*LBD*(*LATERAL ORGAN BOUNDARIES DOMAIN*)*29* 和 *KYP*/*SUVH4* 的表达，这些基因位于生长素反应因子基因 *ARF7*、*ARF19* 和 PRC1 的下游，从而诱导其他影响油菜素内酯(BR)和茉莉酸代谢的事件。细胞壁的修饰对细胞脱分化具有重要意义，而茉莉酸代谢的调节、生长素和油菜内酯的信号转导均对细胞壁的修饰起重要的作用。一旦细胞获得脱分化的潜能，表达 *LEC1* 和 *LEC2*，并由此引起一些细胞中内源激素的水

平增加，随之可使 *WUS*、*SERK* 和 *CLF* 表达上调。在此阶段，生理上的变化、染色质重塑、JA 信号转导的激活、BR 代谢、GTPase 信号转导和水杨酸(SA)信号转导将协同运作开启全能性的表达(Elhiti et al.，2013b)。2,4-D 还可通过转录因子 AGL15 和 SERF1(MtSERF1，*Medicago truncatula* SOMATIC EMBRYO RELATED FACTOR1)的作用上调乙烯信号转导。MtSERF1 是由一个编码 AP2/ERF 类转录因子的基因所编码的蛋白质，它属于转录因子的 ERF 亚家族。*MtSERF1* 可为乙烯所诱导并在胚性愈伤组织中表达，*MtSERF1* 在球形胚阶段强烈表达，并在心形胚的苗端分生组织中的一小组细胞中高度表达，RNA 干扰敲除这一基因会强烈地抑制体胚发生(Mantiri et al.，2008a，2008b)。

目前对 SERF1 的下游作用靶物尚不清楚。乙烯和乙烯信号转导可能对原胚团(PEM)的细胞分裂起抑制作用。从培养基中移去 2,4-D 可触发体胚发生的启动，乙烯合成被下调，而通过诱导由 *YUCCA* 编码的生长素合成酶能将生长素的合成上调。解除 CLF(PRC_2)对生长素外运载体蛋白基因的抑制，该蛋白基因得以表达，从而有助于建立细胞团中的生长素浓度梯度；其中也涉及表观遗传修饰(参见第 9 章)。例如，生长素这一梯度的建立也要求组蛋白乙酰化酶 GCN5 参与，而由甲基转移酶 MET1 所介导的 DNA 甲基化则抑制这一梯度的建立。生长素梯度的建立可使 *WUS* 同源域转录因子基因在低浓度生长素的区域表达。为此，*WUS* 可从以染色质为基础的强烈抑制中释放出来，这一释放过程是通过 MET1 DNA 甲基转移酶、KRYPTONITE(KYP) H3K9 组蛋白甲基转移酶和 JUMONJI14(JMJ14) H3K4 组蛋白去甲基化酶的介导来完成的。BARD1 可限制 *WUS* 在其表达区域外的残余表达，这一过程受组蛋白乙酰化酶(GCN5)所调控；同时，在 *WUS* 启动子区域中，SPLAYED 染色质重构 ATP-ase(SYD)可与 BARD1 相互作用。当分生组织的组织中心建立时，*WUS* 可上调位于 *WUS* 表达区域外侧的 *CLV3*，并阻止 ARR 型反应调节因子的表达(Leibfried et al.，2005)。*WUS* 对 ARR 的抑制作用是通过与核心抑制因子 TOPLESS (TPL)相互作用后为 *ARR* 基因启动区招募组蛋白脱乙酰酶 HDA19 而完成的(Causier et al.，2012)。*WUS* 还可调节早期胚胎所要求的乙烯反应相关的 SERF1 转录因子的表达。*WUS* 的表达在某种程度上可诱导 *LEC1*、*LEC2* 和 *FUS3*(*FUSCA 3*)的表达，这些基因的表达是胚启动和发育所要求的(Fehér，2015)。进一步揭示上述各基因和信号转导途径在体胚发生中的准确作用，将有助于对植物体胚发生分子机制的全面了解，以及对难以离体发育的顽拗型品种再生和快繁的改善与开发。

5.6　有关体胚发生机制的假说

植物的体胚发生虽然是一种普遍现象，但是体胚发生的一些理论问题仍然悬而未决。如前所述，体胚发生可直接从外植体表皮、亚表皮、悬浮细胞、原生质体发生，也可从脱分化的外植体形成的愈伤组织外层或内部先产生胚性细胞团，进而形成体胚。无论体胚以何种方式产生，都存在下列问题：未分化的体细胞如何转变为胚性细胞而得以继续分裂，从而发育成体胚？体胚的起源是单细胞还是多细胞？对于这些问题研究者已提出过下列几个假说。

5.6.1　预决定和诱导决定学说

这是一个由 Sharp 等(1980)提出并充实的较普遍的假说。该假说认为，在外植体直接进行体胚发生的培养过程中，有些细胞的发育命运已预决定成胚性细胞，即预胚性决定细胞(PEDC)(图 5-8)。这些细胞仅要求植物生长调节物质或合适的培养条件即可进行细胞分裂并实现胚胎发生。不管体胚是单细胞还是多细胞起源，重要的是培养时的细胞是否为预决定胚胎细胞，如果是，则生长素往往对其胚胎发生的表达有抑制作用，去掉生长素并给以合适的培养环境，就可使细胞进入分裂周期，进行体胚发生的表达。在间接体胚发生中，外植体已分化的细胞先脱分化，进而再分化(或再决定)，愈伤组织增殖而进入胚胎发生阶段。这类被诱导并重新决定的细胞称为诱导胚性决定细胞(IEDC)。IEDC 的形成需要生长素，此时生长素不仅为细胞分裂所必需，也为细胞进入胚胎状态所必需(Sharp et al.，1980)。对此 Carman(1990)认为：胚性细胞与预决定态的根端、茎端和花芽细胞不同，其对物理化学环境的微小改变十分敏感，这类细胞发育命运有较大的可塑性(plasticity)。

5.6.2 细胞隔离学说

被子植物胚囊减数分裂形成的大孢子与周围细胞处于分开(隔离)的状态；小孢子因细胞在减数分裂前期也与绒毡层的细胞没有联系；同时蕨类植物的单个孢子可以独立发育成配子体。这些事实难免使人们联想到体胚发生是否也以细胞隔离为前提。Steward 等(1958)在研究胡萝卜体胚发生时曾论证：细胞在一个有序结构的组织里只有从邻近的细胞中分离出来才能表现它们所固有的胚胎发生趋向。因为体细胞在一个未被隔离的环境里，可能由于相邻细胞的相互作用，部分基因的表达受到影响，而被隔离的细胞更接近合子的自然状态，能够像合子一样发育成胚。从许多植物的原生质体直接形成体胚及其他的事实支持了这一观点。利用高渗溶液可提高体胚分化频率，可能原因是此溶液引起细胞质壁分离，胞间连丝的丧失促进了体胚分化。有些植物(如柑橘珠心组织)的胚性愈伤组织在分化成体胚之前，细胞被厚壁所包围，失去胞间连丝，或胞间连丝被堵塞；车轴草属(*Trifolium*)幼胚进行初生和次生体胚发生时，用荧光染色法未见体胚发生部位有细胞壁的特化，但可见细胞壁有腺毛状的中间结构。个别的细胞壁表面形成毛状结构，表明存在胼胝质的沉积和壁的角质化。这些细胞隔离的特性是否与体胚发生有关，虽然对此还不清楚，但可以肯定隔离状态的存在(Maheswaran and Williams，1986)。欧芹体胚发生时，可见体胚周围有缝隙与其他细胞隔开。这也说明，细胞要表现出胚胎发生的潜力，必须与其邻近细胞隔离以保持相对独立，至少体胚发育早期是如此。但是，也有许多资料表明，间接体胚发生时，细胞间仍保持联系。例如，石龙芮下胚轴在形成体胚时，胚性细胞通过胞间连丝与邻近细胞相连接。

以上相互矛盾的事实可以用胚性预决定作用加以解释。如果单个细胞已经处于胚性预决定状态，那么只有与周围细胞分开，失去整体控制，其胚胎发育的潜力才可以表达。如果细胞还没有处于胚性预决定状态，胚性细胞就要从其他细胞获得必要的物质及信息，诱导其进入决定状态，此时，与周围的非胚性细胞保持联系是必要的。

5.6.3 生理逆境学说

Dudits 等(1991)认为体胚的形成是一个逆境效应。离体培养使原来的体细胞或组织脱离了其原有的环境而处于新的环境(逆境：包括人工生长环境、离体时造成的饥饿状态及植物激素过高的浓度和创伤)。胚性状态的产生可能是一般适应过程的一个组成部分。在这种情况下，与逆境效应相连接的细胞起着激发胚发育程序的作用，其中热激体系已由许多实验结果证实。例如，当胡萝卜悬浮培养形成体胚时可观察到热激效应的变化(Zimmerman et al.，1989)。大豆下胚轴中的热激基因可被 2,4-D 所诱导。有一种温度敏感型的非胚性胡萝卜突变种(*ts59*)，其热激蛋白不能进行磷酸化作用。在正常培养的条件下，苜蓿体胚发生早期可出现一个热激小基因的表达，这与动物胚胎发生早期阶段热激基因的短暂表达相符。这个热激基因所代表的蛋白质含有 GVLTV 基序(motif)，这是具有凝集能力的蛋白质共有的特征序列区。热激蛋白可能具有分子伴侣(molecular chaperone)的功能，以便在发育程序发生改变时(如体胚发生启动时)保证蛋白质进行适应性的折叠和装配(Dudits et al.，1991)。

在营养性植物细胞中，其胚性程序受表观遗传的强烈抑制。按目前的认知水平，基于染色质修饰的机制可能涉及体细胞向胚性细胞发育命运的转变，逆境学说所强调的是染色质可能在整合逆境、激素和发育途径过程中起着重要作用，从而激活体胚发生程序(Fehér，2015)。

5.7 体胚发生是单细胞还是多细胞起源的问题

关于体胚发生是单细胞还是多细胞起源的问题仍在探索和研究之中。Steward 等(1958)认为胡萝卜体胚是从单细胞发育而来的。随后的实验也证实了这一观点，在生长素作用下获得胚性感受态的是直径为 12μm 的单细胞，进而形成多细胞原胚团(PEM)(Komamine et al.，1992)。也有不少其他植物单个细胞发育成体胚的例子。石龙芮下胚轴的表皮细胞、油茶子叶基部表皮的单个细胞、云杉幼胚形成的愈伤组织表面边缘的单个细胞均能直接发育成体胚。许多植物的原生质体可直接形成体胚。

另一种观点认为体胚是多细胞起源的。有时，外植物先脱分化形成愈伤组织，从它的表层、内部形成一小团类似分生组织的细胞团，由它们进行细胞分裂，经历体胚发育各个阶段发育成成熟的体胚。有时是外植体不脱分化，直接发育成胚性细胞团。

白车轴草(*Trifolium repens*)表皮细胞所产生的体胚是单细胞还是多细胞起源，常与其表皮细胞的成熟程度有关。幼胚、幼苗或老龄植物的幼嫩表皮细胞，无论是单个的、单层的还是多层的，均已处于胚胎预决定状态，它们可以进行细胞分裂和分化，最后成为体胚。但成熟的表皮细胞则已失去了胚胎分化的潜力，必须重新诱导决定(Williams and Maheswaran，1986)。

桃棕(*Bactris gasipaes* Kunth)茎尖离体培养时，可见位于苗端的前原形成层细胞(pre-procambium cell，PPC)(该组织包含其启动细胞和原形成层组织)分别可进行多细胞起源或单细胞起源的体胚发生(de Almeida et al.，2012)。体胚发生可从一群分生细胞自身构成球形结构(分生性中心)开始，并同时极化成苗端和根端的两个极，通过原形成层组织彼此相连，伴随着胚轴的特化发育出上胚轴和胚根，这一体胚发生过程，称为多细胞起源体胚发生途径(multicellular origin of somatic embryogenic pathway)。或者体胚发生也可以源于单一细胞，通过不对称的细胞分裂进行体胚发生，称为单细胞起源体胚发生途径(unicellular somatic embryogenic pathway)，在不对称细胞分裂后形成两极结构，分别称近端区(proximal region)和远端区(distal region)，经历与合子胚发育相似的过程，形成体胚。在有些情况下，也可发育出胚柄的结构。这两种体胚发生途径起源的细胞所处位置有所不同，起源于单细胞的体胚发生途径的细胞是位于 PPC 外层的细胞，极易因表皮断裂而与母体组织脱离；而起源于多细胞的体胚发生途径的细胞存在于 PPC 内层，难以脱离母体组织的控制(de Almeida et al.，2012)。

综上可知，关于体胚起源的几种假说还有待完善。生理逆境学说越来越受到研究者的关注。预决定学说似乎能解释更多互相矛盾的事实，因此，也较为普遍引用。然而这几种学说中哪一种也不能完全说明问题，均有局限性。体胚发生可能是几种学说的综合结果，也可能是不同的学说符合不同的情况。显然需要更多更深入的研究才能完善体胚发生的学说。

参 考 文 献

陈云凤, 等. 2006. TDZ 对植物体细胞胚胎发生的作用. 植物生理学通讯, 42: 127-133

谷祝平, 郑国昌. 1987. 红豆草组织培养中体细胞胚胎的形成及其胚胎学观察. 实验生物学报, 20: 23-29

黄上志, 等. 1992. 苜蓿人工种子转化苗营养成分分析. 中山大学学报论丛, 3: 187

黄学林, 等. 1994. Thidiazuron 对苜蓿愈伤组织的乙烯生成及其体细胞胚胎发生的影响. 植物生理学报, 20(4): 367-372

路铁刚, 郑国昌. 1989. 体细胞胚胎发生的分子机制及生理生化研究进展. 植物学通报, 6: 197-204

欧阳权, 等. 1981. 桉树愈伤组织发生胚状体的研究. 林业科学, 17: 1-7

彭艳华, 等. 1990. 金花茶胚状体中游离氨基酸含量及花氨酸、丝氨酸对胚状体发育的影响. 武汉植物学研究, 8: 268-272

孙丹, 等. 2013. 北五味子体细胞胚发生过程中内源 IAA、ABA 和 GA 含量的动态变化. 植物生理学报, 49: 70-74

魏岳荣. 2004. 香蕉(*Musa* spp.)胚性细胞悬浮培养及其超低温保存和植株再生的研究. 广州: 中山大学博士学位论文

魏岳荣, 等. 2005. 贡蕉胚性细胞悬浮系的建立和植株再生. 生物工程学报, 21: 58-65

杨和平, 程井辰. 1991. 马唐胚性与非胚性愈伤组织生理变异的初步研究. 植物生理学通讯, 27: 337-370

张春荣. 2005. Thidiazuron 调控苜蓿愈伤组织分化的分子机制研究. 广州: 中山大学博士学位论文

朱至清, 等. 1975. 通过氮源比较试验建立一种较好的花药培养基. 中国科学, (2): 484-490

Ahloowalia BS. 1991. Somatic embryos in monocots. Their genesis and genetic stability. Rev Cytol Biol Veg Bot, 14: 223-235

Al-Abta S, Collin HA. 1978. Control of embryoid development in tissue cultures of celery. Ann Bot, 42: 773-782

Almeida AM, et al. 2012. A proteomics study of the induction of somatic embryogenesis in *Medicago truncatula* using 2DE and MALDI-TOF/TOF. Physiol Plant, 146: 236-249

Altman A, et al. 1989. Alternative metabolic pathways for polyamine biosynthesis in plant development. *In*: Zappia V, Pegg AE. Progress in Polyamine Research. New York: Plenum: 559-572

Ammirato PV. 1987. Organizational events during somatic embryogenesis. *In*: Green CE, et al. Plant Biology Vol. 3. Plant Tissue and Cell Culture. New York: Alan R. Liss, Inc: 57-81

Anil VS, Rao KS. 2000. Calcium mediated signaling during sandalwood somatic embryogenesis: role for exogenous calcium as second messenger. Plant Physiol, 123: 1301-1311

Apelbaum A, et al. 1981. Polyamines inhibit biosynthesis of ethylene in higher plant tissue and fruit protoplasts. Plant Physiol, 68: 453-456

Aquea F, Arce-Johnson P. 2008. Identification of genes expressed during early somatic embryogenesis in *Pinus radiata*. Plant Physiol and Biochem, 46: 559-568

Arroyo-Herrera A, et al. 2008. Expression of *WUSCHEL* in *Coffea canephora* causes ectopic morphogenesis and increases somatic embryogenesis. Plant Cell Tiss Org Cult, 94: 171-180

Atanassov A, Brown DCW. 1984. Plant regeneration from suspension culture and mesophyll protoplasts of *Medicago sativa* L. Plant Cell Tiss Org Cult, 3: 149-162

Auboiron E, et al. 1990. Influence of atmospheric gases, particularly ethylene, on somatic embryogenesis of *Hevea brasiliensis*. Plant Cell Tiss Org Cult, 21: 31-37

Bagni N, Mengoli M. 1985. Characterization of a carrot callus line resistant to high concentration of putrescine. Plant Growth Regul, 3: 371-380

Bai B, et al. 2013. Induction of somatic embryos in *Arabidopsis* requires local YUCCA expression mediated by the down-regulation of ethylene biosynthesis. Mol Plant, 6: 1247-1260

Banks MS. 1979. Plant regeneration from callus from two growth phases of English ivy *Hedera helix* L. Z Pflanzenphysiol, 92: 349-353

Baron K, Stasolla C. 2008. The role of polyamines during *in vivo* and *in vitro* development. *In Vitro* Cell Dev Biol-Plant, 44: 384-395

Bassuner BM, et al. 2007. Auxin and root initiation in somatic embryos of *Arabidopsis*. Plant Cell Rep, 26: 1-11

Becraft PW. 1998. Receptor kinases in plant development. Trends Plant Sci, 3: 384-388

Belmonte MF, et al. 2007. Overexpression of *HBK3*, a class *IKNOX* homeobox gene, improves the development of Norway spruce (*Picea abies*) somatic embryos. J Exp Bot, 58: 2851-2861

Boutilier K, et al. 2002. Ectopic expression of BABY BOOM triggers a conversion from vegetative to embryonic growth. Plant Cell, 14: 1737-1749

Bozhkov PV, et al. 2005. Programmed cell death, in plant embryogenesis. Curr Top Dev Biol, 67: 135-179

Bradley PM, et al. 1984. Polyamines and arginine affect somatic embryogenesis of *Daucus carota*. Plant Sci Lett, 34: 397-401

Bratzel F, et al. 2010. Keeping cell identity in *Arabidopsis* requires PRC1 RING-finger homologs that catalyze H2A monoubiquitination. Curr Biol, 20: 1853-1859

Braybrook SA, et al. 2006. Genes directly regulated by LEAFY COTYLEDON2 provide insight into the control of embryo maturation and somatic embryogenesis. Proc Natl Acad Sci USA, 103: 3468-3473

Brown DCW, Atanassov A. 1985. Role of genetic background in somatic embryogenesis in *Medicago*. Plant Cell Tiss Org Cult, 4: 111-122

Brown S, et al. 1976. The potassium requirement for growth and embryogenesis in wild carrot suspension cultures. Physiol Plant, 37: 73-79

Caliskan M, et al. 2004. Formation of wheat (*Triticum aestivum* L.) embryogenic callus involves peroxide- generating germin-like oxalate oxidase. Planta, 219: 132-140

Carman JG. 1990. Embryogenic cells in plant tissue cultures: occurrence and behavior. *In Vitro* Cell Dev Biol-Plant, 267: 749-753

Carnes MG, Wright MS. 1988. Endogenous hormone levels of immature corn kernels of A188, Missouri-17, and Dekalb XL-12. Plant Sci, 57: 195-203

Castillo B, Smith MAI. 1997. Direct somatic embryogenesis from *Begonia gracilis* explants. Plant Cell Rep, 16: 385-388

Causier B, et al. 2012. The TOPLESS interactome: a framework for gene repression in *Arabidopsis*. Plant Physiol, 158: 423-438

Chapman A, et al. 2000. Arabinogalactan proteins in *Cichorium* somatic embryogenesis: effect of β-glucosyl Yariv reagent and epitope localisation during embryo development. Planta, 211: 305-314

Charriere F, Hahne G. 1998. Induction of embryogenesis versus caulogenesis on *in vitro* cultured sunflower (*Helianthus annuus* L.) immature zygotic embryos: role of plant growth regulators. Plant Sci, 137: 63-71

Chaves I, et al. 2011. The cryptochromes: blue light photoreceptors in plants and animals. Annu Rev Plant Biol, 62: 335-364

Chée RP, et al. 1992. Optimizing embryogenic callus and embryo growth of a synthetic seed system for sweetpotato by varying media nutrient concentrations. J Am Soc Hort Sci, 117: 663-667

Chen JT, Chang WCH. 2001. Effects of auxins and cytokinins on direct somatic embryogenesis and leaf explants of *Oncidium* 'Gower Ramsey'. Plant Growth Regul, 34: 229-232

Chen SK, et al. 2009. The association of homeobox gene expression with stem cell formation and morphogenesis in cultured *Medicago truncatula*. Planta, 230: 827-840

Choi YE, et al. 1998. Regenerative ability of somatic single and multiple embryos from cotyledons of Korean ginseng on hormone-free medium. Plant Cell Rep, 17: 544-551

Choi YE, et al. 2001. Rapid and efficient *Agrobacterium*-mediated transformation of *Panax ginseng* by plasmolyzing pre-treatment of cotyledons. Plant Cell Rep, 20: 616-621

Christie JM, et al. 2012. Plant UVR8 photoreceptorssenses UV-B by tryptophan-mediated disruption of cross-dimer salt bridges. Science, 335: 1492-1496

Chu CC, et al. 1975. Establishment of an efficient medium for another culture of rice through comparative experiments on the nitrogen sources. Scienta Sinic, 18: 659-668

Chung JP, et al. 2010. Spectral effects on embryogenesis and plantlet growth of *Oncidium* 'Gower Ramsey'. Sci Hortic, 124: 511-516

Clark S, et al. 1997. The CLAVATA1 gene encodes a putative receptor kinase that controls shoot and floral meristem size in *Arabidopsis*. Cell, 89: 575-585

Conger BV, et al. 1983. Direct embryogenesis from mesophyll cells of orchardgrass. Science, 221: 850-851

Cortes MM, et al. 2010. Characterisation of a cyclin-dependent kinase (*CDKA*) gene expressed during somatic embryogenesis of coconut palm. Plant Cell Tiss Org Cult, 102: 251-258

Costa A, et al. 2004. Potassium and carrot embryogenesis: are K^+ channels necessary for development? Plant Mol Biol, 54: 837-852

Cunha A, Fernandes-Ferreira M. 1999. Influence of medium parameters on somatic embryogenesis from hypocotyl explants of flax (*Linum usitatissimum* L.): effect of carbon source, total inorganic nitrogen and balance between ionic forms and interaction between calcium and zeatin. J Plant Physiol, 155: 591-597

Cvikrova M, et al. 1991. Phenylalanine ammonia-lyase, phenolic acids and ethylene in alfalfa (*Medicago sativa*) cell cultures in relation to their embryogenic ability. Plant Cell Rep, 10: 251-255

Cvikrova M, et al. 1999. Reinitiation of cell division and polyamine aromatic monoamine levels in alfalfa explants during the induction of somatic embryogenesis. Physiol Plant, 105: 330-337

D'Onofrio CD, et al. 1998. Effect of light quality on somatic embryogenesis in quince leaves. Plant Cell Tiss Org Cult, 53: 91-98

Davoren JD, et al. 2002. Sucrose-induced changes in the transcriptome of cell suspension cultures of oilseed rape reveal genes associated with lipid biosynthesis. Plant Physiol Biochem, 40: 719-725

de Almeida M, et al. 2012. Pre-procambial cells are niches for pluripotent and totipotent stem-like cells for organogenesis and somatic embryogenesis in the peach palm: a histological study. Plant Cell Rep, 31: 1495-1515

de Jong AJ, et al. 1992. A *Daucus carota* somatic embryo mutant is rescued by chitinase. The Plant Cell, 4: 425-433

de Smet I, et al. 2010. Embryogenesis-the humble beginnings of plant life. Plant J, 61: 959-970

de Vries SC, et al. 1988. Acquisition of embryogenic potential in carrot cell-suspension culture. Planta, 176: 196-204

Demarsy E, Fankhauser C. 2009. Higher plants use LOV to perceive blue light. Curr Opin Plant Biol, 12: 69-74

Deng W, et al. 2009. A novel method for induction of plant regeneration via somatic embryogenesis. Plant Sci, 177: 43-48

Deng XX. 1987. Studies on the Isolation, Regeneration and Fusion of Protoplasts in Citrus. Wuhan: PhD Dissertation of Huazhong Agricultural University

Dietz KJ, et al. 2010. AP2/EREBP transcription factors are part of gene regulatory networks and integrate metabolic, hormonal and environmental signals in stress acclimation and retrograde signaling. Protoplasma, 245: 3-14

Dodsworth S. 2009. A diverse and intricate signalling network regulates stem cell fate in the shoot apical meristem. Dev Biol, 336: 1-9

Domon JM, et al. 1995. Three glycosylated polypeptides secreted by several embryogenic cell cultures of pine show highly specific serological affinity to antibodies directed against the wheat germin apoprotein monomer. Plant Physiol, 108: 141-148

Dudits D, et al. 1991. Molecular and cellular approaches to the analysis of plant embryo development from somatic cells *in vitro*. J Cell Sci, 99: 475-484

Dunwell JM, et al. 2008. Germin and germin-like proteins: evolution, structure, and function. Crit Rev Plant Sci, 27: 342-375

Dyachok JV, et al. 2000. Rhizobial Nod factors stimulate somatic embryo development in *Picea abies*. Plant Cell Rep, 19: 290-297

Dyachok JV, et al. 2002. Endogenous Nod-factor-like signal molecules promote early somatic embryo development in Norway spruce. Plant Physiol, 128: 523-533

Egertsdotter U, von Arnold S. 1998. Development of somatic embryos of Norway spruce (*Picea abies*). J Exp Bot, 49: 155-162

El Hadrami I, D'Auzac J. 1992. Effect of polyamine biosynthesis inhibitors on somatic embryogenesis and cellular polyamines in *Hevea brasiliensis*. J Plant Physiol, 140: 33-36

El Ouakfaoui S, et al. 2010. Control of somatic embryogenesis and embryo development by AP2 transcription factors. Plant Mol Biol, 74: 313-326

Elhag HM, et al. 1987. Induction of somatic embryogenesis from callus in *Theobroma cacao* in response to carbon source and concentration. Rev Theobroma, 17: 153-162

Elhiti M, et al. 2010. Modulation of embryo-forming capacity in culture through the expression of *Brassica* genes involved in the regulation of the shoot apical meristem. J Exp Bot, 61: 4069-4085

Elhiti M, et al. 2013a. Function of type-2 *Arabidopsis* hemoglobin in the auxin-mediated formation of embryogenic cells during morphogenesis. Plant J, 74: 946-958

Elhiti M, et al. 2013b. Molecular regulation of plant somatic embryogenesis. *In Vitro* Cell Dev Biol-Plant, 49: 631-642

Elhiti MA. 2010. Molecular Characterization of Several Brassica Shoot Apical Meristem Genes and the Effect of their Altered Expression During *In Vitro* Morphogenesis. Winnipeg: PhD Thesis, Faculty of Graduate Studies, University of Manitoba

Ernst D, Oesterhelt D. 1984. Effect of exogenous cytokinins on growth and somatic embryogenesis in anise cells (*Pimpinella anisum* L.). Planta, 161: 246-248

Evans DA, et al. 1981. Growth and behavior of cell cultures: embryogenesis and organogenesis. *In*: Thorpe TA. Plant Tissue Culture: Methods and Applications in Agriculture. New York: Academic Press: 45-113

Faure O, et al. 1991. Polyamine pattern and biosynthesis in zygotic and somatic embryo stages of *Vitis vinifera*. J Plant Physiol, 138: 545-549

Fehér A. 2015. Somatic embryogenesis-stress-induced remodeling of plant cell fate. Biochim Biophys Acta, 1849: 385-402

Feng BH, et al. 2012. Cloning and expression of 1-aminocyclopropane-1- carboxylate oxidase cDNA induced by thidiazuron during somatic embryogenesis of alfalfa (*Medicago sativa*). Journal of Plant Physiol, 169: 176-182

Feng Z, et al. 2012. LBD29 regulates the cell cycle progression in response to auxin during lateral root formation in *Arabidopsis thaliana*. Ann Bot, 160: 2-10

Fienberg AA, et al. 1984. Developmental regulation and polyamine metabolism and differentiation of carrot culture. Planta, 162: 532-539

Filonova LH, et al. 2000. Developmental pathway of somatic embryogenesis in *Picea abies* as revealed by time-lapse tracking. J Exp Bot, 51: 249-264

Finer JJ. 1988. Plant regeneration from somatic embryogenic suspension cultures of cotton (*Gossypium hirsutum* L.). Plant Cell Rep, 7: 399-402

Fiore CM, et al. 1997. High frequency of plant regeneration in sunflower from cotyledons via somatic embryogenesis. Plant Cell Rep, 16: 295-298

Fischer C, et al. 1997. Induction of zygotic polyembryos in wheat: influence of auxin polar transport. Plant Cell, 9: 1767-1780

Fobert PR, Webb DT. 1988. Effects of polyamines, polyamine precursors, and polyamine biosynthetic inhibitors on somatic embryogenesis from eggplant (*Solanum melongena*) cotyledons. Can J Bot, 66: 1734-1742

Formentina E, et al. 2006. KDC2, a functional homomeric potassium channel expressed during carrot embryogenesis. FEBS Lett, 580: 5009-5015

Francois J, et al. 2008. Overexpression of the *VLTP1* gene interferes with somatic embryo development in grapevine. Funct Plant Biol, 35: 394-402

Fujimura T. 2014. Carrot somatic embryogenesis. A dream come true? Plant Biotechnol Rep, 8: 23-28

Gaj MD. 2001. Direct somatic embryogenesis as a rapid and efficient system for *in vitro* regeneration of *Arabidopsis thaliana* (L.) Heynh. Plant Cell Tiss Org Cult, 64: 39-46

Gaj MD. 2002. Stimulation of somatic embryo formation by mutagens and darkness in culture of immature zygotic embryos of *Arabidopsis thaliana* (L.) Heynh. Plant Growth Regul, 37: 93-98

Gaj MD. 2004. Factors influencing somatic embryogenesis induction and plant regeneration with particular reference to *Arabidopsis thaliana*. Plant Growth Regul, 43: 27-47

Gaj MD, et al. 2005. Leafy cotyledon genes are essential for induction of somatic embryogenesis of *Arabidopsis*. Planta, 222: 977-988

Gallo-Meagher M, Gerrn J. 2002. Somatic embryogenesis and plant regeneration from immature embryos of saw palmetto, an important landscape and medical plant. Plant Cell Tiss Org Cult, 68: 253-256

Gamborg OL, et al. 1968. Nutrient requirements of suspension cultures of soybean root cells. Exp Cell Res, 50: 151-158

Gazzarrini S, et al. 2004. The transcription factor FUSCA3 controls developmental timing in *Arabidopsis* through the hormones gibberellin and abscisic acid. Dev Cell, 4: 373-385

Ge XX, et al. 2015. Genome-wide identification, classification and analysis of HD-ZIP gene family in citrus, and its potential roles in somatic embryogenesis regulation. Gene, 574: 61-68

Gleddie S, et al. 1983. Somatic embryogenesis and plant regeneration from leaf explants and cell suspension of *Solanum melongena* (eggplant). Can J Bot, 61: 656-666

Gliwicka M, et al. 2013. Extensive modulation of the transcription factor transcriptome during somatic embryogenesis in *Arabidopsis thaliana*. PLoS One, 8(7): e69261

Gou X, et al. 2012. Genetic evidence for an indispensable role of somatic embryogenesis receptor kinases in brassinosteroid signaling. PLoS Genet, 8: e1002452

Grafi G, et al. 2007. Histone methylation controls telomerase-independent telomere lengthening in cells undergoing dedifferentiation. Dev Biol, 306: 838-846

Grafi G, et al. 2011. Plant response to stress meets dedifferentiation. Planta, 233: 433-438

Gray DJ. 1989. Effects of dehydration and exogenous growth regulators on dormancy, quiescence and germination of grape somatic embryos. *In Vitro* Cell Dev Biol-Plant, 25: 1173-1178

Guo WW, et al. 2007. Protoplast technology and citrus improvement. *In*: Xu ZH, et al. Biotechnology and Sustainable Agriculture (2006) and Beyond. New York: Springer: 461-464

Haccius B. 1978. Question of unicellular origin on nonzygotic embryos in callus cultures. Phytomorphology, 28: 74-81

Haecker A, et al. 2004. Expression dynamics of WOX genes mark cell fate decisions during early embryonic patterning in *Arabidopsis thaliana*. Development, 131: 657-668

Haecker A, Laux T. 2001. Cell-cell signaling in the shoot meristem. Curr Opin Plant Biol, 4: 441-446

Hakman I, Arnold S. 1985. Plantlet regeneration through somatic embryogenesis in *Piece abies*. J Plant Physiol, 121: 149-158

Hatanaka T, et al. 1995. The role of ethylene in somatic embryogenesis from leaf discs of *Coffea canephora*. Plant Sci, 107(2): 199-204

Hay A, Tsiantis M. 2010. *KNOX* genes: versatile regulators of plant development and diversity. Development, 137: 3153-3165

Hazra S, et al. 1989. Direct somatic embryogenesis in peanut (*Arachis hypogaea*). Biotech, 7: 949-951

Hecht V, et al. 2001. The *Arabidopsis* somatic embryogenesis receptor kinase 1 gene is expressed in developing ovules and embryos and enhances embryogenic competence in culture. Plant Physiol, 127: 803-816

Heidmann I, et al. 2011. Efficient sweet pepper transformation mediated by the BABY BOOM transcription factor. Plant Cell Rep, 30: 1107-1115

Hendzel MJ, et al. 1997. Mitosis-specific phosphorylation of histone H3 initiates primarily within pericentromeric heterochromatin during G2 and spreads in an ordered fashion coincident with mitotic chromosome condensation. Chromosoma, 106: 348-360

Hill RD. 2012. Non-symbiotic haemoglobins—what's happening beyond nitric oxide scavenging? AoB Plants, 10: 1-13

Hjortswang HI, et al. 2002. *KNOTTED1*-like homeobox genes of a gymnosperm, Norway spruce, expressed during somatic embryogenesis. Plant Physiol and Biochem, 40: 837-843

Huang XL, et al. 1992. Study on synthetic seeds of alfalfa and transplantation test of their seedlings to experimental plot. *In*: You CB, Chen ZL. Agricultural Biotechnology. Beijing: China Science and Technology: 585-591

Huang XL, et al. 2001. The effect of AOA on ethylene and polyamine metabolism during early phases of somatic embryogenesis in *Medicago sativa*. Physiol Plant, 113: 424-429

Ikeda-Iwai M, et al. 2003. Stress-induced somatic embryogenesis in vegetative tissues of *Arabidopsis thaliana*. Plant J, 34: 107

Jansen MAK, et al. 1990. Calcium increases the yield of somatic embryos in carrot embryogenic suspension cultures. Plant Cell Rep, 9: 221-223

Jheng FY, et al. 2006. Enhancement of growth and regeneration efficiency from embryogenic callus cultures of *Oncidium* 'Gower Ramsey' by adjusting carbohydrate sources. Plant Sci, 170: 1133-1140

Jiménez VM, Bangerth F. 2000. Relationship between endogenous hormone levels in grapevine callus cultures and their morphogenetic behaviour. Vitis, 39: 151-157

Jiménez VM, Bangerth F. 2001a. Endogenous hormone levels in explants and in embryogenic and non-embryogenic cultures of carrot. Physiol Plant, 111: 389-395

Jiménez VM, Bangerth F. 2001b. Endogenous hormone levels in initial explants and in embryogenic and non-embryogenic callus cultures of competent and non-competent wheat genotypes. Plant Cell Tiss Org Cult, 67: 37-46

Jiménez VM. 2005. Involvement of plant hormones and plant growth regulators on *in vitro* somatic embryogenesis. Plant Growth Regul, 47: 91-110

Kaldenhoff R, et al. 1994. Gene activation in suspension-cultured cells of *Arabidopsis thaliana* during blue-light-dependent plantlet regeneration. Planta, 195: 182-187

Kamada H, Harada HZ. 1979a. Studies on the organogenesis in carrot tissue cultures Ⅰ: effects of growth regulators on somatic embryogenesis and root formation. Z Pflanzenphysiol, 91: 255-283

Kamada H, Harada HZ. 1979b. Studies on the organogenesis in carrot tissue cultures. Ⅱ: effects of amino acid and inorganic nitrogenous compounds and somatic embryogenesis. Z Pflanzenphysiol, 91: 453-463

Karami O, et al. 2009. Molecular aspects of somatic to-embryogenic transition in plants. J Chem Biol, 2: 177-190

Karlova R, et al. 2006. The *Arabidopsis* SOMATIC EMBRYOGENESIS RECEPTOR-LIKE KINASE1 protein complex includes BRASSINOSTEROID-INSENSITIVE1. Plant Cell, 18: 626-638

Karlova R, et al. 2009. Identification of *in vitro* phosphorylation sites in the *Arabidopsis thaliana* somatic embryogenesis receptor-like kinases. Proteomics, 9: 368-379

Kato H, Takeuchi M. 1966. Embryogenesis from the epidermal cells of carrot hypocotyl. Sci Pap Coll Gen Edu Univ Tokyo, 16: 245-254

Kawashima T, Goldberg RB. 2010. The suspensor: not just suspending the embryo. Trends in Plant Sci, 15: 23-30

Kayim M, Koc NK. 2006. The effects of some carbohydrates on growth and somatic embryogenesis in citrus callus culture. Sci Hortic, 109: 29-34

Kepezynski J, et al. 1992. Requirement of ethylene for growth of callus and somatic embryogenesis in *Medicago sativa* L. Exp Bot, 43: 1199-1204

Kiselev KV, et al. 2008. Calcium-dependent mechanism of somatic embryogenesis in *Panax ginseng* cell cultures expressing the *rolC* oncogene. Cell Mol Biol, 42: 243-252

Klems A, et al. 1998. Uptake, transport and metabolism of 14C-2,4-dichlorophenoxyacetic acid (14C-2,4-D) in cucumber (*Cucumis sativus* L.) explants. Plant Growth Regul, 26: 195-202

Kobayashi T, et al. 2010. Establishment of a tissue culture system for somatic embryogenesis from germinating embryos of *Arabidopsis thaliana*. Plant Biotech, 27: 359-364

Kochba J, et al. 1982. Effect of carbonhydrate on somatic embryogenesis in subcultured nucellar callus of citrus cultures. Z Pflanzenphysiol, 105: 358-368

Koltunow AM. 1993. Apomixis: embryo sacs and embryos formed without meiosis or fertilization in ovules. Plant Cell, 5: 1425-1437

Komamine A, et al. 1992. Mechanisms of somatic embryogenesis in cell cultures: physiology, biochemistry and molecular biology. *In Vitro* Cell Dev Biol-Plant, 28: 11-14

Komamine A, et al. 2005. 2004 SIVB congress symposium proceeding: mechanisms of somatic embryogenesis in carrot suspension cultures-morphology, physiology, biochemistry, and molecular biology. *In Vitro* Cell Dev Biol-Plant, 41: 6-10

Kong L, Yeung EC. 1994. Effects of ethylene and ethylene inhibitors on white spruce somatic embryo maturation. Plant Sci, 104: 71-80

Kononowicz AK, Janick J. 1984. The influence of carbon source on growth and development of asexual embryos of *Theobroma cacao* L. Physiol Plant, 61: 155-162

Kononowicz H, et al. 1984. Asexual embryogenesis via callus of *Theobroma cocoa* L. Z Pflanzenphysiol, 113: 347-358

Kramer DL, et al. 1988. Modulation of polyamine-biosynthetic activity by *S*-adenosylmethionine depletion. Biochem J, 249: 581-586

Kunitake H, et al. 1997. Normalization of asparagus somatic embryogenesis using a maltose-containing medium. J Plant Physiol, 150: 458-461

Kwong RM, et al. 2003. LEAFY COTYLEDON1-LIKE defines a class of regulators essential for embryo development. Plant Cell, 15: 5-18

Larsson E, et al. 2012. Differential regulation of *Knotted1-like* genes during establishment of the shoot apical meristem in Norway spruce (*Picea abies*). Plant Cell Rep, 31: 1053-1060

Ledwon A, Gaj MD. 2011. *LEAFY COTYLEDON1*, *FUSCA3* expression and auxin treatment in relation to somatic embryogenesis induction in *Arabidopsis*. Plant Growth Regul, 65: 157-167

Lee K, et al. 2002. Optimization of a mature embryo-based *in vitro* culture system for high-frequency somatic embryogenic callus induction and plant regeneration from japonica rice cultivars. Plant Cell Tiss Org Cult, 71: 237-244

Leibfried A, et al. 2005. WUSCHEL controls meristem function by direct regulation of cytokinin-inducible response regulators. Nature, 438: 1172-1175

Leljak-Levanic D, et al. 2004. Changes in DNA methylation during somatic embryogenesis in *Cucurbita pepo* L. Plant Cell Rep, 23: 120-127

Leon P, Sheen J. 2003. Sugar and hormone connections. Trends Plant Sci, 8: 110-116

Li Z, et al. 1998. Somatic embryogenesis and plant regeneration from floral explants of cacao (*Theobroma cacao* L.) using thidiazuron. *In Vitro* Cell Dev Biol-Plant, 34: 293-299

Limanton-Grevet A, Jullien M. 2000. Somatic embryogenesis in *Asparagus officinalis* can be an *in vitro* selection process leading to habituated and 2,4-D dependent embryogenic lines. Plant Physiol Biochem, 38: 567-576

Lippert D, et al. 2005. Proteome analysis of early somatic embryogenesis in *Picea glauca*. Proteomics, 5: 461-473

Litz RE, Schafer B. 1987. Polyamines in adventitious and somatic embryogenesis in mongo. J Plant Physiol, 128: 251-256

Liu HI, et al. 2010. Screening of genes associated with dedifferentiation and effect of LBD29 on pericycle cells in *Arabidopsis thaliana*. Plant Growth Regul, 62: 127-136

Loenen WAM. 2006. *S*-Adenosylmethionine: jack of all trades and master of everything? Biochem Soc Trans, 34: 330-333

Long JA, et al. 1996. A member of the KNOTTED class of homeodomain proteins encoded by the *SHOOTMERISTEMLESS* gene of *Arabidopsis*. Nature, 379: 66-69

LoSchiavo F, et al. 1989. DNA methylation of embryogenic carrot cell cultures and its variations as caused by mutation, differentiation, hormones and hypomethylating drugs. Theor Appl Genet, 77: 325-331

Lotan T, et al. 1998. *Arabidopsis* LEAFY COTYLEDON1 is sufficient to induce embryo development in vegetative cells. Cell, 93: 1195-1205

Luerssen H, et al. 1998. *FUSCA3* encodes a protein with a conserved VP1/ABI3-like B3 domain which is of functional importance for the regulation of seed maturation in *Arabidopsis thaliana*. Plant J, 15: 755-764

Maheswaran G, Williams EG. 1986. Direct secondary somatic embryogenesis from immature sexual embryos of *Trifolium repens* cultured *in vitro*. Ann Bot, 57: 109-117

Majewska-Sawka A, Nothnagel EA. 2000. The multiple roles of arabinogalactan proteins in plant development. Plant Physiol, 122: 3-9

Malinowski R, Filipecki M. 2002. The role of cell wall in plant embryogenesis. Cell Mol Biol Lett, 7: 1137-1151

Malmberg RL, Hiatt AC. 1989. Polyamines in plant mutants. *In*: Bachrach U, Heimer UM. The Physiology of Polyamines Ⅱ. Boca Raton: CRC Press: 148-159

Mantiri FR, et al. 2008a. The transcription factor MtSERF1 may function as a nexus between stress and development in somatic embryogenesis in *Medicago truncatula*. Plant Signal Behav, 3: 498-500

Mantiri FR, et al. 2008b. The transcription factor MtSERF1 of the ERF subfamily identified by transcriptional profiling is required for somatic embryogenesis induced by auxin plus cytokinin in *Medicago truncatula*. Plant Physiol, 146: 1622-1636

Marks TR, Simpson SE. 1999. Effect of irradiance on shoot development *in vitro*. Plant Growth Regul, 28: 133-142

Martinelli L, et al. 2001. Morphogenic competence of *Vitis rupestris* S. secondary somatic embryos with a long culture history. Plant Cell Rep, 20: 279-284

Mattoo A, et al. 2010. Polyamines and cellular metabolism in plants: transgenic approaches reveal different responses to diamine putrescine versus higher polyamines spermidine and spermine. Amino Acids, 38: 405-413

Mauri PV, Manzanera JA. 2011. Somatic embryogenesis of holm oak (*Quercus ilex* L.): ethylene production and polyamine content. Acta Physiol Plant, 33: 717-723

Meijer EGM, Btown DCW. 1988. Inhibition of somatic embryogenesis in tissue of *Medicago sativa* by aminoethoxyvinylglycine, amino-oxyacetic acid, 2,4-dinitrophenol and salicylic acid at concentrations which do not Inhibit ethylene biosynthesis and growth. J Exp Bot, 39: 263-270

Meijer EGM, Simmonds J. 1988. Polyamine levels in relation to growth and somatic embryogenesis in tissue cultures of *Medicago sativa*. J Exp Bot, 39: 787-794

Mengoli M, et al. 1989. *Daucus carota* cell cultures: polyamines and effect of polyamine biosynthesis inhibitors in the pre-embryogenic phase and different embryo stages. J Plant Physiol, 134: 389-394

Merkele SA, et al. 1995. Morphogenic aspects of somatic embryogenesis. *In*: Thorpe TA. *In Vitro* Embryogenesis in Plants. Dordrecht: Kluwer Academic Publishers: 155-203

Mihaljeviä S, et al. 2011. Ammonium-related metabolic changes affect somatic embryogenesis in pumpkin (*Cucurbita pepo* L.). J Plant Physiol, 168: 1943-1951

Minocha SC. 1988. Relationship between polyamine and ethylene biosynthesis in plants-its significance in morphogenesis in cell cultures. *In*: Zappia V, Pegg AE. Progress in Polyamine Research. New York: Plenum: 601-616

Minocha SC, et al. 1991. The effects of polyamine biosynthesis inhibitors on *S*-adenosylmethionine synthetase and 5-adenosylmethionine decarboxylase activities in carrot cell cultures. Plant Physiol Biochem, 29: 231-237

Mira MM, et al. 2015. Ethylene is integrated into the nitric oxide regulation of *Arabidopsis* somatic embryogenesis. JGEB, 13: 7-17

Mordhorst AP, et al. 2002. Somatic embryogenesis from *Arabidopsis* shoot meristem mutants. Planta, 214: 829-836

Munksgaard D, et al. 1995. Somatic embryo development in carrot is associated with an increase in levels of *S*-adenosylmethionine, *S*-adenosylhomocysteine and DNA methylation. Physiol Plant, 93: 5-10

Murashige T, Skoog F. 1962. A revised medium for rapid growth and bioassays with tobacco tissue culture. Physiol Plant, 80: 662-668

Murray WN, et al. 1983. Long-duration, high-frequency plant regeneration from cereal tissue cultures. Planta, 157: 385-391

Naing AH, et al. 2013. Primary and secondary somatic embryogenesis in *Chrysanthemum* cv. Euro. Plant Cell Tiss Org Cult, 112: 361-368

Nakagawa H, et al. 2001. Effects of sugars and abscisic acid on somatic embryogenesis from melon (*Cucumis melo* L.) expanded cotyledon. Sci Hortic, 90: 85-92

Namasivayam P. 2007. Acquisition of embryogenic competence during somatic embryogenesis. Plant Cell Tiss Org Cult, 90: 1-8

Nanda RM, Rout GR. 2003. *In vitro* somatic embryogenesis and plant regeneration in *Acacia arabica*. Plant Cell Tiss Org Cult, 73: 131-135

Negbi M. 1984. The structure and function of the scutellum of the gramineae. Bot J Lin Soc, 88: 205-222

Neutelings G, et al. 1998. Characterization of a germin-like protein gene expressed in somatic and zygotic embryos of pine *Pinus caribaea* Morelet. Plant Mol Biol, 38: 1179-1190

Nishiwaki M, et al. 2000. Somatic embryogenesis induced by the simple application of abscisic acid to carrot (*Daucus carota* L.) seedlings in culture. Planta, 211: 756-759

Nogler G. 1984. Gametophytic apomixis. *In*: Johri BM. Embryology of Angiosperms. Berlin: Springer: 475-518

Nolan KE, et al. 2003. Auxin up-regulates MtSERK1 expression in both *Medicago truncatula* root-forming and embryogenic cultures. Plant Physiol, 133: 218-230

Nolan KE, et al. 2011. Characterisation of the legume *SERK-NIK* gene superfamily including splice variants: implications for development and defence. BMC Plant Biol, 11: 44

Noland T L, et al. 1985. Possible interrelationship between polyamines and ethylene in loblolly pine and wild carrot cell suspension cultures. Plant Physiol, 80: 112

Noma M, et al. 1982. Quantitation of gibberellins and the metabolism of [^{3}H] gibberellin A1, during somatic embryogenesis in carrot and anise cell cultures. Planta, 155: 369-376

Nomura K, Komamine A. 1985. Identification and isolation of single cells that produce somatic embryos at a high frequency in a carrot suspension culture. Plant Physiol, 79: 988-991

Nowack MK, et al. 2006. A positive signal from the fertilization of the egg cell sets off endosperm proliferation in angiosperm embryogenesis. Nat Genet, 38: 63-67

Oh SH, et al. 1992. Modulation of calmodulin levels, calmodulin methylation, and calmodulin binding proteins during carrot cell growth and embryogenesis. Arch Biochem Biophys, 297: 28-34

Overvoorde PJ, Grimes HD. 1994. The role of calcium and calmodulin in carrot embryogenesis. Plant Cell Physiol, 35: 135-144

Özcan S, et al. 1993. Efficient adventitious shoot regeneration and somatic embryogenesis in pea. Plant Cell Tiss Org Cult, 34: 271-277

Ozias-Akins P. 1989. Plant regeneration from immature embryos of peanut. Plant Cell Rep, 8: 217-218

Padmanabhan K, et al. 2001. Auxin-regulated gene expression and embryogenic competence in callus cultures of sweetpotato, *Ipomoea batatas* (L.) Lam. Plant Cell Rep, 20: 187-192

Palovaara J, et al. 2010. Comparative expression pattern analysis of WUSCHEL-related homeobox 2 (WOX2) and WOX8/9 in developing seeds and somatic embryos of the gymnosperm *Picea abies*. New Phytol, 188: 122-135

Palovaara J, Hakman I. 2008. Conifer WOX-related homeodomaintranscription factors, developmental consideration and expression dynamic of WOX2 during *Picea abies* somatic embryogenesis. Plant Mol Biol, 66: 533-549

Passardi F, et al. 2007. PeroxiBase: the peroxidase database. Phytochemistry, 68: 1605-1611

Passarinho PA, et al. 2001. Expression pattern of the *Arabidopsis thaliana* AtEP3/AtchitIV endochitinase gene. Planta, 212: 556-567

Pasternak TP, et al. 1999. Embryogenic callus formation and plant regeneration from leaf base segments of barley (*Hordeum vulgare* L.). J Plant Physiol, 155: 371-375

Paul H, et al. 1994. Somatic embryogenesis in apple. J Plant Physiol, 143: 78-86

Pegg AE, Poso H. 1983. *S*-adenosylmethionine decarboxylase (rat liver). Meth Enzymol, 94: 234-239

Pelissier B, et al. 1990. Production of isolated somatic embryos from sunflower thin cell layers. Plant Cell Rep, 9: 47-50

Pennell RI, Lamb C. 1997. Programmed cell death in plants. Plant Cell, 9: 1157-1168

Pierik RLM. 1976. *Anthurium andraeanum* Lindl. Plantlets produced from callus tissues cultivated *in vitro*. Physiol Plant, 37: 80-82

Pinheiro MVM, et al. 2014. Somatic embryogenesis in anthurium (*Anthurium andraeanum* cv. Eidibel) as affected by different explants. Acta Sci, 36: 87-98

Piyatrakul P, et al. 2012. Some ethylene biosynthesis and *AP2/ERF* genes reveal a specific pattern of expression during somatic embryogenesis in *Hevea brasiliensis*. BMC Plant Biol, 12: 244-264

Poon S, et al. 2012. A chimeric arabinogalactan protein promotes somatic embryogenesis in cotton cell culture. Plant Physiol, 160: 684-695

Portillo L, et al. 2007. Somatic embryogenesis in *Agave tequilana* Weber cultivar azul. *In Vitro* Cell Dev Biol-Plant, 43: 569-575

Price HJ, Smith RH. 1979. Somatic embryogenesis in suspension cultures of *Gossypium*. Planta, 145: 305-307

Puigderrajols P, et al. 2002. Developmentally and stress-induced small heat shock proteins in cork oak somatic embryogenesis. J Exp Bot, 3: 1445-1452

Quatrano RS. 1987. The role of hormones during seed development. *In*: Miflin BJ. Oxford Surveys in Plant Molecular and Cell Biology. Vol. 2. Oxford: Oxford University Press: 179-197

Raemakers CJJM, et al. 1995. Secondary somatic embryogenesis and applications in plant breeding. Euphytica, 81: 93-107

Rajasekaran K, et al. 1987. Endogenous abscisic acid and indole-3-acetic acid and somatic embryogenesis in cultured leaf explants of *Pennisetum purpureum* Schum. J Plant Physiol, 84: 47-51

Rajesh M, et al. 2014. Establishment of somatic embryogenesis and podophyllotoxin production in liquid shake cultures of *Podophyllum hexandrum* Royle. Ind Crops Prod, 60: 66-74

Ramesh M, et al. 2009. Efficient *in vitro* plant regeneration via leaf base segments of indica rice (*Oryza sativa* L.). Ind J Exp Biol, 47: 68-74

Reinert J. 1958. Morphogenese and ihre Kotrolle an Gewebekulturen aus Carotten, Naturwiss, 45: 344-345

Rensing SA, et al. 2005. EST sequencing from embryogenic *Cyclamen persicum* cell cultures identifies a high proportion of transcripts homologous to plant genes involved in somatic embryogenesis. J Plant Growth Regul, 24: 102-115

Roberts DR, et al. 1984. The effects of inhibitors of polyamine and ethylene biosynthesis on senescence, ethylene production and polyamine levels in cut carnation flowers. Plant Cell Physiol, 25: 315-322

Robie CA, Minocha SC. 1989. Polyamines and somatic embryogenesis in carrot. Ⅰ. The effects of difluoromethylornithine and difluoromethylarginine. Plant Sci, 65: 45-54

Rodríguez-Sahagún A, et al. 2011. Effect of light quality and culture medium on somatic embryogenesis of *Agave tequilana* Weber var. Azul. Plant Cell Tiss Org Cult, 104: 271-275

Roustan JP, et al. 1990a. Control of carrot somatic embryogenesis by $AgNO_3$, an inhibitor of ethylene action: effect of arginine decarboxylase activity. Plant Sci, 67: 39-42

Roustan JP, et al. 1990b. Inhibition of ethylene production and stimulation of carrot somatic embryogenesis by salicylic acids. Biol Plant, 32: 273-276

Roustan JP, et al. 1992. Influence of ethylene on the incorporation of 3,4-[^{14}C] methionine into polyamines in *Daucus carota* cells during somatic embryogenesis. Plant Physiol Biochem, 30: 201-205

Saeed T, Shahzad A. 2015. High frequency plant regeneration in Indian Siris via cyclic somatic embryogenesis with biochemical, histological and SEM investigations. Ind Crops Prod, 76: 623-637

San-Jose MC, Vieitez AM. 1993. Regeneration of *Camellia* plantlets from leaf explant culture by embryogenesis and caulogenesis. Sci Hortic, 54: 303-315

Santa-Catarina C, et al. 2007. Polyamine and nitric oxide levels relate with morphogenetic evolution in somatic embryogenesis of *Ocotea catharinensis*. Plant Cell Tiss Org Cult, 90: 93-101

Saxena PK, et al. 1992. Induction by thidiazuron of somatic embryogenesis in intact seedlings of peanut. Planta, 187: 421-424

Schenk RU, Hildebrandt A. 1972. Medium and techniques for induction and growth of monocotyledonous and dicotyledonous plant cell cultures. Can J Bot, 50: 199-204

Schmidt ED, et al. 1997. A leucine-rich repeat containing receptor-like kinase marks somatic plant cells competent to form embryos. Development, 124: 2049-2062

Senaratna T, et al. 1989. Desiccation tolerance of alfalfa (*Medicago sativa* L.) somatic embryos. Influence of abscisic acid, stress pretreatments and drying rates. Plant Sci, 65: 253-259

Senger S, et al. 2001. Immunomodulation of ABA function affects early events in somatic embryo development. Plant Cell Rep, 20: 112-120

Shah K, et al. 2001. Subcellular localization and oligomerization of the *Arabidopsis thaliana* somatic embryogenesis receptor kinase 1 protein. J Mol Biol, 309: 641-655

Sharp WR, et al. 1980. The physiology of *in vitro* asexual embryogenesis. Hortic Rev, 2: 268-310

Sieberer T, et al. 2003. PROPORZ1, a putative *Arabidopsis* transcriptional adaptor protein, mediates auxin and cytokinin signals in the control of cell proliferation. Curr Biol, 13: 837-842

Slimmon T, et al. 1991. Phenylacetic acid-induced somatic embryogenesis in cultured hypocotyl explants of geranium (*Pelargonium*×*hortorum* Bailey). Plant Cell Rep, 10: 587-589

Smertenko A, Bozhkov PV. 2014. Somatic embryogenesis: life and death processes during apical-basal patterning. J Exp Bot, 65: 1343-1360

Smith JA, Sung ZR. 1985. Increase in regeneration of plant cells by cross feeding with regenerating *Daucus carota* cells. *In*: Terzi N, et al. Somatic Embryogenesis. Rome: Incremento Produttivita Risorse Agricole: 133-136

Somleva MN, et al. 2000. Embryogenic cells in *Dactylis glomerata* L. (Poaceae) explants identified by cell tracking and by *SERK* expression. Plant Cell Rep, 19: 718-726

Songstad DD, et al. 1989. Effect of 1-aminocyclopropane-acid and aminoethoxyvinylglycine on ethylene emanation and somatic embryogenesis from orchard grass leaf cultures. Plant Cell Rep, 7: 677-679

Srinivasan C, et al. 2007. Heterologous expression of the BABY BOOM AP2/ERF transcription factor enhances the regeneration capacity of tobacco (*Nicotiana tabacum* L.). Planta, 225: 341-351

Sterk P, et al. 1991. Cell-specific expression of the carrot EP2 lipid transfer protein gene. Plant Cell, 3: 907-921

Steward FC. 1958. Growth and development of cultivated cells. III. Interpretations of the growth from free cell to carrot plant. Am J Bot, 45: 709-713

Steward FC, et al. 1958. Growth and organized development of cultures cells. Ⅱ. Organization in cultures grown from freely suspended cells. Am J Bot, 145: 705-708

Stone SL, et al. 2001. *LEAFY COTYLEDON2* encodes a B3 domain transcription factor that induces embryo development. Proc Natl Acad Sci USA, 98: 11806-11811

Stuart DA, et al. 1988. Expression of 7S and 11S alfalfa seed storage proteins in somatic embryos. J Plant Physiol, 132: 134-139

Stuart DA, Stricklan SG. 1984. Somatic embryogenesis from cell cultures of *Medicago sativa* L. Ⅰ. The role of amino acid additions to the regeneration medium. Plant Sci Lett, 34: 165-174

Su YH, et al. 2009. Auxin-induced *WUS* expression is essential for embryonic stem cell renewal during somatic embryogenesis in *Arabidopsis*. Plant J, 59: 448-460

Sung ZR, Okimoto R. 1981. Embryonic proteins in somatic embryos of carrot. Proc Natl Acad Sci USA, 78: 3683-3687

Svetek J, et al. 1999. Presence of glycosylphosphatidylinositol lipid anchor on rose arabinogalactan proteins. J Biol Chem, 274: 14724-14733

Tang W. 2000. High-frequency plant regeneration via somatic embryogenesis and organogenesis and *in vitro* flowering of regenerated plantlets in *Panax ginseng*. Plant Cell Rep, 19: 727-732

Thakare D, et al. 2008. The MADS-domain transcription regulator AGAMOUS-LIKE15 promotes somatic embryo development in *Arabidopsis* and soybean. Plant Physiol, 146: 1663-1672

Thibaud-Nissen F, et al. 2003. Clustering of microarray data reveals transcript patterns associated with somatic embryogenesis in soybean. Plant Physiol, 132: 118-136

Thompson HJM, Knox JP. 1998. Stage-specific responses of embryogenic carrot cell suspension cultures to arabinogalactan protein-binding β-glucosyl Yariv reagent. Planta, 205: 32-38

Toonen MAJ, et al. 1994. Description of somatic embryo forming single-cells in carrot suspension cultures employing video cell tracking. Planta, 194: 565-572

Toonen MAJ, et al. 1997. *AtLTP1* luciferase expression during carrot somatic embryogenesis. Plant J, 12: 1213-1221

Torné JM, et al. 2001. Effect of light quality on somatic embryogenesis in *Araujia sericifera*. Physiol Plant, 111: 405-411

Tran TL, Pleschka E. 2005. Somatic embryogenesis of some *Daucus* species influenced by ABA. J Appl Bot Food Qual, 79: 1-4

Tsuwamoto R, et al. 2010. *Arabidopsis EMBRYOMAKER* encoding an AP2 domain transcription factor plays a key role in developmental change from vegetative to embryonic phase. Plant Mol Biol, 73: 481-492

Tulecke W. 1987. Somatic embryogenesis in woody perennials. *In*: Bonga JM, Durzan DJ. Cell and Tissue Culture in Forestry. Vol 2. Specific Principles and Methods: Growth and Developments. Hague: Martinus Nijhoff/Dr. W. Junk Publishers: 61-91

Uddenberg D, et al. 2011. Embryogenic potential and expression of embryogenesis-related genes in conifers are affected by treatment with a histone deacetylase inhibitor. Planta, 234: 527-539

Ulijasz AT, Vierstra RD. 2011. Phytochrome structure and photochemistry: recent advances toward a complete molecular picture. Curr Opin Plant Biol, 14: 498-506

Us-Camas R, et al. 2014. *In vitro* culture: an epigenetic challenge for plants. Plant Cell Tiss Org Cult, 118: 187-201

Vain P, et al. 1989. Role of ethylene in embryogenic callus initiation and regeneration in *Zea mays* L. J Plant Physiol, 135: 537-540

van Doorn WG, et al. 2011. Morphological classification of plant cell deaths. Cell Death Differ, 18: 1241-1246

van Hengel AJ, et al. 1998. Expression pattern of the carrot EP3 endochitinase genes in suspension cultures and in developing seeds. Plant Physiol, 117: 34-53

van Hengel AJ, et al. 2001. *N*-acetylglucosamine and glucosamine-containing arabinogalactan proteins control somatic embryogenesis. Plant Physiol, 117: 43-53

van Zyl L, et al. 2003. Up, down and up again is a signature global gene expression pattern at the beginning of gymnosperm embryogenesis. Gene Expr Patterns, 3: 83-91

Viejo M, et al. 2010. DNA methylation during sexual embryogenesis and implications on the induction of somatic embryogenesis in *Castanea sativa* miller. Sex Plant Reprod, 23: 315-323

Visser C, et al. 1992. Morpho regulatory role of thidiazuron: substitution of auxin and cytokinin requirement for the induction of somatic embryogenesis in geranium hypocotyl cultures. Plant Physiol, 99: 1704-1707

Vollbrecht E, et al. 1991. The developmental gene *Knotted-1* is a member of a maize homeobox gene family. Nature, 350: 241-243

von Arnold S, et al. 1996. Somatic embryogenesis in conifers-a case study of induction and development of somatic embryos in *Picea abies*. Plant Growth Regul, 20: 3-9

von Arnold S, et al. 2002. Developmental pathways of somatic embryogenesis. Plant Cell Tiss Org Cult, 69: 233-249

von Arnold S, Hakman I. 1988. Regulation of somatic embryo development in *Picea abies* by abscisic acid（ABA）. J Plant Physiol, 132: 164-169

Vu JCV, et al. 1993. Glycerol stimulation of chlorophyll synthesis, embryogenesis, and carboxylation and sucrose metabolism enzymes in nucellar callus of 'Hamlin' sweet orange. Plant Cell Tiss Org Cult, 33: 75-80

Walker KA, Sato SJ. 1981. Morphogenesis in callus tissue of *Medicago sativa*: the role of ammonium ion in somatic embryogenesis. Plant Cell Tiss Org Cult, 1: 109-121

Wang H, et al. 1996. Apoptosis: a functional paradigm for programmed plant cell death induced by a host-selective phytotoxin and invoked during development. Plant Cell, 8: 375-391

Wang H, et al. 2004. The embryo MADS domain protein AGAMOUS-Like 15 directly regulates expression of a gene encoding an enzyme involved in gibberellin metabolism. Plant Cell, 16: 1206-1219

Wang L, et al. 1990. Somatic embryogenesis and its hormonal regulation in tissue cultures of *Freesia refracta*. Ann Bot, 65: 271-276

Wang X, et al. 2005. Autoregulation and homodimerization are involved in the activation of the plant steroid receptor BRI1. Dev Cell, 8: 855-865

Wann SR, et al. 1987. Biochemical differences between embryogenic and nonembryogenic callus of *Picea abies*. Plant Cell Rep, 6: 39-42

Wenck AR, et al. 1988. Inhibition of somatic embryogenesis in orchardgrass by endogenous cytokinins. Plant Physiol, 88: 990-992

Williams EG, Maheswaran G. 1986. Somatic embryogenesis: factors influencing coordinated behaviour of cells as an embryogenic group. Ann Bot, 57: 443-462

Wu D, et al. 2012. Structural basis of ultraviolet-B perception by UVR8. Nature, 484: 214-219

Wu X, et al. 2007. Combinations of WOX activities regulate tissue proliferation during *Arabidopsis* embryonic development. Dev Biol, 309: 306-316

Wu XB, et al. 2009. Involvement of polyamine biosynthesis in somatic embryogenesis of Valencia sweet orange（*Citrus sinensis*）induced by glycerol. J Plant Physiol, 166: 52-62

Wu XM, et al. 2011. Stage and tissue specific modulation of ten conserved miRNAs and their targets during somatic embryogenesis of valencia sweet orange. Planta, 233: 495-505

Wurtele ES, et al. 1988. Quantitation of starch and ADP-glucose pyrophosphorylase in nonembryogenic cells and embryogenic cell clusters from carrot suspension cultures. J Plant Physiol, 132: 683-689

Xiao JN, et al. 2004. Direct somatic embryogenesis induced from cotyledons of mango immature zygotic embryos. *In Vitro* Cell Dev Biol-Plant, 40: 196-199

Xu N, et al. 1990. Abscisic acid and osmoticum prevent germination of developing alfalfa embryos, but only osmoticum maintains the synthesis of developmental proteins. Planta, 182: 382-390

Xu XH, et al. 1999. *In vivo* labeling of sunflower embryonic tissues by fluorescently labeled phenylalkylamine. Protoplasma, 210: 52-58

Xu Z, et al. 2013. Transcriptome profiling reveals auxin and cytokinin regulating somatic embryogenesis in different sister lines of cotton cultivar CCRI24. J Integr Plant Biol, 55: 631-642

Yang XY, Zhang XL. 2010. Regulation of somatic embryogenesis in higher plants. Crit Rev Plant Sci, 29: 36-57

Yeh N, Chung JP. 2009. High-brightness LEDs-energy efficient lighting sources and their potential in indoor plant cultivation. Renew Sust Energ Rev, 13: 2175-2180

Yeung EC. 1995. Structural and Developmental Patterns in Somatic Embryogenesis. *In*: Thorpe TA. *In Vitro* Embryogenesis in Plant. Dordrecht: Kluwer Academic Publishers: 205-248

Yeung EC. 2002. The canola microspore-derived embryo as a model system to study developmental processes in plants. J Plant Biol, 45: 119-133

Yukihiro I, et al. 2005. Expression of SERK family receptor-like protein kinase genes in rice. Biochim Biophys Acta, 1730: 253-258

Zelena E. 2000. The effect of light on metabolism of IAA in maize seedlings. Plant Growth Regul, 30: 23-29

Zeng F, et al. 2006. Isolation and characterization of genes associated to cotton somatic embryogenesis by suppression subtractive hybridization and macroarray. Plant Mol Biol, 60: 167-183

Zeng F, et al. 2007. Chromatin reorganization and endogenous auxin/cytokinin dynamic activity during somatic embryogenesis of cultured cotton cell. Plant Cell Tiss Org Cult, 90: 63-70

Zhang CR, et al. 2006. Identification of thidiazuron-induced ESTs expressed differentially during callus differentiation of alfalfa（*Medicago sativa* L. cv. Jinnan）. Physiol Plant, 128: 732-738

Zhang G, et al. 2012. Characterization of an A-type cyclin-dependent kinase gene from *Dendrobium candidum*. Biologia, 7: 360-368

Zheng QL, et al. 2013. AGAMOUS-Like15 promotes somatic embryogenesis in *Arabidopsis* and soybean in part by the control of ethylene biosynthesis and response. Plant Physiol, 161: 2113-2127

Zheng Y, et al. 2009. Global identification of targets of the *Arabidopsis* MADS domain protein AGAMOUS-Like15. Plant Cell, 21: 2536-2577

Zhu C, Perry SE. 2005. Control of expression and autoregulation of AGL15, a member of the MADS-box family. Plant J, 41: 583-594

Zimmerman JL, et al. 1989. Novel regulation of heat-shock genes during carrot somatic embryo development. Plant Cell, 1: 1137-1146

Zuo JR, et al. 2002. The *WUSCHEL* gene promotes vegetative-to-embryonic transition in *Arabidopsis*. Plant J, 30: 349-359

Zuraida AR, et al. 2010. Regeneration of Malaysian indica rice（*Oryza sativa* L.）variety MR 232 via optimised somatic embryogenesis system. J Phytol, 2: 30-38

Zuraida AR, et al. 2011. Efficient plant regeneration of Malaysian indica rice MR 219 and 232 via somatic embryogenesis system. Acta Physiol Plant, 33: 1913-1921

第6章　离体开花及其调控

离体开花或试管开花(*in vitro* flowering)是利用组织培养体系，旨在研究有花植物幼龄阶段到生殖阶段及至开花结果的转换过程中培养条件及其控制因子的离体培养技术。

在实践上，离体开花可用于植物育种。例如，一般有效的传统植物育种是获得有价值的新基因型或者种质，这一过程常要经历 10～12 世代培育才能使其基因组及品性稳定。以豆科植物为例，每年都可在南北半球进行种植，最多也只能在大田培育 2 代(Roumet and Morin，1997)。在温室的条件下每年也可完成培育 2 或 3 代，但因其花费太大而妨碍了有些植物这一育种计划的实行。因此，必须找到一个缩短生命周期加速世代完成从而诱导开花和结实的方法，离体开花技术可实现这一目的。离体开花已在蛋白质豆类(protein legume)(Ochatt et al.，2002)、山黧豆属(*Lathyrus*)(Ochatt et al.，2007)、班巴拉花生(Sanwan et al.，2007)及其他作物中得到有效利用，特别是对于繁殖那些极有价值而种子稀少的稀有基因型更是有实践意义(Dickens and van Staden，1988b)。此外，对于那些由于不定根再生困难而难于进行离体繁殖的植物如豆科植物，采用离体开花的培养方法有利于保持这些植物的新品性(Ochatt et al.，2000)。离体培养收获种子可以避免温室里常产生不育的或育性降低的植株所带来的严重损失(Bean et al.，1997)。该技术在理论上可作为研究开花的生理和分子机制的一种重要手段，可以克服天然条件下或温室中在整体植株水平上研究开花机制时的变化因素多、涉及面广、实验周期长等困难。

离体开花这一技术体系已日益受到重视，用于研究及应用开发的植物品种至少涵盖 40 个科 75 个属，已涉及 100 多种植物，包括观赏植物、经济作物、药用植物、食用植物和濒危植物(Murthy et al.，2012)。

兰花是有花植物的最大科之一，以其独特的花形及其诱人的花色而受到人们的青睐。此外，一些石斛兰还是具有重要价值的药用植物。根据品种不同，兰花植物一般从种子萌发至开花需要经历 3～13 年的生长发育，此外，它们只有特定季节才能开花。因此，以传统方法育种颇费时日；而采用离体开花的培养技术可将其开花时间缩短至数年或数月。例如，一般天然生长 3 年才开花的铁皮石斛(*Dendrobium candidum*)，离体开花诱导培养只需 6 个月便可开花(Wang et al.，1997)；天然生长 4～7 年才开花的 *Cymbidium niveomarginatum*，离体开花诱导培养 3 个月便可开花(Kostenyuk et al.，1999)。以一种石斛属植物(*Dendrobium*)品种 Madame Thong-In 的种子为外植体，其离体开花诱导培养 5～6 个月便可开花，这样使其天然经历的幼龄期缩短至 1/5(Sim et al.，2007)。此外，这些幼苗是从自花授粉的种子所萌发的，其花色也发生了非孟德尔比率的分离。因此，在 6 个月的离体开花诱导培养期间对花色的早期测评是可行的，这种测评如果在天然正常开花条件下则至少是在 2 年之后才能进行，这种离体开花技术减少了兰花传统育种时所付出的花费和劳力。因此，离体开花的技术及其研究体系，不但为市场高端产品的生产开辟了途径，也为研究天然开花乃至结实的调控因子及其作用机制提供了方便的平台(Silva et al.，2014a，2014b)。

野外竹子因品种的不同可分别经过 3～120 年的生长后才开花(Janzen，1976)。离体开花技术可使不少竹子品种的开花周期从约 40 年压缩到 3～6 个月(Nadgauda et al.，1990；Ramanayake，2006；Kaur et al.，2015)(图 6-1)，已有 13 种竹子实现了离体开花，它们都属于合轴(sympodium)型品种，尚未见有单轴(monopodial)型竹子品种离体开花培养成功的报道(Yuan et al.，2017)。

尽管拟南芥生命周期短，然而以它为材料，在植物有关开花领域已经取得许多新进展。但是对大多数植物来说，利用植物组织培养和细胞培养技术研究离体开花或试管开花，可在人工高度控制的无菌条件下缩短开花所经历的时间，同时避免在天然条件下的许多生物和非生物逆境干扰，有利于深入研究开花的生理、生化乃至分子生物学机制。本章就离体开花及其相关调控因子与机制的研究作一介绍。

图 6-1　印度簕竹(*Bambusa bambos*)的离体开花(选自 Sisodia and Usho，2017)(彩图请扫二维码)

以种子为外植体在 MS+10μmol/L BA+20g/L 蔗糖的培养基上培养 4 周后可诱导出丛生苗，此苗 4 周继代后，转入 MS+10μmol/L NAA 的培养基培养 4 周后可发育出小穗，有些苗生根良好(箭头所示)(A)，也可见发育良好的小花(A，B)，标尺 1mm

6.1　研究离体开花的主要实验体系

根据研究目的和离体开花开始所用的外植体的不同，在此将离体开花的研究体系区分为三类：生殖原基(主要指花序和花芽)的培养、薄层细胞外植体培养和以再生植株或不定苗为外植体的培养。根据目前发表的资料，大多数离体开花的研究都是在微体繁殖(micropropagation)获得不定苗或再生植株的基础上进行的。以下着重介绍离体开花的生殖原基和薄层细胞外植体培养的研究体系。

6.1.1　生殖原基的培养

为了研究离体花结构的正常发育对植物其他部分的依赖性，常常进行幼嫩生殖原基的培养，主要包括花芽、幼花序和花器官的培养。这些研究体系大部分是在离体开花早期研究中所采用的。

花的发育是一个复杂的过程，每一种基因型的花的生长和发育均有特异性要求，从现有的研究来看，至少有 2 个重要因素决定生殖原基培养的发育命运：培养时生殖原基的发育阶段和培养基的组成成分。这些都与各个原基发端、生长和分化对营养成分及生长调节物质要求的不同息息相关。

6.1.1.1　结合微型手术的离体花芽培养

利用此类外植体是为了研究某一部位的生殖原基对其他部位的生殖原基的形成和发育的影响。例如，花芽被切除一半之后，观察余下半个花器官发育的特性并了解不同花器官的原基在分生组织中是如何相互作用的。研究发现，将烟草(*Nicotiana tabacum*)花芽切除一半之后，在非手术面的一侧，花芽器官的发育可照常进行，而在手术面一侧的花芽器官也会有一定程度的再生。当在花萼发端之前(即尚无其他任何花器官发端前的阶段)进行手术时，每个手术后的半片花芽分生组织有时可再生出完整花，而有时再生的花器官中无萼片形成(图 6-2A)(Hicks and Sussex，1971)；如果在萼片原基已发端的阶段进行手术，在再生区则可形成花瓣、雄蕊和心皮，但无萼片(图 6-2B)。如果手术在花瓣发端的阶段进行，则在再生区除有萼片形成外，其他器官全部消失。若在雄蕊发端阶段进行手术，有时可再生心皮，有时则不能。如果在心皮发端阶段进行手术，则无任何器官再生。这些实验再一次说明了当花分生组织按其程序进行发育时，它的发育潜能被逐渐地限制，这种限制与花决定的性质有关，并与非决定的营养性茎形成了鲜明的对照。除了一些细节的差别外，这些主要结果与以大花马齿苋(Soetiarto and Ball，1969)和 *Aquilegia formosa*(Jensen，1971)的花为材料的实验结果相一致。花顶端经历其发育的连续阶段时，不同的花器官类型也随之发生。可以预见那些已经形成的器官将会参与调节随后发生的器官发育顺序，影响随后器官的形成。某一特定器官的形成可以刺激或抑制其随后器官的发端。例如，在花分生组织的早期发育阶段切除萼片形成的部位，可以完全抑制花瓣的形成，进而抑制雄蕊的发端，而心皮的发端则依赖于雄蕊原基的存在(McHughen，1980)。

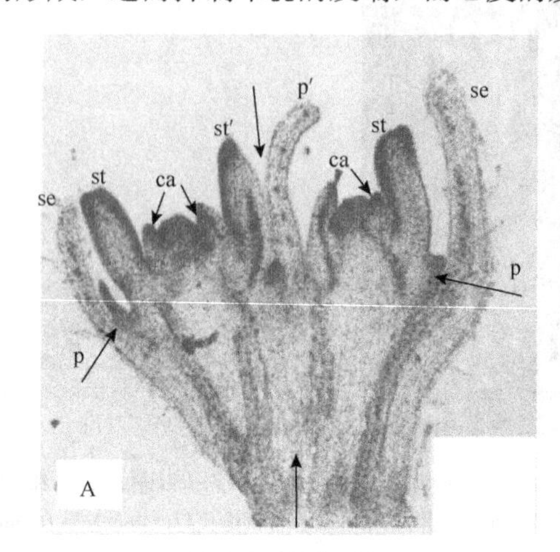

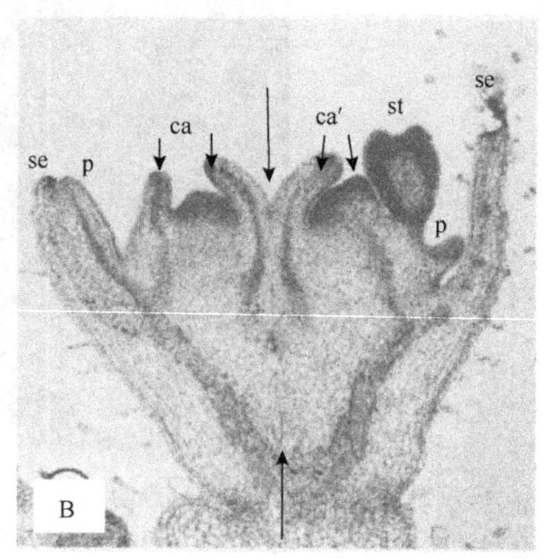

图 6-2　对烟草(*Nicotiana tabacum*)花芽分生组织进行手术切除及其再生的示意图(Hicks and Sussex，1971)

图示经对半纵切的花芽分生组织离体培养时的发育情况。A：萼片原基发端前被纵切的花芽端分生组织离体培养的发育情况，每一外侧花器官的形成照常进行(培养 11 天)，被切面(花内面)花器官已再生。花瓣、雄蕊和心皮已从其相应的正确位置再生，但无萼片形成。B：萼片和花瓣原基已发端时对半纵切的花芽端分生组织，在切面处不能再生雄蕊、花瓣，但可再生心皮(培养 10 天)。ca 表示心皮，ca′表示再生心皮，p 表示花瓣，p′表示再生花瓣，se 表示萼片，st 表示雄蕊，st′表示再生雄蕊。长箭头表示切割线处，短箭头表示相应的花器官的发育

与单性花发育有关的器官之间也可能存在着相互作用。黄瓜依其遗传性和环境条件可产生 3 种花：雄花、雌花和两性花。这些花在早期发育阶段并无差别，如果此时将它们离体培养，在培养基中加 IAA 可能会使其有雄花发育倾向的花变为雌花，而加 GA，则可消除 IAA 的这种促雌作用，但改变培养条件不能使之变为两性花。这表明雄蕊和心皮的发育相互拮抗，而且无其他处理措施可以逆转雄花向雌花的转变(Galun et al.，1963)。

6.1.1.2　花芽培养

大部分花芽培养的工作是以草本植物为材料，从外植体的培养到开花经历的时间一般为 2～3 周，但木本植物的花芽培养则颇费时间，如大叶钻天杨(*Populus balsamifera*)花芽(带许多鳞片)培养 15 天可见花芽开放露出花药，但很难进一步生长。

自 1963 年 Galun 等首次报道了黄瓜花芽原基培养开花获得成功以来，研究者已进行了不少花芽培养的研究。花芽培养首先必须区别花芽器官的发端和发育的过程，两者在离体培养时可表现出不同的要求，花芽如果是在萼片或萼片至花瓣原基的发育阶段下切取，花中各器官的发端便可按序自动发生。实验表明，烟草和黑种草属(*Nigella*)的单瓣花基因型的花芽器官的发端过程与外源植物生长调节物质的应用关系不大，这表明花芽发端有其自发性(autonomous)的特点。在离体培养时，各花器官发端所需求的生长调节物质可从器官原基中自身合成或从母体植株中获取。

石龙芮(*Ranunculus sceleratus*)花芽若分为 3 个发育阶段进行离体培养，其发育结果极不相同。在阶段Ⅰ的花芽带有分生顶端和已发端的萼片与雄蕊原基；在阶段Ⅱ，花芽中的雄蕊花药含有小孢子母细胞，心皮处于从胚珠原基发育到出现多核胚珠的不同阶段；在阶段Ⅲ，花芽已具有 2 个细胞的花粉粒，胚珠已有成熟胚囊。将上述花芽分别培养于相同的培养基上，阶段Ⅰ的花芽不能发育，但其心皮发育正常；在培养基中单独加入椰子汁或与 IAA 一起加入均可改善心皮的发育，使其达到正常发育的大小。阶段Ⅱ的花芽可完成孢子体和配子体发生，形成 2 个细胞的花粉粒，花托伸长并从重复的花萼中露出，心皮稍增大后枯萎；若在培养基中加入椰子汁和激动素，花托伸长速度增快，分叉形成几个球形结构并发育出新的心皮。阶段

Ⅲ的花芽培养后萼片、花瓣和雄蕊变褐色，仅见花托伸长。培养时阶段Ⅱ和阶段Ⅲ的花芽可再生根与苗(Konar and Nataraja，1969)。

花芽培养基的成分对花的发育起着重要作用，大多数植物，如黄瓜、香瓜和耧斗菜属(*Aquilegia*)等的正常花芽一般要求培养基中含椰子汁及植物生长调节物质。有些种类的花芽发育要求较专一的培养基化学成分，如烟草花芽的发育对激动素的要求是必需的，在含 0.1m/L 激动素的培养基中，花梗、花萼、花冠都发育得很好，而且在花药中还形成了花粉粒(Bilderback，1971)。

另外，以花芽为外植体可直接了解植物花器官发育的控制因素，特别是一些以花为药物的植物，研究表明，例如，藏红花(*Crocus sativus*)，离体开花诱导的最佳培养条件是以带 55～70mm 长的花柱和浅蓝色花被的花芽在含有 26.8μmol/L NAA、31.1μmol/L BA 和 3%(*m/V*)蔗糖的 MS 培养基(Murashige and Skoog，1962)上 20℃条件下黑暗培养 4 个月，其开花诱导率可达 37.5%～40.0%(Jun et al.，2007)。

花芽、花序离体培养体系主要用于花的形态建成已被决定时，花各个器官的发端、发育及其相互作用和花性别表现的控制因素等的研究。通过这一研究体系，可以比较准确地评价在无营养组织存在的情况下，生长调节物质和培养基中的营养成分对花芽进一步发育的控制作用。

6.1.2　薄层细胞外植体离体开花

薄层细胞(thin cell layer，TCL)外植体的培养体系，是用镊子从外植体部位撕下由表皮层细胞和数层薄壁细胞(有时也包括几层皮层细胞)组成的组织块，将其培养于合适的培养基中。在器官分化，尤其是花芽分化的研究工作中，薄层细胞培养技术颇有作用，其组织成分比较简单，在适宜的培养条件下，不定芽、不定根和花芽可直接从外植体上分化出来。所用的外植体可以采用植物的各个部分，如叶脉、叶柄、茎、花梗、花序轴甚至花瓣表皮等。在这方面，van Tran Thanh 等(1980)研究小组作了系统出色的研究工作，他们从 *Nautilocalyx lynchii* 的叶脉、叶柄和茎表皮细胞与角质细胞，通过激素的不同组合培养，成功得到不定根、不定芽或愈伤组织，而且证实它们是由表皮细胞和亚表皮细胞产生的，此后又从烟草表皮细胞和亚表皮细胞中得到花芽。

利用这一薄层细胞外植体培养体系可以有目的地安排器官分化的顺序。分化的器官基本上来源于相同的细胞层，而且这个细胞层内的每个细胞几乎都参与了作用(至少在初期阶段是这样)；而在大的外植体或愈伤组织系统中，则只有其中的少数细胞参与器官分化的作用；因此，这一体系是人为可控制程度较好的实验体系。例如，在烟草(*Nicotiana tabacum* cv. W38 SamSun 和 Xanthi)中，以花茎表皮为薄层细胞材料进行培养，可以使 100%的外植体形成花芽，研究者还利用以 4mm 直径的玻璃珠作为支持物的液体培养方法，从烟草薄层细胞中首次成功地诱导形成花芽(van Tran Thanh et al.，1974)。

薄层细胞外植体也常用于兰花的微体繁殖及其相关的离体开花的研究。利用薄层细胞外植体比较易于诱导获得类原球体和愈伤组织，从而进行植株再生(Silva，2013)。

无疑，薄层细胞外植体培养是一种研究离体开花的有效而方便的研究体系。通过适当地控制培养条件，一般在培养 10～14 天后，从外植体表皮可直接诱导花芽的形成。

6.1.3　再生植株或不定苗的离体开花

这一离体开花的研究体系，多数是结合微体繁殖，并在已实现植株再生或不定苗再生的基础上研究离体开花，如兰科植物离体开花的研究(Silva et al.，2014a，2014b)。该体系也包括以种子或离体开花结实的种子或幼胚为外植体，在取得无菌苗的基础上离体开花，如有些竹子品种的离体开花研究(Yuan et al.，2017)。

有关植株再生的重要途径及其调控因子分别在本书的第 2～5 章、第 7 章和第 8 章叙述，这一研究体系离体开花的调控及其相关机制将在下述的内容中讨论。

6.2 离体开花的调控因素

在实验条件下研究离体开花的调控，可揭示人为控制的与开花有关的生理生化、物理和生物因素，如培养基营养成分、植物生长调节物质、培养的光照和温度、所选择的外植体类型及其母体植株的遗传与生理状态等对外植体离体开花的影响规律。

6.2.1 外植体因素

6.2.1.1 外植体供体基因型

外植体供体的基因型对离体开花的效率及其开花所要求的时间均有重要的影响。例如，研究者在竹子离体开花的研究中发现，在同一诱导培养基中不同品种对离体开花反应差别甚大。例如，在含有BA和椰子汁的MS培养基中，同样以种子为外植体，印度簕竹(*Bambusa arundinacea*)和勃氏甜龙竹(*Dendrocalamus brandisii*)离体开花率分别可达70%和40%，而印度实竹(*Dendrocalamus strictus*)则不能诱导离体开花(Nadgauda et al.，1990)。此外，在可诱导离体开花的竹子品种中，诱导其离体开花所花费的时间也有很大的差异。诱导印度簕竹离体开花需要45天(Ansari et al.，1996)，而诱导乌脚绿竹(*Bambusa edulis*)和阔花麻竹(*Dendrocalamus latiflorus*)却分别需要12个月和3年(Lin and Chang，1998；Zhang and Wang，2001)。烟草薄层细胞外植体供体植株的倍数性也会影响其开花能力(表6-1)。单倍体品系植物的开花能力较强，其人工加倍后的双单倍体(dihaploid)植株的外植体也比其双二倍体(amphidiploid)的外植体开花能力强，而且前两者的花梗薄层细胞外植体的开花能力较强(Altamura et al.，1986)。

表6-1 烟草(*Nicotiana tabacum* L. cv. White Burly)薄层细胞外植体供体的倍数性对其形成花芽的影响(Altamura et al.，1986)

光照处理(光/暗)	双单倍体						双二倍体(对照)					
	花梗			总花序梗			花梗			总花序梗		
	A(%)	B(%)	C(%)	A(%)	B(%)	C(%)	A(%)	B(%)	C(%)	A(%)	B(%)	C(%)
24h/0h	75	0	25	22	23	45	40	0	60	4	43	50
0h/24h	39	5	56	21	26	53	14	41	45	0	43	57

注：A为产生花芽外植体的百分数；B为产生营养芽外植体的百分数；C为产生花芽和营养芽外植体的百分数

6.2.1.2 外植体种类及其生理状态

根据Murthy等(2012)所综述的有关离体开花的102篇论文中包括45科75属100个品种所采用的外植体的数据分析，外植体采用频率在9%以上的依次为：苗节(node)为26%(27/102)，茎端包括茎尖、顶芽和顶端分生组织为21.6%(22/102)，腋芽为9.8%(10/102)。根据Yuan等(2017)的综述，竹子离体开花研究的20篇论文中，使用22种外植体，其中以种子萌发所得无菌苗诱导的不定芽和花序为外植体的分别占32%(7/22)和27%(6/22)，其次是以幼苗的节和体细胞胚为培养起始材料，分别占23%(5/22)和18%(4/22)。与其他植物的离体开花研究一样，竹子离体开花的外植体的选择首先是建立在成功的微体繁殖(micropropagation)的基础上。因此常常选择苗端分生组织(Ramanayake et al.，2001；Lin et al.，2010)和幼苗(Nadgauda et al.，1990；Singh et al.，2000)为外植体。但是天然野生的竹子开花期长，要获得种子相当不易，此外，种子遗传上的杂合性范围也广。相比之下，采用分生组织为外植体较为合适(Yuan et al.，2017)。

以上两项数据的分析表明，茎节是在离体开花研究中常用的外植体，也许这一外植体的离体植株再生的能力较强并易于实现离体开花。

因兰科经济价值高，其离体开花研究最为活跃。在 Silva 等(2014a)有关兰科植物离体开花的综述中所列举的 44 篇论文中，用于研究离体开花的起始材料采用试管苗的占 39%(17/44)，以不定苗为外植体的占 25%(11/44)，采用原球茎和苗端分生组织为外植体的各占 9%(4/44)。由此可知，对于兰科植物离体开花的研究，大多是在微体繁殖成功获得试管苗或不定苗的基础上进行的，以缩短开花时间为目的。

早期的研究就发现，同一株植物的外植体对离体开花诱导的应答能力从顶端到基部存在一个梯度分布的倾向。例如，在一些非光周期性的烟草品种中，对其茎切段(Aghion-Prat，1965)或从茎上撕下含有表皮及其下部几层细胞的薄层细胞外植体进行培养时，若植株已经开花，外植体可明显地保持开花倾向。花芽分化率的高低取决于茎薄层细胞外植体所取的部位(图 6-3，表 6-2)。取自茎基部的外植体仅仅产生营养芽，而沿茎向上直到顶端所取的外植体形成花芽的比例随之逐渐增加到 100%(van Tran Thanh，1973)。

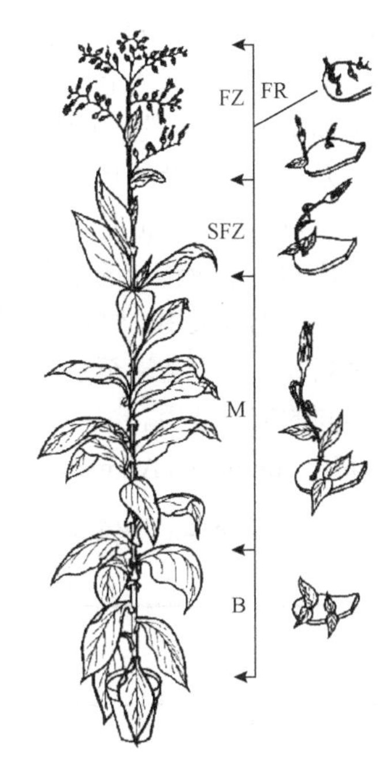

图 6-3　烟草(*Nicotiana tabacum* L. cv. Wisconsin 38)茎薄层细胞外植体(含 3～6 层细胞)所取的部位对其离体花芽形成的影响(van Tran Thanh，1973)

B 表示茎的基部，M 表示茎的中部，SFZ 表示开花区下部，FZ 表示开花区，FR 表示开花分枝

表 6-2　烟草(*Nicotiana tabacum* L. cv. Wisconsin 38)薄层细胞外植体所取的部位对其形成花芽的影响(培养 10 天后)(van Tran Thanh，1973)

外植体所取部位	外植体数量(个)	形成花芽的外植体数目百分比(%)	形成营养芽的外植体数目百分比(%)
茎的基部(B)	96	0	100
茎的中部(M)	96	25	75
开花区下部(SFZ)	96	40	60
开花区(FZ)	96	62	38
开花分枝(FR)	96	100	0

愈伤组织分化花芽的能力也受外植体在供体植株的位置的影响，若取已开花植株的茎段为外植体，则其所形成的愈伤组织可分化出花芽，甚至连续继代 3 次，仍有 40%的芽为花芽(Konstantinova et al.，1969)。这种开花梯度也反映在花序侧枝上。若取薄层细胞(含表皮和皮层细胞)外植体在同一培养基上培养，取自花枝顶端的花芽或节间的外植体的开花数多于取自花枝基部的外植体的开花数。此外研究还发现，如果薄层细胞外植体取自正开花或开花后 1 天时的花梗，其开花数将比取自开花前后 2 天的外植体多。这是因为上述的开花梯度既与外植体在花枝上的位置梯度相关，也与外植体离体时的发育年龄梯度相关(Croes et al.，1985)。这种开花梯度在外植体上的表达还受生长调节物质的调节，当培养基中 NAA 浓度为 10^{-7}mol/L 时，花枝节间外植体的开花率则沿着花枝的基部到顶端逐渐增加；NAA 浓度为 10^{-6}mol/L 时，取自基部和花枝中部的外植体几乎不能开花，而取自中部之上的外植体开花率则开始升高。值得指出的是，这种花枝上薄层细胞外植体离体培养的开花梯度的倾向与早些时候 van Tran Thanh 等(1974)的研究结果(从花枝基部组织取得的外植体的开花数比从花枝顶端相应组织取得的外植体的开花数多)相矛盾。除了两组研究者所用培养基的成分不同外，其余的则难以解释。

实验还发现从同一花序不同位置的分枝上采取的薄层细胞外植体，其开花能力不相同(表 6-3)。从表 6-3 中可知，不管用什么光条件处理，花梗薄层细胞外植体的开花倾向最强，花枝节间次之，而花序主轴最低(Altamura et al., 1989)。取自植株不同位置的外植体对离体开花的影响不但反映在薄层细胞外植体上，也反映在不定苗不同茎节位的外植体中。例如，龙胆属植物 *Gentiana triflora* 茎节外植体取材从苗端至苗基部分别标记为 1～5 段，每段为 15～20mm 长。在培养 5 周和 12 周后统计不定苗形成及其开花百分比，结果表明，无论是不定苗的形成还是离体开花频率，都是头 3 个茎节位所取外植体的频率高于其他节位所取的茎节外植体的频率。但是，取外植体时茎节的位置效应对离体开花的影响比对其形成不定苗的影响明显。第一节位的茎节所诱导的不定苗离体开花频率可达 70%(图 6-4)。外植体对离体开花的这一影响，也见于其他一些植物种类中，如九里香(*Murraya paniculata*)的苗外植体(Jumin and Ahmad, 1999)等的离体开花。有的研究者认为由苗端至基部的外植体中存在开花能力的梯度，这使其外植体细胞对进入生殖阶段的诱导具有不同的应答能力。这些不同涉及开花刺激信号、花芽刺激物质或抑制物质的分布梯度或这两者相互作用的梯度(Jumin and Ahmad, 1999)。

表 6-3　光照和烟草(*Nicotiana tabacum* L. cv. White Burly)薄层细胞外植体的来源对其形成花芽的影响(Altamura et al., 1989)

光照处理	花芽占总芽数(花芽、花序芽、营养芽)的百分比(%)		
	花梗	花枝节间	花序主轴
连续黑暗	41	11	4
连续光照	67	45	7
每天照光 8h，黑暗 16h	89	51	30

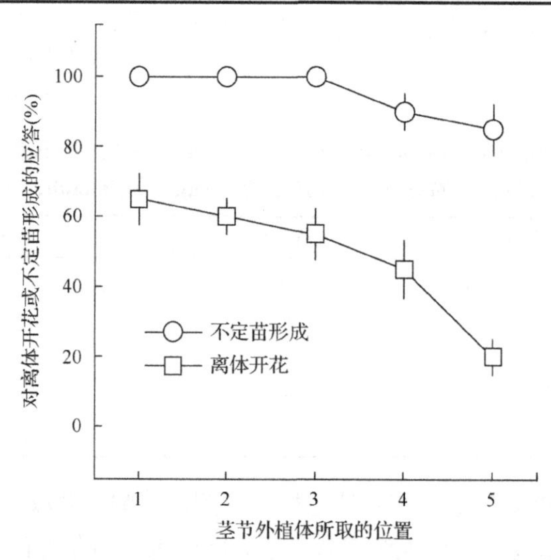

图 6-4　龙胆属植物 *Gentiana triflora* 茎节外植体在不定苗上的取材位置对形成离体不定苗及其离体开花的效应(Zhang and Leung, 2002)

不定苗和离体开花诱导培养基相同，加倍强度的 WPM(Lloyd and McCown, 1980)培养基含 3%(*W/V*)蔗糖和 0.5mg/L BA，培养室温为 22℃，连续光照[60μmol/(m^2·s)]。培养 12 周。图中各数值为三组重复实验数据平均值±SE

6.2.1.3　外植体大小

以花芽或花序外植体为例，它们离体培养时的生长、分化和发育倾向，除了取决于植物的种类之外，其外植体的大小也会影响开花培养的成败，因为外植体的大小在一定程度上反映了它所处的发育阶段及其生理生化状态。花芽外植体的其他组织对花芽的发育会有促进作用。例如，长日照的膨胀浮萍(*Lemna gibba*)和短日照的一种浮萍(*Lemna paneicostata*)的花芽在相同的培养基上培养时，显现出相同的发育模式，即幼花芽(带分生原基和具有 0.08mm 长的雌蕊时)在培养中不能发育成花；只有雌蕊的长度超过 0.15mm 时才能被培养为成熟的小花；若雌蕊长度超过 0.35mm，不仅可培养成花，还会得到带种子的果实(Pirson and Seide, 1950)。

在相同的培养条件下，在含 1.0mg/L GA_3 的 MS 培养基上，罗勒(*Ocimum basilicum*)的无菌苗茎尖为外植体所诱导的不定苗(长 0.7cm)的离体开花率为 40%，而采用离体微体繁殖所用苗(长 3.0cm)诱导的离体开花率则可达 100%(Manan et al.，2016)。

6.2.2　植物生长调节物质

植物开花生理学的研究已鉴定了几个拟开花刺激信号，包括细胞分裂素、蔗糖、赤霉素和还原氮化合物(Corbesier and Coupland，2006)。其中，细胞分裂素被认为是最重要的开花生理信号(Bonhomme et al.，2000)。例如，含 BA 和椰子水的 KC(Knudson，1946)液体培养基可诱导石斛属植物 *Dendrobium* Madame Thong-In 原球茎中的营养性苗端分生组织向花序分生组织的转换(Sim et al.，2007)。

根据 Murthy 等(2012)所综述的有关离体开花的 102 篇论文中包括 45 科 75 属 100 个品种在内的开花诱导培养基加外源细胞分裂素和生长素的数据分析，植物离体开花对细胞分裂素和生长素的要求可分为 4 种情况：①只需要加入细胞分裂素的报道占 23.5%(24/102)；②需要加入细胞分裂素和生长素的报道占 50%(51/102)；③只需要加入生长素的报道占 2%(2/102)；④不加任何植物激素的报道占 8%(8/102)。从中可知，绝大多数被研究过的植物(24%+50%)的离体开花培养基都是要加入细胞分裂素类，可见细胞分裂素对诱导植物离体开花的重要性。

关于离体植物开花中的生长调节物质的作用已有颇多的研究。但由于这些物质对花芽形成的影响往往需要较长时间的观察，也包含许多非直接性的作用，而且各种植物外植体内源生长调节物质的含量及其器官分化时对这些物质的最低要求差别颇大，实验结果比较复杂。一般而言，高浓度的生长素抑制成花，而高浓度的细胞分裂素则有利于营养芽的发育。值得注意的是，各种植物生长调节物质的处理，将会导致一部分离体开花的异常。Zeng 等(2013)发现丰花月季(*Rosa hybrida* cv. Fairy Dance)在离体开花诱导时产生异常花，特别是在含有 TDZ 的 MS 培养基上，茎上和叶上都可发育出花，在花中形成花芽、花瓣减少的花、不带雄蕊和雌蕊的花；由细胞分裂素(BA)所诱导的石斛 *Dendrobium* Sonia 17 离体开的花比天然生的要小，有些花形异常，包括花的结构不完整，出现各种形状、颜色和排列的异常(Tee et al.，2008)。

6.2.2.1　生长素和细胞分裂素

1)外源生长素与细胞分裂素

近十多年来关于植物生长调节物质对兰科植物的离体培养及其开花的影响的研究较多，在 Silva 等(2014a)有关兰科植物离体开花的综述中所列举的 44 篇论文中，离体开花培养基中需要加入细胞分裂素和生长素的报道占 39%(17/44)，只需加细胞分裂素的报道占 20%(9/44)，这说明细胞分裂素(39%+20%)在兰科植物的离体开花中起主要的作用，值得注意的是在离体开花培养基中加入 TDZ 的报道占 16%(7/44)，在 24 篇石斛兰离体开花研究论文中，有 9 篇(38%)涉及 TDZ 的作用(Silva et al.，2014b)。

离体开花对植物生长调节物质的需求因植物品种不同而异。例如，一种假马齿苋属的植物(*Bacopa chamaedryoides*)只要用 BA 处理即可离体开花，BA 的这一作用比激动素强(Haque and Ghosh，2013)；而其他一些品种的离体开花则需要细胞分裂素与生长素的结合，如盾叶薯蓣(*Dioscorea zingiberensis*)(Huang et al.，2009)、黄花草(*Cleome viscosa*)(Rathore et al.，2013)和丰花月季(Zeng et al.，2013)。但也有一些植物在含有细胞分裂素和生长素的培养基上难以离体开花，如南非醉茄(*Withania somnifera*)的再生苗在附加 BA 和生长素的 MS 培养基上不能离体开花(Saritha and Naidu，2007)。

Goh 和 Yang(1978)证实 IAA 可抑制 BA 促进两个石斛杂种开花的效应。Wang 等(1997)发现 NAA 单独使用会抑制成花，这可能是因为根是细胞分裂素合成的主要场所，因此，无根苗或根少的苗比生根或多根的苗对细胞分裂素的缺失更加敏感(Wang et al.，1997)。

最常用的细胞分裂素类物质是腺嘌呤类和苯基脲类衍生物(PUD)，如 TDZ。如前所述(6.1.2 节)，薄层细胞外植体培养体系已被认为是一种非常好的研究离体开花的实验体系。van Tran Thanh(1977)在烟草花枝薄层细胞培养中，通过调节培养基中生长调节物质和蔗糖的浓度，分别在外植体上直接诱导分化出花芽、营养芽、根及愈伤组织。诱导各器官形成的最佳条件如表 6-4 所示。从表 6-4 中可知，花芽分化的最佳条件是 10^{-6}mol/L IAA 和 10^{-6}mol/L 激动素(kinetin)(两者比例为 1)。由此可见，生长调节物质的种类和用量是决定分化成何种器官的关键。0.1×10^{-6}～2.2×10^{-6}mol/L 生长素与 0.1×10^{-6}～1×10^{-6}mol/L 细胞分裂素相结合可使菊苣(*Cichorium intybus*)(Bouniols，1974)、蓝猪耳(*Torenia fournieri*)(Chlyah，1973)的薄层细胞外植体开花，但较高浓度的生长素抑制花的形成而促进不定根和愈伤组织的产生(Smulders et al.，1988)，而高浓度的细胞分裂素(10μmol/L)抑制成花或使其形态异常(van den Ende et al.，1984)或促进营养器官芽的形成，如碧冬茄(*Petunia hybrida*)的营养芽(Mulin and van Tran Thanh，1989)。除了研究细胞分裂素和生长素结合对薄层细胞外植体离体开花的作用外，研究者也对不同的细胞分裂素(主要是腺嘌呤类衍生物)处理的离体开花作过比较研究。由 BA、9-β-D-呋喃核糖基-BA(9R-BA)、DL-二氢玉米素-核糖核苷(DHZR)、二氢玉米素(DHZ)、N^6-Δ^2-异戊烯基腺嘌呤(2-iP)、N^6-Δ^2-异戊烯基腺苷(2-iPA)这 6 种细胞分裂素化合物对烟草(*Nicotiana tabacum* cv. Samsun)花柄外植体花芽形成的影响的研究可知，尽管最后形成的花芽数相等，但外植体组织对这些细胞分裂素的敏感性差别很大。BA、9R-BA、DHZ 活性较强，2-iPA 和 2-iP 活性较低，而 DHZR 活性居中(图 6-5)(van der Krieken et al.，1990)。

表 6-4　细胞分裂素和生长素及蔗糖与光照对烟草(*Nicotiana tabacum* cv. Wisc 38)花枝薄层细胞外植体形态分生的影响(van Tran Thanh，1977)

形态建成类型	浓度(mol/L)			生长素与细胞分裂素的比例	其他条件
	蔗糖	生长调节物质			
营养性芽	8.8×10^{-2}	IAA	10^{-6}	0.1	光
		BA	10^{-5}		
花芽	8.8×10^{-2}	IAA	10^{-6}	1	光
		激动素	10^{-6}		
愈伤组织	8.8×10^{-2}	2,4-D	5×10^{-6}	50	
		激动素	10^{-6}		
根	8.8×10^{-2}	BA	10^{-5}	100	暗
		激动素	10^{-7}		

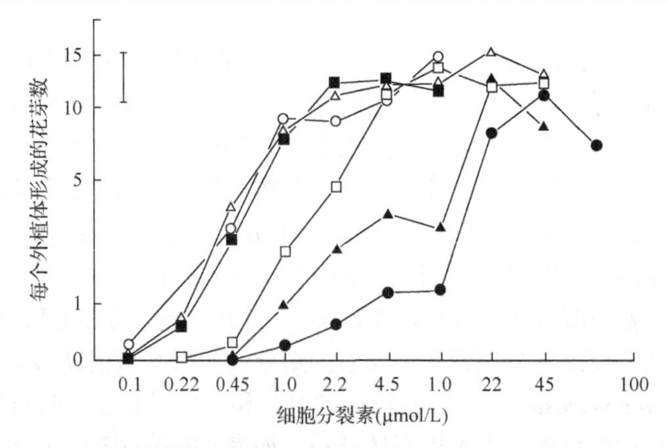

图 6-5　6 种细胞分裂素对烟草薄层细胞外植体离体形成花芽的作用(van der Krieken et al.，1990)

外植体在 MS 培养基分别附加 BA(△)、9R-BA(○)、DHZ(■)、DHZR(□)、2-iPA(▲)和 2-iP(●)培养 14 天后统计花芽形成数目。每个处理含 20 个外植体。图中竖线代表 LSD(最小差异显著法)，*P*=0.05

烟草薄层细胞外植体对细胞分裂素的要求有发育阶段的特异性。实验表明，在开始培养时加 10^{-6}mol/L 的 BA 或 NAA 或两者同时加入，然后在不同时间转入无 BA 的培养基中培养时，花芽形成的最佳条件是在培养的头 2 天需要加 BA，在培养的头 5 天需要加 NAA(van der Krieken et al.，1990)。

细胞分裂素对离体花芽和花序的生长有很强的促进作用，如葡萄幼卷须用细胞分裂素处理可以长出花序和花(葡萄幼卷须可能是一种分化程度较差的花序)，细胞分裂素还可促进其休眠枝条切段上花序的发育。激动素能促进烟草(*Nicotiana tabacum* cv. Wisc 38)各类花器官原基的生长而得到发育良好的花，当将仅带萼片原基的烟草花芽培养于LS(Linsmaier and Skoog，1965)附加0.01～10ppm激动素时，其花瓣、雄蕊及心皮原基可按向顶性顺序先后形成。激动素的最适浓度为0.1ppm或1ppm，在该浓度下，各花器官的形态建成较为正常，可以和自然条件下完整植株上发育的各阶段的花器官相媲美。花芽在对照培养基(无激动素)培养4周后，其花药仅处于孢原细胞或小孢子母细胞发育阶段；而在含0.1ppm和0.01ppm激动素的培养基中培养的花药则可含带1个或2个核的花粉粒，如果激动素浓度太高会导致花粉粒败育。在含0.1ppm激动素的培养基中生长的花芽，其子房发育良好。胚珠中可含1个7核胚囊，与天然条件下发育的子房相似；而在其他激动素浓度下，培养的胚珠则发育不良，正常的花粉粒也不能与之授精。培养基中若不加激动素，其花芽或花序原基均不能生长和发育(Hicks and Sussex，1971)。拟南芥离体成花的实验表明，细胞分裂素参与控制花分生组织基因的表达，从而影响花发育后期的花器官分化(Venglat and Sawhney，1996)。

细胞分裂素对花芽的发育作用还取决于其使用方法、浓度及结构。例如，对防止鸢尾(*Iris tectorum*)花芽枯萎来说，BA是最有效的细胞分裂素。对促进葡萄藤的花序发育来说，只有在液体培养中加入10～20mol/L的BA才有效，BA浓度过高则显毒性作用，而PBA[6-(苯基氨基)-9-(2-四氢吡喃基)-9氢-嘌呤]则无效。但若在葡萄藤表面施用则PBA比BA有效，而激动素和苯基脲则无效(Mullins，1967)。对于防止蔷薇切花在低温下枯萎，如果将切段插入BA溶液中则无效，只有将BA注入茎内才起作用。这些事实说明，外源细胞分裂素的吸收运输也影响它们的功效。

细胞分裂素对兰科植物各种外植体的离体开花无疑起着重要的作用。例如，2-iP和2-iPA在石斛属植物*Dendrobium* Madame Thong-In离体开花的早期阶段起作用(Sim et al.，2008)。BA在许多兰花包括报春石斛(Deb and Sungkumlong，2009)、*Doriella* Tiny(*Doritis pulcherrima*×*Kingiella philippinensis*)(Duan and Yazawa，1994)的离体开花中起促进作用；但关于BA最适合的浓度则以兰花品种而异。例如，石斛属植物*Dendrobium* Chao Praya Smile在含1.1mmol/L BA的萌发培养基中诱导培养6个月，其离体开花率最高达45%(Hee et al.，2007)，在形态正常苗中，其花序形成的诱导率可增加72%，这些培养的小植株可形成不完全花和完全花，离体发育的完全花的花粉和雌性生殖器官在形态及解剖结构上与生长于大田的天然的完全花相似。此外，离体培养开花的65%花粉粒在其小孢子发生的减数分裂阶段都是正常的；这些花粉粒可自花授粉产生有活力带种荚的种子。Sim等(2007)也报道了在培养基中单独加BA对诱导花芽无效，但如果加椰子水和22.4mmol/L BA将促进花序梗的提早形成及花芽诱导。Nadgauda等(1990)认为细胞分裂素参与离体开花可能与椰子水中的肌醇和细胞分裂素氧化酶抑制剂有关，这些物质可促进细胞分裂素参与的反应。经测定，在椰子水(CW)中含有糖类、维生素类、氨基酸(Raghavan，1966)，并且在椰子水中含有较高水平的玉米素核苷(zeatin riboside，ZR)(小于136pmol/ml)和其他类型的细胞分裂素，如玉米素及其衍生物、iP和iPA及其衍生物(小于3.5pmol/ml)(Sim et al.，2008)。在以Gelrite固化的培养基中加入活性炭，可减弱BA浓度对离体开花的效应(Sim et al.，2007)，因为活性炭可吸附许多分子，包括加在培养基中的生长调节物质(Thomas，2008)。

关于植物生长调节物质对扇叶文心兰(*Oncidium pusillum*)离体开花的影响因素有较充分的研究(Vaz et al.，2004；Vaz and Kerbauy，2008)，这些研究结果表明：①花穗的形成数量和BA含量成正比，但当植株转移至无激素的培养基时，BA只一次处理48h不足以使其离体开花，而需要连续时间的BA处理方能使其离体开花。1mmol/L细胞分裂素是其最有效的浓度，高于此浓度的细胞分裂素并不能进一步增加其花穗的数量。②对内源激素水平的测定表明，当花分生组织发育和花器官分化时出现高水平的内源玉米素、玉米素核苷和2-iP，而与其他所测定的细胞分裂素相比，2-iPA则呈现相对较低的水平(Silva et al.，2014a)。已有的几个相关研究结果显示，高浓度的细胞分裂素不利于离体培养兰花植株花的发育(Duan and Yazawa，1995；Hee et al.，2007)。

在比较BA和TDZ对霍山石斛(*Dendrobium huoshanense*)离体开花的作用时研究者发现，5mg/L TDZ

可显著促进其每一株再生植株的开花数量(表 6-5)，再生植株所开的花都是带有发育良好的雌蕊的正常花(图 6-6E)，不需要人工授粉便可形成蒴果(图 6-6F)，高浓度的 TDZ 对雌蕊的形成起着至关重要的作用(图 6-6)。

表 6-5　细胞分裂素对霍山石斛(*Dendrobium huoshanense*)每株再生植株离体开花数目的影响(Lee and Chen，2014)

细胞分裂素	处理浓度(mg/L)	每株离体开花数目
无细胞分裂素处理	0	0b
2-iP	0.1	0.2ab
	5	0.2ab
BA	0.1	0b
	5	0.7ab
激动素	0.1	0.2ab
	5	0.2ab
TDZ	0.1	0.2ab
	5	1.17a

注：表中数据为平均数，同列数据后附的字母不相同者表示有显著差异(经邓肯多重范围检验，*P* 小于或等于 0.05)。将从根尖所诱导的愈伤组织所形成的类原球体(PLB)转入含 0.5mg/L NAA 的 BM 培养基上，再加如表中所示浓度的各种细胞分裂素，培养 6 个月后观察其离体开花的结果。BM 培养基：1/2 MS(Murashige and Skoog，1962)+20g/L 蔗糖、1g/L 蛋白胨和 4g/L 结冷胶(Gelrite)

图 6-6　TDZ 对霍山石斛(*Dendrobium huoshanense*)离体开花发育的影响(Lee and Chen，2014)(彩图请扫二维码)

A：从 1/2 MS+ 0.1mg/L NAA 培养基上培养 6 个月的再生植株中发育出的一个花芽(标尺为 2.5mm)。B：在 1/2 MS+ 0.1mg/L NAA 培养基中的一个发育良好的花芽(标尺为 2.5mm)。C：在无生长调节物质的 1/2 MS 培养上不能生根的离体开花苗，花凋谢(箭头所指)(标尺为 1mm)。D：在 1/2 MS +0.1mg/L NAA 培养基上培养 8 个月的再生植株所发育的一朵缺少雌蕊的异常花(标尺为 4mm)。E：在 1/2 MS +0.5mg/L NAA+5mg/L TDZ 培养基上培养 8 个月的再生植株所发育的一朵完善的带雌蕊的正常花(标尺为 5mm)。F：在 1/2 MS +0.5mg/L NAA+5mg/L TDZ 培养基上培养 10 个月的再生植株所发育的正常蒴果(箭头所指)(标尺为 5mm)

建兰(*Cymbidium ensifolium* var. *misericors*)的根茎所诱导的愈伤组织在含 NAA 和各种细胞分裂素的 1/2 MS 培养基上培养 100 天观察花芽提早开花的效果；结果表明，在受试的 8 种细胞分裂素中，只有 TDZ、

BA 和 2-iP 可诱导开花，其中 3.3～10μmol/L 的 TDZ、10～33μmol/L 的 2-iP 各自与 1.5μmol/L NAA 的组合对诱导开花效果最好，诱导 2 周后所开的花形态正常。其他的 5 种细胞分裂素，即激动素、1,3-二苯基脲(DPU)、6-氨基嘌呤(6-aminopurine，ADE)、玉米素、玉米素核苷可诱导根茎增殖和不定苗的形成，但不能促进其开花(Chang C and Chang WC，2003)。

Wang 等(2009)也发现金钗石斛(*Dendrobium nobile*)的苗如在含 0.3mg/L 多效唑(PP333 或 PBZ)+0.5mg/L NAA 的 1/2 MS 培养基上预培养后，转移到 1.0mg/L PBZ+0.1mg/L TDZ 培养基上可诱导离体开花率达 62.2%；所开的 15.4%的花为正常花。如果金钗石斛苗在含 0.5mg/L PBZ+0.5mg/L ABA 的培养基预培养后，再转移至含 1.0mg/L PBZ+0.1mg/L TDZ 的 1/2 MS 培养基中，则诱导其苗离体开花率达 95.6%，同时其所开的正常花所占比例也增加，达到 27.8%。相似结果也见于细茎石斛(*Dendrobium moniliforme*)(Wang et al.，2006)。

根据 Cen 等(2010)的报道，对于单一的生长调节物质来说，最适于诱导离体花芽形成的是 0.2mg/L 多效唑(PBZ)(花芽诱导率为 8.5%)，而 0.06mg/L TDZ 可使 15.5%的不定苗形成花芽。研究结果表明，植物生长调节物质适当的组合对诱导离体花芽形成的效果有所不同，依次为：PBZ+BA+NAA+TDZ＞PBZ+BA+NAA＞PBZ+BA 和 PBZ+NAA。最合适的处理浓度与组合为：0.3mg/L PBZ+0.5mg/L BA+0.5mg/L NAA+0.06mg/L TDZ。其花芽形成和开花的百分数分别可达 80.4%和 90.3%。PBZ 和 TDZ 都可诱导铁皮石斛(*Dendrobium candidum*)离体培养花芽的形成，但是 TDZ 可诱导更多的花芽形成。TDZ 可促进内源细胞分裂素的合成和降解细胞分裂素氧化酶(Murthy et al.，1998)。

生长素对花芽形成的作用较为复杂，它取决于花芽的发育阶段。在花芽发育中，生长素的作用可分为 2 个阶段，花芽诱导时需要较低水平的生长素(诱导期)，花芽发育时需要较高水平的生长素。因此，最佳的开花培养条件是先在含低浓度生长素的培养基中培养 3～5 天，然后转入含较高浓度生长素的培养基中继续培养(van den Ende et al.，1984)。

不同生长素对薄层细胞外植体离体开花的影响也不同。例如，以番茄(*Lycopersicon esculentum*)花序轴和花柄(2mm×10mm 大小的外植体内含 15～18 层细胞)为外植体的研究结果表明：在 MS 基本培养基中分别附加 IAA、IBA 和 NAA(其浓度分别为 0.001μmol/L、0.1μmol/L 和 10μmol/L)与不同浓度的激动素(0.001μmol/L、0.1μmol/L 和 10μmol/L)，相配合的条件下培养 12 周，只发现在 0.1μmol/L 激动素和 10μmol/L IAA 的条件下有 25%的外植体在形成带几片叶的不定苗后开花。而 IBA 和 NAA 对番茄的这种外植体开花无效(Compton and Veilleux，1991)。

实际上，生长素的作用除取决于本身的浓度外，也取决于花芽的种类、发育阶段和培养环境等。一些光周期品种如苍耳属(*Xanthium*)、藜属(*Chenopodium*)和菊苣属(*Cichorium*)的品种，若在光周期诱导时或诱导前用生长素处理，则抑制花芽发育；而在光周期诱导后期处理，则促进开花(Margara，1965)。但也有一些植物的花发生组织，如琉璃繁缕(*Anagallis arvensis*)花分生组织(花萼原基已分化)在含有较简单的无机盐、维生素、糖及 10^{-6}mol/L IAA 的培养基上可发育成完整的花(Champault，1973)。

2)细胞分裂素和生长素的代谢及其内源水平的变化与离体开花

外源的细胞分裂素对离体开花的促进作用已在多方面得到印证，其作用机制之一就是促进了内源细胞分裂素体内动态平衡的改变。了解再生花芽器官的数量与其体内实际的生长素和细胞分裂素浓度及代谢对于认识它们对器官分化的作用机制是非常重要的。细胞分裂素在体内可形成葡萄糖苷、核糖苷、核苷酸结合物，一般葡萄糖苷被认为是稳定的非活性的结合物，而游离的细胞分裂素及其与核苷和核苷酸结合物则是活性形式。内源激素水平和兰花开花的研究主要集中在温周期兰花品种上(Campos and Kerbauy，2004；Chou et al.，2000)。例如，冷处理蝴蝶兰属(*Phalaenopsis*)和石斛属(*Dendrobium*)可促进其内源细胞分裂素水平的增加，主要是玉米素和玉米素核苷(Campos and Kerbauy，2004；Chou et al.，2000)。

Ferreira 等(2006)发现石斛属植物 *Dendrobium* Second Love 的离体培养苗在含有 TDZ 的培养基培养 5 天后可离体开花，此时，其内源 2-iP[9G][(N^6-(Δ^2-异戊烯基)-腺嘌呤-9-葡萄糖]、Z9G(玉米素-9-葡萄糖)和玉米素水平增加，但 2-iP 水平不发生变化。TDZ 处理也可影响内源 IAA 水平，1.8mmol/L TDZ 处理可增加细胞分裂素与 IAA 的比例，从而有利于花芽的诱导。这可能是 TDZ 对花芽诱导更有效的原因之一。Sim 等(2008)的相关研究表明，石斛属植物 *Dendrobium* Madame Thong-In 的幼苗生长阶段和内源细胞分裂素水平对于决定营养生长与成花诱导的反应是重要的影响因子。在幼苗生长的不同阶段具有不同的细胞分裂素水平。例如，当以含 4.4mmol/L BA 和 15%椰子水的液体 KC 培养基(Knudson，1946)为开花诱导培养基时，在此培养基中培养的 1.0～1.5cm 大小的植株所含的细胞分裂素为 2-iP 和 2-iPA，二者水平分别为每克鲜重 200pmol 和 133pmol，这两个细胞分裂素的水平远高于被测定的其他种类的细胞分裂素，相当于未在开花诱导培养基诱导培养植株的 80～150 倍。在处于营养阶段向生殖阶段转换期的同一植株中，内源 2-iP(每克鲜重含 178pmol)和 2-iPA(每克鲜重含 63pmol)水平也比玉米素和二氢玉米素及其衍生物水平明显高，这说明，细胞分裂素特别是 2-iP 类细胞分裂素在兰花离体开花诱导培养中起着重要的作用。

6.2.2.2 赤霉素

赤霉素(GA)是另一类对离体开花有明显影响的生长调节物质，不仅对一些短日照开花植物，也对成熟兰科植物的开花起重要的作用(Matsumoto，2006)。低温诱导蝴蝶兰属成熟植株开花及其碳水化合物累积的作用都可以用赤霉素处理取代(Su et al.，2001)。在非离体条件下的植物开花，GA 一般起着加速花芽发育的作用，有些情况下还可以防止花的败育和凋萎，在有些植物中，GA 和细胞分裂素对开花的作用存在着顺序性，一般先要求细胞分裂素，然后要求 GA。植物 *Viscaria candida* 花芽在离体培养时，常缺少花冠，在有花萼的前提下，花瓣的增大主要是由于培养基中赤霉素的补充，在不加赤霉素时，花瓣只能长至 2mm 左右，加入赤霉素(1～10mg/L)可使其长度增至 7～14mm，所用的 7 种赤霉素(GA_1、GA_3、GA_4、GA_5、GA_7、GA_9 和 GA_{13})对花瓣的促进作用相似。若在培养基中除去 GA，子房和胚珠发育受阻(Blake，1969)。GA 也有益于雄蕊中花粉粒的发育，使更多的花芽发育成带花粉的花，并增加雄蕊中的花粉粒数，而 IAA 和 NAA 则无此作用。激动素抑制花粉粒的形成，浓度在 0.05mg/L 时便显抑制作用。这说明植物 *Viscaria candida* 花芽正常的生长需要 GA，类似的情况也见于酸浆(*Physalis alkekengi*)和欧活血丹(*Glechoma hederacea*)的花芽培养(Plack，1958)。GA_3 促进黑种草属植物 *Nigella sativia* 离体雌蕊的发育，但抑制胚珠的形成，GA 生物合成抑制剂 AMO-1618 可明显地减少雌蕊的长度并促进胚珠的形成，外加 GA_3 可以部分地逆转 AMO-1618 对雌蕊的抑制作用(Peterson，1974)，但对胚珠的形成则无抑制作用。开花时要求足够量的赤霉素，赤霉素生物合成缺陷将导致植物对光周期的敏感性。高浓度的 GA_3 抑制花芽的诱导和花开放(Kostenyuk et al.，1999)。

赤霉素除了在花芽和花序培养中对花器官与花序的生长起作用外，有时可比 BA 更有效地促进外植体的离体开花。例如，对于罗勒(*Ocimum basilicum*)不定苗的离体开花，只用 BA 或与生长素结合都对其无效，而采用 GA_3 则可诱导其离体开花(表 6-6)。

表 6-6 赤霉素(GA_3)对罗勒(*Ocimum basilicum*)不定苗离体开花的影响(Manan et al.，2016)

离体开花方案Ⅰ：以 20 天苗龄无菌的茎尖为培养起始的外植体，培养 20 周		
培养基 GA_3 的浓度(mg/L)	离体开花正常花的比例(%)	异常花的比例(%)
0.0	20.00±0.07cd	00.00±0.00a
0.5	23.33±0.08bc	13.33±0.06a
1.0	40.00±0.09b	10.00±0.06a
1.5	23.33±0.08bc	10.00±0.06a
2.0	20.00±0.07cd	10.00±0.06a
离体开花方案Ⅱ：以微繁殖苗为培养起始的外植体，培养 16 周*		
培养基 GA_3 的浓度(mg/L)	离体开花正常花的比例(%)	异常花的比例(%)
1.0	100	0

*以无菌苗的茎尖为外植体(长度 0.7cm)，在不定苗诱导培养基(MS+1.0mg/L BA+3%蔗糖和 0.8%的琼脂)上培养微繁殖苗(长度 3.0cm)5 个月，然后转移至离体开花诱导培养基(MS+1.0mg/L GA_3+3%蔗糖和 0.8%的琼脂)中诱导开花 16 周，离体开花方案Ⅰ和Ⅱ均在温室实施(25℃±2℃)，照光 16h[50μmol/(m^2·s)]。图中的数据为平均值±标准误差，同一栏数值后所附的字母不同者差异显著(P<0.05)

也有报道表明，其实罗勒在无激素的培养基也能离体开花，与黄瓜(*Cucumis sativus*)的情况相似(Kietkowska and Havey，2012)，只是比在加了 GA_3 的培养基中的离体开花率低。采用 GA_3 诱导离体再生植株成花还见于人参(*Panax ginseng*)(Tang，2000)、非洲菊(*Gerbera jamesonii* Adlam)(Ranasinghe et al.，2006)和绒毛茅膏菜(*Drosera capillaris*)(Vásquez-Collantes et al.，2014)。此外，GA_3 可促进美堇兰属(*Miltoniopsis*)花序的产生(Matsumoto，2006)。

以几个豌豆基因型去种皮带子叶的吸胀的种子为外植体可诱导出不定苗；赤霉素生物合成抑制剂呋嘧醇(flurprimidol)之所以能够刺激这些苗的离体开花是因为抑制了其节间长度(Ribalta et al.，2014)。

关于拟南芥开花机制的分子生物学研究表明，miR156 的作用靶标是 SPL(SQUAMOSA PROMOTER BINDING PROTEIN-LIKE)转录因子，DELLA 蛋白可与 miR156 结合干扰 SPL 的转录活性，从而推迟开花。赤霉素(GA)可促进开花是因为它可降解 DELLA 蛋白质(Yu et al.，2012)。多效唑(PBZ 或 PP333)是赤霉素生物合成抑制剂和植物生长延缓剂。它可调控植物由营养生长阶段向生殖阶段转换。铁海棠(*Euphorbia millii*)是光周期日中性植物，以其花序外植体再生植株的顶芽在不同浓度 PBZ 的 MS 培养基上培养 8 周，结果如表 6-7 所示，对照的铁海棠离体开花再生植株在培养期间仍保持营养生殖阶段。但是经过多效唑(PBZ)处理的再生植株可发育出花芽，形成花芽的反应因培养基中所用 PBZ 的浓度而异，高浓度(6mg/L)的 PBZ 所诱导植株开花率达 100%，但是与低浓度(2mg/L 和 4mg/L)的相比，以花朵的直径、花序茎长度和成熟花序(即已达第二发育阶段的花序)的比例为指标的花序品质却降低。达到离体开花最佳效应的是 2mg/L PBZ 处理的再生植株(Dewir et al.，2007)。PBZ 这一浓度也是广泛用于延缓盆栽的观赏和花卉植物生长的剂量(Prusakova et al.，2004)。研究结果表明，PBZ 促进铁海棠的离体开花是以减少营养生长发育为代价的。

表 6-7　多效唑(PBZ)对铁海棠(*Euphorbia millii*)离体开花的影响(Dewir et al.，2007)

离体开花特征	多效唑的处理浓度(mg/L)				
	0	2	4	6	8
首次盛花所需天数	—	21	28	30	—
植株开花比例(%)	—	89	89	100	—
幼花序比例(%)		27	33	52	—
达到发育第一阶段的花序(%)		38	46	48	—
达到发育第二阶段的花序(%)	—	34	21	—	—
每株植株形成的花序数	—	1.50a*	1.50a	1.30a	—
花序茎的长度(cm)	—	1.36a	1.13b	0.84c	—
花朵的直径(cm)	—	1.06a	1.00a	0.73b	—

*表中数值为平均值，同一行数字后附字母不同者，经邓肯多重范围检验为具有显著差异(5%水平)。离体苗的茎尖(长度在 2.5～3cm)培养在 MS 培养基+3%蔗糖+0.8%琼脂+表中所示浓度的多效唑中，培养 8 周后观察实验结果

6.2.2.3　多胺

关于多胺与离体开花的关系，以烟草为材料的研究较多。在烟草花柄薄层细胞外植体离体开花培养中，发生变化的游离态和结合态多胺以 Put(腐胺)和 Spd(亚精胺)为主(其化学结构见第 3 章图 3-16)。结合态多胺主要为三氯乙酸(TCA)可溶部分的小分子结合物，它比 TCA 不溶部分的结合物(大分子结合物)水平高 2 倍，比游离态多胺水平高 10 倍。薄层细胞外植体培养 8 天时可出现第 1 朵花或可见花萼发端，而游离态的 Spd 和 Sp 和结合态多胺的水平均在培养的 8 天前达到高峰，而游离态的 Put 则在第 8 天达到高峰。这表明，多胺可能参与开花过程(Torrigiani et al.，1987)。经测定，在烟草花芽分化时游离的 Put、Spd、Sp 含量增加，精氨酸脱羧酶(ADC)活性上升；鸟氨酸脱羧酶(ODC)活性下降；二氟甲基精氨酸(DFMA，ADC 活性抑制剂)抑制花芽分化，二氟甲基鸟氨酸(DFMO，ODC 抑制剂)不抑制花芽分化，但影响花芽的进一

步发育(Tiburcio et al.，1988)。由于抗 MGBG 的烟草细胞系再生植株显示出各种花的表现型，包括雄蕊状胚珠、柱头状花药、花瓣状花药和心皮、皱折的花药与长的花柱等发育上的短暂变化(Malmberg et al.，1985)，而 MGBG 是 *S*-腺苷甲硫氨酸脱羧酶(SAMDC)的抑制剂；这说明多胺的合成与开花有一定的相关性。

例如，在烟草薄层细胞外植体培养之初加 DFMA 或在培养 10 天之后加入可抑制其花芽的发端，而加 DFMO 则抑制其花的发育。如果在原来不定芽诱导的培养基中加入外源多胺特别是 Spd，可促进外植体花芽的形成(表 6-8)，但加入 Put 则无此作用(Flores et al.，1989)。结合态多胺也与烟草薄层细胞外植体的花芽形成有关，Spd 结合态化合物的水平在可诱导花芽的外植体中，比诱导形成的营养芽外植体高出 7 倍之多(Torrigiani et al.，1987)。新鲜的薄层细胞外植体中测不出 Put 与咖啡酸的结合物。但当外植体进行花芽分化时，该结合物水平升高，而游离的 Put 水平则下降。这说明当花芽形成时，内源的 Put 不断变为结合态的 Put。此外，苯丙氨酸解氨酶的抑制剂 L-2-氨基氧-3-苯基丙酸(AOPP)可显著地抑制烟草薄层细胞外植体花芽的形成，但不影响其营养芽的形成，这也间接地表明花芽分化时需要结合态的多胺(表 6-8)(Flores et al.，1989)。

表 6-8　外源多胺对烟草(*Nicotiana tabacum* cv. Samsun)薄层细胞外植体花芽形成的作用(Flores et al.，1989)

Spd 浓度(mmol/L)	每个外植体形成的花芽数
0	7.1
0.5	10.6ab
1.0	16.2b
2.5	8.9a
5.0	1.2c

注：数据后字母不同者表示有显著差别(5%水平)

桂仁意等(2003)以石竹(*Dianthus chinensis*)试管苗为外植体的研究表明，5×10^{-2}mmol/L 的外源亚精胺(Spd)和精胺(Spm)有利于石竹试管苗成花，可将其成花率由 36.7%分别提高到 60%和 48.3%。多胺生物合成抑制剂(5mmol/L)二氟甲基鸟氨酸(DFMO)和环己胺硫酸盐(CHAS)完全抑制离体开花，相同浓度的二氟甲基精氨酸(DFMA)对成花影响不大，由于 DFMO 是鸟氨酸脱羧酶(ODC)的抑制剂，而 CHAS 是 Spd 合成酶抑制剂(Mattoo et al.，2010)，因此，可以说通过鸟氨酸脱羧酶途径合成 Spd 的途径与石竹试管苗的离体开花关系更为密切。

已证实多胺对铁皮石斛(*Dendrobium candidum*)的离体开花起着重要的作用，在培养基中加 20mmol/L 亚精胺或 2.0mg/L BA 或 0.5mg/L NAA 培养 3～6 个月可诱导其原球体或苗开花，开花率为 31.6%～45.8%(Wang et al.，1997)。多胺被认为与细胞分裂素一起协同调控包括细胞分裂在内的相关过程(Kuznetsov and Shevyakova，2007；Pang et al.，2007)。外源多胺对离体黄瓜(*Cucumis sativus*)子叶内的多胺含量和花芽形成的影响的研究结果表明，在 MS 培养基中添加 5×10^{-2}mmol/L 亚精胺(Spd)、精胺(Spm)能明显提高子叶内 Spd 含量和 Spd 与 Put 的比值，子叶成花率也明显高于对照组；子叶内 Spd 含量和 Spd 与 Put 的比值与成花率呈正相关关系(黄作喜等，2006)。

6.2.2.4　脱落酸和乙烯

许多观察表明，ABA 可抑制离体开花(Vaz and Kerbauy，2008)；但 Wang 等(1997)报道，铁皮石斛的原球茎如果在含 0.5mg/L ABA 的培养基中预培养，然后转入含 2.0mg/L BA 的 MS 培养基中，其离体成花率会增加至 80%。

乙烯可诱导有些品种的开花，但也有研究结果暗示乙烯可抑制离体开花。例如，在培养基中加入乙烯抑制剂硝酸银，既可促进抗溃疡的药用植物(*Solanum nigrum*)以腋芽为外植体的丛生不定苗的再生，也可促进不定苗的开花，在含 BA(2.0mg/L)+激动素(1.0mg/L)+IAA(0.5mg/L)+$AgNO_3$(6.0mg/L)的 MS 开花诱导培养基上培养 8 周后，与在不含硝酸银的培养基上每一株外植体的离体开花数(2)相比，加入硝酸银

(6.0mg/L)后其离体开花数提高至原来的 6 倍(12)(Geetha et al.，2016)。而用高锰酸钾吸附乙烯有利于扇叶文心兰(*Oncidium Pusillum*)的开花(Vaz and Kerbauy，2000)。

乙烯对离体开花的性别控制起重要的作用(见 6.3.2 部分)。

6.2.3　培养基、光照与温度

除了上述的外植体本身和外植体供体植株固有的遗传与生理状态因素及植物生长调节物质之外，尚有培养基和环境因子如光照、温度等显著影响离体开花。

6.2.3.1　培养基及其营养成分

对关于兰科植物离体开花的 44 篇研究论文中不同培养基使用频率的统计表明，使用 MS(Murashige and Skoog，1962)或 MS 修改配方的占 43%(19/44)，VW 培养基(Vacin and Went，1949)占 14%(6/44)(Silva et al.，2014a)。在石斛属的 24 篇研究论文中(Silva et al.，2014b)，使用 MS 的占 63%(15/24)，KC 培养基(Knudson，1946)占 17%(4/24)。在离体开花成功的竹子研究的 21 篇论文中全部使用了 MS 或 MS 修改培养基(Yuan et al.，2017)。由此可见，初试植物离体开花的研究可首选 MS 为基本培养基。在使用 MS 培养基时常要作适当调整，主要是降低无机盐类水平和除去铵盐。除烟草外植体之外，大多数植物的外植体开花均可由降低原培养基中的盐分而被促进，加入 NH_4NO_3 则被抑制。例如，蓝猪耳(*Torenia fournieri*)是短日照植物，取其生殖阶段(12 周生长期)的从顶往下数第 2 节茎段为外植体，在 MS 培养基培养，研究者发现从培养基中除去 NH_4NO_3 时，可促进外植体不定芽的形成，随后这些不定芽有 58%分化出花芽，而逐个除去其盐类如 KNO_3、KH_2PO_4、$CaCl_2$、$MgSO_4$ 时，其上述的效应都不如除去 NH_4NO_3 明显。由此可知，NH_4NO_3 的存在可抑制不定芽及其花芽的形成。实验表明，在 MS 中含有 1/20 原有的 NH_4NO_3 时(MS 原含 1650mg/L NH_4NO_3)，有 83%的培养物可形成花芽，而除去 NH_4NO_3 后，以 1/5 MS 作为基本培养基诱导外植体开花最为合适，此时可有 87%的培养物形成花芽(Tanimoto and Harada，1981)。进一步的研究表明，蓝猪耳的花芽形成可分为 3 个发育阶段，在培养的头 2 周不定芽形成时为第 1 阶段，培养后第 3～4 周开始花芽发端时为第 2 阶段，培养的第 5～12 周花芽开始发育时为第 3 阶段。NH_4NO_3 在第 1 阶段加入则抑制花的发端和发育；如在第 3 阶段加入则只抑制花芽发育，不抑制花芽出现(Tanimoto and Harada，1981)。

有时要使花芽生长良好必须同时使用这两种无机氮盐，如对秋海棠属(*Begonia*)植物的花芽进行培养时，若单独使用硝酸盐或铵盐为氮源，则花芽生长不良；但如两者结合使用，则有益于花芽的生长发育。目前铵盐对花芽形成的作用尚难解释，研究者曾发现铵盐的存在可增加磷酸还原酶活性，除去铵盐对离体花芽培养开花显促进作用，这可能与其降低硝酸还原酶活性而随即调节外植体中的氮代谢有关(Tanaka and Takimoto，1975)。

在 VW 培养基(Vacin and Went，1949)中所试验的氮的最低浓度为 4.5mmol/L，此时对于蝴蝶兰形成花芽的效果最佳(Duan and Yazawa，1995)。NH_4^+是离体开花的重要因子(Silva et al.，2005)。提高 NH_4^+/NO_3^-的值将抑制离体成花，而降低 NH_4^+的浓度将促进离体开花(Duan and Yazawa，1994；Kachonpadungkitti et al.，2001)。标准配方的 VW 培养基中无机元素总浓度与扇叶文心兰(*Psygmorchis pusilla*)的花穗数量呈现负相关性。低浓度的氮水平刺激花的形成，这种效应比最低的总盐水平的作用更为明显。培养基中的 NH_4^+对于植物生长和发育是基本的要求，而培养基中如果缺少 NO_3^-将抑制开花，VW 培养基中半量的磷和氮就可促进花的形成，高浓度的钙也对成花有利(Vaz and Kerbauy，2000)。

Kostenyuk 等(1999)发现在含 BA 和高水平磷与低氮的 MS 培养基中，兰花(*Cymbidium niveo-marginatum* Mark)去根苗的离体开花率比在其磷/氮(P/N)之值未作调整的 1/2 MS(含 BA)培养基中提高了约 2.5 倍。Tee 等(2008)也报道在含有 BA 和高水平磷与低氮的培养基中有 52%的植株可形成花序，在 1/2 MS 培养基上加 BA 并对磷/氮未作任何改变培养 4 个月后只有 20%的植株形成花序，带花芽的不定苗的比例下降，而苗上形成花芽所需要的时间增加。在 MS 培养基中，高浓度的氮常常抑制开花，促进营养生长，而采用 1/2 MS 的无机盐或将其含氮水降低将有利于兰属(*Cymbidium*)(Kostenguk et al.，1999)、蝴蝶兰属(*Phalaenopsis*)和五唇兰属(*Doritis*)的离体开花(Duan and Yazawa，1994；1995)。

6.2.3.2　糖与寡糖

离体开花受培养基中的碳水化合物和无机元素的水平及其比例的影响(Tee et al.，2008；Ziv and Naor，2006)。培养基中的蔗糖是离体开花诱导及发育所必需的碳源。蔗糖对离体开花的影响已在不少植物如胶角耳(*Calocera viscosa*) (Rathore et al.，2013)、黄瓜(*Cucumis sativus*) (Sangeetha and Venkatachalam，2014)、铁海棠(*Euphorbia millii*) (Dewir et al.，2006)等中研究过。对于离体开花的最佳蔗糖浓度因植物品种而异。蔗糖对离体开花的显著作用已在一些兰科植物如杂交种 *Doriella* Tiny 中得到证实(Duan and Yazawa，1994)。对于兰科植物 *Oncidium varisocum* 的离体开花，最合适的蔗糖浓度为 10g/L(Barbante-Kerbauy，1984)。

糖类在花芽分化、生长和发育中是不可缺少的，在同一花芽培养中，各花器官发端生长及其发育对糖的要求也不尽相同。Vu 等(2006)认为花芽的诱导或启动花芽发育只需要蔗糖，而其他因子则是有助于离体开花形态发生后期阶段的发育，对此最适的蔗糖浓度为 30mg/L。Duan 和 Yazawa(1994)报道了尽管培养基中都含有 25g/L 或 50g/L 蔗糖，但在 VW 培养基(Vacin and Went，1949)中带花芽的外植体所占的百分数可达 93.3%，而在 MS 培养基则无花芽的形成。

在 Nitsch 培养基(Nitsch and Nitsch，1967)中，白花菜属植物 *Cleome iberidella* 的花瓣生长所要求的蔗糖比心皮生长要求的要低，而蔗糖浓度的高低还影响玉米素对花芽雌蕊的生长作用，在低浓度的蔗糖中，玉米素的这种作用比在高浓度的条件下显得更有效(de Jong and Bruinsma，1974)。秋海棠属(*Begonia*)植物花芽发育开花，培养基中的蔗糖以 3%为宜，而 4%蔗糖可促进花器官的生长。长寿花(*Kalanchoe blossfeldiana*)外植体的开花速率也明显受蔗糖浓度的影响。与无蔗糖的培养基相比，2%～4%蔗糖可刺激开花，而浓度超过 4%则起抑制作用，浓度为 8%时可完全抑制开花(Dickens and van Staden，1988b)。9×10^{-2}mol/L 的蔗糖和麦芽糖可促进紫花丹(*Plumbago indica*)茎切段外植体开花，但低浓度的这两种糖及乳糖、纤维素糖和甘露醇则无效(Nitsch and Nitsch，1967)。

蔗糖的浓度不超过 15g/L 则不能使南非醉茄(*Withania somnifera*)离体开花，外植体最佳开花率(69.2%)的蔗糖浓度为 60g/L(表 6-9)。相似结果也见于黄瓜茎尖外植体诱导的不定苗(Sangeetha and Venkatachalam，2014)和豌豆(*Pisum sativum*)子叶节所诱导不定苗的茎尖培养苗的离体开花(Franklin et al.，2000)。

表 6-9　蔗糖浓度对南非醉茄(*Withania somnifera*)不定苗茎尖培养离体开花的影响(Sivanesan and Park，2015)

蔗糖浓度(g/L)	离体开花率(%)	每个苗开花数
0.0	0.0±0.0d	0.0±0.0d
15.0	0.0±0.0d	0.0±0.0d
30.0	55.0±3.0c	2.0±0.2c
45.0	62.6±2.4b	3.2±0.8b
60.0	69.2±1.0a	5.6±0.4a

注：表中的数据为 3 个样品(每个样品重复 2 次)的平均值±标准误差，同列数据后附的字母不同者为有显著差异(邓肯多重范围检验，$P<0.5$)。用于切取茎尖的不定苗为培养 45 天的不定苗，离体开花诱导培养基为 MS 附加 0.3g/L BA 和表中所列浓度的蔗糖，培养 90 天

糖在培养基中既可能作为碳源，调节 C/N 值而控制开花，又可能作为渗透调节物而维持外植体的渗透平衡。究竟何种机制在开花中起作用？烟草薄层细胞外植体开花实验表明，烟草细胞不能吸收和利用甘露醇，因此，如果它对开花有作用，可能是由渗透调节而引起的。糖在花芽分化中既起着代谢性作用，又起着渗透调节的作用(van Tran Thanh，1977)。

寡糖是细胞壁多糖的降解产物，其生物活性已颇受关注。研究者在烟草薄层细胞外植体器官分化过程中发现，寡糖可以调节其形态建成的方向(Roberts，1985)。从西克莫槭(sycamore)悬浮培养细胞的细胞壁中可分得 2 个类寡糖，其中一个称为 EPG 类，它是加入内切-α-1,4-多聚半乳糖醛酶后细胞壁降解的产物。另一个称为 B 类，它是在 4mol/L KOH 和 $NaBH_4$ 溶液中细胞壁水解的产物，这些寡糖对烟草薄层细胞外植体器官分化的作用如表 6-10 所示(van Tran Thanh et al.，1985)。

表 6-10　寡糖 EPG 类对烟草花枝基部一段(长度为 2～2.3cm)外植体形态发生的影响(van Tran Thanh et al.，1985)

培养基类型	EPG 类浓度(μg/ml)	开花朵数	营养性芽数	愈伤组织(%)
Ⅰ pH 3.8	0	600	0	0
	1	100	1800	0
Ⅱ pH 5.0	0	0	0	100%
	1	0	400	0
	10	0	1200	0
Ⅱ pH 6.0	0	0	1800	0
	1	60	18	0

注：培养基Ⅰ为 MS+5×10^{-7}mol/L 激动素+5×10^{-7}mol/L IBA；培养基Ⅱ为 MS+5×10^{-7}mol/L 激动素+3×10^{-6}mol/L IBA。3 次实验，每次 20 个外植体

当烟草外植体在培养基Ⅰ(pH 3.8)中培养时，每一个外植体可形成 600 朵花，加入 1μg/ml 的 EPG 类寡糖后，每个外植体的开花能力被抑制，只开 100 朵花。在培养基Ⅱ(pH 5.0)中培养时，若无 EPG 类寡糖，外植体形成大量的愈伤组织，但加 1μg/ml 或 10μg/ml EPG 类寡糖后，愈伤组织的形成被抑制，并诱导出大量营养性芽；当 pH 为 6.0 时，加入 EPG 类寡糖，可抑制其营养性芽生成，而诱导花的形成。在培养基Ⅰ(pH 3.8)中，B 类寡糖的作用与 EPG 类相似，不过 B 类寡糖可诱导外植体形成带花芽的苗。在培养基Ⅱ(pH 6.0)中，B 类寡糖也抑制芽的形成，但诱导不定根的形成，而不像 EPG 类那样促进花的形成。研究者认为生长素、细胞分裂素和培养基中的 pH 可影响某一化学信使的反应、加工及释放。每种化学信使不像植物生长调节物质那样具有多重效应，而是特异性调节某一整套生化过程进而控制形态建成。某些细胞壁中解离的寡糖已被证明是一种调节植物生理过程的化学信使(Jin and West，1984)，这种寡糖被称为寡糖素(oligosaccharin)。

6.2.3.3　光照和温度

在离体开花的诱导、发端和发育过程中，光照是一个很重要的影响因子。Cousson 和 van Tran Thanh(1983)的研究表明，烟草花枝薄层细胞外植体的花分化对光的需求存在一个关键期，它是在培养的 6 至 11 天。在关键期，外植体的花分生组织形成率取决于光照强度，例如，此时分别采用 2w/m^2、10w/m^2 和 50w/m^2 的灯光照射时，其花分生组织形成率分别约为 20%、60%和 80%(表 6-11)。如果累积的光强度达到 300w/m^2(10w/m^2 光照 30 天或 50w/m^2 光照 6 天)，这种连续的光照有利于花药和雌蕊的分化。在采用 50w/m^2 的灯光连续光照 30 天的条件下，100%烟草花枝薄层细胞外植体都可分化出完全花(带发育良好的花药和雌蕊的花)(表 6-11)。他们的研究结果还显示，光能是以定量方式控制着花分生组织的分化，在外植体花分化的一系列过程中，光的作用在于影响糖类(作为能源的物质)的吸收及其代谢以及提高叶绿体的还原势。

表 6-11　光能对烟草(*Nicotiana tabacum* cv Samsun)花枝薄层细胞外植体离体开花的影响(Cousson and van Tran Thanh，1983)*

光照强度(w/m^2)	光照天数(天)	形成芽的外植体(%)	形成花分生组织的外植体(%)	形成花原基的外植体(%)	形成完全花的外植体(%)
2	30	27, 33	63, 77	23, 27	41, 49
	6 至 11	76, 64	22, 18	18, 22	0, 0
10	30	16, 14	90, 80	0, 0	82, 88
	6 至 11	28, 32	55, 65	27, 33	27, 33
50	30	0, 0	100, 100	0, 0	100, 100
	6 至 11	9, 1	83, 77	32, 38	41, 49

*在表中所列的外植体形成花芽、花分生组织、花原基和完全花(带雄蕊和雌蕊)的百分数为两组实验数据。在培养的 17 天统计形成的花分生组织数。在培养的 30 天统计形成的花芽原基和带有雄蕊和雌蕊的完全花

光周期对兰花的离体开花有显著的影响。Zhu(2006)报道，寒兰(*Cymbidium kanran*)的离体开花明显地受光周期影响；当光周期由8h逐步延长至14h时，其花芽诱导的频率逐步降低，而其最高的花芽诱导率(41.67%)是在照光8h的光周期中实现的。在照光16h的光周期中，其离体开花花芽诱导率降低至28.26%，但这一花芽诱导率却高于照光12h和14h的光周期条件下的花芽诱导率，只是所诱导的花芽不能发育为完全开放的花。贾勇炯等(2000)发现彩心建兰(*Cymbidium ensifolium*)离体开花诱导仅在连续光照条件下才能完成。Vaz等(2004)的研究表明，扇叶文心兰(*Oncidium pusillum*)花穗的形成数量与长日照呈正相关，但是在光照20h或更长时间的光周期条件下花芽的发育减少，因其开花期受抑制，花的寿命缩短，相反，12h和16h的光周期可使花开完好，在黑暗中花芽不能开放，尽管花穗已诱导形成。已证实存在两个主要的开花反应，这些反应是在光周期由6h变为8h及由22h变为连续光照条件时发生的。8h光周期和连续光照所引起的花穗数量增加与碳水化合物累积显示正相关，这一现象已在光照6h和光照22h光周期之前观察到。这些累积的碳水化合物可促进预存花芽的发育，这些花芽在短日照的条件下保持休眠，而花穗可从培养基中吸收蔗糖，因而可在黑暗中发育形成(Vaz et al.，2004)。

光质也影响植物离体开花，以发光二极管(light emitting diode，LED)为光源可辐射不同光质的光，将日中性的铁海棠(*Euphorbia millii*)的花序外植体再生植株的顶芽在MS培养基(0.8%琼脂+3%蔗糖)上培养8周，实验结果表明，植株开花比例(90%)、每个再生植株形成花序的数量、发育至成熟花序的比例和首次盛花所需天数的最优结果都是在照射日光灯的条件下实现的。照射LED灯的红光可降低植株的开花比例，而照射蓝光、红光+远红光和蓝光+远红光却可促进植株的离体开花(提高幼花序比例)(表6-12)。此外，照射LED灯的红光、蓝光+远红光和蓝光使开花推迟。在红光和红光+远红光下花序茎的长度与花朵直径可达到最大值。实验结果表明，蓝光可促进日中性的铁海棠离体开花，而红光则抑制。但是单凭此光生物学的研究尚不能确定哪些光受体参与其间。已知红光和远红光可强烈激活光敏色素(phytochrome)这一光受体，但蓝光也可激活，尽管其作用较弱。因此，在铁海棠离体开花过程中可能有蓝光受体单独或与光敏色素协同参与(Briggs and Huala，1999)。

表6-12　光质(LED)对铁海棠(*Euphorbia millii*)离体开花的影响(Dewir et al.，2007)

离体开花特征	日光灯	红光	蓝光	蓝光+红光(1∶1)#	红光+远红光(1∶1)	蓝光+远红光(1∶1)
首次盛花所需天数(d)	21	49	30	27	29	42
植株开花比例(%)	90	17	60	25	58	60
幼花序比例(%)	30	—	57	40	40	60
达到发育第一阶段的花序(%)	35	50	29	60	30	30
达到发育第二阶段的花序(%)	35	50	14	0.4c	30	10
每株植株形成的花序数	1.60a	0.20d	1.1b	—	0.8bc	0.8bc
花序茎的长度(cm)	1.36a	2.90a	1.8c	1.8c	2.4b	1.1d
花朵的直径(cm)	1.06a	1.20ab	1.1b	1.0b	2.4a	1.0b

注：数值为平均值，同一行数字后附字母不同者，经邓肯多重范围检验为具有显著差异(5%水平)。在离体苗上所切取的茎尖(长度在2.5～3cm)在包含3%蔗糖+0.8%琼脂+合适浓度的多效唑的MS培养基上，培养8周后观察实验结果

#1∶1指光能比例

温度和光常常强烈地相互作用，影响花的发育。在天然条件下，温度对花的发育有定性和定量的影响。高温一般可提高花发育的速率，使其提早开花，但使其生殖结构变小。对于某些植物如郁金香、百合、柑橘和番茄等，高温可诱发其花的败育。温度对花的性别表现也有影响，低温通常可促进雌雄异株和雌雄同株植物的雌性的性状表达。关于温度对离体开花的作用的研究还不够充分。当将南非醉茄(*Withania somnifera*)外植体保持在20℃培养时，其离体开花率和结果率都进一步增加。温度由20℃增加至30℃时，其离体开花率和结果率都降低(表6-13)。

表 6-13 温度对南非醉茄(*Withania somnifera*)不定苗(茎尖培养45天)离体开花的影响(Sivanesan and Park, 2015)

温度(℃)	离体开花率(%)	每个苗开花数
20	88.0±1.6a	8.3±0.7a
25	69.2±1.0b	5.6±0.4b
30	58.6±2.4c	3.0±1.0c

注：表中数据为平均数±标准误差，同列数据后附字母不同者表示有显著差异($P<0.05$)

温度可控制一些组织培养的兰花如兰属(*Cymbidium*)、石斛属(*Dendrobium*)和蝴蝶兰属(*Phalaenopsis*)的开花期(Chen et al., 1994; Hew and Yong, 1997)，但温度的这一作用并非对离体培养和天然生长的兰花的所有品种有效。在生长期，温度超过28℃花穗将难以显露；对于天然生长的蝴蝶兰的花芽诱导要求20℃或25℃的低温(Sakanishi et al., 1980)，对花芽诱导的适合的昼夜温度为白天25℃、晚20℃或白天25℃、晚15℃(Wang et al., 2005)。蝴蝶兰(*Phalaenopsis aphrodite*)生长在昼夜温度为白天30℃、晚25℃条件下时，开花受抑制，但这一昼夜温度抑制作用可通过施用赤霉素GA_3逆转(Wang et al., 2005)。同样，GA_3和温度可影响蝴蝶兰属的碳水化合物的水平及其开花(Chen et al., 1994)；但是Duan和Yazawa(1995)的研究表明，晚上的低温处理(白天25℃、晚15℃或白天25℃、晚10℃)的条件并不促进离体花芽形成，这说明诱导蝴蝶兰属离体花芽的条件可能与诱导天然花芽不一样。

扇叶文心兰(*Oncidium pusillum*)对温度的变化非常敏感，27℃对其生长和花穗的形成是最适合的温度，而22℃和32℃不适合离体扇叶文心兰的发育。高温可能增加呼吸强度，降低CO_2的吸收，导致碳水化合物的消耗，从而抑制或推迟开花。此外，在32℃的条件下，扇叶文心兰的色素含量大幅度地降低，这对植物的光合作用体系不利(Vaz et al., 2004)。Su等(2001)认为在高温下的蝴蝶兰属的开花受到抑制与此时其内源的赤霉素水平太低相关。但是，在扇叶文心兰中，施用GA_3却不能促进离体花穗的形成(Vaz et al., 2004)。Wang等(2009)报道在25℃的条件下，金钗石斛(*Dendrobium nobile*)发育出异形花，但在低温(照光23℃/黑暗18℃)条件下培养45天，可发育出正常的花。昼夜温差也可能有利于碳水化合物的累积(Bernier et al., 1993)。

6.2.3.4 其他因素

培养基的pH也会影响花芽生长。低pH(4.0～5.0)有利于白花菜属植物*Cleome iberidella*花芽的雌蕊发育，但对花芽的生长无效。pH 5.8对番茄花芽成熟有益，降低pH(3.8～4.5)可明显地促进萼片、花瓣和子房的生长。一般来说，低pH的培养基有利于花芽的生长，而高pH(5～8)则有益于花器官的分化(Rastogi and Sawhney, 1987)。此外，24个番茄栽培品种和2个杂交种F_1的叶片外植体离体开花的研究表明，NaCl(0.5%)可能是诱导这种外植体开花的因素。在含有0.5% NaCl的MS培养基中，有11个基因型的叶外植体都能开花(有两种开花途径：直接从外植体产生花；先成苗再从苗顶端开花)。培养基中不含NaCl或含1.0% NaCl时，外植体则不能开花(Liu and Li, 1989)。

培养容器的体积和培养基的体积对培养的外植体开花也会有明显的影响。当减小培养瓶的体积时，牵牛(*Pharbitis nil*)外植体所产生的不定根伸长受阻，但开花效应却增强(Shinozski and Takimoto, 1982)。培养瓶和培养基的体积变化，也可引起矮生伽蓝菜(*Kalanchoe blossfeldiana*)的茎节外植体离体开花的变化，如将培养瓶用PVC薄膜封闭(处理A)，则完全抑制其外植体的开花。已知，在短日照条件下，若瓶内空气无CO_2，则该外植体开花数量增加。因此，封闭培养瓶后，瓶内累积的CO_2和乙烯可能对外植体的开花起抑制作用。如果减小培养基体积[由40ml减小到20ml从而增加瓶内的空间(处理B)]，则主要引起外植体所形成的不定根和苗鲜重的减少。如果同时减小培养瓶体积(由100ml减少到50ml)和培养基的体积(由40ml减少到20ml)(处理C)，结果与处理B的相似。如果同时较大幅度减小培养瓶体积(由100ml减小到40ml)和培养基体积(由40ml减小到10ml)，则外植体器官发生(不定根或芽的形成)和开花的效果均明显受到抑制(Dickens and van Staden, 1988a)。

兰花的培养方法也影响其离体开花。Sim等(2007)报道，采用两层培养基(在Gelrite固化培养基上加培养液的培养体系)可促进石斛属植物 *Dendrobium* Madame Thong-In 的花序轴和花芽的诱导及其花的发育；在这种培养体系中，培养液的体积也影响原球体花芽和花的发育。例如，在 20ml 含 22.2mmol/L BA 的 KC(Knudson，1946)培养基中可获得正常花的形成最高的百分数，而在 30ml 和 5ml 的 K5 培养基中则分别获得 43%和 26%开花率。这一培养体系也成功地用于其他石斛属杂交品种，如 Chao Praya Smile(Hee et al.，2007)，但是对于石斛属品种 *Dendrobium* Second Love 的离体苗，培养于含 1.8mmol/L TDZ 而以植物凝胶(Phytagel)固化的培养基后，便可被诱导离体开花(Ferreira et al.，2006)。由此可见，培养基的物理性状[液体培养基或结冷胶(Gelrite)固化培养基]和可能的气体交换状态(液体培养基)在离体成花中也起重要的作用。

综上所述，一般来说，在各种花器官的发端、生长和发育过程中，生长调节物质，特别是细胞分裂素(有些情况下是赤霉素和生长素)起着重要作用。植物种类不同，基因型不同、花器官不同，其发端、生长和发育所要求的生长调节物质也不同。对器官发端和大、小孢子的刺激信号来自分生组织或培养时共存的其他花器官。离体花芽显示出相对的自由性，即独立于母体植株而进行自身发育。但在非离体条件下，花器官的生长和发育所要求的细胞分裂素来自根中。在个体发生的早期阶段，花芽和各花器官的发育模式就已被固定下来，在大多数情况下，离体花芽所呈现的发育程度自有其稳定性，难以逆转至其营养生长状态。因此，花芽可被认为是决定了的，或注定其是要开花的。在许多情况下，花芽或花的各部分可增殖成愈伤组织。这一现象与培养基中生长调节物的平衡和外植体年龄有关。目前关于花形态建成的机制，包括对各个花器官发端的生化和分子基础，某一花器官对另一花器官发育影响的调节机制，营养成分与生长调节物质之间的相互作用，环境物理因素对各花器官发端和发育的影响及其信号转导等诸多机制还有待深入的研究。

6.3 离体开花的性别表现及其控制

就花的性别而言，有的植物雌雄同株，有的植物雌雄异株。有的植物性别类型更为复杂，如瓜类一般是雌雄异花同株，但也有全雌性、全雄性及雌花和两性花、雄花和两性花、雄花与雌花和两性花同株的。高等植物性别的分化及表现特征与高等动物不同，高等动物的性别在胚胎发生便决定了，而高等植物的性别在生长、分化、发育及成熟后的某个阶段才决定。因此，植物的性别分化与表达呈现出不稳定性，易受环境因素影响，这就为人为控制性别变化提供了良好机会。一般农业生产上都希望得到较多的雌花及产量，因此控制植物花的性别及性别表现具有极重要的意义。但对离体开花的性别调控方面的研究尚十分缺乏。

非离体和离体培养的研究表明，花性别的表现除受遗传(性别决定基因)和环境因子控制之外，生长调节物质也参与这一过程的调节。裸子植物花的性别可为外源的 GA_3、GA_{41} 和 GA_7 所改变，具体情况视种属不同而异。有些松科(Pinaceae)植物，GA_4 和 GA_7 一般可促进其雌花与雄花的发育，但在长日照下这些化合物只促进雄花的表达，而在短日照下则促进雌花的表达。从内源激素平衡角度看，外源的 GA_3 可以提高内源的 IAA 水平(Durand R and Durand B，1990)。在许多雌雄异株和雌雄同株的被子植物中，外源生长调节物对其花性别的表现尚无专一性作用。某一生长物质对一种植物来说可能促进雄性花的表达，而在另一种植物中则可能促进雌性花表达。比较有说服力的例子是外源植物生长调节物质可以逆转黄瓜类雄花或雌花的性别表现(Friedlander et al.，1977)。有些植物离体开花的性别由细胞分裂素与生长素浓度的比例所决定，如海枣(*Phoenix dactylifera*)(Masmoudi-Allouche et al.，2011)。以下结合有关实例进一步讨论生长调节物质对离体开花时的性别表达的调控。

6.3.1 生长素和细胞分裂素

在非离体条件下，Laibach 和 Kribben(1950)首次证明用 NAA 和 IAA 处理黄瓜幼苗可以增加雌花的数目与比例。在花芽离体培养时也有类似的现象。根据花芽在母株上着生的节位可以推知幼花芽发育后的性别。原先在母株节位将发育成雄花的花芽，在含有 IAA 的培养基中培养(离体培养时均处于两性阶段，0.5～0.7mm 大小)，可发育出子房(雌化)。GA_3 可以逆转这一过程，但单独使用则无促进花雄化的效果。具雌花和两性花发育倾向的花芽其性别表现很少受 IAA 与 GA_3 的影响，可按其正常的发育途径成为雌花和两性花(Galun et al.，1963)。

短日照植物稀脉浮萍(*Lemna paucicostata*)和长日照植物膨胀浮萍(*Lemna gibba*)的幼花芽培养时，若加入 IAA 可促进柱头生长，维持稀脉浮萍的花芽正常发育，但使膨胀浮萍的花芽显雌化倾向，外加乙烯和 CCC(GA 生物合成抑制剂)也有类似的作用(Huge，1976)。

耧斗菜属(*Aquilegia*)和一种白花菜属植物(*Cleome iberidella*)的花序与膨胀浮萍(*Lemna gibba* G1)的花序离体培养时，IAA 和 NAA 也可促进它们的雌性花器官的发端与发育。离体培养时，IAA 的作用也受培养基中其他成分的影响。例如，在培养基中除去椰子汁，IAA 对耧斗菜属花芽心皮发端的促进作用消失，只有在培养基中加入玉米素，NAA 才能促进该白花菜属植物的雌蕊生长(转引自 Kinet et al.，1985)。这些都证明，生长素对性别表现的作用取决于实验条件和实验材料，如果这些条件不相同，有时会得出极不相同的结果。IAA 和 NAA 对非离体的山靛属植物 *Mercurialis annua* 花的性别表现无影响，但以遗传性的雌花植株的茎节为外植体，将其培养于含 IAA 和 NAA 的培养基中时，可使其长出雄花(Champault，1969)。对雄花和两性花同株的醉蝶花(*Cleome spinosa*)在其主花序上喷洒 IAA，会减少其雌蕊的生长发育，但其同属的另一种植物 *Cleome iberidella* 的花芽离体培养于含低浓度 NAA 的培养基时，其雌蕊的发育则被促进。生长素对秋海棠属(*Begonia*)植物花性别表现的作用更为复杂，非离体条件下，*Begonia*× *chimantha* 杂种的雌花比例可为 IAA 处理而提高；而对另一种同属植物 *Begonia fraconis*，在其雌花发端前用 IAA 处理则会提高其雄花数，但 IAA 对 *Begonia fraconis* 离体培养的花芽的性别分化则无效应(转引自 Kinet et al.，1985)。

关于细胞分裂素对山靛属植物 *Mercurialis annua* 花的性别转变作用的研究比较深入。每天用外源的细胞分裂素处理该植物，可使其花全部雌化，每一个新形成的雄花原基将发育成能育的雌花，但仅仅是第一性别特征可被改变，因为一些第二性别特征如伸长的穗状花序可被保存下来。如果延长细胞分裂素的处理时间，可发生完全性别转变，包括第二性别特征的转变。可以通过改变处理时的激素种类、浓度及处理时间来改变每朵花的性别表现。进一步研究表明，细胞分裂素和生长素的平衡对其花的雌化也起作用，其中生长素抑制这一雌化作用(表 6-14)。只有在培养基中不加 BA 的情况下，生长素才能有雄化作用。因为在这种情况下内源的细胞分裂素已足以使外植体发育。离体培养情况下，被培养的花序可实现完全性别转变。这一转变可以通过将遗传雄性的花序分生组织感染土壤农杆菌(*Agrobacterium tumefaciens*)的方法诱导雌花的产生(de Jong and Bruinsma，1974)。当冠瘿瘤形成时，其产生的细胞分裂素物质可以渗透到花序分生组织中，使之产生雌花，但这种方法对遗传决定性雌花不起作用。同样可将冠瘿瘤组织分离出来，放入不含植物激素的培养基中培养相应的花序，可发现靠近冠瘿瘤组织层处的花序首先形成雄性不育的花，随即出现雌花，这再一次肯定了细胞分裂素的雌化作用。

表 6-14　诱导山靛属植物 *Mercurialis annua* 雄花节雌化及其雄性不育和雌花节雄化的细胞分裂素与生长素平衡值(Durand R and Durand B，1990)

IAA (g/L) \ BA (g/L)	0	10^{-6}	10^{-4}	10^{-3}	10^{-2}
0		F	F	FF	FFF
10^{-6}			FF	FF	FF
10^{-4}	M	S		F	F
10^{-3}	M			F	F

注：每格以对角线分隔，右上部为♂，左下部为♀（图例）。

FFF：非常强的雌化作用　　M：雄化作用
FF：强的雌化作用　　S：雄性不育
F：弱的雌化作用

在雌雄异株的山靛属(*Mercurialis*)植物中，各个性别基因组合和内源激素代谢的定性定量变化的关系已比较清楚，雌性基因可能与诱导玉米素的累积有关，而雄性基因与诱导玉米素核苷酸的累积有关。细胞分裂素生物合成的第一步是将异戊烯基基团引入腺苷酸的有关位置上，在雄性植株中，玉米素核苷酸可能是细胞分裂素合成过程中的头一个产物，在雌株中游离的玉米素则可能是活性强的产物。在雌、雄植株的顶端，其内源生长素的水平也有很大差别，雄株顶端的生长素水平还随着各个花的雄性程度的增加而增加。研究已表明(非离体情况)外源施用细胞分裂素可诱导内源生长素水平的逐渐降低，因此，每一性别决定基因可以调节其相关的内源激素的平衡(Durand R and Durand B，1990)。

有些植物离体开花时的性别决定，如海枣(*Phoenix dactylifera*)，取决于细胞分裂素与生长素浓度的比例(Masmoudi-Allouche et al.，2011)。海枣属雌雄异株体系；但在有些情况下，可在雌株上出现两性花。实际上，研究者早就发现海枣在离体开花时产生两性花(Demason and Tisserat，1980)，在雄花中可诱导心皮的发育，在雌花中可诱导雄蕊的发育。Masmoudi-Allouche 等(2009)研究了多个海枣品种雌花退化为雄蕊(staminode)的现象，发现这类残存雄蕊在特定培养条件下呈现出很强的增殖能力，激素处理也不能阻止其心皮的发育，从而出现形态上雌雄同株的花。实际上在雌花中 80%～90%的雄蕊都可在含有 IBA/BA 的两种基本培养基(培养基 5 和 4)中显著增殖，在这两种培养基中 IBA/BA 的浓度分别为 4.92μmol/L/4.44μmol/L 和 9.84μmol/L/4.44μmol/L(表 6-15)。当在培养基 3 中的 IBA/BA 浓度减低至 2.46μmol/L/2.22μmol/L 时，从 50%被培养的雌花中可诱导出雄蕊，但是高浓度的 IBA/BA，如培养基 1 和 2 中(IBA/BA：9.48μmol/L/8.88μmol/L 和 19.68μmol/L/8.88μmol/L)，所诱导的两性花的比例低。这些结果证实了雌雄花异株植物是起源于雌雄花同株的早期理论的假设。这些研究结果也支持 Lebel-Hardenack 和 Grant(1997)所提出的假设，即许多雌雄花异株品种的单性花分生组织具有发育两性花的潜能，改变其内源激素水平及比例可触发性别决定基因转换成另一发育程序。就单性花而言，研究者所关注的是在雄花中心皮(雌蕊)原基的败育或发育的停止及雌花中雄蕊原基发育时间的迟缓(Kater et al.，2001)。像此类雌雄同株现象的控制机制可为进一步研究离体自花授粉提供机会并展现其应用前景。

表 6-15　离体培养所诱导的海枣(*Phoenix dactylifera*)两性花的比例(Masmoudi-Allouche et al.，2011)

培养基编号	IBA(μmol/L)	BA(μmol/L)	两性花的比例(%)
1	9.48	8.88	5±0.6
2	19.68	8.88	30±1.15
3	2.46	2.22	50±1
4	9.84	4.44	82±1
5	4.92	4.44	90±1.5

注：以海枣品种 Deglet Noor 的雌花序为外植体，在不同培养基中培养 15 天观察结果，每个重复约用 500 朵花来分析

离体和非离体情况下的实验表明，细胞分裂素通常具有促进雌花形成的作用。细胞分裂素对玉米腋花序性别表现的作用颇有不同。在非离体条件下，玉米的顶部和腋部花序在其发端时都含有两性花原基，在发育过程中，顶花序逐渐成为带雄蕊的花，而腋花序则发育成带柱头的雌花。离体培养时腋花序因培养基中的生长调节物质不同可发育成不同的花器官。在含激动素的培养基中可发育出大量的雄花，而在含激动素+GA_3的培养基中，腋花序(5.1～10.0mm)则只形成雌花，这说明激动素不但为选择性花器官的发育所必需，而且为花的正常发育及腋花序离体培养时的雄蕊发育所必需(Bommineni，1990)。

有关细胞分裂素类对植株离体开花的性别表达作用还是比较复杂的，具体作用与其细胞分裂素的种类及浓度有关。例如，雌雄同株的黄瓜(*Cucumis sativus*)组织培养 16 周的离体开花结果表明，在含 4.0μmol/L 激动素的 MS 培养基上的黄瓜品种 Kmicic F1 所开的雄花数最多(每株 6.0 朵±0.7 朵)，而在含 6.4μmol/L IAA 或不含生长调节物质的 MS 培养基上所开的雌花数最多(每株 3.1 朵±0.3 朵)；在含 4.4μmol/L BA 的 MS 培养基上培养的植株开花受到抑制；在培养基中加玉米素(4.6μmol/L)，离体苗仅开雄花(Kiełkowska，2013)。Wang 等(2001)的报道也表明，BA(1～2μmol/L)可促进苦瓜(*Momordica charantia*)雄花形成，8.0μmol/L 的激动素可促进雌花形成，但高浓度 BA(4～8μmol/L)可完全抑制开花。Kachonpadungkitti 等(2001)也发现生长素

(NAA 和 IBA)和 GA_3 对荞麦(*Fagopyrum esculentum*)离体开花的诱导无效，只是低浓度的激动素(0.1μmol/L)可有效地促进其开花。

6.3.2 乙烯、多胺与赤霉素

大量非离体植物开花的研究表明，乙烯是主要的雌化激素，特别是对于有些瓜类作物来说，如黄瓜、香瓜(*Cucumis melo*)和南瓜(*Cucurbita moschata*)等，乙烯利亦有类似作用，其促雌作用甚至强于生长素；但对离体花芽的性别表现的作用研究不多。当离体的膨胀浮萍(*Lemna gibba*)和稀脉浮萍(*L. paucicostata*)的花芽在含有 CCC 与乙烯利的培养基中培养时，稀脉浮萍的雌蕊发育受到促进，其花芽发育正常；而对于膨胀浮萍，CCC 和乙烯利处理均利于其花芽雌蕊进一步发育，因而使其发育倾向更加雌化(Pirson and Seide，1950)。

乙烯和多胺的生理作用相反。它们在生物合成上使用共同的前体，因此，在一定的条件下，它们在生物合成上可能发生相互抑制(Apelbaum，1990)，这在浮萍离体成花的性别控制上反映出来。例如，通常浮萍的花序只带一朵雌花(雌蕊)和两朵雄花(雄蕊)，它们由佛焰苞所屏蔽，当其花序被切离并培养于基本培养基上时，雌花和雄花不能以等同的速率持续发育从而导致雌花和雄花比例失衡。对此，长日照和短日照的浮萍的反应不同。长日照的膨胀浮萍雄蕊发育受抑制，以雌蕊发育为主；而短日照植物稀脉浮萍雌蕊发育受抑制，以雄蕊发育为主。外施植物激素可对它们的雌、雄花发育进行修饰，可控制性别表现的平衡。赤霉素刺激雄蕊发育、抑制赤霉素的生物合成。使用乙烯释放剂和生长素则可刺激雌蕊的生长发育并抑制雄蕊的生长。细胞分裂素和脱落酸(ABA)较少直接通过调节那些对花序的形态发生有重要作用的激素或其他物质的代谢途径而参与这些花的性别表现过程。这些效应意味着长日照和短日照浮萍花序的体内合成或/和代谢激素的能力是不相同的，而这些能力又取决于由叶和根能否为这两种浮萍输送其正常发育所需的各种因子。在离体条件下有利于雌花发育的事实表明，在长日照的浮萍中，相对于多胺而言，是乙烯的生物合成占优势，而在短日照的浮萍植物中则相反。雌花生长受抑制说明体内缺少乙烯，换句话说，体内多胺活性强将会抑制乙烯的活性，从而也使雌蕊的生长受抑制。因此，通过调整多胺和乙烯的比例可调整雌雄花的比例。例如，采用多胺生物合成抑制剂 MGBG 处理短日照浮萍，通过其抑制雄蕊或促进雌蕊的发育可使其雌雄比例接近正常水平，而采用乙烯生物合成抑制剂氨基乙氧基乙烯基甘氨酸(aminoethoxyvinylglycine，AVG)可有效阻碍其雌蕊的生长，另一乙烯生物合成抑制剂氨基氧乙酸(α-aminooxyacetic acid，AOA)的作用不甚明确。腐胺(Put)在某些情况下可促进雄蕊的生长，可能作为合成活性亚精胺(Spd)的前体。Spd 对雌蕊和雄蕊的作用效果取决于其使用的浓度，重要的一点是增加亚精胺浓度可使其原来的促进雌蕊发育的作用变成抑制的作用。精胺可促进雄蕊的生长。这些研究结果表明，在这两种浮萍对长、短日照的反应中，体现了乙烯与多胺生物合成上的竞争关系。即长日照的浮萍在长日照条件下，其花序可提供抑制乙烯形成但促进多胺合成的因子，而短日照浮萍的花序则可提供抑制多胺形成而促进乙烯形成的因子(Mader，2004)。

在非离体情况下，GA 对花性别表现的具体作用因植物种类不同而异，对有些植物起雌化作用，而对另一些植物起雄化作用。对同一种植物起相反作用的报道亦不少见。在离体开花的实验中，GA_3 对雌雄同株的黄瓜顶锥、雄花和两性花同株的一种白花菜属植物(*Cleome iberidella*)花芽的遗传性雌花节位有促进雄花产生的作用，也使该植物的雄蕊败育(转引自 Kinet et al.，1985)。黑种草(*Nigella damascene*)有单花和重花两种基因型，将它们从萼片发端前期到心皮发端阶段的花芽离体培养时，培养基中加激动素有益于两种基因型的花芽雄蕊和心皮的发端。在培养基中加入各种浓度的 GA_3 可抑制单花基因型的雄蕊和蜜腺的发端与生长，并且这一抑制作用不为外加任何比例的 IAA 和激动素所解除(Raman and Greyson，1978)。

白花菜属植物 *Cleome iberidella* 的花芽(2.5mm 长)在含 10^{-5}mol/L 玉米素和 10^{-7}mol/L NAA 的培养基中培养 21 天，其花可发育成与自然条件下一样大(13mm)的花。玉米素和 BA 可促进其雌蕊发育，GA_3 则引起雌蕊败育。在不含激素的培养基中其花芽发育的花以雄花为主。一种秋海棠属植物(*Begonia franconis*)的花序由 2 个雄花芽(1.0～2.5mm 长)和 1 个雌花芽(0.4～0.7mm 长)组成，为了使这一花序正常生长，液体培养基中必须含有硝酸盐、铵盐和细胞分裂素，其中雌花芽发育的最适细胞分裂素浓度要比雄花芽发育的浓度高 10～30 倍。如果同时加入 IAA 和乙烯利，花芽生长不受影响，若加大 ABA 和细胞分裂素的浓度，可抑制花芽的生长。GA_4 和 GA_3 一起加入可促进雄花花芽花被的伸长，而单独加入 GA_3 对此则无效（Berghoef and Bruinsma，1979）。

6.4 离体开花的生理与分子机制

在被子植物的生殖周期中，其营养性的苗端及其侧生分生组织将发生重大的变化，一年生草本植物在开花、结实（一次性结实植物）后常死亡，多年生植物（木本和灌木）在其一生中可多次开花和结实（Ruan and Silva，2012）。兰科（Orchidaceae）植物尽管有草本植物的形态特点，但都属多次结实的植物。被子植物生殖的成功与否取决于其年龄及其所处的环境季节性信号，如日照（光周期）和冬季的春化作用。光周期由叶（光敏色素）感受，而春化作用则直接由苗端或由叶感受，一些短暂的环境条件变化，如营养和水分变动也可影响有些品种的开花时间。

现有的研究表明，植物开花是由复杂的基因表达网络通过遗传和表观遗传机制所控制的，这些基因整合了多种环境信号和内源信号，使花开适时。在这一过程中，植物生长调节物质的调节、信号转导及其体内的动态平衡（homeostasis）起着尤为重要的作用。植物体内除了开花的促进系统，也存在开花的抑制系统，该系统可通过开花抑制基因如 *EMF1*（embryonic flower1）阻止花分生组织属性基因的表达。这一抑制系统的激活将诱导大多数植物固有的营养生长。当这一开花抑制系统被阻断时，植物在种子萌发后即可自发地开花（Campos-Rivero et al.，2017；Zografou and Turck，2013）。

对拟南芥开花突变体的研究表明，植物开花过程的调控是一个非常复杂的体系（Fornara et al.，2010）。不同品种开花过程的遗传和分子生物学特点的研究也揭示了调控花形成的早期阶段的遗传基础的保守性。例如，*SQUA* 基因属于 MADS-box 基因家族，其在植物营养到生殖阶段的转变中扮演重要的角色，但是在单子叶植物中，*SQUA*-like 基因有相对较多的基因数量及表达模式，这一类基因并非总是担负着其拟南芥直向同源基因所起的功能。这些研究结果显示，所有被子植物开花的启动及其发育可能有一个相同的机制，包括那些尚未了解的种属特异性遗传和分子基础（Calonje et al.，2004）。

根据目前的资料，对离体开花的分子基础的研究尚不多，由于兰科是有花植物的最大科之一，因此，研究者在兰科植物离体开花的生理和分子基础方面做了相对较多的研究（Silva et al.，2014a，2014b）。

研究表明，当苗端分生组织细胞获得开花启动信号的感受态时便发生营养性生长向生殖生长的转换，这一过程涉及多种信号调控机制（Bernier et al.，1993；Huijser and Schmid，2011）。已经证实，环境信号可触发植物中的代谢和植物激素状态本质上的改变。外源细胞分裂素和赤霉素处理对植物发育的诱导作用已在一些兰花品种中得到证实（Matsumoto，2006）。细胞分裂素是兰花开花必要的信号（Campos and Kerbauy，2004；Chou et al.，2000）。

离体培养的植株，其光合作用能力有限，难以实现其正向的碳平衡（Hew and Yong，1977）。因此，培养基中的重要成分包括碳源如糖类、营养成分和植物生长激素都是影响植物如兰花的离体开花的主要因子。蔗糖作为开花的信号因子，其所起的重要作用是可参与 *FT*（*FLOWERING LOCUS T*）基因表达的调控。

Yu 和 Goh（2000a，2000b）克隆了与一种石斛属植物 *Dendrobium* Madame Thong-In 营养生长阶段的转换及离体开花相关的基因 *DOH1*，该基因与在拟南芥苗端分生组织表达的 *KNOX* 非常相似。拟南芥分子生物学研究证实了原先的一个概念，即花芽分生组织的转换既可由叶中产生的可移动的长距离信号转导过程（光周期）所控制，也可直接由苗端分生组织所产生的信号（温周期/春化作用）所调节。在拟南芥中所发现的主要的开花信号为光周期、春化作用和激素信号，这些信号在兰花离体和天然开花过程中都是相同的，尽管采用的基因名字源于拟南芥，但它们都是具有相同功能的直向同源物，也已在其他的被子植物包括兰科植物中有所克隆和鉴定（Hou and Yang，2009；Pan et al.，2011）。蝴蝶兰（*Phalaenopsis aphrodite*）中的基因表达研究揭示，在营养生长阶段和生殖阶段的基因表达谱有本质的不同，其中在营养生长阶段可表达 762

个基因，而在生殖阶段表达 2608 个(Su et al.，2011)。

目前，已确定基因 *FT*(*FLOWERING LOCUS T*)是一个在叶中产生的开花整合基因，其在调控开花时间上起重要作用(Huang et al.，2012)。该基因所编码的产物是一个小蛋白，可在韧皮部诱导开花的信号。相关研究表明，FT 及其同源物(如 TSF)是有花植物中普遍存在的开花信号分子(Turnbull，2011)。

对文心兰属植物 *Oncidium* Gower Ramsey 中的 FT 同源物的功能分析表明，它们参与光周期控制的开花转换(Hou and Yang，2009)。在拟南芥中，光周期所调控的开花依赖于参与光周期和生物钟节律体系的光敏色素基因家族的基因(*PhY*)。此外，拟南芥中蛋白受体 PhY 是通过赤霉素活性而涉及叶中 *FT* 基因的表达；与此相吻合的例子可见于冷处理的杂种蝴蝶兰(*Phalaenopsis hybrida*)的开花过程，此时其开花启动与其内源的赤霉素水平升高相一致。根据 Turnbull(2011)的研究结果，接受冷信号的部位可存在于苗端分生组织附近或外侧，即在叶中。杧果是典型的热带果树，其开花显然受控于温度调节的开花促进因子(FT)，该物质在叶中合成，并通过韧皮部运输至芽(Ramirez et al.，2010)。冷处理也可促进蝴蝶兰属(*Phalaenopsis*)(Chou et al.，2000)和石斛属(*Dendrobium*)整株植物的内源细胞分裂素水平(Campos and Kerbauy，2004)。

光照所涉及的开花时间调控也可能通过糖类，特别是蔗糖的可利用性来完成(King et al.，2008)。有关 FT 与蔗糖合成酶基因表达之间的关系已在拟南芥中研究过，结果发现，一个不定域(INDETERMINATE DOMAIN，IDD)转录因子，即 AtIDD8 通过蔗糖的运输和代谢调控光周期及其开花，该转录因子基因的突变(如突变体 *idd8*)导致开花推迟(长日照条件下)，而过表达 *AtIDD8* 的转基因植株(*35S:IDD8*)则开花提前。此外，在转基因植株(*35S:IDD8*)中蔗糖合成酶基因(*SUS1* 和 *SUS4*)被上调，而在突变体 *idd8* 中它们则被下调。在这些过程中，内源蔗糖水平也随之改变。*AtIDD8* 可直接与蔗糖合成酶基因 *SUS4* 的启动区结合而激活该基因的表达，因而过表达基因 *SUS4* 的转化植株的开花得到促进(Seo et al.，2011)。

由以上结果可推知，不管 *FT* 在何部位表达，即在叶中或在苗端表达，其表达产物都可与 FD(FLOWERING LOCUS D)原件直接相互作用形成复合物，进而诱导 *LFY*(*LEAFY*)和 *AP1*(*APETALA1*)的表达，这两个基因的表达是营养生长阶段转换成生殖阶段所必需的。赤霉素也参与 *LFY* 基因表达调节。研究者已在文心兰属(*Oncidium*)植物中克隆和鉴定到几个这类重要的开花调节基因。例如，兰科中所鉴定的 *OMADS1* 和 *AGL6*-like 基因转化于拟南芥时，该转基因植株中的开花时间调控基因 *FT* 和花分生组织属性基因 *LEY* 与 *AP1* 的表达可被上调(Hsu et al.，2003)。

研究者已从 7 个兰属植物中分离鉴定了多于 70 个基因，其中有些是与开花相关的基因(Teixeira da Silva et al.，2014)。例如，几种石斛(*Dendrobium* spp.)由营养生长阶段向生殖阶段转换时的基因表达谱揭示，有 4 个相关的基因，包括 *OgCHS*、*OgCHI*、*OgANS* 和 *OgDFR*，是与离体开花时的花发育相关的基因(Chiou and Yeh，2008)。Chiou 等(2008)鉴定了文心兰属(*Oncidium*)植物的 *OgCHRC* 及其启动子(*Pchrc*)，该基因特异性地在花中表达。Thiruvengadam 等(2012)也报道了金蝶兰属植物 MADS-box 的基因(*OMADS1*)可促进该基因转化的文心兰属植物 *Oncidium* Gower Ramsey 提早开花。

一旦苗端分生组织完成了生殖阶段，落实了开花的指令，其基因表达将涉及花器官属性(identity)的发育，一般按ABC或其他更复杂的模式形成。对此，研究者在11个兰科植物中已鉴定了B类基因 *AP*(*APETALA*)和 *PI*(*PISTILATA*)，其中有 24 个基因是 *AP3* 类基因，11 个为 *PI* 类基因(Pan et al.，2011)。

组学(omics)方法如转录子和蛋白质组的分析也已用于揭示离体开花的分子机制。例如，与墨兰(*Cymbidium sinense*)开花相关的转录子组谱的分析表明，在共有 41 687 条独特序列中可注释的 23 092 条序列与特定的代谢途径关联，而有 120 条序列与开花通用数据库(unigene)序列相关、73 条与 MADS-box 通用序列相关、28 条与 *COL*(*CONSTANS-LIKE*)基因通用序列相关(Zhang et al.，2013)。

此外，研究者利用版纳甜龙竹(*Dendrocalamus hamiltonii*)在离体培养条件下成功地实现营养性分生组织转换为花分生组织并离体开花的实验体系，进行蛋白质组学的分析，结果表明在花分生组织的蛋白表达模式中共有 128 个是差异表达蛋白。对其中的 103 个蛋白进行肽质量指纹谱(peptide mass fingerprinting，PMF)分析发现，富含的 79 个蛋白发生了变化，有 7 个蛋白消失，而新生的蛋白有 17 个。通过 MS/MS 质谱分析和此后的同源性搜索鉴定了 65 个蛋白，分别包含涉及代谢的 22 个、信号转导和运输的 12 个、逆境的 6 个、开花的 8 个、调节蛋白 11 个、未知功能的 6 个。这些数据说明，与代谢相关的蛋白可能和版纳甜龙竹启动开花所需要的营养来源的代谢相关，此外，尚有各种相互作用的蛋白，如 bHLH145、B-4c 转录因子(热逆境转录因子)、成熟酶 K(maturase K)、MADS-box、锌指蛋白和与开花相关的 Scarecrow-like 21 蛋白、乙烯生物合成的关键酶 SAM 合成酶(*S*-adenosylmethionine synthase，SAMS)和 ACC 合酶、改善钙信号转导相关蛋白(CML36)及改变植物激素相关蛋白如蛋白磷酸酶(2c3 和 2c55)，这些蛋白都是赤霉素酸和光敏色素调节相关蛋白(DASH、LWD1)，都可能是版纳甜龙竹离体开花过程中成花转换的主要调节因子(Kaur et al.，2015)。

离体开花与天然开花或非离体开花的重要差别在于合适的培养条件可使植物从营养生长阶段转换为生殖阶段所经历的时间大为缩短。已有研究表明，在天然条件下这一发育阶段的转换机制中，表观遗传的控制起着重要的作用(图 6-7)(Campos-Rivero et al.，2017)(有关表观遗传调控机制可参见第 9 章)。有些植物激素如赤霉素、茉莉酸(jasmonic acid)、脱落酸和生长素单独或一起通过作用于 DNA 甲基化与组蛋白转录后修饰来调控染色质凝结；这暗示，植物激素可能通过表观遗传调控而发挥对离体植物开花的作用。miRNA 是有别于 DNA 甲基化和组蛋白转录后修饰的另一类潜在的与植物激素信号转导相互作用而调控开花的分子。无疑，对缩短这一转换阶段的表观遗传调控机制深入研究，将有利于揭示在离体条件下导致一些发育仍处于幼龄阶段的植物品种，特别是如兰花、竹子及一些营养发育阶段历时长久的木本植物提早进行生殖发育转换而实现离体开花的机制。

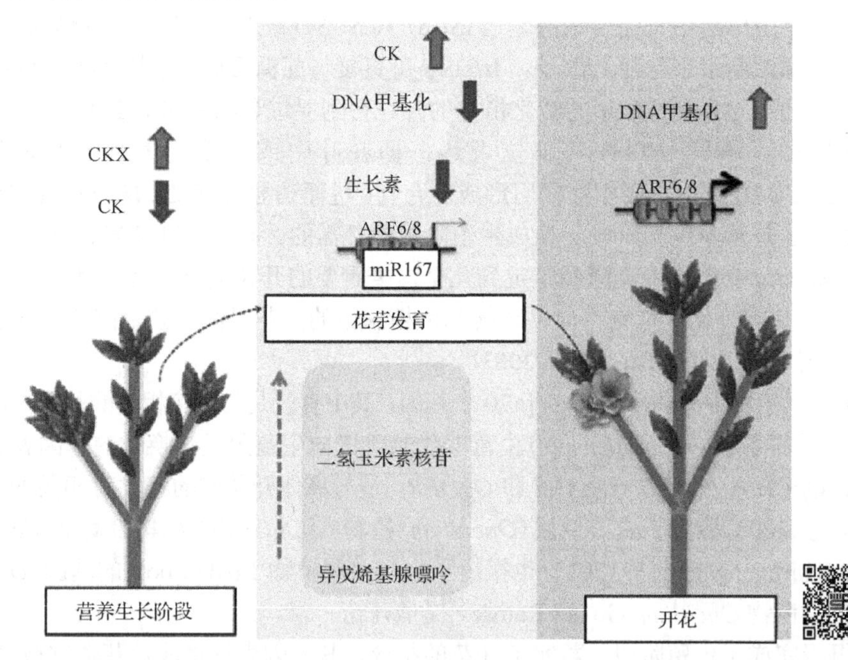

图 6-7　细胞分裂素(CK)、DNA 甲基化和 miRNA 参与成花转换的示意图
(Campos-Rivero et al.，2017)(彩图请扫二维码)

在营养生长阶段，由于细胞分裂素(CK)氧化酶/脱氢酶(CKX，该酶参与细胞分裂素的代谢)作用，植物中的细胞分裂素水平低下。当开花启动时，花芽中的内源二氢玉米素核苷和异戊烯基腺嘌呤水平增加，这两个细胞分裂素参与细胞的生长与增大，DNA 甲基化及生长素水平降低，此时，由于 miR167 的作用，生长素反应因子水平降低，当花芽器官形成时，DNA 甲基化水平升高，*ARF6* 和 *ARF8* 也表达

参 考 文 献

桂仁意，等. 2003. 石竹试管苗成花与多胺代谢的研究. 北京林业大学学报, 25: 31-35
黄作喜，等. 2006. 多胺对离体黄瓜子叶花芽构建的影响. 云南植物研究, 28: 194-198
黄作喜，等. 2008. 离体培养黄瓜子叶诱导雌花的研究. 植物研究, 28: 283-287
贾勇炯，等. 2000. 彩心建兰花枝茎节离体培养的研究. 四川大学学报(自然科学版), 37: 94-97

朱国兵. 2006. 寒兰快速繁殖技术及其试管开花的研究. 南昌: 南昌大学硕士学位论文

Aghion-Prat D. 1965. Neoformation de fleurs *in vitro* chez *Nicotiana tabacum* L. Physio Veg, 3: 229-303

Allfrey JM, Northcote DH. 1977. The effects of the axis and plant hormones on the mobilization of storage materials in the ground-nut (*Arachis hypogaea*) during germination. New Phytol, 78: 547-563

Altamura MM, et al. 1986. *In vitro* floral morphogenesis in a doubled haploid tabacco. Plant Sci, 46: 69-75

Altamura MM, et al. 1989. The effect of photoperiod on flower formation *in vitro* in a quantitative short-day cultivar of *Nicotiana tabacum*. Physiol Plant, 76: 233-239

Ansari SA, et al. 1996. Peroxidase activity in relation to *in vitro* rhizogenesis and precocious flowering in *Bambusa arundinacea*. Curr Sci, 71: 358-359

Apelbaum A. 1990. Interrelationship between polyamines and ethylene and its implication for plant growth and fruit ripening. *In*: Flores HE, et al. Polyamines and Ethylene: Biochemistry, Physiology and Interactions. Rockville American Society of Plant Physiologists: 278-281

Barbante-Kerbauy G. 1984. *In vivo* flowering of *Oncidium varicosum* mericlones (Orchidaceae). Plant Sci Lett, 35: 73-75

Bean SJ, et al. 1997. A simple system for pea transformation. Plant Cell Rep, 16: 513-519

Berghoef J, Bruinsma J. 1979. Flower development of *Begonia franconis* Liebm. Ⅱ. Effects of nutrition and growth-regulating substances on the growth of flower buds *in vitro*. Z Pflanzenphysiol, 93: 345-357

Bernier G, et al. 1993. Physiological signs that induce flowering. Plant Cell, 5: 1147-1155

Bilderback DE. 1971. The effects of amino acids upon the development of excised floral buds of *Aquilegia*. Am J Bot, 58: 203-208

Blake J. 1969. The effect of environmental and nutritional factors on the development of flower apices cultured *in vitro*. J Exp Bot, 20: 113-123

Bommineni VR. 1990. Maturation of stamens and ovaries on cultured ear inflorescences of maize (*Zea mays*). Plant Cell Tiss Org Cult, 23: 59-66

Bonhomme F, et al. 2000. Cytokinin and gibberellin activate *SaMADS A*, a gene apparently involved in regulation of the floral transition in *Sinapis alba*. Plant J, 24: 103-111

Bouniols A. 1974. Néoformation de bourgeons floraux *in vitro* à partir de fragments de racine d'endive *Cichorium intybus* L.: influence du degré d'hydratation des tissus et ses consequences sur la composition en acides amines. Plant Sci Lett, 2: 363-371

Briggs WR, Huala E. 1999. Blue-light photoreceptors in higher plants. Annu Rev Cell Dev Biol, 15: 33-62

Calonje M, et al. 2004. Floral meristem identity genes are expressed during tendril development in grapevine. Plant Physiol, 135: 1491-1501

Campos KO, Kerbauy GB. 2004. Thermoperiodic effect on flowering and endogenous hormonal status in *Dendrobium* (Orchidaceae). J Plant Physiol, 161: 1385-1387

Campos-Rivero G, et al. 2017. Plant hormone signaling in flowering: an epigenetic point of view. J Plant Physiol, 214: 16-27

Cen XF, et al. 2010. Effects of hormone factors on the *in vitro* culture flowering induction of *Dendrobium officinate* Kimura et Migo. Agric Sci Tech, 11: 75-79

Champault A. 1969. Masculinisation d'inflorescence femelle de *Mercuriaris annura* L. (2n=16) par culture *in vitro* de noeuds isoles présence d'auxine. CR Acad Sci Paris., 269: 1948-1950

Champault A. 1973. Effects de quelques régulateurs de la croissance sur des noeuds isolés de *Mercurialis annua* L. cultivés *in vitro*. Bull Soc Bot Fr, 120: 87-100

Chang C, Chang WC. 2003. Cytokinins promotion of flowering in *Cymbidium ensifolium* var. *misericors in vitro*. Plant Growth Regul, 39: 217-221

Chen WS, et al. 1994. Gibberellin and temperature influence carbohydrate content and flowering in *Phalaenopsis*. Physiol Plant, 90: 391-395

Chiou CY, et al. 2008. Characterization and promoter activity of chromoplast specific carotenoid associated gene (*CHRC*) from *Oncidium* Gower Ramsey. Biotechnol Lett, 30: 1861-1866

Chlyah H. 1973. Néoformation dirigée à partir de fragments d'organes de *Torenia fournieri* (Lind.) cultivés *in vitro*. Biol Plant, 15: 80-87

Chou CC, et al. 2000. Changes in cytokinin levels of *Phalaenopsis* leaves at high temperature. Plant Physiol Biochem, 38: 309-314

Compton ME, Veilleux RE. 1991. Shoot, root and flower morphogenesis on tomato inflorescence explants. Plant Cell Tiss Org Cult, 24: 223-231

Corbesier L, Coupland G. 2006. The quest for florigen: a review of recent progress. J Exp Bot, 57: 3395-3403

Cousson A and van Tran Thanh K. 1983. Light-and sugar-mediated control of direct *de novo* flower differentiation from tobacco thin cell layers. Plant Physiol, 72: 33-36

Croes AF, et al. 1985. Tissue age as an endogenous factor controlling *in vitro* flower bud formation on explants from the inflorescence of *Nicotiana tabacum* L. J Exp Bot, 36: 1771-1779

de Almeida M, et al. 2012. Pre-procambial cells are niches for pluripotent and totipotent stem-like cells for organogenesis and somatic embryogenesis in the peach palm: a histological study. Plant Cell Rep, 31: 1495-1515

de Jong AW, Bruinsma J. 1974. Pistil development in *Cleome* flowers. Ⅱ. Effects of nutrients on flower buds of *Cleome iberidella* (Welw. ex Oliv.) grown *in vitro*. Z Pflanzenphysiol, 72: 227-236

Deb CR, Sungkumlong. 2009. Rapid multiplication and induction of early *in vitro* flowering in *Dendrobium primulinum* Lindl. J Plant Biochem Biotech, 18: 241-244

Demason DA, Tisserat B. 1980. The occurrence and structure of apparently bisexual flowers in the date palm, *Phoenix dactylifera* L. (Arecaceae). Bot J Linn Soc, 81: 283-292

Dennis ES, Peacock WJ. 2007. Epigenetic regulation of flowering. Curr Opin Plant Biol, 10: 520-527

Dewir YH, et al. 2006. The effects of paclobutrazol: light emitting diodes (LEDs) and sucrose on flowering of *Euphorbia millii* plantlets *in vitro*. Eur J Hortic Sci, 71: 240-244

Dewir YH, et al. 2007. Flowering of *Euphorbia millii* plantlets *in vitro* as affected by paclobutrazol, light emitting diodes (LEDs) and sucrose. Acta Hortic, 764: 169-173

Dickens CWS, van Staden J. 1988a. The *in vitro* flowering of *Kalanchöe blossfeldiana* Poellniz. Ⅰ. Role of culture conditions and nutrients. J Exp Bot, 39: 461-471

Dickens CWS, van Staden J. 1988b. The induction and evocation of flowering *in vitro*. South Afr J Bot, 54: 325-344

Duan JX, Yazawa S. 1994. Induction of floral development×*Doriella* Tiny (*Doritis pulcherrima*×*Kingiella philippinensis*). Sci Hortic, 59: 253-264

Duan JX, Yazawa S. 1995. Floral induction and development in *Phalaenopsis in vitro*. Plant Cell Tiss Org Cult, 43: 71-74

Durand R, Durand B. 1990. Sexual determination and sexual differentiation. Crit Rev Plant Sci, 9: 295-316

Ferreira WM, et al. 2006. Thidiazuron influences the endogenous levels of cytokinins and IAA during flowering of isolated shoots of *Dendrobium*. J Plant Physiol, 163: 1126-1134

Ferreira WM, Kerbauy GB. 2002. The effects of different concentrations of thidiazuron and sucrose on shoot proliferation and flowering of *Dendrobium nobile* Second Love (Orchidaceae) *in vitro*. *In Vitro* Cell Dev Biol-Plant, 38: 117

Flores HF, et al. 1989. Primary and secondary metabolism of polyamines in plants. *In*: Jonathan E. Recent Advances in Phytochemistry, Plant nitrogen Metabolism. Vol. 23. Boston: Springer: 329-393

Fornara F, et al. 2010. Control of flowering time in *Arabidopsis*. Cell, 141: 550

Franklin G, et al. 2000. Factors affecting *in vitro* flowering and fruiting of green pea (*Pisum sativum* L.). Euphytica, 115: 65-73

Friedlander M, et al. 1977. Sexual differentiation in cucumber: abscisic acid and gibberellic acid contents of various sex genotypes. Plant Cell Physiol, 18: 681-691

Galun E, et al. 1963. Morphogenesis of floral buds of cucumber cultured *in vitro*. Dev Biol, 6: 370-387

Geetha G, et al. 2016. Role of silver nitrate on *in vitro* flowering and shoot regeneration of *Solanum nigrum* (L.)—An important multipurpose medicinal plant. Am J Plant Sci, 7: 1021-1032

Goh CJ, Yang AL. 1978. Effects of growth-regulators and decapitation on flowering of *Dendrobium orchid* hybrids. Plant Sci Lett, 12: 287-292

Haque SM, Ghosh B. 2013. Micropropagation, *in vitro* flowering and cytological studies of *Bacopa chamaedryoides*, an ethno-medicinal plant. Environ Exp Biol, 11: 59-68

Hee KH, et al. 2007. Early *in vitro* flowering and seed production in culture in *Dendrobium* Chao Praya Smile (Orchidaceae). Plant Cell Rep, 26: 2055-2062

Hew CS, Yong JWH. 1997. The Physiology of Tropical Orchids in Relation to the Industry. Singapore: World Scientific

Hicks GS, Sussex LM. 1971. Organ regeneration in sterile culture after median bisection of flower primordia or *Nicotiana tabacum*. Bot Gaz, 132: 350-363

Hou CJ, Yang CH. 2009. Functional analysis of FT and TFL1 orthologs from orchid (*Oncidium* Gower Ramsey) that regulate the vegetative to reproductive transition. Plant Cell Physiol, 50: 1544-1557

Hsu HF, et al. 2003. Ectopic expression of an orchid (*Oncidium* Gower Ramsey) *AGL6*-like gene promotes flowering by activation flowering time genes in *Arabidopsis thaliana*. Plant Cell Physiol, 44: 783-794

Huang WT, et al. 2012. Molecular cloning and functional analysis of three *FLOWERING LOCUS T(FT)* homologous genes from Chinese *Cymbidium*. Int J Mol Sci, 13: 11385-11398

Huang XL, et al. 2009. *In vitro* induction of inflorescence in *Dioscorea zingiberensis*. Plant Cell Tiss Org Cult, 99: 209-215

Huge B. 1976. Opposite sex-expression of flower primordia of long-day plant *Lemna gibba* and of short-day plant *Lemna paucicostata in vitro*. Z Pflanzenphysiol, 77: 395-405

Huijser P, Schmid M. 2011. The control of development phase transition in plants. Development, 138: 4117-4129

Janzen DH. 1976. Why bamboo wait to so long to flower. Annu Rev Ecol Syst, 7: 347-391

Jensen LCW. 1971. Experimental bisection of *Aquilegia* floral buds cultured *in vitro*. Ⅰ. The effect on growth, primordia initiation, and apical regeneration. Can J Bot, 49: 487-493

Jin DF, West CA. 1984. Characteristics of galacturonic acid oligomers as elicitors of casbene synthetase activity in castor bean seedlings. Plant Physiol, 74: 989-992

Jumin HB, Ahmad M. 1999. High-frequency *in vitro* flowering of *Murraya paniculata* (L.) Jack. Plant Cell Rep, 18: 764-768

Jun Z, et al. 2007. Factors influencing *in vitro* flowering from styles of saffron. Acta Hortic, 739: 313-317

Kachonpadungkitti Y, et al. 2001. Efficient flower induction from cultured buckwheat (*Fagopyrum esculentum* L.) node segments *in vitro*. Plant Growth Regul, 35: 37-45

Kater MM, et al. 2001. Sex determination in the monoecious species of cucumber is confined to specific floral whorls. Plant Cell, 13: 481-493

Kaur D, et al. 2015. *In vitro* flowering associated protein changes in *Dendrocalamus hamiltonii*. Proteomics, 15: 1291-1306

Kiełkowska A. 2013. Sex expression in monoecious cucumbers micropropagated *in vitro*. Biol Plant, 57: 725-731

Kiełkowska A, Havey MJ. 2012. *In vitro* flowering and production of viable pollen of cucumber. Plant Cell Tiss Org Cult, 109: 73-82

Kinet JM, et al. 1985. Chapter 7: Exogenous Substances, the Physiology of Flowering Vol. Ⅲ, the Development of Flower. Boca Raton: CRC Press Inc:130

King RW, et al. 2008. The nature of floral signals in *Arabidopsis thaliana*. Ⅰ. Photosynthesis and a far-red photoresponse independently regulated flowering by increasing expression of *FLOWERING LOCUS T* (*FT*). J Exp Bot, 59: 3811-3820

Knudson L. 1946. A new nutrient solution for germination of orchid seed. Am Orchid Soc Bull, 15: 214-217

Komatsu YH, et al. 2011. *In vitro* morphogenic response of leaf sheath of *Phyllostachys bambusoides*. J For Res, 22(2): 209-215

Konar RN, Nataraja K. 1969. Morphogenesis of isolated floral buds of *Ranunculus sceleratus* L. *in vitro*. Acta Bot Neerl, 18: 680-699

Konstantinova TN, et al. 1969. The capacity of tobacco plant stem calluses to form *in vitro* vegetative and flower buds. Dokl Akad Nauk SSSR, 187: 466-469

Kostenyuk I, et al. 1999. Induction of early flowering in *Cymbidium niveo-marginatum* Mak *in vitro*. Plant Cell Rep, 19: 1-5

Kuznetsov VV, Shevyakova NI. 2007. Polyamines and stress tolerance of plants. Plant Stress, 1: 50-71

Laibach F, Kribben FJ. 1950. The influence of growth substance on the sex of flowers of a monoecious plant. Beitr Biol Pflanzen, 28: 64-67

Lebel-Hardenack S, Grant SR. 1997. Genetics of sex determination in flowering plants. Trends in Plant Sci, 2: 130-136

Lee PL, Chen JT. 2014. Plant regeneration via callus culture and subsequent *in vitro* flowering of *Dendrobium huoshanense*. Acta Physiol Plant, 36: 2619-2625

Lin CS, Chang WC. 1998. Micropropagation of *Bambusa edulis* through nodal explants of field-grown culms and flowering of regenerated plantlets. Plant Cell Rep, 17: 617-620

Lin XC, et al. 2010. Understanding bamboo flowering based on large-scale analysis of expressed sequence tags. Genet Mol Res, 9: 1085-1093

Linsmaier EM, Skoog F. 1965. Organic growth factor requirements of tobacco tissue cultures. Physiol Plant, 18: 100-127

Liu KB, Li SX. 1989. *In vitro* flower formation in leaf explants of tomato: effect of NaCl. Planta, 180: 131-133

Lloyd G, McCown B. 1980. Commercially-feasible micropropagation of mountain laurel, *Kalmia latifolia*, by use of shoot-tip culture. Comb Proc Intl Plant Prop Soc, 30: 421-442

Mader JC. 2004. Differential *in vitro* development of inflorescences in long and short day *Lemna* spp.: involvement of ethylene and polyamines. J Plant Physiol, 161: 653-663

Malmberg RL, et al. 1985. Genetics of polyamine synthesis in tobacco: developmental switches. Cold Spring Harb Symp Quant Biol, 50: 475-482

Manan AA, et al. 2016. *In vitro* flowering, glandular trichomes ultrastructure, and essential oil accumulation in micropropagated *Ocimum basilicum* L. *In Vitro* Cell Dev Biol-Plant, 52: 303-314

Margara J. 1965. Comparaison *in vitro* du développement de bourgeons de la tige florifère de *Cichorium intybus* L. et de l'évolution de bourgeons néoformés. C R Acad Sci Paris, 260: 278-281

Masmoudi-Allouche F, et al. 2009. *In vitro* hermaphrodism induction in date palm female flower. Plant Cell Rep, 28: 1-10

Masmoudi-Allouche F, et al. 2011. Chapter 28, *In vitro* flowering of date palm. *In*: Jain SM, et al. Date Palm Biotechnology. New York: Springer Dordrecht Heidelberg: 585-604

Matsumoto TK. 2006. Gibberellic acid and benzyladenine promote early flowering and vegetative growth of *Miltoniopsis orchid* hybrids. HortScience, 41: 131-135

Mattoo AK, et al. 2010. Polyamines and cellular metabolism in plants: transgenic approaches reveal different responses to diamine putrescine versus higher polyamines spermidine and spermine. Amino Acids, 38: 405-413

McHughen A. 1980. Control of floral organogenesis in tobacco: is the floral bud apex involved ? Ann Bot, 46: 633-635

McHughen A. 1982. Some aspects of growth characteristics of tobacco pistils *in vitro*. J Exp Bot, 33: 162-169

Mulin M, van Tran Thanh K. 1989. Obtention of *in vitro* flowers from thin epidermal cell layers of *Petunia hybrid* (Hort). Plant Sci, 62: 113-121

Mullins MG. 1967. Morphogenetic effects of roots and of some synthetic cytokinins in *Vitis vinifera* L. J Exp Bot, 18: 206-214

Murashige T, Skoog F. 1962. A revised medium for rapid growth and bioassays with tobacco tissue culture. Physiol Plant, 15: 473-497

Murthy BNS, et al. 1998. Thidiazuron: a potent regulator of *in vitro* morphogenesis. *In Vitro* Cell Dev Biol-Plant, 34: 267-275

Murthy KSR, et al. 2012. *In vitro* flowering: a review. IJAT, 8: 1517-1536

Nadgauda RS, et al. 1990. Precocious flowering and seedling behaviour in tissue-cultured bamboos. Nature, 344: 335-336

Narasimhulu SB, Reddy GM. 1984. *In vitro* flowering and pod formation from cotyledons of groundnut (*Arachis hypogaea* L.). Theor Appl Genet, 69: 87-93

Nitsch C, Nitsch JP. 1967. The induction of flowering *in vitro* in stem segments of *Plumbago indica* L. Ⅰ. The production of vegetative buds. Planta, 72: 355-370

Ochatt SJ, et al. 2000. The growth regulators used for bud regeneration and shoot rooting affect the competence for flowering and seed set in regenerated plants of protein peas. *In Vitro* Cell Dev Biol-Plant, 36: 188-193

Ochatt SJ, et al. 2002. New approaches towards the shortening of generation cycles for faster breeding of protein legumes. Plant Breed, 121: 436-440

Ochatt SJ, et al. 2007. The *Lathyrus* paradox: a"poor man's diet" or a remarkable genetic resource for protein legume breeding? *In*: Ochatt SJ, Jain SM. Breeding of Neglected and Under-utilized Crops, Herbs and Spices. Plymouth: Science Press: 41-60

Pan JL, et al. 1993. Direct formation of male and female flower from exposed cotyledons of cucumber (*Cucumis sativus* L). Chinese J Bot, 5: 185-188

Pan ZJ, et al. 2011. The duplicated B-class MADSs-box genes display dualist characters in orchids floral organ identity and growth. Plant Cell Physiol, 52: 1515-1531

Pang XM, et al. 2007. Polyamines, all-purpose players in response to environmental stresses in plants. Plant Stress, 1: 173-188

Peterson CM. 1974. The effects of gibberellic acid and a growth retardant on ovule formation and growth of excised pistils of *Nigella* (Ranunculaceae). Am J Bot, 61: 693-698

Pirson A, Seide IF. 1950. Zell-und stoffwechselphysiologische untersuchungen an der Wurzel von *Lemna minor* L. unter besonderer Berücksichtigung von Kalium- und Kalziummangel. Planta, 38: 431-473

Plack A. 1958. Effect of gibberellic acid on corolla size. Nature, 182: 610

Prusakova LD, et al. 2004. Assessment of triazole growth retarding activity in an α-amylase bioassay using spring barley endosperm. Russ J Plant Physiol, 51: 563-567

Raghavan V. 1966. Nutrition, growth and morphogenesis of plant embryos. Biol Rev, 41: 1-58

Raman K, Greyson RI. 1978. Further observations on the differential sensitivities to plant growth regulators by cultured "single" and "double" flower buds of *Nigella damascena* L. (Ranunculaceae). Am J Bot, 65: 180-191

Ramanayake SMSD, et al. 2001. Axillary shoot proliferation and *in vitro* flowering in an adult giant bamboo, *Dendrocalamus giganteus* Wall. ex Munro. *In Vitro* Cell Dev Biol-Plant, 37: 667-671

Ramanayake SMSD. 2006. Flowering in bamboo: an enigma! Ceyl J Sci (Bio Sci), 35: 95-105

Ramirez F, et al. 2010. The number of leaves required for floral induction and translocation of the florigenic promoter in mango (*Mangifera indica* L.) in a tropical climate. Sci Hortic, 123: 443-453

Ranasinghe RATD, et al. 2006. *In vitro* flower induction in gerbera (*Gerbera jamesonii* Adlam). Trop Agric Res, 18: 376-385

Rastogi R, Sawhney VK. 1987. The role of plant growth regulators, sucrose and pH in the development of floral buds of tomato (*Lycopersicon esculentum* Mill.) cultured *in vitro*. J Plant Physiol, 128: 285-295

Rathore NS, et al. 2013. *In vitro* flowering and seed production in regenerated shoots of *Cleome viscosa*. Ind Crop Prod, 50 (4) : 232-236

Ribalta FM, et al. 2014. Antigibberellin-induced reduction of internode length favors *in vitro* flowering and seed-set in different pea genotypes. Biol Plant, 58: 39-46

Roberts K. 1985. Plant morphogenesis: oligosaccharide floral messages? Nature, 314: 581

Roumet P, Morin F. 1997. Germination of immature soybean seeds to shorten reproductive cycle duration. Crop Sci, 37: 521-525

Ruan CJ, Teixeira da Silva JA. 2012. Evolutionary assurance vs. mixed mating. Crit Rev Plant Sci, 31: 290-302

Sakanishi Y, et al. 1980. Effect of temperature on growth and flowering of *Phalaenopsis amabilis*. Bull Univ Osaka Pref Ser B, 32: 1-9

Sangeetha P, Venkatachalam P. 2014. Induction of direct shoot organogenesis and *in vitro* flowering from shoot tip explants of cucumber (*Cucumis sativus* L. cv.'Green long'). *In Vitro* Cell Dev Biol-Plant, 50: 242-248

Sanwan RS, et al. 2007. Faster breeding of bambara groundnut: mutational cum *in vitro* approaches. *In*: Ochatt SJ, Jain SM. Breeding of Neglected and Under-utilized Crops, Herbs and Spices. Plymouth: Science Press: 81-94

Saritha KV, Naidu CV. 2007. *In vitro* flowering of *Withania somnifera* Dunal—An important antitumor medicinal plant. Plant Sci, 172: 847-851

Seo PJ, et al. 2011. Modulation of sugar metabolism by an INDETERMINATE domain transcription factor contributed to photoperiodic flowering in *Arabidopsis*. Plant J, 65: 418-429

Shinozski M, Takimoto A. 1982. Correlation between long-day flowering and root elongation in *Pharbitis nil*, Sfrain Kidachi. Plant Cell Physiol, 23: 1055-1062

Silva JATD. 2013. The role of thin cell layers in regeneration and transformation in orchids. Plant Cell Tiss Org Cult, 113: 149-161

Silva JATD, et al. 2005. Establishment of optimum nutrient media for *in vitro* propagation of *Cymbidium* Sw. (Orchidaceae) using protocorm-like body segments. Propag Ornam Plants, 5: 129-136

Silva JATD, et al. 2014a. *In vitro* flowering of orchids. Crit Rew Biotech, 34: 56-76

Silva JATD, et al. 2014b. *In vitro* flowering of *Dendrobium*. Plant Cell Tiss Org Cult, 119: 447-456

Sim GE, et al. 2007. High frequency early *in vitro* flowering of *Dendrobium* Madame Thong-In (Orchidaceae). Plant Cell Rep, 26: 383-393

Sim GE, et al. 2008. Induction of *in vitro* flowering in *Dendrobium* Madame Thong-In (Orchidaceae) seedlings is associated with increase in endogenous N^6-(Δ^2-isopentenyl)-adenine (iP) and N^6-(Δ^2-isopentenyl)-adenosine (iPA) levels. Plant Cell Rep, 27: 1281-1289

Singh M, et al. 2000. Thidiazuron-induced *in vitro* flowering in *Dendrocalamus strictus* Nees. Curr Sci, 79: 1529-1530

Sisodia R, Usho I. 2017. *In vitro* flowering in *Bambusa bambos*（L.）Voss, and anatomical perspective. Indian J Exp Biol, 55: 171-175

Sivanesan I, Park SW. 2015. Optimizing factors affecting adventitious shoot regeneration, *in vitro* flowering and fruiting of *Withania somnifera*（L.）Dunal. Ind Crop Prod, 76: 323-328

Skoog F, Miller CO. 1957. Chemical regulation of growth and organ formation in plant tissues cultured *in vitro*. Symp Soc Exp Biol, 54: 118-130

Smulders MJM, et al. 1988. Auxin regulation of flower bud formation in tobacco explants. J Exp Bot, 39: 451-459

Soetiarto SR, Ball E. 1969. Ontogenetical and experimental studies of the floral apex of *Portulaca grandiflora*. Ⅰ. Histology of transformation of the shoot apex into the floral apex. Can J Bot, 47: 133-140

Steward FC, et al. 1958. Growth and organized development of cultures cells. Ⅱ. Organization in cultures grown from freely suspended cells. Am J Bot, 45: 705-708

Su CL, et al. 2011. *De novo* assembly of expressed transcripts and global analysis of the *Phalaenopsis aphrodite* transcriptome. Plant Cell Physiol, 52: 1501-1514

Su WR, et al. 2001. Changes in gibberellin levels in the flowering shoot of *Phalaenopsis hybrida* under high temperature conditions when flower development is blocked. Plant Physiol Biochem, 39: 45-50

Tanaka O, Takimoto A. 1975. Suppression of long-day flowering by nitrogenous compounds in *Lemna perpusilla* 6746. Plant Cell Physiol, 16: 603-610

Tang W. 2000. High-frequency plant regeneration via somatic embryogenesis and organogenesis and *in vitro* flowering of regenerated plantlets in *Panax ginseng*. Plant Cell Rep, 19: 727-732

Tanimoto S, Harada H. 1981. Chemical factors controlling flower bud formation of *Torenia* stem segments cultured *in vitro*. Ⅰ. Effect of mineral salts and sugars. Plant Cell Physiol, 22: 533-541

Tee CS, et al. 2008. Induction of *in vitro* flowering in the orchid *Dendrobium* Sonia 17. Biol Plant, 52: 723-726

Teixeira da Silva J, et al. 2015. The untapped potential of plant thin cell layers. J Hort Res, 23: 127-131

Teixeira da Silva JA. 2013. The role of thin cell layers in regeneration and transformation in orchids. Plant Cell Tiss Org Cult, 113: 149-161

Teixeira da Silva JA, Dobránszki J. 2013. Plant thin cell layers: a 40-year celebration. The Journal of Plant Growth Regulation, 32: 922-943

Teixeira da Silva JA, et al. 2014. *In vitro* flowering of Dendrobium. Plant Cell Tiss Org Cult, 119: 447-456

Tejovathi G, Anwar SY. 1984. *In vitro* induction of capitula from cotyledons of *Carthamus tinctorius*（Safflower）. Plant Sci Lett, 36: 165-168

Thiruvengadam M, et al. 2012. Over expression of *Oncidium* MADS box（*OMADS1*）gene promotes early flowering in transgenic orchid（*Oncidium* Gower Ramsey）. Acta Physiol Plant, 34: 1295-1302

Thomas TD. 2008. The role of activated charcoal in plant tissue culture. Biotechnol Adv, 26: 618-631

Tiburcio AF, et al. 1988. Polyamine biosynthesis during vegetative and floral bud differentiation in thin layer tobacco tissue cultures. Plant Cell Physiol, 29: 1241-1249

Torrigiani P, et al. 1987. Free and conjugated polyamines during *de novo* floral and vegetative bud formation in thin cell layers of tobacco. Physiol Plant, 70: 453-460

Turnbull C. 2011. Long-distance regulation of flowering time. J Exp Bot, 62: 4399-4413

Vacin EF, Went FW. 1949. Some pH changes in nutrient solutions. Bot Gaz, 110: 605-613

van den Ende G, et al. 1984. Development of flower buds in thin-layer cultures of floral stalk tissue from tobacco: role of hormones in different stages. Physiol Plant, 61: 114-118

van der Krieken WM, et al. 1990. Cytokinins and flower bud formation *in vitro* in tobacco, role of the metabolites. Plant Physiol, 92: 565-569

van Tran Thanh K. 1973. Direct flower neoformation from superficial tissue of small explants of *Nicotiana tabacum* L. Planta, 115: 87-92

van Tran Thanh K. 1977. Regulation of morphogenesis. *In*: Barz W, et al. Plant Tissue Culture and its Biotechnological Application. Berlin: Springer-Verlag: 367-385

van Tran Thanh K. 1980. Control of morphogenesis by inherent and exogenously applied factors in thin cell layers. *In*: Vasil I K. International Review of Cytology, Supplement 11 A. New York: Academic Press: 175-194

van Tran Thanh K, et al. 1974. Regulation of organogenesis in small explant of superficial tissue of *Nicotiana tabacum* L. Planta, 119: 149-159

van Tran Thanh K, et al. 1985. Manipulation of the morphogenetic pathways of tobacco explants by oligosaccharins. Nature, 314: 615-617

Vaz APA, et al. 2004. Photoperiod and temperature effects on *in vitro* growth and flowering of *P. pusilla*, an epiphytic orchid. Plant Physiol Biochem, 42: 411-415

Vaz APA, Kerbauy GB. 2000. Effects of mineral nutrients on *in vitro* growth and flower formation of *Psygmorchis pusilla*（Orchidaceae）. Acta Hortic, 520: 149-156

Vaz APA, Kerbauy GB. 2008. *In vitro* flowering studies in *Psygmorchis pusilla*. *In*: Silva JATD. Floriculture, Ornamental and Plant Biotechnology: Advances and Topical Issues（1st Ed, Vol. Ⅴ）. Chapter 42. Isleworth: Global Science Books, Ltd: 421-426

Vásquez-Collantes SG, et al. 2014. *In vitro* flowering and plantlets elongation in Sundew *Drosera capillaris*. Int J Plant Anim Environ Sci, 4: 508-517

Venglat SP, Sawhney VK. 1996. Benzylaminopurine induces phenocopies of floral meristem and organ identity mutants in wild-type *Arabidopsis* plant. Planta, 198: 480-487

Vu NH, et al. 2006. The role of sucrose and different cytokinins in the *in vitro* floral morphogenesis of *Rose* (hybrid tea) cv. "First Prize". Plant Cell Tiss Org Cult, 87: 315-320

Wang GY, et al. 1997. *In vitro* flowering of *Dendrobium candidum*. Sci China (Ser. C), 40: 35-42

Wang S, et al. 2001. *In vitro* flowering of bitter melon. Plant Cell Rep, 20: 393-397

Wang YQ, et al. 2005. Research development of flowering control of *Phalaenopsis*. Northern Hortic, 3: 34-36

Wang ZH, et al. 2006. Rapid propagation and *in vitro* flowering of *Dendrobium moniliforme* (L.) Sw. Plant Physiol Comm, 42: 1143-1144

Wang ZH, et al. 2009. High frequency early flowering from in vitro seedlings of *Dendrobium nobile*. Sci Hortic, 122: 328-331

Yu H, Goh CJ. 2000a. Differential gene expression during floral transition in an orchid hybrid *Dendrobium* Madame Thong-In. Plant Cell Rep, 19: 926-931

Yu H, Goh CJ. 2000b. Identification and characterization of three orchid MADS-box genes of the AP1/AGL9 subfamily during floral transition. Plant Physiol, 123: 1325-1336

Yu S, et al. 2012. Gibberellin regulates the *Arabidopsis* floral transition through miR156-targeted SQUAMOSA PROMOTER BINDING-LIKE transcription factors. Plant Cell, 24: 3320-3332

Yuan JL, et al. 2017. Flowering of woody bamboo in tissue culture systems. Front Plant Sci, 8: 1589-1597

Zeng SJ, et al. 2013. *In vitro* flowering red miniature rose. Biol Plant, 57: 401-409

Zhang GC, Wang YX. 2001. Preliminary study on flowering of tube bamboo seedling. J Bamboo Res, 20: 1-4

Zhang JX, et al. 2013. Transcriptome analysis of *Cymbidium sinense* and its application to the identification of genes associated with floral development. BMC Genomics, 14: 279

Zhang Z, Leung DWM. 2002. Factors influencing the growth of micropropagated shoots and *in vitro* flowering of Gentian. Plant Growth Regul, 36: 245-251

Ziv M, Naor V. 2006. Flowering of geophytes *in vitro*. Propag Ornam Plants, 6: 3-16

Zografou T, Turck F. 2013. Epigenetic control of flowering time. *In*: Grafi G, Ohad N. Epigenetic Memory and Control in Plants, Signaling and Communication in Plants. Heidelberg: Springer-Verlag: 77-107

第7章　原生质体培养及体细胞杂交

通过一定方法除去细胞壁，从而得到一个裸露的植物细胞，该细胞即为原生质体(protoplast)。分离原生质体有时会引起细胞内含物的断裂，形成较小的原生质体，它们可以有细胞核或无核，称为亚原生质体(sub-protoplast)。制备原生质体时如果细胞核正处于分裂阶段，则可能获得仅带某些或某一染色体的微原生质体(microprotoplast，MPP)。游离的原生质体在一定条件下培养可以重新形成细胞壁，像正常的植物细胞那样具有全能性，即它们具有脱分化、重新进入细胞分裂周期，经过反复的细胞有丝分裂、细胞增殖或再生各种器官，形成再生植株的能力。利用原生质体可以研究细胞和各种细胞器的结构与功能，可以进行细胞器移植和外源物的摄取(如病毒、微生物和外源遗传物质)。原生质体之间可以进行融合，从而产生杂种细胞，因此不同品种的原生质体的融合成为一种植物育种的工具，可克服胚胎发育前、后的生殖隔离。原生质体融合可以创造同核体(homokaryon)或异核体(heterokaryon)及异细胞质类型的胞质杂种(cybrid)(Xia，2009)。原生质体融合已成为将新种质导入经济植物的常用手段。

在过去的数十年来，我国相关科技研究者一直坚持该领域的基础和应用研究，取得了令人瞩目的成就，特别是柑橘类、小麦、油菜和棉花等作物原生质体与体细胞杂交的研究，取得了一批重要的应用成果(Wang et al.，2013)。例如，华中农业大学的邓秀新院士所引领的研究团队与佛罗里达大学(University of Florida)相关科研团队合作，利用原生质体培养和体细胞杂交在柑橘类新种质开发与品种培育方面取得了出色的研究成就，已培育出无籽的柑橘果实(Guo et al.，2013；Grosser and Gmitter，2011)。山东大学夏光敏教授所引领的研究团队，经过多年的研究，利用体细胞杂交技术将长穗偃麦草(*Agropyron elongatum*)的染色体小片段导入济南177小麦品种，选育出可抗盐和抗旱的优良小麦品种山融3号(ShangrongNo.3，SR3)，已注册为商业小麦品种(Xia，2009)。

在最近的十多年来研究者重新恢复了对原生质体的研究兴趣(部分原因可能是公众对转基因植物不同的看法)，研究报道和论文综述不断增加(Davey et al.，2005；Eeckhaut et al.，2013；Liu et al.，2005；Wang et al.，2013；Xia，2009)，有关原生质体和体细胞杂交技术原理及其实验方案等的书籍也陆续出版(Davey et al.，2010；Grosser et al.，2010；Tomar and Dantu，2010)。本章将结合实例对这一领域的重要内容及其进展进行概述。

7.1　原生质体的制备和培养方法

7.1.1　原生质体的分离

7.1.1.1　机械分离法

此法为Klercker(1892)首次使用，他首先将水剑叶(*Stratiotes aloides*)叶外植体浸泡在1.0mol/L蔗糖溶液中使细胞发生质壁分离，然后用一锋利刀片切割这一组织，那些只有细胞壁受损的原生质体便被释放出来(图7-1)。由于此法分离的原生质体得率有限，目前已较少实际使用。

7.1.1.2　酶解法

Cocking(1960)首次采用此法分离了高等植物的原生质体，他利用从真菌疣孢漆斑菌(*Myrothecium verrucaria*)中所得的纤维素酶粗制品分离了番茄根的原生质体，目前所用的方法是此法的改良，采用高纯度相关酶。该法可分为一步法(直接方法)和两步法。一步法是在酶解液中同时加纤维素酶和果胶酶；而两步法(也称顺序法)首先是采用果胶酶使细胞从愈伤组织或其他外植体中游离出来，成为悬浮培养细胞，然

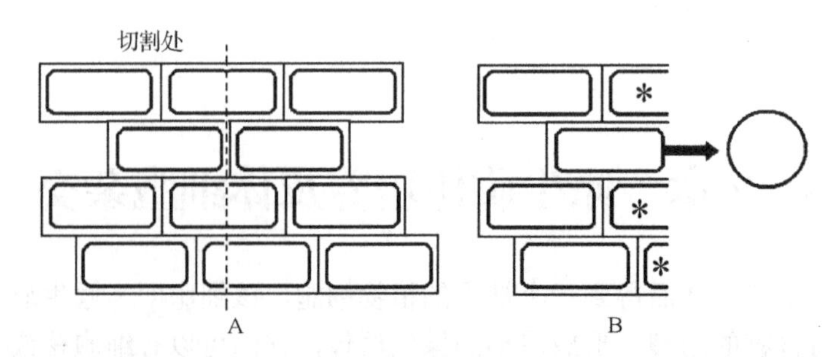

图 7-1　用刀片切割已质壁分离的组织及其原生质体释放图示(Tomar and Dentu，2010)

A：虚线表示细胞的切割处。B：在切割处所释放的原生质体及因切割而破裂死亡的原生质体(以*为标记)

后在这一体系中加入纤维素酶从而游离出原生质体。研究表明，原生质体难以再生植株的主要影响因素是细胞内的活性氧类(reactive oxygen species，ROS)。木聚糖酶和果胶裂解酶是市售的纤维素酶及果胶酶的成分，这些成分都可导致 ROS 的形成 (Ishii，1987)；实际上，也是纯化的酶产生较少的 ROS (Papadakis and Roubelakis-Angelakis，1999)。但是也有未经纯化的酶混合物，如用于分离欧洲油菜(*Brassica napus*)叶原生质体的纤维素酶-果胶酶混合物，因其含有过氧化物酶、过氧化氢酶和超氧化物歧化酶活性而可有效清除分离原生质体时所产生的过氧化氢(Yasuda et al.，2007)。

为了减小原生质体分离时的细胞损坏的程度，Wu 等(2009)开发了一种称为“双面胶贴拟南芥三明治”(tape *Arabidopsis* sandwich)的方法，可轻易除去拟南芥叶的下表皮，这样就使叶肉细胞更好地与酶混合物接触。当原生质体培养时有可能使内生的微生物释放出来，随后与原生质体共培养(Klocke et al.，2012)；这些微生物与植物细胞一起作用的机制可能非常复杂，这些微生物促进或抑制原生质体的植株再生取决于准确的原生质体的发育阶段、培养方案和其他环境(Eeckhaut et al.，2013)。

酶解法是制备原生质体的常用方法。Takebe 和 Aoki(1968)使用市售酶制品，以两步法分离了烟草原生质体，他们首先将烟草叶碎片用半纤维素酶(macerozyme)处理，释放单个细胞，然后用纤维素酶消化细胞壁游离出原生质体。Power 和 Cocking(1968)证实上述两种酶可同时使用，即采用一步法分离原生质体，从而缩短制备时间。

大多数研究者都采用一步法制备原生质体。酶解法的具体使用方法可因植物材料而异。使用酶解法获得原生质体的外植体材料已有叶肉细胞、根组织、豆科根瘤、茎尖、胚芽鞘、块茎、叶柄、小孢子母细胞、幼小孢子、果实组织、糊粉层细胞、下胚轴和培养的细胞等，根据 Eeckhaut 等(2013)收集的近 10 年来发表的文献，最常使用的外植体材料为悬浮培养的细胞，其次是离体培养的叶外植体的叶肉细胞。一般，只要细胞还未木质化就均可用酶解法获得原生质体。双子叶植物叶片极易酶解其细胞壁而游离出原生质体，并再现其细胞的全能性而再生植株；而单子叶植物和禾谷类作物却难以从叶片等外植体直接游离出具有再生植株能力的原生质体，水稻(Gupta and Pattanayak，1993)、高粱(*Sorghum bicolor*) (Sairam et al.，1999)、小麦(夏光敏等，1995；Xia，2009)除外，因此，只好采用其他材料如从幼嫩外植体诱导的胚性愈伤组织或胚性悬浮培养细胞制备原生质体。用酶解法制备原生质体，解壁酶的选择及酶解液的组成成分很重要，解壁酶的主要作用是降解细胞壁成分即纤维素、半纤维素和果胶质。其中 CelluaeRS 酶活性较强，可以消化培养细胞较厚的细胞壁；Meicelase 酶活性较弱，一般用于消化薄壁细胞。果胶酶可消化相邻细胞的中胶层(middle lamella)，以利于将它们分离，而纤维素酶可除去细胞壁以释放易因渗透压不适而破裂的原生质体群体。原生质体直径 20(如水稻原生质体)～50μm(如烟草原生质体) (Davey et al.，2010)。

解壁酶的选用以所用植物材料的年龄和生理状态为根据。总体来说，植物年龄大，细胞壁中的纤维素含量高，半纤维素含量低。此外，一般用于分离原生质体的酶的活性和纯度差别很大，若其中混有其他酶如蛋白酶、脂酶、核酸酶，盐类及酚性物质等，则会给原生质体带来不利的影响。因此，必须依据供体材料和实验条件等全面地考虑选用何种酶试剂。例如，崩溃酶(driselase)是一种从担子菌中提炼的酶，兼具纤维素酶和果胶酶的活性；RhozymeHP-150 是一种富含半纤维素的制品；Pectolyosel/3 富含果胶酶，该酶对用其他纤维素酶难以奏效的材料特别有效，例如，可用于大豆的子叶和初生叶、苜蓿的小叶片等原生质体的分离。

在制备原生质体时必须注意酶反应液的渗透压调节，否则游离的原生质体会胀裂。渗透压的调节一般是通过在溶液中加入渗压剂如糖或糖醇类化合物而实现。从叶肉组织制备原生质体时多采用甘露醇或山梨醇，其实际浓度由预实验决定。蔗糖和葡萄糖则常用于悬浮培养细胞的原生质体分离，它们是代谢活性物质，会被细胞逐渐吸收利用，因而反应液中该物质的浓度随着时间的延长而不断降低，这将有利于原生质体的细胞分裂和生长，同时还可以消除当原生质体转移到分化培养基中因糖浓度骤变而可能产生的渗透压冲击。除上述糖类外，一些盐类和其他营养成分也可作为渗透调节剂。例如，通常可加入 50mmol/L $CaCl_2$ 以增加原生质体的稳定性(Rose，1980)。酶混合反应液应经过 0.45μm 滤膜过滤，分离原生质体的外植体消毒后切成小块与酶混合液混合在一起。一般，分离原生质体在 25～28℃黑暗的条件下进行，用于分离原生质体的材料与酶混合，保温时间可在 2～6h 或更长一点时间(在 12～20h)，分离原生质体的条件也因材料不同而异。在分离原生质体之前也常常做一些质壁分离方法的预处理，一般采用盐溶液处理 1h，例如，可采用 CPW 培养基的盐(Frearson et al.，1973)，其渗透压控制在与酶混合溶液的渗透压相同，这将有利于保持原生质体的活力并减少与酶溶液处理过程中的原生质体自然融合的机会。有些原生质体对光非常敏感。新鲜制备的原生质体宜贮放在漫射光和黑暗的地方。

7.1.2　原生质体的纯化与活力检测

原生质体完成酶解后，反应液内除含有完整的原生质体外，还有亚细胞碎片、叶绿体、维管分子、未消化的细胞和破裂的原生质体等，因此，必须将这些物质与原生质体分开。用粗网孔筛(50～70μm)可将大的组织碎片截留，过滤后的溶液可用不同方法将原生质体纯化。方法之一是将过筛的溶液低速离心(75～100*g*)3～10min，弃去上清液，沉淀物重新用洗涤液或培养液悬浮洗涤，然后于 50*g* 离心 3～5min，如此重复 3 次，所得的沉淀即为纯化的原生质体。但用此法，过滤时对那些比较脆弱的原生质体会有损坏。方法之二为漂浮法。此法是首先将原生质体粗提物重新悬浮于小体积的反应液或洗涤液中，然后将它放入已装有 21%浓度蔗糖溶液的离心管顶层，100*g* 离心 10min，原生质体将富集于悬浮液与蔗糖溶液交界面上，用吸管吸出后，重新悬浮于培养溶液中并离心(100*g*)10min，弃去上清液，如此重复 3 次，可得纯净的原生质体。此外，可将原生质体提取液与等体积的 Percoll 或 Ficol1 溶液进行离心操作而纯化原生质体。例如，一些香蕉原生质体就是采用漂浮法进行分离。将原生质体悬浮在 21%浓度蔗糖溶液中，120*g* 离心后用吸管收集飘浮在液面上的纯净原生质体(Megia et al.，1993)。Panis 等(1993)对过滤法和漂浮法分离香蕉原生质体的效率进行了比较研究，发现漂浮法的纯化效率为 15%～35%，过滤-离心法纯化效率为 74%～100%，远远高于漂浮法。漂浮法要求的实验技术水平较高，很难掌握，因此，过滤-离心法是较受欢迎的一种方法。

为了分离获得高得率的原生质体，必须标准化渗透调节剂的类型(即蔗糖、甘露醇、山梨醇、葡萄糖和其他糖)及浓度，甘露醇是最常使用的渗透调节剂。用于去细胞壁的酶也必须合理使用，是单独使用或是混合使用或依次使用都得考虑，对此一般原则是：在低温下采用低浓度的酶、高 pH(5～8)酶混合溶液、反应短时间的条件比在较高温度下使用高浓度酶、较低 pH 酶混合溶液、反应长时间的条件能够获得较好的原生质体分离效果。尽管一些用作渗透调节剂的盐离子会影响解壁酶的活性，但可增加原生质体的稳定性。研究表明，酶混合溶液中含钙离子或镁离子可显著地促进原生质体培养时的细胞壁再生(Rose，1980)。

所分离的原生质体在光学显微镜下应是圆球形，不发生双折射，这表明完全除去了细胞壁。如果分离的原生质体尚有任何残留的细胞壁物质，则可为荧光增白剂 Calcofluor White(Galbraith，1981)或 Tinapol(Cocking，1985)所染色。在紫外光照射下，为 Tinapol 所染色的原生质体呈现黄色荧光，而为 Calcofluor White 所染色的原生质体可呈现强烈的蓝色荧光(Davey et al.，2010)。因为荧光增白剂是能和纤维素与几丁质 β-1,4-葡聚糖特异结合的色素。这种色素不会妨碍几丁质和纤维素的合成，但可使纤维素和几丁质的微纤维素变为聚积状态，在紫外光的照射下发出蓝色的荧光(Nagata and Takebe，1970)。通过二乙酸荧光素(fluorescein diacetate，FDA)染色可测定原生质体的活力(Widholm，1972)。荧光素留在细胞质中，因为它不能自由地透过质膜。因此，有活力的原生质体呈现绿色荧光，而死亡的原生质体不显荧光。在制备液中的原生质体可采用血红细胞计数器(也称血球计数板)(haemocytometer)计数。在荧光显微镜下，仅有活力的原生质体在视野可见，对原生质体分离效率及其活力检测的具体方法可参见 7.6.1.3 部分。

7.2　原生质体的培养

经提纯后的原生质体应该立即培养，所用的培养基配方通常与同一植物来源的单细胞培养时相似或需稍加修改。

7.2.1　培养基

原生质体培养基的营养成分与其细胞悬浮培养时的成分相似。因此，MS(Murashige and Skoog，1962)、B_5(Gamborg et al.，1968)、KM8P(Kao and Michayluk，1975)和 Kao (1977)是原生质体培养较广泛使用的培养基。原生质体培养基的选择还取决于植物种类。一般，为了使原生质体所形成的细胞持续地进行有丝分裂，必须将培养基原配方中的一些成分做一些调整。例如，其中铵离子常常对原生质体有毒害作用，因此要降低其含量或将其完全除去(Guo et al.，2007a)。大量和微量元素也要做适当的调整，一般还要减小生长素的浓度。已发现苯基脲衍生物，如 *N*-(2-氯-4-吡啶基)-*N'*-苯基脲(CPPU) (Sasamoto et al.，2002)和油菜素甾醇可以促进原生质体的分裂。也有报道指出，亲环蛋白免疫亲和素(cyclophilin immunophilins)可能对源于原生质体的细胞及其再生植株的生长，特别是在开花早期的生长有刺激作用。同时，必须考虑培养基的渗透势是否合适，以防止所培养的原生质体的细胞发生溶解及质壁分离，特别是在原生质体的早期。下面是常用的原生质体的培养方法。

7.2.2　原生质体培养方法

已有几个有效的原生质体培养方法，包括液体悬浮培养、半固化培养基包埋培养和半固化与液体悬浮重叠培养，有时在这两相培养基之间常用一层滤纸或微生物膜(microbial membrane)相隔开。液体培养基可使其中的养分迅速地扩散进入原生质体，而其代谢废物则被排出。这样，原生质体的生长有利于渗透压的降低。琼脂或琼脂糖半固化的培养基有利于原生质体细胞壁的发育。纯净的且融化温度低的琼脂糖如 SeaPlaque (FMC BioProducts，Rockland，ME，USA)已被广泛用于原生质体的培养。

7.2.2.1　液体悬浮培养

原生质体悬浮培养于液体培养基中，要求合适的植板密度(plating density)并要分散于 3.5～9cm(直径)的培养皿中。一般，植板密度为 1.0×10^5～1.0×10^6/ml。最好采用一次性可透气薄膜如石蜡薄膜(parafilm)或 Nescofilm 密封，培养于培养室(25℃)，低照光度[日光灯，7μmol/($m^2\cdot s$)]培养一定时间(一般为 16h)。悬浮培养也可在含 25～50ml 培养液的三角烧瓶中进行，植板密度为 10^5/ml 原生质体，置于合适转速的摇床上培养，使所培养的原生质体有足够供氧，有时转速过快可导致原生质体破裂，对此必须根据预实验加以确定。Even 和 Cocking(1975)建议将 2ml 原生质体培养液装入体积为 25ml 的三角烧瓶中将有利于原生质体培养过程中通气。Vasil(1976)建议在培养基中加入聚蔗糖(ficoll)，可使培养液泛起泡沫，有利于原生质体的生长。

7.2.2.2　悬滴培养法

悬滴培养法(hanging drop culture method)由 Kao 研究组于 1970 年首次采用(Bawa and Torrey，1971)。这一方法是在培养皿中加 50μl 液滴培养液使内含原生质体的密度为每毫升 10^4～10^5 个，此后，培养皿采用石蜡薄膜密封，将培养皿倒置(或将培养液滴直接置于培养皿盖子的内壁上)，在 25～30℃和低光照(100～500lx)或在黑暗条件下于培养室中培养。在所培养的原生质体细胞壁再生和开始细胞分裂后，加新鲜的培养液使之悬浮。小液滴有利于为原生质体提供足够的空气(Vasil，1976；Tomar and Dentu，2010)，该法适合于低培养密度的原生质体培养，也有利于评价培养基组成成分的效果，但颇费时，并且准备工作繁杂。

这种悬滴培养方法也包括微滴培养技术(microdroplet culture technique)，主要用于单个原生质体的培养，所用容器为一种特制培养盘(Cuprak dish)，分为内室和外室。外室小，内室大，为培养室，并再分许多小室，其容量为 0.25～25μl；培养时原生质体的悬浮液以微滴的方式滴入培养室中。外室则注入无菌蒸馏水，以便在培养盘被封闭时保持室内有一定的湿度。微滴的大小对于单个原生质体培养的成败很重要，按每个原生质体占 0.25～0.5μl 计算，其培养密度相当于 2×10^3～4×10^3 个/ml。据报道，如果每滴超过 2μl，烟草原生质体细胞则不能分裂(Gleba，1978)。

7.2.2.3　半固化培养基包埋法

半固化培养基包埋法(embedding in semi-solid media)的基本过程包括制备好两倍的最终强度液体培养基，在液体培养基悬浮的原生质体的植板密度也需加倍，在温水中(40℃)制备与培养液相同体积的凝胶(琼脂、琼脂糖和海藻酸盐)液，其浓度相当于最终浓度的两倍，然后将钙液与培养液相混合，在凝胶固化前，使原生质体尽快地悬浮于这一培养体系中，并倒入合适体积的培养皿中(直径约为 3cm 或 5cm)至冷却成半固体状态。最后将培养皿以石蜡薄膜密封，在与液体培养条件相似的条件下培养，凝胶类型及其浓度可影响原生质体的发育。

已消毒的塑料器皿有利于原生质体的分离和培养。培养基的固化剂使用琼脂糖比使用琼脂好，这是因为琼脂糖是中性物质。在半固化培养基中悬浮的原生质体，可分散成一层或滴状的形式培养，通常置于培养皿的液滴量可多达 250μl。将培养基层分割成扇形小块，此后将这一小块或液滴状培养物置于液体培养基中，可促进原生质体的生长。通过这种方法改变在培养液中的浸泡方式，可逐步降低其渗透压。

海藻酸盐(alginate)是常用于那些对热敏感的原生质体(如拟南芥原生质体)包埋培养的固化剂，也可用作半固化培养基的固化剂，其固化可为钙离子所诱导。采用这种方法培养原生质体时，根据实验的需要，可在半固化的培养基中加适量的柠檬酸钠除去钙离子后，使海藻酸盐解聚而游离释放出培养后的原生质体及其所形成的微愈伤组织。覆盖于半固化培养基的液体培养薄层可使原生质体悬浮，这种培养环境可促进原生质体细胞团的形成，特别是采用一层滤纸分隔半固体和液体培养基时(dos Santos et al.，1980)。采用微生物膜(孔径大小为 0.2μl)代替滤纸也起相同的作用。例如，在水稻的原生质体培养中(Jain et al.，1995)，尼龙网也可用于原生质体液体和半固化培养基的分隔培养体系(Dovzhenko et al.，2003)，移去滤纸、微生物膜、玻璃纸(cellophane)或尼龙膜将有助于原生质体所衍生的细胞转移进新的培养基中。此外，又如，为了使籼稻原生质体再生出最多的不定苗，需要将原生质体培养物从以 1%琼脂糖为固化剂的半固体培养基转移至含 0.4%(*m*/*V*)琼脂糖的半固体培养基中(Tang et al.，2000)。包埋着原生质体半固体琼脂或琼脂糖层也可被切割分成若干部分，然后转移至较大培养皿中(直径为 9cm)的含相同成分的液体培养基中培养。这样液体培养基可将被半固体培养基所包埋的原生质体游离并于其中继续培养。在已被培养液游离的悬浮原生质体也可能被分散成液滴状或小珠状(其大小为 25～150μl)并沉积于培养皿底部(Conde and Santos，2006；Sinha and Caligari，2005)。

海藻酸盐的固化程度取决于钙离子的浓度。控制钙离子浓度可使包埋原生质体的培养基一直处于半固体状态。通过对培养基中海藻酸盐及合适的钙离子浓度的控制，可使该培养基固化成一薄层，如仙客来(*Cyclamen persicum*)原生质体的培养(Winkelmann et al.，2008)，或者将含有海藻酸盐的原生质体液体培养液滴入钙离子的溶液中，形成念珠状的颗粒(每个约 50μl 体积)进行培养，如蝴蝶属的原生质体培养(Shrestha et al.，2007)。海藻酸盐层的厚度将影响被包埋的原生质体的生长(Pati et al.，2008)。若将培养基的固化程度减低一半而释放被包埋的原生质体或原生质体所产生的细胞克隆，可将培养物在柠檬酸钠溶液中浸泡短时间，以除去钙离子。此后，以培养液洗去这一原生质体细胞克隆上的海藻酸盐及柠檬酸盐。

7.2.2.4　液体-半固化培养基培养法

液体-半固化培养基(liquid-over-semisolid medium)培养法是在培养皿的底部倾倒一层半固化培养基，待其固化后，再在其上面铺上一层滤纸(Whatman No.3)或微生物薄膜，再倒入相当于两倍半固化体积的液体培养基。这种两相培养基被膜或滤纸所隔的培养方式，有利于原生质体细胞壁的再生和其有丝分裂的保持。

7.2.2.5　琼脂平板培养法

琼脂平板培养(agar plating culture)法：将约 1.2%(*m*/*V*)琼脂液体培养基降温至原生质体能容忍且琼脂尚未凝固的温度(35～40℃)，与 1 体积的制备液(含一定密度的原生质体)相混合后倒入培养皿中。凝固后将培养皿翻扣，于 25℃光照条件下培养。这一方法与 Bergmann(1960)所开发的用于培养烟草和菜豆愈伤组织生长的方法相似，为 Nagata 和 Takebe(1971)首次用于原生质体培养。该方法的主要优点：①可以同时操控许多实验方案；②容易测定其植板率。同时这一方法的主要缺点是在原生质体细胞壁再生后和细胞分裂诱导时，其培养基渗透势的稳定性可因加入新培养基而改变，因为起初的培养基是半固化的培养基。此问题可通过在原生质体培养开始时加入一些琼脂及低浓度的渗透调节物质到新鲜培养基而解决。这一技术可以不同方式加以修改而成为滋养层培养、微瓶(micro vessel)培养(Button，1978)和多液滴阵列培养(Potrykus et al.，1979)，以便使细胞以低植板密度进行分裂(Raveh et al.，1973)。

7.2.2.6　共培养法/滋养层培养法/看护培养法

使用共培养法(co-culture method)的前提是两种原生质体在培养时可有效地互为滋养(cross-feeding)，以及能从形态上相互区别(如烟草绿色的和无色的原生质体)。一般是将已知能够迅速生长的与难以生长的原生质体进行共培养，可提高原生质体的植板率。在共培养体系中，原生质体的分裂和生长受到由快速生长的原生质体释放出来的物质的刺激而得到很大的改善。这种以一种特定选择的细胞和一种原生质体一起培养的方法，在本质上与被称为滋养层培养法(feeder cell layer technique)或看护培养(nurse culture)法的方法相似。

用作“滋养层”的原生质体是那些经过 X 射线照射后分裂能力丧失但有代谢活性的细胞，它能向周围释放某些物质，当将待培养的原生质体放在其上培养时，它可利用“滋养层”原生质体释放的代谢活性物质使分裂活动得到促进。例如，烟草原生质体在培养密度低于 10 个/ml 时，一般很难分裂。若与“滋养层”原生质体一起培养，其培养密度可增加至 10～100 个/ml 原生质体(Raveh et al.，1973)，这就有利于原生质体的培养。

在看护培养的情况下，必须保持最适的培养密度(植板密度或接种率)，通常为每毫升含 1.0×10^5～1.0×10^6 个原生质体，以保证其细胞壁的再生及其随后的细胞分裂。最少的植板密度一般由实验确定。看护细胞(nurse cell)的主要作用是促进原生质体的分裂，特别是原生质体以低密度培养时。例如，对于日本百合(*Lilium japonicum*)从悬浮细胞所分离的原生质体的生长的促进和从香蕉原生质体所产生的培养物的不定苗再生，看护细胞都在其中起着非常重要的作用(Assani et al.，2006；Komai et al.，2006)。与所培养的原生质体同属、同种或同一栽培种的具有快速分裂能力的细胞或原生质体可选为看护培养细胞，通常都偏向于选择其中的非胚性细胞培养物。另一选择是以与所培养的原生质体不同属或种的细胞为看护细胞，如甘蓝(*Brassica oleracea*)的原生质体可用作榨菜(*B. juncea* var. *tumida*)的原生质体看护细胞(Chen et al.，2004)。如果以原生质体和正在分裂的细胞为看护细胞，则需要与被看护培养的原生质体进行物理性隔离，除非它们具有典型的表型特征可以区分。物理性隔离看护细胞的方法一般是在含有看护细胞的半固化培养基上方放一层膜(其膜孔的大小为 0.2～12μm)，然后将含有被看护培养的原生质体的液体培养基倾倒于膜上，进行培养(Azhakanandam et al.，1997；Lee et al.，1999)；另一方法是将被看护培养的原生质体装于由微生物膜所制成的圆柱形膜(孔径为 0.2μl)中培养，而在膜柱的四周则是看护细胞及其液体培养基层(Gilmour et al.，1989)。但是，看护细胞的有丝分裂能力在培养中并非非常重要，X 射线或 γ 射线照射过的细胞与原生质体也可以用作看护细胞。当看护细胞作为培养基中的一种营养物质时，正在分裂的细胞或原生质体可向其培养介质中释放生长促进物质，特别是氨基酸，这就是看护细胞所发挥的一种有利于被培养的原生质体生长及分化的效应。原生质体的培养也可为一种称为条件化(conditioned)的培养基所促进，这种培养基可以由在液体培养基中培养一段时间的原生质体或细胞所制备，然后将这些细胞除去，以消毒过滤获得其培养基，用于培养所要看护培养的原生质体(Davey et al.，2010)。

还有几个新方法已用于优化原生质体植株再生率，这些方法包括原生质体培养时的电刺激和气体环境的操控(Daveyet al.，2005；Rakosy-Tican et al.，2007)。

7.2.2.7　原生质体的通气培养

毫无疑问，原生质体培养中培养基的成分是原生质体植株再生的主要影响因子，但培养中的气体环境，特别是培养容器上部气体成分，也在原生质体的生长、分化中起着重要的互补作用。原生质体的通气培养是使培养基含充足的氧气和通过控制二氧化碳浓度而抑制乙烯的累积而有利于原生质体的培养(Lowe et al.，2003)。一般来说，必须把培养瓶上方或培养室中气体环境的含氧量及其与二氧化碳的比例分别控制在21%和0.03%(体积比)，不应累积乙烯(Zobayed et al.，2001)。供氧的有效性也可限制生长，在静止的液体培养基中，欧洲油菜(*Brassica napus* cv. Omega)下胚轴的原生质体可调整其接种密度、培养液深度、培养器皿上方的氧气浓度，从而可找到原生质体培养物的数量与供氧有效性的相关性(Brandt，1991)，这一研究结果表明，当氧气浓度低于 60μmol/L 时，原生质体死亡。培养器皿上方富含氧可促进水稻品种台北309(*Oryza sativa* cv. 台北309)、番茄Santa Clara品种(*Lycopersicon esculentum* cv. Santa Clara)和长蒴黄麻(*Corchorus olitorius*)原生质体的细胞分裂，这一富氧方法可通过在培养器皿可旋转的盖上安装一种可让气体进出的阀门，在通氧气后将该阀门关闭来实现(d'Utra Vaz et al.，1992)。通氧之初氧浓度高，之后则逐步降低，因为在已密闭的培养器皿中也可进行缓慢的气体交换。在富含氧的培养器皿中培养的原生质体组织的植株再生频率增加，这是一种长效的作用。

相关研究表明，在滤纸上加小体积的培养液体对原生质体进行培养可增加气体交换，在半固体培养基层之下加看护细胞也可达到同样的效果。另一简单的方法是将直径约为6mm、长度为8mm的玻璃棒插进半固体培养基层中。例如，木薯(*Manihot esculenta*)叶原生质体培养在以半固体培养基垫底的液体培养基中，培养皿中的半固体培养基在玻璃棒之间形成弯月面；这种培养条件可促进原生质体的细胞分裂，可能是在弯月面培养基中通气条件得到改善之故(Anthony et al.，1995)。

也有报道表明，操控培养器皿中的二氧化碳浓度会产生有益效应，这与再生植株离瓶炼苗时的光合作用和阻止乙烯累积相关(Pospišilová et al.，1999)，因为乙烯甚至在0.01μl/L的浓度下也可抑制生长和分化(Kumar et al.，1998)。

7.3　原生质体的生长、分化及其植株再生

7.3.1　原生质体细胞壁的再生

细胞壁的再生是决定游离的原生质体能否进入正常的细胞分裂、分化和发育的关键。原生质体在其细胞壁开始再生时常伴随着形态上的变化，一般是由球形变为卵形，有时发生所谓的出芽(budding)和质壁分离(plasmolysis)，这种变化可作为一种细胞壁再生的指标。使用多糖类的专一性染料和各种电镜技术是观察原生质体早期细胞壁再生的有效方法。如前所述的荧光增白剂(Calcofluor White)是多糖的荧光染料，它与初生壁物质反应后在紫外光下显亮蓝色荧光。超薄切片的多糖类物质的细胞化学染色法、表面复型(surface replica)和冰冻蚀刻等电镜技术已成功地用于观察细胞壁的形成。此外，扫描电镜可较大面积地探测原生质体表面构造的变化，也是研究原生质体细胞壁合成的方便技术。

大多数分离的原生质体在适宜的培养条件下24h内就能开始细胞壁的再生。原生质体细胞壁的再生能力和速度与分离原生质体的外植体植物种类及其体细胞的分化程度、生理状态有关。另外，其再生壁的开始时间也与测定方法有关。在早期研究工作中，研究者常认为原生质体要经过数天培养才开始再生细胞壁，其实这只需数小时就可进行。例如，研究者通过电镜和荧光染色等方法发现百合小孢子原生质体从培养到开始合成细胞壁的时间为6h(Maeda et al.，1979)，甚至在培养仅15min的大豆原生质体中已可测出放射性

标记的新合成的细胞壁成分纤维素(Klein et al., 1981)。一般来说，分生组织来源的原生质体要比已分化的细胞来源的原生质体可较快再生细胞壁。研究表明，在原生质体培养早期，有些植物如烟草、细叶黄芪(*Astragalus melilotoides* var. *tenuis*)叶肉细胞等的原生质体间会发生粘连现象，用细胞壁再生抑制剂香豆素对培养的原生质体进行抑制实验发现，经香豆素处理24～48h的细叶黄芪叶肉细胞原生质体全部分散在培养基中，没有发生原生质体粘连现象，而在无香豆素的正常培养基中伴随着细胞壁的再生，常出现原生质体粘连现象，这表明粘连现象是原生质体再生壁物质相互交联的结果。

在原生质体发育初期，再生壁是由纤维组成的，随着培养时间的延长，在再生壁中会出现颗粒组分，其数量也逐渐增多。研究发现，不同植物原生质体再生壁的结构可能不同。它们大体可分为两种类型：一种是纤维型再生壁，如洋葱、金鱼草(*Antirrhinum majus*)、大豆和唐菖蒲(*Gladiolus gandavensis*)；另一种是纤维和颗粒型再生壁，如番茄、烟草、棉花和细叶黄芪。由于细叶黄芪原生质体的纤维组织和颗粒组分均可被多糖染色剂六胺银染色，因此推测再生壁中的纤维组分和颗粒组分可能是由不同的多糖分子聚合而成的(李喜文等，1994)。烟草原生质体刚形成的细胞壁成分与正常的细胞壁成分有很大的不同，其主要成分是由葡萄糖组成的各种非纤维素多糖，它约占总重的60%。而纤维素则仅占5%左右。与之相比，同一物种的叶肉组织或培养细胞的细胞壁中纤维素的含量则分别是60%和45%(Blaschek et al., 1981)。许多细胞器都可涉及原生质体的壁再生，已知高尔基体与初生壁生长及其基质组分的合成和沉积有关。当新游离的原生质体转入培养基时，首先诱导的是细胞核的转录活动，随之而来的是与蛋白质的合成有关的多聚核糖体的形成，纤维素前体合成的场所内质网和线粒体数都增加。内质网形成的纤维素合成酶首先被转移到质膜上，所合成的多聚分子也经过通道穿过质膜，在质膜外进行微纤丝的组装。据观察，细胞壁物质首先聚集成较大的颗粒；然后再被排放到质膜的外表，在先形成的初生壁之间的空隙里累积，接着这些颗粒开始向质膜外表面突出；最后形成孔。最初出现的纤维素微纤丝的排列同这些颗粒与孔构造的排列一致，这些质膜上的颗粒与孔构造也是一种膜通道，其中含有稳定的该通道的蛋白质。在内质网上合成的细胞壁的多聚物质就是通过这些通道被送出质膜表面，并按颗粒与孔构造的排列方式装配成纤维素微纤丝(Robenek and Peveling, 1977)。电镜观察发现，细胞壁再生过程最初出现的纤维通常较短，排列方向多与质膜形成一定的角度，随后形成的纤维较长，其走向与质膜平行。例如，烟草原生质体培养3h后，细胞中有许多很短的纤维形成约50nm长的束，培养24h后，这些短纤维便被更长的纤维代替。在某种情况下，需要将原生质体壁再生的速度减慢，如当采用显微注射法引入外源物质时便需如此。因为细胞壁的快速再生是显微注射的一种障碍，因此常使用细胞壁合成抑制剂2,6-二氯苄腈(2,6-DB)对壁的再生速度进行人为控制，从而提高显微注射引入外源物质的效率，但不影响原生质体的活力、有丝分裂活性和其他生物学活性(Joshi and Vincentini, 1990)。采用免疫学方法监测类番茄茄(*Solanum lycopersicoides*)原生质体培养及其再生植株过程中的微管骨架变化的结果表明，随着酶解形成原生质体，也出现单核、多核、同质和无核的原生质体，但只有单核的原生质体重排其周质微管，重建其径向和核周的微管骨架，并进入细胞分裂(Tylicki et al., 2003)。同时，从白桦(*Betula platyphylla*)叶和日本落叶松(*Larix leptolepis*)胚性细胞所分离的原生质体出现异常伸长的纤维，钙离子和镁离子分别对这些种属的原生质体的这种结构有显著的影响。这些纤维可为荧光增白剂(Calcofluor White)和苯胺蓝染色而出现荧光(Sasamoto et al., 2003)。原生质体一般在形成细胞壁之后才能进行分裂，进而分化再生植株。关于再生壁的形成与细胞核分裂的关系，有人认为是两个独立的过程，也有人认为两者有直接的关系，因此对原生质体与融合之后杂种细胞再生壁的化学组分的合成运输、组装及其结构特征有待于更深入的研究。

7.3.2 细胞分裂和微愈伤组织的形成

一般游离的原生质体再生细胞壁之后，在适宜的培养条件下可以很快进行细胞分裂，但不是所有细胞壁再生的原生质体都能进行细胞分裂，因此，以植板率[形成细胞团的原生质体数目与供培养的原生质体数目的比例(%)或形成愈伤组织的细胞团数目与细胞团总数的比例(%)]为指标可衡量细胞分裂状态。植板率可因用于分离原生质体的外植体植物种类不同而有很大差异，为 0.1%～80%不等。继首次分裂之后，再培养 2～3 周，在显微镜下，那些可持续分裂的细胞可形成可见的细胞克隆(macroscopic colony)，即细胞团，此时最好将它们转入不含渗透压稳定剂的培养基中，按一般的组织培养方法进行培养，便可进一步形成愈伤组织。但原生质体的细胞分裂往往不同步。它们首次分裂的时间可以相同，也可不同，但其有丝分裂都是正常的。有时活的原生质体不一定能进行细胞分裂，显然这与用于分离原生质体的外植体的植物种类及其遗传背景有很大的关系。有些植物包括烟草、碧冬茄属(*Petunia*)、曼陀罗属(*Datura*)和茄属(*Solanum*)的许多植物，其叶片的原生质体在培养过程中很容易进行分裂并形成细胞团和愈伤组织，但禾谷类作物除幼胚或从幼态组织中诱导的胚性愈伤组织的原生质体之外，用其他材料作为外植体，极难分裂形成愈伤组织及进行植株再生。

已有研究表明，短的电脉冲可促进好些植物的原生质体的细胞分裂、增加植板率及其植株再生比率。例如，从大麦盾片胚性愈伤组织制备的原生质体，经 6 个月悬浮培养，只产生白化苗并且产生频率很低，用短的电脉冲和幂波脉冲电激虽然会降低原生质体的活力和植板率，但对白化植株再生有促进作用(Mordhorst and Lor，1992)。

7.3.3　原生质体的植株再生

严格说来，上述过程(7.3.1 及 7.3.2 部分)是原生质体植株再生的重要基础，也是植株再生的过程，只是为叙述方便，分开讨论。通过原生质体的遗传操作而进行的作物改良，是以其植株再生为基础的。而目前对原生质体植株再生的基本过程尚缺乏准确的把握，很多实验主要还是靠累积的经验。自从 Nagata 和 Takebe(1971)首次报道烟草叶肉原生质体培养得到再生植株以来，关于原生质体植株再生成功的报道不断增多。1977 年之前主要局限于茄科(Solanaceae)，人们对那些植株再生比较困难的种类如谷物、大豆等一些物种的原生质体的植株再生尚无良策。Vasi(1983)证明，来自狼尾草胚胎或体细胞胚性愈伤组织细胞的原生质体能够再生植株，在这一开拓性工作的启发下，越来越多的禾谷类作物原生质体的植株再生获得成功，被研究的种类也不断增加，包括林木、观赏植物、药用植物、果树等(Davey et al.，2005；Eeckhaut et al.，2013；Guo et al.，2013；Liu et al.，2005；Wang et al.，2013；Xia，2009)。

大部分谷物和禾本科植物原生质体的植株再生是通过体细胞胚胎发生途径完成的。不过有一点必须强调的是，能直接从器官所诱导的愈伤组织再生植株的植物，并不说明其原生质体所形成的愈伤组织也能成功地再生植株。原因之一是，那些适合茎叶等器官诱导的愈伤组织及其植株再生的培养基与培养条件不一定适合原生质体愈伤组织重新分化成器官或体细胞胚。此外，从器官外植体诱导的愈伤组织常带有预存的芽或器官原基，这些培养物中的分化多属于不定芽或根的分化，而在原生质体的愈伤组织中往往不存在这种结构。为了取得禾谷类原生质体植株再生的成功，研究者付出了艰辛劳动并经历了曲折的过程。根据有些双子叶植物叶肉原生质体培养极易成功的研究结果，20 世纪 70 年代以来人们曾致力于研究如何诱导和维持禾本科植物叶与幼茎的游离原生质体的分裂。为此人们设计了成千上万种培养基、植物激素、酶解混合物、供体植物及原生质体生长环境条件的组合，但全都未能如愿。例如，Potrykus 等(1979)曾对小麦、黑麦、燕麦和玉米的 75 个不同品系与品种的叶片原生质体的培养条件作了研究，他们选用了 144 种植物激素的组合和其他生长调节物质，展开了 4000 个不同组合的实验，都未取得理想的结果。现在禾本科植物的原生质体大多是从胚性悬浮培养物分离的。

7.4　影响原生质体培养及其分化发育的主要因素

原生质体被制备之后能否经过培养从而诱导其细胞分裂是整个原生质体培养技术的关键一步。因为细胞分裂能力直接反映了所得原生质体的活性。细胞分裂和细胞团的形成是进行分化及再生的前提与基础。研究表明，原生质体的产量、活力及其分化和发育的能力与供体植物的种类、基因型及其生理状态和培养方法与条件等有很大的关系。影响原生质体植株再生的因素颇多，除了研究了许多常规的生理、生化及其培养环境影响因素外，近几年来研究者也加强了有关分子生物学基础的研究，如利用抑制消减杂交(suppression subtractive hybridization)(Yang et al.，2008)技术及原生质体的蛋白质组学研究(Kwon et al.，2005；de Jong et al.，2007)。研究者已经鉴定了两个数量性状基因座，它们是赋予由原生质体所产生的微愈伤组织再生能力的基因座(Holme et al.，2004)。Ondrej 等(2009)已探究了克分子渗透压浓度的降低与染色质过度凝聚的相关性，这也可作为一种有利于了解原生质体早期再生的遗传背景和环境条件复杂的相互作用的线索。另外，活性氧类(ROS)的产生(Ondrej et al.，2010)与胞嘧啶羟甲基化是否可减少原生质体分离后的染色质再凝聚，尚有待证实(Moricová et al.，2013)。下面将结合实例对影响原生质体植株再生的因素加以讨论。

7.4.1　分离原生质体所用的材料

7.4.1.1　材料的种类及其供体植物基因型

用于分离原生质体的材料常常对原生质体植株再生的成功起决定性的作用。例如，悬浮培养细胞比叶肉细胞含有更多的线粒体，因此，对单子叶种类来说，悬浮培养细胞是最合适的分离原生质体的材料(Chabane et al.，2007)。同一个基因型的原生质体的变化可能源于体细胞无性系变异(somaclonal variation)，但也可能是由于材料中天然存在的不同的抗氧化剂和不同浓度的植物激素，从而影响了原生质体植株再生的能力(Pan et al.，2005)。原生质体分离所用的材料的变化，无论是遗传上还是生理上的差异，都将影响到植物原生质体植株再生的能力，特别是对顽拗型作物品种的开发和利用。材料的预处理常常只局限于植物激素的预处理，实际上，在染色体倍数性操作、抗氧化剂的处理和促进代谢方面的处理对于有些品种的原生质体植株再生来说可显得更有效(Eeckhaut et al.，2013)。不同植物的原生质体虽然制备方法都一样，但活力不尽相同。

7.4.1.2　材料供体植株的生理状态

植物的生理状态很大程度上是由它们生长的环境条件所决定的。一般来说，那些能够增加植物活力、刺激植物快速生长的条件都有利于原生质体的制备和培养。在实验中，为控制供体植物的生理状态，通常将它们置于人工生长培养箱或温室内进行培植。有时也可将供体植株在原生质体制备之前进行某种处理(激素处理)，从而改变其生理状态。例如，先将烟草植物用于分离原生质体的材料植株置于低光强下，该条件往往是获得有活力的原生质体的前提。在这种情况下，供体植物细胞壁的果胶含量低，因此在分离原生质体时所加的解壁酶的浓度可以降低，从而也减少了解壁酶溶液所带来的副作用(毒性)，有益于原生质体的活力(Cassells and Barlass，1976)。番茄(Golden Sunrise 品种)叶原生质体的植板率可因其供体植物生长条件不同而相差一倍多，植株生长在22℃、15h 光照(照度为 10 000～20 000lx)条件下，每周施加高效氮肥时所得的原生质体质量最佳(Bellini et al.，1990)。让马铃薯先在强光、长日照(15 000lx，12h 光照)下生长，在其块茎长到约 30cm 后转到弱光、短日照(7000lx，6h 光照)条件下生长 4～10 天，由这种方法制备的原生质体最理想。

无疑，植株及器官的年龄反映其某种生理状态。对多数植物来说，生长不足 40 天或超过 60 天的植株往往不能取得理想的原生质体。供体器官如叶片的年龄与原生质体活力有很大的关系。以烟草叶肉细胞原生质体为例，在实验条件下生长 60 天带有 12 片真叶的植株，取其不同位置的叶片用同样的方法制备和培养原生质体，其所得的结果如表 7-1 所示。从表 7-1 中可知，第 5 叶片有最大的叶面积、最小的叶形指数，将从它分离的原生质体培养 7 天，具有生活力的达 66.8%，能进行细胞分裂的占 43.1%，分别相当于第 1 叶片所得的原生质体的 5 倍和 10 倍之多(Cassells and Tamma，1987)。哈密瓜(*Cucumis melo* var. *saccharinus*)子叶原生质体的分离强烈地受子叶生理状态的影响。当幼苗的第 1 真叶长为 0.5cm 时，子叶全部展开，此时，子叶作为分离原生质体的材料最适宜，极易撕出下表皮。在这一阶段之前所制备的原生质体易裂成碎片。当第2枚真叶产生之后，用其子叶则难以获得高质量的原生质体(Li et al.，1990)。

表7-1　烟草(*Nicotiana tabacum* cv. Xanthi-nc)叶在茎上的生长位置对其原生质体的活力和分裂能力的影响(Cassells and Tamma，1987)

叶片位置	叶片生长特性			叶形指数*	原生质体状态(培养7天)	
	叶长(cm)	叶宽(cm)	叶面积(cm^2)		活力(%)	分裂(%)
1	13.0	8.2	77.1	0.020	12.7±0.9a	4.3±1.7ab
3	17.7	9.6	108.1	0.017	36.6±1.9a	12.3±1.2b
5	19.2	13.0	162.7	0.009	66.8±1.0a	43.1±0.7ab
7	17.5	10.6	128.8	0.012	56.0±0.8a	24.3±1.6ab
9	16.2	8.8	88.7	0.020	26.0±0.9a	7.0±1.3a

*叶形指数=叶长/叶宽×叶面积，数据后附字母相同者表示在P=0.05水平上有显著性差异

叶面喷施植物生长调节物质可以影响叶的生理状态，改善原生质体的质量。以烟草的第5叶片为供体的实验表明(表7-1)，用0.54μmol/L NAA和0.09μmol/L BA预处理叶片，可明显提高原生质体的活力及其细胞分裂活性。用于分离材料组织的渗透压、质膜分离状态及其他属性(如胞液渗透势的高低及质膜与细胞壁黏着性的强弱等)影响着质壁分离的难易程度，这些因素也关系到能否成功地从供体材料制备原生质体并保证其质量。一些植物如马铃薯(*Solanum tuberosum*)和杨树杂种(*Populus alba*×*Populus gradidentata* cv. Crandon)的原生质体较易分离并培养存活。而另一些植物如白桦(*Betula platyphylla*)则较难，这与它们的细胞质壁分离的特性有关。在标准的实验条件下的测定表明，95%的茄属(*Solanum*)叶肉细胞和85%的杨属(*Populus*)叶肉细胞在所实验的渗透溶液(甘露醇、蔗糖、KCl和$CaCl_2$)中均可发生质壁分离。而桦木属(*Betula*)的叶肉细胞却只有60%～80%发生质壁分离，而且这些细胞在甘露醇、$CaCl_2$和蔗糖溶液中不能从凹形转为凸形的质壁分离状态。这些现象表明，它们组织中的原生质体与细胞壁都有很强的结合能力，如果这种极强的质壁结合在质壁分离的溶液中不易解离，就有可能在酶解细胞壁的过程中使细胞膜受到生理冲击甚至机械损伤，诱发膜不均一收缩，导致膜破裂和原生质体内容物漏出。这是造成原生质体不易培养的原因之一(Smith et al.，1989)。

7.4.2　酶及酶解反应基质

分离原生质体时酶解反应基质的组成及其纯度可显著影响分离后原生质体的活力。考虑到市售酶的纯度，有的研究者主张在使用之前用透析或分子筛及凝胶过滤的方法将酶纯化，如从胡萝卜培养细胞制备原生质体时，采用经脱盐纯化的酶可显著提高其成活率。但也有报道称对酶制品过分纯化将会导致这些酶对复合细胞壁消化能力的减弱。酶的组合及其浓度变化对原生质体得率和活力都有很大的影响。因此，必须经过实验确定酶及其浓度的组成。例如，分离黄瓜子叶或真叶的原生质体时，只有用1.25%果胶酶和0.5%纤维素酶(商品名为cellulysin，美国Cabiochem公司)处理子叶，用0.5%果胶酶和1.0%纤维素酶处理真叶才能获得较高的原生质体的得率(Puite，1992)。从北美红栎(*Quercus rubra*)根中制备原生质体时，除加纤维素酶和果胶酶外，还应加半纤维素酶，当酶解液中含有1%的纤维素酶(cellulase R11)、0.3%的半纤维素酶(rhozymeHP150)和0.3%的果胶酶(macerozyme-10，Yakult Honsha，Japan)时，原生质体得率最高。木本植物常含有较多的酚类物质，它们对去壁酶的活性有抑制作用。在酶解之前将栎树用半胱氨酸预处理，既可使其细胞处于质壁分离状态，又可起抗氧化的作用，使原生质体的供体植物的根不变为棕色(Brison and Lamant，1990)。

在酶解反应中常添加一些盐类或培养基成分、渗透压稳定剂和缓冲剂。其中常加入钙离子(2～6mmol/L)和磷酸盐(0.5～2.0mmol/L)以增加原生质体的活力。较常用的渗透调节剂是山梨醇、甘露醇、葡萄糖和蔗糖。其常用浓度为0.3～0.7mmol/L。当分离毛地黄属的植物*Digitalis obscura*叶肉组织原生质体时其反应液若加12mmol/L氯化钙可使制得的原生质体活力倍增(由46%增加到93%)(Brisa and Segura，1987)。钙离子对膜的完整性有稳定作用，已有报道称它对波菜、豌豆和棉花花药愈伤组织的原生质体的膜有稳定作用(Thomas and Katterman，1984)。

酶解时的温度也对原生质体的得率和活力有影响。一般的酶解温度为25～30℃。据报道，在禾谷类植物材料中，先将其在较低的温度下(14℃)酶解，然后在较高的温度下(30℃)保温短时间，会得到更理想的结果。为了减少酶对细胞的过分伤害，应尽量缩短酶解时间，这就需要提高酶解的温度。酶解液中的 pH 根据所用的植物种类而异，一般在 5.4～6.2。对豆科植物材料则在 6.0～7.0 较合适，加入的缓冲剂如磷酸或 2-(N-吗啡啉)乙磺酸(MES)缓冲液(3mmol/L)有利于酶解液 pH 的稳定。

7.4.3　原生质体分离与氧化逆境

在原生质体分离和培养过程中所产生的氧化逆境可能是导致其难以再生植株的因素(Cassells and Curry，2001)。原生质体的分离是一种强烈的氧化逆境和可产生活性氧类(reactive oxygen species，ROS)的过程，同时也可见多胺的水平变化，氧化逆境和 ROS 的产生都会负面干扰原生质体随后的植株再生(Papadakis et al.，2005)。与不能再生不定苗的烟草叶肉原生质体相比，全能性的原生质体细胞间的游离氧、过氧化氢、脂质过氧化、还原型抗坏血酸和谷胱甘肽水平低，但具有较高的抗氧化酶如超氧化物歧化酶(SOD)活性(Papadakis et al.，2001)。如果在拟南芥叶原生质体的分离培养液中加入抗坏血酸盐(抗氧化剂)，可防止原生质体的毁坏(Riazunnisa et al.，2007)。此外，氧化逆境和生长素可能有互补性的相互作用，从而提高细胞周期活性或促进原生质体细胞分化(Pasternak et al.，2005)。谷胱甘肽可诱导烟草(*Nicotiana tabacum*)原生质体的细胞脱分化，效果与高浓度的生长素相似，而脱氢抗坏血酸可通过细胞内还原所形成的抗坏血酸来抵消生长素对叶原生质体发育的作用，因此，细胞分裂被抑制，而细胞增大则被促进(Potters et al.，2010)。对黄瓜的原生质体植株再生的研究表明，控制活性氧种类和氮种类的产生对其原生质体的再生及其生长非常重要(Petrivalsky et al.，2012)。

从柑橘(*Citrus reticulata* Blanco)愈伤组织中分离的原生质体易于再生植株，而从其叶肉细胞分离的原生质体难以再生植株，这种再生能力的差异也从这两种原生质体中的 ROS、抗氧化酶和 ROS 清除剂的水平差异反映出来(图 7-2)。用显微镜观察这两种原生质体的培养反应发现，愈伤组织分离的原生质体完整细胞壁的再生出现在约培养 6 天后，而从叶肉中分离的原生质体却未发生细胞壁再生。在培养过程中叶肉细胞原生质体中的过氧化氢和丙二醛(malondialdehyde，MDA)水平比愈伤组织的原生质体要高，而与此相反，愈伤组织的原生质体中所含的抗氧化酶，如超氧化物歧化酶(SOD)、过氧化物酶(POD)和过氧化氢酶(CAT)的活性，还有谷胱甘肽和抗坏血酸盐的含量都比叶肉细胞原生质体的要高(比较一个培养时间点的结果)。这一结果表明，高水平的抗氧化活性的产生对于原生质体的植株再生显得非常重要(Xu et al.，2013)。在培养基中加入人造氧气载体可影响原生质体及其所产生的相对的抗氧化物的状态(见 7.4.6.2 部分人造氧气载体全氟化碳液体)。

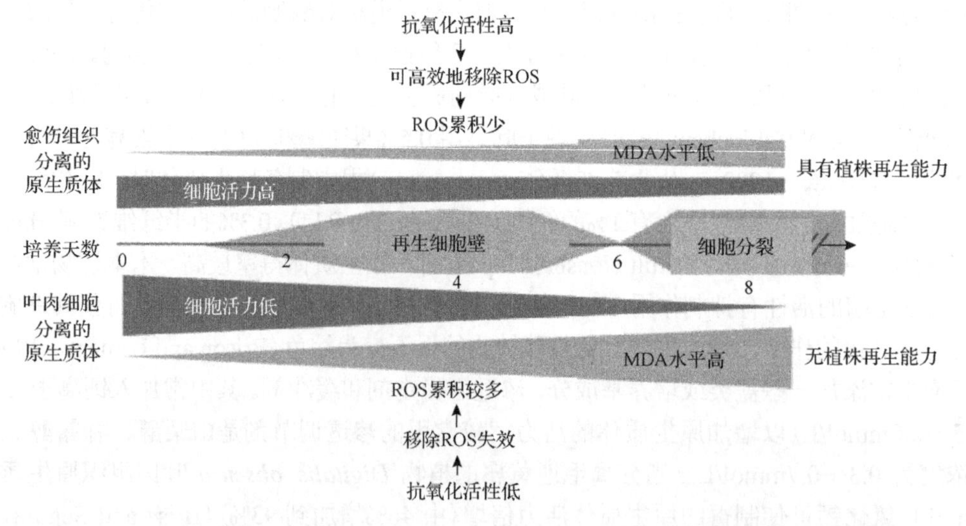

图 7-2　在培养过程中，柑橘(*Citrus reticulata* Blanco)易再生植株的愈伤组织原生质体和难再生植株的叶肉细胞原生质体之间抗氧化的生理差异(Xu et al.，2013)

7.4.4　原生质体培养方法和培养密度

7.4.4.1　培养方法

原生质体的培养方法不但影响原生质体培养起始的培养密度，而且影响原生质体的活力与细胞分裂及其分化和植株再生能力。例如，新疆甜瓜子叶原生质体的培养方法不同，可使其植板率相差3～5倍之多(表7-2)。从表 7-2 中可知，琼脂糖珠培养(agarose bead culture)与 B_6S_3(一种烟草冠瘿瘤细胞)看护培养相结合是最好的培养方法，细胞分裂早，植板率高。水稻原生质体(Nipponbare 和 Taipei309)与看护细胞(OC 细胞，最适浓度为 100mg/5ml)共培养时可使其植板率分别从 0 和 0.7%提高到 13.7%和 17.3%(Li et al.，1990)。

表 7-2　培养方法对新疆甜瓜子叶原生质体细胞分裂的影响(Li et al.，1990)

培养方法	首次分裂	第二次分裂	细胞团形成(天)	愈伤组织形成(天)	植板率(%)
薄液层	5	7	10	30～40	16
双层培养	4	6	9	3～35	46
琼脂糖珠滴+B_6S_3	4	5	7	10～12	78

有些原生质体，如黄檗 (*Phellodendron amurense*)叶肉细胞的原生质体，在液体培养基中形成相对少的细胞团(克隆)是由通气和光线的不足所致(Azad et al.，2006)，或是从培养物中释放毒物的结果(Duquenne et al.，2007)。半透膜可改善氧气的供给(Niedz，2006)，采用基于聚二甲基硅氧烷微流道(microfluidic channel)培养可以陆续补充培养基养分(Ko et al.，2006)，这些方法都可显著增加原生质体的植株再生效率。研究者通常都认为海藻酸盐(alginate)或琼脂糖包埋培养有利于原生质体的植株再生。通用的菊苣属(*Cichorium*)原生质体的培养是采用琼脂糖包埋珠进行的(Deryckere et al.，2012)。这些采用琼脂糖珠、圆片、层、薄层或超薄膜的包埋培养的方法也已用于其他植物的原生质体的培养(Pati et al.，2005；Rakosy-Tican et al.，2007；Kietkowska and Adamus，2012)。包埋培养的主要优点是比较容易恢复培养物的活力，也可以将原生质体微愈伤组织(micro callus)的发育和微生物感染的负面作用降至最低。当采用琼脂糖圆片包埋培养时，在其边缘的原生质体可有更高的分裂速率(Rakosy-Tican et al.，2007)。而采用薄层基质培养，原生质体的植板率较高(Pati et al.，2005)。采用海藻酸盐/原生质体悬浮培养，在其聚合化之前进行旋转培养可使其薄层的厚度增加(Grzebelus et al.，2012a)。此外，原生质体包埋剂的类型也影响最后的实验结果，这可能是与其基因型、渗透性、温度、培养体系或通气状态相互作用的结果(Prange et al.，2010a；Kietkowska and Adamus，2012)。此外，原生质体的集聚可使供氧量减少，从而避免了原生质体的褐化(Pati et al.，2008；Lian et al.，2011)。另外，包埋培养可使渗透压稳定变化而不是呈阶梯式(跳跃)变化(Kanwar et al.，2009)。原生质体包埋培养的另一个优点可能是在首次胞质分裂前改善信号转导。在植物已脱分化的细胞进入细胞分裂之前，液泡以一种复杂的式样发育，由此可通过更好地进行细胞核定位来促进细胞分裂(Sheahan et al.，2007)。细胞骨架可以和核的定位相互作用，从而控制参与细胞壁合成的分子的激活和释放。随即新的细胞极诱导细胞的形成，而细胞极的形成则要求动态肌动蛋白丝的作用(Zaban et al.，2013)。Briere 等(2004)认为被琼脂糖所包埋的原生质体，其肌动蛋白微丝网络参与了这一信号转导过程，使之形成极性并决定胚状体的发育命运。除了培养方法的改进外，进一步了解原生质体培养过程中的氧气缺乏的原因，将有利于原生质体培养的突破(这一内容也参见 7.4.6.2 人造氧气载体)。

7.4.4.2　培养密度

与细胞培养一样，开始培养的原生质体的密度对植板率有极大影响。原生质体只有达到某一培养密度才有可能进入分裂。例如，大豆子叶的原生质体，从分裂频率和产生愈伤组织的情况来看，最适的培养密度为 1×10^5 个/ml 左右，当密度达到 5×10^5 个/ml 时，原生质体的分裂便受到明显抑制，原生质体逐渐破碎、解体，最终很难得到愈伤组织。当密度较低时(0.5×10^5 个/ml)，同样不利于快速得到愈伤组织(吕慧能等，1993)。

这个密度可因供体材料、物种及其基因型不同而有所差别。一般培养密度在 10^4～10^5 个/ml，有时甚至还可低一点，如北美红栎(*Quercus rubra*)根组织的原生质体，其最适培养密度为 $7×10^3$ 个/ml(Brison and Lamant，1990)，在上述的密度下，各个原生质体极易相互生长在一起，从而形成原生质体细胞群落。若原生质体具有不同的遗传背景，也容易融合成为嵌合体。在实践中，有时需要获得单个原生质体的细胞克隆，因此要进行低密度培养。这方面的研究主要是通过设计合适的培养基成分和发展新的培养方法，使原生质体在低密度下能成功地生长和分化。现可在每毫升仅几个原生质体的低密度下获得分裂的原生质体，也有单个原生质体培养成功的例子。

游离的原生质体或单个细胞在低密度下失去分裂能力的原因并不是细胞本身特性的改变，而是缺少某些刺激物质。Kao 和 Michayluk(1975)首次利用 8P(KM8P)培养基使一种野豌豆属植物(*Vicia hajastana*)的原生质体在低密度下成功再生细胞壁、持续分裂并形成愈伤组织。在 8P 培养基上，苜蓿、豌豆和蚕豆等叶肉细胞原生质体的细胞分裂速度在低密度下比高密度下还要快。8P 培养基也成功应用于马铃薯叶肉原生质体和马铃薯×番茄融合物的培养。不过 8P 培养基的使用必须在黑暗或暗淡光线下(50lx)进行，强光可使它产生毒性物质。进行低密度原生质体培养的另一途径是改变培养方法，如前所述的滋养层或看护(nurse culture)培养技术，以及共培养法等。这样可利用一种细胞分泌的产物促进目的原生质体的分裂、分化与发育。例如，烟草原生质体的培养密度若低于 10^4 个/ml，则不能分裂分化，但采用滋养层培养技术可使其在 10～100 个/ml 的低密度下培养(其滋养层细胞的密度可为 $2.4×10^4$ 个/ml)。共培养法只适用于可互为滋养者的原生质体，用柑橘和烟草自身的原生质体比用其他植物的原生质体作为滋养层更有效。

微量培养法(microculture)可用于原生质体低密度培养。该法是将培养基的体积尽可能降至最小，使单个或数个原生质体在其中生长分化。例如，Gleba 和 Sytnik(1984)将游离的烟草叶肉原生质体首先以 $4×10^4$ 个/ml 的密度培养，然后再将单个原生质体放在不同体积的微滴中继续培养。在体积仅为 0.25～0.5μl 的微滴中，细胞分裂的频率与正常密度生长的没有显著差别。在这样的微滴中，其培养密度相当于 $2×10^3$～$4×10^3$ 个/ml 培养液。这些单个原生质体在 2～3 周可在微滴中形成小的细胞团。该法已成功地应用于光烟草×大豆(*Nicotiana glauca*×*Glycine max*)和拟南芥×油菜(*Arabidopsis thaliana*×*Brassica campestris*)杂种细胞的培养。

此外，研究还发现培养密度与培养基中的生长素浓度呈某种相关性，即培养之初需较高生长素浓度和较高的培养密度，随后降低生长素浓度，可进行低密度的培养。利用这一特性，先将车轴草属植物 *Trifolium arvense* 的原生质体在 2.0mg/L 的 2,4-D 浓度下培养 4 天，其密度为 $5×10^5$ 个/ml；随后将它们转移到 0.1mg/L 的 2,4-D 中培养，其密度为 15 个/ml，植板率达 60%(White and Bhojwani，1981)。

7.4.5 培养基营养成分

培养基成分是影响成活的原生质体生长发育的重要因素，不同来源的原生质体对培养基成分的要求不同。原生质体的基本培养基通常是在分离原生质体的材料的细胞悬浮培养基的基础上发展而来的。最常用的培养基包括 MS(Murashige and Skoog，1962)、B_5(Gamborg et al.，1968)、KM8P(Kao and Michayluk，1975)和 NT(Nagata and Takebe，1971)。NT 是由 B_5 和 MS 培养基改良而成的。本节讨论的是主要的营养成分对原生质体培养的影响，有关的植物生长调节物质及一些培养基的附加物的作用将另节分别叙述。

7.4.5.1 无机盐成分

研究表明，无机氮离子对原生质体培养有较大的影响，在 B_5 中加入 20mmol/L NH_4NO_3 可减少野豌豆属的一种植物(*Vicia hajastana*)和无芒雀麦(*Bromus inermis*)的原生质体的分裂频率(Kao et al.，1973)。NH_4^+的这种对原生质体分裂的有害作用也在烟草、马铃薯和番茄的叶肉原生质体培养中观察到，除去 MS 培养基中的硫酸铵、氯化铵，而代之以硝酸钾，可减少 NH_4^+而增加 NO_3^-，使小麦原生质体培养初期的植板率明显增加(孙宝林等，1990)。高浓度的铵盐也抑制水稻原生质体的生长(Yamada et al.，1986)。5 种培养基对水稻原生质体活力和细胞分裂分化影响的实验表明，General 培养基效果最好，这可能是因为该培养基含较低的铵盐(3.5mmol/L)，并且只有 $NH_4H_2PO_4$ 提供铵基氮和磷元素(Li and Murai，1990)。

因此，有的研究者用有机氮源(谷氨酰胺和丝氨酸)代替培养基中的 NH_4NO_3。为了保证植物细胞的生长，培养基中一般都应有 20～30mmol/L 的硝酸盐和钾盐，加一些有机酸如琥珀酸可降低铵盐的毒性并有益于细胞利用铵盐。

N_6 和 D_2 培养基(Li，1981)也是不含 NH_4^+ 而含有大量 NO_3^-，因而两者都可以取代成分复杂的 KM8P 培养基进行水稻的原生质体培养。但到原生质体发育的中后期，体细胞大量增殖及营养个体发育时，则又需要逐渐增加 NH_4^+ 而减少 NO_3^-。在原生质体初期培养到后期分化植株的过程中，培养基中的 NH_4^+/NO_3^- 值大多数由低到高，但是也有研究表明，培养基中含有适量的 NH_4^+ 对原生质体的培养有益。例如，在番茄幼苗第一对真叶的原生质体培养时，需要 5mmol/L NH_4NO_3 (Bellini et al.，1990)。在培养基中加入 10mmol/L NH_4NO_3 时，马铃薯原生质体的植板率要比只加少量硝酸盐时高(Masson et al.，1987)。

$CaCl_2$ 对原生质体培养的作用也为研究者所重视，在 B_5 培养基上加 1mmol/L $CaCl_2$ 可以提高 *Vicia hajastana* 和无芒雀麦原生质体分裂的频率(Kao et al.，1973)。在培养基中加入 40mmol/L $CaCl_2$ 可以改善番茄幼苗第一对真叶原生质体的植板率(Bellini et al.，1990)。研究者认为这可能是因为钙离子与原生质体膜结合而使膜稳定。当原生质体细胞壁再生和分裂开始之后，采用通常的植物细胞培养基成分就足以使其继续生长和分化。

7.4.5.2 碳源

葡萄糖被认为是一种较好的碳源，植物细胞常在葡萄糖和蔗糖相结合的培养基上生长良好，但单独使用蔗糖可能对原生质体并非完全合适。在一些培养基中(如 KM8P)含有 1～3mmol/L 核糖或其他的五碳糖作为补充碳源。如用葡萄糖代替甘露醇，可显著地提高番茄原生质体的植板率，如用蔗糖，其最适浓度为 60g/L (Bellini et al.，1990)。用肌醇作为渗透调节剂可以维持原生质体的稳定性，肌醇与其他渗透调节剂的作用不同。用 ^3H 标记的肌醇跟踪其在长春花(*Catharanthus roseus*)细胞中的代谢，研究者发现分别在脂类中有 5%、在细胞壁的多聚物中有 2%、在肌醇磷酸盐中有 1%的放射性。剩余的放射活性都是在不代谢的肌醇之中。通过番茄原生质体培养也发现保温 16h 之后，相当数量的肌醇累积在番茄细胞中，一部分肌醇形成磷脂酰肌醇，这个化合物是膜的组成成分，这可能是肌醇有利于维持原生质体稳定性的原因之一。从已报道的结果看，肌醇对番茄原生质体的培养非常重要，在不同的培养基上所加浓度都高于 1g/L (Bellini et al.，1990)。肌醇也可提高马铃薯原生质体的分裂活性。

7.4.5.3 维生素类、有机添加物和抗生素

标准的植物组织培养基的维生素成分可满足原生质体培养时的需要，植物细胞生长需要的硫胺素、烟酸和吡哆胺则可促进原生质体的生长。如果原生质体是以低密度培养，则要求另加一些维生素如生物素、核黄素和维生素 C 等。在培养基中加入 0.01%～0.25%酪蛋白氨基酸(不含维生素)或酪蛋白的酶水解产物，可促进原生质体的细胞分裂。而加 1～5mmol/L 谷氨酰胺和 1%～5% (*V/V*) 椰子汁则对原生质体的存活和生长有益。

有些抗生素也可促进原生质体及其衍生细胞的分裂(Lowe et al.，2001)。例如，在培养基中加入 250μg/ml 头孢菌素类抗生素(头孢噻肟)可促进木本植物紫果西番莲(*Passiflora edulis*)幼苗叶片原生质体及其所形成的细胞克隆的细胞分裂(d'Utra Vaz et al.，1993)。研究表明，环丙沙星(ciprofloxacin)也可促进葱属植物 *Allium longicuspis* 愈伤组织原生质体的细胞分裂，其首次细胞分裂可在培养的 2～6 天后发生，而对照的(未加抗生素)则最少在培养后 10 天才出现细胞分裂(Fellner，1995)。尽管已知头孢霉素(cefotaxime)可在培养时被代谢成生长调节物质，但关于这种抗生素对原生质体培养及其细胞分裂的具体作用机制有待深入的研究。

7.4.5.4 渗透压稳定剂

游离的原生质体在它们尚未再生出强有力的细胞壁之前，需要保持渗透压平衡以保护其质膜不被破

坏。一般都使用甘露醇和山梨醇（500～600mmol/L）作为渗透压稳定剂。已发现在谷物、豌豆的叶肉组织原生质体的培养基中用葡萄糖和蔗糖并不能代替甘露醇或山梨醇作为渗透压稳定剂，但有的研究者认为使用葡萄糖比其他物质更有益（Evans et al.，1980）。蔗糖通常可作为马铃薯、甘薯（*Dioscorea esculenta*）和木薯（*Manihot esculenta*）原生质体培养基中的渗透压稳定剂。一般都不使用无机盐作为渗透压稳定剂，因为它们会抑制细胞壁的再生，以致丧失正常的有丝分裂能力。有活力的原生质体在开始培养 7～10 天后，都可再生细胞壁，并有少数细胞分裂。此时应更换新鲜培养基（不含或含很低浓度的渗透压稳定剂），使其渗透压摩尔浓度逐步降低。如果仍维持原来的渗透压，将会使原生质体细胞分裂停止。

7.4.6 培养基的其他添加物

7.4.6.1 表面活性剂

研究表明，非离子型的表面活性剂，特别是市售的共聚化合物 Pluronics，可作为一种无毒且价格低廉的细胞保护剂而加入培养基中；其中 Pluronic® F-68 是聚氧乙烯-聚氧丙烯共聚物（polyoxyethylene-polyoxypropylene copolymer），已广泛应用于动物和植物细胞培养（Lowe et al.，2001）。例如，在原生质体培养基中加入 0.1%（*m/V*）的 Pluronic® F-68 可使欧白英（*Solanum dulcamara*）原生质体的植板率与对照相比增加 26%（Kumar et al.，1992）。类似的效应也可在其他的几个植物品种（包括从超低温贮存恢复后的品种）的原生质体培养中观察到。对此，Lowe 等（2001）认为 Pluronic® F-68 可能通过促进营养成分、生长调节物质和氧的吸收而发挥促进细胞生长与分化的作用。

7.4.6.2 人造氧气载体

研究表明，原生质体培养环境中的 O_2 和 CO_2 浓度不能与空气中相应浓度（*V/V*）（O_2 浓度约为 21%，CO_2 浓度约为 0.03%）相差太远。保障足够和持续的供氧对于维持原生质体的活力及其衍生细胞的分裂是非常重要的，对此，研究者曾作过许多研究和探索，其中包括在原生质体培养基中加入人造氧载体，如全氟化碳液体（perfluorocarbon liquid，PFC）和血红蛋白（hemoglobin，Hb）溶液。全氟化碳液体是化学不活泼的物质，但有很高的气溶性，它们是由氟线性取代的线形、环状或多环状碳氢化合物，其化学性质非常稳定（Alayash，2004），PFC 不能溶解在水溶液中，在水溶液中形成稳定的两相交界面。这些溶液可独特地溶解或吸收大量的 O_2 和 CO_2 以及非极性的气体。这些物质对气体的溶解性顺序由大至小为：$CO_2 \gg O_2 > N_2 > H_2 > He$。PFC 已用于气体调节以改善微生物和动物细胞的生长（Lowe et al.，1998）。研究已证实，在培养基添加氟碳聚合物（fluorocarbon polymer）有利于植物和动物细胞培养，也可阻止乙烯的累积（Lakshmanan et al.，1997）。PFC 作为培养基的添加物也对植物原生质体的培养有效。例如，碧冬茄（*Petunia hybrida*）悬浮细胞的原生质体（培养密度为 2×10^5 个/ml）悬浮培养于螺旋盖瓶中（30ml 容量），瓶盖中含有 2ml 培养基和 6ml PFC（对照不加 PFC），PFC 充分吸收氧气（10mbar①）15min。为了获得用于培养原生质体的稳定的 PFC 与培养基的交界面，PFC 溶液层必须保持在 5mm。此时，原生质体培养于培养基和含氧充足的全氟萘烷（$C_{10}F_{18}$；*Flutec*® PP6，F2 Fluorochemicals，Preston，UK）的交界层上，这一培养条件使原生质体的起始平均植板率（以测定有丝分裂早期阶段为指标）增加了 37%。

同时，培养基中添加 0.01%（重量/体积）非离子型的表面活性剂 Pluronic® F-68，与对照相比，可使原生质体的植板率增加 50%，与充分通氧气的 PFC 一起使用略呈现协同的作用。饱含氧气的 PFC 可作为培养基中的氧气贮库，在培养过程中向培养基和细胞之间释放氧气，这一培养基和 PFC 之间的两相培养体系可显著地促进原生质体的生长（Anthony et al.，1994a，1994b）。

如前所述，在培养基中加入玻璃棒可促进木薯叶原生质体的分裂，如果再结合在液体和半固体之间加入饱吸氧气的全氟萘烷（perfluorodecalin）组成三层的培养体系，所培养的原生质体的生长将会被进一步促进（Anthony et al.，1995）。研究表明，饱吸氧气的全氟萘烷也可使粳稻（Japonica rice）品种 Taipei309 悬浮培养

---

① $1bar=10^5Pa$

细胞的原生质体的植板率增加 5 倍。这一促进作用可在整个培养过程持续，使原生质体的不定苗再生率提高了 12%。同时，PFC 在长期培养过程中无毒害作用。在这种环境下培养的原生质体再生植株与其种子萌发的植株在育性及其形态上都相同(Wardrop et al.，1996)。充分吸氧的 PFC 也可使西番莲(*Passiflora edulis* 和 *P. giberti*)电融合的原生质体的植板率提高 60%以上(Wardrop et al.，1997)。水稻电融合的原生质体在加充分吸氧的 PFC 的培养基中培养时，其不定苗的再生率可提高 2 倍。尽管 PFC 价格较高，但可用反复使用。与之相比，血红蛋白溶液价格较低，但其有效期仅 1～2 年。这两个氧气载体都可用于改善原生质体培养时的细胞生长及其植株再生，特别是对顽拗型品种的原生质体的培养来说值得一试(Davey et al.，2005)。

7.4.6.3　血红蛋白溶液

已知豆血红蛋白(leghemoglobin)与固氮的根瘤菌相关(Hunt et al.，2001)。血红蛋白也存在于不固氮的单、双子叶植物中(Sowa et al.，1999)，但对其功能目前尚不十分清楚。每个血红蛋白分子可与 4 个氧分子结合。对血红蛋白结构可进行化学修饰(Lowe，2003)。一般来说，作为一种人造的氧气载体，血红蛋白在动、植物和微生物培养体系中尚未得到足够的关注。培养基加 1∶50(*V*/*V*)商业用的血红蛋白溶液 Erythrogen™(Biorelease，Salem，USA)可使碧冬茄(*Petunia hybrida*)原生质体植板率的增加率高于 60%(Anthony et al.，1997a，1997b)。值得留意的是，在含有血红蛋白溶液 Erythrogen™的培养基上添加 0.01%(重量/体积)的表面活性剂 Pluronic® F-68 可比对照的植板率高 92%。将这些方法应用于谷物的原生质体培养也同样可收到好的效果。例如，粳稻品种台北 309 的悬浮培养细胞的原生质体以接种密度为 0.5×10^6 个/ml 悬浮培养于液体培养基中，然后在硝酸纤维素过滤膜上加 200μl 该原生质体悬浮液，将此滤膜置于 5ml 琼脂糖半固化的培养皿上，这一半固化培养基含有看护细胞[以多花黑麦草(*Lolium multiflorum*)细胞为看护细胞](Azhakanandam et al.，1997)；在这种培养条件下，如在上述的水稻原生质体培养基中加 1∶50(体积比)的血红蛋白溶液 Erythrogen™可促进其细胞分裂。正如在含氧的 PFC 中培养那样，如果将水稻原生质体培养于含有血红蛋白溶液的培养基中，其不定苗再生率可增加 2 倍(Wardrop et al.，1996)。同时这些再生植株的分蘖也更显著。Al-Forkan 等(2002)采用同样的实验体系，只是以黑麦草属(*Lolium*)细胞为看护细胞并加 1∶200(体积比)血红蛋白溶液，结果再次证实，血红蛋白溶液也可促进籼稻品种(Binni 和 BR26)悬浮培养原生质体的细胞进行有丝分裂，并增加其再生植株的分蘖。还有，马铃薯(Desiree 品种)悬浮培养的原生质体的细胞分裂也可为在半固化的琼脂糖液滴培养基包埋的原生质体中加血红蛋白溶液 Erythrogen™所促进(Power et al.，2003)。总之，这些研究结果都表明在相应的培养基中添加低浓度的血红蛋白溶液可促进单子叶和双子叶植物原生质体的生长。此外，研究也发现甜菜(*Beta vulgaris*)的叶肉细胞原生质体培养时，在加入 100nmol/L 的植物硫酸肽(phytosulfokine)的培养基中其植板率显著增加。植物磺肽素是一种肽类生长因子，具有抗氧化剂的作用，但也可能具有滋养细胞的效应(Grzebelus et al.，2012b)，在培养基中补充阿拉伯半乳聚糖蛋白(arabinogalactan protein)提取物可改善从愈伤组织分离的原生质体的器官发生(Wisniewska and Majewska-Sawka，2007)。半乳葡萄甘露聚糖(galactoglucomannan)的衍生物寡聚糖是植物细胞伸长和分化的一种信号转导分子，这些分子对原生质体的活力和分化都有正面的影响(Kákoniová et al.，2010)。

7.4.7　植物生长调节物质

植物激素浓度及其结合使用显然对原生质体培养及其植株再生起着重要的作用，对此已有相关综述(Pasternak et al.，2000；Eeckhaut et al.，2013)。生长素和细胞分裂素对于原生质体的生长是基本的要求。

7.4.7.1　细胞分裂素和生长素

在原生质体培养过程中一般是需要植物激素的，特别是生长素和细胞分裂素(CK)。诱导原生质体分裂所需的生长素和 CK 的种类及比例因植物的种类、基因型及用于分离原生质体的材料的不同而异。例如，对于胡萝卜和拟南芥的原生质体的培养仅要求生长素(Dovzhenko et al.，2003)；相反，生长素和 CK 对于柑橘属原生质体的生长有害(Vardi et al.，1982)。基因型 3672 黄瓜子叶的原生质体在 21 天培养中最迅速形成愈伤组织所要求的激素是2,4-D和BA结合使用，其比值为0.4，即2,4-D∶BA=1.0∶2.5(μmol/L)；而叶肉原生质体最快形成愈伤组织则要求它们的比值为1，即2,4-D∶BA=5.0∶5.0(μmol/L)。但基因型3676黄瓜叶肉细胞的原生质体培养12天最快形成愈伤组织却要求NAA和BA结合使用，其比值为1，即NAA∶BA＝5.0∶5.0(μmol/L)(Punja et al.，1990)。

碧冬茄(*Petunia hybrida*)原生质体的相对植板率(形成微克隆时最初的数量与其形成愈伤组织的数量的相对值)明显地取决于培养基中生长素和CK的浓度，其最适浓度分别为0.25～10μmol/L(BA)和0.05～1.0μmol/L(NAA)。此时，其相对植板率分别为30%和50%。当NAA和BA浓度高于1μmol/L时，其相对植板率急剧降低(Renaudin et al.，1990)。若分离原生质体的材料是活跃生长的培养细胞，则可能要求较高的生长素与激动素(KT)的比值，以适应其原生质体的分裂。如果分离原生质体的材料为已高度分化的组织，如叶肉细胞，则要求较高的激动素与生长素的比值，以利于它们的脱分化。诱导谷物原生质体的体细胞胚发生一般都需要加2,4-D(2mg/L左右)，然而在第二阶段促使体细胞胚发育时就要减少2,4-D的含量(0.5mg/L左右)并附加KT，如仍保持高水平的2,4-D，则往往使原生质体培养失败。在体细胞胚发育的成熟阶段，就必须完全除去或减少2,4-D，而增加CK，如BA、KT和玉米素等。有些实验还要附加NAA、ABA、Dicamba。

比较难以再生的顽拗型和可再生的基因型的原生质体不同再生阶段的细胞内激素水平的色谱(LC-HRMS和LCMS/MS)分析表明，合适时间的外源激素的处理与控制这些激素的代谢密切相关，现在也可用高通量生物测定(high throughput bioassay)去发现那些具有细胞分裂活性潜能的新型分子，如苯基腺嘌呤(phenyl adenine)，这些物质将有助于传统上采用细胞分裂素难以诱导其不定苗再生的植物的器官发生(Motte et al.，2013)。有些研究者在原生质体培养过程中除了加入植物生长调节物质之外，还加入小牛血清、蜂王浆、活性炭、脯氨酸、硝酸银、阿司匹林等。植物凝集素，如伴刀豆球蛋白A，可诱导豌豆、胡萝卜和烟草原生质体的细胞分裂。研究者通过对拟南芥细胞学和分子生物学的研究发现，存在于脊椎动物的心房钠尿肽(atrial natriuretic peptide)是一种新类型的受体，也可能对植物的生长起作用(Morse et al.，2004)。遗憾的是，上述的方法多属经验之谈，至于其作用实质和机制的了解很少。

7.4.7.2　多胺

多胺不但参与植物生长和发育的调控，也涉及植物对逆境的反应。常见的多胺为腐胺(putrescine，Put)、亚精胺(spermidine，Spd)和精胺(spermine，Spm)(常见多胺的结构和合成参见第3章的3.3.3.5部分)。在分离原生质体的过程中，特别是不具有全能性的原生质体，可见Put水平增加(Papadakis et al.，2005)，细胞内的多胺水平及其代谢可能参与原生质体全能性的表达。Rakosy-Tican等(2007)认为Spd可刺激原生质体的有丝分裂，降低逆境的影响。多胺可通过调节DNA复制、转录、翻译、细胞分裂和细胞分化而影响植物细胞形态发生；还可作为培养物中的一种碳源和氮源的贮藏形式(Kakkar et al.，2000)。多胺(Put、Spm和Spd)可以延缓原生质体的衰老，促进原生质体分裂和细胞克隆的形成。例如，Spm和Spd可促进禾谷类原生质体的分裂(Kaur-Sawhney et al.，1980)，Put前体L-精氨酸能够延缓燕麦叶肉细胞原生质体的衰老(Altman et al.，1977)。二倍体甜菜的细胞质雄性不育和雄性可育的叶原生质体所形成的愈伤组织在含Put的培养基中可形成新细胞壁，并进行持续的细胞分裂(Jazdzewska et al.，2000)。在乌头叶豇豆(*Vigna aconifolia*)叶肉原生质体分裂和以后的植株再生过程中，游离态和结合态的Put与Spd的含量增加，而由腐胺合成亚精胺的抑制剂α-二氟甲基精氨酸(α-difluoromethyl arginine，DFMA)、α-二氟甲基鸟氨酸(α-difluoromethyl ornithine，DFMO)和环己胺(cyclohexylamine，CHA)可抑制乌头叶豇豆原生质体的细胞分裂达30%(Davey et al.，2005)。已证实，Spd和Spm可以促进燕麦叶肉原生质体DNA的合成与有丝分裂。多胺合成抑制剂DFMA、DFMO或CHA能抑制碧冬茄叶肉原生质体的分裂及其以后的分化，而Put和Spd能够部分解除这一抑制作用。这表明多胺参与原生质体有丝分裂和细胞分化(Kaur-Sawhney et al.，1980)。

7.4.7.3　乙烯及其相关的化合物

用酶解法游离烟草叶片的原生质体时，其过量的乙烯形成(30nl/g 叶片鲜重)与其过低的原生质体存活率相关(分离 20h 后，存活率低于 60%)。研究者认为乙烯的释放可以作为原生质体群体存活的预测指标(Cassells et al.，1980)。单倍体烟草叶片比二倍体叶片较易分离出原生质体，但前者的原生质体细胞分裂能力较低，这与其有较高的乙烯释放能力相关(Facciotti and Pilet，1981)。当马铃薯组织培养的不定苗在含有乙烯作用部位抑制剂硫代硫酸银(silver thiosulfate，STS)(2μg/ml)的培养基中预培养时，可明显地提高每个苗的原生质体的产率，比对照多 8 倍。这可能是由于 STS 促进了苗的生长(与对照相比，增加了 2.5 倍)，并抑制了原生质体酶解分离过程中的乙烯生成；STS 的处理对此后的原生质体分裂和植板率影响不大，却对 PEG 处理过的原生质体微愈伤组织的形成能力有很大的促进作用。此外，当通过 PEG 法将带有氯霉素乙酰转移酶(CAT)报告基因的质粒转入原生质体时，STS 处理可明显地促进该报告基因的瞬时表达(Mussell et al.，1986)。燕麦叶片在酶解分离原生质体时所产生的乙烯量与叶片年龄有很大关系，生理成熟的叶片(生长 8～9 天的幼苗叶片)所形成的乙烯量最低，其原生质体的得率较高。年幼和衰老的叶片所产生的乙烯量远高于上述成熟叶片产生的乙烯，而从中分离的原生质体得率也较低。游离原生质体时，叶细胞的质壁分离程度也影响乙烯释放，实验表明，在 0.4～0.6mol/L 的甘露醇浓度中，0.55mol/L 甘露醇浓度下产生的乙烯最少，其原生质体的得率也最高。如果在未发生或不充分发生质壁分离的情况下，用解壁酶分离原生质体，可引起细胞严重损伤，甚至杀死细胞，此时产生的乙烯也最多。在不含解壁酶混合液的情况下，甘露醇的加入可引起部分或全部细胞的质壁分离，因此也会诱导其产生乙烯，这一现象也见于玉米叶片原生质体分离。在原生质体分离之前用乙烯作用部位竞争抑制剂 2,5-降冰片二烯(2,5-norbornadiene，2,5-NBD)处理燕麦幼苗，可减少原生质体分离时的乙烯生成，原生质体的得率也有所提高。总体看来，尽管燕麦叶片酶解分离原生质体的环境条件对此时的乙烯释放有一些影响，但这种乙烯释放量并不与原生质体的产量变化有平行的关系。通过适当地选择解壁酶、渗透调节剂及其供体材料的生理年龄等，可获得最佳的原生质体的得率，而不引起过量的乙烯产生(Mussell et al.，1986)。

7.4.8　电激和热激处理

有的研究还发现，微弱的电刺激、磁性、热激等物理因素对再生植株有促进作用。例如，烟草愈伤组织经弱电流处理数天，可刺激其生长和苗的再生，与此同时，研究也发现弱电流可促进生长素在组织中的极性运输。10^{-6}s 和 10^{-3}s 的高压脉冲处理也影响真核生物细胞的生理活性，这可能是通过诱导质膜的微孔形成来完成。通过这种“电极”处理可以增加膜的透性，因此为引入外源的大分子，如 DNA、质粒等提供了“方便之门”。有趣的是，这种电激操作也能促进原生质体本身的细胞分裂和克隆体的形成(Rech et al.，1987)。利用欧白英(*Solanum dulcamara*)叶外植体诱导的愈伤组织可建立其悬浮细胞培养体系，用 250～1250V/cm 的 3 次连续电脉冲处理(每次处理 10～50μs)可促进从这些悬浮细胞所分离的原生质体的生长，其中 500V 电脉冲处理 30μs 效果最好，使原生质体所产生的微愈伤组织的鲜重比对照增加了近 8 倍。电脉冲处理还可刺激原生质体所形成的愈伤组织的不定芽再生，缩短其器官发生的时间。电脉冲处理不但可增加该组织形成不定芽的数目，还可影响其形态特征，使所形成的芽显得较为紧密，在愈伤组织表面聚集成团，在转入无激素的 MS 培养基上可形成正常的不定苗(Chand et al.，1988)。像这样的电脉冲处理还可促进一种大豆属植物(*Glycine canescens*)、欧洲甜樱桃×樱桃(*Prunus avium*×*P. pseudocerasus*)、西洋梨(*Pyrus communis*)、毛果茄(*Solanum viarum*)原生质体的细胞分离及其克隆体的形成，这与增加其对细胞分裂素和生长素的透性有关。电冲处理后分别使烟草、胡萝卜和甜菜原生质体的蛋白质合成增加了 18%、41%和 240%。在甜菜外植体中，48kDa 的蛋白质增加最为明显。电脉冲处理也促进原生质体的 DNA 合成，如使欧洲甜樱桃×樱桃的杂种和欧白英的原生质体的 DNA 合成增加 4 倍(Rech et al.，1987)。

热激可促进水稻和狼尾草属植物(*Pennisetum squalatum*)原生质体的生长及分裂，热激(45℃，5min)可使后者的原生质体直径增加 10%～13%。电激或热激使 *Pennisetum squalatum* 原生质体培养 4 天便进入细胞分裂，而对照则需 5～7 天。培养 10 天后，经热激或电激处理的原生质体的分裂频率约为对照的 2 倍。在 2.0×10^5～3.0×10^5 个/ml 的培养密度下经热激或电激处理的原生质体，其克隆体的形成比对照增加 2～3 倍(Gupta et al.，1988)。

7.5　原生质体融合与体细胞杂交

由于植物细胞壁阻碍植物细胞的融合，因此去壁后的原生质体便可自然融合。一般原生质体可发生两种融合：自发融合(spontaneous fusion)和诱导融合。理论上，植物细胞与动物细胞的原生质体也可能发生融合，因此，原生质体融合存在广阔的应用潜力。二倍体体细胞融合可产生四倍体杂种(细胞核融合)，此时，一个核中含有两个不同亲本染色体的原生质体融合(体细胞杂交)的产物称合核体(synkaryon)；基因型相同的细胞形成的融合细胞称为同核体(homokaryon)，基因型不同的则称为异核体(heterokaryon)。

酶解细胞壁时一些相邻的细胞可能自发融合形成同核体，一个同核体可含有 2～40 个同质核，这类原生质体的融合称为自发融合。由分裂能力较强的培养细胞制备的原生质体形成多核体的频率较高。例如，在玉米胚乳愈伤组织细胞和玉米胚悬浮培养细胞所制备的原生质体中，其可融合成同质多核体的频率可达 50%。分离原生质体的一系列手段或将母体材料在加入酶液之前采用高强度的质壁分离的溶液处理，将会切断原生质体之间的胞间连丝，因此可降低自发融合的频率。

原生质体除自发融合之外，更重要的特点是可以用不同方法进行诱导融合。诱导融合常常需要一种合适的融合剂。已被实验过的融合剂有 $NaNO_3$、人工海水、溶菌酶(lysozyme)、病毒、明胶、高 pH 和高浓度钙离子、聚乙二醇(PEG)、抗体、植物凝集素、伴刀豆球蛋白 A、聚乙烯醇等，有的融合采用电融合和机械性诱导融合等(Grosser et al.，2010；孙宇涵等，2016)。

7.5.1　原生质体融合的方法

7.5.1.1　高浓度钙离子和高 pH 诱导法

两个原生质体的物理接触是它们融合的基本前提条件，原生质体难以融合通常有两个主要原因：①它们的膜表面都带净正电荷，因而相互排斥；②原生质体表面的亲水性使其难以去除水分子，也使原生质体之间产生排斥力。相关研究发现，带正电荷的离子可减少原生质体膜上的净负电荷，从而可显著降低原生质体之间的排斥力。Keller 和 Melchers(1973)发现，钙离子可起这一正电荷离子的作用，因而设计了这一高浓度钙离子和高 pH 溶液中原生质体融合的方法，后来由 Melcher 和 Labib(1974)做了修改，这一融合方法包括几个步骤：将从两亲本中新分离的原生质体以 1∶1 相混合，使之最终的密度达到每毫升 2.5×10^5 个原生质体。融合后，离心(50*g* 3～5min)移去上清液，收集离心沉淀部分的原生质体，加 2ml 缓冲液使融合混合物溶液中含 50mmol/L $CaCl_2\cdot2H_2O$、50mmol/L 甘氨酸-NaOH 缓冲液和 400mmol/L 甘露醇，并将该混合液的 pH 调至 10.5，通过轻轻摇荡离心管而使融合混合物重新悬浮，再离心(50*g* 3～5min)，沉淀的原生质体连同离心管在 37℃水浴中保温 10～30min，融合产物再用清洗培养液洗涤，清洗培养液内含 600mmol/L 甘露醇和 50mmol/L $CaCl_2\cdot2H_2O$；然后使融合的原生质体放置 30min，再以清洗培养液清洗两次。所留下的原生质体融合产物再次在培养液中悬浮，此时在显微镜下可见已融合的原生质体产物，这些产物经过适当的筛选后，便可在适合培养基中培养生长及再生植株(Tomar and Dantu，2010)。

7.5.1.2　PEG 诱导融合

Kao 和 Michayluk(1974)设计了采用聚乙二醇(polyethylene glycol，PEG)诱导原生质体融合的方法。这一方法比高浓度钙离子和高 pH 的诱导融合显得更为有效。PEG 分子的极性类似于膜磷脂分子，可与膜蛋白结合。在两个原生质体间连接的 PEG 被除去时，其连接处的膜将断裂，使两个相邻的原生质体即从此处开始融合。以下是 PEG 诱导原生质体融合的步骤(Tomar and Dantu，2010)。

(1)将新分离(即仍在解壁酶溶液的原生质体)的两个亲本的原生质体以1∶1的比例混合。混合液通过62μm孔径的滤膜过滤并将滤液收集于离心管中，旋紧管盖，以50*g*离心60min，沉淀原生质体，用移液枪吸除上清液，以10ml 1号洗涤液(500mmol/L葡萄糖、0.7mmol/L $KH_2PO_4·H_2O$和3.5mmol/L $CaCl_2·2H_2O$，溶液pH为5.5)洗涤。除去洗涤液，再用1号洗涤液将原生质体重新悬浮，使密度达到每毫升4%～5%(*V*/*V*)。

(2)在已消毒的培养皿(60mm×15mm)中加入黏度为100cSt[①]的硅液(商品名为silicon 200 fluid)2～3ml，在硅液滴上直接盖以盖玻片(22mm×22mm)，以移液枪吸移150μl原生质体悬浮液于盖玻片上，静置5min以便使原生质体在盖玻片上形成一薄层。然后逐滴加450μl PEG溶液(50% PEG-1540、10.5mmol/L $CaCl_2·2H_2O$、0.7mmol/L $KH_2PO_4·H_2O$)至悬浮的原生质体中，在倒置显微镜下观察它们的融合。

(3)原生质体PEG溶液在室温下保温(24℃)10～20min，相隔10min，缓慢加入0.5mlⅡ号溶液(内含50mmol/L甘氨酸、50mmol/L $CaCl_2·2H_2O$和300mmol/L葡萄糖，pH为9～10.5)。再隔10min加入1ml原生质体培养液。每隔5min用10ml新鲜的培养液洗涤原生质体，共洗5次。每次洗涤完毕，并不要求完全除去盖玻片上的培养基，而在原培养液层上再加上一薄层新培养基。如果肉眼就可分辨出两个亲本的原生质体，则有可能评测在此阶段形成异核体(heterokaryon)的频率。将已融合和未融合的原生质体在含500μl培养基的盖玻片上的一薄层培养基上一起培养，盖玻片的前部滴加500～1000μl培养液以保持培养皿内部的湿度。

7.5.1.3　电场诱导融合

该方法基于原生质体在一定的电场中，在暴露于极短时间(纳秒至微秒)的电脉冲的刺激下，可增加原生质体膜可逆性的透性，而原生质体的局部电荷的破坏导致两个相邻的原生质体相融合。膜本身可在微秒至数分钟恢复，这取决于实验条件及原生质体的膜的性质(Zimmermann and Vienken，1982)。这一电场诱导原生质体融合的过程可分为5个步骤(Tomar and Dantu，2010)：双向电泳、相互双向电泳、膜的相互接触、膜的电击穿及其原生质体融合。

1)双向电泳

相互靠近的两个原生质体膜的接触是原生质体融合的前提之一，这是通过双向电泳实现的。双向电泳使在非匀强电场中的中性颗粒移动。中性颗粒在这种电场中也显极性，带负电荷者移向阳极，而等量带正电荷者则向阴极移动。在均一的电场中，两个电极的电场强度相同，在这样的电场中，这些被诱导的双极性的颗粒将不向阴阳两电极移动，因为两侧电极都带相等的电力(图7-3A)；但在非匀强的电场中(在正负极电场强度不等的电场)，作用在这些颗粒上的力将驱使它们以直线的方式向高电场强度的一极移动(图7-3B)。此种电泳称为介电泳式双向电泳(dielectrophoresis)。

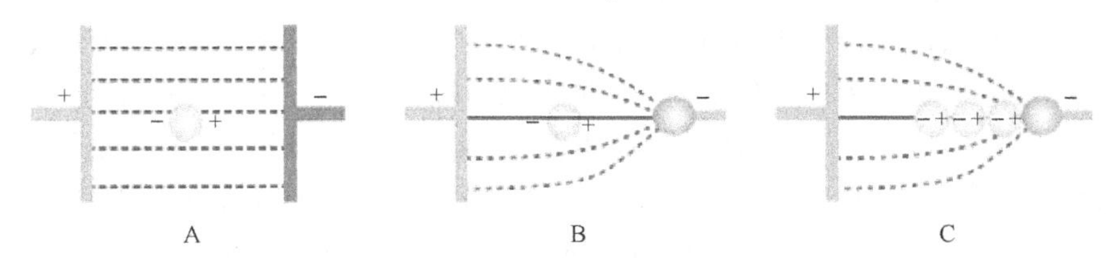

图7-3　在非匀强电场中原生质体向高强度电场中的移动(Tomar and Dantu，2010)

A：在匀强的电场中，电匀对带电的原生质体两端作用力相同。B：非匀强度的电场可产生使原生质体移向高强度一侧的净作用力。C：非匀强电场中所形成的珍珠链状的原生质体

2)相互双向电泳

当移向高电场区域中的一个原生质体靠近另一个已极化的原生质体时，所遭遇的由局部电场所致的相互排斥也增强，从而使其向周围有较高电场强度的原生质体移动。由此，在非匀强的电场中就产生了颗粒聚集链(珠链)，并在膜上逐点地相互接触(图7-3C)，这一过程称为相互双向电泳(mutual dielectrophoresis)。

① $1St=10^{-4}m^2/s$

3) 原生质体膜的接触

在原生质体相互靠近的过程中，原生质体膜表面所带的净负电荷及其排斥水合作用的力可使相邻的原生质体相互排斥，从而影响它们的融合。但在原生质体间形成的偶极所产生的吸引力，可克服相邻原生质体膜表面之间的这两种排斥力，从而有利于其膜的相互接触。原生质体的相互双向电泳及其珠链的形成必须是在几乎非电导的溶液(其电导性低于 10^{-4}s/cm) 中完成。

4) 原生质体膜的电击穿及其融合

原生质体膜的可逆性电击穿区域形成是启动原生质体融合的最基本的过程。

磷脂膜以双层方式存在，其表面四周或其中镶嵌着载体蛋白，磷脂的横向流动性非常高，而垂直于膜方向的移动却是非常有限的，磷脂几乎不可能发生翻转(flip-flop) 方向的运动。原生质体膜所发生的电击穿，使膜的结构受到干扰，由此可容许原生质体及环境之间交换物质。在电场的作用下，原生质体只能按电场作用方向上相互黏连，在这种情况下，可逆性的膜的电损伤可发生在细胞电极和两个原生质体相互接触的区域，从而发生膜的融合。

电诱导原生质体融合的优点为：①可在显微镜下观察不同品种的任何两种原生质体的任何融合过程，这特别有利于观察杂种细胞的形成。②同步融合可持续在其短暂的融合历程中发生，因此，可使融合杂种保持活力。③融合基因的成分也影响其融合杂种的活力，这些成分可以非可控的方式影响整个膜的表面。但在这一融合方法中，这些融合基因的成分不起作用。④体细胞杂种得率高。⑤融合过程中细胞内含物流失非常少(Tamar and Dentu，2010)。

7.5.1.4　电化学融合的方法

Olivares-Fus-ter 等(2005) 报道了一种称为原生质体电化学融合的方法(electrochemical protoplast fusion method)。该方法兼具化学融合和电融合的优点，在化学诱导原生质体聚集的基础上，采用直流电脉冲使原生质体的膜融合。根据研究者称，采用该法可获得高得率的原生质体融合产物，但是此法可能比较适合用于芸香科(Rutaceae) 植物的原生质体融合，并需要购买电脉冲仪(electropulser)。

7.5.2　体细胞杂交

原生质体具有诱导融合的特性，这就为常规不能杂交的亲本之间进行遗传物质重组提供了机会，从而将具有不同遗传背景的原生质体进行融合产生杂种细胞，这一操作过程称为体细胞杂交(somatic hybridization)。植物原生质体融合先驱 Cocking(1960) 首次提出并使用体细胞杂交技术，Carlson 等于 1972 年成功地实现了烟草原生质体的体细胞杂交。首次用体细胞杂交产生的新植物是用马铃薯和番茄原生质体融合而成的杂种，它兼具马铃薯和番茄亲本植株的性状(Melchers et al.，1978)。Dudits 等(1980) 报道了预先采用 X 射线照射的欧芹(*Petroselinum hortense*，$2n$=22) 叶原生质体与胡萝卜(*Daucus carota*，$2n$=18) 核白化突变体的原生质体融合的不对称杂种。此后的数十年里发表了许多相关的研究论文和重要综述论文。原生质体培养及体细胞杂交技术在植物快速繁殖、植物远缘杂交、遗传重组、转基因及品种改良和创造新类型种质等方面呈现了广阔的应用前景(Waara and Glimelius，1995；Vasil IK and Vasil V，2006；Xia，2009；Grosser and Gmitter，2011；Wang et al.，2013；Guo et al.，2013；Eeckhaut et al.，2013)。

显然，体细胞杂交包括上述的原生质体分离、原生质体融合、融合杂种的选择、体细胞杂种的培养及植株再生的过程。体细胞杂交时的原生质体融合过程不仅包括核基因组，而且涉及核外遗传系统，即线粒体、叶绿体的重组。重新组合的异核体、细胞器或其中的部分基因对栽培种的品质改良、培养抗病的新品种、转移细胞质基因控制的性状获得如胞质杂种及雄性不育系等的育种方案具有重要价值。

根据原生质体融合后产物的细胞及其基因组成分不同，原生质体的融合策略也有所不同，可分为对称原生质体融合(symmetric protoplast fusion)、不对称原生质体融合(asymmetric protoplast fusion)、体细胞胞质杂交(somatic cybridization) 和微原生质体融合(microprotoplast fusion) 或称微原生质体介导的染色体转移(microprotoplast mediated chromosome transfer，MMCT) 技术转移基因组片段。采用对称原生质体融合的体细胞杂交可产生对称体细胞杂种(symmetric somatic hybrid)，这一杂种是由染色体新重组而形成的对称的异源四倍体体细胞杂种；采用不对称原生质体融合的不对称的体细胞杂交，可产生不对称体细胞杂种(asymmetric somatic hybrid)。

体细胞胞质杂交是一个亲本的核基因组与另一个亲本的线粒体或叶绿体基因组相结合的过程(Guo et al.，2004a)。体细胞胞质杂交的产物为胞质杂种(cybrid)。更具体一点来说，胞质杂种可通过供体-受体方法(图 7-4)(Vardi et al.，1987；Melchers et al.，1992)或胞质体(cytoplast)-原生质体融合来形成(Xu et al.，2006)，胞质杂种也可通过种内、种间或属间的原生质体自发的对称融合所形成(Grosser et al.，1996)。这是在一些品种特别是烟草和柑橘中常见的现象。烟草属(*Nicotiana*)种间的不对称杂种所形成的再生植株中有一半是胞质杂种(Gleba and Sytnik，1984)。柑橘胞质杂种也常常是按标准步骤进行对称体细胞杂交过程所形成的副产品(Grosser et al.，1996，2000；Guo et al.，2004b)。体细胞胞质杂交的主要目的是转移细胞质雄性不育(CMS)以便加速传统的育种进程(Melchers et al.，1992；Bhattacharjee et al.，1999；Leino et al.，2003)或产生无籽的果实(Guo et al.，2004a)。

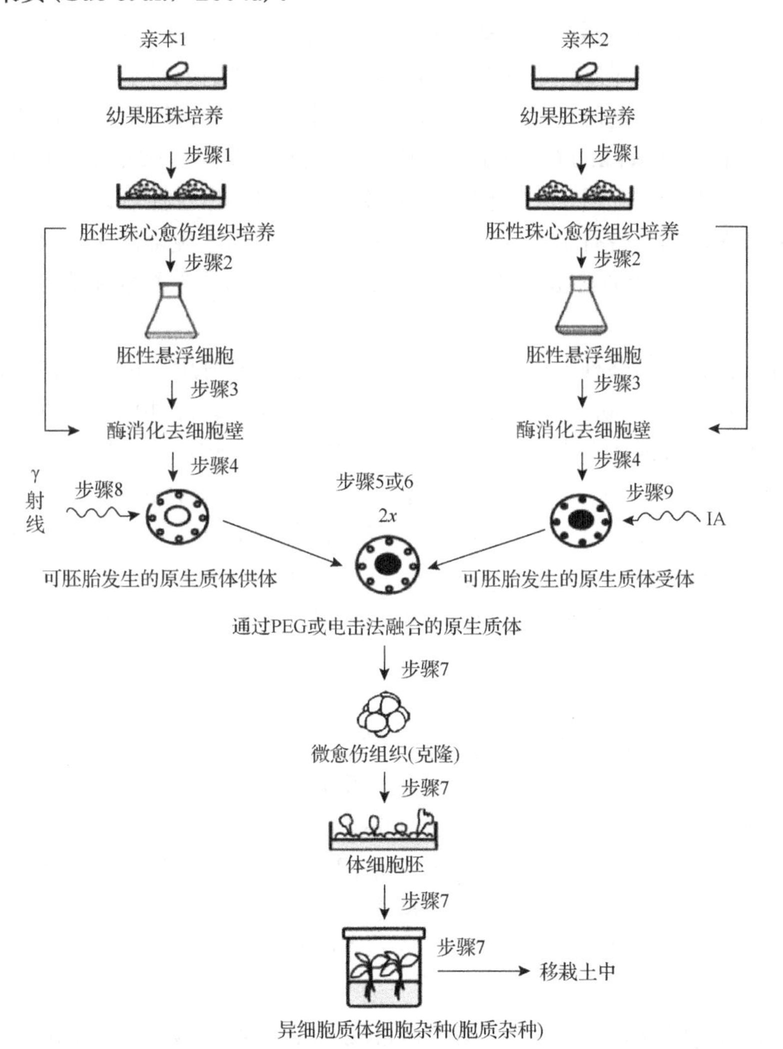

图 7-4　采用供体-受体策略进行柑橘属(*Citrus*)原生质体不对称融合获得胞质杂种的实验步骤示意图(Grosser et al.，2010)

亲本 1 和亲本 2 分别以幼果胚珠(步骤 1)为外植体诱导产生胚性珠心愈伤组织(步骤 2)，以悬浮培养(步骤 2)后的悬浮细胞为材料，常用酶解法(步骤 3)分离胚性的原生质体(步骤 4)，来源于亲本 1 的胚性原生质体经过 γ 射线照射以毁坏其细胞核(步骤 8)而提供其细胞质，而来源于亲本 2 的原生质体作为受体，以碘乙酸(iodoacetic acid，IA)处理，从而抑制其细胞器基因组代谢(步骤 9)。对上述来源于两个亲本的原生质体进行 PEG 法(步骤 5)或电融合法(步骤 6)使原生质体融合，它们的主要融合产物是结合了从供体亲本而来的细胞质和从受体亲本而来的完整细胞核的异核体(heterokaryon)。融合后所产生的这些异细胞质体细胞杂种(胞质杂种)(cybrid)，在培养中先形成微愈伤组织，并通过体细胞胚发生途径形成再生植株，最后，移栽至土中生长(步骤 7)

目前，基因组原位杂交(GISH)技术是直观地在染色体水平上研究原生质体融合后的体细胞杂种或异源多倍体核基因组的好办法，通过该技术不仅能够观察远缘杂种中染色体的来源和重组，还能够鉴定出远缘杂种中染色体渗入片段的大小与部位及其后代染色体易位或重排(Jiang and Gill，1994)。通过 GISH，研究者已成功地检测和研究了许多植物品种原生质体不对称融合杂种的染色体易位或重排(Xia，2009)。例如，番茄与马铃薯(Wolters et al.，1994)、油菜与 *Lesquerella fendleri* (Skarzhinskaya et al.，1998)、小麦与簇毛麦(*Haynaldia villosa*) (Xia et al.，1998；Zhou et al.，2001)、小麦与玉米(Xu et al.，2003)和贡蕉与龙牙蕉(龚庆，2009)。

7.5.2.1　对称融合

在最初的原生质体细胞融合中，融合亲本双方没有经过处理，均以完整的基因组进行原生质体融合，因此称为对称融合，也称为对称体细胞杂交(symmetric somatic hybridization)。

采用原生质体对称融合策略的体细胞杂交，可获得含两个亲本完整核基因组的对称体细胞杂种。原生质体融合后所得的体细胞杂种可显示杂种优势。在少数情况下，体细胞杂种可作为改良的品种直接用于实践(Guo et al.，2004b)，但是大部分体细胞杂种的重要应用是构建新的种质库，用作传统杂交育种的一种亲本的基因资源。柑橘的品种改良便是如此。体细胞杂交所产生的异源四倍体已成为用于三倍体杂交以产生无籽三倍体的育种亲本(Grosser and Gmitter，2005)。体细胞杂交在柑橘砧木改良上获得了相当的成功，不仅使四倍体水平上的砧木合子胚后代中产生了遗传多样性，同时也在控制该果树的大小上显示出极大的潜力。为实现广泛的杂交特别是带有最大遗传多样的属间杂交提供了更多的机会(Escalante et al.，1998；Bastia et al.，2001；Wang et al.，2003；Xu et al.，2003)，已获得了许多带有抗病基因的体细胞杂种(Collonnier et al.，2003)。

但由于通过对称融合获得的杂种很多都是多倍体，而且在导入有用基因(或优良性状)的同时，也带入了野生亲本的全部不利基因(或性状)，因此需要通过多次回交才能去掉那些野生性状。同时，通过这种方式获得的植株经常表现为不育或者形态异常，在种植过程中还有遗传不稳定性的问题出现，因此限制了这种方法的应用(Vlahova et al.，1997)。例如，百脉根(*Lotus corniculatus*)和紫苜蓿(*Medicago sativa*)的体细胞杂种不能形成芽(Kaimori et al.，1998)；拟南芥和芜菁的体细胞杂种不能形成根(Bauer-Weston et al.，1993)。还有报道表明体细胞杂种不育(Spangenberg et al.，1994；Kisaka et al.，1998)。这些不利因素可通过只转移部分遗传物质的不对称体细胞杂交技术得到改善(Ramulu et al.，1999；Xia，2009)。

7.5.2.2　不对称融合

将要融合双方的一个亲本的原生质体用物理或化学的方法进行预处理，使其原生质体的染色体片段化或者细胞核失活后再与细胞核完整的另一亲本原生质体融合的方式称为不对称融合(即供体-受体融合)，也称为不对称体细胞杂交(asymmetric somatic hybridization)。原生质体的不对称融合能减少供体亲本染色体进入受体亲本中的数量，从供体向受体单向转移部分基因组。通过不对称原生质体融合，只有部分供体的遗传物质被转移到受体细胞中(Rasmussen et al.，1997)。根据统计，自 1981 年以后，不对称融合在体细胞杂交育种研究中所占的比例逐年提高，现在的体细胞杂交研究多采用不对称融合方式(王槐等，1999；Xia，2009)。

对受体原生质体的预处理通常是采用 X 射线(Dudits et al.，1980)、γ 射线(Bate et al.，1987)进行照射，使其染色体片段化。通过这种方法，可获得很多不对称杂种，但是很少有高度不对称杂种产生(Hinnisdaels et al.，1991)。Hall 等(1992)首次研究了紫外线照射原生质体对其 DNA 的损伤效应，发现紫外线(UV)和接近或相当致死剂量的 γ 射线能引起更为广泛的 DNA 链断裂与缺口产生，可获得高度不对称的杂种植株。而且紫外线具有安全、方便和容易获得等优点，使得采用紫外线对供体原生质体进行照射的方法成为现在最为广泛使用的预处理原生质体的一种方法。通过用紫外线照射供体原生质体后进行不对称融合，在很多植物的体细胞杂交中取得了成功。Vlahova 等(1997)采用紫外线照射番茄原生质体，并与烟草融合后获得高度不对称杂种；夏光敏等(1996)用紫外线照射高冰草的原生质体，并与小麦的原生质体融合，得到了可育的、高度偏向小麦亲本的不对称杂种。甚至在一些亲缘关系很远的植物中也获得了体细胞杂种，如水稻和胡萝卜(Kisaka et al.，1994)、大麦与胡萝卜(Kisaka et al.，1997)、柑橘与柴胡(Song et al.，1999)等。

图7-4所示的是称为供体-受体的融合策略。在这一方法中，供体亲本的原生质体通过辐射预处理，其细胞核已被辐射破坏，同时受体原生质体常以碘乙酸预处理，使其细胞器基因组的代谢受到抑制。因此，融合所得的异核体含有活力的供体亲本的细胞质，而又带有受体亲本完整的细胞核，从而可能形成不对称杂种或胞质杂种。

除了上述的供体-受体不对称杂交方法外，以碘乙酸处理(或辐射处理)一个亲本，保留另一个亲本细胞的完整性，通过两者原生质体融合也可获得胞质杂种，研究者采用这种方法获得了柑橘类的胞质杂种(Vardi et al.，1989)。柑橘类的胞质杂种常具有从叶肉细胞亲本遗传的核基因组和从胚性细胞亲本遗传的线粒体基因组，而其叶绿体基因组是随机遗传的。因此，揭示胞质杂种的分子组成对于设计获得胞质杂种的新策略用于转移特异性农艺性状是非常重要的(Guo et al.，2013)。研究者利用对称体细胞杂交和如图7-4所示的供体-受体不对称杂交方法已获得了超过500个亲本组合的体细胞杂种和超过50个亲本组合的胞质杂种(Grosser et al.，2010)。供体-受体不对称杂交方法也可稍作修改以用于与其他植物种属的体细胞杂交，如可用于鳄梨(牛油果)(*Persea americana* Mill.)(Witjaksono et al.，1998)和葡萄(Xu et al.，2007)。有的研究还表明，预处理引起的供体亲本的基因组片段化可促进体细胞杂种中的许多该亲本冗余遗传材料的消减。此外，影响大多数核型不稳定性的受体基因将会在融合后的首次有丝分裂中被消减，这正与对称融合后基因的消减相反，在对称的原生质体融合后，其基因消减的发生可直至其有性生殖所得的第一代(Cui et al.，2009)。在有些情况下，原生质体的不对称融合可在不进行基因组片段化处理的情况下完成(Li et al.，2004)。研究者采用紫外线照射红柴胡(*Bupleurum scorzonerifolium*)原生质体并与小麦原生质体融合后获得了不对称杂种；但是在该杂种中，并非是红柴胡的染色体片段整合进小麦基因组中，相反，是小麦的染色体片段进入红柴胡的基因组中，这一研究结果可用于小麦基因组的物理图谱的制作(Zhou and Xia，2005)。相似的结果也在未用基因组片段化处理的拟南芥原生质体和采用紫外线照射的红柴胡原生质体融合后所得的杂种中观察到(Wang et al.，2005)。在经过辐射处理后的一个普遍的问题是如何量化DNA的毁坏。采用单细胞凝胶电泳彗星分析可监控DNA单、双链的断裂情况(Abas et al.，2007)；而通过末端脱氧核苷酸转移酶生物素-dUTP缺口末端标记分析也证实柑橘原生质体经紫外线照射后可发生大范围的DNA片段化(Xu et al.，2007)。

7.5.2.3　微原生质体融合

该技术是指微原生质体和体细胞原生质体之间的细胞融合。实际上采用该技术融合的原生质体多属不对称融合产物。由于微原生质体仅由一个微核(micronucleus)和一个或极少数完整的染色体组成(Ramulu et al.，1993)，因此利用微原生质体(microprotoplast，MPP)融合的方法也可以转移基因组的片段(Yemets and Blume，2009)。有些组织如未成熟的花粉可能会更适合于微原生质体(MPP)的制备，因为高等植物的减数分裂是同步进行的，所以不必要进行同步化处理，这已在百合属(*Lilium*)和白鹤芋属(*Spathiphyllum*)的未成熟花粉的MPP中得到证实(Saito and Nakano，2002；Lakshmanan et al.，2013)。此外，可以根据MPP的过滤性能(该性能因植物的基因型不同而异)加以选择，这可使研究者根据植物特性归类特定的染色体，以便下一步MPP的利用。采用聚焦激光扫描可识别MPP(Famelaer et al.，2007)。结合多种技术，如将MPP辐射或利用种间杂种所形成的未减数分裂的配子制备MPP，将为研究基因组片段化和重组染色体的转移提供新的平台(Eeckhaut et al.，2013)。

有的研究者也称MPP的融合为微原生质体介导的染色体转移(microprotoplast mediated chromosome transfer，MMCT)(Grosser et al.，2010)。该技术由Ramulu等(1995)首次建立。他们通过该技术将秘鲁番茄(*Lycopersicon peruvianum*)原生质体与转基因的马铃薯(*Solanum tuberosum*)的微原生质体相融合，所得的杂种含一条马铃薯的染色体(Ramulu et al.，1995，1996a)。后来Binsfeld等(2000)也用此方法，以向日葵

品种 *Helianthus maximiliani* 的原生质体为供体，以普通向日葵品种(*Helianthus annuus*)的原生质体为受体进行不对称原生质体融合，也获得了含有 2～8 条供体向日葵品种染色体的普通向日葵体细胞杂种，这些植株称为染色体附加系(chromosome addition line)(Binsfeld et al.，2000)。这一研究结果表明，在向日葵品种间不必考虑选择压力也可以在受体亲本背景下维持供体染色体。Louzada 等(2002)首次分离了柑橘属的微原生质体，此后，获得了带有少许酸橙染色体的甜橙胚胎，后来分析发现此胚不能再生成植株，是因为它含有高浓度的细胞松弛素 B(cytochalasin B)(Grosser et al.，2010)。Zhang 等(2006)分离了温州蜜柑(*Citrus unshiu*)含一条或少许染色体的微原生质体，无疑这一微原生质体有可能用于基因转移和创造新的具有生物多样性的种质。

7.5.3　体细胞杂种的筛选

成功的体细胞杂交要求原生质体可诱导融合，可恢复活力、形成可筛选的异核细胞和体细胞杂种，随后进行可持续细胞分裂和形态发生并再生成杂种植株。在原生质体融合产物中包含异源融合的杂种细胞(异核体)和未融合的亲本原生质体与发生同源融合的同核体。因此，在获得融合体后，建立一套高效而广泛使用的筛选体系，尤其是对早期阶段的鉴定是非常必要的。最理想的方法是融合后就能进行筛选，或者是在培养过程中能阻止非融合细胞的生长。必有许多因素需要考虑，其中如下几点值得留意：①在融合产物中，虽然很多时候杂种优势也存在(Xia et al.，2003)，但非融合细胞的数量远远高于融合细胞数量，因此有可能其在生长时会超过融合细胞的生长；②原生质体的细胞分裂需要高密度条件，但是融合后的杂种细胞密度已经很低，而且这些杂种细胞经常被死亡的细胞包围，这些死亡的细胞有可能会对融合细胞产生毒害；③一个细胞就有可能发育成一棵植物，因此，在细胞阶段如能进行筛选要比在植株阶段才进行筛选经济许多。目前对于杂种细胞的筛选还没有一种通用的方法。常用的筛选杂种细胞的方法包括利用培养基进行杂种优势筛选(生长差异筛选)、代谢互补选择、抗生素筛选、利用器械直观筛选(物理方法)及其形态学的筛选等。

7.5.3.1　代谢或突变互补筛选法

此法是将双亲的原生质体进行处理，处理后的双方亲本的原生质体单独培养时均不能再生，融合之后的杂种细胞能够再生，进而可以被筛选。例如，供体亲本为含有 NPTⅡ抗性的转基因植物的原生质体(*NPTⅡ*基因编码新霉素磷酸转移酶，能赋予细胞抗卡那霉素的能力，这是核基因转化中常用的一种筛选标记)，用碘乙酰胺(Iodoacetamine，IOA)、碘乙酸(Iodoacetic acid，IA)或罗丹明-6-G 等代谢抑制剂处理，使受体细胞失活，用射线(如紫外线)照射使供体亲本原生质体固细胞核受损而失活，融合产物用卡那霉素进行筛选，只有杂种细胞能够再生，而单纯的供体和受体的原生质体都不能生长，从而达到筛选的目的(Vlahova et al.，1997)；或将受体用 IOA 等处理，将供体用射线照射，融合之后，同样只有融合的细胞能够生长，从而将杂种细胞筛选出来。采用 IOA 对受体原生质体进行处理使其失活，与供体原生质体融合后恢复受体原生质体的再生能力是现阶段最常用的一种方法(Yamagishi et al.，2002；Yan et al.，2004)。IOA 是通过抑制糖酵解过程与磷酸甘油醛脱氢酶上的—SH 发生不可逆的结合，抑制酶的活性，从而阻止 3-磷酸甘油醛氧化生成 3-磷酸甘油酸，使糖酵解不能进行，细胞生长发育的能量得不到供应，从而阻止细胞的正常发育。只有当受 IOA 处理的细胞和另外一个细胞质完整的细胞融合，其在代谢上得到互补，才能正常地生长(刘继红和邓秀新，1999)。

有时，杂种筛选还可基于体细胞杂种中的亲本原生质体的遗传特征。例如，利用白化或叶绿素缺陷突变体的生物化学标记进行杂种的筛选。Melcher 和 Labib(1974)利用烟草的两个突变体，其中之一在低光照下(800lx)培养处于亚致死状态，其生长不会超过 2～3in[①]，但在高光照下(10 000lx)则可生长成完整的植株；另一个突变体是叶绿素缺陷突变体，在培养基中其生长也不会超过数英寸。这两个突变体的原生质体融合后所形成的杂种在培养基上形成绿色的克隆，随后，在低光照下(800lx)可再生成完整的植株。Cocking 等

① 1in=2.54cm

(1977)以碧冬茄(*Petunia hybrida*)白化的原生质体和 *Petunia parodii* 绿色的叶肉细胞原生质体为标记筛选这两亲本所融合的杂种细胞；因为在同样培养的条件下，亲本的原生质体最终只分别形成淡绿色的克隆(细胞团)和无色愈伤组织，而杂种细胞则可在形成绿色的愈伤组织后进一步发育成体细胞杂种植株(图 7-5)。这些体细胞杂种包含严格的双二倍体。此外，还可用遗传互补筛选法进行筛选，如 Atanassov 等(1998)从叶绿体缺陷的白化烟草叶片分离原生质体，与 γ 射线照射的从 *Nicotiana alata* 叶片(绿色)分离的原生质体相互融合，将绿色的再生克隆挑选出进行检测。

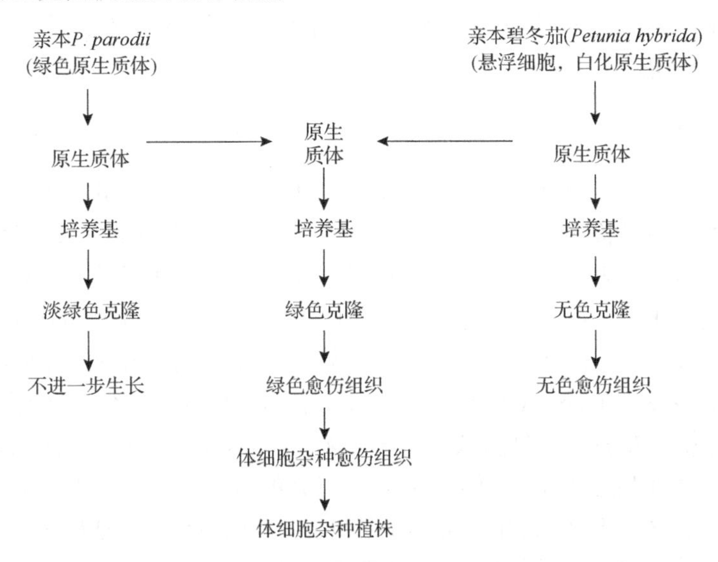

图 7-5　在特定的培养基中进行体细胞杂种的互补筛选的流程示意图(Cocking et al.，1977)

7.5.3.2　抗生素/特定培养基筛选法

抗生素筛选法是将融合产物培养在添加有特殊抗生素的培养基中，如卡那霉素、链霉素、寡霉素等，只有杂种细胞才能生长(Kisaka et al.，1994)。也有研究者采用双抗生素筛选的方法，双方亲本对一种抗生素具有抗性，而对另一种抗生素则敏感，融合产物在添加有这两种抗生素的培养基中，只有杂种细胞才能正常生长(Vazquez-Thello et al.，1996)。例如，Sidorov 等(1994)分别利用亲本原生质体对卡那霉素和链霉素的抗性差异来选择杂种细胞。

与此法相似的是利用杂种优势的筛选。例如，Smith 等(1976)发现了烟草种间有性杂交种在特定的培养基上亲本植株不能生长的现象，Chupeau 等(1978)首次证实这一特点可用于体细胞杂种的筛选。一种烟草 *Nicotiana longasdrofii* 与光烟草(*Nicotiana glauca*)的原生质体经过 PEG 诱导融合后的超性杂种(parasexual hybrid)克隆，因其可在不含植物激素的培养基上生长而被筛选；与此相似，研究者也发现，碧冬茄(*Petunia hybrida*)和 *Petunia parodii* 的有性杂交杂种的原生质体可以在含放线菌素 D 的培养基生长，并再生为完整的植株，而亲本的原生质体在这一培养基上只形成克隆，而不能再生成完整植株。基于这一发现，研究者以这一方法成功地筛选了体细胞杂种(Power et al.，1977；Tamar and Dentu，2010)。

由此可见，杂种优势筛选法是在某些情况下，虽然非杂种克隆同样能够再生，但是由于杂种克隆生长较快，因此，较早从融合产物中再生出的克隆往往是杂种，将最先生长出的克隆挑选出，即可完成筛选(Rasmussen et al.，2000)。

7.5.3.3　器械筛选法

在这一方法中，异核体(heterokaryon)在显微镜下直观地被筛选和分离。这一方法对那些由于合子形成后的不亲和性而阻碍有性杂种形成的种间原生质体的融合产物的筛选非常有用。在种间融合染色体发生消减的情况下有可能导致体细胞杂种筛选的失败，而另一些种间融合可能导致体细胞杂种原生质体不发生染色体消减。通过这一筛选方法，可以克服采用体细胞杂种完整植株进行杂种鉴定的障碍，并加以克服。在原生质体融合过程中可对融合产物进行自动化机器分拣，在这一方法中亲本原生质体可用两种不同的染料染色，这样体细胞杂种会因产生混合的染色而被识别和筛选出来。

7.5.3.4 再生植株的形态特征筛选法

根据杂种细胞再生植株的形态特征而筛选体细胞杂种，体细胞杂种可再生成完整的植株，将杂种植株的形态特征与其相应的两个亲本进行比较，从而发现其相似性及差异性。但这个方法颇费时日，在杂种确定能再生植株的条件下才能进行。

7.5.3.5 其他新的筛选法

寻找一个有效的筛选体系将有助于避免耗时费力地在大量的再生愈伤组织或再生植株中鉴定体细胞杂种。“胚性愈伤组织原生质体+叶肉原生质体”模式被用于柑橘属胞质杂种的筛选(图 7-6)。由于叶肉细胞原生质体既不进行细胞分裂也不会再生植株，因此，通过鉴定融合产物的叶形态，便极有利于鉴定叶肉亲本类型的胞质杂种(Guo et al.，2013)。GFP 的转基因株系也成为原生质体融合产物的检测工具(图 7-6)。绿色荧光蛋白(green fluorescence protein，GFP)是新开发的筛选体细胞杂种/胞质杂种的标记。当 GFP 在活细胞中表达时可发出稳定的特色的绿荧光(Guo and Grosser，2005)，因此，体细胞杂交中以表达 GFP 基因的转基因植株为一个亲本，就有可能使 GFP 成为体细胞杂交的一个标记。Olivares-Fuster 等(2002)首次报道将 GFP 作为体细胞杂交标记，他们在体细胞融合时，以转基因表达 GFP 的枳橙(citrange)为亲本之一，GFP 可以作为一直监控融合过程的标记，定位于杂种克隆中，可将体细胞杂种胚胎或植株筛选出来。GFP 也已成功地应用在柑橘属体细胞融合的标记筛选中，也可作为证明体细胞杂种活力的直接证据(Cai et al.，2006)。如图 7-6 所示，GFP 也已作为一个负标记和早期筛选柑橘属的胞质杂种细胞系的一种策略。在理论上，按图 7-6 的策略，原生质体融合所得到的胞质杂种是不会含有任何转基因的，不必担忧转基因植物的有关问题。细胞流式仪理论上具有细胞分拣的潜力，但在实践上还普遍存在一些障碍，如稳定的渗透势的保持和分选原生质体群体效率的恢复，从而阻碍了细胞流式仪在分选体细胞杂种方面的大规模应用。一些新技术，如蔡司公司的产品 The Zeiss CombiSystem combines Micro Tweezers，该仪器以光学捕获技术和激光显微切割定位颗粒，随后由激光引导将目标颗粒输送进入收集器，可进行非常高精度的操作，分选细胞和亚细胞级颗粒如融合的原生质体，乃至细胞核。另一种潜在地应用于细胞分选的技术平台是 DEPArray™ (Silicon Biosystems)。该技术基于移动双向介电电泳笼，在这一电泳平台中，每一个悬浮细胞将被捕获在单独的电泳笼中，依据其多重荧光和

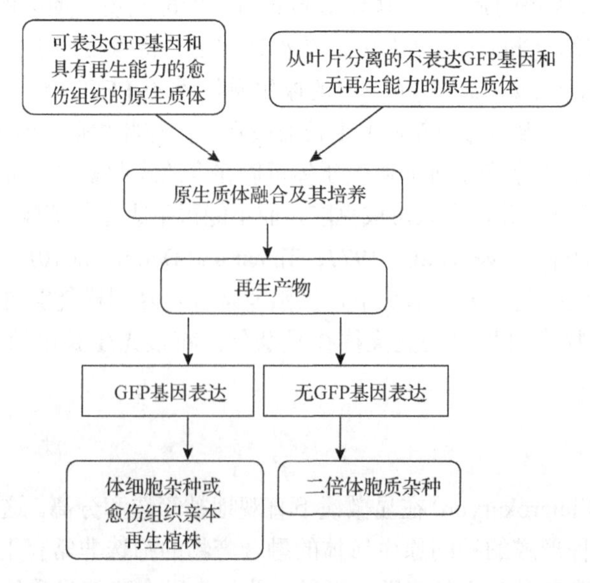

图 7-6 以 GFP 为筛选胞质杂种的负标记对柑橘属胞质杂种系的早期筛选示意图(Guo et al.，2013)

形态学特征的识别，被逐个分选(Eeckhaut et al.，2013)。目前对融合过程及其融合产物，可采用带荧光的标记物或观察细胞器特征进行监控。例如，Pati 等(2008)通过新克隆示踪技术，根据不同的荧光染色分离了蔷薇属的异核体；而 Borgato 等(2007)研究了磁激活细胞分选(magnetic activated cell sorting)法对茄属间植物原生质体融合杂种细胞败育和可育性的鉴定效率。

7.5.4 体细胞杂种的鉴定

原生质体的融合产物经过筛选获得所需要的杂种细胞，通过组织培养再生植株，即为体细胞杂种植株(株系)或体细胞杂种，为了更有效地利用它们或进行相关的理论研究，必须对它们的形态特征、细胞遗传和分子特征进行鉴定，这通常包括经形态学观察、生理生化代谢的研究、染色体减数和细胞流式仪分析确定其倍数性，利用各种分子标记分析乃至细胞质组(cytoplasmome)、基因组、转录组、蛋白质组等研究以了解其分子特征的信息。

7.5.4.1 形态学特征观察

形态标记即植物的外部特征，如花的形状及颜色、果实(种子)的形状及颜色、叶型、表皮毛、叶耳和叶舌、株型(株高)、穗型(穗长)、千粒重及对疾病的抗性等形态特征适用于鉴定在形态上具有较大差异的两亲本之间的融合杂种。对称原生质体融合产生的杂种，往往在形态上介于两亲本之间，而非对称原生质体融合产生的杂种，形态一般与受体一致(Varotto et al.，2001；Xia et al.，2003)。形态标记的优点是简单直观，缺点是标记少、多态性差、易受环境条件和其他修饰基因(如上位基因)的影响，且许多性状为数量性状而不是简单的形态学性状差异(贾继增，1995)。

7.5.4.2 相关同工酶分析

同工酶在杂种鉴定中被广泛应用。将融合产物的贮藏蛋白与同工酶进行聚丙烯酰胺凝胶电泳，与亲本作对照，可进行杂种的鉴定。常用的同工酶有酯酶、过氧化物酶(Xia et al.，2003；Xiang et al.，2003)、酸性磷酸酶、乙醇脱氢酶、苹果酸脱氢酶等(Austin et al.，1993)。同工酶不受环境因素影响，相对稳定；分析操作简便，所需材料较少。不足之处是位点数较少，植物中仅有 10～20 种同工酶表现出位点的多态性，覆盖的基因组范围有限，且电泳分辨能力不够理想。

7.5.4.3 染色体的组成和稳定性的观察

染色体的数目和形态具有种属的特征，能提供杂种的染色体行为、细胞学的信息。当两亲本的染色体形态差异较大时，进行核型分析也可鉴定杂种中的染色体来源(Gilissen et al.，1992)。但是，对于染色体较小的作物，染色体虽然可以计数但难以辨别其来源，进行经典的核型分析比较困难，因此，只能作为 RAPD 和 RFLP 技术的辅助手段(Cardi，1998)。

对称和不对称原生质体融合后可得到不育与可育的杂种，常见的染色体异常是引起雄性不育的因素(Iovene et al.，2012)。在体细胞杂种中可发生各种异常的减数分裂：单价体、多价体、落后染色体(lagging chromosome)、三分体(triad)、多分体(polyad)和染色体桥(chromosome bridge)。不同数量的单价体的出现表明各种染色体缺乏同源性。多价体的形成可使原生质体融合的供体和受体双方交换基因，这显示，基因组内的同源性或其他因子影响杂种育性。落后染色体可导致形成与不育性相关的小花粉粒(Guo et al.，2010)。除减数分裂异常外，染色体片段消减和重排也出现在不育的体细胞杂种中(Iovene et al.，2012)。一般，极少具有融合双方原生质体的完整核成分的体细胞杂种(Xia，2009)，这一事实已使研究者更多地注重染色体数量及其融合后结构稳定性的价值。Fu 等(2004)报道了加成性柑橘属融合，这一融合体中可见染色体的异位。经历各种融合后，可见这种加成性融合(addative fusion)产物与染色体数目减少的杂种相伴(Wang et al.，2008；Szczerbakowa et al.，2010；Lian et al.，2012)。在某些情况下，杂种 2C 水平比融合原生质体的亲本品种的2C水平总数还低(Sheng et al.，2008)。有的已再生植株的融合杂种基因型并非总是倍数稳定的杂种(Prange et al.，2010b；Sheng et al.，2011)。染色体排斥极可能是两亲本的远缘关系所致，这会导致完整的染色体的消减被阻止和因基因组重排引起的片段消失(Guo et al.，2010)。

Wang等(2011)证实了辐射可产生ROS和黄酮类从而干扰植株再生。在不对称杂交后，所产生的黄酮类可能偏向参与未经辐射的另一亲本原生质体的染色体的消减(Wang et al.，2005)。对黄酮类的这一作用机制仍有待揭示。有研究表明，在稻属(*Oryza*)的两个体细胞杂种中染色体的减少是由所存在的转座子活性所致，这极有可能为育种系的融合杂种带来新型的染色体组成。

对体细胞杂种的基因组稳定性和染色体消减状态要密切监控。引起基因不稳定性的原因有多种：遗传远缘的亲本的不同细胞周期、被删染色体具有较小着丝粒、着丝粒DNA甲基化功能涉及基因和含有次生代谢物(Wang et al.，2008)。体细胞融合已被证实可能产生高倍性的危害(Szczerbakowa et al.，2011)。

基因组原位杂交(genomic *in situ* hybridization，GISH)及相关技术在杂种的细胞学鉴定上是非常有用的技术，甚至能分辨亲缘关系非常近的植株之间杂种的染色体组合情况，可以非常直观地鉴定体细胞杂种核基因组的来源、重组和缺失情况。采用此技术已鉴定了许多植物之间体细胞杂种的染色体转移及其重组，如番茄和马铃薯(Wolters et al.，1994)、小麦和玉米(Szarka et al.，2002)等。

GISH的染色体分析要求训练有素的技术操作。制备极度分散的染色体是最重要的因素。自Escalante等(1998)采用此技术筛查体细胞杂种来源之后，最近几年来，研究者已建立了一套标准的筛查方法。可以相信，除此之外也将会开发出与之互补的其他技术。例如，荧光原位杂交(fluorescence *in situ* hybridization，FISH)技术和GISH技术的结合精确鉴定了燕麦(*Avena sativa*)染色体片段已渗入燕麦原生质体和小麦(*Triticum aestivum*)原生质体不对称融合的杂种中(Xiang et al.，2010)。GISH的敏感性可通过tyramide FISH技术加以提高，其可见的染色体靶标可小至500bp(de Jong，2003)。在鉴定由2个小麦属(*Triticum*)基因型和新麦草属(*Psathyrostachys*)的体细胞融合后的杂种的遗传背景上，GISH可以与SSR互补(Li et al.，2004)，从而有利于不对称融合方案的修改和评定。GISH也可用于观测基因组的稳定性。如果杂种的染色体消减具有偏向性而不是随机的，如茄属(Trabelsi et al.，2005)的原生质体融合产物，这一技术对于评判其融合和再生的相关参数也不失为一种方便的工具，从而可优化这些参数，以便促进或阻止特定基因组类型杂种的再生。此外，可以采用融合前的GISH分析进行预筛，确定两个特定融合双方的互补性。由于杂交成功的可能性伴随着亲本的互补性而增加，因此预筛可用于选择成功机会相对较高的融合各亲本的组合(Eeckhaut et al.，2013；Xia，2009)。

7.5.4.4　利用分子标记鉴定

分子生物学技术能够为体细胞杂种的鉴定提供最直接的证据，目前已有许多标记技术被应用于体细胞杂种的鉴定，包括扩增片段长度多态性(amplified fragment length polymorphism，AFLP)、酶切扩增多态性序列(cleaved amplified polymorphic sequence，CAPS)、ISSR(inter-simple sequence repeat)、5S rDNA间隔序列(5S rDNA spacer sequence)、随机扩增多态性DNA(randomly amplified polymorphism DNA，RAPD)、限制性片段长度多态性(restriction fragment length polymorphic，RFLP)、简单序列重复(simple sequence repeat，SSR)等。目前最常用的用于体细胞杂种鉴定的分子生物学标记主要有以下几种。

(1) RFLP是最常见的分子标记技术，具有共显性的特点，它可以区别纯合基因型和杂合基因型，能够提供单个位点上的较完整的资料；RFLP的探针有很多，因而它检测的遗传位点也非常多，但是检测所需的DNA量较大(5～10μg甚至更多)，需要的仪器设备较多，技术也较为复杂。

(2) AFLP实际上是RFLP与PCR相结合的一种产物，它兼具RFLP的可靠性和PCR的高效性。AFLP绝大部分为显性标记，但也有一小部分为共显性标记；AFLP标记多态性强，利用放射性标记在变性的聚丙烯酰胺凝胶上可检测到100～150个扩增产物；与RAPD相比，扩增产物稳定、重复性强，带型清晰，具有高分辨能力。AFLP被认为是迄今最有效的分子标记，近年来越来越多地被应用于体细胞杂种的有效鉴定(Brewer et al.，1999)。

(3)RAPD 是以基因组 DNA 为模板，以一个随机的寡核苷酸序列(通常为 10 个碱基对)作为引物，通过 PCR 扩增反应显示 DNA 序列的多态性的方法。RAPD 分子标记技术不需要对实验对象的基因组序列的背景有所了解，因而简单易行，且需要的 DNA 量少(15～25ng)、无放射性、实验简单、周期短，因此被广泛使用。在体细胞杂种的快速鉴定方面取得了很好的效果(Rasmussen et al.，2000)。缺点是多数位点的标记表现为显性的特点，因此不能提供完整的遗传信息。另外，扩增产物的稳定性不足(贾继增，1995)。

(4)CAPS(Baumbusch et al.，2001)是用所谓的二级标记，就是基于已知的 DNA 序列直接合成的两对引物，它们能特异地扩增单一的 DNA 片段。但是，如果这些片段能被一个或几个限制性内切酶消化，将出现条带的多态性。研究者用这种方法已经在拟南芥中成功地获得了分子标记，它们已经被证明是生态特异性的(Whitkus et al.，1992)。Xu 等(2007)运用 CAPS 技术对两种柑橘的不对称融合后代的胞质进行了检测，发现在杂种后代的图谱中出现了新的条带，但是大部分的杂种条带都与受体一致。Yang 等(2007)也运用该技术检测了高地棉与野生棉花杂交后代的胞质杂种情况。CAPS 和 RFLP 技术都经常用于胞质杂种的研究，Cheng 等(2003)同时运用了这两种方法对瓦伦西亚橙(Valencia orange)和美华金柑(Meiwa kumquat)体细胞杂交后代的叶绿体与线粒体的融合情况进行研究，发现两者的实验结果是一致的。由于 RFLP 需运用到放射性同位素，对人体会产生一定的危害，对实验室的要求也比较高，与带标记探针的 RFLP 相比，CAPS 是更快速、花费更少和更简单的鉴定方法(Guo et al.，2004c)。

(5)SSR 也称微卫星 DNA(microsatellite DNA)。SSR 标记适合用于检测由 DNA 新带和消失带所致的重组(Guo et al.，2008)。SSR 在真核生物中衔接重复的序列，体细胞杂种的这些特点可被 SSR-PCR 和 ISSR-PCR 方式鉴定。SSR 是等显性标记，其实验结果重复性高。通常情况下，推荐采用 SSR 标记检测体细胞杂种(Sarkar et al.，2011)。ISSR 也是一种利用微卫星的分子标记。例如，ISSR 分析表明，通过减少茄属(*Solanum*)体细胞杂种的倍性水平、通过雄核发育和四体遗传(tetrasomic inheritance)可增加其基因组间的重组(intergenomic recombination)水平(Toppino et al.，2008)。与 SSR 标记相比，ISSR 引物可以在不同的物种间通用，不像 SSR 标记一样具有较强的种特异性；与 RAPD 和 RFLP 相比，ISSR 揭示的多态性较高，可获得几倍于 RAPD 的信息量，精确度几乎可与 RFLP 相媲美，检测非常方便。

7.5.4.5　基因组、细胞质组、转录组和蛋白质组分析

目前基因组(genome)、细胞质组(cytoplasmome)、转录组和蛋白质组学的研究技术也已成为体细胞杂种特征鉴定的常规方法。Gancle 等(2006)认为对于体细胞杂交中遗传和调控规律的研究，蛋白质组学方法不失为一个好的手段。在柑橘体细胞杂种的蛋白质组分析中，研究者发现其差异表达的蛋白质组斑点与光合作用、代谢和逆境反应相关，特别是与抗氧化逆境相关；可发现细胞溶质中抗坏血酸过氧化物酶被上调，而与叶绿体有关的蛋白则被下调；由于过氧化物酶与抗坏血酸/谷胱甘肽酸循环相连，因此，这些抗氧剂物质的增加将会消除 ROS 效应。进一步的蛋白质组分析表明，胞质杂种更能适应冷和热的逆境，核酮糖-1,5-双磷酸羧化酶/加氧酶(Rubisco)活性被上调(Wang et al.，2010)。Liu 等(2012)采用微阵列转录组分析探索了小麦品种 Jinan 177 与长穗偃麦草(*Thinopyrum ponticum*)原生质体不对称融合所获得的渐渗系抗盐体细胞杂种山融 3 号(Shanrong No.3，SR3)的抗盐机制，证实这是在 RNA 水平上的渐渗。

与可遗传母系细胞质基因组的有性杂交不同，体细胞融合可以使不同来源的细胞质结合。在胞质分裂后，高度按序遗传保证了染色体分区的均等。同样，在脱分化的细胞完成有丝分裂之前，内质网、叶绿体和线粒体都按其特定分区策略运行，以保证它们的均等遗传(Sheahan et al.，2004)。在原生质体融合后，Sheahan 等(2005)观察了线粒体在亚细胞水平上的相互作用，他们将含有绿色荧光的蛋白和可使活体线粒体染色的 MitoTracker 标记的原生质体进行融合，从中可观察到融合 24h 后线粒体群体几乎完全混合。这些融合可发生在苜蓿和拟南芥的叶肉细胞中，但不发生在源于已脱分化的细胞如烟草 BY-2 细胞或愈伤组织的原生质体中。这些结果可使研究者更清楚地解释细胞融合时新型线粒体基因型的发育。Sytnik 等(2005)证明，通过原生质体融合也可从远缘物种中转移其叶绿体。

一般认为，柑橘的原生质体融合时，叶绿体 DNA(cpDNA)是随机传递的，而几乎所有的融合杂种都是从其亲本悬浮细胞中获得其线粒体 DNA(mtDNA)(Guo et al.，2004a；Takami et al.，2005)。Guo 等(2007a，b)发现柑橘属(*Citrus*)的双亲本的 cpDNA 可共存于原生质体融合后的杂种细胞中，这是否是永久共存还是由融合的一亲本不完全的 cpDNA 消减所致尚不清楚。在茄属的杂种中，共存的是亲本中的线粒体 DNA(mtDNA)，与核基因组相似，随着融合的进行，胞质基因组不总是稳定的(Sarkar et al.，2011)。胞质基因组间的叶绿体重组极少发生在高等植物中，这恰好与高水平发生的线粒体重组相反(Trabelsi et al.，2005)。这种线粒体重组可发生在各种植物的原生质体融合中(Iovene et al.，2007；Yamagishi et al.，2008)。研究表明在小麦(*Triticum aestivum*)+小米(*Setaria italica*)的融合杂种中出现共存的 cpDNA 及其重组(Xiang et al.，2004)；这种现象也发现于马铃薯(*Solanum tuberosum*)与其野生种(*Solanum vernei*)(Trabelsi et al.，2005)、马铃薯品种 *Solanum berthaultii*+*Solanum tuberosum*(Bidani et al.，2007)和柴胡属(*Bupleurum*)+獐牙菜属(*Swertia*)(Jiang et al.，2012)植物的融合杂种中。

高分辨率熔解技术(high-resolution melting)是依据 DNA 插入、删除或由 DNA 双链解离行为改变而诱导的单核苷酸多态性(SNP)的筛查技术，该技术已成为高度灵敏的分析基因型形成的方法(Wu et al.，2008)。Deryckere 等(2013)利用此技术揭示了菊苣属(*Cichorium*)体细胞杂种中的线粒体和叶绿体组成。高分辨率熔解技术已成为筛查 mtDNA 和 cpDNA 的标准方法，该技术与 PCR 结合，在劳力和花费成本上都少于测序分析(Eeckhaut et al.，2013)。

7.6 体细胞杂交研究实例：香蕉体细胞杂交研究

香蕉和芭蕉(plantain)的世界年产量为1.45亿t，在发展中国家它们是位居前十位的主粮(Ortiz and Swennen，2014)。香蕉产业的发展目前正遭受流行病害特别是一种枯萎病(也称黄叶病)(*Fusarium oxysporum* f. sp. *cubense* race 4)的侵袭，严重威胁到香蕉的生存，选育高产并具有高度抗病害性的优良品种是香蕉产业持续发展的根本出路。但栽培香蕉品种的多倍性和不育性，限制了通过传统的杂交育种方法进行香蕉品质的改良。体细胞杂交育种在很多重要农作物上已取得成功。香蕉有丰富的种质资源，探索体细胞杂交、培养新的抗病香蕉品种，无疑是具有重大理论和实践意义的研究。我们曾致力于香蕉生物技术育种平台的建立，其中包括对香蕉体细胞杂交的研究(Chen et al.，2011；Dai et al.，2010；Xiao et al.，2009)。

贡蕉(*Musa acuminata* cv. Mas，AA)是广泛种植于东南亚地区的一种品质优异的水果蕉，其因特殊的香甜味而受到消费者的普遍喜爱。贡蕉对黄叶病生理小种 1 号具有抗性(Morpurgo et al.，1994；黄秉智等，2005)。龙牙蕉又名过山香(*Musa×pradisiaca* cv. Silk Guoshanxiang，AAB)，是我国特有的优良香蕉种植品种，但其易感黄叶病生理小种 1 号，因此，我们以贡蕉作为体细胞杂交育种的供体材料，以龙牙蕉为受体材料，以探索和建立香蕉原生质体培养及体细胞杂交的技术平台，也希望获得龙牙蕉与贡蕉的种间不对称杂种植株(肖望，2007；肖望等，2008；Xiao et al.，2007，2009)。

7.6.1 香蕉原生质体分离、培养及其植株再生

7.6.1.1 贡蕉原生质体的分离与纯化

1)原生质体的分离

以贡蕉胚性愈伤组织悬浮培养所得的胚性细胞悬浮系(ECS)细胞为材料利用酶解法分离原生质体。ECS 通过以贡蕉雄花序为外植体诱导胚性愈伤组织形成而建立(魏岳荣等，2005a)。ECS 继代保持在 M2 培养基中(Côte et al.，1996)(表 7-3)。27℃黑暗培养，每 15 天按照 1.5%(*V*/*V*)浓度继代。

表 7-3　实验中所用培养基及其成分(Xiao et al., 2009)

培养基	基本成分	植物生长调节物质	糖类
M2	MS + 100mg/L 麦芽水解物 + 680μmol/L 谷氨酰胺 + 4.1μmol/L 生物素	4.5μmol/L 2,4-D	130mmol/L 蔗糖
培养基 A	N_6 盐 + KM 维生素，有机酸，糖醇+Morel 维生素+1.9mmol/L KH_2PO_4 + 0.5mmol/L MES [2-(*N*-吗啡啉)乙磺酸]	0.9μmol/L 2,4-D，5.4μmol/L NAA，2.3μmol/L 玉米素(ZT)	117mmol/L 蔗糖，0.4mol/L 葡萄糖
培养基 B	MS + 100mg/L 麦芽水解物+ 680μmol/L 谷氨酰胺 + 4.1μmol/L 生物素 + 0.5mmol/L MES	4.5μmol/L 2,4-D	117mmol/L 蔗糖，0.4mol/L 葡萄糖
PCM	MS 盐类+Morel 维生素+2.5mmol/L 肌醇+10%(*V*/*V*)胚性细胞 + 0.6%琼脂糖	9μmol/L 2,4-D	2.8mmol/L 葡萄糖，116mmol/L 蔗糖，278mmol/L 麦芽糖
M3	MS + 100mg/L 麦芽水解物+ 680μmol/L 谷氨酰胺 + 4.1μmol/L 生物素 + 2g/L gelrite	2.3μmol/L IAA+不同的细胞分裂素	130mmol/L 蔗糖
M4	MS + 100mg/L 麦芽水解物+ 680μmol/L 谷氨酰胺 + 4.1μmol/L 生物素 + 2g/L gelrite	2.3μmol/L IAA，2.2μmol/L BA	130mmol/L 蔗糖
RM (生根培养基)	MS + 0.1%活性炭 + 2g/L gelrite	—	87mmol/L 蔗糖

注：MS(Murashige and Skoog，1962)；N_6(Chu et al.，1975)；KM(Kao and Michayluk，1975)；Morel(Morel and Wetmore，1951)；M2(Côte et al.，1996)；培养基 A(Assani et al.，2001；2006)；培养基 B(肖望等，2008)；培养基 M3(Xiao et al.，2007)；培养基 M4 和 RM(肖望，2007)；PCM(Assani et al.，2001)

ECS 继代 4～5 天后，用 200μm 的不锈钢筛网过滤，除去大的细胞团，将滤过的悬浮细胞的密度调整为每 100ml 的 ECS 培养液含 10ml PCV 的 ECS。PCV(packed cell volume)指细胞密度体积亦称沉积细胞体积(汤章城，1999)。除去细胞壁的酶混合液由不同浓度的纤维素酶 R-10、离析酶 R-10、果胶酶 Y-23 溶解到酶溶解液中。参照文献方法(Assani et al.，2001)配制酶溶解液(204mmol/L KCl 和 67mmol/L $CaCl_2$，pH 5)。

实验结果表明，酶混合液组成为 3.5%纤维素酶 R-10、1%离析酶 R-10 和 0.15%果胶酶 Y-23 时，解离 8h 可获得最高原生质体产量，达到 1.2×10^7 个原生质体/ml PCV 的 ECS。继续延长解离时间导致大量的原生质体破裂。在以后的原生质体分离过程中都采用这个酶组合和酶解时间。

2) 原生质体的纯化

将酶解后的混合物依次通过 74μm、37μm、25μm 的不锈钢筛网过滤，除去细胞碎片和大的细胞团。滤液离心(50*g*)5min，沉淀用洗涤液重新溶解，50*g* 离心 5min，如此重复洗涤 2 次，最后用原生质体液体培养基悬浮，再洗涤一次后用原生质体培养液悬浮。原生质体洗涤液由酶溶解液+5mmol/L MES + 10%甘露醇组成，pH 5.7(肖望，2007)。

7.6.1.2　龙牙蕉原生质体的分离与纯化

以龙牙蕉(又称过山香)多芽体为外植体诱导形成胚性愈伤组织，并建立胚性细胞悬浮系(ECS)(魏岳荣等，2005b)，该 ECS 保存在 M2 液体培养基中(Côte et al.，1996)，每 15 天继代培养一次，接种密度为 1.5%，在黑暗、27℃条件下培养。

原生质体的分离：建立 4 个月的龙牙蕉 ECS 用于原生质体的分离。取继代 4～7 天的 ECS 用 200μm 的不锈钢筛网过滤，除去大的细胞团，将滤过的悬浮细胞调整密度为每 100ml 的 ECS 培养液含 10ml PCV 的 ECS。取此胚性悬浮细胞 5ml 加入到 10ml 酶混合液中。酶混合液由 3.5%纤维素酶 R-10、1%离析酶 R-10 和 0.15%果胶酶 Y-23 组成，并含 204mmol/L KCl、67mmol/L $CaCl_2$ 和 0.41mol/L 甘露醇(pH 5.7)。悬浮细胞和酶混合液在黑暗中 50r/min 振荡条件下酶解 8h(27℃)可获得原生质体。酶解后混合物的洗涤、纯化与贡蕉原生质体方法相同。在洗涤过程中，30%以上的原生质体发生各种程度的损伤，包括解体、变形等。添加适当浓度的甘露醇，可对原生质体起到保护作用并且可提高原生质体的产量，当甘露醇浓度为 0.41mol/L 时，原生质体产量最高，达到 3.1×10^7 个/ml PCV 的 ECS(肖望，2007)。

龙牙蕉原生质体的细胞壁降解状态及其活力的检测方案与贡蕉原生质体相同(见 7.6.1.3)。

7.6.1.3　香蕉原生质体的细胞壁降解状态及其活力的检测

原生质体分离过程中的解壁状态和活力将显著影响下述的原生质体培养与体细胞杂交。对此必须有效地监控。在此以贡蕉原生质体为例说明。

1) 香蕉原生质体的细胞壁降解状态检测

采用荧光增白剂(Calcofluor White，Fluorescent Brightener 28，Sigma，St Louis，USA)检测上述已分离的贡蕉和龙牙蕉原生质体的解壁状态。该试剂是一种能和细胞壁的纤维素与几丁质 β-1,4-葡聚糖特异结合的色素，不会妨碍几丁质和纤维素的合成，但可使纤维素和几丁质的微纤维素变为聚积状态，在紫外光的照射下发出蓝色的荧光(Nagata and Takebe，1970)。染色操作步骤如下。

(1) 配制荧光增白剂母液，称取 5mg 荧光增白剂溶解于 5ml 原生质体清洗液，即浓度为 0.1%，溶解透彻，离心除去杂质，取上清液进行染色。

(2) 取原生质体混合液 0.1ml，50*g* 离心 10min，沉淀加 0.1%的荧光增白剂溶液混匀，染色 5～10min，不同原生质体染色时间不同。用台式离心机 50*g* 离心 3min，弃去上清液，再用清洗液洗去多余的染料，置于荧光显微镜下观察(波长 360～440nm)，细胞壁与染料形成显眼的蓝色荧光，除去细胞壁的原生质体则不显色(肖望，2007)。

2) 原生质体活力检测

用二乙酸荧光素(FDA)染色法进行原生质体活力的检测(Widholm，1972)。FDA 本身无荧光、无极性，可自由透过细胞质膜进入内部，进入后受到活细胞内脂酶的分解，从而产生有荧光的极性物质荧光素，它不能自由出入质膜。在荧光显微镜下可观察到产生荧光的细胞，表明是有活力的细胞(图 7-7C)。活力检测步骤如下。

(1) 配制 50mg FDA/100ml 丙酮溶液母液。

(2) 取 20ml 原生质体洗涤液加入 10μl FDA 母液，混匀后即为 FDA 活性染色液。

(3) 取 FDA 活性染色液 90μl 置一试管内，加入 10μl 包括原生质体及其悬浮介质的原生质体悬浮液，轻轻混匀以进行活性染色。

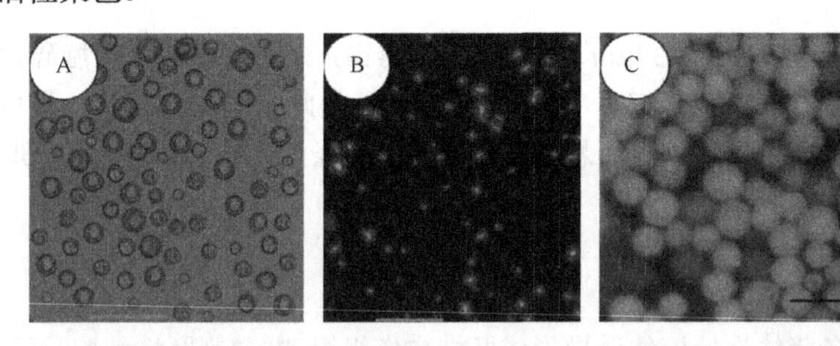

图 7-7　贡蕉胚性细胞悬浮系的原生质体纯度和活力的检测(肖望，2007)(彩图请扫二维码)

A：普通光源照射下的刚分离的原生质体，标尺为 100μm。B：用荧光增白剂染色后，在紫外光的照射下，原生质体没有荧光显示，细胞壁碎片显示蓝色荧光，标尺为 100μm。C：用 FDA 染色后，荧光照射下有活力的原生质体呈现绿色的荧光，标尺为 50μm

(4) 测定原生质体存活率：取上述经过染色的原生质体悬浮液滴于载玻片上，盖上盖玻片后，在荧光显微镜下镜检，其荧光激发波长为 450～490nm，发射波长为 520nm。镜检时随机取视野，统计每一视野中产生荧光的具活性的原生质体数及总原生质体数(包括存活及非存活)，每一样品取 3～5 滴，观察视野 10～20 个，分别总计存活数及总原生质体数，用下列公式计算，即存活率=(存活原生质体数/总原生质体数)×100%。

贡蕉原生质体活力检测的结果如图 7-7 所示，刚分离的贡蕉原生质体呈球形，细胞质浓厚，内含物丰富，细胞直径大小不一，为 10～25μm 不等(图 7-7A)。用荧光增白剂染色后，在荧光显微镜下可观察到原生质体细胞壁降解完全，只有细胞壁碎片被荧光增白剂染色后呈现蓝色荧光(图 7-7B)。用 FDA 染色后，80%以上的原生质体呈现强烈的绿色荧光(图 7-7C)，显示出新分离的原生质体具有很强的活力(肖望，2007)。

7.6.1.4　原生质体产量的测定和培养密度的调整

按照陈季楚(1999)的方法进行原生质体产量的测定和培养密度的调整。将上述 FDA 染色后的原生质体悬浮液滴加在血球计数器的中央，为避免产生气泡，将血球计数器专用的盖玻片一侧接触悬浮液滴后缓缓盖下。因为原生质体较大，以统计板上 4 个具大格的区域的每一区域中的存活数及总原生质体数，重复 3 次，最后计算出平均每一区域中的存活数及总原生质体数。已知血球计数器中每一区域的体积为 1μl，调整密度为 1×10^6 个细胞/ml；原生质体密度(原生质体数目/ml)=(原生质体数/1 区域)$\times10^4\times$稀释倍数(染色时稀释的倍数)。测得存活原生质体密度后，可依下式计算得到原生质体的产量：$Y = DV$/ml PCV；其中，Y 为原生质体数目/g，D 为存活原生质体密度(个/ml)；V 为制备所得原生质体悬浮的总体积(ml)，ml PCV 为制备原生质体所用的胚性悬浮细胞的体积。

7.6.2　香蕉的原生质体培养及其植株再生

研究者在香蕉(贡蕉和龙牙蕉)的原生质体培养过程中比较了两种培养基(培养基 A 和培养基 B)(表 7-3)和两种培养方法(液体浅层培养法和看护培养法，并以贡蕉的胚性悬浮培养细胞为原生质体培养的看护细胞)对原生质体培养的影响。所有的原生质体培养基都采用过滤的方式进行灭菌。香蕉原生质体在培养过程中，均以体细胞胚胎发生途径进行植株再生(肖望等，2008；Xiao et al.，2007，2009)。

7.6.2.1　贡蕉的原生质体培养及其植株再生

实验表明，贡蕉的原生质体在液体浅层培养体系中，培养基 B(表 7-3)比培养基 A 对诱导原生质体分裂更有效，培养 14 天后，原生质体细胞分裂频率为 17.5%，培养 28 天后，其克隆(微愈伤组织)形成率为 6.7%，但是在这一培养体系中由原生质体所形成的细胞团(protoplast-derived cell colony)都未能进一步分化和发育。尽管在液体浅层培养体系培养 4～5 天后，一些原生质体开始膨大，由圆形变为椭圆形，并再生细胞壁(图 7-8A，B)，培养 10 天左右，原生质体出现第一次分裂，培养 20 天后，可见到 4～6 个细胞组成的小细胞团(图 7-8C)，但是从液体培养基中获得的细胞团中空，内含物减少，失去明显的胚性特征。在看护培养体系中(均以贡蕉胚性悬浮培养细胞为看护细胞)，培养基 A 或培养基 B 对原生质体的培养效果(细胞分裂和克隆的形成)无显著差异；与液体浅层培养体系相比，看护培养体系对贡蕉原生质体的植株再生更有利。在看护培养体系中，经过 2 天的培养，可见细胞变为椭圆形，细胞壁再生(图 7-8A)；在培养基 B 中，培养 14 天后，其细胞分裂频率为 24.5%；培养 28 天后，其细胞克隆形成率为 11.2%。经过 4～5 天的培养，可见原生质体发生第一次分裂(图 7-8D2)，20 天可见由 8～10 个细胞组成的细胞团(图 7-8E)。通过看护培养获得的细胞团，细胞质浓厚，球形，呈现出典型的胚性细胞特征(图 7-8E)。

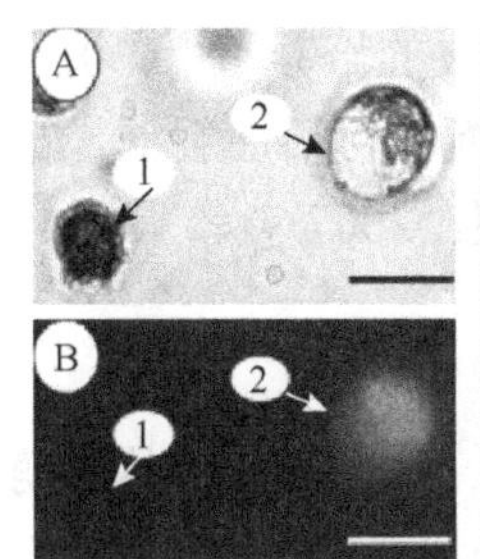

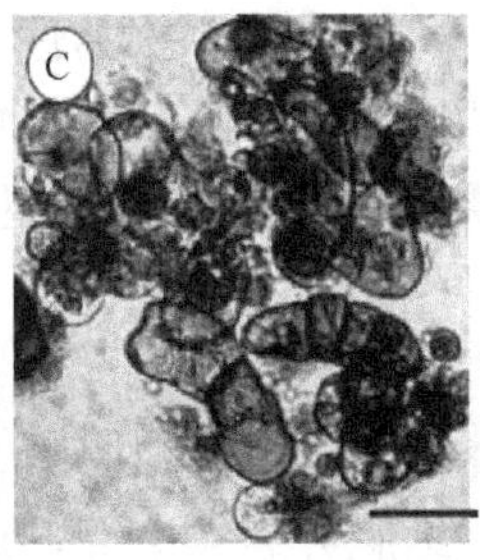

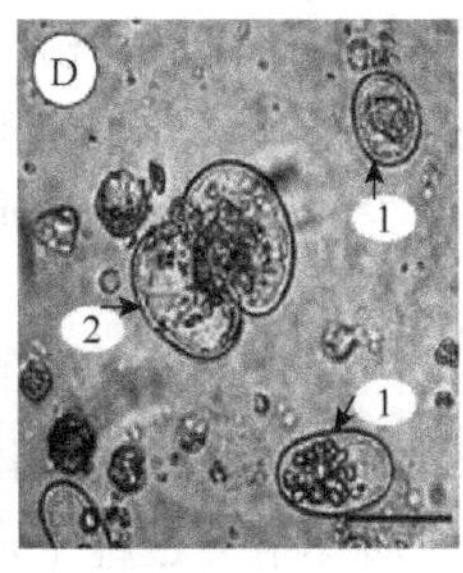

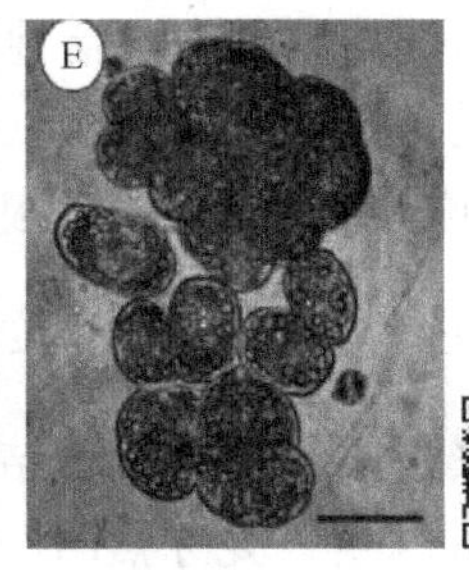

图 7-8　贡蕉原生质体通过培养形成细胞团的过程(肖望，2007)(彩图请扫二维码)

A：培养过程中死亡的原生质体(箭头 1)；经过 2 天的培养，原生质体变成椭圆形，细胞体积增大(箭头 2)，标尺为 50μm。B：图 A 的细胞经过荧光增白剂染色后，箭头 1 所指的死细胞没有蓝色的荧光，箭头 2 所指的具有活性的原生质体已再生细胞壁的细胞呈现蓝色荧光，标尺为 50μm。C：原生质体悬浮于培养基 B 中经过 20 天的培养，所形成的非胚性细胞团，标尺为 50μm。D：原生质体在看护培养过程中的状态，箭头 1 所指为经过 2 天的培养，原生质体变成椭圆形；箭头 2 所指为经过 4～5 天的培养，原生质体进行第一次分裂，标尺为 50μm。E：经过 20 天的培养，原生质体在看护培养过程中获得的胚性细胞团，标尺为 50μm

这些细胞团在 M3 培养基上，经过 15 天培养，开始出现球形胚(图 7-9A，C)，随后可观察到椭圆形胚(图 7-9D)、梨形胚(图 7-9E)、盾片形胚(图 7-9F)出现，经过 30 天发育为成熟体胚(图 7-9G)。实验发现，TDZ 可以显著地促进贡蕉这些细胞团的体胚形成能力。TDZ 在 0.4μmol/L 浓度时，体胚发生频率最高，达到 7.9×10^3 个/ml PCV 细胞团，是 4.4μmol/L BAP 的 4 倍、0.8μmol/L 玉米素(ZT)的 7.5 倍、对照培养基的 150 倍。许多研究表明 TDZ 是通过调节植物的内源激素起作用(Hutchinson and Saxena，1996)，或者是通过促进一种逆境状态的形成起作用(Murch and Saxena，1997)。TDZ 促进体胚发生的机制还需要进一步研究。

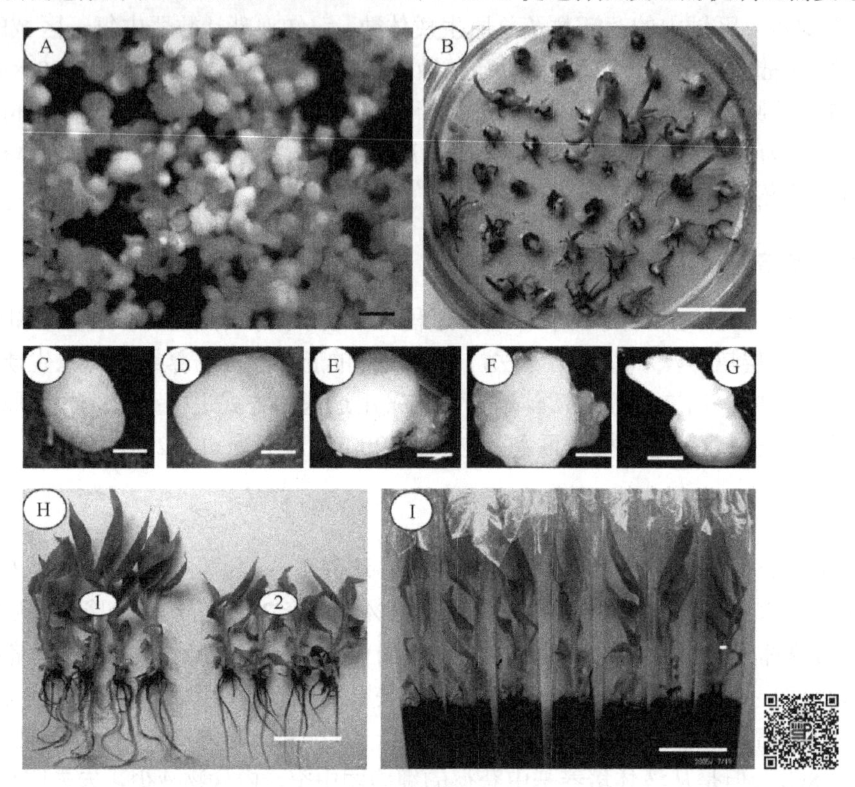

图 7-9 贡蕉原生质体通过体胚发生途径再生植株(肖望，2007；Xiao et al.，2007)(彩图请扫二维码)

A：贡蕉原生质体所形成的细胞团在体胚诱导培养基上获得的含有各种阶段体胚的培养物，标尺为 4mm。B：正在萌发的体胚，标尺为 2cm。C：球形胚，标尺为 0.5mm。D：椭圆形胚，标尺为 0.5mm。E：梨形胚，标尺为 1mm。F：盾片形胚，标尺为 1mm。G：成熟体胚，标尺为 1mm。H：在 MS+0.1%活性炭培养基进行生根诱导获得的植株(1)；活性炭促进生根；在 MS 培养基上(未加活性炭)生根诱导获得的植株(2)，标尺为 5cm。I：贡蕉原生质体通过看护培养方法经过体胚发生途径获得的植株，标尺为 4cm

将从含最适浓度 TDZ 的 M3 培养基中获得的成熟体胚转入 M4 培养基中进行体胚萌发，经过 30 天的培养，体胚萌发频率可达 44%以上，幼苗叶片健壮，叶片颜色较绿；每棵苗上有 1～2 根较细小的根(图 7-9B)。

在生根培养时发现，与不加活性炭的 MS 培养基相比，在 MS+0.1%活性炭的培养基上，植株恢复生长速度快，根系生长旺盛，健康白色，须根多并长成健康的小苗(图 7-9H1)；而在无活性炭的 MS 培养基中的植株恢复生长慢，根少、粗，须根极少，根发黑、木质化(图 7-9H2)(肖望，2007)。

7.6.2.2 龙牙蕉的原生质体培养及其植株再生

龙牙蕉同贡蕉的原生质体培养结果相比，在原生质体分裂、形成细胞团、体胚诱导及体胚萌发各个阶段都存在着很大的差异。龙牙蕉的原生质体培养过程中，细胞分裂频率高，达到 54%(贡蕉只有 24.5%)；再生细胞团的频率高达 45%(贡蕉只有 11.2%)；但是龙牙蕉的体胚萌发频率非常低，最高只达 7.8%，而贡蕉达到 44%。总体来说，龙牙蕉的整个培养体系还是非常稳定的，重复性好。

如图 7-10 所示，在看护培养[图 7-10D]时，培养基 A 或培养基 B 对细胞形态和细胞分化过程的影响没有明显的差异。经过 3 天的培养，原生质体变成椭圆形的细胞，细胞质浓厚，内含物丰富[图 7-10Ea]。经过 7 天左右的培养，原生质体开始第一次分裂[图 7-10Eb]，随后进行第二次分裂。15 天后，分裂形成由 8～10 个细胞组成的细胞团[图 7-10Ec]。经过 20 天的培养，成为肉眼可见的细胞团，45 天时出现大量的肉眼可见的细胞团。由于细胞分裂是不同步的，因此在同一时期可看到单个细胞、两细胞及多细胞团。形成细胞团的细胞具有典型的胚性细胞特征[图 7-10E]，将其转移到体胚诱导培养基上能进一步分化，这些细胞在体胚诱导培养基上培养 20～25 天，可见到长椭圆形、直径为 1.0～1.5mm 的发育成熟的体胚[图 7-10F]。经过 45 天的培养，由 10^5 个原生质体总共获得 1550 个左右的体胚。这些体胚在新鲜的体胚诱导培养基上再经过 30 天的培养，7.8%的体胚萌发[图 7-10G]。萌发的体胚在 MS+0.1%活性炭的培养基上培养，30 天后发育为 10～12cm 高的幼苗。这些幼苗在温室驯化培养 3 个月后长成健壮的植株[图 7-10H]。与很多木本植物的原生质体培养不同，香蕉的原生质体培养过程并不需要复杂的有机成分和维生素，只需要在适合悬浮细胞培养的 M2 培养基中添加合适浓度的蔗糖来调节培养基渗透压，即可用于香蕉的原生质体培养。在本实验中，采用经过适当修饰的 M2 培养基，即培养基 B。适合于香蕉胚性愈伤组织悬浮细胞的培养基同样也适合用于原生质体的培养，这种现象在其他一些植物中也有发现，如葡萄(Zhu et al.，1997)和小麦(夏光敏等，1995)等。这可以解释为原生质体更容易适应其以前的生活环境。在 Panis 等(1993)和 Assani 等(2001)的研究中，虽然也采用了液体培养方法，但是他们所采用的培养基的组成成分与悬浮细胞培养基的组成成分相差太远，因此原生质体可能是因不适应变化太大的环境条件而死亡。重要的是培养基 B 配制简单，容易操作且价格便宜。

图 7-10　龙牙蕉原生质体培养及其通过体胚发生途径再生植株(肖望等，2008)(彩图请扫二维码)

A：刚分离的原生质体，标尺为 50μm。B：在液体浅层培养体系中发生的第一次细胞分裂，标尺为 50μm。C：液体浅层培养体系中形成的细胞团，标尺为 50μm。D：看护培养装置，标尺为 215cm。E：看护培养时，a 为原生质体复壁变成椭圆形的细胞，b 为第一次分裂，c 为细胞团，标尺为 100μm。F：体胚，标尺为 215mm。G：体胚萌发，标尺为 1cm。H：温室驯化成活的原生质体再生苗，标尺为 10cm

香蕉原生质体的培养过程中，看护培养是原生质体培养成功的关键因素。通过看护培养获得的细胞团有明显的胚性状态，可以通过体胚发生途径进行植株再生。看护细胞的作用可能是通过分泌某种物质保持原生质体的胚性状态。这种设想在很多报道中得到证实。例如，胡萝卜胚性悬浮细胞可以分泌阿拉伯半乳聚糖蛋白(AGP)，这些物质对胡萝卜、欧洲云杉和菊苣杂种 474 的胚性状态起到保持的作用(Thompson and Knox，1998；Chapman et al.，2000)。另有报道发现，从胡萝卜胚性悬浮细胞中分泌的 AGP 可以促进胡萝卜非胚性悬浮细胞向胚性状态转化(Kreuger and van Holst，1993)。在香蕉胚性悬浮细胞原生质体的看护培养状态下，由胚性看护细胞分泌的这种维持细胞胚性状态所必需的信号物质可以维持原生质体的胚性发育命运。这个推论需要进一步的实验证实(肖望等，2008)。

7.6.3 香蕉体细胞杂交

显然与已成功通过体细胞杂交育种的其他植物一样，体细胞杂交有望成为香蕉非传统技术育种的有效途径。但到目前为止，在这方面的研究实在太少。Matsumoto 等(2002)应用电击法将源于三倍体香蕉品种 Maca(AAB)和二倍体品种 Lidi(AA)的原生质体进行融合，融合产物通过看护培养方法得到再生植株，体细胞杂合体的频率为 1/40 000～10/40 000。Assani 等(2005)比较了电融合法和 PEG 融合法对香蕉原生质体体细胞融合的影响，发现从融合频率来看，PEG 法比电融合法具有优势；但是通过电融合后，融合子的细胞分裂频率、细胞团形成率、植株再生率都比通过 PEG 法获得的要高。

如前所述(7.6.2 节)，贡蕉对黄叶病生理小种 1 号具有抗性，龙牙蕉(*Musa×pradisiaca* cv. *Silk* Guoshanxiang，AAB)易感黄叶病生理小种 1 号，适合作为香蕉品质改良的对象，在取得上述龙牙蕉和贡蕉原生质体的基础上，这里介绍的是分别以贡蕉和龙牙蕉为供体和受体材料，按图 7-11 所示的原生质体不对称策略探索香蕉原生质体的融合。

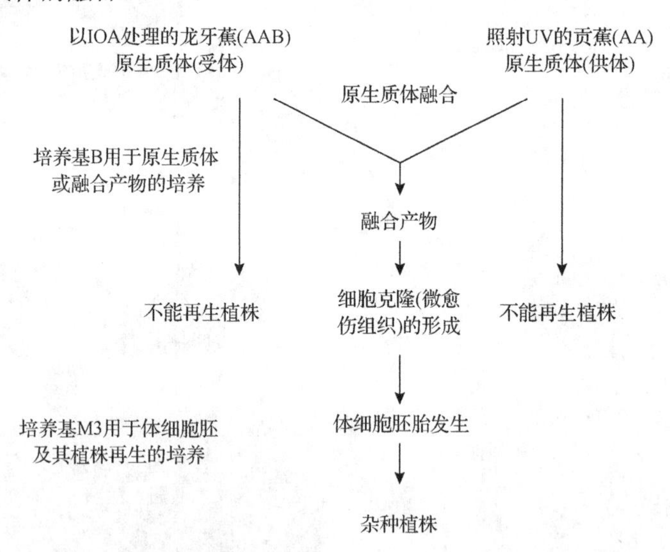

图 7-11 香蕉不对称体细胞杂交方案示意图(肖望，2007)

7.6.3.1 亲本原生质体融合前的预处理

为了减少融合后再生后代的筛选工作，研究者常利用一些代谢抑制剂处理受体原生质体以抑制其分裂。线粒体氧化磷酸化和糖酵解都是细胞质中产生能量的过程。碘乙酰胺(iodoacetamide，IOA)抑制糖酵解过程。因此，受 IOA 处理的细胞只有和另外一个具有完整细胞质的细胞融合后在代谢上得到互补的杂种细胞才能正常地生长(刘继红和邓秀新，1999)。

1) 龙牙蕉(受体)原生质体的 IOA 预处理

将 IOA 配制成 0.5mmol/L 母液，然后按不同比例加入到原生质体悬浮液中，控制合适的 IOA 最终浓度

(mmol/L)，室温处理 15min。将处理后的原生质体用洗液洗涤 2 或 3 次，然后将原生质体培养基 B 液稀释到 10^6 个/ml 的原生质体培养密度进行培养，计算原生质体植板率。实验结果表明，IOA 浓度为 1.5mmol/L 时，足以对龙牙蕉的原生质体产生抑制作用，在以后的融合实验中选择此浓度的 IOA 对龙牙蕉进行失活处理。

2) 贡蕉(供体)原生质体紫外线照射的预处理

采用超致死剂量的紫外线照射供体细胞或原生质体，使其染色体被击成小片段，然后将其与一个染色体正常的受体细胞或原生质体融合。然而，高剂量的紫外线照射在直接引起供体染色体消减和断裂的同时，也间接导致受体染色体损伤，从而导致再生克隆的死亡。因此，紫外线诱导的不对称体细胞杂交中，适宜的剂量是获得成功的关键因素(李翠玲和夏光敏，2004)。因此，在实验过程中要对最适合的照射剂量进行筛选。

本实验以超净工作台上所用的 20W 紫外灯为照射光源，强度约为 50μW/mm²。在直径为 6.5cm 的培养皿中放入 1ml 贡蕉原生质体悬浮液，在皿底形成一薄层。将培养皿放在紫外灯管可照射的中心下方垂直 8cm 处进行辐射，照射适当时间，然后将此贡蕉原生质体重新悬浮于培养基 B 溶液中，用于原生质体融合。在融合前，贡蕉原生质体紫外线处理的时间分别为 60s、120s 和 180s(Xiao et al.，2009)，结合在融合后原生质体杂种的相关检测，以确定合适的紫外线处理时间。

7.6.3.2　原生质体的融合——PEG 融合

将紫外线照射和 IOA 处理后的亲本原生质体的密度调整为 10^5 个/ml，按 1∶1 的体积混合，随后进行融合(肖望，2007；Xiao et al.，2009)：吸取原生质体悬浮液，平铺到直径为 3cm 的培养皿的中央使其呈均匀圆形，直径约 2cm，静置 30min，使原生质体沉降贴底壁，在液体边缘处以相同的间距滴加 4 滴 PEG 溶液，静置 15～20min；在边缘处以相同的间距均匀滴加原生质体融合钙液 8 滴，静置 10min；重复滴加钙液步骤；沿培养皿边缘环绕原生质体吸出液体丢弃，在培养皿边缘以相同的操作加入适量的原生质体洗液，静置 10min；再用洗液洗一次；吸干净洗液，加适量原生质体液体培养基，静置 10min；吸弃液体，重新加入原生质体培养基，将融合后的产物转到看护培养层上，27℃黑暗条件下进行培养，观察融合产物的生长状态。

融合的实验结果表明，原生质体融合除形成 1 对 1 的融合体外，还有多聚体及树枝状的产物，在各种浓度的 PEG 处理中，它们各自所占的比例不同。当 PEG 浓度为 20%时，原生质体 1 对 1 的融合率最高，达到 13.6%；而 PEG 浓度为 40%时，原生质体 1 对 1 融合率仅为 2.0%，但是多聚体及树枝状结构达到 20.4%。在以后的实验中，选择 PEG 浓度为 20%进行融合实验(Xiao et al.，2009)。

7.6.4　原生质体融合产物的培养及其植株再生

融合产物的培养方法同龙牙蕉原生质体的培养方法一样，采用看护培养方法进行。在融合后 20～25 天，可见原生质体融合克隆(微愈伤组织)的形成。当这一克隆生长至大小(直径)达 0.5～1mm 时，转移至 M3 培养基(表 7-4)诱导其体细胞胚胎发生。在这个过程中，将所诱导产生的成熟体胚及时分批进行继代转移，每 15～20 天继代一次。将所获得的高 2～3cm 的再生苗转移到添加 0.1%活性炭的生根培养基(RM)上进行生根诱导。再生的植株经过壮苗后移栽至盛土的塑料杯中，长到 20cm 高左右后移至室外土壤中(图 7-12)。

表 7-4　贡蕉亲本原生质体照射 UV 的时间对融合产物体细胞胚胎发生及其植株再生的影响(Xiao et al.，2009)

亲本原生质体融合组合	从 1×10^5 个原生质体所诱导的体胚数量	从 1×10^5 个原生质体所得的再生植株数(棵)
L+G(UV 60s)	3091±581a	12±1.2b
L+G(UV 120s)	1906±108b	29±4.9a
L+G(UV 180s)	1021±47c	6±0.9b

注：L 表示龙牙蕉原生质体，为 1.5mmol/L 的 IOA 预处理；G 表示贡蕉原生质体，以 UV 分别照射 60s、120s 和 180s。表中的数据为样品 3 次重复的平均值±标准误差，同一栏中数据所附字母不同者表示有显著差异($P<0.05$，邓肯多重范围检验)

图 7-12　龙牙蕉和贡蕉原生质体融合产物的植株再生(Xiao et al.，2009)(彩图请扫二维码)

A：刚分离纯化的龙牙蕉原生质体，标尺为 100μm。B：刚分离纯化的贡蕉原生质体，标尺为 50μm。C：在 PEG 的作用下，两个原生质体接近，标尺为 50μm。D～E：两个原生质体进行融合，标尺为 25μm。F：融合后的原生质体，标尺为 25μm。G：融合后的原生质体培养 2～4h 后，标尺为 50μm。H：融合产物再生细胞团，标尺为 50μm。I：融合产物的体胚萌发苗，标尺为 5mm。J：再生植株，标尺为 10cm。K：移栽到温室生长的再生植株

当亲本的融合组合为 1.5mmol/L 的 IOA 预处理龙牙蕉原生质体+分别照射 60s、120s 和 180s 紫外线的贡蕉原生质体时，从 1×10^5 个原生质体融合产物所获得的正常发育的再生植株分别为 12 棵、29 棵和 6 棵，可见紫外线照射时间显著影响融合产物的植株再生能力，其合适的照射时间为 120s(表 7-4)。如表 7-4 所示，这 3 个融合组别共获得了 47 棵再生植株，移栽温室盆栽炼苗后，获得了 8 棵生长旺盛的植株(编号分别为 H3、H4、H5、H6、H7、H8、H9 和 H11)。这些植株用于不对称融合的杂种植株的检测和鉴定。

7.6.5　融合产物再生植株的相关检测

对在温室炼苗存活的 8 棵拟不对称体细胞杂种再生植株(H3、H4、H5、H6、H7、H8、H9 和 H11)进行 RAPD、染色体数目测定、ISSR(Xiao et al.，2009)和基因组原位杂交(GISH)(龚庆，2009)分析。RAPD 分析揭示，与双亲本融合的特异性条带可在再生植株 H5、H6、H7、H8、H9 和 H11 中检测出来，这表明，亲本龙牙蕉和贡蕉中的遗传成分已整合进入这些植株中了。由此可知，它们都是不对称融合产物所再生的杂种植株(Xiao et al.，2009)。染色体分析显示，亲本龙牙蕉和贡蕉的染色体数目分别为 33 和 22，与文献报道相符合(黄秉志等，2005)，同时也揭示融合产物再生植株中有 3 棵植株含非整倍体染色体(34)，这些植株的染色体总数比用于原生质体融合的两个亲本的染色体总数(55)要少，这可能是在原生质体融合后其中一个亲本的染色体消减的结果。对融合产物再生植株的染色体数目的分析进一步肯定了这些植株是原生质体融合后形成的体细胞杂种植株(Xiao et al.，2009)。

ISSR 分析发现，在大田生长的 3 棵植株(H5、H8 和 H9)呈现出结合了两亲本的基因组，这些实验结果与 RAPD 的分析结果表明，原生质体融合产物再生植株的染色体倍数性发生变化是由于发生了核基因组的重组。

以上的检测结果表明，采用紫外线照射对香蕉供体原生质体进行纯化后，只有少部分 DNA 被转移到受体植株。对融合后的再生植株的 RAPD 分析显示，所有的杂种后代 RAPD 图谱都是以受体 DNA 图谱为基础(6～7 条 DNA 带)，只有少数贡蕉遗传物质(1～2 条带)进入到杂种后代中。

许多报道也表明，通过采用 X 射线、γ 射线、紫外线照射或者采用限制性内切酶对供体原生质体的遗传物质 DNA 进行处理，可获得不对称的体细胞杂种。这些方法已成为获得形态正常的杂种植株的常规方法。不对称杂种含有受体植株的全部 DNA、供体植株的部分 DNA 片段(Forsberg et al.，1998)，Yan 等(2004)对水稻与野生稻杂交的研究也得到了同样的结果。

参考文献

陈季楚. 1999. 原生质体培养//汤章城. 现代植物生理学实验指南. 北京：科学出版社：38-41

龚庆. 2009. 香蕉(*Musa* spp.)不对称体细胞融合再生植株的鉴定. 广州: 中山大学硕士学位论文
黄秉智, 等. 2005. 香蕉种质资源枯萎病抗性田间评价初报. 广东农业科学, (6): 9-10
贾继增. 1995. 分子标记种质资源鉴定和分子标记育种. 中国农业科学, 29: 1-10
李翠玲, 夏光敏. 2004. 混合小麦亲本与新麦草不对称体细胞杂交体系的建立. 生物工程学报, 20: 610-613
李喜文, 等. 1994. 细叶黄芪叶肉原生质体发育早期细胞壁再生的研究. 植物学报, 36: 24-30
刘继红, 邓秀新. 1999. 植物原生质体非对称融合及其在育种上的应用. 生命科学, 11(增刊): 88-91
吕慧能, 等. 1993. 不同激素条件下大豆原生质体培养和植株再生. 作物学报, 19: 328-333
孙宝林, 等. 1990. 提高小麦原生质体再生植株频率的研究. 生物工程学报, 6: 116-119
孙宇涵, 等. 2016. 浅谈林木体细胞融合技术. 中国农学通报, 32: 136-143
汤章城, 1999. 现代植物生理学实验指南. 北京: 科学出版社: 31-38
王槐, 等. 1999. 植物体细胞杂交的进展. 生命科学, 11(增刊): 100-103
魏岳荣, 等. 2005a. 贡蕉胚性细胞悬浮系的建立和植株再生. 生物工程学报, 21: 58-65
魏岳荣, 等. 2005b. ‘过山香’香蕉多芽体的诱导及其体细胞胚的发生. 园艺学报, 32: 414-419
夏光敏, 等. 1995. 小麦胚性悬浮系与原生质体植株再生. 生物工程学报, 11: 63-66
夏光敏, 等. 1996. 小麦与新麦草及高冰草属间不对称体细胞杂交的植株再生. 科学通报, 41: 1423-1426
肖望, 等. 2008. ‘过山香’香蕉原生质体培养及植株再生. 园艺学报, 35(6): 873-878
肖望. 2007. 香蕉(*Musa* spp.)原生质体培养及体细胞杂交的研究. 广州: 中山大学博士学位论文
Abas Y, et al. 2007. Evaluation of UV damage at DNA level in *Nicotiana plumbaginifolia* protoplasts using single cell gel electrophoresis. Plant Cell Tiss Org Cult, 91: 145-154
Alayash AI. 2004. Oxygen therapeutics: can we tame hemoglobin? Nat Rev Drug Discov, 3: 152-159
Altman A, et al. 1977. Stabilization of oat leaf protoplasts through polyamine-mediated inhibition of senescence. Plant Physiol, 60: 570-574
Al-Forkan M, et al. 2002. Haemoglobin (*Erythrogen*™)-enhanced microcallus formation from protoplasts of indica rice (*Oryza sativa* L). Artif Cell Blood Sub, 29: 399-404
Anthony P, et al. 1994a. Synergistic enhancement of protoplast growth by oxygenated perfluorocarbon and Pluronic F-68. Plant Cell Rep, 13: 251-255
Anthony P, et al. 1994b. Image analysis assessments of perfluorocarbon- and surfactant-enhanced protoplast division. Plant Cell Tiss Org Cult, 38: 39-43
Anthony P, et al. 1995. An improved protocol for the culture of cassava leaf protoplasts.Plant Cell Tiss Org Cult, 42: 299-302
Anthony P, et al. 1997a. Enhanced mitotic division of cultured *Passiflora* and *Petunia* protoplasts by oxygenated perfluorocarbon and haemoglobin. Biotechnol Tech, 11: 581-584
Anthony P, et al. 1997b. Strategies for promoting division of cultured plant protoplasts: synergistic beneficial effects of haemoglobin (*Erythrogen*) and Pluronic F-68. Plant Cell Rep, 17: 13-16
Aoyagi H, Tanaka H. 1999. Development of simple methods for preparation of yeast and plant protoplasts immobilized in alginate gel beads. Biotechnol Tech, 13: 253-258
Assani A, et al. 2001. Plant regeneration from protoplasts of dessert banana cv. Grande Naine (*Musa* spp., Cavendish sub-group AAA) via somatic embryogenesis. Plant Cell Rep, 20: 482-488
Assani A, et al. 2005. Protoplast fusion in banana (*Musa* spp.): comparison of chemical (PEG: polyethylene glycol) and electrical procedure. Plant Cell Tiss Org Cult, 83: 145-151
Assani A, et al. 2006. An improved protocol for microcallus production and whole plant regeneration from recalcitrant banana protoplasts (*Musa* spp.). Plant Cell Tiss Org Cult, 85: 257-264
Atanassov II, et al. 1998. A new CMS source in *Nicotiana* developed via somatic cybridization between *N. tabacum* and *N. alata.* Theor Appl Genet, 97: 982-985
Austin S, et al. 1993. Interspecific somatic hybrids produced by protoplast fusion between *S. tuberosum* L. and *S. bulbocastanum* Dun. as a means of transferring nematode resistance. Am Potato J, 70: 485-495
Azad M, et al. 2006. Plant regeneration from mesophyll protoplasts of a medicinal plant, *Phellodendron amurense* Rupr. *In Vitro* Cell Dev Biol-Plant, 42: 502-507
Azhakanandam K, et al. 1997. Hemoglobin (*Erythrogen*™)-enhanced mitotic division and plant regeneration from cultured rice protoplasts (*Oryza sativa* L.). Enzyme Microb Technol, 21: 572-577
Bastia T, et al. 2001. Organelle DNA analysis of *Solanum* and *Brassica* somatic hybrids by PCR with ‘universal primers’. Theor Appl Genet, 102: 1265-1272
Bate GW, et al. 1987. Asymmetric hybridization in *Nicotiana* by fusion of irradiated protoplasts. Theor Appl Genet, 74: 718-726
Bauer-Weston B, et al. 1993. Production and characterization of asymmetric somatic hybrids between *Arabidopsis thaliana* and *Brassica napus*. Theor Appl Genet, 86: 150-158

Baumbusch LO, et al. 2001. Efficient protocols for CAPs based mapping in *Arabidopsis*. Plant Mol Biol Rep, 19: 137-149

Bawa SB, Torrey JG. 1971. “Budding” and nuclear division in cultured protoplast of corn, convolvulus and onion. The Bot Gaz, 132: 240

Bellini C, et al. 1990. Importance of myoinositol, calcium and ammonium for the viability and division of tomato (*Lycopersicon esculentum*) protoplast. Plant Cell Tiss Org Cult, 23: 27-37

Benson EE. 2000. Do free radicals have a role in plant tissue recalcitrance? *In Vitro* Cell Dev Biol-Plant, 36: 163-170

Bergmann L. 1960. Growth and division of single cells of higher plants *in vitro*. J General Physiol, 43: 841-851

Bhattacharjee B, et al. 1999. Transfer of wild abortive cytoplasmic male sterility through protoplast fusion in rice. Mol Breed, 5: 319-327

Bidani A, et al. 2007. Interspecific potato somatic hybrids between *Solanum berthaultii* and *Solanum tuberosum* L. showed recombinant plastome and improved tolerance to salinity. Plant Cell Tiss Org Cult, 91: 179-189

Binsfeld PC, et al. 2000. Characterization and molecular analysis of transgenic plants obtained by microprotoplast fusion in sunflower. Theor Appl Genet, 101: 1250-1258

Blaschek W, et al. 1981. Cell wall regeneration by *Nicotiana tabacum* protoplast: chemical and biochemical aspects. Plant Sci Lett, 22: 47-57

Borgato L, et al. 2007. Production and characterization of arboreous and fertile *Solanum melongena* plus *Solanum marginatum* somatic hybrid plants. Planta, 226: 961-969

Brandt K. 1991. A method for estimating oxygen availability of stationary plant cell cultures in liquid medium. Plant Cell Tiss Org Cult, 26: 195-201

Brewer EP, et al. 1999. Somatic hybridization between the zinc accumulator *Thlaspi caerulescens* and *Brassica napus*. Theor Appl Genet, 99: 761-771

Briere C, et al. 2004. The actin cytoskeleton is involved in signalling protoplast embryogenesis induced by agarose embedding. Physiol Plant, 122: 115-122

Brisa MC, Segura J. 1987. Isolation, culture and plant regeneration from mesophyll protoplasts of *Digitalis obscura*. Physiol Plant, 69: 680-686

Brison M, Lamant A. 1990. Callus formation from root protoplasts of *Quercus rubra* L. (red oak). Plant Cell Rep, 9: 139-142

Button J. 1978. The effect of some carbohydrates on growth and organization of *Citrus* ovular. Z Pflanzenphysiol, 88: 61-68

Cai XD, et al. 2006. GFP expression as an indicator of somatic hybrids between transgenic *Satsuma mandarin* and calamondin at embryoid stage. Plant Cell Tiss Org Cult, 87: 245-253

Cardi T. 1998. Multivariate analysis of variation among *Solanum commersonii* (+) *S. tuberosum* somatic hybrids with different ploidy levels. Euphytica, 99: 35-41

Cardi T, Earle ED. 1997. Production of new CMS *Brassica oleracea* by transfer of ‘Anand’ cytoplasm from *B. rapa* through protoplast fusion. Theor Appl Genet, 94: 204-212

Carlson PS, et al. 1972. Parasexual interspecific plant hybridization. Proc Natl Acad Sci USA, 69: 2292-2294

Cassells AC, Barlass M. 1976. Environmentally induced changes in the cell walls of tomato leaves in relation to cell and protoplast release. Physiol Plant, 37: 239-246

Cassells AC, Curry RF. 2001. Oxidative stress and physiological, epigenetic and genetic variability in plant tissue culture: implications for micropropagators and genetic engineers. Plant Cell Tiss Org Cult, 64: 145-157

Cassells AC, et al. 1980. Ethylene release during tobacco protoplast isolation and subsequent protoplast survival. Plant Sci Lett, 19: 169-173

Cassells AC, Tamma L. 1987. Survival and division in protoplasts from tobacco (*Nicotiana tabacum*) depends on the physiological state of the individual donor plant. Physiol Plant, 69: 317-322

Chabane D, et al. 2007. Induction of callus formation from difficile date palm protoplasts by means of nurse culture. C R Biol, 330: 392-401

Chand PK, et al. 1988. Electroporation stimulates plant regeneration from protoplasts of the woody medicinal species *Solanum dulcamara* L. J Exp Bot, 39: 1267-1274

Chapman A, et al. 2000. Arabinogalactan-proteins in *Cichorium* somatic embryogenesis: effect of *β*-glucosyl Yariv reagent and epitope localization during embryo development. Planta, 211: 305-314

Chen LP, et al. 2004. Plant regeneration from hypocotyl protoplasts of red cabbage (*Brassica oleracea*) by using nurse cultures. Plant Cell Tiss Org Cult, 77: 133-138

Chen YF, et al. 2011. Non-conventional breeding of banana (*Musa* spp.). *In:* van den Bergh I, et al. Proceedings of the International ISHS-ProMusa symposium on Global Perpectives on Asian Challenges. Acta Hortic, 897: 39-47

Cheng YJ, et al. 2003. Molecular characterization of cytoplasmic and nuclear genomes in phenotypically abnormal Valencia orange (*Citrus sinensis*) + Meiwa kumquat (*Fortunella crassifolia*) intergeneric somatic hybrids. Plant Cell Rep, 21: 445-451

Chu CC, et al. 1975. Establishment of an efficient medium for anther culture of rice through comparative experiments on the nitrogen source. Sci Sin, 17: 659-668

Chupeau Y, et al. 1978. Somatic hybrids of plant by fusion of protoplasts. Mol Gen Genet, 105: 239-245

Cocking EC. 1960. A method for the isolation of plant protoplasts and vacuoles. Nature, 187: 927-929

Cocking EC. 1985. Protoplasts from root hairs of crop plants. Bio/Technology, 3: 1104-1106

Cocking EC, et al. 1977. Selection procedures for the production of inter-species somatic hybrids of *Petuniahybrida* and *Petunia parodii* Ⅱ. Albino complementation selection. Plant Scie Lett, 10: 7-12

Collonnier C, et al. 2003. Somatic hybrids between *Solanum melongena* and *S. sisymbrifolium*, as a useful source of resistance against bacterial and fungal wilts. Plant Sci, 164: 849-861

Conde P, Santos C. 2006. An efficient protocol for *Ulmus minor* Mill. protoplast isolation and culture in agarose droplets. Plant Cell Tiss Org Cult, 86: 359-366

Constabel F. 1978. Development of protoplast fusion products, heterokaryocytes, and hybrid cells. *In*: Thorpe T. Frontiers of Plant Tissue Culture. Calgary: University of Calgary Press: 141-149

Côte FX, et al. 1996. Embryogenic cell suspensions from the male flower of *Musa* AAA cv. Grand Naine. Physiol Plant, 97: 285-290

Cui H, et al. 2009. Introgression of bread wheat chromatin into tall wheatgrass via somatic hybridization. Planta, 229: 323-330

Dai XM, et al. 2010. Establishment of embryogenic cell suspensions and plant regeneration from protoplasts of dessert banana Dajiao（*Musa paradisiacal* ABB Linn）. *In Vitro* Cell Dev Biol-Plant, 46: 403-410

Dambier D, et al. 2011. Somatic hybridization for *Citrus* rootstock breeding: an effective tool to solve some important issues of the Mediterranean *Citrus* industry. Plant Cell Rep, 30: 883-900

Davey M, et al. 2005. Plant protoplasts: status and biotechnological perspectives. Biotechnol Adv, 23: 131-171

Davey M, et al. 2010. Plant protoplasts: isolation, culture and plant regeneration. *In*: Davey M, Anthony P. Plant Cell Culture: Essential Methods. New York: John wiley and Sons: 153-173

de Jong F, et al. 2007. A proteome study of the proliferation of cultured *Medicago truncatula* protoplasts. Proteomics, 7: 722-736

de Jong H. 2003. Visualizing DNA domains and sequences by microscopy: a fifty-year history of molecular cytogenetics. Genome, 46: 943-946

Deryckere D, et al. 2012. Low melting point agarose beads as a standard method or plantlet regeneration from protoplasts within the *Cichorium* genus. Plant Cell Rep, 31: 2261-2269

Deryckere D, et al. 2013. High-resolution melting analysis as a rapid and highly sensitive method for *Cichorium* plasmotype characterization. Plant Mol Biol Rep, 31: 731-740

dos Santos AVP. 1980. Organogenesis and somatic embryogenesis in tissues derived from leaf protoplasts and leaf explants of *Medicago sativa*. Z Pflanzenphysiol, 99: 261-270

Dovzhenko A, et al. 2003. Efficient regeneration from cotyledon protoplasts in *Arabidopsis thaliana*. Protoplasma, 222: 107-111

Dudits D, et al. 1980. Intergeneric gene transfer mediated by plant protoplast fusion. Mol Gen Genet, 179: 283-288

Duquenne B, et al. 2007. Effect of enzyme concentrations on protoplast isolation and protoplast culture of *Spathiphyllum* and *Anthurium*. Plant Cell Tiss Org Cult, 91: 165-173

d'Utra Vaz FB, et al. 1992. Protoplast culture in high molecular oxygen atmospheres. Plant Cell Rep, 11: 416-418

d'Utra Vaz FB, et al. 1993. Plant regeneration from leaf mesophyll protoplasts of the tropical woody plant passion fruit（*Passiflora edulis* fv Flavicarpa Degener.）: the importance of cefotaxime in the culture medium. Plant Cell Rep, 12: 220-225

Eeckhaut T, et al. 2013. Progress in plant protoplast research. Planta, 38: 991-1003

Eriksson TR. 1985. Protoplast isolation and culture. *In*: Fowke LC, Constabel F. Plant Protoplasts. Boca Raton: CRC Press: 1-20

Escalante A, et al. 1998. RFLP analysis and genomic *in situ* hybridization（GISH）in somatic hybrids and their progeny between *Lycopersicon esculentum* and *Solanum lycopersicoides*. Theor Appl Genet, 96: 719-726

Evans DA, et al. 1980. Somatic hybrid plants of *Nicotiana glauca* and *Nicotiana tabacum* obtained by protoplast fusion. Physiol Plant, 48: 225-230

Evens PK, Coking EC. 1975. The techniques of plant cell culture and somatic cell hybridization. *In*: Pain RH, Smith J. New Techniques in Biophysics and Cell Biology. London: John Wiley and Sons Ltd: 127-158

Facciotti D, Pilet PE. 1981. Ethylene release during haploid and diploid protoplast isolation and viability. Z Pflanzenphysiol, 104: 401-407

Famelaer I, et al. 2007. A study of the process of synchronisation and micronucleation in *Beta vulgaris* and the monitoring of an isolation procedure for micronuclei and micro-protoplasts by confocal laser scanning microscopy and flow cytometry. Plant Cell Tiss Org Cult, 90: 169-179

Fellner M. 1995. Influence of the antibiotic ciprofloxacin on culture of *Allium longicuspis* callus-derived protoplasts. Ann Bot, 76: 219-223

Forsberg J, et al. 1998. Comparison of UV light, X-ray and restriction enzyme treatment as tools in production of asymmetric somatic hybrids between *Brassica napus* and *Arabidopsis thaliana*. Theor Appl Genet, 96: 1178-1185

Frearson EM, et al. 1973. The isolation, culture and regeneration of petunia leaf protoplasts. Dev Biol, 33: 130-137

Fu C, et al. 2004. GISH, AFLP and PCR-RFLP analysis of an intergeneric somatic hybrid combining Goutou sour orange and *Poncirus trifoliata*. Plant Cell Rep, 23: 391-396

Galbraith DW. 1981. Microfluorimetric quantitation of cellulose biosynthesis by plant protoplasts using Calcofluor White. Physiol Plant, 53: 111-116

Gamborg OL, et al. 1968. Nutrient requirements of suspension cultures of soybean root cells. Exp Cell Res, 50: 151-158

Gancle A, et al. 2006. Predominant expression of diploid mandarin leaf proteome in two *Citrus* mandarin-derived somatic allotetraploid hybrids. J Agric Food Chem, 54: 6212-6218

Gilissen LJW, et al. 1992. Somatic hybridization between potato and *Nicotiana plunbaginifolia*. 2. Karyotypic modification and segregation of genetic markers in hybrid suspension cultures and sublines. Theor Appl Genet, 84: 81-86

Gilmour DM, et al. 1989. Medicago protoplasts: fusion, culture and plant regeneration. *In*: Bajaj YPS. Biotechnology in Agriculture and Forestry. Vol. 8. Plant Protoplasts and Genetic Engineering. Heidelberg: Springer-Verlag: 370-388

Gleba YY. 1978. Microdroplet culture: tobacco plants from single mesophyll protoplasts. Naturwissenschaften, 65: 158-159

Gleba YY, Sytnik KM. 1984. Protoplast fusion. Genetic engineering in higher plants. *In*: Shoeman R. Monographs on Theroretical and Applied Genetics, No. 8. New York: Springer Verlag: 3

Goldsworthy A. 1996. Electrostimulation of cells by weak electric currents. *In*: Lynch PT, Davey MR. Electrical Manipulation of Cells. New York: Chapman and Hall: 249-272

Gordon KHJ, et al. 1996. Replication-independent. *In*: Lynch PT, Davey MR. Electrical Manipulation of Cells. New York: Chapman and Hall: 292

Grosser JW, et al. 1996. Further evidence of a cybridization requirement for plant regeneration from *Citrus* leaf protoplasts following somatic fusion. Plant Cell Rep, 15: 672-676

Grosser JW, et al. 2000. Somatic hybridization in *Citrus*: an effective tool to facilitate variety improvement. *In Vitro* Cell Dev Biol-Plant, 36: 434-449

Grosser JW, et al. 2010. Protoplast fusion technology—somatic hybridization and cybridization. *In*: Davey M, Anthony P. Plant Cell Culture: Essential Methods. New York: John Wiley and Sons: 175-198

Grosser JW, Gmitter FG. 2005. Applications of somatic hybridization and cybridization in crop improvement, with *Citrus* as a model. *In Vitro* Cell Dev Biol-Plant, 41: 220-225

Grosser JW, Gmitter FG. 2011. Protoplast fusion for production of tetraploids and triploids: applications for scion and rootstock breeding in *Citrus*. Plant Cell Tiss Org Cult, 104: 343-357

Grzebelus E, et al. 2012a. An improved protocol for plant regeneration from leaf and hypocotyl-derived protoplasts of carrot. Plant Cell Tiss Org Cult, 109: 101-109

Grzebelus E, et al. 2012b. Phytosulfokine stimulates cell divisions in sugar beet（*Beta vulgaris* L.）mesophyll protoplast cultures. Plant Growth Regul, 67: 93-100

Guo WW, et al. 1998. Optimization of electrofusion parameters and interspecific somatic hybrid regeneration in *Citrus*. Acta Bot Sin, 40: 417-424

Guo WW, et al. 2004a. Targeted cybridization in *Citrus*: transfer of *Satsuma* cytoplasm to seedy cultivars for potential seedlessness. Plant Cell Rep, 22: 752-758

Guo WW, et al. 2004b. *Citrus* somatic hybridization with potential for direct tetraploid scion cultivar development. J Hort Sci Biotechnol, 79: 400-405

Guo WW, et al. 2004c. Somatic cell cybrids and hybrids in plant improvement. *In*: Daniell H, Chase CD. Molecular Biology and Biotechnology of Plant Organelles. Dordrech: Springer: 635-659

Guo WW, Grosser JW. 2005. Somatic hybrid vigor in *Citrus*: direct evidence from protoplast fusion of an embryogenic callus line with a transgenic mesophyll parent expressing the GFP gene. Plant Sci, 168: 1541-1545

Guo WW, et al. 2007a. Production and molecular characterization of *Citrus* intergeneric somatic hybrids between red tangerine and citrange. Plant Breed, 126: 72-76

Guo Y, et al. 2007b. Plant regeneration from embryogenic suspension-derived protoplasts of ginger（*Zingiber officinale* Rosc.）. Plant Cell Tiss Org Cult, 89: 151-157

Guo WW, et al. 2008. Regeneration and molecular characterisation of two interspecific somatic hybrids of *Citrus* for potential rootstock improvement. J Hortic Sci Biotech, 83: 407-410

Guo X, et al. 2010. Meiotic behavior of pollen mother cells in relation to ploidy level of somatic hybrids between *Solanum tuberosum* and *S. chacoense*. Plant Cell Rep, 29: 1277-1285

Guo WW, et al. 2013. Somatic cybrid production via protoplast fusion for *Citrus* improvement. Sci Hortic, 163: 20-26

Gupta HS, et al. 1988. Electroporation and heat shock stimulate division of protoplasts of *Pennisetum squamulatum*. J Plant Physiol, 133: 457-459

Gupta HS, Pattanayak A. 1993. Plant regeneration from mesophyll protoplasts of rice（*Oryza sativa* L.）. Bio/Technology, 11: 90-94

Hall N. 2007. Advanced sequencing technologies and their wider impact in microbiology. J Exp Biol, 210: 1518-1525

Hall RD, et al. 1992. Asymmetric somatic cell hybridization in plants. Ⅰ. The early effects of（sub）lethal doses of UV and gamma radiation on the cell physiology and DNA integrity of cultured sugarbeet（*Beta vularis* L.）protoplasts. Mol Gen Genet, 234: 306-324

Hasegawa H, et al. 2002. Efficient plant regeneration from protoplasts isolated from long-term, shoot primordial-derived calluses of garlic（*Allium sativum*）. J Plant Physiol, 159: 445-449

Hinnisdaels S, et al. 1991. Highly asymmetric intergeneric nuclear hybrids between *Nicotiana* and *Petunia*: evidence for recombination and translocation events in somatic hybrid plants after 'gamma-fusion'. Theor Appl Genet, 82: 609-614

Holme I, et al. 2004. Quantitative trait loci affecting plant regeneration from protoplasts of *Brassica oleracea*. Theor Appl Genet, 108: 1513-1520

Hunt PW, et al. 2001. Expression and evolution of functionally distinct haemoglobin in plants. Plant Mol Biol, 47: 677-692

Hutchinson GH, Saxena PK. 1996. Acetylsalicylic acid enhance and synchronizes thidiazuron-induced somatic embryogenesis in geranium （*Pelargonium*×*Hortorum* Bailey） tissue cultures. Plant Cell Rep, 15: 512-515

Inoue K, et al. 2004. Efficient production of polyploid plants via protoplast culture of *Iris fulva*. Cytologia, 69: 327-333

Iovene M, et al. 2007. Nuclear and cytoplasmic genome composition of *Solanum bulbocastanum* + *S. tuberosum* somatic hybrids. Genome, 50: 443-450

Iovene M, et al. 2012. Interspecific somatic hybrids between *Solanum bulbocastanum* and *S. tuberosum* and their haploidization for potato breeding. Biol Plant, 56: 1-8

Ishii S. 1987. Generation of active oxygen species during enzymic isolation of protoplasts from oat leaves. *In Vitro* Cell Dev Biol-Plant, 23: 653-658

Jain RK, et al. 1995. An improved procedure for plant regeneration from indica and japonica rice protoplasts. Plant Cell Rep, 14: 515-519

Jazdzewska E, et al. 2000. Plant regeneration from sugar beet leaf protoplasts: analysis of shoots by DNA fingerprinting and restriction fragment length polymorphism. Can J Bot, 78: 10-18

Jiang JM, Gill BS. 1994. Nonisotopic *in situ* hybridization and plant genome mapping: the first ten years. Genome, 37: 717-725

Jiang L, et al. 2012. Introgression of the heterologous nuclear DNAs and efficacious compositions from *Swertia tetraptera* Maxim. into *Bupleurum scorzonerifolium* Willd. via somatic hybridization. Protoplasma, 249: 737-745

Joshi S, Vincentini AM. 1990. Controlled cell wall regeneration for efficient microinjections of *Nicotiana tabacum* var. *carlson* protoplasts. Plant Cell Rep, 9: 117-120

Kaimori N, et al. 1998. Asymmetric somatic cell hybrids between alfalfa and bird's foot trefoil. Breed Sci, 48: 29-34

Kakkar RK, et al. 2000. Polyamines and plant morphogenesis. Biol Plant, 43: 1-11

Kanwar K, et al. 2009. Efficient regeneration of plantlets from callus and mesophyll derived protoplasts of *Robinia pseudoacacia* L. Plant Cell Tiss Org Cult, 96: 95-103

Kao KN. 1977. Chromosomal behaviour in somatic hybrids of soybean-*Nicotiana glauca*. Mol Gen Genet, 150: 225-230

Kao KN, et al. 1973. The effects of sugars and inorganic salts on cell regeneration and sustained division in plant protoplasts. *In*: Cocking E. Protoplastes et Fusion de Cellules Somatiques Végétales. Paris: Centre National dela Recherch Scientifique: 207-213

Kao KN, Michayluk MR. 1974. A method for high-frequency intergeneric fusion of plant protoplasts. Planta, 115: 355-367

Kao KN, Michayluk MR. 1975. Nutritional requirements for growth of *Vicia hajastana* cells and protoplasts at a very low population density in liquid media. Planta, 126: 105-110

Kaur-Sawhney R, et al. 1980. Polyamine-induced DNA synthesis and mitosis in oat leaf protoplasts. Plant Physiol, 65: 368-371

Kaur-Sawhney R, et al. 1985. Polyamine levels as related to growth, differentiation and senescence in protoplast-derived cultures of *Vigna aconitifolia* and *Arena sativa*. Plant Growth Reg, 3: 329-337

Kákoniová D, et al. 2010. Oligosaccharides induce changes in protein patterns of regenerating spruce protoplasts. Cent Eur J Biol, 5: 353-363

Keller WA, Melchers G. 1973. The effect of high pH and calcium on tobacco leaf protoplast fusion. Z Naturforsch, 28: 737-741

Kiełkowska A, Adamus A. 2012. An alginate-layer technique for culture of *Brassica oleracea* L. protoplasts. *In Vitro* Cell Dev Biol-Plant, 48: 265-227

Kisaka H, et al. 1994. Production and analysis of asymmetric hybrid plants between monocotyledon （*Oryza sativa* L.） and dicotyledon （*Daucus carota* L）. Theor Appl Genet, 89: 365-371

Kisaka H, et al. 1997. Production and analysis of plants that are somatic hybrids of barley （*Hordeum vulgar* L.） and carrot （*Daucus carota* L.）. Theor Appl Genet, 94: 221-226

Kisaka H, et al. 1998. Intergeneric somatic hybridization of rice （*Oryza sativa* L.） and barley （*Hordeum vulgare* L.） by protoplast fusion. Plant Cell Rep, 17: 362-367

Klein AS, et al. 1981. Cellulose and 1,3-glucan synthesis during the early stages of wall regeneration in soybean protoplasts. Planta, 152: 105-114

Klercker JAF. 1892. Eine method zur isoliernng lebender protoplasten. Ofvers Vetensk Akad Forh Stokh, 9: 463-475

Klocke E, et al. 2012. Protoplast fusion for the generation of unique *Pelargonium* plants. Acta Hortic, 953: 119-127

Ko J, et al. 2006. Tobacco protoplast culture in a polydimethylsiloxane-based microfluidic channel. Protoplasma, 227: 237-240

Komai F, et al. 2006. Application of nurse culture for plant regeneration from protoplasts of *Lilium japonicum* Thunb. *In Vitro* Cell Dev Biol-Plant, 42: 252-255

Kreuger M, van Holst JG. 1993. Arabinogalactan proteins are essential in somatic embryogenesis of *Daucus carota* L. Planta, 189: 243-248

Kumar PP, et al. 1998. Regulation of morphogenesis in plant tissue culture by ethylene. *In Vitro* Cell Dev Biol-Plant, 34: 94-103

Kumar V, et al. 1992. Pluronic F-68 stimulates growth of *Solanum dulcamara* in culture. J Exp Bot, 43: 487-493

Kwon H, et al. 2005. A proteomic approach to apoplastic proteins involved in cell wall regeneration in protoplasts of *Arabidopsis* suspension-cultured cells. Plant Cell Physiol, 46: 843-857

Lakshmanan P, et al. 1997. An efficient *in vitro* method for mass propagation of a woody ornamental *Ixora coccinea* L. Plant Cell Rep, 16: 572-577

Lakshmanan PS, et al. 2013. Micronucleation by mitosis inhibitors in developing microspores of *Spathiphyllum wallisii* Regel. Plant Cell Rep, 32: 369-377

Lee SH, et al. 1999. Variations in the morphology of rice plants regenerated from protoplasts using different culture procedures. Plant Cell Tiss Org Cult, 57: 179-187

Leino M, et al. 2003. *Brassica napus* lines with rearranged *Arabidopsis* mitochondria display CMS and a range of developmental aberrations.Theor Appl Genet, 106: 1156-1163

Li C, et al. 2004. Regeneration of asymmetric somatic hybrid plants from the fusion of two types of wheat with Russian wildrye. Plant Cell Rep, 23: 461-467

Li RJ, et al. 1990. Plant regeneration from cotyledon protoplasts of Xinjiang muskmelon. Plant Cell Rep, 9: 199-203

Li XH. 1981. Plantlet regeneration from mesophyll protoplasts of *Digitalis lanata* Ehrh. Theor Appl Genet, 60: 345-347

Li ZJ, Murai N. 1990. Efficient plant regeneration from rice protoplasts in general medium. Plant Cell Rep, 9: 216-220

Lian Y, et al. 2011. Production and genetic characterization of somatic hybrids between leaf mustard (*Brassica juncea*) and broccoli (*Brassica oleracea*). *In Vitro* Cell Dev Biol-Plant, 47: 289-296

Lian Y, et al. 2012. Protoplast isolation and culture for somatic hybridisation of rapid cycling *Brassica rapa* with 'Anand' CMS and *Brassica juncea*. Plant Cell Tiss Org Cult, 109: 565-572

Liu C, et al. 2012. A transcriptomic analysis reveals the nature of salinity tolerance of a wheat introgression line. Plant Mol Biol, 78: 159-169

Liu J, et al. 2005. Intergeneric somatic hybridization and its application to crop genetic improvement. Plant Cell Tiss Org Cult, 82: 19-44

Louzada ES, et al. 2002. Preparation and fusion of *Citrus* sp. microprotoplasts. J Am Soc Hort Sci, 127: 484-488

Lowe KC. 2003. Engineering blood: synthetic substitutes from fluorinated compounds. Tissue Eng, 9: 389-399

Lowe KC, et al. 1998. Perfluorochemicals: their applications and benefits to cell culture. Trends Biotechnol, 16: 272-277

Lowe KC, et al. 2001. Beneficial effects of Pluronic F-68 and artificial oxygen carriers on the post-thaw recovery of cryopreserved plant cells. Artif Cells Blood Substit Immobil Biotechnol, 29: 297-316

Lowe KC, et al. 2003. Novel approaches for regulating gas supply to plant systems *in vitro*: application and benefits of artificial gas carriers. *In Vitro* Cell Dev Biol-Plant, 39: 557-566

Ma R, et al. 2003. Somatic embryogenesis and fertile green plant regeneration from suspension cell-derived protoplasts of rye (*Secale cereale* L.). Plant Cell Rep, 22: 320-327

Maeda M, et al. 1979. Studies on the behavior of meiotic protoplasts Ⅳ. Protoplasts isolated from microsporocytes of *liliaceous* plants. Bot Mag (Tokyo), 92: 111-121

Mandal P, Sikdar SR. 2003. Plant regeneration from mesophyll protoplasts of *Rorippa indica* (L.) Hiern, a wild crucifer. Curr Sci, 85: 1451-1454

Masson J, et al. 1987. Plant regeneration from protoplasts of diploid potato derived from crosses of *Solanum tuberosum* with wild species. Plant Sci, 53: 167-176

Matsumoto K, et al. 2002. Somatic hybridization by electrofusion of banana protoplasts. Euphytica, 125: 317-324

Megia R, et al. 1993. Plant regeneration from cultured protoplasts of the cooking banana cv. Bluggoe (*Musa* spp., ABB group). Plant Cell Rep, 13: 41-44

Melchers G, et al. 1978. Somatic hybrid plants of potato and tomato regenerated from fused protoplasts. Carlsberg Res Commun, 43: 203-218

Melchers G, et al. 1992. One-step generation of cytoplasmic male sterility by fusion of mitochondrial-inactivated tomato protoplasts with nuclear-inactivated *Solanum* protoplasts. Proc Natl Acad Sci USA, 89: 6832-6836

Melchers G, Labib G. 1974. Somatic hybridization of plant by fusion of protoplasts. Selection of light resistant hybrids of "haploid" light sensitive varieties of tobacco. Mol Gen Genet, 135: 277-294

Mordhorst AP, Lor ZH. 1992. Electrostimulated regeneration of plantlets from protoplasts derived from cell suspensions of barley (*Hordeum vulgare*). Physiol Plant, 85: 289-294

Morel G, Wetmore RH. 1951. Fern callus tissue culture. Am J Bot, 38: 141-143

Moricová P, et al. 2013. Changes of DNA methylation and hydroxymethylation in plant protoplast cultures. Acta Biochim Pol, 60: 33-36

Morpurgo R, et al. 1994. Selection parameters for resistance to *Fusarium oxysporum* f. sp. cubense race 1 and race 4 on diploid banana (*Musa acuminata* Colla). Euphytica, 75: 121-129

Morse M, et al. 2004. AtPNP-A is a systemically mobile natriuretic peptide immunoanalogue with a role in *Arabidopsis thaliana* cell volume regulation. FEBS Lett, 556: 99-103

Motte H, et al. 2013. Phenyl-adenine, identified in a light-dependent short hypocotyls4-assisted chemical screen, is a potent compound for shoot regeneration through the inhibition of cytokinin oxidase/dehydrogenase activity. Plant Physiol, 163: 1229-1241

Murashige T, Skoog F. 1962. A revised medium for growth and rapid bioassays with tobacco tissue culture. Physiol Plant, 15: 473-497

Murch SJ, Saxena PK. 1997. Modulation of mineral and fatty acid profiles during thidiazuron mediated somatic embryogenesis in peanuts (*Arachis hypogeae* L.). J Plant Physiol, 151: 358-361

Mussell H, et al. 1986. Ethylene synthesis during protoplasts formation from leaves of *Arena sativa*. Plant Sci, 47: 207-214

Nagata T, Takebe I. 1970. Cell wall regeneration and cell division in isolated tobacco mesophyll protoplasts. Planta, 92: 301-308

Nagata T, Takebe I. 1971. Plating of isolated tobacco mesophyll protoplasts on agar. Planta, 99: 12-20

Niedz R. 2006. Regeneration of somatic embryos from sweet orange（*C. sinensis*）protoplasts using semi-permeable membranes. Plant Cell Tiss Org Cult, 84: 353-357

Olivares-Fuster O, et al. 2002. Green fluorescent protein as a visual marker in somatic hybridisation. Ann Bot, 89: 491-497

Olivares-Fuster O, et al. 2005. Electrochemical protoplast fusion in *Citrus*. Plant Cell Rep, 24: 112-119

Ondrej V, et al. 2009. The heterochromatin as a marker for protoplast differentiation of *Cucumis sativus*. Plant Cell Tiss Org Cult, 96: 229-234

Ondrej V, et al. 2010. Recondensation level of repetitive sequences in the plant protoplast nucleus is limited by oxidative stress. J Exp Biol, 61: 2395-2401

Ortiz R, Swennen R. 2014. From crossbreeding to biotechnology-facilitated improvement of banana and plantain. Biotechnol Adv, 32: 158-169

Pan Z, et al. 2005. Optimized chemodiversity in protoplast-derived lines of St. John's wort（*Hypericum perforatum* L.）. *In Vitro* Cell Dev Biol-Plant, 41: 226-231

Panis B, et al. 1993. Plant regeneration through direct somatic embryogenesis from protoplasts of banana（*Musa* spp.）. Plant Cell Rep, 12: 403-407

Papadakis AK, et al. 2005. Biosynthesis profile and endogenous titers of polyamines differ in totipotent and recalcitrant plant protoplasts. Physiol Plant, 125: 10-20

Papadakis AK, Roubelakis-Angelakis K. 1999. The generation of active oxygen species differs in *Nicotiana* and *Vitis* plant protoplasts. Plant Physiol, 121: 197-205

Papadakis AK, et al. 2001. Reduced activity of antioxidant machinery is correlated with suppression of totipotency in plant protoplasts. Plant Physiol, 126: 434-444

Pasternak T, et al. 2000. Exogenous auxin and cytokinin dependent activation of CDKs and cell division in leaf protoplast-derived cells of alfalfa. Plant Growth Regul, 32: 129-141

Pasternak T, et al. 2005. Complementary interactions between oxidative stress and auxins control plant growth responses at plant, organ, and cellular level. J Exp Biol, 56: 1991-2001

Pati P, et al. 2005. Extra thin alginate film: an efficient technique for protoplast culture. Protoplasma, 226: 217-221

Pati P, et al. 2008. Rose protoplast isolation and culture and heterokaryon selection by immobilization in extra thin alginate film. Protoplasma, 233: 165-171

Petrivalsky M, et al. 2012. The effects of reactive nitrogen and oxygen species on the regeneration and growth of cucumber cells from isolated protoplasts. Plant Cell Tiss Org Cult, 108: 237-249

Pospišilová J, et al. 1999. Acclimatization of micropropagated plants to *ex vitro* conditions. Biol Plant, 42: 481-497

Potrykus I, et al. 1979. Multiple-drop array（MDA）technique for the large-scale testing of culture media variations in hanging microdrop cultures of single cell systems Ⅰ. The technique. Plant Sci Lett, 14: 231-235

Potters G, et al. 2010. Dehydroascorbate and glutathione regulate the cellular development of *Nicotiana tabacum* L. SR-1 protoplasts. *In Vitro* Cell Dev Biol-Plant, 46: 289-297

Power JB, Cocking EC. 1968. A simple method for the isolation of very large number of leaf protoplasts by using mixtures of cellulases and pectinase. Biochem J, 111: 33

Power JB, et al. 1977. Selection procedures for the production of inter-species somatic hybrids of *Petunia hybrida* and *P. parodii*. Ⅰ. Nutrient media and drug sensitivity complementation selection. Plant Sci Lett, 10: 1-6

Power JB, et al. 2003. Haemoglobin-enhanced mitosis in cultured plant protoplasts. Adv Exp Med Biol, 540: 201-206

Prange A, et al. 2010a. Regeneration of different *Cyclamen* species via somatic embryogenesis from callus, suspension cultures and protoplasts. Sci Hortic, 125: 442-450

Prange A, et al. 2010b. Efficient and stable regeneration from protoplasts of *Cyclamen coum* Miller via somatic embryogenesis. Plant Cell Tiss Org Cult, 101: 171-182

Puite KJ. 1992. Progress in plant protoplast research. Physiol Plant, 85: 403-410

Punja ZK, et al. 1990. Isolation, culture and plantlet regeneration from cotyledon and mesophyll protoplasts of two pickling cucumber（*Cucumis sativus* L.）genotypes. Plant Cell Rep, 9: 61-64

Rakosy-Tican E, et al. 2007. *In vitro* morphogenesis of sunflower（*Helianthus annuus*）hypocotyl protoplasts: the effects of protoplast density, haemoglobin and spermidine. Plant Cell Tiss Org Cult, 90: 55-62

Ramulu KS, et al. 1993. Isolation of sub-diploid microprotoplasts for partial genome transfer in plants: enhancement of micronucleation and enrichment of microprotoplasts with one or a few chromosomes. Planta, 190: 190-198

Ramulu KS, et al. 1995. Microprotoplast fusion technique: a new tool for gene transfer between sexually-incongruent plant species. Euphytica, 85: 255-268

Ramulu KS, et al. 1996b. Microprotoplast-mediated transfer of single specific chromosomes between sexually incompatible plants. Genome, 39: 921-933

Ramulu KS, et al. 1996a. Intergeneric transfer of partial genome and direct production of monosomic addition plants by microprotoplast fusion. Theor Appl Genet, 92: 316-325

Ramulu KS, et al. 1999. Microprotoplast-mediated chromosome transfer (MMCT) for direct production of monosomic addition lines. *In*: Hall RD. Methods in Molecular Biology, Vol Ⅲ. Plant Cell Culture Protocols. Totowa, New Jersey: Humana Press: 227-242

Rasmussen JQ, et al. 1997. Regeneration and analysis of interspecific asymmetric potato—*Solanum* spp. hybrid plants selected by micromanipulation or fluorescence activated cell sorting (FACS). Theor Appl Genet, 95: 41-49

Rasmussen JQ, et al. 2000. Analysis of the plastome and chondriome origin in plants regenerated after asymmetric *Solanum* spp. protoplast fusion. Theor Appl Genet, 101: 336-343

Raveh D, et al. 1973. *In vitro* culture of tobacco protoplasts: use of feeder techniques to support division of cells plated at low densities. *In Vitro* Cell Dev Biol-Plant, 9: 216-222

Rech EL, et al. 1987. Electro-enhancement of division of plant protoplast-derived cells. Protoplasma, 141: 169-176

Renaudin JP, et al. 1990. Sequential hormone requirement for growth and organogenesis of *Petunia hybrida* protoplasts-derived calli. Plant Sci, 71: 239-250

Riazunnisa K, et al. 2007. Preparation of *Arabidopsis* mesophyll protoplasts with high rates of photosynthesis. Physiol Plant, 129: 679-686

Robenek H, Peveling E. 1977. Ultrastructure of cell wall regeneration of isolated protoplasts of *Skimmia japanica* Thumb. Planta, 136: 135-145

Rose RJ. 1980. Factor that influence the yield, stability in culture and cell wall regeneration of spinach mesophyll protoplasts. Aust J Plant Physiol, 7: 713-725

Rubin G, Zaitlin M. 1976. Cell concentration as a factor in precursor incorporation by tobacco leaf protoplasts or separated cells. Planta, 131: 87-89

Rutgers E, et al. 1997. Identification and molecular analysis of transgenic potato chromosomes transferred to tomato through microprotoplast fusion. Theor Appl Genet, 94: 1053-1059

Sagi L, et al. 1998. Recent development in biotechnological research on bananas (*Musa* spp.). Biotechnol Genet Eng Rev, 15: 313-327

Sairam RV, et al. 1999. Culture and regeneration of mesophyll-derived protoplasts of sorghum (*Sorghum bicolour* L. Moench). Plant Cell Rep, 18: 927-977

Saito H, Nakano M. 2002. Isolation and characterization of gametic microprotoplasts from developing microspores of *Lilium longiflorum* for partial genome transfer in the *Liliaceous ornamentals*. Sex Plant Reprod, 5: 179-185

Sarkar D, et al. 2011. Production and characterization of somatic hybrids between *Solanum tuberosum* L. and *S. pinnatisectum* Dun. Plant Cell Tiss Org Cult, 107: 427-440

Sasamoto H. 2002. Endogenous levels of abscissic acid and gibberellins in leaf protoplasts competent for plant regeneration in *Betula platyphylla* and *Populus alba*. Plant Growth Regul, 38: 195-201

Sasamoto H, et al. 2003. Development of novel elongated fiber-structure in protoplast cultures of *Betula platyphylla* and *Larix leptolepis*. *In Vitro* Cell Dev Biol-Plant, 9: 223-228

Sheahan M, et al. 2004. Organelle inheritance in plant cell division: the actin cytoskeleton is required for unbiased inheritance of chloroplasts, mitochondria and endoplasmic reticulum in dividing protoplasts. Plant J, 37: 379-390

Sheahan M, et al. 2005. Mitochondria as a connected population: ensuring continuity of the mitochondrial genome during plant cell dedifferentiation through massive mitochondrial fusion. Plant J, 44: 744-755

Sheahan M, et al. 2007. Actin-filament-dependent remodeling of the vacuole in cultured mesophyll protoplasts. Protoplasma, 230: 141-152

Sheng X, et al. 2008. Production and analysis of intergeneric somatic hybrids between *Brassica oleracea* and *Matthiola incana*. Plant Cell Tiss Org Cult, 92: 55-62

Sheng X, et al. 2011. Protoplast isolation and plant regeneration of different doubled haploid lines of cauliflower (*Brassica oleracea* var. *botrytis*). Plant Cell Tiss Org Cult, 107: 513-520

Shrestha BR, et al. 2007. Plant regeneration from cell suspension-derived protoplasts of *Phalaenopsis*. Plant Cell Rep, 26: 719-725

Sidorov VA, et al. 1994. Cybrid production based on mutagenic inactivation of protoplasts and rescuing of mutant plastids in fusion products: potato with a plastome from *S. bulbocastanum* and *S. pinnatisectum*. Theor Appl Genet, 88: 525-529

Sinha A, Caligari PDS. 2005. Alternate enhanced protoplast division by encapsulation in a droplets: an advance towards somatic hybridization in recalcitrant white lupin. Ann Appl Biol, 146: 441-448

Skarzhinskaya M, et al. 1998. Genome organization of *Brassica napus* and *Lesquerella fendleri* and analysis of their somatic hybrids using genomic *in situ* hybridization. Genome, 41: 691-701

Smith HH, et al. 1976. Interspecific hybridization by protoplast fusion in *Nicotiana*. J Hered, 67: 123-128

Smith MAL, et al. 1989. Plasmolytic behavior of the donor cell may affect protoplast response. Physiol Plant, 76: 201-204

Song XQ, et al. 1999. Hybrid plant regeneration from interfamilial somatic hybridization between grapevine (*Vitia vinifera*) and thorowax (*Bupleurum scorzonerifolium* Wild). China Sci Bull, 44: 1878-1882

Soriano L, et al. 2012. Regeneration and characterization of somatic hybrids combining sweet orange and mandarin/mandarin hybrid cultivars for *citrus* scion improvement. Plant Cell Tiss Org Cult, 111: 385-392

Sowa AW, et al. 1999. Nonsymbiotic haemoglobin in plants. Acta Biochim Pol, 46: 431-445

Spangenberg G, et al. 1994. Asymmetric somatic hybridization between tall fescue（*Festuca arundinaceae* Schreb）and irradiated Italian ryegrass（*Lolium multiforum* Lam）protoplast. Theor Appl Genet, 88: 509-519

Sytnik E, et al. 2005. Transfer of transformed chloroplasts from *Nicotiana tabacum* to the *Lycium barbarum* plants. Cell Biol Int, 29: 71-75

Szarka B, et al. 2002. Mixing of maize and wheat genomic DNA by somatic hybridization in regenerated sterile maize plants. Theor Appl Genet, 105: 1-7

Szczerbakowa A, et al. 2010. Somatic hybridization between the diploids of *S. michoacanum* and *S. tuberosum*. Acta Physiol Plant, 32: 867-873

Szczerbakowa A, et al. 2011. Nuclear DNA content and chromosome number in somatic hybridallopolyploids of *Solanum*. Plant Cell Tiss Org Cult, 106: 373-380

Takami K, et al. 2005. Utilization of intergeneric somatic hybrids as an index discriminating taxa in the genus *Citrus* and its related species. Sex Plant Reprod, 18: 21-28

Takebe L, Aoki S. 1968. Isolation of tobacco mesophyll cells in intact and active state. Plant and Cell Physiol, 9: 115-124

Tang KX, et al. 2000. A simple and efficient procedure to improve plant regeneration from protoplasts isolated from long-term cell-suspension cultures of indica rice. *In Vitro* Cell Dev Biol-Plant, 36: 362-365

Thomas JC, Katterman FRH. 1984. The control of spontaneous lysis of protoplasts from *Gossypium hirsutum* anther callus. Plant Sci Lett, 36: 149-154

Thompson HJM, Knox JP. 1998. Stage-specific responses of embryogenic carrot cell suspension, cultures to arabinogalactan protein-binding β-glucosyl Yariv reagent. Planta, 205: 32-38

Tomar UK, Dantu PK. 2010. Protoplast culture and somatic hybridization. *In*: Tripathi G. Cellular and Biochemical Science. New Delhi: I. K. International House Pvt Ltd: 876-891

Toppino L, et al. 2008. ISSR and isozyme characterization of androgenetic dihaploids reveals tetrasomic inheritance in tetraploid somatic hybrids between *Solanum melongena* and *Solanum aethiopicum* Group *Gilo*. J Hered, 99: 304-315

Trabelsi S, et al. 2005. Somatic hybrids between potato *Solanum tuberosum* and wild species *Solanum vernei* exhibit a recombination in the plastome. Plant Cell Tiss Org Cult, 83: 1-11

Tylicki A, et al. 2003. Changes in the organization of the tubulin cytoskeleton during the early stages of *Solanum lycopersicoides* Dun protoplast culture. Plant Cell Rep, 22: 312-319

Vardi A, et al. 1982. Plant regeneration from *Citrus* protoplasts: variability in methodological requirements among cultivars and species. Theor Appl Genet, 62: 171-176

Vardi A, et al. 1987. *Citrus* cybrids: production by donor-recipient protoplast-fusion and verification by mitochondrial-DNA restriction profiles. Theor Appl Genet, 75: 51-58

Vardi A, et al. 1989. Protoplast-fusion-mediated transfer of organelles from *Microcitrus* into *Citrus* and regeneration of novel alloplasmic trees. Theor Appl Genet, 78: 741-747

Varotto S, et al. 2001. Production of asymmetric somatic hybrid plants between *Cichorium intybus* L. and *Helianthus annuus* L. Theor Appl Genet, 102: 950-956

Vasil IK. 1976. The progress. problem, and prospects of plant protoplast research. Adv Agron, 28: 119-160

Vasil IK. 1983. Isolation and culture of protoplasts of grasses. Int Rev Cytol Suppl, 16: 79-88

Vasil IK, Vasil V. 2006. Advances in cereal protoplast research. Physiol Plant, 85: 279-283

Vazquez-Thello A, et al. 1996. Inherited chilling tolerance in somatic hybrids of transgenic *Hibiscus rosa sinensis* transgenic *Lavtera thrringiaca* selected by double antibiotic resistance. Plant Cell Rep, 15: 506-511

Vlahova M, et al. 1997. UV irradiation as a tool for obtaining asymmetric somatic hybrids between *Nicotiana plumbaginigolia* and *Lycopersicon esculentum*. Theor Appl Genet, 94: 184-191

Waara S, Glimelius K. 1995. The potential of somatic hybridization in crop breeding. Euphytica, 85: 217-233

Wang J, et al. 2013. Protoplast fusion for crop improvement and breeding in China. Plant Cell Tiss Org Cult, 112: 131-142

Wang L, et al. 2010. Proteomic analysis of leaves from a diploid cybrid produced by protoplast fusion between Satsuma mandarin and pummelo. Plant Cell Tiss Org Cult, 103: 165-174

Wang M, et al. 2005. High UV-tolerance with introgression hybrid formation of *Bupleurum scorzonerifolium* Willd. Plant Sci, 168: 593-600

Wang M, et al. 2008. Chromosomes are eliminated in the symmetric fusion between *Arabidopsis thaliana* L. and *Bupleurum scorzonerifolium* Willd. Plant Cell Tiss Org Cult, 92: 121-130

Wang M, et al. 2011. Different rates of chromosome elimination in symmetric and asymmetric somatic hybridization between *Festuca arundinacea* and *Bupleurum scorzonerifolium*. Russ J Plant Physiol, 58: 133-141

Wang YP, et al. 2003. Development of rapeseed with high erucic acid content by asymmetric somatic hybridization between *Brassica napus* and *Crambe abyssinica*. Theor Appl Genet, 106: 1147-1155

Wardrop J, et al. 1996. Perfluorochemicals and plant biotechnology: an improved protocol for protoplast culture and plant regeneration in rice (*Oryza sativa* L.). J Biotechnol, 50: 47-54

Wardrop J, et al. 1997. Beneficial effects of oxygenated fluorocarbon on the *in vitro* culture of protoplasts and cell electrofusion products. Artif Cells Blood Substit Immobil Biotechnol, 25: 481-486

Wardrop J, et al. 2002. Metabolic responses of cultured cells to oxygenated perfluorocarbon. Artif Cells Blood Substit Immobil Biotechnol, 30: 63-70

Watts JW, et al. 1974. Problems associated with the production of stable protoplasts of cells of tabacco mesophyll. Ann Bot (Lond), 38: 667-671

White DWR, Bhojwani SS. 1981. Callus formation from *Trifolium arvense* protoplast-derived cells plated at low densities. Z Pflanzenphysiol, 102: 257-261

Whitkus R, et al. 1992. Comparative genome mapping of *Sorghum* and maize. Genetics, 132: 119-130

Widholm JM. 1972. The use of fluorescein diacetate and phenosafranine for determining viability of cultured plant cells. Stain Technol, 47: 189-194

Winkelmann T, et al. 2008. Morphological characterization of plants regenerated from protoplasts of *Cyclamen persicum* Mill. Propag. Ornam Plants, 8: 9-12

Wisniewska E, Majewska-Sawka A. 2007. Arabinogalactan-proteins stimulate the organogenesis of guard cell protoplasts-derived callus in sugar beet. Plant Cell Rep, 26: 1457-1467

Witjaksono, et al. 1998. Isolation, culture and regeneration of avocado (*Persea americana* Mill.) protoplasts. Plant Cell Rep, 18: 235-242

Wolters AMA. 1994. Mitotic and mitotic irregularities in somatic hybrids of *Lycopersicon esculentum* and *Solanum tuberosum*. Genome, 37: 726-735

Wolters AMA, et al. 1994. Somatic hybridization as a tool for tomato breeding. Euphytica, 79: 265-277

Wu F, et al. 2009. Tape-*Arabidopsis* Sandwich—A simpler *Arabidopsis* protoplast isolation method. Plant Meth, 5: 16

Wu S, et al. 2008. High resolution melting analysis of almond SNPs derived from ESTs. Theor Appl Genet, 118: 1-14

Xia GM. 2009. Progress of chromosome engineering mediated by asymmetric somatic hybridization. J Genet Genom, 36: 547-556

Xia GM, et al. 1998. Asymmetric somatic hybridization between haploid common wheat and UV irradiated *Haynaldia villosa*. Plant Sci, 137: 217-223

Xia GM, et al. 2003. Asymmetric somatic hybridization between wheat (*Triticum aestivum* L.) and *Agropyron elongatum* (Host) Nevishi. Theor Appl Genet, 107: 299-305

Xiang FN, et al. 2010. The chromosome content and genotype of two wheat cell lines and of their somatic fusion product with oat. Planta, 231: 1201-1210

Xiang FN, et al. 2004. Regeneration of somatic hybrids in relation to the nuclear and cytoplasmic genomes of wheat and *Setaria italic*. Genome, 47: 680-688

Xiang FN, et al. 2003. Effect of UV dosage on somatic hybridization between common wheat (*Triticum aestivum* L.) and *Avena sativa* L. Plant Sci, 164: 697-707

Xiao W, et al. 2007. Plant regeneration from protoplasts of *Musa acuminate* cv. Mas (AA) via somatic embryogenesis. Plant Cell Tiss Org Cult, 90: 191-200

Xiao W, et al. 2009. Somatic hybrids obtained by asymmetric protoplast fusion between *Musa* Silk cv. Guoshanxiang (AAB) and *Musa acuminate* cv. Mas (AA). Plant Cell Tiss Org Cult, 97: 313-321

Xu CH, et al. 2003. Integration of maize nuclear and mitochondrial DNA into the wheat genome through somatic hybridization. Plant Sci, 165: 1001-1008

Xu XY, et al. 2007. Asymmetric somatic hybridization between UV-irradiated *Citrus unshiu* and *C. sinensis*: regeneration and characterization of hybrid shoots. Plant Cell Rep, 26: 1263-1273

Xu XY, et al. 2013. Differences in oxidative stress, antioxidant systems, and microscopic analysis between regenerating callus-derived protoplasts and recalcitrant leaf mesophyll-derived protoplasts of *Citrus reticulata* Blanco. Plant Cell Tiss Org Cult, 114: 161-169

Xu XY, et al. 2006. Isolation of cytoplasts from *Satsuma mandarin* (*Citrus unshiu* Marc.) and production of alloplasmic hybrid calluses via cytoplast-protoplast fusion. Plant Cell Rep, 25: 533-539

Yamada Y, et al. 1986. Plant regeneration from protoplast-derived callus of rice (*Oryza sativa* L.). Plant Cell Rep, 5: 85-88

Yamagishi H, et al. 2002. Production of asymmetric hybrids between *Arabidopsis thaliana* and *Brassica nupus* utilizing an efficient protoplast culture system. Theor Appl Genet, 104: 959-964

Yamagishi H, et al. 2008. Somatic hybrids between *Arabidopsis thaliana* and cabbage (*Brassica oleracea* L.) with all chromosomes derived from *A. thaliana* and low levels of fertile seed. J Jpn Soc Hortic Sci, 77: 277-282

Yan CQ, et al. 2004. Use of asymmetric somatic hybridization for transfer of the bacterial blight resistance trait from *Oryza meyeriana* L. to *O. sativa* L. ssp. *japonica*. Plant Cell Rep, 22: 569-575

Yang XY, et al. 2008. Expression profile analysis of genes involved in cell wall regeneration during protoplast culture in cotton by suppression subtractive hybridization and macroarray. J Exp Bot, 59: 3661-3674

Yang XY, et al. 2007. Production and characterization of asymmetric hybrids between upland cotton Coker 201 (*Gossypium hirsutum*) and wild cotton (*G. klozschianum* Anderss). Plant Cell Tiss Org Cult, 89: 225-235

Yasuda K, et al. 2007. Generation of intracellular reactive oxygen species during the isolation of *Brassica napus* leaf protoplasts. Plant Biotechnol, 24: 361-366

Yemets A, Blume Y. 2009. Antimitotic drugs for microprotoplast mediated chromosome transfer. *In*: Blume Y, et al. The Plant Cytoskeleton: A Key Tool for Agro Biotechnology. Dordrecht: Springer: 419-434

Zaban B, et al. 2013. Dynamic actin controls polarity induction *de novo* in protoplasts. J Integr Plant Biol, 55: 142-159

Zhang Q, et al. 2006. Isolation of microprotoplasts from a partially synchronized suspension culture of *Citrus unshiu*. J Plant Physiol, 163: 1185-1192

Zhao J, et al. 2001. Two phases of chromatin decondensation during dedifferentiation of plant cells-distinction between competence for cell fate switch and a commitment for S phase. J Biol Chem, 276: 22772-22778

Zhou AF, Xia GM. 2005. Introgression of the *Haynaldia villosa* genome into gamma-ray-induced asymmetric somatic hybrids of wheat. Plant Cell Rep, 24: 289-296

Zhou AF, et al. 2001. Analysis of chromosomal and organellar DNA of somatic hybrids between *Triticum aestiuvm* and *Haynaldia villosa* Schur. Mol Genet Genomics, 265: 387-393

Zhu YM, et al. 1997. Highly efficient system of plant regeneration from protoplasts of grapevine（*Vitis vinifera* L.）through somatic embryogenesis by using embryogenic callus cultures and activated charcoal. Plant Sci, 123: 151-157

Zimmermann U, Vienken J. 1982. Electric field-induced cell to cell fusion. J Membr Biol, 67: 165-182

Zobayed SMA, et al. 2001. Leaf anatomy of *in vitro* tobacco and cauliflower plantlets as affected by different types of ventilation. Plant Sci, 161: 537-548

第8章　体细胞无性系变异及其他发育异常

自20世纪80年代以来，植物组织培养对快速繁殖有价值的园艺植物已是一种十分成熟的技术体系，还在营造人工林地和生产植物的生物活性物中发挥着重要作用(Slazak et al.，2015)。

在植物组织培养过程中，培养物是在不同类型的半透性密闭培养瓶及其所含的培养基中培养，其间包括周期性更换新鲜的同类或不同的培养基的继代培养，从开始培养到培养周期结束及至温室的炼苗过程，培养物都是处于一种逆境条件中。这些逆境包括机械干扰和创伤、因脱水或高渗(如培养基中高浓度的蔗糖)及因培养基渗入细胞之间时的渗透冲击所造成的空气阻塞、不正常的矿质营养(高浓度的氨)、异常的植物激素处理、在培养瓶内相对的高湿度和可能累积的不同气体(特别是乙烯)、表面消毒常使植物体表附生的微生物通常的共生关系遭到破坏等(Desjardins et al.，2009)。由于离体培养是非自然的条件，因此植株从培养基中获得糖分以代替叶的光合作用。

在大多数情况下，所培养的细胞、器官和再生的小植株呈现健康及正常形态特征。但这些逆境有可能导致或偶然诱导培养物的过早老化，相反，有的培养物却是被复壮(返幼)从而使幼龄期延长(Brand，2011)，有的培养细胞可成为驯化的细胞(habituated cell)(见第1章)，并在逐步失去器官发生的全能性后成为肿瘤状的细胞(Gaspar et al.，2000)。培养物出现如体细胞无性系变异(Bairu et al.，2011a)、培养苗的玻璃化(Dewir et al.，2014)、茎尖坏死(Bairu et al.，2009a)、组织扁化(Iliev and Kitin，2011)、组织增生、表观遗传变异(Smulders and de Klerk，2011)、异常的生长发育和遗传稳定性等的不少问题(Ruffoni and Savona，2013)。例如，已发现在转化过程所加的抗菌物质如潮霉素(hygromycin)、卡那霉素(kanamycin)和头孢噻肟(cefotaxime)也引起烟草DNA的超甲基化(Schmitt et al.，1997)。

再生苗的表型异常的例子包括叶的结构异常和花形态的变异，而这两类器官在园艺植物和农作物的组织培养中均是非常重要的器官，明显地影响再生苗的质量及其经济价值。因此，利用有关的遗传标记物对一批培养物的上述异常发育进行预测并采取措施进行预防具有重要意义。尽管体细胞无性系变异使所生产的植物品种遗传失真，但有些体细胞的无性系变异在农艺学上具有育种资源的开发价值(Skirvin et al.，1994；Biswas et al.，2009)。因此，相比之下，体细胞无性系变异得到了更多和更深入的研究。本章将对组织培养过程中比较常见的异常生长发育作一介绍。

8.1　体细胞无性系变异

体细胞无性系变异(somaclonal variation)是指源于细胞和组织培养的变异。这一变异不是以全有或全无的方式产生，而是以不同程度的方式产生。为了更专一性地描述组织培养过程所诱导的体细胞无性系变异，有时也称这种变异为组织培养诱导的变异(tissue culture-induced variation)。通常，体细胞无性系变异泛指所有组织培养方式所产生的变异体，而其他名称，如原生质体无性系变异(protoclonal variation)、配子无性系变异(gametoclonal variation)和分生组织无性系变异(mericlonal variation)则分别指源于原生质体、花药和分生组织培养的变异体(Chen et al.，1998；Bairu et al.，2011a)。

有些研究者对体细胞无性系变异的定义附加了另一些内容和要求，如认为体细胞无性系变异是可通过有性周期进行遗传的变异。但由于复杂的性别不亲和(不育)、无种子、多倍体和世代周期长，不可能总去证实它的可遗传性，因此对于这些植物体细胞无性系变异的遗传性特性的解释是十分困难的(Bairu et al.，2011a)。

尽管体细胞无性系变异的概念已被广泛地接受，但对此概念的普遍使用仍有些保留意见，特别是对于体细胞多体植物(polysomatic plant)和嵌合体植物来说。所谓体细胞多体是指在同一器官中，其体细胞具有不同的染色体倍数水平。超过 90%的被子植物都存在体细胞多体(D'Amato，1984)。植物的体细胞多体是核内复制的结果，这是一个核经历重复的 DNA 合成而没有有丝分裂的过程，从而产生核内多倍性细胞。这一过程的细胞分化主要在高度特化的细胞，如在维管组织的筛管和管胞分子、胚乳或胚柄的储藏细胞中进行(Lukaszewska and Sliwinska，2007)。

体细胞无性系变异的原因一般可分为诱导性和预存性的变异。可见的预存变异如在嵌合体组织中所见的那样，在理论上，它们是可在培养中分离出来的，并显示其体细胞无性系变异的表型。这些变异表型不一定代表着组织培养时所诱导的变异。因此，体细胞无性系变异这一概念，必须局限在当组织培养处于开始阶段时用肉眼尚未能发现的变异(Bairu et al.，2011a)。首例组织培养引起体细胞无性系变异是在甘蔗组织培养再生植株的过程中发现的(Heinz and Mee，1971)。

离体培养细胞的生长及其植株再生的过程都是无性的过程，仅发生有丝分裂，在理论上不会变异；期待所得的植株在遗传上应是相同的。在培养过程中，那些随机自然发生的、不可控的变异大多都是非期待的变异。在转基因植株中，因为已转化的细胞通过了植株再生的阶段，体细胞无性系变异也可能发生在转基因植株中。例如，在水稻(Labra et al.，2001)、大麦(Bregitzer et al.，1998)和番茄(Soniya et al.，2001)等的转基因植株中已发现该变异。转基因烟草的体细胞无性系变异在形态上出现植株的矮化、花粉不育植株数量的增加(Kurbidaeva and Novokreshchenova，2011)。与体细胞无性系变异不同，体细胞突变(somatic mutation)可能是植物个体内和个体间产生新遗传变异的重要源头(O'Connell and Ritland，2004)。个体之间的遗传变异可为细胞系提供选择的机会，在不同环境下形成对有害昆虫反应的嵌合体，可提高植物对害虫的抗性(Antolin and Strobeck，1985)。在群体水平上，体细胞突变可改变等位基因频率(Orive，2001)。体细胞突变对于植物交配体系的进化是非常重要的，特别是对于那些长寿命的品种，如林木品种，因为体细胞突变有助于突变负荷(mutational load)和近交衰退(inbreeding depression)，有利于远缘杂交交配系统占优势的进化(O'Connell and Ritland，2004)。

突变是指在 DNA 序列发生可遗传的变化，而这一变化不是源于遗传的分离或重组。突变体中的遗传变异可通过特异性的化学或物理诱变剂处理或通过组织培养获得。有的学者认为体细胞无性系变异是在组织培养再生植株过程中的突变，其显性表达频率明显地要比其他形式的突变高(Yang et al.，2010)。

离体培养环境可以成为突变剂，使再生植株呈现突变体表型和 DNA 的变异，这些发生变异的再生植株可来源于器官培养、愈伤组织、原生质体和体胚发生途径，特别是在再生或处于不同分化阶段的不定分生组织之前。研究者已从不同作物中获得了可能成为新品种的体细胞无性系变异，如马铃薯(Thieme and Griess，2005)和穇(*Eleusine coracana* L. Gaertn)(Baer et al.，2007)。

尽管在诱导突变和体细胞无性系变异方面已做了许多研究工作(Bairu et al.，2011a；Wang Q M and Wang L，2012；Zhang et al.，2014；Ong-Abdullah et al.，2015)，但是，对组织培养诱导的突变与以物理或化学诱导的突变的不同之处目前尚未有清楚的了解。此外，这两种变异的应用价值仍需要更多的研究。

8.1.1　体细胞无性系变异的源头与诱因

与天然突变相比，离体再生的变异更易发生且常见(Yang et al.，2010)，并易于检测，这是因为在组织培养有限的空间和短时间内所产生的这些突变体极易被发现。例如，某种未加保护的遗传材料由培养基中相关化合物所诱导的变异体的存活率要比在温室内和大田中的突变体的存活率增加数倍之多。即使在这两种环境中突变发生率相似的情况下，组织培养基中所累积的细胞群体中变异体的绝对数(经历 20 次细胞分裂周期后，细胞数可达 10^6)也比大田生长植物的要高许多。植物材料的细胞、组织和器官间或无性系间的体细胞无性系变异可因离体培养环境而异。有些无性系或所有的无性系所发生的体细胞无性系变异的差异可能与其供体植株品种的物理性的差异有关(Skirvin et al.，1994)。

体细胞无性系变异可能因其来源植物不同而呈现长久的或暂时的变异。暂时性变异来源于表观遗传或生理效应，同时是不可遗传或可逆的。而长久的变异是可遗传的，并代表那些预存于来源植株中的变异表达或通过未确定遗传机制所发生的从头变异。因此，对于引起体细胞无性系变异的原因，目前并未全都了解，一般来说，组织培养中的这一变异可能是预存的或培养中所诱导的。目前的文献资料表明，这种变异可发生在特异的性状上或发生在整个基因水平上(Bairu et al.，2011a)。例如，Gengenbach 和 Umpeck(1982)通过对分离线粒体 DNA 的限制性酶切研究结果揭示线粒体控制雄性不育，这也证实了体细胞无性系变异不限于核 DNA 的改变。由于下一代测序技术及其他分子研究手段的发展及其在相关模式植物上有关体细胞无性系变异的研究不断深入，我们对体细胞无性系变异的本质有了更多的了解。例如，通过有关水稻和拟南芥中全基因组水平上相关体细胞无性系变异分子机制的大量的研究，研究者已发现拟南芥组织培养所再生的植株中，其天然突变呈现高频率的基因组水平 DNA 序列突变，其最原初的基因组改变的特点是碱基取代(Sabot et al.，2011)，而出乎意料的是，在拟南芥组织培养再生植株中并未鉴定到转座元件转座的激活，这表明，已被广泛认同的转座元件激活是引起组织培养遗传变异的因素(Neelakandan and Wang，2012)，并不是引起拟南芥的体细胞无性系变异的主要因素。与此相反，在水稻的组织培养再生植株中，却检测到核苷酸序列的改变和转座元件的转座(Sabot et al.，2011；Miyao et al.，2012；Zhang et al.，2014)。

8.1.1.1　预存的变异

检验是否存在预存的体细胞无性系变异，要对所要检测的体细胞无性系进行另一轮离体再生。带有预存变异的无性系在其再生的第一代所产生的变异性会比其再生的第二代更多，此后的变异将消失或稳定下来。可遗传的细胞变异可来源于天然突变和表观遗传变化，或源于这两种变化的联合机制。嵌合体植株的存在、染色体倍数性水平的变化、组织培养所诱导的染色体畸变及染色体重排、细胞周期机制、隐性转座元件的激活均可成为诱导预存变异的因素(Bairu et al.，2011a)。现简述如下。

1) 嵌合体

在离体条件下，嵌合体是预存变异的源头之一(George，1993)。植物分生组织中的不同遗传性的组织排列和组合将影响嵌合体的稳定性。例如，从蓝烟小星辰花(*Limonium perezii* Hubbard)分生组织再生植株的叶片外植体而再生的原型无性系带有异常的花和可育性低的花粉，这与嵌合体的形成有关(Kunitake et al.，1995)。同样，从天然生长的变异嵌合体 Maricongo 芭蕉(plantain)的球茎(corm)的不同方位所产生的营养芽和不同花序部位切取的外植体，经过组织培养再生出一个遗传稳定的称为 Superplantano 芭蕉的变异体，这也证实了遗传的真实性取决于外植体的来源(供体)(Krikorian et al.，1993)。当从同一植株获取多于一种外植体时就可能发生此类变异，这是常见现象(Kunitake et al.，1995)。这些例子说明，外植体供体植株的可遗传组成及其基因组的一致性是影响组织培养无性系遗传性非常重要的因素。因此，在组织培养之前，必须对所培养植株的基因组的一致性作必要的分析。

2) 细胞周期的作用

细胞周期的调节机制可直接作用于植物的生长和形态发生。鉴于细胞周期在控制植物生长和形态发生时所起的复杂作用，植物组织培养时，细胞周期的控制可能产生错误，从而可能改变正常生命的发育。例如，当原生质体培养时，微管合成、纺锤体取向、染色单体分离和横向细胞壁形成都会发生高频率的错误，这些错误将引起染色体数目和结构的改变。任何引起细胞周期正常过程改变的运作都会导致体细胞无性系变异。尽管目前依然缺乏有丝分裂重组对体细胞无性系变异具有重要性的证据，但是，除少数例外之外，研究者在组织培养物中已发现有丝分裂重组包括体细胞染色体互换和姐妹染色体单体交换所产生的几种类型的染色体重排(Larkin and Scowcroft，1981)。

3) 转座元件的激活

McClintock(1950)首次在玉米中发现了转座子。此后也称为转座元件(transposable element，TE)，它们是植物基因组的主要成分，通常通过 DNA 甲基化而被沉默(Lisch，2013)。例如，50%的水稻转座元件都发生胞嘧啶甲基化。在某种情况下被表观遗传沉默的转座元件可被激活从而转座。已可通过对功能基因的插入干扰或对转座元件附近基因的表达重调而产生各种突变(Kashkush and Khasdan，2007)。隐性转座元件(cryptic transposable element)被激活是体细胞无性系变异的另一来源。染色体断裂可启动玉米转座元件的活性(Peschke et al.，1987)。在组织培养物中发现玉米转座元件的激活意味着体细胞无性系变异与转座元件之间存在相关性。遗传学证据也表明某种不稳定的突变可能是转座元件所致，而组织培养环境可能是诱导DNA序列转座的环境(Larkin and Scowcroft，1981)。例如，愈伤组织的诱导及其随后的不定苗与根的形成将干扰细胞正常的功能，也可能激活转座元件、逆境诱导的酶或产生其他产物(Pietsch and Anderson，2007)。最近的研究表明，一般认同的转座元件激活是组织培养引起遗传变异的因素(Neelakandan and Wang，2012)，并不发生在拟南芥的体细胞无性系变异中，但可发生在水稻的组织培养再生植株中，在这些植株中可检测到核苷酸序列的改变和转座子元件的转座。在水稻组织培养无性系植株中，其转座元件存在新的插入序列，它们可能引起体细胞无性系变异(Gao et al.，2009)。因此，转座子的活动如转座元件被激活及其目的基因被沉默和单基因拷贝序列高频率甲基化的变异也可能在体细胞无性系变异中起重要的作用(Bairu et al.，2011a)。在水稻基因组存在32类共约1000个反转录转座子，还含有59类长末端重复序列(LTR)反转录转座子，占水稻全基因组的17%。反转录转座子如*Tos*极易通过组织培养方法被诱导激活而引起体细胞无性系变异，该过程并不需要诱变剂。*Tos*家族的反转录酶(reverse transcriptase，RT)共有20个类别，它们可引起体细胞无性系变异。然而在水稻中仅是在粳稻日本晴(Nipponbare)品种的组织培养的条件下，这些*Tos*才被激活(Park et al.，2011)；水稻内源的反转录转座子如*Tos10*、*Tos17*和*Tos19*是可在水稻细胞培养时进行特异性激活和转座的元件(Hirochika et al.，1996)。在培养的水稻细胞中，*Tos17*的活性远比*Tos10*和*Tos19*活性强。在水稻再生植株中*Tos17*转座及其拷贝可立即失去活性，但仍保留在它们插入的位置上。研究曾经发现，水稻品种Nipponbare细胞培养5个月后，其所带的原来两个拷贝的*Tos17*，可迅速增加到平均每个细胞10拷贝水平(Miyao et al.，2003)。Miyao等(2007)对插入*Tos17*的水稻细胞培养系的表型进行大规模的分析发现，有一半被插入的突变体至少发生一个表型的改变。此外，在再生的水稻植株中可检测到许多单核苷酸多态性(SNP)、插入和删除。在43种转座子中只检测到*Tos17*的转座，因此，除了*Tos17*转座外，单核苷酸多态性、插入和删除也是体细胞无性系变异的致因(Miyao et al.，2012)。

在水稻再生植株中，有关转座子活性的研究结果也存在完全矛盾的报道。根据Sabot等(2011)的报道，水稻中最少有13个转座元件家族被转座，从而引起基因组中34个新的插入。而Miyao等(2012)却发现在水稻再生植株中只有*Tos17*表现出转座的活性，并引起10个新的插入。这种矛盾的结果并不是因所用材料的遗传背景不同而异，因为他们所用的材料是相同的(水稻基因型，Nipponbare)。对此，显然需要更多的研究。

Zhang等(2014)以经过8个世代广泛自交的遗传稳定的粳稻品种Hitomebore的组织培养再生植株为材料(TC-reg-2008)，利用全基因组重测序技术，在单碱基分辨率水平上通过与该品种供体的原始野生型比较，对其组织培养所诱导的基因组内突变率、突变类型及突变谱(mutation spectra)进行了更为详细的研究。结果表明，再生植株(TC-reg-2008)的基因组中存在广泛的可遗传变异，包括由3个转座原件转座活性的重新激活而引起的7个新的插入(尽管与其野生型相比，这3个转座元件的重新激活不引起其表型变异)。所有这7个新的插入都发生在基因区域，其中5个存在于5个不同的基因的外显子上，一个是在一个基因的内含子中，另一个在另一基因的3末端非编码区中。*Tos17*最活跃，可致5个新插入，包括3个正向插入和两个反向插入。此外，对特异性扩增的转座元件侧翼连接区域(flank junction)的桑格测序(Sanger-sequencing)研究发现，*Tos17*含典型的靶位点重复(canonical target site duplication，TSD)。此外还发现，在遗传稳定的TC-reg-2008株系中，在组织培养时或组织培养后，*Tos17*两个原生的拷贝都经历了胞嘧啶甲基化修饰；其超甲基化部位主要在它们的59LTR区域，该区是反转录转座子转录表达的区域；这反映了可能存在通过RNA指导的DNA甲基化(RdDM)途径(见第9章的9.1.1.3)来强化基因沉默作用，这一途径已被证明在*Tos17*活性的抑制调控上起作用(Nuthikattu et al.，2013；Zhang et al.，2014)。

在水稻中，与其驯化相关的基因区域已被鉴定，在正常环境中这些区域是遗传易变的，倾向于发生突变的区域(Huang et al.，2012)。组织培养所引起的基因组的高突变区域与其正常条件下的高突变区域几乎无一致重合之处。这说明，水稻在正常条件下产生突变的机制与组织培养引起突变的机制是有所不同的(Zhang et al.，2014)。

8.1.1.2 表观遗传变化

目前的研究结果表明，尽管遗传变化(从点突变到产生多倍体等的细胞异常变化)对于体细胞无性系变异非常重要，但是，如DNA甲基化、组蛋白修饰、染色体重排和RNA干扰这些可调节离体培养物的分化及发育的表观遗传变化也是引起体细胞无性系变异的主要因子(Rodriguez-Enriquez et al., 2011; Miguel and Marum, 2011)。

已有许多证据表明，在离体条件下生长的植株中发生了高频率的表观遗传的变异。(有关表观遗传的更详细的调控机制请查看第9章)。离体培养体系也已成功地用于研究细胞脱分化和此后发育程序重编时表观遗传如何作用的动态机制的实验模式(Miguel and Marum, 2011)。表观遗传机制如DNA甲基化、组蛋白修饰和RNA干扰(RNAi)之间的相互作用在影响染色质结构上可起关键的作用(Henderson and Jacobsen, 2007; Ausin et al., 2012)。研究已表明，无论在人为实验中还是在天然群体中都大量地发生染色质状态的变异。核组蛋白的N端尾部可进行乙酰化、甲基化、磷酸化、小分子泛素相关修饰物(small ubiquitin-related modifier, SUMO)修饰、羰基化反应和糖基化的共价键的修饰(Kouzarides, 2007)。植物在对各种外部和内部刺激包括逆境、病原体的攻击、光温与激素的改变的反应过程中，这一套联合的修饰(组蛋白密码)在调节染色质结构的动态变化上起着根本性的作用，最终影响基因的转录(Rothbart and Strahl, 2014)。例如，组蛋白的过度乙酰化与活跃的基因表达相关，而过低的乙酰化则与基因表达抑制相关；在活跃的转录区域将累积H3K4的甲基化，而H3K9的甲基化与转录抑制相关(Rose and Klose, 2014)。拟南芥和水稻完整的基因组中的组蛋白修饰的鉴定将为了解植物的表观遗传基因组学如何应对发育或环境信号提供重要的信息。通过高密度的全基因组平铺微阵列(high-density whole-genome tiling microarray) Zhang等(2007)发现在拟南芥中H3K27me3可意外地调节大量的基因(4400个基因)，这表明，在植物中存在着一个主要的基因沉默机制在独立地作用于其他的表观遗传途径，如小RNA(small RNA, sRNA)的产生或DNA甲基化。sRNA通过指导序列特异性转录物降解和(或)转录抑制(Chen, 2009)，不仅在转录后水平上起作用，同时也通过RNA指导的DNA甲基化途径进行靶DNA的甲基化。拟南芥野生型和突变体的根与茎之间的嫁接实验证实，干扰小RNA(small interfering RNA, siRNA)和微RNA(miRNA)是可移动的信号，从而指导受体细胞基因组的表观遗传修饰(Molnar et al., 2010)。这些事件导致染色质的修饰，最终引起转录沉默和异染色质的形成。阐明DNA甲基化和组蛋白修饰的相互作用与发育过程中为响应环境而建立的特异性表观遗传程序中的sRNA途径，将是认识离体植物细胞及其所出现的变异的重要基础。因此，表观遗传变异也是体细胞无性系变异的一个重要根源(Henderson and Jacobsen, 2007)。

1) DNA甲基化

DNA甲基化也许是人们最了解的在基因组印记、X染色体失活、转座子和其他DNA重复序列及内源基因表达中起作用的表观遗传机制之一。DNA的甲基化是指在胞嘧啶碱基的第5位碳原子上引入甲基基团。它是由DNA甲基转移酶(DNA methyltransferase, DNMT)催化*S*-腺苷甲硫氨酸(*S*-adenosylmethionine, SAM)提供甲基，将胞嘧啶转变为5-甲基胞嘧啶(5-mC)的一种反应(有关DNA甲基化的更多资料可参看第9章的9.1.1部分DNA甲基化)。DNA甲基化的增加可引起额外突变，因为已被甲基化的胞嘧啶，如5-甲基胞嘧啶(5-mC)的脱氨与未被甲基化的胞嘧啶的脱氨相比，其被修复的效率低(Jeltsch, 2010)。

对离体植物细胞培养物的表观遗传变异的检测目前主要集中在对DNA甲基化的分析，因为这是描述得最多的表观遗传机制之一。一个最显著的例子就是有关组织培养所诱导的油棕(oil palm, *Elaeis guineensis*)斗篷状(mantled)的体细胞无性系变异。这一变异影响其花器官(雌花和雄花)(图8-1)。从体细胞胚再生的植株中发生这一变异的频率可达5%(Corley et al., 1986)，但是在这些再生植株的后代中还会存在高频率变异。通过检测全基因组DNA的甲基化和序列特异性甲基化的变化，并对此在斗篷状体细胞无性系变异和野生型中进行比较，研究者发现基因表达的表观遗传下调，发生体细胞无性系变异植株的叶中DNA的甲基化水平比不变异的再生植株的叶中的DNA甲基化水平低，同时其体细胞胚再生的体细胞无性系变异斗篷状植株的整体 DNA 甲基化水平都有所降低，这是产生这一变异表型的原因(Jaligot et al.，2002)。

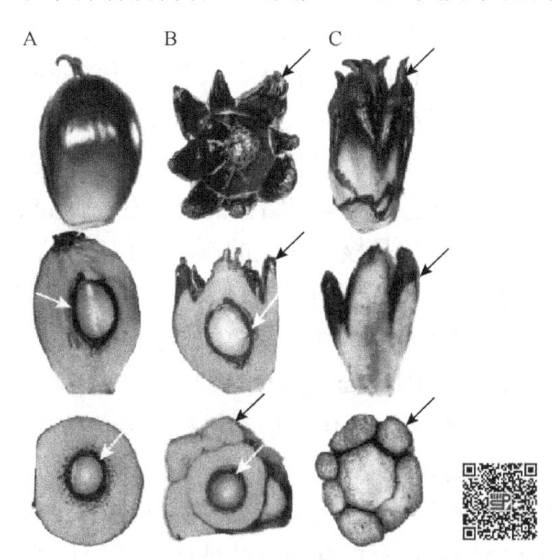

图 8-1　油棕体细胞无性系变异与正常果实的形态结构比较(Ong-Abdullah et al.，2015)
(彩图请扫二维码)

A：正常的果实。B：不育的斗篷状体细胞无性系变异果实。C：单性结实的斗篷状无性系变异。顶图示完整的果实；中图示果实的纵切面；下图示果实的横切面。黑色箭头示伪心皮(假雌蕊)；白色箭头示果核仁

最近人们对于这一基因表达的表观遗传下调的机制有了较清楚的认识。关于这一油棕斗篷状体细胞无性系变异的遗传方式的研究表明，这种变异并不遵循孟德尔遗传规律，即这一变异并非由基因突变所引起，而是基因表达的表观遗传改变所致。利用微阵列分析几个具有重要商业价值的油棕无性系基因组内的甲基化状态后，终于找到了一个丧失甲基化“标签”的基因组位点，这一位点与斗篷状体细胞无性系变异的一个基因相对应，称为 *MANTLED* 位点，它是金鱼草植物 *DEFICIENS* 基因的同源物。这一基因有助于决定性器官的发育命运，当该基因突变时可导致雄性(而非雌性)器官发育。在油棕 *MANTLED* 内有一个 LINE 反转录转座子(在水稻中则被命名为 *Karma*，位于其同源基因 *DEFICIENS* 的内含子上)。在油棕的所有斗篷状体细胞无性系突变体中，其 *Karma* 的剪接位点附近的甲基化程度较低，其剪接方式也发生改变。而正常的无性系相应的位点则是超甲基化。当这一剪接位点处于低甲基化(hypomethylation)状态时，基因无法利用正常的外显子来剪接内含子，因此转而利用了 *Karma*。由于这一表观遗传位点对其表型的影响非常直观，因此，研究者把 *Karma* 剪接位点附近高度甲基化的位点称为好的 *Karma* 表观等位基因(good *Karma* epiallele)，因为它预示着植株可以产生正常的果实；而其相应的低甲基化的位点称为坏的 *Karma* 表观遗传位点，因为它预示着植株发生同源异形转化(homeotic transformation)、单性结实，并且果实产量显著降低(Ong-Abdullah et al.，2015)。

也有研究表明，DNA 甲基化与体细胞无性系变异关系不大。例如，研究者通过比较分别经过 4 个月、11 个月和 27 个月培养的小粒咖啡(*Coffea arabica*)胚性细胞系通过体细胞胚发生途径所形成的再生植株的体细胞无性系变异频率的差异发现，这些变异与其培养时间(培养物的衰老程度)有关，体细胞胚再生苗的体细胞无性系变异只发现于培养了 11 个月和 27 个月的胚性细胞培养物再生苗中，其再生苗植株的体细胞无性系变异的频率分别达到 30%和 94%。变异表型的 AFLP、MSAP 分析和相关的实验表明，培养 11 个月和 27 个月的胚性细胞培养物再生苗的 DNA 甲基化的多态性较低，其频率为 0.087%～0.149%。结合细胞学和染色体修饰研究结果，小粒咖啡胚性细胞的衰老程度(培养时间较长的培养物)是体细胞无性系的高度致变因素。这些培养物的染色体重排直接与体细胞无性系变异相关，而 DNA 甲基化和转座元件的改变与该细胞培养物体细胞无性系变异无关(Landey et al.，2015)。

2)染色体畸变及其重排

离体培养细胞可再生成植株，这清楚地证明了植物细胞发育上的可塑性，为了应答特异性环境信号，

植物细胞在脱分化的过程中要求先获得一种改变发育命运的感受态(见第1章1.4节)，随即进行新的发育途径。这一发育顺序伴随着染色质水平和发育程序的重编，表观遗传调节可在这一过程中起到中心作用。离体培养细胞发育命运的改变与染色质结构的改变相关。大量的研究表明，体细胞无性系变异常常出现细胞畸变，如染色体重排(缺失、倒位、易位)，有时候会发生更明显的变化，如非整倍体化和多倍体化。对组织培养所诱导的染色体畸变特色的鉴定和分类可使我们更好地了解体细胞无性系变异的相关机制。在组织培养的体细胞无性系变异中，可发生染色体数量和结构的变异(Hao and Deng，2002；Mujib et al.，2007)。更仔细的研究揭示，结构性的染色体的变化是核型变化的频率及程度的最准确的反映。在组织培养的细胞中，其变异的主要类型是由染色体结构变化所致的变异。因此，染色体断裂和在某些情况下随即进行的染色体片段交换和重组是导致变异的非常重要的事件。在组织培养过程中，异染色质的延迟复制和核苷库的不平衡是导致染色体重排的两个可能的原因(Landey et al.，2015)。尽管植物的染色体多倍体化可以诱导体细胞无性系变异，但其也取决于用于进行多倍体化的培养材料及多倍体化的方法。例如，分别以石刁柏(亦称芦笋)(*Asparagus officinalis*)二倍体基因型CM077和四倍体基因型HT156的根、茎、芽为外植体，在含不同浓度的秋水仙碱的石刁柏根茎芽培养基(asparagus rhizome bud medium，ARBM-3)中进行多倍体植株诱导，研究者已分别从基因型CM077(2*x*)和HT156(4*x*)的外植体诱导与维持培养的愈伤组织中通过器官发生途径成功地获得了多倍体再生植株。实验结果表明，经过多倍体化后，从二倍体和四倍体基因型的培养物中分别可获得不同频率的四倍体和八倍体植株，但只有从愈伤组织再生的多倍体植株才会产生体细胞无性系变异植株。这是因为以根茎上的芽为外植体再生的植株在遗传上比来自愈伤组织的再生植株稳定(Regalado et al.，2015)。

观察小粒咖啡(*Coffea arabica*，$2n=4x=44$)长期培养，即分别培养4个月、11个月和27个月的胚性细胞系再生植株的体细胞无性系变异的结果表明，只有培养11个月和27个月的细胞系再生植株才发生体细胞无性系变异，其频率分别达到30%和94%。对这些变异体中的染色体的分析表明，其中所含的非整倍体(单倍体)及异源多倍体结构可使这些非整倍体植株存活，由细胞系被培养时间所决定的细胞衰老程度是引起小粒咖啡体细胞无性系变异的很强的诱变剂，而染色体重排与体细胞无性系变异直接相关(Landey et al.，2015)。

3) micro RNA

microRNA能否对体细胞无性系变异发挥作用？从它们产生的源头及其在基因组中的组成、涉及植物激素的反应和分生组织的属性(meristem identity)等方面看，有理由认为microRNA和小RNA途径的失调应该是体细胞无性系变异的诱导因素。但目前有关microRNA对组织培养环境的反应知之甚少，microRNA对体细胞无性系变异发挥作用的直接证据尚不太多。由于它们的分子较小，表达水平低，难以直接用传统的转录组技术进行研究(Rodriguez-Enriquez et al.，2011)。

已有不少研究结果表明，microRNA对离体培养物的分化和发育发挥重要的作用。在离体培养的人工条件下对植物生长的影响也可能是由microRNA所产生的影响。分生组织细胞在未分化之前是被高度调控的细胞，其细胞分裂次数有限，所产生的小细胞处于干细胞微环境(stem cell niche)中，从而受到发育的控制。在愈伤组织和长期培养的悬浮培养细胞中，这些细胞处于不断分裂而不分化的状态，不受干细胞微环境的控制，在这一环境下，表观遗传变化是稳定的。另外，愈伤组织细胞之间的胞间连丝将使细胞间的小RNA进行扩散(Spencer and Kimmins，1997)。microRNA的作用倾向于细胞自主性的方式，而包括反式作用干扰小RNA(trans-acting siRNA，tasiRNA)在内的siRNA是可以在细胞之间移动的小RNA。这类siRNA对基因表达的沉默效应呈现非细胞自主性，即其沉默效应可在细胞、组织和个体间传递与扩散。tasiRNA由特异性的长链非编码RNA所产生，并成为microRNA的靶作用物而被裂解(Dunoyer et al.，2010)。按这一作用方式，从microRNA转录物所产生的siRNA或它们的作用靶物可通过胼胝质几乎不受限制地移动，甚至有一些过表达小RNA的细胞会超越它们的物理限制。组织培养体系所引起的问题仍然是产生大量的细胞分化，导致异常的分生组织区域和异常的维管结构。研究已发现一些microRNA可在分生组织中富集

(Lelandais-Brière et al.，2009)。同样，有些复杂的小 RNA 群体，包括一些 microRNA 也会出现在韧皮部液汁中(Zhang et al.，2009)，这些组织培养过程中所出现的异常的细胞分化和所形成的异常结构将会引起那些特定的小 RNA 的约束及其分布发生改变，可能会带来变异的问题。研究已发现，组织培养过程及其环境易于诱发基于 microRNA 的效应。许多 microRNA 基因涉及植物激素的反应，特别是生长素的反应。例如，miR160 家族是高度保守的，并调控着几个生长素反应因子(*AUXIN RESPONSE FACTOR*，*ARF*)家族的转录物。最近的研究发现，microRNA 和 tasiRNA 都参与生长素受体与生长素反应因子网络的调控(Marin et al.，2010)。例如，细胞分裂素类物质 TDZ(thidiazuron)所诱导的水稻愈伤组织可引起 microRNA 靶标基因的表达发生改变(Chakrabarty et al.，2010)。尚有一些其他的证据表明，关于组织培养中所发生的表观遗传干扰，microRNA 可能担负着主要的角色(Zhang et al.，2010a)。

离体培养物的畸形分化与发育可引起特异性小 RNA 的约束和分布的正常体系发生改变。随着培养时间的推移，愈伤组织可失去其形成分生组织的能力(这一分生组织可分化出新的器官)，即愈伤组织失去其分化的感受态(competence)，这也可能与其 microRNA 的水平和活性直接相关。例如，在胚胎发生时，通过维管束依赖性机制，AGO1 和 AGO10 一起促进顶端分生组织的形成，而 AGO10 的异位表达可促进分生组织的异位形成(Newman et al.，2002)。AGO10 可能与 microRNA 结合并涉及其靶物转录的抑制(而不是裂解其靶物)(Mallory and Vaucheret，2010)。通过改变 microRNA 及其效应因子如 AGO 之间的平衡而干扰基于 microRNA 的系统，有助于将细胞锁定于一个不分化的状态(Rodriguez-Enriquez et al.，2011)。

8.1.1.3　组织培养因素

研究已发现，离体繁殖的方法或植株再生体系、基因型、外植体的性质、生长调节物质的类型及其浓度、继代培养的次数及每次继代的时间都是决定培养物体细胞无性系变异频率的因素，现分述如下。

1)离体繁殖的方法

组织培养过程中，培养物的无序生长阶段是导致体细胞无性系变异的一个因素(Rani and Raina，2000)。对于植物细胞来说，离体生长条件可谓是一种极端的逆境，可诱导高强度的突变。组织培养包括各种水平上的无序生长，受干扰最小的细胞组织结构是顶端分生组织培养体系，而原生质体培养体系是不具分生组织的培养体系，在这一不具分生组织的外植体培养体系中，常通过愈伤组织或细胞悬浮培养阶段的再生不定苗而实现植株再生。实验表明，处于不稳定和无序生长培养体系中的细胞的结构特性，与体细胞无性系变异息息相关(Sivanesan，2007)。一般来说，植物的结构越是有序，阻止产生变异的机会就越大(Cooper et al.，2006)。尽管不通过愈伤组织而直接形成植物结构的培养体系可减少不稳定性的机会，但当植株在离体培养的条件下生长时，已形成的分生组织的稳定性也常受损(Karp，1994)。

2)外植体的组织类型

高度分化的组织如根、叶和茎外植体所产生的变异会比已含有预存的分生组织的腋芽与茎尖外植体产生的变异更多(Sharma et al.，2007)，但也有例外。例如，在香蕉中，与体细胞胚胎发生所产生的体细胞无性系变异相比，更有序的组织如茎尖培养所产生的变异更多(Israeli et al.，1996)，这可能与茎尖中存在嵌合体有关。利用未分化的组织如中柱鞘、原形成层和形成层为外植体进行组织培养将会降低变异频率(Sahijram et al.，2003)。在正常的植物生长和发育中的体细胞分化过程中，其基因组中也发生大量的变化，如内多倍性(endo-polyploidy)、多线性(polyteny)和扩增或 DNA 序列的减少等。因此，外植体组织的来源也影响体细胞无性系变异的频率和性质(Chuang et al.，2009)。脱分化和重新分化的过程也涉及基因组的定性与定量的改变；此时，有些 DNA 序列可能被扩增或删除。这些变化都与用于培养的外植体或培养体系中的细胞的状态有关。因此，体细胞无性系变异可源于已存在于外植体供体中预先存在的体细胞突变(somatic mutation)。同时，在以体细胞胚胎发生途径为植株再生的体系中，其再生植株的遗传不稳定性和遗传异常极大地取决于植物的基因型；但是有许多基因型之外的因素也可引起体细胞无性系变异，如外植体类型、培养时间的长短和培养基中生长调节物质的浓度等(Bairu et al.，2011a)。

3) 植物生长调节物质的种类及其浓度

生长素和细胞分裂素合适的浓度及准确的比例对于有效的植物离体繁殖是最重要的因素。外源生长调节物质可干扰细胞周期而激活形态发生，并在这一过程中诱导变异。那些已存在于外植体或培养细胞中的可遗传而非正常的细胞分裂更容易受生长调节物质所激活。因此，细胞群体的遗传组成可受生长素和细胞分裂素相对水平的影响。不含或含低浓度生长调节物质的培养基更有利于带正常倍数染色体的细胞的培养。尚未有明确的证据证明生长调节物对此有直接的诱变作用，多数可能是由它们所引起的快速的无序生长所产生的间接诱变的效应所致。研究已发现相对较高浓度的细胞分裂素(BA，15mg/L)可引起香蕉 CIEN BTA-03 品种的染色体数目增加，这一香蕉品种是源于香蕉威廉斯品种(cv. Williams，AAA)的体细胞无性系变异体(Giménez et al.，2001)，高浓度的 BA(30mg/L 与 2mg/L 浓度相比)也可显著增加水稻愈伤组织培养物遗传的可变性(Oono，1985)。二苯基脲衍生物也可诱导一种龙牙蕉(*Musa* AAB)(Roels et al.，2005)、四季橘(*Citrus madurensis* Lour.)(Siragusa et al.，2007)和大豆(Radhakrishnan and Ranjitha Kumari，2008)的体细胞无性系变异。愈伤组织和悬浮细胞培养时，生长素可增加 DNA 甲基化频率，从而捉进培养物的遗传变异(LoSchiavo et al.，1989)。2,4-D 是常用于愈伤组织和细胞培养的人工合成的生长素，它常诱发培养物多倍体的遗传异常并促进 DNA 合成，从而导致 DNA 的核内复制(endoreduplication)。生长素和细胞分裂素浓度的不平衡也常引起多倍体的发生。高浓度的 2,4-D 所诱导的愈伤组织可引起一些植物如草莓(*Fragaria*×*ananassa* cv. Redcoat)(Nehra et al.，1992)、大豆(Gesteira et al.，2002)和棉花(Jin et al.，2008)的体细胞无性系变异。培养物的体细胞无性系变异在相当大的程度上都与培养基中不适量(浓度过高或浓度过低)的植物生长调节剂和人工合成的植物激素相关(Martin et al.，2006)。但也有与此相反的研究结果。例如，改变培养基的成分(如高水平的细胞分裂素)并不直接影响香芽蕉(Cavendish)的体细胞无性系变异的速率，而其基因型才是影响这一变异的主要因素(Reuveni et al.，1993)。对于五彩芋属(*Caladium*)植物叶色的变异，生长素类型的影响大于其浓度的影响；在培养基中使用等摩尔浓度的各种生长素对变异数量的影响结果显示，(2,4,5-三氯苯酚代乙酸)2,4,5-T 或 2,4-D 的作用大于 NAA 或 IBA 的作用(Ahmed et al.，2004)，但是植物生长调节剂并不影响茴香(*Foeniculum vulgare*)由器官发生和体细胞胚发生所再生植株的遗传稳定性与同一性(Bennici et al.，2004)。同样，在相对较高浓度的两个细胞分裂素(BA 为 53.28μmol/L；激动素为 55.80μmol/L)培养基中，都不引起 Nanjanagudu Rasabale(基因型 AAB)香蕉品种的体细胞无性系变异(Venkatachalam et al.，2007a)。鉴于这些结果相反的报道，植物生长调节物质的类型和浓度，特别是细胞分裂素在诱导不同植物的体细胞无性系变异方面的作用仍存在争议，迫切地需要进一步的研究。

4) 继代培养的次数和时间

增加继代培养的次数及其时间可促进培养物的体细胞无性系变异，特别是在细胞悬浮和愈伤组织培养时更是如此(Bairu et al.，2006)。在离体繁殖过程中，在较短时间内，会出现高速的细胞增殖，这将要求更高频率的继代培养。香蕉 Nanico(*Musa* spp.，AAA)品种的体细胞无性系变异的发生率由第 5 次继代培养的 1.3%，增加至第 11 次继代培养后的 3.8%。组织培养的快速繁殖可能影响遗传的稳定性，从而导致体细胞无性系变异(Rodrigues et al.，1998)。也有研究表明，从长期培养的培养物中再生的植株，其体细胞无性系变异特别明显，频率也较高(Petolino et al.，2003)。例如，香蕉(*Musa* AAA cv. Zelig)的离体繁殖随着继代培养(培养周期)的增加，其变异体形成率也增加(图 8-2)，即长时间培养可增加培养物体细胞无性系变异率(Bairu et al.，2006)。但也有与上述结果相反的报道。例如，与其来源的基因型相比，豌豆(*Pisum sativum* L.)离体培养增殖苗经过长时间培养(长达 24 年)仍可维持其遗传的稳定性(Smýkal et al.，2007)。在茴香离体繁殖培养过程中，经过 17 个月的培养也未出现体细胞无性系变异体(Bennici et al.，2004)。这表明，在培养过程中，体细胞无性系变异率可能与基因型有关。研究也发现严格控制在相同培养条件和相同培养时间下的不同品系呈现不同的变异率(Podwyszyńska，2005)。

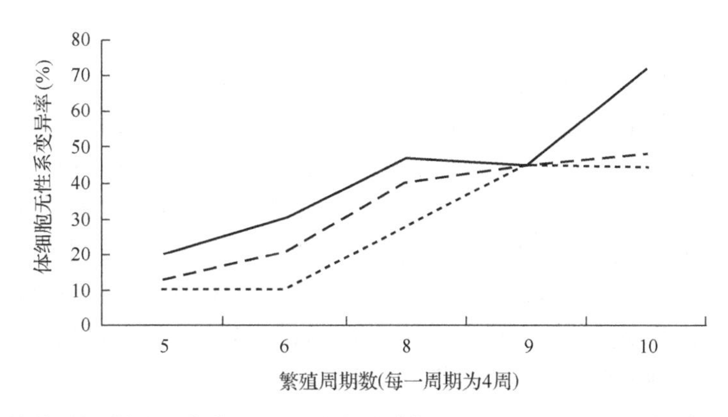

图 8-2　培养时间(繁殖周期数)和 BA 浓度对香蕉(*Musa* AAA cv. Zelig)的体细胞无性系变异率的影响(Bairu et al.，2006)

曲线(-----)代表 2.5mg/L BA。曲线(— — ·)代表 5.0mg/L BA。曲线(——)代表 7.5mg/L BA。起初接种香蕉苗的体细胞无性系变异率为 3.3%

鉴于上述培养继代次数及其时间对体细胞无性系变异影响的两种不同的结果，Côte 等(2001)提出一个在理论上可预测突变率的统计模式，此模式以增殖周期的数目为重要参数。从这一模式可得出两个结论：变异率的增加可通过增殖周期数的指数函数表达，而在给出增殖周期数后，就可得出变异品种的变异百分比。尽管这一统计方法对于组织培养的实验特性有更好的理解，但面对生物系统的复杂性，这一模式在使用上仍有不小的局限性。

5) 逆境和基因型的影响

组织培养时的逆境也可诱导体细胞无性系变异。但是不同的基因型对逆境变异的反应是不同的，这表明基因型也是影响其体细胞无性系变异的要因。不同基因型的体细胞无性系变异稳定性的差异与其遗传组成有关，即不同基因型的基因组中那些在组织培养过程中发生不稳定的成分是不同的。这可通过对品种间 DNA 重复序列的定性和定量的差异分析而得到深入的了解。

对于香芽蕉 Cavendish 品种(AAA 基因组)来说，天然存在的所有香芽蕉都是从特别矮化的品种 Dwarf Parfitt 逐渐变异成高大的品种(高把品种)(如 Giant Cavendish) (Daniells et al.，2001)。这个矮化的表型常常可在离体培养再生的植株中获得，而矮化的异型(dwarf off-type)品种可维持稳定的遗传特性(Damasco et al.，1998)。影响香蕉组织培养中产生矮化品种的重要因子是品种的遗传不稳定性。例如，香蕉品种 New Guinea Cavendish 在组织培养过程中比 Williams 品种呈现较高水平的遗传不稳定性，在组织培养过程中较易产生矮化的体细胞无性系变异。香蕉品种的体细胞无性系变异的类型和速率的特异性取决于基因型(Israeli et al.，1991)及其基因的组成(即 A 和 B 基因组进行不同组合)(Sahijram et al.，2003)。同时，其基因型和培养环境可相互作用(Martin et al.，2006)。

小粒咖啡(*Coffea arabica*)胚性细胞悬浮培养物随培养时间的延长而衰老，其基因型决定其变异体的频率和表现型(Etienne and Bertrand，2003)。小麦不同遗传背景的外植体培养所诱导的体细胞无性系变异包括抗病性变异都是不同的(Mehta and Angra，2000)。同样，草莓的愈伤组织培养物中，其基因型和外植体类型可强烈影响其体细胞无性系变异(Popescu et al.，1997)。

8.1.2　体细胞无性系变异的检测

8.1.2.1　形态学的检测

形态学特点，长期以来都用于植物的种、属和科的分类。因此，也可依据其特点，如株高、叶形态和色素异常的差别来检测变异植株。例如，对于香蕉细胞无性系变异株，在组织培养苗的温室炼苗阶段便可肉眼检测出来。在移栽大田种植 3～4 个月后，可依据其株高和叶指数(即叶长与宽度之比)鉴定其矮化变异株

(Rodrigues et al.，1998)。同样，在海枣(*Phoenix dactylifera*)中，可利用异常枝条的产生、过度的营养生长、白化和出现彩斑叶的共同特点检测体细胞无性系变异株(Zaid and Al Kaabi，2003)。但是形态学特征常受环境因素影响，并不反映植物的遗传组成(Mandal et al.，2001)。此外，用于表现种属特征的形态学标记的数量非常有限，形态学标记也受发育的调节且易受环境因子的影响(Cloutier and Landry，1994)。同样，有的研究者已注意到，在离体繁殖的情况下，基因组异常的反应将影响对体细胞无性系间相关紧密程度的测估。例如，离体培养条件下的基因组主要变化所选择的表达方式可不与表型改变相关，反之亦然。尽管利用形态特征进行体细胞无性系变异体的检测，也许对于大田或温室植株是一种最方便可行的办法，但由于成本问题，该方法不是商品化检测变异体的理想方法(Israeli et al.，1995)。以下以几个实际的例子进一步说明，采用形态特征检测体细胞无性系变异体的可行性及其不足之处。

1) 香蕉

香蕉(*Musa* spp.)是芭蕉科(Musaceae)最重要的植物之一，也是最重要的水果和食品之一，全球种植遍及 128 个国家。香蕉是单子叶植物，其栽培品种是由两个原始野生蕉，小果野蕉(*Musa acuminata*)和野蕉(*Musa balbisiana*)的种内或种间杂交后代进化而成的。一般将小果野蕉基因组称为 A 基因组，其遗传组织为 AA(DNA 含量为 591～615Mb)，将野蕉基因组称为 B 基因组，其遗传组织为 BB(DNA 含量为 537～552Mb)，野蕉植株质地较硬，且较耐旱与抗病。按 Simmonds 和 Shepherd(1955)的分类值，参照其染色体数，将栽培香蕉分为 AA、AAA、AAAA、AAB、AAAB、AABB、AB、ABB、BB、BBB 基因组等。其中 AAA、AAB 基因组分布最广，栽培最多，种类也繁多。目前最受欢迎的栽培香蕉是 AAA 基因组的香芽蕉(Cavendish group)。我国习惯上将栽培蕉分为香芽蕉(AAA)、大蕉(ABB)、粉蕉和龙牙蕉(AAB)这 4 个类型。目前栽培的主要果用香蕉品种是三倍体($2n=3x=33$，AAA、AAB、ABB)或多倍体($2n=4x=44$，AAAA、AAAB、AABB)，也有一些是二倍体 AB 和 AA(Heslop-Harrison and Schwarzacher，2007)，这些品种都不结种子。与其他植物物种相比，香蕉是并不多见的三倍体的单性结实品种，在其驯化和选择过程中，大多都是在野外天然突变的个体变异中选择出来的品种。无性繁殖成了它们的繁殖和种植方式，研究者对无性繁殖期间出现的体细胞无性系变异也有大量的研究。

组织培养所引起的部分香蕉体细胞无性系变异的形态特点见表 8-1。在形态学上，香蕉可见有叶、真茎(球茎和花序茎)、假茎(pseudostem)和吸芽(sucker)。球茎俗称蕉头，是着生根系、叶片、吸芽和贮存养料的器官。球茎顶部中央为生长点，开始仅抽生叶片，当地下茎的生长点上升到地面 40cm 左右时，生长点就不再分化为叶片，转而分化为花序轴(rachis)及苞片；花序茎不断伸长，由假茎中心向上伸出花蕾。假茎由大量叶鞘互相紧密抱合而成，俗称蕉干，支撑着叶、花、果。球茎还能残留下来，保留一二年并可发生分蘖(Sahijram et al.，2003；Oh et al.，2007)。

表 8-1　组织培养无性繁殖的香蕉体细胞无性系变异的形态类型(Sahijram et al.，2003)

香蕉亚类	品种	形态变异类型	参考文献
香芽蕉(Cavendish AAA)	威廉斯(Williams)，Grand Naine	矮化，特矮，粗把，嵌合体，额外嵌合体，多种变异，失形叶片	Israeli et al.，1991
	Shai，Eilon，Arnon	矮化，粗把	
	Nathan	特矮，粗把	
小果野蕉(*Musa acuminata* AAA)	红蕉	粗把，红绿色假茎	Vidhya and Ashalatha，2002
	红蕉	成为缺少花青素的绿色变异体	
无特别说明	未指明品种	矮化，植株外形纤弱且高，假茎异常，可带或不带斑点，叶变异，即扭曲和皱褶叶，狭窄下垂的叶，叶带不正常的波纹边缘，香蕉串方向异常，串小而狭长或雄化芽肿大，香蕉串小所带果指短而扭曲；果串中的果把和果指变异；花的苞片宿存或脱落，花序梗或果实多毛，瘤状果实外观难看	Uma et al.，2002

根据 Abdellatif 等(2012)的报道，可通过构建聚类树状图和三维主坐标图来鉴定香蕉品种 Grand Nain

及其组织培养所致的体细胞无性系变异之间的差异与形似性，通过对 40 000 株组织培养苗从炼苗 6 周后至果实收获时期的不同阶段的形态鉴定，已发现共有 22 个形态特点的差异。其中，株高、叶宽、叶面积、叶的定向(leaf orientation)和植株的着色可在炼苗阶段鉴定；假茎高度、叶长、叶宽、叶面积、叶的定向、植物色素、香蕉串(束)重量和长度、香蕉串的周长(束围)、每串香蕉梭的数量及每梭包含香蕉的个数等形态特点可在育苗期鉴定。如表 8-1 所示，Grand Naine 品种新形成的雪茄叶及其组织培养离体繁殖所致共有 23 个变异体，其正常 Cachaco enano、Prata ana、Figue Rose naine 的香蕉品种中，所诱导的矮化植株常出现假茎增厚、叶变短且变宽的变异体(图 8-3)。对于香芽蕉 Cavendish 品种(AAA 基因组)来说，天然存在的所有香芽蕉 Cavendish 都是从特别矮化的品种 Dwarf Parfitt 逐渐变异成高大的品种(如 Giant Cavendish)(Daniells et al.，2001)。这个矮化的表型常常可在离体培养再生的植株中选得(Damasco et al.，1998)。

图 8-3　从相同母株外植体组织培养所再生的两个香芽蕉 Cavendish 克隆系的体细胞无性系变异叶片(Khayat et al.，2004)

上图为变长变窄的变异叶(LNL)；下图为野生型的叶(WT)

2) 咖啡

小粒咖啡(*Coffea arabica*)是双二倍体木本植物($2n=4x=44$)，具有低分子多态性的特点。小粒咖啡体细胞胚胎发生的植株再生途径已用于商业生产的大量苗繁殖。F_1 代杂种可显著提高高质量小粒咖啡的产量。因此，该苗每一批生产的组织培养苗将超过数百万。这一离体培养繁殖苗的过程涉及次生体胚发生(secondary embryogenesis)和建立胚性细胞悬浮培养系的流程方案。但是，种植者在田间发现，胚性细胞悬浮培养系再生的植株具有相对高频率的体细胞无性系变异。这些变异都可容易地通过其表型形态特点鉴定出来(Etienne and Bertrand，2003)。

研究发现，在田间种植 2 年后的 20 万棵再生植株中，出现不正常表型的比例为 0.74%，其表型的变异最常见的为矮化、狭叶(angustifolia)(Landey et al.，2013)。从次生体胚发生再生的植株可特异性出现矮化的表型变异，而从胚性细胞悬浮培养系再生的植株则易出现狭叶的表型变异，这一表型可与杂色叶(variegata)变异体一起极易在育幼苗期检测出来，并可清除。矮化(dwarf)变异体难以在育苗期清除，其在大田栽种 2～3 年后才容易检测出来，原因是它们成组出现的树冠形态和低产量。与之相似，大型苗(Giant)和 Bullata(图 8-4F，H)表型变异体也只能在大田生长发育良好的小粒咖啡树中鉴定出来。Bullata 变异体植株较小，以带卵椭圆形的叶和树冠急缩为特点。研究表明，小粒咖啡(*Coffea arabica*，$2n=4x=44$)体细胞胚胎发生再生的植株有相对较高的体细胞无性系变异率，具体取决于离体培养的条件，其变异率在 5%～90%(Etienne and Bertrand，2003)。但是在低浓度生长调节剂的条件下培养 6 个月的胚性细胞悬浮培养的再生植株的体细胞无性系变异率在非常低的水平(以 20 000 植株为对象的实验结果为 0.74%)。已有报道称小粒咖啡胚性愈伤组织直接再生的植株的体细胞无性系变异率(包括各种变异表型在内)较低，为 1.3%，而这一变异可随培养物培养时间的增长而增加，依培养物的培养时间，在 4.25mmol/L 2,4-D 的培养基中培养 12 个月的细胞培养物，其体细胞无性系变异平均可达 25%(Landey et al.，2015)。

图 8-4　小粒咖啡(*C. arabica*)体细胞胚再生苗的各种体细胞无性系变异体的表型特征
(Landey et al.，2013，2015；Etienne and Bertrand，2003)(彩图请扫二维码)

A 和 B 分别为在育苗期的正常植株和狭叶(angustifolia)变异体的表型。C、D 和 E 分别为在大田生长的杂色叶(variegata)变异体、正常植株和矮化植株。F：在育苗期的 Bullata 变异体(A～F 摘自 Landey et al.，2013)。G：在大田生长的大型苗变异体(白色箭头所示)(摘自 Etienne and Bertrand，2003)。在移栽苗圃前，Bullata 变异体植株已培养了 27 个月而正常的植株则只培养了 4 个月。H：正常苗的叶形态(右)，Bullata 变异体的叶比正常植株的小而圆(左)(摘自 Landey et al.，2015)

3) 蝴蝶兰

正常的蝴蝶兰的花为两性花，外轮 3 片为萼片，内轮两侧的 2 片称花瓣，下部 1 片称唇瓣。在花瓣中有一由雄蕊和花柱合生成的合蕊柱。根据 Avends(1970)的报道，尽管蝴蝶兰体细胞无性系变异二倍体核可被检测，但是，其困难在于它的有丝分裂的染色体相对较小，其培养细胞的核型的染色体结构的总重排难以检测。这可能是有关蝴蝶兰培养细胞和再生植株的染色体缺乏有效数据的原因，加之蝴蝶兰有限的遗传多样性且表型特点的可靠性低，蝴蝶兰体细胞无性系变异的鉴定特别困难。Chen 等(1998)的研究表明，蝴蝶兰花的形态可作为研究其体细胞无性系变异的良好的形态指标。例如，来自培养 4 年的原球体类似物再生的 1360 株蝴蝶兰(True Lady B79-19)，其第一次花期有 20 株(1.5%)的花形态发生变异。正常花的大小在 7.5cm×5.9cm，而体细胞无性系变异体花的大小分别在 6.0cm×5.6cm(无性系 R1-48)、7.9cm×5.7cm(无性系 R1-84)和 8.5cm×5.7cm(无性系 R1-85)；所有变异体的花都发生形态变化(图 8-5)。此外，通过比较花

图 8-5　蝴蝶兰(*Phalaenopsis* True Lady B79-19)正常的和体细胞无性系变异体的花形态比较
(Chen et al.，1998)(彩图请扫二维码)

离体培养所得的体细胞无性系转入盆栽(通过原球体类似物繁殖的植株生长 4 年后可第一次开花)。A：正常的无性系的花。B：体细胞无性系变异体(R1-48)的翼瓣收缩。C、D：与正常的花相比，体细胞无性系变异体的所有花的器官部分包括其颜色和形状都呈现明显的异常

器官发现，体细胞无性系变异体 R1-84 的花形态发生了显著的异常变化(图 8-5C)，体细胞无性系变异体 R1-48、R1-84 和 R1-85 都是基因型 True Lady B79-19 的栽培品种在组织培养过程中根据花形所选的具有稳定品性的变异体。

8.1.2.2　生理和生化检测

相比于形态测定，生理或生化检测方法对变异体的检测可快速许多，并可在幼龄阶段进行，检测成本也可减少。植物对生理因子如植物激素和光反应的差异可在正常植株与体细胞无性系变异体之间反映出来。例如，赤霉素可调节生长并影响茎的伸长和相关酶的诱导等许多发育过程。因此，赤霉酸的代谢及其水平的异常可作为检测高等植物的体细胞无性系变异的一个可能的指标。根据植物对赤霉酸的矮化反应，植物可分为无反应和有反应两类(Graebe，2003)。例如，与香蕉矮化品种相比，正常的香蕉品种对赤霉酸处理的特异性反应是叶鞘伸长增加 2 倍，因此，香蕉品种的内源赤霉酸水平可以用于品种内高度差异的鉴定。这一检测技术对于出瓶移栽的香蕉苗变异的检测非常有效(Damasco et al.，1996)。

光是光合作用的能量来源，而温度是植物发育的基本要求。光抑制作用是植物对过度光照的一种逆境反应，表现为光合器官的光合作用能力降低(Adir et al.，2003)。一般来说，耐阴植物比阳生植物对光抑制作用更敏感。光抑制作用的研究结果表明，与正常的无性系株系相比，组织培养的香芽蕉(Cavendish)的矮化变异株可改善其对低温和光的耐性。这些技术也对一些体细胞无性系变异体的定量分析非常有用(Thomas et al.，2006)。例如，银合欢(*Leucaena leucocephala*)变异体的二氧化碳同化潜能要比正常的体细胞无性系高(Pardha Saradhi and Alia，1995)。

叶绿素、胡萝卜素、花青素等色素的合成可以作为检测体细胞无性系变异体的依据(Shah et al.，2003)。花青素是类黄酮代谢物，对花色、幼苗和种子的颜色、叶色及培养细胞的颜色的形成起重要的作用。例如，Mujib(2005)发现菠萝无性系变异体的叶绿素含量显著地比正常的再生植株低；同样，在甘薯的正常和无性系变异体之间，其总胡萝卜素含量也有显著的差异(Wang et al.，2007a)。又如，瓜叶菊(*Senecio cruentus* cv. Tokyo Daruma)是鲜艳的盆栽植物，因种子是杂合体，其花为杂色花(Malueg et al.，1994)，而蓝色的瓜叶菊较少见，价值高，期待大规模地生产。组织培养的快速繁殖为瓜叶菊改良提供了一个平台。研究结果表明，以种子萌发 15 天的无菌苗的茎节为外植体。培养基中 NH_4NO_3 的浓度和培养温度对再生植株的体细胞无性系变异有显著的影响，最高变异率(每个外植体平均产生 3.0 棵变异苗)达到 67.5%，变异苗包括蓝色的叶子和茎(图 8-6)，而正常的苗是绿色的(Sivanesan and Jeong，2012)。外源铵盐可抑制非洲菊(*Gerbera hybrida*)花瓣花青素的累积(Huang et al.，2008)，而氮素的缺失却可促进其花青素的合成(Bongue-Bartelsman and Phillips，1995)。

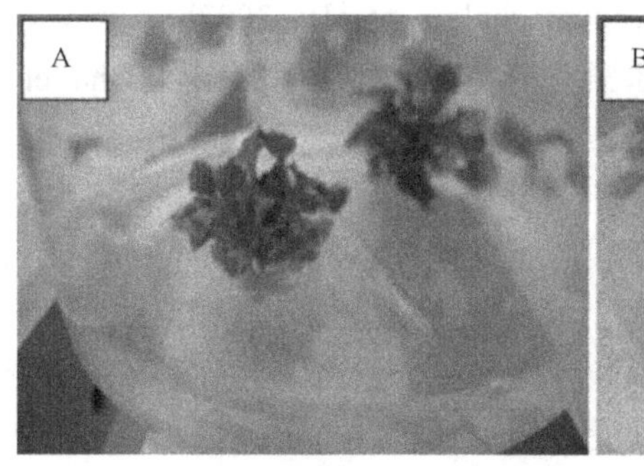

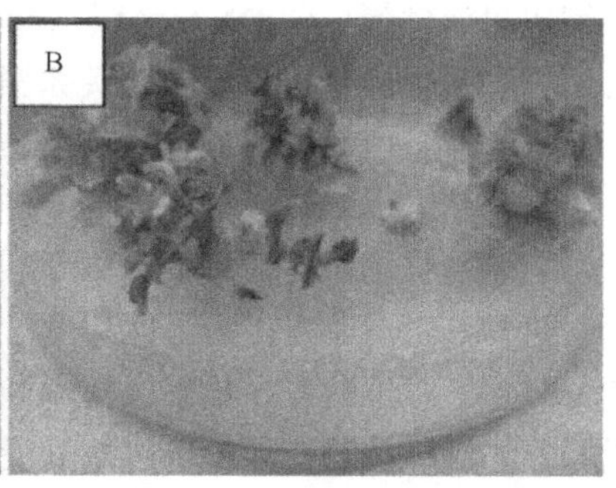

图 8-6　瓜叶菊无菌苗茎节外植体在苗再生培养基上所诱导的苗及其体细胞无性系变异(蓝色叶子的产生)(Sivanesan and Jeong，2012)(彩图请扫二维码)

值得留意的是，多数生物化学的检测都是比较复杂的，要求较高的专业知识和技能。此外，这些检测多数也是在实验室离体条件下进行的，检测样品量少，所得的有利的检测结果对用于商业化大规模的检测并不完全有效。

8.1.2.3　细胞学方法检测

染色体倍数性或染色体数量及其结构的变化是一个有机体基因组成变化的直接和强有力的证据(Al-Zahim et al., 1999)。染色体和其他核成分如 RNA 和 DNA 含量变化的检测已成为广泛使用的鉴定体细胞无性系变异的重要技术手段(Fiuk et al., 2010; Zhang et al., 2014)。利用光学显微镜或油镜或其他更为复杂的显微镜进行细胞核学分析和染色体畸变观察已成功地应用于离体再生植株的体细胞无性系变异的检测(Mujib et al., 2007)，但是这些方法常颇为费力和耗时，特别是当样品的染色体难以观察时。因此，目前流式细胞仪已普遍用于染色体的计数和检测(Doležel et al., 2004)。但这一检测技术需要准备完整的细胞核水溶性的悬浮液，同时这些细胞核 DNA 要被荧光染料染色。根据其 DNA 荧光染色的相对强度(相当于 DNA 含量)将它们进行分类。这一分类是将制备好的悬浮样品置于电子检测器的一束液流中完成的(Doležel and Bartoš, 2005)。由于其样品制备方便快捷，已用于分析欧洲栓皮栎(*Quercus suber*)、腓尼基桧(*Juniperus phoenicea*)染色体倍数性的稳定性(Loureiro et al., 2007)和马铃薯的体细胞无性系变异体(Sharma et al., 2007)的检测。但值得注意的是，细胞质成分将会干扰定量 DNA 染色(对此机制尚不清楚)，也常缺少系列的 DNA 内参标准，因而限制了细胞流式仪的使用(Doležel and Bartoš, 2005)。

8.1.2.4　蛋白质和同工酶检测

同工酶是酶的多种分子形式，也是因氨基酸序列不同而催化同种代谢反应的同一酶的不同变异体(Hunter and Merkert, 1957)。形态变异可能是酶蛋白质变异所致生化变异的结果。因此，蛋白质和同工酶的不同特点反映了许多多态性基因位点的一种功能，这些都可用于鉴定有机体的遗传特性(Jarret and Gawel, 1995)。在多数有机体中，同工酶是最广泛用于研究遗传变异的分子标记之一(Weising et al., 2005)。从使用历史看，蛋白质和同工酶，如过氧化物酶、苹果酸脱氢酶和超氧化物歧化酶已广泛用于甘蔗(Srivastava et al., 2005)、青豆(González et al., 2010)及香蕉类(Rivera, 1983)的变异体的检测。Mandal 等(2001)也使用盐溶性多肽和 4 个同工酶进行各香蕉品种的鉴定。通过无性系蛋白质和酶的多态性可以检测体细胞克隆系中的差异。

多数蛋白质的分析是以叶组织新制备的提取液为样品进行未变性的淀粉或聚丙烯酰胺凝胶电泳，这些提取物中的蛋白质及其特异性的同工酶便可以其净电荷的大小而被分离，这些特异性酶在凝胶中所处的位置，在染色后就可检测出来。根据基因位点数量、纯合性或杂合性和所选择使用的特异性酶，可分辨一条或多条泳带，这些泳带的多态性可揭示其变异性(Weising et al., 2005)。尽管对特异性的同工酶模式的分析是检测基因变化的传统方法，但是这个方法受个体发育变异及环境因子的影响。此外，同工酶的数量有限，检测的样品仅限于编码可溶性蛋白的 DNA 区域(Venkatachalam et al., 2007b)。例如，总蛋白和同工酶并不能揭示香蕉正常植株和矮化原型植株及与其关系紧密的香蕉品种之间的差异(Bhat et al., 1992)。

8.1.2.5　分子检测

分子检测是鉴定离体繁殖植株遗传可靠性的有效手段。因染色体数量或结构变化，或由细微 DNA 的变化所致的组织培养再生植株的变异都可在分子水平上显示出来(Gostimsky et al., 2005)。肉眼可见的形态变异的频率远比在 DNA 水平发生的变异频率低得多。因此，在分子水平上检测潜在的变异是非常有效的，也有利于确定组织培养的供体植物变异的部位及其变异的程度(Cloutier and Landry, 1994)。这一检测可用于植株再生前相当一段培养时间中培养物的早期生长阶段。目前已有许多分子技术可检测组织培养的来源植物及其体细胞无性系间的基因组的差异和多态性。在这些检测研究中，常是从样品的叶中提取 DNA，这样易于操作，较容易获得特异性高的 DNA，便于利用有效的分子标记鉴定基因组中相关部分的 DNA 的特定序列，比较出现与消失的 DNA 条带。直接的 DNA 测序、单核苷酸多态性和微卫星也已成为获得更多信息的分子体系的有效手段。

1）限制性片段长度多态性

限制性片段长度多态性（restriction fragment length polymorphism，RFLP）是用于分析有机体基因组的技术，因此，可观察分析供体任何有差异的分子基础信息，包括用限制性内切酶所降解的有机体的粗 DNA 序列信息。限制性内切酶是由各种原核生物所产生的酶类，以便通过识别和切割入侵特异性序列基序而破坏外源 DNA 分子（Weising et al.，2005）。内源切割识别位点常是 4～6 个碱基对长度的序列，所识别序列越短，所产生的片段数量就越多。在 RFLP 的实验中，所提取的 DNA 经内切酶消化后所得的片段按其大小被凝胶分离。通过对被内切酶所分解的片段长度进行分离和鉴定就可揭示有机体的分子变化，了解因核苷酸取代或因序列插入或删除而引起的 DNA 重排，或因单核苷酸多态性而形成的不同 DNA 片段的图谱或式样（Agarwal et al.，2008）。RFLP 已广泛用于研究植物品种的体细胞无性系变异。例如，研究者利用甲基化敏感性 RFLP 分子标记，揭示了油椰正常和异常的胚性愈伤组织的差异（Jaligot et al.，2002），提供了早期体细胞无性系变异的有效信息。一般来说，RFLP 标记是具有相对较高多样性和共显性遗传的标记，并具有高度重复性（Agarwal et al.，2008）。尽管 RFLP 标记可分析基因组的各个区域，并无特别的局限性，但很是费时，花费也高，用于分析的植物组织量也比较大（Piola et al.，1999）。此外，它还要使用有毒害性的放射同位素的试剂，如果尚无异源探针可用，还要求开发 cDNA 或基因组 DNA 探针（Karp，1996）。针对这些不足，研究者开发利用了基于聚合酶链反应（polymerase chain reaction，PCR）的多种检测技术。

2）基于 PCR 的检测

在 PCR 中，某一目的 DNA 序列在特定引物和一个热稳定的 DNA 聚合酶的帮助下可发生指数性的扩增。这些反应包括重复循环，每一循环由变性、引物退火和伸长步骤组成。随机引物的使用可排除优先序列对 PCR 分析的限制（Agarwal et al.，2008）。以 PCR 为基础的分析技术，可用于各种分子标记，这一技术可满足在 DNA 水平上揭示多态性的要求，并解决基因渗入和基因谱系的问题（Simmons et al.，2007）。

（1）随机扩增多态性 DNA。随机扩增多态性 DNA（random amplified polymorphic DNA，RAPD）技术包括以单一任意核苷酸序列为短引物，重复性扩增目标基因组片段。这些短链的引物称为基因标记，用于揭示被扩增产物之间的多态性。这一多态性可在溴化乙锭染色的琼脂糖凝胶上成为可见的条带而反映出来。随机引物 PCR（arbitrarily primed PCR，AP-PCR）、随机扩增 DNA（arbitrarily amplified DNA，AAD）和 DNA 扩增指纹图谱（DNA amplification fingerprinting，DAF）都是 RAPD 技术变换衍生出来的技术。

许多研究发现，RAPD 可用于检测组织培养诱导的变异，适合在无任何序列信息的条件下检测体细胞无性系变异，可用该法检测的植物品种不断地增加。例如，其已用于鉴定大蒜（*Allium sativum* L.）（Al-Zahim et al.，1999）、香蕉（Bairu et al.，2006）、蝴蝶兰属（Chen et al.，1998）、梨（Hashmi et al.，1997）、海枣（Saker et al.，2000）等的体细胞无性系变异。但是 RAPD 标记对于一些品种是不确定的或无效的。例如，采用 RAPD 未能检测到欧洲云杉（*Picea abies*）胚性无性系的体细胞无性系变异，尽管已使用了大批样品和引物，也已观察到该无性系有重要的形态学和细胞学的变异（Fourré et al.，1997）。RAPD 分子标记既不能检测高浓度的亚硝基甲脲处理的秋海棠（*Begonia evansiana*）叶外植体，以及用 X 射线处理的大蒜突变体再生植株的体细胞无性系变异（Bouman and de Klerk，2001；Anastassopoulos and Keil，1996），也不能检测栎树（*Quercus* spp.）（Wilhelm，2000）和黑松（*Pinus thunbergii* Parl.）（Goto et al.，1998）等体细胞胚再生植株的体细胞无性系变异。与下述 AFLP 标记相比，RAPD 分子标记技术的重复性和可靠性比较低（Jones et al.，1997），所获得的有关信息也较少，因此，限制了它在一些植物品种中的应用。尽管 RAPD 有这些局限性，但在经费有限的情况下，RAPD 还是许多研究者所喜欢采用的技术，因为它的费用比其他分子标记，如 AFLP 和微卫星技术少。另外，可通过制定标准的实验程序、扩增反应的重复性和所选条带的保守性的判断依据将 RAPD 的不可靠性与实验室间结果的差异降至最低甚至使其消失（Belaj et al.，2003；Weising et al.，2005）。

（2）扩增片段长度多态性。扩增片段长度多态性（amplified fragment length polymorphism，AFLP）是以

PCR 为基础，用于遗传学研究、DNA 指纹图谱和遗传工程实践的技术。在理论上，AFLP 发挥了以 RFLP 和 PCR 为基础的灵活性的长处(Agarwal et al., 2008)。该技术可对任何来源的或复杂的 DNA 进行非常有效的 DNA 指纹分析。此外，cDNA AFLP 和三酶切 AFLP(three endonuclease AFLP, TE-AFLP)可分别用于测定基因表达水平的差异和转座元件的移动性，它们都源于 AFLP 技术(Weising et al., 2005)。AFLP-PCR 的实验中，用两个限制性内切酶切割基因组 DNA，通常，其中一个可识别 6 个碱基对序列(常用的是 *EcoR* Ⅰ)，另一个是识别 4 个碱基对的酶(通常是 *Mse* Ⅰ)。首先，一个已知序列的接头被连接到限制片段末端的互补双链的接头上。然后，这一组限制性 DNA 片段通过与接头序列和限制位点片段互补的两个引物进行两轮选择性 PCR 扩增。第一轮 PCR(也称预选扩增)所使用的引物应与在 *Eco*R Ⅰ 和 *Mse* Ⅰ 切割片段末端多加的一个额外核苷酸的接头相匹配。而第二轮 PCR 中(也称选择扩增)，所用的引物是在第一轮 PCR 的引物(+1 引物序列)中多加两个核苷酸。这两轮选择性的扩增将降低 DNA 片段的库容，使其大小更易于分析(Vos et al., 1995)。通过放射自显影和荧光方法可直接从变性聚丙烯酰胺凝胶上观察到所分离的片段(Weising et al., 2005)。每一次用于 AFLP 的片段的数目取决于与 AFLP 引物组合的所选核苷酸的数目、所选核苷酸的基序、GC 含量、基因组物理性的大小及其复杂性(Agarwal et al., 2008)。无论任何来源甚至未知序列的 DNA，AFLP 技术都可形成它们的指纹图谱，相关的研究表明，该技术可用于在亚种水平上鉴定密切相关的个体(Althoff et al., 2007)。AFLP 是非常灵敏而可靠的标记技术，它对于检测与组织培养有关的基因组的改变和鉴定差异小的表型都非常有用。AFLP 分析已用于研究组织培养所诱导的体细胞无性系变异，如小粒咖啡(*Coffea arabica* cv. Caturra rojo)(Sanchez-Teyer et al., 2003)、欧洲栓皮栎(*Quercus suber*)(Hornero et al., 2001)、香蕉(James et al., 2004)和紫松果菊(*Echinacea purpurea*)(Chuang et al., 2009)等植物的体细胞无性系变异。但是，AFLP 需要更多的实验条件优化工作，其费用也比 RAPD 高许多(Weising et al., 2005)。此外，该技术要求高质量的 DNA 样品，而这对一些植物如裸子植物是比较难办到的(Piola et al., 1999)。

(3)微卫星标记。与上述采用随机的或无特异性引物的 PCR 为基础的技术相比，以微卫星标记(microsatellite marker)为依据的标记技术是以靶序列为基础，被称为简单重复序列(simple sequence repeat, SSR)、短串联重复(short tandem repeat, STR)、序列标签微卫星位点(sequence-tagged microsatellite site, STMS)和简单序列长度多态性(simple sequence length polymorphism, SSLP)(Hautea et al., 2004)。微卫星包含串联重复短段 DNA 序列(1～5 个核苷酸)基序，这些基序富含在所有真核生物及许多原核生物的基因组中，并以散在重复元件(interspersed repetitive element)的方式存在(van Belkum et al., 1998)。微卫星标记技术利用微卫星或简单重复序列区域内或之间的每个变异进行指纹分析。串联重复单位数量的变异主要是由 DNA 复制时 DNA 链的滑动所致，此时重复序列可通过切割或另加而相匹配。由于 DNA 复制时滑动比点突变更易发生，因此，微卫星位点可发生极高频率的变化，这就意味着通过微卫星分析可发现广泛存在的个体间的长度多态性(Agarwal et al., 2008)。非常重要的是，相关研究已表明，PCR 扩增的微卫星标记是按孟德尔方式遗传的(Litt and Luty, 1989)。为了进行微卫星分析，重复序列侧翼区域的序列信息将用于位点特异性 PCR 引物对的设计和扩增。这些 PCR 位点特异性引物可以是未被标记的引物对或其中之一被同位素或荧光标记的引物，随即，在变性的聚丙烯酰胺凝胶上分离所扩增的 PCR 产物，并通过放射自显影、荧光测定或通过银染色或溴化乙锭染色后显示分离产物(Weising et al., 2005)。研究已发现，微卫星标记对鉴定组织培养快速繁殖植株的遗传稳定性非常有效，如已用于高粱(Zhang et al., 2010b)、美洲山杨(*Populus tremuloides*)(Rahman and Rajora, 2001)、水稻(Gao et al., 2009)、香蕉(Ray et al., 2006)、葡萄(Welter et al., 2007)、小麦(Khlestkina et al., 2010)和甘蔗(Singh et al., 2008)等离体培养植物的变异检测。简单序列重复也已广泛用于体细胞无性系变异的研究(Krutovsky et al., 2014)。

与 AFLP 和 RFLP 相比，微卫星标记技术，如 ISSR 那样，虽花费较高但物有所值，免除了实验中同位素放射性的危害，所要求检测的 DNA 样品量少。此外，因微卫星标记有高度的重复性，是机体中富含的标记，有共显性遗传的特性，大量存在等位基因多样性及使用其侧翼引物对可容易进行微卫星大小变异的 PCR 分析，它已成为颇受欢迎的技术(Li et al., 2002; Weising et al., 2005; Agarwal et al., 2008)。使用微卫星标记最主要的缺点在于开发其引物颇为费时(Squirrell et al.，2003)。

综上所述，体细胞无性系变异可由许多技术加以检测，这些技术各有其优缺点。因此，当选择检测方法时，要根据实际情况，一般来说，与利用成年植株进行形态学和生理学检测的方法相比，利用核酸的分子检验可以在离体培养植株的幼龄阶段进行。着重点应在于优化各种检测技术以便适合各类植物的要求。在讨论体细胞无性系变异时，这一变异的正负效应必须同等对待。这是因为，这些变异可能存在改良作物的潜在价值，为了避免经济损失，非常重要的是在培养的早期阶段将它们检测出来。

体细胞无性系变异的概念已被广泛地接受，其代表着因组织培养而产生的可遗传的变异。然而对此概念的普遍使用仍有些保留意见，特别是对于体细胞多体植物(polysomatic plant)和嵌合体植物。体细胞无性系变异的原因一般可分为诱导性的和预存性的。可见的预存变异如在嵌合体组织中所见的那样，在理论上可在培养中分离出来，随后可显示其体细胞无性系的表型。这些表型变异不一定代表着组织培养时所诱导的变异。因此，体细胞无性系变异这一概念，必须局限在组织培养开始阶段用肉眼尚未能发现的变异。

8.2　玻璃化苗的形成及其调控

在大规模离体繁殖生产大量无菌苗的过程中，常伴随不同程度的玻璃化(hyperhydricity)的产生。在玻璃化苗的组织中，过度含水、木质化不足，影响了气孔的正常功能与植物的光合作用及其机械强度，从而导致再生植株未能经受温室和室外的炼苗，降低了再生苗的频率。已有报道称离体培养苗的玻璃化可使繁殖苗损失达 60%以上(Paques，1991)。离体繁殖苗的玻璃化已严重地影响了离体繁殖的效率，甚至成为相关产业的发展瓶颈(Rojas-Martinez et al.，2010；Hazarika et al.，2010；Dewir et al.，2014；Isah，2015)。

1981 年，Debergh 等首先使用“玻璃化”(vitrification)一词，用于描述离体繁殖植物的器官或组织，特别是呈透明或半透明和类似玻璃状的异常形态的叶子(Debergh et al.，1981)。从此，“玻璃化”引起从事组织培养的研究者及从业人员的广泛关注。后来相关研究者发现“玻璃化”一词用于与离体培养相关的两类不同的操作过程，其一指离体培养过程中所出现的器官或组织的形态和生理功能异常；其二是指从液态变为固态的过程，即当离体培养的细胞、组织和器官在低温下贮藏时形成冰的过程，后者应属低温生物学(cryobiology)的范畴。用同一个词描述同一研究领域的两个完全不同的过程，容易引起混淆，Debergh 等(1992)建议使用 vitrification 一词，其比较适合用于低温下贮藏离体培养的细胞、组织和器官时形成冰的过程，而对那些在离体培养过程中形成玻璃状的组织或器官的异常形态则改用“hyperhydricity”一词。从中文文献看，目前仍然使用“玻璃化苗”或“玻璃化试管苗”，但英文已多采用“hyperhydricity”。玻璃化苗的过程一般被认为是可逆的。这并不意味着玻璃化的叶一旦发育完成并成为成熟的叶就可逆转为正常的叶结构，但颇为重要的是，在转移到非玻璃化的培养条件下或移栽到温室后，这一玻璃化苗可产生新的苗或叶，其形态和解剖结构接近正常的植株。与此相反，在玻璃化苗的培养条件下，继代培养的玻璃化苗可能导致严重的损害。这是因为玻璃化苗中所有的初生原分生组织的坏死而导致苗的死亡。

8.2.1　玻璃化苗的形态及其结构特点

对于不同品种离体繁殖的玻璃化苗与正常苗的形态解剖及其超微结构已做过很多研究。这些形态和结构的变化，主要集中在与光合作用、水分代谢和逆境相关的解剖及超微结构中，如与光合作用直接相关的叶肉结构(栅栏组织和海绵组织等)、叶绿体结构，与蒸腾作用相关的叶表面角质层、蜡质、表皮毛或腺毛、气孔器细胞结构，以及氧化逆境下的细胞器结构的变化等(Picoli et al.，2008；Sreedhar et al.，2009；Jausoro et al.，2010；Barbosa et al.，2013)。

8.2.1.1　形态学变化

离体繁殖玻璃化苗的外观似玻璃透明状、被水浸透样、多汁样或肉状(fleshy)。这些植物呈现生长受阻，茎和叶异常增厚。植物离体繁殖玻璃化苗的主要特征是含水量高，苗形矮小单薄或过长失绿，叶片皱缩成纵向卷曲、枯黄，茎叶肿胀和脆弱易碎。其异常的形态可因品种和培养条件而异，玻璃化苗的分化能力低且难以生根再生成植株。如下是一些实例。

1) 康乃馨

康乃馨又称香石竹(*Dianthus caryophyllus*)，是主要的花卉植物之一，由于其花色、花形、花香和花寿命长等特点，甚受大众欢迎。该植物容易通过离体培养而大量繁殖，但也易于诱导玻璃化苗的产生，已成为研究玻璃化苗的模式植物。这一植物的玻璃化苗对外源逆境的反应可从其失绿坏死和生长萎缩、肿胀的茎与卷曲的叶，以及短而易脆的发育不良的形态反映出来(图 8-7) (Muneer et al.，2016)。

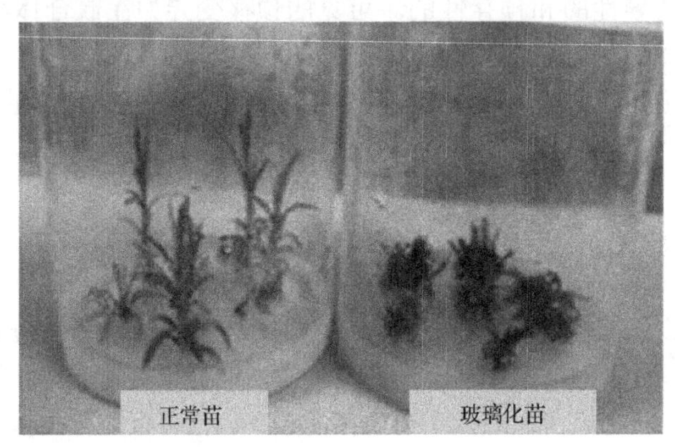

图 8-7　康乃馨正常离体培养苗与玻璃化苗的形态对比(Muneer et al.，2016)(彩图请扫二维码)

以温室旺盛生长的苗的节段为外植体(1～1.5cm)，诱导正常不定苗的培养基为 MS (Murashige and Skoog，1962) +3%蔗糖+0.8%琼脂，诱导玻璃化苗的基本培养基与诱导正常苗的培养基相同，但附加 1.0mg/LBA 和 0.5mg/L IAA，图示培养 4 周后的结果

2) 大蒜

在大蒜(*Allium sativum* L.)离体繁殖过程中，可出现玻璃化程度不同的大蒜苗：①轻度玻璃化苗，带部分透明的叶，并可正常生长；②中度玻璃化苗，出现肿胀的茎和卷曲的叶，苗的繁殖困难；③严重玻璃化苗，基本上是缩短的易碎苗，皱叶变黄，再生植株生长缓慢(图 8-8) (Tian et al.，2017)。

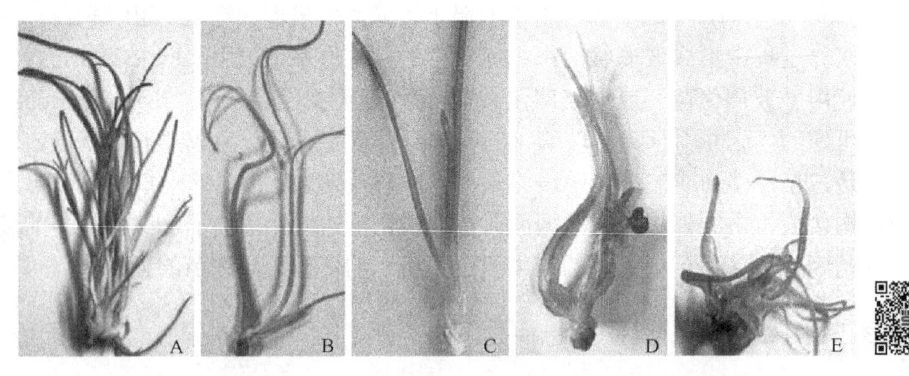

图 8-8　大蒜(*Allium sativum* L.)离体繁殖时产生的不同程度的玻璃化苗(Tian et al.，2017)(彩图请扫二维码)

A：正常苗，玻璃化程度为 0。B：轻度玻璃化苗，玻璃化程度为 1。C：中度玻璃化苗，玻璃化程度为 2。D：严重玻璃化苗，玻璃化程度为 3。E：非常严重玻璃化苗，玻璃化程度为 4

3) 草莓

草莓(变种 Burkley 和 Dover)玻璃化苗的症状首次出现是在继代培养后 9 天(Burkley)和 12 天(Dover)。玻璃化苗以透明状缩短的茎和脆弱的叶为特点(图 8-9)。苗外植体大部分进入培养基的基部所产生的第一个新苗发育异常形成了莲座式结构(图 8-9B)，苗外植体增厚，节间稍长(图 8-9C)。

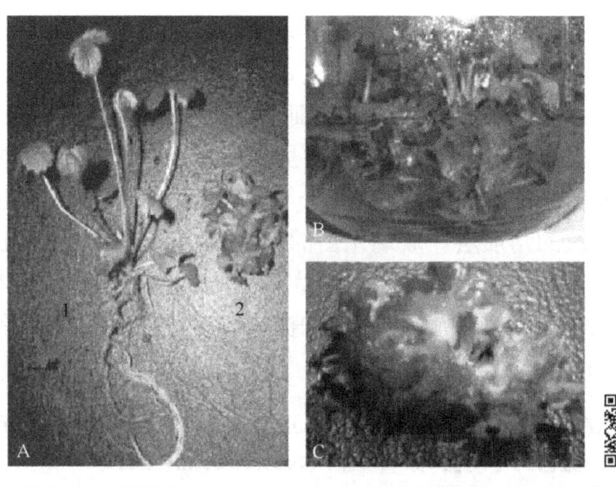

图 8-9　离体繁殖的草莓(*Fragaria×ananassa*)的正常植株与玻璃化苗的形态特征(Barbosa et al.，2013)(彩图请扫二维码)

A：在离体培养 35 天后，正常草莓离体繁殖植株(1)与玻璃化苗(2)的比较。B：草莓(变种 Burkley)在 MS 培养基上形成玻璃化苗的细节。C：草莓(变种 Dover)带典型玻璃化症状的玻璃化苗

8.2.1.2　组织结构及其超微结构的特点

离体繁殖玻璃化苗的顶端结构严重毁坏，几无维管束，缺少典型的正常茎的解剖结构的组合，茎的皮层和茎髓的薄壁细胞因其细胞发达且具有大的细胞隙而变得肥厚，细胞间隙大，其气体体积也增加。玻璃化苗的导管和管胞木质化异常。例如，紫花风铃木离体培养的玻璃化苗的茎呈现较少分化的次生维管束组织，木质部细胞木质化不良，含有较多无组织的皮层，与在茄子(*Solanum melongena*)和欧洲栗(*Castanea sativa*)离体培养植株玻璃化苗中所观察到的情况相似(Picoli et al.，2001；Ziv and Chen，2008)。木质化的降低是由相关的酶活性降低所致。离体培养的紫花风铃木玻璃化苗的茎出现表皮孔、不连续的表皮和崩溃细胞，这正是典型的玻璃化特征，这是由缺少细胞壁成分所致。玻璃化植株也呈现角质厚度减少和蜡质的沉积，在离体培养的玻璃化桉树苗中也出现同样的情况(Louro et al.，1999)。

与正常的成熟叶相比，玻璃化苗的叶中不存在栅栏组织或栅栏组织大为减少；叶肉因带有大的细胞间隙看似呈海绵状(Vieitez et al.，1985)。玻璃化苗的成熟叶显示出多水性，覆盖着薄薄的不连贯的角质层，并含极少或不含表层角质层蜡且分布有极少的气孔(常充塞不明物质)。例如，在草莓相关的组织和结构上，正常苗都有非常清晰的腹背叶肉细胞(图 8-10A，C)并带占据叶肉细胞宽度约一半的单层栅栏薄壁细胞。有 2 或 3 层海绵薄壁细胞与极少的细胞间隙。随着培养基中细胞分裂素浓度的增加，其玻璃化程度也增加，此时，海绵和栅栏细胞层的界线就逐步地消失。而随着叶宽度的增加和叶长的减小，出现生长过度肥大的圆形细胞(图 8-10B，D)。

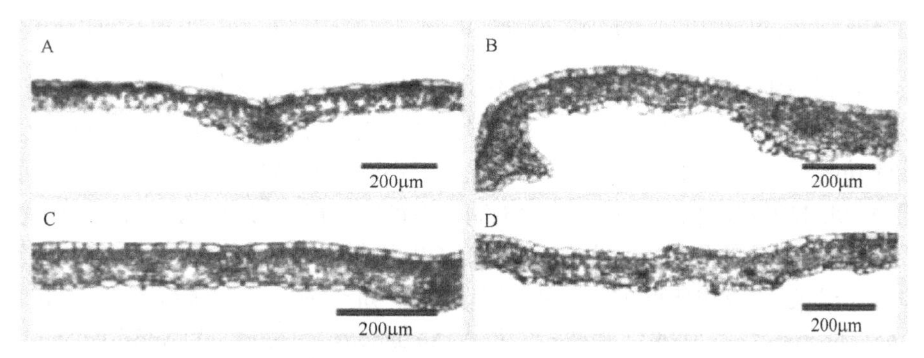

图 8-10　离体繁殖的正常和玻璃化草莓(*Fragaria×ananassa* Duch.)叶的横切面结构比较(Barbosa et al.，2013)

切片用甲苯胺蓝染色。正常的离体繁殖苗(A 和 C)在不含生长调节剂的培养基中生长；玻璃化苗(B 和 D)在含有 BA 的培养基中生长

紫花风铃木(*Handroanthus impetiginosus*)不但是园林景观植物，其树皮和树叶还具有药用价值，因此，其离体繁殖及其玻璃化苗的问题受到重视(Jausoro et al.，2010)。紫花风铃木正常苗和玻璃化苗叶的主要区别在于：正常苗叶的腹背的表皮都是由单层的等径表皮细胞组成，在叶背面有直接的突起，而在腹面则有分枝状的突起；叶腹背表面都有表皮毛(由单细胞组成，呈锥形直立于细胞壁)和腺毛，该腺毛呈现盾状凹形，由两个细胞组成的柄和多细胞组成的头部(14～16 个等径细胞组成)构成；表皮的外层细胞壁呈现致密的纤维结构，具有平滑或稍有条纹的角质层。玻璃化苗的叶为单层表皮，与正常苗的叶相似；但是其腺毛却比正常叶多得多，腺毛的密度为 68.25 条/mm^2(表 8-2)；在玻璃化的紫花风铃木叶的叶绿体中累积丰满的淀粉粒。研究也已发现在其他种类离体繁殖的玻璃化植株中，这些玻璃化苗叶的特点正反映了由膜透性的改变而致的糖动员的推迟(Fontes et al.，1999)。

表 8-2　离体培养紫花风铃木(*Handroanthus impetiginosus*)正常和玻璃化苗的叶表面腺毛及气孔形态差异分析(数值为平均值±标准误差)(Jausoro et al.，2010)

叶	腺毛密度(条/mm^2)	气孔密度(个/mm^2)	气孔长度(μm)	气孔宽度(μm)
正常叶	23.61±10.17*	14.35±12.94	17.01±1.83*	15.33±1.34*
玻璃化叶	68.25±18.21*	18.89±14.60	15.69±1.58*	17.43±1.41*

*代表有显著差异($P\leq0.05$)

从图 8-11 中可知，在离体繁殖的大蒜玻璃化苗组织的有些细胞中，其核内包涵体是分散的(图 8-11B)，线粒体肿胀、内嵴开裂(图 8-11D)，细胞器被压缩至细胞壁(图 8-11D)，叶绿体变纤细(图 8-11F)，基粒间类囊体也被压缩(图 8-11H)(Wu et al.，2009)。从上面几个例子中，我们可以了解离体培养植株玻璃化后一些形态和解剖与超微结构改变的规律。

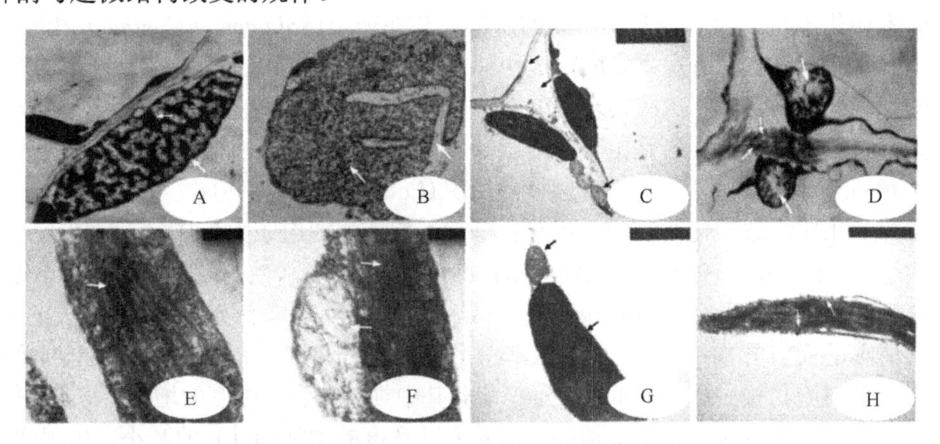

图 8-11　大蒜正常与玻璃化苗的叶的超微结构比较(Wu et al.，2009)

正常苗中的：A：细胞核(×4 800)，C：线粒体(×7 200)，E：叶绿体(×58 000)，G：线粒体和叶绿体(×14 000)。
玻璃化苗中的：B：细胞核(×3 600)，D：线粒体(×10 000)，F：叶绿体(×58 000)，H：叶绿体(×14 000)

值得注意的是，保卫细胞显微结构的性质显然是玻璃化苗的一个关键的特征(Kevers et al.，2004；Hazarika，2006)。保卫细胞的结构和功能可改变组织的水分关系与水分平衡。保卫细胞中钾离子的流入和流出也影响气孔的功能。保卫细胞壁弹性的改变是气孔对不同信号(如黑暗、ABA 或钙离子失去)的反应，离体繁殖玻璃化苗的叶的多数气孔并不具有关闭机制，导致当在较低的相对湿度下炼苗时快速地失去水分而死亡。对保卫细胞形态特征的研究，常以包括表皮细胞中气孔分布的密度和保卫细胞相关组织的形态结构为指标。一些离体培养植株玻璃化叶的保卫细胞壁异常，如一种曼陀罗属植物(*Datura insignis*)、辣椒(*Capsicum annuum*)(Fontes et al.，1999)、加州希蒙得木(*Simmondsia chinensis*)(Apóstolo and Llorente，2000)。这可能是由失去壁的弹性或其纤维素微纤维沉积模式改变所致(Picoli et al.，2001；Ziv and Chen，2008)。

在紫花风铃木正常叶和玻璃化叶中的气孔形态有所不同。正常叶的气孔是椭圆形，这个形状也是天然叶中赋予气孔正常功能的形状，而在玻璃化叶中的气孔是圆形的，这种气孔可吸收更多的水分，导致细胞肿胀而改变细胞结构(Fontes et al.，1999)。但这些气孔结构的变化也因其品种和培养环境的差异而有所不同。例如，根据 Gribble 等(2003)的报道，玻璃化离体植株苗的叶与正常的叶相比，其气孔较少，而在紫花风铃木中，玻璃化叶与正常叶的气孔数量未见显著的差异(Jausoro et al.，2010)。紫花风铃木正常的叶都是背面具有气孔；气孔的保卫细胞呈肾形，与表皮细胞同处一级水平，具有椭圆形的气孔器，是开合功能完整的气孔(图 8-12C，D)；每平方毫米的气孔数量为 14.35 个。玻璃化苗的叶上的气孔仅存在于叶背面表皮上，坐落于附卫细胞所形成的突起中(图 8-12H，G)；保卫细胞宽度比长度大许多，气孔器显圆形；保卫细胞含有丰富的淀粉粒(图 8-12G，H)；气孔的密度与正常叶的相比无显著差异，但两者气孔的形态却完全不同。玻璃化苗叶表皮的外层细胞壁比正常叶的松弛，呈现不定形结构带，并有一层薄且光滑的角质层(图 8-12E，F)；表皮不连贯，其中存在许多孔比气孔器还大的结构，可规律性地出现在叶的表面(Jausoro et al.，2010)。

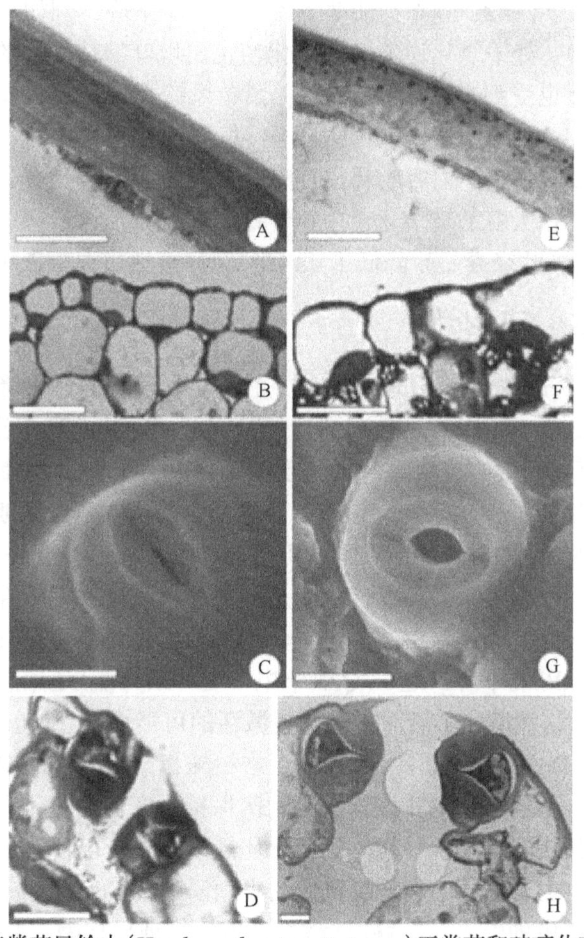

图 8-12　离体培养紫花风铃木(*Handroanthus impetiginosus*)正常苗和玻璃化苗的角质层与气孔结构比较(Jausoro et al.，2010)

A～D：正常苗的叶相关结构。E～H：玻璃化苗的叶相关结构。A，E：角质层和表皮细胞外壁(叶横截面透射电镜照片)。B，F：叶腹面表皮(叶横截面光学显微镜照片)。C，G：气孔及其叶背面结构(扫描电镜照片)。D：气孔(叶横截面光学显微镜照片)。H：气孔(叶横截面透射电镜照片)。A、E 标尺为 710nm；B、F 标尺为 25μm；C、D、G 标尺为 10μm；H 标尺为 2500nm

上述的结果表明，在炼苗阶段，离体培养植株的玻璃化所致的脱水和死亡，主要是由于不连续的表皮和气孔失去正常功能而丧失大量的水分所致。对离体繁殖植物玻璃化现象的形态、结构的研究，有利于我们预测具有何种形态结构特点的植株方能在诱导生根和炼苗时存活(Jausoro et al.，2010)。

8.2.2　玻璃化苗的生理和生物化学变化

当离体繁殖玻璃化苗形成时，许多植物的代谢过程如光合作用、植物信号转导和植物转录因子都发生变化。玻璃化苗的形态异常及其结构异常与其生理和生化的特点紧密不可分。尽管目前对玻璃化苗的生理机制已有许多报道(Rojas-Martinez et al.，2010；van den Dries et al.，2013；Tian et al.，2015)，但涉及其生理和生化机制的信息仍然缺乏。对离体培养过程中培养物产生玻璃化现象的机制已提出几个理论加以解释。这些理论大部分都集中在由原生质及其质体的水分逆境作用而导致的氧化逆境及在玻璃化植株中所观察到的解剖上的变化。目前所了解的主要是生物化学变化，引起解剖学和形态学的改变，所涉及的分子生物学机制甚少。最近 Muneer 等(2016)研究了香石竹(*Dianthus caryophyllus*)离体植株的玻璃化苗与正常植株的差异表达蛋白质(Muneer et al.,2016)。以下所述为与离体培养植株玻璃化苗相关的主要生理和生化特征。

8.2.2.1　叶绿素含量降低

许多研究表明，在离体培养玻璃化苗的叶中含较少的叶绿素，这导致其叶呈半透明状，并降低光合作用能力。其叶绿素(叶绿素 a、叶绿素 b)和类胡萝卜素含量显著下降。例如，苹果玻璃化苗的叶绿体数量减少(Chakrabarty et al.，2005)，处于氧化逆境的玻璃化苗也出现叶绿体数目的减少。玻璃化叶细胞的超微结构分析显示叶绿体的类囊体也受到影响，如离体培养紫花风铃木(*Handroanthus impetiginosus*)(Jausoro et al.，2010)和青花菜(*Brassica oleracea* var. *italica*)(Yu et al.，2011)玻璃化苗叶的叶绿体基质及双层膜的结构模糊，内部的淀粉粒明显发育不良，内容物释出(脂质小体和淀粉)，类囊体解体。这些变化都可能是导致上述光合色素减少的原因。在大蒜的玻璃化苗中，叶绿素和蛋白质含量显著降低，叶绿素 a 和叶绿素 b 分别降低了 43.61%和 48.29%，叶绿素 a+b 降低了 48.10%，可溶性蛋白降低了 47.36%(Wu et al.，2009)。

8.2.2.2　光合作用能力降低

研究已发现欧洲甜樱桃(*Prunus avium*)玻璃化苗中的光化学过程的产出降低，这意味着其光合色素含量减少，并非是光合器(photosynthetic apparatus)的功能致使玻璃化苗的光合作用能力低下(Franck et al.，2001)。测定叶绿素荧光可有助于确定光合系统的光反应体系是否受损。此值的测定表明，苹果玻璃化苗中的叶绿素荧光瞬时值的强度较低，这表明在玻璃化苗中光合作用实质已崩溃，玻璃化苗中的电子转递系统的量子效率($\Phi_{PS II}$)降低与 F_v/F_m 的降低相一致，这可能与处于稳态的光合作用时的 PS II 下调相关，这说明存在额外的不可逆的损坏，根据电镜的观察这可能是因类囊体膜失去完整性所致。在玻璃化苗的叶中累积 PS II 的 QB(双电子受体质体醌)非还原中心不可避免地导致 QA 还原态部分增加，从而导致如发生光抑制时那样的光化学猝灭系数(qP)的下降。这一 QA(单电子受体质体醌)还原态部分的增加意味着这些植物经受了过度激活能量的高压，这就增加了活性自由基被激活的可能性，由此也可能使 PS II 的膜成分受到破坏(Chakrabarty et al.，2005；Dewir et al.，2014)。与正常植株相比，欧洲甜樱桃玻璃化苗中还原态和氧化态的吡啶核苷酸都通常减少，但这两种吡啶核苷酸的比例保持不变，由此认为玻璃化苗的组织呈现出一种逆境诱导的典型生理状态；其代谢处于一种暂时的低分化或幼龄态，以便有足够的活性有利于其存活及保护。NADPH 和 NADH 的其他主要来源分别是氧化性的戊糖磷酸(oxidative pentose phosphate，OPP)和糖酵解。在玻璃化苗中，参与糖酵解的一些酶(六碳糖激酶、磷酸己糖异构酶、3-磷酸-甘油脱氢酶和磷酸果糖激酶)活性、6-磷酸葡萄糖酸脱氢酶和葡萄糖-6-磷酸脱氢酶活性低，说明该苗中的这些酶所涉及的代谢途径通常都是低活性的(Franck et al.，2001；Dewir et al.，2014)。

8.2.2.3　DNA 含量异常

研究已发现家山黧豆(*Lathyrus sativus*)离体培养苗出现玻璃化症状与异常的 DNA 含量有系统性的相关性，这不利于其根的再生和植物的育性，其苗玻璃化的程度与培养基中的生长素与细胞分裂素之间平衡的相关性比与培养基中细胞分裂素水平的相关性更强(Ochatt et al.，2002)。在玻璃化的豌豆(*Pisum sativum*. cv Finale)苗中的生长素可诱导其组织培养物细胞遗传的修饰，从而导致其 DNA 含量的异常(van den Berg et al.，1991)。

8.2.2.4　细胞壁性质和组成的变化

在玻璃化苗的叶中细胞壁的性质及其组成是其异常形态主要的控制因子。玻璃化苗含有较少木质素，这种组织木质化作用的降低与其相关酶活性较低相关。这些酶包括木质素前体合成及多聚化的酶。这也与有利于氨基酸合成而不利于纤维素中糖单元合成的低碳氮比(C/N)有关。维管系统的木质化的降低常认为是诱发离体培养苗玻璃化的因素(Debergh et al.，1992)。不同的研究结果都表明，细胞壁修饰的成分主要是纤维素和木质素及其机械性质。维管体系的低木质化是纤维素和木质素生物合成降低的结果，从而改变细胞壁的机械性能。这些变化引起细胞膨压，改变水势，增加水分的吸收，最终导致培养组织的玻璃化(Kevers et al.，1987；Komali et al.，1998)。

8.2.2.5　活性氧类和抗氧化酶活性的变化

多方面的研究已表明，在玻璃化组织的质外体中所累积的水分可在细胞周围形成一层水层，在植物组织中累积过量的水分，是玻璃化组织的最大特征，它可在细胞中产生通气逆境导致其氧水平的缺乏及其扩散受限(Chakrabarty et al.，2005；Kevers et al.，2004)。因此，玻璃化组织可能是处于缺氧逆境。离体培养的逆境条件还可能触发活性氧(reactive oxygen species，ROS)，如单态氧($^1O_2$)、超氧阴离子自由基($O_2^{-\cdot}$)和过氧化氢(H_2O_2)的累积(Fernandez-Garcia et al.，2008)。这些活性氧的产生是玻璃化苗形成的主要相关因子。越来越多的证据表明，玻璃化苗出现与氧化逆境相关的代谢变化关联，ROS 的累积是玻璃化苗发育的一个特征或标记。ROS 的累积已在多种植物，如香石竹(*Dianthus caryophyllus*)(Fernandez-Garcia et al.，2008)、甜菜(*Beta vulgaris* L. cv. Felicita)(Sen and Alikamanoglu，2013)、苹果(Chakrabarty et al.，2005)、欧洲甜樱桃(*Prunus avium*)(Franck et al.，1995)、明香姬(*Mammillaria gracilis*)(Balen et al.，2009)和大蒜(Tian et al.，2015，2017)等中观察到。

尽管 ROS 是需氧代谢作用不可避免的副产品，但其可能在玻璃化苗中所发生的如脂质过氧化、随之的膜损坏、蛋白质的降解、酶的失活和 DNA 损坏的许多代谢变化中起作用。因此，这些物质的产生及除去必须受到控制。这些物质通常是通过防御酶和抗氧化剂的协同调节而被清除。苗中主要的抗氧化剂是抗坏血酸、还原型谷胱甘肽、α-维生素 E、类胡萝卜素和黄酮类化合物。防御酶包括超氧化物歧化酶(SOD)、抗坏血酸过氧化物酶(ascorbate peroxidase，APX)、过氧化氢酶(CAT)、谷胱甘肽还原酶(GR)、单脱氢抗坏血酸还原酶(monodehydroascorbate reductase，MDHAR)和脱氢抗坏血酸还原酶(DHAR)(Shao et al.，2008；Zlatev et al.，2006)。SOD 分布在所有的细胞分室中。FeSOD 位于叶绿体，MnSOD 在线粒体和过氧化物酶体中，Cu/ZnSOD 在细胞溶质和叶绿体中。SOD 是植物防御的排头兵，可在它的产生处催化超氧自由基的 $O_2^{-\cdot}$ 歧化成 H_2O_2 和 O_2。APX、MDHAR、DHAR 和 GR 共同组成了抗坏血酸-谷胱甘肽循环，该循环将 H_2O_2 转化成水和再循环利用的抗坏血酸与谷胱甘肽。CAT 在过氧化物酶体内也以 H_2O_2 为底物。过氧化物酶(peroxidase，POD)催化各种以 H_2O_2 为底物的反应，包括细胞壁的木质化(Lee et al.，2007)。

欧洲甜樱桃玻璃化苗由于其 SOD 活性增加和过氧化物酶(POD)、APX、CAT、DHAR、MDHAR 与 GR 活性降低，因此累积 H_2O_2(Franck et al.，1995)。对石竹离体繁殖的培养瓶底部进行冷却，可减少 H_2O_2 生成和脂质氧化(MDA 含量为指标)，并降低 SOD 和 CAT 活性，从而阻止其玻璃化(Saher et al.，2005)。将稀土元素镧(La)、铈(Ce)和钕(Nd)加入培养基中可使玛咖(*Lepidium meyenii*)离体培养苗的玻璃化率降低，也可促进其 POD、CAT、APX、SOD、MDHAR 和 GR 的活性(Wang et al.，2007b)。

Tian 等(2015，2017)已证实，大蒜再生植株的质外体的氧化猝发是对玻璃化发育的一个早期反应。采用 1.5mmol/L H_2O_2 处理可增加其内源 ROS 的产生和玻璃化苗的产生，也可促进 NADPH 氧化酶、POD 和多胺氧化酶(polyamine oxidase，PAO)的活性。如果将大蒜离体培养的小植株置于外源的 H_2O_2 逆境培养 8 天，其 ROS 活性显著增强，质外体中的抗氧化酶活性也将迅速地增加(Tian et al.，2015)。用 H_2O_2 处理蒜苗小植株也可刺激 $O_2^{-\cdot}$ 的产生，而其 H_2O_2 的处理时间的增加与产生玻璃化苗率的增加相一致(图 8-13A)。研究结果表明：①在培养过程中，无论是对照还是用 H_2O_2 处理(氧化逆境)的植株的玻璃化苗形成的倾向是相似的(即随着培养时间的增加，培养苗玻璃化率也增加)。但与对照相比，在处理后的第 4 天，处理组植株的产生玻璃化苗率增加了 4 倍，至处理 8 天后，产生玻璃化苗率达到一个峰值，此时处理组植株的产生玻璃化苗率达到了 18.9%(与 0 天时相比)，而对照组植株的玻璃化苗率则只达到了 10%。②离体培养大蒜植株在氧化逆境条件下所产生的 O_2^- 和 H_2O_2 都比对照植株所产生的要多(图 8-13B，图 8-13C)。在用 H_2O_2 处理 2 天后(图 8-13B)，O_2^- 的产生即显著增加并达到一个峰值，而 H_2O_2 的含量在处理 4 天后的增加达到峰值(图 8-13C)。③当出现氧化逆境时(实验中以 H_2O_2 处理作为氧化逆境)，NADPH 氧化酶活性连续增加(至处理后 4 天与对照相比增加了 99%)，这一增加趋势与玻璃化苗数量的增加相吻合。POD 和 PAO 活性暂时增加，随后降低，其最大活性出现在氧化逆境处理的(H_2O_2 处理)2 天内。可见这两个酶最高活性的出现时间早于氧化猝发的时间。④通过组织学和细胞化学染色方法观察到这种氧化逆境诱导 ROS 产生的事实。在生长培养基中或在 H_2O_2 处理的生长培养基中分别加 NADPH 氧化酶抑制剂二苯基氯化碘盐(diphenyleneiodonium chloride，DPI)、POD 抑制剂叠氮钠(NaN_3)与 PAO 抑制剂双辛胍胺(guazatine)可以消除 O_2^- 及 H_2O_2 的产生。特别是 NADPH 氧化酶抑制剂 DPI 对 O_2^- 的产生的抑制作用比其他抑制剂要强。这些结果表明，尽管 NADPH 氧化酶、POD 和 PAO 都参与了 ROS 的诱导，但促进 O_2^- 的产生最依赖的是 NADPH 氧化酶，该酶的激活可能在大蒜离体繁殖的植株玻璃化苗的氧化猝发时起主要的作用(Tian et al.，2017)。NADPH 的这一作用，在其他植物类似的研究中也得到类似印证。例如，Pourrut 等(2008)证明，NADPH 氧化酶的激活与蚕豆(*Vicia faba*)根中的氧化猝发有密切的相关性。在转反义 RNA 的烟草植株中不能产生 H_2O_2 是由 NADPH 氧化酶被抑制所致。另外，在逆境下，POD 和 PAO 是促进 H_2O_2 产生的重要酶。例如，在拟南芥中已发现氧化猝发取决于 POD 和 PAO 的活性(O'Brien et al.，2012b)。

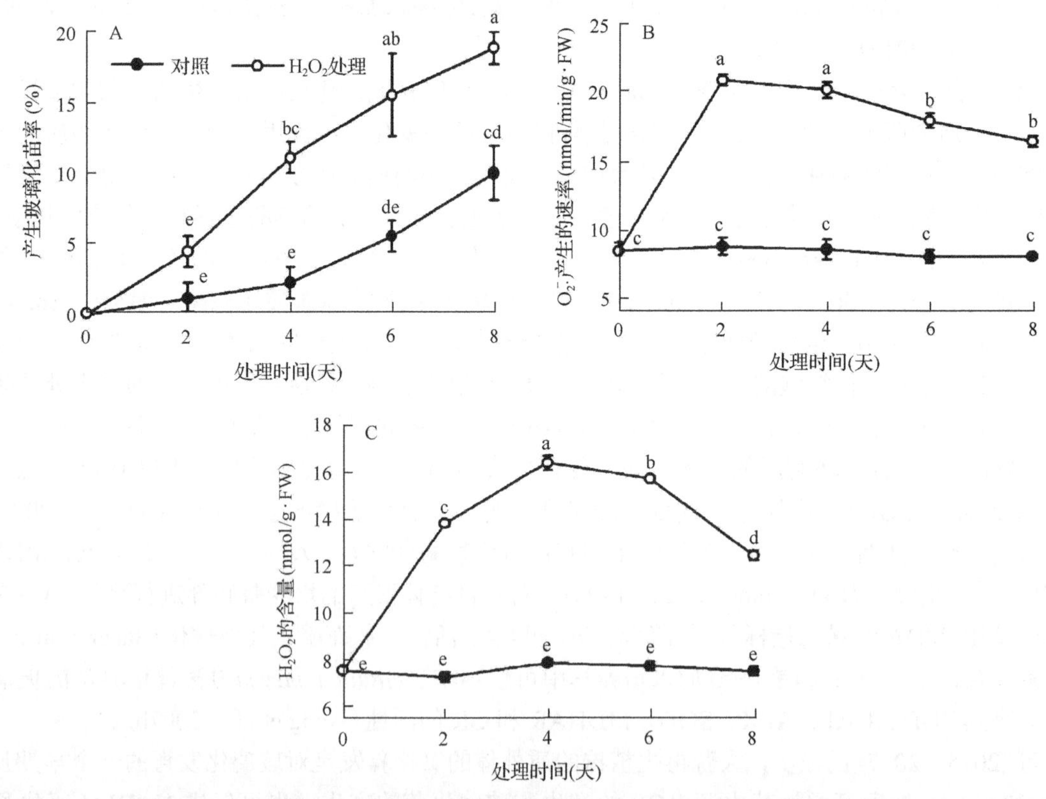

图 8-13 大蒜离体再生植株在不同处理的条件下产生玻璃化苗率(A)、O_2^- 产生的速率(B)和 H_2O_2 的含量(C)与处理时间的关系(Tian et al.，2017)

对照：在 B_5 基本培养基(+1.0mg/L BA+0.1mg/L NAA+0.65%琼脂+3%蔗糖，pH 5.8±0.1)所增殖的植株。H_2O_2 处理：在对照的原培养基加 1.5mmol/L H_2O_2 的培养基中所增殖的植株，处理如图所示的时间(天)。每个数值是 30 棵随机选择的植株(3 个重复)的平均值±标准误差。数据点上方所标的字母不同者表示有显著差异在 ROS 信号转导网络中，NADPH 氧化酶被认为是处于 ROS 来源的上游(Miller et al.，2009)。O'Brien 等(2012a)认为由 POD 催化产生的 H_2O_2 为 NADPH 氧化酶所衍生的 ROS 所补偿。POD 和 PAO 的激活可能为由 NADPH 氧化酶所诱导的 O_2^- 提供氢氧基自由基并协助维持 H_2O_2 的水平(Tanou et al.，2009)。由此可知，离体繁殖的大蒜小植株是处于 H_2O_2 逆境，形成玻璃化苗时，NADPH 氧化酶可对氧化猝发诱导的信号的放大起重要的作用(Tian et al.，2017)。

最近 Muneer 等(2016)研究了康乃馨玻璃化苗的形态特点及其脂类的过氧化，通过对硫代巴比妥酸反应物(thiobarbituric acid reactive substance，TBARS)(氧化损伤物质)的测定，衡量离体培养的康乃馨的玻璃化苗中产生的 ROS。研究结果表明，与正常的苗相比，玻璃化苗中的 TBARS 增加了 25%。相似的结果也发现于上述的大蒜玻璃化苗中(Wu et al.，2009；Tian et al.，2015)。离体培养的康乃馨玻璃化苗抗氧化的免疫学分析也表明，与正常苗相比，玻璃化苗中总的可溶性蛋白含量降低了 17%。在氧化逆境中，在植物体内 ROS 动态平衡中起重要作用的抗氧化酶如超氧化物歧化酶(SOD)、抗坏血酸过氧化物酶(APX)和过氧化氢酶(CAT)的活性都有相同的变化趋势。与正常苗相比，玻璃化苗中 SOD、APX 和 CAT 分别增加了 90%、20%和 85%。这些变化也为免疫印迹(Western 印迹)所证实(图 8-14)。

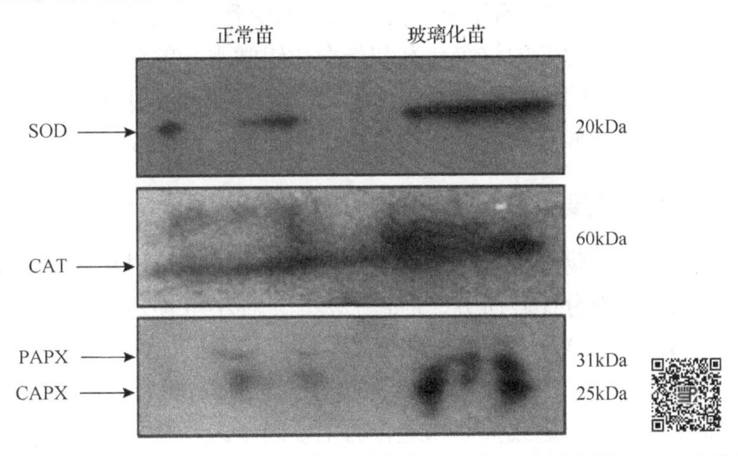

图 8-14　离体培养的康乃馨正常苗及其玻璃化苗的超氧化物歧化酶(SOD)、过氧化氢酶(CAT)和抗坏血酸过氧化物酶(APX)的免疫印迹(Western blotting)结果(Muneer et al.，2016)(彩图请扫二维码)

PAPX 代表过氧化物酶体中的抗坏血酸过氧化物酶，CAPX 代表胞液抗坏血酸过氧化物酶

作为一种防御机制，在氧化逆境下由细胞产生恒定的 ROS 是由抗氧化酶活性所维持的(Mittler et al.，2011)。在活性氧清除系统中，SOD 是第一个发挥抗氧化作用的酶。过氧化氢酶(CAT)是作为去除一些非生物逆境所致的氧化伤害的另一个重要的脱毒抗氧化酶。在玻璃化苗中该酶活性显著提高(图 8-14)，说明它在康乃馨苗的玻璃化的耐性方面是另一个重要的抗氧化酶。与之相似的是 APX，其对于控制 ROS 也起重要的作用，它通过戊糖磷酸途径和 NADPH 与葡萄糖相关联，以便将已氧化的二硫化物(GSSG)形成还原性的 GSH。除康乃馨外，APX 活性的显著提高也已在离体繁殖和出瓶移栽至温室的一些主要园艺植物，如大蒜中观察到(Tian et al.，2017)。

8.2.2.6　玻璃化苗的蛋白组学特征

最近 Muneer 等比较了离体繁殖的香石竹(*Dianthus caryophyllus*)正常苗和玻璃化苗的蛋白差异模式(Muneer et al.，2016)，在蛋白质组学水平上鉴定了许多具有各种功能的蛋白质，大部分都是与非生物逆境相关，但不与玻璃化逆境相关的蛋白质。在总共可检测的 700 个差异表达的蛋白斑点中，玻璃化苗中丰度发生显著差异的仅有 40 个蛋白。对这些蛋白用质谱(MALDI-TOF MS)进行进一步鉴定。多数已被注释的是光合作用、RNA 代谢、逆境反应和转录功能相关蛋白，少数是参与次生代谢的蛋白。

1) 光合作用相关蛋白

在玻璃化苗中丰度降低的 5 个蛋白与光合作用相关，分别是 30S 核糖体蛋白 S21、50S 核糖体蛋白 5

和几个叶绿体蛋白。叶绿体核糖体蛋白担负着大量生物质的生物合成的作用。经测定，所有被鉴定的康乃馨叶绿体核糖体蛋白的表达在玻璃化时都大幅度下降(Muneer et al.，2016)。

2) RNA 相关蛋白

在玻璃化苗中表达丰度降低的 RNA 相关蛋白包括含 PWI 区域的剪接因子蛋白、丝氨酸-苏氨酸激酶 WAG1 样蛋白和推定的细胞周期蛋白 cyclin-L2。研究表明，RNA 代谢在转录后水平的调节包括前体 mRNA 的剪接、多聚腺苷酸化的加帽、转运、周转和翻译等过程都在植物对逆境的反应中起重要的作用(Lorkovic，2009)。RNA 相关蛋白是植物中存在的优势蛋白，已发现在不同的逆境条件下，富含甘氨酸的 RNA 相关蛋白可被各种途径调控(Zhu et al.，2013)。

3) 逆境相关蛋白

在玻璃化苗中有两个与逆境反应相关的蛋白，即脱落酸逆境-成熟蛋白 2(abscisic acid stress-ripening protein 2，ASR)和推定抗病蛋白(RGA3)。植物发育有一套防御生物逆境和非生物逆境的机制，包括提高抗氧化和非抗氧化酶的活性以便去除氧化逆境。因此，在玻璃化苗中增加逆境效应蛋白的丰度有利于对抗所面临的逆境。这些蛋白可能参与 ROS 的还原以便防止细胞受到进一步的损害。

以上研究结果部分揭示了玻璃化苗的抗氧化剂和蛋白质组学水平的分子机制。抗氧化酶的活性及其免疫测定提供了 ROS 产生及其对玻璃化的防御途径。因此，这些各种蛋白及其相关的代谢过程可能可以作为改善组织培养植物玻璃化抗性的候选物或标记物(Muneer et al.，2016)。

8.2.3 影响离体培养苗玻璃化的主要因子

离体培养苗的玻璃化是离体植物繁殖和组织培养苗炼苗的隐患，可引起大田移苗时植株的严重死亡。离体培养苗的玻璃化现象虽已被充分比较研究，但它仍然是一种不可预知的离体培养苗的发育异常。离体培养苗各种严重程度的玻璃化，可导致不可逆转的形态发生能力的损失并使玻璃化苗处于一种赘生性细胞(neoplastic cell)状态。但是，在大多数的情况下，离体培养苗的玻璃化被认为是可逆转的(Yu et al.，2011)，以下所讨论的是有关玻璃化过程的促进或抑制和逆转的主要因子。

8.2.3.1 培养基的固化剂

培养基固化剂并不是一种惰性的培养基成分，固化剂的浓度和类型对组织培养材料的生长及发育有显著的影响，其中培养苗的玻璃化的产生与之有密切关系(Frank et al.，2004)。琼脂是植物组织培养基的常用固化剂。琼脂是指天然存在于红海藻，特别是石花菜属(*Gelidium*)、江蓠属(*Gracilaria*)和鸡毛菜属(*Pterocladia*)品种中的凝胶性多聚糖，是具有不同化学成分、不同分子量和不同凝胶形成能力的异源分子群体(Lahaye and Rochas，1991)。最纯的琼脂是琼脂糖(agarose)，它是由 3-连接 β-D-半乳聚糖吡喃残基和 4-连接 3,6-脱水-α-L-半乳聚糖吡喃残基交互连接的线形多聚物。从石花菜属品种所制备的琼脂糖在 3-连接的半乳糖残基上有明显的 6-*O*-甲醚取代，其凝胶强度不受损害。作为天然的取代基琼脂中也含有各种水平的 3,6-脱水半乳糖残基和硫酸酯、丙酮酸缩酮(pyruvate ketal)及分支糖残基。此取代基通常弱化琼脂的凝胶形成能力。富含这些取代基的非凝胶的类琼脂部分可在用一些海藻制备琼脂的同时被提取出来。商品凝胶 Difco Bacto 琼脂即是此类可以改变总电荷的多聚糖的复杂混合物，通过离子交换色谱技术鉴定，此琼脂富含中性琼脂糖型分子，也含较多的丙酮酸(混杂少许硫酸盐)和硫酸盐(混杂少许丙酮酸或 3,6-脱水半乳糖)(Duckworth and Yaphe，1971)。

植物凝胶(Phytagel)是从伊乐藻假单胞菌(*Pseudomonas elodea*)分泌而来的一种琼脂的替代物，是葡萄糖醛酸、鼠李糖和葡萄糖的混合物，具有无色、透亮和高韧性的特点，是配制植物组织培养基和微生物培养基的主要成分。商品琼脂都不同程度地含有杂质，同时市面上的海藻原料也会混有不同比例的不同海藻品种，有些是不适合的红藻或褐藻(Nairn et al.，1995)。这些也是导致不同厂家生产的琼脂产品成分差异的因素。

Gelrite 凝胶也是从假单胞菌所提取的高质量和高纯度的凝胶。与琼脂相比，其用量少但可产生硬度较大的凝胶，因此，在植物培养中采用 Gelrite 凝胶代替琼脂在经济上比较合算(Ivanova and van Staden，2011)。

研究已经证明，Gelrite 凝胶作为培养基的固化剂可使有些植物在离体繁殖时产生玻璃化苗，尽管其固化的培养基具有与琼脂相同的凝胶强度，但琼脂不诱导玻璃化的产生(Pasqualetto et al.，1988，Franck et al.，1995)。这种 Gelrite 凝胶有利于玻璃化苗形成的特点可能与其物理结构相关(Williams and Taji，1991)。

离体繁殖辐射松苗的玻璃化可使其组织培养繁殖苗在炼苗时损失 90%。为了解决这一问题，Nairn 等(1995)研究了培养基中的多种固化剂对繁殖苗的毒性和玻璃化苗形成的影响，结果如表 8-3 所示。当时的 Difco Bacto 琼脂产品的组成成分含有引起辐射松(*Pinus radiata*)离体繁殖苗玻璃化的控制成分，这些化合物是一些异质性的带有丙酮酸和硫酸盐侧链的类琼脂糖型木糖半乳糖聚糖，这些物质可用水溶解后为纸所吸收。实验琼脂 1～4 号作为固化剂，培养基中可利用水与培养苗长度的增加及玻璃化苗数量的增加呈正相关。在 Difco Bacto 琼脂固化的培养基中加入 1%的活性炭可保持培养基水分可利用性不变，但在某种程度上降低了对水分的控制并显著地促进生长(表 8-3 中培养基 1 号和 5 号)，但加入的活性炭可干扰生长调节物质的活性，带来和增加微生物污染的隐患，还可吸收光线。此外，Gelrite 凝胶的强度并不影响玻璃化苗的生长。当以同样凝胶强度的 Gelrite 凝胶替代 Difco Bacto 琼脂时可使苗的长度和玻璃化苗都显著增加(表 8-3 培养基 1 号和 3 号)。

表 8-3　培养基固化剂的物理学性质及其对离体繁殖辐射松苗的伸长与玻璃化的影响(Nairn et al.，1995)

琼脂实验号	琼脂(固化剂)商品名	固化剂浓度(g/L)	水分释放(每 5min 毫升数)	凝胶强度(g/cm^2)	苗伸长的程度*	苗玻璃化的程度*
1	Difco Bacto 琼脂	8.0	1045	118	1	1
2	Coast Biologicals Phyte agar	8.0	1238	139	2	2
3	Gelrite 凝胶	2.0	1396	111	4	4
4	Agarose Type V	4.0	2280	未测定	4	4
5	Difco Bacto 琼脂加活性炭	10.0 8.0	1050	未测定	4	2
6	Washed Difco Bacto 琼脂	8.0	1205	未测定	3	3

*通过初步的生物测定，1 表示非常轻微，2 表示轻微，3 表示中度，4 表示显著

与其他琼脂相比，琼脂糖(agarose)是琼脂中高纯度的中性成分，它和 Gelrite 凝胶对培养物的生长既不起抑制作用，也不影响水分控制。其他类型的市售琼脂都在一定程度上影响培养基的水分控制，也对培养苗的长度增加显示毒性，如 2 号培养基固化剂(Coast Biologicals Phyte agar)与 Difco Bacto 琼脂固化剂相比，其凝胶强度较强，培养物也可有更多的生长量(长度)，但对水分控制较差。

以上的研究表明，尽管采用琼脂(agar)对离体繁殖辐射松(*Pinus radiata*)的苗有毒性，长期培养苗存活率低下，但可控制水分。Gelrite 凝胶无毒性，但会引起玻璃化苗的产生；进一步研究表明，影响培养基水分的成分是市售琼脂的冷水可溶的非凝胶成分，而不是 Gelrite 凝胶的物理性质。研究者通过透析发现琼脂凝胶中对离体繁殖辐射松有毒性的低分子量的成分为带有丙酮酸和硫酸盐侧链的类琼脂糖型木糖半乳聚糖。改善培养基中的固化剂可使辐射松离体增殖苗的繁殖率增加 30 倍(Nairn et al.，1995)。

琼脂和 Gelrite 凝胶对柚木离体培养苗的增殖及苗的玻璃化也有不同的影响，详见表 8-4(Quiala et al.，2014)，在相同凝胶强度的情况下，Gelrite 凝胶虽然增加苗增殖率，但也提高苗玻璃化率(表 8-4)。类似的结果也见于其他的植物品种，如欧洲甜樱桃(*Prunus avium*)(Franck et al.，2004)和多叶芦荟(*Aloe polyphylla*)(Ivanova and van Staden，2011)。使用琼脂为培养基的固化剂可降低苗玻璃化率(Nairn et al.，1995)(表 8-4)。这可能是由琼脂中所含的硫酸半乳聚糖所致。但琼脂的价格比较高，1L 培养基的 90%花费是用于购买琼脂。

表 8-4　凝胶强度相同的琼脂(每升培养液 6.6g)和 Gelrite 凝胶(每升培养液 2.0g)对柚木(*Tectona grandis*)离体培养苗的增殖及苗的玻璃化的影响(Quiala et al.，2014)

固化剂	苗的增殖率(每个外植体诱导的苗数目)	苗的玻璃化率(%)
琼脂	3.70±0.81b	16b
Gelrite 凝胶	4.84±1.01a	34a

注：固化剂所加的培养基为 MS 附加蔗糖(2%；*m*)、100mg/L 肌醇和 4.44μmol/L BA

Gelrite 凝胶对离体苗的玻璃化的作用可能是由其物理结构引起的。与生长在以琼脂为固化剂的培养基的苗相比，在以 Gelrite 凝胶为固化剂的培养基上生长的多叶芦荟的苗中可检测出较高浓度的细胞分裂素，同时，其苗的形成率也较高(Ivanova et al.，2006)。相似的结果也见于苹果(*Malus domestica*)离体繁殖苗(Pasqualetto et al.，1988)、洋葱(*Allium cepa*)(Jakše et al.，1996)和双锯叶玄参(*Scrophularia yoshimurae*)(Tsay et al.，2006)。例如，对 Jonagold 苹果品种苗繁殖培养一个循环后，将培养基的琼脂以 Gelrite 凝胶替代时，可促进其玻璃化苗的形成；在 Gelrite 凝胶培养基中培养 28 天，玻璃化苗将达到约 80%(Tabart et al.，2015)。

琼脂和植物凝胶(Phytagel)对草莓两个品种(*Fragaria*×*ananassa* cv. Dover 和 Burkley)的离体繁殖苗的玻璃化有明显的影响。如表 8-5 所示，草莓的这两个品种离体繁殖苗的玻璃化程度随着培养基中 BA 浓度的增加而增加。培养基中的 BA 使用最低浓度 0.5mg/L 并以植物凝胶(Phytagel®)代替琼脂为培养基的固化剂时，培养苗的玻璃化率呈现增加的趋势(Barbosa et al.，2013)。与此相似的结果也见于欧洲甜樱桃(*Prunus avium*)，以 Gelrite 凝胶代替琼脂的培养基可诱导其苗的玻璃化的形成(Franck et al.，1998)。但在琼脂为固化剂的培养基中却可使苹果离体繁殖苗的玻璃化率降至最低，也有利于其苗的增殖(Dobránszki et al.，2011)。

表 8-5　培养基的固化剂及其 BA 的浓度对草莓两个品种离体繁殖苗的玻璃化率的影响(Barbosa et al.，2013)

BA(mg/L)	玻璃化率(%)			
	Burkley		Dover	
	琼脂(agar)	植物凝胶(Phytagel®)	琼脂(agar)	植物凝胶(Phytagel®)
0.0	0eA	0cA	0dA	0cA
0.5	36dA	55bA	35cA	60bA
1.0	52cA	64bA	56bA	60bA
2.0	80bA	90aA	90aA	76bA
3.0	100aA	80aA	100aA	100aA

注：以培养 1 个月的无菌苗为外植体，转移至 MS 附加不同浓度的 BA，固化剂分别为琼脂(6.5g/L)和植物凝胶(Phytagel®，2.5g/L)，培养 35 天后统计培养苗的增殖和玻璃化的结果。根据图基(Tukey)检验，同一列的平均数后所附的小写字母或同一行所附大写字母不同的为有显著差异的数据(5%水平)

8.2.3.2　细胞分裂素、多胺和水杨酸

1) 细胞分裂素

植物生长调节物质，特别是细胞分裂素是离体培养苗增殖的主要因子，但是如果处理不当，也易诱发离体培养苗的玻璃化(Baskaran et al.，2014)，这种作用常常取决于其浓度及其他不适当的培养条件。外源细胞分裂素可诱导和促进许多植物离体培养苗的玻璃化，包括欧洲云杉(*Picea abies*)(Bornman and Vogelmann，1984)、香瓜(*Cucumis melo*)(Leshem et al.，1988)、树紫菀属植物(*Olearia microdisca*)(Williams and Taji，1991)、茄子(*Solanum melongena*)(Picoli et al.，2001)、家山黧豆(*Lathyrus sativus*)(Ochatt et al.，2002)、多叶芦荟(*Aloe polyphylla*)(Ivanova et al.，2006)、西瓜(Vinoth and Ravindhran，2015)和柚木等。

离体增殖苗的玻璃化受细胞分裂素的类型及其浓度所影响。例如，多叶芦荟离体增殖苗的玻璃化程度与BA和玉米素的浓度相关(Ivanova and van Staden，2008)。

西瓜(*Citrullus lanatus*)茎尖外植体的培养苗中如果BA浓度超过4.44μmol/L就会出现玻璃化苗，其玻璃化程度也与细胞分裂素类型，如BA、KT(激动素)和TDZ(thidiazuron)有关。西瓜有效的不定芽诱导而玻璃化苗率低的培养条件是以子叶近轴部分为外植体，于MS附加8.88μmol/L BA和2.85μmol/L IAA的培养基上培养6周，继代3周后，外植体不定芽诱导频率达到100%，平均每个外植体可产生(13.13±0.29)个不定苗。根据培养基中所加的细胞分裂素的类型和浓度不同，其不定苗形成玻璃化苗的比例在8.33%～35.3%变化(表8-6)。从表8-6中可知，在附加各种浓度的BA的培养基中所形成的玻璃化苗率为14.3%～28.3%，而BA浓度高于8.88μmol/L会导致更多的异常苗(茎的增厚和生长受阻)或玻璃化苗的产生。高频率的玻璃化苗是附加8.88μmol/L BA和IAA或NAA的培养基中所产生的。值得注意的是，培养基中附加TDZ(0.90μmol/L)的西瓜离体培养苗的玻璃化率达到最高(35.3%)(Vinoth and Ravindhran，2015)。

表 8-6 细胞分裂素对西瓜(*Citrullus lanatus*)近轴子叶外植体不定苗的再生及其玻璃化率的影响(Vinoth and Ravindhran，2015)

细胞分裂素类型及其浓度(μmol/L)			苗的再生率(%)	每个外植体的苗数	玻璃化率(%)
BA	KT	TDZ			
0.00	0.00	0.00	—	—	—
2.22	—	—	66.7abc	3.83±0.17hi	14.3b
4.44	—	—	80.0bc	4.67±0.22gh	17.6c
8.88	—	—	86.7ab	7.42±0.22c	24.2c
17.76	—	—	60.0def	3.22±0.22i	29.3fgh
—	2.32	—	26.7ij	1.44±0.17i	8.33a
—	4.67	—	46.7fgh	1.87±0.07j	8.83a
—	8.29	—	40.0ghi	1.67±0.33j	14.4b
—	18.89	—	33.3hij	1.33±0.33j	18.1c
—	—	0.04	46.7fgh	1.20±0.12j	20.8d
—	—	0.23	53.3efg	1.77±0.15j	24.2c
—	—	0.45	33.3hij	1.65±0.07j	30.8h
—	—	0.90	23.3j	1.36±0.02j	35.3j

注：以在萌发培养基萌发6天的无菌苗的子叶近轴部分为外植体(长度为5mm左右)，培养于苗再生培养基中(MS附加表中所示浓度的BA、KT和TDZ)。培养6周(第3周继代一次)统计结果。附不同字母的同列数据表示有显著差异($P<0.05$)

另外，一些研究已表明，离体繁殖植株的玻璃化与其外植体内源的细胞分裂素增加有关。对此，Ivanova等(2006)曾以多叶芦荟(*Aloe polyphylla*)为材料，采用诱导玻璃化苗的培养条件(改变培养基的固化剂和外加细胞分裂素)研究培养苗的内源细胞分裂素变化与其离体繁殖苗的玻璃化形成的关系。研究者经高压液相色谱仪分析发现，在上述培养条件下繁殖的多叶芦荟正常苗和玻璃化苗中的内源异戊二烯类与芳香族类细胞分裂素共有32种，包括2-iP、反式和顺式玉米素(tZ和cZ)、二氢玉米素(DHZ)、BA及topolin衍生物，如*m*T[*meta*-topolin，N^6-(3-hydroxybenzyl) adenine]，其化学名为N^6-(3-羟苄基)嘌呤。在玻璃化苗中总的细胞分裂素含量比正常苗中的要高(Ivanova et al.，2006)。采用引起离体培养多叶芦荟植株产生玻璃化苗的各种处理，都可使玻璃化苗中总的细胞分裂素含量比正常苗中的高，这种关系也见于其他植物离体增殖苗的玻璃化过程中，如苹果(Kataeva et al.，1991)、康乃馨(Dantas de Oliveira et al.，1997)和甘蓝(*Brassica oleracea*)(Vandemoortele et al.，2001)。在玻璃化苗中内源细胞分裂素的水平通常提高，也有较高的细胞分裂素代谢水平。这一高水平的细胞分裂素可能是由细胞分裂素信号转导的缺陷所导致的细胞分裂素过度累积或(和)过度产生所致。

尽管存在上述的玻璃化苗的形成与内源细胞分裂素的水平升高的相关性，但是它们之间的因果关系有待阐明。这就意味着，内源细胞分裂素水平的增加尚不足以诱导玻璃化苗的形成。有些正常的离体增殖苗经过诱导玻璃化处理(如培养在 Gelrite 凝胶+15μmol/L 玉米素或 BA 的培养基中)仍不成为玻璃化苗。这些结果有利于离体增殖苗的玻璃化是多种因子作用过程的推论，而其中细胞分裂素所起的重要作用是确切的(Ivanova et al.，2006)。通常是在培养基中加入细胞分裂素以利于离体苗的增殖，但是这也增加了产生玻璃化苗的风险，这一细胞分裂素的作用也取决于培养基凝胶的种类及其浓度。

2) 多胺和水杨酸

(1) 多胺及其衍生物

多胺(polyamine，PA)是高生物活性的分布广泛的低分子量的脂族胺，带多聚阳离子，被视为植物对抗环境逆境防御机制的内源生长调节物质(Alcazar et al.，2010)。二胺类的亚精胺(spermidine，Spd)、精胺(spermine，Spm)及其前体腐胺(putrescine，Put)是植物细胞主要的多胺类(参见第 3 章 3.3.3.5 部分)。多胺在生理 pH 的条件下带正电荷，它们不仅以游离分子存在，也以与其他小分子特别是羟基苯丙烯酸共价键合的方式[称为高氯酸可溶性结合态多胺，即 perchloric acid soluble-conjugated PA (PS-conjugated PA)]存在，多胺还以和大分子包括半纤维素、木质素和蛋白质共价键合的方式[称为高氯酸不溶性结合态多胺，即 perchloric acid insoluble-conjugated PA (PIS-conjugated PA)]存在(Bagni and Tassoni，2001)。高氯酸可溶性结合态多胺是最常见的形式。研究已证明，高氯酸可溶性结合态多胺与超含水(如玻璃化苗形成)逆境(Piqueras et al.，2002)相关。但是对这类高氯酸可溶性结合态多胺的生理功能尚不清楚。多胺有两个生物合成前体，即鸟氨酸(ornithine)和精氨酸(arginine)。在腐胺被转化成亚精胺之前，通常是由鸟氨酸通过鸟氨酸脱羧酶(ornithine decarboxylase，ODC)途径合成腐胺，然后通过两个酶(每一酶步骤增加一氨丙基基团)先转化成亚精胺再转化成精胺。但是，在对逆境的反应和植物细胞中，腐胺却是以精氨酸为前体通过精氨酸脱羧酶途径合成的(Pang et al.，2007)。

Gelrite 凝胶的物理结构可以使其更好地吸收培养基中的物质，如细胞分裂素、NH_4^+和水分，因此与琼脂相比，以 Gelrite 凝胶为固化剂的培养基有利于玻璃化苗的形成。Tabart 等(2015)利用 Gelrite 凝胶促进 Jonagold 苹果品种离体培养玻璃化苗这一实验体系研究了多胺对玻璃化苗形成的作用。结果发现，在以 Gelrite 凝胶代替琼脂的培养基上分别加 10^{-5}mol/L 的亚精胺、鸟氨酸或精氨酸，繁殖苗培养一个循环(28 天)后，离体增殖苗的玻璃化频率最少降低了 50%。外源所加的亚精胺或多胺的生物合成前体可引起培养头两周的苗中酚类化合物和抗氧化物的减少。亚精胺及其前体鸟氨酸在逆转 Jonagold 苹果品种的玻璃化上起着重要的作用。补充外源的多胺，有助于离体增殖苗维持高水平的内源多胺和酚酰胺(phenolamide)，以便适应细胞渗透的调节、抗氧化物的保护、细胞壁交联和生长调节的需要(Tabart et al.，2015)。

在玻璃化苗中多胺水平的增加可能赋予这些苗抗氧化剂的保护能力。但是关于外源多胺对苗玻璃化的防护机制尚少有研究。多胺代谢和酚类代谢是相连接的(Paschalidis et al.，2009)。鸟氨酸脱羧酶(ODC)活性可影响总酚类和总游离多胺的含量。影响多胺代谢的基因修饰可诱导脯氨酸和许多酚类的改变(Defernez et al.，2004)。研究已发现高浓度的多胺特别是亚精胺与抗氧化剂的含量呈现正相关的关系。多胺的抗氧化剂的性质可能取决于它们与酚酸类结合所成的酚酰胺水平(Kuznetov and Shevyakova，2007)，这些化合物与多胺和酚类代谢物相连接，而如果有酚酸可利用，内源累积的多胺可能有利于酚酰胺的形成。外加亚精胺、鸟氨酸和精氨酸可降低由 Gelrite 凝胶培养基所诱导的玻璃化苗频率，并可短暂性降低玻璃化苗中的总酚类含量，这反映了有些酚类化合物与多胺结合并形成了内源的酚酰胺类。多胺与酚酰胺的结合物可降低其自身的极性和玻璃化苗的形成频率，这些将有利于它们的运输、稳定性和细胞分室作用。除了成为多胺和酚化合物贮藏形式，这些化合物在植物体中有其特殊的功能(Edreva et al.，2007)，可能参与了对抗诱导玻璃化苗形成的过程。当然这只是一种推论，因而需要更多的研究加以证实。

总而言之，外源施用亚精胺或其生物合成的直接前体，鸟氨酸，可降低离体培养植株的玻璃化倾向，也可能有助于维持高水平的内源游离多胺，并通过与酚类化合物结合而增加酚酰胺含量，参与细胞渗透调节、抗氧化剂的保护、细胞壁交联和植物生长调控。因此，酚酰胺也可能有逆转离体植物玻璃化的功效。

(2) 水杨酸

水杨酸(salicylic acid，SA)是植物逆境反应激活因子，外加 SA 可有效地调整各种生物逆境的效应，其效果与使用时的方法和剂量直接相关(Hayat et al.，2010)。乙酰水杨酸可降低唇形科(Labiatae)植物和牛至(*Origanum vulgare*)玻璃化苗的形成率(Andarwulan and Shetty，1999)。Hassannejad 等(2012)的研究发现，以百里香属的一种植物(*Thymus daenensis*)种子萌发 4 周的无菌苗顶芽(5mm)为外植体，在不含 BA 的培养基上所繁殖的苗是正常苗，而在含有 BA 的培养基中培养 4 周后产生玻璃化苗。如果将玻璃化苗转移至不含 BA 的培养基上培养时，已玻璃化的苗可部分地逆转为正常苗(图 8-15)。如果将玻璃化苗转移至含有 5μmol/L SA 的培养基时，其逆转为正常苗的效率更高，被处理培养 4 周后，培养苗的叶绿素 b 含量有显著的增加。这与 SA 也可促进在水分逆境条件下小麦幼苗的叶绿素和光合作用(Singh and Usha，2003)的效果相似。在加 BA 的培养基添加 SA 不但影响离体增殖苗的形态和上述生理参数，也影响离体增殖苗的游离多胺和结合多胺的水平。

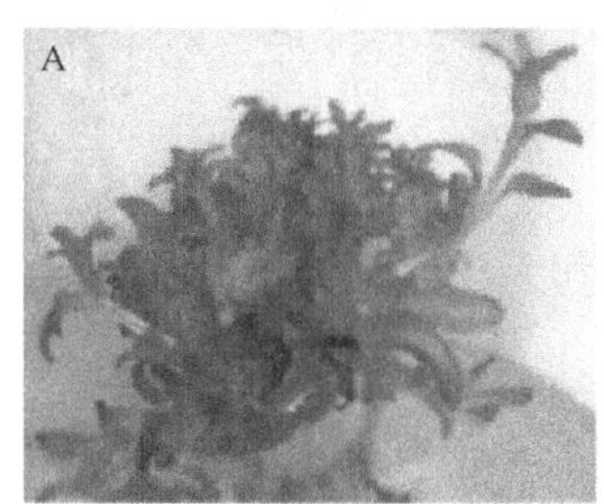

图 8-15　BA 和水杨酸(SA)对百里香属的一种植物(*Thymus daenensis*)离体繁殖苗的玻璃化及其逆转的影响(Hassannejad et al.，2012)(彩图请扫二维码)

A：苗外植体离体繁殖在含 BA 的培养基上所发育的玻璃化苗。B：将玻璃化苗转移至不加 BA 的培养基上，有一部分玻璃化苗逆转为正常生长的苗。C：如培养基外加 SA 时，玻璃化苗完全逆转为正常苗。D：在培养基中不加 BA 时的正常生长的苗。以受试植物的种子在 MS 培养基(30g/L 蔗糖)萌发 4 周的无菌苗顶芽(5mm)为外植体，分别转移至加或不加 BA(4.4μmol/L)及含水杨酸(5μmol/L)的 MS 培养基(15g/L 蔗糖)上培养 2 周或 4 周进行苗繁殖，观察结果

相关的测定表明，正常的离体增殖苗的多胺水平高，主要的多胺是腐胺和亚精胺(图 8-16A～C)。而在含 BA 的培养基上因刺激玻璃化苗的产生，可使多胺水平降低一半，降低的多胺主要是游离腐胺和高氯酸不溶性结合态多胺。已有报道称多胺与叶绿素生物合成和光合速率相关(Serafini-Fracassini et al.，2010)。这为在 BA 培养基上所形成的玻璃化苗缺绿和干重减少的原因提供解释。在玻璃化的苗组织中，未检测出存在高氯酸不溶性结合态精胺和亚精胺(PIS-conjugated Spm/Spd)，而高氯酸不溶性结合态腐胺含量也减少。由于高氯酸不溶性结合态多胺可能是与细胞壁分子(木质素和半纤维素)连接，因此也是与叶绿体膜蛋白相关的一种多胺。在玻璃化苗中这一高氯酸不溶性结合态多胺水平的降低可能与其细胞壁和叶绿体的完整性损失有关，这正是玻璃化苗的有关症状。将在含 BA 的培养基上所形成的玻璃化苗转移到不含 BA 的培养基中培养 4 周，玻璃化苗可被逆转或部分逆转为正常苗(图 8-15)，而这一逆转过程并不伴随高氯酸不溶性结合态多胺(PIS-Spd 和 PIS-Spm)水平的恢复，这一现象可能与玻璃化苗的不完全逆转有关，但是在这一逆转过程中游离的和高氯酸可溶性结合态多胺的水平却发生了变化。测定表明，这一百里香属植物(*T. daenensis*)的苗外植体中，主要的多胺是腐胺。与正常的苗组织或从玻璃化中逆转的苗相比，玻璃化苗组织中腐胺水平较低(图 8-16A)。再则，在苗的玻璃化被逆转培养的过程中，其腐胺水平未有显著的增加；但是其亚精胺(Spd)和精胺(Spm)水平与未逆转的玻璃化苗相比，却有显著的增加(图 8-16B，C)，在逆转的培养基培养 4 周后，游离精胺水平增加一倍(图 8-16C)，其累积的速率与正常苗相同。由此可知，游离精胺作为植物防御机制信号分子，极有可能参与了玻璃化的逆转。在加 SA 后，玻璃化苗较完全被逆转的苗中的游离腐胺、亚精胺和精胺都显示暂时性(培养 2 周)的增加(图 8-16，SA 逆转苗)，同时其高氯酸可溶性结合态亚精胺也增加。这一短暂性依赖于 SA 的多胺的增加与 H_2O_2 的增加高度一致(图 8-17)(Hassannejad

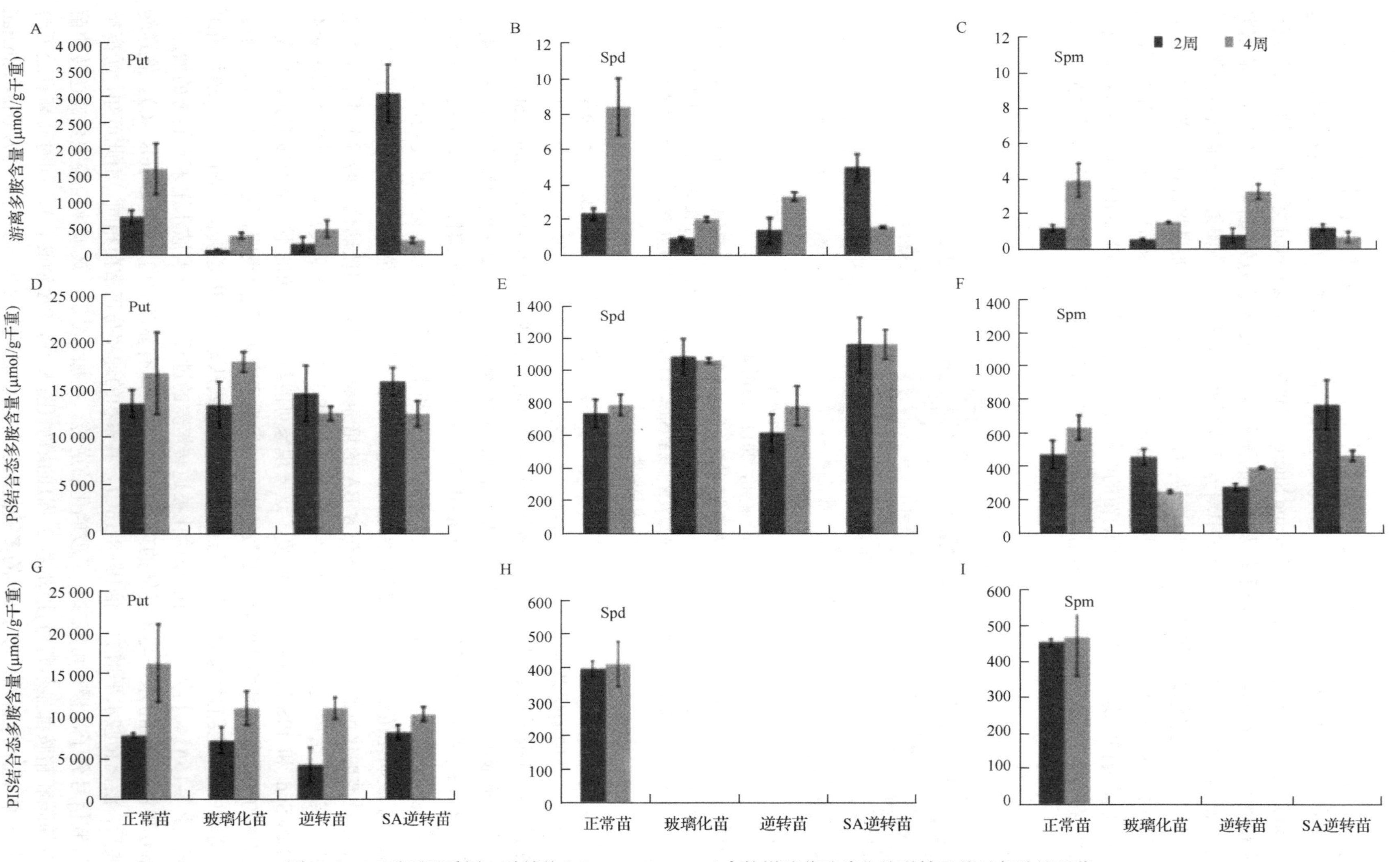

图8-16　SA对百里香属一种植物(*Thymus daenensis*)离体增殖苗玻璃化的逆转及其对各种处理苗内源游离多胺与结合态多胺含量的影响(Hassannejad et al., 2012)

如图所示的培养条件下培养2周(黑色)和4周(灰色)的苗。正常苗(不含BA的培养基所培养的苗)、玻璃化苗(含4.4μmol/L BA培养基中培养的苗)、逆转苗(玻璃化苗转入不含BA培养基中培养的苗)和SA逆转苗(玻璃化苗转入不含BA但含5μmol/L SA的培养基中培养的苗)。PS表示高氯酸可溶性结合态多胺，PIS表示高氯酸不溶性结合态多胺，Put表示腐胺(A、D和G)，Spd表示亚精胺(B、E和H)，Spm表示精胺(C、F和I)。图中数据为每个样品(9个重复)的平均数±标准误差

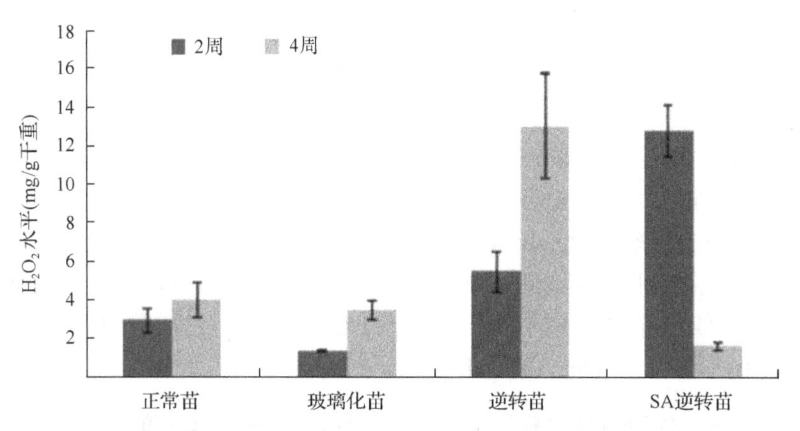

图 8-17 分别在相应的培养基中培养 2 周和 4 周后的 *Thymus daenensis* 各种苗中 H_2O_2 的水平(Hassannejad et al., 2012)
图中数据为每个样品(9 个重复)的平均数±标准误差。正常苗(不含 BA 的培养基)、玻璃化苗(含 4.4μmol/L BA 的培养基)、逆转苗(玻璃化苗转入不含 BA 的培养基)和 SA 逆转苗(玻璃化苗转入不含 BA 但含 5μmol/L SA 的培养基)

et al., 2012)。这表明，当百里香属一种植物(*T. daenensis*)离体增殖苗的玻璃化苗被逆转为正常苗时，SA 可增加叶绿素 b 含量，这将有利于改善被逆转的该植物离体增殖苗的光合作用及其苗的质量，基于精胺对叶绿体的保护作用(Serafini-Fracassini et al., 2010)，它有可能在这一玻璃化苗的逆转变绿中起关键的作用。利用 SA 对这种百里香属植物离体增殖苗的玻璃化逆转中的多胺测定也证实了 SA 对高氯酸可溶性(PS-)结合态精胺有特别作用。结合态多胺的形成在维持游离多胺的体内稳定的调节上起重要的作用(Moschou et al., 2008)。由此在 SA 对增殖苗的玻璃化逆转中，游离腐胺和结合态精胺(高氯酸可溶性结合态精胺)水平均被提高(图 8-16A, F)。当玻璃化苗被逆转时，这一多胺的分解代谢过程也将被触发。通过 PAO 活性而产生的 H_2O_2 也可能参与精胺对逆境反应的信号转导，而在玻璃化苗被逆转时 H_2O_2 的累积也是对 SA 处理的一种反应(Chao et al., 2010)。实际上，当离体培养该百里香属植物苗用 5μmol/L SA 处理时也出现 H_2O_2 的显著累积(图 8-17)，也导致游离多胺的暂时增加。这说明 SA 可能在精胺的信号转导中起作用。值得注意的是玻璃化苗的逆转以短暂增加 H_2O_2 的水平为特点(培养 2 周)，随之培养 4 周后即降低(图 8-17, SA 逆转苗)。此时也是玻璃化苗逆转为正常苗效率增加之时，这些现象似乎说明 SA 协调 H_2O_2 和多胺一起对苗的分化起作用。SA 刺激 H_2O_2 的产生与游离多胺的增加与随后的氧化作用密切相关。这也暗示着为了产生 H_2O_2，SA 对抗氧化物酶如抗坏血酸过氧化物酶(APX)和过氧化氢酶活性具有抑制作用(Horváth et al., 2007)。除了在这种百里香属植物中发现 SA 可通过对多胺代谢酶进行作用而产生 H_2O_2 的结果，在其他植物方面报道甚少。关于在此所发现的 SA 短暂地增加游离多胺和 H_2O_2 的机制有待进一步阐明(Hassannejad et al., 2012)。

8.2.3.3 培养瓶内的气体成分

在传统的组织培养体系中，培养瓶的封口是为了避免培养物和培养基的过度脱水并维持培养瓶及其培养物的无菌状态。培养瓶口常采用合适的材料封闭，有些封闭材料会导致培养瓶通气不良，使培养瓶内累积乙烯和 CO_2，进而降低呼吸作用的氧气可利用性，形成干扰培养物正常生长和发育的气体环境，诱发培养苗的玻璃化等异常形态发生及生理变化。高浓度 CO_2 的累积常显著地影响培养物的蒸腾作用、光合作用并通过提高转化 ACC(1-氨基环丙烷-1-羧酸)生成乙烯的酶活性而刺激乙烯的生物合成(Grodzinski et al., 1981)。通风透气可降低培养瓶的相对湿度，减少苗的增殖及其玻璃化率。例如，以离体培养双锯叶玄参(*Scrophularia yoshimurae*)苗的茎节切段为外植体诱导不定苗增殖时，以不同材料封闭培养瓶，对苗的增殖和玻璃化苗的产生都具有明显影响，结果如表 8-7 所示。与采用医用纸巾相比，用铝箔封培养瓶口可诱导较高的苗增殖率(平均每个外植体可诱导 11.2 个苗)，但是其玻璃化苗率也很高，达到 87.1%。用医用纸巾封培养瓶口所诱导的苗几乎都是正常的苗。医用纸巾降低玻璃化苗率的效应可能是多种因子相互作用，从而降低瓶内相对湿度、增加其气体交换和减少培养基中的水分和维持营养水平(Debergh et al., 1981; Tsay et al.，2006)。利用气相色谱仪对培养瓶内所累积的气体的测定表明，乙烯和 CO_2 的累积与其苗的诱导数量及质量(苗的玻璃化率)显示强烈的相关性。在用铝箔严密封闭的培养瓶中 CO_2 浓度呈指数性增加，而培养 2 周的乙烯的浓度却没有显著的变化(Lai et al.，2005)。已有一些报道表明，离体培养中特别是培养的后期阶段过度累积的乙烯可能是诱导培养苗玻璃化的主要因子；因为增加培养基的琼脂浓度(Debergh et al.，1981)、利用乙烯吸收剂如活性炭和 $KMnO_4$(Dimasi-Theriou et al.，1993)或海藻酸 STS 胶囊(Sarkar et al.，2002)、改用较大的培养瓶与机械通风(Zobayed et al.，2001)等一些措施均有利于改善瓶内的气体交换；而有效的培养瓶的空气流通已被证明可降低康乃馨和马铃薯离体繁殖苗的玻璃化率(Jo et al.，2002；Park et al.，2004)。研究已发现组织培养中常用的乙烯作用抑制剂是银离子(包括硝酸银、硫代硫酸银和纳米银)，其可改善和促进培养物的形态发生(Pua et al.，1996)。

表 8-7 培养瓶封口材料对双锯叶玄参(*Scrophularia yoshimurae*)苗的茎节外植体诱导不定苗的增殖及其玻璃化率的影响(Tsay et al.，2006)

培养瓶封口材料	封瓶口材料层数	每个外植体增殖苗数	玻璃化苗率(%)
铝箔	2	11.2a	87.1(84.2～90.0)
医用纸巾	2	3.1c	0.0(0.0～3.5)
	3	3.6c	0.0(0.0～3.1)
	4	5.1b	0.0(0.0～2.2)

注：外植体培养在含 100ml 芽诱导培养基(MS 基本成分附加 1.0mg/L BA、0.2mg/L NAA、3%蔗糖和 1%琼脂)的 500ml 培养瓶内，分别用 2 层铝箔(AF)和 2 层、3 层及 4 层医用纸巾(dispense paper，DP：8.5cm×8.5cm，厚度为 0.046mm，气体流速为 0.5ml/s)封口，培养 8 周后，观察结果。表中的数据为平均数，后所附不同字母者表示有显著差异(5%水平，LSD 检验)。括弧中的数据为二项分布 95%置信界限

8.2.3.4 银离子

研究者早已熟知有效浓度银离子(Ag^{2+})是乙烯的生理作用抑制因子。Ag^{2+}可减少玻璃化苗，也可促进多种植物不定苗的再生(Mayor et al.，2003；Qin et al.， 2005)。也有一些研究表明，由于 Ag^{2+}与多胺在促进苗的形态改善上可起相互协同的作用，因此使用多胺可减少玻璃化苗(Bais et al.，2001；Tabart et al.，2015)。

西瓜(*Citrullus lanatus* cv. ArkaManik)离体繁殖的严重问题之一是玻璃化苗的产生(Huang et al.，2011)。其主要原因是培养瓶密闭而致瓶内相对湿度高、空气不流通而累积了乙烯。乙烯的释放也取决于培养基中所用的细胞分裂素的种类和浓度(Ivanova and van Staden，2008)。

有效的西瓜不定芽诱导而玻璃化苗率低的培养条件是以子叶近轴部分为外植体于 MS 附加 8.88μmol/L BA 和 2.85μmol/L IAA 培养基上培养 6 周，继代 3 周后，外植体不定芽诱导频率达到 100%，平均每个外植体可产生(13.13±0.29)个不定苗，不定苗形成玻璃化苗的比例为 8.3%～35.3%。当在培养基中加入硝酸银或硫代硫酸银(silver thiosulfate，STS)时，每个外植体所诱导的不定苗数、苗的生长和生根率都得到改善。其中硝酸银(9.0μmol/L)使其玻璃化苗百分比降至 5.8%，每个外植体可产生苗数达最高值(14.20±0.36)；硫代硫酸银(6.0μmol/L)也可使玻璃化苗形成率降低至 8.5%。银离子的作用还与它加入培养基的时间段有关。在西瓜再生不定苗的苗伸长阶段加入银离子制剂则失去其降低玻璃化苗频率的作用(图 8-18)，而在再生不定苗启动(诱导阶段)和伸长阶段都加银离子制剂，对玻璃化苗形成率降低效果最好(将玻璃化苗的比例降至 5.8%)(Vinoth and Ravindhran，2015)。因为外植体维持在密闭的培养容器，银离子对玻璃化苗形成的抑制作用可能是由于其抑制了乙烯活性作用位点(Zhao et al.，2002)；乙烯和多胺在生物合成上相互竞争前体 *S*-腺苷甲硫氨酸(SAM)(参见第 3 章 3.3.3.5 部分)，外源补充银离子(硝酸银)可降低乙烯对 SAM 的竞争利用，有利于多胺的合成(Evans and Malmburg，1989)。因此另一种作用的可能机制是银离子改变多胺的水平。已有研究表明，在菊苣(*Cichorium intybus*)苗再生培养基上添加硝酸银(40μmol/L)可控制乙烯的累积水平，随即促进精氨酸脱羧酶活性，提高多胺的结合态水平(Bais et al.，2001)。西瓜的离体苗玻璃化过程中银离子是否或如何与多胺相互作用，需要进一步研究证实。硝酸银也可以降低向日葵离体培养苗的玻璃化率(Mayor et al.，2003)。

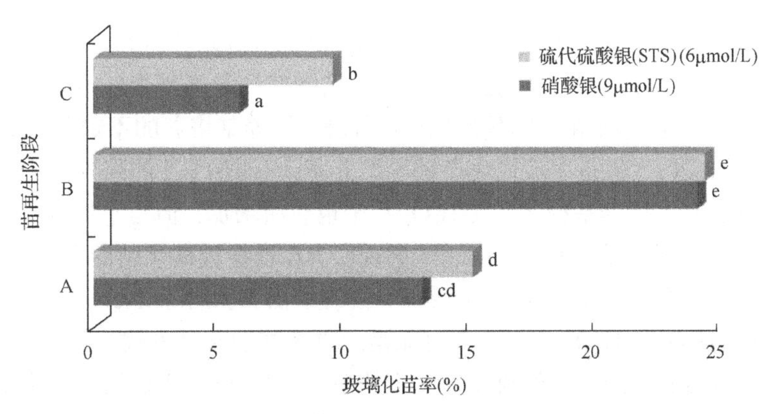

图 8-18　银离子结合 BA(8.88μmol/L)和 IAA(2.85μmol/L)在西瓜(*Citrullus lanatus* cv. ArkaManik)离体繁殖苗的不同阶段处理对再生苗玻璃化率的影响(Vinoth and Ravindhran，2015)

数据后附不同字母者显示有显著差异(P<0.05)；A 为苗诱导阶段，B 为苗伸长阶段，C 为苗诱导和伸长阶段

银离子试剂，除上述常见的硝酸银和硫代硫酸银(STS)外，最近也有研究者采用银纳米颗粒(silver nanoparticle，AgNP)。纳米颗粒是纳米技术的新成就，可作为附加物进入一般附加物不能进入的植物组织中(Krishnaraj et al.，2012)。银纳米颗粒在双蒸馏水中可成为微小而纯的银胶粒稳定悬浮物，这些颗粒大小为 5～50nm(Rafiuddin，2012)。通过释放银离子，AgNP 可能在植物代谢的各个水平上发挥作用。使用 AgNP 可变换植物体内的一些水分参数、蒸腾速率和水导率(hydraulic conductivity)，这些作用可能是源于银离子对乙烯的抑制作用。银离子也可能影响水孔蛋白(aquaporin)，该蛋白参与水分运输，也引起气孔的关闭(Lu et al.，2010)。例如，胶体银纳米颗粒对百里香属一种植物(*Thymus daenensis*)离体增殖苗的木质化和玻璃化症状均有显著影响。Bernard 等(2015)利用 BA 促进该百里香属植物离体苗玻璃化的实验体系(Hassanneӗad et al.，2012)，在无菌苗的萌发阶段，其 MS 培养基加以不同浓度的银纳米颗粒(AgNP)，预培养 3 周后，将苗尖外植体分别转移至加与不加 BA 的 MS 培养基上培养 4 周后，分析玻璃化苗和正常苗中(不加 BA 的 MS 培养基上所诱导的苗)游离与结合态多胺水平及其木质化水平和木质化过程所需求的 H_2O_2 水平与抗氧化酶活性。这一研究结果表明如下 3 点。

(1)无菌苗在不含 AgNP 的 MS 培养基预培养，转移到加 BA 的培养基上培养时，出现玻璃化症状。无菌苗在含 AgNP 的 MS 培养基预培养，其苗尖外植体转移到不加 BA 的培养基(产生正常苗培养基)上时，不改变其形态和生长，可提高离体增殖苗的质量(图 8-19A, i～iii)，但加 2.5mg/L AgNP 的预处理苗在加 BA 的培养基培养(诱导苗玻璃化的培养基)时，与不加 BA 的培养基上生长的正常苗(图 8-19A)相似，带较长的节间和正常的叶(图 8-19B，ii)，这说明加 AgNP 进行预培养可使 BA 所诱导的玻璃化苗逆转为正常苗。

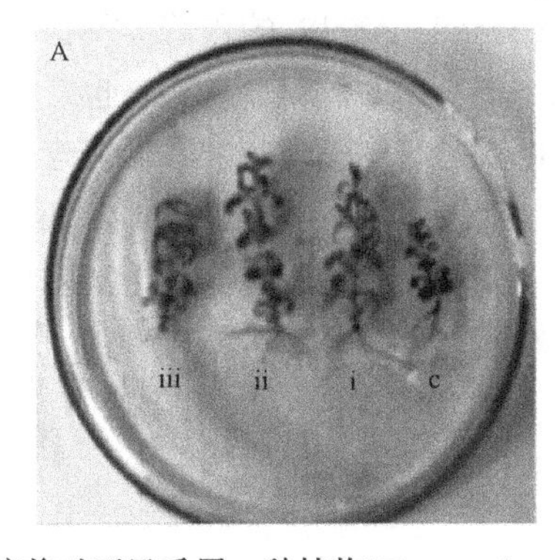

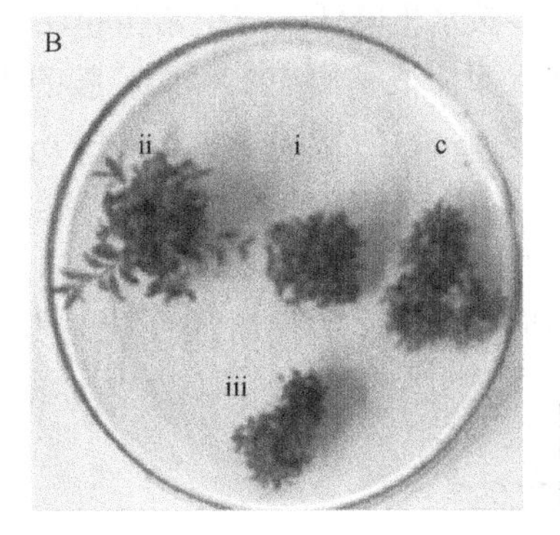

图 8-19　AgNP 预培养对百里香属一种植物[*Thymus daenensis*(Isfahan ecotype)]的离体增殖苗形态发育的影响(Bernard et al.，2015)(彩图请扫二维码)

无菌苗的茎尖外植体转移到不加 BA(A)和加 BA 的 MS 培养基(B)所增殖的不定苗的形态差异。加 4.4μmol/L BA 的 MS 培养基是可诱导玻璃化苗的培养基。c：不加 AgNP 预培养对照。i～iii：分别加 1mg/L、2.5mg/L 和 5mg/L AgNP 预处理。取消毒后的种子在含 AgNP 预处理的 MS 培养基上培养 3 周后的无菌苗的茎尖为外植体，分别转移至加 BA 和不加 BA 的 MS 培养基上培养 2 个月进行苗的增殖与生长并观察形态差异。MS 培养基：MS 基本成分附加 7g/L 琼脂和 30g/L 蔗糖

(2) 该百里香属植物无菌苗在加 1mg/L 和 2.5mg/L AgNP 的 MS 培养基预培养，随后将苗尖外植体转移至苗增殖培养基后，苗中的 H_2O_2 的水平和抗氧化活性因苗增殖培养基是否加 BA 而异。加 AgNP(特别是加 2.5mg/L 的情况下)预培养的无菌苗，在不加 BA 的苗诱导培养基培养的不定苗的 H_2O_2 水平明显比不加 AgNP(浓度为 0)的高(图 8-20)。但是在玻璃化苗诱导培养基上(即加 BA 的培养基中)，虽然加 2.5mg/L 和 5.0mg/L AgNP 与不加 AgNP 的培养基相比，其 H_2O_2 水平也有所增加，但与不加 BA 的培养基中苗的 H_2O_2 水平相比，苗中总的 H_2O_2 水平明显降低(图 8-20)。这说明 BA 诱导玻璃化苗的产生，也降低其 H_2O_2 水平。已有研究表明 H_2O_2 可通过抗氧化酶和非酶性体系如多胺的累积加以清除(Neill et al., 2002)。这暗示，BA 诱导玻璃化苗的形成时所降低的 H_2O_2 水平，有可能是通过多胺的某种方式起作用。本实验结果还表明，经过 AgNP 预培养的无菌苗所得的茎尖外植体所发育的苗，其生成的 H_2O_2 水平的增加与该苗相应的抗氧化体系中的过氧化氢酶(CAT)和 POX 活性的降低显示很好的相关性。POX 比 CAT 对 AgNP 的预处理显得更加敏感，这说明在加 BA 的苗诱导培养基上苗(玻璃化率高的苗)中的 H_2O_2 水平降低是 POX 活性比 CAT 活性更高的结果。已有研究证实，BA 这种降低 H_2O_2 水平的效应是因为 BA 可影响 POX 活性(Durmuş and Kadioğlu, 2005)。

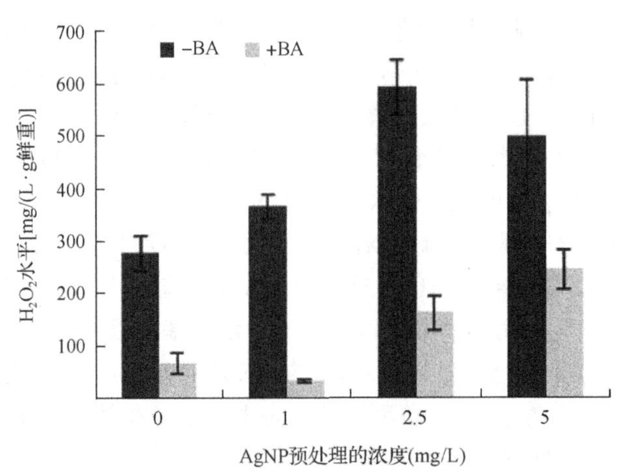

图 8-20 AgNP 预培养对百里香属一种植物[*Thymus daenensis* (Isfahan ecotype)]无菌苗及其茎尖外植体诱导苗中的 H_2O_2 产生量的影响(Bernard et al., 2015)

AgNP 预培养的百里香属一种植物无菌苗的茎尖外植体分别转移至加与不加 BA 的 MS 苗诱导培养基上培养 4 周后测定，图中数据为样品 5 个重复的平均值±标准误差。加 BA 的 MS 培养基是可诱导玻璃化苗形成的培养基

(3) AgNP 预处理不但影响培养苗游离多胺的水平，也影响结合态多胺的水平。例如，AgNP 预处理可使玻璃化率高的苗的游离多胺水平降低，与正常苗相比，2.5mg/L AgNP 的预培养使苗中的游离腐胺的水平降低了约 80%，亚精胺水平降低了约 50%，而精胺的水平低至难以检测。AgNP 也对异常苗的木质化水平有影响。例如，2.5mg/L 和 5mg/L(特别是 2.5mg/L) AgNP 预处理使正常苗的木质素含量显著增加。而与此相反，未经 AgNP 和低浓度(1mg/L)的 AgNP 预培养的增殖苗，其木质素含量都较低，但含较高水平的游离腐胺、高氯酸不溶性结合态腐胺和精胺。高水平的结合态多胺的形成降低了游离多胺的浓度，导致木质素的增加。由银离子所引起的这些代谢的变化与其减少离体繁殖苗的玻璃化症状的机制密切相关(Bernard et al., 2015)。

8.2.3.5 碳源、氮源和维生素类

一般，在培养基中，除上述的琼脂及其代用品和生长调节物质外，尚含有无机盐(大量元素和微量元素)、碳源和氮源能量物质、维生素类与有机添加物等，这些物质及其相互作用对于植物离体培养苗的玻璃化有着不可忽视的作用。

1) 碳源(糖类)

所有的培养基都需要加糖类作为细胞生长的主要碳能源。一般都采用浓度在 20～30g/L 的蔗糖。根据实验目的和培养植物种类，有时也用其他单糖和双糖代替蔗糖。蔗糖也是培养基成分渗透势的主要调节物质，蔗糖还是信号物质，参与植物生长和发育的诸多过程。

培养基中的碳源对离体培养苗的玻璃化有显著影响。例如，对苹果砧木 MM106 来说，其离体培养苗的玻璃化常发生在含 30～60mmol/L 各种糖类的培养基中，而较少发生在含 90～120mmol/L 各种糖类的培养基上。增加培养基中碳源的浓度可显著地减少玻璃化苗率。当培养基中的糖为 60mmol/L 的麦芽糖或 30mmol/L 的山梨醇时，苹果玻璃化苗率较高，分别为 11.33%和 10%；而当培养基中的糖为 90mmol/L 和 120mmol/L 的山梨糖醇、90mmol/L 的蔗糖和果糖或 120mmol/L 的麦芽糖时，玻璃化苗率较低。这一结果与糖对沙梨(*Pyrus pyrifolia*)的离体培养苗玻璃化的影响相似(Kadota and Niimi，2004)。在培养基中加入蔗糖可抑制叶绿素的合成、光合作用、卡尔文循环和内源糖类的产生。一些研究者发现，将培养基的蔗糖换成还原糖(葡萄糖和果糖)，玻璃化苗的形成将减少或消除(Druart，1998)。这些还原糖可能通过降低玻璃化苗叶中的氧化势而影响氧化还原电势(Bahmani et al.，2009)。低的氧化还原电势可能是玻璃化植物的特性(Franck et al.，2000)。

2) 氮源

氮是植物生长发育所需的主要大量元素之一。外植体从培养基中吸收的氮主要是 NO_3^-和 NH_4^+。MS 培养基中含 60mmol/L 氮源，分别由 20mmol/L NH_4^+和 40mmol/L NO_3^-提供。这两种含氮离子的数量对培养细胞的生长和分化有显著作用。硝酸盐是一种很好的氮源，因为它易被吸收和代谢，是供氮时的主要氮源。有些研究已证明，以硝酸盐为唯一的氮源可以清除培养苗的玻璃化，提高苗的质量(Ivanova and van Staden，2009)；但培养基可能碱性更强，因而需要加入少量的氨基盐。与此相反，多数组织培养的研究都表明，以 NH_4^+为唯一氮源时，培养物的细胞分裂、苗的形成及其伸长都会受到一定程度的抑制(Woodward et al.，2006)。

以多叶芦荟(*Aloe polyphylla*)为例(Ivanova and van Staden，2009)，如表 8-8 所示，以 NH_4^+为唯一氮源时，不管其浓度为多少，苗的增殖率都非常低，所诱导的玻璃化苗率却非常高，当其浓度达到 60mmol/L 和 90mmol/L 时，其玻璃化苗率分别达到约 48%和 42%，新生苗质量欠佳、脆弱、显黄绿色。以 NH_4^+为唯一氮源对离体植物的形态发生和生长的抑制作用主要是由于它改变了培养基的 pH 与游离 NH_4^+的毒性效应。培养基的低 pH 将影响矿质元素的可利用性，当 pH 降至低于 5 时大部分的这些营养的利用都受到限制(Williams，1993)，因而外植体的生长受限。游离的 NH_4^+在植物组织中会引起毒性。为了降低这一效应，植物细胞将以消耗碳水化合物的代谢为代价增加苗中的蛋白质的合成(George，1993)。以 NO_3^-为唯一氮源时(以 NO_3^-代替 NH_4^+)可使玻璃化苗完全消失，培养苗的质量也得到提高，苗显墨绿色，叶缘发育出白色软锯齿，这是苗活力旺盛的标志，当 NO_3^-浓度为 90mmol/L 时平均每个外植体可诱导约 21 棵苗(表 8-9)，但苗的增殖率增加并不取决 NO_3^-浓度的增加。

表 8-8　铵盐氮源对多叶芦荟(*Aloe polyphylla*)离体再生苗玻璃化率的影响
(Ivanova and van Staden，2009)

NH_4^+浓度(mmol/L)	苗增殖率(每个外植体诱导的苗数)	苗的玻璃化率(%)
0	4.8a	6.9c
30	5.2a	31.5b
60	4.3a	48.1a
90	1.4b	41.7ab
LSD	2.6	12.1

注：18 个外植体接种于 500ml 培养瓶(含 250ml 培养基)上培养 8 周后观察结果。培养基 MS 除加表中的氮源外，再加 30g/L 蔗糖、100mg/L 肌醇、5.0μmol/L 玉米素、2.46μmol/L IBA 和琼脂 0.8%(*m*)，培养基 pH 为 5.8。根据 LSD 检验，在同一列中的数值带不同字母者表示有显著差异($P\leq 0.05$)

表 8-9　以硝酸盐为氮源对多叶芦荟(*Aloe polyphylla*)离体再生苗玻璃化率的影响(Ivanova and van Staden，2009)

NO_3^-浓度(mmol/L)	苗增殖率(每个外植体诱导的苗数)	苗的玻璃化率(%)
0	6.1b	3.6a
30	18.7a	0.0a
60	21.8a	0.0a
90	21.2a	0.3a
LSD	3.6	3.9

注：培养条件与表 8-8 同

当以NO_3^-和NH_4^+两者一起为氮源时，玻璃化苗率随NO_3^-和NH_4^+浓度的增加而增加(表 8-10)，苗增殖率也随其总浓度的增加而增加，最高可达每个外植体可诱导约 62 棵苗。NH_4^+与NO_3^-的比例也影响苗的玻璃化率、苗的增殖率和苗的活力。培养苗的玻璃化率随两种氮源比例的增加而增加，从NH_4^+与NO_3^-的比例为 0∶60 引起的玻璃化苗率为 0%开始，至NH_4^+与NO_3^-的比例为 60∶0 时玻璃化苗率达到最大值 55%。最佳的苗形成可在NH_4^+与NO_3^-的比例相对接近，即其比例分别为 20∶40、30∶30 和 40∶20 之时获得(Ivanova and van Staden，2009)。

表 8-10　以NH_4^++NO_3^-为氮源对多叶芦荟离体再生苗玻璃化率的影响(Ivanova and van Staden，2009)

NH_4^++NO_3^-浓度(mmol/L)	苗增殖率(每个外植体诱导的苗数)	苗的玻璃化率(%)
0	5.6d	3.1c
30	28.7c	4.9c
60	46.9b	13.3b
90	62.2a	28.5a
LSD	7.1	7.7

注：培养条件与表 8-8 同

多叶芦荟离体再生的研究结果表明，与对照相比，大量增加 K^+和 Cl^-的浓度(从 1mmol/L 增加到 60mmol/L)对苗的再生、苗的玻璃化和茎伸长的发育都没有显著影响，当将不同的含氮盐从培养基中移除或改变其浓度时，培养基的离子平衡通过K^+和 Cl^-维持(Ivanova and van Staden，2009)。增加总氮源可致培养苗的增殖率成比例地增加。这一增加并不以牺牲苗的生长及其质量为代价。降低NH_4^+与NO_3^-的比例可显著降低培养苗玻璃化率。以NH_4NO_3(20.6mmol/L)为氮源可诱导欧洲栗(Vieitez et al.，1985)、垂柳(*Salix babylonica*)(Daguin and Letouzé，1986)和树唐棣(*Amelanchier arborea*)离体培养苗的玻璃化(Brand，1993)，NH_4NO_3 浓度提高到 61.8mmol/L 导致玻璃化率的显著提高，这与多叶芦荟的情况相似(Ivanova and van Staden，2009)。已有研究结果表明，与生长在NO_3^-中的离体培养苗相比，生长在含有NH_4^+的营养中的苗可产生非常高水平的乙烯(George，1993)。过量的乙烯可触发可能存在的诱导离体培养苗玻璃化的反应链。

此外，5.0g/L 的谷氨酰胺(约 34mmol/L)相当于 MS 培养基中的 30mmol/L 混合氮源。以谷氨酰胺为培养基的氮源所诱导的增殖苗的质量好，几乎没有玻璃化苗，是一种潜在可利用的氮源(Ivanova and van Staden，2009)。此外，增加琼脂的浓度和从 MS 培养基中去除NH_4NO_3可逆转青花菜(*Brassica oleracea* var. *italica*)离体培养苗的玻璃化(Yu et al.，2011)。

3) 维生素

植物组织培养的培养基常要求加水溶性或 B 族维生素，如硫胺素(维生素 B_1)、烟酸(维生素 B_3)和吡哆醇(维生素 B_6)，而这些维生素的加入是为了保证这些维生素不会缺乏，而不是基于确实有需要(Kulchetscki et al.，1995)。Huang 等(2011)分别研究了 MS、SH 和 B_5培养基的维生素对西瓜(*Citrullus lanatus*)植株再生与玻璃化苗形成的影响，发现 B 类维生素可有效地阻止西瓜离体再生植株的玻璃化苗的产生。以无菌苗茎尖培养而增殖的不定苗(苗长超过 1.5cm，带 2 至 3 片叶)为外植体用于玻璃化苗形成的实验；培养基的共同成分为 MS 培养基(Murashige and Skoog，1962)的盐类附加 50mg/L 的盐酸硫胺素、0.89μmol/L BA、0.11μmol/L NAA、3%蔗糖和 0.7%琼脂，另分别添加不同维生素：①MS 培养基的维生素，② B_5 培养基(Gamborg et al.，1968)的维生素，③SH 培养基(Schenk and Hildebrandt，1972)的维生素类。实验结果如图 8-21A 所示，在分别培养 2、4、6 和 8 周后，在添加 SH 维生素的培养基中生长的不定苗玻璃化率最低为 24.44%～74.44%，而添加 MS 维生素培养基中生长的不定苗玻璃化率为 30%～92.12%，添加 B5 维生素培养基中生长的不定苗玻璃化率为 34.11%～94.44%。随着培养时间的增加，所有培养基上的生长苗玻璃化率都有增加。培养基中的维生素浓度也对玻璃化苗形成有影响(图 8-21B)。例如，在含 MS 盐类+SH 的维生素的培养基中加入各种浓度的盐酸硫胺素都可降低玻璃化苗的频率，在加入 50mg/L 盐酸硫胺素培养 2～8 周后，培养苗的玻璃化比例降至最低，玻璃化苗率分别为 4.4%～12.2%，而加 100mg/L 盐酸硫胺素的玻璃化苗率分别为 17.8%～21.1%，加 10mg/L 盐酸硫胺素的玻璃化苗率分别为 16.7%～50%，加 0mg/L 盐酸硫胺素(对照)的玻璃化苗率分别为 24.4%～74.4%。由此可知，以 MS 盐加 SH 的维生素成分+50mg/L 盐酸硫胺素+3%蔗糖和 7%琼脂的苗诱导培养基对于减少玻璃化苗比其他培养基显著有效，也适合于基因转化再生植株的筛选(Huang et al.，2011)。

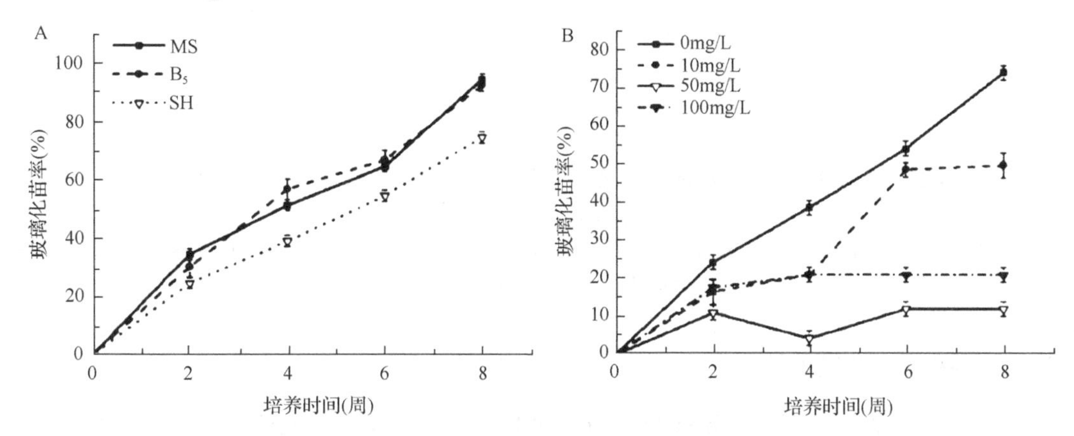

图 8-21　盐酸硫胺素添加对培养不同时间(周)的西瓜(*Citrullus lanatus*)离体再生苗的玻璃化苗形成的影响(Huang et al.，2011)

A：MS 盐分别加 MS、SH 和 B_5 培养基配方中的维生素，图中，MS 即 MS 中的维生素，B_5 即 B_5 中的维生素(Gamborg et al.，1968)，SH 即 SH 中的维生素。B：培养基含 MS 盐+SH 维生素附加不同浓度(0mg/L、10mg/L、50mg/L、100mg/L)盐酸硫胺素、0.89μmol/L BA、0.11μmol/L NAA、3%蔗糖和 0.7%琼脂。所给出的样品数据为 3 个重复(共 90 个外植体)的平均数±标准误差，误差棒表示标准误差

8.2.3.6　继代培养次数

继代培养是将先前的培养物定期地转移至新鲜的培养基上，以免培养物因原培养基的养分消耗而衰亡，也使培养物的活力得以持续和延长。继代培养也是植物组织培养的一种技巧。木本植物离体培养繁殖的周期相对较长，也常采用继代培养，这也是影响玻璃化苗形成的不可忽视的因素。柚木(*Tectona grandis*)是热带极有价值的一种硬木，通过离体培养繁殖方法可在短时间内繁殖出大量且尽可能一致的无性系克隆苗，但长时间连续继代将诱发培养苗的玻璃化。研究结果表明，从第 1 代到第 5 代的继代培养，可使柚木培养苗的增殖增加，每个外植体苗数由 3.1 增加到 6.0。从第 6 代到第 11 代的继代培养中，培养苗的增殖保持着相似的速率，每个外植体 6.2～5.9 棵苗。从第 1 代至第 11 代的继代培养中，玻璃化苗率从 16.1%增至 18.6%，但两者没有显著的差异。如果继代次数超过 11，培养基中的 BA 浓度将影响玻璃化苗率及其苗的增殖率。例如，在含 4.44μmol/L BA 和 3.0g/L Gelrite 凝胶的培养基中继代次数超过 11 时，苗增殖率降低，从第 13 代到第 21 代的继代过程中，玻璃化苗率增加，新形成的苗的玻璃化率为 27.3%～53.1%(图 8-22)。此外，外观呈现深绿色的健康苗主要产生在第 1 代到第 11 代的继代培养中。从第 15 代到第 21 代的继代中整个外植体包括新形成的苗都呈现透明和玻璃态的淡绿至棕色外观，类似的结果也发现在欧洲栗(*Castanea sativa* Mill.)(Vieitez et al.，1985)、蜡梅(*Chimonanthus praecox*)(Kozomara et al.，2008)和蓝桉

(*Eucalyptus globulus*)(Gómez et al.，2007)等木本植物离体培养苗的继代过程中。从柚木商品苗繁殖的成本来看，使用 Gelrite 凝胶代替琼脂为培养基的固化剂可降低花费，但其优势有限，因为连续继代培养超过 11 代将影响苗的质量及其增殖。对此，可在超过 11 代的继代培养过程中将苗交替转移到含 4.44μmol/L BA 琼脂培养基和含 2.22μmol/L Gelrite 凝胶培养基中就可解决继代培养苗质量下降的问题，并控制玻璃化苗增多的趋势，因为常常通过将培养苗转移到新鲜的含低浓度 BA 的琼脂培养基上，来将玻璃化苗成功地恢复为正常苗。

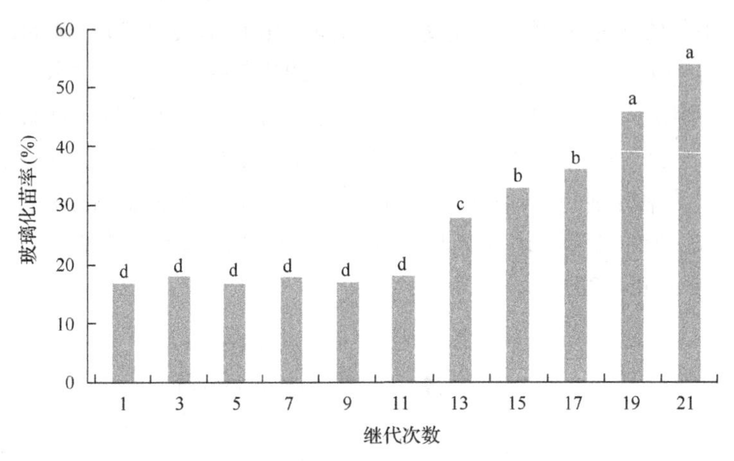

图 8-22　柚木(*Tectona grandis*)离体培养苗的继代次数(第 1～21 代)对苗玻璃化的影响

(Quiala et al.，2014)

图中的数据是每隔 4 周继代一次，每次继代用 40 个苗所得的平均数，玻璃化苗率在分析时进行反正弦转换。数据所标字母不同者意味着是有显著差异的(根据 F-LSD 检验，$P<0.05$)

8.2.4　生物反应器中玻璃化苗的控制

在控制条件下利用加适当液体培养液的生物反应器，是大量离体繁殖植物，生产一些医药产物和治疗性蛋白等的有效手段。利用液体培养生物反应器的主要困难是培养苗的玻璃化。植物组织全部或部分浸泡于液体培养基时易产生玻璃化。玻璃化程度随着浸泡频率(次数)的增加而增加(Debnath，2007; Dewir et al.，2014)。浸泡组织对氧化逆境的反应是提高活性氧类(ROS)的浓度，这是由其抗氧化酶活性改变所致。在液体培养的生物反应器中，已推出多种降低培养苗玻璃化率的方案。研究者已设计出可限制培养苗玻璃化产生的短暂浸泡培养物的生物反应器，它可控制培养物浸泡于培养液的时间。为了克服使用气升式和鼓泡式生物反应器所遇到的问题，研究者设计了底部鼓泡式生物反应器(BTBB)，由于在容器底部使用了单元提升装置或单元提升管，在这一反应器内泡沫生成明显较少。此外，研究者还预备了气体循环利用体系，可用于在培养基中试验不同的气体(Seon et al.，2000)。已发现，当在生物反应器内快速繁殖的甘薯、马铃薯、菊花和地黄(*Rehmannia glutinosa*)的不定苗处于生长阶段时，都可在其培养器内富集 CO_2，此 CO_2 可促进这些苗的生长，形成健康的小苗(Paek et al.，2001)。在短暂性浸泡的生物反应器系统中培养的苹果苗的玻璃化苗率可降低 11% (Chakrabarty et al.，2007)。在生物反应器中，叶有时是对玻璃化高度敏感的器官。为了克服这一局限性，进行体细胞胚胎发生途径再生植株就可比较少地产生玻璃化苗。然而，这些手段只能将玻璃化减少到一定程度(Dewir et al.，2014)。

综上所述，一些离体繁殖苗玻璃化的主要相关因子，其中有些是玻璃化苗产生的有效调控因子，已经用在实验室的研究和实践中。例如，离体培养的后期阶段过量地累积乙烯所诱导的玻璃化苗形成可通过改善培养瓶中气体交换从而减少相对湿度(Saez et al.，2012)、增加培养基琼脂浓度和使用乙烯吸附剂(Mayor et al.，2003)而得到控制。调整培养基中的硝酸银，降低细胞分裂素的浓度及每天光照的补偿点并对培养瓶通气，由此可降低培养瓶中的乙烯浓度，从而减少再生植株玻璃化的形成。增加琼脂或其他培养基固化剂的浓度可减少培养基中水分的可利用性，从而减少离体培养苗的玻璃化。这些措施也常常伴随离体繁殖的较高效率(Ivanova and van Staden，2011)。使用细菌蛋白胨(bactopeptone)及其亚组分(subfraction)(Sato et al.，1993)也可降低培养苗的玻璃化程度。研究还发现被称为 EM2 的物质是显示特殊活性的琼脂水解物，具有对抗草莓(*Fragaria*×*ananassa*)(Hdider and Desjardins，1993)、西洋梨(*Pyrus communis*)(Zimmerman et al.，1995)和桉树杂交种(*Eucalyptus* hybrid)(Whitehouse et al.，2002)离体培养苗的玻璃化的作用。

8.3　离体培养植株的茎尖坏死

植物组织培养操作规程虽然是非常严格的步骤，但人为的生长环境绝非能完全代替天然的生长环境。即使研究人员在离体培养的各种阶段都非常尽心进行了各种操作，但在培养再生苗的炼苗阶段还会遇到各种生理和发育的问题(Bairu et al.，2009a)。其中包括离体繁殖中常见的茎尖坏死(shoot-tip necrosis)问题。

8.3.1　茎尖坏死现象

茎尖坏死是组织培养不定苗的顶端先褐化随后死亡的现象(图 8-23A)(McCown and Sellmer，1987)。茎尖坏死的症状，即芽和幼叶的褐化，很自然地使人能够联想到可能是由营养元素的缺乏所引起的。因为那些比较难以移动的营养元素如钙和硼的缺乏的症状常常也首先出现在分生组织区及幼叶中，但是，这些因素过度累积的症状将出现在较老的叶中(Barghchi and Alderson，1996)。因此，离体培养物的茎尖坏死是一组复杂因子影响的结果，所以难免在众多报道中会出现一些相互矛盾的结果。

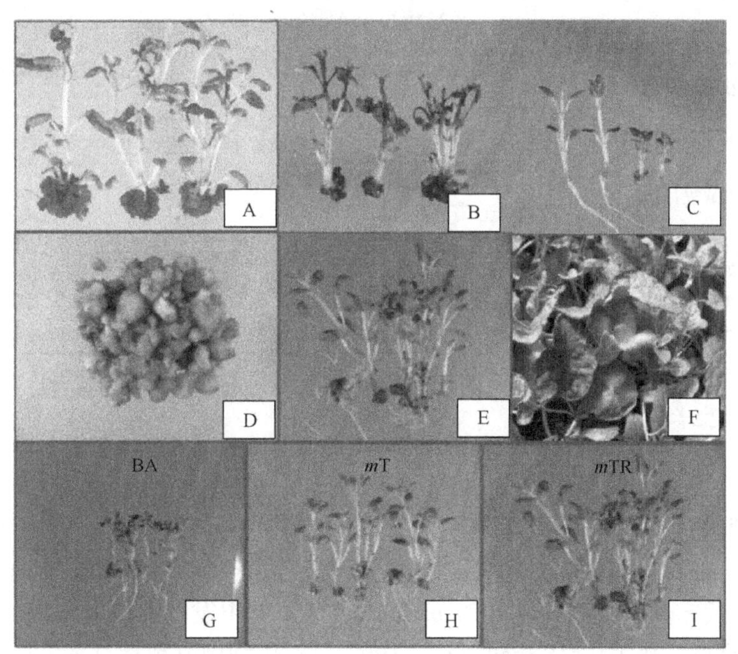

图 8-23　不同类型的细胞分裂素及其浓度对南非钩麻(*Harpagophytum procumbens*)离体培养苗茎尖坏死的影响(Bairu et al.，2009b)(彩图请扫二维码)

A：培养 4 周后出现茎尖坏死症状和苗基部发育出愈伤组织的苗。B：含 BA 的培养基上培养的茎尖坏死最严重的培养苗。C：在无激素培养基上培养 2 个月的苗。D：从苗基部剥离的愈伤组织。E：含 *m*TR 的培养基上生长的已生根的再生植株，准备进行炼苗。F：完成炼苗并移栽在温室生长的植株。G～I：分别是在含 BA、*m*T 和 *m*TR 的培养基上生长的植株

8.3.2　影响茎尖坏死的主要因子

根据所报道的文献可知，离体培养物的茎尖坏死是由许多因子所影响的(表 8-11)。对其确切诱因尚无确定的解释，也尚无通用的方法可防止它的发生。不同品种的茎尖坏死可由不同的因子诱发。

表 8-11　受茎尖坏死影响的植物及解决此问题的方案(Bairu et al., 2009a)

植物品种	可能诱发因素	建议解决方案	参考文献
马铃薯(*Solanum tuberosum*)	缺钙，气体交换不良	增加钙，换用可透气培养瓶(或封口膜)	Sha et al., 1985
马铃薯(*Solanum tuberosum*)	钙与硼平衡失调	降低硼，使用无硼琼脂	Abdulnour et al., 2000
蓝靛果忍冬(*Lonicera caerulea*)	基因型，培养基盐浓度低	增加培养基的盐浓度	Karhu, 1997
南非钩麻(*Harpagophytum procumbens*)	组织培养基的多数成分	使用 *m*T(topolin)，促进钙与瓶内气体交换，常继代	Bairu et al., 2009b; Jain et al., 2009
小果野蕉(*Musa acuminata*)	过度继代	增加钙(氯化钙)	Martin et al., 2007
欧洲栗(*Castanea sativa*)	缺少钙和细胞分裂素	局部使用 BA，加钙和 BA	Piagnani et al., 1996
欧洲栗(*Castanea sativa*)	苗生根是缺少 BA	苗去顶和加 BA	Vieitez et al., 1989
夏栎(*Quercus robur*)	苗生根是缺少 BA	苗去顶和加 BA	
榅桲(*Cydonia oblonga*)	缺钙	增加培养基中的钙浓度	Singha et al., 1990
沙梨(*Pyrus pyrifolia*)	培养基类型，在 1/2 MS 培养基中高浓度的钙	根据品种选择钙浓度低的培养基	Grigoriadou et al., 2000
开心果(*Pistacia vera*)	缺钙和(或)硼	提高钙、硼至适当水平，以氯化钙供钙	Barghchi and Alderson, 1996
紫矿(*Butea monosperma*)	—	加果糖	Kulkarni and D'Souza, 2000
李属(*Prunus* spp.)	移入含 IBA 的生根培养基	在移入生根培养基前将培养苗尖在 22.2μmol/L 或 44.4μmol/L BA 溶液中浸渍	Perez-Tornero and Burgos, 2000
阔叶黄檀(*Dalbergia latifolia* Roxb)	—	使用木本培养基(修改 NH_4^+与 NO_3^-比例)	Lakshmi and Raghava, 1993
蔷薇亚属硕苞组一种蔷薇(*Rosa clinophylla*)	—	培养基中加 58.85μmol/L $AgNO_3$ 和活性炭(250mg/L)	Misra and Chakrabarty, 2009
鳄梨(*Persea americana*)	—	加入 2%(*m*/*V*)的消化蛋白胨	Nhut et al., 2008
苹果(*Malus domestica*)和茶(*Camellia sinensis*)	缺失与生根有关的生理过程的外源细胞分裂素	加入外源细胞分裂素	Kataeva et al., 1991
杨属(*Populus* spp.)	培养基的 pH 波动	加入缓冲剂 2-(*N*-吗啉)乙磺酸-水合物和葡萄糖酸钙，在低于 25℃的条件下使苗缓慢生长	de Block, 1990
美国板栗(*Castanea dentate*)	钙缺失，存在生长素	使生根培养基富含钙和降低其细胞分裂素，不含生长素	Xing et al., 1997
葡萄(*Vitis vinifera* L.)	外植体特性，带大叶面积的插条(促进生根的因素)显示叶坏死数量更多	改善培养瓶的通气情况，适度地选择合适的插条(带中等大小的叶面积)	Thomas, 2000
牡丹(*Paeonia suffruticosa* Andr.)	钙缺失	加钙和活性炭	Wang and van Staden, 2001

8.3.2.1　细胞分裂素和生长素

1) 细胞分裂素

细胞分裂素对植物顶端优势和营养信号转导起作用，这些作用发生紊乱极有可能导致整株植物的营养平衡的破坏(Ongaro and Leyser, 2008)。目前已发现将近数百种天然的和人工合成的细胞分裂素，其中包括在 20 世纪 90 年代末从加杨(*Populusx canadensis*)成熟叶中发现的称为 *m*T(*meta*-topolin)的化合物，其化学名称为 N^6-(3-羟基苄基)嘌呤(Strnad et al., 1997)。对于细胞分裂素对茎尖坏死的作用有着以下不同的 3 种见解。

(1) 引起茎尖坏死的原因是培养基中去除了细胞分裂素或将细胞分裂素的浓度降低到非常低的浓度。当植物被培养在不含细胞分裂素的培养基中时，被培养的苗中的细胞分裂素水平将逐渐降低或耗尽，其中由于根是细胞分裂素生物合成的主要部位，因此无根苗的内源细胞分裂素水平不断降低，导致苗端分生组织细胞分裂的停止和坏死(Kataeva et al., 1991)。

(2) 离体培养苗的茎尖坏死是由于培养基中的细胞分裂素浓度过高。例如，将南非钩麻(*Harpagophytum procumbens*)的培养物转移到无细胞分裂素的生根培养基中，这些无根苗不出现茎尖坏死的现象，同时已经坏死的茎尖的症状可被明显地逆转(Bairu et al., 2009b)。

(3) 有些研究者也关注茎尖坏死与细胞分裂素浓度和细胞分裂素类型的相关性。例如，研究者在墨西哥紫荆(*Cercis canadensis* var. *mexicana*)的培养基中分别加入 2-iP、噻重氮苯基脲(TDZ)和激动素后发现，高浓度的这些细胞分裂素都使叶过度黄化和茎尖坏死(Mackay et al.，1995)。

南非钩麻是一种用于治疗类风湿关节炎等疾病的药用植物，其快繁时经常发生茎尖坏死的问题(图 8-23)。Bairu 等(2009b)分别研究了不同浓度(5μmol/L 和 10μmol/L)的 BA、*m*T 和 N^6-(3-羟苄基)嘌呤-9-核苷(*meta*-topolin-riboside，*m*TR)，以及 IAA 对南非钩麻离体培养苗茎尖坏死的影响(表 8-12)，结果表明，不加细胞分裂素和生长素的培养基的培养苗不出现茎尖坏死的症状，但生长缓慢，苗显矮小(图 8-23C)。培养基上加 BA(5μmol/L 或 10μmol/L)可影响苗的茎尖坏死(表 8-12，图 8-23A，B)，在培养 9 天后，茎尖坏死的症状随即发生，随着培养时间的增长，茎尖坏死的苗数量增加，至培养 6 周后所有的培养苗受到影响。高浓度的细胞分裂素(BA)引起茎尖坏死的症状更明显，苗端死亡更多。苗端死亡的结果诱导了侧芽(苗)的产生，接着茎尖死亡症状依次蔓延至侧生苗，直至波及所有的苗。

表 8-12　BA、*m*T 和 *m*TR 单独或与 IAA 一起对南非钩麻(*Harpagophytum procumbens*)离体培养苗茎尖坏死的影响(摘自 Bairu et al.，2009b)

BA、*m*T 和 *m*TR(μmol/L)单独或+IAA(2.5μmol/L)处理	正常苗数量(棵)	茎尖坏死苗数量(棵)	茎尖坏死苗率(%)
对照	1.5±0.2bc	0c	0
5BA	2.9±0.4ab	1.4±0.3bc	31
5*m*T	3.8±0.6a	2.1±0.4b	35
5*m*TR	3.3±0.3a	1.1±0.2bc	25
5BA+IAA	2.4±0.6ab	3.8±0.5a	61
5*m*T+IAA	2.6±0.5ab	4.3±0.5a	62
5*m*TR+IAA	3.3±0.5a	2±0.3b	37
10BA+IAA	2.1±0.3ab	2.1±0.4b	50
10*m*T+IAA	4.3±0.3a	2.9±0.7ab	40
10*m*TR+IAA	4.6±0.5a	2.3±0.3b	33

注：以离体培养苗的茎节为外植体，在 1/2 MS 基本培养基附加 0.9%琼脂(*m*/*V*)和 3%蔗糖(*m*/*V*)并加表中所示细胞分裂素或生长素，培养 4 周后测定表中的数据，每个样品为 6 个茎节，每样品设 4 个重复。表中数值为各个样品的平均值±标准误差，同列数值所附字母不同者表示差异显著

培养基中一起加 IAA 与 BA，使培养苗的茎尖坏死症状更加严重，茎尖坏死症状受 IAA 与 BA 的比例的影响，该比例越高，茎尖坏死的症状越严重。与 BA 和 *m*T 相比，*m*TR 所导致的茎尖坏死苗率较低(表 8-12)。

南非钩麻(*Harpagophytum procumbens*)正常苗和经 BA 处理所引起的茎尖坏死苗的细胞分裂素代谢式样的比较研究揭示了外源细胞分裂素(BA、*m*T 和 *m*TR)可以影响该植物的内源细胞分裂素库的水平(Bairu et al.，2011b)，这也在其他植物如碧冬茄(*Petunia hybrida*)(Auer et al.，1999)、甘蓝(*Brassica oleracea*)(Vandemoortele et al.，2001)、多叶芦荟(*Aloe polyphylla*)(Ivanova et al.，2006)上得到证实。

一般出现茎尖坏死的苗中的细胞分裂素水平比正常苗较高。细胞分裂素累积水平的高低次序依次为苗基部＞苗中段＞苗顶部。对基部累积的细胞分裂素的结构与功能的进一步分析表明，与正常苗和 *m*T 处理的苗相比，在茎尖坏死的和 BA 处理的苗的茎尖基部过多累积了失去细胞分裂素活性而有毒性的代谢物 9-葡糖苷及限量的贮藏形式细胞分裂素(可重新利用的 *O*-糖苷)。研究结果还表明，与在含 BA 的培养基上生长的南非钩麻苗相比，在含有 *m*T 和 *m*TR 的培养基上生长的苗可持续产生较高水平的游离型和核苷型具有活性的及贮藏的细胞分裂素(*O*-糖苷)，因此，当培养苗需要利用有活性的细胞分裂素时可利用这些贮藏的细胞分裂素(*O*-糖苷)以产生足够的活性细胞分裂。这可以解释为何在组织培养中 *m*T 的作用常常胜过 BA 的作用(Bairu et al.，2009b，2011a)。因此，研究者认为，在含有 BA 的培养基培养的苗中(最少在南非钩麻离体培养苗中)，大部分的 BA 都遭到 *N*-葡糖基化(*N*-glucosylation)以便部分脱毒和失活，随着时间推移，当小植株需要细胞分裂素以引发如细胞分裂等各种生理过程时，在缺少 *O*-糖基化物的情况下，可供利用的具有活性的细胞分裂素(即游离型和核糖苷型的细胞分裂素)可能不足以停止分生区域的细胞分裂和坏死，从而诱发离体培养苗茎尖坏死(Bairu et al.，2011b)。

这些实验结果表明，有关细胞分裂素对离体培养苗茎尖坏死的影响，除了上述细胞分裂素浓度及其类

型、处理(使用)方法差异外，在同一植物中，不同类型的细胞分裂素的运输模式及其代谢物在茎尖坏死上所起的作用也是不同的，分别起着控制和加重茎尖坏死的作用。显然细胞分裂素的作用也与被培养的植物种类及其处理方法密切相关。例如，尽管杏离体培养苗繁殖不成问题，但是这些苗在生根培养基上诱导生根时会伴随大量的茎尖坏死症状，有时 80%的苗可出现这一症状，同时还可影响到腋芽，这些苗在炼苗时死亡。为防止其茎尖坏死，在苗移至生根培养基之前，将茎尖在 BA(22.19μmol/L 或 44.38μmol/L)溶液中短时间地浸一下，可使杏 Helena 和 Lorna 品种的茎尖坏死的频率分别由约 80%和 64%降低到 20%和 10%(Perez-Tornero and Burgos，2000)。这样的 BA 预处理同样有助于解决欧洲栗(*Castanea sativa* Mill.)的茎尖坏死问题(Piagnani et al.，1996)。

2) 生长素

从目前的许多报道看，生长素对茎尖坏死的作用颇为一致，生长素可促进茎尖坏死。例如，常加在生根培养基中促进生根的吲哚乙酸可引起欧榛(*Corylus avellana*)茎尖退化(Perêiz et al.，1985)。在含细胞分裂素的苗增殖培养基中加 IAA，可加剧南非钩麻的茎尖坏死程度(Bairu et al.，2009b)，培养基中与 IAA 一起加 BA，使培养苗的茎尖坏死症状更加严重，茎尖坏死症状受生长素与细胞分裂素的比例的影响，该比例越高，茎尖坏死的症状越严重(表 8-12)。与 BA 和 *m*T 相比，*m*TR 所导致的茎尖坏死苗率较低(表 8-12)。进一步的研究发现，在南非钩麻离体繁殖的研究中，在含 BA 的培养基中加 IAA 可影响培养苗中的内源细胞分裂素水平。茎尖坏死的症状也可能是由活性的细胞分裂素转变成其他形式，如转变为既无细胞分裂素活性也不会逆转为活性细胞分裂素的 9-糖苷所致(表 8-13)。由 BA 转变的 9-糖苷对组织培养物有害(Bairu et al.，2011b)。在含 BA 的培养基中或在茎尖坏死苗的培养基中加 IAA 可促进苗中 9-糖苷的形成(表 8-13)，但在含 *m*T 或 *m*TR 的培养基中加 IAA，可使培养苗中 9-糖苷的形成减少。在只含 *m*T 或 *m*TR 的培养基中(不加 IAA)，培养苗产生更多的 *O*-糖基化物(表 8-13)。*m*T 类细胞分裂素，因其有羟基的结构优势(BA 不含这一基团)而极易形成 *O*-糖苷。在培养基中加 IAA 也可使培养苗的总细胞分裂素库水平发生显著变化。在含 BA 和对照的培养基中加 IAA 可使其培养苗中总细胞分裂素水平增加，但在含 *m*T 类细胞分裂素培养基中加 IAA 却起相反的作用，使其培养苗中总细胞分裂素水平减少(表 8-13)。此外，所有加 IAA 的培养基上的培养苗(生长在含 BA 及 *m*T 类型的培养基上的苗)，与未加 IAA 的相比，其异戊二烯类细胞分裂素库容减少。已知生长素对细胞分裂素库容的负控制作用是通过抑制异戊烯基腺嘌呤焦磷酸-非依赖性生物合成途径而实现的(Nordström et al.，2004)。生长素抑制细胞分裂素生物合成和这些植物激素在代谢水平上的相互作用是导致激素加入培养基后培养苗中细胞分裂素库容改变的结果。在培养基中加入 IAA 后，这些细胞分裂素水平的增加可能与培养苗生根有关，同理，在培养基加 *m*T 类细胞分裂素后，加 IAA 后引起培养苗中细胞分裂素库容的减少可能是由生长素对细胞分裂素库容的负调节所致，在加 BA 的培养基上加 IAA 后，培养苗中的总细胞分裂素水平增加，这可能与其苗基部所发育的类似愈伤组织的组织有关(图 8-23B)。由于这一类似愈伤组织已成为基础生长所需物质的库(sink)和/或根发育的障碍，因此导致培养苗的生理异常，在这一过程中，是否尚有其他未知因素参与有待研究(Bairu et al.，2011b)。

表 8-13　在培养基中单独加各种细胞分裂素或与 IAA 一起加入后(处理)对南非钩麻全株植物中细胞分裂素类的总量及其功能和结构不同类型相关物的含量(pmol/mg 鲜重)的影响(Bairu et al.，2011b)

处理	游离碱基类	核苷	*O*-糖苷	9-糖苷	核苷酸	总量
对照	7.46	44.39	20.47	186.05	30.14	288.51
对照+IAA	8.81	55.28	39.19	332.15	42.03	478.46
BA	65.62	51.32	40.34	5603.69	32.89	5793.86
BA+IAA	62.5	44	44.25	7036.51	22.9	7210.16
*m*T	87.33	77.12	1099.02	1214.24	57.48	2535.19
*m*T+IAA	106.58	60.63	1040.48	626.68	59.6	1893.97
*m*TR	120.91	106.75	1688.48	934.9	103	2954.04
*m*TR+IAA	59.23	71.75	873.22	568.2	53.13	1625.53

值得一提的是，这种细胞分裂素与生长素(BA与IAA或IBA)在培养苗玻璃化中的相互作用也取决于所培养的植物的基因型。以梨属为例，其5个基因型的培养苗在离体繁殖时的增殖阶段和生根阶段可诱发茎尖坏死。在苗的增殖阶段，培养2周后，全不发生茎尖坏死；但在培养6周后，除野生梨外，余下的4个基因型的苗都出现茎尖坏死症状；培养8周后，基因型Punjab Beauty培养苗的茎尖坏死率最高，为79.31%，其次依次是基因型Patharnakh的49.60%、基因型Kainth的24.65%、基因型Shiara的17.68%和野生梨的7.32%。无论是哪个基因型在培养8周后培养苗茎尖坏死率大体上都随培养基中BA浓度的升高而增加(表8-14)(Thakur and Kanwar，2011)。

表8-14　在苗增殖阶段，梨属(*Pyrus*)基因型和培养基中的生长调节剂对培养苗茎尖坏死率(%)的影响(Thakur and Kanwar，2011)

培养基中BA+IBA(μmol/L)	在苗增殖阶段培养8周后梨属的各基因型培养苗茎尖坏死率(%)*					
	野生梨	Kainth	Punjab Beauty	Patharnakh	Shiara	平均值
4.44+2.46	4.98a	20.98b	74.97c	45.86d	14.99e	32.36a
6.66+2.46	7.98a	25.00b	82.98c	47.97d	17.97e	36.38b
8.88+2.46	9.00a	27.98b	79.98c	54.97d	20.08e	38.40b
平均值	7.32v	24.65x	79.31z	49.60y	17.68w	
LSD(0.05)	基因型(A)：2.62。生长调节物(B)：2.03。A×B：NS(无显著差异)					

*同一行数据(样品平均值)后所附字母不同者表示差异显著($P<0.05$)

8.3.2.2　钙和硼

已有许多文献报道钙可在离体培养和离瓶后生长的苗茎尖坏死中起作用。例如，使用高浓度的钙可以消除或控制马铃薯(Ozgen et al.，2011)、芭蕉类(*Musa* spp.)(Martin et al.，2007)、南非钩麻(*Harpagophytum procumbens*)(Bairu et al.，2009b)和梨属(*Pyrus*)等一些品种(Thakur and Kanwar，2011)离体培养苗的茎尖坏死。

若在马铃薯培养苗中缺钙，其受伤害的特点是在茎端之下靠近顶端的亚顶端细胞壁瓦解(Busse et al.，2008)。研究已证明，锶(Sr)与钙是紧密相关的元素，它们有相似的植物生理功能及作用方式，只是锶在细胞壁中的累积量可比钙高许多。在缺钙的培养基中加入锶可阻止由缺钙诱发的茎尖坏死。锶可强烈地与细胞壁结合，并可阻止培养于缺钙的培养基上的苗茎尖坏死，这些结果都意味着锶可以效仿钙维持细胞壁的完整性作用(Ozgen et al.，2011)。

香蕉(banana)和芭蕉(plantain)的大规模离体繁殖常发生茎尖坏死与植株死亡。其茎尖坏死出现的时间及频率可因品种而异。与香蕉的品种相比，芭蕉更易发生茎尖坏死。研究者曾通过缩短培养时间、改变培养基盐类浓度、加入各种植物生长调节物质和不同类型及不同浓度的糖类(包括蔗糖和果糖)、加硝酸银等方法试图降低培养苗的茎尖坏死率，结果表明，只有加氯化钙的方法才有效。将呈现茎尖坏死早期症状的培养蕉苗转移至含50～100mg/L氯化钙的MS培养基可使90%的苗恢复成正常苗(Martin et al.，2007)。

尽管相关报道表明低钙水平和茎尖坏死相关，但钙的作用因植物品种而异。例如，钙和硼对梨属5个基因型的培养苗的茎尖坏死的影响取决于其基因型。基因型Punjab Beauty和Patharnakh的茎尖坏死率随着培养基中钙离子水平的增加而增加，6mmol/L和9mmol/L的钙均使基因型Punjab Beauty的培养苗的茎尖坏死率显著增加，而基因型Patharnakh的茎尖坏死率只有加9mmol/L钙才有显著增加。加硼(500mmol/L和1000mmol/L)可显著降低Patharnakh培养苗的茎尖坏死率。但在培养基中加钙和硼不明显地影响基因型Kainth与Shiara的培养苗茎尖坏死率(Thakur and Kanwar，2011)。

上述的一些钙对不同植物离体培养苗的茎尖坏死的一些差异反应，可能反映了植物基因型对钙利用及其对钙敏感性的生理差异。对钙具有高度亲和性的基因型不易出现离体茎尖坏死。因此，也有与上述钙可消除茎尖坏死的结果相反的报道。例如，Grigoriadou等(2000)报道培养基(1/2MS)中高浓度的钙可增加离体培养的梨(*Pyrus Sorotina*)两个品种William's和Highland的苗茎尖坏死的百分数。增加澳洲坚果

(*Macadamia*)生根培养基中的钙浓度不但不能阻止茎尖坏死的发生，反而在钙浓度高于 6mmol/L 时，将加剧茎尖坏死(Bhalla and Mulwa，2003)。

钙使用的方式也影响其在茎尖坏死方面的作用。例如，开心果(*Pistacia vera*)的离体培养苗，如果使用高浓度的氯化钙提供钙离子可降低茎尖坏死现象并不抑制苗的增殖或伸长，但是如果使用醋酸钙的形式提供钙离子，对苗的伸长有强烈的抑制作用。使用醋酸钙时，钙可被过度地吸收或改变培养基的 pH(Barghchi and Alderson，1996)。

硼是植物的必需元素之一。硼被认为是可以移动的元素。根据硼的移动性，植物可分为两类，一类有局限的移动性，另一类有很高的移动性(Brown and Shelp，1997)。除去正常的蒸腾流，硼的运输和重新移动涉及许多其他因子，如蔗糖乙醇复合物。在富含山梨糖醇的植物品种，如梨属(*Pyrus*)、苹果属(*Malus*)和李属(*Prunus*)中，硼是自由移动的；而山梨糖醇含量低的植物如开心果则与此相反，其中的山梨糖醇是不能移动的(Brown and Hu，1996)。通过硼-蔗糖复合物的分离和鉴定，Hu 等(1997)证实植物韧皮部硼移动性包括蔗糖乙醇的合成和随后对所形成的硼-蔗糖乙醇复合物的运输。通过遗传改良的烟草植物可合成山梨糖醇，在其植物体内的硼的移动性有了显著的增加。使用同位素硼示踪的研究表明，在这些含山梨糖醇的转基因烟草中，硼可在韧皮部移动，但在非转基因的对照植株中不能移动(Brown et al.，1999)。在有些植物品种中，硼以硼-蔗糖复合物的形式重新转运(Lehto et al.，2000)。上述研究结果非常清楚地说明硼和钙的浓度及其可利用性影响它们的吸收和有效性。任何的生理变化都会影响硼的移动性和有效性，从而影响硼在阻止生理异常，如茎尖坏死方面的作用。

在植物代谢方面硼与钙存在一些联系，在培养基中钙和硼的浓度可影响培养物对硼与钙的相互吸收。例如，在马铃薯的离体繁殖过程中，过量的硼(0.1mmol/L、0.3mmol/L)不利于对钙的吸收。含高硼的培养基可减少不定苗和叶中的钙含量，但如果培养基的含硼量低于 MS 培养基(0.1mmol/L)的 1/4 以下(0.025mmol/L)，则可促进不定苗的钙吸收(Abdulnour et al.，2000)。在培养基中增加硼或钙的浓度，可减少南非钩麻(*Harpagophytum procumbens*)培养物的茎尖坏死，而在培养基中同时增加硼和钙的浓度则可加剧茎尖坏死并引起培养物生长受阻(Bairu et al.，2009b)。硼和钙的吸收不良，将导致一些营养缺乏的症状，如茎尖坏死。因此，在考虑各个品种的组织培养基时，要克服茎尖坏死的问题，优化硼和钙的水平是非常重要的。值得注意的是这两个营养元素之间的平衡可因为培养基中的其他不纯元素(含杂质和添加物)而极易被打乱(Abdulnour et al.，2000)。

长期以来的报道都认为钙具有可调节生长素和细胞分裂素的功能(Hirschi，2004；Hepler，2005)。钙对植物激素所起的作用可能是间接的。豌豆缺硼时生长素和细胞分裂素水平降低，而在茎端上加硼时除促进 IAA 的从茎端中外运(极性的生长素运输)外，也可维持生长素和细胞分裂素水平至对照的水平(Wang et al.，2006)。除了对生长素和细胞分裂素的作用外，硼和钙也影响植物组织中的其他必需元素。例如，与不缺钙和硼的向日葵下胚轴切段相比，缺硼或钙的下胚轴切段出现较高的钾泄漏(一个衡量膜完整性的指标)(Tang and dela Fuente，1986)。根据这些研究结果以及组织培养体系中的植物生长和发育是通过在培养基中添加外源相关成分而控制的特点，可以推测组织培养中的异常生长如茎尖坏死是一系列的级联诱因(cascade of causes)所引起的，也是这些诱因相互作用的结果。

8.3.2.3 苗生根与茎尖坏死

已有一些报道称，与茎尖坏死相关的许多因子和生理条件都可促进生根。为了促进苗的生根，在生根培养基中常不加细胞分裂素或降低其浓度，由此将消耗苗中的细胞分裂素和生长素(苗端是生长素生物合成的主要部位)(Kataeva et al.，1991)，并导致茎尖坏死的发生。但是，在南非钩麻(*Harpagophytum procumbens*)的培养苗生根过程中，研究者发现了细胞分裂素对茎尖坏死的另一作用，即当南非钩麻培养苗转移到无细胞分裂素的生根培养基时，其生根不受影响，也不出现茎尖坏死等生长异常症状，少数的茎尖坏死症状还可以被修复(在加 BA 的培养基中再生的植株除外)(Bairu et al.，2009b)。出现这一现象的一部分原因可能是细胞分裂素的性质及其在植物中的代谢速度(Werbrouck et al.，1995)。茎尖坏死出现后对植株随后发育的影响是非常大的。例如，受茎尖坏死所影响的葡萄小植株可再生出有活力的根，这是因为这些小植株产生了侧芽分枝从而产生更多的茎尖，这意味着可产生更多的生长素。但是，这一现象并非在所有植物品种中发生。例如，在南非钩麻的培养苗中，出现茎尖坏死后，随后增殖的侧芽并无明显的生根。

在培养苗的基部发育出类似愈伤组织的组织是另一个与某些植物品种的茎尖坏死和生根相关的问题。例如，南非钩麻的培养苗中所产生的这一类愈伤组织使其生根全部受阻，因此，在培养苗生根之前必须全部去除这一组织(Bairu et al.，2009b)。Vieitez 等(1989)也发现在旺盛生长的欧洲栗(*Castanea sativa*)和沼生栎(*Quercus palustris*)的培养苗的基部也发育出这类组织，并认为这些基部发育的组织行使如一个物质库(sink)的功能，以便吸收一些培养基的成分从而可有利于苗克服某些营养元素的缺乏症。也有研究者认为，这一类似愈伤组织的组织的产生可能是在培养苗的基部钙累积的结果。例如，甜瓜(*Cucumis melo*)培养苗基部的这一类组织的产生可能导致该苗上部的组织发生钙的缺失(Kintzios et al.，2004)。因此，甜瓜培养苗可能是通过这一库的直接或间接的作用而阻止根的形成从而引起其茎尖坏死。但是茎尖坏死不总是与生根阶段相关，也可能发生在苗的诱导阶段。茎尖坏死发生在培养的启动阶段的头一阶段，其坏死的程度随着培养的进程而增加(Grigoriadou et al.，2000；Bairu et al.，2009b)。例如，紫矿(*Butea monosperma*)培养苗的茎尖坏死发生在苗的诱导期，此时可通过向培养基中加入 10mg/L 的果糖来控制它的发生，尽管这一机制有待揭示(Kulkarni and D'Souza，2000)；而马铃薯和开心果(*Pistacia vera*)培养苗的茎尖坏死发生于苗的增殖阶段，此时常与钙缺失相关(Abousalim and Mantell，1994)。这些结果表明，生根与茎尖坏死的相关性是复杂的，并非只有单一机制。由于苗和根的生长是互补性的，任何影响苗发育的因子也会影响根的发育，反之亦然。同样，如果没有根的生理效应就难以达到防止苗茎尖坏死的生理效应，反之亦然(Bairu et al.，2009a)。

8.3.2.4　培养基的类型及其 pH、固化剂和继代培养

培养基的类型和盐类的离子强度是离体茎尖坏死的另一类影响因子。含盐成分高的培养基往往诱发茎尖坏死，因此，使用半量的 MS 培养基可减少南非钩麻(*Harpagophytum procumbens*)不定苗的茎尖坏死(Bairu et al.，2009b；Jain et al.，2009)；但是采取降低培养基中的含盐成分而减少茎尖坏死的这一方法，并非适用于所有的植物品种。例如，如果降低 MS 培养基的盐浓度将加速蓝果忍冬(blue honeysuckle)的不定苗茎尖坏死的诱发；这是由必需元素的缺乏所致(Karhu，1997)。此外，阔叶黄檀(*Dalbergia latifolia* Roxb)的茎尖坏死可通过改变木本植物培养基(WPM)的 NH_4 与 NO_3 的比例和硫元素的含量而得到控制(Lakshmi and Raghava，1993)。这说明，对于培养苗是否发生茎尖坏死，重要的是培养基的营养元素对培养物的有效性而不是培养基中相关元素的数量。

凝胶固化剂和活性炭对茎尖坏死也有重要的影响，不管使用什么凝胶固化剂，加入活性炭都可减轻或消除墨西哥紫荆(*Cercis canadensis* var. *mexicana*)离体培养的茎尖坏死(Mackay et al.，1995)，这可能是由于活性炭有利于其生根和吸收培养基中由培养苗所渗透的有害物质(Thomas，2008)。增加培养基中的琼脂和钙的浓度可降低榅桲(*Cydonia oblonga*)培养苗的生长率、茎尖坏死率和苗的玻璃化率(Singha et al.，1990)。琼脂的浓度影响细胞分裂素的可利用性(Debergh，1983)。研究已发现，^{14}C 标记的 BA 吸收和琼脂的浓度显负相关(Bornman and Vogelmann，1984)，因此，培养基中的琼脂浓度是间接地通过细胞分裂素的有效性而对茎尖坏死起作用的。

培养基的 pH 是影响离体植物生长发育的最重要的参数，它主要影响离子吸收和器官发生(Pasqua et al.，2002)。培养基 pH 的不稳定将影响欧美杂种山杨(*Populus tremula*×*P. tremuloides*)和杨树无性系的茎尖坏死，这可能是外植体中铵的累积所致。在 25℃的情况下，培养基中加缓冲剂 2-(*N*-吗啉)乙磺酸(MES 缓冲剂)和葡萄糖酸钙可阻止杨树(*Populus* spp.)培养苗的茎尖坏死(de Block，1990)，这是由于该方法提高了培养基成分的溶解性并消除了有毒氯化物(氯化钙)。Pasqua 等(2002)证实，pH 在 5.6～5.9 时培养基比较稳定。这一 pH 范围有利于培养基和外植体之间的离子交换。有证据表明，再生的小植株发生任何对培养基中成分吸收的异常都是其 pH 波动所致，从而引起如茎尖坏死之类的生长异常。

继代培养的时间长度也是茎尖坏死的影响因子。例如，组织培养快繁的香蕉苗的茎尖坏死的出现时间

及其频率可受其品种和继代培养次数的影响(Martin et al.，2007)。香蕉品种 Grande Naine(AAA 基因组)和 Dwarf Cavendish(AAA 基因组)在 7 次继代培养后出现茎尖坏死的频率分别为 27%和 29%，而芭蕉品种 Nendran(AAB 基因组)和 Quintal Nendran(AAB 基因组)经过 5 次继代培养茎尖坏死率为 38%和 40%。在生根阶段，香蕉品种 Grande Naine 和 Dwarf Cavendish 的茎尖坏死率有所降低，分别为 18%和 19%；而芭蕉品种 Nendran 和 Quintal Nendran，在经过生根阶段后，茎尖坏死率也有所降低，分别为 26%和 27%。在苗增殖阶段和生根阶段，香蕉和芭蕉培养苗的茎尖坏死率与死亡率随着继代次数的增加而增加(表 8-15)(Martin et al.，2007)。类似于香蕉和芭蕉经过几次继代出现培养苗茎尖坏死的情况也见于番石榴(*Psidium guajava*)(Amin and Jaiswal，1988)和加拿大紫荆(*Cercis canadensis*)(Yusnita et al.，1990)。但也有通过经常继代而降低培养苗茎尖坏死率的植物，如俄罗斯矮杏(*Prunus tenella*)(Alderson et al.，1987)。每 2 周继代一次的南非钩麻离体培养苗的茎尖坏死率比每 4 周继代一次的要小(Jain et al.，2009)。在无细胞分裂素的培养基中苹果的再生植株的茎尖坏死的增加可与延长继代时间成正比例(Kataeva et al.，1991)。这些研究表明，上述继代培养的茎尖坏死增加可能是培养基中矿质营养和生长调节剂(或之一)消耗所导致的结果；也可能是一个或多个培养基成分的消耗影响这些成分的有效性和(或)影响其他元素的吸收，继代培养后改变了培养基的现状，进而影响茎尖坏死的发生频率。

表 8-15 香蕉和芭蕉苗增殖阶段继代次数对其培养苗茎尖坏死率的影响(Martin et al.，2007)

品种	苗增殖阶段不同继代次数中的茎尖坏死率(%)				
	继代 5 次	继代 6 次	继代 7 次	继代 8 次	继代 9 次
Dwarf Cavendish(香蕉，AAA 基因组)	0	0	27	33	39
Grande Naine(香蕉，AAA 基因组)	0	0	29	35	42
Nendran(芭蕉，AAB 基因组)	38	43	48	53	57
Quintal Nendran(芭蕉，AAB 基因组)	40	44	50	57	61

注：苗增殖培养基为 MS 加 6.66μmol/L BA、2%(*m*/*V*)蔗糖和 0.7%琼脂。每个品种取样 100 棵苗

8.3.2.5 培养瓶通气状态

通气状态可影响蒸腾流。蒸腾流在木质部矿质元素的运输中起关键的作用。通气状态影响水气压和有机挥发物如乙烯与二氧化碳的累积浓度，继而影响植物的生理(包括光合产物和必需元素的运输)和形态发生(Ogasawara，2003)。例如，葡萄(Thomas，2000)和夏威夷果(Bhalla and Mulwa，2003)培养苗的茎尖坏死与培养环境的通气条件相关。南非钩麻苗培养的试管如用石蜡薄膜封闭更易于产生茎尖坏死、过度分枝(减少伸长)和形成玻璃化苗，与之相反，如果将此苗培养于可拧松螺旋盖的封闭瓶时，培养苗将会更为健康(Bairu et al.，2009a)。离体培养苗中的蒸腾速率的降低意味着流向苗的营养流也降低，使一些矿质营养缺失，从而促进了茎尖坏死的发生。密闭培养瓶累积二氧化碳和乙烯导致一些生理异常如呼吸速率降低、代谢活性降低，并累积一些代谢物如氨基酸和草酸(Sha et al.，1985)。这些代谢物转而可与一些重要的元素如钙结合而不能被植物利用。

乙烯浓度对月季(*Rosa hybrida*)离体繁殖苗的再生起重要作用(Pati et al.，2006)。用低浓度的乙烯进行间断性的处理可促进月季离体苗的增殖，而高浓度的乙烯则可显著促进叶的衰老和茎尖坏死并抑制离体培养苗的生长(Horn，1992)。在含 50μmol/L 和 100μmol/L ACC 的培养基中加 IAA(1mg/L)都显著促进植株组织的乙烯生成；同时，培养基中加 IAA 也可抑制月季培养苗的启动，增加其黄叶的数量并加重茎尖坏死(Park et al.，2016)。

8.4 离体培养植物的扁化

扁化(fasciation)是植物器官的形态变异，其典型的特征是苗端分生组织的扩大变宽、茎呈扁平形、叶

的排布方式发生改变。扁化这一概念出自拉丁文“*fascis*”，意为一束。扁化现象广布于植物界。在 19 世纪，研究者曾对不正常的器官形成怀有极大的研究兴趣，当时的学科名称为畸形学(teratology)(Binggeli，1990)。许多研究者把扁化解释为是一异常生长物(赘生物)或由正常的分生过程发生错误而导致器官的融合和芽的挤压，而另一些研究者认为，真正的扁化(true fasciation)是由原来单个生长点变为一排生长点所致(Clark et al.，1993)。扁化现象也可天然发生，可在乔木、灌木、花卉以及仙人掌等最少 107 科植物中发生，而最常见的是在蔷薇科(Rosaceae)、毛茛科(Ranunculaceae)、百合科(Liliaceae)、大戟科(Euphorbiaceae)、景天科(Crassulaceae)、豆科(Leguminosae)、柳叶菜科(Onagraceae)、菊科(Compositae)和仙人掌科(Cactaceae)中发生(Iliev and Kitin，2011)。扁化在一些无限生长模式(indeterminate growth pattern)的营养器官和花序中特别容易发生(Binggeli，1990)，在木本植物中比草本植物中较少见，但可在藤本植物和许多阔叶植物中发生，而在球果植物中发生的频率较低，已报道的有云杉属和松树类植物(Kienholz，1932)。具有观赏价值的扁化突变体有一定的育种价值，也为商业种植者广泛种植(Dirr，1998)。一些扁化植物被看作活雕塑并为收集家所收集。这些扁化植物(仙人掌科)栽于盆内很有观赏价值。此类异常生长的植物因类似于鸡冠花(*Celosia cristata*)而被称为鸡冠植物。该植物的带状花序有如鸡冠的特点，已成为花卉栽培中有吸引力的品种。此外，扁化基因型已成为商业重要品种的育种目标。例如，一些番茄的栽培种，扁化明显地增加了其子房室的数目和果实的大小(Tanskley，2004)。在最近几年，对有关控制分生组织的发育和植物形成的基因组及其基因了解的增加，大大地刺激了研究者对扁化表型的研究兴趣。扁化植物的突变体也已用于分析分生组织结构与功能的实验体系。有关扁化的形态、发育和解剖学的研究结果不断增加(Sinjushin and Gostimsky，2008；Iliev and Kitin，2011)。有许多报道涉及天然条件下所形成的扁化植物，而有关在离体条件下形成扁化植物的研究还相对较少。

8.4.1　扁化植株的形态和组织结构特点

典型的扁化是器官或植物某部分发育扁平化，最常见的是茎(图 8-24A，B)或花序(图 8-24C)。研究者早就发现有线形、圆柱状和辐射状的扁化苗。在线形的扁化苗中，茎是扁平的，而苗端分生组织增大，扁化成带状(Ecole，1970)，因而其苗呈双侧对称性，而不是只有中央的一个茎。拟南芥 *clavatal* 突变体具有增大的营养性顶端和花的分生组织，导致扁化、叶序(phyllotaxy)的改变并形成极大的花器官和花轮(floral whorl)(Clark et al.，1993)。同样，梨苗的扁化是以茎端分生组织不正常的增大为特点，从而引起苗结构的变形(Sinjushin and Gostimsky，2008)。扁化梨的上胚轴，其维管束数目比野生型的要多，因此，顶端分生组织呈现环形。

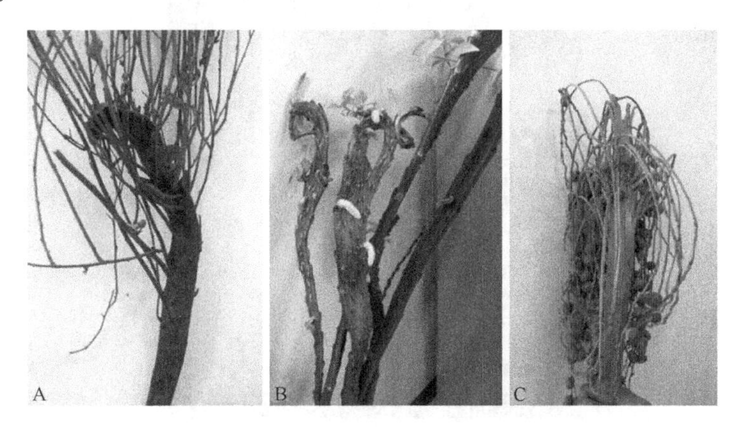

图 8-24　在天然条件下所发现的三种植物的扁化茎或花序(Iliev and Kitin，2011)

A：菱叶绣线菊(*Spiraea×vanhouttei*)扁化茎，可从扁化茎中形成正常的新苗。B：龙江柳(*Salix sachalinensis*)扁化茎。C：棕榈(*Trachycarpus fortunei*)的扁化花序

仔细的解剖学研究表明，圆柱形扁化苗的产生是几个分生组织的生长锥长在一起的结果(Sinjushin and Gostimsky，2008)。此外，有许多位于苗上端的叶未能发育，以及在腋芽总状花序轴上的花未能开放，茎

上部的几个节常处于缩短状态，这导致扁化植物具有奇特的造型。植物叶的排列方式(叶序)呈现种属特异性，而在被扁化时这一叶序也不改变。但是，在节上叶的数目不仅取决于某一被抑制叶原基区域的大小，还取决于叶迹上维管束的数目。这也与初生叶原基进一步的特化方向有关(Szczesny et al.，2009)。

圆柱形扁化非常少，它们以环形生长点和产生中空的苗为特点，此种外观可在有些植物经过生长素运输的抑制因子处理后出现或在拟南芥的生长素输出突变体 *pin1* 中观察到(Vernoux et al.，2000)。抑制生长素的运输可导致叶器官的融合，与突变体 *cuc* 的形态相似，在这个突变体中分离的器官发生改变(融合在一起)。在散发式(radiate)扁化的茎中，茎端分生组织及其茎的横切面呈现星状(stellate shape)(Chriqui，2008)。

离体诱导扁化的垂枝桦(*Betula pendula*)苗、欧洲甜樱桃(*Prunus avium*)和欧洲白蜡树(*Fraxinus excelsior*)苗，它们的茎都呈扁平状，并紧密地排列着大小显著增加的披针形的叶(Iliev et al.，2010；Mitras et al.，2009)。这些木本植物离体外植体所得的扁化茎不仅在形态上与其正常的茎有明显不同，而且在尺寸上显著增大(扁化茎直径为 10～12mm，而正常的圆茎在 2mm 左右)。同样，扁化的向日葵(*Helianthus annuus*)的茎扁平，叶间隔期(plastochron)缩短，叶序发生变化(Fambrini et al.，2006)。在某些情况下，基因转化的欧美杂种山杨克隆系 T89(*Populus tremula*×*Populus tremuloides*，clone T89)茎的扁化导致形成了螺旋形和分叉式的茎(Nilsson et al.，1996)。

大部分在离体条件下所诱导的扁化是表观遗传所致(Jemmali et al.，1994)。但是，扁化的寒兰(*Cymbidium kanran*)的根茎(rhizome)在繁殖时却可被稳定地遗传。离体培养诱导的正常苗和扁化苗，在大小和形态上肉眼就可区分其显著的不同。但是目前仅有极少部分与扁化茎发育相关的解剖学特点被鉴定。茎扁化最明显的信号是茎的横切面由圆形变为椭圆形或不规则形(图 8-25)。大多数正常植物苗维管束和茎维管组织的形状有如围绕等径的茎髓部周围的同心环。与此相反，扁化茎具有双侧对称或椭圆形排列的维管束，而茎的横切面是扁平的或不规则形(Kitin et al.，2005；Mitras et al.，2009)。椭圆形或不规则形的横切面是离体培养的及非离体培养的扁化苗发育的共同特点(Sinjushin and Gostimsky，2008)。

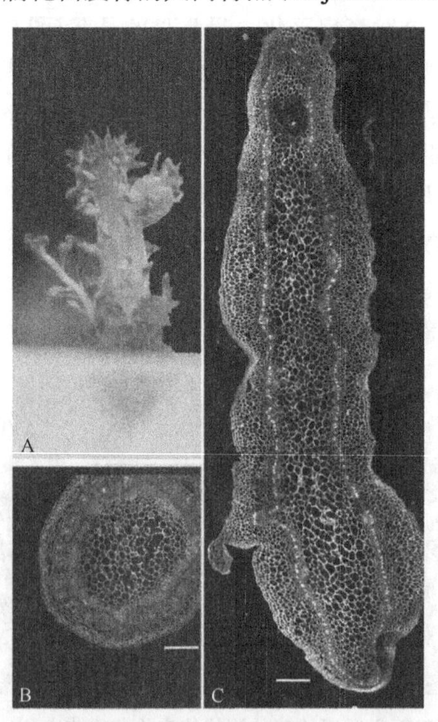

图 8-25　培养 6 周的垂枝桦苗外植体所形成的扁化茎的形态及其组织结构(Iliev et al.，2003)

A：在含 10mg/L 玉米素的培养基培养所得的扁化茎，这一部分扁化茎中可再生出 2～5 个侧苗而不显扁化的症状。B，C：分别示扁化茎(C)和正常茎(B)的基部所取的横切面，并利用激光扫描共聚焦显微镜(LSCM)观察。正常茎的横切面为等径的圆形，可见分化完善的髓部、维管柱和皮层。C：扁化茎的横切面部位与 A 相同。扁化茎切面呈扁平状，维管柱发育推迟，扁化茎切面宽度在 4～12mm 变化。经苏木精-伊红(hematoxylin-eosin)染色的切片，用 LSCM 观察。标尺为 250μm

苗端分生组织增大及其茎尖的中央区域和周边区域的结构变化是扁化苗的重要特点。这些特点导致茎和侧生器官的发育变化及形态的异常。非离体繁殖植物的扁化表型的早期特征是分生组织的增大(Kitin et al.，2005)。组织学的分析显示，向日葵(*Helianthus annuus*)的扁化茎与其茎尖的中央区域和周边区域细胞核的异常增大及中央区域的 L2 层细胞的异常分布相关(Fambrini et al.，2006)。在扁化茎发育的后期阶段，与其相应的正常的茎相比，扁化茎薄壁组织的总体积及其所占比例有显著的增加，其范围也可扩大数倍之多(Kitin et al.，2005)。

一般来说，离体培养苗的扁化表型的表达将引起髓部和皮层薄壁细胞体积的增加。在相同的发育阶段，与正常茎的发育相比，扁化茎的韧皮部和木质部的纤维较少发育(图 8-25)。扁化茎的髓和皮层的体积与比例的增加，不仅是有丝分裂活性引起细胞数量增加的结果，也是细胞增大的结果。这可从薄壁细胞的三维尺寸变大得到印证(Nilsson et al.，1996；Kitin et al.，2005)。大多数对离体培养所诱导的扁化表型的研究都集中在营养性的茎尖或花序顶端，而在次生结构上的研究则极少。对垂枝桦离体培养 6 周的再生苗的组织学分析表明，在正常植株中的木质部的同心圆包含 5～10 层发育完好的细胞，而在扁化茎中的维管组织分化则被推迟，它们形成只包含 1～3 层细胞的薄薄的细胞层，并仅有极少或没有细胞次生壁的发育(图 8-25)。在纵切面上可见长轴组织细胞(prosenchymatic cell)，类似原形成层细胞；这说明与正常的茎相比，扁化茎横切面(最少在一部分)的增加是由形成层活性的增加和次生生长所致。值得注意的是，在正常茎的形成层、木质部和韧皮部处于良好的分化状态时，在扁化茎中可能主要是大部分未分化的薄壁细胞，这些细胞可能源于增大的苗端分生组织。生长数周的扁化植株中进行大范围体积生长的是源于顶端分生组织的原初生长，还是来自形成层的次生生长，对此尚难确定。

一般来说，在扁化茎中髓部和皮层的薄壁细胞的横切面显圆形，这与正常茎中的相似(Kitin et al.，2005)。

8.4.2　影响植株扁化的主要因子

研究已发现好些植物在自然条件下具有呈现扁化的茎、苗和花柄(White，1948)，如欧洲百合(*Lilium martagon*)、鸡冠花(*Celosia cristata*)、大叶黄杨(*Euonymus japonicus*)(Karagiozova and Meshineva，1977)、匈牙利丁香(*Syringa josikaea*)(Vitkovskii，1959)等。但是，对许多天然存在的或营养繁殖的植物的扁化的源头尚无了解，其成因可能包括生理性的和遗传性的因素(Iliev and Kitin，2011；Dewir et al.，2016)。

8.4.2.1　生理性扁化

有各种引起生理性扁化的天然和人为的因子。例如，芦笋和藤蔓植物在生长时遭受到各种昆虫攻击可诱发其扁化；提早播种可产生大量的扁化植株，而高密植的植株可减少扁化植株的出现频率；温度的波动如低温紧接着高温将诱发风信子属(*Hyacinthus*)的扁化；矿质元素如锌的缺失可诱发扁化；此外，由菌类、线虫和带化红球菌(*Rhodococcus fascians*)感染所致的生物逆境也可引起扁化(Binggeli，1990；Iliev and Kitin，2011)。将带化红球菌的一个基因转化至寄主细胞时将诱导寄主植物的扁化。一旦将该微生物的基因导入寄主植物中，以感染的植株为插条或接枝进行嫁接时，这一扁化的倾向也会传入其他植物中(Crespi et al.，1992；Stange et al.，1996)。研究已证明，扁化的湖北百合(*Lilium henryi*)(Stumm-Tegethoff and Linskens，1985)和扁化的草莓(Steiner，1931)与它们感染线虫有关。植物菌原体感染也引起有些植物的扁化(Dewir et al.，2016)。

扁化也可为人工因素所诱发。例如，对植株打顶和脱黄化，将幼苗主茎从子叶以上切断可引起扁化，生长点的受伤和对每年都落叶的树木的过度修剪都会导致扁化，增加营养、频繁的施肥都可加速扁化(Binggeli，1990；Iliev and Kitin，2011)。电离辐射、化学药剂处理也会引起茎和花序的扁化(Abe et al.，2009)。使用一些生长调节物质也可诱导扁化。例如，三碘苯甲酸(2,3,5-triiodobenzoic acid，TIBA)处理可引起环形扁化和其他一些异常，如器官的扭曲和融合(Astié，1963)。也有报道称土壤粒级的改变、过度施肥或非常肥沃的土壤、嫁接都可成为诱发扁化的因子。在一些环境或其他因子导致慢速的或已停止的生长后，突然处于有利于加速生长的条件下常常诱发植物的扁化。但是，上面所引述的许多报道，都尚未有实验证据确证它们是诱发植物扁化的特异性因子或处理，同时也缺乏所致扁化的比例。因此对上述生理因子需要更多相关性的研究(Iliev and Kitin，2011)。

8.4.2.2 扁化的遗传学因素

豌豆(*Pisum sativum*)的扁化形(早期称 *Pisum umbellatum*，干瘪豌豆)是豌豆 7 个成对孟德尔特征之一(Marx and Hagedorn，1962)。这一特征在许多植物品种中都是由遗传决定的(Karakaya et al.，2002)。响应扁化发育的基因称为 *FASCIATA*(*FA*)(White，1917)。控制扁化的基因已被认为是单基因性质(monogenic nature)，其品性也被鉴定(Sinjushin and Gostimsky，2008)。此外，在隐性阶段，引起扁化的基因是 *FA2*，为此，研究者提出了两个等效异位基因(polymeric gene)的学术设想(Swiecicki and Gawlowska，2004)。在孟德尔原来的实验里，所有的杂种 F_1 代都不发生扁化，而在 F_2 中出现扁化和正常植株的比例为 3∶1。但是，由于决定扁化的基因具有不完全的外显率，该基因具有各种表达程度的特点，因此，扁化的遗传也可能不合乎孟德尔遗传定律(Sinjushin and Gostimsky，2008)。

研究者曾观察到扁化基因遗传表达的不同比例的差异，因此认为存在一个与 *FA* 基因等效异位的 *FAS* 基因。体内存在相关基因的修饰将影响扁化基因的表达，这一学术设想可解释上述所观察到的孟德尔遗传定律预测的扁化表达率与实际发现的差异(Marx and Hagedorn，1962)。突变体 *fa* 和 *fas* 的相互作用研究表明，是基因 *FA* 和 *FAS* 控制着豌豆顶端分生组织特化的最终结果(Sinjushin and Gostimsky，2008)。

研究已发现控制鹰嘴豆(*Cicer arietinum*)茎扁化的天然和诱导的突变基因的相互关系，有关的杂交实验结果表明，在天然的鹰嘴豆的突变体中，有一个共同的基因(称为 *fas1*)控制着茎扁化，而诱导茎扁化突变体的基因称为 *fas2*，该基因与通常的控制茎扁化的基因(*fas1*)并非是等位基因(Srinivasan et al.，2008；Graf et al.，2010)。

研究者已在扁平茎的百合品种中鉴定到一种紫菀属黄色植物菌原体(phytoplasma)病菌(Bertaccini et al.，2005)。Abe 等(2009)发现突变体 *atbrca2* 植株对基因毒性逆境(genotoxic stress)(指会破坏细胞内遗传物质完整性的逆境)呈现超敏反应，从而出现扁化现象和低诱发性的异常叶序表型，但是如果采用 γ 辐射照射，则这些表型的比例将显著增加。研究者也已发现拟南芥突变体 *mgo2* 分生组织的增大，可能是周边区域细胞累积(而不分化)的结果，而 *MGO* 基因突变的分生细胞向侧生器官原基的分化被推迟，导致茎的扁化(Guyomarc'h et al.，2004)。研究表明，*MGO1* 与 *WUS* 一起作用的功能是对苗端和花分生组织的所有阶段的干细胞都起着保持作用，而 *MGO1* 与染色质重构途径一起影响基因表达，从而可稳定表观遗传状态(Graf et al.，2010)。

研究者曾认为扁化可能是单个顶端分生组织生长的结果或由几个生长点黏合在一起所成(Sinjushin and Gostimsky，2006)，或由植物体内激素的不平衡所致(Nilsson et al.，1996)。植物的胚胎后生长取决于顶端分生组织的结构和大小调控。苗端分生组织起 3 种重要的作用：启动器官的形成、接受和发出调节生长与发育的信号及使其本身成为永存的生长区域(Bhalla and Singh，2006)。

研究者已分别在拟南芥(Clark，2001)和玉米(Taguchi-Shiobara et al.，2001)的苗端分生组织的维持过程中，鉴定到一个细胞外的信号转导体系，它的运作将取决于 *CLAVATA* 的活性(*CLV1*、*CLV2* 或 *CLV3*)。植物的这 3 个基因位点中任何一个发生突变，都将会使其分生组织在胚胎发生开始时就逐步地增大，并持续贯穿在其一生中。这说明，这一基因的突变使其细胞分裂的限制失去了正常的控制(Clark et al.，1997)，*clavata* 突变体的表型正体现了这一特点。*clavata* 之名源于拉丁文"*clavatus*"一词，其意为类似棍棒状(club-like)。细胞增多或细胞变大的异常都可导致苗端分生组织的增大。另一 CLV 信号转导途径的关键因子是 *WUSCHEL*(*WUS*)基因产物，它在苗端和花序分生组织的中央区及肋分生区的交界处表达(Meyer et al.，1998)。*wus* 突变体的苗端分生组织和花序分生组织在少许新器官形成后过早地失去了活性，这说明 *WUS* 基因是促进干细胞活性和保证所形成的新器官持续发育所必需的基因(Laux et al.，1996)。与之相反，*CLV3* 抑制 *WUS*，而突变体 *clv3* 则易于苗端分生组织的增大和扁化茎的发育(Schoof et al.，2000)。苗端分生组织的另一基本功能是进行规则的叶原基的发生，这也可从所产生的稳定叶序和叶间隔期反映出来。在

拟南芥突变体 *clv*、*rolC* 和 *fas* 及其他苗端分生组织增大的突变体中可发现其叶序与有时叶的大小发生改变(Giulini et al.，2004)。

扁化表型不但在原初生长中表达，也在次生生长中呈现(Kitin et al.，2005)，这在天然生长的扁化植物中表现尤为突出。尽管我们对次生生长的遗传控制的认识有了许多进展(Spicer and Groover，2010)，但是事实上我们对扁化植物的维管形成层的发育的遗传控制了解极少。通常与扁化的苗端分生组织突变相关的基因似乎也不在正常的木本植物的维管形成层的发育中表达。研究扁化植物的维管形成层的发育对于了解维管形成层的发育遗传控制有重要的意义，因为也许可通过增加植物次生生长而为增加生物量提供机会。

8.4.2.3　生长调节物质

离体繁殖时的扁化植株可成为研究扁化植物诱发和发育的因子的好模式，因为在离体条件下，对这些繁殖植物的生长和发育的环境都可高度控制，遗憾的是目前关于这一方面的研究论文还是相当缺少。有关组织培养条件下，植物生长调节物质对扁化植物发育的影响的研究资料目前更是有限。

有些研究已发现，外源细胞分裂素可诱导一些离体发育植物的茎扁化，如垂枝桦(*Betula pendula*)(Iliev et al.，2003)、长寿花(*Kalanchoe blossfeldiana*)(Varga et al.，1988)、欧洲甜樱桃(*Prunus avium*)(Kitin et al.，2005)、欧洲白蜡树(*Fraxinus excelsior*)(Mitras et al.，2009)、豌豆(*Pisum sativum*)(Thimann and Sachs，1966)等。

在金手指(*Mammillaria elongata*)中，细胞分裂素浓度是诱导扁化苗形成的一个关键因子。金手指冠状茎的扁化形成需要较低浓度的BA(0.44μmol/L)，而高浓度的BA则可诱导其形成正常的苗；在含1.07μmol/L NAA 或 0.54μmol/L NAA 加 0.44μmol/L BA 的 MS 培养基中可诱导 100%金手指茎形成扁化的冠状茎(Papafotiou et al.，2001)。一种大戟属植物 *Euphorbia pugniformis* 离体繁殖时，每一茎尖的外植体都可产生冠状苗，而极少转变为正常苗，同时，形成冠状苗的比例随着细胞分裂素浓度的增加而增加(Balotis and Papafotiou，2003)。减少 MS 培养基中的氮素营养至 1/4，可影响所形成的冠状茎的稳定性。冠状幡龙离体培养所呈现的行为与仙人掌类植物冠状的金手指相似。当培养基中的 BA 浓度增加至 1.0mg/L 时，欧洲甜樱桃扁化苗的平均数量增加至每个外植体 0.47 棵，但如果 BA 浓度再升高，则对扁化不定苗形成有抑制效应(表 8-16)(Kitin et al.，2005)。垂枝桦只有在培养基中加 5mg/L、10mg/L 和 15mg/L 的玉米素的情况下方可诱导出扁化的苗。但在含 5mg/L 和 10mg/L 的玉米素的培养基中，形成扁化苗的百分数没有统计学的差异，随着玉米素浓度的增加，扁化苗形成减少(Iliev et al.，2003)。此外，垂枝桦离体培养形成的扁化苗百分数因其品种和变种不同而异。它们自然发生变异的频率由 0.2%(*Betula pendula* var. *typica*)增加至 2.0%(*Betula pendula* var. *fastigiata*)，但在其变种 Dalecarlica 中则未见扁化苗(Iliev et al.，2010)。基因转化的所有欧美杂种杨(hybrid *Populus tremula*×*P. tremuloides*，clone T89)带扁化苗的再生植株频率可达 15%。

表 8-16　BA 的浓度对欧洲甜樱桃(*Prunus avium*)茎尖外植体形成正常和扁化不定苗的影响
(Kitin et al.，2005)

BA 的浓度(mg/L)	每个外植体形成正常不定苗的平均数	每个外植体形成扁化不定苗的平均数
0.1	0a	0a
0.25	0a	0a
0.5	3.63±0.18b	0.03±0.03a
0.75	5.73±0.15c	0.10±0.05a
1.0	8.93±0.15d	0.47±0.03b
1.25	7.30±0.23e	0.40±0.06b
1.5	0a	0a

注：表中数字是 3 个重复实验，每个重复实验样品取 10 个茎尖外植体所得平均数±标准误差，同一列数据后附字母不同者表示有显著差异(LSD 检验，$P<0.05$)

因此，可以看出，植物生长调节物质的类型对扁化苗形成的影响是具有品种特异性的，取决于植物基因型。欧美杂种杨(*Populus tremula*×*Populus tremuloides*，clone T89)扁化组织中含有高水平的游离细胞分裂素(Nilsson et al.，1996)。在有些情况下，离体培养的扁化银桦(*Grevillea robusta*)的产生，可能是由于对氟苯丙氨酸(*p-fluorophenylalanine*，FPA)（一种抗生素）的作用，因为不含该化合物的培养基上的植株不产生扁化茎(Srivastava and Glock，1987)。

8.4.2.4　植物菌原体感染

植物菌原体(Phytoplasma)是属于柔膜菌目(Mollicutes)的植物病原细菌，与世界各地数百种植物有关(Lee et al.，2000)。多肉植物对植物菌原体感染敏感，因此出现不规则生长和扁化症状的发育特征。因为这些表型有观赏和经济价值，常为原产地之外的国家作为观赏植物而引进(Omar et al.，2014)。另外，被植物菌原体感染的寄主植物也可使许多粮食植物受到感染。根据报道，已有许多国家包括中国、墨西哥、意大利和黎巴嫩出现受植物菌原体感染的仙人掌植物，这些植物菌原体分别属于花生丛枝病组(peanut witches' broom group，16SrⅡ)、榆树黄化组(elm yellows group，16SrⅤ)和紫菀黄化组(aster yellows group，16SrⅠ)(Zak et al.，2011；Dewir et al.，2016)。在几个肉质植物品种如大戟属植物 *Euphorbia coerulescens*、铁锡杖(*Senecio stapeliiformis*)和 *Orbea gigantea* 中已发现诱发扁化的植物菌原体，系统进化分析表明它们属于16SrⅡ组(Omar et al.，2014)。植物菌原体是细胞间寄生生物，它们与寄主是专性共生关系。植物菌原体通过分泌它们的蛋白质可以直接与寄主细胞相互作用，像其他病原体那样，诱导寄主的防御反应(MacLean et al.，2011)。已有报道表明，在植物菌原体感染的 *Euphorbia coerulescens* 和 *Orbea gigantea* 中所诱导的防御反应机制与其抗氧化能力相关(Dewir et al.，2015)。例如，最近 Dewir 等(2016)以植物菌原体感染的景天科的三色花月锦所产生的扁化茎为研究材料(图 8-26)证实其所感染的植物菌原体可归入16SrⅡ-D 组。活性氧类(ROS)的组织学染色表明，与未感染的植物相比，被该植物菌原体感染的组织含有特别高水平的过氧化氢和超氧化物，同时被感染的组织中的抗氧化的酶类如过氧化氢酶、过氧化物酶、多酚氧化酶和谷胱甘肽还原酶(图 8-26)及电解质渗漏也显著地增加。

图 8-26　正常的三色花月锦(*Crassula argintea*)(A)和植物菌原体诱导的扁化三色花月锦(B)(Dewir et al.，2016)

见插图中叶的形态区别

根据 Li 等(2012)的报道，在陕西杨凌的实验田发现菊苣(*Cichorium intybus*)扁化茎症状(图 8-27)，电子显微镜观察发现，在出现此症状的植株的韧皮部筛管中存在多种形态的类植物菌原体(pleomorphic phytoplasma-like body)。这一病菌原体的存在也为巢式 PCR 结果所证实，该植物菌原体与榆树黄化组密切相关。系统进化分析表明，这一植物菌原体属于榆树黄化组的亚组(16SrⅤ-B)(Li et al.，2012)。

图 8-27　菊苣(*Cichorium intybus*)感染(A)和未感染植物菌原体健康植株(B)的形态差异(Li et al.，2012)

图 A 中短箭头 1 表示异常叶及变形苗，短箭头 2 表示扁化的茎

综上所述，扁化的个体是在各种环境因素的作用下形成的。扁化个体并不将这些变化传递给后代。在一些情况下，扁化由突变所致，其后代可继承这一表型。关于扁化发育的许多特点尚未得到满意的解释。例如，为何在同样的生长条件下所诱导的扁化苗频率不同，为何在扁化苗中可诱导出正常苗的分枝，这些都是要进一步研究的问题，特别是要在植物激素和基因型水平上研究。

细胞分裂素，特别是 BA 和玉米素，可诱导不同品种植物的扁化。与天然存在的扁化植物相似，离体培养条件下所得到的扁化苗与增加其苗端分生组织的大小和促进植物茎的生长有关。但是，天然的扁化可能是几个顶端分生组织或相邻的茎或花融合所致，而离体培养所诱导的扁化茎是直接源于茎端分生组织异常增大以及分生细胞的发育控制改变所致。像这样单一的茎端分生组织可能具有多个生长顶锥，因此有多个生长点。然而为什么茎端分生组织活性增加可导致扁化仍是有待回答的问题。扁化茎的发育可以在苗端分生组织的中央区域和周边区域的细胞分布不平衡为前奏，这样的苗端与其分生细胞不平衡的异常增殖有关。与正常植株相比，扁化植株的顶端分生区的游离生长素含量的增加及植物激素的不平衡将引起表皮结构、叶形态、叶间隔期的改变和腋芽发育的抑制。许多研究证明，与扁化相关的生长调节剂及其基因的表达强度是不同的。但目前尚不清楚是否是不同的生长调节物质对扁化发育相关的模式具有不同的特异性。解剖学的研究也表明，任何可启动分生组织增大的扁化诱导剂都将起着类似苗扁化的表型效应作用(Iliev and Kitin，2011)。

尽管扁化可显著增加生物量(至少是发育的早期阶段)和改变茎的分化与形态，但在扁化茎中尚不清楚在组织和细胞水平上是否存在病原体的异常。解剖结构观察表明，扁化茎的韧皮部和木质部的细胞结构与正常茎的相似，这一点可与病原体所致的异常相区别。目前尚无有关扁化与正常植株中的维管组织生理特性的研究。正常的茎与扁化茎相比，最显著的形态差异表现在维管柱及其维管组织的发育模式上。扁化茎中木质部分化推迟，这一推迟与其茎具有有丝分裂活性的形成层或类似愈伤组织的区域有关。根据有限的研究结果可知，形成层的生长对于离体培养生长已 6 周的扁化苗再生植株的生物量的增加起主要的作用。进一步的研究有必要集中在离体诱导的苗分生组织的结构和活性，以及对它们的转录组学的分析方面，这将助于加深对扁化发育模式的了解(Iliev and Kitin，2011)。

8.5　组 织 增 生

组织增生(tissue proliferation，TP)最初是在杜鹃快繁时发现的异常发育，它是在靠近植株的根颈(crown)或基部形成的异常的类似愈伤组织的生长物或瘤状物(Brand and Kiyomoto，1992)。这一现象首次发现是在 20 世纪 80 年代中期，它与由土壤农杆菌(*Agrobacterium tumefaciens*)所诱发的冠瘿瘤表面上相似，也引起植物无性快繁工作者、植物苗圃育苗从业人员和植物苗圃检查人员的高度关注(Zimmerman，1997)。首次报道 TP 的论文是在 1992 年(Anonymous，1992)，接着又有多篇论文发表(Linderman，1993；Brand，2011)。

8.5.1 组织增生的有关症状

典型的组织增生的症状(图 8-28)可发生在 2～5 年苗龄植物，但通过对离体繁殖的植株仔细近距离的观察研究者发现，在达到移栽苗圃成熟植株大小之前便可出现组织增生及其症状(Brand and Kiyomoto，1997)。组织增生表面上类似于愈伤组织，但其是高度木质化的木质物。组织增生可长至直径为 40mm 甚至更大的瘤状物(McCulloch and Britt，1997)。有些组织增生易折断脱落，看似是一个明显的木质冠瘿瘤，并与茎只有小小的连结部分；另一些组织增生与茎相互整合，顺着茎形成一个肿大的区域，而不与茎另外分开生长。当一个组织增生生长完成后或长大至足以环绕茎时，则形成茎的束环。在这种情况下，茎极易在组织增生的下方被折断。在大的组织增生以下的根系统常因发育不良而变小，致使有害于整株植物或植物某一部分的发育。大的组织增生可能实质上犹如一个物质库(sink)，使其下方的根无法吸收足够的光合作用产物和植物激素以保证充足的生长。组织增生的肿胀部分有可能或不能发育出一些小的苗。组织增生所长出的小苗具有叶小、叶轮生和节间短的特点(图 8-28)，这些小苗常常死去，并为新苗所代替(Brand and Kiyomoto，1997)。有些杜鹃属植物的组织增生的症状为仅在厚茎上产生丛生苗(broomed shoots)，不出现瘤状的生长物(Keith and Brand，1995)。根据报道，研究者已在美国多个州所种的杜鹃属中发现具有组织增生的植株(McCulloch and Britt，1997)，也在加拿大和英国的此属植物中发现组织增生症状。杜鹃属(*Rhododendron*)植物是最常见的发生组织增生症状的属，但是未在杜鹃花科(Ericaceae)其他属的植物包括山月桂属(*Kalmia*)和马醉木属(*Pieris*)发现此类症状(Linderman，1993)。已有超过 35 个杜鹃品种可出现组织增生症状(Zimmerman，1997)。最常发生组织增生症状的是无鳞杜鹃(*Elepidote rhododendrons*)，但该症状也可出现在有鳞杜鹃(*Lepidote rhododendrons*)和杜鹃(*Rhododendron simsii*)中。

图 8-28 杜鹃 Scintillation 品种盆苗所出现的茎基部组织增生及产生的矮化苗，其中有的丛生芽坏死，有的存活(A)，而杜鹃 Solidarity 品种的苗的地上部分的茎节产生非苗型的组织增生瘤(B)(Brand，2011)

种植者对组织增生的发育的报道和识别有所不同，甚至在同一供货商同一批苗中也是如此，这就表明，栽培技术可能存在某种激活因子而促进组织增生的发育(Linderman，1993；Maynard，1995)。高活力的植物似乎与组织增生症状的发育有关联。与大田生长的植株相比，瓶苗有较高的组织增生的诱导率(Zimmerman，1997)。瓶苗的培养杯使用多孔的软木树皮为育苗介质，要求频繁淋水和高水平的肥性，这有利于高活力植株的发育。大田生长的杜鹃植株的生长条件受到较严格的控制。在培养杯中经两个生长季节、两次繁育的杜鹃 Solidarity 呈现不同水平的组织增生症状(McCulloch and Britt，1997)。仅有 23%的低生育率的植株可发育出组织增生症状，而高生育率的植株有 62%。此外，植物大小与组织增生的发育也存在显著的相关性。这进一步表明植物的快速生长可刺激组织增生症状的发育。相关的研究也表明，常用的几个除草剂和杀菌剂可能不诱导组织增生的发生。例如，采用正常水平的除草剂安磺灵(oryzalin)不影响杜鹃(Montego)组织增生的诱导形成(Mudge et al.，1997)。

8.5.2 可能引起组织增生的病原体

由于组织增生与冠瘿瘤在表面上非常相似，研究者起初认为这一类不正常生长有可能是由土壤农杆菌所诱发，另外，在杜鹃属中也发现引起形成冠瘿瘤的该菌(Moore，1986)。因此，研究者没有把这一类异常生长视为育苗和种植的一个主要问题。组织增生有几方面与农杆菌瘤状物不同(Brand and Kiyomoto，1992)。许多基因型的组织增生所产生的瘤状物带有不定苗，在这一瘤状物中可见其结构完整的维管组织、节状物和半组织结构、分生组织区，但在根中极少形成该瘤状物。与此相反，土壤农杆菌所诱导的冠瘿瘤不带不定苗，其瘤内部无组织结构，不能形成分生组织性的结节，但可生根。不同的研究者曾试图采用各种农杆菌病原菌株感染杜鹃属植物，都以失败告终。另外，从杜鹃属植物的冠瘿瘤类似物分离的农杆菌与受试杜鹃属植物共培养不能成功地诱导其冠瘿瘤的形成(Linderman，1993；McCulloch and Britt，1997)。此外，这些所分离出的土壤农杆菌并不能与检测土壤农杆菌病原菌株的 T-DNA 探针起反应。综合其他的一些研究结果表明，那些诱导冠瘿瘤类似物的病原菌不涉及组织增生的发育(Brand，2011)。

8.5.3　木质化块茎与组织增生

木质化块茎(lignotuber)与组织增生的形态有某些相似性，由此认为，组织增生是天然存在的木质化块茎强化表达的结果，或在组织培养过程中由树瘤(burl)催生的瘤状物(Linderman，1993；McCulloch and Britt，1997)。木质化块茎是持久性的生长物，是镶嵌着休眠芽的根茎的木质外延物(James，1984)。杜鹃花科的几个属包括熊果属(*Arctostaphylos*)、杜鹃属(*Rhododendron*)和山月桂属(*Kalmia*)都会天然产生木质化块茎，以在森林大火和灾害性林冠损坏时作为一种存活结构。组织增生与木质化块茎也存在几方面的差异：从一些杜鹃花属品种所形成的组织增生与其茎的连结非常脆弱，易于分离，而木质化块茎是与茎整合在一起的(Brand and Kiyomoto，1994)；木质化块茎中的休眠芽仅在主茎被废时(如火灾发生时)才会再生出新的树冠(James，1984)，但是组织增生在主茎仍完整时就可产生苗。此外，有组织增生形成的都是杜鹃属植物主茎被去除时，生长于根茎的组织增生不产生永久的树冠(Brand and Kiyomoto，1994)，而此时木质化块茎则会形成树冠。另外，有些组织增生再生的苗出现异形(LaMondia et al.，1992)，在许多杜鹃属植物中形成的组织增生中不会存在腋芽(Linderman，1993)。组织增生与木质化块茎的形成有不同的机制(Del Tredici，1992)。

8.5.4　遗传、表观遗传和植物激素的驯化作用与组织增生的形成

植物的遗传背景可决定一个品种是否是易于产生组织增生的特异性的基因型。杜鹃属植物 *Rhododendron yakushimanum*、不丹杜鹃(*R. griffithianum*)和栽培品种 The Honorable Jean Marie de Montague 常常是产生组织增生症状的杜鹃品种的亲本(McCulloch and Britt，1997)。无鳞杜鹃(*Elepidote rhododendrons*)比有鳞杜鹃(*lepidote rhododendrons*)和杜鹃(*Rhododendron simsii*)更易产生组织增生。有许多杜鹃属(*Rhododendron*)品种、山月桂属和马醉木属基因型通常都是进行离体繁殖的品种，但是在这些植物中从未发现组织增生症状的发育。

在未进行植物离体培养繁殖之前，尚未见在杜鹃属植物中产生组织增生的相关报道，而所有有关组织增生发生的例子都是源于组织培养繁殖的植株中(Linderman，1993；Zimmerman，1997)。通过对苗圃的检查，Mudge 等(1997)已确定当插条是选自离体培养繁殖的苗源时，其繁殖苗则出现组织增生的症状。基于组织培养和组织增生形成的这种联系，有人提出组织增生是突变或体细胞无性系变异的结果。但是，利用 RAPD 标记检测，却未能在带组织增生的植株中发现其染色体重排(Rowland et al.，1997)。为何如此多的不同基因型，甚至是不同属的植物都可出现类似的组织增生的症状，为何同样的突变竟如此多地出现在如此宽范围的植物中并都产生相似的表型。对此问题，目前尚难有确切的答案。

离体培养通常发生表观遗传变异，研究已证明，组织培养可引起木本植物的返幼(rejuvenation)(Marks，1991；Brand and Lineberger，1992)。离体培养繁殖的植物与同一基因型采用插条繁殖的植株相比，前者可产生更多自由分枝(Zimmerman，1997)。组织培养过程中所发生的激素驯化(habituation)也是组织培养所诱导的一种表观遗传变化(Jackson and Lyndon，1990)。有可能是细胞分裂素驯化在组织增生的发育上发挥重要的作用，因为杜鹃培养物的细胞分裂素的驯化已得到证实(Brand and Kiyomoto，1997)。杜鹃品种 Montego 的培养苗可在无激素的培养基中培养 5 年，并可在无外源细胞分裂素加入的培养基中快速增殖

(图 8-29)。这些苗可产生密集的分枝，并带非常小的叶子，同时在茎节中常可见瘤或肿胀的发生(图 8-29)。这一现象也见于植物激素驯化的离体培养的杜鹃品种 Besse Howells 中。非植物激素驯化的杜鹃 Montego 品种的苗培养物[TP(–)](无组织增生发生)的启动需要在培养基中加 10μmol/L 2iP 以维持生长和增殖(Brand and Kiyomoto，1997)。对于这种杜鹃 Montego 品种的 TP(–)培养物，如在继代培养时小心地清除所形成的愈伤组织和无定形组织便可将这些培养物无限期培养下去，而且这些培养物仍可保持对培养基中外源 2iP 的要求。细胞分裂素的浓度也对组织增生的形成有影响。例如，这一杜鹃 TP(–)苗培养物在含 10μmol/L 或 50μmol/L 2iP 的培养基中培养 3 次，每次培养 5 周，结果表明，在含两种浓度细胞分裂素(10μmol/L 或 50μmol/L 2iP)的培养基中培养的苗培养物都可不同程度地发育出组织增生，使之成为 TP(+)(发生组织增生)的表型，而且在高浓度的细胞分裂素(50μmol/L 2iP)的培养基所产生的 TP(+)表型比在低浓度细胞分裂素(10μmol/L 2iP)的培养基所形成的要高 5 倍。形成 TP(+)的表型是因为在培养时未被去除的培养苗基部所产生的愈伤组织和无定形组织(Brand，2011)。

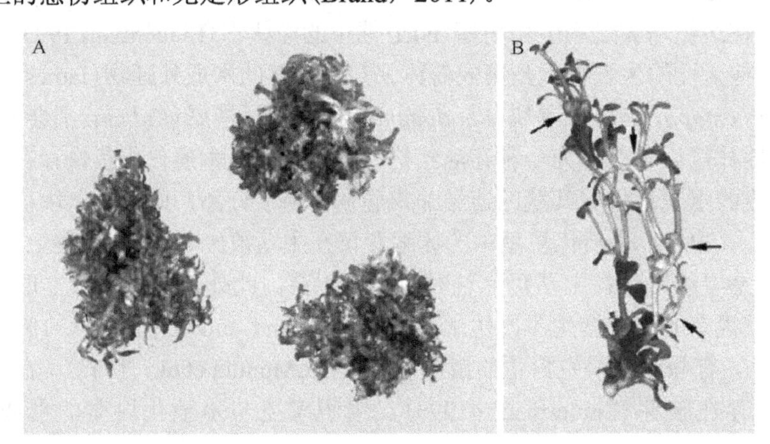

图 8-29　离体培养杜鹃 Montego 品种所产生的一种细胞分裂素驯化的丛生芽(A)和离体培养所诱导的杜鹃苗上的茎瘤(组织增生)(B，黑箭头所示)(Brand，2011)

在实践上，研究者已总结出减少离体培养繁殖杜鹃属植物过程中组织增生形成的一些措施。这些方法包括要选择经过鉴定的非组织培养的母株(必须非常小心地选择那些不易产生组织增生的基因型)；利用少量浓度的细胞分裂素以刺激增殖苗达到中等水平，使得生根只发生在苗的远端，以避免在其基部形成密集的节。对于已知对组织增生敏感的品种，在组织培养时必须小心地掌控，或进行传统的插条无性繁殖。研究表明，改变离体培养繁殖方式和育苗生产技术可有效地消除和减少杜鹃属植物组织增生的发生。但是关于组织增生的诱发机制目前尚未完全了解，尽管已有的多数结果都提示这一组织增生的发生最有可能的是表观遗传所引起的结果或是由离体培养的不定苗的形成对细胞分裂素的驯化所致(Brand，2011)。

参 考 文 献

Abdellatif KF, et al. 2012. Morphological and molecular characterization of somaclonal variations in tissue culture-derived banana plants. JGEB, 10: 47-53

Abdulnour JE, et al. 2000. The effect of boron on calcium uptake and growth in micropropagated potato plantlets. Potato Res, 43: 287-295

Abe K, et al. 2009. Inefficient double-strand DNA break repair is associated with increased fasciation in *Arabidopsis* BRCA2 mutants. J Exp Bot, 60: 2751-2761

Abousalim A, Mantell SH. 1994. A practical method for alleviating shoot-tip necrosis symptoms in *in vitro* shoot cultures of *Pistacia vera* cv. Matheur. J Hortic Sci, 69: 357-365

Adir N, et al. 2003. Photoinhibition—A historical perspective. Photosynth Res, 76: 343-370

Agarwal M, et al. 2008. Advances in molecular marker techniques and their applications in plant sciences. Plant Cell Rep, 27: 617-631

Ahmed EU, et al. 2004. Auxins increase the occurrence of leaf-colour variants in *Caladium* regenerated from leaf explants. Sci Hortic, 100: 153-159

Alcazar R, et al. 2010. Polyamines: molecules with regulatory functions in plant abiotic stress tolerance. Planta, 231: 1237-1249

Alderson PG, et al. 1987. Micropropagation of *Prunus tenella* cv. Firechill. Acta Hortic, 212: 463-468

Althoff DM, et al. 2007. The utility of amplified fragment length polymorphisms in phylogenetics: a comparison of homology within and between genomes. Syst Biol, 56: 477-484

Al-Zahim MA, et al. 1999. Detection of somaclonal variation in garlic (*Allium sativum* L.) using RAPD and cytological analysis. Plant Cell Rep, 18: 473-477

Amin MN, Jaiswal VS. 1988. Micro-propagation as an aid to rapid cloning of a guava cultivar. Sci Hortic, 36: 89-95

Anastassopoulos E, Keil M. 1996. Assessment of natural and induced genetic variation in *Alstroemeria* using random amplified polymorphic DNA (RAPD) markers. Euphytica, 90: 235-244

Andarwulan N, Shetty K. 1999. Influence of acetyl salicylic acid in combination with fish protein hydrolysates on hyperhydricity reduction and phenolic synthesis in oregano (*Origanum vulgare*) tissue. J Food Biochem, 23: 619-635

Anonymous. 1992. Temporary ill mars rhododendron crops. Am Nurserym, 175: 15-18

Antolin MF, Strobeck C. 1985. The population genetics of somatic mutation in plants. Am Nat, 126: 52-62

Apóstolo NM, Llorente B. 2000. Anatomy of normal and hyperhydri cleaves and shoots of *in vitro* grown *Simmondsia chinesis* (Link) Schn. *In Vitro* Cell Dev Biol-Plant, 36: 243-249

Astié M. 1963. Tératologie spontanée et expérimentale. Ann Sci Nat Sér, 12 (3) : 619-844

Auer CA, et al. 1999. Endogenous cytokinin accumulation and cytokinin oxidase activity during shoot organogenesis of *Petunia hybrida*. Physiol Plant, 105: 141-147

Ausin I, et al. 2012. INVOLVED IN DE NOVO 2-containing complex involved in RNA-directed DNA methylation in *Arabidopsis*. Proc Natl Acad Sci USA, 109: 8374-8381

Avends KC. 1970. Cytological observation genome homology in eight interspecific hybrids of *Phalaenopsis*. Genetica, 41: 88-110

Baer G, et al. 2007. Somaclonal variability as a source for creation of new varieties of finger millet (*Eleusine coracana* (L.) Gaertn.). Cytol Genet, 41: 204-208

Bagni N, Tassoni A. 2001. Biosynthesis, oxidation and conjugation of aliphatic polyamines in higher plants. Amino Acids, 20: 301-317

Bahmani R, et al. 2009. Influence of carbon sources and their concentrations on rooting and hyperhydricity of apple rootstock MM. 106. World Appl Sci J, 6: 1513-1517

Bairu MW, et al. 2006. The effect of plant growth regulators on somaclonal variation in Cavendish banana (*Musa* AAA cv. 'Zelig'). Sci Hortic, 108: 347-351

Bairu MW, et al. 2009a. Factors contributing to *in vitro* shoot-tip necrosis and their physiological interactions. Plant Cell Tiss Org Cult, 98: 239-248

Bairu MW, et al. 2009b. Solving the problem of shoot-tip necrosis in *Harpagophytum procumbens* by changing the cytokinin types, calcium and boron concentrations in the medium. S Afr J Bot, 75: 122-127

Bairu MW, et al. 2011a. Somaclonal variation in plants: causes and detection methods. Plant Growth Regul, 63: 147-173

Bairu MW, et al. 2011b. Changes in endogenous cytokinin profiles in micropropagated *Harpagophytum procumbens* in relation to shoot-tip necrosis and cytokinin treatments. Plant Growth Regul, 63: 105-114

Bais HP, et al. 2001. Influence of putrescine, silver nitrate and polyamine inhibitors on the morphogenetic response in untransformed and transformed tissues of *Cichorium intybus* and their regenerants. Plant Cell Rep, 20: 547-555

Balen B, et al. 2009. Growth conditions in *in vitro* culture can induce oxidative stress in *Mammillaria gracilis* tissues. J Plant Growth Regul, 128: 36-45

Balotis G, Papafotiou M. 2003. Micropropagation and stability of *Euphorbia pugniformis* cristate form. Acta Hortic, 616: 471-474

Barbosa LMP, et al. 2013. Biochemical and morpho-anatomical analyses of strawberry vitroplants hyperhydric tissues affected by BA and gelling agents. Rev Ceres Viçosa, 60: 152-160

Barghchi M, Alderson PG. 1996. The control of shoot tip necrosis in *Pistacia vera* L. *in vitro*. Plant Growth Regul, 20: 31-35

Baskaran P, et al. 2014. *In vitro* plant regeneration, phenolic compound production and pharmacological activities of *Coleonema pulchellum*. S Afri J Bot, 90: 74-79

Belaj A, et al. 2003. Comparative study of the discriminating capacity of RAPD, AFLP and SSR markers and of their effectiveness in establishing genetic relationships in olive. Theor Appl Genet, 107: 736-744

Bennici A, et al. 2004. Genetic stability and uniformity of *Foeniculum vulgare* Mill. regenerated plants through organogenesis and somatic embryogenesis. Plant Sci, 166: 221-227

Bernard F, et al. 2015. The effect of colloidal silver nanoparticles on the level of lignification and hyperhydricity syndrome in *Thymus daenensis vitro* shoots: a possible involvement of bonded polyamines. *In Vitro* Cell Dev Biol-Plant, 51: 546-553

Bertaccini A, et al. 2005. Molecular characterization of phytoplasmas in lilies with fasciation in the Czech Republic. FEMS Microbiol Lett, 249: 79-85

Bhalla PL, Mulwa RMS. 2003. Tissue culture and macadamia propagation. Acta Hortic, 616: 343-346

Bhalla PL, Singh MB. 2006. Molecular control of stem cell maintenance in shoot apical meristem. Plant Cell Rep, 25: 249-256

Bhat KV, et al. 1992. Survey of isozyme polymorphism for clonal identification in *Musa*. Ⅰ. Esterase, acid phosphate and catalase. J Hortic Sci, 67: 501-507

Binggeli P. 1990. Occurrence and causes of fasciation. Cecidology, 5: 57-62

Biswas MK, et al. 2009. Development and evaluation of *in vitro* somaclonal variation in strawberry for improved horticultural traits. Sci Hortic, 122: 409-416

Bongue-Bartelsman M, Phillips DA. 1995. Nitrogen stress regulates gene expression of enzymes in the flavonoid biosynthetic pathway of tomato. Plant Physiol Biochem, 33: 539-546

Bornman CH, Vogelmann TC. 1984. Effect of rigidity of gel medium on benzyladenine induced adventitious bud formation and hyperhydricity *in vitro* in *Picea abies*. Physiol Plant, 61: 505-512

Bouman H, de Klerk GJ. 2001. Measurement of the extent of somaclonal variation in begonia plants regenerated under various conditions. Comparison of three assays. Theor Appl Genet, 102: 111-117

Brand MH. 2011. Tissue proliferation condition in micropropagated ericaceous plants. Plant Growth Regul, 63: 131-136

Brand MH. 1993. Agar and ammonium nitrate influence hyperhydricity, tissue nitrate and total nitrogen content of serviceberry（*Amelanchier arborea*）shoots *in vitro*. Plant Cell Tiss Org Cult, 35: 203-209

Brand MH, Kiyomoto R. 1992. Abnormal growths on micropropagated elepidote rhododendrons. Comb Proc Int Plant Prop Soc, 42: 530-534

Brand MH, Kiyomoto R. 1994. Tissue proliferation apparently not lignotubers. Yank Nurs Q, 3: 5-6

Brand MH, Kiyomoto R. 1997. The induction of tissue proliferation-like characteristics in *in vitro* cultures of *Rhododendron* 'Montego'. HortScience, 32: 989-994

Brand MH, Lineberger RD. 1992. *In vitro* rejuvenation of *Betula*（Betulaceae）: morphological evaluation. Am J Bot, 79: 618-625

Bregitzer P, et al. 1998. Somaclonal variation in the progeny of transgenic barley. Theor Appl Genet, 96: 421-425

Brown PH, et al. 1999. Transgenically enhanced sorbitol synthesis facilitates phloem boron transport and increases tolerance of tobacco to boron deficiency. Plant Physiol, 119: 17-20

Brown PH, Hu H. 1996. Phloem mobility of boron is species dependent: evidence of phloem mobility in sorbitol-rich species. Ann Bot, 77: 497-505

Brown PH, Shelp BJ. 1997. Boron mobility in plants. Plant Soil, 193: 85-101

Busse J, et al. 2008. Influence of root zone calcium on subapical necrosis in potato shoot cultures: localization of injury at the tissue and cellular levels. J Amer Soc Hort Sci, 133: 653-662

Chakrabarty D, et al. 2005. Hyperhydricity in apple: ultrastructural and physiological aspects. Tree Physiol, 26: 377-388

Chakrabarty D, et al. 2007. The dynamics of nutrient utilization and growth of apple root stock 'M9 EMLA' in temporary versus continuous immersion bioreactors. Plant Growth Regul, 51: 11-19

Chakrabarty D, et al. 2010. Differential transcriptional expression following thidiazuron-induced callus differentiation developmental shifts in rice. Plant Biol, 12: 46-59

Chao YY, et al. 2010. Salicylic acid-mediated hydrogen peroxide accumulation and protection against Cd toxicity in rice leaves. Plant Soil, 329: 327-337

Chen WH, et al. 1998. Studies on somaclonal variation in *Phalaenopsis*. Plant Cell Rep, 18: 7-13

Chen X. 2009. Small RNAs and their roles in plant development. Ann Rev Cell Dev Biol, 25: 21-44

Chriqui D. 2008. Developmental biology. *In*: George EF, et al. Plant Propagation by Tissue Culture, Vol 1. 3rd ed. Dordrecht: Springer: 283-334

Chuang SJ, et al. 2009. Detection of somaclonal variation in micro-propagated *Echinacea purpurea* using AFLP marker. Sci Hortic, 120: 121-126

Clark SE. 2001. Cell signaling at the shoot meristem. Nat Rev Mol Cell Biol, 2: 276-284

Clark SE, et al. 1993. CLAVATA1, a regulator of meristem and flower development in *Arabidopsis*. Development, 119: 397-418

Clark SE, et al. 1997. The *CLAVATA1* gene encodes a putative receptor kinase that controls shoot and floral meristem size in *Arabidopsis*. Cell, 89: 575-585

Cloutier S, Landry B. 1994. Molecular markers applied to plant tissue culture. *In Vitro* Cell Dev Biol-Plant, 30: 32-39

Cooper C, et al. 2006. Assessment of the response of carrot somaclones to *Pythium violae*, causal agent of cavity spot. Plant Pathol, 55: 427-432

Corley RHV, et al. 1986. Abnormal flower development in oil palm clones. Planter（Kuala Lumpur）, 62: 233-240

Côte F, et al. 2001. Somaclonal variation rate evolution in plant tissue culture: contribution to understanding through a statistical approach. *In Vitro* Cell Dev Biol-Plant, 37: 539-542

Crespi M, et al. 1992. Fasciation induction by the phytopathogen *Rhodococcus fascians* depends upon a linear plasmid encoding a cytokinin synthase gene. Embo J, 11: 795-804

Daguin F, Letouzé R. 1986. Ammonium-induced vitrification in cultured tissues. Physiol Plant, 66: 94-98

Damasco OP, et al. 1996. Gibberellic acid detection of dwarf offtypes in micropropagated Cavendish bananas. Aust J Exp Agric, 36: 237-241

Damasco OP, et al. 1998. Use of a SCAR-based marker for the early detection of dwarf off-types in micropropagated Cavendish bananas. Acta Hortic, 461: 157-164

Daniells J, et al. 2001. Musalogue: a catalogue of *Musa germplasm*. *In*: Arnaud E, Sharrock S. Diversity in the Genus *Musa*. INIBAP, Montpellier, France, pp 213

Dantas de Oliveira Â K, et al. 1997. Endogenous plant growth regulators in carnation tissue cultures under different conditions of ventilation. Plant Growth Regul, 22: 169-174 de Block M. 1990. Factors influencing the tissue culture and the *Agrobacterium tumefaciens*-mediated transformation of hybrid aspen and poplar clones. Plant Physiol, 93: 1110-1116

Debergh P, et al. 1981. Mass propagation of globe artichoke (*Cynara scolymus*): evaluation of different hypotheses to overcome vitrification with special reference to water potential. Physiol Plant, 53: 181-187

Debergh P, et al. 1992. Reconsideration of the term "vitrification" as used in micropropagation. Plant Cell Tiss Org Cult, 30: 135-140

Debergh PC. 1983. Effect of agar brand and concentration on the tissue culture medium. Physiol Plant, 59: 270-276

Debnath SC. 2007. A two-step procedure for *in vitro* multiplication of cloudberry (*Rubus chamaemorus* L.) shoots using bioreactor. Plant Cell Tiss Org Cult, 88: 185-191

Defernez M, et al. 2004. NMR and HPLC-UV profiling of potatoes with genetic modifications to metabolic pathways. J Agric Food Chem, 52: 6075-6085

Del Tredici P. 1992. Seedling versus tissue-cultured *Kalmia latifolia*: the case of the missing burl. Comb Proc Int Plant Prop Soc, 42: 467-482

Desjardins Y, et al. 2009. *In vitro* culture of plants: a stressful activity! Acta Hortic, 812: 29-50

Dewir YH, et al. 2014. Biochemical and physiological aspects of hyperhydricity in liquid culture system. *In*: Paek KY, et al. Production of Biomass and Bioactive Compounds Using Bioreactor Technology. Berlin: Springer Science: 693-709

Dewir YH, et al. 2015. Antioxidative capacity and electrolyte leakage in healthy versus phytoplasma infected tissues of *Euphorbia coerulescens* and *Orbea gigantea*. J Plant Physiol Pathol, 3: 1-7

Dewir YH, et al. 2016. Fasciation in *Crassula argentea*: molecular identification of phytoplasmas and associated antioxidative capacity. Phytoparasitica, 44: 65-74

Dimasi-Theriou K, et al. 1993. Promotion of petunia (*Petunia hybrida* L.) regeneration *in vitro* by ethylene. Plant Cell Tiss Org Cult, 32: 219-225

Dirr M. 1998. Manual of Woody Landscape Plants: Their Identification, Ornamental Characteristics, Culture, Propagation and Uses. 5th ed. Champaign: Stipes Publishing LLC

Dobránszki J, et al. 2011. Comparison of the rheological and diffusion properties of some gelling agents and blends and their effects on shoot multiplication. Plant Biotech Rep, 5: 345-352

Doležel J, Bartoš JAN. 2005. Plant DNA flow cytometry and estimation of nuclear genome size. Ann Bot, 95: 99-110

Druart P. 1998. Regulation of axillary branching in micropropagation of woody fruit species. Acta Hortic, 227: 369-380

Duckworth M, Yaphe W. 1971. The structure of agar. Part Ⅰ. Fractionation of a complex mixture of polysaccharides. Carbohydr Res, 16: 189-197

Dunoyer P, et al. 2010. Small RNA duplexes function as mobile silencing signals between plant cells. Science, 328: 912-916

Durmuş N, Kadioğlu A. 2005. Reduction of paraquat toxicity in maize leaves by benzyladenine. Acta Biol Hung, 56: 97-107

D'Amato F. 1984. Role of polyploidy in reproductive organ and tissues. *In*: Jori BM. Embryology of Angiosperm. New York: Springer: 519-566

Ecole D. 1970. Premiéres observations sur la fasciation chez le *Celosia cristata* L. (Amarantacées). C R Acad Sci Paris, 270: 477-480

Edreva AM, et al. 2007. Phenylamides in plants. Russ J Plant Physiol, 54: 287-301

Etienne H, Bertrand B. 2003. Somaclonal variation in *Coffea arabica*: effects of genotype and embryogenic cell suspension age on frequency and phenotype of variants. Tree Physiol, 23: 419-426

Evans PT, Malmburg RL.1989. Do polyamines have a role in plant development? Annu Rev Plant Physiol Plant Mol Biol, 40: 235-269

Fambrini M, et al. 2006. Stem fasciated, a recessive mutation in sunflower (*Helianthus annuus*), alters plant morphology and auxin level. Ann Bot, 98: 715-730

Fernandez-Garcıa N, et al. 2008. Sub-cellular location of H_2O_2, peroxidases and pectin epitopes in control and hyperhydric shoots of carnation. Environ Exp Bot, 62: 168-175

Fiuk A, et al. 2010. Flow cytometry, HPLC-RP, and metAFLP analyses to assess genetic variability in somatic embryo-derived plantlets of *Gentiana pannonica* Scop. Plant Mol Biol Rep, 28: 413-420

Fontes MA, et al. 1999. Hyperhydricity in pepper plants regenerated *in vitro*: involvement of BiP (binding protein) and ultrastructural aspects. Plant Cell Rep,19: 81-87

Fourré JL, et al. 1997. Somatic embryogenesis and somaclonal variation in Norway spruce: morphogenetic, cytogenetic and molecular approaches. Theor Appl Genet, 94: 159-169

Franck T, et al. 1995. Protective enzymatic systems against activated oxygen species compared in normal and vitrified shoots of *Prunus avium* L. raised *in vitro*. Plant Growth Regul, 16: 253-256

Franck T, et al. 1998. Cytological comparison of leaves and stems of *Prunus avium* L. shoots cultured on a solid medium with agar or gelrite. Biotech Histochem, 73: 32-43

Franck T, et al. 2000. Redox capacities of *in vitro* cultured plant tissues: the case of hyperhydricity. *In*: van den Driessche Th, et al. The Redox State and Circadian Rhythms. Dordrecht: Kluwer Academic Publishers: 235-255

Franck T, et al. 2001. Are hyperhydric shoots of *Prunus avium* L. energy deficient? Plant Sci, 160: 1145-1151

Franck T, et al. 2004. Hyperhydricity of *Prunus avium* shoots cultured on gelrite:a controlled stress response. Plant Physiol Biochem, 42: 519-527

Gamborg O et al. 1968. Nutrient requirements of suspension cultures of soybean roots cells. Exp Cell Res, 50: 151-158

Gao DY, et al. 2009. Detection of DNA changes in somaclonal mutants of rice using SSR markers and transposon display. Plant Cell Tiss Org Cult, 98: 187-196

Gaspar T, et al. 2000. Loss of plant organogenic totipotency in the course of *in vitro* neoplastic progression. *In Vitro* Cell Dev Biol-Plant, 36: 171-181

Gengenbach BG, Umpeck P. 1982. Characteristics of T-cytoplasm revertants from tissue culture. Maize Genet Coop News Lett, 56: 140-142

George EF. 1993. Plant Propagation by Tissue Culture, Part 1: the Technology. London: Exegetics Ltd

Gesteira AS, et al. 2002. RAPD-based detection of genomic instability in soybean plants derived from somatic embryogenesis. Plant Breed, 121: 269-271

Giménez C, et al. 2001. Somaclonal variation in banana: cytogenetic and molecular characterization of the somaclonal variant CIEN BTA-03. *In Vitro* Cell Dev Biol-Plant, 37: 217-222

Giulini A, et al. 2004. Control of phyllotaxy by the cytokinin-inducible response regulator homologue ABPHYL1. Nature, 430: 1031-1034

González A, et al. 2010. Protein markers and seed size variation in common bean segregating populations. Mol Breed, 25: 723-740

Gostimsky SA, et al. 2005. Studying plant genome variation using molecular markers. Russ J Genet, 41: 378-388

Goto S, et al. 1998. Determination of genetic stability in long-term micropropagated shoots of *Pinus thunbergii* Parl. using RAPD markers. Plant Cell Rep, 18: 193-197

Gómez C, et al. 2007. Efecto del subcultivo sucesivo sobre la caulogénesis adventicia de *Eucalyptus globulus*. Bosque, 28: 13-17

Graebe JE. 2003. Gibberellin biosynthesis and control. Annu Rev Plant Physiol, 38: 419-465

Graf P, et al. 2010. MGOUN1 encodes an *Arabidopsis* type IB DNA topoisomerase required in stem cell regulation and to maintain developmentally regulated gene silencing. Plant Cell, 22: 716-728

Gribble K, et al. 2003. Vitrified plants: towards an understanding of their nature. Phytomorph, 53(1): 1-10

Grigoriadou K, et al. 2000. Effects of various culture conditions on proliferation and shoot tip necrosis in the pear cultivars William's' and 'Highland'*grown in vitro*. Acta Hortic, 520: 103-108

Grodzinski B, et al. 1981. Effect of light and carbon dioxide on release of ethylene from leaves of *Xanthium strumarium*. Plant Physiol, 67: 272-273

Guyomarc'h S, et al. 2004. MGOUN3, an *Arabidopsis* gene with Tetratrico Peptide-Repeat-related motifs, regulates meristem cellular organization. J Exp Bot, 55: 673-684

Hao YJ, Deng XX. 2002. Occurrence of chromosomal variations and plant regeneration from long-term-cultured citrus callus. *In Vitro* Cell Dev Biol-Plant, 38: 472-476

Hashmi G, et al. 1997. RAPD analysis of somaclonal variants derived from embryo callus cultures of peach. Plant Cell Rep, 16: 624-627

Hassannejad S, et al. 2012. SA improvement of hyperhydricity reversion in *Thymus daenensis* shoots culture may be associated with polyamines changes. Plant Physiol Biochem, 51: 40-46

Hautea DM, et al. 2004. Analysis of induced mutants of Philippine bananas with molecular markers. *In*: Jain SM, Swennen R. Banana Improvement: Cellular, Molecular Biology, and Induced Mutations. Enfield: Science Publishers, Inc: 45-58

Hayat Q, et al. 2010. Effect of exogenous salicylic acid under changing environment: a review. Environ Exp Bot, 68: 14-25

Hazarika BN. 2006. Morpho-physiological disorders in *in vitro* culture of plants. Sci Hortic, 108: 105-120

Hazarika BN, et al. 2010. Hyerhydricity—A bottleneck to micropropagation of plants. Acta Hortic, 865: 95-101

Hdider C, Desjardins Y. 1993. Prevention of shoot vitrification of strawberry micropropagated shoots proliferated on liquid media by new antivitrifying agents. Can J Plant Sci,73: 231-235

Heinz D, Mee GW. 1971. Morphologic, cytogenetic, and enzymatic variation in *Saccharum* species hybrid clones derived from callus tissue. Am J Bo, 257-262

Henderson IR, Jacobsen SE. 2007. Epigenetic inheritance in plants. Nature, 447: 418-424

Hepler PK. 2005. Calcium: a central regulator of plant growth and development. Plant Cell, 17: 2142-2155

Heslop-Harrison JS, Schwarzacher T. 2007. Domestication, genomics and the future for banana. Ann Bot, 100: 1073-1084

Hirochika H, et al. 1996. Retrotransposons of rice involved in mutations induced by tissue culture. Proc Natl Acad Sci USA, 93: 7783-7788

Hirschi KD. 2004. The calcium conundrum. Both versatile nutrient and specific signal. Plant Physiol, 136: 2438-2442

Horn WAH. 1992. Micropropagation of rose (*Rosa* L). *In*: Bajaj YPS. Biotechnology in Agriculture and Forestry Vol 20 High-Tech and Micropropagation Ⅳ. Berlin: Springer-Verlag: 320-342

Hornero J, et al. 2001. Early checking of genetic stability of cork oak somatic embryos by AFLP analysis. Int J Plant Sci, 162: 827-833

Horváth E, et al. 2007. Induction of abiotic gene tolerance by salicylic acid signaling. J Plant Growth Regul, 26: 290-300

Hu H, et al. 1997. Isolation and characterization of soluble boron complexes in higher plants: the mechanism of phloem mobility of boron. Plant Physiol, 113: 649-655

Huang X, et al. 2012. A map of rice genome variation reveals the origin of cultivated rice. Nature, 490: 497-501

Huang YC, et al. 2011. Transgenic watermelon lines expressing the nucleocapsid gene of *Watermelon silver mottle virus* and the role of thiamine in reducing hyperhydricity in regenerated shoots. Plant Cell Tiss Org Cult, 106: 21-29

Huang Z, et al. 2008. Exogenous ammonium inhibits petal pigmentation and expansion in *Gerbera hybrida*. Physiol Plant, 133: 254-265

Hunter RL, Merkert CL. 1957. Histochemical demonstration of enzymes separated by zone electrophoresis in starch gels. Science, 125: 1294-1295

Iliev I, et al. 2003. Anatomical study of *in vitro* obtained fascinated shoots from *Betula pendula*. Acta Hortic, 616: 481-484

Iliev I, et al. 2010. Micropropagation of *Betula pendula* Roth cultivars by adventitious shoot induction from leaf callus. Acta Hortic, 885: 161-173

Iliev I, Kitin P. 2011. Origin, morphology, and anatomy of fasciation in plants cultured *in vitro* and *in vivo*. Plant Growth Regul, 63: 115-129

Isah T. 2015. Adjustments to *in vitro* culture conditions and associated anomalies in plants. Acta Biol Carcov Bot, 57: 9-28

Israeli Y, et al. 1991. Qualitative aspects of somaclonal variations in banana propagated by *in vitro* techniques. Sci Hortic, 48: 71-88

Israeli Y, et al. 1995. *In vitro* culture of bananas. *In*: Gowen S. Bananas and Plantians. London: Chapman and Hall: 147-178

Israeli Y, et al. 1996. Selection of stable banana clones which do not produce dwarf somaclonal variants during *in vitro* culture. Sci Hortic, 67: 197-205

Ivanova M, et al. 2006. Endogenous cytokinin in shoots of *Aloe polyphylla* cultured *in vitro* in relation to hyperhydricity, exogenous cytokinins and gelling agents. Plant Growth Regul, 50: 219-230

Ivanova M, van Staden J. 2008. Effect of ammonium ions and cytokinins on hyperhydricity and multiplication rate of *in vitro* regenerated shoots of *Aloe polyphylla*. Plant Cell Tiss Org Cult, 2: 227-231

Ivanova M, van Staden J. 2009. Nitrogen source, concentration, and NH_4^+ : NO_3^- ratio influence shoot regeneration and hyperhydricity in tissue cultured *Aloe polyphylla*. Plant Cell Tiss Org Cult, 99: 167-174

Ivanova M, van Staden J. 2011. Influence of gelling agent and cytokinins on the control of hyperhydricity in *Aloe polyphylla*. Plant Cell Tiss Org Cult, 104: 13-21

Jackson JA, Lyndon RF. 1990. Habituation: cultural curiosity or developemental determinant? Physiol Plant, 79: 579-583

Jain N, et al. 2009. The effect of medium, carbon source and explant on regeneration and control of shoot-tip necrosis in *Harpagophytum procumbens*. S Afr J Bot, 75: 117-121

Jakše M, et al. 1996. Effect of media components on the gynogenic regeneration of onion（*Allium cepa* L.）cultivars and analysis of regenerants. Plant Cell Rep, 15: 934-938

Jaligot E, et al. 2002. Methylation-sensitive RFLPs: characterisation of two oil palm markers showing somaclonal variation-associated polymorphism. Theor Appl Genet, 104: 1263-1269

James AC, et al. 2004. Application of the amplified fragment length polymorphism（AFLP）and the methylation-sensitive amplification polymorphism（MSAP）techniques for the detection of DNA polymorphism and changes in DNA methylation in micropropagated bananas. *In*: Jain SM, Swennen R. Banana Improvement: Cellular, Molecular Biology, and Induced Mutations. Enfield: Science Publishers, Inc.: 287-306

James S. 1984. Lignotubers and burls-their structure, function and ecological significance in *Mediterranean ecosystems*. Bot Rev, 50: 225-266

Jarret RL, Gawel N. 1995. Molecular markers, genetic diversity and systematics in *Musa*. *In*: Gowen S. Bananas and Plantians. London: Chapman and Hall: 66-83

Jausoro V, et al. 2010. Structural differences between hyperhydric and normal *in vitro* shoots of *Handroanthus impetiginosus*（Mart. ex DC）Mattos（Bignoniaceae）. Plant Cell Tiss Org Cult, 101: 183-191

Jeltsch A. 2010. Phylogeny of methylomes. Science, 328: 837-838

Jemmali A, et al. 1994. Occurrence of spontaneous shoot regeneration on leaf stipules in relation to hyperflowering response in micropropagated strawberry plantlets. *In Vitro* Cell Dev Biol-Plant, 30: 163-166

Jin S, et al. 2008. Detection of somaclonal variation of cotton（*Gossypium hirsutum*）using cytogenetics, flow cytometry and molecular markers. Plant Cell Rep, 27: 1303-1316

Jo MH, et al. 2002. Effects of sealing materials and photosynthetic photon flux of culture vessel on growth and vitrification in carnation plantlets *in vitro*. J Korean Soc Hort Sci, 43: 133-136

Jones CJ, et al. 1997. Reproducibility testing of RAPD, AFLP and SSR markers in plants by a network of European laboratories. Mol Breed, 3: 381-390

Kadota M, Niimi Y. 2004. Influences of main carbon energy sources and their concentrations on shoot proliferation and rooting of 'Hosui' Japanese pear. HortScience, 39: 1681-1683

Karagiozova M, Meshineva V. 1977. Histological characteristic of band-shaped fasciations. Ann J Sofia Univ, 68: 11-30

Karakaya HC, et al. 2002. Molecular mapping of the fasciation mutation in soybean, *Glycine max*（Legominosae）. Am J Bot, 89: 559-565

Karhu ST. 1997. Axillary shoot proliferation of blue honeysuckle. Plant Cell Tiss Org Cult, 48: 195-201

Karp A. 1994. Origins, causes and uses of variation in plant tissue cultures. *In*: Vasil IK, Thorpe TA. Plant Cell and Tissue Culture. NewYork: Kluwer Academic Publishers: 139-152

Karp A. 1996. Somaclonal variation as a tool for crop improvement. Euphytica, 85: 295-302

Kashkush K, Khasdan V. 2007. Large-scale survey of cytosine methylation of retrotransposons and the impact of readout transcription from long terminal repeats on expression of adjacent rice genes. Genetics, 177: 1975-1985

Kataeva NV, et al. 1991. Effect of applied and internal hormones on vitrification and apical necrosis of different plants cultured *in vitro*. Plant Cell Tiss Org Cult, 27: 149-154

Keith VM, Brand MH. 1995. Influence of culture age, cytokinin level, and retipping on growth and incidence of brooming in micropropagated rhododendrons. J Environ Hortic, 13: 72-77

Kevers C, et al. 1987. Vitrification of carnation *in vitro*: changes in cell wall mechanical properties, cellulose and lignin content. Plant Growth Regul, 5: 59-66

Kevers C, et al. 2004. Hyperhydricity of micropropagated shoots: a typical stress induced state of physiological state. Plant Cell Tiss Org Cult, 77: 181-191

Khayat E, et al. 2004. Somaclona variation in banana (*Musa acuminata*, cv. Grande Naine). Genetic mechanism, frequence, and application as a tool for clonal selection. *In*: Jain M, Swennen R. Banana Improvement With Cellular, Molecular Biology, and Induced Mutation. Enfield: Science Publishers Inc.: 97-109

Khlestkina E, et al. 2010. Functional diversity at the *Rc* (red coleoptile) gene in bread wheat. Mol Breed, 25: 125-132

Kienholz R. 1932. Fasciation in red pine. Bot Gaz, 94: 404-410

Kintzios S, et al. 2004. Accumulation of selected macronutrients and carbohydrates in melon tissue cultures: association with pathways of *in vitro* dedifferentiation and differentiation (organogenesis, somatic embryogenesis). Plant Sci, 167: 655-664

Kitin P, et al. 2005. A comparative histological study between normal and fasciated shoots of *Prunus avium* generated *in vitro*. Plant Cell Tiss Org Cult, 82: 141-150

Komali AS, et al. 1998. A study of the cell wall mechanical properties in unhyperhydrated shoots of oregano (*Origanum vulgare*) inoculated with *Pseudomonas* sp. by load deformation analysis. Food Biotechnol, 12: 209-220

Kouzarides T. 2007. Chromatin modifications and their function. Cell, 128: 693-705

Kozomara B, et al. 2008. *In vitro* propagation of *Chimonanthus praecox* (L.), a winter flowering ornamental shrub. *In Vitro* Cell Dev Biol-Plant, 44: 142-147

Krikorian AD, et al. 1993. Clonal fidelity and variation in plantain (*Musa* AAB) regenerated from vegetative stem and floral axis tips *in vitro*. Ann Bot, 71: 519-535

Krishnaraj C, et al. 2012. Effect of biologically synthesized silver nanoparticles on *Bacopa monnieri* (Linn.) Wettst. plant growth metabolism. Process Biochem, 47: 651-658

Krutovsky KV, et al. 2014. Somaclonal variation of haploid *in vitro* tissue culture obtained from Siberian larch (*Larix sibirica* Ledeb.) megagametophytes for whole genome *de novo* sequencing. *In Vitro* Cell Dev Biol-Plant, 50: 655-664

Kulchetscki L, et al. 1995. *In vitro* regeneration of Pacific silver fir (*Abies amabilis*) plantlets and histological analysis of shoot formation. Tree Physiol, 15: 727-738

Kulkarni K, D'Souza L. 2000. Control of *in vitro* shoot tip necrosis in *Butea monosperma*. Curr Sci, 78: 125-126

Kunitake H, et al. 1995. Morphological and cytological characteristics of protoplast-derived plants of statice (*Limonium perezii* Hubbard). Sci Hortic, 60: 305-312

Kurbidaeva AS, Novokreshchenova MG. 2011. Somaclonal variation of *Nicotiana tabacum* transgenic plants. MUBSB, 66: 86-90

Kuznetov VV, Shevyakova N. 2007. Polyamines and stress tolerance of plants. Plant Stress, 1: 50-71

Labra M, et al. 2001. Genomic changes in transgenic rice (*Oryza sativa* L.) plants produced by infecting calli with *Agrobacterium* tumefaciens. Plant Cell Rep, 20: 325-330

Lahaye M, Rochas C. 1991. Chemical structure and physico-chemical properties of agar. *In*: Santelices B, McLachlan JL. International Workshop on Gelidium. New York: Kluwcr Academic Publishers: 137-148

Lai CC, et al. 2005. Hyperhydricity in shoot cultures of *Scrophularia yoshimurae* can be effectively reduced by ventilation of culture vessels. J Plant Physiol, 162: 355-361

Lakshmi SG, Raghava SBV. 1993. Regeneration of plantlets from leaf disc cultures of rosewood: control of leaf abscission and shoot tip necrosis. Plant Sci, 88: 107-112

LaMondia JA, et al. 1992. Tissue proliferation/crown gall in rhododendron. Yank Nurs Q, 2: 1-3

Landey RB, et al. 2013. High genetic and epigenetic stability in coffea arabica plants derived from embryogenic suspensions and secondary embryogenesis as revealed by AFLP, MASP and the phenotypic variation rate. PLoS One, 8 (2): e56372

Landey RB, et al. 2015. Assessment of genetic and epigenetic changes during cell culture ageing and relations with somaclonal variation in *Coffea arabica*. Plant Cell Tiss Org Cult, 122: 517-531

Larkin PJ, Scowcroft WR. 1981. Somaclonal variation-a novel source of variability from cell cultures for plant improvement. Theor Appl Genet, 60: 197-214

Laux T, et al. 1996. The WUSCHEL gene is required for shoot and floral meristem integrity in *Arabidopsis*. Development, 122: 87-96

Lee BR, et al. 2007. Peroxidases and lignification in relation to the intensity of water-defi cit stress in white clover (*Trifolium repens* L.). J Exp Bot, 58: 1271-1279

Lee IM, et al. 2000. Phytoplasma: phytopathogenic mollicutes. Ann Rev Microbiol, 54: 221-225

Lehto T, et al. 2000. Boron mobility in two coniferous species. Ann Bot, 86: 547-550

Lelandais-Brière C, et al. 2009. Genome-wide Medicago truncatula small RNA analysis revealed novel microRNAs and isoforms differentially regulated in roots and nodules. Plant Cell, 21: 2780-2796

Leshem B, et al. 1988. Cytokinin as an inducer of vitrification in melon. Ann Bot, 61: 255-260

Li YC, et al. 2002. Microsatellites: genomic distribution, putative functions and mutational mechanisms: a review. Mol Ecol, 11: 2453-2465

Li ZN, et al. 2012. Detection and identification of the elm yellows group phytoplasma associated with *Puna chicory* flat stem in China. Can J Plant Pathol, 34: 34-41

Linderman RG. 1993. Tissue proliferation. Am Nurserym, 178: 57-67

Lisch D. 2013. How important are transposons for plant evolution? Nat Rev Genet, 14: 49-61

Litt M, Luty JA.1989. A hypervariable microsatellite revealed by *in vitro* amplification of a dinucleotide repeat within the cardiac muscle actin gene. Am J Hum Genet, 44: 397-401

Lorkovic ZJ. 2009. Role of plant RNA-binding proteins in development, stress response and genome organization. Trends Plant Sci, 14: 229-236

LoSchiavo F, et al. 1989. DNA methylation of embryogenic carrot cell cultures and its variations as caused by mutation, differentiation, hormones and hypomethylating drugs. Theor Appl Genet, 77: 325-331

Loureiro J, et al. 2007. Micropropagation of *Juniperus phoenicea* from adult plant explants and analysis of ploidy stability using flow cytometry. Biol Plant, 51: 7-14

Louro RP, et al. 1999. Ultrastructure of *Eucalyptus grandis×Eucalyptus urophylla*. 1. Shoots cultivated *in vitro* in multiplication and elongation-rooting media. Int J Plant Sci,160: 217-227

Lu P, et al. 2010. Nano-silver pulse treatments improve water relations of cut rose cv. Movie Star flowers. Postharvest Biol Tec, 57: 196-202

Lukaszewska E, Sliwinska E. 2007. Most organ of sugar-beet（*Beta vulgaris* L.）plant at the vegetative and reproductive stages of development are polysomatic. Sex Plant Repord, 20: 99-107

Mackay WA, et al. 1995. Micropropagation of Mexican redbud, *Cercis canadensis* var. *mexicana*. Plant Cell Tiss Org Cult, 43: 295-299

MacLean AM, et al. 2011. Phytoplasma effector SAP54 induces indeterminate leaf-like flower development in *Arabidopsis* plants. Plant Physiol, 157: 831-841

Mallory A, Vaucheret H. 2010. Form, function, and regulation of ARGONAUTE proteins. Plant Cell, 22: 3879-3889

Malueg KR, et al. 1994. A three media transfer system for direct somatic embryogenesis from leaves of *Senecio xhybridus* Hyl.（Asteraceae）. Plant Cell Tiss Org Cult, 36: 249-253

Mandal A, et al. 2001. Isoenzyme markers in varietal identification of banana. *In Vitro* Cell Dev Biol-Plant, 37: 599-604

Marin E, et al. 2010. miR390, *Arabidopsis* TAS3 tasiRNAs and their AUXIN RESPONSE FACTOR targets define an autoregulatory network quantitatively regulating lateral root growth. Plant Cell, 22: 1104-1117

Marks TR. 1991. *Rhododendron* cuttings. Ⅰ. Improved rooting following 'rejuvenation' *in vitro*. J Hortic Sci, 66: 102-111

Martin KP, et al. 2006. RAPD analysis of a variant of banana（*Musa* sp.）cv. grande naine and its propagation via shoot tip culture. *In Vitro* Cell Dev Biol-Plant, 42: 188-192

Martin KP, et al. 2007. Control of shoot necrosis and plant death during micropropagation of banana and plantains（*Musa* spp.）. Plant Cell Tiss Org Cult, 88: 51-59

Marx GA, Hagedorn DJ. 1962. Fasciation in Pisum. J Hered, 53: 31-43

Maynard BK. 1995. Research update on tissue proliferation. Comb Proc Int Plant Prop Soc, 45: 442-447

Mayor ML, et al. 2003. Reduction of hyperhydricity in sunflower tissue culture. Plant Cell Tiss Org Cult, 72: 99-103

McClintock B. 1950. The origin and behavior of mutable loci in maize. Proc Natl Acad Sci USA, 36: 344-355

McCown BH, Sellmer JC. 1987. General media and vessels suitable for woody plant culture. *In*: Bonga JM, Durzan L. Cell and Tissue Culture in Forestry: General Principles and Biotechnology, Vol 1. Dordrecht: Martinus Nijhoff Publishers: 4-16

McCulloch SM, Britt JL. 1997. Industry experiences and research with tissue proliferation. HortScience, 32: 986-989

Mehta YR, Angra DC. 2000. Somaclonal variation for disease resistance in wheat and production of dihaploids through wheat 9 maize hybrids. Genet Mol Biol, 23: 617-622

Meyer KFX, et al. 1998. Role of WUSCHEL in regulating stem cell fate in the *Arabidopsis* shoot meristem. Cell, 95: 805-815

Miguel C, Marum L. 2011. An epigenetic view of plant cells cultured *in vitro*: somaclonal variation and beyond. J Exp Bot, 62(11): 3713-3725

Miller G, et al. 2009. The plant NADPH oxidase RBOHD mediates rapid systemic signaling in response to diverse stimuli. Sci Signal, 2(84): ra45

Misra P, Chakrabarty D. 2009. Clonal propagation of *Rosa clinophylla* Thory. through axillary bud culture. Sci Hortic, 119: 212-216

Mitras D, et al. 2009. *In vitro* propagation of *Fraxinus excelsior* L. by epicotyls. J Biol Res, 11: 37-48

Mittler R, et al. 2011. ROS signaling: the new wave? Trends Plant Sci, 16: 300-309

Miyao A, et al. 2003. Target site specificity of the Tos17 retrotransposon shows a preference for insertion within genes and against insertion in retrotransposon-rich regions of the genome. Plant Cell, 15: 1771-1780

Miyao A, et al. 2007. A large-scale collection of phenotypic data describing an insertional mutant population to facilitate functional analysis of rice genes. Plant Mol Biol, 63: 625-635

Miyao A, et al. 2012. Molecular spectrum of somaclonal variation in regenerated rice revealed by whole-genome sequencing. Plant Cell Physiol, 53: 256-264

Molnar A, et al. 2010.Small silencing RNAs in plants are mobile and direct epigenetic modification in recipient cells. Science, 328: 872-875

Moore LW. 1986. Diseases caused by bacteria: crown gall. *In*: Coyier DL, Roane MK. Compendium of Rhododendron and Azalea Diseases. St Paul: APS Press: 29-30

Moschou PN, et al. 2008. Plant polyamine catabolism: the state of the art. Plant Signal Behav, 3: 1061-1066

Mudge KW, et al. 1997. Field evaluation of tissue proliferation of rhododendron. HortScience, 32: 995-998

Mujib A. 2005. Colchicine induced morphological variants in pineapple. PTC&B, 15: 127-133

Mujib A, et al. 2007. Callus induction, somatic embryogenesis and chromosomal instability in tissue cultureraised hippeastrum (*Hippeastrum hybridum* cv. United Nations). Propag Ornam Plants, 7: 169-174

Muneer S, et al. 2016. Proteomic and antioxidant analysis elucidates the underlying mechanism of tolerance to hyperhydricity stress in *in vitro* shoot cultures of *Dianthus caryophyllus*. J Plant Growth Regul, 35: 667-679

Murashige T, Skoog F. 1962. A revised medium for rapid growth and bioassay with tobacco tissue cultures. Physiol Plant, 15: 473-497

Nairn BJ, et al. 1995. Identification of an agar constituent responsible for hydric control in micropropagation of radiata pine. Plant Cell Tiss Org Cult, 43: 1-11

Neelakandan AK, Wang K. 2012. Recent progress in the understanding of tissue culture-induced genome level changes in plants and potential applications. Plant cell Rep, 31: 597-620

Nehra NS, et al. 1992. The influence of plant growth regulator concentrations and callus age on somaclonal variation in callus culture regenerants of strawberry. Plant Cell Tiss Org Cult, 29: 257-268

Neill S, et al. 2002. Hydrogen peroxide signaling. Curr Opin Plant Biol, 5: 388-395

Newman KL, et al. 2002. Regulation of axis determinacy by the *Arabidopsis* PINHEAD gene. Plant Cell, 14: 3029-3042

Nhut DT, et al. 2008. Peptone stimulates *in vitro* shoot and root regeneration of avocado (*Persea americana* Mill.). Sci Hortic, 115: 124-128

Nilsson O, et al. 1996. Expression of the *Agrobacterium rhizogenes rolC* gene in a deciduous forest tree alters growth and development and leads to stem fasciation. Plant Physiol, 112: 493-502

Nordström A, et al. 2004. Auxin regulation of cytokinin biosynthesis in *Arabidopsis thaliana*: a factor of potential importance for auxin-cytokinin-regulated development. PNAS, 101: 8039-8044

Nuthikattu S, et al. 2013. The initiation of epigenetic silencing of active transposable elements is triggered by RDR6 and 21-22 nucleotide small interfering RNAs. Plant Physiol, 162: 116-131

Ochatt S J, et al. 2002. The hyperhydricity of *in vitro* regenerants of grass pea (*Lathyrus sativus* L.) is linked with an abnormal DNA content. J Plant Physiol, 159: 1021-1028

Ogasawara N. 2003. Ventilation and light intensity during *in vitro* culture affect relative growth rate and photosynthate partitioning of *Caladium* plantlets after transplanting to *ex vitro*. Acta Hortic, 616: 143-149

Oh TJ, et al. 2007. Genomic changes associated with somaclonal variation in banana (*Musa* spp.). Physiol Plant, 129: 766-774

Omar AF, et al. 2014. Molecular identification of phytoplasmas in fasciated cacti and succulent species and associated hormonal perturbation. J plant Interact, 9: 632-639

Ongaro V, Leyser O. 2008. Hormonal control of shoot branching. J Exp Bot, 59: 67-74

Ong-Abdullah M, et al. 2015. Loss of Karma transposon methylation underlies the mantled somaclonal variant of oil palm. Nature, 532: 533-539

Oono K. 1985. Putative homozygous mutations in regenerated plants of rice. Mol Gen Genet, 198: 377-384

Orive ME. 2001. Somatic mutations in organisms with complex life histories. Theor Popul Biol, 59: 235-249

Ozgen S, et al. 2011. Influence of root zone calcium on shoot tip necrosis and apical dominance of potato shoot: simulation of this disorder by ethylene glycol tetra acetic acid and prevention by strontium. Hortscience, 46: 1358-1362

O'Brien JA, et al. 2012a. Reactive oxygen species and their role in plant defence and cell wall metabolism. Planta, 236(3): 765-779

O'Brien JA, et al. 2012b. A peroxidase-dependent apoplastic oxidative burst in cultured *Arabidopsis* cells functions in MAMP-elicited defense. Plant Physiol, 158(4): 2013-2027

O'Connell L M, Ritland K. 2004. Somatic mutations at microsatellite loci in western redcedar (*Thuja plicata*: Cupressaceae). J Hered, 95: 172-176

Paek KY, et al. 2001. Application of bioreactors for large scale micropropagation systems of plants. *In Vitro* Cell Dev Biol-Plant, 37: 149-157

Pang XM, et al. 2007. Polyamines, all-purpose players in response to environmental stresses in plants. Plant Stress, 1: 173-188

Papafotiou M, et al. 2001. *In vitro* plant regeneration of *Mammillaria elongata* normal and cristate forms. Plant Cell Tiss Org Cult, 65: 163-167

Paques M. 1991. Vitrification and micropropagation: causes, remedies and prospects. Acta Hortic, 289: 283-290

Pardha Saradhi P, Atia 1995. Production and selection of somaclonal variants of *Leucaena leucocephala* with high carbon dioxide assimilating potential. Energ Convers Manage, 36: 759-762

Park JS, et al. 2016. Effects of ethylene on shoot initiation, leaf yellowing, and shoot tip necrosis in roses. Plant Cell Tiss Org Cult, 127: 425-431

Park SW, et al. 2004. Effect of sealed and vented gaseous microenvironments on the hyperhydricity of potato shoots *in vitro*. Sci Hortic, 99: 199-205

Park YH, et al. 2011. Functional Analysis for rolling leaf of somaclonal mutants in rice（*Oryza sativa* L.）. Am J Plant Sci, 2: 56-62

Paschalidis KA, et al. 2009. Polyamine anabolic/catabolic regulation along the woody grapevine plant axis. J Plant Physiol, 166: 1508-1519

Pasqua G, et al. 2002. Effects of the culture medium pH and ion uptake in *in vitro* vegetative organogenesis in thin cell layers of tobacco. Plant Sci, 162: 947-955

Pasqualetto PL, et al. 1988. The influence of cation and gelling agent concentrations on vitrification of apple cultivars *in vitro*. Plant Cell Tiss Org Cult, 14: 31-40

Pati PK, et al. 2006. *In vitro* propagation of rose—A review. Biotechnol Adv, 24: 94-114

Perez-Tornero O, Burgos L. 2000. Different media requirements for micropropagation of apricot cultivars. Plant Cell Tiss Org Cult, 63: 133-141

Perêiz C, et al. 1985. *In vitro* filbert（*Corylus avellana* L.）micropropagation from shoots and cotyledonary segments. Plant Cell Rep, 4: 137-139

Peschke VM, et al. 1987. Discovery of transposable element activity among progeny of tissue culture-derived maize plants. Science, 238: 804-807

Petolino JF, et al. 2003. Plant cell culture: a critical tool for agricultural biotechnology. *In*: Vinci VA, Parekh SR. Handbook of Industrial Cell Culture: Mammalian, Microbial and Plant Cells. Totowa: Humana Press: 243-258

Piagnani C, et al. 1996. Influence of Ca^{++} and 6-benzyladenine on chestnut（*Castanea sative* Mill.）*in vitro* shoot tip necrosis. Plant Sci, 118: 89-95

Picoli EAT, et al. 2001. Hyperhydricity in *in vitro* eggplant regenerated plants: structural characteristics and involvement of BiP（binding protein）. Plant Sci, 160: 857-868

Picoli EAT, et al. 2008. Ultrastructural and biochemical aspects of normal and hyperhydric eucalypt. Internat J of Horticult Sci, 14: 61-69

Pietsch GM, Anderson NO. 2007. Epigenetic variation in tissue cultured *Gaura lindheimeri*. Plant Cell Tiss Org Cult, 89: 91-103

Piola F, et al. 1999. Rapid detection of genetic variation within and among *in vitro* propagated cedar（*Cedrus libani* Loudon）clones. Plant Sci, 141: 159-163

Piqueras A, et al. 2002. Polyamines and hyperhydricity in micropropagated carnation plants. Plant Sci, 162: 671-678

Podwyszyńska M. 2005. Somaclonal variation in micropropagated tulips based on phenotype observation. J Fruit Ornam Plant Res, 13: 109-122

Popescu AN, et al. 1997. Somaclonal variation in plants regenerated by organogenesis from callus culture of strawberry（*Fragaria*× *ananassa*）. Acta Hortic, 439: 89-96

Pourrut B, et al. 2008. Potential role of NADPH-oxidase in early steps of lead-induced oxidative burst in *Vicia faba* roots. J Plant Physiol, 165: 571-579

Pua EC, et al. 1996. Synergetic effect of ethylene inhibitors and putrescine on shoot regeneration from hypocotyl explants of Chinese radish（*Raphanus sativus* L. var. *longipinnatus* Bailey）. Plant Cell Rep, 15: 685-690

Qin Y, et al. 2005. Response of *in vitro* strawberry to silver nitrate（$AgNO_3$）. HortScience, 40: 747-751

Quiala E, et al. 2014. Influence of 6-benzyladenine and gelling agent on the reduction of hyperhydricity in *Tectona grandis* L. Rev Colomb Biotecnol, 16: 129-136

Radhakrishnan R, Ranjitha Kumari B. 2008. Morphological and agronomic evaluation of tissue culture derived Indian soybean plants. Acta Agric Slov, 91: 391-396

Rafiuddin ZZ. 2012. Crystal growth of different morphologies（nanospheres, nanoribbons and nanoplates）of silver nanoparticles. Colloid Surface A, 393: 1-5

Rahman MH, Rajora OP. 2001. Microsatellite DNA somaclonal variation in micropropagated trembling aspen（*Populus tremuloides*）. Plant Cell Rep, 20: 531-536

Rani V, Raina SN. 2000. Genetic fidelity or organized meristemderived micropropagated plants. A critical reappraisal. *In Vitro* Cell Dev Biol-Plant, 36: 319-330

Ray T, et al. 2006. Genetic stability of three economically important micropropagated banana（*Musa* spp.）cultivars of lower Indo-Gangetic plains, as assessed by RAPD and ISSR markers. Plant Cell Tiss Org Cult, 85: 11-21

Regalado JJ, et al. 2015. Study of the somaclonal variation produced by different methods of polyploidization in *Asparagus officinalis* L. Plant Cell Tiss Org Cult, 122: 31-44

Reuveni O, et al. 1993. Factors influencing the occurrence of somaclonal variations in micropropagated bananas. Acta Hortic, 336: 357-364

Rivera FN. 1983. Protein and isoenzyme banding patterns among Philippine cooking bananas and their wild parents（*Musa* species）. Paradisiaca, 6: 7-12

Rodrigues PHV, et al. 1998. Influence of the number of subcultures on somoclonal variation in micropropagated Namicao（*Musa* spp., AAA group）. Acta Hortic, 490: 469-473

Rodriguez-Enriquez J, et al. 2011. MicroRNA misregulation: an overlooked factor generating somaclonal variation? Trends in Plant Sci, 16: 241-248

Roels S, et al. 2005. Optimization of plantain（*Musa* AAB）micropropagation by temporary immersion system. Plant Cell Tiss Org Cult, 82: 57-66

Rojas-Martinez L, et al. 2010. The hyperhydricity syndrome: waterlogging of plant tissues as a major cause. Propag Ornam Plants, 10: 169-175

Rose NR, Klose RJ. 2014. Understanding the relationship between DNA methylation and histone lysine methylation. Biochim Biophys Acta, 1839: 1362-1372

Rothbart SB, Strahl BD. 2014. Interpreting the language of histone and DNA modifications.Biochim Biophys Acta, 1839: 627-643

Rowland LJ, et al. 1997. Chromosomal rearrangements not detected in rhododendrons with tissue proliferation disorder. HortScience, 32: 998-1000

Ruffoni B, Savona M. 2013. Physiological and biochemical analysis of growth abnormalities associated with plant tissue culture. Hort Environ Biotechnol, 54: 191-205

Sabot F, et al. 2011. Transpositional landscape of the rice genome revealed by paired-end mapping of high-throughput re-sequencing data. Plant J, 66: 241-246

Saez PL, et al. 2012. Increased light intensity during *in vitro* culture improves water loss control and photosynthetic performance of *Castanea sativa* grown in ventilated vessels. Sci Hortic, 138: 7-16

Saher S, et al. 2005. Prevention of hyperhydricity in micropropagated carnation shoots by bottom cooling: implications of oxidative stress. Plant Cell Tiss Org Cult, 81: 149-158

Sahijram L, et al. 2003. Analyzing somaclonal variation in micropropagated bananas（*Musa* spp.）. *In Vitro* Cell Dev Biol-Plant, 39: 551-556

Saker MM, et al. 2000. Detection of somaclonal variations in tissue culture-derived date palm plants using isoenzyme analysis and RAPD fingerprints. Biol Plant, 43: 347-351

Sanchez-Teyer LF, et al. 2003. Culture-induced variation in plants of *Coffea arabica* cv. Caturra rojo, regenerated by direct and indirect somatic embryogenesis. Mol Biotechnol, 23: 107-115

Sarkar D, et al. 2002. Growing of potato microplants in the presence of alginate-silverthiosulphate capsules reduces ethylene-induced cultures abnormalities during minimal growth conservation *in vitro*. Plant Cell Tiss Org Cult, 68: 79-89

Sato S, et al. 1993. Recovering vitrifi ed carnation（*Dianthus caryophyllus* L.）shoots using Bacto-Peptone and its subfractions. Plant Cell Rep, 12: 370-374

Schenk R, Hildebrandt AC. 1972. Medium and techniques for induction and growth of monocotyledonous and dicotyledonous plant cell cultures. Can J Bot, 50: 199-204

Schmitt F, et al. 1997. Antibiotics induce genome-wide hypermethylation in cultured *Nicotiana tabacum*. Plants J Biol Chem, 272: 1534-1540

Schoof K, et al. 2000. The stem cell population of *Arabidopsis* shoot meristems is maintained by a regulatory loop between the *CLAVATA* and *WUSCHEL* genes. Cell, 100: 635-644

Sen A, Alikamanoglu S. 2013. Antioxidant enzyme activities, malondialdehyde, and total phenolic content of PEG-induced hyperhydric leaves in sugar beet tissue culture. *In Vitro* Cell Dev Biol-Plant, 49: 396-404

Seon JH, et al. 2000. The fed batch culture system using bioreactor for the bulblet production of oriental lilies. Acta Hortic, 520: 53-59

Serafini-Fracassini D, et al. 2010. Spermine delays leaf senescence in *Lactuca sativa* and prevents the decay of chloroplast photosystems. Plant Physiol Biochem, 48: 602-611

Sha L, et al. 1985. Occurrence and cause of shoot-tip necrosis in shoot cultures. J Am Soc Hortic Sci, 110: 631-634

Shah SH, et al. 2003. Regeneration and somaclonal variation in *Medicago sativa* and *Medicago* media. Pak J Biol Sci, 6: 816-820

Shao HB, et al. 2008. Primary antioxidant free radical scavenging and redox signaling pathways in higher plant cells. Int J Biol Sci, 4:8-14

Sharma S, et al. 2007. Stability of potato（*Solanum tuberosum* L.）plants regenerated via somatic embryos, axillary bud proliferated shoots, microtubers and true potato seeds: a comparative phenotypic, cytogenetic and molecular assessment. Planta, 226: 1449-1458

Simmonds NW, Shepherd K. 1955. Taxonomy and origins of cultivated Bananas. Bot J Linn Soc, 55: 302-312

Simmons MP, et al. 2007. A penalty of using anonymous dominant markers（AFLPs, ISSRs, and RAPDs）for phylogenetic inference. Mol Phylogenet Evol, 42: 528-542

Singh B, Usha K. 2003. Salicylic acid induced physiological and biochemical changes in wheat seedlings under water stress. Plant Growth Regul, 39: 137-141

Singh M, et al. 2006. Identification and characterization of RAPD and SCAR markers linked to anthracnose resistance gene in sorghum [*Sorghum bicolor*（L.）Moench]. Euphytica, 149: 179-187

Singh R, et al. 2008. Identification of new microsatellite DNA markers for sugar and related traits in sugarcane. Sugar Tech, 10: 327-333

Singha S, et al. 1990. Relationship between calcium and agar on vitrification and shoot-tip necrosis of quince（*Cydonia oblonga* Mill.）shoots *in vitro*. Plant Cell Tiss Org Cult, 23: 135-142

Sinjushin AA, Gostimsky SA. 2006. Fasciation in pea: basic principles of morphogenesis. Russ J Dev Biol, 37: 375-381

Sinjushin AA, Gostimsky SA. 2008. Genetic control of fasciation in pea（*Pisum sativum* L.）. Russ J Genet, 44: 807-814

Siragusa M, et al. 2007. Genetic instability in calamondin（*Citrus madurensis* Lour.）plants derived from somatic embryogenesis induced by diphenylurea derivatives. Plant Cell Rep, 26: 1289-1296

Sivanesan I. 2007. Shoot regeneration and somaclonal variation from leaf callus cultures of *Plumbago zeylanica* Linn. Asian J Plant Sci, 6: 83-86

Sivanesan I, Jeong BR. 2012. Identification of somaclonal variants in proliferating shoot cultures of *Senecio cruentus* cv. Tokyo Daruma. Plant Cell Tiss Org Cult, 111: 247-253

Skirvin RM, et al. 1994. Sources and frequency of somaclonal variation. HortScience, 29: 1232-1237

Slazak B, et al. 2015. Micropropagation of *Viola uliginosa* (Violaceae) for endangered species conservation and for somaclonal variation-enhanced cyclotide biosynthesis. Plant Cell Tiss Org Cult, 120: 179-190

Smulders MJM, de Klerk GJ. 2011. Epigenetics in plant tissue culture. Plant Growth Regul, 63: 137-146

Smýkal, et al. 2007. Assessment of genetic and epigenetic stability in long-term *in vitro* shoot culture of pea (*Pisum sativum* L.). Plant Cell Rep, 26: 1985-1998

Soniya EV, et al. 2001. Genetic analysis of somaclonal variation among callus-derived plants of tomato. Curr Sci India, 80: 1213-1215

Spencer DF, Kimmins WC. 1997. Presence of plasmodesmata in callus cultures of tobacco and carrot. Can J Bot, 47: 2049-2050

Spicer R, Groover A. 2010. The evolution of development of vascular cambia and secondary growth. New Phytol, 186: 577-592

Squirrell J, et al. 2003. How much effort is required to isolate nuclear microsatellites from plants? Mol Ecol, 12: 1339-1348

Sreedhar RV, et al. 2009. Hyperhydricity related morphologic and biochemical changes in *Vanilla* (*Vanilla planifolia*). J Plant Growth Regul, 28: 46-57

Srinivasan S, et al. 2008. Allelic relationship between spontaneous and induced mutant genes for stem fasciation in chickpea. Plant Breed, 127: 319-321

Srivastava PS, Glock H. 1987. FPA-induced fasciation of shoots of birch *in vitro*. Phytomorphology, 37: 395-399

Srivastava S, et al. 2005. Genetic relationship and clustering of some sugarcane genotypes based on esterase, peroxidase and amylase isozyme polymorphism. Cytologia, 70: 355-363

Stange RR, et al. 1996. PCR amplification of the fas-1 gene for the detection of viriulent strains *Rhodococus fascians*. Plant Pathol, 45: 407-417

Steiner G. 1931. Tylenchus dipsaci the bulb or stem parasitizing strawberry plants in North California. US Dept Agric Bull Plant Rep, 15: 43

Strnad M, et al. 1997. Meta-topolin, a highly active aromatic cytokinin from poplar leaves (*Populus×canadensis* Moench., cv. Robusta). Phytochemistry, 45: 213-218

Stumm-Tegethoff BFA, Linskens HF. 1985. Stem fasciation in *Lilium henryi* caused by nematodes. Acta Bot Neerl, 34: 83-93

Swiecicki WK, Gawlowska M. 2004. Linkages for a new fasciata gene. Pisum Genet, 36: 22-23

Szczesny T, et al. 2009. Influence of clavata3-2 mutation on early flower development in *Arabidopsis thaliana*: quantitative analysis of changing geometry. J Exp Bot, 60: 679-695

Tabart J, et al. 2015. Effect of polyamines and polyamine precursors on hyperhydricity in micropropagated apple shoots. Plant Cell Tiss Org Cult, 120: 11-18

Taguchi-Shiobara F, et al. 2001. The fasciated ear2 gene encodes a leucine-rich repeat receptor-like protein that regulates shoot meristem proliferation in maize. Genes Dev, 15: 2755-2766

Tang MP, dela Fuente RK. 1986. Boron and calcium sites involved in indole-3-acetic acid transport in sunflower hypocotyl segments. Plant Physiol, 81: 651-655

Tanou G, et al. 2009. Induction of reactive oxygen species and necrotic death-like destruction in strawberry leaves by salinity. Environ Exp Bot, 65: 270-281

Tanskley SD. 2004. The genetic, developmental, and molecular bases of fruit size and shape variation in tomato. Plant Cell, 16: 181-189

Thakur A, Kanwar JS. 2011. Effect of phase of medium, growth regulators and nutrient supplementations on *in vitro* shoot-tip necrosis in pear. New Zeal J Crop Hort, 39: 131-140

Thieme R, Griess H. 2005. Somaclonal variation in tuber traits of potato. Potato Res, 48: 153-165

Thimann KV, Sachs T. 1966. The role of cytokinins in the "fasciation" disease caused by *Corynebacterium fascians*. Am J Bot, 53: 731-739

Thomas J, et al. 2006. Metabolite profiling and characterization of somaclonal variants in tea (Camellia spp.) for identifying productive and quality accession. Phytochemistry, 67: 1136-1142

Thomas P. 2000. Microcutting leaf area, weight and position on stock shoot influence root vigour, shoot growth and incidence of shoot tip necrosis in grape plants *in vitro*. Plant Cell Tiss Org Cult, 61: 189-198

Thomas TD. 2008. The role of activated charcoal in plant tissue culture. Biotechnol Adv, 26: 618-631

Tian J, et al. 2015. The apoplastic oxidative burst as a key factor of hyperhydricity in garlic plantlet *in vitro*. Plant Cell Tiss Org Cult, 120: 571-584

Tian J, et al. 2017. Induction of reactive oxygen species and the potential role of NADPH oxidase in hyperhydricity of garlic plantlets *in vitro*. Protoplasma, 254: 379-388

Tsay HS, et al. 2006. Influence of ventilation closure, gelling agent and explant type on shoot bud proliferation and hyperhydricity in *Scrophularia yoshimurae*-a medicinal plant. *In Vitro* Cell Dev Biol-Plant, 42: 445-449

Uma S, et al. 2002. Production of Quality Planting material in Banana. Global Conf. on Banana and Plantain, October 28-31. Bangalore: Souvenir: 24-30

van Belkum A, et al. 1998. Short-sequence DNA repeats in prokaryotic genomes. Microbiol Mol Biol Rev, 62: 275-293

van den Berg K, et al. 1991. Cytogenetic effects of picloram on callus induction in *Pisum sativum* L. cultivar Finale. Med Fac Landbouww Rijksuniv Gent, 56: 1469-1481

van den Dries N, et al. 2013. Flooding of the apoplast is a key factor in the development of hyperhydricity. J Exp Bot, 64: 5221-5230

Vandemoortele JL, et al. 2001. Osmotic pretreatments promotes axillary shooting from cauliflower cud pieces by acting through internal cytokinin level modifications. J Plant Physiol, 158: 221-225

Varga A, et al. 1988. Effects of auxins and cytokinins on epigenetic instability of callus-propagated *Kalanchoe blossfeldiana* Poelln. Plant Cell Tiss Org Cult, 15: 223-231

Venkatachalam L, et al. 2007a. Genetic analyses of micropropagated and regenerated plantlets of banana as assessed by RAPD and ISSR markers. *In Vitro* Cell Dev Biol-Plant, 43: 267-274

Venkatachalam L, et al. 2007b. Molecular analysis of genetic stability in long-term micropropagated shoots of bananas using RAPD and ISSR markers. Electron J Biotechnol, 10: 1-8

Vernoux T, et al. 2000. PIN-FORMED1 regulates cell fate at the periphery of the shoot apical meristem. Development, 127: 5157-5165

Vidhya R, Ashalatha SN. 2002. *In Vitro* Culture, Pseudostem Pigmentation and Genetic Characterization of cv. *usaa cuminatac* cv. Red. Global Conf. on Banana and Plantain, October 28-31. Bangalore: Souvenir: Abstracts: 65

Vieitez AM, et al. 1985. Anatomical and chemical studies of vitrified shoots of chestnut regenerated *in vitro*. Physiol Plant, 65: 177-184

Vieitez AM, et al. 1989. Prevention of shoot tip necrosis in shoot cultures of chestnut and oak. Sci Hortic, 41: 101-109

Vinoth A, Ravindhran R. 2015. Reduced hyperhydricity in watermelon shoot cultures using silver ions. *In Vitro* Cell Dev Biol-Plant, 51: 258-264

Vitkovskii V. 1959. Fasciation of *Syringa josikaea* shoots. Botanicheskii J, 44: 505-506

Vos P, et al. 1995. AFLP: a new technique for DNA fingerprinting. Nucleic Acids Res, 23: 4407-4414

Wang G, et al. 2006. Involvement of auxin and CKs in boron deficiency induced changes in apical dominance of pea plants (*Pisum sativum* L.). J Plant Physiol, 163: 591-600

Wang H, van Staden J. 2001. Establishment of *in vitro* cultures of tree peonies. S Afr J Bot, 67: 358-361

Wang QM, Wang L. 2012. An evolutionary view of plant tissue culture: somaclonal variation and selection. Plant Cell Rep, 31: 1535-1547

Wang Y, et al. 2007a. Production of a useful mutant by chronic irradiation in sweetpotato. Sci Hortic, 111: 173-178

Wang YL, et al. 2007b. Reduction of hyperhydricity in the culture of *Lepidium meyenii* shoots by the addition of rare earth elements. Plant Growth Regul, 52: 151-159

Weising K, et al. 2005. DNA Fingerprinting in Plants: Principles, Methods, and Applications. New York: CRC Press

Welter L, et al. 2007. Genetic mapping and localization of quantitative trait loci affecting fungal disease resistance and leaf morphology in grapevine (*Vitis vinifera* L). Mol Breed, 20: 359-374

Werbrouck SPO, et al. 1995. The metabolism of benzyladenine in *Spathiphyllum. floribundum* 'Schott Petite' in relation to acclimatization problems. Plant Cell Rep, 14: 662-665

White OE. 1917. Studies of inheritance in *Pisum*: Ⅱ. The present stage of knowledge of heredity and variation in peas. Proc Am Phil Soc, 56: 487-589

White OE. 1948. Fasciation. Bot Rev, 14: 319-358

Whitehouse AB, et al. 2002. Control of hyperhydricity in *Eucalyptus* axillary shoot cultures grown in liquid medium. Plant Cell Tiss Org Cult, 71: 245-252

Wilhelm E. 2000. Somatic embryogenesis in oak (*Quercus* spp.). *In Vitro* Cell Dev Biol-Plant, 36: 349-357

Williams RR. 1993. Mineral nutrition *in vitro*-a mechanistic approach. Aust J Bot, 41: 237-251

Williams RR, Taji AM. 1991. Effect of temperature, gel concentration and cytokinins on vitrification of *Olearia microdisca* (JM Black) *in vitro* shoot cultures. Plant Cell Tiss Org Cult, 26: 1-6

Woodward AJ, et al. 2006. The effect of nitrogen source and concentration, medium pH and buffering on *in vitro* shoot growth and rooting in *Eucalyptus marginata*. Sci Hortic, 110: 208-213

Wu Z, et al. 2009. Analysis of ultrastructure and reactive oxygen species of hyperhydric garlic (*Allium sativum* L.) shoots. *In Vitro* Cell Dev Biol-Plant, 45: 483-490

Xing Z, et al. 1997. Micropropagation of American chestnut: increasing rooting rate and preventing shoot-tip necrosis. *In Vitro* Cell Dev Biol-Plant, 33: 43-48

Yang WR. 2010. *In vitro* regeneration of *Lilium tsingtauense* Gilg. and analysis of genetic variability in micropropagated plants using RAPD and ISSR techniques. Propag Ornam Plants, 10: 59-66

Yu U, et al. 2011. Influencing factors and structural characterization of hyperhydricity of *in vitro* regeneration in *Brassica oleracea* var. *italica*. Can J Plant Sci, 91: 159-165

Yusnita S, et al. 1990. Micro-propagation of white Eastern redbud (*Cercis canadensis* var. *alba*). HortScience, 25: 1091

Zaid A, Al Kaabi H. 2003. Plant-off types in tissue culture-derived date palm (*Phoenix dactylifera* L.). Emirates J Agric Sci, 15: 17-35

Zhang D, et al. 2014. Tissue culture-induced heritable genomic variation in rice, and their phenotypic implications. PLoS One, 9 (5): e96879

Zhang M, et al. 2010b. Tissue culture induced variation at simple sequence repeats in sorghum (*Sorghum bicolor* L.) is genotype-dependent and associated with down-regulated expression of a mismatch repair gene, MLH3. Plant Cell Rep, 29: 51-59

Zhang S, et al. 2010a. Four abiotic stress-induced microRNA families differentially regulated in the embryogenic and non-embryogenic callus tissues of *Larix leptolepis*. Biochem Bioph Res Co, 398: 355-360

Zhang SD, et al. 2009. The phloem-delivered RNA pool contains small noncoding RNAs and interferes with translation. Plant Physiol, 150: 378-387

Zhang X, et al. 2007. Whole-genome analysis of histone H3 lysine 27 trimethylation in *Arabidopsis*. PLoS Biol, 5: e129

Zhao XC, et al. 2002. Effect of ethylene pathway mutations upon expression of the ethylene receptor ETR1from *Arabidopsis*. Plant Physiol, 130: 1983-1991

Zhu Y, et al. 2013. Comparative proteomic analysis of *Pinellia ternata* leaves exposed to heat stress. Int J Mol Sci, 14: 20614-20634

Zimmerman RH. 1997. A review of tissue proliferation of *Rhododendron*. *In*: Cassells AC. Pathogen and Microbial Contamination Management in Micropropagation. Developments in Plant Pathology, vol 12. Dordrecht: Springer: 355-362

Zimmerman RH, et al. 1995. Use of starch-gelled medium for tissue culture of some fruit crops. Plant Cell Tiss Org Cult, 43: 207-213

Ziv M, Chen J. 2008. The anatomy and morphology of tissue cultured plants. *In*: George EF, et al. Plant Propagation by Tissue Culture. 3rd ed. Dordrecht: Springer: 465-479

Zlatev ZS, et al. 2006. Comparison of resistance to drought of three bean cultivars. Biol Plant, 50: 389-394

Zobayed SMA, et al. 2001. Micropropagation of potato: evaluation of closed, diffusive and forced ventilation on growth and tuberization. Ann Bot (London), 87: 53-59

第 9 章　表观遗传修饰与植物离体发育

通过植物离体培养技术可以大量生产在遗传上相同的植株，但也可导致遗传的变异。从离体培养开始至结束的继代培养的循环中，植物外植体连续培养于半封闭的各种培养容器内(内含更新的或相同或不同的培养成分)，与温室和大田的生长环境相比，外植体显然是处于高渗透性、不正常的矿质营养和植物激素(特别是高浓度的细胞分裂素和生长素)、相对高湿度及可能累积的各种气体(特别乙烯和 CO_2 的累积)的逆境中进行离体发育，在这种环境中，常常会导致表观遗传的变异(Us-Camas et al.，2014)。

在离体培养的再生植株中所发现的许多遗传异常都集中在单基因突变频率增加、染色体断裂、转座元件的激活、定量性状变异和 DNA 甲基化模式的改变方面(Kaeppler and Phillips，1993)。越来越多的实验证据表明，离体培养所诱导的遗传和表观遗传突变将会给无性快繁植物带来遗传的不稳定性(Miguel and Marum，2011)，而其中的体细胞无性系变异也会为选择和培育抗病、抗逆新品种提供机会(Dann and Wilson，2011；Rai et al.，2011)。

与遗传变异不同，环境可直接引起表观遗传的变异，这也是表观遗传的独特之处，有些情况下，表观遗传的变化可在后代中遗传(Becker and Weigel，2012；Springer，2013)。在植物组织和细胞离体培养及其植株再生体系中，细胞分化和脱分化或转分化时，可在多个水平上呈现表观遗传的变异。有的研究者甚至认为表观遗传可以作为植物离体形态发生的生物标记(biomarker)(Causevic et al.，2006)。近年来该领域已成为研究的热点(Miguel and Marum，2011；Jerzmanowski and Archacki，2013；Us-Camas et al.，2014；Xu and Huang，2014)。为了便于叙述和理解，本章将在介绍植物表观遗传基本内容的基础上论述表观遗传修饰对高等植物离体发育影响的研究概况。

9.1　植物表观遗传修饰概述

表观遗传这一词首次由 Conrad Waddington 于 1942 年所提出(Waddington and Kacser，1957)，目前比较一致的表观遗传概念是指 DNA 序列不发生变化，因染色质结构改变而引起稳定的可遗传的表现型改变的现象(Ledford，2008)。改变染色质结构的机制包括：胞嘧啶的甲基化、核小体定位和构成的改变及发生组蛋白转录后修饰。而所有这些机制常与在特异性染色质状态的建立和保持中起作用的 sRNA(small RNA)途径交互作用(Lauria and Rossi，2011)。表观遗传的体现主要有 DNA 甲基化、组蛋白修饰、siRNA、核小体重排、副突变(paramutation)(Chandler and Stam，2004)和基因印迹(Berger and Chaudhury，2009)等模式。

在表观遗传研究的前数十年，主要研究都集中在哺乳动物上，以植物为对象的研究较少。由于测序技术的日益发展，那些蕴藏在基因组中的 DNA 表观遗传的信息被不断地挖掘出来。首个人类表观遗传图谱已于 2009 年发表(Lister et al.，2009a)。随后一些模式植物的表观遗传学研究也不断深入，研究者已先后利用不同方法进行了拟南芥(Cokus et al.，2008；Lister et al.，2009b；Zhang et al.，2009)、水稻(Li et al.，2009；Chen and Zhou，2013)、玉米(Wang et al.，2009)、大豆(Song et al.，2013)和杨树(Ma et al.，2013)等植物种类的表观遗传如 DNA 甲基化谱(DNA methylome)等的研究。随着分析手段的分辨率和相关数据准确程度的不断提高，相信不久之后就将会揭示 DNA 序列的表观遗传密码。表观遗传的基本机制是 DNA 甲基化及其所结合的染色质重塑与组蛋白的各种修饰，在相当程度上，这些修饰都发生于基因组 DNA 结构的外周，有如一道特征性的外观，称为“表观基因组的景观”(epigenomic landscape)，这一“景观”也可被各类效应蛋白和非编码 RNA 等反式作用因子“解读”(read)，从而识别其靶位。表观遗传的修饰标记可产生也可失去。例如，DNA 的甲基化，被影响的基因可有 3 个变体[称为表观等位基因(epiallele)]：第一个为可表达的原初 DNA 未被甲基化的等位基因；第二个为被 DNA 甲基化沉默的等位基因；第三个为可表达的表观等位基因，其源于先前被沉默的等位基因。

9.1.1 DNA 甲基化

DNA 的甲基化是指在胞嘧啶碱基的第 5 位碳原子上引入甲基基团。它是由 DNA 甲基转移酶(DNA methyltransferase，DNMT)催化 *S*-腺苷甲硫氨酸(*S*-adenosylmethionine，SAM)提供甲基，将胞嘧啶转变为 5-甲基胞嘧啶(5-methylcytosine，5-mC)的一种反应，但也还有其他 DNA 甲基转移方式(Zhao and Chen，2014)。DNA 的甲基化是在真核生物中研究得最多的表观遗传标记，它参与基因调节、转座元件的沉默、基因印迹和 X 染色体失活、转基因植物中的基因沉默及病毒感染等许多生物学过程(Pooggin，2013；Piccolo and Fisher，2014)。

DNA 甲基化的方式可分为从头甲基化(*de novo* methylation)和保持甲基化(maintenance methylation)，前者是指双 DNA 链均未被甲基化的甲基化，后者是指一条链已被甲基化的双链 DNA 的另一条未被甲基化链的甲基化。DNA 甲基转移酶可分为两类：从头甲基化和保持甲基化的酶。植物具有多个 DNMT，一起协同作用完成和保持 DNA 甲基化。哺乳动物细胞中的 DNA 甲基化主要发生在 GC 位点上(也称对称的甲基化)。而在植物细胞中，DNA 甲基化可发生在所有胞嘧啶的 3 种序列环境上，即可发生在 CG 位点上，也可发生在 CHG 位点上(这里 H 代表碱基 A、C 或 T)和 CHH 位点上(不对称的甲基化)，只是甲基化发生水平不同，CG 甲基化水平高，CHH 甲基化水平低，而 CHG 甲基化处于中等水平。例如，在拟南芥胞嘧啶碱基的甲基化中，有 22%～24%发生在 CG 上，7%～8%发生在 CHG 上，2%发生在 CHH 上(Cokus et al.，2008)。在水稻(*Oryza sativa*)和毛果杨(*Populus trichocarpa*)中，高频率的胞嘧啶甲基化发生在 CG 上，分别为 59.4%和 41.9%(Feng et al.，2010)。DNA 甲基化可通过有丝分裂和无丝分裂直接修饰 DNA 序列。与其他表观遗传修饰相比，DNA 甲基化相对稳定，但也常处于动态的变化之中(Piccolo and Fisher，2014)。

植物的胞嘧啶甲基化主要发生在重复序列、转座子(超过 90%被甲基化)和转座元件上，这样可以防止有害于正常基因组功能的重复序列的产生；对拟南芥 DNA 甲基化基因位点的基因组范围进行的大量的测序表明，约 20%的基因的胞嘧啶被甲基化，其甲基化显著的区域是转录编码区，也称为基因体(gene body)的甲基化，基因体的甲基化程度要比转座子的低，而且其甲基化只限于 CG 位点上(Cokus et al.，2008；Lister et al.，2009b)。

9.1.1.1 基因体的 DNA 甲基化

基因体(gene body)的 DNA 甲基化是以高度柔性的方式调控基因表达的一种方式。当所有的胞嘧啶被甲基化时，基因的沉默可从 5′端的启动区部分或 3′端的基因结构部分发生。在启动区的胞嘧啶甲基化要比基因编码区(基因体)的甲基化对基因表达的抑制更有效(Hsieh，1997)。转录组学比较数据也表明，中等水平表达的基因，其基因体中发生甲基化的可能性大，而对于高水平和低水平表达的基因，常常比较少地发生甲基化(Cokus et al.，2008；Lister et al.，2009b)。启动子中的胞嘧啶甲基化水平非常低(在拟南芥中低于 5%)，这也与基因表达的组织特异性增加有关。在植物中，许多组织特异性基因的启动区都以 DNA 甲基化方式调节基因表达(Zhang et al.，2006；Johnson et al.，2007)。在基因启动区的 CG 位点上的 DNA 甲基化取决于 DNA 甲基转移酶 MET1 和 DRM2 的活性(Berdasco et al.，2008)。CG 位点上的 DNA 甲基化的保持是在 MET1 作用下完成的，在某些位点上的甲基化也有可能是在 DRM2 的帮助下，进行 RNA 指导的 DNA 甲基化(RNA-directed DNA methylation，RdDM)(见下述 9.1.1.3 部分)，以便修饰 DNA 序列。水稻基因组中比拟南芥基因组含有更多被甲基化的启动子(Li et al.，2009)。这些结果显示，单子叶和双子叶植物的 DNA 甲基化模式可能不同。尽管 DNA 甲基化过程常被认为是沉默基因的过程，但也有研究显示，有许多编码区被甲基化的持家基因(house-keeping gene)实际上仍呈现高水平的表达(Zhang et al.，2006)。研究还发现，拟南芥不同生态类型的蛋白质编码基因的甲基化出现多态性(Vaughn et al.，2007)。这些研究结果表明，基因编码区的甲基化并不与基因表达直接相关，还应存在一些其他的 DNA 甲基化模式，如基因启动子区 DNA 的甲基化可影响基因表达水平。

拟南芥和水稻胚乳的甲基化谱(methylome)的分析表明，在转录起始位点(transcriptional start site，TSS)上游CG位点上的低甲基化与胚乳特异性基因表达相关(Hsieh et al.，2009；Zemach et al.，2010)。因此，启动子中胞嘧啶甲基化的水平与基因的激活呈现负相关，而基因体中胞嘧啶甲基化的水平与其基因的激活则没有明确的关系(Lauria and Rossi，2011)。尽管在基因体上大量CG位点上的DNA甲基化的功能仍有待揭示，但是总体而言，DNA甲基化特别是CHG和CHH位点上的甲基化与转录抑制的组蛋白修饰及对转录活性负调节的功能相关(Pikaard，2013；Zhang and Zhu，2012)。

综上可知，基因体内的DNA甲基化是抑制基因表达的基础，但关于其运作机制仍未完全了解。已知DNA甲基化可诱导染色质重塑(chromatin remodeling)，在有些基因的启动子区的DNA甲基化可征集甲基化胞嘧啶结合蛋白，如KRYPTONITE(KYP)、组蛋白H3K9、甲基转移酶和甲基化变异体1(VARIANT IN METHYLATION 1，VIM1)，以便于结合DNA(Woo et al.，2009)。基因体胞嘧啶甲基化也与内含子和外显子边界的确定相关。实际上，在拟南芥中，已发现核小体和胞嘧啶甲基化富集在外显子以及外显子与内含子的交界处，RNA聚合酶Ⅱ(RNAPⅡ)也特异性累积在外显子而不是内含子中，这意味着在外显子中甲基化核小体的密度高，可刺激RNAPⅡ的输送停止，以便引发上游内含子准确的拼接。这些研究结果也提供了有关胞嘧啶甲基化可抑制转录启动的机制的线索，也证实了核小体DNA与其侧翼连接DNA(flanking linker DNA)相比，更趋向于被甲基化。核小体DNA是DNA甲基转移酶(DNMT)所偏好的底物(Chodavarapu et al.，2010)。胞嘧啶甲基化可干扰转录启动，可作为一个组蛋白修饰的核小体靶向的信号，从而累积抑制性组蛋白翻译后修饰(PTM)并阻止核小体取代转录起始前复合体(pre-initiation-complex，PIC)形成(Zilberman et al.，2007)。基因体中的胞嘧啶甲基化的生物学意义尚不完全清楚，有的学者认为这种甲基化可以抑制基因内隐藏的启动子的异常转录(Tran et al.，2005；Zilberman et al.，2007)。

9.1.1.2 转座子DNA甲基化

基因组的测序结果表明，转座元件(TE)和其他重复序列构成了大多数真核生物基因组的大部分。激活的TE可插入蛋白质编码区并影响其邻近区域基因的表达，这将干扰正常基因组的功能。真核生物已进化出用于沉默和固定TE的机制，如RNA干扰和表观遗传DNA甲基化机制。事实上，TE和其他重复序列是胞嘧啶甲基化的主要靶标。各方面的研究都证明，沉默TE是DNA甲基化的原初功能(Sekhon and Chopra，2009)。MET1和CMT3G负责完成TE的GC、CHG位点上的DNA甲基化，而在TE中CHH位点上的DNA甲基化则由DRM2所驱动(Teixeira and Colot，2009)，但也有与此相反的结果。例如，Miura等(2009)鉴定了一个含jmjC区域的蛋白质IBM1(increase in BONSAI methylation 1)，它可以限制基因中的CG位点上DNA甲基化的程度，但并不限制转座子上该位置的甲基化(Miura et al.，2009)。这一结果暗示，甲基化酶并不是一定选择一个特定的位置加上甲基，而某种特异的调节因子将保护功能位点不被甲基化，因而保持着相关基因的活性。目前所揭示的驱动TE甲基化的机制表明，RNA指导的DNA甲基化(RdDM)途径是控制各种的DNA从头(*de novo*)甲基化的关键模式，也是最重要的一种TE甲基化机制，继而调节基因表达或抑制TE的激活(Chen et al.，2010)。

9.1.1.3 RNA指导的DNA甲基化

涉及sRNA的DNA甲基化过程称为RNA指导的DNA甲基化(RNA-directed DNA methylation，RdDM)。由sRNA参与表观遗传的修饰所导致基因表达的沉默，即为RNA沉默。RNA的表达可受环境条件和其他因子影响。RNA干扰(RNAi)是指通过小RNA结合靶基因而进行基因沉默的总过程。在细胞质中，小RNA通过与靶mRNA序列互补而降解靶序列或通过转录抑制而诱导转录后基因沉默(post-transcriptional gene silencing，PTGS)，亦称RNA沉默。研究者已在植物、菌类和后生动物中发现小分子RNA介导的表观遗传修饰。在细胞核中，小RNA可通过介导抑制性的表观遗传修饰(如胞嘧啶甲基化和组蛋白甲基化)来诱发基因组中同源区转录性基因沉默。具有控制表观遗传活性的典型的小RNA分子长度在20～30个核苷酸(nt)，通常分为两类：干扰小RNA(small interfering RNA或short interfering RNA，siRNA)和与PIWI蛋白相互作用的 RNA(PIWI-interacting RNA，piRNA)。PIWI 蛋白代表着 AGO(ARGONAUTE)家族中的一个分支(Castel and Martienssen，2013)。

典型的 RdDM 途径的特点是可使 DNA 序列中胞嘧啶所有甲基化的位点(CG、CHG 和 CHH)都实行甲基化，而那些不依赖于 RNA 的 DNA 甲基化通常局限于 CG 和 CHG 位点。多数通过 RdDM 途径实现的甲基化位点是在基因组的转座元件(TE)中。这反映出 RdDM 的原初功能是对基因组的保护，通过 RdDM 途径抑制这些 TE 或转座子的表达，以便防止这些元件从一代转到其下一代。

RdDM 途径中的 DNA 甲基化可分为 DNA 甲基化的完成和 DNA 甲基化的保持。DNA 甲基化的完成是指在 RdDM 过程中，sRNA 途径首次被激活的阶段，此时 DNA 甲基化修饰标记被引进基因组中；而 DNA 甲基化的保持是指细胞分裂时或世代间的 DNA 甲基化状态从一个基因组被拷贝到另一个基因组的 RdDM 途径过程(Castel and Martienssen，2013)。

在植物细胞的 RdDM 途径中起专一性作用的 RNA 聚合酶是 PolⅣ和 PolⅤ(Tucker et al.，2010)。典型的 RdDM 主要包括干扰小 RNA(siRNA)的形成、骨架 RNA(scoffold RNA)的产生、RNA 诱导沉默复合体(RNA-induced silencing complex，RISC)的募集和染色质沉默等 4 个事件，每个事件需要相关蛋白质的参与。简言之，Pol Ⅳ 所转录的转录物(transcript)被拷贝成长的双链 RNA(dsRNA)后，被类似核糖核酸酶 III 的 dicer 酶(dicer-like ribonuclease III，DCL3)加工成 siRNA 并被运进细胞质，随之 siRNA 的一条链被载入 AGO4 中并重新运入细胞核内，并在 siRNA 指导和 Pol Ⅴ 帮助下从头合成骨架 RNA(scaffold RNA)转录物，该转录物以其序列互补方式识别靶序列。最后，这一靶序列将募集相关的 DNA 甲基化酶对序列中所有胞嘧啶位点(即包括 CG、CHG 和 CHH，在此 H 分别代表 A、T 或 G)进行甲基化。从而可将 Pol Ⅴ 转录的相关基因位点沉默，特别是转座子和其他的重复序列的沉默。如图 9-1 所示是 RdDM 的‘转录刀叉模式’(transcription fork model)，其主要的步骤及其所涉及的蛋白质简述如下。

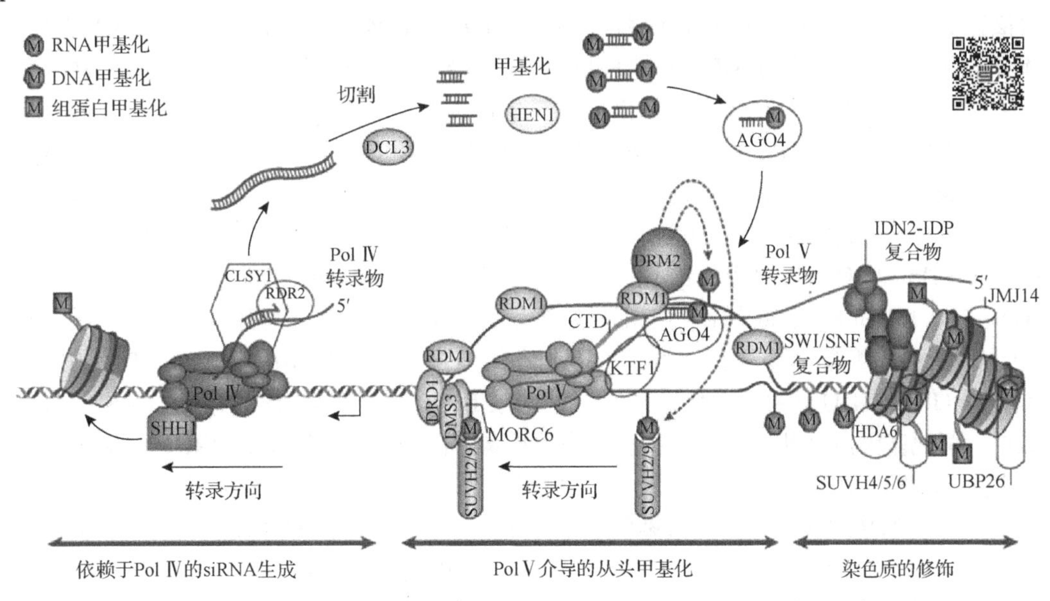

图 9-1　代表性的 RdDM 途径(Matzke and Mosher，2014)(彩图请扫二维码)

(1)在依赖于 RNA 聚合酶Ⅳ(PolⅣ)的 RNA 干扰小(siRNA)生成中，组成 PolⅣ复合体的几个蛋白质(图 9-1 左)包括 CLSY1(CLASSY1)、SHH1(SAWADEE HOMEODOMAIN HOMOLOG 1)和 RDR2(RNA-DEPENDENT RNA POLYMERASE 2)。SHH1 可募集 Pol Ⅳ。RdDM 甲基化的大部分靶位的 H3K9me 都是被修饰过的，SHH1 与 H3K9me 相结合后，与 Pol Ⅳ 相互作用被募集到一些相关的靶位上，指导 Pol Ⅳ 移动到转录位点且正调控 Pol Ⅳ 转录(图 9-1 左图)。CLSY1 是与 Pol Ⅳ 相关的染色质重塑蛋白，在 siRNA 产生过程中 SHH1 也与 CLSY1 互作，估计是使 Pol Ⅳ 沿着基因组位点更容易前行(图 9-1 左图)。Pol Ⅳ 将源于转座元件(TE)或重复序列(沉默靶位点)的非编码单链 RNA 转录成单链 RNA(single stranded RNA， ssRNA)，ssRNA 在依赖于 RNA 的 RNA 聚合酶(RDR2)及 CLSY1 的作用下加倍成双链 RNA(dsRNA)(图 9-1 左图)，随后 DCL3 将这一 dsRNA 加工成含 24 个核苷酸的 siRNA；这一 siRNA 的 3′端被甲基化并装载于 AGO4 (ARGONAUTE4)蛋白质中。随着这些 siRNA 被填载入 AGO 效应蛋白(AGO4、AGO6 或 AGO9)，便形成了 RNA 诱导沉默复合体(RNA-induced silencing complex，RISC) (Havecker et al.，2010) (AGO6 和 AGO9 是 AGO4 蛋白家族分支的其他成员，可部分作为 AGO4 的冗余蛋白)。RISC 被重新运进核内，并为了寻找可与被 AGO 效应蛋白运载进入核内的 siRNA 的碱基互补的骨架 RNA(scaffold RNA)而“扫描”基因组。这一过程将为 RdDM 提供额外的作用靶的特异性。例如，AGO4 可以与 DDR 复合体成员相互作用，它所装载的 siRNA 通过序列互补方式与来自 PolⅤ中新生的骨架 RNA 转录物为作用靶，并可征集活性的 DNA 甲基转移酶以调节胞嘧啶所有位点上的从头甲基化。这就使那些为 PolⅤ所转录的基因组中的位点(特别是转座子和其他的 DNA 重复序列上的位点)被沉默。但是，对 siRNA 是如何被输送出细胞质及如何征集 AGO4 的细节尚不清楚(图 9-1 中图) (Matzke and Mosher，2014；Zhao and Chen，2014)。

(2) 在 PolⅤ所介导的从头甲基化的过程中(图 9-1 中图)，PolⅤ通过其最大亚单位 NRPE1 C 端的 AGO 弯钩区域，以及与蛋白 KTF1(KOW DOMAIN-CO NTAINING TRANSCRIPTION FACTOR1)相互作用而征用 AGO4 蛋白。RNA 指导的甲基化作用蛋白 1(RNA-DIRECTED DNA METHYLATION1，RDM1)与 AGO4 和结构域重排的甲基转移酶 2(DOMAINS REARRANGED METHYLTRANSFERASE2，DRM2)结合后催化 DNA 的从头甲基化。具有双链解链活性的染色质重塑蛋白 DRD1(DEFECTIVE IN RNA-DIRECTED DNA METHYLATION 1)有助于 PolⅤ的转录作用，而 RDM1 与单链 DNA 结合活性及被推定具有类似黏合的作用的 DMS3(DEFECTIVE IN MERISTEM SILENCING3)和 MORC6(MICRORCHIDIA 6)也有助于形成并稳定这一解链状态。可与甲基化的 DNA 结合的 SUVH2 或 SUVH9 蛋白质有助于对 PolⅤ的募集。SWI/SNF 复合体可调节核小体的定位(图 9-1 右图)，SWI/SNF 复合体可与 IDN2 (INVOLVED IN DE NOVO 2)-IDP(IDN2 PARALOGUE)复合体相互作用，而 IDN2-IDP 复合体则可与 PolⅤ骨架 RNA 相结合。IDN2-IDP 复合体的功能可能是通过稳定 siRNA 和 PolⅤ骨架 RNA 之间的碱基配对，并与 SWI/SNF 染色质重构复合体的相互作用而改变核小体的定位，从而促进 RdDM 途径。

(3) 在染色体修饰过程中(图 9-1 右)，PolⅤ所介导的 RdDM 途径可在基因组中的许多区域上起作用，但更偏向于在常染色质区发挥作用，特别是在刚形成的基因间的转座子中和在含有转座子或其他重复序列的启动区域、内含子及编码区的基因中。SUVH4(SUPPRESSOR OF VARIEGATION 3-9 HOMOLOG PROTEIN4)、SUVH5 和 SUVH6 是组蛋白 H3 赖氨酸 9 甲基转移酶类。转录抑制性的组蛋白修饰如 H3K9me 是在 SUVH4、SUVH5 和 SUVH6 的作用下形成和沉积，但该沉积的去除可随着活性的组蛋白修饰标记物而加速；而这些活性的组蛋白修饰标记物的去除是在组蛋白脱乙酰酶 6(HISTONE DEACETYLASE6，HDA6)、JMJ14 (JUMONJI14)和泛素特异性蛋白酶 26(UBIQUITIN-SPECIFIC PROTEASE 26，UBP26)的作用下完成的。强化基因沉默状态的更高层次的染色质构型的建立，可通过 MORC1 和 MORC6 ATPase 的活性完成(图中未画出)。在常染色质中许多 RdDM 的靶位点所处的区域与 PolⅡ进化成 PolⅣ和 PolⅤ的位置相一致，其所涉及的基因转录主要在常染色质中完成。在植物中，RdDM 途径仍有不少问题需要回答，如植物为什么要求两个额外的 RNA 聚合酶(PolⅣ和 PolⅤ)和众多辅助因子运行 RdDM 途径；为什么这些转录复合体是如此固定地用于这一特殊的表观遗传途径。随着新一代测序技术的发展，已可在全基因组范围内揭示野生型和突变体及不同植物品系中天然的表观遗传变异体的单核苷酸上 DNA 甲基化的模式。这将有利于我们更深入地了解 RdDM 途径的运作机制(Matzke and Mosher，2014)。

9.1.1.4　DNA 甲基化的保持及其遗传

DNA 甲基化模式一旦建立，其必定将稳定地保持下去，以便保证转座子处于沉默状态，以及保持细胞类型的身份属性(cell type identity)。在 DNA 复制后，仅是模板链被甲基化。植物中的 DNA 甲基转移酶将甲基加到复制的新 DNA 链上，以便通过细胞分裂而保持 DNA 甲基化模式。拟南芥基因组不同序列中的胞嘧啶被甲基化是由不同的甲基转移酶通过各自的途径进行保持的。在植物中，CG 甲基化的保持主要是由 DNA 甲基转移酶 1(METHYLTRANSFERASE 1，MET1)所掌控，该酶是哺乳动物中的 DNMT1 酶的同源物。而作为 DNA 对称甲基化的代表，CG 位点上的甲基化是在 DNA 复制后成为半甲基化(hemi-methylated)，然后 MET1 被征集到靶位点恢复甲基化，从而实现完整的甲基化。除 MET1 这一甲基转移酶外，CG 甲基化的保持还需要 3 个协同因子，即 VIM (VARIANT IN METHYLATION)家族蛋白 VIM1、VIM2 和 VIM3 的参与；这些蛋白质都包含植物同源异型域(PHD)、SRA 域和 2 个 RING 域(Woo et al.，2009)。

植物中非 CG 甲基化的保持包括 CHG 和 CHH 甲基化的保持。CHG 甲基化的保持由植物特异性 DNA 甲基转移酶 CMT3(CHROMOMETHYLASE 3)所掌控。CMT3 含一个染色质域，也称染色质域甲基转移酶，它是由组蛋白 H3 的 9 位赖氨酸双甲基化标记物(H3K9me2 mark)所指导的酶。H3K9me2 是由组蛋白甲基转移酶 KYP(KRYPTONITE)所催化的抑制性组蛋白修饰物，它常与甲基化的 DNA 结合。H3K9 和 DNA 甲基化的基因组模式表明，在 DNA 甲基化和 H3K9me2 之间存在着自我强化的循环，以便将转座元件和重复序列沉默。因此，CHG 甲基化的保持被认为是通过涉及组蛋白和 DNA 甲基化的强化循环来进行的。尽管植物具有特异性途径来保持不同 DNA 序列背景下的 DNA 甲基化，但在保持不同胞嘧啶序列环境下的 DNA 甲基化的各种途径间也存在着交互作用(crosstalk) (Stroud et al.，2013；Zhao and Chen，2014)。

DNA 甲基化的模式可以通过有丝分裂保持下去，也可传递至下一代。然而，正如遗传变异那样，在基因组复制时 DNA 甲基化会自然发生。对源于同一祖先的拟南芥繁殖 30 代的后代的甲基化组学研究揭示，尽管在世代间总的甲基化模式可以保持下来，但在后裔系中还是可以发现许多 DNA 甲基化表观遗传的变异。在不同谱系的差异甲基化区域中，与在 RdDM 中作为靶标的转座元件相比，蛋白质编码基因呈现高频率的表观遗传的变异；在这些蛋白质编码区的一些 DNA 甲基化的变化可产生表观等位基因(epiallele)位点并引起基因表达水平的改变。因此表观遗传变异也有利于表型多样性及其适应性的形成(Becker et al.，2011；Zhao and Chen，2014)。

9.1.2　DNA 脱甲基化

综上可知，DNA 甲基化是对基因表达调控的一种方式，动、植物必定在进化的过程中形成一种可改变甲基化状态的策略——DNA 脱甲基化，使 DNA 甲基化处于动态的调节中。植物和其他真核生物中 DNA 甲基化的状态不但取决于 DNA 甲基化的活性，也取决于 DNA 脱甲基化的活性。

DNA 脱甲基化分为可发生在全基因组的 DNA 脱甲基化(genome-wide DNA demethylation)和基因位点特异性的 DNA 脱甲基化(locus-specific DNA demethylation)。全基因组中的 DNA 脱甲基化发生在发育早期的特异性时段，调节发育的重编程(reprogramming)，而在特异性基因位点上发生的 DNA 脱甲基化是体细胞对于特异性信号的响应，从而确保合适的基因表达的调节(Zhang and Zhu，2012)。

已经甲基化的 DNA 可通过主动 DNA 脱甲基化(active DNA demethylation)和被动 DNA 脱甲基化(passive DNA demethylation)过程而实现脱甲基化。主动 DNA 脱甲基化是指不依赖于 DNA 复制而将 DNA 中的甲基直接除去或转换，涉及相关酶参与的过程。而被动 DNA 脱甲基化是指当 DNA 合成时，基因组的 DNA 甲基化被稀释，常常因 DNA 甲基转移酶 1(DNA methyltransferase 1，DNMT1)或其辅助因子 UHRF1 的缺失或其活性被抑制而未能将胞嘧啶 5 位碳甲基化拷贝到新合成的 DNA 链中去。研究已发现拟南芥基因组内主动 DNA 脱甲基化的靶位有数千个，这表明 DNA 甲基化模式动态性的修饰是表观遗传普遍的特点(Zhang and Zhu，2012；Piccolo and Fisher，2014)。

与完成 DNA 甲基化相比，研究者对有关基因位点特异性主动的 DNA 脱甲基化的机制知之甚少。据目前的研究结果及推测，植物和动物中可能存在 3 种不依赖于 DNA 合成而实现的主动 DNA 脱甲基化途径，即①5-甲基胞嘧啶(5-methycytosine，5-mC)的胞嘧啶环上的甲基可被直接除去；②甲基化的胞嘧啶碱基本身可被切除，而通过碱基切除修复(base excision repair，BER)途径脱甲基化(图 9-2)；③胞嘧啶 5 位碳上甲基基团可通过化学方式进行修饰，经历如氧化或脱氨→碱基切除→修复并完成脱甲基化的过程(图 9-2)。

已有大量的证据表明，在植物中存在着以 BER 途径为基础的 DNA 脱甲基化机制(图 9-2) (Niehrs,

2009)。在拟南芥中，5-mC 本身的剪除，由一个双功能 DNA 糖基化酶亚家族的酶所催化，这个亚家族酶包括 ROS1(REPRESSOR OF SILENCING 1)、DME(DMETER)、DML2(DMETER like 2)和 DML3(Zhang and Zhu，2012)。这些 DNA 脱甲基酶，除将碱基与脱氧核糖之间的糖基键酶促水解外，兼具有脱嘌呤与脱嘧啶裂解酶[(AP(apurinic/apyrimidinic) lyase]的活性，它们可使 DNA 骨架的无碱基处形成缺口。当脱甲基时，这些双功能酶可连续地发挥 DNA 糖基化酶和 AP 裂解酶的活性，所形成的单一核苷酸的缺口最终通过 BER 途径为未被甲基化的胞嘧啶所填补(图 9-2)。

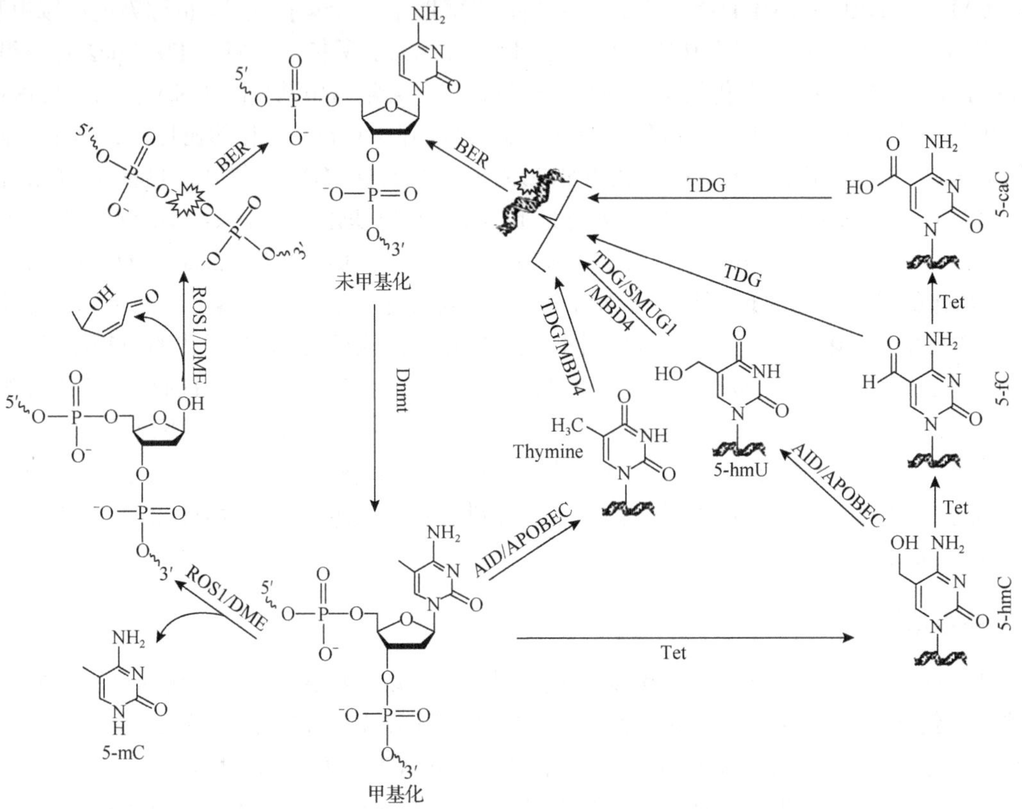

图 9-2　在植物和动物中 DNA 主动脱甲基化途径(Zhang and Zhu，2012)

拟南芥双功能 DNA 糖基化酶如 ROS1 和 DME 可直接切除 5-mC，然后在脱碱基的位点(即脱嘌呤和脱嘧啶位点)裂解 DNA 骨架产生一个切口，该切口通过 BER 途径以未甲基化的胞嘧啶补平。Tet(ten-eleven translocation)蛋白在介导 DNA 脱甲基化的路径中起重要的作用，5-mC 通过由 Tet 蛋白所催化的氧化过程而转化为 5-羟甲基胞嘧啶(5-hmC)；由于 DNMT1 难以与 5-hmC 结合，因此在 DNA 复制时 5-mC 便稀释并使未甲基化的胞嘧啶被整合(被动 DNA 脱甲基化)。此外，Tet 介导的 5-mC 转化为 5-hmC 时，可通过激活另外的氧化步骤进行主动的脱甲基化，这一氧化步骤产生 5-甲酰胞嘧啶(5-formylcytosine，5-fC)和 5-羧基胞嘧啶(5-carboxylcytosine，5-caC)，这两个氧化产物可被 DNA 糖基化酶 TDG 识别而被除去。通过 BER 途径可将经过糖基化作用而留下的脱碱基位点(abasic site)修复(详见图 9-2)

目前对哺乳动物中主动脱甲基化的几个关键酶的研究有了不少进展，包括反复氧化 5-mC 的 Tet 家族酶和负责切除 5-mC 衍生物并随即启动的 DNA 修复的 DNA 糖基化酶(特别是 TDG)等。研究发现 Tet 蛋白可催化 5-mC 向 5-羟甲基胞嘧啶(5-hmC)的转化，使这些衍生物进一步被氧化，继续形成 5-甲酰胞嘧啶(5fC)和 5-羧基胞嘧啶(5-caC)(图 9-2)(Ito et al.，2011；Zhang and Zhu，2012)。这为揭示 DNA 脱甲基化的机制提供了新的认识。

如图 9-2 所示，Tet 蛋白在介导 DNA 脱甲基化的路径中起重要的作用。5-hmC 也可被脱氨酶 AID/APOBEC 修饰而形成 5-羟甲基尿嘧啶(5-hydroxymethyluracil，5-hmU)，而它可被 TDG 或 5-hmU 糖基化酶 1(SMUG1)切除，但一些不确定的切除是否是这些转换的主要路径尚有待确定，因为 5-hmC 对于脱氨酶 AID 是不十分合适的底物(Nabel et al.，2012；Piccolo and Fisher，2014)。最近也在拟南芥中检测到非常低水平的 5-hmC，但未能鉴定其相关的 Tet 蛋白(Yao et al.，2012)。

9.1.3 组蛋白修饰

染色质是大分子量的核蛋白质复合体，其控制真核细胞核中的遗传物质结构。在染色质中，DNA 与包裹 DNA 的组蛋白组成核小体(nucleosome)。组蛋白是可被高度修饰的蛋白质原型(prototype)，这些蛋白有大量的位点可进行特异性可逆或不可逆转的转录后修饰，从而对染色质的可塑性、基因的激活和许多其他生物学过程的掌控起着重要的作用。

组蛋白既是染色质的基本组成成分，也是核小体的基本成分。核小体含两个拷贝，共 8 个组蛋白，每个拷贝含 H2A、H2B、H3 和 H4 蛋白(图 9-3)。核小体如一屏障，控制将要靠近 DNA 序列的相关调节因子(Berger，2007)。除 DNA 甲基化外，组蛋白的 N 端尾部的修饰，如乙酰化、磷酸化、泛素化、核糖基化和生物素化(biotinylation)组成了一个表观遗传景观。从核小体的 H3 和 H4 突出的 N 端尾部的氨基酸与其他组蛋白的氨基酸相比，极易被修饰。被各种修饰的氨基酸可以征集各种相应的酶，如染色质重塑 ATP 酶(chromatin remodeling ATPase)，利用腺苷三磷酸(ATP)所得的能量催化核小体重排和染色体重塑，然后作为激活因子或抑制因子结合 DNA 序列。

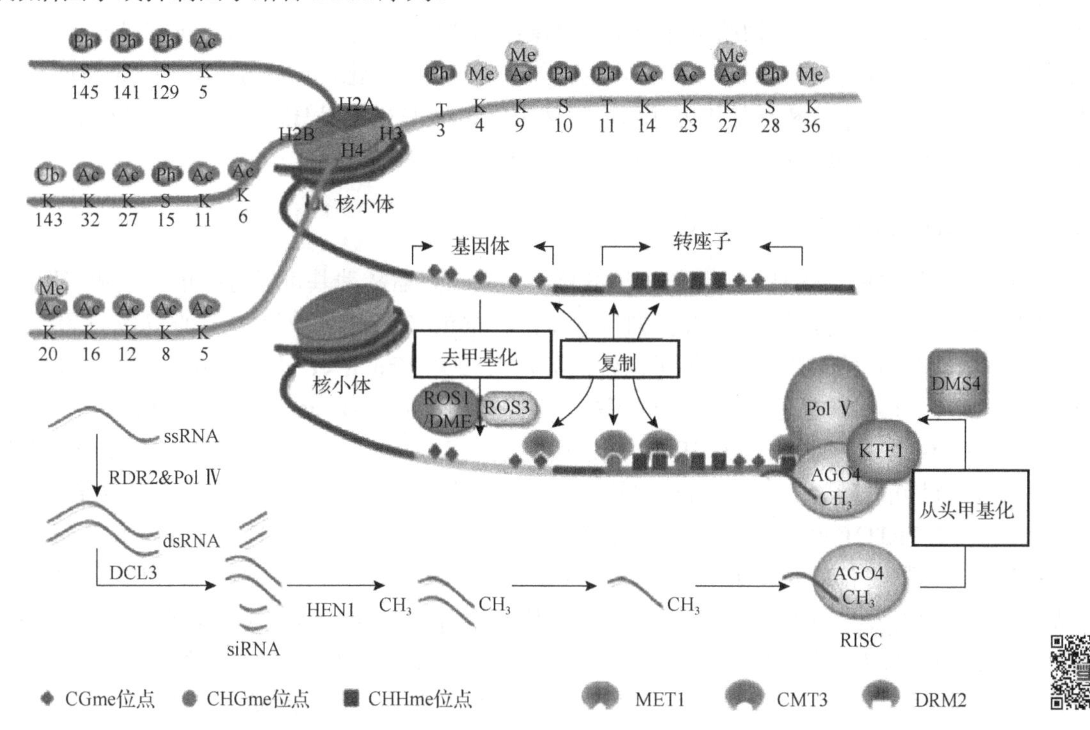

图 9-3 植物基因组 DNA 甲基化和组蛋白修饰概观(Chen et al.，2010)(彩图请扫二维码)

核小体含有两个拷贝的核心组蛋白，每个拷贝由组蛋白 H2A、H2B、H3 和 H4 组成(图中只画出一个拷贝，每个组蛋白以不同的颜色表示)。组蛋白外突的氨基酸尾部可发生不同标记物的修饰。基因和转座子上的 DNA 甲基化模式可保持至几个世代。与 siRNA 结合后，转座子经 RdDM 途径完成从头甲基化(参见图 9-1)。胞嘧啶各个位置上的甲基化的甲基基团也可被糖基化酶(ROS1/DME)所切除而(脱甲基化)

在特异性基因组位点上的不同模式的组蛋白修饰与其修饰的改变频率及共现性(co-occurrence)等的转录后修饰恰如一种分子条形码(molecular barcode)，它可为特异性转录状态及其转录过程所翻译的响应蛋白所解读。这些记录于基因组特异性位点上的核心组蛋白中的各种转录后修饰的共存性也被称为组蛋白密码(histone code)(Strahl and Allis，2000)。因此，染色质不只是包裹着 DNA，还通过对其包裹紧密程度的调节、控制以 DNA 为基础的各种过程来调节蛋白的可接近性，从而发挥作用。

除在 DNA 复制时所累积的核心组蛋白，所有的真核生物在细胞分裂的间期都有与染色质结合的 H2A 和 H3 的变异体类型(variant type)，它们会将其独特的性质带入其所在的核小体中。在植物中 H2AX 和 H2A.Z 是 H2A 的变异体，它们还有其各自的多种同工型。H2AX 涉及 DNA 修复途径的协调；在 DNA 损伤位点上，H2AX 的 C 端唯一的丝氨酸被磷酸化。这个组蛋白变异体在动物 DNA 修复中的作用已有广泛的研究，并被认为在植物中起相似的作用(Rybaczek et al.，2007)。H2A.Z 是在 H2A 蛋白的整个长度上(特别是其 C 端的 α 螺旋区域上)进行许多氨基酸的取代所形成的 H2A 的变异体。这一变异体可与动物、酵母和植物的许多基因过程包括转录调节、基因组完整性的保留及异染色质的形成有密切的联系。染色质免疫沉淀-芯片(ChIP-chip)的分析表明，H2A.Z 广泛分布于基因组中，其中一个规律是分布于转录起始位点(transcriptional start site，TSS)侧翼的核小体内。在此，H2A.Z 协助防止 DNA 的甲基化，至少可部分起转录调节作用。H2A.Z 通过依赖于酵母 Swr1 ATP 的核小体重塑酶复合体及动物和植物中其他相关复合体的作用插入核小体中，可使核小体部分松开，并以 H2A.Z/H2B 二聚体取代 H2A/H2B 二聚体。已在植物中发现多种 H2A.Z 变异体和一个类似 SWR1 的沉积复合体，它们调节着许多涉及发育和环境响应的基因的表达。在真核生物中，已发现两个 H3 的变异体，即 CenH3 和 H3.3。变异体 CenH3 整合在着丝粒中，在染色体分离中起重要的作用。在植物和动物中，H3.3 是 H3 的变异体，它们的差别只在于 3 或 4 个氨基酸的不同，并在不同的基因组部位，借助于包括 HirA 和 Daxx 在内的不同组蛋白伴侣而沉积于 DNA 复制的染色质的外侧。变异体 H3.3 在染色质中的沉积主要发生在启动子、基因表达的转录区域和基因调节元件中，在这些区域中核小体被迅速地扰乱和取代(Deal and Henikoff，2011)。显然，组蛋白修饰的功能是基因表达调节的一种手段。此外，对不同属植物的研究表明，组蛋白的修饰在植物发育和植物防御机制中也起着关键的作用。同时，一种组蛋白的修饰与另一种组蛋白的修饰或 DNA 甲基化可以相互起作用(Rose and Klose，2014)。组蛋白的乙酰化、磷酸化和泛素化可使基因表达上调，而 H3K9 和 H3K27 的二甲基化、生物素化和 SUMO(small ubiquitin-related modifier)化会抑制基因的表达(图 9-3)。

9.1.3.1　组蛋白 H3 赖氨酸的甲基化和乙酰化

组蛋白上的共价键修饰的主体是 H3 赖氨酸甲基化。组蛋白赖氨酸残基可以进行单、双和三甲基化，它们各带有不同的生物学含义。例如，组蛋白 H3 的 4 位或 36 位的赖氨酸上的双或三甲基化(即 H3K4me2/me3 和 H3K36me2/me3)与具有转录活性的染色质相关(Zhang et al.，2009)，而 H3K9me2 和 H3K27me3 则与具有转录抑制的染色质相关，即可视为转录抑制的标记物(Jacob et al.，2009)。

在植物中，含 7 类组蛋白甲基转移酶(HMT)，它们统称为 SET[Su(var)3-9、E(Z)和 Trithorax]-结构域蛋白，催化各种靶标基因的甲基化。在拟南芥的基因组中已发现 39 个 *SET* 基因。拟南芥 SET-结构域蛋白 ATXR5(ARABIDOPSIS TRITHORAX-RELATED PROTEIN 5)和 ATXR6 具有 H3K27 单甲基转移酶活性，是一类新的 H3K27 甲基转移酶(Jacob et al.，2009)。组蛋白的甲基化被认为是不可逆的过程。H3K9 通过 HMT 的 Su(var)类酶催化可进行单、双和三甲基化，而通过 HMT 类(polycomb repressive complex 2，PRC2)的 E(Z)酶的催化，可使 H3K27 进行单甲基化和双甲基化(Ng et al.，2007；Chen et al.，2010)。H3 的 4 位赖氨酸三甲基化(H3K4me3)及其 27 位赖氨酸三甲基化(H3K27me3)是研究最充分的两个 H3 的甲基化修饰，它们分别与基因转录激活和沉默相关。H3K4me3 富集于有活跃基因转录的 5′端。与 H3K4me3 的作用相反，H3K27me3 在动物和植物中都与发育重要基因的稳定沉默相关，在动物中，这一组蛋白的甲基化可为 PRC2 复合物所催化，并可为 PRC1 复合体所识别；这一组蛋白的修饰常常可在覆盖多个发育性调节基因的区域内(其大小在数 kb 内)发生。PRC1 复合体的形成可压缩染色质，因此起抑制转录的作用。在植物中 H3K27me3 也在一种或多种 PRC2 同源复合体作用下储存。与在动物中有所不同的是，植物中的 H3K27me3 常被局限于基因启动子和各个基因的转录区域内。研究已发现拟南芥有 15%～20%的基因(Zhang et al.，2007；Deal and Henikoff，2011)、水稻和玉米中的 30%～40%基因都发生这一组蛋白修饰(H3K27me3)(He et al.，2010；Wang et al.，2009)。

通常情况下，H3K9me2、H3K9me3 和 H3K27me3 可使它们的靶基因表达下调，而 H3K4me1、H3K4me2、H3K4me3、H3K36me2 和 H3K36me3 则使靶基因表达上调(Zhou，2009)。

组蛋白的乙酰化可以直接松弛组蛋白与 DNA 的联系而改变核小体的物理性质，而其他组蛋白转录后的修饰包括甲基化，常产生与其他蛋白结合的新位点，从而对以染色质为基础的生命过程发挥特异性的效应。例如，通过这些效应蛋白的结合可紧缩核小体的排列而抑制基因转录，或通过征集染色质重构复合体、各种修饰酶或其他复合体包括伸长或沉默因子而促进基因的转录(Deal and Henikoff，2011)。

9.1.3.2　DNA 甲基化、脱甲基化和组蛋白修饰的相互作用

在植物中甲基化和组蛋白修饰之间的相互作用可在沉默基因表达上起协同的作用(图 9-1)。这两个过程共享相同的反馈圈模式以便调节基因的激活和失活，一些因子如 DDM1(decrease in DNA methylation)、含 jmjC-区域蛋白和 KYP 可参与 DNA 甲基化与组蛋白修饰这两个过程(Miura et al.，2009)。水稻高分辨率的 DNA 甲基化和组蛋白 H3K4 的二甲基化、三甲基化测序表明，两个完整的染色体和两个中心体都富含 DNA 甲基化，而不存在 H3K4 甲基化，但是编码蛋白质的基因体却包含 DNA 甲基化和 H3K4me2/H3K4me3 的修饰。这一结果显示，在基因间序列和转座元件序列间存在一个由 DNA 甲基化与 H3K4 甲基化调节的模式。因为 DNA 甲基化的保持是在 DNA 复制后立即进行的，某些甲基化的胞嘧啶将会征集参与组蛋白修饰的酶和其他因子，以便建立和保持这一修饰(Okitsu and Hsieh，2007)。此外，组蛋白修饰比 DNA 甲基化更容易改变，而 DNA 甲基化是更加稳定的。植物可利用 smRNA 结合的靶标及其沉默机制、DNA 甲基化和组蛋白修饰保护其基因组，使有害转座元件和重复元件沉默以便抵抗病毒或类病毒的入侵，并在各种环境因子影响下巧妙地调节特异性基因的表达。

5-mC 脱甲基化可能与染色质环境直接有关，另有一种可能的选择是在 5-mC 脱甲基化之前或在进行时，染色质发生其他的修饰，如在拟南芥中已鉴定出一个可调控 DNA 脱甲基化的乙酰基转移酶 IDM1(INCREASED DNA METHYLATION 1)(Qian et al.，2012)。IDM1 可识别含有 CG 甲基化、低水平甲基化的 H3K4 和 H3R2(H3 精氨酸 2)的染色质(这些正是 IDM1 作用靶位的特点)，随之即催化 H3K18 和 H3K23 的乙酰化。遗传分析表明，IDM1 和 ROS1 对于 DNA 脱甲基化起相同的作用，尽管 IDM1 仅可部分地控制 ROS1 的作用靶。目前尚不清楚，ROS1 是如何被征集用于染色质的修饰，但是 IDM1 的发现显示了组蛋白修饰对主动 DNA 脱甲基化的作用。同样，在 CHG 序列中 5-mC 的保持可被 IBM1(increase in BONSAI methylation 1)所抑制，IBM1 是可阻止 H3K9 的甲基化的组蛋白脱甲基酶(Miura et al.，2009)。拟南芥的 SSRP1(STRUCTURE SPECIFIC RECOGNITION PROTEIN 1)是 DNA 脱甲基化所要求的蛋白，并在中央细胞中调节许多亲本的印迹基因的表达(Ikeda et al.，2011)。SSRP1 是一个非组蛋白染色体蛋白，也是一个异染色质组蛋白伴侣的成分之一，在拟南芥、果蝇和人类染色质的重构过程中具有保守性功能。SSRP1 的突变除了引起 DNA 超甲基化外，也导致抑制性染色质修饰(Pastor et al.，2011；Zhang and Zhu，2012)。

9.2　表观遗传修饰与植物离体发育

细胞的增殖、组织和器官的形成需要如遗传与表观遗传等几个因子之间良好的协调(Smulders and de Klerk，2011)。表观遗传的理论原先是强调基因和环境的相互作用，根据这一理论，环境对于确定发生在个体基因组中的表观遗传修饰起着非常重要的作用，从而最终影响有机体的发育及其遗传过程(Braütigam et al.，2013)。

一般认为，植物体细胞分化比动物体细胞分化显得更富有可塑性。已分化的植物细胞在一定的培养环境下可脱分化并获得亚全能性或全能性(pluripotency or totipotency)，根据其所处的培养环境，如植物生长调节剂、光温等环境信号的不同，这些脱分化的细胞可被诱导再生成新的组织、器官乃至完整的植株。植物体细胞在进入新的发育途径之前，首先必须在脱分化过程中获得改变细胞发育命运的潜能或感受态(competence)，在这些过程中也将伴随发生染色质水平和基因表达的重编程(reprogramming)，这意味着表观遗传对这些过程有着极其重要的调控作用(Miguel and Marum，2011；Us-Camas et al.，2014；Grafi and Barak，2015)。最近的研究数据表明，植物对于表观遗传的抑制可能有较少的冗余机制，植物的这些特性也可能构成其细胞有更高脱分化能力的基础。

本节根据现有的资料，重点叙述植株组织和细胞离体培养过程中的 DNA 甲基化、组蛋白修饰和微 RNA 对培养物离体发育的影响。

9.2.1 表观遗传修饰与愈伤组织形成

在组织结构上无定形的(disorganized)细胞团统称为愈伤组织(参见第 2 章)。许多愈伤组织具有亚全能性或全能性，可以再生出器官或完整植株。大部分植物外植体在愈伤组织诱导培养基中形成愈伤组织都经历脱分化过程(也包括拟南芥受伤诱导的愈伤组织)。拟南芥不同类型的愈伤组织都有各自的基因表达模式(更多内容见第 2 章的 2.1 节)。通过对拟南芥愈伤组织表型的失能和得能突变体的鉴定，研究者已对愈伤组织在各种生理和环境刺激下如何发育有了比较全面及深入的了解(Ikeuchi et al.，2013)。但有关表观遗传与愈伤组织形成的研究尚太少。

追踪植物细胞是否脱分化的方法之一是检测已分化的细胞重新进入细胞周期、进行细胞增殖和形成愈伤组织的能力。KYP(KRYPTONITE)/SUVH4 是拟南芥中的组蛋白 H3 的 9 位赖氨酸甲基转移酶(H3K9 HMT)，它主要在异染色质的染色质中心甲基化组蛋白 H3。*KYP/SUVH4* 基因的功能涉及细胞周期相关基因的转录，是细胞正常脱分化重要的基因。在拟南芥中所鉴定的几个突变体中，编码保持异染色质中的 DNA 甲基化染色质重构蛋白的基因 *DDM1-2* 的突变体 *ddm1-2* 能形成正常的愈伤组织，尽管该突变体的 H3K9 二甲基化水平有显著的降低；只有 *KYP/SUVH4* 基因的突变体 *kyp-2*，明显推迟进入细胞周期、进行细胞增殖，并且不能产生正常的愈伤组织(图 9-4)。从而可知，从头激活的 KYP 的活性是进行正常脱分化和(或)细胞增殖所要求的基因活性；KYP/SUVH4 所掌控的组蛋白甲基化在开启细胞脱分化状态和使细胞重进细胞分裂周期方面起着重要的作用(Grafi et al.，2007)。

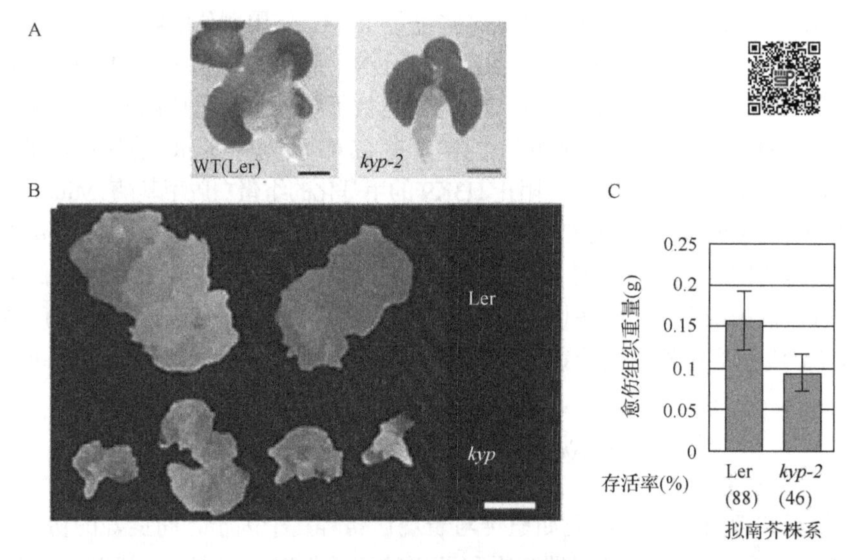

图 9-4 拟南芥染色质修饰基因受损突变体的筛选及其愈伤组织形成的示意图(Grafi et al.，2007)
(彩图请扫二维码)

A：由于编码组蛋白 H3 的 9 位赖氨酸甲基转移酶基因 *KRYPTONITE* 的突变而形成突变体 *kyp-2*，不能形成健康的愈伤组织，Ler 为拟南芥生态型 Landsberg erecta 的野生型，相应的种子在愈伤组织诱导培养基(CIM)上培养 14 天后可形成愈伤组织，标尺为 2mm。B：相应的种子在愈伤组织诱导培养基(CIM)上培养 24 天所形成的愈伤组织，每一愈伤组织是从一颗种子所形成的，标尺为 3mm。C：*kyp-2* 突变体及其野生型叶外植体培养时的存活率及其愈伤组织的重量(在 CIM 上培养 28 天的结果)

为了保护染色体免受降解及其两端相互粘连，在染色单体的端部形成了一种特异的核蛋白结构，称为端粒(telomere)，而端粒酶可以把 DNA 复制的缺陷填补起来，以便把端粒修复延长，可以让端粒不会因细胞分裂而有所损耗，使得细胞分裂的次数增加。在动物细胞中已证实，端粒的长度与细胞衰老及细胞无限的增殖紧密相关。

拟南芥具有短端粒突变体，即端粒酶反转录酶突变体 *tert*(*telomerase reverse transcriptase*)，其端粒长度和细胞分裂速率呈反相关的关系，即与野生型的细胞相比，突变体 *tert* 细胞的细胞周期速率变大，所形成的愈伤组织的重量增加(Grafi et al.，2007)，这意味着拟南芥细胞脱分化时，组蛋白的甲基化控制着不依赖于端粒酶的端粒的延长。对端粒长度的分析证实了这一点，因为在野生型中的端粒延长不依赖于随机端粒酶的活性，但在突变体 *kyp-2* 中的端粒延长依赖于随机端粒酶的活性。这表明当细胞脱分化时，*KYP/SUVH4* 基因还参与不依赖于随机端粒酶的端粒延长。对端粒进行分析发现，在野生型拟南芥叶及其原生质体中参与端粒代谢的端粒酶都与H3K9的二甲基化相关，与H3K4的二甲基化无关，而在突变体*kyp-2*细胞中端粒的代谢不再与 H3K9 的二甲基化相关。这就说明，在拟南芥叶中，其端粒显示压缩的染色质结构的特点；而 KYP 蛋白可在调节端粒染色质的构象中发挥重要的作用。此外，KYP/SUVH4 显然通过端粒酶非依赖性的端粒延长的现象参与以端粒染色质构象为基础的分子网络和 DNA 重组。

另外，Grafi 等(2007)的 Affymetrix 微阵列分析(Affymetrix microarray analysis)结果表明，在拟南芥野生型(Ler)原生质体中有几个被上调的基因，却在突变体 *kyp-2* 的原生质体中被沉默或被轻微地激活；反之，在拟南芥野生型(Ler)原生质体中有几个被沉默的基因，却在突变体 *kyp-2* 的原生质体中被激活。其中编码泛素蛋白酶体体系成员的 3 个基因，即 E2 泛素缀合酶 8(ubiquitin conjugating enzyme8，UBC8/At5g41700)、RING-H2 手指形 E3 泛素连接酶(E3ubiquitin ligase，At5g37230)和泛素缀合酶(UBC34/At1g17280)，在突变体 *kyp-2* 的原生质体细胞中被下调。蛋白质的泛素化是一个复杂的过程，其中涉及泛素的转运，以便与将要被降解的蛋白结合而被标记，这是在 E1 泛素激活酶和 E2 泛素缀合酶(UBC)的参与下完成的，另一 E3 泛素连接酶可加速将 E2 中的泛素转移到特异性蛋白底物中。因此，KYP/SUVH4 显然是可以控制 E2 及其合作蛋白 E3 的表达以产生特定蛋白的泛素化。这就是说，与野生型相比，在突变体 *kyp-2* 的泛素蛋白降解体系中，上述的几个成员都被下调。泛素化体系可调节植物发育的各种过程，包括原生质体细胞重新进入细胞分裂周期(Zhao et al.，2001)。因此，可以认为，建立和维持细胞脱分化状态及使细胞重新进入细胞周期需要组蛋白的甲基化的激活，至少是要激活那些涉及泛素蛋白降解体系的基因表达。KYP/SUVH4 蛋白也可能通过影响泛素蛋白降解途径的相关基因而实现对某些与细胞分化相关的蛋白降解的控制(Grafi et al.，2007)。近年来许多研究表明，异位过表达胚性调节因子或分生组织的调节因子可诱导各种植物的愈伤组织。这说明通过特异功能性基因的异位表达足以驱动相对未分化细胞(胚性细胞和分生组织性细胞)发育命运的改变，使其细胞增殖，形成愈伤组织。例如，植物分生组织是植物体所有组织的终极源头，分生组织的再生活性是由位于分生组织中的干细胞库所支撑的。因此，这些分生组织活性强劲的激活将诱导异位愈伤组织形成是不足为奇的。相关研究表明，Polycomb 蛋白是一组通过染色质修饰调控靶基因的转录抑制因子，其核心蛋白质包括 PRC1(polycomb repressive complex 1)和 PRC2，它们在进化上是保守的蛋白质复合体，参与组蛋白的修饰。在动物中，PRC2 可对组蛋白 H3 的 27 位赖氨酸(H3K27)进行 3 次甲基化(H3K27me3)，H3K27me3 是转录沉默染色质的标记分子，PRC2 可为组蛋白 H2A 的 119 位赖氨酸单泛素化的分子(H2AK119ub)而征集 PRC1，H2AK119ub 是稳定这一转录沉默染色质的沉默效应的标记分子。研究者长久以来都质疑植物是否具有 PRC1，直到在拟南芥中鉴定了 At-BMI1A 和 At-BMI1B，并证实它们是哺乳类动物的 PRC1 这一环指蛋白(ring finger protein)的同源物(Sanchez-Pulido et al.，2009)，才肯定了植物中存在 PRC1。

在植物分化器官中，植物的PRC是稳定地抑制胚性和分生组织程序所要求的蛋白复合体(图 9-5，图 9-6)。拟南芥中，大多 PRC2 的成员可被部分冗余基因所编码，而它们同源物的双突变体，如 *CLF*(*CURLY LEAF*)和 *SWN*(*SWINGER*)或 *VRN2*(*VERNALIZATION2*)和 *EMF2*(*EMBRYONIC FLOWER2*)基因突变体，在萌发后不久就会天然地形成愈伤组织(图 9-5E)(Chanvivattana et al.，2004；Schubert et al.，2005)，在基因 *FIE*(*FERTILIZATION- INDEPENDENT ENDOSPERM*)突变的突变体中也可形成与此相似的愈伤组织。拟南芥的 *FIE* 是单基因编码的 PRC2 的另一成员(Bouyer et al.，2011)。与 PRC2 突变相似，PRC1 的双突变体 *At-bmi1a-1 bmi1b* 也不能维持细胞分化，它们在胚后发育的一个早期阶段便形成愈伤组织(Bratzel et al.，2010)(图 9-5F)。在 PRC 这些突变体的愈伤组织的表型中常伴随着胚性调节因子，如 LEC1、LEC2、AGL15 和 BBM，以及分生组织调节因子如 WOX5(*WUSCHEL-RELATED HOMEOBOX5*)的异位表达，在这些异位表达的基因中，其绝大多数的过表达都促进愈伤组织的再生(图 9-5A，C)。

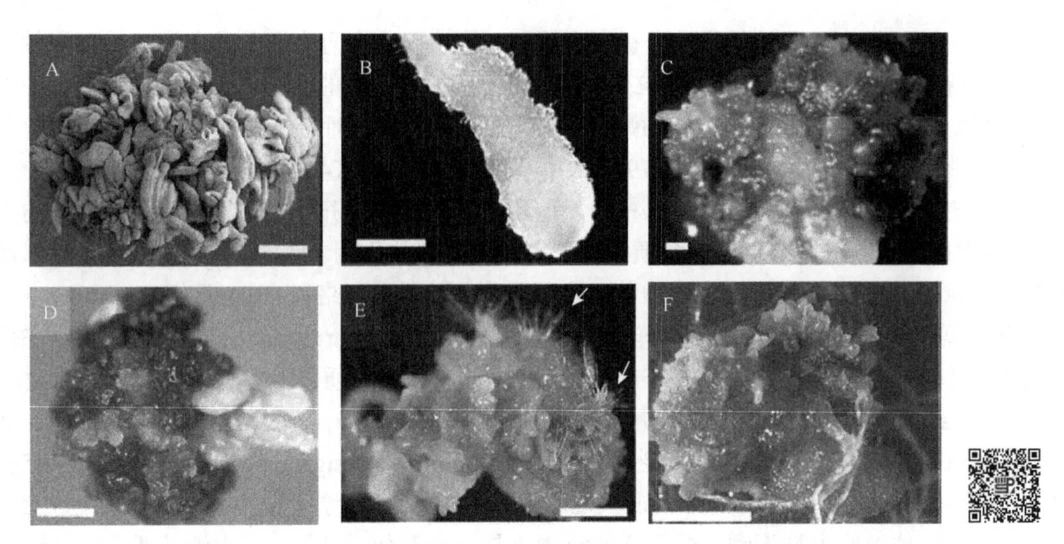

图 9-5　拟南芥获能和失能突变体的异位愈伤组织形成(ectopic callus formation)(Ikeuchi et al.，2013)(彩图请扫二维码)

A：过表达 *LEC2* 所诱导的胚性愈伤组织(Stone et al.，2001)。B：过表达 *RKD4* 的植株根上形成易碎的愈伤组织(Waki et al.，2011)。C：过表达 *WUS* 的植株上形成的胚性愈伤组织(Zuo et al.，2002)。D：失能突变体 *tsd1* 上所形成的易碎的愈伤组织(Krupková and Schmülling，2009)。E：在双突变体 *clf swn* 上所形成的胚性愈伤组织和生根性的愈伤组织(Chanvivattana et al.，2004)，箭头所指的是从愈伤组织中所发育的根毛。F：在双突变体 *At-bmi1a bmi1b* 上所形成的胚性愈伤组织和生根性的愈伤组织(Bratzel et al.，2010)。以上所有的植株都生长于无植物激素的培养基上。A、C～E 中标尺为 1mm，B 中标尺为 500mm，F 中标尺为 2mm

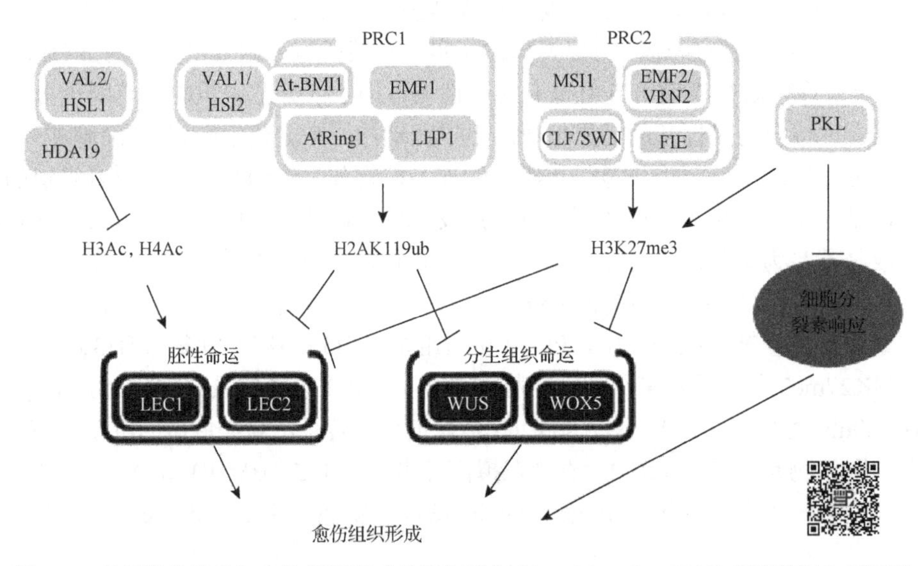

图 9-6　表观遗传修饰与愈伤组织形成的抑制机制(Ikeuchi et al.，2013)(彩图请扫二维码)

异位形成的愈伤组织可被多种表观遗传机制所抑制。组蛋白脱乙酰酶 HDA19 与 VAL2/HSL1 相互作用，通过已乙酰化的组蛋白 H3(H3Ac)和 H4(H4Ac)的脱乙酰作用而抑制胚性调节因子，如 LEC1 和 LEC2 的表达。Polycomb 类蛋白 PRC1 和 PRC2 可分别通过 H2A 的 119 位赖氨酸单一泛素化(H2AK119ub)和组蛋白 H3 的 27 位赖氨酸三甲基化(H3K27me3)而抑制胚性与分生组织调节因子(WUS、WOX5 等其他因子)。蛋白质 VAL1/HSI2 可在物理上与 At-BMI1 相互作用并可能将 PRC1 征集到要抑制的靶位点上。CHD3/4-类似染色质重塑因子蛋白 PKL 参与 H3K27me3 在 Polycomb 靶蛋白上的沉积。此外，PKL 也可能通过组蛋白脱乙酰化作用而抑制细胞分裂素的响应。图中，在愈伤组织形成中的功能已被证实的蛋白质用白圈标记，而根据间接证据推断的涉及愈伤组织形成的蛋白未作标记

最近证实，许多的这些基因中都存在 H3K27me3 和 H2AK119ub 的分子标记，这就有力地说明，这些胚性调节和分生组织调节基因是 PRC1 和 PRC2 的直接靶基因，从而抑制了愈伤组织的形成(Bratzel et al.，2010；Yang et al.，2013a)。在拟南芥中 *PKL*(*PICKLE*)编码染色质域解螺旋酶 DNA 结合因子 3(Chromodomain-Helicase-DNAbinding3，CHD3)。PKL 蛋白是 CHD3 和 CHD4-类似染色质重塑因子，可能在抑制非预定的细胞过度增殖中起核心的作用，因为突变体 *pkl* 在种子萌发不久就可形成愈伤组织(Ogas et al.，1999）。在拟南芥突变体 *pkl* 中也鉴定了另一等位基因位点，称为 *cytokinin-hypersensitive2*，该突变体在离体培养时对外源细胞分裂素有灵敏反应，并容易诱导形成愈伤组织。这一愈伤组织的表型，通过组蛋白脱乙酰酶抑制剂曲古抑菌素 A（trichostatin A）处理后可部分地显示拟表型（拟表型是一种由环境影响引起的表现型非遗传性变化）。这些结果都表明 PKL 的功能在于组蛋白的脱乙酰化的作用（Furuta et al.，2011）。此外，PKL 也有可能参与 H3K27me3 的沉积，因为 PKL 存在于幼苗中的 *LEC1* 和 *LEC2* 位点上，在 *pkl* 突变体中它们的 H3K27me3（转录抑制的标记物）水平降低，这就意味着这些基因转录抑制的状态已被解除，从而使愈伤组织被诱导发生（图 9-6）（Zhang et al.，2012a）。最近的几个研究表明，有些染色质修饰因子可直接与胚胎发生密切相关的转录因子相互作用，这些因子修饰染色质状态并调节特异性靶基因的表达（图 9-6）。例如，PRC1 复合体中的 At-BMI1 蛋白与一个 B3 域转录因子 VP1/ABI3-LIKE1（VAL1）[VAL1 也称 HSI2（HIGH-LEVEL EXPRRESSION OF SUGARINDUCIBLE GENE2）]相互作用，从而通过 H2AK119ub 而抑制 *LEC1* 和 *LEC2* 的表达（Yang et al.，2013a）。此外，与 VAL1/HSI2 密切同源的 HSL1（VAL2/HSI2-LIKE1）蛋白可与 HDA19（HISTONE DEACETYLASE19）一起作用，通过组蛋白 H3Ac 和 H4Ac 的脱乙酰化而抑制 *LEC1* 与 *LEC2* 的表达（Zhou et al.，2013），这可能是因为瞬时表达转录因子可征集表观遗传调节因子以调控特异性靶基因，并以时间和空间方式修饰这些基因的表达。已有研究表明，VAL1/HSI2 和 VAL2/HSL1 可以冗余性的作用方式而抑制这些胚性基因（如 *LEC1* 和 *LEC2*）的表达，因此，诱导愈伤组织的形成得以进行（Tsukagoshi et al.，2007）。这说明，在胚后发育的组织中，愈伤组织的形成是受 H2AK119ub 和 H3/H4Ac 所抑制的（Ikeuchi et al.，2013）。

9.2.2　组蛋白修饰与细胞离体培养

细胞离体培养多数是从获得合适的愈伤组织的悬浮培养开始，通过适度的网格过筛，获得游离细胞。因此这些培养细胞发育命运的分子调控机制也与细胞脱分化所形成的愈伤组织的分子调控机制有某种密切关联。在植物细胞培养中，组蛋白的修饰对细胞脱分化和增殖也起着重要的作用。细胞脱分化意味着细胞从一定的分化状态进入一个类似干细胞的状态，并赋予细胞亚全能性，它是细胞进入细胞周期前的一个过程。植物成熟细胞的脱分化的进程是通过两个不同的阶段来完成的：先获得细胞发育命运的潜能或感受态（competence），然后根据不同激素信号而进入细胞分裂周期的 S 期（Zhao et al.，2001）。这两个阶段都伴随着染色质的解聚。这一脱分化过程已在烟草和拟南芥叶肉细胞的原生质体系统中做过研究。相关研究表明，从分化的细胞转变为可增殖的细胞的过程为成视网膜细胞瘤蛋白（retinoblastoma protein，pRb）所控制。在人类和植物细胞中，pRb 通过转录因子腺病毒 E2 启动子结合因子（adenovirus E2 promoter binding factor，E2F）家族成员对相关基因的转录起抑制的作用，在低磷酸化的 pRb 与 E2F 结合后，形成一个被激活的转录抑制复合体，从而限制 E2F-靶标基因的表达（转录因子 E2F 家族成员控制着多种基因，包括与 DNA 复制和细胞周期进程相关的基因的表达），细胞便可进入细胞分裂周期的 S 期（De-Gregori，2002）。这一 pRb-E2F 抑制复合体可通过屏蔽转录激活因子和（或）招募各种染色质修饰因子，如多梳蛋白（polycomb protein）、异染色质蛋白质 1（heterochromatin protein 1，HP1）、组蛋白脱乙酰酶类（HDA）及 DNA 和组蛋白甲基转移酶类实现抑制转录。组蛋白 H3 9 位赖氨酸甲基化可征集 HP1 从而诱发限制性染色质的装备，随后引起相关基因的沉默。因此，pRb 的活性将是细胞分化和增殖的主调控器，它的作用是通过其对特异基因如 E2F-靶标基因的染色质构象的影响而实现的。

植物原生质体培养及其再生体系是研究植物细胞脱分化的理想的实验体系。利用烟草原生质体培养体系的研究结果表明，在烟草原生质体细胞脱分化时的两个上述的过程（即发育命运的潜能或感受态获得后，根据不同激素信号而进入细胞分裂周期的 S 期），都伴随着染色质的解聚，包括核仁区域外观毁坏、18S 核糖体 DNA 凝聚、组蛋白 H3 修饰和相关异染色质蛋白质 1（HP1）的重新分配。在分化的烟草叶细胞中 pRb/E2F 的靶标基因 *RNR2* 和 *PCNA* 被下调，但当细胞进入 S 期时则被上调，此时伴随着 pRb 的磷酸化。在获得脱分化感受态的细胞中，可检测到组蛋白 H3 的乙酰化水平的升高，这与染色质的松弛及一些基因的转录相关。同时，研究者在原生质体的细胞培养中发现其H3 9位赖氨酸的乙酰化(H3K9ac)、H3K14ac和 H3K9me 的修饰增加，意味着可使 pRb/E2F-靶标基因激活的异染色质的重新分配将使细胞周期进入 S期(Williams et al.，2003)。

在离体培养的未分化细胞进行完整植株的再生过程中发生相关的表观遗传修饰，包括H3K9的甲基化与脱甲基化，是一个动态的调节过程，如前所述，H3K9 的甲基化与基因转录的抑制相关，体现了植物细胞为了响应特异环境信号而保持细胞发育命运的可塑性。使已分化的植物叶细胞成为原生质体(去细胞壁的细胞)过程的特点就是使叶肉细胞处于脱分化状态(state of dedifferentiation)，并处于发育命运待定状态，根据下一步培养条件的刺激信号，伴随着与基因表达重编程(reprogramming)相关的组蛋白重组(reorganization)，重新进入细胞周期(Grafi et al.，2007)。

9.2.3 DNA 甲基化与植物离体器官发生

离体器官发生(*in vitro* organogenesis)可分为直接和间接两种方式。直接方式是指器官的形成发生在外植体表面，不通过愈伤组织形成阶段；而间接方式是指外植体先形成愈伤组织，然后从中分化出器官。通过直接器官发生途径大量繁殖植物比较可行，因为该途径可在较短的时间实现高繁殖率。一套复杂的调节机制掌控着从各种营养性外植体中再生完整有功能的器官的过程。通常，快速繁殖的速率取决于外植体及其供体的基因型与特异性基因的调控方式，其中 DNA 的甲基化就是非常重要的调控机制。例如，君子兰(*Clivia miniata*)，其器官(不定苗)的再生方式与所用外植体有关，以茎尖为外植体可进行直接器官发生，而以幼花瓣和幼叶为外植体则进行间接器官发生。以茎尖为外植体的再生植株的 DNA 甲基化率比以幼叶或幼花瓣为外植体的再生植株的DNA 甲基化率要低(Wang et al.，2012)，这就说明，再生植株的DNA 甲基化是与外植体有关而不是与其来源的供体基因型有关。

当植物适应环境的改变时，有些植物通过表观遗传机制表现出快速的可塑性，这可使植物产生出适应气候条件的植物种群。无论是生物逆境还是非生物环境胁迫条件所诱导的这些反应，都将影响其 DNA 甲基化水平及其器官发生。例如，Giménez 等(2006)研究香蕉直接器官发生时的 DNA 甲基化模式的结果表明，香蕉的 DNA 甲基化与其对香蕉黑条叶斑病菌(*Mycosphaerella fijiensis*)的毒性的抗性有关。这一结果揭示，植物 DNA 甲基化水平的提高常与更具有抗性的植株表型的基因表达的抑制有关(Giménez et al.，2006)。同时，具有低水平 DNA 甲基化的植物常是易感病的表型。低水平和超水平的甲基化不仅改变着基因行为，也可进行蛋白修饰。

从脱分化的愈伤组织再分化进行间接器官发生，这是常见的植株再生的方式。研究表明，表观遗传控制着甜菜的愈伤组织分化及其离体形态发生。由于从甜菜(*Beta vulgaris* var. *altissima*)生产的糖占世界糖产量的比例已超过 25%，对甜菜细胞培养系的研究已超过 20 年，已建立了适合于植物代谢和细胞分化的实验模式。其中诱导出自同一甜菜母株的愈伤组织可得 3 个培养系，一个称为 O 培养系(organogenic line)，即具有器官发生(苗)能力的培养系可连续地产生具有光合活性的叶状苗(leafy shoot)；另一个称为 NO 培养系(non organogenic line)，即不具有器官发生能力的培养系，但仍具有光合活性的培养系；再一个称为可进行脱分化的 DD 培养系(dedifferentiated line)，但缺失叶绿素和细胞壁建成的细胞培养系(Hagège et al.，1991)。实验结果表明，在未作任何处理的 O 培养系、NO 培养系和 DD 培养系中的 DNA 甲基化频率分别达到 19.3%、22.6%和 29.8%(测定及其计算方法见图 9-7 图注)。从中可知 DNA 甲基化频率最低水平的培养系与其器官发生能力相关。

DNA 甲基化可以器官特异性的方式改变现有基因表达水平并对离体器官发生起作用。从甜菜不同品系，不同的外植体可诱导出三组对应共 6 个培养系(表 9-1)(Maury et al.，2012)。它们的基因组 DNA 甲基化频率测定结果表明，以 *F3S52* 品系叶为外植体所得的具有器官发生能力的 O 培养系(organogenic line)的基因组 DNA 甲基化频率为 19.3%，明显地低于其无器官发生能力的 NO 培养系(non-organogenic line)的基因组 DNA 甲基化频率(22.6%)(Causevic et al.，2005)。

表 9-1　源于不同外植体的甜菜（*Beta vulgaris* var. *altissima*）细胞培养物的培养系及其器官发生能力的差异（Maury et al.，2012）

外植体及供体品系	培养物及其名称	培养物器官发生的潜能及其表型
以 *F3S52* 品系的叶为外植体所得的培养系	可进行器官发生的 O 培养系	可再生出具有光合作用的苗端分生组织原基
	无器官发生能力的 NO 培养系	不能再生苗端分生组织原基的脆性愈伤组织
源于 *4D6834* 品系的叶保卫细胞的原生质体	胚性的 E 培养系	可再生具有光合作用的体细胞胚并带有苗端分生组织原基
	非胚性的 NE 培养系	不能再生具有光合作用的体细胞胚致密的愈伤组织
以 *BO1B00905* 品系的叶为外植体所得的培养系	具有根器官发生能力的 RO 培养系	具有再生根原基的能力
	不具有根器官发生能力的 NRO 培养系	不具器官发生能力，无光合作用的愈伤组织

如图 9-7 所示，由 *F3S52* 品系叶分离的原生质体在海藻酸钠胶中包埋培养 10 周后，具有器官发生能力的胚性的 E 培养系（embryogenic line）的基因组 DNA 甲基化频率（54.6%±0.1%）明显低于非胚性培养的 NE 培养系（non-embryogenic line）的 DNA 甲基化频率（61.4%±0.3%），也低于由原生质体所诱导的微愈伤组织（micro callus，MC）的 DNA 甲基化频率（59.5%±1.5%）和由甜菜品系 *BO1B00905* 叶所诱导的愈伤组织（callus，C）的 DNA 甲基化频率（59.8%±1.8%）（图 9-7）；而值得注意的是，不同品系叶外植体来源的两种愈伤组织（C 和 MC）的 DNA 甲基化频率无显著差异（图 9-7A）（Maury et al.，2012）。然而，由甜菜品系 *BO1B00905* 叶所诱导的愈伤组织，在根诱导培养基上培养 6 周后，具有根器官发生能力的 RO 培养系（root organogenic line）的基因组 DNA 甲基化频率（74.5%±3.7%）明显高于不具有根器官发生能力的 NRO 培养系（non-root organogenic line）的 DNA 甲基化频率（60.37%±3.4%）。经过 9 周根诱导培养，这两种培养系的基因组 DNA 甲基化频率却不显示显著的差异（图 9-7B）（Maury et al.，2012）。

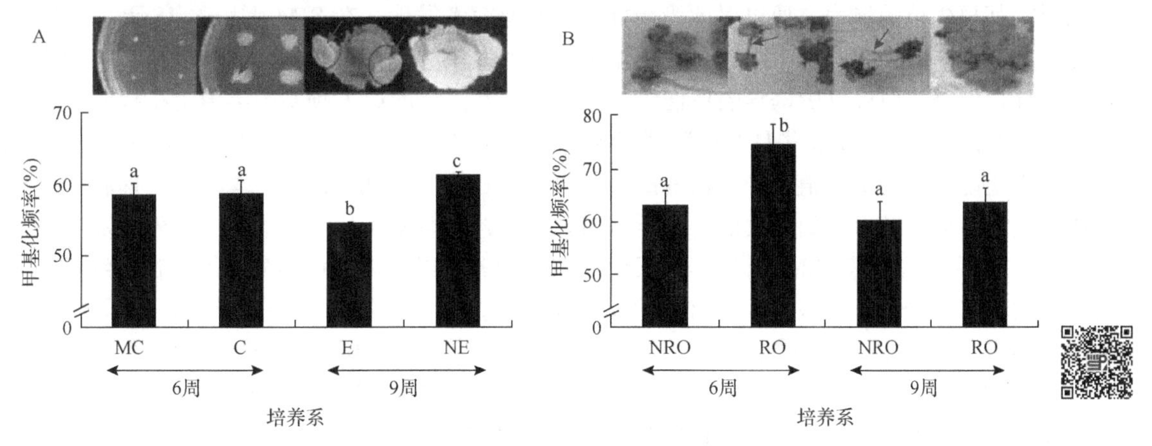

图 9-7　受试甜菜培养系基因组的 DNA 甲基化频率（Maury et al.，2012）
（彩图请扫二维码）

图 A 中，MC 表示微愈伤组织，C 表示愈伤组织，E 表示胚性培养系，NE 表示非胚性培养系；受试的培养物是原生质体在海藻酸钠胶中包埋培养 10 周及其再生培养物。图 B 中，NRO 表示不具根器官发生能力的培养系，RO 表示具有根器官发生能力的培养系；受试培养物是由叶所诱导的愈伤组织在器官发生培养基上培养指定时间（6 或 9 周）的培养物。每一数值是以平均值±标准误差表示（n=6）。数值标以不同字母者为有显著差异（P≤0.05）。箭头所指的是培养物，采用 HPLC 测定基因组 DNA 甲基化的频率。DNA 甲基化频率（%）按公式：（5m2′dC 含量/5m2′dC 含量+2′d C 的含量）×100% 计算。其中，5m2′dC（5-methyl-2′-deoxycytidine）为 5-甲基-2′-脱氧胞苷，2′dC（2′-deoxycytidine）为 2′-脱氧胞苷

从上述研究可知，当 O/NO 培养系形成苗时，出现 DNA 甲基化频率的降低，而 NRO/RO 培养系产生根原基时，出现 DNA 甲基化频率的升高。上述的这些结果说明：当离体器官发生时，DNA 甲基化的变化显示出器官发生的类型及其发生阶段的特异性，这也与植物体原位（*in planta*）器官发生时的 DNA 甲基化的变化特点相一致（Kaufmann et al.，2010；Zhang et al.，2011）。这是因为来自不同遗传背景的外植体离体培养的不同发育阶段，即苗、根再生和愈伤组织形成阶段的表观遗传等位基因位点是对环境信号响应的特定基因区域。胞嘧啶（C）-5 位甲基化（5-methylcytosine，5-mC）是对基因组稳定性起重要作用的表观遗传修饰，

在离体培养体系中如果 5-mC 的状态受到干扰将导致再生植株表型的改变(Maury et al., 2012)。为了进一步揭示在相关细胞培养系的器官发生过程中的表观等位基因(epiallele),Maury 等(2012)利用限制性标记基因组扫描(restriction landmark genomic scanning, RLGS)和亚硫酸氢盐测序方法(bisulfite sequencing)研究上述甜菜等基因系(isogenic line)培养物(O 和 NO)的器官发生时的表观遗传等位基因位点,结果显示,一共检测了 20 个 RLGS 标记序列,其中有 9 个与被报道的离体苗再生时的差异甲基化模式相同(Causevic et al., 2006)。在 11 个新鉴定的 RLGS 标记中,8 个标记是离体苗再生时发生在基因体上的 DNA 甲基化的改变。根据已被注释的基因组信息可知,这些序列中包括涉及代谢或细胞分裂和转录调节的有关转录因子、细胞色素 P450、泛素延伸蛋白、α2-微管蛋白和细胞分裂后期促进复合体亚单位(anaphase-promoting complex subunit)。值得注意的是,其中 1 个 RLGS 标记物,即编码泛素蛋白 6 延伸因子(ubiquitin 6 elongation factor, UBI6)编号为 12 的标记物的甲基化模式在两个不进行器官发生的培养系(NO 和 NE)、两个具有器官发生能力的培养系(O 和 E)或两个根诱导培养系(RO 和 NRO)的培养物中都是保守的序列。该标记与拟南芥 *UBI6* 基因同源(Maury et al., 2012)。

相关的研究已表明,植物激素和转录因子 WUS 在拟南芥离体不定苗再生过程中起着关键的作用(Gordon et al., 2007; Chatfield et al., 2013)。表观遗传的关键酶如甲基转移酶 1(METHYLTRANSFERASE1, MET1)、组蛋白甲基转移酶(KRYPTONITE, KYP)、组蛋白 H3 赖氨酸 4(H3K4)脱甲基化酶(JUMONJI14, JMJ14)和组蛋白乙酰基转移酶 HAC1 的基因可作为表观遗传的标记基因。Li 等(2011)研究了拟南芥中这 4 个表观遗传标记基因的突变体及其野生型的间接再生的不定苗表型变化及其与 *WUS* 表达的表观遗传的调节的相关性,其主要结果如下。

(1)将以拟南芥无菌苗的雄蕊为外植体在愈伤组织诱导培养基(CIM)诱导 20 天的愈伤组织转移至不定苗苗诱导培养基(SIM)可诱导不定苗的形成;在诱导愈伤组织一定天数后,形成 2mm 长不定苗的愈伤组织的频率可以反映其再生苗的能力。通过以此为指标的比较研究者发现,在 SIM 上培养 18 天,无论是野生型,还是突变体 *met1*、*kyp*、*jmj14* 和 *hac1*,其不定苗原基的发生频率都可达到最大值,显示它们的苗再生能力无显著差异。但是,如果以所诱导的愈伤组织达到再生不定苗的最大频率的半值为指标时,它们达到此值所需的诱导时间是不同的,那些具有更活跃基因转录的表观遗传变化的突变体,如 *met1*、*kyp* 和 *jmj14*,其愈伤组织苗再生能力达到最大值一半所需的时间与野生型相比明显减少;而那些转录被抑制的突变体如 *hac1*,其愈伤组织苗再生能力达到最大值一半所需的时间与野生型相比却明显增加。此外还发现,突变体 *met1* 愈伤组织在苗诱导培养基(SIM)上培养 4 天便有 70%的愈伤组织形成可转变成不定苗的绿色区域,在野生型的愈伤组织却未能发现此区域。在培养的 6~14 天中,从突变体 *met1* 愈伤组织所诱导的不定苗远多于野生型愈伤组织所形成的不定苗;尽管培养 18 天后,两者形成不定苗的频率无显著差异,但突变体 *met1* 愈伤组织所诱导的不定苗的发育要早许多。这些结果表明,表观遗传的修饰,包括 DNA 甲基化和组蛋白修饰,在调节不定苗再生的速率上起作用(Li et al., 2011)。

(2)亚硫酸钠测序法和染色质免疫沉淀的研究表明,*WUS* 的调节区域以 DNA 甲基化和组蛋白修饰的方式进行发育方式的调节,在突变体 *met1* 中,因其 *WUS* 的调节区域的 DNA 甲基化消失,与其野生型相比,*met1* 中的 *WUS* 基因表达水平高,表达区域多。野生型和 *met1* 的全基因组转录分析表明,由于 DNA 脱甲基化,*met1* 的生长素反应因子 *ARF3*(*AUXIN RESPONSE FACTOR3*)表达增强,这提示,甲基化调节不定苗再生的机制也涉及对生长素信号转导的调整。结合其他一些相关实验结果,作者提出,DNA 甲基化和组蛋白修饰对拟南芥不定苗再生的作用是通过调控 *WUS* 基因的表达及生长素信号转导而实现的(Li et al., 2011)。此外,Vining 等(2013)以培养 38 天的毛果杨(*Populus trichocarpa*)离体再生植株的茎节段、从这些茎节所诱导的愈伤组织和从愈伤组织培养 75 天所再生苗的节间这 3 种不同组织为培养材料(图 9-8 A,C,E),研究了它们的基因组 DNA 甲基化组学(methylome)。结果表明,在这 3 种组织基因组中的 DNA 甲基化[5-甲基胞苷(5-methylcytidine)]频率(%)的差异可达 56%,而在这些组织中基因启动子区的 DNA 甲基化频率却几无差别。从离体再生植株的茎节外植体到从它所诱导的愈伤组织间的基因体(gene body),DNA 甲基化频率从 9%增加到 14%;而在由愈伤组织再生的不定苗的苗节的基因体中,DNA 甲基化频率减少为

8%。这些甲基化差异基因的 45%呈现出瞬时的甲基化，即在愈伤组织中这些基因是被甲基化的，而在其再生的苗中则是被脱甲基化的。这些呈现瞬时甲基化的基因多数出现在具有高基因密度的染色体区。

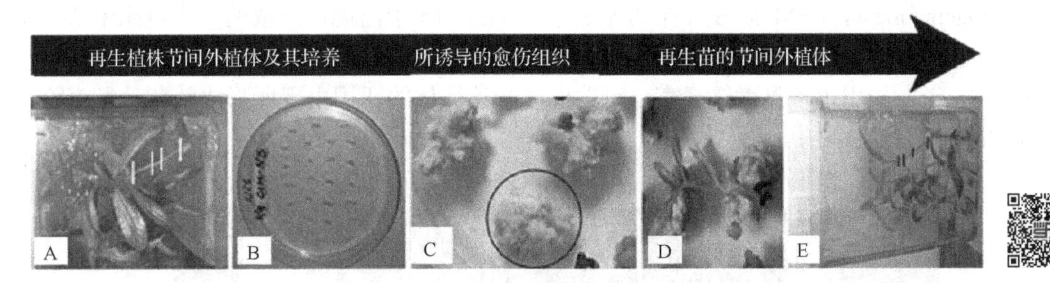

图 9-8　用于研究毛果杨(*Populus trichocarpa* Nisqually-N1)基因组 DNA 胞嘧啶甲基化谱(methylome)的 3 种离体培养的组织(Vining et al.，2013)(彩图请扫二维码)

A：起始材料取自在木本植物培养基(WPM)培养 38 天的植株茎节外植体(图中以白色线段标示的节间)。B：长 3～5cm 的茎节外植体在黑暗中于愈伤组织诱导培养基(CIM-NB)培养 4 周。C：培养 4 周后从茎节外植体所诱导的愈伤组织，完整的愈伤组织(图中被划圈的)取样用于 DNA 甲基化组学的研究。D：余下愈伤组织被转移到苗诱导培养基(SIM-BN)上，在光下培养，每两周继代一次。E：培养 75 天从愈伤组织中诱导的苗，取其节间(苗节)为材料(图中以黑色线段标示的节间)用于 DNA 甲基化组学的研究

研究者通过基因芯片数据对比分析发现，在所有被检测的组织中，其基因体及其启动子区都被甲基化，这些基因的表达水平明显低于未被甲基化或只在基因启动子区被甲基化的基因的表达水平。在愈伤组织再生的苗节间组织中有 4 类富含的转座元件：*Copia*、*Gypsy*、*Ogre* 和 *EnSpm*。其中 *Copia*、*Gypsy* 和 *Ogre* 是长末端重复反转录转座子(植物基因组中主要的转座子序列)，而 *EnSpm*(CACTA)属真核生物中 19 种"剪与贴"(cut-and-paste)DNA 转座元件家族之一。伴随组织的脱分化和重新分化(从愈伤组织到再生苗)过程，*Copia*、*Gypsy* 和 *Ogre* 中的 5-甲基胞苷水平升高。在用于诱导愈伤组织的茎节外植体及其愈伤组织中，*EnSpm* 的 5-甲基胞苷水平未发生显著的变化，但在愈伤组织再生的"苗节"间组织中发生显著增加。利用甲基化突变体的研究也表明，转座子中的 5-甲基胞苷水平增加是为了避免转座子扩散以保护基因组(Vining et al.，2013)。这些结果表明，在离体组织脱分化和器官再生过程中，由愈伤组织所形成的再生苗组织中的 DNA 甲基化频率并不会被重新设置到原来外植体的胞嘧啶甲基化水平。在脱分化的组织(愈伤组织)中基因体的高度甲基化并不干扰基因的转录，而且可能担负着防止所富含的转座元件的激活的作用。

9.2.4　表观遗传修饰与体细胞胚胎发生

体细胞胚胎发生(体胚发生)很早以来就被认为是快繁植物的一种重要的手段(参见第 5 章)。体胚发生可以说是从体细胞形成胚的脱分化的过程，这需要适当的信号以诱导体细胞进行脱分化，并获得胚胎发生的感受态以便产生对诱导信号进行响应的合适的细胞环境(Braybrook and Harada，2008)。现有研究结果表明，离体培养的细胞可通过激烈的染色质重塑对离体培养的条件做出快速的反应(Karami et al.，2009；Costas et al.，2011)。这一过程涉及许多基因的调节，其中表观遗传的修饰是一种重要的调控(Us-Camas et al.，2014)。

9.2.4.1　DNA 甲基化与体胚发生

1)DNA 甲基化抑制剂对体胚发生和 DNA 甲基化的影响

采用 DNA 甲基化抑制剂(或 DNA 脱甲基化试剂)处理培养物可揭示 DNA 甲基化与体胚发生的相关性，最常用的 DNA 甲基化抑制剂是脱氧胞嘧啶类似物 5-氮杂胞苷，又名 5-氮杂胞嘧啶核苷(5-azacytidine，5-AzaC)。5-氮杂胞苷处理后所诱导的 DNA 胞嘧啶甲基化水平降低或脱甲基化可影响胚性愈伤组织正常的体胚发生能力并抑制非胚性愈伤组织的生长。在此，以中粒咖啡体胚发生为例(Nic-Can et al.，2013)进一步叙述。

中粒咖啡(*Coffea canephora*)的体胚发生是不经过愈伤组织而直接从叶外植体的叶缘诱导的直接体胚发生途径。其过程大致可分为体胚诱导、细胞脱分化和体胚发育阶段(图 9-9A，B)。在体胚诱导阶段，离体再生的小苗在含有萘乙酸(naphthalene acetic acid，NAA)和激动素(kinetin，KT)的介质中预生长 14 天后，取

其叶为外植体在含 5mmol/L 苄基腺嘌呤(benzyladenine，BA)的液体培养基中共培养 56 天(图 9-9A)。在出现原胚团之前为体胚诱导阶段；在诱导的 21～28 天，外植体细胞进行脱分化，可形成致密的细胞，称为原胚团(proembryogenic mass，PEM)阶段；在诱导 35 天后在 PEM 中出现新形成的分生组织中心，即为球形胚(G)发育阶段；此后的 42～49 天，形成几种胚结构如球形胚(G)、心形胚(H)、鱼雷形胚(T)和子叶形胚(C)；最后，在诱导的 56 天，如用电子显微镜观察，可发现在叶外植体的四周出现所形成的各种发育阶段的体胚(PEM、G、H、T 和 C)(图 9-9B)。

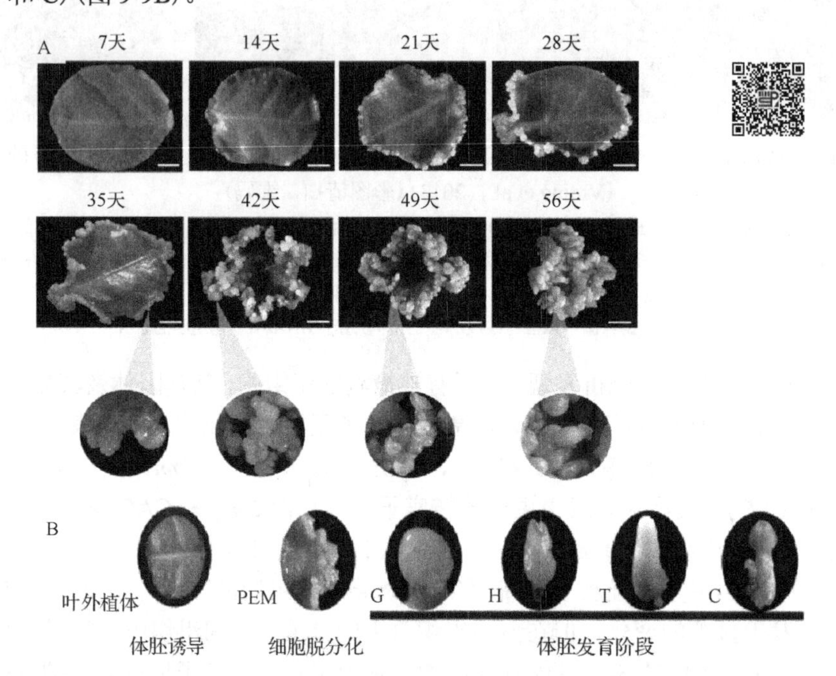

图 9-9　中粒咖啡(*Coffea canephora*)叶外植体体细胞胚发育过程(A)及其阶段的划分(B)(Nic-Can et al.，2013)
(彩图请扫二维码)

在黑暗的条件下，叶外植体培养在含 5mmol/L BA 的 Yasuda 液体培养基(Quiroz-Figueroa et al.，2006)上，在诱导 14 天后，在叶片的边缘开始体胚发生，在诱导的 21～28 天发育出原胚团。体细胞胚结构的第一次分化始于诱导后 42～56 天。圆圈所示的是体胚的放大图。标尺为 4mm

在中粒咖啡叶外植体体胚发生过程中，每 7 天分别使用 10mmol/L 和 20mmol/L 的 5-AzaC 处理培养物，直到培养的 56 天。与对照(无 5-AzaC 处理)相比，在体胚诱导的头 7 天处理时，这两种浓度的 5-AzaC 使体胚形成率分别降低了 86%和 98%，都有显著抑制体胚发生的作用。值得注意的是，处理时间在体胚诱导的 14 天时，其抑制体胚发生的效果明显减弱；而在培养 35 天时处理，其抑制体胚发生的作用消失。同时，在培养的 21 天时，两种浓度的 5-AzaC 处理，都未显示对体胚发生有不利的作用；相反，此时的处理可使原胚团的增殖增加，从而推迟体胚结构的形成。与对照相比，20mmol/L 5-AzaC 的处理还使球形胚(G)的数量增加了 1.6 倍。这些结果表明，在体胚诱导后 21 天的 5-AzaC 的处理(特别是 20mmol/L 的处理)不但使体胚发生不能同步进行，也减少了体胚形成的数量。此外，在培养 35 天时的 5-AzaC 处理导致处于早期发育阶段(主要是球形胚和心形胚)的体胚数量增加，这说明 5-AzaC 可通过影响 DNA 甲基化的阈值水平干扰体胚的正常发育。5-甲基-2′-脱氧胞嘧啶(5-methyl-2′-deoxycytosine，5m2′dC)水平的测定表明，在体胚诱导的 56 天中，每 7 天用 10mmol/L 的 5-AzaC 处理可使 5m2′dC 的水平从头 7 天处理的 23.5%降低到 56 天处理时的 14%，而由这一处理所引起的 DNA 脱甲基化与此后的体胚诱导作用的失常直接相关(Nic-Can et al.，2013)。

体胚发生的另一个方式是间接体胚发生，这里以蒺藜苜蓿(*Medicago truncatula*)叶所诱导的愈伤组织进行间接体胚发生为例。根据蒺藜苜蓿叶外植体的间接体胚发生的能力，可将该植物分为易发生体胚的胚性品系(line M9-10a)和不易发生体胚的非胚性品系(line M9)。流式细胞仪分析表明，在这两个品系中，其核 DNA 没有差异。5-AzaC 处理可引起胚性品系的植株再生能力和体胚发生能力的降低，以及非胚性品系的愈伤组织增殖速率的增加，直致褐化死亡(Santos and Fevereiro，2002)。

根据甲基化敏感的限制性内切酶 *Msp* Ⅰ和 *Hpa* Ⅱ或 *Sau*3A Ⅰ和 *Sma* Ⅰ对 DNA 有关序列切割模式的差

异，可以了解 DNA 甲基化的模式。例如，*Hpa*Ⅱ不能切割 CmCGG(其中 m 表示第二个胞嘧啶碱基 C 被甲基化)，而 *Msp*Ⅰ则不受此限制；这两个酶都不能切割含有 mCCGG 和 mCmCGG 的 DNA。*Sau*3AⅠ可以识别 GATC，但不能识别被甲基化的 GATC^{m5}；*Sma*Ⅰ可以识别和切割 CCCGGG 与 C^{m5}CCGGG(位于中间的胞嘧啶碱基 C 被甲基化)，但不能识别和切割该片段中最外侧与最内侧的 C 被甲基化的片段，即不能识别 ^{m5}CCCGGG 和 CC^{m5}CGGG(Nelson and McClelland，1991)。

将蒺藜苜蓿培养物体胚发生时的 rDNA 作上述的酶切处理，可揭示序列 CCGG 上的甲基化模式与体胚发生的关系，这一研究结果表明：从体胚诱导培养基中的胚性和非胚性愈伤组织所分离的总 DNA 中所测定的甲基化水平无显著的差别。在这两个培养系的愈伤组织中 *Msp*Ⅰ和 *Hpa*Ⅱ的 DNA 切割模式也无显著差异。但 *Sma*Ⅰ的 DNA 切割模式表明，在胚性品系(line M9-10a)的愈伤组织中，其甲基化可能以 C^{m5}CCGGG 为主，而非胚性品系(line M9)中则是以 ^{m5}CCCGGG 和 CC^{m5}CGGG 为主。同时，5-氮杂胞苷处理可引起胚性品系和非胚性品系愈伤组织的 DNA 中 CCGG 片段的 CpG 二核苷和 CpCpG 三核苷位点脱甲基化，从而降低胚性品系和非胚性品系愈伤组织的 DNA 甲基化水平。从这些结果可以推论，经 5-氮杂胞苷处理后所诱导的 rDNA 的脱甲基化，可影响胚性品系愈伤组织的体胚发生能力并抑制非胚性品系愈伤组织的生长。因此，体细胞胚的发生是需要一定水平的 DNA 胞嘧啶甲基化(Santos and Fevereiro，2002)。

5-氮杂胞苷(5-AzaC)对西葫芦(*Cucurbita pepo*)体胚发生的作用研究结果表明，致伤的西葫芦合子胚，根据培养基成分的不同，可诱导获得 3 种胚性愈伤组织细胞培养系：①预胚性决定细胞(pro-embryogenic determinated cell，PEDC)培养系；②2,4-D 诱导胚性细胞 (2,4-D induced embryogenic cell，DEC)培养系；③驯化胚性细胞(habituated embryogenic cell，HEC)培养系。这些细胞培养系都可在合适的培养条件下进行间接体胚发生，尽管它们形成体胚的能力有差异。测定这些细胞培养系进行体胚发生时 DNA 甲基化的动态过程表明，DNA 甲基化最高速率出现在早期胚胎发育阶段(原球形胚和球形胚阶段)，随着体胚的发育，到成熟阶段无论在无生长素的培养基中还是加入 5-AzaC 的培养基中，培养物的 DNA 甲基化速率都降低，当培养基中加入 5-AzaC 时，胚性特征仍可维持 2 个月。这说明 DNA 甲基化抑制剂(5-AzaC)可使培养物的甲基化水平降低，但不能立即阻止培养物的胚性表达(Leljak-Levaníc et al.，2004)。

西葫芦这一研究结果却与已报道的胡萝卜体胚发生的结果(Munksgaard et al.，1995)有所不同。研究者认为西葫芦 DNA 胞嘧啶甲基化水平的升高与体胚发生的早期阶段存在相关性，同时这一相关性并不唯一取决于培养基中是否存在生长素，这说明，体胚的诱导是在逆境条件下通过甲基化的改变而实现的(Leljak-Levaníc et al.，2004)。有意思的是，Fraga 等(2012)的研究显示，在南美棯(*Acca sellowiana*)的体胚诱导时即使加入 5-AzaC，其 DNA 甲基化水平也增加，5-AzaC 的加入还导致体胚转化为小植株的频率降低。如上所述，5-AzaC 处理可使蒺藜苜蓿(*Medicago truncatula*)DNA 脱甲基化而丧失体胚发生能力(Santos and Fevereiro，2002)，这与在中粒咖啡体胚发生时的该化合物的作用相一致。这说明 DNA 甲基化在植物的体胚形成中有重要的作用。在中粒咖啡体胚发生过程中，5-AzaC 处理所致的抑制体胚发育作用的降低与其处理的时间有关。在体胚诱导的早期阶段(如诱导 7 天和 14 天后)的 5-AzaC 处理可显著地影响体胚发生，使体胚的早期发育趋于更为同步化，但也延缓了体胚的成熟。相似的结果也见于胡萝卜(*Daucus carota*)的体胚发生过程中，5-AzaC 处理使其体胚发育停止在心形胚阶段并诱导次生体胚发生(secondary embryogenesis)(Lo Schiavo et al.，1989)。此外，Yamamoto 等(2005)也报道 5-AzaC 对胡萝卜体胚发生的作用取决于其处理的时间。如果在体胚诱导后的 3 天或 7 天处理，都可使体胚发生停止；但如果在体胚诱导后的 7 天或 14 天处理，则对体胚发生无明显作用。遗憾的是，研究者对这些表观调控的相关机制尚不十分清楚；5-AzaC 处理这一特异性抑制甲基化的机制有待进一步的证实。

2)体胚发生各阶段 DNA 甲基化水平的变化

研究已发现胡萝卜和西葫芦(*Cucurbita pepo*)胚性细胞形成时 DNA 甲基化水平增加(Yamamoto et al.，2005；Levanic et al.，2009)，欧洲栗(*Castanea sativa*)的体胚诱导及其进一步的发育都要求 DNA 甲基化(Viejo et al.，2010)。这些研究结果表明，胚性细胞的形成与 DNA 甲基化水平增加相关。但也有与此结果相反的报道，对体胚发生而言，DNA 甲基化水平的增加并非像已报道的资料所言那么重要。研究已发现在一些品种的体胚发育时降低 DNA 甲基化水平是非常重要的。例如，刺五加(*Eleutherococcus senticosus*)和月季(*Rosa hybrida*)体胚发生的脱分化阶段与胚性愈伤组织形成阶段发生 DNA 脱甲基化(5-mdC)是常见的事件(Chakrabarty et al.，2003；Xu et al.，2004)。此外，对于欧洲栗和南美桧的体胚发生的诱导或体胚分化开始之前的阶段 DNA 脱甲基化也是非常重要的(Viejo et al.，2010；Fraga et al.，2012)。

刺五加叶外植体在改良 MS 培养基(含 2.26mmol/L 2,4-D)培养 10 周后可分别获得半透明且呈黏液状的非胚性愈伤组织和可体胚发生的胚性愈伤组织(Chakrabarty et al.，2003)。研究者通过采用 HPLC 和甲基敏感扩增多态性(methylsensitive amplification polymorphism，MSAP)分析其胚性与非胚性愈伤组织进行间接体胚发生时的 DNA 甲基化(5-mdC)模式发现，在胚性愈伤组织的基因组中甲基化速率明显地比非胚性愈伤组织的低(图 9-10)，此外，甲基敏感扩增多态性分析也反映了这一事实，因为，非胚性愈伤组织基因中的 5′-CCGG-3′ DNA 片段中甲基化频率(5-mdC)为 16.99%，而在胚性愈伤组织中为 11.20%。这一甲基化频率的差别可能是由发育基因表达及其胚性的体现所致(Chakrabarty et al.，2003)。

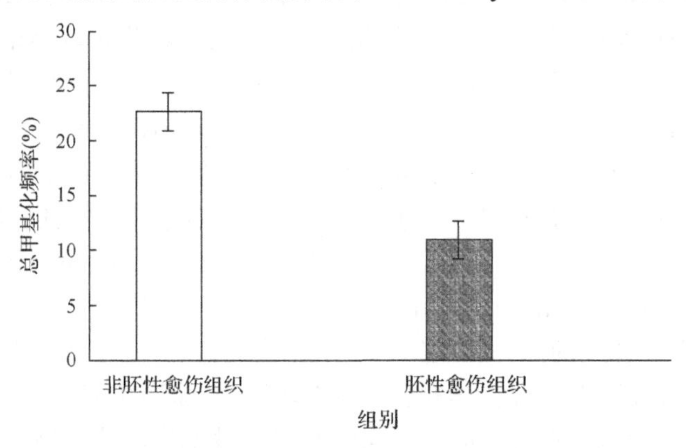

图 9-10　由西伯利亚人参叶片诱导的胚性和非胚性愈伤组织基因组中 DNA 甲基化(5-mdC)频率(%)的比较(Chakrabarty et al.，2003)

DNA 甲基化频率(%)按公式：(5-mdC 含量/dC 含量+5-mdC 含量)×100%计算，其中 5-mdC(5-methyl-deoxycytidine)为 5-甲基脱氧胞苷；dC(deoxycytidine)为脱氧胞苷。图中的数值是 3 个样品平均值±标准误差

对中粒咖啡体胚发生诱导和体胚发育各阶段(图 9-11)的 DNA 甲基化(5-甲基-2′-脱氧胞苷)水平的测定(56 天的培养中，每天测定一次)表明，在该中粒咖啡体胚发生时可见有两个 DNA 甲基化水平增加的时段。第一次 DNA 甲基化增加的时间在体胚诱导后的 7～21 天(图 9-11A)，此时，也是 DNA 甲基化抑制剂 5-AzaC 对体胚发生诱导显示明显影响的时段。第二次 DNA 甲基化水平增加的时间在体胚诱导后 35～56 天，即体胚发生结束阶段(图 9-11A)。体胚发生时 DNA 甲基化水平逐步增加，从诱导 0 天的 23.8%增加到诱导 56 天的 29%；但在诱导 21 天和 28 天时，DNA 甲基化水平有所下降，分别为 24.8%和 23.5%。这与此时脱分化的组织进行迅速的细胞增殖有关；而到了诱导 35 天(此时是体胚发育的第一个阶段，即体胚发生诱导阶段)至 56 天，其 DNA 甲基化(5-甲基-2′-脱氧胞苷)水平又逐步增加，直至出现显著的增加(如图 9-11A 中*所示)。从而可知，体胚结构的分化伴随着 DNA 甲基化水平的增加(图 9-11A)(Nic-Can et al.，2013)。

另外，研究已发现在咖啡体胚发育的不同阶段，DNA 甲基化水平发生了不同的变化(图 9-11B)。例如，在体胚发育的子叶形胚阶段出现高水平的 DNA 甲基化，而合子胚相应的子叶形胚阶段却出现低水平的 DNA 甲基化(图 9-11B)，这可能与种子内的合子胚处于休眠期而停止发育有关，而子叶形的体胚仍然持续它的发育。对中粒咖啡体胚发育各个阶段(PEM、G、H、T 和 C 阶段)的 DNA 甲基化水平的测定结果(图 9-11B)显示，与再生植株和合子胚的子叶形胚发育阶段的 DNA 甲基化水平相比，原胚团阶段是 DNA 甲基化水平(23.7%)最低的阶段，在此阶段，所形成的原胚团可从叶外植体分离并在诱导第 28 天后游离出来，随着体胚的发育，其 DNA 甲基化水平也增加，到了体胚发育的子叶形的阶段，其 DNA 甲基化水平达到最高值。子叶形的体胚中 DNA 甲基化水平比再生植株的高 5%，而合子胚的 DNA 甲基化水平要比同一发育阶段的体胚低 2%。已有报道表明，DNA 甲基化水平的增加与改变基因的转录模式相关，因为 DNA 甲基化通过直接干扰转录因子的可达性(accessibility)而抑制转录(Bruce et al.，2007；Kouzarides，2007)。

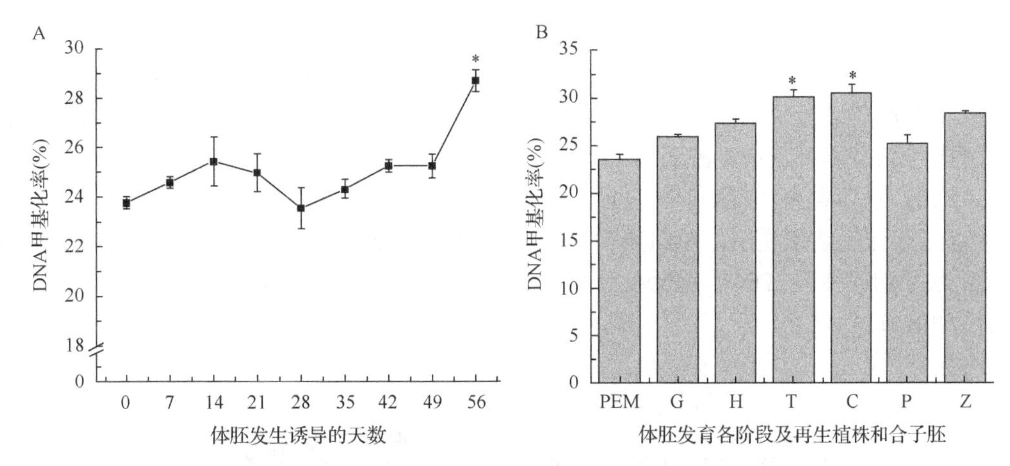

图 9-11　中粒咖啡(*Coffea canephora*)体胚发生诱导过程、体胚发育各阶段及其再生植株和合子胚中总 DNA 甲基化水平的比较(Nic-Can et al.，2013)

A：体胚发生时间进程(以 7 天为单位)中 DNA 甲基化(5m2′dC)水平(%)的变化。B：体胚发育不同阶段和不同组织中 DNA 甲基化(5m2′dC)水平(%)，其中，PEM：原胚团发育阶段，G：球形胚发育阶段，H：心形胚发育阶段，T：鱼雷形胚发育阶段，C：子叶形胚发育阶段，P：再生小植株组织，Z：合子胚处于子叶形胚发育阶段。DNA 甲基化水平(%)按公式：(5m2′dC 含量/5m2′dC 含量+2′d C 的含量)×100%计算。其中，5m2′dC(5-methyl-2′-deoxycytidine)为 5-甲基-2′-脱氧胞苷；2′dC(2′- deoxycytidine)为 2′-脱氧胞苷。5m2′dC 含量和 2′d C 的含量采用反相高效液相色谱(phase-reversed HPLC)测定。图中*表示数据有显著差异(Tukey 检验，P≤0.05)。误差条表示数据平均值±标准误差(N=3)

综上所述，从已有的研究结果来看，胚性细胞形成与 DNA 甲基化水平的增加呈现密切相关性，然而对体胚发生而言，可因植物品种而异：有一些品种的体胚发育时要求降低 DNA 甲基化水平。例如，前述的刺五加(*Eleutherococcus senticosus*)和月季(*Rosa hybrida*)体胚发生的脱分化阶段与胚性愈伤组织形成阶段伴随着 DNA 脱甲基化或要求 DNA 甲基化水平的降低；在欧洲栗(*Castanea sativa*)和南美棯(*Acca sellowiana*)体胚发生的诱导阶段或体胚分化开始之前的阶段也伴随发生 DNA 脱甲基化(Chakrabarty et al.，2003；Xu et al.，2004)。有报道表明，DNA 甲基化以其多样化的模式参与动物和植物发育阶段的控制(He et al.，2011)。

9.2.4.2　组蛋白修饰与体胚发生

组蛋白的生物化学研究显示，组蛋白可在其尾部引入乙酰基、甲基、磷酰基、ADP 核糖基团及多肽如 SUMO(small ubiquitin-related modifier)和泛素进行转录后的修饰。这些组蛋白修饰的基因组作图揭示组蛋白修饰的一些基团在一些特定的区域趋向于共同发生(co-occur)，同时每一种如此的修饰大体上可分为使基因或转座子的转录激活和沉默两大类。特别是在动物和植物中都证实组蛋白 H3 赖氨酸残基的甲基化与乙酰化可激活或沉默基因表达，以及在基因表达的激活和沉默状态的转换上起着重要的作用，除个别例外，此类组蛋白的修饰及其功能在动、植物中通常都是保守的(Deal and Henikoff，2011)。

1) 组蛋白 H3 甲基化模式变化与体胚发生

组蛋白H3 4位赖氨酸的三甲基化(H3K4me3)和组蛋白H3 27位赖氨酸的三甲基化(H3K27me3)是两个研究比较充分的组蛋白 H3 甲基化修饰，它们分别与基因转录的激活和沉默相关，H3K4me3 是动、植物发育重要基因的转录激活的标记物，而 H3K27me3 则是沉默其基因转录的标记物(Deal and Henikoff，2011)。

研究发现，在中粒咖啡体胚发生过程中，除观察到 DNA 甲基化水平的变化外(图 9-11A)，在体胚诱导 21 天和 28 天后也发现了与 DNA 甲基化水平降低相关的组蛋白甲基化的变化模式(图 9-12A)。从叶外植体及其所诱导的培养物中提取总核蛋白，并以激活基因转录的标记物 H3K4me3、抑制基因转录的标记物 H3K9me2 和 H3K27me3 为专一性抗体进行 Western 印迹分析，测定其中的 H3 组蛋白甲基化水平的改变。这一研究结果显示：体胚诱导的第 7 天，与诱导 0 天时相比，H3K4me3、H3K9me2 和 H3K27me3 标记物的总体水平在下降，甚至在体胚诱导第 21 天和第 28 天难以检测到 H3K9me2 存在(图 9-12A)，DNA 甲基化水平也在这两天降低(图 9-11A)。但是另一个抑制基因转录的 H3K27me3 在体胚发生进程中(体胚诱导的第 7 天除外)维持比较稳定的水平(图 9-12A)。在体胚发生各阶段组蛋白甲基化水平的变化模式的分析表明(图 9-12B)，从原胚团阶段至子叶形胚发育阶段，总的组蛋白 H3 甲基化(H3K4me2、H3K4me3、H3K9me2 和 H3K27me3)水平都呈现升高趋势。另外，从动态变化的角度上看，在原胚团阶段至球形胚和鱼雷形胚的发育阶段中，H3K9me2 和 H3K27me3 的水平变化极少，但是它们的水平在心形胚和子叶形胚阶段升高(图 9-12B)。总体看来，中粒咖啡体胚发育的各个阶段中，激活转录的标记物 H3K4me2 和 H3K4me3 都保持充足的水平。这些结果说明，总组蛋白甲基化水平的改变，特别是基因转录抑制标记物 H3K9me2 和 H3K27me3 水平的改变及 DNA 胞嘧啶甲基化水平的改变对从体细胞转向体胚的发育都是所必需的(Nic-Can et al.，2013)。

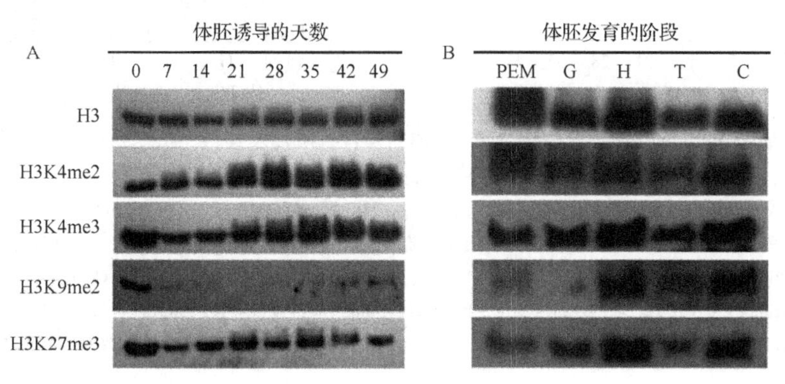

图 9-12　中粒咖啡(*Coffea canephora*)体胚诱导及体胚发育不同阶段的组蛋白 H3 甲基化模式的变化(Nic-Can et al.，2013)

A：中粒咖啡体胚诱导过程免疫印迹分析。B：中粒咖啡体胚发育不同阶段的组织印迹分析。总组蛋白从叶外植体中提取，以特异性的相关抗体为探针对体胚诱导的时间进程(0～49 天)和不同的体胚发育阶段组织进行 Western 印迹分析。PEM 表示原胚团发育阶段，G 表示球形胚发育阶段，H 表示心形胚发育阶段，T 表示鱼雷形胚发育阶段，C 表示子叶形胚发育阶段

2)组蛋白的脱乙酰化与体胚发生

研究表明，当体胚发生时，除 DNA 甲基化之外，组蛋白的脱乙酰化也起着重要作用。例如，在烟草细胞培养过程的有丝分裂时，主要是组蛋白 H3 和 H4 以分裂阶段特异性的方式进行脱乙酰化的形式呈现动态性组蛋白修饰(Li et al.，2005)。目前这方面的研究刚刚开始。

曲古抑菌素 A(trichostatin A，TSA)是组蛋白脱乙酰酶(HISTONE DEACETYLASE，HDA)的一种抑制剂。研究已发现该抑制剂可影响胚和种子发育相关基因及其转录因子的表达(Tanaka et al.，2008)。将欧洲云杉(*Picea abies*)子叶形的体细胞胚在含有 TSA(组蛋白脱乙酰基酶抑制剂)的培养基上萌发 10 天，然后转入不含 TSA 的培养基上，以诱导胚性培养物的形成。该体胚的萌发进程被部分地抑制，其被诱导形成胚性培养物的频率可达 85%，而对照的则只有 35%。这表明，由外植体子叶形体细胞胚诱导出胚性培养物的潜能，在加入 TSA 的培养基上培养时得以保持(Uddenberg et al.，2011)。

已知，*LEC*(*LEAFY COTYLEDON*)、*ABI3*(*ABSCISIC ACID INSENSITIVE3*)和 *VP1*(*VIVIPAROUS1*)(*VP1* 是玉米中所分离的 *ABI3* 直系同源基因)是促进胚成熟的相关基因(Braybrook and Harada，2008；To，2006)，而 TSA 处理可抑制胚性培养物中 *LEC* 基因的表达。*HAP3* 基因(*HAP3A* 和 *HAP3B*)是从欧洲云杉和欧洲赤松(*Pinus sylvestris*)中所分离的针叶树 *LEC1* 类型基因。*HAP3* 基因在针叶树类种胚和体胚发育的早期显示高水平表达，在体胚发育的后期表达水平降低，*VP1* 基因的表达模式则与之相反，即在体胚发育早期的表达水平低，在体胚发育的后期表达水平升高。当欧洲云杉的体胚成熟时，以 TSA 处理其胚性培养物，不但阻止了其体胚成熟的过程，同时也维持了 *PaHAP3A* 和 *PaVP1* 的表达模式，这些研究结果提示，染色体结构的变化(组蛋白脱乙酰化)与针叶树类的胚性基因表达及其胚性培养物的形成密切相关(Uddenberg et al.，2011)。

9.2.4.3　组蛋白修饰对体胚发生相关基因表达的调控

已知基因 *LEC1* 和 *BBM1*(*BABY BOOM1*)是与体胚发生密切相关的基因(Boutilier et al.，2002；Lotan et al.，1998），而基因 *WOX4*（*WUSCHEL-RELATED HOMEOBOX4*）是对原形成层分化有促进功能的基因（Suer et al.，2011）。这些基因在体胚发生中的表达模式都受表观遗传修饰的调控。例如，当中粒咖啡体胚诱导开始时（0天），这3个基因都不表达或表达水平极低，在合子胚（Z）中只有 *BBM1* 高水平表达（图 9-13）。*BBM1* 和 *LEC1* 在体胚诱导开始至第21天，其表达水平不断地增加（图 9-13A），至体胚发育的原胚团（PEM）阶段、球形胚阶段（G）和心形胚阶段（H），其表达量达到较高水平。*BBM1* 和 *LEC1* 的表达量分别在 PEM 和球形胚阶段达到最大值；随着体胚的进一步发育，如到了鱼雷形胚（T）和子叶形胚（C）阶段，它们的表达量降低（图 9-13B）。这说明 *LEC1* 和 *BBM1* 的表达对于体细胞胚的分化与成熟起着重要的作用；*BBM1* 基因表达所激活途径也与细胞增殖和生长有关，而 *LEC1* 的表达则是体胚发生的诱导及其体胚成熟所需要的（Nic-Can et al.，2013）。*WOX4* 的表达只在体胚诱导的0天、7天、14天、21天和 PEM 阶段中检测到（图 9-13A）。*WOX4* 的表达与其他植物的体胚发生的关系尚未有详细报道，只发现在葡萄（*Vitis vinifera*）体胚萌发时出现高水平的表达（Gambino et al.，2011）。

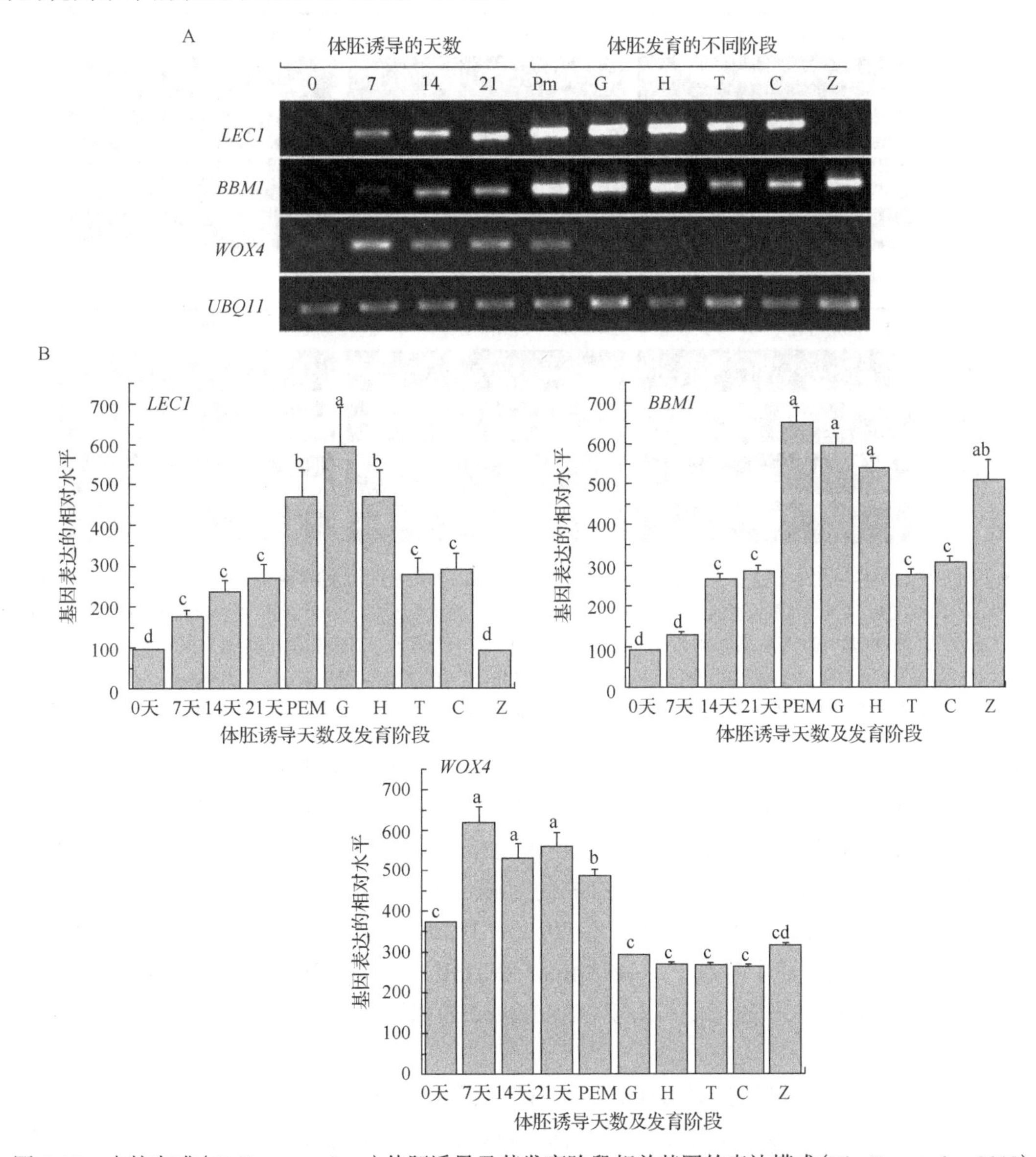

图 9-13 中粒咖啡（*Coffea canephora*）体胚诱导及其发育阶段相关基因的表达模式（Nic-Can et al.，2013）

A：用于 RT-PCR 分析体胚诱导期间相关基因表达的总 RNA 分别从体胚诱导的0天、7天、14天和21天的叶外植体中提取，或分别从原胚团 PEM、球形胚阶段（G）、心形胚阶段（H）、鱼雷形胚阶段（T）、子叶形胚阶段（C）和合子胚（Z）中提取。中粒咖啡叶中组成性基因 *UBQ11* 用作对照。B：如 A 所示的 *LEC1*、*BBM1* 和 *WOX4* 3个基因表达的光密度分析（densitometric analysis），它们的相对表达量为以组成性基因 *UBQ11* 为参照所得的校正值。同一柱形图的不同字母表示的是根据 Tukey 检验在统计学上有显著差异的数据（$P \leqslant 0.05$）。每组数据取3个重复样品，每个样品的 RT-PCR 操作2次另外，在中粒咖啡体胚发生过程的体胚诱导 0 天和 14 天，以及体胚发育的 PEM、H 和 C 阶段，通过染色质免疫沉淀(chromatin immunoprecipitation，ChIP)对组蛋白 H3 的甲基化的标志物如 H3K4me3、H3K9me2、H3K27me3 和 H3K36me2 的测定表明(图 9-14)：转录抑制标记物 H3K9me2 可在心形胚(H)至子叶形胚(C)阶段中累积，这是由编码 *WOX4* 的同源域所致，这些同源域与 DNA 结合非常重要。转录抑制标记物 H3K9me2 的富集与在图 9-13A 所示的从 H 至 C 阶段的 *WOX4* 的缺少表达相关，而从体胚诱导的 0 天至 PEM 阶段出现 H3K36me2 标记物说明它参与了 *WOX4* 的表达的调控(图 9-14)。已有研究表明，有些 *WOX* 家族的基因成员参与胚性细胞形成和分生组织细胞的维持的调节(Graaff et al.，2009)，并受 DNA 甲基化和 H3K9me2 的调控(Li et al.，2011)。因为 *WOX4* 的表达只有在中粒咖啡体胚诱导的 7 天、14 天、21 天和原胚团(PEM)形成阶段检测出来，而在此后体胚的各个发育阶段都几乎未能检测出来(图 9-13A)。图 9-14 的结果表明，在中粒咖啡体胚发生过程中，*WOX4* 的转录活性也受 H3K9me2 的控制。

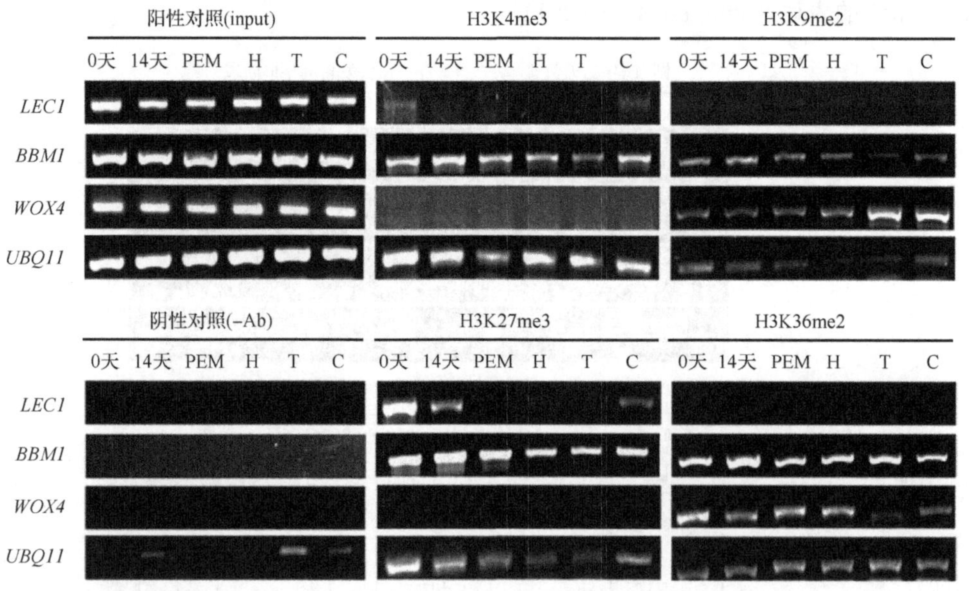

图 9-14　中粒咖啡体胚发生过程中组蛋白 H3 甲基化模式(染色质免疫沉淀测定结果)(Nic-Can et al.，2013)

分别在体胚诱导的 0 天、诱导后 14 天、体胚发育的原胚团(PEM)、心形胚(H)、鱼雷形胚(T)、子叶形胚(C)阶段取样，检测组蛋白 H3 尾部甲基化模式及其 *LEC1*、*BBM1* 和 *WOX4* 基因的表达。阳性对照(input DNA，即以不加任何处理的一部分样品作为阳性对照)：将稀释 10 倍的样品作为阳性对照。阴性对照(–Ab)为不加抗体的样品，其与进行染色质免疫沉淀的 H3K4me3、H3K9me2、H3K27me3 和 H3K36me2 作同样方式处理。以特异性的引物扩增的 *UBQ11* 为对照进行样品定量，同时以同样的用量用于基因 *LEC1*、*BBM1* 和 *WOX4* 的扩增

在体胚发育过程中，在 *LEC1* 和 *BBM1* 基因中富集转录抑制的表观遗传标记物 H3K27me3。例如，*LEC1* 中 H3K27me3 在体胚诱导的 0 天高度富集，但在第 14 天和子叶形胚(C)发育阶段只少量地积累(图 9-14)，这与 *LEC1* 在这些体胚发育阶段的表达抑制的程度密切相关(图 9-13)。同样的结果也在 *BBM1* 中被发现(*BBM1* 的基因组区域存在编码 2 个重复 AP2/ERF 的区域，这是与 DNA 结合所要求的区域)。如图 9-14 所示，在体胚发生的阶段中，特别是 0～14 天，在 *BBM1* 中都高度富集着 H3K27me3，此外，在所有培养的组织中，该基因的区域也积累着中等水平的 H3K4me3 和 H3K36me2 及低水平的 H3K9me2。这些结果表明，在 *LEC* 和 *WOX* H3K27me3 水平的降低与出现 H3K36me2 的积累(图 9-14)，可能有利于从 PEM 阶段至子叶形胚阶段的发育。

研究表明，在中粒咖啡体胚发生时 *LEC1* 和 *BBM1* 的染色质区域富含 H3K27me3；在植物中，这一转录抑制的表观遗传标记物主要累积于异染色质区(Zhang et al.，2007；Liu et al.，2010)。当中粒咖啡体胚发生时，在编码 *LEC1* 的 B-区的序列中的 H3K27me3 减少对于 *LEC1* 的转录非常重要，因为去除 H3K27me3 可激活该基因的表达(Liu et al.，2010)。值得注意的是，当中粒咖啡体胚发生由心形胚(H)阶段向鱼雷形胚(T)阶段转变时，在 *LEC1* 的染色质中不存在 H3K27me3(图 9-14)，这说明，*LEC1* 的作用可能涉及胚生长时下胚轴的伸长(Junker et al.，2012)。

综上所述，在中粒咖啡体胚发生的条件下，体细胞可通过 DNA 甲基化和组蛋白甲基化水平的动态变化进行表观遗传的程序重编，以促进体胚发生途径和体胚的发育(详见图 9-15 的说明)。已有报道表明，在细胞脱分化开始时 DNA 甲基化水平的降低及低水平的转录抑制标记物 H3K9me2 和 H3K27me3 可使其相关的基因表达(Grafi et al.，2007；Bouyer et al.，2011)。在拟南芥和水稻中 H3K9me2 已被证明参与异染色质的形成，而异染色质的形成取决于 DNA 的甲基化程度(Ding et al.，2007)。此外研究也已证明，H3K9me2 对于启动细胞脱分化的状态或重入细胞周期也有激活的作用(Grafi et al.，2007)。H3K27me3 与 H3K9me2 不同，它可控制拟南芥中 9006 个基因的表达(Lafos et al.，2011)，其中的一些基因与细胞分化和干细胞的调节相关。在中粒咖啡体胚发生时，DNA 甲基化水平和转录抑制标记物 H3K9me2 和 H3K27me3 水平的降低是触发细胞脱分化进而获得细胞全能性的关键步骤；而重建这些标记物，将有利于对体胚发育进行表观遗传调控。在中粒咖啡体胚发生时，通过 H3K27me3 来调节 *LEC1* 和 *BBM1* 的表达，而 H3K9me2 则抑制 *WOX4* 基因表达。已有研究表明，H3K27me3 仅直接抑制那些特异性转录因子家族成员，如 HAP3 和 AP2 类转录因子(Lafos et al.，2011)，而 *LEC1* 和 *BBM1* 就属于此类转录因子家族的基因。因此，表观遗传机制起着调控体胚发生的启动和体胚发育的作用(Nic-Can et al.，2013)。

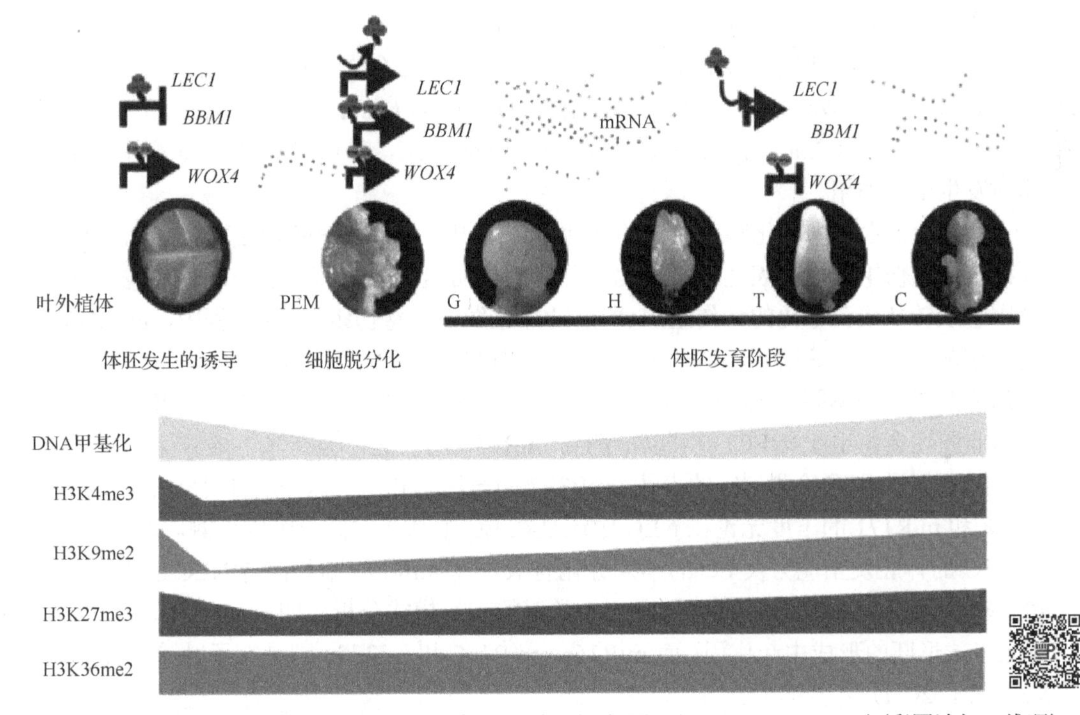

图 9-15　中粒咖啡体细胞胚胎发生的表观遗传调控机制设想图示(Nic-Can et al.，2013)(彩图请扫二维码)

诱导中粒咖啡叶外植体进行体胚发生时，细胞脱分化后通过动态性改变 DNA 甲基化和组蛋白修饰而实现体胚发生的进程；更具体一点来说，是通过 *LEC1*、*BBM1* 和 *WOX4* 基因表达的表观遗传调控而实现的。在理想的体胚诱导条件下，叶外植体已分化的体细胞首次启动表观遗传的改变，主要通过在 *LEC1* 和 *BBM1* 基因染色质上累积转录抑制标记物 H3K27me3 而抑制它们的表达(图上方标有红色的 3 个小实心圆表示 H3K27 的三甲基化)。*WOX4* 在胚胎发生诱导阶段高度表达，可能由累积转录激活标记物 H3K36me2(图上方标橙色的 2 个小实心圆表示 H3K36 的二甲基化)而缺少转录抑制标记物 H3K9me2(图上方标有 2 个灰色小实心圆表示 H3K9 的二甲基化)所致；此外，在这一体胚诱导阶段也可见高水平的 DNA 甲基化(黄色标记)。在原胚团(PEM)发育阶段，随着 *LEC1* 位点上的转录抑制标记物 H3K27me3 的去除，该基因得以表达，*BBM1* 表达时常伴随转录激活标记物 H3K4me3 和 H3K36me2 的累积；在 PEM 阶段，DNA 甲基化水平开始迅速降低。最后，在体胚发育后期的鱼雷形胚(T)阶段，H3K9me2 的增加而加速了 *WOX4* 的转录抑制，同时转录抑制标记物 H3K27me3 又开始在 *LEC1* 的染色质中累积，也使 *BBM1* 表达水平降低。在体胚发生诱导阶段，可见高水平的 DNA 甲基化。这些研究结果表明，在体胚发育的脱分化和分化事件中，染色质的动态变化是调控相关基因表达开关的关键步骤。图中，PEM 表示原胚团发育阶段，G 表示球形胚发育阶段，H 表示心形胚发育阶段，T 表示鱼雷形胚发育阶段，C 表示子叶形胚发育阶段。箭头表示基因表达，而截头线段表示基因表达的抑制。虚线的条数表示转录的程度

9.2.4.4　miRNA 与体胚发生

小分子 RNA 在各个生物学过程都起调节的作用。例如，真核细胞的发育命运可为这些非编码的小分

子RNA所操控；植物的miRNA(microRNA)、sRNA和干扰小RNA在转录和转录后水平的基因沉默中起中心的作用(Kaufmann et al.，2010；Molnar et al.，2010)。miRNA在植物激素信号转导中起非常重要的作用，可在细胞与细胞的通讯中作为潜在调节剂，可以在植物苗端分生组织和根中的一些细胞间移动，参与分生组织的形成、分化和胚胎发生(Carlsbecker et al.，2010；Ivey and Srivastava，2010；Liang et al.，2012)。

有关植物离体培养条件下表观遗传的研究主要集中在DNA甲基化和组蛋白修饰方面，而近几年miRNA在这方面的作用已备受关注(Miguel and Marum，2011；Wu et al.，2011；Li et al.，2012；Chen et al.，2013)。目前大部分的研究者都是从与体胚发生相关的小分子RNA文库中运用高通量测序结合生物信息技术，分析相关的miRNA及其靶基因，并采用实时定量PCR(qRT-PCR)的分析证实相关miRNA的表达模式，通过cDNA 5′CDNA末端快速扩增(RLM 5′-RACE)技术的分析验证相关miRNA的靶基因的表达，从而推测相关miRNA在体胚发生过程中的功能。

现有的研究表明，与miRNA生物合成有关的一些关键酶的突变会引起胚胎发生和分生组织发育的缺陷。例如，涉及miRNA功能作用的*AGO1*基因可在胡萝卜体胚发生时特异性地表达(Takahata，2008)。有些miRNA与体胚发生密切相关，这些miRNA可能通过相关的靶基因(主要是转录因子基因)和植物激素信号转导基因相互作用而控制体胚发生(Us-Camas et al.，2014)。

近年来国内对这一方面的研究比较活跃，研究者先后利用水稻愈伤组织(Luo et al.，2006)、瓦伦西亚甜橙(Valencia sweet orange)(Wu et al.，2011)、陆地棉(*Gossypium hirsutum*)(Yang et al.，2013b)、日本落叶松(*Larix leptolepis*)和龙眼(*Dimocarpus longan* Lour.)(Lin and Lai，2013)为材料，研究了miRNA在愈伤组织分化及体胚发生中的作用。

Luo等(2006)揭示了水稻未分化和已分化的胚性愈伤组织中相关miRNA的表达差异。例如，miR156在已分化的水稻胚性愈伤组织中的表达水平要比未分化的愈伤组织中的高，而miR397的表达水平则相反。从未分化的愈伤组织转换成已分化的愈伤组织(即启动体胚发生的愈伤组织)的过程中，miR319和miR156的表达模式发生显著的变化，这暗示着这一类miRNA与体胚发生的相关性。

研究者对瓦伦西亚甜橙体胚发生时的miRNA表达模式进行分析发现，在黑暗中培养不具有体胚分化能力的该甜橙的非胚性愈伤组织(NEC)中难以检测到miR156的表达，但在光下培养保持显著体胚发生能力的胚性愈伤组织(EC)中则可检测到它的表达；miR397的表达模式与miR156的相反；同时发现，miR398、miR159、miR168和miR171的丰度无论在NEC中还是在EC中都非常低或难以检测。因此，研究者认为，miR156与保持EC的体胚发生能力及EC的早期分化有关，而miR397则与保持NEC的不分化状态有关；miR156、miR168和miR171参与体胚的诱导过程。类似的表达模式分析表明，miR159、miR164、miR390和miR397可能在球形胚的形成中起作用；而miR166、miR167和miR398则是在子叶阶段体胚的形态发生中起作用(Wu et al.，2011)。

日本落叶松的体胚发生可分为8个阶段，在体胚发生过程中表达的miRNA包括11个家族17个miRNA，依它们在体胚发生所划分的8个发育阶段中的表达峰值或变化的倍数，可将它们分为4组，对这些miRNA在体胚发育阶段的特异性表达及其相关靶基因的研究表明，这些miRNA可能在日本落叶松体胚发生过程中起转录后的调控作用。例如，miR171a/b可能在原胚团(PEM)阶段发挥作用，而miR171c调控其体胚发生诱导；miR397和miR398主要参与PEM的增殖及其向单胚发育的转变；miR162和miR168可在整个体胚发生过程，特别是在阶段5～8(即在单胚发育晚期，子叶形胚发育的早、中和晚期阶段)中发挥作用；miR156、miR159、miR160、miR166、miR167和miR390可能在子叶形胚发育时起调控作用(Zhang et al.，2012b)。

在陆地棉(*Gossypium hirsutum*)胚性愈伤组织(EC)和下胚轴组织中，差异表达的共有36个已知的miRNA家族，其中其差异表达的*a*值达到大于或等于2倍变化($a \geq 2$-fold change)的包括在EC中表达被上调的8个miRNA家族成员(miR390、miR394、miR397、miR398、miR399、miR408、miR827和miR829)和被下调的28个miRNA家族成员。研究者采用实时定量PCR(qRT-PCR)的方法分析相关的5个富含的miRNA(miR156、miR164、miR167、miR390和miR3476)的表达模式发现，当陆地棉体胚发生时，在从球形胚到子叶形胚的发育阶段中 miR156、miR167 和 miR3476 的表达被上调，而从胚性愈伤组织至子叶形胚的发育阶段中 miR164 的表达被下调(Yang et al.，2013b)，这说明这些 miRNA 在陆地棉体胚发生过程中参与了再分化的过程。这与水稻中已发现的在分化的水稻愈伤组织中 miR156 的表达水平要比其脱分化的组织明显高的研究结果相似(Luo et al.，2006)，也与甜橙体胚发生时发现的 miR167 的表达模式(Wu et al.，2011)相似。研究者通过 cDNA 5′端的 RNA 连接酶介导的快速扩增技术(RLM 5′-RACE)确定了与棉花体胚发生相关的 miRNA 的靶基因，其中两个 SBP 转录因子基因为 miR156 的靶基因，一个生长素反应因子基因(*ARF16*)为 miR160 的靶基因，6 个 *ARF6* 家族成员和一个 *ARF8* 基因为 miR167 的靶基因。对在下胚轴外植体及其在不同体胚诱导时间、体胚发育不同阶段和非胚性愈伤组织中的 miR156 与 miR167 在棉花中的特异性靶基因表达调节模式的研究表明，4 个生长素反应因子基因(*ARF*)和一个 *SPL* 基因的表达可被这两个 miRNA 负调节。例如，miR167 可降解 *ARF6* 和 *ARF8*，这和在柑橘体胚发生中所发现的结果一致(Wu et al.，2011)。这说明，这两个 miRNA 在形成球形胚及其随后转化成子叶形胚的过程中起重要的作用(Yang et al.，2013b)。

上述的这一类的研究有利于我们了解维持分生组织细胞和胚胎发生与发育的机制。可在不同的培养条件下发现高频率体胚发生的品种培养物出现的特定 miRNA 的信息，这将有利于通过体胚发生来建立顽拗型品种及其他作物品种的植株再生体系(Us-Camas et al.，2014)。

9.2.5　表观遗传修饰与离体快繁的返幼作用

当植物度过生命周期时，它们将经历一个称为阶段转变(phase change)的发育过程。高等植物发育可经历4个阶段：胚胎发育期、幼龄期(juvenile phase)、成年期(adult)或称成年营养发育期(adult vegetative phase)和生殖发育期(reproductive phase)。紧接种子萌发后的是幼龄期(Fraga et al.，2002a)。一般来说，此时，即使植物处于合适的环境条件也难以开花，再经过一定时期的生长发育(根据品种的不同，这一时期可达数周至数十年不等)可进入成年期，成为具有开花能力的植物。表观遗传变化如 DNA 甲基化与一些树种如辐射松(*Pinus radiata*)(Fraga et al.，2002a; Valledor et al.，2010)、巨杉(*Sequoiadendron giganteum*)(Monteuuis et al.，2008; Huang et al.，2012)、马占相思(*Acacia mangium*)(Baurens et al.，2004)和欧洲栗(*Castanea sativa*)(Hasbún et al.，2007)的发育阶段的转变与返幼过程相关，而在生理上的返幼是快速繁殖该类成年树种的前提条件。有关这些发育阶段的控制与逆转(返幼)的细胞学和生化及分子机制的研究已有不少进展(Huijser and Schmid，2011)。

9.2.5.1　DNA 甲基化与植物离体快繁的返幼作用

研究表明，可能有几种相关机制，其中一个比较流行的解释表现在 DNA 甲基化上。例如，通过比较欧洲栗幼龄态和成年态插条的 DNA 甲基化水平，研究者发现衰老与 5-脱氧胞苷(5-deoxicytidine)的甲基化水平的逐步增加有关(Hasbún et al.，2007)。但也有与此结果相反的结果。例如，马占相思和巨杉离体培养的幼龄态微插条中的 DNA 比成年态微插条中的 DNA 具有更高的甲基化水平(Monteuuis et al.，2008)。反复将离体培养的成年态北美红杉(*Sequoia sempervirens*)苗接穗嫁接于幼龄态(种子萌发后的幼苗)的砧木上，可使成年态接穗的幼龄态倾向及其生根的感受态逐步恢复(具体方法参见第 4 章的 4.5.2 部分)，这是由其中的 DNA 甲基化水平逐步降低所致(Huang et al.，2012)。

辐射松幼龄态的接穗显示有较好的不定苗诱导能力，每个外植体成苗的数目也高(平均为 6.4)；而成年的针叶外植体所诱导的成苗率极低(表 9-2)。这一差别可能是由在幼龄的针叶束中存在较多数量的对不定苗诱导显示反应的“反应细胞”(reactive cell)所致。经过微嫁接的刺激，只有采用幼龄接穗才会在针叶束基部长出不定苗(Valledor et al.，2010)。如果采用未经微嫁接返幼的成年态针叶接穗，即使嫁接成功，该接穗也不能生长(Fraga et al.，2002b)。幼龄针叶的这一再生能力也反映在其 DNA 甲基化水平上，幼龄针叶的 DNA 甲基化水平平均为 15.7%，经过 2 个月的发育后成为成年针叶，其 DNA 甲基化水平增加至平均 17.7%(表 9-2)。

表 9-2 幼龄态和成年态辐射松(*Pinus radiata*)针叶 DNA 甲基化水平及其对不定苗诱导与微嫁接反应能力的比较(Valledor et al., 2010)

针叶成年度	5-甲基脱氧胞苷(5-mdC)水平(%)	不定苗发生能力	
		对诱导苗有反应的外植体频率	每个外植体成苗数
幼龄(叶龄 3～5 周)	15.7±0.5b	17/50(34%)a	6.4±2a
成年(叶龄 12 个月)	17.7±0.8a	2/50(4%)b	1.0±0b

注：各样品的 DNA 相对甲基化水平(%)以高效毛细管电泳(high performance calpilly electrophoresis)测定 5-甲基脱氧胞苷(5-methyldeoxycytidine, 5-mdC)的频率(%)，其计算方法：(5-mdC 的峰值/5-mdC 峰+dC 的峰值)×100，其中 dC 为脱氧胞苷(deoxycytidine)。表中的数据为平均值±标准误差。同一栏标有不同字母的数据表示有显著差异。5-甲基胞苷的水平数据的方差分析(ANOVA)：n=96，$P<0.05$。微嫁接成功率及其诱导成苗的外植体频率的 x^2 检验，n=100，$P<0.01$。每个外植体成芽数的方差分析(ANOVA)：n=100，$P<0.05$

这一2%的DNA甲基化水平的差异可能是组织特异性基因表达及由幼态针叶分化成成年针叶的调节机制之一。已有报道证明，总 DNA 甲基化模式的改变与其细胞亚全能性(pluripotency)的获得或损失相关。例如，植物细胞和胚性培养物，当它们失去生长潜能(growth competence)时其特异性 DNA 甲基化水平将增加(Chakrabarty et al., 2003)。通过比较辐射松的幼龄树和成年树分生组织部位的 DNA 甲基化程度可知，随着植株的返幼程度的增加，其分生组织部位中的 DNA 甲基化程度将降低(图 9-16)。从图 9-16 中可知，处于幼龄阶段的植株，其腋芽的针叶基部(包含分生组织)的基因组 DNA 甲基化程度为 35%，而处于成年树的相应部位的基因组 DNA 甲基化程度超过了 60%。与之相比，在幼龄阶段和成年阶段，针叶顶端是已分化的组织 b1a(图 9-16)，其基因组 DNA 甲基化程度为 60%～70%(图 9-16)。返幼植株针叶基部组织(分生组织)的 5-甲基胞嘧啶(5-mC)的相对百分比与该植株的返幼程度相关；连续地返幼(即连续地离体培养嫁接)将导致叶龄为 1 个月的针叶基部分生组织(b1b)基因组的 5-mC 水平逐步降低。如图 9-16 所示，返幼程度最大的成年树(C4)中的 DNA 甲基化程度最低(约 40%)，而返幼程度最低的(即被嫁接一次，C1)植株的 DNA 甲基化程度可达 60%。这说明当该松树衰老和返幼时将发生 DNA 甲基化程度的改变，该松树的返幼是其表观遗传修饰的结果，在返幼时表观遗传修饰的方向与该松树衰老进程的方向相反(Fraga et al., 2002a)。

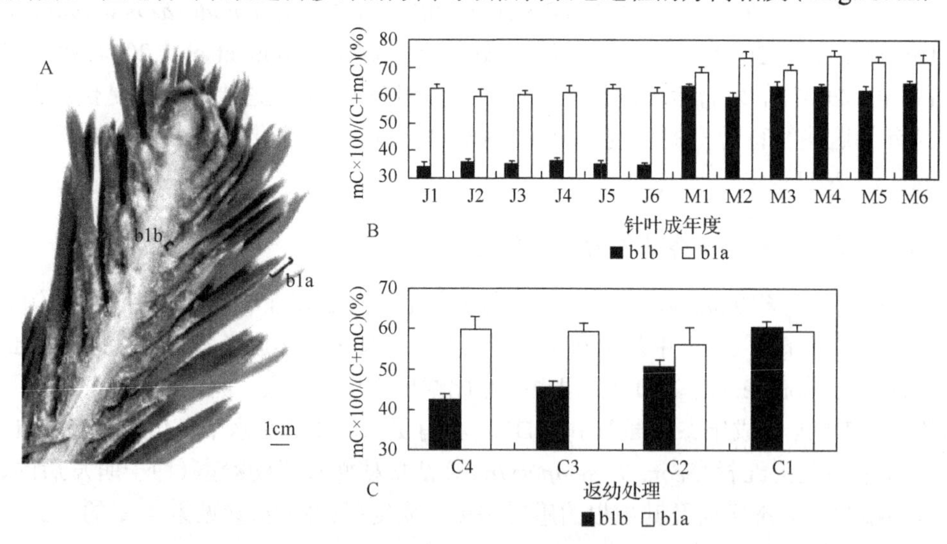

图 9-16 辐射松不同组织的基因组 DNA 甲基化程度的比较(Fraga et al., 2002a)

A：腋芽图示，bla 为针叶的顶端(2mm)包含已分化的组织；blb 为该叶的基部包含其分生组织。B：针叶幼龄阶段(J1 至 J6)和成年阶段(M1 至 M6)的基因组 DNA 甲基化程度；样品的取材包括种子的萌发苗在田中生长 4 年的幼龄植株(J1 至 J6)和在田中生长 30 年的成年植株(M1 至 M6)。C：通过连续的微嫁接后经历不同程度返幼的植株(C1、C2、C3 和 C4)上的腋芽 b1b 和 b1a 组织中基因组 DNA 甲基化程度的测定结果。在所有嫁接中，砧木为生长一年的种子萌发苗。其中 C1 为接穗取自 30 年树龄的已生长 9 年的嫁接植株，C2 为接穗取自 C1 的生长 7 年的嫁接植株，C3 为接穗取自 C2 的生长 4 年的嫁接植株，C4 为接穗取自 C3 的生长 2 年的嫁接植株。柱形图所代表的数据是样品的平均值+标准误差。用于分析 DNA 甲基化的样品为叶龄为一月的针叶，每一个 DNA 样品的相对甲基化值以 5-甲基胞嘧啶(5-methylcytosine, 5-mC)占总的胞嘧啶值(C)百分比，即(5-mC 的峰面积值×100)除以(C 的峰面积值+5-mC 的峰面积值)表示

5-甲基脱氧胞苷(5-methyldeoxycytidine, 5-mdC)的组织免疫定位的研究可以了解每一细胞层的 DNA

甲基化状态。辐射松幼龄针叶的特点是 5-mdC 定位于针叶的中心区域，对应于维管束和周维管组织区域，在这一发育阶段，这些组织是脱分化并被完全功能化的组织。而在成年的针叶中，该部位的 5-mdC 增加，同时，5-mdC 也出现在具有活跃的光合作用的栅栏组织和海绵组织的薄壁细胞中(Valledor et al.，2010)。另有研究表明，维管束中柱鞘(木质部和韧皮部)由维管和海绵薄壁细胞层所包裹，其最外两层细胞是相应的栅栏薄壁细胞，它们则为表皮层所覆盖。不定器官的诱导发生只源于最外层的薄壁细胞层(Abdullah and Grace，1987)。这说明，某一器官离体培养(外植体)的器官发生能力取决于栅栏薄壁细胞层的表观遗传状态，具有较强器官发生能力的幼龄针叶在其栅栏薄壁细胞层呈现较低的 5-mdC 定位免疫标记信号水平，而成年的针叶中则有较强的此标记信号。相似结果也发现于其他器官的成年过程。例如，杜鹃花的发育过程，随着生殖器官的分化，其中 5-mdC 免疫定位标记信号水平增加(Zluvova et al.，2001；Meijón et al.，2009)；欧洲栗(*Castanea sativa*)芽休眠时 5-mdC 水平增加，而芽萌发时水平较低(Santamaría et al.，2009)

成年针叶的离体器官发生能力的下降也与高水平的 DNA 甲基化、低水平的组蛋白 H4 的乙酰化和组蛋白 H3 第 9 位赖氨酸的甲基化程度的增加相关。免疫组织化学沉淀分析结果也说明，当接穗从幼龄转换为成年时，其栅栏薄壁细胞层的 DNA 甲基化水平与其丧失被诱导形成不定器官的能力相关联。

成年和幼龄针叶所具有的不定苗诱导能力和对微嫁接反应能力的差异也可在总 DNA 甲基化水平的差异上作出解释，即在幼龄针叶具有较低的 DNA 甲基化总水平，这反映其中的细胞已进入脱分化—再分化的发育程序，而具有较高 DNA 甲基化总水平的成年针叶细胞不能进入这一发育程序。但也有一些报道得出与此相反的结果。例如，幼龄表型的欧洲栗和巨杉的 DNA 甲基化水平高于其成年表型的 DNA 甲基化水平。这种相左的结论，可以根据其离体培养的一些特点加以解释，如这些培养物处于长时间培养从而导致生理衰老效应(特别是在不合适的培养基上的培养)(Hasbún et al.，2007；Monteuuis et al.，2008)。此外，还有报道称成年态和幼龄期的北美落叶松(*Larix laricina*)的 5-mdC 水平(%)没有差别(Greenwood et al.，1989)。DNA 甲基化对基因表达的调控，不仅影响与成年和衰老相关的基因的表达，也影响植物发育和对环境适应的调节。这说明这些研究结果的差异可能是由处于不同的离体培养环境的植物材料及其不同的发育阶段所引起的。

组蛋白的转录后修饰对基因表达的调控也起着关键的作用。组蛋白 H4 乙酰化(AcH4)水平的升高常与开放性的常染色质相关，而 AcH4 水平的降低则与异染色质化的过程相关(Pfluger and Wagner，2007；Deal and Henikoff，2011)。辐射松幼龄针叶中的 AcH4 水平(160.51±39.16)明显高于成年针叶中的水平(99.85±12.23)，组蛋白 H3 4 位赖氨酸的三甲基化(H3K4me3)是另一个常染色质的标记物，它仅在幼龄针叶中能被检测到，而组蛋白 H3 9 位赖氨酸的三甲基化(H3K9me3)这一异染色质标记物则只在成年针叶蛋白质提取物中能被检测到。高水平的 AcH4 和 H3K4me3 都存在于幼龄针叶中，其多数细胞都显示较低水平的甲基化(图 9-17)，这说明表观遗传的修饰极易发生在开放的、非限制性的常染色质中(在此染色质中

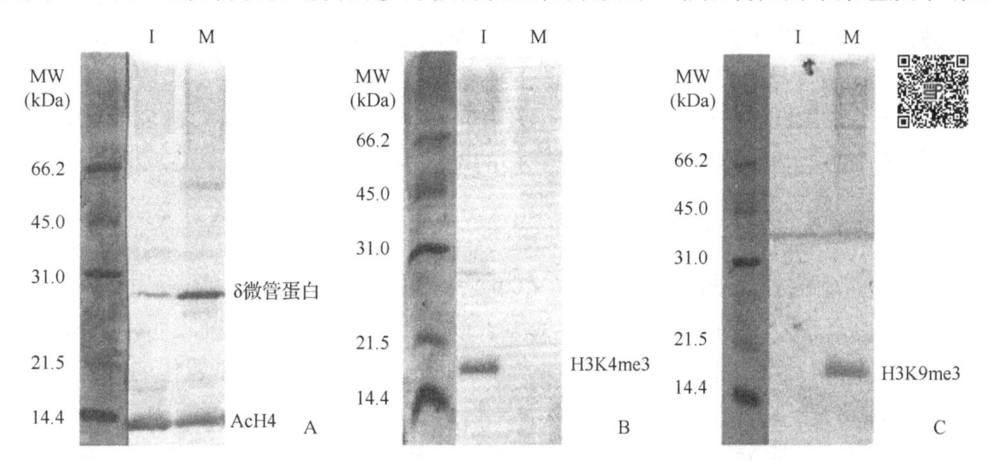

图 9-17　对从幼龄针叶(I)和成年针叶(M)所提取的蛋白进行组蛋白修饰免疫印迹的结果(Valledor et al.，2010)(彩图请扫二维码)

图中左泳道为标准分子量

极易发生程序重编），并赋予这些细胞全能性，这也使幼龄针叶比成年针叶具有更强的器官发生能力。成年针叶具有低水平的 AcH4 和高水平的总 DNA 甲基化与 H3K9me3，这反映了它们的细胞中形成了限制性的异染色质组成部分，使得这些细胞难以进入脱分化和再分化程序，因而难以形成新的器官(Valledor et al.，2010)。

尽管在组织培养过程中有关组蛋白修饰对表观遗传的调节方面已获得了各种资料，但是对于揭示这方面的相关机制的本质尚需许多更为深入的研究。

9.2.5.2 miRNA 与植物离体快繁的返幼作用

相关研究已表明，带着特定信号的 miRNA 可在嫁接的组织的细胞中移动，以便对其他相关的组织发挥相应的表观遗传的修饰作用(McGarry and Kragler，2013；Molnar et al.，2010；Liang et al.，2012)。

许多离体快繁困难的植物品种难以离体快繁成功的原因是外植体及其来源的植株处于发育的成熟状态(Merkle and Dean，2000)。为了克服这一困难，常采用的策略之一是将外植体的供体植物与幼态砧木组织进行嫁接或微嫁接。例如，北美红杉(*Sequoia sempervirens*)，又名加州红木，是世界上长得最高的植物之一，能长到 115m 高，主要分布于美国加利福尼亚州；目前已知最老的红木树龄约有 2200 年；将该树成年接穗嫁接到种子萌发幼苗的幼态砧木上，离体嫁接 5 次循环就会体现良好的返幼过程，其插条生根能力可达 100%(Huang et al.，1992)。在这一过程中，小 RNA 可有效地控制光合作用及其生根的潜能，特别是在返幼过程中，miR156 水平的增加和 miR172 水平的降低暗示了这两个 miRNA 将广泛地影响幼龄态与成年态发育阶段的转换(Chen et al.，2013)。

研究者在比较相同基因型的草莓组织培养植株(M0)及移栽在温室大棚生长处于不同发育时期的植株间 miRNA 表达差异的研究中发现，在这些植株之间有 4 种 miRNA 显示明显的表达差异，在 M0 中，miR156 表达水平最高，而 miR164 和 miR172 的表达呈现最低水平。以 miR156 为例，如果将草莓组织培养植株(M0)中 miR156 的表达水平作为 1，则移栽大棚生长 4 个月的植株(M0-4)为 0.148，移栽大棚生长至第一匍茎开花的植株(M1-F)为 0.036，移栽大棚生长至第一匍茎结实开始收获的植株(M1-B)为 0.067，移栽大棚生长至第一匍茎果实结束收获时的植株(M1-R)为 0.074(Li et al.，2012)。在 M0 中 miR164 和 miR172 的表达明显受抑制的相关机制尚有待进一步研究。在拟南芥和玉米苗发育的早期(幼龄态)miR156 也呈现高水平的表达，而当植株由幼龄态向成年态转换时，其表达水平显著降低，但 miR172 则呈现相反的表达模式(Chuck et al.，2007；Wang et al.，2009)。

这些研究结果都说明，miR156 的表达水平与返幼有一定的关系，这也可解释为何组织培养草莓植株呈现返幼的特点。已有研究表明，miR156 的靶基因是 *SPL*(*SQUAMOSA PROMOTER BINDING PROTEIN-LIKE*)家族基因(Wu et al.，2009)。在组织培养草莓植株中高表达的 miR156 可抑制其靶基因 *SPL* 的表达而控制植株从幼龄态向成年态的转变(Li et al.，2012)。微嫁接(micrografting)促进了 miRNA 从成熟态的外植体向幼龄态的外植体中的移动，从而增强了组织的返幼作用，在试管外(*ex vitro*)移栽的情况下，miR172 可促进 *SPL* 基因的表达，从而在温室条件下使组织达到成熟态。

在组织培养中有关 miRNA 在返幼方面的作用及其可移动的这一发现，将来可能会用于改善那些难以组织培养快繁的品种，如某些木本植物，以促进它们的幼龄状态(Us-Camas et al.，2014)。

9.2.6 表观遗传修饰与离体培养细胞的驯化作用

植物组织培养中的驯化(habituation)作用定义为被培养的植物细胞失去了原先对某种生长因子的需求，而这一作用还可稳定遗传(Meins，1989)(详见第 1 章的 1.5 节)。已有研究表明，植物继代培养中所发生的驯化作用是因 DNA 高度甲基化(或超甲基化)所引起的表型改变，既是可遗传的(Peredo et al.，2006)，又是可逆的(Smulders and de Klerk，2011)。例如，从烟草(*Nicotiana tabacum*)茎皮层所诱导的培养细胞，经过继代培养后其细胞对细胞分裂素的需求由原来从培养基中供给而变成组成性自给的细胞称为细胞分裂素自养性的细胞，即这些细胞在不外加细胞分裂素的培养条件下可持续地生长。从这些细胞培养而再生的植株中，有些植株的这一驯化表型消失，这一现象的发生被认为是在离体培养时有些基因位点发生脱甲基化所致，并产生了甲基化的表观等位基因。这一驯化作用似乎可以遗传，但也取决于离体培养条件；通过沉默特异基因可将它逆转。从烟草叶组织中已确定了相关基因位点，即 *Hl*(*Habituated leaf*)，如 *Hl-1*、*Hl-2* 和 *Hl-3*，其中两个具有减数分裂传递能力，这些传递作用是可逆的。在 *Hl-2* 上，其可遗传的驯化状态是由它的 DNA 的修饰，而不是突变所致(Meins and Thomas，2003)。

拟南芥根外植体在固体培养基上可诱导出愈伤组织，这一新形成的愈伤组织为非驯化的愈伤组织(non-habituated callus)(图 9-18D)。因为它只有在补充外源生长素和细胞分裂素的培养基上才能实现最大的生长。与之相对应的驯化的愈伤组织(habituated callus)是拟南芥 T87 细胞在固体培养基上经过几次继代培养而诱导的愈伤组织，这一组织不要求外加细胞分裂素便能实现其最大的生长(图 9-18B)。

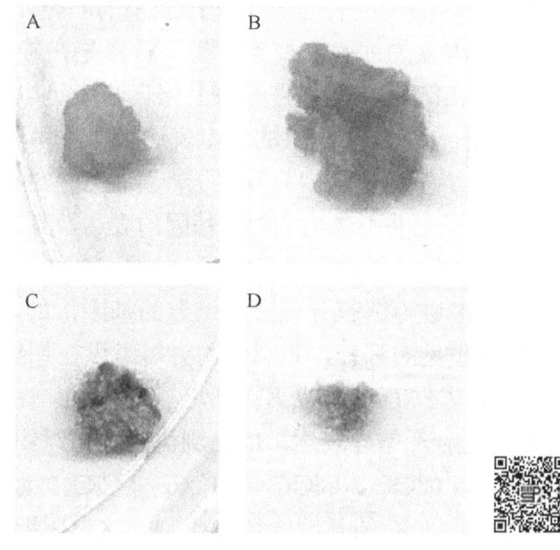

图 9-18　细胞分裂素对拟南芥驯化和非驯化的愈伤组织的生长及其形态的影响(Pischke et al.，2006)
(彩图请扫二维码)

A：在含细胞分裂素(BA)的培养基上培养 3 周后驯化的愈伤组织。B：在无细胞分裂素的培养基上培养 3 周后驯化的愈伤组织。C：在含细胞分裂素的培养基上培养 6 周的非驯化的愈伤组织。D：在无细胞分裂素的培养基上培养 6 周的非驯化的愈伤组织

T87 细胞培养物新诱导的愈伤组织，其细胞呈现快速的细胞分裂，也可见其不同的形态。例如，在 T87 愈伤组织团中易松散，并有光滑的外形(Pischke et al.，2006)。

尽管目前关于驯化作用的机制的实验证据非常缺乏，但至少已对此提出两种解释：其一，认为那些被培养的组织或细胞在一定时间的连续培养后，其生长发育不再依赖于外加的生长因子，如细胞分裂素等，而这些细胞自身获得合成细胞分裂素的能力。已证明细胞分裂素信号转导成员，如 CKI1(CYTOKININ INDEPENDENT 1)、ARR1(ARABIDOPSIS RESPONSE REGULATOR 1)、ARR2 和 ARR4 的异位表达，可人为地使植物组织处于驯化状态(Osakabe et al.，2002)。其二，认为驯化作用与表观遗传的修饰有关。

验证驯化组织形成的机制的方法之一是比较驯化和非驯化组织或细胞中基因表达的差异，如果过量产生细胞分裂素是导致驯化组织形成的机制，则在驯化的愈伤组织中可发现如下的变化：细胞分裂素合成酶相关基因表达水平的增加、参与细胞分裂素降解的酶基因表达水平的降低和已知为细胞分裂素所诱导的基因(如 *KNAT1*、*CYCD3*、*CAB1*、*NIA1* 和 *Type-A ARR*)表达水平的增加。同理，如果表观遗传的修饰在驯化作用中起作用，则在这两类组织中可观察到那些与 DNA 甲基化和组织蛋白修饰相关的酶的基因表达水平的变化。通过比较已驯化的和非驯化的细胞培养物(培养细胞或愈伤组织)的基因表达或转录谱的差异，有助于揭示驯化作用的分子机制。

研究者利用拟南芥 T87 细胞培养体系进行过此类研究(Pischke et al.，2006)，其微阵列显著性分析(significance analysis of microarray)显示如下两个值得关注的结果。

第一，细胞分裂素水平的改变并非是形成驯化组织所要求的。原因如下。

(1)在驯化和非驯化的愈伤组织中的细胞分裂素信号(His-Asp-)转导体系的重要成员包括受体组氨酸

激酶 HK、组氨酸磷酸转移蛋白(HPt)与反应调控蛋白(RR)。对这里成员的基因差异表达超过 2 倍的基因分析表明，细胞分裂素受体基因 *CRE1* 被大幅度上调。对组织中的 CRE1 蛋白表达的绝对定量分析(the absolute quantification，AQUA)表明，在驯化的愈伤组织(源于 T87 细胞的愈伤组织)中，CRE1 蛋白的水平[(0.477±0.041) pmol]与非驯化的愈伤组织[(0.0247±0.0026) pmol]相比可高出 18 倍；在含有细胞分裂素的培养基中培养 6 周的非驯化的愈伤组织中，*CRE1* 基因的表达未发现被上调，而 *AHK3* 则被中度下调(被下调了 3.6 倍)，这种下调可能是由驯化的愈伤组织中的细胞分裂素受体基因 *CRE1* 超富集的效应所致；细胞分裂素另一受体基因 *AHK2* 被下调了 1.7 倍，该基因对愈伤组织的增殖有一定的作用。这些细胞分裂素受体基因表达水平的改变表明它们可能在驯化组织的形成中起作用，而这一作用在此前尚未引起关注。对此可有两种解释，其一是这一细胞分裂素受体的过度表达对 T87 细胞系的驯化作用的单独响应，即 *CRE1* 的过度表达使驯化的 T87 细胞系可感受低浓度的细胞分裂素。另一解释是在未加细胞分裂素的培养条件下，*CRE1* 的过度表达诱导的驯化作用包括在细胞质膜上的 CRE1 蛋白浓度足以启动与细胞分裂相关的信号转导事件或与其他蛋白不规则的相互作用。此外，*CRE1* 的过度表达可能是由驯化组织中该基因的突变所致，而对此的研究显示，在驯化组织的 *CRE1* 基因序列中只发生了一种核苷酸的改变，即由苯丙氨酸(Phe)取代了 45 位的亮氨酸(Leu)，事实证明这一变化并不影响 *CRE1* 基因的表达及其功能。因此，*CRE1* 的过度表达有可能是由该基因位点上发生相关的表观遗传修饰所致(Pischke et al.，2006)。

(2)在驯化的愈伤组织中，那些被报道为细胞分裂素所诱导的基因，如 *CYCD3*、*KNAT1*、*NR1*、*NR2*、*CAB1* 是被抑制而不是被上调；正如所预见的那样，非驯化的愈伤组织在加细胞分裂素的培养基上培养时，其中几个为细胞分裂素诱导的基因，如 *CYCD3*、*NR1* 和 *CAB1* 则被上调。在驯化和非驯化组织中，那些编码细胞分裂素合成酶的有关基因未发现显著差异表达，但在驯化的愈伤组织中，那些涉及细胞分裂素降解的细胞分裂素氧化酶/脱氢酶(CKX)，如 CKX1、CKX3、CKX6 和 CKX7 的基因表达被上调。在非驯化的愈伤组织中，培养基中的细胞分裂素对 CKX 的基因表达无影响。这说明细胞分裂素水平或其所诱导的基因表达的改变并非是形成驯化组织所要求的。

第二，表观遗传修饰参与细胞分裂素驯化组织的形成。已有研究表明，在组织培养过程中被上调激活的转座元件与其 DNA 甲基化模式的改变有关(Bender，2004)。这已从拟南芥 T87 驯化愈伤组织中所鉴定为上调的几个转座元件和染色质修饰因子、DNA 甲基化与组织蛋白修饰酶的表达水平得到印证。

相关研究结果显示，在拟南芥 T87 驯化愈伤组织细胞中，同源域转录因子 *FWA*(已证实该基因的表达是由 DNA 甲基化所调控的)、转座子相关元件及几个 DNA 和染色质修饰酶均被上调。例如，在 T87 愈伤组织培养物中已发现有几个相关的转座元件的表达被上调，在所鉴定的被上调的 485 个转座元件中，被上调 2 倍以上的有 37 个(Pischke et al.，2006)。此外，拟南芥可利用三类 DNA 甲基转移酶从 *S*-腺苷甲硫氨酸分子上转移甲基基团至胞嘧啶残基 5 位碳原子上，这些酶是甲基转移酶(MET)、染色质域甲基化酶(CHROMOMETHYLASE，CMT)和结构域重排甲基转移酶(DOMAINS REARRANGED METHYTRANSFERASE，DRM)。拟南芥基因组可编码 4 个被推定的 MET，在 T87 驯化的愈伤组织中只有 *MET1* 基因的表达被上调了 3.5 倍。在拟南芥基因组所编码的 4 个被推定的 CMT 中，在 T87 驯化的愈伤组织中发现 *CMT1* 和 *CMT3* 基因的表达分别被上调了 5.5 倍和 3.2 倍。在拟南芥基因组所编码的 3 个被推定的 DRM 中，在驯化的愈伤组织中只发现 *DRM1* 的表达被上调了 2.1 倍。拟南芥基因组可编码 4 个被推定的在胞嘧啶的脱甲基化过程中起作用的 DNA 糖基化酶(DNA glycosylase，DNG)，在 T87 驯化的愈伤组织中发现 *DNG1* 的表达被下调了 2.0 倍。拟南芥基因组中共有 39 个基因被推定可编码组蛋白甲基转移酶，在 T87 驯化的愈伤组织中发现有 5 个基因表达被上调了 1.8～2.1 倍，有一个基因表达被下调了 2 倍。这提示，在驯化的和非驯化的培养物中，其甲基化模式存在着明显不同的调节作用。同时，对驯化愈伤组织中的胱硫醚-γ-合成酶、胱硫醚-β-裂解酶和甲硫氨酸合成酶同源物水平的检测表明，它们均未发生显著的变化。已有研究表明，胱硫醚-γ-合成酶、胱硫醚-β-裂解酶和甲硫氨酸合成酶是与 *S*-腺苷甲硫氨酸生物合成相关的 3 个关键酶，DNA 和蛋白质的甲基化常取决于 *S*-腺苷甲硫氨酸中的甲基供体水平(Hesse and Hoefgen，2003)。因此，被检测的几个 DNA 和组蛋白甲基转移酶水平的变化并不是简单地由 *S*-腺苷甲硫氨酸的生成增加而导致的结果(Pischke et al.，2006)。

在 T87 驯化的愈伤组织中也检测到相关组蛋白修饰的变化结果。例如，在 T87 驯化的愈伤组织中，存在于拟南芥的 14 个组蛋白乙酰转移酶家族成员中有 3 个被上调 1.6～3.8 倍；在 T87 驯化的愈伤组织中有 23 个组蛋白脱乙酰酶中的 6 个被上调 1.7～3.4 倍；同时在 49 个被推定的染色质重塑因子中有 12 个被上调 1.7～7.8 倍。在 T87 驯化的愈伤组织中，一个 *DICER* 类基因 *DCL3* 被上调了 2.5 倍。这些结果暗示，对 *CRE1* 过度表达的一种可能的解释是由 *CRE1* 位点上发生相关的表观遗传的修饰所致。此外，研究者还意外地发现，在驯化的愈伤组织中，*FWA* 的表达被上调约 87 倍。已有研究表明，基因组中某一特定区域的 DNA 甲基化和组蛋白修饰的转录后调节常使靶基因沉默或激活，这些变化也往往与 RNA 干扰调控机制密不可分(Lippman and Martienssen，2004)，此时，*DCL3* 的功能之一是将 dsRNA 加工成含 24 个核苷酸的 siRNA(Matzke and Mosher，2014)。*FWA* 是含同源异型域的转录因子，在开花转换和决定花芽分生组织的属性上起重要的作用。该基因 5′端区域的低水平甲基化将导致其异位表达并推迟开花(Soppe et al.，2000)。在所有组织中，*FWA* 的甲基化状态(即基因沉默状态)是被发育程序所设定的状态，但该基因在胚乳特异性表达时却要求脱甲基化。已知 *FWA* 基因的表达调控至少有一部分是由 DEMETER DNA 糖基化酶所完成的(Kinoshita et al.，2003)。相比于非驯化的愈伤组织，在 T87 驯化的愈伤组织中，*DEMETER* 转录物没有发生变化。这些结果也说明表观遗传修饰参与拟南芥 T87 驯化的愈伤组织形成的过程。表观遗传的修饰应该是拟南芥 T87 愈伤组织驯化作用的一个机制。这与从烟草(*Nicotiana tabacum*)叶组织中所确定的与驯化组织相关的基因位点 *Hl-2* 的可遗传的驯化状态是由 *Hl-2* 上的 DNA 的修饰而不是突变所致的结果相一致(Meins and Foster，1986)。这些研究结果无疑对驯化作用是由细胞分裂素或生长素过量产生所致的学术假设提出了挑战(Pischke et al.，2006)。

综上所述，对于正面临全球气候变化所引起的日益严重的逆境挑战的农业及其相关产业，强调这一领域的表观遗传机制的研究有着非凡的意义。例如，研究已证明 DNA 甲基化可以遗传至下一代，有些品种如香桃木(*Myrtus communis*)(Parra et al.，2001)、龙舌兰(*Agave*)属(de-la-Pena et al.，2012)和杏树(Martins et al.，2004)等通过离体培养及体外驯化可呈现其 DNA 甲基化模式的稳定性。这一稳定性将对大量繁殖优良单株具有重大的理论和实践意义。此外，有关在组织培养中的 miRNA 的可移动性的发现，对于促进那些如木本植物那样的顽拗型品种的返幼，进而促进它们的快繁，有着很大的潜在价值。研究已发现动物细胞可分泌小 RNA 进入其培养基中(Wang et al.，2010)。如果植物细胞也可有如此能力，我们将有机会开发出可加入培养基中的某种小 RNA 从而改善顽拗型品种快繁的策略。

参考文献

Abdullah AA, Grace J. 1987. Regeneration of calabrian pine from juvenile needles. Plant Sci, 53: 147-155

Ausin I, et al. 2012. INVOLVED IN DE NOVO 2-containing complex involved in RNA-directed DNA methylation in *Arabidopsis*. Proc Natl Acad Sci USA, 109: 8374-8381

Axelos M, et al. 1992. A protocol for transient gene expression in *Arabidopsis thaliana* protoplasts isolated from cell suspension cultures. Plant Physiol Biochem, 30: 123-128

Baurens FC, et al. 2004. Genomic DNA methylation of juvenile and mature *Acacia mangium* micropropagated *in vitro* with reference to leaf morphology as a phase change marker. Tree Physiol, 24: 401-407

Becker C, et al. 2011. Spontaneous epigenetic variation in the *Arabidopsis thaliana* methylome. Nature, 480: 245-249

Becker C, Weigel D. 2012. Epigenetic variation: origin and transgenerational inheritance. Curr Opin Plant Biol, 15: 562-567

Bender J. 2004. DNA methylation and epigenetics. Annu Rev Plant Biol, 55: 41-68

Berdasco M, et al. 2008. Promoter DNA hypermethylation and gene repression in undifferentiated *Arabidopsis* cells. PLoS One, 3: e3306

Berger F, Chaudhury A. 2009. Parental memories shape seeds. Trends Plant Sci, 14: 550-556

Berger SL. 2007. The complex language of chromatin regulation during transcription. Nature, 447: 407-412

Boeken G, et al. 1974. Polyploidy and habituation in a long-term callus culture as compared to crown gall tissue in *Helianthus annuus* L. Hoppe Seylers Z Physiol Chem, 355: 1178-1179

Bonga JM, von Aderkas P. 1993. Rejuvenation of tissues from mature conifers and its implications for propagation *in vitro*. *In*: Ahuja MR, Libby WJ. Clonal Forestry Ⅰ, Genetics and Biotechnology. Heidelberg: Springer-Verlag: 182-199

Boutilier K, et al. 2002. Ectopic expression of BABY BOOM triggers a conversion from vegetative to embryonic growth. Plant Cell, 14: 1737-1749

Bouyer D, et al. 2011. Polycomb repressive complex 2 controls the embryo-to-seedling phase transition. PLoS Genet, 7: e1002243

Bratzel F, et al. 2010. Keeping cell identity in *Arabidopsis* requires PRC1 RING-finger homologs that catalyze H2A monoubiquitination. Curr Biol, 20: 1853-1859

Braütigam K, et al. 2013. Epigenetic regulation of adaptive responses of forest tree species to the environment. Ecol Evol, 3: 399-415

Braybrook SA, Harada JJ. 2008. *LECs* go crazy in embryo development. Trends Plant Sci, 13: 624-630

Bruce T, et al. 2007. Stressful "memories" of plants: evidence and possible mechanisms. Plant Sci, 173: 603-609

Busslinger M, et al. 1983. DNA methylation and the regulation of globin gene expression. Cell, 34: 197-206

Carlsbecker A, et al. 2010. Cell signalling by microRNA165/6 directs gene dose-dependent root cell fate. Nature, 465: 316-321

Castel SE, Martienssen RA. 2013. RNA interference in the nucleus: roles for small RNAs in transcription, epigenetics and beyond. Nat Rev Genet, 14: 100-112

Causevic A, et al. 2005. DNA methylating and demethylating treatments modify phenotype and cell wall differentiation state in sugarbeet cell lines. Plant Physiol Biochem, 43: 681-691

Causevic A, et al. 2006. Relationship between DNA methylation and histone acetylation levels, cell redox and cell differentiation states in sugarbeet lines. Planta, 224(4): 812-827

Chakrabarty D, et al. 2003. Detection of DNA methylation changes during somatic embryogenesis of siberian ginseng (*Eleuterococcus senticosus*). Plant Sci, 165: 61-68

Chandler VL, Stam M. 2004. Chromatin conversations: mechanisms and implications of paramutation. Nat Rev Genet, 5: 532-544

Chanvivattana Y, et al. 2004. Interaction of polycomb-group proteins controlling flowering in *Arabidopsis*. Development, 131: 5263-5276

Chatfield SP, et al. 2013. Incipient stem cell niche conversion in tissue culture: using a systems approach to probe early events in WUSCHEL-dependent conversion of lateral root primordia into shoot meristems. Plant J, 73: 798-813

Chen M, et al. 2010. Epigenetic performers in plants. Dev Growth Differ, 52: 555-566

Chen X, Zhou DX. 2013. Rice epigenomics and epigenetics: challenges and opportunities. Curr Opin Plant Biol, 16: 164-169

Chen YT, et al. 2013. Small RNAs of *Sequoia sempervirens* during rejuvenation and phase change. Plant Biol, 15: 27-36

Chodavarapu RK, et al. 2010. Relationship between nucleosome positioning and DNA methylation. Nature, 466: 388-392

Chuck G, et al. 2007. The maize tasselseed4 microRNA controls sex determination and meristem cell fate by targeting Tasselseed6/indeterminate spikelet1. Nat Genet, 39: 1517-1521

Cokus SJ, et al. 2008. Shotgun bisulfite sequencing of the *Arabidopsis* genome reveals DNA methylation patterning. Nature, 452: 215-219

Constabel CP, et al. 2000. Polyphenol oxidase from hybrid poplar. Cloning and expression in response to wounding and herbivory. Plant Physiol, 124: 285-295

Costas C, et al. 2011. A chromatin perspective of plant cell cycle progression. Biochim Biophys Acta, 1809: 379-387

Dann AL, Wilson CR. 2011. Comparative assessment of genetic and epigenetic variation among regenerants of potato (*Solanum tuberosum*) derived from long-term nodal tissue-culture and cell selection. Plant Cell Rep, 30: 631-639

de Gregori J. 2002. The genetic of the E2F family of transcription factors: shared functions and unique roles. Biochim Biophys Acta, 1602: 131-150

Deal RB, Henikoff S. 2011. Histone variants and modifications in plant gene regulation. Curr Opin Plant Biol, 14: 116-122

de-la-Pena C, et al. 2012. *KNOX1* is expressed and epigenetically regulated during *in vitro* conditions in *Agave* spp. BMC Plant Biol, 12: 203-2014

Ding Y, et al. 2007. SDG714, a histone H3K9 methyltransferase, is involved in Tos17 DNA methylation and transposition in rice. Plant Cell, 19: 9-22

Dou K, et al. 2013. The PRP6-like splicing factor STA1 is involved in RNA-directed DNA methylation by facilitating the production of Pol V-dependent scaffold RNAs. Nucleic Acids Res, 41: 8489-8502

Feng S, et al. 2010. Conservation and divergence of methylation patterning in plants and animals. Proc Natl Acad Sci USA, 107: 8689-8694

Fraga H, et al. 2012. 5-Azacytidine combined with 2,4-D improves somatic embryogenesis of *Acca sellowiana* (O. Berg) Burret by means of changes in global DNA methylation levels. Plant Cell Rep, 31: 2165-2176

Fraga MF, et al. 2002a. Genomic DNA methylation-demethylation during aging and reinvigoration of *Pinus radiate*. Tree Physiol, 22: 813-816

Fraga MF, et al. 2002b. Factors involved in *Pinus radiata* micrografting. Ann For Sci, 59: 155-161

Furuta K, et al. 2011. The CKH2/PKL chromatin remodeling factor negatively regulates cytokinin responses in *Arabidopsis calli*. Plant Cell Physiol, 52: 618-628

Gambino G, et al. 2011. Characterization of expression dynamics of WOX homeodomain transcription factors during somatic embryogenesis in *Vitis vinifera*. J Exp Bot, 62: 1089-1101

Giménez C, et al. 2006. *Musa* methylated DNA sequences associated with tolerance to *Mycosphaerella fijiensis* toxins. Plant Mol Biol Rep, 24: 33-43

Gordon SP, et al. 2007. Pattern formation during *de novo* assembly of the *Arabidopsis* shoot meristem. Development, 134: 3539-3548

Graaff E, et al. 2009. The WUS homeobox-containing (WOX) protein family. Gen Biol, 10: 248

Grafi G, Barak S. 2015. Stress induces cell dedifferentiation in plants. Biochim Biophys Acta. 1849: 378-384

Grafi G, et al. 2007. Histone methylation controls telomerase-independent telomere lengthening in cells undergoing dedifferentiation. Dev Biol, 306: 838-846

Greenwood MS, et al. 1989. Maturation in larch: Ⅰ. Effect of age on shoot growth, foliar characteristics, and DNA methylation. Plant Physiol, 90: 406-412

Hagège D, et al. 1991. Peroxidases, growth and differentiation of habituated sugarbeet cells. *In*: Lobarzewski J, et al. Biochemical Molecular and Physiological Aspects of Plant. Geneva: Université de Genève: 281-290

Hasbún R, et al. 2007. Dynamics of DNA methylation in chestnut development. Acta Hortic, 760: 563-567

Havecker ER, et al. 2010. The *Arabidopsis* RNA-directed DNA methylation argonautes functionally diverge based on their expression and interaction with target loci. Plant cell, 22: 321-334

He G, et al. 2010. Global epigenetic and transcriptional trends among two rice subspecies and their reciprocal hybrids. Plant Cell, 22: 17-33

He X, et al. 2011. Regulation and function of DNA methylation in plants and animals. Cell Res, 21: 442-465

Hesse H, Hoefgen R. 2003. Molecular aspects of methionine biosynthesis. Trends Plant Sci, 8: 259-262

Hsieh CL. 1997. Stability of patch methylation and its impact in regions of transcriptional initiation and elongation. Mol Cell Biol, 17: 5897-5904

Hsieh TF, et al. 2009. Genome-wide demethylation of *Arabidopsis* endosperm. Science, 324: 1451-1454

Huang LC, et al. 1992. Rejuvenation of *Sequoia sempervirens* by repeated grafting of shoot tips onto juvenile rootstocks *in vitro*. Plant Physiol, 98: 166-173

Huang LC, et al. 2012. DNA methylation and genome rearrangement characteristics of phase change in cultured shoots of *Sequoia sempervirens*. Physiol Plant, 145: 360-368

Huijser P, Schmid M. 2011. The control of developmental phase transitions in plants. Development, 138: 4117-4129

Ikeda Y, et al. 2011. HMG domain containing SSRP1 is required for DNA demethylation and genomic imprinting in *Arabidopsis*. Dev Cell, 21: 589-596

Ikeuchi M, et al. 2013. Plant callus: mechanisms of induction and repression. Plant Cell, 25: 3159-3173

Ito S, et al. 2010. Role of Tet proteins in 5mC to 5hmC conversion, ES-cell self-renewal and inner cell mass specification. Nature, 466: 1129-1133

Ito S, et al. 2011. Tet proteins can convert 5-methylcytosine to 5-formylcytosine and 5-carboxylcytosine. Science, 333: 1300-1303

Ivey KN, Srivastava D. 2010. MicroRNAs as regulators of differentiation and cell fate decisions. Cell Stem Cell, 7: 36-41

Jacob Y, et al. 2009. ATXR5 and ATXR6 are H3K27 monomethyltransferases required for chromatin structure and gene silencing. Nat Struct Mol Biol, 16: 763-768

Jerzmanowski A, Archacki R. 2013. Hormonal signaling in plants and animals: an epigenetics viewpoint. *In*: Grafi G, Ohad N. Epigenetic Memory and Control in Plants, Signaling and Communication in Plants 18. Heidelberg: Springer-Verlag: 107-121

Johnson LM, et al. 2007. The SRA methyl-cytosine-binding domain links DNA and histone methylation. Curr Biol: CB, 17: 379-384

Junker A, et al. 2012. Elongation-related functions of LEAFY COTYLEDON1 during the development of *Arabidopsis thaliana*. Plant J, 71: 427-442

Kaeppler S, Phillips R. 1993. DNA methylation and tissue culture induced variation in plants. *In Vitro* Cell Dev Biol-Plant, 29: 125-130

Karami O, et al. 2009. Molecular aspects of somatic-to embryogenic transition in plants. J Chem Biol, 2: 177-190

Kaufmann K, et al. 2010. Regulation of transcription in plants: mechanisms controlling developmental switches. Nat Rev Genet, 11: 830-842

Kim W, et al. 2009. Histone acetyltransferase GCN5 interferes with the miRNA pathway in *Arabidopsis*. Cell Res, 19: 899-909

Kinoshita T, et al. 2003. One-way control of FWA imprinting in *Arabidopsis* endosperm by DNA methylation. Science, 303: 521-523

Klimaszewska K, et al. 2010. Initiation of somatic embryos and regeneration of plants from primordial shoots of 10-year-old somatic white spruce and expression profiles of 11 genes followed during the tissue culture process. Planta, 233: 635-647

Kouzarides T. 2007. Chromatin modifications and their function. Cell, 128: 693-705

Krupková E, Schmülling T. 2009. Developmental consequences of the tumorous shoot development1 mutation, a novel allele of the cellulose-synthesizing *KORRIGAN1* gene. Plant Mol Biol, 71: 641-655

Lafos M, et al. 2011. Dynamic regulation of H3K27 trimethylation during *Arabidopsis* differentiation. PLos Genet, 7: e1002040

Lauria M, Rossi V. 2011. Epigenetic control of gene regulation in plants. Biochem Biophys Acta, 1809: 369-378

Law JA, Jacobsen SE. 2010. Establishing, maintaining and modifying DNA methylation patterns in plants and animals. Nat Rev Genet, 11: 204-220

Ledford H. 2008. Disputed definitions. Nature, 455: 1023-1028

Leljak-Levanić D, et al. 2004. Changes in DNA methylation during somatic embryogenesis in *Cucurbita pepo* L. Plant Cell Rep, 23: 120-127

Levanic DL, et al. 2009. Variations in DNA methylation in *Picea Omorika* (Panc) Purk. embryogenic tissue and the ability for embryo maturation. Propag Ornam Plants, 9: 3-9

Li B, et al. 2007. The role of chromatin during transcription. Cell, 128: 707-719

Li H, et al. 2012. Tissue culture responsive microRNAs in strawberry. Plant Mol Biol Rep, 30: 1047-1054

Li W, et al. 2011. DNA methylation and histone modifications regulate *de novo* shoot regeneration in *Arabidopsis* by modulating WUSCHEL expression and auxin signaling. PLoS Genet, 7(8): e1002243

Li X, et al. 2009. High-resolution mapping of epigenetic modifications of the rice genome uncovers interplay between DNA methylation, histone methylation, and gene expression. Plant Cell, 20: 259-276

Li Y, et al. 2005. Histone deacetylation is required for progression through mitosis in tobacco cells. Plant J, 41: 346-352

Liang D, et al. 2012. Gene silencing in *Arabidopsis* spreads from the root to the shoot, through a gating barrier, by template-dependent, nonvascular, cell-to-cell movement. Plant Physiol, 159: 984-1000

Lin Y, Lai Z. 2013. Comparative analysis reveals dynamic changes in miRNAs and their targets and expression during somatic embryogenesis in Longan (*Dimocarpus longan* Lour.). PLoS One, 8(4): e60337

Lippman Z, Martienssen R. 2004. The role of RNA interference in heterochromatic silencing. Nature, 431: 364-370

Lister R, et al. 2009b. Highly integrated single-base resolution maps of the epigenome in *Arabidopsis*. Cell, 133: 523-536

Lister R, et al. 2009a. Human DNA methylomes at base resolution show widespread epigenomic differences. Nature, 462: 315-322

Liu C, et al. 2010. Histone methylation in higher plants. Annu Rev Plant Biol, 61: 395-420

LoSchiavo F, et al. 1989. DNA methylation of embryogenic cell cultures and its variation as caused by mutation, differentiation, hormones and hypomethylating drugs. Theor Appl Genet, 77: 325-331

Lotan T, et al. 1998. *Arabidopsis* LEAFY COTYLEDON1 is sufficient to induce embryo development in vegetative cells. Cell, 93: 1195-1205

Luo YC, et al. 2006. Rice embryogenic calli express a unique set of microRNAs, suggesting regulatory roles of microRNAs in plant postembryogenic development. FEBS Lett, 580: 5111-5116

Ma K, et al. 2013. Variation in genomic methylation in natural populations of Chinese white poplar. PLoS One, 8(5): e63977

Martins M, et al. 2004. Genetic stability of micropropagated almond plantlets, as assessed by RAPD and ISSR markers. Plant Cell Rep, 23: 492-496

Matzke MA, Mosher RA. 2014. RNA-directed DNA methylation: an epigenetic pathway of increasing complexity. Nature, 16: 394-408

Maury S, et al. 2012. Genic DNA methylation changes during *in vitro* organogenesis: organ specificity and conservation between parental lines of epialleles. Physiol Plant, 146: 321-335

McGarry RC, Kragler F. 2013. Phloem-mobile signals affecting flowers: applications for crop breeding. Trends Plant Sci, 18: 198-206

Meijón M, et al. 2009. Epigenetic characterization of the vegetative and floral stages of azalea buds: dynamics of DNA methylation and histone H4 acetylation. J Plant Physiol, 166: 1624-1636

Meins F, Jr.. 1989. Habituation: heritable variation in the requirement of cultured plant cells for hormones. Annu Rev Genet, 23: 395-408

Meins F, Jr., Foster R. 1986. A cytokinin mutant derived from cultured tobacco cells. Dev Genet, 7: 159-165

Meins F, Jr., Thomas M. 2003. Meiotic transmission of epigenetic changes in the cell-division factor requirement of plant cells. Development, 130: 6201-6208

Merkle SA, Dean JFD. 2000. Forest tree biotechnology. Curr Opin Biotech, 11: 298-302

Miguel C, Marum L. 2011. An epigenetic view of plant cells cultured *in vitro*: somaclonal variation and beyond. J Exp Bot, 62: 3713-3725

Miura A, et al. 2009. An *Arabidopsis* jmjC domain protein protects transcribed genes from DNA methylation at CHG sites. Embo J, 28: 1078-1086

Molnar A, et al. 2010. Small silencing RNAs in plants are mobile and direct epigenetic modification in recipient cells. Science, 328: 872-875

Monteuuis O, et al. 2008. DNA methylation in different origin clonal offspring from a mature *Sequoiadendron giganteum* genotype. Trees, 22: 779-784

Munksgaard D, et al. 1995. Somatic embryo development in carrot is associated with an increase in levels of *S*-adenosylmethionine, *S*-adenosylhomocysteine and DNA methylation. Physiol Plant, 93: 5-10

Nabel CS, et al. 2012. AID/APOBEC deaminases disfavor modified cytosines implicated in DNA demethylation. Nat Chem Biol, 8: 751-758

Nelson M, McClelland M. 1991. Site-specific methylation: effect on DNA modification methyltransferases and restriction endonucleases. Nucleic Acids Res (Suppl.), 19: 2045-2071

Ng DW, et al. 2007. Plant SET domain-containing proteins: structure, function and regulation. Biochim Biophys Acta, 1769: 316-329

Nic-Can GI, et al. 2013. New insights into somatic embryogenesis: LEAFY COTYLEDON1, BABY BOOM1 and WUSCHEL-RELATED HOMEOBOX4 are epigenetically regulated in *Coffea canephora*. PLoS One, 8(8): e72160

Niehrs C. 2009. Active DNA demethylation and DNA repair. Differentiation, 77: 1-11

Ogas J, et al. 1999. PICKLE is a CHD3 chromatin-remodeling factor that regulates the transition from embryonic to vegetative development in *Arabidopsis*. Proc Natl Acad Sci USA, 96: 13839-13844

Okitsu CY, Hsieh CL. 2007. DNA methylation dictates histone H3K4 methylation. Mol Cell Biol, 27: 2746-2757

Osakabe Y, et al. 2002. Overexpression of *Arabidopsis* response regulators, ARR4/ATRR1/IBC7 and ARR8/ ATRR3, alters cytokinin responses differentially in the shoot and in callus formation. Biochem Biophys Res Commun, 293: 806-815

Parra R, et al. 2001. Effect of *in vitro* shoot multiplication and somatic embryogenesis on 5-methylcytosine content in DNA of *Myrtus communis* L. Plant Growth Regul, 33: 131-136

Pastor WA, et al. 2011. Genome-wide mapping of 5-hydroxymethylcytosine in embryonic stem cells. Nature, 473: 394-397

Peredo EL, et al. 2006. Assessment of genetic and epigenetic variation in hop plants regenerated from sequential subcultures of organogenic calli. J Plant Physiol, 163: 1071-1079

Pfluger J, Wagner D. 2007. Histone modification and dynamic regulation of genome accessibility in plants. Curr Opin Plant Biol, 10: 645-652

Piccolo FM, Fisher AG. 2014. Getting rid of DNA methylation. Trends Cell Biol, 24: 136-143

Pikaard CS. 2013. Methylating the DNA of the most repressed: special access required. Mol Cell, 49: 1021-1022

Pischke MS, et al. 2006. A transcriptome-based characterization of habituation in plant tissue culture. Plant Physiol, 140: 1255-1278

Pooggin M. 2013. How can plant DNA viruses evade siRNA-directed DNA methylation and silencing? Int J Mol Sci, 14: 15233-15259

Qian W, et al. 2012. A histone acetyltransferase regulates active DNA demethylation in *Arabidopsis*. Science, 336: 1445-1449

Quiroz-Figueroa FR, et al. 2006. Direct somatic embryogenesis in *Coffea canephora*. *In*: Loyola-Vargas VM, Vázquez-Flota FA. Plant Cell Culture Protocols. Totowa, NJ: Humana Press: 111-117

Rai MK, et al. 2011. Developing stress tolerant plants through *in vitro* selection-an overview of the recent progress. Environ Exp Bot, 71: 89-99

Rose NR, Klose RJ. 2014. Understanding the relationship between DNA methylation and histone lysine methylation. Biochim Biophys Acta, 1839: 1362-1372

Rybaczek D, et al. 2007. H2AX foci in late S/G2- and M-phase cells after hydroxyurea- and aphidicolin-induced DNA replication stress in *Vicia*. Histochem Cell Biol, 128: 227-241

Sanchez-Pulido L, et al. 2009. RAWUL: a new ubiquitin-like domain in PRC1 ring finger proteins that unveils putative plant and worm PRC1 orthologs. BMC Genomics, 9: 308

Santamaría ME, et al. 2009. Acetylated H4 histone and genomic DNA methylation patterns during bud set and bud burst in *Castanea sativa*. J Plant Physiol, 166: 1360-1369

Santos D, Fevereiro P. 2002. Loss of DNA methylation affects somatic embryogenesis in *Medicago truncatula*. Plant Cell Tiss Org Cult, 70: 155-161

Schubert D, et al. 2005. Epigenetic control of plant development by polycomb-group proteins. Curr Opin Plant Biol, 8: 553-561

Sekhon R, Chopra S. 2009. Progressive loss of DNA methylation releases epigenetic gene silencing from a tandemly repeated maize *Myb* gene. Genetics, 181: 81-91

Smulders M, de Klerk G. 2011. Epigenetics in plant tissue culture. Plant Growth Regul, 63: 137-146

Song QX, et al. 2013. Genome-wide analysis of DNA methylation in soybean. Mol Plant, 6: 1961-1974

Soppe WJJ, et al. 2000. The late flowering phenotype of fwa mutants is caused by gain-of-function epigenetic alleles of a homeodomain gene. Mol Cell, 6: 791-802

Springer NM. 2013. Epigenetics and crop improvement. Trends Genet, 29: 241-247

Stone SL, et al. 2001. *LEAFY COTYLEDON2* encodes a B3 domain transcription factor that induces embryo development. Proc Natl Acad Sci USA, 98: 11806-11811

Strahl BD, Allis CD. 2000. The language of covalent histone modifications. Nature, 403: 41-45

Stroud H, et al. 2013. Comprehensive analysis of silencing mutants reveals complex regulation of the *Arabidopsis* methylome. Cell, 152: 352-364

Suer S, et al. 2011. WOX4 imparts auxin responsiveness to cambium cells in *Arabidopsis*. Plant Cell, 23: 3247-3259

Takahata K. 2008. Isolation of carrot Argonaute1 from subtractive somatic embryogenesis cDNA library. Biosci Biotech Bioch, 72: 900-904

Tanaka M, et al. 2008. The *Arabidopsis* histone deacetylases HDA6 and HDA19 contribute to the repression of embryonic properties after germination. Plant Physiol, 146: 149-161

Teixeira FK, Colot V. 2009. Gene body DNA methylation in plants: a means to an end or an end to a means? Embo J, 28: 997-998

To A. 2006. A network of local and redundant gene regulation governs *Arabidopsis* seed maturation. Plant Cell, 18: 1642-1651

Tokuji Y, Kuriyama K. 2003. Involvement of gibberellin and cytokinin in the formation of embryogenic cell clumps in carrot (*Daucus carota*). J Plant Physiol, 160: 133-141

Tran RK, et al. 2005. DNA methylation profiling identifies CG methylation clusters in *Arabidopsis* genes. Curr Biol, 15: 154-159

Tsukagoshi H, et al. 2007. Two B3 domain transcriptional repressors prevent sugar-inducible expression of seed maturation genes in *Arabidopsis* seedlings. Proc Natl Acad Sci USA, 104: 2543-2547

Tucker SL, et al. 2010. Evolutionary history of plant multisubunit RNA polymerases Ⅳ and Ⅴ: subunit origins via genome-wide and segmental gene duplications, retrotransposition, and lineage-specific subfunctionalization. Cold Spring Harb Symp Quant Biol, 75: 285-297

Uddenberg D, et al. 2011. Embryogenic potential and expression of embryogenesis-related genes in conifers are affected by treatment with a histone deacetylase inhibitor. Planta, 234: 527-539

Us-Camas R, et al. 2014. *In vitro* culture: an epigenetic challenge for plants. Plant Cell Tiss Org Cult, 118: 187-201

Valledor L, et al. 2010. Variations in DNA methylation, acetylated histone H4, and methylated histone H3 during *Pinus radiata* needle maturation in relation to the loss of *in vitro* organogenic capability. J Plant Physiol, 167: 351-357

Vaucheret H, et al. 2004. The action of ARGONAUTE1 in the miRNA pathway and its regulation by the miRNA pathway are crucial for plant development. Genes Dev, 18: 1187-1197

Vaughn MW, et al. 2007. Epigenetic natural variation in *Arabidopsis thaliana*. PLoS Biol, 5: e174

Viejo M, et al. 2010. DNA methylation during sexual embryogenesis and implications on the induction of somatic embryogenesis in *Castanea sativa* Miller. Sex Plant Reprod, 23: 315-323

Vining K, et al. 2013. Methylome reorganization during *in vitro* dedifferentiation and regeneration of *Populus trichocarpa*. BMC Plant Biol, 13: 92-107

Waddington C, Kacser H. 1957. The strategy of the genes: a discussion of some aspects of theoretical biology. London: Allen and Unwin

Waki T, et al. 2011. The *Arabidopsis* RWP-RK protein RKD4 triggers gene expression and pattern formation in early embryogenesis. Curr Biol, 21: 1277-1281

Wang K, et al. 2010. Export of microRNAs and microRNA-protective protein by mammalian cells. Nucleic Acids Res, 38: 7248-7259

Wang QM, et al. 2012. Direct and indirect organogenesis of *Clivia miniata* and assessment of DNA methylation changes in various regenerated plantlets. Plant Cell Rep, 31: 1283-1296

Wang X, et al. 2009. Genome-wide and organ-specific landscapes of epigenetic modifications and their relationships to mRNA and small RNA transcriptomes in maize. Plant Cell, 21: 1053-1069

Williams L, et al. 2003. Chromatin reorganization accompanying cellular dedifferentiation is associated with modifications of histone H3, redistribution of HP1, and activation of E2F-target genes. Dev Dyn, 228: 113-120

Woo HR, et al. 2009. Three SRA-domain methylcytosine-binding proteins cooperate to maintain global CpG methylation and epigenetic silencing in *Arabidopsis*. PLoS Genet, 4: e1000156

Wu G, et al. 2009. The sequential action of miR156 and miR172 regulates developmental timing in *Arabidopsis*. Cell, 138: 750-759

Wu XM, et al. 2011. Stage and tissue specific modulation of ten conserved miRNAs and their targets during somatic embryogenesis of valencia sweet orange. Planta, 233: 495-505

Xie Z, et al. 2003. Negative feedback regulation of Dicer-Like1 in *Arabidopsis* by microRNA-guided mRNA degradation. Curr Biol, 13: 784-789

Xu L, Huang H. 2014. Genetic and epigenetic controls of plant regeneration. Curr Top Dev Biol, 108: 1-33

Xu M, et al. 2004. DNA-methylation alterations and exchanges during *in vitro* cellular differentiation in rose (*Rosa hybrida* L.). Theor Appl Genet, 109: 899-910

Yamamoto N, et al. 2005. Formation of embryogenic cell clumps from carrot epidermal cells is suppressed by 5-azacytidine, a DNA methylation inhibitor. J Plant Physiol, 162: 47-54

Yang C, et al. 2013a. VAL- and AtBMI1-mediated H2Aub initiate the switch from embryonic to postgerminative growth in *Arabidopsis*. Curr Biol, 23: 1324-1329

Yang X, et al. 2013b. Small RNA and degradome sequencing reveal complex miRNA regulation during cotton somatic embryogenesis. J Exp Bot, 64: 1521-1536

Yao Q, et al. 2012. Heterologous expression and purification of *Arabidopsis thaliana* VIM1 protein: *in vitro* evidence for its inability to recognize hydroxymethylcytosine, a rare base in *Arabidopsis* DNA. Protein Expres and Purif, 83: 104-111

Zemach A, et al. 2010. Local DNA hypomethylation activates genes in rice endosperm. Proc Natl Acad Sci USA, 106: 18729-18734

Zhang H, et al. 2012a. The CHD3 remodeler PICKLE associates with genes enriched for trimethylation of histone H3 lysine 27. Plant Physiol, 159: 418-432

Zhang H, Zhu JK. 2012. Active DNA demethylation in plants and animals. Cold Spring Harb Symp Quant Biol, 77: 161-173

Zhang J, et al. 2012b. Genome-wide identification of microRNAs in larch and stage-specific modulation of 11 conserved microRNAs and their targets during somatic embryogenesis. Planta, 236: 647-657

Zhang M, et al. 2011. Tissue-specific differences in cytosine methylation and their association with differential gene expression in *Sorghum*. Plant Physiol, 156: 1955-1966

Zhang S, et al. 2010. Four abiotic stress-induced miRNA families differentially regulated in the embryogenic and non-embryogenic callus tissues of *Larix leptolepis*. Biochem Biophys Res Commun, 398: 355-360

Zhang X, et al. 2006. Genome-wide high-resolution mapping and functional analysis of DNA methylation in *Arabidopsis*. Cell, 126: 1189-1201

Zhang X, et al. 2007. Whole-genome analysis of histone H3 lysine 27 trimethylation in *Arabidopsis*. PLos Biol, 5: 1026-1035

Zhang X, et al. 2009. Genome-wide analysis of mono-, di- and trimethylation of histone H3 lysine 4 in *Arabidopsis thaliana*. Genome Biol, 10: R62

Zhao J, et al. 2001. Two phases of chromatin decondensation during dedifferentiation of plant cells: distinction between competence for cell fate switch and a commitment for S phase. J Biol Chem, 276: 22772-22778

Zhao Y, Chen X. 2014. Noncoding RNAs and DNA methylation in plants. Natl Sci Rev, 1: 219-229

Zheng X, et al. 2009. ROS3 is an RNA-binding protein required for DNA demethylation in *Arabidopsis*. Nature, 455: 1259-1262

Zhou DX. 2009. Regulatory mechanism of histone epigenetic modifications in plants. Epigenetics, 4: 15-18

Zhou Y, et al. 2013. HISTONE DEACETYLASE19 interacts with HSL1 and participates in the repression of seed maturation genes in *Arabidopsis* seedlings. Plant Cell, 25: 134-148

Zilberman D, et al. 2007. Genome-wide analysis of *Arabidopsis thaliana* DNA methylation uncovers an interdependence between methylation and transcription. Nat Genet, 39: 61-69

Zluvova J, et al. 2001. Immunohistochemical study of DNA methylation dynamics during plant development. J Exp Bot, 52: 2265-2273

Zuo J, et al. 2002. The *WUSCHEL* gene promotes vegetative-to-embryonic transition in *Arabidopsis*. Plant J, 30: 349-359